固液過濾技術 二版

Solid-Liquid Filtration Technology

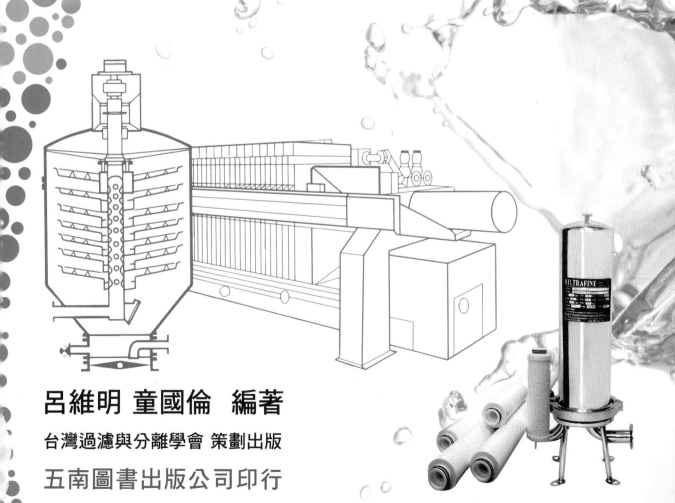

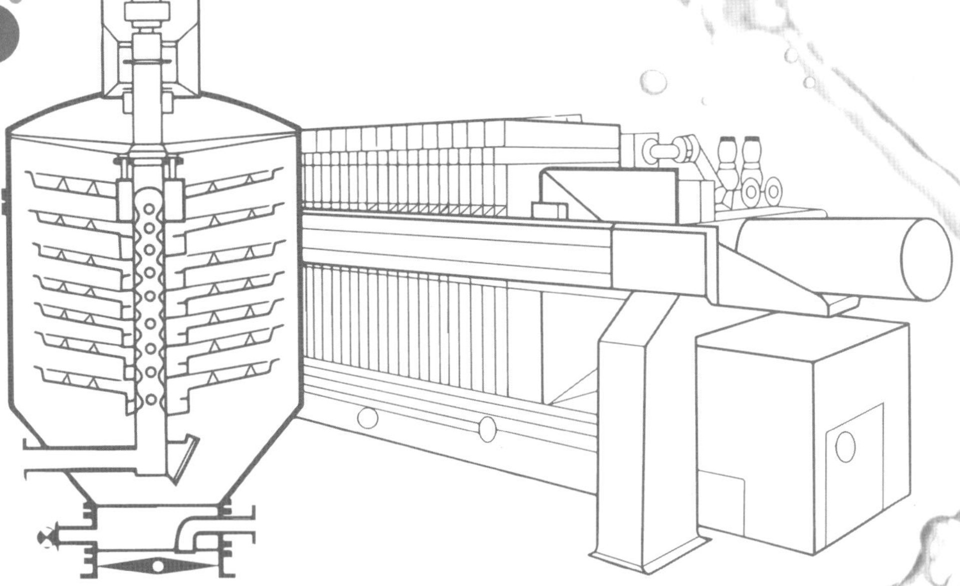

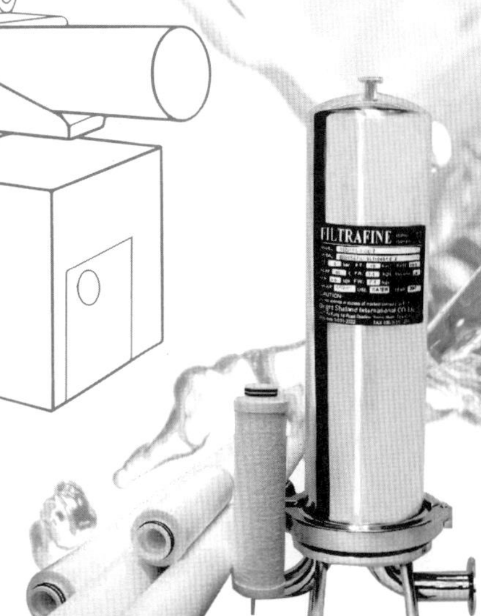

呂維明 童國倫 編著

台灣過濾與分離學會 策劃出版

五南圖書出版公司印行

著者簡歷

編著者

呂維明，Wei-Ming Lu

學歷：國立臺灣大學化工學士（1955）
　　　美國休士頓大學化工博士（1968）
經歷：味全公司台北廠機電課課長
　　　臺大化工系副教授、教授、系主任等職
　　　國科會工程處處長
　　　台灣化學工程學會英文會誌總編輯（1979-1987）
　　　台灣化學工程學會理事長（1979-1990）
現職：國立臺灣大學化工系名譽教授

童國倫，Kuo-Lun Tung

學歷：國立臺灣大學化工學士（1991）
　　　國立臺灣大學化工博士（1998）
經歷：中原大學薄膜技術研發中心主任
　　　中原大學化工系助理教授、副教授、教授
　　　台灣過濾與分離學會常務理事
　　　台灣化學工程學會常務理事
　　　台灣薄膜學會理事
　　　台灣觸媒學會理事
　　　英國過濾學會（TFS, UK）理事
　　　國際水協會（IWA）薄膜技術委員會副會長
現職：國立臺灣大學化工系教授

著者（按姓氏筆畫順序）

王大銘，Da-Ming Wang

學歷：國立臺灣大學化工學士（1983）
　　　美國賓州州立大學化工博士（1992）
經歷：中原大學化工系副教授
　　　臺大慶齡工業研究中心主任
　　　台灣薄膜學會理事長
　　　亞澳薄膜學會（AMS）理事
現職：國立臺灣大學化工系教授

吳容銘，Jung-Ming Wu

學歷：國立臺灣大學化工學士（1995）
　　　國立臺灣大學化工博士（2001）
經歷：淡江大學化材系助理教授、副教授
現職：淡江大學化材系教授

黃國楨，Kuo-Jen Hwang

學歷：淡江大學化工學士（1983）
　　　國立臺灣大學化工博士（1992）
經歷：淡江大學化材系副教授、教授、系主任
　　　台灣過濾與分離學會理事長
　　　國際過濾委員會（INDEFI）會長
　　　2016年世界過濾會議（WFC12）大會主席

朱敬平，Ching-Ping Chu

學歷：國立臺灣大學化工學士（1997）
　　　國立臺灣大學化工博士（2003）
經歷：國立臺灣科技大學材料科學與工程學系兼任助理教授
　　　財團法人中興工程顧問社環境工程研究中心研究員
現職：財團法人中興工程顧問社環境工程研究中心副主任

陳　碩，Wu Chen

學歷：國立臺灣大學化工學士（1979）
　　　美國休士頓大學化工博士（1986）
經歷：美國過濾與分離學會（AFS）理事長
現職：美國陶氏化學（Dow Chemical）首席科學家

許曉萍，Hsiao-Ping Hsu

學歷：國立臺灣大學化工學士（1990）
現職：國立臺灣大學化工系技士

序

過濾是一種很古老的操作，但隨著環境的變遷，它一直在化學工業、能源工業及環境保護工業中擔任相當吃重的角色，在這十年來突飛猛進的電子製造工業、生物技術的領域更是顯示其重要性。然而由於濾餅成長、濾液在多孔介質之流動多半屬機率性現象，使不少實驗難以把握，其複雜的環境、條件實阻礙了不少年輕學者之投入，使過濾不像熱傳或蒸餾等為一般化學工程師所了解。

1994年，本書編者與畢業於美國休斯頓大學固液分離研究室前後期同學曾編撰了本書之前版「過濾技術」，由於該書為祝賀恩師七十五大壽而盡量由每位同學分擔提筆，內容有不甚統一之處，是故，於2004年重撰該書時，則以配合現場程序工程之需要為首要，雖也提及過濾理論，但以最簡易之手法重寫，盡量偏重實務方向，並以計算例介紹可能對現場工程人員有用的計算式之內容，並更名為「固液過濾技術」。

自第一版固液過濾技術於2004年出版迄今已近15年，固液過濾技術有長足的進步與發展，因此邀集原作者及三位新作者共同執筆改版。新版之固液過濾技術共有十五章，第一章簡介固液分離技術，接下來的十章涵蓋了前處理、沉降分離、澄清、過濾、壓榨等，但仍以濾餅過濾為主軸。此外，由於在尖端科技中對不含微粒液體之製備甚為重視，本書分別在第十二章及第十三章介紹膜過濾及超潔淨純水或液體之製備。最後特闢兩章，於第十四章與第十五章，談濾餅過濾之裝置選擇、程序規劃、程序計算及管理，細說濾餅過濾程序之最佳化、可能遭遇之問題，及過濾操作之管理原則。

規劃及重寫此書，得感謝固液分離領域眾多先驅，如編者之論文指導教授Tiller教授、亦師亦友之白户紋平教授、英國過濾領域之著名學者Rushton教授與Wakeman教授等，以及日本液體澄清化技術工業會（LFPI），沒有他們精闢的貢獻，此書就無從編撰。於編撰過程參考了不少有關書籍與論文，在此對諸位著者感謝他們之貢獻。為使本書內容更臻完整，特別邀請臺大同仁王大銘教授與許曉萍技士、淡江大學黃國楨教授、吳容銘教授及中興工程顧問社朱敬平博士共同執筆，擔綱各自專長之章節；此外，在實務操作方面，美國陶氏化學公司陳碱博士經驗豐富，特邀請執筆撰寫第九章難濾泥漿之過濾以饗讀者，在此對各位之熱心參與表示由衷之感謝。編書過程偏勞台灣過濾與分離學會鄭喬維秘書、臺大研究員吳思恩博士、陳建樺博士，以及周哲宇、蔡鴻源、林聖益、高子懿、蕭湘琪等五位助理，為本書及本人執筆部分的中文做修潤及校對所有例題，在此感謝她（他）們之幫忙。

本書出版的過程，淡江大學黃國楨教授不幸因病辭世。黃教授畢生投入固液過濾技術不遺餘力，並成功爭取世界過濾會議WFC12於2016年在台舉辦，對於固液過濾技術的教學、研究與人才培育貢獻卓著，謹以此書致在天上的黃國楨教授。

最後，亦藉此機會感謝科技部與臺大化工系多年來對敝人等在過濾研究之多方支持與照顧，尤其科技部近年支持先進過濾技術產學聯盟成立，使我國過濾的產學研界得以搭起堅實的合作平台；更感謝台灣過濾與分離學會及何兆全理事長與全體理監事會同意出版本書，使本書能順利付梓，在此一併致謝。

呂維明、童國倫　敬識

目　錄（Contents）

第 11 章　後處理：濾餅之洗滌、壓榨與脫液

第 12 章　膜過濾技術之基本原理與應用

第一章
緒　論

／呂維明

1.1 固液分離

自從人類會釀酒，甚至會濾別水中之固形物，過濾及壓榨就一直跟著人類文明而進展，在古埃及之壁畫中（見圖 1-1）我們看到釀酒後以過濾搾出酒之操作。

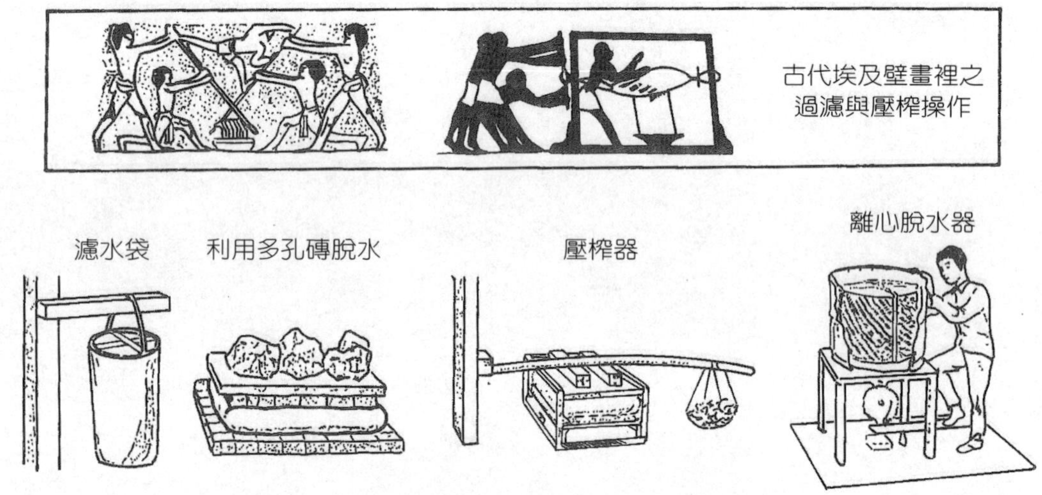

圖 1-1　古代壁畫與古書中看到的固液分離 [7]

在我們的日常生活中，從飲用水、煮咖啡、製豆漿、豆腐、磨米漿做年糕，都可看到過濾與壓榨之影子，而**過濾**一詞其實是廣義的**固液分離**之代名詞。

廣義的固液分離，指的是從含微固粒、微生物，或膠體微粒的固液混合液，如粒子懸濁液、**泥漿**（slurry）、**漿糊**（paste），藉分離操作分成液體和濕潤固體或濃縮泥漿。

固液分離不僅在化學工業程序中占有重要的角色，在礦業、食品、能源、生化及污染防治等工業裡也是相當重要的操作。固液分離涉及了固、液兩相，從稀薄之懸濁液至稠濃之泥漿，經單一或幾個不同的一連串操作，將混合物分成不含粒子之澄清液及含有少量液體之**淤渣**（sludge）或幾乎乾涸之濾餅。一般而言，**固液分離之目的可視爲**：

1. 回收獲取有價值之固體或結晶。

2. 回收有價值之溶液或液體。

3. 分別回收有價值之液體及固體。

4. 爲程序之需要將固／液混合物分離成爲固體及液體。

如上所述，過濾在很多場合被誤認爲固液分離之同義詞，實際上，周全的固液分離程序得考慮如圖 1-2 所示之四個步驟 [3]，即

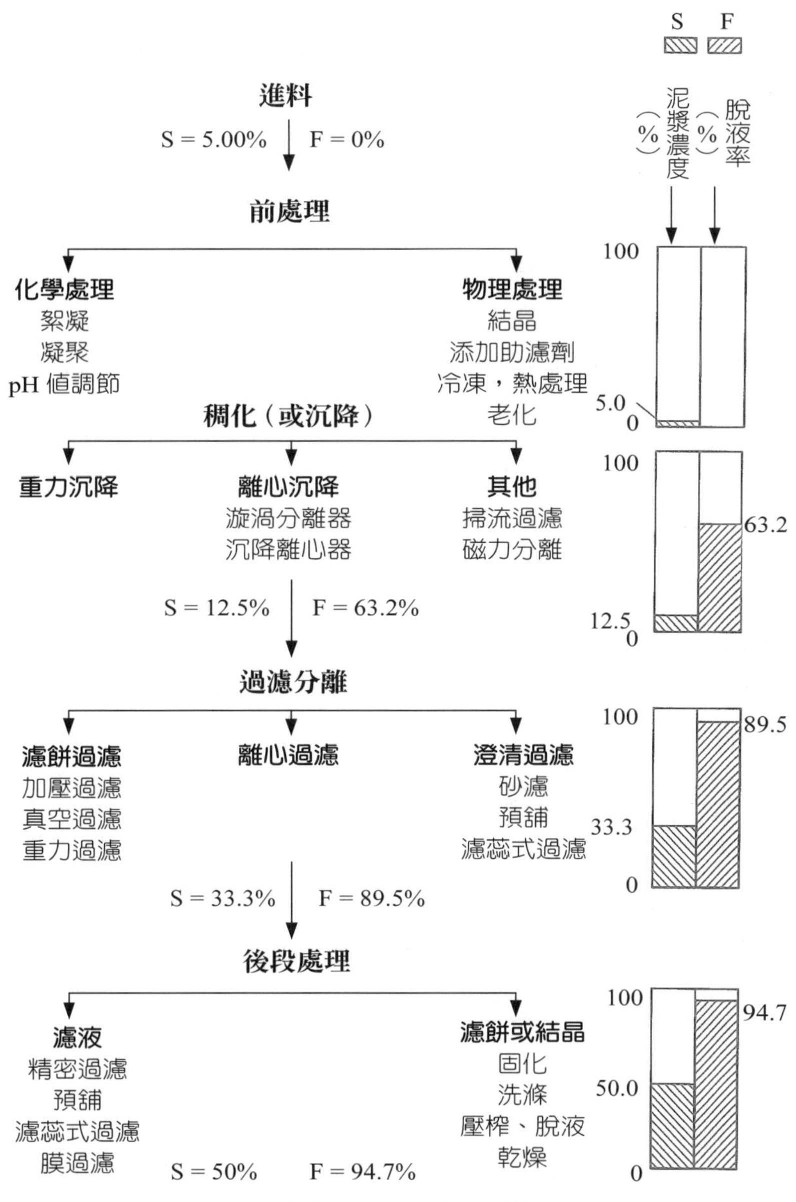

圖 1-2　固液分離之各個階段與除液率之例 [3]

1. **前處理**（pretreatment）。
2. **稠化及澄清**（thickening and clarification）。
3. **過濾**（filtration）。
4. **後處理**（post treatment）。

圖中並以代表性的進料濃度（固體粒子濃度 $s = 5\%$），經各階段處理後其去除液量之百分比，來說明每一步驟在分離固體與液體之功能。**前處理**之主要目的在應用物理處理（如加熱、冷卻、結晶等）或添加凝聚劑以絮凝微小粒子，或可添加化學藥劑以化學處理方式使液中粒子絮凝增大，可使它有助於增加沉降速度或過濾速度。第二步驟稠化（或**沉降**）是處理量最大，卻能以最省能或最有效之方式分離大部分流體，使經處理後之懸濁液分成含粒子濃度較高之淤渣及由上方溢流的澄清液，其所得之澄清液體粒子濃度可降至 0.1%（以重量計）以下，故可逕送至進一步之澄清過濾程序或放流。從排泥口所放出之淤渣濃度可達 10～15% 左右，圖 1-2 所舉之例，固體濃度爲 12.5%。從百分比數値上，粒子濃度只增加了 7.75%，然而如改以含液量來看，只經重力沉降此一簡單程序，已去除了原有水分之 63.2%，對下一階段分離之操作而言，已減輕了很大的負荷，也省卻了不少固定投資費及操作費用，這一段操作所得之溢流及排泥可分別送至**澄清過濾**，以獲取澄清液及**濾餅過濾**取得含液量更低之濾餅；有時，此淤渣或稠化液就逕送乾燥裝置（如噴霧或滾筒乾燥器）。由濾餅過濾所得之濾餅其含液仍在 50～80%（以容積計），常需更進一步減低其含液量俾能符合品質上或程序上之要求，或其固體成分須洗除雜質。故在過濾分離之後有時需再做一段**後處理**。在此階段，濾餅可藉洗滌操作提高純度，或以脫液或**壓榨**操作擠乾濾餅，或藉氣體吹走濾餅空隙中所含液體使其含液量減低，而濾液可能因濾材結構或所用之壓差過大，或多或少可能含有一些微粒，故程序上對濾液之澄清度要求較高時，則需再經**精密過濾**（ultrafiltration or membrane separation）方式去除微米粒級之微粒子，提高濾液澄清度。

1.2　固液分離方法的種類與簡介

1.2.1　固液分離方法的分類

一般固液分離係依被分離物質（目的物質）和其他共存物質的性質或物性之差來進行，表 1-1 揭示可利用於固液分離的操作與分離機制。分離機制指的是以目的物質與共存物質的物性差異來進行分離程序的基本原理，而驅動力指作用於分離場的壓力、重力或靜電力等力，一般而言，驅動力越大分離效力越高。

表 1-1　固液分離的機制與分離操作方式 [5]

分離機制	驅動力	物性	分離法、裝置
移動速度差	重力	粒徑 形狀 密度	沉降分離
	浮力		浮　選
	離心力		離心分離 旋渦分離器
	慣性力		旋渦分離器
	庫倫力	荷電的帶電量 電阻	電　泳 電滲透 靜電分離
	誘電泳動力	誘電率	誘電泳動
截留	壓力	粒徑／濾材細孔徑	篩　選 過　濾
附著力差	分子間作用力 靜　電	荷電的帶電特性 官能基的種類	凝　聚 附　著
	疏水性相互作用力 毛細管張力	疏水性物質 濕潤性（接觸角） 表面張力	油水分離 浮　選
	磁　力	磁　性	磁氣分離
剪斷壓密	剪應力	粒子間結合力 壓縮性	壓榨、壓密 螺旋擠壓器

固液分離方法也可依移動流體和移動固體的觀點，分為如圖 1-3 所示兩大類：

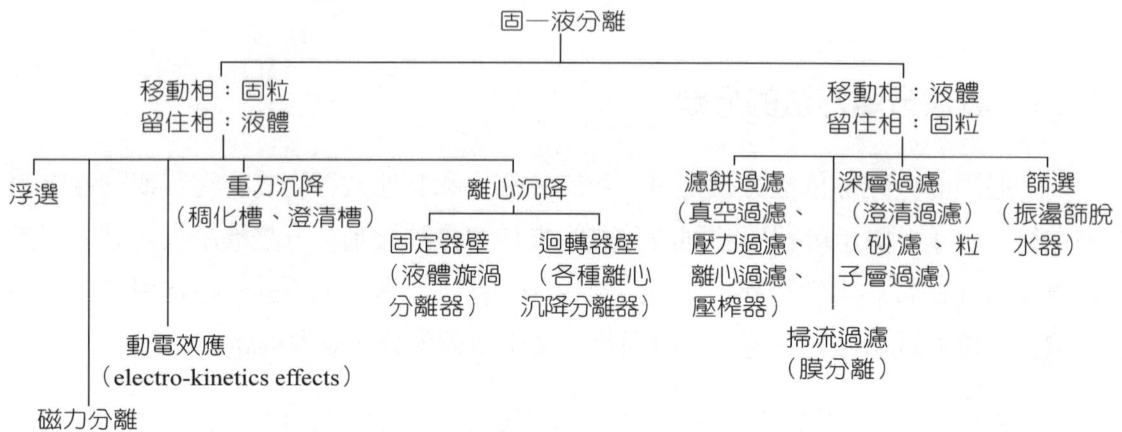

圖 1-3　固液分離方法的分類

1.2.2　簡介各固液分離操作

1. 浮選（floatation）

當懸濁液的微細固粒（或與溶媒不相溶的液滴）之密度小於溶媒（大多是水）的密度時，可採用浮力分離，如油水分離。或利用分散於懸濁液中的氣泡具有附著於特定固粒表面的選擇特性，只讓目的固粒依氣泡的浮力浮上液面的分離方法，稱為浮選法，如圖 1-4 所示。此一分離手法早期專用於**礦石的選別**（ore flotation），現在也被利用來**選別離子**（ion floatation）、**分子**（molecular foam separation）和**膠體**（absorbing colloid floatation）等。

2. 沉降分離

廣義的沉降分離，指的是懸濁分散在流體中的固粒或液滴利用重力場、離心力場或靜電場的力的作用向下沉降或向上流的現象來分離固液兩相的操作的總稱。

(1) *重力沉降分離*

在重力場的沉降操作，包括沉澱濃縮（稠化）、澄清與分級。如操作的目的是獲取澄清液體，就稱為**沉降澄清**（clarification sedimentation）；如操作的目的是稠化固粒濃度，就稱為**沉降濃縮**或**稠化**（sedimentation thickening）。

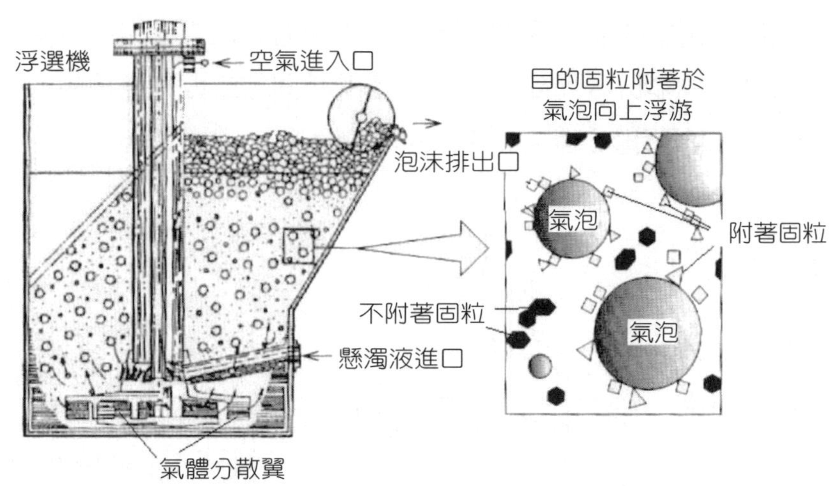

圖 1-4　浮選系統 [10]

如上節所述，完整的固液分離程序涵蓋了如前述之前處理、沉降分離、過濾及後處理等四個階段，如程序人員想穩妥的掌握這些操作，他除了需對構成懸濁液之物性如粒子之形狀、界面物性、粒徑分布及液體之流變性有所了解外，亦需對相關之流體力學有基本認識才可。設計過濾器不比設計熱交換器或蒸餾塔，有了處理對象物質之物性就可逕藉公式演算而遂，因爲粒子形狀、大小不僅複雜，而且常隨時間或環境因素而易變，如粒子之凝聚或分散現象尚難以理論掌握；加上單元操作時，過濾很少像熱傳或蒸餾等其他操作一般做有系統的介紹，致使不少化學工程師面對選擇固液分離裝置時，不知該給何種數據予裝置之製造廠商，始可從製造廠商獲得正確可靠之規劃書及估價；另一方面，裝置之供應廠商平常亦只專於有限之幾種機型，且對客戶所需濾器之要求，只依據客戶送來之試樣懸濁液做試驗所得數據，估計客戶所需濾器大小，而忽略了試樣可能隨時間有**老化**（aging）效應，更忽略了在現場泥漿之濾性是有相當不小的變化幅度之事實，如此情況下甚難期待所購置之裝置能合乎程序之需求。因此，本書主要爲提供程序人員能妥適掌握各階段固液分離操作所需的基本原理，以及有關選擇裝置所需之資訊。

(2) 離心沉降分離

於離心力場所進行的沉降分離、過濾、澄清的機械分離操作總稱爲**離心分離**（centrifugal separatrion）。離心分離的對象主要是固液系和液液系，此外尚有氣氣系（如利用於同位素分離）和氣固系等。以離心力爲驅動力的沉降則稱爲離心沉降，離心沉降裝置如圖 1-5 所示，依裝置器壁是固定或做高速迴轉而分爲**旋渦分離器**（hydroclne）和**沉降離心器**（sedimenting centrifuge）兩類。

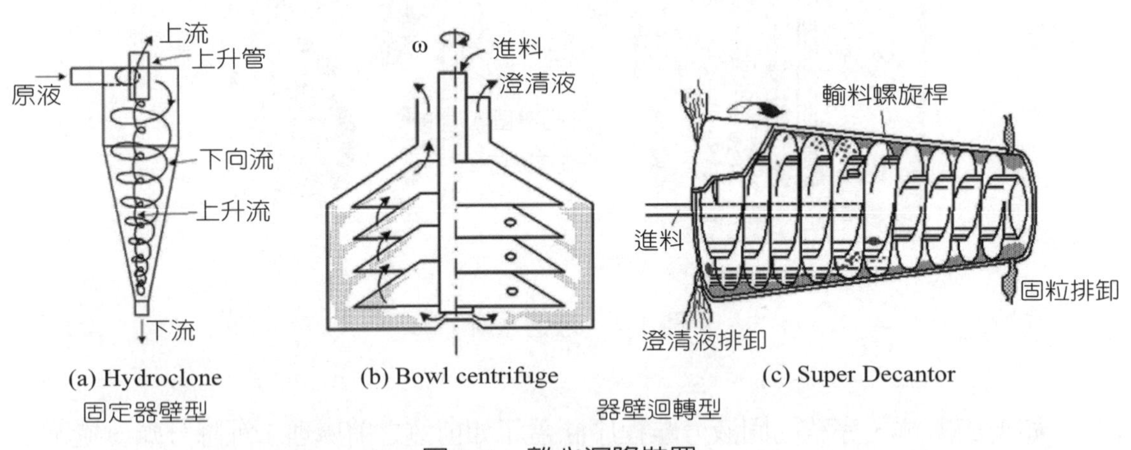

圖 1-5　離心沉降裝置

(3) 液體漩渦分離

液體漩渦分離器（hydroclone）是利用流體在如圖 1-5(a) 所示進料懸濁液從上端之進料口切線向進入，隨即產生沿筒壁之主漩渦流向下流動的漩渦流場所產生的離心效應來分離固液兩相或不相溶之兩液相之裝置，由於其構造簡單，且不含任何可動元件，故被廣泛應用於濃縮或分離液固兩相，或應用於篩別懸濁液中之固粒大小。液體漩渦分離器也常被用於洗滌含在固粒中之不純物質，其優點是單位處理容量所占空間頗小及操作範圍相當廣，而缺點是所需泵之動力大，器壁磨損不小及懸濁液濃度與流量變化都會影響其分離或分級效率。由於流體在液體漩渦分離器內流態相當複雜，其分離效率或**部分分級效率**（partial classification efficiency）將受懸濁液之物性、分離器之尺寸、直徑大小、滯留時間等之影響，不易以似 50% **分離徑**（cut size）之簡單指標來顯示液體漩渦分離器之分離性能，一般而言，液體漩渦分離器設計妥當時可分離至 5 μm 左右之固粒。

(4) 水平式連續沉降離心分離（sedimenting centrifuge）

以圖 1-5(c) 所示**水平式連續離心分離器**（super decantor or scroll discharge centrifuge）爲例來說，此型分離器除了圓筒型外殼以高速旋轉產生離心力場，而澄清流體則反向流動，由溢流堰溢滿至出口。此機型外殼有圓筒型、圓錐型及圓筒圓錐雙併型不同機種。此類機型尚具一同心螺旋桿以相差幾轉之微差轉速旋轉，可刮走沉降於外殼內壁之固體粒子。多半應用於連續澄清或稠化泥漿，設計得宜時排泥之含液率較其他機型低甚多。因保養較易，故較適於粒子含量較高的泥漿之處理。

3. 過濾的分類

(1) 依粒子的堵塞機制分類

過濾是含有粒子之流體流經多孔媒質時，藉跨濾材兩側之流體壓差為驅動力，將流體中之粒子截止於濾材，使流體流經濾材後得成為不含粒子之澄清流體之操作。粒子堆積或附著於濾材，為依照粒子大小及多孔媒質之孔隙大小來決定，而有如圖 1-6 所示之不同情況，其依照粒子堵塞濾材之機制可分為**濾餅過濾**、**中間堵塞**、**標準堵塞**及**完全堵塞**等四種方式。如粒子徑均大於孔隙徑，則粒子只會被濾材截止在濾材表面，堆積成濾餅；而懸濁液中含有一些小於孔隙徑之粒子時，大小粒子除藉架橋在濾材表面形成濾餅（或粒子層）外，小粒徑可能流進路徑錯綜之多孔媒質，藉吸附、捕捉、堆積現象附著於孔隙路徑表面，兼有濾餅過濾與深層過濾兩種機制。此種**中間堵塞**，如小粒子均小於孔隙徑，而不致在濾材表面堆積或架橋成堆，則流體中之粒子均隨流體流進孔隙路徑，依上述幾種現象附著於濾材或孔隙表面，這幾種粒子沉積機制稱為**標準堵塞**，是深層過濾（或稱澄清過濾）之粒子之理想沉積機制；如粒子徑均大於孔隙徑，則單顆粒子就可把孔隙完全堵塞，此種沉積現象稱為**完全堵塞**。Hermans 與 Bredee（1936）在恆壓條件下，將單位濾液之過濾阻力隨時間增加與濾速倒數之 n 次方成比例 [1]，則

$$\frac{d^2t}{dv^2}=k\left(\frac{dt}{dv}\right)^n \tag{1-1}$$

以表示並解析上述各種不同之沉積機制。

上式中，k 是與過濾條件有關之常數，n 是與粒子之堆積或堵塞機制相關之指數，其中 $n=0$ 是濾餅過濾；$n=2$ 時為粒子把多孔媒質完全堵塞之情形；$n=3/2$ 時為粒子小於孔徑，而以附著方式逐漸堵塞孔隙之情形；而 $n=1$ 則介在濾餅過濾與標準堵塞之情形。圖 1-6 也把這些參數與過濾堵塞機制之特性加以說明。

機制	完全堵塞	標準堵塞	中間堵塞	濾餅過濾
	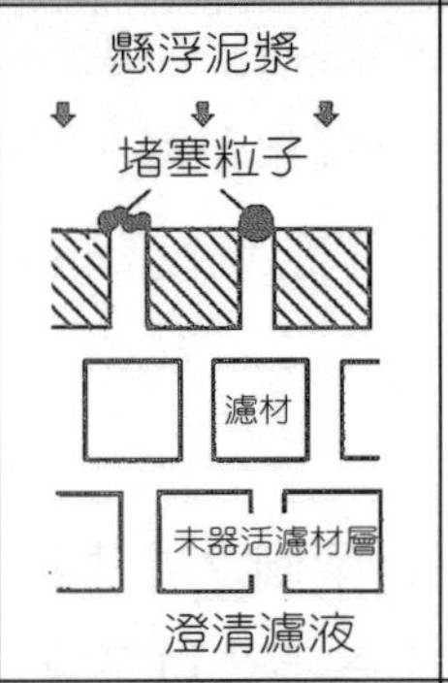 懸浮泥漿 堵塞粒子 濾材 未器活濾材層 澄清濾液	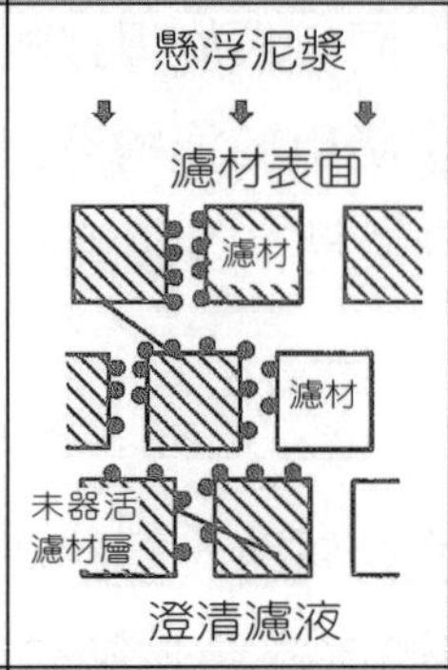 懸浮泥漿 濾材表面 濾材 濾材 未器活濾材層 澄清濾液	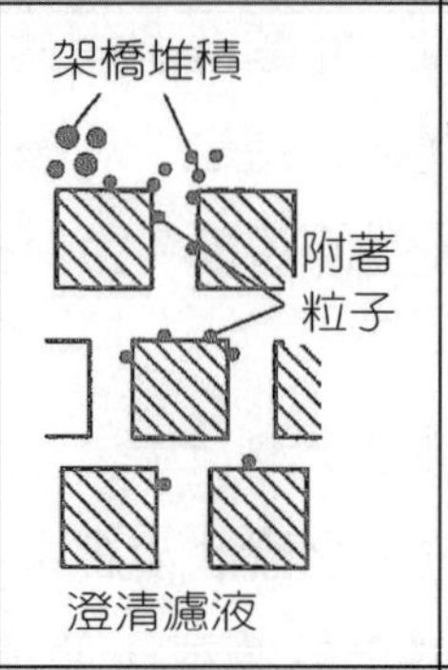 架橋堆積 附著粒子 澄清濾液	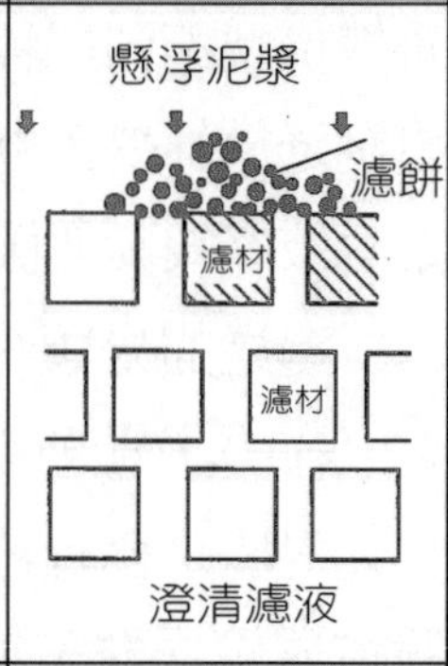 懸浮泥漿 濾餅 濾材 濾材 澄清濾液
特性式 $\frac{d^2t}{dV^2}=k\left(\frac{dt}{dV}\right)^n$ 過濾式 $V=f(t)$	$n=2$ $V=Q_0(1-e^{-K_bt})$ $Q_0=\frac{dV}{dt}$	$n=\frac{3}{2}$ $\frac{t}{V}=\frac{K_3}{2}t+\frac{1}{Q_0}$	$n=1$ $K_iV=\ln(1+K_itQ_s)$	$n=0$ $\frac{t}{V}=\frac{K_0}{2}V+\frac{1}{Q_0}$
模式	毛細管進口端被一顆大於孔徑之粒子堵塞	小於孔徑之粒子附著於內壁而減小了流體通徑	是濾餅過濾與標準堵塞並存之模式	因粒子堆積在進口端延長了要流之長度
	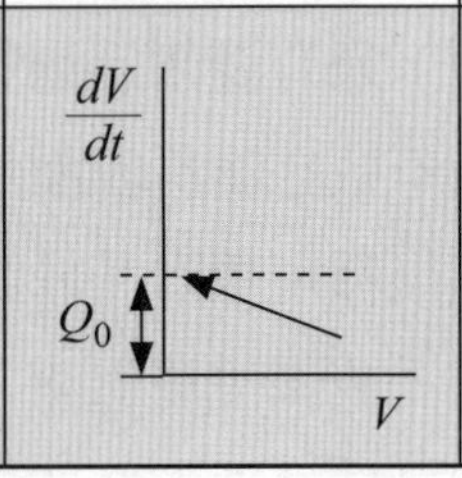 $\frac{dV}{dt}$ Q_0 V	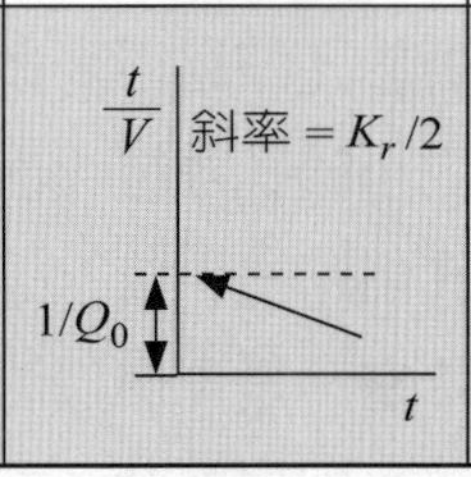 $\frac{t}{V}$ 斜率 $=K_r/2$ $1/Q_0$ t	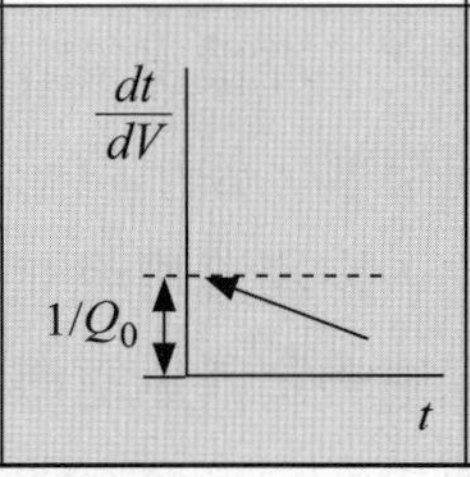 $\frac{dt}{dV}$ $1/Q_0$ t	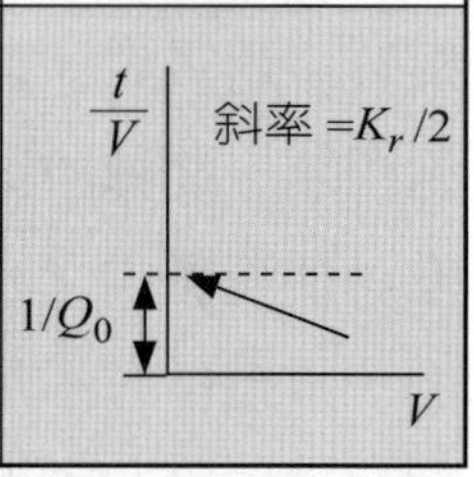 $\frac{t}{V}$ 斜率 $=K_r/2$ $1/Q_0$ V

圖 1-6　依堵塞機制差異的過濾 [1,4]

(2) 依懸濁液對濾面之流向或流速對時間的變化分類

如依濾速或懸濁液對濾面之流向來區別，則濾餅過濾與深層過濾之懸濁液，都以垂直流向流至濾面，這種過濾方式稱爲**濾餅過濾**（dead-end filtration 或 cake filtration）；而**掃流過濾**（cross flow filtration）則是懸濁液以平行於濾面之方式，藉跨濾材之壓力差讓濾液以垂直流向穿透濾材。在濾速對時間之變化而言，濾餅過濾因濾餅厚度隨時間而增加，故在某一定之壓差下，濾速會因總濾阻之增加而如圖 1-7(a) 所示呈減緩趨勢。在**深層過濾**（depth filtration 或 deep bed filtration）時，如粒子尺寸遠小於濾材孔隙，粒子之堆積不至於改變多少流經之截面積，故濾速在某一定之壓差下可維持如圖 1-7(c) 所示某程度之恆率濾速；但如有較大粒子或濾材空隙相對的減小，則可能產生中間堵塞，此時濾速就會隨時間遞減。

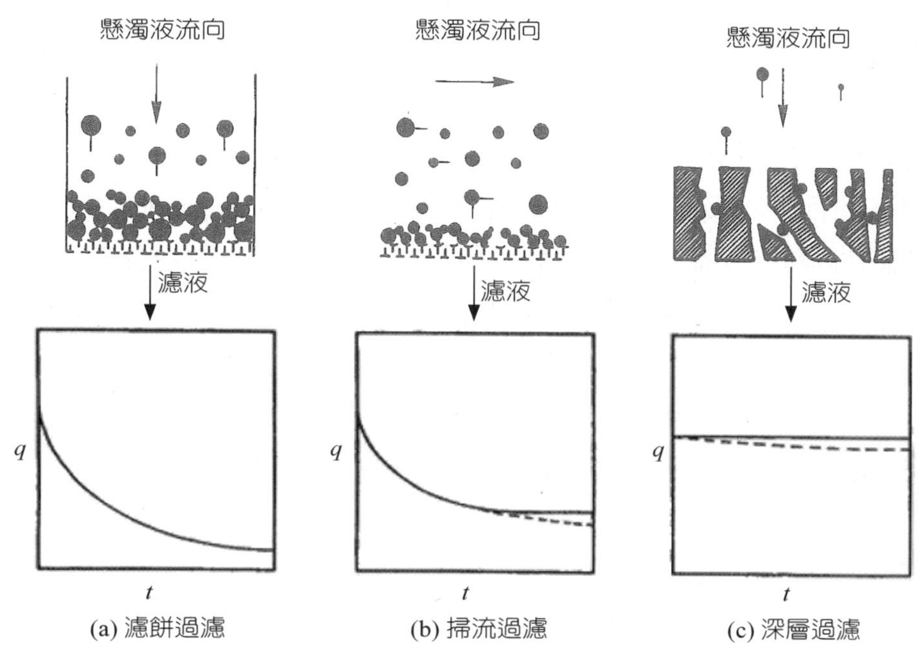

(a) 濾餅過濾　(b) 掃流過濾　(c) 深層過濾

圖 1-7　依懸濁液之流向所做之分類

對於**掃流過濾**而言，懸濁液中之粒子是否沉積於濾面，則視平行流之流速及跨濾材之壓差兩相反的因素而定。一般而言，在某操作條件下，不會被平行流所帶走之小於某一大小之粒子，會被跨濾材壓差推向濾材而堆積成某一厚度之濾餅，故在過濾開始階段，濾速會減緩一陣子，之後則因平行流所產生之剪應力而抑制了濾餅繼續成長，使往後濾速可維持某種程度之恆值。但實際上，細粒之沉積或穿進濾床，可能導致濾速很難維持恆值，而呈現如圖 1-7(b) 之點線所示之緩慢遞減現象。

(3) 依過濾操作的目的而分類

過濾操作的主要目的可依採用的過濾種類而分為：(1) 同時獲取濾餅與澄清濾液之濾餅過濾（含濾筒過濾）、(2) 以連續操作獲取澄清濾液與濃縮懸濁液之掃流過濾（含膜過濾和濾筒過濾）、(3) 以獲取澄清濾液為唯一目的之深層過濾（含膜過濾）等三大類。

4. 篩選

篩選的分離機制與濾餅過濾一樣都是截留，但所採用的篩目間距可讓擬分割截留固粒的最小粒子的篩板，不像濾材那麼緻密。故其目的是固粒大小的分級，不宜算是過濾。

5. 磁力分離型澄清過濾

於過濾操作時加裝磁力場，利用**高梯階**（high gradient magnetic）磁力差來分離磁性與非磁性固粒的分離方法。利用此原理，如加裝具有強磁性的細不鏽鋼線濾材於圖 1-8(a) 的過濾系，當含有帶有磁性的微粒時，就會被具有強磁性的細不鏽鋼線濾材吸附，而排出不含帶有磁性的微粒的濾液。如所懸浮的微粒不具磁性時，可如圖 1-8(b) 摻具有磁性的磁鐵礦共聚，就仍可被磁性濾材所截留，此過濾依目的屬於澄清過濾的範疇，但其過濾速率可較一般深層過濾大而常被採用。

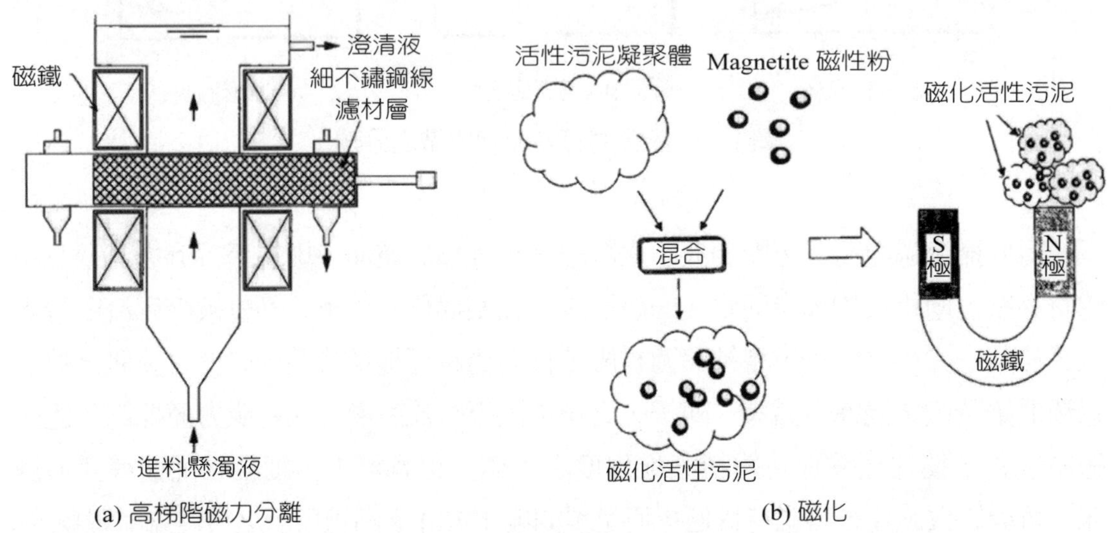

(a) 高梯階磁力分離 (b) 磁化

圖 1-8 高梯階磁力分離 [8]

6. 利用電場的電滲透脫液

由於一般固粒帶有負電荷，利用電滲透原理在濾餅緊接濾材一端設置陰極，如圖 1-9 所示，於相反一端設置陽極，通了直流電流將使濾餅內的液體流向陰極（此現象就是電滲透）而在濾餅內產生脫液效果。圖 1-10 比較了機械壓榨和電滲透脫液並用的效果，於機械壓榨，近濾材部分濾餅含液率爲最低，但在只靠電滲透脫液時，近濾材部分濾餅含液率就轉爲最高，如同時並用機械壓榨和電滲透脫液就如圖 1-10(c) 所示，可得更大部分的低含液率的濾餅。圖 1-11 揭示具有機械壓榨和電滲透脫液雙功能壓濾器的濾室構造示意圖。

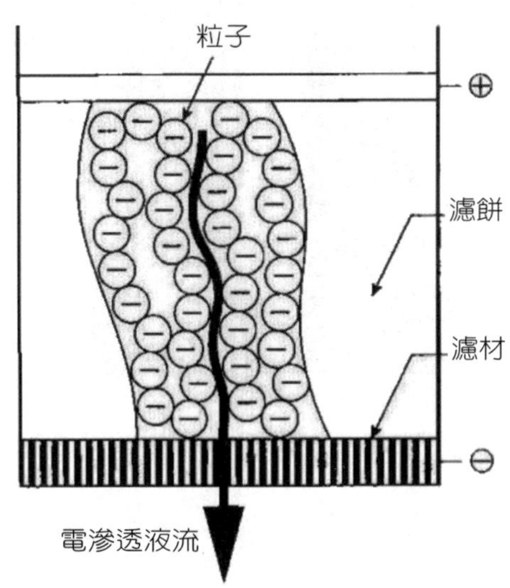

圖 1-9　利用電滲透於濾餅脫液 [9]

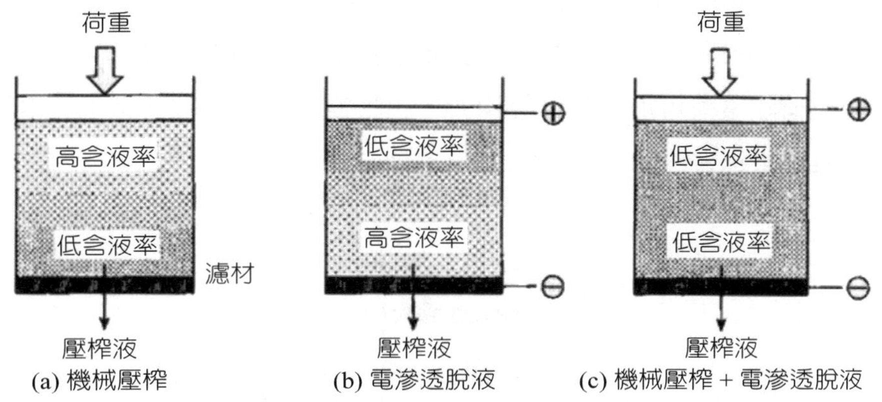

圖 1-10　機械壓榨和電滲透脫液並用的效果比較 [8]

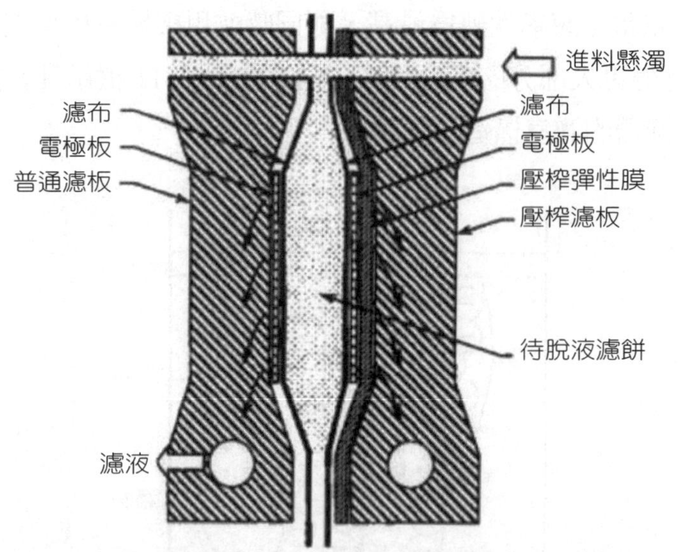

圖 1-11　具有機械壓榨和電滲透脫液雙功能壓濾器的濾室之構造 [9]

7. 利用電泳分離

於存有可產生**電雙層**（electric double layer）的異相界面的固液系裡通直流電時將有**界面動電現象**（electrokinetic phenomena）產生，導到荷陰電荷的固粒移向陽極，液面將往上向陰極上升，如圖 1-12 所示的懸浮粒子在沉降過程中，如固粒與分散媒液體密度很小或固粒很微細時，僅靠重力沉降將是相當不容易，若通直流電，讓微細固粒拉荷陰電荷可加速其沉降速率。這種電泳效果當粒徑越小和電場強度越大時，其分離效果越大。

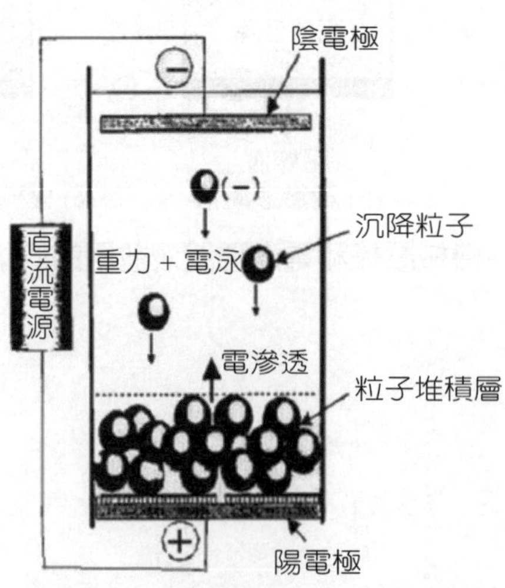

圖 1-12　利用電泳的固液分離 [5]

1.3 選擇合適固液分離方法的思考流程

大部分的固液兩相混合物都可藉由靜置後的沉降，或藉過濾方式被分成液相和固相，或將固相依大小分級，必要時尚可另加物理、化學，或電磁力的作用改善其分離速率或分離效率（如澄清度或脫液率）。如懸濁物是微小的膠體狀粒子，可用酸析、鹽析、加熱，或將中和其表面電荷讓它凝結析出，也可利用無機或有機凝聚劑將微粒凝聚增大，或藉結晶手法將溶於液相的溶質析出來分離。近年來有各種機能膜材的開發，單靠膜分離不僅可分離混合物中的微細粒子，也能分離高分子溶存物質。

於考慮固液分離程序時，其檢討重要因素不外是「目的」、「目標」和「操作成本」。雖近年來開發了不少新分離技術而增加選項，但選擇時仍須從哪一技術對上述的因素是最爲合適來檢討。

於固液分離操作，首先，須釐清此操作最終的目的是液體或固粒，或兩者均要。其次，進一步確認分離產品品質的要求等目標有多高。品質不同，則可選擇的操作手法和裝置就不同，最後再考慮需分離的懸濁液的量的大小。根據上述檢討後即可選擇對應於被分離物物性、操作目的、要求目標的分離技術，並決定合適的裝置機型。

要探討具體的分離手法，就得先了解懸濁固粒大小，才能挑出適用的分離方法，圖 1-13 揭示顆粒大小與可用的過濾技術的種類的範圍供參考。圖 1-14(a) 揭示當進料有可能也含固液互不相溶的懸濁液時，如何認識該懸濁液的物性，進一步考慮如何選擇分離方法的流程，圖 1-14(b) 則揭示將過濾懸濁液分離成濃縮液（或濾餅）與澄清液（或濾液）的流程。

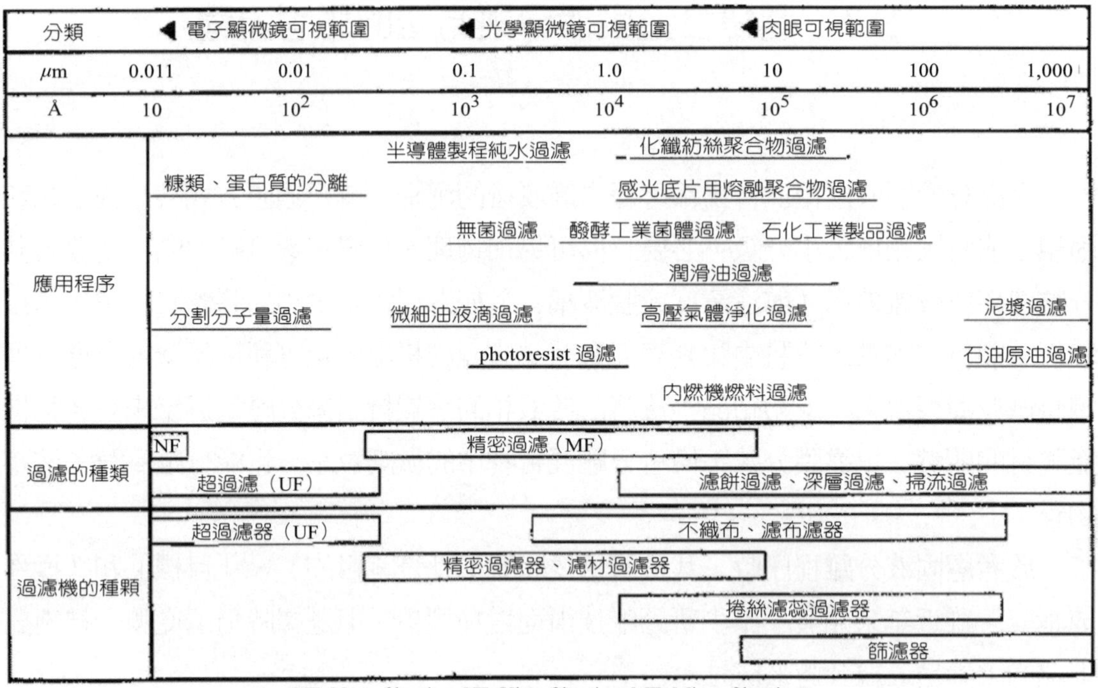

分類	◀ 電子顯微鏡可視範圍		◀ 光學顯微鏡可視範圍		◀肉眼可視範圍		
μm	0.011	0.01	0.1	1.0	10	100	1,000
Å	10	10^2	10^3	10^4	10^5	10^6	10^7

應用程序	半導體製程純水過濾 化纖紡絲聚合物過濾 糠類、蛋白質的分離 感光底片用熔融聚合物過濾 無菌過濾 醱酵工業菌體過濾 石化工業製品過濾 潤滑油過濾 分割分子量過濾 微細油液滴過濾 高壓氣體淨化過濾 泥漿過濾 photoresist 過濾 石油原油過濾 內燃機燃料過濾
過濾的種類	NF 精密過濾（MF） 超過濾（UF） 濾餅過濾、深層過濾、掃流過濾
過濾機的種類	超過濾器（UF） 不織布、濾布濾器 精密過濾器、濾材過濾器 捲絲濾蕊過濾器 篩濾器

NF: Nano-filtration, UF: Ultra-filtration, MF: Micro-filtration

圖 1-13 固液過濾器的應用領域與範圍 [5]

1.4 本書內容

完整的固液分離程序涵蓋了如前所述之前處理、沉降分離、過濾及後處理等四個階段，如程序人員想穩妥的掌握這些操作，就需對構成懸濁液之物性如粒子之形狀、界面物性、粒徑分布及液體之流變性有所了解，亦需對相關之流體力學有基本之認識。設計過濾器不比設計熱交換器或蒸餾塔，有了處理對象物質之物性就可逕藉公式演算而遂，因爲粒子形狀、大小不僅複雜，而且常隨時間或環境因素而易變，如粒子之凝聚或分散現象尚難以理論掌握。加上學習單元操作時，對於過濾的應用，很少像熱傳或蒸餾等其他操作一般做有系統的介紹，致使不少化學工程師在面對選擇固液分離裝置時，不知該提供何種數據給予裝置之製造廠商，以便獲得正確可靠之規劃書及估價；另一方面，裝置之供應廠商平常亦只專注於有限之幾種機

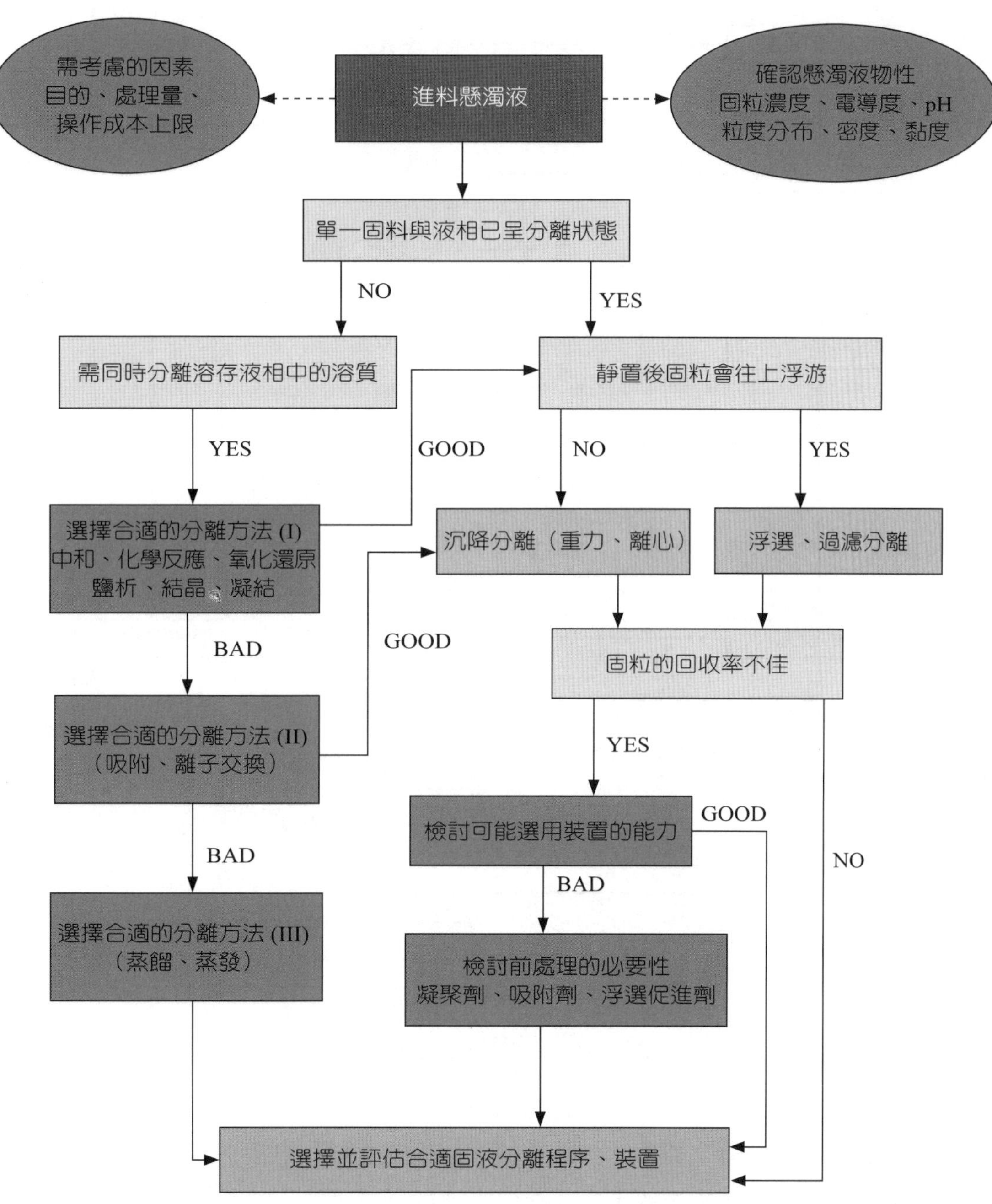

(a) 如何認識該懸濁液的物性和選擇分離方法的流程 [6]

圖 1-14　固液分離的流程

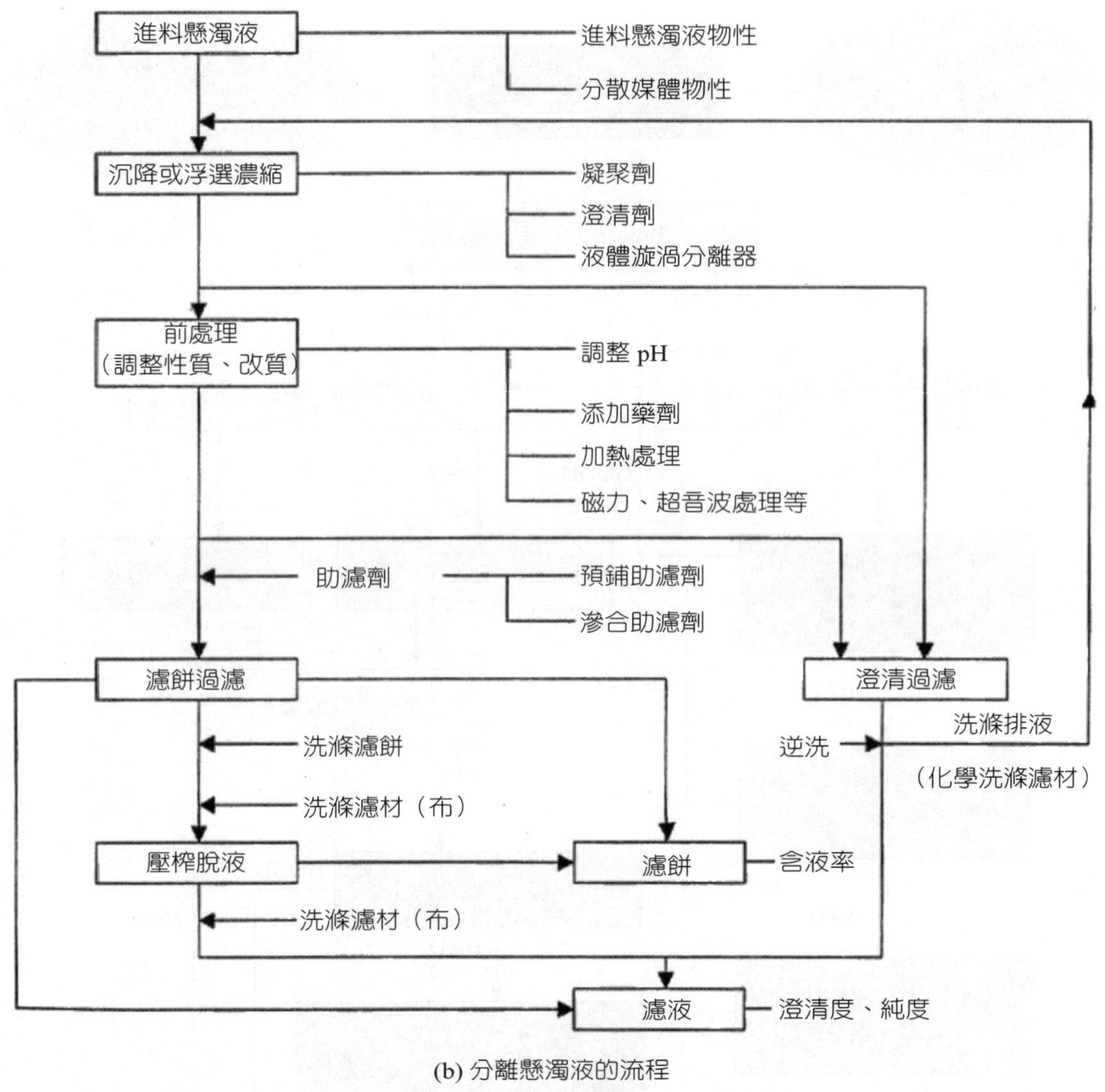

(b) 分離懸濁液的流程

圖 1-14　固液分離的流程 [6]

型，且對客戶所需濾器之要求，只能依據客戶送來之試樣懸濁液進行試驗，並將其所得數據來估計客戶所需濾器大小，而忽略了試樣有可能隨時間呈老化（aging）效應，以及在現場泥漿之濾性會有相當不少變化幅度之事實，如此情況下甚難期待所購置之裝置能合乎程序之需求。因此，本書主要爲提供程序人員能妥適掌握各階段固液分離操作所需的基本原理，以及有關選擇裝置所需之資訊。

1. 相關之流體力學

固液分離之現象，不外是粒子在不同流場之運動或流體流經多孔媒質，如許多沉降之公式，是由單一粒子在靜止流場之 Stoke's 定律演變而得。因爲流體流經錯綜而複雜之徑路，於是 Kozeny 就把該複雜之多孔媒質以不同管徑之毛細管束爲代表，而藉吾人所熟悉之 Hagen-Poiseulle 方程式來推導其 Kozeny 公式。在第二章，將簡單介紹本書各章所需相關之流體力學基本原理，以避免在研讀時陷入難澀之推導。

2. 前處理

以密度 2,500 kg/m^3 之不同粒徑粒子，在靜止流場要沉降 5 cm 垂直距離來看，粒徑 100 μm 時需 15 秒左右，但粒徑爲 1 μm 時其所需時間就拖延到 20 hrs，而粒徑爲次微米級時，其沉降時間就以月或年計 [2]。如前節所述，任何要分離成固液兩相之對象懸濁液，在進行分離前，程序人員需對其粒徑大小、分散或凝聚狀態做了解，並檢查是否需以物理或化學調理之手法加以凝聚，以加速沉降速率。第三章介紹前處理，其物理處理的方式有加熱、超音波、凍融以及濃縮處理等，而化學處理則是添加化學藥劑，例如混凝劑或架凝劑。該章除介紹前處理程序外，並介紹一些工業上應用的實例。

3. 沉降

如圖 1-2 所示，懸濁液單經沉降分離可去除近 2/3 之液體含量，無論下一步驟是過濾或乾燥，此操作大大減輕了下一程序之負荷。如粒徑夠大（10 μm 以上）或與液體密度差夠大，則可藉最省能的重力沉降方式；如不是，則須借重離心力場來加速粒子群之沉降時間，使其操作能落在合理之時間內完成。本書第四章先就重力沉降之原理、澄清或稠化槽之設計做一番說明，亦介紹了各種不同機型之稠化、稠化槽，並在第四章後半部討論了粒子在離心力場之運動原理，並延伸至說明各種不同機型的離心沉降分離器之特性值及其規模放大之手法。

4. 濾餅過濾

過濾常被用作固液分離之代名詞，在圖 1-2 已說明。狹義之過濾只不過是固液分離之四個主要階段中第三階段之操作，就如前節所介紹的以濾材截留濾餅之濾餅過濾，或以濾床捕捉懸濁液中之微粒子，而獲取澄清濾液的深層或澄清過濾，及懸濁液平行流經濾材面產生之剪應力抑制濾餅成長，一面可得澄清濾液，一面可濃縮

懸濁液濃度之掃流過濾等。無論哪一種過濾，都屬於速率現象，也就是說濾速與一些操作變數之關係可以

$$速率 \propto \frac{驅動勢}{阻力}$$

爲起點，代入 Hagen Poiseuille 方程式，去推導如圖 1-3 所示之各種基本式。在濾餅過濾中，此式可以

$$濾速 \propto \frac{過濾壓差}{液體黏（濾餅阻力+濾材阻力）}$$

或

$$q \propto \frac{\Delta P}{\mu(R_c + R_m)} \qquad (1\text{-}2)$$

表之。在第五章裡，就由此基本之總括過濾式求在不同過濾條件下之過濾操作特性，也分別說明不可壓密性與壓密性濾餅時之差異與處理之手法，並於章末介紹了離心過濾的基礎理論。

在第十章中，敘述了如何用試驗求得設計或規劃過濾裝置必須之濾性值之方法。而在第十四章則介紹了各種不同代表機型之濾器特性，尤其是對濾器的發展趨勢與省能、省力，及適應最近發展的多樣少量之精密化工程序也做了交代。在此章之後半則提供了選擇濾器之原則、應考慮事項及可參考之流程。

5. 濾材

對一過濾程序之規劃而言，選對機型，並將此購進安裝妥適，可說只完成 60% 之工作。我們常揶揄雖然濾布只占不到 5% 之費用，但它卻擔負了過濾操作成敗之關鍵。

在第七章我們詳細介紹了濾布之結構、加工方法，及不同濾布纖維材料對其功能之影響，也提供了如何選擇正確濾布之一些要點。

第八章裡除了談助濾劑如何提升濾速，以及各種助濾劑可如何保護濾布濾材外，也說明了如何運用不同助濾劑之種類與規格來獲得澄清濾液之手法。

6. 後處理

過濾所得的濾液澄清度，有時尙不符一些要求較高之程序所需，而所得濾餅之純度不足或含液量太高時，就得依賴最後一段後處理將之完成。在第十一章介紹各種濾餅後處理單元之原理與設備。**後處理**（post treatment）包括洗滌（washing）、**機械壓榨**（expression 或 consolidation）與**通氣脫液**（gas deliquoring）等三種操作，藉此使濾餅含液率以及**標的溶質**（target solute）殘存量降到最低，以符產品品質需求，或使清除處理成本降至最低。洗滌（11.2 節）包括**置換洗滌**（hydraulic displacement washing）與**重泡開濾餅洗滌法**（cake repulping）兩種洗滌操作；壓榨操作（11.3 節）以機械設備或濾材對濾餅直接加壓，包括**濾帶壓榨器**（belt press）、**螺桿擠壓機**（screw press）、**壓濾器**（filter press）等。通氣脫液（11.4 節）包括在過濾器中以常溫氣體進行通氣操作脫除濾餅中所含液體，或另送至熱乾燥器中，以高溫氣體接觸或間接加熱蒸發濾餅中以機械壓榨方式仍無法脫除之液體。視不同濾餅性質與後端處理需求，濾餅後處理可選擇全部或其中之二進行。

7. 澄清過濾

從飲用水之處理，及各精密工業所需不含微粒之**超潔淨液體**（particle-less liquid），均需不同層次之澄清過濾，如自來水或以砂層過濾可達成要求，但飲料產品則常需進一步借重助濾劑過濾或膜過濾來達成高層次的要求。近年由於高科技產業的快速發展，「澄清過濾」一詞的涵蓋範圍更加廣大。在這些高科技產業中，爲獲致超潔淨進料液的液體澄清化程序，一般稱之爲精密過濾或**深層過濾**（depth filtration），以與傳統的水及廢水處理用之**深床過濾**（deep bed filtration）有所區別。第六章就一般水及廢水處理用之澄清過濾，亦即深床過濾作介紹，依序就澄清過濾的簡介、基本原理、濾料的選擇與配置、澄清過濾裝置之設計與操作，及澄清過濾之最新發展做一實務應用性的說明。在更新版中，並增加了自動化高速精密澄清過濾器及纖維濾料的最新發展等，在工業應用上，此類澄清過濾裝置已成主流。在第十三章則對不同用途的超潔淨液體的製備程序和其規格做較完整的介紹。

8. 濾餅過濾程序之計算與原理

爲使讀者能了解如何運用在各章所提出之理論或計算公式，本書特闢了第十五章舉例說明有關濾餅過濾程序之計算，也介紹了如何求得某一過濾操作之最佳生產力及生產週期。在此章後半以重點式說明了濾餅過濾中可能遭遇之問題及其解決方法，此外也介紹如何掌控過濾操作之數據，以便能事先預防或事後檢討過濾操作可能發生之困難。

9. 難濾泥漿之過濾

在化工、塑膠、化纖、染料、生化、食品、生醫、製藥與廢水處理等眾多工業程序中，經常需要進行固—液分離，「過濾」尤其是其中最常見的單元操作。然而，在這些程序中經常會碰到「難過濾的泥漿」，不僅所產生的現象相當複雜，也增加了過濾分析與設備選擇上的困難。在第九章的內容中，將這些難濾泥漿分成軟性膠狀物質、易結垢粒子、危險性物質，以及高壓縮性物質四類分別進行解說，除了介紹適用的過濾機與操作條件之外，並說明了高壓縮性濾餅的過濾特性與過濾原理。

10. 膜過濾技術

隨著科技的進步，許多產品對純度的要求越來越嚴格，製程中所需分離的粒子也越來越微小，當傳統濾材（如濾布、過濾纖維）的過濾孔徑太大，無法達到分離的效果時，會採用高分子或無機材料所製備的膜來進行過濾，稱為膜過濾。一般將膜過濾技術依所濾除粒子的大小和操作壓力，分為**微過濾**（microfiltration）、**超過濾**（ultrafiltration）、奈米**過濾**（nanofiltration）及**逆滲透**（reverse osmosis）。隨著製膜技術日趨成熟及濾膜價格逐漸降低，上述幾種膜過濾技術的應用越來越廣，市場規模也越來越大，全球市場已達每年約 200 億美元，每年成長率都在 9% 以上，已逐漸成為非常重要的一個過濾技術領域。

本書第十二章簡要介紹膜過濾技術的發展、基本原理、操作實務與分離系統的設計概念。該章共分為七節：第一節介紹膜過濾技術的分類及其發展歷史；第二節概述膜過濾的分離機制與原理；第三節說明濾膜之評估方法，包含孔洞大小之量測以及分離效能之評估；第四節討論常見的商業化膜材與模組；第五節則介紹選取膜材及模組的簡要準則；第六節對膜使用過程中的阻塞與結垢問題加以討論，也會介紹常用的清洗方法；第七節則概要介紹膜過濾技術的應用，並以批式和連續式薄膜濃縮系統為例，簡要說明分離系統的設計概念。

參考文獻

1. Hermas & Bredee ; Jo. of floc. Ind. **10 (1936)**.
2. Rushton A., A., S. Ward and R. G. Holdich; "Solid-Liquid Filtration and Separation Technology," 2'nd edition, Wiley-VCH Weinheim, Germany (2000).
3. Tiller, F. M.; *Chem. Eng.* **81**, p.116. April 29 (1974).
4. Yoshino, Zenya; "Filtration," Kagaku Kogyo Press. Tokyo, Japan (1973).
5. 松本幹治（主編），ろ過脫水機ガイドブック，LFPI，東京，日本（2012）。
6. 松本幹治（主編），實用固液分離技術，分離技術會，東京，日本（2010）。
7. 白戶紋平，化學工學——機械的操作の基礎，丸善，東京，日本（1980）。
8. 入谷英司，繪とき濾過技術——基礎のきそ，日刊工業新聞社，東京，日本（2010）。
9. 世界濾過工學會日本會編，濾過工學ハンドブック，丸善，東京，日本（2009）。
10. 矢野政行主編，液體清澄化技術の基礎實驗，LFPI，東京，日本（2012）。

第二章
相關的流體力學基礎

/ 呂維明

固液分離之現象，涉及了不少粒子在不同流場的運動或流體流經多孔媒質的現象，如許多沉降之公式，是由單一粒子在靜止流場之 Stoke's 定律演變而得；因爲流體流經多孔媒質之徑路錯綜而複雜，於是 Kozeny 就把複雜的多孔媒質以不同管徑之毛細管束作代表，而藉吾人所熟悉之 Hagen-Poiseulle 方程式來推導其 Kozeny 公式。因此在本章，將簡單介紹本書各章所需之流體力學相關基本原理，並簡介多孔媒質的物性。

2.1 單一粒子在各種流場的運動方程式 [11]

單一粒子在流體中以相對流速 u 移動時（如圖 2-1 所示），其運動方程式可寫成：

$$m\frac{du}{dt} = \rho_p v_p \frac{du}{dt} = F - F_D \qquad (2\text{-}1)$$

上式中，m 爲單一粒子的質量，ρ_p、v_p 分別爲該粒子的密度和容積，F 爲作用於該粒子的外力，而 F_D 是移動中的粒子從流體所承受的抗（曳）力。如 $F > F_D$ 時，粒子的移動速度將加速；反之，粒子的移動速度將減速。當 $F = F_D$ 時，粒子將以一定等速移動，在流體中移動的粒子所受之外力與抗力在短時間達到等值，而做等速移動。

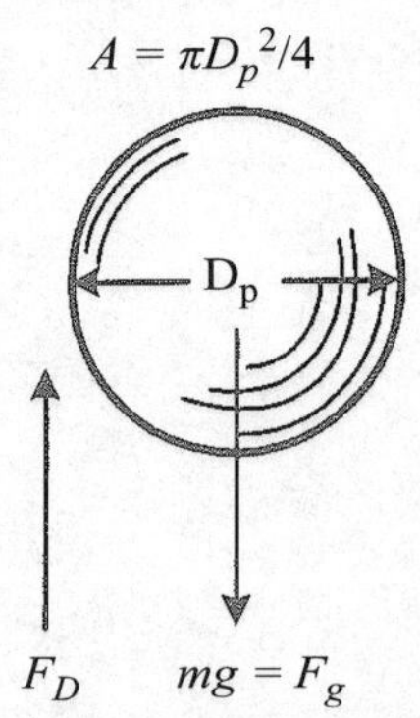

圖 2-1　單一球形粒子在流場的移動

2.1.1　移動中的單一粒子承受的流體阻力

上述單一粒子在黏度 μ 的流體中移動時，其來自流體的阻力（drag force）可寫成

$$F_D = C_D \frac{u^2}{2} \rho_f \cdot A_p \tag{2-2}$$

上式中，A_p 是粒子的代表面積（常採用粒子移動方向的投影面積），C_D 稱為阻力（拉曳）係數，與以粒子為主體的 N_{Re} 間有如下的關係

$$N_{Re,p} = \frac{\rho_f u D_p}{\mu} \tag{2-3}$$

$N_{Re,\ p}$ 是作用於單一粒子的慣性力 / 黏滯力比的無因次數，在以黏滯力為主宰的 Stoke 領域（$N_{Re,\ p}$, 2）時，球形粒子的 C_D 可以下式近似求得

$$C_D = \frac{24}{N_{Re,p}} \tag{2-4}$$

圖 2-2 揭示單一球形粒子在流場沉降時，摩擦係數對 $N_{Re,\ p}$ 之關係，除了 Stokes 領域外，尚涵蓋 Allen 領域和 $N_{Re,\ p} > 10^3$ 的 Newton 領域。

2.1.2　單一粒子在重力場的沉降速度（Stoke 領域）

單顆粒子如圖 2-1 所示，在無限邊緣之靜止流體中，只由其重力沉降時作用於此粒子之力，依牛頓第二運動定律取平衡時可得

$$(\frac{\pi D_P^3}{6})\rho_P(\frac{du}{dt}) = (\frac{\pi D_P^3}{6})\rho_P g - (\frac{\pi D_P^3}{6})\rho g - F_D \tag{2-5}$$

但 D_p = 粒子徑 [m]，ρ_p 為粒子密度 [kg/m^3]，u 為沉降速度 [m/s]，ρ 為流體密度 [kg/m^3]，F_D 則為作用於粒子之**拖曳力**（drag force [N]），t 為時間 [s]。

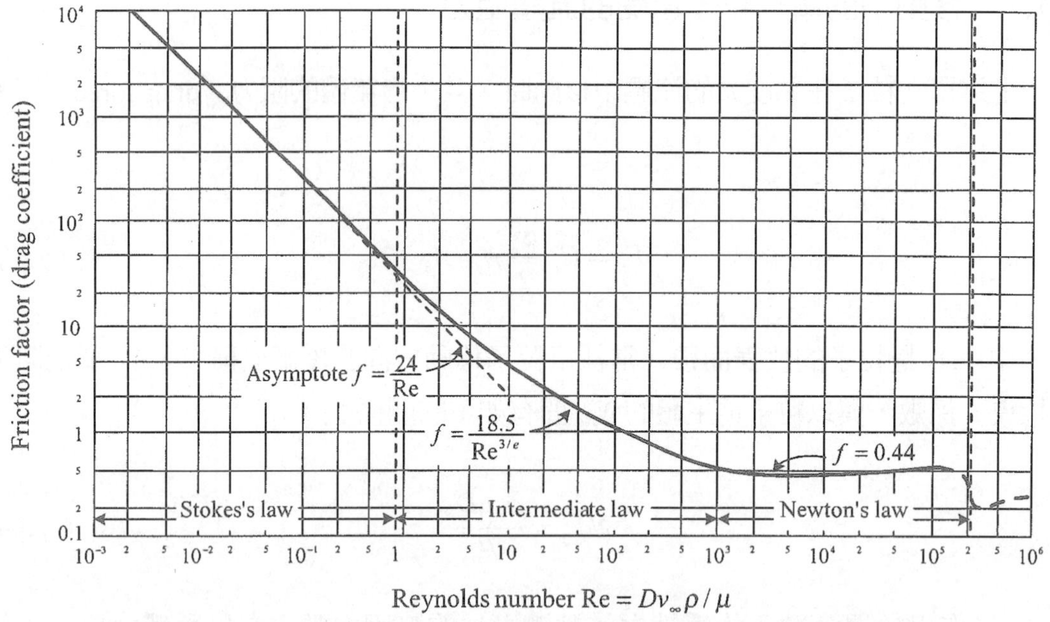

圖 2-2　單一球形粒子在流場沉降時，摩擦係數對 $N_{Re,\,p}$ 數之關係 [1]

於式（2-5），粒子從靜止狀態開始降落時，下式之右邊第一項會隨降落所受重力加速度而漸增，另一方面，作用於粒子之拖曳力也隨 u 之二次方增大，此兩項相等時，du/dt 為零，之後粒子就在此兩項平衡下以等速度沉降，此粒子之等速度沉降速度稱為**終端速度**（terminal velocity, u_t [m/s]）

$$\frac{du}{dt}=\frac{(\rho_P-\rho)g}{\rho_P}-\frac{6R}{\pi D_P^3\rho_P}=\frac{(\rho_P-\rho)g}{\rho_P}-\frac{3}{4}\frac{C_D\rho u^2}{\rho_P D_P} \tag{2-6}$$

故當 $du/dt=0$，$u=u_t$

$$u_t=\sqrt{\frac{4}{3}\cdot\frac{(\rho_P-\rho)gD_P}{C_D\rho}} \tag{2-7}$$

如粒子為球形，而 $N_{Re,\,p}<1.0$ 時，$C_D=24/Re$，或 $F_D=3\pi\mu uD_p$

$$\therefore u_t=\frac{D_P^2(\rho_P-\rho)g}{18\mu} \tag{2-8}$$

此式被稱爲 Stoke 的沉降速率式，當 $\rho_p > \rho_f$ 時，粒子沉降；反之，粒子向上浮移。

表示時，若有 C_D 與右邊其他變數之關係，便可估計作用於粒子之拖曳力。例如採用正投影面積時，$A = \pi D_P^2/4$，$N_{Re,\,p}$ 與 C_D 有如圖 2-2 所示之關係，Stokes 在 $N_{Re,\,p} < 1.0$ 時，忽略慣性力之項，得 $F_D = 3\pi\mu u D_p$，相較於 $C_D = 24/N_{Re,\,p}$，此值與實際值之 $C_D = 26.5$ 小了約 10%。

於式（2-5），粒子從靜止狀態開始降落時，下式之右邊第一項會隨降落所受重力加速度而漸增，另一方面，作用於粒子之拖曳力也隨 u 之二次方增大，此兩項相等時，du/dt 爲零，此後粒子就在此兩項平衡下以等速度沉降，此粒子之等沉降速度稱爲**終端速度**（terminal velocity, u_t [m/s]）。

例題2-1[13]

在恆溫條件下，將直徑 2.5 mm 之鋼球在植物油中做沉降試驗，測得其終端速度爲 2.33 cm/s，試求植物油之黏度。該植物油之比重爲 968 kg/m^3，而鋼球之比重爲 7,860 kg/m^3。

解　因 $u_t = \left(\dfrac{4}{3}\cdot\dfrac{(\rho_P-\rho)gD_P}{C_D\rho}\right)^{1/2}$，

故 $C_D = \dfrac{4(\rho_P-\rho)D_P g}{3\rho u_t^2} = \dfrac{4(7{,}860-968)(9.8)(0.003)}{3(968)(0.034)^2} = 241$

由如圖 2-2 知，$C_D = 24/1$ 時，此系統可適用 Stoke's 定律，

故　$C_D = 24/N_{Re,\,p}$，也即 $N_{Re,\,p} = 0.0996$

故　$\mu = \dfrac{D_P u_t \rho}{N_{Re,p}} = \dfrac{(0.003)(0.034)(986)}{0.0996} = \underline{1.0065\ \mathrm{P_a \cdot s}}$

2.1.3　單一粒子在流體中的二維沉降[11]

如粒子在靜止流體裡做如圖 2-3 所示之二維的沉降，若其水平方向之速度爲 u_h，垂直方向之沉降速度爲 u_v，u 則代表粒子沿著其沉降軌跡運動之速度，則

$$\frac{du_h}{dt} = -\frac{3}{4}\frac{C_D \rho u^2}{\rho_P D_P}\cos\phi \tag{2-9}$$

$$\frac{du_v}{dt} = \frac{(\rho_P - \rho_g)}{\rho_P} - \frac{3}{4}\frac{C_D \rho u^2}{\rho_P D_P}\sin\phi \tag{2-10}$$

因 $u^2 = u_h^2 + u_v^2$，故理論上只要有初期條件，則可由聯立上兩式之解得 u，但事實上很難由此求其解析解，而多將上式利用差分之方式以數值解手法解之。

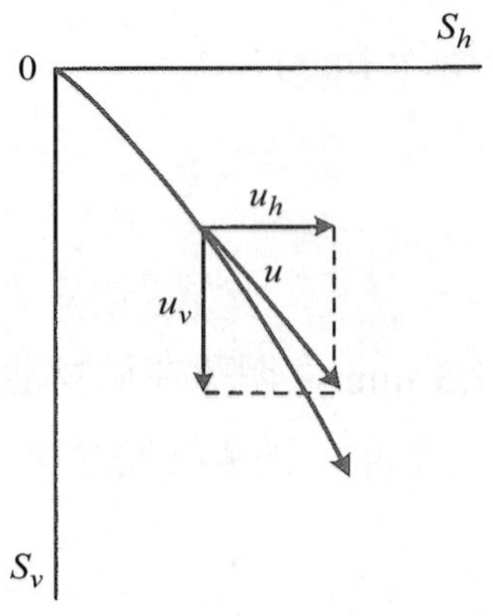

圖 2-3　粒子在離心力場之運動

2.1.4　粒子在離心力場之二維運動 [11]

如圖 2-4 所示，一質點（質量為 m，粒徑為 D_p）以旋轉半徑 r、旋轉速度 ω 作旋轉運動時，如切線方向之速度為 v_t，而徑方向速度為 v_r，考慮粒子承受流體之阻力，離心力及科式力（coriolis force），則其運動方程式可寫成

$$\frac{dv_r}{dt} = \frac{v_t^2}{r}\left(1 - \frac{u_t^2 \rho}{v_t^2 \rho_P}\right) - \frac{3\rho C_D v v_r}{4\rho_P D_P} \tag{2-11}$$

$$\frac{dv_t}{dt} = -\frac{v_r v_t}{r} + \frac{3\rho C_D v(u_t - v_t)}{4\rho_P D_P} \tag{2-12}$$

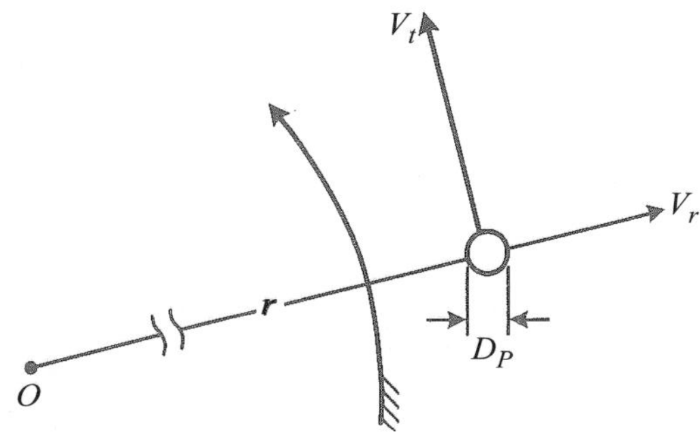

圖 2-4　球形粒子在流場中之二維沉降

在此　$v^2 = v_r^2 + (u_t - v_t)^2$

在 Stokes' law 可成立之條件下，上式可改寫成

$$\frac{dv_r}{dt} = \frac{v_t^2}{r}(1 - \frac{u_t^2\rho}{v_t^2\rho_P}) - \frac{18\mu v_r}{\rho_P D_p} \tag{2-13}$$

$$\frac{dv_t}{dt} = -\frac{v_r v_t}{r} + \frac{18\mu(u_t - v_t)}{\rho_P D_p} \tag{2-14}$$

因在離心力場，作用於粒徑爲 D_P 之粒子的離心力爲

$$F_c = \frac{\rho_P \pi D_P^3 \omega^2 r}{6g_c} \tag{2-15}$$

而粒子所承受之流體之阻力爲

$$F_D = \frac{\pi C_D \rho D_P^2 v_s^2}{8g_c} \tag{2-16}$$

但 v_s 爲粒子沉降速度，當 $F_D = F_C$ 時，粒子之沉降達至一等速運動，亦即其在此離心力場之終端速度

在層流範圍

$$v_{c,l}=\frac{(\rho_P-\rho)D_P^2\omega^2 r}{18\mu} \tag{2-17}$$

在紊亂範圍

$$v_{c,t}=[\frac{3.03(\rho_P-\rho)D_P\omega^2 r}{\rho}]^{1/2} \tag{2-18}$$

如在普通重力力場之粒子之終端速度爲 v_g，則
在層流時

$$v_{c,l}=v_g Z \tag{2-19}$$

在紊流時

$$v_{c,t}=v_g Z^{1/2} \tag{2-20}$$

在上兩式中，Z 稱爲離心效應（centrifugal effect），$Z = r\omega^2/g$；r 爲離心半徑，ω 則爲粒子之角速度。

2.1.5　單一粒子在均匀電場的電泳速率

如圖 2-5 所示，帶有荷電量 q_e 和表面荷電密度爲 σ_e 的粒子，在電場 E_e 收水平方向的移動，粒子所承受外力（庫倫力，F_e）爲

$$F_e=q_e E_e=\pi D_p^2\cdot\sigma_e\cdot E_e \tag{2-21}$$

當 $F_e = F_D$ 時，粒子在此均匀電場的移動速率 u_e

$$u_e=\frac{q_e E_e}{3\pi\mu D_p}=\left(\frac{\sigma_e D_p}{3\mu}\right)E_e \tag{2-22}$$

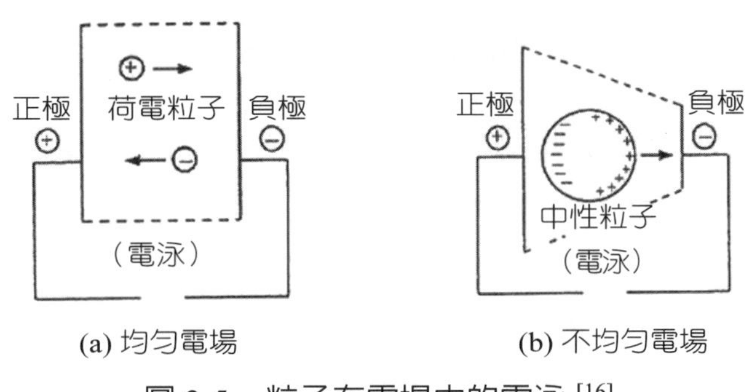

(a) 均勻電場　(b) 不均勻電場

圖 2-5　粒子在電場中的電泳 [16]

上式可適用於單一孤立荷電粒子在氣相中或非極性溶媒裡移動，但在電解質水溶液，因共存於溶液中具相反荷電粒子的荷電的離子在粒子表面形成電雙層，將使粒子往相反方向泳動，導致粒子實際的移動速率比用上式求得的值小，Henry 考慮了這個遲延現象，提出如下修正式

$$u_e = \frac{G_0 G_r \varsigma}{\mu} \cdot f\left(\frac{\kappa D_p}{2}\right) \cdot E_e \tag{2-23}$$

上式中，G_0 是眞空的誘電率（$= 8.854 \times 10^{-12}$ F/m），G_r 是溶液的比誘電率，ζ 是 Zeta 電位，$f(\kappa D_p/2)$ 稱爲 Henry 係數的值，$\kappa D_p/2$ 是粒子半徑和電雙層厚度之比，當 $\kappa D_p/2 < 0.1$，$f = 2/3$；當 $\kappa D_p/2 > 10^3$，$f = 1.0$，而 $U_e = \dfrac{u_e}{E_e}$ 值被稱爲電泳速率。

2.1.6　單一粒子在不均勻電場的電泳速率

如圖 2-5(b) 所示，於不均勻電場懸浮中性粒子時，因粒子內的**介電極化**（dielectric polarization），讓粒子表面的荷電產生偏倚，如粒子的極化大於分散媒體的極化時，粒子的電泳力將使粒子向電場較強的一邊移動。粒徑 D_p 的粒子的移動速率 u_{ne} 可以下式求得：

$$u_{ne} = \frac{D_p^2 (G_1 - G_2)}{18\mu} \cdot \frac{E_e \partial E_e}{\partial x} \tag{2-24}$$

G_1 和 G_2 分別是粒子與媒體的誘電率，x 是距離。電泳對分離無導電性的溶媒或油類中的粒子頗有效。

2.1.7 圓筒器壁對單一粒子的移動速度影響

如粒徑 D_p 單一粒子浮游在筒徑 D_T 的圓筒時，粒子的移動速率 u_T 將受器壁的影響，如粒子浮游在圓筒的中心時，u_T 可依下式求得：

$$\frac{u_T}{u_t} = \left(1 - \frac{D_p}{D_T}\right)^n (n = 2.1 \sim 2.5) \qquad (2\text{-}25)$$

上式中 u_t 是粒子不受器壁影響時（如 D_T 很大時）的移動速率。

2.1.8 非球形粒子的移動速率

如粒子爲非球形粒子時，其移動速率（u_{ns}）與同容積的球形粒子的移動速率（u_s）的比爲

$$u_{ns} = \frac{u_s}{K_d} \qquad (2\text{-}26)$$

上式中，K_d 是動力學形狀係數，表 2-1 列舉一些例子。

表 2-1　動力學形狀係數之例 [6]

幾何形狀		動力學形狀係數＊
球		1.00
立方體		1.08
圓柱（$L/D = 4$）	流體流向與中心軸成直角	1.32
	流體流向與中心軸平行	1.07
球的凝聚體	2 個	1.12
	3 個（鎖狀）	1.23
	（塊狀）	1.15
	4 個（鎖狀）	1.32
	（塊狀）	1.17

幾何形狀		動力學形狀係數 *
塵埃	瀝青炭	1.05～1.11
	石英	1.36
	砂	1.57
	滑石	2.04

* 未指出流向時，就用平均值表示。

2.2　粒子群之沉降速度 [11]

上一節所述的都是單一粒子在無限邊緣之重力場沉降之情形，然在許多實際的狀況中，懸濁液之粒子多以粒子群之狀態在互相干擾下進行沉降，此時液體之**實際黏度**（apparent viscosity）較單純液體來得高，故粒子群中，單一粒子之沉降速度就較單純之單一粒子之沉降速度來得小。

爲簡單起見，我們只考慮粒子群中每一顆粒子都能適用 Stokes 定律下之非凝聚粒子群之沉降，則此粒子群所承受之拖曳力 F_D' 可以

$$F_D' = 3\pi\mu u D_P \cdot \phi(\varepsilon) \tag{2-27}$$

表示，而流體之 apparent density 是 $(1-\varepsilon)\rho_p + \varepsilon\rho$，故固流兩相有效密度差爲 $(\rho_p - \rho)\varepsilon$，則可依如式（2-107）之手法求此條件下粒子群之終端速度 u_t

$$u = \frac{D_P^2(\rho_P - \rho)g}{18\mu} \cdot \frac{\varepsilon}{\phi(\varepsilon)} = u_t \frac{\varepsilon}{\phi(\varepsilon)} \tag{2-28}$$

上式中，ε 爲粒子在濾餅的空隙率，u_t 爲單一粒子之沉降速度，如此所得終端速度該是無限邊緣之條件下始成立，在有器壁及有限容器下，粒子群沉降時，相對的排擠了同體積之流向上流，故此時粒子群眞沉降速度爲 u_b 時，u_b 與相對於器底之粒子沉降速度 u_a 之關係是

$$u = u_a - (-u_b) \tag{2-29}$$

或

$$(1-\varepsilon)u_a = \varepsilon u_b \tag{2-30}$$

故

$$u_a = \varepsilon u = u_t \cdot \frac{\varepsilon^2}{\phi(\varepsilon)} = \frac{u_t}{F(\varepsilon)}\text{，但 } F(\varepsilon) = \frac{\varepsilon^2}{\phi(\varepsilon)} \tag{2-31}$$

$F(\varepsilon)$ 為粒子群沉降時之空隙度函數，圖 2-6 揭示了 ε 與 $F(\varepsilon)$ 之關係圖。

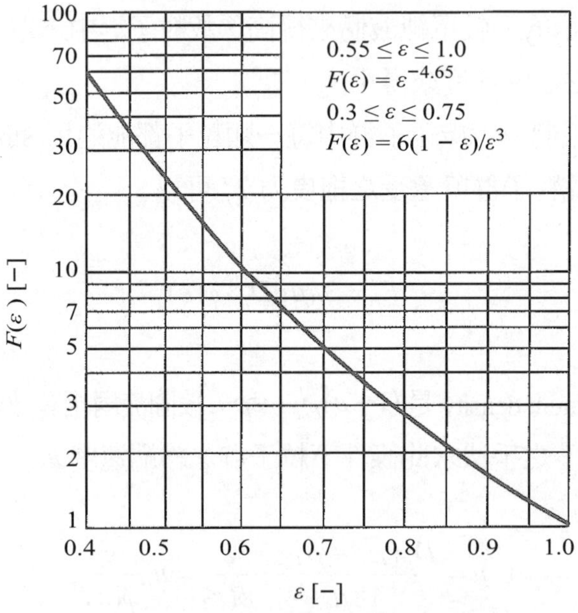

圖 2-6　$F(\varepsilon)$ vs. ε 之關係圖 [13]

2.3　絮凝物（floc）的移動速率

微粒經由絮凝（凝聚）所生成的凝聚體，稱爲**絮凝物**（floc）的途徑，如圖 2-7 所示。它與單一剛體粒子所不同之處是，形成絮凝物的性質和絮凝物徑 D_f 兩者所構成的密度，以及流體流過絮凝物內的透過性有不同的變化。微小一次粒子所絮凝而成之 $D_f < 1$ mm 的單一絮凝物，如已知其密度時，該絮凝物在流體中的移動速率可以單一剛體粒子的移動速率來近似；如構成絮凝物的一次粒子爲粒徑較大的纖維狀或活性污泥，或其他微生物的絮凝物，其粒徑很小時，所構成的絮凝物就會具有液體透過性，而導致其實際移動速率將較以單一剛體粒子近似所得的移動速率還要大。另外，絮凝物的密度將隨其粒徑的增加而減小。

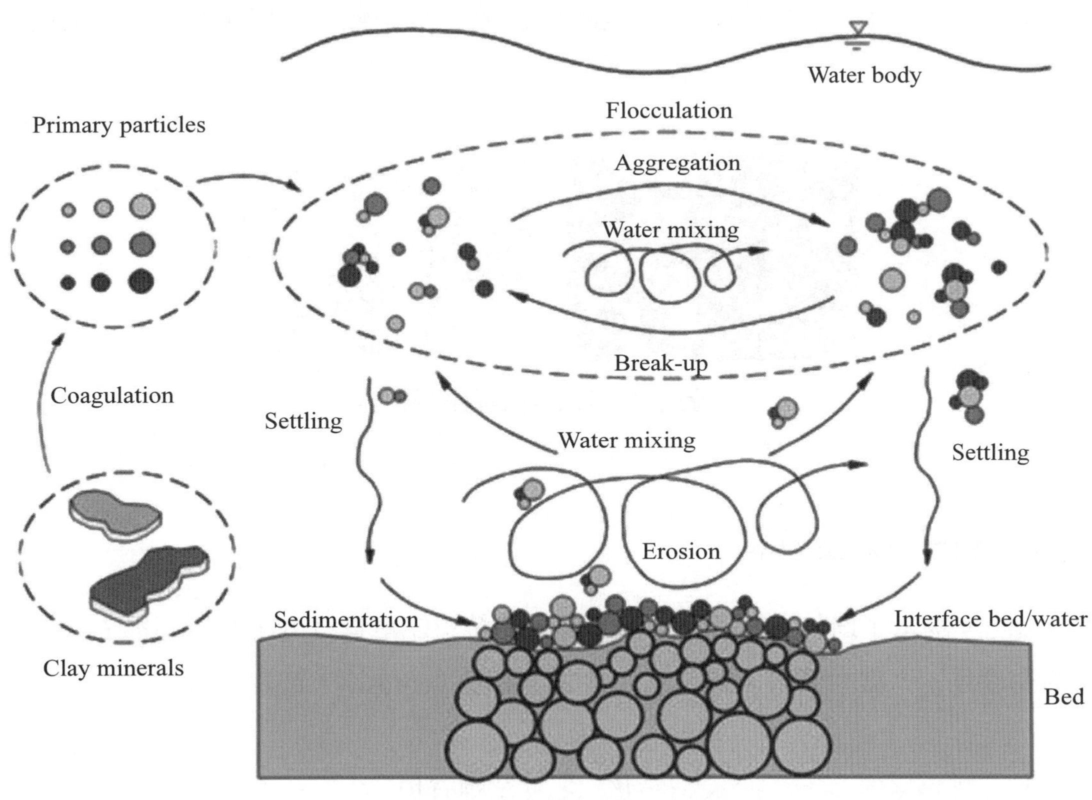

圖 2-7　絮凝物的生成

2.4　多孔媒體與流體流過多孔媒體——層流

2.4.1　多孔媒體

於連續的固相裡含有多數的空孔或孔隙，稱爲多孔物質，這些孔隙若是開放型的連續孔面，可互通讓流體流通時，就屬於連續孔；若孔隙是封閉型的不連續空孔，如發泡體時，就屬於不連續空孔。空隙所占容積（pore volume）V_1 與多孔物質的表總容積（apparent total volume）V_2 的比 V_1/V_2，稱爲孔率（void ratio）或空隙率（porosity）。如空隙率分布均勻的，稱爲均勻多孔媒體（homogeneous porous medium）。流體可流通部分的空隙率，稱爲有效空隙率，空隙率一般常藉由測量細孔分布的 porosity meter 來測得。由於 void ratio 擁有衆多孔隙，而讓多孔物質擁有相當大的比表面積，故多被利用作爲觸媒的擔體、吸附劑、濾材或膜分離材（澄清過濾）。

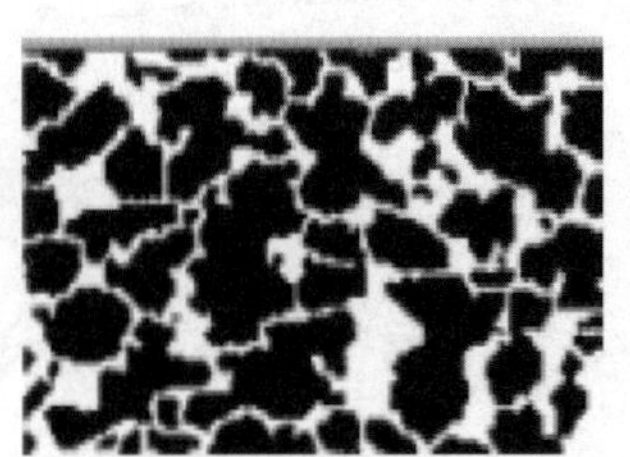
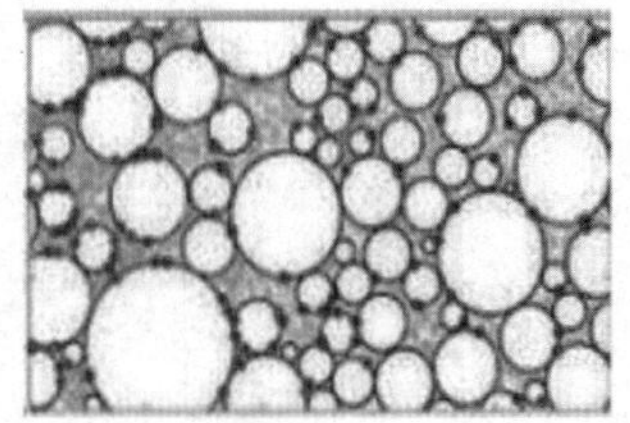

圖 2-8　多孔媒質截面圖

2.4.2　粒子層之空隙率

圖 2-9 揭示了均勻的粒子層之剖面圖，如粒子總重量爲 W，其層高爲 L，粒子之眞密度爲 ρ_p，截面積爲 A 時，粒子層之空隙度（porosity）ε 爲

$$\varepsilon = 1 - \frac{W}{\rho_p AL} = \frac{\text{空隙容積}}{\text{粒子層之容積}} \tag{2-32}$$

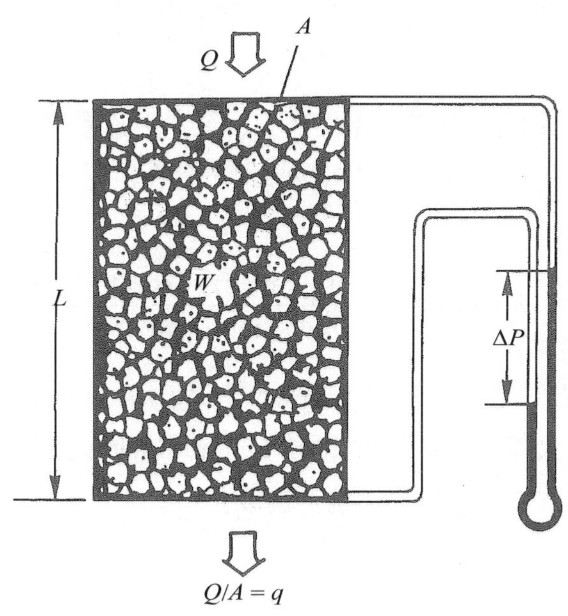

圖 2-9　流體流經多孔媒質時流量與壓力降

如 **c** 爲粒子固體所占之容積分率，則

$$\varepsilon + \mathbf{c} = 1 \tag{2-33}$$

2.5　流體流過多孔媒體之透過度

2.5.1　Darcy 公式

Darcy 整理砂濾之實驗數據後，指出流體之流量 Q 與驅動力之壓力差 ΔP 成正比，而與砂層之高度 L，及流體黏度 μ 成反比，提出了如下之**實驗式**：

$$\frac{Q}{A} = q = \frac{K\Delta P}{\mu L} \tag{2-34}$$

上式中，比例常數 K 就代表該多孔媒質（砂層）之**透過度**（permeability），它的大小只與多孔媒質之特性有關。在早期文獻中，多孔媒質之透過度單位採用

$$1(\text{darcy}) = \frac{1(\text{cm}^3/\text{cm}^2 \cdot \text{s}) \times 1(\text{centi-poise})}{1(\text{atm} \cdot \text{cm}^{-1})} \tag{2-35}$$

如用 **SI** 單位透過度之單位為 [m²]，而 1 m² = 1.013×10¹² darcy，由於 darcy 之單位太大，故較早期之文獻中多用其 1/1,000 之「milli-darcy」來表示。

式（2-37）稱為 **Darcy** 公式，也可寫成 [13]，

$$q = k_P \frac{\Delta P}{L} \tag{2-36}$$

此表示法中，k_p 內含了流體黏度之影響，其為某一流體流過多媒孔媒質的**透過係數**（permeability coefficient）。表 2-2 列示了一些濾材所構成之多孔媒質之空隙度及透過度之值。

表 2-2　濾材之空隙度與透過度 [12]

Material	Porosity (%)	Material	Permeability (10^{12}K(m²))
Wedge wire screen	5～10	Filter aids	
Perforated sheet	20	Fine	0.05～0.5
Wire mesh:		Medium	1～2
Twill weave	15～25	Coarse	4～5
Square	30～35	Cellulose fibre	1.86
Porous plastics, metals,	30～50	pulp	
ceramics	70	Filter sheets	0.017
Porous ceramic, special	80		0.15
Membranes, plastic foam	80	Polishing	1.13
Asbestos/cellulose sheets		Fine	
Refined filter	80～90		0.20
aids(diatomaceous	60-95	Clarifying	1.0
expanded perlite)		Sintered metal	7.5
Paper		3 μm pore size	70
		8 μm pore size	
		28 μm pore size	
		75 μm pore size	

2.5.2　Kozeny-Carman 公式 [9,15]

由於流體流經多孔媒質之狀況不僅彎曲錯綜，口徑忽寬忽窄，勢必以簡化之模式來處理，否則甚難以理論探討。Kozeny（1927）把多媒質（如圖 2-10(a)）之徑路視為如圖 2-10(b) 中不同口徑之毛細管束，並套用圓管內之層流的 Hagen-Poiseuille 式，來推導流體流經多孔媒質時之流量與壓力降之關係。

$$u = \frac{D^2}{32\mu} \cdot \frac{\Delta P}{L} \tag{2-37}$$

由於多孔媒質結構如圖 2-10(c) 所示，孔隙徑不一，流徑 L_e 與原厚度亦不等，故以 D_e 代表其平均孔隙徑，流徑長度以曲折率（tortuosity）T 修正，則流徑 $L_e = TL$，毛細孔內之平均流速 u_e 可寫成

$$u_e = \frac{D_e^2 \Delta P}{k_1 u L_e} \tag{2-38}$$

k_1 涵蓋了相當直徑範圍之複雜關係，而 u_e 與視為直管時之平均流速 u 之關係是

$$u_e = Tu \tag{2-39}$$

(a) Actual packed Bed

(b) Capillary Model

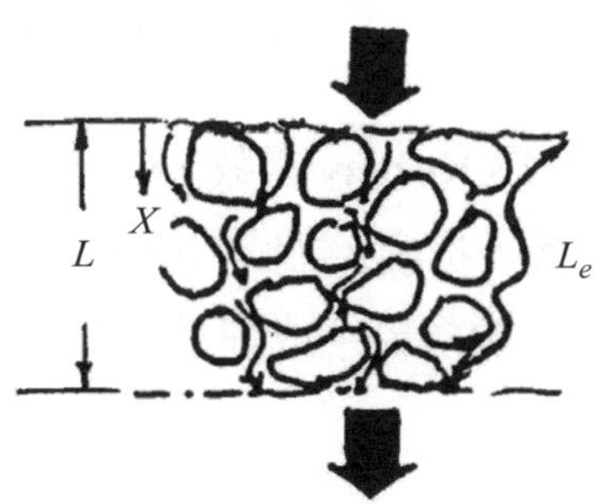

(c) Porous Medium

圖 2-10　多孔媒質之實況與模型

故流經多孔媒質之空隙之眞流速 u 與俗稱之平均流速 $\mathbf{q}$（superficial velocity, $q = Q/A$）之關係是

$$u = q/\varepsilon \tag{2-40}$$

$$u_e = qT/\varepsilon \tag{2-41}$$

在此吾人引進此系統之**水力半徑** r_{H}

$$r_H = \frac{\text{流體之截面積} \times L}{\text{被流體潤濕之周邊長} \times \mathrm{L}} = \frac{\text{多孔媒質系之空隙容積}}{\text{多孔媒質中粒子全表面積}}$$

故

$$r_H = \frac{AL\varepsilon}{AL(1-\varepsilon)S_0} = \frac{\varepsilon}{S_0(1-\varepsilon)} \tag{2-42}$$

因**相當直徑**爲 $D_e = 4_{rH}$，故

$$D_e = 4r_H = \frac{4\varepsilon}{S_0(1-\varepsilon)} \tag{2-43}$$

將式（2-39）、（2-41），及（2-43）代入式（2-38），並令 $k_1/16 = k_0$ 則可得：

$$q = \frac{\varepsilon^3}{T^2 k_0 S_0^2 (1-\varepsilon)^2} \cdot \frac{\Delta P}{L} = \frac{\varepsilon^3}{k S_0^2 (1-\varepsilon)^2} \cdot \frac{\Delta P}{L} \tag{2-44}$$

已知 $k = T^2 k_0$ 爲 **Kozeny 常數**，Carman（1937）整合了很多不同物質及流體之流量與壓力降之數據，提議 k 之値約爲 5.0，故式（2-13）也常被稱爲 **Kozeny-Carman** 式。但如粒子形狀偏向扁平或細長之粒子，或 ε 大於 0.85，與 ε 小於 0.3 者，上式就不大適用。

利用 Kozeny-Carman 式，對不含細孔之粒子可用如圖 2-11 所示之裝置 [5]，在已知 q 之條件下量測其 ΔP，就可測得容積基準之比表面積 S_0。又球形粒子之粒徑

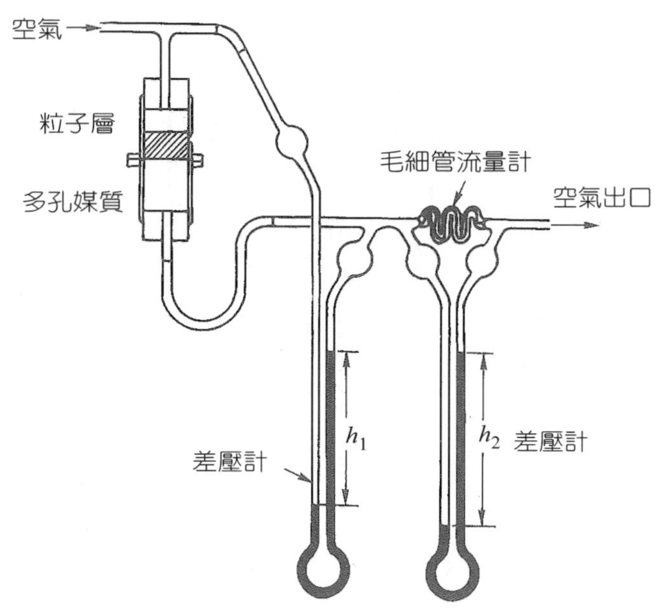

圖 2-11　透過度量測儀器 [5]

爲 D_p 時，其比表面積之關係爲 $D_p=\dfrac{6}{S_0}$，故利用式（2-13）求得 S_0 後，對非球形粒子之相當粒徑 D_e 可藉$D_e=\dfrac{6}{S_0}$求得。

2.5.3　其他模式

除了 Capillary flow 模式外，流體流經多孔媒質亦可以作用於每粒子之拖曳力總和來推估。

1. 曳力模式（drag model）（Ⅰ）

此 Model 假設 Packed Bed 中粒子是如圖 2-12(c) 整齊排列，則

$$\Delta P\cdot A=\sum_{i}^{N}F_{D,m_i} \tag{2-45}$$

在此式中，A 爲 Bed 之截面積，$F_{D,mi}$ 爲第 i 個粒子所承受之拖曳力，N 是 Bed 之粒子總數。因假設每一個粒子周圍之流場相同，故 $F_{D,mi}=F_{D,m}$，而 $F_{D,m}$ 與單一粒子在

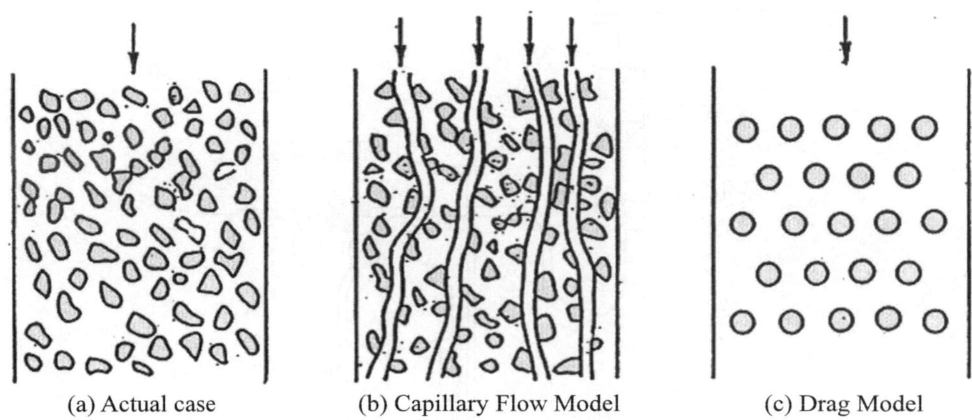

圖 2-12　多孔媒質之各種模型

獨立流場所承受之拉力 F_D 之關係爲 $F_{D,m} = F_D \cdot f(\varepsilon)$ 時

$$F_D = C_D \cdot \frac{\pi D_P^2}{4} \cdot \frac{\rho u^2}{2} \tag{2-46}$$

C_D 爲拖曳力係數，則因 $N = 6AL(1-\varepsilon)/\pi D_P^3$，所以

$$\Delta P = \frac{3}{2} C_D (1-\varepsilon) f(1-\varepsilon) \frac{L}{D_P} \cdot \frac{\rho u^2}{2} \tag{2-47}$$

Burke 和 Plummer 據此 Model 做因次分析，得如下之實驗式：

$$\Delta P = \frac{3.5}{4} \cdot \frac{1-\varepsilon}{\varepsilon^3} \cdot \frac{L}{D_P} \cdot \frac{\rho u^2}{2} \tag{2-48}$$

2. 曳力模式（drag model）（II）

如該多孔媒質係由單一粒徑之球構成，以 drag model 描述其壓降與曳力之關係爲

$$\Delta P \cdot A = F_{Dm} \cdot N \tag{2-49}$$

且該粒子層粒子總數 N 與其他變數之關係為

$$\frac{N}{LA}=\frac{1-\varepsilon}{\pi D_P^3/6} \tag{2-50}$$

將此式代入式（2-18）可得

$$\Delta P=\left\{\frac{3}{2}(1-\varepsilon)\phi(\varepsilon)C_D\right\}\left\{\frac{\rho V_r^2}{2}\right\}\left\{\frac{L}{D_p}\right\} \tag{2-51}$$

在此 V_r = 液體對固體之相對流速。

如將 superficial velocity (q) 代入式（2-20）可得

$$\Delta P=\left\{\frac{3}{2}\frac{1-\varepsilon}{\varepsilon}F(\varepsilon)C_D\right\}\left\{\frac{\rho q^2}{2}\right\}\left\{\frac{L}{D_P}\right\} \tag{2-52}$$

在此如令 $4f_b=\frac{3}{2}\frac{1-\varepsilon}{\varepsilon}F(\varepsilon)C_D$，而 f_b 為摩擦係數，u_0 為 Q/A 時

$$\Delta P=4f_b\left\{\frac{\rho u_0^2}{2}\right\}\left\{\frac{L_b}{D_P}\right\} \tag{2-53}$$

上式與圓管內之壓力降之 Fanning 式相同

$$\Delta P=4f\left\{\frac{\rho u^2}{2}\right\}\left\{\frac{L}{D}\right\} \tag{2-54}$$

在 $Re<1.0$ 時，可依 Stokes 定律，故

$$C_D=\frac{24}{\mathrm{Re}}=\frac{24\mu\varepsilon}{\rho D_P u_0} \tag{2-55}$$

則

$$\Delta P=18(1-\varepsilon)F(\varepsilon)\frac{1}{D_P^2}\mu u_0 L \tag{2-56}$$

如多孔媒質可視爲不同管徑之毛細管管束，則其平均口徑可以

$$D = \frac{4\varepsilon}{S_0} \tag{2-57}$$

表示，如粒子係球狀粒子，則比表面積可以下式表示

$$S_0 = \frac{6(1-\varepsilon)}{D_P} \tag{2-58}$$

將上述各式代入可得

$$\Delta P = f\left\{\frac{L}{\varepsilon / S_0}\right\}\left\{\frac{\rho u_0^2}{2}\right\} \tag{2-59}$$

對層流，摩擦係數 f 可以下式表示

$$f = k \cdot \frac{\mu}{\rho u_0 (\varepsilon / S_0)} \tag{2-60}$$

因流體在毛細管之眞流速應爲 $u = u_0/\varepsilon$，故式（2-59）可改寫成

$$\Delta P = \frac{18k(1-\varepsilon)^2}{\varepsilon^3} \frac{1}{D_P^2} \mu u_0 L \tag{2-61}$$

此式與 Kozeny-Carman 式相似，比較式（2-19）與 Kozeny-Carman 式，$F(\varepsilon)$ 應爲：

$$F(\varepsilon) = \frac{k(1-\varepsilon)}{\varepsilon^3} \tag{2-62}$$

對非球形粒子層式（2-29）可改寫成

$$\Delta P = \frac{18k(1-\varepsilon)^2}{\varepsilon^3} \frac{1}{\phi_C^2 D_P^2} \mu u_0 L \tag{2-63}$$

但 ϕ_C = 依據表面積為基準之球形度。

3. Happel 的 Cell 模式 [8]

Happel（1958）提議流體流過多孔媒質系，可視為如圖 2-13 所示之半徑 x 實心球被半徑 b 同心之液體球所包之單元集合而成，而此 Cell 中流體相之容積分率等於多孔媒體之平均空隙率，而固體所占之容積分率 β 與 x 和 b 之關係可寫成

$$\frac{x}{2b} = \beta^{0.33} = (1-\varepsilon)^{0.33} \tag{2-64}$$

在假設固體表面不發生滑動之情況下，Happel 等（1965）在 $Re < 1.0$ 之條件下，利用**流線函數**（stream function）解得相似 Darcy 公式的 q。

$$q = \left[\frac{x^2}{36} \cdot \frac{6 - 9\beta^{0.33} + 9\beta^{1.67} - 6\beta^2}{\beta(3+2\beta^{1.67})}\right]\frac{\Delta P}{\mu L} \tag{2-65}$$

式（2-68）中之 $\left[\frac{x^2}{36} \cdot \frac{6 - 9\beta^{0.33} + 9\beta^{1.67} - 6\beta^2}{\beta(3+2\beta^{1.67})}\right]$ 內相當於 Darcy's 公式中所定義透過度 k，式（2-68）之計算值，在 ε 介在 0.4～0.7 間相當吻合，由 Kozeny-Carman 公式所得之值。

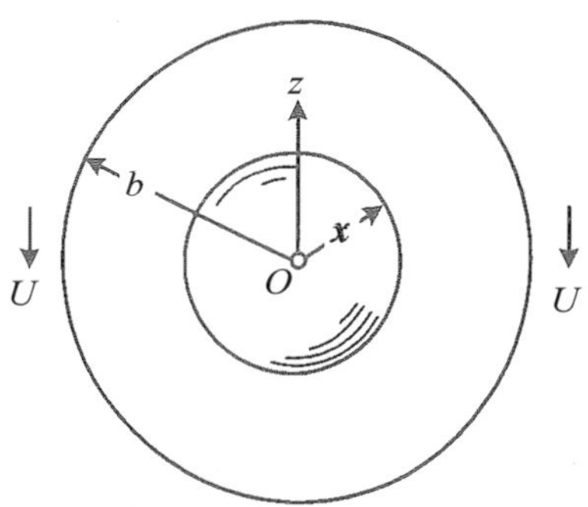

圖 2-13　Happel 之 Cell 模型 [8]

2.6 粒子層中之紊流流動 [13]

2.6.1 摩擦係數

流體流經圓管（內徑 D、長 L）時壓力降 ΔP [N/m^2] 與作用在管壁之剪應力 τ_w [N/m^2] 之關係爲

$$\tau_w = \frac{D}{4} \cdot \frac{\Delta P}{L} \tag{2-66}$$

ΔP 也可由如下 Fanning 式求得

$$\Delta P = \lambda \frac{L}{D} \cdot \frac{\rho u_0^2}{2} = 4f \frac{L}{D} \cdot \frac{\rho u_0^2}{2} \tag{2-67}$$

由 $\lambda = 4f$ 而知，流體在管內流動時之摩擦係數，u_0 [m/s] 爲平均流速，ρ 爲流體之密度 [Kg/m^3]，λ 是管壁之粗糙度 ε_r [m] 及 N_{Re} 數 [$\mathrm{Re} \equiv D\bar{u}\rho/\mu$] 之函數，亦即

$$\lambda = \lambda\left[\mathrm{Re} \cdot \frac{\varepsilon_r}{D}\right] \tag{2-68}$$

從式（2-36）及（2-37）消去 ΔP，可得

$$f = \frac{\lambda}{4} = \frac{\tau_w}{(\rho u_0^2 / 2)} \tag{2-69}$$

在流體流經多孔媒質（或粒子層）時，與流體接觸之表面積式爲 $AL(1-\varepsilon) \cdot S_0$；當流體流過時，單位面積之粒子表面積給予流體之 R' [N/m^2]（拖曳力）時，總阻力應爲 $AL(1-\varepsilon)S_0R'$，ΔP 則是要克服此曳力所需之壓力差，也即需有 $\Delta P \cdot A \cdot \varepsilon$ 之驅動力，始可讓流體以 $\bar{u}$ 之平均流速流過此粒子層，以等號連上此兩力則

$$R' = \frac{\Delta P \cdot \varepsilon}{L(1-\varepsilon)S_0} \tag{2-70}$$

將此式與前式比較，R' 相當於 τ_w，以眞流速 $u = q/\varepsilon$ 代換 u_0，則流體流經多孔媒質之**摩擦係數** λ' 可寫成

$$\frac{\lambda'}{8} = \frac{R'}{\rho u^2} = \frac{\dfrac{\Delta P \varepsilon}{L(1-\varepsilon)S_0}}{\rho(q/\varepsilon)^2} = \frac{\Delta P \cdot \varepsilon^3}{LS_0(1-\varepsilon)\rho q^2} \tag{2-71}$$

故如以粒子層之水力半徑 r_H 及 u 來定義流體流經粒子層（多孔媒質）之 N_{Re} 數，則其修正 N_{Re} 數 N'_{Re} 爲

$$N'_{\mathrm{Re}} \equiv \frac{r_H u \rho}{\mu} = \frac{q\rho}{S_0 \mu (1-\varepsilon)} \tag{2-72}$$

Carman 整理衆多數據，作 N'_{Re} 與 $\frac{\lambda'}{8}$ 之圖，得圖 2-14 所示之結果 [4] 顯示：

1. 當 $N'_{\mathrm{Re}} \le 2$ 時，Re' 與 $\frac{\lambda'}{8}$ 成斜率爲 2 之一直線。

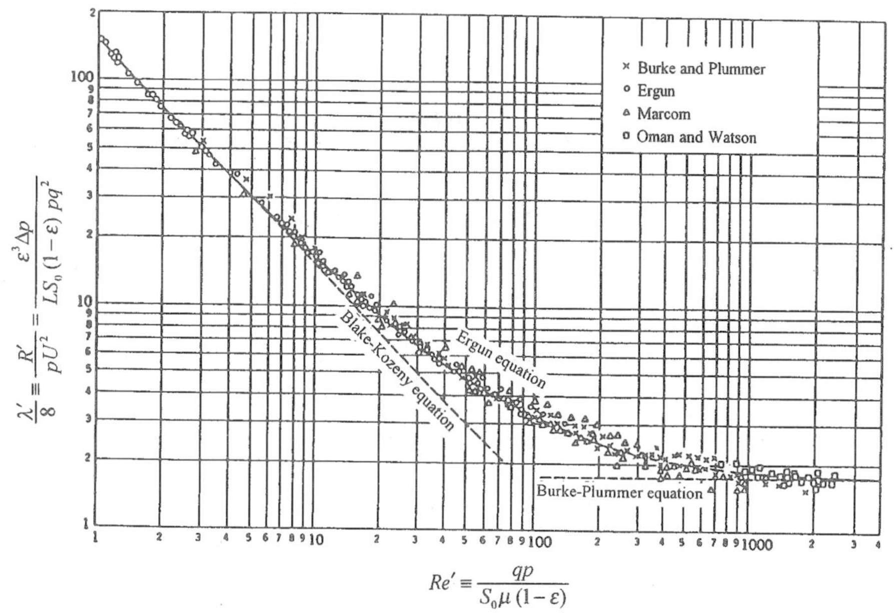

圖 2-14　Carman 之修正摩擦係數 vs. N'_{Re} 數 [1]

2. 當 $2 < N'_{\mathrm{Re}} < 100$，此關係爲一變化過程之曲線。

3. 當 $N'_{\mathrm{Re}} > 100$，此關係約爲斜率 –1/4 之直線。

Carman 並以下式整合了流體流經多孔媒質時 N'_{Re} 與摩擦係數之關係

$$\frac{\lambda'}{8} \equiv \left(\frac{R'}{\rho u^2}\right) = 5N'^{-1}_{\mathrm{Re}} + 0.4N'^{-0.1}_{\mathrm{Re}} \tag{2-73}$$

當流體爲層流時上式右邊第一項爲主宰，而紊流時第二項就成爲主宰。

2.6.2 Ergun 式 [13]

Ergun 把 Burke 所提議的適於流體流經多孔媒質之實驗式與 Kozeny-Carman 式合併，提倡以下式推計涵蓋紊流時之流體流經多孔媒質之壓力降

$$\frac{\Delta P}{L} = k_1 \cdot S_0^2 \frac{(1-\varepsilon)^2}{\varepsilon^3} \mu q + k_2 S_0 \frac{(1-\varepsilon)}{\varepsilon^3} \mu q^2 \tag{2-74}$$

並以實驗來確認上式之可行性。在上式中，k_1 及 k_2 都是實驗常數，如粒子層之粒子代表徑可以 $D_p = 6/S_0$ 代表，且 $36k_1 \equiv k_1'$，$6k_2 \equiv k_2'$，則上式可改寫成

$$\frac{\Delta P}{L} = k_1' \frac{1}{D_P^2} \cdot \frac{(1-\varepsilon)^2}{\varepsilon^3} \mu q + k_2' \frac{1}{D_p} \frac{(1-\varepsilon)}{\varepsilon^3} \mu q^2 \tag{2-75}$$

如再利用 $D_p = 6/S_0$ 及上節中介紹之關係來改寫上式，則可得

$$\frac{\lambda'}{8} \equiv \left(\frac{R'}{\rho u^2}\right) = \frac{k_1'}{36Re'} + \frac{k_2'}{6} \tag{2-76}$$

Ergun 由整理實驗數據得 $k_1' = 150$ 及 $k_2' = 1.75$，也即

$$\frac{\lambda'}{8} \equiv \left(\frac{R'}{\rho u^2}\right) = 4.17(Re')^{-1} + 0.292 \tag{2-77}$$

此式稱爲 **Ergun 之紊流式**，藉以推計流體流經多孔媒質時之摩擦係數及壓力降。此

式當 $N'_{\mathrm{Re}}\to\infty$時，摩擦係數不會有趨於零之矛盾存在，故優於上節所述 Carman 之式。利用此結果，ΔP 可用下式推計：

$$\Delta P=\lambda'\frac{S_0(1-\varepsilon)L}{4\varepsilon}\cdot\frac{\rho(q/\varepsilon)^2}{2} \tag{2-78}$$

如 $D_e=$ 相當直徑 $=4\varepsilon/\{S_0(1-\varepsilon)\}$ 時

$$\Delta P=\lambda'\cdot\frac{L}{D_e}\frac{\rho(\frac{q}{\varepsilon})^2}{2}=\lambda'\cdot\frac{L}{D_e}\cdot\frac{\rho u^2}{2} \tag{2-79}$$

實與 Fanning 公式同一型。

例題2-2[13]

直徑 1 m 之圓桶裡裝滿了 1,250 kg 之徑 0.4 cm、長 0.6 cm 之圓柱顆粒，粒子層高度已知爲 1.0 m，則以每秒 0.15 m^3 之流量的水流經此粒子層時，其壓力降爲多少？顆粒物質之密度爲 $\rho_P=2,500\ \mathrm{kg/m^3}$。

解 先求體積基準之比表面積 S_0

$$S_0=\frac{\text{圓柱粒子之表面積}}{\text{圓柱體積}}=\frac{\pi(4\times10^{-3})(6\times10^{-3})+(\frac{\pi}{4})(4\times10^{-3})^2\times2}{(\pi/4)(4\times10^{-3})^2(6\times10^{-3})}$$

$$=1.33\times10^3\ \mathrm{m^2/m^3}$$

$$\varepsilon=1-\frac{1,250/(2.5\times10^3)}{(\frac{\pi}{4})(1^2)(1.0)}=0.363$$

$$q=0.15/(\frac{\pi}{4}\times1^2)=0.191\ \mathrm{m/s}$$

$\rho=1,000\ \mathrm{kg/m^3}$，$\mu=0.001\ \mathrm{kg/m\cdot s}$，$L=1.0\ \mathrm{m}$

由式（2-75）求修正 Re 數，代入 Ergun 式，求摩擦係數 λ'

$$N'_{\mathrm{Re}}=\frac{q\rho}{\mu S_0(1-\varepsilon)}=\frac{(0.191)(1,000)}{(0.001)(1.33\times10^3)(0.637)}$$

$$=226$$

$$\because\frac{\lambda'}{8}=4.17\,\mathrm{Re}'^{-1}+0.292$$

$\therefore\ \lambda' = 8\ (4.17/226 + 0.292) = 2.48$

如 $D_e = 4\varepsilon/S_0(1-\varepsilon) = 4\times(0.363)/(1.33\times10^3)(0.637)$

$D_e = 1.71\times10^{-3}$ m

利用 $\Delta P = \lambda' \cdot \dfrac{L}{D_e} \cdot \dfrac{\rho(q/\varepsilon)^2}{2}$

$= \lambda' \dfrac{L}{D_e} \cdot \dfrac{\rho U^2}{2}$

$\Delta P = 2.48 \cdot \dfrac{(1.0)}{1.71\times10^{-3}} \cdot \dfrac{(1.0\times10^3)(0.191/0.363)^2}{2}$

$= \underline{2.01\times10^5\ \text{Pa}}$

2.6.3 Brownell 等人之處理方式 [2,3]

針對沿著圓管內之流體流動常用之 Moody chart，Brownell 等人整理了如圖 2-15 所示之可用於流體流經多孔媒質之修正 N_{Re} 數對修正摩擦係數之圖表，其中$N'_{Re} = D_p F_{Re} u_0/\upsilon$，$\upsilon$ 爲 ρ/μ，而修正摩擦係數 $f' = f/F_f = 2gD_P(\Delta P)_f\ /\ F_f L u_0^2 \rho_f$。若已知多孔媒質之孔隙度 ε，則可由圖 2-16 及圖 2-17 求得 F_{Re} 及 F_f，其中圖上 ϕ 爲粒子之球形度。這些圖可用之範圍爲 ε 在 0.30～0.85，D_p 在 0.12 mm～5 cm，ϕ 在 0.26～1，平均偏差爲 ±6%。而在此方法所用之 D_p 爲篩分徑，有粒徑分布時，可用下式所定義之面積平均粒徑 m_i 爲篩分徑 D_i 之粒子質量分率

$$\overline{D}_P = \sqrt{\frac{\Sigma(m_i/D_i)}{\Sigma(m_i/D_i^3)}} \qquad (2\text{-}80)$$

2.7 氣液兩相流體流經多孔媒質 [1]

濾餅過濾在洗滌後，常利用氣體吹出含在濾餅空隙之液體，以節省銜接下去乾燥等操作之操作成本，兩相流體中較容易潤濕粒子表面之流體，稱爲**潤濕流體**

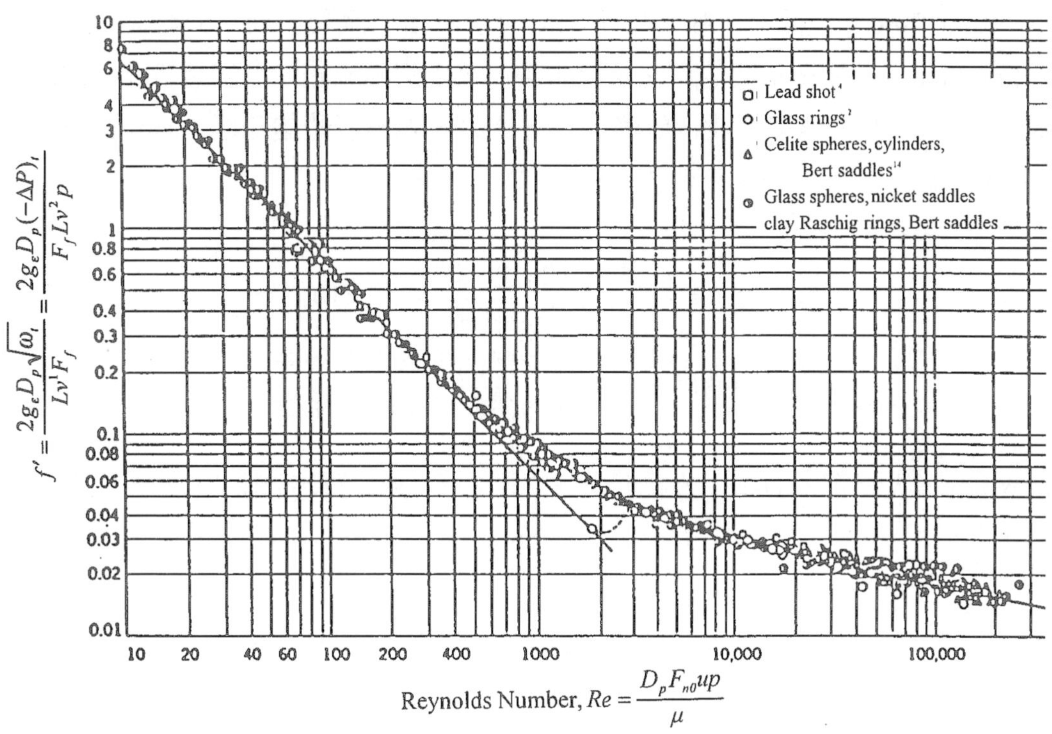

圖 2-15　Brownell 等之修正摩擦係數 vs. 修正 *Re* 數 [1]

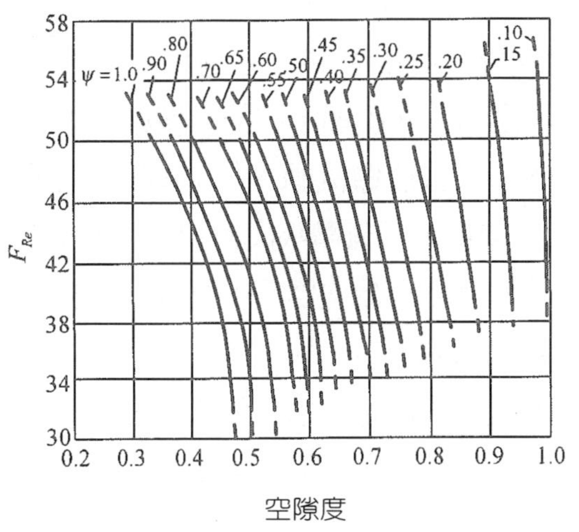

圖 2-16　F_{Re} vs. 空隙度 [12]

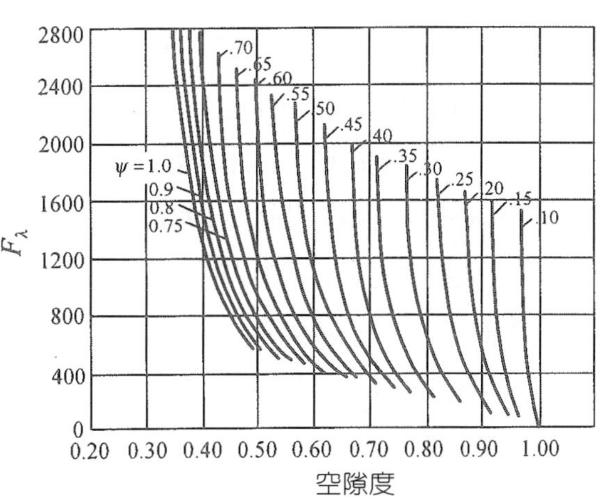

圖 2-17　F_λ vs. 空隙度 [12]

（wetting fluid）；而另一較難或不潤濕粒子表面之流體，稱爲**非潤濕流體**（non-wetting fluid），如在水與空氣之系統而言，水是潤濕流體，而空氣是非潤濕流體。用以形容多孔媒質含液（潤濕流體）百分比之定義爲**液體飽和度**（saturation），k_{ri} 是對象流體在濕潤狀態時之透過度，亦即

$$\text{飽和度 } S \equiv \frac{\text{液體所佔有之空隙容積}}{\text{全空隙容積}} \times 100\% \tag{2-81}$$

$$\text{相對透過度 } k_{ri} \equiv \frac{\text{對象流體}(i)\text{實際上之流量}}{\text{同一流體充滿空隙之流量}} \tag{2-82}$$

Brownell 等人修正了 Darcy 公式於上述之兩相流體系統及各相之流速，而可以下式表示

$$\text{液體 } q = \frac{k}{\mu}\frac{\Delta P_L}{L} \tag{2-83}$$

$$\text{空氣 } q_a = \frac{k_a}{\mu_a}\frac{\Delta P_a}{L} \tag{2-84}$$

L 爲多孔媒質之厚度，ΔP_L 及 ΔP_a 各爲液體及空氣之壓差。

如令 $k_{rl} \equiv k_l / K_l$，$k_{ra} \equiv k_a / K_a$，在兩相流體流經多孔媒質時，其飽和度 S 與 k_{r1} 及 k_{ra} 之變化如圖 2-18 所示，（此圖爲油與空氣之例）此圖顯示在飽和度小於 18% 時，只有空氣在流動；而在飽和度大於 90% 時，只有液體流動。依 Kozeny 之假設，多孔媒質可視爲如圖 2-19 之不同口徑的毛細管束，當氣體吹向飽和度 100% 之多孔媒質而逐漸提升其壓力時，原充滿空隙之液體將從存於空隙度較高或口徑較大之毛細管中，先被吹進來之氣體所置換，但固體表面尙留著一層液體向出口流動。存於空隙較細如口徑小的毛細管中之液體，依液體之表面張力抵住氣體壓力而不讓流體流動，這些不動而留下來的液體以飽和度表示時，稱爲**殘留飽和度** S_r（residual saturation），此現象就如圖 2-19 所示。

圖 2-20 顯示置換過程之飽和度與液體相對透過度之關係。區域 1 是氣體在流動的範圍，區域 2 是液體在流動的範圍，區域 3 則爲被毛細管力從流動之液體留下來的部分。圖 2-18 所示之氣體與油兩相系統之油相線，相當於圖 2-20 之區域 1 及 2

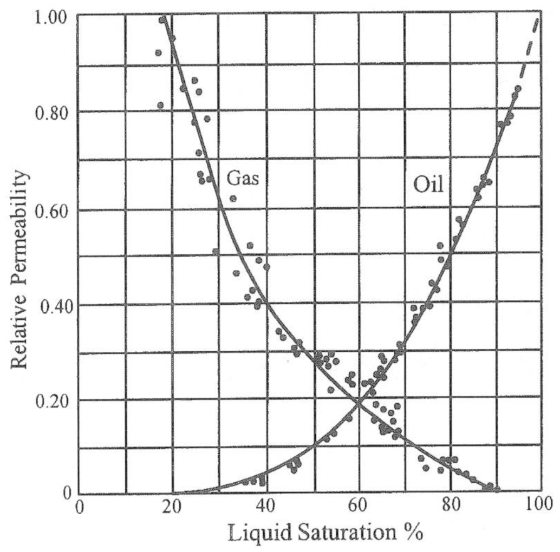

圖 2-18　液體飽和度與相對透過度之關係（氣體與油）[1]

圖 2-19　毛細管徑對殘留液體量之影響 [1]

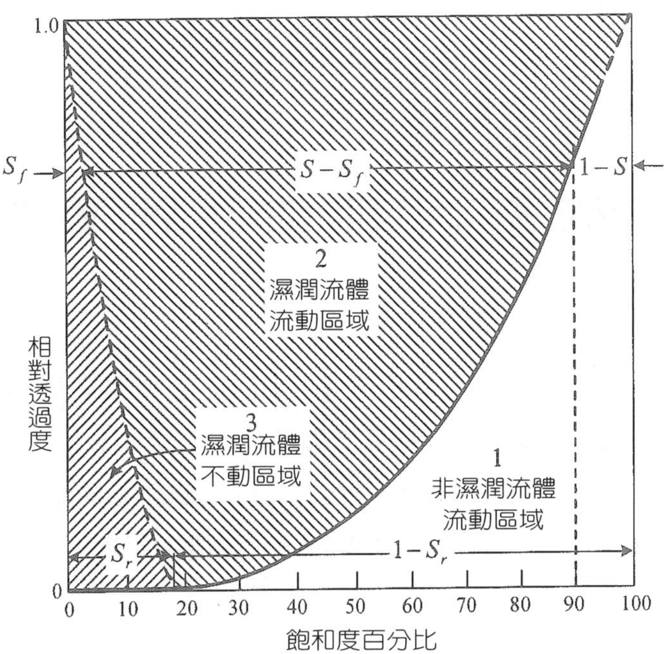

圖 2-20　液體飽和度與相對透過度 [1]

之分隔線。Brownell 等人將被毛細管力保留而不動之液體所占容積分率稱為 S_f，並指出 S_f 與液體之相對透過度成正比，或與液體層內之某些量成正比，即：

$$\frac{S_f}{S_r} = \frac{1-S}{1-S_r} \text{ 或 } S_f = (\frac{1-S}{1-S_r})S_r \tag{2-85}$$

上式中，S_r = 剩餘飽和度 =（至多可留住之潤濕流體）/（總空隙體積），並定義流動液體所占之空隙容積，與在流動之液體與氣體所占住之空隙容積之比，稱為**有效飽和度 S_e**（effective saturation），故

$$S_e = \frac{\text{流動液體所占之空隙度}}{\text{在多孔體內流動之液體與氣體所占之空隙度}}$$

$$S_e \equiv \frac{S-S_f}{(S-S_f)+(1-S)} \tag{2-86}$$

從此式與式（2-85）可得

$$S_e = \frac{S-S_r}{1-2S_r+SS_r} \tag{2-87}$$

2.8 流體流過粒子床時作用力之平衡與固體壓縮壓力 [15]

如圖 2-21 所示，在解析流體流經不可變形粒子床之摩擦拉曳力理論時，設：(1) 粒子間為**點接觸**（point contact）、(2) 液體與其流向正交（orthogonal）的任一平面上保持連續面、(3) 忽略**慣性力**（inertia force）、(4) 濾餅結構受壓密而在瞬間達平衡。基於此假設，則液體壓力對整個過濾之橫截面積皆有效，在 x 和 L 間取 dx 微分作淨力平衡：

$$\text{淨力} = dF_s + AdP_L \tag{2-88}$$

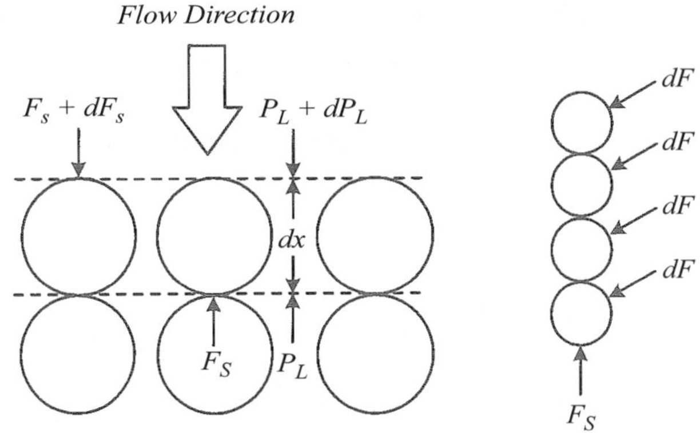

圖 2-21　流體流經粒子層時之壓力與曳力之作用

式中 $P_L(x, t)$ 爲**局部液壓**（local hydraulic pressure）

$F_s(x, t)$ 爲**累積拉曳力**（accumulated drag force）

A 爲**濾餅橫截面積**（cross sectional area）

此淨力爲質量與加速度之相乘積，若在過濾過程中 $Re < 1.0$，則濾餅內之粒子與液體的加速度可忽略不計，故淨力爲 0，式（2-80）因此可表示爲

$$dF_s + AdP_L = 0 \qquad (2\text{-}89)$$

若定義**有效固體壓縮壓力**（solid compressiv epressure）爲 $P_s = F_s/A$，則式（2-89）可改寫爲

$$dP_s + dP_L = 0 \qquad (2\text{-}90)$$

積分式（2-90）可得

$$P_s + P_L = P \qquad (2\text{-}91)$$

其中 P 爲施加於過濾系統之總壓力。

當流體流經粒子層或濾餅時，流體對固體表面產生之拖曳力轉換成上述之固體壓縮壓力，此壓力隨流體向下流動之方向而增加，如粒子層或濾餅為**非壓密性**（incompatable）時，粒子之結構及空隙度不會因此壓縮壓力之變化而有所改變，而由上至下為均勻之空隙度，此時粒子層或濾餅之液壓（P_L）之分布為如圖 2-22 所示之一直線。

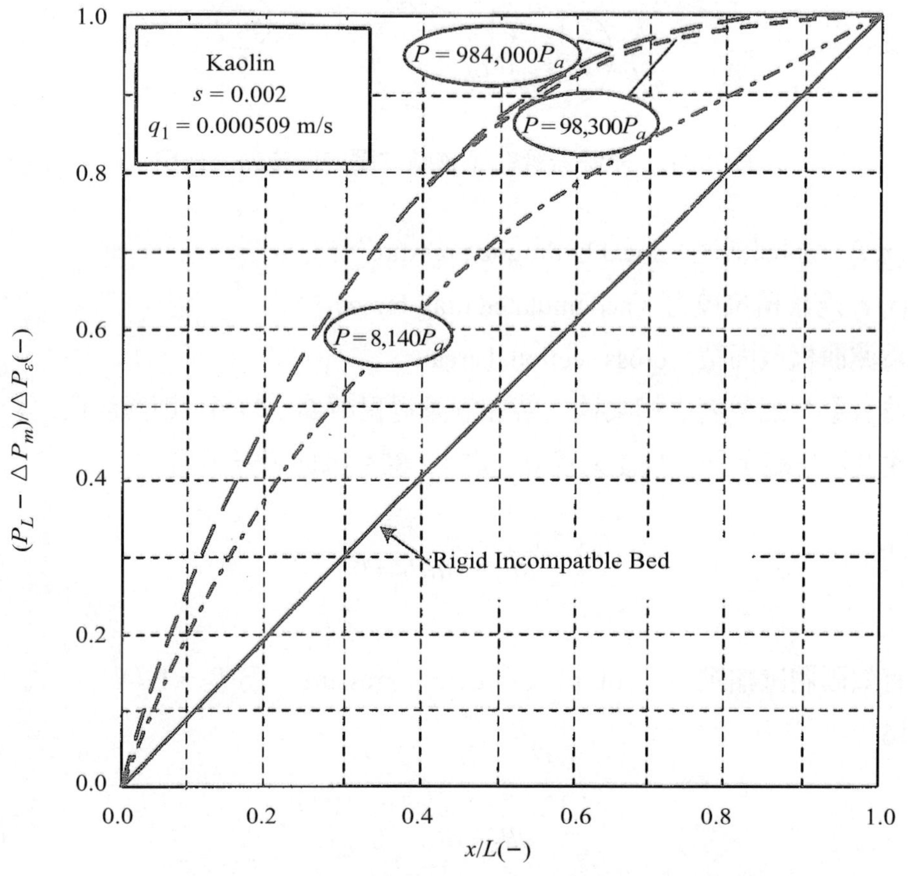

圖 2-22　流體流經可壓密性粒子層時之液壓分布

如粒子層受壓力後會只改變其結構為**可壓密**（compactable）時，空隙度分布就由上往下減少，流體流動阻力也隨之而增，故流體之壓力分布也開始偏離直線，如圖 2-22 中之以虛線所表示之曲線。

2.9　流體流經可壓密性多孔媒質 [15]

化工程序所常見之濾餅，當承受拖曳力轉換而成之固體壓縮壓力時，濾餅之結構或多或少會崩潰而構成空隙度較小之較緻密濾餅。所以當流體流經這類可壓密性的濾餅，其流速便受壓密之影響，而在流動方向有增速之現象。

2.9.1　連續方程式

對多孔媒質之一微小厚度 dx（見圖 2-23）作濾液之收支平衡，可寫成

$$\begin{pmatrix}\text{在 } dt \text{ 時間由面 } x+dx \\ \text{流入之液體量}\end{pmatrix} - \begin{pmatrix} dt \text{ 時間內由面 } x \\ \text{流出之液體量}\end{pmatrix} = \begin{pmatrix}\text{微小薄層 } dx \text{ 內} \\ \text{流體之變化量}\end{pmatrix} \quad (2\text{-}92)$$

以記號代表時，因液體量之變化可以 $\Delta\varepsilon_x$ 表示，故

$$(q_x + \frac{\partial q_x}{\partial x} dx) A dt - q_x A dt = A dx \frac{\partial \varepsilon_x}{\partial t} dt \quad (2\text{-}93)$$

將此式化簡整理則可得

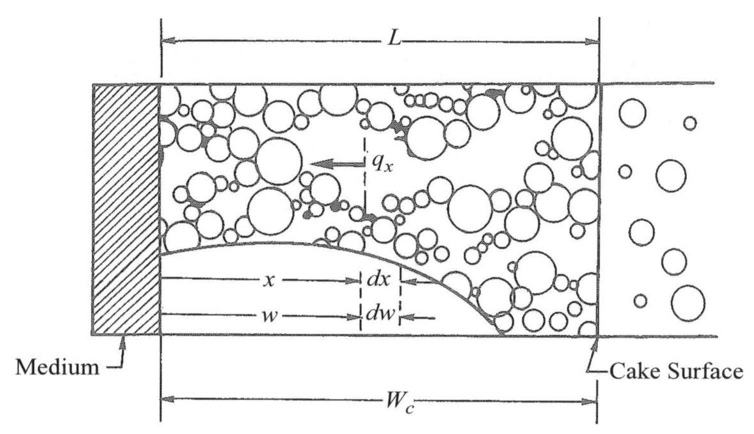

圖 2-23　流體流經壓密性濾餅之模式

$$(\frac{\partial q_x}{\partial x})_t = (\frac{\partial \varepsilon_x}{\partial t})_x \qquad (2\text{-}94)$$

此式顯示了當多孔媒質被壓密而空隙度減少時，將此被出之流體相加於流過 dx 之流速。亦指出流體流經可壓縮密性多孔媒質時，其流速不是均勻的。

上式亦可以單位濾材面積上之多孔媒質之質量 w 爲基準，以 Material Coordinate 方式改寫成

$$(\frac{\partial q_x}{\partial w})_t = (\frac{\partial \varepsilon_w}{\partial t})_w \qquad (2\text{-}95)$$

2.9.2 Darcy-Shirato 的修正連續式 [14]

Shirato 等人於（1969）檢討可壓密性濾餅內之流體流動現象時，指出流體流經此類多孔媒體時所產生之壓力降，乃是由於流體與多孔媒質表面存在相對速度而產生，故把 Darcy 式修正爲

$$q_x - \frac{\varepsilon_x}{1-\varepsilon_x} r_x = \frac{dP_L}{\mu \alpha_x dw_x} \qquad (2\text{-}96)$$

上式中，r_x 爲固體粒子（多孔媒質）之移動速度（見圖 2-24），α_x 爲過濾比阻。Shirato 等人 [14] 也將此觀念植入過濾式，以修正 Ruth 的平均過濾比阻。一般而言，r_x 與 q_x 比較，其相對值很小，故在非壓密性或在壓密性不高之多孔媒質時，可逕用 Darcy 式即可。

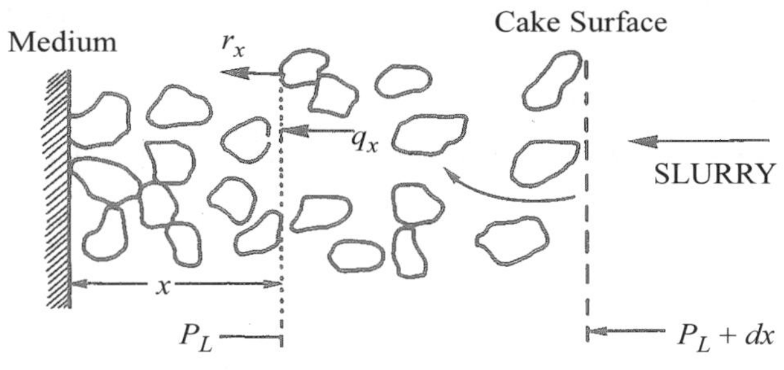

圖 2-24　流體流經壓密性濾餅之模式

2.10　高壓縮性物質之過濾 *

當過濾技術應用到精密化學品、生化製程或廢水處理製程時，分離的對象常爲可變形、高彈性的微小粒子，例如軟粒子、膠質、細菌與胞外高分子物質、活性污泥等，其所形成的濾餅經常具有高壓縮性，這類的濾餅結構具高度不均勻性，會在濾材表面形成一阻力極高之類膠質層，所以非常難過濾。以下即針對高壓縮性物質之過濾特性進行解析，藉由過濾原理的基礎分析，可以選擇正確的過濾方式，解決過濾與分離的問題。

2.10.1　高壓縮性物質之過濾特性

在工業過濾上，所有的濾餅多少都有一些可壓縮性，對一個不可壓縮或是些微可壓縮的物質而言，其過濾行爲可以用傳統的過濾理論來描述與預測，如同第五章所述。然而，濾餅的壓縮性會造成過濾操作時對壓力的反應與理論的預測有偏差，壓縮性越高，偏差也就越大，這也造成過濾操作上的挑戰。

1. 粒子的變形導致不均勻的濾餅結構

若濾餅由可變形的軟粒子所構成，則粒子的變形會導致濾餅結構的根本變化，

* 此節由黃國楨教授執筆。

使得過濾阻力急速上升。隨著壓縮力的增加，會由粒子重排變成粒子變形，最後形成整體壓縮的**緻密化**（densification）現象。在這種情形下，多會在濾材表面上形成一層緻密的**皮層**（skin layer），這層濾餅通常只占不到 1/10 的厚度，但卻會導致 90% 以上的總過濾阻力 [1,2]。

2. 過濾曲線並不一定是直線

圖 2-25 顯示在恆壓過濾下二種典型的過濾曲線，些微可壓縮濾餅係由 PMMA 塑膠粒子所構成，其過濾曲線爲一直線，顯示濾餅之平均過濾比阻爲定值；而高壓縮性濾餅則以酵母菌爲例，過濾曲線呈現向下彎曲的趨勢，這是因爲粒子的變形會導致濾餅之過濾比阻隨時間變化所致。通常粒子的受力變形需要遲滯時間 [1]，變形程度亦與過濾壓差及粒子物性有關，所以可能產生不同形狀的曲線。若由過濾曲線切線的斜率來計算瞬時的濾餅平均過濾比阻，則表示濾餅平均過濾比阻會隨時間變化。酵母菌的尺寸雖然比 PMMA 粒子大 10 倍，其過濾比阻還是比 PMMA 粒子高一個數量級，所以濾速會低很多。

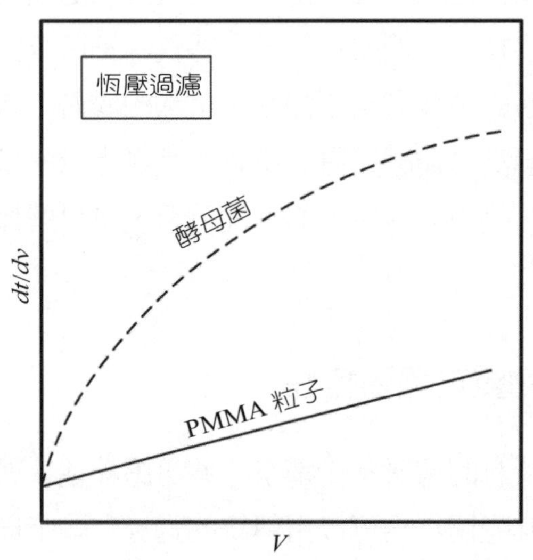

圖 2-25　濾餅壓縮性對過濾曲線的影響

3. 濾餅之可壓縮性

在濾餅過濾中，可壓縮性指的是濾餅如何因應壓力而調整它的結構。當濾餅被壓縮時，它的結構會變得比較緻密，因此過濾的阻力增加、濾餅的滲透率減低、過濾的速率降低。可壓縮性受到粒子大小、濃度、軟硬度及粒子之間的作用力影響，整體的現象相當複雜，目前實用上只能以經驗式估計，而無法以理論準確的預測。濾餅的平均過濾比阻與壓差之間的關係可以用指數型的經驗式來表示 [3]：

$$\alpha_{av} = A \cdot \Delta P^{n} \tag{2-97}$$

式中，A 為與物質本性有關的常數，指數 n 則稱為濾餅的**壓縮係數**（compressibility），其數值代表濾餅被壓縮的難易程度，若 n 值為零，則表示濾餅具不可壓縮性；若 n 值為 1 或更大，則濾餅具高度壓縮性。若是將濾餅平均過濾比阻與過濾壓差在對數紙上作圖，如圖 2-26 所示，即可以求得常數 A 和壓縮係數 n。圖中顯示假單胞菌的壓縮係數最大（斜率最大），表示其濾餅平均過濾比阻對壓力最為敏感。

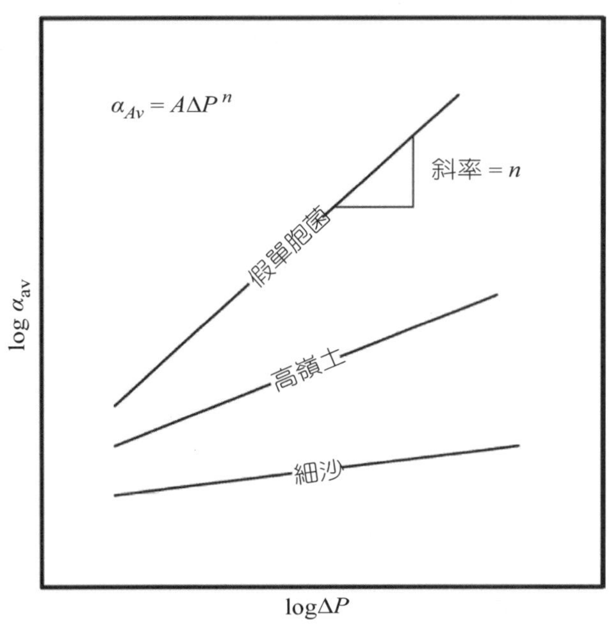

圖 2-26　濾餅平均過濾比阻對過濾壓差作圖

4. 濾餅壓縮的潛變效應（creeping effect）

粒子與濾餅在過濾過程中會受到壓縮而持續變形，濾餅可視為具有黏彈性性質，亦即受壓縮時並非瞬間可以達到平衡。濾餅之局部孔隙度隨時間變化呈遞減的函數關係，因此傳統的經驗方程式已不復適用，必須於經驗式中加入時間效應的影響，例如採用 Voigt-in-series Model [1]：

$$e_{ex} \equiv \frac{\varepsilon_t - \varepsilon_o}{\varepsilon_f - \varepsilon_o} = 1 - \exp(-t/\tau) \tag{2-98}$$

其中 e_o 為壓縮前之起始孔隙度，e_f 為壓縮達平衡之孔隙度，t 為**遲滯時間**（retardation time）。

5. 濾速不一定隨過濾壓差增加

過濾高壓縮性物質的最大挑戰與誤解是：增加過濾壓差不見得可以如預期的增加過濾速率與最後的濾餅乾燥度。雖然過濾壓差增加可以增加過濾的驅動力，濾餅被壓縮的程度也會增加，所以增加的過濾壓差與減少的滲透率對過濾速率的影響彼此競爭，因此也降低了濾餅的滲透率。這也可用圖 2-27 來進一步說明，對於不可壓縮的濾餅，過濾速率與過濾壓差呈線性關係；若是濾餅為些微可壓縮，過濾壓力增加時過濾速率也會增加，但其增加的幅度不如直線比例，因為濾餅的滲透率也同時降低了；當處理高壓縮性濾餅時，濾餅滲透率降低的效應抵消了過濾壓差增加的效益，所以在到達一定的壓力差之後，再增加壓力並不會有益於過濾速率的增加。

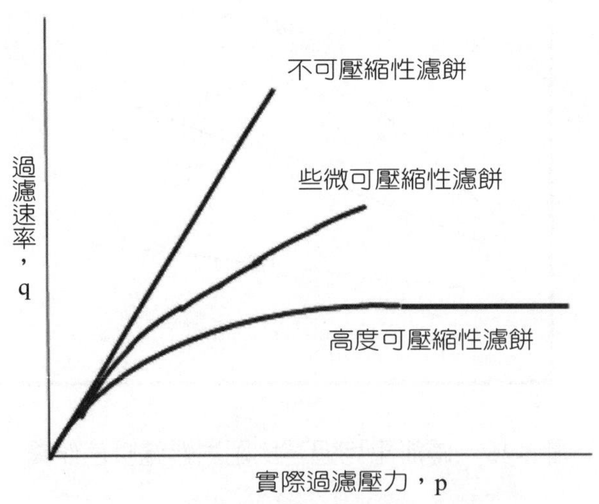

圖 2-27　過濾壓力對過濾速率的影響

2.10.2　高壓縮性物質之過濾原理

本小節由固體壓縮壓力與水力壓力之傳遞開始，推導高壓縮性物質之過濾方程式。

1. 濾餅內固體壓縮壓力之傳遞

在濾餅過濾中，當液體從固體顆粒表面流過時，液體的黏性摩擦力造成粒子間的固體壓縮壓力 P_S，同時也造成推動液體流的水力壓力 P_L 降低。固體壓縮壓力會造成濾餅被壓縮，液體的水力壓力只是用來推動液體流動，如圖 2-28 (a) 所示 [1, 4]，最大的固體壓縮力發生在濾材表面上。若是高固體壓縮壓力導致粒子的變形，則粒子間不再是點接觸，會變成面接觸。粒子間的面接觸不僅影響粒子的比表面積（影響過濾阻力），而且會影響壓縮壓力在濾餅中的傳遞，這將會導致固體壓縮壓力與水力壓力的總和並不等於所提供的過濾壓差，傳統的過濾理論不再適用。經由推導可變形粒子的堆積模型，如圖 2-28(b)，濾餅內固體壓縮壓力 P_S 與水力壓力 P_L 間的關係可以修正成 [1]：

$$P_S + \left(1 - \frac{A_c}{A}\right) P_L = P_S + (1 - \Omega) P_L = \Delta P \qquad (2\text{-}99)$$

其中 A_c 與 A 分別爲粒子間之接觸面積與過濾面積，Ω 爲單位濾餅截面積的粒子接觸面積。

2. 高壓縮性濾餅的結構與壓力分布

過濾剛開始時，所有施加的壓力都作用在剛生成的濾餅薄層，如果是對於高壓縮性物質，它會被高度壓縮，而形成一個阻力很高的薄層，也叫作皮層。從這個時間開始，所有的過濾壓力幾乎都發生損耗在這個靠近濾材的薄層中，而沒有足夠的剩餘壓力來壓縮其他部分的濾餅及推動液體的流動，如圖 2-29 所示。加大過濾壓差只是令此皮層的壓力降增加，對其他部分的濾餅影響不大，因此過濾速率並沒有辦法有效提高，而且大部分的濾餅沒有辦法被壓縮脫液。

3. 高壓縮性物質之過濾方程式

有些流體流過多孔介質的方程式可以關聯壓差與流速之間的關係，例如 Darcy 方程式、Kozeny 方程式等，但是應用到高壓縮性物質之過濾時就必須要修正，因

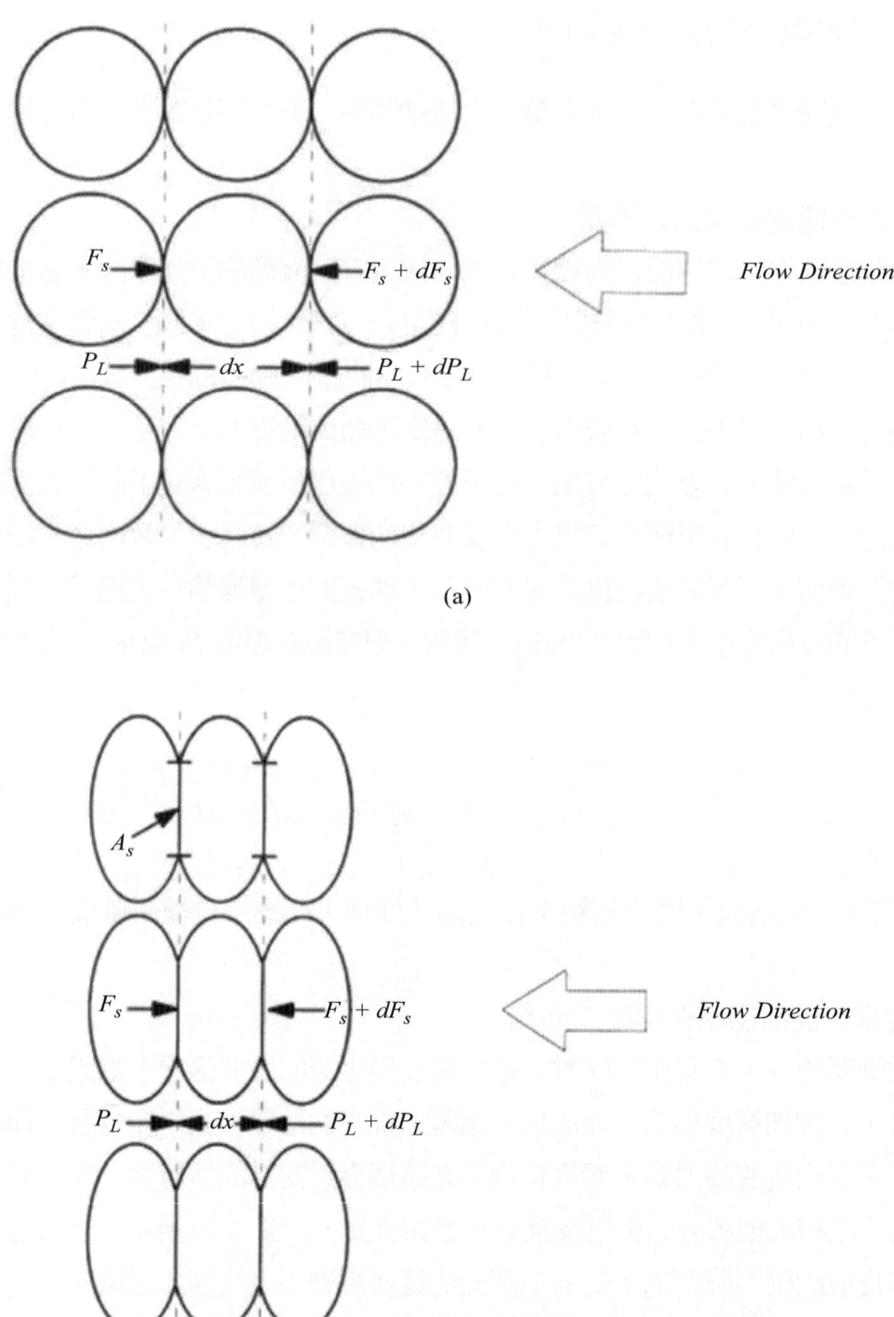

圖 2-28　濾餅內固體壓縮壓力與水力壓力之傳遞 [1]

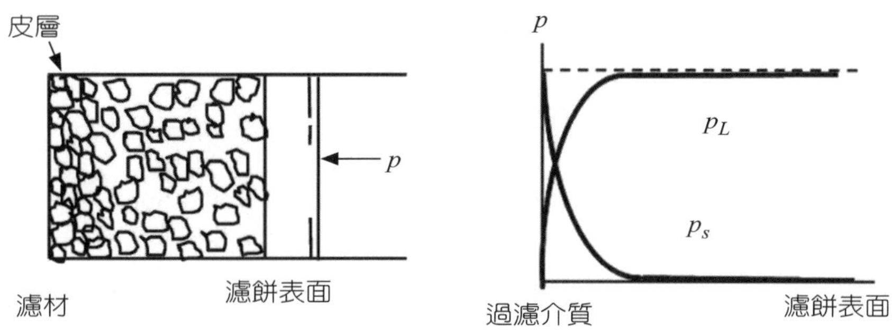

圖 2-29　高壓縮性濾餅的結構與壓力分布 [4]

爲粒子的變形會影響濾餅內壓力的傳遞，而且經常是時間的函數。如果使用以下之 Kozeny 方程式：

$$q = \left(\frac{dP_L}{dx}\right)\frac{\varepsilon^3}{\mu k S_o'^2 (1-\varepsilon)^2} \tag{2-100}$$

其中 Kozeny 常數 k、粒子有效比表面積 S'_o 皆是孔隙度 e（或是時間）的函數，必須有粒子堆積模型與粒子變形模型（例如方程式（2-101））才能以理論估計 [1,2]。經由彈性粒子變形的模型推導，在單方向的壓縮下粒子間的接觸面積與堆積孔隙度之間的關係可以表示成 [5]：

$$1 - \frac{A_c}{A} = \frac{1-\exp[-b\varepsilon(t)]}{1+a\exp[-b\varepsilon(t)]} = \frac{S_o'}{S_o} \tag{2-101}$$

其中 a 與 b 爲粒子的黏彈性質係數，可以由實驗數據迴歸獲得。而一般常用的濾餅過濾比阻可以使用下式換算：

$$\alpha = k(S_o')^2 \frac{(1-\varepsilon)}{\rho_s \varepsilon^3} \tag{2-102}$$

其中 r_s 爲粒子之密度。

參考文獻

1. Brown, G. G. and Associates: "*Unit Operations,*" John-Wiley and Sons, New York, U.S.A. (1951)
2. Brownell, L.E. and D.L. Katz; *Chem. Eng. Prog.*Vol.43, 537, (1947),Vol.43, 601 (1947)
3. Brownell, L.E., H.S. Dombrowski, and C.A. Dickey; *Chem. Eng Prog.* Vol.46, 415 (1950)
4. Carman, P.C. "*Fluid flow through granular beds*" *Trans. Inst. Chem. Eng'rs.* (London) Vol.15, 150 (1930)
5. Coulson J. M. and J.F. Richardson, "*Chemical Engineering,*" Vol. 2, Chap.4, Butterworh-Hineman, London, UK (1991).
6. Davis, C.N.; J. Aerosol Sci. 10, 259 (1945).
7. Ergun, Sabri,; *Chem.Eng.Prog.*, Vol.48, 89 (1952).
8. Happel, J. and H. Brenner; "*Low Reynolds number hydrodynamics,*" Prentice-Hall, Englewood, Cliff, N. J. U.S.A. (1965).
9. Kozeny, J.; Sitzer-Akad. Wiss, Wien, *Math Natura*, Klasse 136.271 (1927).
10. Lu, W. M. and Y.P. Huang; *Jo. of Chem. Engg. of Japan*,Vol.31, 969 (1998).
11. Oyama, G.; "*Chemical Engineering* II," Chap. 3, Iwanami Books Co., Tokyo, Japan (1968).
12. Purchas, D.B. "*Solid Liquid Separation Technology,*" Uplands Press, London, UK (1981).
13. Shirato, M.,: "*Fundamentals of Mechanical Operations,*" Maruzen, Tokyo, Japan (1980).
14. Shirato, M., M. Sambuichi, and H. Kato,; *AICHEJ*, Vol.15,405 (1969).
15. Tiller, F. M.; "*Theory and Practice of Solid-Liquid Separation,*" Univ. of Houston, Houston, Tx, U.S.A. (1975).
16. 松本幹治（主編），ろ過脱水機ガイドブック，LFPI，東京，日本（2012）。

第三章
前處理

/吳容銘

3.1 緒論

在衆多的工業程序之中，固液分離技術扮演一定份量的角色，舉凡冶礦、能源、化工、食品、醫藥等等產業，都會使用到固液分離步驟，固液分離基本上可分爲四個階段，也就是前處理、稠化及澄清、過濾以及後處理，如圖 3-1 所示 [1]，其中，前處理又可分爲物理處理與化學處理，每個階段彼此影響，也都互有關聯，前處理的效果，自然影響後續稠化或過濾的效果，千萬不可等閒視之，本章主要內容，即概述前處理。

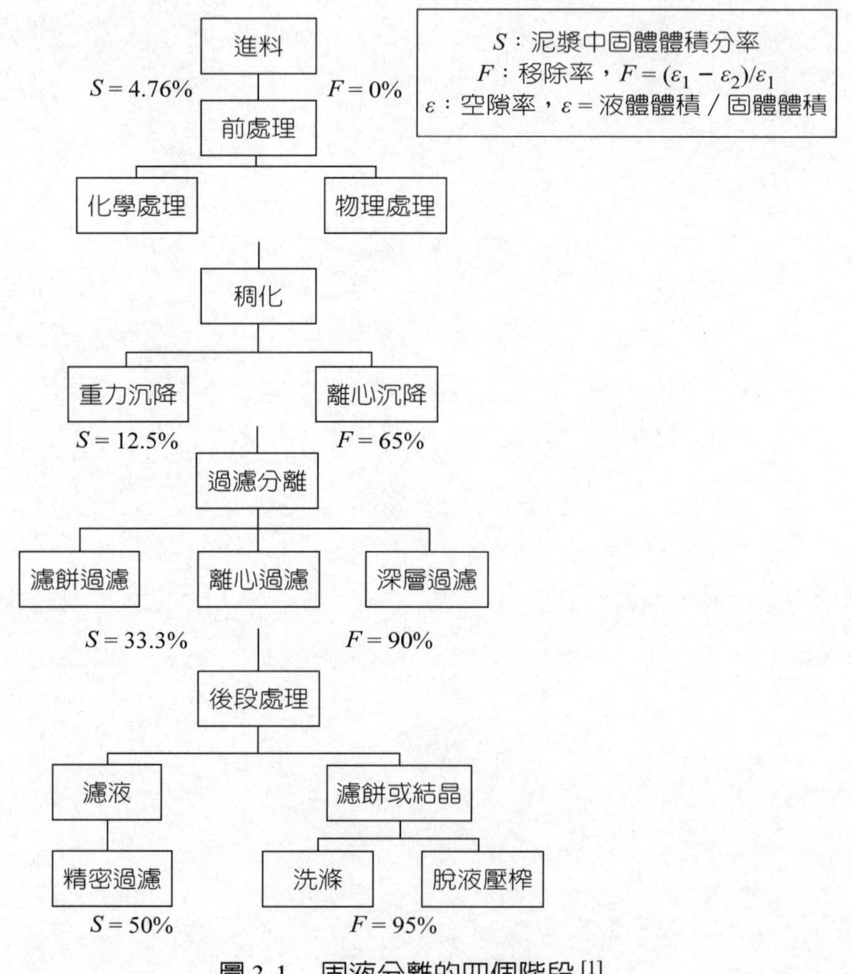

圖 3-1　固液分離的四個階段 [1]

3.2　物理處理

前處理可分爲物理處理與化學處理，物理處理包括加熱處理、超音波處理、凍融處理、濃縮處理等，以下一一介紹。

3.2.1　加熱處理

固相如顆粒在液體中的沉降速度，可根據重力、浮力，拖曳力的力平衡結果計算得出：

$$\rho_p \frac{\pi}{6} d_p^3 g - \rho_f \frac{\pi}{6} d_p^3 g - F_D = 0 \quad (3\text{-}1)$$

上式第一至三項即分別爲球形顆粒所受到的重力、浮力，以及拖曳力；在緩流的情況下（$F_D = 3\pi\mu u d_p$），可根據上式計算出球形顆粒的沉降速度爲：

$$u = \frac{(\rho_p - \rho_f) g d_p^2}{18\mu} \quad (3\text{-}2)$$

簡而言之，沉降速度與固液兩相之間的密度差成正比，與粒徑的平方成正比，與液相的黏度成反比，由上述式子可知，對於分離難度較大的細小顆粒，可設法採用物理和化學方法，像是使固液相密度差增大、使顆粒直徑增大，和使液體黏度減小的方法，加快沉降速度而使固液分離效果改善。一般而言，液體的黏度是隨著溫度升高而降低的，所以藉由加熱方式提高液體的溫度而使黏度降低是提升固液分離速率的方式之一。例如在燃油、潤滑油回收處理程序中，常採用加熱油品以降低其黏度和密度的操作方式。

3.2.2　超音波處理

超音波處理的效果與其音波頻率和強度、懸浮液性質以及處理的時間有關，是一種具有高度潛力並且有效的污泥前處理技術[2]，超音波作用於水中，具有很強的衝擊力而可將污泥膠羽破壞使顆粒變小，並可提升較難溶出之有機質的溶出速率，增強污泥的水解能力以減少污泥消化時間以及剩餘污泥產量，其特色爲短暫滯留時間、增加沼氣的產率、無需添加化學藥劑、改善污泥的生物可分解性，以及提高污泥水解能力等。

3.2.3 凍融處理

顧名思義，凍融處理乃是將懸浮液先進行冷凍，再解凍融化。在凍融的過程中**膠羽結構**改變，因而可以改善懸浮液沉降速率。例如在以菇類爲代表之植物性幾丁聚醣之製造程序中，基本上是將菇類鹼處理、熱處理之後，經固液分離，再將所得之固形物酸處理，於其中添加醇使之產生沉澱，乾燥沉澱物而製得含有幾丁聚醣之多醣[3]。其中的固液分離步驟，乃是先藉由凍融處理而碎片化，再將所取得之沉澱物以離心分離、過濾、傾析等方法進行固液分離。

3.2.4 濃縮處理

對於含有細小顆粒的懸浮液或低濃度的原料液，在過濾過程中所形成的濾餅，其結構較緻密而過濾比阻較高，因此，一種可改善過濾效率的前處理方式乃是提高懸浮液固相的濃度。例如在離心過濾的過程中，先將低濃度原料液濃縮，處理濃縮液時處理量自然大幅降低，因而可減小機械設備的尺寸，提高離心的脫水效果。

濃縮處理的設備中，重力沉降是藉由重力場以及固液兩相的密度差，達成固相增濃的處理。在處理微小顆粒直徑的原料液時，爲了提高顆粒的沉降速度以及增濃效果，可採用藉由離心力場運作的離心機。

轉篩是一個圓柱形套筒，內筒由篩網構成，藉由以一定轉速旋轉產生的離心力，使濾液經由篩網流出，而篩網內物料因此而得到濃縮。轉篩濃縮裝置的優點是結構簡單而造價便宜，處理量大並且能耗低。

另外，水旋風分離器（或水力旋流器）藉由將原料液以切線方向輸入水旋風分離器內，使料液沿著器壁產生高速旋轉運動，較大的固體顆粒由於離心力作用被拋向器壁，最終由底流部排出，而較小的固體顆粒則沿著水旋風分離器中心軸上旋，最終由溢流部排出，完成分級及濃縮的效果。

離心機、轉篩，及水旋風分離器詳細的介紹，可參照本書相關章節。

3.3　混凝與絮凝

如前所述，當顆粒粒徑極小，例如是直徑介於 0.1～100 μm 的膠體粒子時，沉降速度是極為緩慢的，此時可使用化學處理的方式增進固液分離的速度。化學處理乃是使化學藥品與原料液中之粒子聚集成較大膠羽而易於沉澱之方式，稱為**去穩定化**（destabilization），此部分之內容，亦常見於一般固液處理技術之專書[4-8]。一般而言，化學處理包含**凝聚**（coagulation，或稱**混凝**）及**絮凝**（flocculation）兩部分，當化學藥品如混凝劑加入料漿，並攪拌混合以增加其與膠體粒子間之碰撞機會，此過程即稱為凝聚，並且可造成粒子的去穩定化（亦即不再懸浮，造成沉澱）；此類去穩定化的機制主要有吸附及**電性中和作用**（adsorption and charge neutralization），以及**沉澱物掃曳絆除作用**（floc sweeping enmeshment）。

而應用**高分子絮凝劑**（亦即**有機聚電解質**，polyelectrolyte）藉由電力、疏水性及氫鍵等吸引力吸附粒子，使粒子聚集以去穩定化，則為絮凝，主要機制有**電荷與電綻中和作用**（electrostatic patch）以及**架橋作用**（bridging）。

3.3.1　膠體粒子間之交互作用[8]

當膠體顆粒在水溶液中維持懸浮狀態，而不發生**凝集**（agglomeration or aggregation）或**沉澱**（precipitation）時，稱其為穩定的狀態。造成穩定懸浮的原因一般認為有兩點[9,10]：

1. **立體穩定**（steric stabilization），即顆粒表面的水層所產生的緩衝作用。
2. **電荷穩定**（charge stabilization），即存在於顆粒間的電性作用力，自然存在的膠體顆粒表面大多帶負電性，造成其帶負電性的原因包括：

   (1) **晶體結構存在缺陷**（imperfection into the crystal structure）。

⑵ **表面作用基的游離**（ionization of surface groups）。

⑶ **離子吸附於顆粒表面**（adsorption of ions onto the particle surface）。

⑷ **離子的不完全溶解**（ion dissolution）。

⑸ **同形替換**（isomorphous substitution）。

無論粒子表面帶電的原因爲何，若一系統包含一帶電表面以及其相鄰的溶液，則必須滿足電中性。因此，表面電荷必須由相鄰溶液中等電量的**異性離子**（counter ions）來平衡，而形成一個電雙層（electrical double layer）。關於電雙層的理論與實驗研究相當多[11]，一般常以 Gouy-Chapman 模式來描述，此模式將溶液中的離子視爲**點電荷**（point charges），對於一帶電表面附近溶液中之電位 ϕ 隨著到此表面距離 x 的變化情形，由 Gouy-Chapman 模式可得一簡單的近似表示式（在 ϕ_o 相當小時才成立）：

$$\phi = \phi_o \exp(-\kappa x) \tag{3-3}$$

其中 ϕ_o 爲表面電位（surface potential），κ 爲一參數，因次爲長度之倒數，通常被稱爲 **Debye-Huckel 參數**（Debye-Huckel parameter）。κ 之大小與溶液中的離子強度有關係，在 25℃之水溶液中，可表示成

$$\kappa = 2.3(\sum c_i z_i^2)^{1/2} \tag{3-4}$$

此處 κ 的單位爲（nm）$^{-1}$，而 Σ 代表溶液中全部離子之總和，c_i 與 z_i 分別爲 i 種離子的**莫爾濃度**（molar concentration）與**帶電數**（valency）。

式（3-3）顯示電位從表面起呈指數關係下降，而 κ^{-1} 可被視爲決定擴散層範圍的特性長度，在純水中，κ^{-1} 值約 1 μm，此時大部分的異性離子都存在於距表面很近的區域內。由於離子強度的效應對擴散層厚度的影響，可直接決定粒子間電性作用力的範圍，其對膠體穩定性與凝聚現象非常重要。

Gouy-Chapman 假設異性離子爲點電荷，該模式過於簡單。如果考慮異性離子的大小，則在接近表面處存在一異性離子無法穿透之平面，此平面與表面之間的薄

層稱爲 **Stern 層**（stern layer），其厚度以 δ 表示，約在 0.3 nm 左右。

在 Stern 層以外，則爲可以 Gouy-Chapman 理論描述的異性離子擴散層。

圖 3-2 表明了電雙層 Stern 模式所推測的電位分布情形 [7]。溶液中的粒子雖荷電，在巨觀上仍依電中性的原理，故其周圍將聚集與表面荷電相反且等量的離子。這些離子有部分會被粒子吸附而在表面上構成 Stern 電層，其他離子在靜電力和熱運動的擴散力平衡下會圍繞粒子，這層離子層就稱謂**擴散電雙層**（electric double layer）。

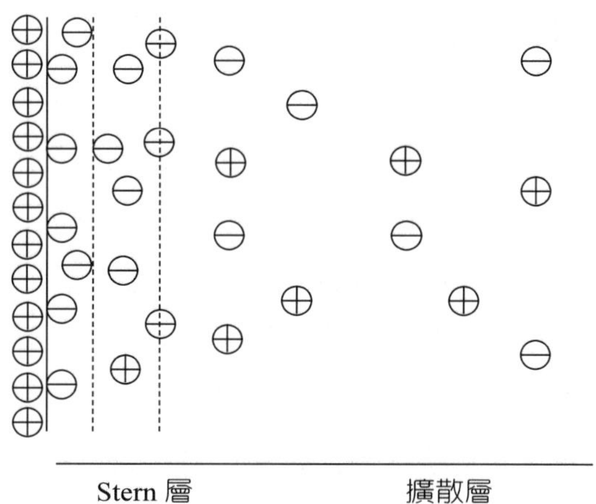

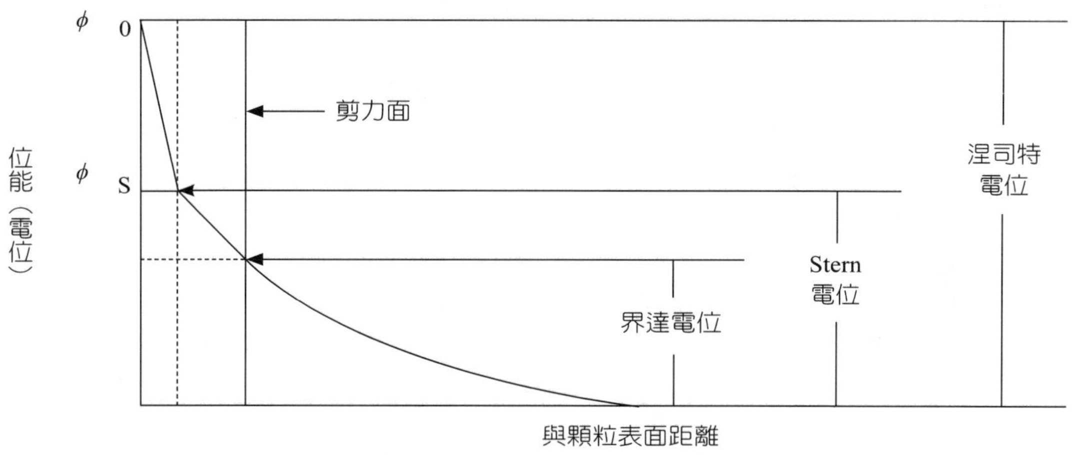

圖 3-2　電雙層 Stern 模式所推測的電位分布情形 [7]

凝聚和架凝與懸浮液的電學性質有關。根據 Stern 提出的淨負電荷球形粒子擴散電雙層模型（圖 3-2），負電荷被正電荷包圍而形成電雙層。圖 3-2 上的 ζ（zeta）電位存在於剪切面與分散相介質之，ζ 電位的大小是可以測定的，且隨懸浮液中電解質濃度的變化而變化。

自然界存在之膠體表面大多帶負電，因此在其表面容易形成正電性離子聚集，但隨著與膠體表面距離增加，此正電性離子濃度漸減，這種慢慢降低之分布稱爲反離子擴散層。溶液中膠體粒子因電雙層之排斥作用而保持其分散懸浮狀態，稱爲穩定。當混凝劑加入懸浮液時，將使擴散層中之反離子濃度增高，因此壓縮擴散層而降低靜電斥力，膠體粒子則藉由凡得瓦爾力而接近產生凝聚。

此凝聚可由圖 3-3 所示。由於每個粒子都帶有淨電荷，有 ζ 電位存在，顆粒之間產生一淨的電斥力，同時膠體顆粒之間存在著凡得瓦爾引力，淨電斥力和引力互相抗衡。吸引力與排斥力可用位能與距離的關係曲線表示，如圖 3-4 所示，圖中曲線 I 表示吸引力，能量爲負值；曲線 II 表示淨電斥力，能量爲正值；曲線 III 則爲兩種能量的合力顯示的總電勢能。若總勢能爲正值（如圖 3-4(a) 所示的情況），該系統是穩定的，不發生凝聚；反之，若總勢能爲負值（如圖 3-4(b) 所示的情況），則該系統將發生去穩定化，顆粒將會凝聚。實際上，顆粒周圍的電荷（即 ζ 電位）對凝聚有關鍵性的影響，爲了使系統中膠體顆粒發生凝聚，主要是藉由降低膠體顆粒表面的 ζ 電位，來減少或消除膠體顆粒間的淨電斥力。

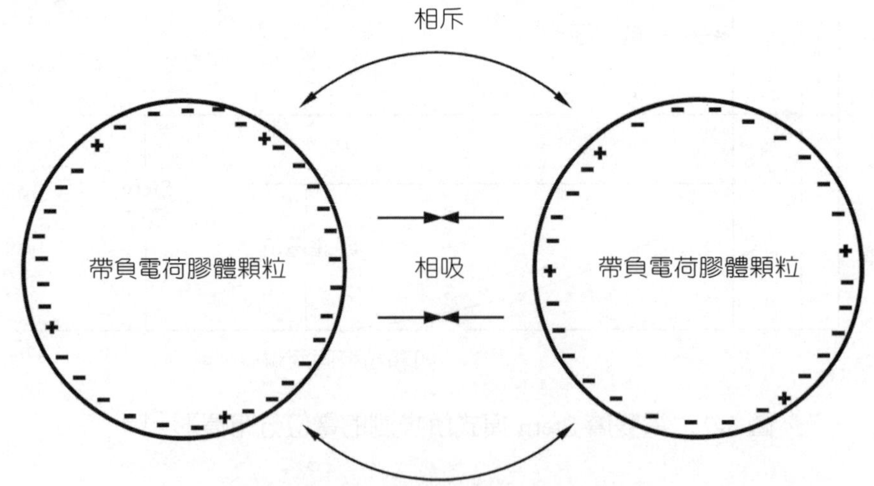

圖 3-3　淨負電荷球形膠體粒子間的相互作用 [6]

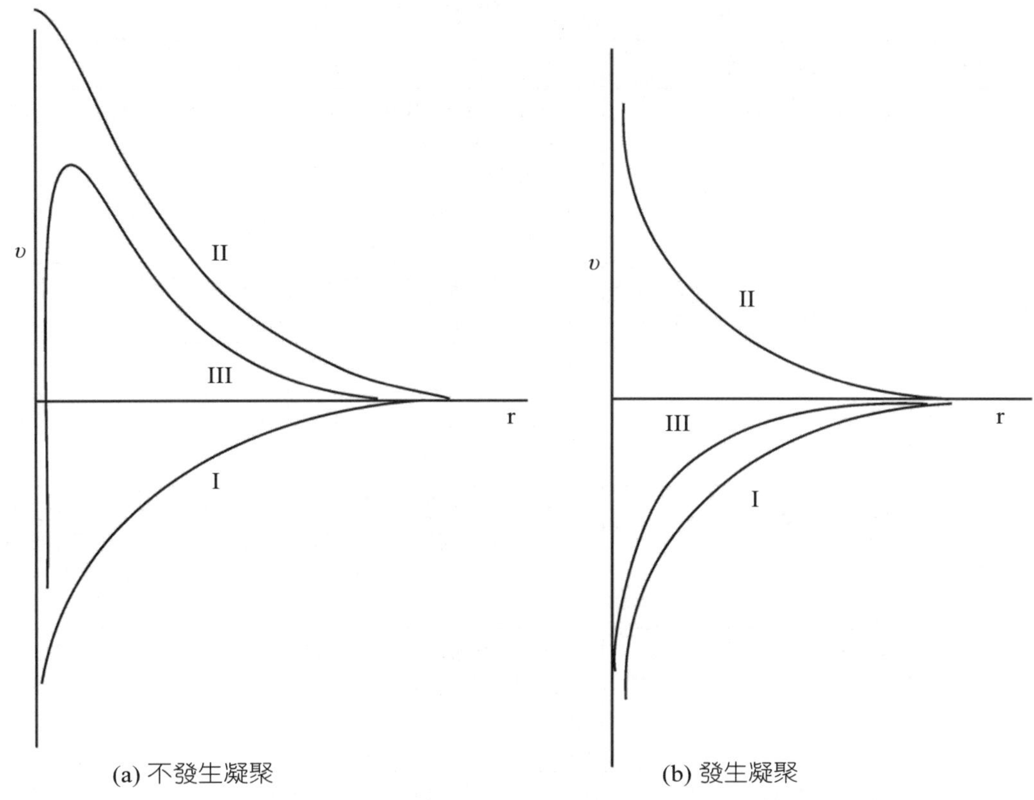

(a) 不發生凝聚　　(b) 發生凝聚

圖 3-4　膠體粒子的電位與距離之關係 [6]

若以各種鹼金屬陽離子作爲凝聚劑，則它們凝聚膠體顆粒能力的大小如下：$Cs^+ > Rb^+ > K^+ > Na^+ > Li^+$，而同一種陽離子的各種鹽類，凝聚帶正電性溶膠的各種陰離子的凝聚能力可排列如下：$Cl^- > Br^- > NO_3^- > I^-$。

3.3.2　凝聚劑與凝聚作用

1. 凝聚劑

使用無機電解質例如二價或三價鐵鹽、鋁鹽、明礬、石灰石等作爲聚凝劑，加入懸浮液中，可使極微小的膠體顆粒間表面的電荷斥力下降，致使顆粒相互吸引而形成較大易於沉降的顆粒。常見的凝聚劑如表 3-1 所示。

表 3-1 常見無機凝聚劑性質及用途

名稱	分子式	性質及用途
硫酸鋁	$Al_2(SO_4)_3 \cdot 8H_2O$	白色粉末或塊狀，易發生水解反應。pH 值適合範圍為 6.0～7.8。當 pH = 4～7 時，用於除去水中有機物；pH = 6.4～7.8 時，處理高濃度和低色度廢水。適宜溫度 20～40℃，用量 15～100 mg/L。高濃度硫酸鋁水溶液具有腐蝕性，可以存放在塑料和不銹鋼容器中。
明礬	$Al_2(SO_4)_3 \cdot K_2SO_4 \cdot 24H_2O$	白色晶體，硫酸鉀和硫酸鋁的複鹽，易溶於水，使用條件與硫酸鋁相同。
無水氯化鋁	$AlCl_3$	無色透明片狀晶體，易溶於水、乙醇、乙醚中，不溶於苯。暴露於空氣中易吸收水分並產生氯化氫氣體，pH 值適宜範圍為 4.5～7.6，適宜溫度為 20～40℃，用量低於 300 mg/L。
水合氯化鋁	$AlCl_3 \cdot 6H_2O$	無色晶體，吸濕性強，在空氣中水解產生氯化氫白霧，加熱水解。溶於水、乙醇、乙醚和甘油，微溶於鹽酸，在水中呈酸性，用法與無水氯化鋁相同，用量比氧化鋁大。
綠礬	$FeSO_4 \cdot 7H_2O$	草綠色，含鐵 20%，呈顆粒、粉末或晶體狀。溶於水，具還原作用。適宜 pH 值範圍為 5.9～9.6。環境溫度對其凝聚作用影響較小，適合於濃度高，鹼性強的廢水。凝聚速率快，凝聚體穩定。
三氯化鐵	$FeCl_3 \cdot 6H_2O$	片狀或塊狀晶體，吸濕性強，易溶於水，水解生成棕色絮狀氫氧化鐵沉澱和氯化氫氣體。能溶於乙醇、乙醚和苯胺等有機溶劑。適宜 pH 值為 6.0～11.0，最佳 pH 值範圍為 6.0～8.4，適合處理高濃度廢水。藥劑具有強氧化性、腐蝕性，應注意保存。
聚合氯化鋁	$[Al_2(OH)_mCl_{6-m}]_n$ $m \leq 10$，$n = 1 \sim 5$	無色或淡黃色固體，屬於無機高分子化合物，適宜 pH 值為 5.0～9.0，環境溫度對其使用效果影響不大，用量比硫酸鋁用量小，但效果顯著。
聚合硫酸鐵	$Fe_2(OH)_n(SO_4)_{3-n/2}$	暗黃色固體顆粒。適宜 pH 值為 5.0～8.5，適宜溫度為 20～40℃，對 COD 的去除率和脫色效果良好，凝聚體密實，凝聚效果良好，腐蝕性低於三氯化鐵。

2. 凝聚作用

(1) 吸附及電性中和作用

混凝劑添加於待處理的懸浮液中，溶解所產生的帶正電離子可吸附在一般為帶負電的粒子上，因電荷中和而產生去穩定作用。當混凝劑添加過量時，懸浮液中的膠體粒子會產生再穩定現象，這是因為過多之混凝劑產生之正電荷，造成膠體粒子之電荷由負轉為正，再恢復彼此相斥之穩定懸浮狀態[12]（圖 3-5），因此添加混凝劑需有一最佳劑量，該最佳劑量可由**杯瓶試驗**（jar-test）求出。

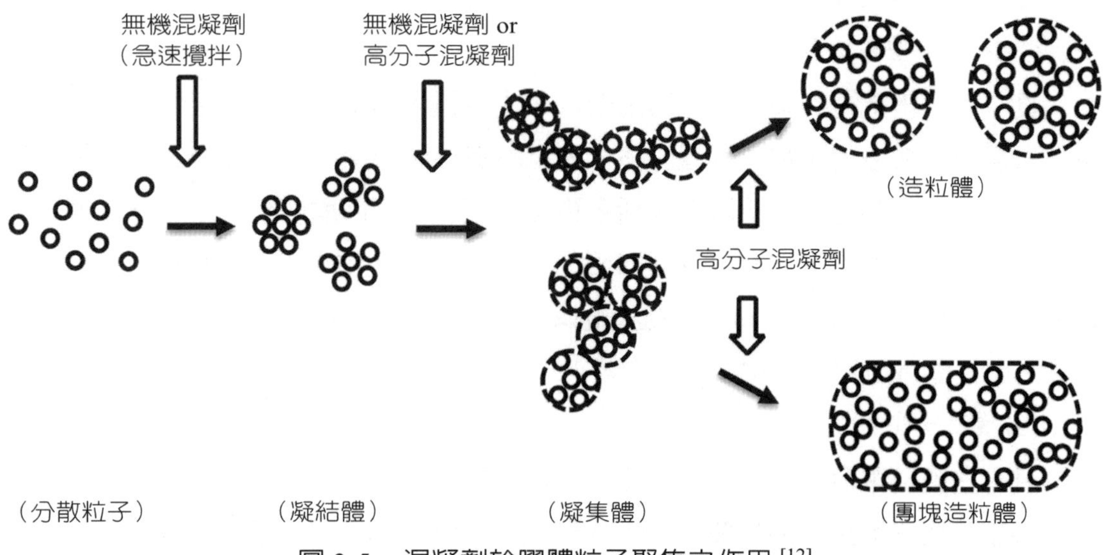

圖 3-5　混凝劑於膠體粒子聚集之作用[12]

(2) 沉澱物掃曳絆除作用

當過量之金屬鹽類例如氯化鐵系或是氧化鈣、氫氧化鈣加入懸浮液中時，常會形成金屬氫氧化物的沉澱，沉澱物在沉降過程中會包覆懸浮液之膠體粒子一起沉降，或是膠體粒子絆陷於沉降的金屬氫氧化物內，此過程即稱為沉澱物掃曳絆除作用[13]。明顯的，此種作用除和混凝劑的濃度有關之外，亦和膠體粒子本身的濃度有關，當膠體粒子濃度高時，膠體粒子可成為氫氧化物顆粒之核心，此時所需的混凝劑量較少；當膠體粒子的濃度較低時，則需較多的混凝劑量以達成掃曳絆除作用。

3.3.3　絮凝劑與絮聚作用

1. 絮凝劑

將液態絮凝劑加入於懸浮液中時，需要加快機械攪拌速率，使絮凝劑能迅速擴散到懸浮液內，然後調整攪拌速率，使絮凝劑高分子鏈舒展開來與顆粒接觸，形成較大的絮凝體。由於各種懸浮液的顆粒特性不同，對絮凝劑的要求也有差異，因此需要用各種絮凝劑對物料進行篩選試驗，以確定絮凝劑的型號、絮凝劑的分子量、投加量以及抗剪性能和過濾功能。

常見的絮凝劑有 [14]：

(1) 陽離子型聚電解質

具有整體正電荷的聚合物，藉由聚合一或多種陽離子單體、共聚合一或多種非離子單體與一或多種陽離子單體、縮合表氯醇與二胺或聚胺，或縮合二氯乙烯與氨或甲醛及胺鹽來製備，常使用者包括多級銨、正電性聚丙醯胺類、聚硫脲、聚乙烯亞胺、聚二甲二烯丙基氯化銨、丙烯酰胺 - 甲基丙烯酸 -2- 羧基丙酯基三甲基氯化銨共聚物、丙烯酰胺 - 甲基丙烯酸乙酯基三甲基銨硫酸甲酯共聚物、丙烯酰胺 - 甲基丙烯酸乙酯基三甲基氯化銨共聚物等。

(2) 陰離子型聚電解質

具有整體負電荷的聚合物，常使用者包括藻酛酸納、聚丙烯酸鈉、馬來酸聚合物、聚苯乙烯磺酸鈉、丙烯酰胺與丙烯酸鈉共聚物、順丁烯二酸酐 - 乙酸乙烯共聚物、甲基乙烯基醚 - 順丁烯二酸酐共聚物、甲基丙烯酸甲酯 - 順丁烯二酸鈉共聚物、苯乙烯 - 丙烯酸鈉共聚物、聚乙烯醇 - 丙烯酸鈉共聚物等。

(3) 非離子型聚電解質

常使用者包括天然的纖維素、三醋酸纖維、糊精、木質素雙環氧化素；合成的聚氧化乙烯、苛化澱粉、聚乙烯醇、聚乙烯基甲基醚、聚乙烯吡咯烷銅、聚乙酸乙烯酯水解物、聚烷基酚 - 雙氧乙烷、丙烯醯胺的聚合物等。

(4) 兩性高分子型凝聚劑

衍生自陽離子單體及陰離子單體二者及其他可能非離子單體的聚合物。兩性聚合物可具有淨正或負電荷。兩性聚合物亦可衍生自兩性離子單體、陽離子或陰離子單體及可能非離子單體。兩性高分子凝聚劑的例子有（甲基）丙烯醯氧乙基三甲基氯化銨 - 丙烯醯胺 - 丙烯酸的三元或四元系共聚物等。

無機混凝劑和有機絮凝劑配合使用，效果會更好，但兩者必須先各自於容器中配好一定的濃度，使用時應注意添加的次序，一般對 50 μm 以下的微細粒子，可以先加入無機混凝劑，再加入有機絮凝劑，而對於 50 μm 以上的粗粒子，則可以先加入有機絮凝劑進行吸附架橋，然後再加入無機混凝劑。

而判斷凝集效果優劣的標準，一般是形成絮聚團的膠羽沉降速度要快，凝集後上清液的澄清度要好。至於用於離心機的絮凝劑，其抗剪切力的強度要高，而用於過濾的絮凝劑，要求濾餅的過濾性要好，且沉渣和濾餅的脫水性能要好。此外並需注意：稀釋後的絮凝劑溶液，放置時間太長會失效。凝聚劑和絮凝劑的作用和機理雖然不同，當投加量增加時，凝聚與絮凝效果均會逐漸改善，直到峰值點後，投加量再增加，效果反而會減弱，因此要控制適當的投加量。此外絮凝劑的投加量和絮凝時間也很重要，需要通過實驗確定。

2. 絮聚作用

(1) 電荷與電綻中和作用

當高分子絮凝劑加入懸浮液時，因電荷中和作用而降低粒子表面電荷的密度，靜電斥力的減少使粒子可以互相靠近，若絮凝劑之高分子鏈比粒子之表面積小時，高分子絮凝劑會吸附在粒子表面構成一綻片，不但局部中和粒子表面電荷，且因其高電荷密度使粒子表面形成與原電荷電性相反的區塊，此相反電荷區可造成絮凝 [15,16]。

(2) 架橋作用

高分子絮凝劑本身具有吸附膠體粒子之官能基，當高分子鏈之長度大於所吸附的兩個膠體粒子之排斥距離，排斥力無法作用，膠體粒子得以穩定被吸附在高分子鍊上，此作用即爲架橋 [17]。

吸附及架橋作用爲有機高分子聚合物特有之反應機制，通常作爲混凝劑或助凝劑之高分子，其本身須具有吸附膠體之官能基，而能形成「膠體一聚合物」結合體，同時結合體間尙有吸附空址，能吸附其他顆粒構成以高分子聚合物爲架橋之錯化合物。一般作爲助凝劑之聚合物並非產生電性中和作用，而是作架橋劑，因其分子量大，具有長鏈之結構，故經由此吸附及架橋作用，得以形成既大且重而易於沉澱之膠羽。圖 3-6 爲聚合物破壞膠體微粒穩定性之架橋模式，此外，當加藥量過多時聚合物會包圍在少量的膠體四周，致使兩膠體間無適宜之空間形成架橋作用而聚集。

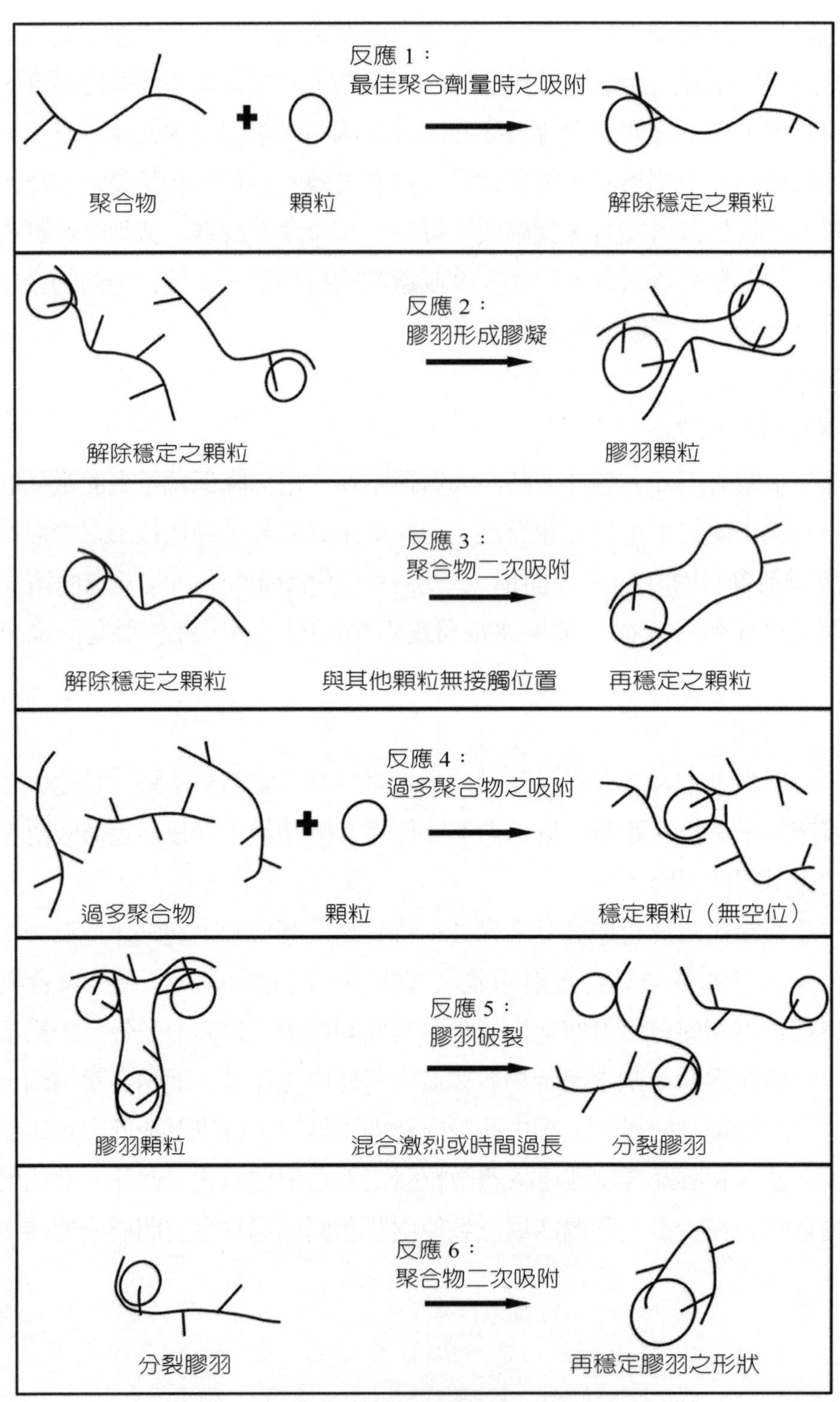

圖 3-6　聚合物破壞膠體穩定之架橋模式

3.3.4　絮凝的影響因素

影響絮凝效果的因素有許多，主要包括：

1. 絮凝劑用量

最佳用量是絮凝劑全部吸附到膠體粒子的表面，且沉降速度快。

2. 懸浮液 pH 值和離子強度

懸浮液性質有利於聚合物分子鏈伸展的，其絮凝效果就好。陽離子型高分子絮凝劑適用於較廣的 pH 值範圍，陰離子適用於偏鹼性的介質，而非離子型絮凝劑適用於酸性或弱鹼性介質。絮凝劑如爲鋁鹽，pH 值爲 6～8 較好，如爲鐵鹽 pH 值爲 7～8 較好。有的物質，如植物蛋白，在鹼性介質中是溶解的，在酸性介質中則會沉澱析出。

3. 絮凝劑分子量

一般而言，高分子凝聚劑包括各種從分子量大於等於 1,000 萬的高分子量型絮凝劑，到分子量爲數百萬的較低分子量型絮凝劑；高分子量的絮凝劑可同時以架橋及電性中和作爲作用機制，並可形成大而疏鬆的膠羽，但分子量太高，溶解困難，會造成成本增加；而低分子量的絮凝劑鏈長不足以產生架橋，主要以電性中和爲作用機制，可形成較小並較緻密的膠羽。

4. 攪拌強度

混凝沉澱的攪拌有兩個階段，第一階段爲快混，第二階段爲慢混，快混停留時間約 1～3 min，攪拌速度爲 100～150 rpm；慢混停留時間約 20～30 min，攪拌速度約爲 25 rpm。在操作中以高攪拌強度將加入的絮凝劑分散溶解於待處理水中，但攪拌過度會破壞已形成之膠羽，因此，進行絮凝操作時，只允許適當的攪拌。

5. 操作溫度

溫度變化對絮凝的操作影響也很複雜，一般而言，提高溫度，絮凝劑的擴散速率加快，固體粒子熱運動增加，因此絮凝劑與粒子碰撞機會增加，有利於絮凝作用。但是固體吸附絮凝劑是放熱反應，升高溫度反而對吸附不利。

3.4　凝聚動力學 [1]

3.4.1　粒子碰撞與大小分布

凝聚的發生是粒子碰撞的結果。當粒子 i 與粒子 j 碰撞形成一聚集體 k，其淨結果是減少一個粒子。爲了便於理論推導，假設粒子懸浮液最初是**單一分布**（monodisperse），亦即最初的粒子具有相同之粒徑，而後每一粒子皆可視爲是由一定數目的**最初粒子**（primary particle）所組成之聚集體。如此一個 i 倍的粒子與一個 j 倍的粒子結合則變成一 k 倍的粒子，且 $k=i+j$。

假設聚集體只能由兩個粒子互相碰撞而形成，所有碰撞皆屬有效，且不考慮聚集體自行破裂。如果各種不同粒子的**數目濃度**（number concentration）分別以 n_i、n_j、n_k 等表示，則 k 倍粒子濃度的改變率爲

$$\frac{dn_k}{dt}=\frac{1}{2}\sum_{\substack{i=1\\i+j=k}}^{k-1} b_{ij}n_in_j - n_k\sum_{i=1}^{\infty} b_{ik}n_i \qquad (3\text{-}5)$$

此處 b_{ij} 與 b_{ik} 分別代表 i-j 與 i-k 粒子碰撞的係數。

式（3-5）等號右邊第一項爲任意二粒子 i 與 j，互相碰撞生成粒子 k 的速率，其中 1/2 因子是用來避免每一項碰撞的重複計算；第二項則表示粒子 k 經由與其他任何粒子碰撞所造成的損失速率。

理論上，利用式（3-5）可導出自凝聚開始發生後任一時間在分散液內聚集體的大小分布。但事實上除了很簡單的系統外，並不容易做到，主要是由於缺少對係數 b_{ij} 的了解。以下將分別考慮布朗運動與流體移動對球形粒子之凝聚速率的影響。

3.4.2　自發凝聚

Smoluchowski[18] 最先對凝聚動力學做定量處理。在一含有球形粒子的懸浮液中，若半徑爲 a_i 與 a_j 之粒子其數目濃度分別爲 n_i 與 n_j，則此二種粒子因布朗運動所造成之碰撞頻率（每單位時間每單位體積之碰撞次數）爲

$$J_{ij} = 4\pi\,(a_i + a_j)D_{ij}n_in_j \tag{3-6}$$

此處 D_{ij} 爲粒子 i 與 j 之相互擴散係數，一半徑爲 a_i 之球形粒子的擴散係數可以 Stokes-Einstein 方程式表示：

$$D_i = \frac{kT}{6\pi\mu a_i} \tag{3-7}$$

上式中，μ 爲流體之黏度。由於 $D_{ij} = D_i + D_j$，則式（3-6）可寫成：

$$J_{ij} = \frac{2kT(a_i + a_j)^2}{3\mu a_i a_j}n_in_j \tag{3-8}$$

對一個最初爲單一分布的懸浮液，方程式（3-5）與（3-8）可用以計算不同時間聚集體的濃度。由於 Smoluchowski 理論是基於球形粒子之假設，聚集體之形狀將影響其結果。不過，對於一些比較小的**乳膠**（latex）粒子聚集體，其結果與此理論大致相符。此外，此理論亦可用以計算粒子總數隨時間變化的情形，若以總粒子濃度 N 的變化（遞減）率來表示，則可得

$$-\frac{dN}{dt} = \frac{8\alpha kT}{3\mu}N^2 = k_fN^2 \tag{3-9}$$

α 爲**碰撞效率因子**（collision efficiency factor），以考慮並非所有碰撞皆可有效地產生聚集體之事實。對一完全非穩定化懸浮液，若可預期每一碰撞皆有效，即 $\alpha = 1$，但一些流體力學效應會使 α 值降低。

式（3-9）顯示凝聚程序是粒子濃度的二次反應，且其速率常數 k_f 與粒子大小無關，此乃由於當 $a_i = a_j$ 時，式（3-8）中之 $\frac{(a_i + a_j)^2}{a_ia_j} = 4$。即使當粒子半徑不等時，只要粒子大小差異不太大，此項之值仍很接近 4。若粒子大小差異很大，則速率常數將比粒徑相等時快。

將方程式（3-9）積分後，可得在時間 t 後所剩餘的粒子濃度

$$N=\frac{N_o}{1+k_fN_ot} \tag{3-10}$$

上式中，N_o 表示粒子之最初濃度。當粒子濃度減少至其最初濃度值的一半（$N=\frac{N_o}{2}$）時，所需之凝聚時間 t_f 爲

$$t_f=\frac{1}{k_fN_o} \tag{3-11}$$

假設 $\alpha=1$，則速率常數 k_f 僅是溫度和黏度的函數。對於 25℃的水，$k_f=6.13\times10^{-18}$ m^3s^{-1}，則凝聚時間 $t_f=1.63\times10^{17}/N$。若懸浮液每立方米含有 10^{16} 個粒子（此爲高濃度之情況，相當於粒徑爲 1 μm 之黏土懸浮液其固體重量分率爲 1%），則 t_f 約 16 秒，此爲每一粒子發生一次碰撞形成平均包括二原始粒子之聚集體的平均時間。至於形成包含 100 個原始粒子之較大聚集體，若僅由布朗運動擴散則約需 27 分鐘。許多懸浮液之粒子濃度遠較以上所假設者爲低，形成較大聚集體所需的時間則需要數小時，甚至數天。

因此，除了最初粒子濃度很高的情形以外，自發凝聚是一相當緩慢的過程。對於任一懸浮液，當粒子完全非穩定化時，其凝聚速率最快，稱爲**快速**（rapid）**凝聚速率**，即使以絕對標準來衡量此速率可能相當慢。當粒子並未完全非穩定化，粒子間有一位能障礙以防止接觸，則其碰撞效率較低，而發生**緩慢**（slow）**凝聚**。在膠體科學上，對於其他條件不變時，快速凝聚與緩慢凝聚速率之比值稱爲**穩定比** W（stability ratio），其值爲$\frac{1}{\alpha}$。

3.4.3 流體凝聚

在前節中，即使是所謂的快速自發凝聚，其實際速率亦相當慢，對於稀懸浮液，此速率總是無法在合理時間內達成適當的凝聚。然而如果對非穩定化懸浮液加以攪拌，則將大幅提升凝聚速率，使得在相同時間內，可獲得遠比僅有布朗運動時爲大的聚集體。此乃由於流體的**速度梯度**（velocity gradinet）提高了粒子碰撞的機會。此過程稱爲**流體凝聚**（orthokinetic flocculation）。

當球形粒子在一均勻**剪向流場**（shear field）中，Smoluchowski 導出粒子 i 與 j

之碰撞速率爲

$$J_{ij}=\frac{4}{3}G(a_i+a_j)^3n_in_j \qquad (3\text{-}12)$$

上式中 G 爲速度梯度或剪率（shear rate）。若懸浮液最初是由單一分布，半徑爲 a 之粒子所組成，則粒子總濃度 N 之減少速率爲

$$-\frac{dN}{dt}=\frac{16}{3}\alpha Ga^3N^2 \qquad (3\text{-}13)$$

與自發凝聚相同，此程序亦是二次反應；但 a^3 的存在則與不含粒子大小的式（3-9）完全不同。在流體凝聚中，大粒子在一定時間內較小粒子掃過更大的體積，而可捕獲更多的粒子。此效應在凝聚發生時，或多或少可彌補因粒子數目減少所降低的速率。

式（3-13）中之 α 仍爲碰撞效率因子，但由於流動凝聚與自發凝聚在物理上的不同，二者之 α 值應不致相同。

利用懸浮粒子的體積分率 ϕ，式（3-13）可以改寫成另一形式。若粒子半徑相等，則

$$\phi=\frac{4}{3}\pi a^3N \qquad (3\text{-}14)$$

將此式代入式（3-13），可得

$$-\frac{dN}{dt}=\frac{4}{\pi}\alpha G\phi N^2 \qquad (3\text{-}15)$$

若凝聚過程中之粒子體積分率可假設爲一常數，則式（3-15）顯示其爲一擬（pseudo）一次速率式，將此式積分可得

$$\frac{N}{N_o}=\exp(-\frac{4}{\pi}\alpha G\phi t) \qquad (3\text{-}16)$$

如此，粒子的濃度隨時間呈指數遞減。

事實上，凝聚過程中，懸浮粒子體積分率為常數之假設仍有問題，一聚集體之**有效水力體積**（hydrodynamic volume）將比其組成粒子之總體積大得很多，所以在流動碰撞的立足點上，體積分率應隨凝聚的發生而增加。

3.4.4 差速沉降

由**差速沉降**（differential settling）所造成的凝聚，係因粒子沉降速率的不同引起粒子碰撞的機會而發生。若將自發凝聚、流動凝聚與差速沉降三者的結果皆以速率常數 K_{ij} 表示，則可寫成：

$$\text{自發凝聚：} K_{ij} = \frac{2KT}{3\mu}\frac{(a_i + a_j)^2}{a_i a_j} \tag{3-17}$$

$$\text{流動凝聚：} K_{ij} = \frac{4}{3}G(a_i + a_j)^3 \tag{3-18}$$

$$\text{差速沉降：} K_{ij} = \frac{2\pi g}{9\mu}(\rho_s - \rho)(a_i + a_j)^3(a_i - a_j) \tag{3-19}$$

其中 ρ_s 與 ρ 分別為粒子與流體之密度，而 g 為重力加速度。

3.4.5 粒子表面力對流相中微粒子舉止的影響

如前所述，微小粒子在流體裡的行為與大粒子有很大的差異，主要是其表面積與質量的比例變化很大，所以主宰微小粒子在流體相的行為的是粒子的各種表面力，而不再是粒子的重力。這些表面力來自粒子間的各種物理－化學作用力，如凡得瓦爾力、電離雙層膜、架橋力、**立體架構力**（steric force）等。而這些微粒間的**反斥力**（repulsion）主要來自粒子帶的靜電，若粒子帶的電荷符號相同時，依**庫倫**（coulomb）定律粒子間將有反斥力，而符號相反時就產生互引力。圖 3-7 顯示添加架聚劑對沉降操作的影響。

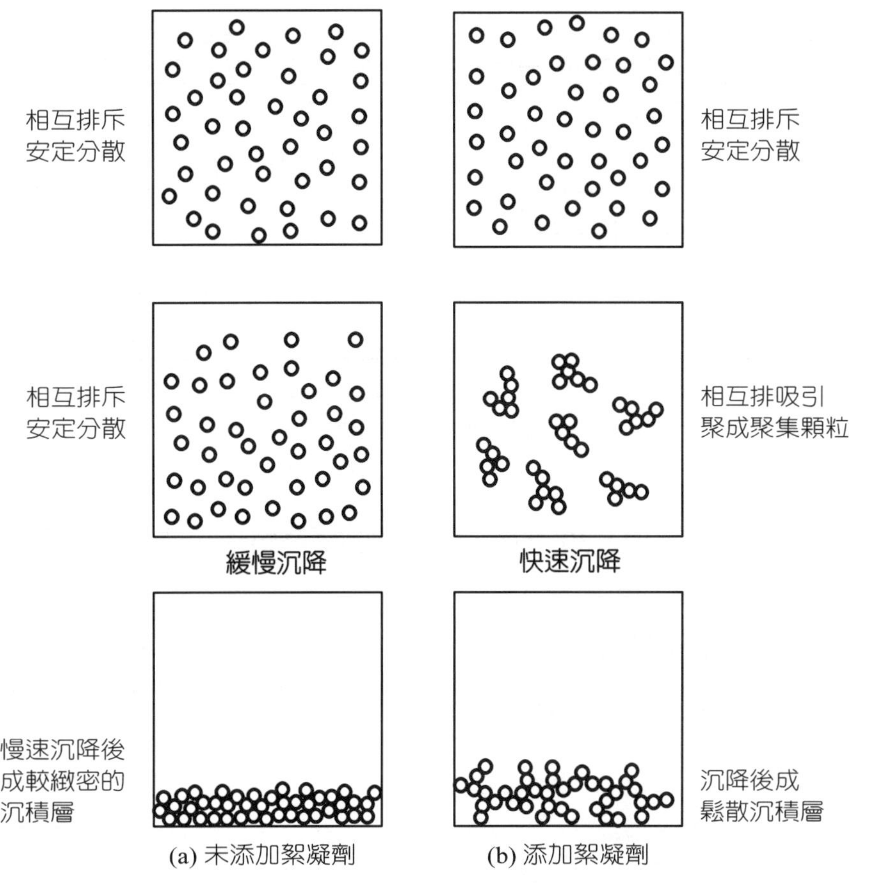

(a) 未添加絮凝劑　　(b) 添加絮凝劑

圖 3-7　添加絮聚劑對沉降操作的影響

3.4.6　最適劑量之決定

混凝劑的加藥依原水水質的特性而異，通常由杯瓶試驗（圖 3-8）或界達電位測定法決定，其中以杯瓶試驗最爲常用，其步驟如下：

1. 取 200 mL 水樣於燒杯中，加少量混凝劑後，快混 1 分鐘，慢混 3 分鐘。若無膠羽產生則增加混凝劑劑量，重複此步驟直到產生膠羽。
2. 取 6 個燒杯各置 1,000 mL 水樣，以 H_2SO_4 或 NaOH 調整 pH 值分別為 4.0、5.0、6.0、7.0、8.0、9.0。
3. 以步驟 1 得之混凝劑劑量分別加入各燒杯。
4. 以轉速 100～125 rpm 快混 3 分鐘後，將轉速調爲 25 rpm 慢混 10～30 分鐘。

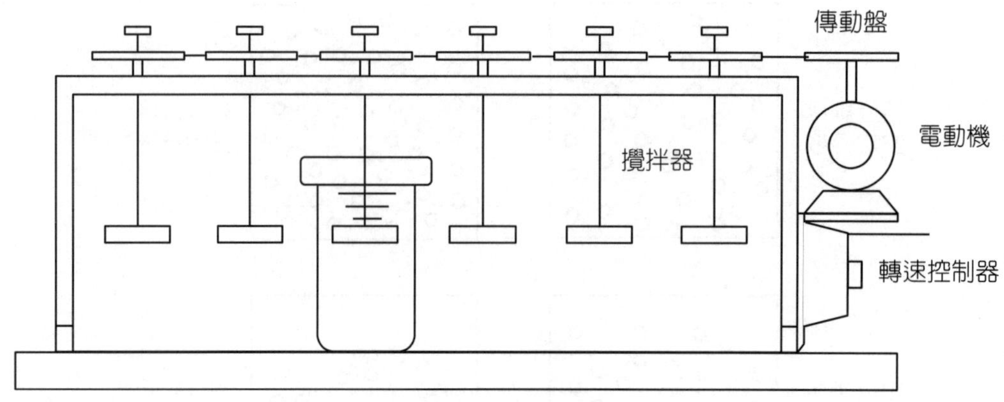

圖 3-8　杯瓶試驗

5. 停止攪拌，靜置 10～30 分鐘，觀察膠羽沉降情形、膠羽大小及污泥厚度，並取上層澄清液分析水質。
6. 選定最適宜之 pH 值後，重複步驟 2、4、5，但使用不同的混凝劑劑量。觀察膠羽生成大小、沉降速度，並分析上層澄清液以決定有效而經濟之加藥量（圖 3-9）。

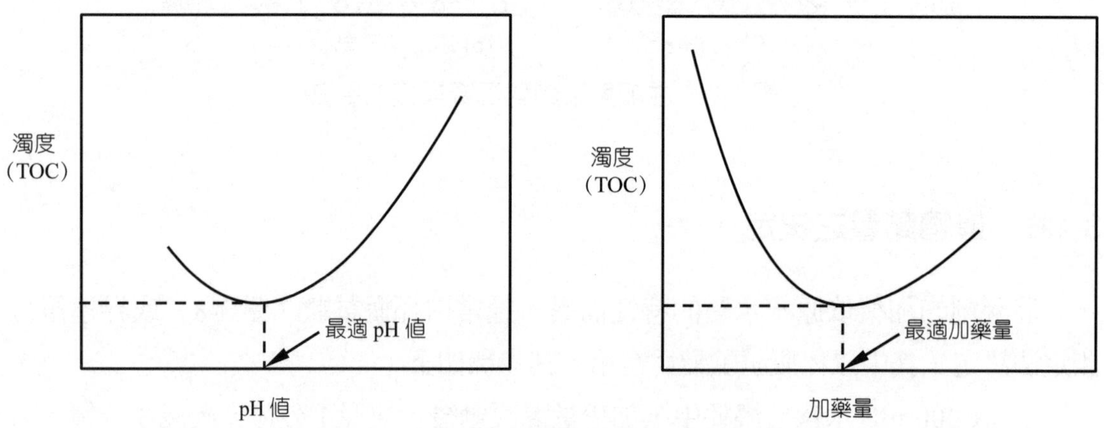

圖 3-9　杯瓶試驗最佳 pH 值與加藥量決定

3.5　實例

由於過濾精度要求的提高，過濾操作難度隨之增加，也面臨許多問題，例如要求澄清度更高的濾液，或是面臨處理可壓縮性高的難濾泥漿如發酵液或酒糟等，這些更高難度的要求，在在牽動了前處理的重要性與必要性，以下介紹一些處理實例。

3.5.1　使用逆滲透膜處理含生物質水之前處理 [19]

近幾年來，透過加強膜表面的親水性而開發了耐污染膜，但是在處理含有蛋白質、高分子多糖類等黏度較強的污水時，膜的耐污染效果低，依然存在膜的通量隨時間降低的問題。

Ikuno 與 Nozomu 發表一處理方法 [19]，乃是向待處理水中添加碳酸化合物，去除其硬度成分，接著使待處理水與螯合樹脂接觸，去除金屬離子後，以逆滲透膜過濾。處理方式如圖 3-10 所示，將待處理水送入離子交換塔，包含陽離子交換樹脂以及螯合樹脂，去除金屬離子後，添加 NaOH 使 pH 值調節成大於等於 9.5，再引入逆滲透膜分離裝置。尤其，若透過添加碳酸化合物、陽離子交換樹脂等前處理，使大部分的硬度成分去除後，再使用螯合樹脂將殘留的硬度成分（Ca^{2+}、Mg^{2+}）與其他金屬離子去除，因而可抑制污染物在膜表面的附著，可有效的減輕逆滲透膜的負載。

此外，蛋白質、高分子多醣類等具有較高黏性的膜污染物，在 pH 值 9.5 以上時，不易黏著在膜表面已是眾所周知，且由於微生物較無法在鹼性環境生存，所以將供給至逆滲透膜的水調節成 pH 值 9.5 以上的鹼性，能夠進一步有效抑止膜面堵塞。

以上的例子，在逆滲透膜之前的前處理，物理前處理以及化學前處理方式都使用了，因而可有效的減輕逆滲透膜的負載。

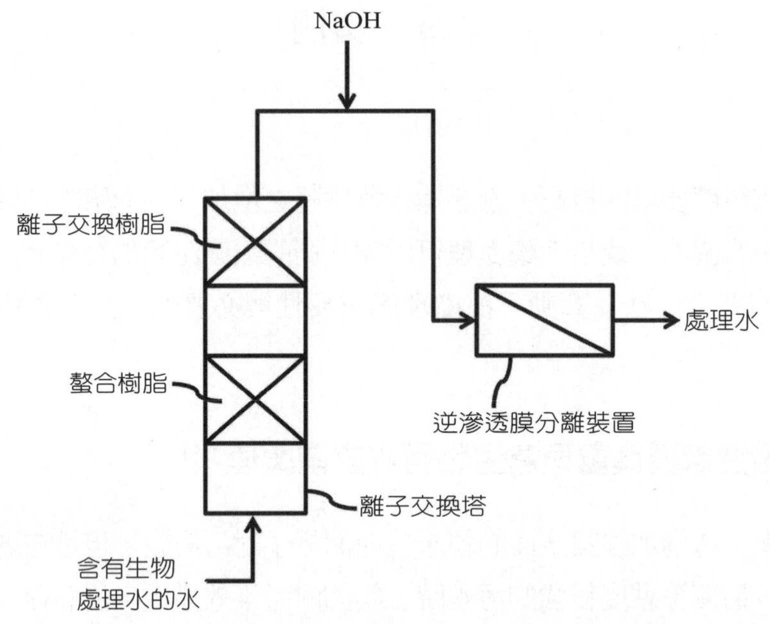

圖 3-10　使用逆滲透膜處理含生物質水之前處理

3.5.2　高分子絮凝之脫水處理方法 [20]

在處理廢水時，通常利用高分子絮凝劑使固體成分凝聚並脫水，因此，依據廢水的特性，於處理時添加最適劑量的高分子絮凝劑。高分子絮凝劑通常以粉末形態出售，與液態高分子絮凝劑相比，粉末狀高分子絮凝劑在產品穩定性以及運輸方法的容易程度等方面都較優異，但是粉末狀高分子絮凝劑的分子量高，其水溶液的黏度也極高，因此粉末狀高分子絮凝劑不易溶解，容易成為不溶性粉體殘留在溶液中。為了防止不溶性粉體的產生，通常一邊攪拌，一邊一點一點地添加粉末狀高分子絮凝劑，使其溶解分散於水溶液中。若劇烈地進行攪拌來製備絮凝劑水溶液，則部分已溶解的高分子絮凝劑的分子鏈有可能斷開，導致凝聚性能的劣化；而另一方面，若攪拌強度太弱，則容易產生不溶性粉體。因此，藉由攪拌來使粉末狀高分子絮凝劑完全溶解需要耗費不少時間，且存在著絮凝劑先溶液化的部分易因攪拌而引起劣化，或因隨著時間變化而引起的劣化問題。若使用劣化的絮凝劑水溶液來對污泥進行凝聚處理，得到的凝聚污泥的效率容易變低。

因此，Taki 與 Masaru 等人藉由分別獨立地對二種以上的粉末狀高分子絮凝劑

的添加量進行調節 [20]，並將該粉末狀高分子絮凝劑和水進行混合、溶解而調製成絮凝劑水溶液，以此方式降低絮凝劑水溶液劣化的問題。

例如，在某處理場，利用絮凝劑 A／絮凝劑 B = 50/50（wt%）的絮凝劑水溶液（濃度 200 mg/L）進行污泥處理，且利用離心脫水機將絮凝完之污泥進行脫水，於一個月期間內處理之污泥的含水率，在 84.2～88.2 % 的範圍內，平均值爲 86.1 %，顯然含水率較高。

藉由 Taki 與 Masaru 等人 [20] 發表的方法，將絮凝劑 A／絮凝劑 B = 75/25 混合比率的粉末狀高分子絮凝劑在水中進行溶解，並同樣以 200 mg/L 的添加量對污泥進行添加，脫水後的污泥含水率爲 83.9 %。當處理廠運轉數日後，污泥脫水性能下降，含水率上升到 85.6 %，所以將絮凝劑 A／絮凝劑 B 混合比率調節爲 50/50 進行處理，此時污泥含水率下降到 84 %；當觀測到含水率再次上升，則再調整絮凝劑 A／絮凝劑 B 混合比率爲 60/40，之後再調整爲 70/30，期間的污泥含水率爲 83.2 %。

由此可知，先將各種粉末狀高分子絮凝劑的混合添加比率調配好，再溶於水成爲液態高分子絮凝劑，可較佳的降低絮凝後污泥之含水率。另外，因爲將高分子絮凝劑以粉末狀保持並在使用時才進行溶解使用，所以高分子絮凝劑的性能劣化少，當污泥或廢水水質急劇變動時能夠迅速地應對，實用性高。

3.5.3　有機性廢水之前處理 [21]

化學工業、食品工業、電子產業的排廢水，例如從顯影、剝離、蝕刻到洗淨程序等的排廢水，通常是含有機物的廢水，也常藉由生物處理法處理。此類的有機性廢水如含二甲基亞楓（DMSO）等的有機硫磺化合物的有機性廢水，含四甲基氫氧化銨（TMAH）、單乙醇胺（MEA）等的有機態氮、銨態氮的有機性廢水，含異丙醇、乙醇等的有機性廢水等。將此類待處理廢水進行生物處理後，爲了去除生物處理水中的菌體、生物代謝物的溶解性物質以及懸浮性物質，常藉由添加凝聚劑進行凝聚處理而獲得良好的處理水。

凝聚處理所使用的凝聚劑有氯化鐵、聚硫酸鐵等的鐵類凝聚劑，硫酸鋁、氯化鋁、聚氯化鋁等的鋁類凝聚劑，從凝聚效果來看較好的是鐵類凝聚劑。這些無機凝聚劑可單獨使用一種，也可併用二種以上。而對生物處理水進行凝聚處理時，爲促進凝聚作用而添加的凝聚劑（無機凝聚劑）是造成運轉成本偏高的直接因素之一，所以需要降低其添加量，而生物處理的過程中所溶解的有機物（S－TOC），尤其是生物代謝物的凝聚處理較困難，通常需要大量的凝聚劑。

Yamada 及 Satoshi 等人 [21] 在生物反應槽內，對生物處理水添加凝聚劑的同時，藉由曝氣進行攪拌。其處理裝置如圖 3-11 所示，依序爲一生物反應槽、凝聚槽、加壓上浮分離槽及過濾裝置。在生物反應槽內生物處理廢水之後，在設有曝氣裝置的第一凝聚槽中，加入無機凝聚劑（例如鐵類凝聚劑）、氧化劑以及酸，在高速攪拌以及 pH 3～6 的條件下進行凝聚處理後，輸入到第二凝聚槽中，再添加有機架凝劑及鹼，在 pH 5～8 的條件下慢速攪拌並進行架凝處理，然後在加壓上浮分離槽中加壓上浮分離凝聚處理水，該分離水再經過濾裝置過濾後獲得一過濾水作爲處理水。此方法能夠改善後段過濾處理效率，可減少過濾裝置的反洗頻率，並可防止 RO 膜的積垢。

凝聚處理設備一般由用於將凝聚劑與被處理水充分接觸的高速攪拌槽和生長架凝物的低速攪拌槽構成。Yamada 及 Satoshi 等人 [21] 發表的方法較好的操作是在高速攪拌槽中進行曝氣的攪拌，然後在低速攪拌槽中不使用曝氣而由機械攪拌完成架凝物的穩定生長化。若是在多段設置二個以上的凝聚槽時，一樣是將前段的凝聚槽設成空氣曝氣槽，後段的架凝槽設成機械攪拌槽。

在進行曝氣攪拌的凝聚槽中，凝聚處理時的 pH 值可設定爲 3～6，藉由將 pH 值調整到酸性範圍內，而能夠提高凝聚處理的效果。尤其是使用鐵類凝聚劑時，在 pH 5.5 以下藉由曝氣攪拌進行混合極爲有效。而使用鋁類凝聚劑時，在 pH 5.5 以下由曝氣攪拌進行混合後，再將 pH 調節到 6.0 以上則較爲有效。

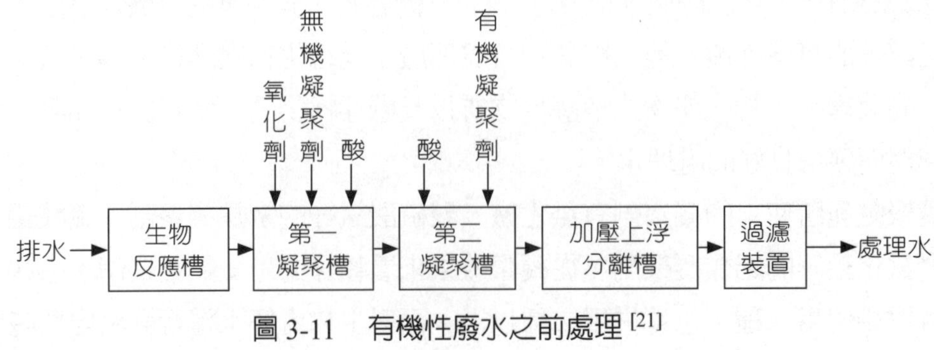

圖 3-11　有機性廢水之前處理 [21]

3.5.4　污泥或廢水的處理方法 [22]

高分子絮凝劑通常是粉末狀，將其溶解並貯留，在水溶液的形態下添加至廢水中。溶解粉末狀的高分子絮凝劑需要時間，因此必須利用間歇式溶解裝置逐次溶解，但是按間歇式進行溶解時，製備絮凝劑水溶液到將其供應給污泥的保留時間也趨於變長，易造成劣化。具體而言，從開始溶解絮凝劑水溶液後到將其添加到污泥中，至少需要 5～6 小時左右。因而，高分子絮凝劑在溶解中和保留中發生的劣化嚴重，其本來所具有的絮凝性能並未得到完全發揮。

Komido 及 Toshiaki 等人 [22] 將粉末狀高分子絮凝劑添加到水中製備膨潤液，此膨潤製程的滯留時間可以為 10 秒以上到 20 分鐘以內，粉末狀高分子絮凝劑的濃度可以為質量之 0.05～0.5%，濃度過低則效率不彰，濃度過高則絮凝劑溶液黏度太高且耗費時間。將上述膨潤液供給至過濾單元，並使其通過過濾單元的過濾面，過濾單元可以是網孔為 120～500 μm 的網狀物，從而得到絮凝劑水溶液，最後可將上述絮凝劑水溶液添加到污泥或廢水中進行絮凝處理。

一般來說，當將粉末狀高分子絮凝劑溶解在幾乎不含雜質的淨水中時，高分子絮凝劑的劣化比較輕；而當將高分子絮凝劑溶解在工業用水、活性污泥處理水、井水、河水等含雜質較多的水中時，隨著時間經過，黏度下降、水解等造成高分子絮凝劑的劣化劇烈。當將粉末狀高分子絮凝劑溶解在含金屬離子較多的水中時，在以往的方法中劣化迅速，但是根據上述的方法，也能夠抑制高分子絮凝劑的劣化，可以效率良好地發揮高分子絮凝劑的絮凝性能。

3.5.5　提高金屬鹽系凝聚劑之凝聚活性的方法 [23]

在處理例如最終處分場浸出水、垃圾焚燒廢水、下水道處理水、糞尿處理水、半導體工廠廢水、電子工廠廢水、電鍍工廠廢水、水產加工廠廢水、食品飲料製造工廠廢水、礦業廢水、農業廢水、畜產廢水等，通常必須先將懸浮物、膠態物質或部分溶解之有機物去除，先前主要使用鋁系之凝聚劑。但是，眾所周知鋁系凝聚劑如 PAC 等，對於處理低濃度原水、高鹼度原水、鹽類較多之原水凝聚效果顯著下降，且因處理液中存在鋁，被懷疑對人體有嚴重不良影響，故在用於對淨水、河川放流或對田地供水等之情況，被期望要儘可能地降低濃度。並且，鐵系凝聚劑對鋼鐵業之廢液等之使用常被研究，但由於過濾損失較大，故若欲利用目前之處理設備，必須改進操控系統或關鍵處理技術，並非如使用 PAC 般之簡單。且由於硫酸礬土或綠礬、氯化鐵等凝聚效果較劣，故必須大量使用，但即使大量使用，未必一定可提高凝聚效果。再者，若利用金屬鹽凝聚劑去除溶解性之有機物，其效果較差，對巨量溶解有有機物之污水，存在著需要使用大量之凝聚劑或後處理來分解有機物之缺點。

因此，使用凝聚效果強之凝聚劑時若可減少使用量，則可使污水處理成本降低，故開發有效之凝聚劑是爲人所期望者。Miki 及 Toshikatsu 等人 [23] 發表一活性金屬鹽凝聚劑（高分子金屬鹽凝聚劑，聚氯化鋁系凝聚劑及聚二氧化矽鐵系凝聚劑），其使含蛋白質成分（亦包含食品或血液成分）之廢水凝聚效果優良，方法乃是將含有該金屬鹽凝聚劑之水溶液施以電解處理而達成。

雖然理由未必明確，但可考慮的是，若對凝聚劑水溶液通電，可形成具正電荷或負電荷之氫氧化金屬鹽系之聚離子，且藉由該離子造成懸浮粒子之電性中和，以及其引發之架橋作用等而使凝聚力提高。

例如，使用設置有白金線（直徑 0.3 mm、長度 12.5 mm、電極間距離 13 mm）之圓柱狀玻璃容器作爲電解槽 [23]，施加直流電壓 45 V，電流值 30 mA，水溫 23℃，處理時間 90 分，通電量 16 庫倫／g，電解聚氯化鋁，獲得活性化金屬鹽凝聚劑之活性化 PAC。將上述所得之 1 mL 活性化 PAC 與 1 mL 水混合，作爲活性凝聚劑溶液。另外，將未進行電解處理之同樣濃度之 PAC 設爲比較組。

取 50 mL KCl 水溶液（濃度 100 mM）加入燒杯，其次，加入 2 mL 球蛋白水溶液（濃度 50 μM），充分予以攪拌。其次，將上述所得之活性凝聚劑溶液以及比較組試料添加至燒杯，以 400 rpm 攪拌 1 分鐘，並將於燒杯中所生成之沉澱在靜置 0 分鐘、5 分鐘、10 分鐘、30 分鐘、60 分鐘、90 分鐘及 120 分鐘後，以肉眼觀察。

在比較組中，將 PAC 比較組試料溶液添加至燒杯內之球蛋白溶液後，溶液立即開始白濁，但觀察經過 50 分鐘後，才有絮狀之蛋白質成分凝聚體沉澱至燒杯底部的情況。若進一步放置，則 60 分鐘後，絮狀體變得較清晰，直至 120 分鐘後沉澱凝聚體中未觀察到明顯變化。

反觀活性金屬鹽凝聚劑添加至燒杯內之球蛋白溶液後，顏色立刻變白濁，但是凝聚濃度較比較組更濃，5 分鐘後在燒杯底部就可觀察到沉澱物。之後，在 10 分鐘時溶液變透明，凝聚體全部沉澱至燒杯底部。經過 40 分鐘，沉澱凝聚體之沉澱層之高度並未再有變化。相較於比較組，活性凝聚劑凝聚球蛋白的效果較傳統凝聚劑優良。

3.5.6　使用薄膜分離技術從廢水移除重金屬的方法 [24]

在廢水處理程序中，常應用掃流超濾（UF）或微濾（MF）方法，由於需要較高的掃流能量來減低薄膜結垢，操作成本通常較高。在最近幾年，沉浸式 UF 及 MF 膜已成功地使用於高懸浮固體，如在薄膜生物反應器（MBR）中的分離應用，或低懸浮固體如原水處理及三級處理的應用。在這些應用中，沉浸式薄膜以低通量（10～60 LMH）操作，因為薄膜在較高通量下容易變髒積垢。為了減少薄膜積垢，常使用通氣來連續地（例如在 MBR 中）或間歇地（例如在 MBR、原水及三級處理中）洗滌薄膜表面。在其他應用（例如重金屬移除）中，結合聚合螯合劑與沉浸式薄膜系統是具吸引力的。

Musale, Deepak A.[24] 發表一種使用薄膜分離方法從都市廢水移除重金屬的方法，「都市廢水」為來自集中型或分散型都市廢水處理工廠的廢水，其中分散型水處理工廠包括來自處理自身廢水之集合住宅、旅館、度假村等的廢水，集中型水處理工廠包括來自家庭及工廠的廢水。其從都市廢水移除重金屬的方法：參照圖 3-12，將含重金屬的都市廢水收集在儲槽中，經由管線加入酸或鹼以將 pH 調整至

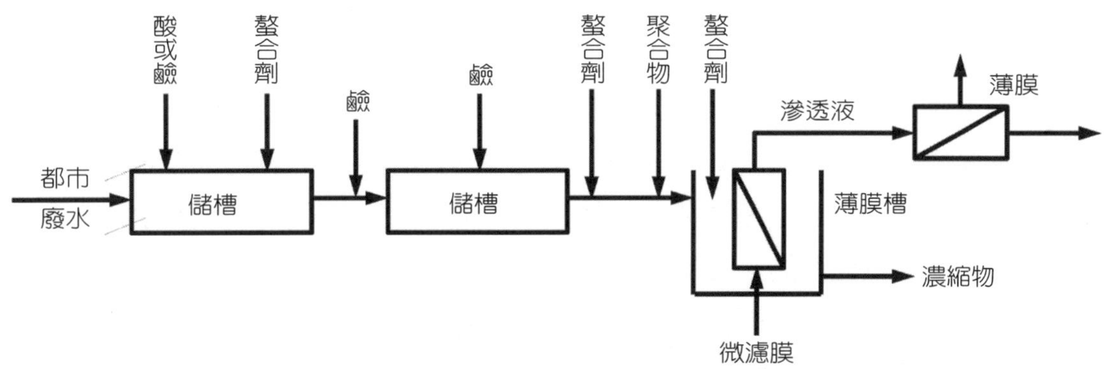

圖 3-12　使用薄膜分離技術從廢水移除重金屬的方法

3～4，以使達成重金屬之氫氧化物之沉澱，然後經由管線加入螯合劑、清除劑諸如鐵化合物，然後讓此水流至下一儲槽，經由線上（in-line）或直接添加鹼到儲槽中，將 pH 調整至 8～10，然後讓水從儲槽流至沉浸超濾或微濾膜的儲槽。可對超濾或微濾膜施加滌氣，線上或直接將聚合螯合劑諸如二氯乙烷氨聚合物加入薄膜槽與廢水系統中之重金屬反應。該二氯乙烷氨聚合物具有分子量約 500～10,000 道耳吞，其包含約 5～50 莫耳百分比的二硫胺基甲酸鹽基團。在加入二氯乙烷氨聚合物後，在水流入薄膜槽前可選擇性於線上加入一可溶於水的聚合物。來自沉浸式超濾或微濾膜方法之滲透液，可通過其他薄膜選擇性處理，而濃縮物進一步除水或拋棄。

由此方法可明確得知，在膜過濾處理前，經由酸鹼、螯合劑等前處理之後，濾膜的積垢現象可大爲降低。

3.5.7 判斷化學混凝成效之方法 [25]

秦靜如與賴虹任 [25] 發表一種判斷化學混凝成效之方法，包括下述的步驟：首先，準備多組水樣，每組水樣的濁度皆相同且小於 1,000 NTU（Nephelometric Turbidity Unit，或稱標準濁度單位）。之後，對其中一組水樣進行照射一平面光源，然後於水樣中添加一混凝劑，例如多元氯化鋁或硫酸鋁等，並對水樣進行攪拌 75 秒至 3 分鐘，被攪拌之水樣的**速度梯度**（velocity gradient）是 300～1,000 秒 $^{-1}$，以使混凝劑分散於水樣中，並記錄水樣的影像，接著分析並記錄水樣的影像之 RGB 値的變化率。然後，針對其他組的水樣重複上述的步驟，但每組水樣中的混凝劑添加量不同於其他組水樣中的混凝劑添加量。其中，對應於混凝劑添加量由小至大的變化，當 RGB 値變化率的變化趨向第一次發生由大到小至由小到大的轉折時，該轉折所對應的混凝劑添加量爲較佳的混凝劑添加量。

如同上述，當水樣起始的濁度小於 1,000 NTU 時，可藉由圖 3-13 所表示的流程來判斷混凝劑之最佳添加量。首先，實行步驟 S210，將一水樣注入至容器中。接著，實行步驟 S220，將容器中的水樣抽入至管路中流動，再實行步驟 S230，將光源打開，照射觀測管內的水樣。之後實行步驟 S240，藉由影像擷取裝置擷取水樣所散射出的光線，以形成一影像，並將所擷取的影像傳輸到影像分析裝置。接著，實行步驟 S250，在水樣中添加混凝劑之後，實行步驟 S260，啓動攪拌器以對水樣

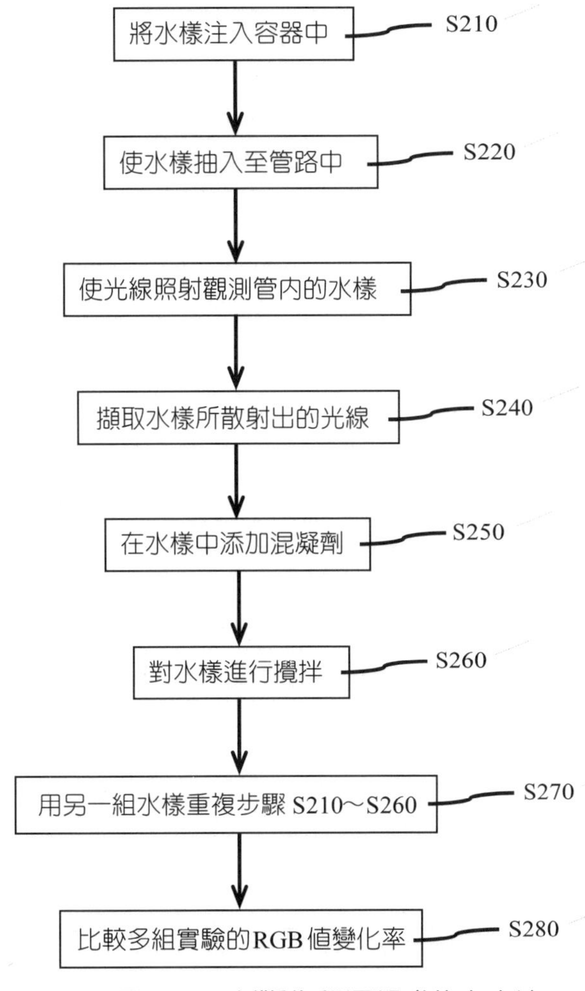

圖 3-13 判斷化學混凝成效之方法

進行攪拌。在步驟 S230～步驟 S260 中，利用影像分析裝置對所擷取的影像進行分析，並將分析結果，即所擷取的影像之 RGB 值的變化率，進行輸出。之後，實行步驟 S270，實驗者可用步驟 S210～步驟 S260 所示的流程，以相同濁度的水樣進行多組實驗。在這些實驗中，除了混凝劑的添加量外，其餘的條件皆保持相同。在進行多組實驗後，即可得到多組 RGB 值的變化率。然後，實行步驟 S280，藉由觀察這些 RGB 值的變化率的變化趨向，即可判斷較佳的混凝劑添加量爲何。較詳細地說，是可將這些 RGB 值的變化率與混凝劑添加量的關係繪製成類似圖 3-14 的關係圖，在 RGB 值的變化率的變化趨向發生轉折處，該轉折所對應的混凝劑添加量即

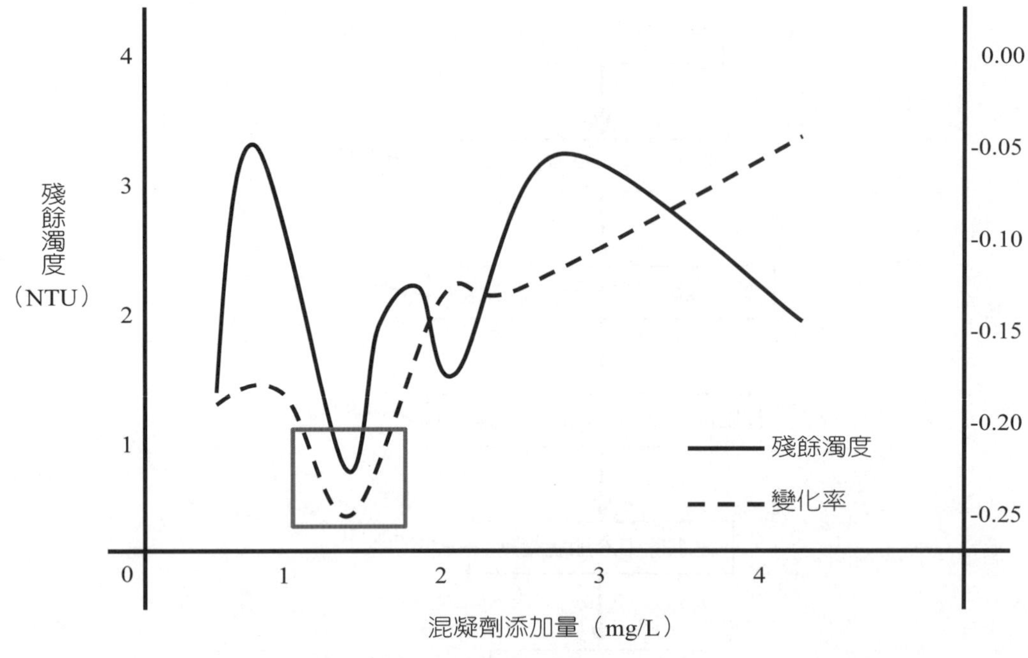

圖 3-14　RGB 值變化率的變化趨向

爲較佳的混凝劑添加量。本判斷方法無需經過傳統之慢混階段與沉澱階段，故可大幅縮短所需的測試時間，從而有效地降低成本。

3.5.8　含有唑系銅用防蝕劑之化學機械研磨（CMP）製程的廢水處理 [26]

由於製造半導體元件的 CMP 過程中，會大量排出含有銅用防蝕劑之水的緣故，需要加以處理。銅用防蝕劑之中，特別是唑（azole）系銅用防蝕劑具有優異的防蝕效果，然而也因其屬於化學性穩定之構造而難被生物所分解。以往處理此等含有唑系銅用防蝕劑之排水時，採用氧化力強的臭氧或紫外線、過氧化氫等的氧化劑將唑系銅用防蝕劑加以分解後，將處理水予以流放或回收。但如上述，由於唑系銅用防蝕劑之化學穩定性強，即便採用臭氧等氧化力強的氧化劑，仍然需要大量添加，以致成本方面的負擔重。特別是近年來，隨著半導體元件的高積體化而伴隨的精密研磨過程，隨之研磨排水的排放量亦增加，如此大量的廢水所引起之成本增加已形成爲大問題。

Yasuike 及 Yuji 等人 [26] 提出有關含有唑系銅用防蝕劑之水的處理方法，特別是從半導體製造過程中之化學機械拋光（CMP）過程所排出之含有唑系銅用防蝕劑之排水的處理方法。其方法爲將亞鐵離子添加於含有唑系銅用防蝕劑之水中，產生不溶性的鐵・唑系錯合物，進行凝聚、固—液分離處理之後，對所殘留之 TOC 成分使用臭氧分解。由於經凝聚、固—液分離處理步驟已去除水中研磨劑粒子等懸浮物質，故當進行臭氧氧化分解處理時，可以少量的臭氧即可高度分解去除所殘留之含有唑系銅用防蝕劑之 TOC 成分，避免臭氧多餘的耗費。

如圖 3-15 及 3-16 所示，將原水（含有唑系銅用防蝕劑之水）導入第一凝聚槽中並添加含有亞鐵之凝聚劑，並按需要調整 pH 值，較佳調整爲 pH 4～8，並攪拌 10～30 分鐘。於第一凝聚槽中，將因原水中的唑系銅用防蝕劑與亞鐵離子之反應而生成鐵・唑系錯合物。第一凝聚槽的處理水，則接著導入第二凝聚槽中，將氫氧化鈉、氫氧化鉀、氫氧化鈣等鹼作爲 pH 調整劑添加，以調整 pH 爲 7～12 後加以攪拌。於此第二凝聚槽中之滯留時間爲 5～15 分鐘，於該第二凝聚槽中，經由 pH 鹼性的條件下，在第一凝聚槽中所生成之鐵・唑系錯合物再與氫氧化鐵**架凝體**（floc）進行凝聚，而成爲大的架凝體。在此架凝體形成時，原水中的研磨劑粒子等懸浮物質亦一起進行凝聚而被架凝體化。第二凝聚槽的處理水，則接著將在沉澱槽中進行固液分離，惟較佳爲進行固液分離之前，添加高分子凝聚劑以使架凝體粗大化。

圖 3-16 中，11 爲凝聚槽、12 爲沉澱槽、13 爲過濾裝置、14 爲臭氧加速氧化反應槽。於凝聚槽 11 及沉澱槽 12 中之處理條件，係與圖 3-15 中之第一凝聚槽、第二凝聚槽以及沉澱槽之處理條件相同。

沉澱槽 13 的固液分離水，係在利用過濾裝置 13 而再去除固液分離水中所含之**插腳架凝體**（pin floc）或凝聚劑以及未反應之懸浮物質等不純物後，即導入臭氧加速氧化反應槽 14。對此過濾裝置 13 而言，可採用**膜濾器**（membrane filter）、**砂濾器**（sand filter）等一般性過濾裝置。

於臭氧加速氧化反應槽 14 中，進行臭氧加速氧化處理，而所殘留之唑系銅用防蝕劑等 TOC 成分將被分解去除。

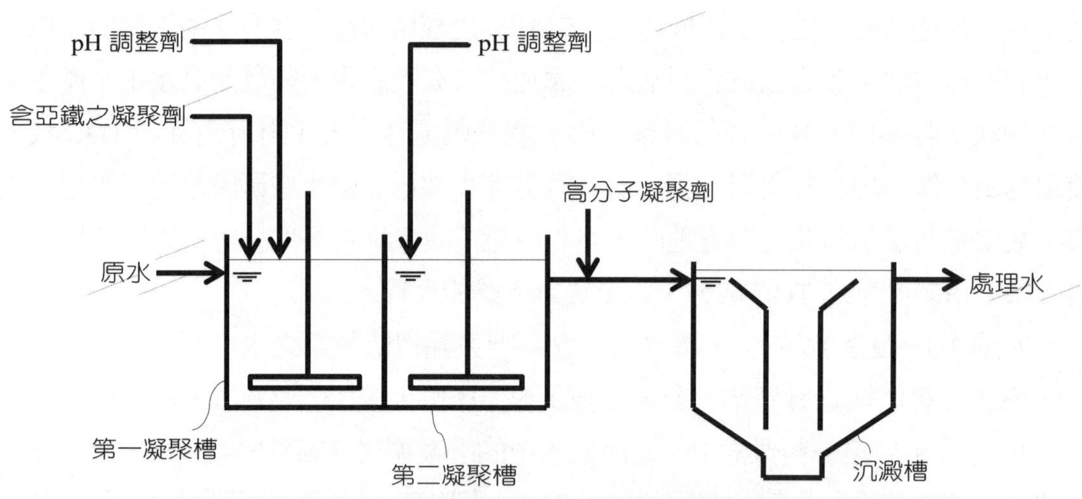

圖 3-15 含有唑系銅用防蝕劑之水的處理方法

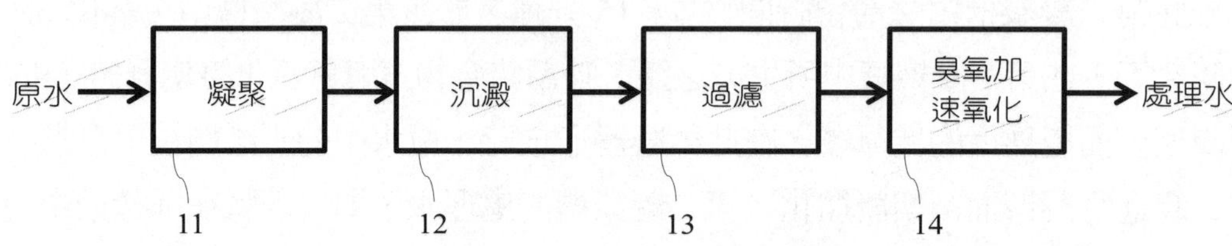

圖 3-16 含有唑系銅用防蝕劑之水的處理方法

參考文獻

1. 呂維明、呂文芳編，過濾技術，第五章，高立圖書有限公司，1994年5月。
2. 陳幸德、朱振華、張王冠、陳興、梁德明、周珊珊，有機固體物水解方法及其裝置，TW I396585，2013年05月21日。
3. 岡崎英雄、濱屋忠生、栗原昭一，POLYSACCHARIDE CONTAINING CHITOSAN, MANUFACTURE AND USAGE THEREOF，TW I247752，2006年01月21日。
4. 張晉，水處理工程與設計（給水工程學）上，第八章，鼎茂圖書出版有限公司，1999年3月。
5. 張晉，水處理工程與設計（給水工程學）下，第十章，鼎茂圖書出版有限公司，1999年3月。

6. 全國化工設備設計技術中心站機泵技術委員會 編，工業離心機和過濾機選用手冊，第四章，化學工業出版社，2014年1月。
7. 荏原・英菲爾科公司中央研究所，水處理工程—理論與應用，第一章，科技圖書股份有限公司，1998年6月。
8. 呂維明編著，固液過濾技術，第三章，高立圖書有限公司，2004年8月。
9. Gregory, J. "Stability and Flocculation of Colloidal Particles, Part I," Effluent and Water Treatment J., 17, 516 (1997a).
10. Gregory, J. "Stability and Flocculation of Colloidal Particles, Conclusion," Effluent and Water Treatment J., 17, 641 (1997b).
11. Hunter, R.J., "Zeta Potential in Colloid Science," Academic, London (1981).
12. 松本幹治，實用固液分離技術，第二章，分離技術會，2010年。
13. Packham, R.F., "Some studies of the coagulation of dispersed clays with hydrolyzed salts," J. Colloid Sci., 20, 81 (1965).
14. 中國技術服務社，工業污染防制手冊[15]，台北（1994）。
15. Gregory, J. "Rates of Flocculation of Latex Particles by Cationic Polymer," J. Colloid Interface Sci., 42, 448 (1973).
16. Wang, T.K. and R. Audebert, "Flocculation Mechanisms of a Silica Suspension by Some Weakly Cationic Polyelectrolytes," J. Colloid Interface Sci., 119, 459 (1987).
17. LaMer, V.K. and T.W. Healy, "Adsorption-Flocculation Reaction of macromolecules at the Solid-Liquid Interface," Rev. Pure App. Chem., 13, 112 (1963).
18. Hunter, R.J., "Foundations of Colloid Science, Vol. I," Clarendon, Oxford (1986).
19. Ikuno, Nozomu, "Method and apparatus for treating biologically treated water-containing water," JP 2005-17087, 2005/01/25.
20. Taki, Masaru; Komido, Toshiaki; Onishi, Hideaki; Matsushita, Masao, "Method for dewatering of sludge with polymer flocculant and method for flocculation of wastewater with polymer flocculant," JP 2004-340162, 2004/11/25.
21. Yamada, Satoshi; Koizumi, Motomu; Tanaka, Michiaki, "Wastewater treatment apparatus and wastewater treatment method," JP 2005-323791, 2005/11/08.
22. Komido, Toshiaki; Akimoto, Masahiro, "Method for treating sludge or waste water," JP 2006-109626, 2006/04/12.
23. Miki, Toshikatsu; Murata, Takuya; Fukaishi, Jun, "Activated metal salt flocculant and process for producing same," JP 2009-041973, 2009/02/25.

24. Musale, Deepak, A. and Jeroen A. Koppes; "Method of heavy metals removal from municipal wastewater," US 11/695819, 2007/04/03.
25. 秦靜如、賴虹任，判斷化學混凝成效之方法，TW 201313620，2013年04月01日。
26. Yasuike, Yuji; Nemoto, Atsushi,; "Process for treatment of water containing azole-type anticorrosive for copper," JP 2008-295757, 2008/11/19.

第四章
沉降與浮選分離

/ 呂維明

將懸浮在液相中的固粒（或液滴）利用重力場或離心力場的沉降現象分離的操作統稱爲**沉降分離**操作（sedimentation separation），在重力場或離心力場，藉粒子在流體之沉降現象，把懸濁液中之粒子與流體分離之操作稱爲沉降分離。此操作依其目的可分爲**沉析**（classification）、**澄清操作**（clarification）或**稠化**（**濃縮**）**操作**（thickening）等三類，沉析操作是利用粒子間的運動速度之差異，將固體粒子群分成二個或更多之密度或大小不同的堆集之操作；澄清操作則是利用液固兩相之密度差，除去流體中之固粒而獲得澄清液體之操作；相反而言，以沉降分離來濃縮稀薄懸濁液之操作就稱爲濃縮（稠化）。如固粒（或液滴）本身的密度小，或附著了氣泡後導致其表密度小於液體的密度時，固粒或液體將靠浮力向上浮游，利用此浮游現象分離固粒或液滴的操作就稱爲**浮選**（floatation）。澄清與稠化雖目的不同，但均藉沉降現象來達成其目的，但由於粒子在系統中之沉降速度甚受粒子濃度之影響，故在設計目的不同之沉降系統時，勢必須考慮處理進料懸濁液濃度之影響。在澄清操作多以稀薄懸濁液爲對象，而稠化操作則以較濃懸濁液中之粒子群爲其處理對象。

本章首先介紹較單純的重力沉降原理和影響沉降速率之因素，接著分別就澄清分離、重力沉降濃縮、離心沉降和浮選等四部分介紹各項相關的基礎原理與裝置，並簡介主要裝置的設計例。

4.1 沉降分離

4.1.1 粒子在重力場之沉降現象

1. 單一粒子在重力場之沉降現象

要掌握沉降裝置之設計或操作之基礎，須了解固體粒子在流體中之沉降現象，懸濁在流體中之粒子沉降情形會因粒子濃度及凝聚程度而有所不同，如粒子濃度在 1% 以下且粒子間之絮聚很少時，粒子之沉降可視爲自由沉降，其沉降速率可依 2.6.1 節所介紹之單一粒子之沉降式得**終端速度**（terminal velocity，u_t [m/s]）如下：

$$u_t = \sqrt{\frac{4}{3} \cdot \frac{(\rho_P - \rho) g D_P}{C_D \rho}} \qquad (4\text{-}1)$$

如粒子爲球形，而 $N_{\mathrm{Re},p} < 2.0$ 時，$C_D = 24/Re$，或 $F_D = 3\pi\mu u D_p$

$$\therefore u_t = \frac{D_P^2(\rho_P - \rho) g}{18\mu} \quad \text{Stokes Equation} \qquad (4\text{-}2)$$

此式稱爲 Stoke 的沉降速率式，當時 $\rho_p > \rho_f$，粒子在沉降；反之，粒子向上浮移。

如 $2.0 < N_{\mathrm{Re},p} < 500$時，$u_t = \{\frac{4g^2(\rho_p - \rho)^2}{225\mu\rho}\}^{1/3} D_p$　Allen's Equation　(4-3)

如 $500 < N_{\mathrm{Re},p} < 10^5$時，$u_t \approx \sqrt{\frac{3.03 g(\rho_p - \rho) D_p}{\rho}}$　Newton's Equation　(4-4)

一般粒徑在微米級的微粒在水溶液沉降時，可套用 Stokes Equation。

2. 粒子群之沉降速度 [10]

在 2.2 節所述，懸濁液之粒子多以粒子群之狀態互相干擾下進行沉降，此時液體之**實際黏度**（apparent viscosity）較單純液體來得高，故粒子群中單一粒子之沉降速度 u 就較單純之單一粒子之沉降速度來得小，如下式所示：

$$u = \frac{D_P^2(\rho_P - \rho) g}{18\mu} \cdot \frac{\varepsilon}{\phi(\varepsilon)} = u_t \frac{\varepsilon}{\phi(\varepsilon)} \qquad (4\text{-}5)$$

u_t 爲單一粒子在重力場之沉降速度，由於此終端速度該是無限邊緣之條件下始成立，在有器壁及有限容器下，粒子群沉降時，相對的排擠了同體積之流向上流，故此粒子群眞沉降速度爲 u_b 時，u_b 與相對於器底之粒子沉降速度 u_a 之關係爲

$$u = u_a - (-u_b) \quad \text{或} \quad (1 - \varepsilon) u_a = \varepsilon u_b$$

$$\text{故 } u_a = \varepsilon u = u_t \cdot \frac{\varepsilon^2}{\phi(\varepsilon)} = \frac{u_t}{F(\varepsilon)}\text{，但 } F(\varepsilon) = \frac{\varepsilon^2}{\phi(\varepsilon)} \qquad (4\text{-}6)$$

$F(\varepsilon)$ 知爲粒子群沉降時之**空隙度函數**，ε 與 $F(\varepsilon)$ 相關圖可參照 2.2 節的圖 2-6。

3. 懸濁液的批式沉降分離

如爲批式自由沉降操作，**澄清層**與**懸濁液層**難有清晰之界面；如泥漿濃度大於 1% 以上時，各粒子之沉降速率就受周圍粒子干擾，而其沉降速率會較自由沉降緩慢，此沉降就屬於如 2.6.2 節介紹之干擾沉降，在批式干擾沉降系，澄清層與懸濁層會有相當清晰之界面存在。介在此兩種情況的沉降現象，亦有學者稱它爲**呈相沉降**（phase subsidence）[15]，假如粒子濃度高至幾乎形成**堆積層**（aggregate），就會因粒子自身的荷重而呈壓密脫水之現象。

把懸濁液裝入如圖 4-1 所示之似量筒容器，並使其上下均勻後靜止（如圖 4-1(a)），讓懸濁液中之粒子開始因重力作用而沉降。經短時間後，一些較粗粒子就在筒底沉積成如圖 4-1(b) 之 E 層，其上也成長粒子濃度相當濃之 D 層；在接近表面則開始出現一層不含粒子之澄清層 A，而接著此一界面則有一層濃度與原始濃度相近之**等稀濃度層** B，A-B 兩層之界面則以粒子近懸濁液中之沉降速率往下下降。在 B 層與 D 層兩層間，存有一層濃度介於 B 層與高濃度 D 層之**過渡濃度層** C，在 C 層裡液體以**穿流**（channeling）方式向上流，而粒子則反向沉降，濃度濃縮至 D 層濃度。隨著時間增長，澄清層 A 及高濃度層 D 之高度會逐漸增高，如圖 4-1(c) 所示。到某一階段等稀濃度層 B 完全消失，而高濃度 D 層如圖 4-1(d) 所示成長至最高，稍後過渡層 C 就會完全消失（如圖 4-1(e) 所示），而 D 層則開始受粒子自重之壓密而構成更高濃度之堆積層，最後呈如圖 4-1(f) 所示之穩定而濃度相當緻密的 D 層。

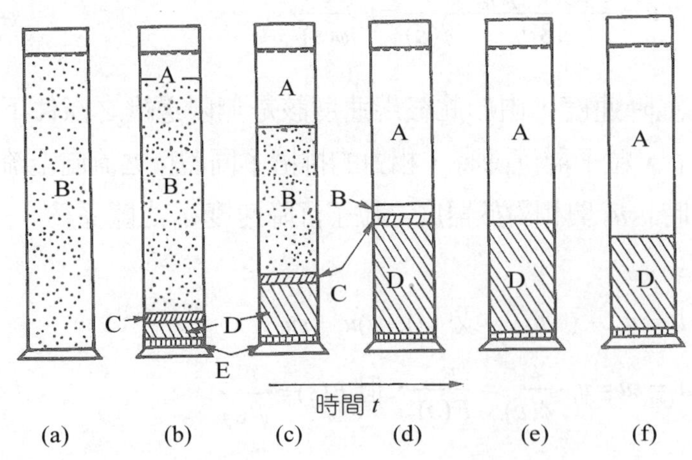

圖 4-1　批式沉降過程 [8]

4.1.2　批式重力沉降曲線

如將把存在於澄清層 A 與等濃度層 B 界面之高度隨時間之變化作圖，可得如圖 4-2 之沉降曲線，詳察此曲線之變化除了剛開始沉降時有些不明外，在初階段，高度隨時間的變化呈一直線，亦即此界面之下降速度呈一恆率沉降期。過一段時間後此界面之下降速度就緩慢下來，而呈曲線漸趨平衡之高度。由恆率沉降轉爲減率沉降之轉折點代表了如圖 4-1 之 (d) 到 (e)，亦即 B 層與 C 層消逝之點，常稱爲**壓縮點**（compression point）或**臨界點**（critical point），過了臨界點後就進入**壓縮脫水期**。在圖 4-2 以點線所示的是 C 層與 D 層高度之變化，沉降曲線會因懸濁液中粒子之凝聚不完整，而有如圖 4-3 所示之第二甚至第三恆率沉降速度之區域出現；又如懸濁液含有較多微小粒子時，A 層與 B 層之界面可能有不甚清晰情形，須等這些粒子進行某程度之凝聚後，才出現較清晰之界面。

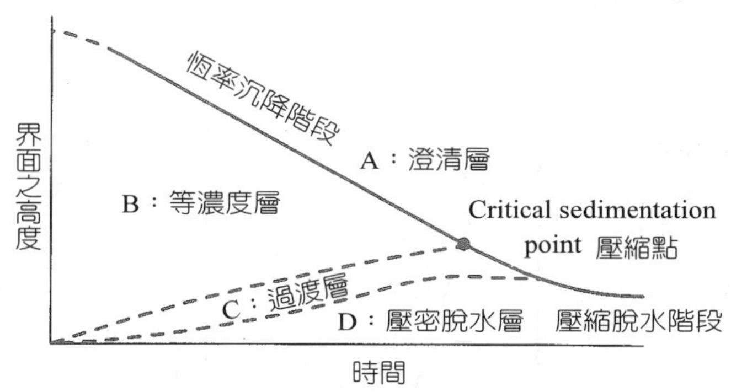

圖 4-2　批式沉降曲線

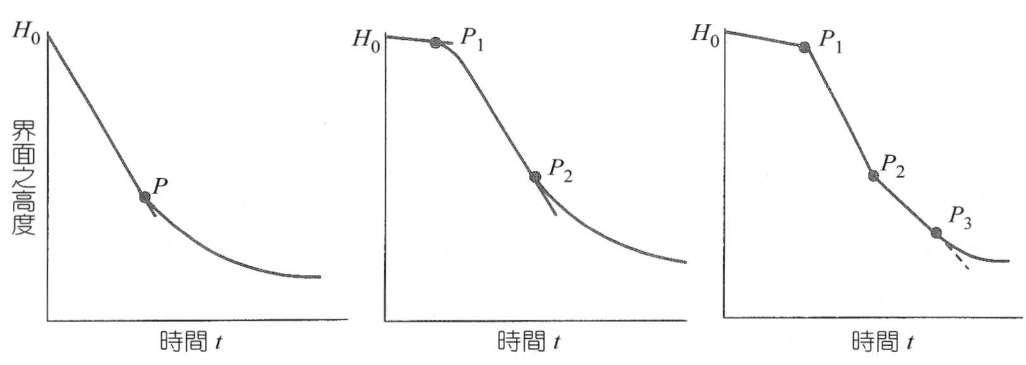

圖 4-3　懸濁液之性質對沉降曲線之影響

4.1.3　影響沉降速率之因素 [5,7]

1. 粒子之物性

一般而言，球形或近球形粒子會沉降得比非球形，如盤狀或針狀粒子來得快。絮聚可使不規則狀粒子成近球狀之絮聚體，促使粒子群加速沉降。如粒子帶有離子型結構而處於有互相吸引力之離子環境時，也可凝聚成大粒子群而加速沉降。

2. 粒子濃度

如 4.1 節所述，粒子濃度低於 1% 以下時，其沉降方式大多屬於自由沉降，致使澄清層 A 與等濃度層 B 之界面常不是很明顯。粒子濃度增加到某一程度時，粒子之沉降就受周圍粒子之影響，如因粒子沉降而相對引起流體之上升，此上升流會減緩粒子之沉降，同時亦會因粒子之互相衝突或產生絮聚而影響粒子之沉降速率。圖 4-4 顯示了濃度變化時三種不同之沉降曲線，粒子濃度之提升，不僅將使沉降速率減緩，也把臨界點往後及往上移。

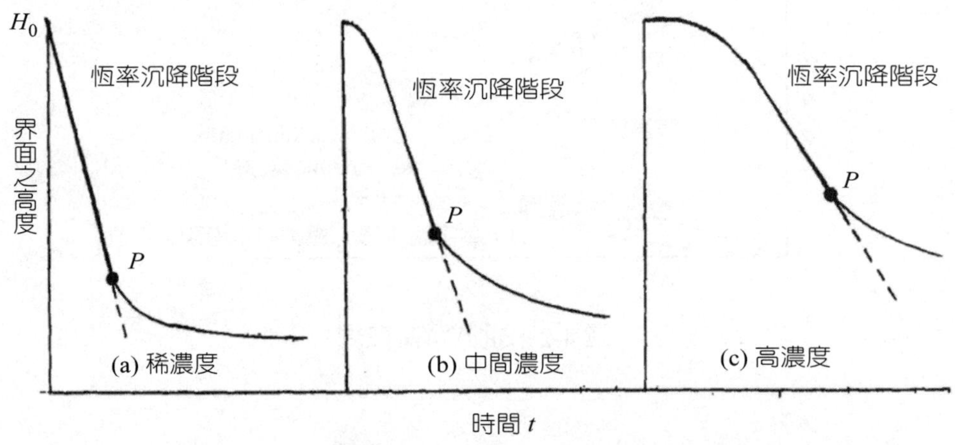

圖 4-4　粒子濃度對沉降曲線之影響提升沉降

3. 溫度

如懸濁液之溫度升高，由於流體黏度隨之降低，理應提升沉降速率，但溫度增加亦會改變粒子群之絮聚狀態，故溫度變化對沉降速率沒有一定的趨勢，如溫度提升可促進粒子間之凝集速度，則可加速粒子群之沉降。

4. 容器之大小

如容器之截面積過小時，器壁之存在會促使架橋現象發生而阻礙粒子之沉降，故以量筒等小型容器做批式沉降試驗時應注意此點。經驗上告知，沉降試驗宜採內徑 6 cm 以上之量筒。使容器傾斜時，因沉降面積會增加，在同一沉降時間來說，可得之澄清液容積會增加，這也是在沉降槽中插置傾斜板可提升沉降能力之原因。

5. 攪拌

懸濁液中粒子之絮聚，甚受因攪拌引起之液體流速或流速梯差之影響。給與適當之攪拌，可提升粒子群之凝聚速率及沉降速度，但攪拌也會改變沉澱層之壓縮脫水機制。爲獲取良好之沉降效果，尚需於試驗階段確認攪拌強度對整個沉降現象之影響。

4.1.4　重力沉降系

1. 批式重力沉降時槽的液深與容積的關係

在圖 4-5 所示的沉降槽裝了高度 h_1、分散均勻的同一粒徑固粒的懸濁液進行批式沉降時，達到完全分離就相當於原在表面的粒子要完全沉降至槽底，亦即該固粒得下沉深度 h_1，如沉降速率爲 u_t 時，完全分離所需的時間即爲 h_1/u_t。如把沉降槽高度改淺爲 h_2，則完全分離所需時間減小爲原來之 h_1/h_2 倍，若需處理懸濁液容積相同時，淺槽的底面積得增大爲 h_1/h_2 倍，不僅占更大床面積，搬運液體也較麻煩。

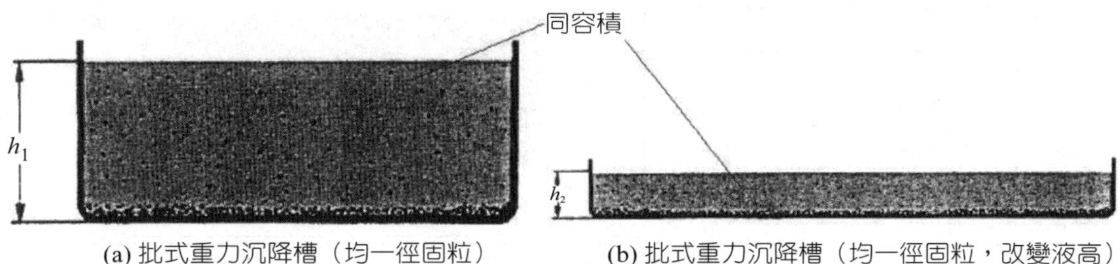

(a) 批式重力沉降槽（均一徑固粒）　(b) 批式重力沉降槽（均一徑固粒，改變液高）

圖 4-5　同容積批式沉降槽的比較 [17]

2. 理想連續式水平重力沉降槽

圖 4-6 是可連續分離具有粒徑分布的固粒懸濁液的二維重力沉降槽，進料懸濁液從槽左上端供入，以水平方向流速 v 流向右端的溢流口溢出，分散在液體中的固粒則依其沉降速率 u_t 沉降至槽底而被分離。如把此分離操作的分離條件設定爲在溢流液中不含比 $d_{p,\min}$ 大的固粒，則 $d_{p,\min}$ 是用此裝置靠重力沉降能分離的最小固粒，常被稱「限界分離粒子」。如液體在裝置內的平均滯留時間是 $\bar{t}$，而 $\bar{t}=V/Q$，如槽寬爲 b，長爲 L，則槽裡懸濁液的容積爲 $V=bhL$，故

$$\bar{t}=V/Q=bHL/Q \tag{4-7}$$

而 $\bar{t}=H/u_t$ 如 $u_{t,c}$ 是能分離的最小固粒要沉降到槽底所需的時間，這兩時間相等，故可得 $H/u_{t,c}=bHL/Q$，又因水平截面積 $A=bL$

$$故\quad Q=u_{t,c}A \tag{4-8}$$

上式 Q 是以 $d_{p,c}$ 爲限界分離粒子大小時，此槽的最大處理容量，故也可知槽深高度 h 與處理容量無關，並知連續重力沉降槽的處理容量與可沉積固粒的面積成正比。

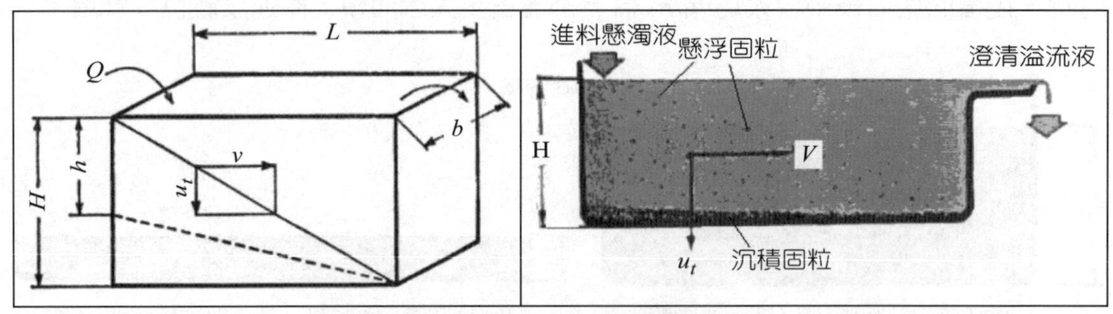

圖 4-6　水平流型重力沉降槽 [11,17]

如於沉降槽等間隔插置複數 N 個水平板，如圖 4-7 所示，則可望增加其處理容量 N 倍，也即：

$$Q_N = u_{t,c} NA \tag{4-9}$$

但實際上隨著沉降進行，堆積在板上的固粒將增加回收固粒的困難。爲改善此缺陷，可改裝如圖 4-8 的傾斜板，讓沉積在板上的固粒靠重力滑下降落至槽底。

如 $u_{t,c}$ 是限界分離粒子的終端速率，$d_{p,c}$ 是其粒徑，則

$$u_{t,c} = \frac{vH}{L} = \frac{Q}{Lb} \tag{4-10}$$

如固粒的沉降速率小到可套用 Stokes 公式時

$$d_{t,c} = \sqrt{\frac{18\mu}{(\rho_p - \rho)g} \cdot u_{t,c}} = \sqrt{\frac{18\mu}{(\rho_p - \rho)g} \cdot \frac{Q}{Lb}} \tag{4-11}$$

3. 多段連續式水平重力沉降槽

如沉降槽依水平分割如圖 4-7 所示的等隔 N 段時，各段的沉降距離縮小成 H/N，亦即減爲原來的 $1/N$ 倍，因水平流速沒變，故各段的限界分離粒子的終端速率也成原來的 $u_{t,c}$ 的 $1/N$ 倍，即微小固粒的分離效率會增大。分離效率的定義爲

$$\eta_p = \frac{u_t}{u_{t,c}} = (\frac{d_p}{d_{p,c}})^2 \tag{4-12}$$

上式中，d_p 爲討論對象固粒的粒徑。

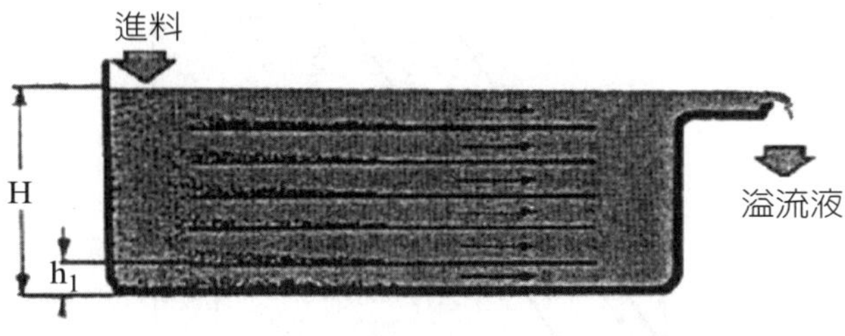

插置 N 個水平板的連續重力沉降槽

圖 4-7[17]

例題4-1

有深 1 m，寬 2 m，長 4 m 的水平沉降槽，如固粒密度爲 2.6 g/cm^3，液相水的黏度 1.0 cp，進料稀薄的懸濁液，其流量 5 m^3/hr，如固粒可視爲球形粒子，試求 (1) $u_{t,c}$；(2) 50% 的分離粒徑；(3) 如槽深改爲 2 m 時有何變化；(4) 如原槽依水平方向隔成 10 層時，$d_{t,c}$ 變爲多小？

解

(1) $d_{t,c}=\sqrt{\dfrac{18\mu}{(\rho_p-\rho)g}\cdot\dfrac{Q}{Lb}}=\sqrt{\dfrac{18(0.001)}{(2{,}600-1{,}000)}\cdot\dfrac{(5)}{(3)(4)(3{,}600)}}=1.15\times10^{-5}=\underline{11.5\ \mu\text{m}}$

(2) 因 $\eta_p=\dfrac{u_t}{u_{t,c}}=(\dfrac{d_p}{d_{p,c}})^2$

故 $d_{50\%}=\sqrt{(0.5)(11.5)^2}=\underline{8.1\ \mu\text{m}}$

(3) 深增加 2 倍時，水平方向流速減少 1/2 倍，故依 $d_{t,c}$ 的公式可知沒有變化。

(4) 因分成 10 層後，$u_{t,c}$ 變小爲 1/10 倍，故

$d_{t,c}=\sqrt{(0.1)(11.5)^2}=\underline{3.6\ \mu\text{m}}$

4. 傾斜板重力沉降裝置 [15]

如圖 4-8，把寬度爲 b 的沉降管傾斜一角度 ϕ [rad]，原存於 CA 和 AB 面的粒子經時間 $d\theta$ 後分別沉降到 DF 和 FH 面，以上下平均化的觀點來看，可視爲同從 AB 面降至 $A'B'$。如此沉降爲垂直置放時，固粒的沉降速率爲 u [m/s]，就取質量收支可得

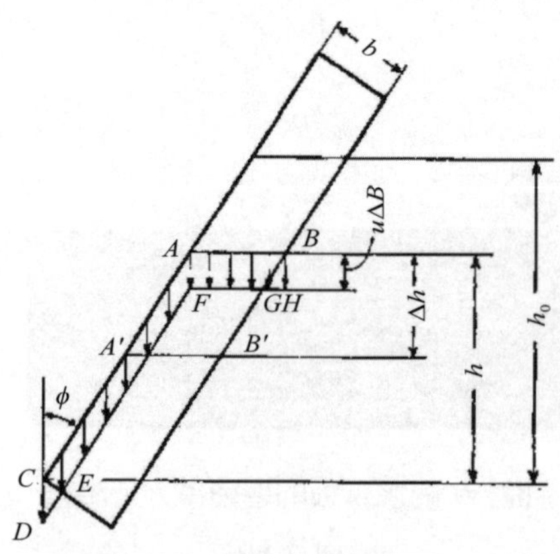

圖 4-8　傾斜重力沉降系 [15]

$$AA'B'B = ABHF + ACDF \tag{4-13}$$

當此管傾斜一角度 ϕ 時，取初期沉降速率是 u_i [m/s]，可得

$$-\frac{b}{\cos\phi}dh = \frac{b}{\cos\phi}ud\theta + \frac{h}{\cos\phi}ud\theta\sin\phi \tag{4-14}$$

$$u_i = -\frac{dh}{d\theta} = u(1+\frac{h_0}{b}\sin\phi) \tag{4-15}$$

對於任意的管截面上式可寫成

$$u_i = u(1 + kh_0\sin\phi / b) \tag{4-16}$$

上式中，k 是因管截面而異的截面常數，截面爲長方形時其值 = 1，圓管時 $k = 4/\pi$。於沉降槽插置如圖 4-9(a) 所示之傾斜度 ϕ 之傾斜板（投影截面積 A，實際面積爲 A'），則不插入此傾斜板時截面積 A 在 Δt 時間可得之澄清液容積 V 爲

$$V = A \times u \times \Delta t \tag{4-17}$$

u 爲粒子之沉降速度。插置傾斜板時，同一時間裡可得之澄清液容積 V' 則爲

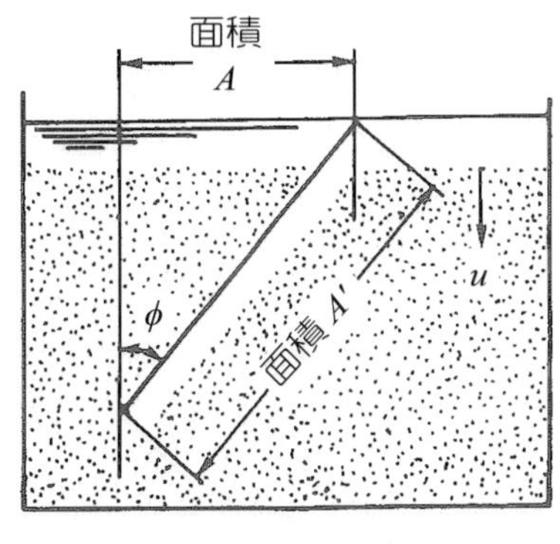

(a) 傾斜板之促進沉降效益

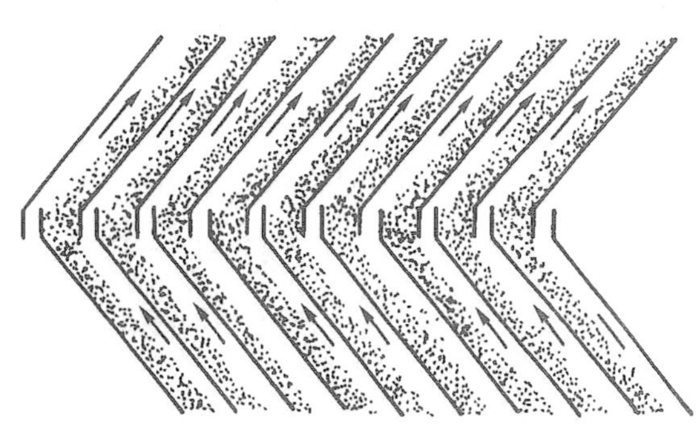

(b) 傾斜板排列方式之例

圖 4-9　插置傾斜板的沉降操作原理 [11]

$$V' = (Au + A'u\sin\varphi)\Delta t \tag{4-18}$$

故兩者可得之澄清液體容積比為

$$\frac{V'}{V} = 1 + \frac{A'}{A}\sin\varphi \tag{4-19}$$

因此傾斜角度越大，同一時間內可得之澄清液體就越大，故在有限空間裡如能插入如圖 4-9(b) 所示之一排傾斜板，可提升不小之澄清能力，但須留心沉降之沉澱層與澄清液之流態，避免上升流之澄清流體與下降之沉積粒子群相衝。

4.2 批式重力沉降曲線相關之實驗式

雖然粒子運動之模擬技術有長足進展，但至今尚未見從粒子及液體之物性值成功地模擬批式沉降曲線。然以某些條件實驗所得之沉降曲線，來推估其他條件下之沉降現象之實驗式，則有部分的探討。

4.2.1 Work-Kohler 之相似理論 [8,16]

Work 和 Kohler 從實驗獲得一結論指出，物性及濃度均相同之懸濁液如沉降之起始高度不同，則兩者之沉降曲線互相成比例，亦即如圖 4-10，以數式表示就是

$$\begin{aligned} H_0/H_0' &= OA_1/OB_1 = OA_2/OB_2 \\ &= H_1/H_1' = H_2/H_2' \\ &= t_1/t_1' = t_2/t_2' \end{aligned} \tag{4-20}$$

利用此關係，可由以量筒所得之沉降曲線逕推估實際大小之裝置所需之沉降時間。

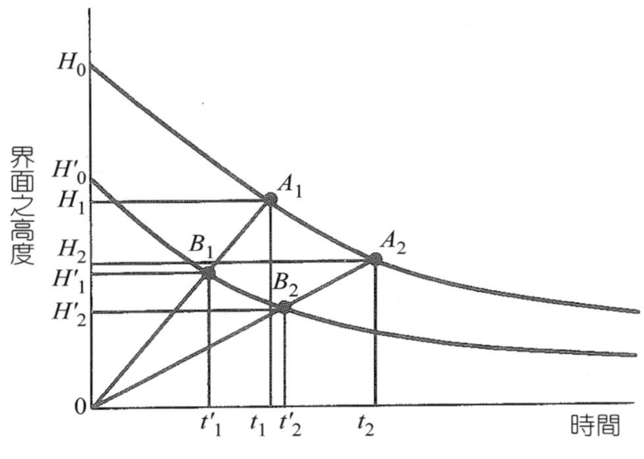

圖 4-10　Work 與 Kohler 之理論 [11]

4.2.2　Roberts 之實驗式 [8,9]

Roberts 整理實驗數據，提出適用於超過臨界點後之壓縮脫水階段，可能被壓密而減少之液量與脫水速率有如下關係：

$$\frac{-dD}{dt} = k'(D - D_\infty) \qquad (4\text{-}21)$$

其中 D 是懸濁液之**稀釋度**（degree of dilution, kg-liquid/kg-solid），而 D_∞ 是壓縮達至平衡時之稀釋度。若沉降過臨界點進入壓縮脫水階段之時間為 t_c，則在 $t > t_c$，$D < D_c$ 之範圍呈如下式之關係：

$$\frac{D - D_\infty}{D - D_c} = e^{-k'(t-t_c)} \qquad (4\text{-}22)$$

如可由實驗求得 k' 之值，則可利用上式推估達到某一脫水值所需之時間。

4.2.3 Robinson 之實驗式 [10]

延伸 Stoke's law，Robinson 以懸濁液之密度（ρ_{se}）及黏度（μ_s）替代 Stoke's 之沉降公式中之液體密度及黏度，則平均粒子大小爲 d_p 之粒子之沉降速度可以

$$\frac{dH}{dt}=k_R d_p^2 \frac{\rho_p-\rho_{sl}}{\mu_s} \tag{4-23}$$

表示，將此式由 H_0 積分至 H，t_0 到 t，則可得

$$\int_{H_0}^{H}\frac{\mu_s dH}{\rho_p-\rho_{sl}}=k_R d_p^2\int_0^t dt \tag{4-24}$$

H_0 爲原始液高，而 H 爲界面高度，但積分上式需有 μ_s 與 ρ_{se} 之關係，如 μ_s 假設爲粒子濃度之函數時

$$\mu_s=f\left(\frac{H_\infty}{H}\right)=f(C_R) \tag{4-25}$$

上式中 H_∞ 是達到平衡後之界面高度，而 C_R 是**相對濃度**（relative concentration）亦即

$$C_R=\frac{\rho_p C_o H_o}{\rho_b H} \tag{4-26}$$

ρ_b 爲 H 到 H_∞ 時之沉澱層之 bulk density，故由實驗先求 C_R 與 μ_s 之函數就可利用式（4-26）來積分式（4-24）之左式積分，而求得 k 值，有了 k 值就可利用式（4-24）來估計壓縮脫水階段之界面的沉降速度。由此法求得之値以全壓縮脫水階段而論，與實際值有 10～15% 之誤差。

4.2.4 Kynch 的理論 [6,11]

在批式沉降時，筒底的粒子濃度因由上面沉降下來的粒子而隨時間增加，也可

以說某一粒子濃度 C（$C>C_0$）之濃度層高度會隨時間向上傳播上去，Kynch（1952）探討如圖 4-11 所示的量筒沉降系，距筒底高 H 的 dH 的微薄厚度，其濃度爲 C 之粒子層之質量平衡可寫成

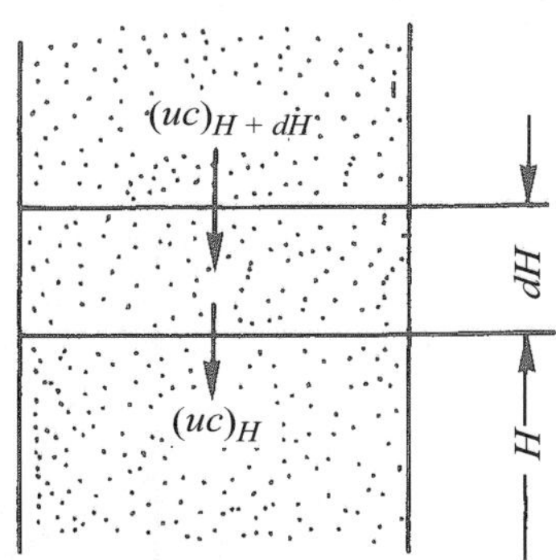

圖 4-11　等濃度層之粒子的質量平衡

$$\left[(uC)_{H+\Delta H}-(uC)_{H}\right]=\frac{\partial C}{dt}dH \tag{4-27}$$

或

$$\frac{\partial C}{\partial t}-\frac{\partial(uC)}{\partial H}=0 \tag{4-28}$$

如粒子之沉降速率 u 只是濃度 C 之函數，（uC）亦應只是濃度 C 之函數，故

$$-\frac{\partial(uC)}{\partial H}=-\frac{\partial(uC)}{\partial C}\cdot\frac{\partial C}{\partial H}=\varphi(C)\frac{\partial C}{\partial H} \tag{4-29}$$

因粒子濃度 C 是其澄清界面高度 H 與時間之函數，故對濃度 C 之等濃度層，可有如下式關係成立：

$$dC=\left(\frac{\partial C}{\partial H}\right)dH+\left(\frac{\partial C}{\partial t}\right)dt=0 \tag{4-30}$$

故

$$\varphi(C) = -\left(\frac{\partial C}{\partial t}\right) / \left(\frac{\partial C}{\partial H}\right) = \frac{dH}{dt} \tag{4-31}$$

上式中，$\varphi(C)$爲**濃度 C 的等濃度層向上傳播速率**，且只是濃度 C 之函數，故在 $C >$ C_0 之範圍（亦即超過臨界點以下）內，$\varphi(C)$ 爲如圖 4-12 所示之以原點爲頂點至沉降曲線之直線群。

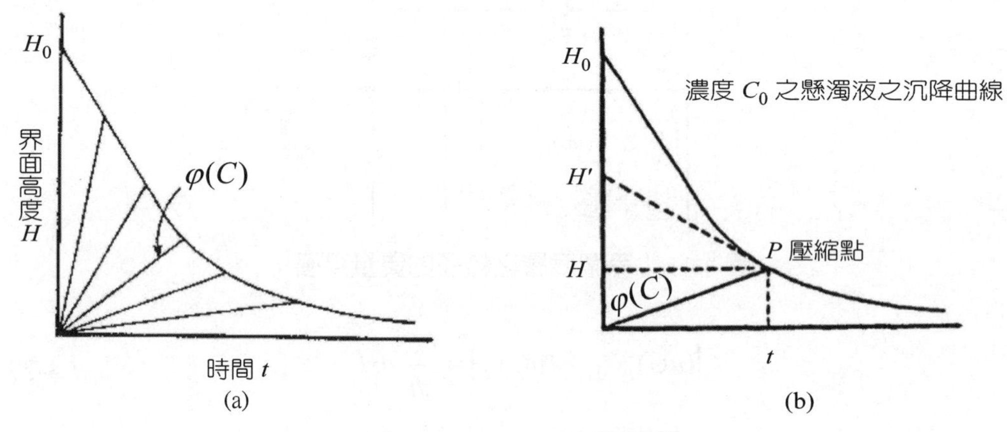

圖 4-12　Kynch 之理論 [6]

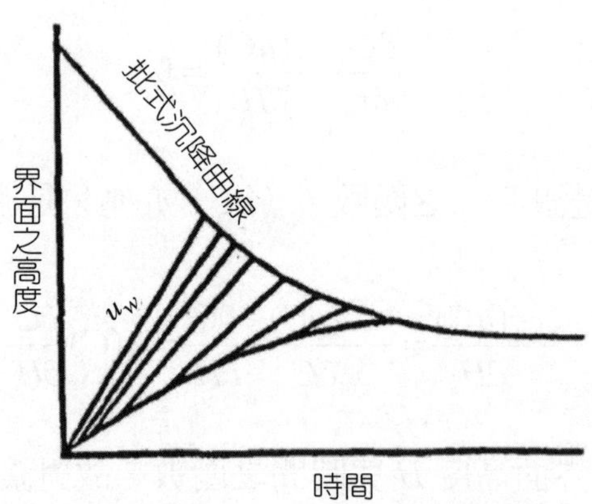

圖 4-13　Tiller 對 Kynch 理論之修正 [1]

在此直線群中，哪一條直線是某一濃度 C 對應之上升速率 $\varphi(C)$？當濃度 C 之等濃度層由底部上升到澄清層與 C 之界面時，界面以上之層可視不含粒子，故

$$CH + Cut = C_o H_o \tag{4-32}$$

或

$$C = \frac{C_o H_o}{(ut + H)} \tag{4-33}$$

粒子沉降可由直線 $\varphi(C)$ 與沉降曲線之交點上之斜率所代表，亦即 $u = (H' - H)/t$。將此關係代入 C，可得

$$C = C_o H_o / H' \tag{4-34}$$

Kynch 之理論，使吾人可由沉降曲線求得在 $C > C_0$ 之區域之沉降速率，此對設計沉降裝置有相當大之幫忙。但 Tiller（1981）[12] 指出，Kynch 之理論在推導時只考慮等濃度層而忽視了沉澱層之存在。Tiller 也沿著 Kynch 之圖解手法，涵蓋了沉澱層，其結果如圖 4-13 所示，某一濃度 C 層之向上傳播速度 $\varphi(C)$ 對 t，不全由原點起始，而該是由沉澱層之表面為起始點。

4.3　澄清分離

非凝聚性粒子懸濁液的澄清分離條件，可藉由處理流量（或容量）Q 與沉降槽的截面積 A 之比所成重要設計因素的**面積原理**（area principle）來求得。

4.3.1　向上流式澄清分離

圖 4-14 所揭示的向上流式澄清沉降分離槽中，進料的懸濁液從槽上方中心的進料管往下供入，從中心部分向徑向擴散及反轉向上流，最後澄清液就沿裝置的周邊溢流排出。

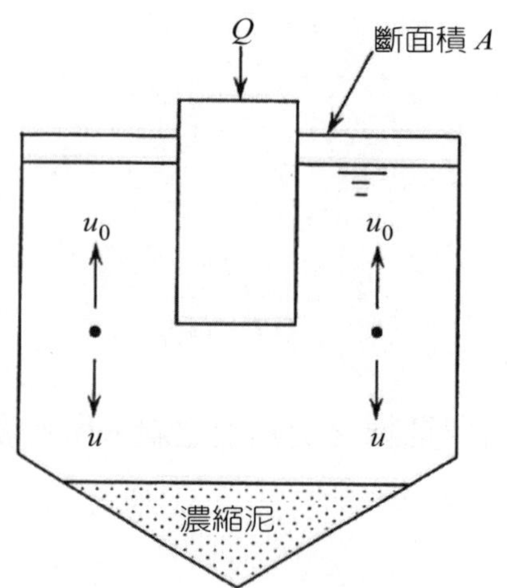

圖 4-14　向上流式澄清分離槽 [16]

裝置內液體的上升流速 u_0 大小是

$$u_0 = Q/A \tag{4-35}$$

故沉降速率 u 大於上升流速 u_0 的固粒都會藉沉降分離沉積在槽底，如沉降速率小於上升流速 u_0 的固粒的百分比爲 p_θ [%] 時，用此裝置可去除的固粒的去除率 E [%] 爲

$$E = 100 - p_\theta \tag{4-36}$$

4.3.2　水平均速流式重力沉降分離槽 [16]

1. 水平流是均一流速時

於圖 4-15 所示的寬 W，深高 H，分離有效長度 L 的水平均速流式重力沉降分離槽流體經整流後以均速水平流向排出槽，假設一旦降抵槽底的固粒不再流散，要能完全分離終端速率爲 u_t 的固粒的條件，該是流進口最上端固粒在流經水平方向距離 L 前能沉降槽底，或可說其完全分離的條件是，沉降時間≦液體在裝置的滯留時間，

$$\frac{H}{u_t} \leq \frac{\mathrm{L}}{\frac{\mathrm{Q}}{\mathrm{WH}}} \qquad (4\text{-}37)$$

$$u_t \geq \frac{Q}{WL} = \frac{Q}{A} = u_0 \qquad (4\text{-}38)$$

在此 $Q/A = u_0$，其與上節所提的液體的上升速率，是可左右沉降槽性能的重要因素之一，常被稱爲**面積原理**（area principle）。當沉降速率 $u < u_0$ 時，如下圖 4-15，從 F 點流進裝置的粒子仍可被去除。於 F 點流進裝置流入之固粒的沉降時間 = 液體的滯留時間，而可滿足的流入點高度 h 可從式（4-37）和（4-38）變形而得：

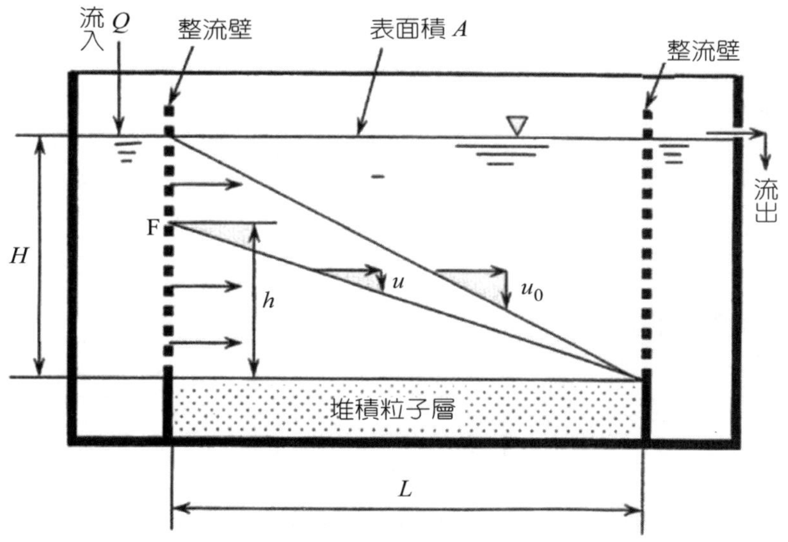

圖 4-15　水平均速流式重力沉降分離槽 [16]

$$\frac{L}{\frac{Q}{WH}} = \frac{H}{u_0} = \frac{\frac{u}{u_0}H}{u} \qquad (4\text{-}39)$$

上式右項表示流進高度 $h = \frac{u}{u_0}H$ 之固粒的沉降時間，故粒子的被去除比 η 可寫成：

$$\eta = \frac{h}{H} = \frac{u}{u_0} = \frac{u}{Q/A} \qquad (4\text{-}40)$$

故利用如圖 4-15 水平均速流式重力沉降分離槽，能去除固粒的去除率 E[%] 爲

$$E = (100 - p_\theta) + \frac{1}{u_0}\int_0^{p_\theta} u\,dp \tag{4-41}$$

2. 水平流速分布是 $f(h)$ 時

如裝置內水平向流速是如圖 4-16 所示的高度的函數 $V = f(h)$ 時，對沉降速率 u_t 的固粒的沉降路程可寫成

$$dl = Vdt \tag{4-42}$$

$$dh = u_t dt \tag{4-43}$$

從上兩式可得

$$dt = \frac{1}{V}dl = \frac{1}{u_t}dh \tag{4-44}$$

故固粒的完全分離的條件是

$$\int_0^H Vdh = \int_0^L u_t dl = u_t L \tag{4-45}$$

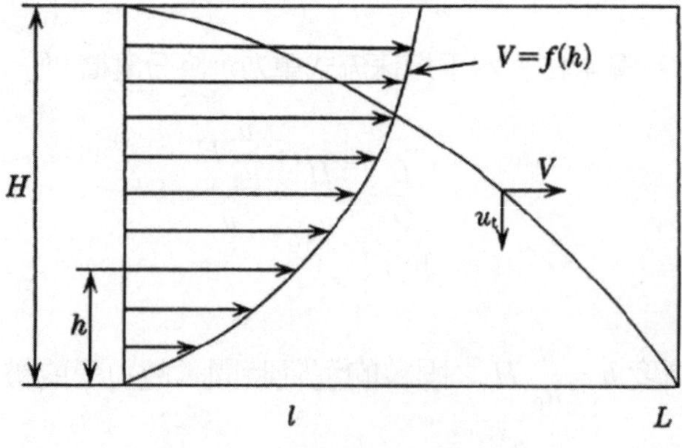

圖 4-16　水平流速分布 [16]

上式表示固粒完全分離的條件是所討論的固粒流到裝置的右端時可沉降到槽底。把式（4-45）變形可寫成

$$u_t = \frac{1}{L}\int_0^H Vdh = \frac{H}{L}(\frac{1}{H}\int_0^H Vdh = \frac{H}{L}\overline{V} = \frac{Q}{A} = u_0 \qquad (4\text{-}46)$$

上式中，$\overline{V}$ 爲平均水平流速。上式也顯示 $u > u_t$ 的固粒可被完全分離，而 $u > u_t$ 的固粒的分離效率 η 可參照式（4-45）寫成

$$\int_0^h Vdh = \int_0^L udl = uL \qquad (4\text{-}47)$$

$$\eta = \frac{\int_0^h Vdh}{\int_0^H Vdh} = \frac{uL}{u_t L} = \frac{u}{u_0} \qquad (4\text{-}48)$$

上式顯示雖在水平流流向有速率分布，但其分離效率與均速流時一樣。

4.3.3　重力澄清裝置 [3,5,10,11,16]

澄清裝置是藉沉降操作，從懸濁液去除固體粒子，以獲取澄清液體爲目的之裝置，澄清裝置的構造與沉降濃縮裝置類似，甚至常只調整操作條件就可通用。圖 4-17 爲常見的圓形連續澄清裝置，其構造與下節要談的沉降稠化裝置類似。進料懸濁液經配管流進槽中央部，分成上方溢流部與底流稠化泥漿，由於有大量懸濁液流進，故構造設計上得考慮減少槽內產生流體與粒子間不必要之混亂，以及流速分布不均而令溢流流體吸上已沉降之凝聚粒子群。

非凝聚性粒子懸濁液的澄清分離條件，可藉由處理流量（或容量）Q 與沉降槽的截面積 A 之比所成重要設計因素的**面積原理**（area principle）來求得。

1. 澄清裝置的相關試驗法與設計

澄清裝置之設計，常依據批式沉降試驗來決定流體之最短滯留時間，這些試驗方法有 (1) **長管試驗法**（long tube test）、(2) **短管試驗法**（short tube test）、及 (3) **凝聚沉降試驗法**（detention and bulk settling test），其中較常用的是長管沉降試驗法及凝聚沉降試驗法。

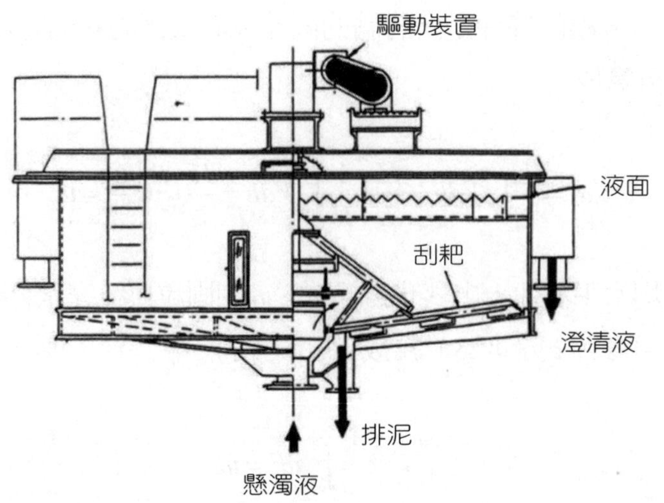

圖 4-17　連續沉降澄清裝置

(1) 長管試驗法 [11]

懸濁液澄清之原理可以圖 4-10(a) 來證明，懸濁液以 Q [m^3/hr] 之流量從水平沉降槽（體積 V [m^3]）之左側截面 A [m^2]，向右側之溢流口以 v_0 [m/hr] 之流速流動。如槽深爲 H [m]，這些項目有

$$v_0 = \frac{Q}{A} \tag{4-49}$$

$$t_d = \text{平均滯留時間} = \frac{V}{Q} = \frac{AH}{Q} = \frac{H}{v_0} \tag{4-50}$$

$$\text{故 } v_0 = \frac{H}{t_d} \tag{4-51}$$

如上之關係，要使溢流流體澄清，則需懸濁液中最小的粒子在液體之平均滯留時間內沉降到槽底，才不會使微粒子由溢流口溢出。

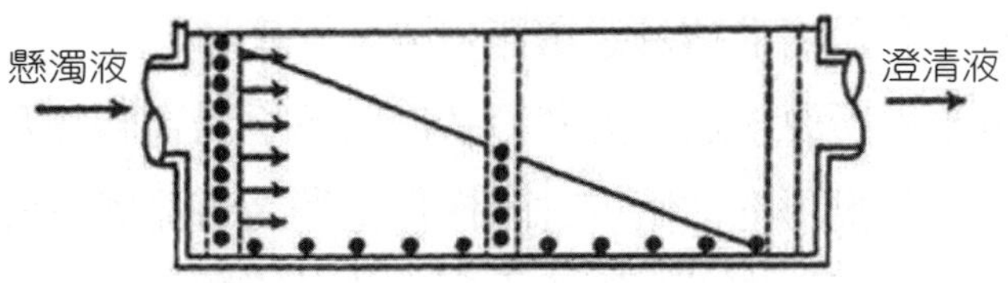

(a) 連續沉降澄清原理

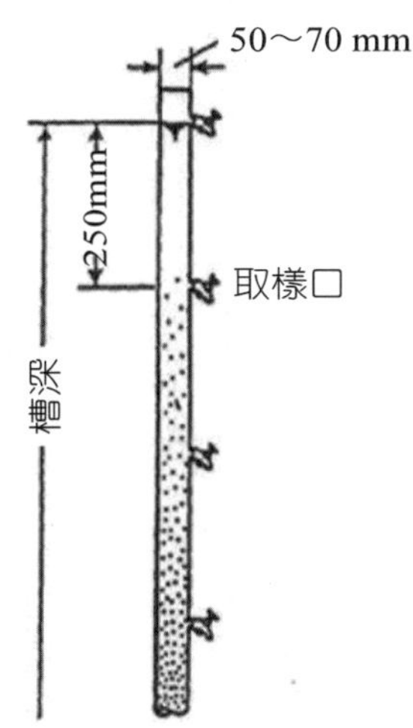

(b) 長管沉降試驗裝置

圖 4-18　連續沉降澄清槽之原理與長管沉降試驗裝置 [11]

所謂長管試驗則藉用與實際沉降槽深度相同之管，來觀察其可能會發生之沉降狀況，此試驗常採用如圖 4-18 所示內徑 5～10 cm 之垂直長管，隔一定間隔設有取樣閥，灌入與實際相同濃度之懸濁液，令其上下均勻後開始計時及沉降。於設定之滯留時間後從各取樣口取出適量樣品，並量測其粒子濃度 C，再改變滯留時間之設定值，重複上述步驟。如起始濃度為 C_0，經無限長之時間後澄清液之固體粒子濃度為 C_∞，從實驗推測其間有如下之關係

$$Kt_d = \frac{1}{C - C_\infty} - \frac{1}{C_o - C_\infty} \tag{4-52}$$

由於上式右側第二項遠小於第一項，故忽略右邊第二項，則

$$C = \frac{1}{Kt_d} + C_\infty \tag{4-53}$$

亦即如 C 對 $1/(Kt_d)$ 作圖，此直線之截距爲 C_∞；再由 $C - C_\infty = C'$ 對 v_0 及 C' 對 t_d 作圖，則可以圖解法得所要求之溢流液澄清度所需之滯留時間及溢流流速。以上述手法獲得的值爲理想狀況下推估值，實際操作上難免有流體流態之混亂、偏流，或因粒子之凝聚所引起之正反作用，經驗上所知的效率對 t_d 是 0.5，而對 v_0 是 0.65，這些效率會受 Q 和槽之形狀而有所增減。例題 4-2 介紹如何應用長管試驗數據來設計沉降槽。

例題4-2 [11]

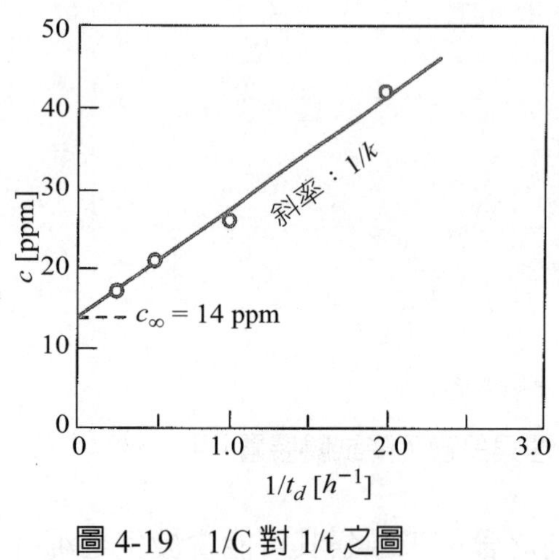

圖 4-19　1/C 對 1/t 之圖

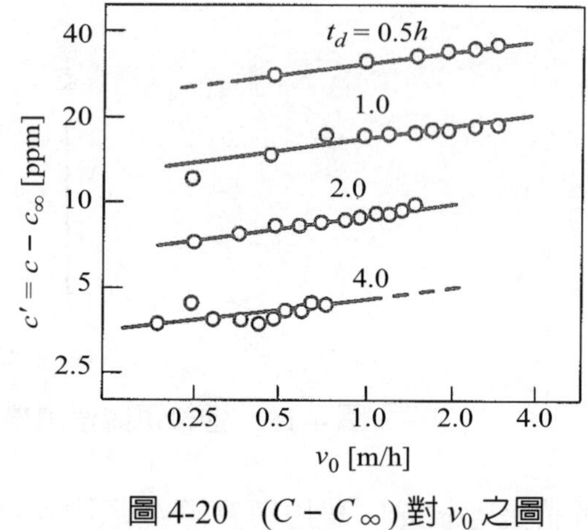

圖 4-20　$(C - C_\infty)$ 對 v_0 之圖

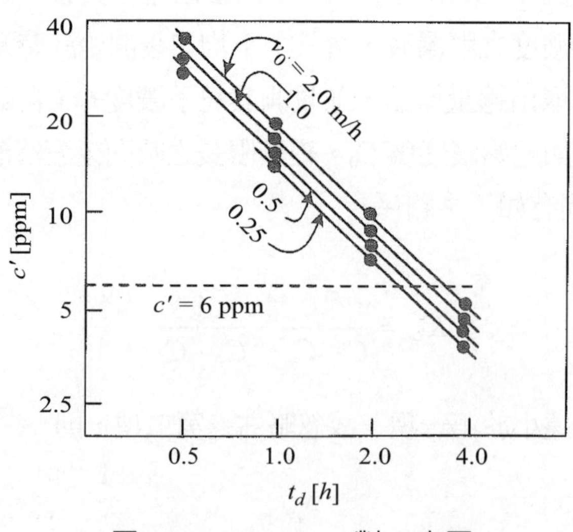

圖 4-21　$(C - C_\infty)$ 對 t_d 之圖

進料懸濁液固粒濃度 C_0 = 408 ppm，在長管試驗裝置以滯留時間為 t_d = 0.5、1.0、2.0 及 4.0 小時取了四次樣品，得如表 4-1 及表 4-2 之數據（只列到 t_d = 0.5 小時之結果），如 Q = 200 m^3/hr，試估擬要溢流出口濃度降到 20 ppm 所需澄清裝置之槽深及體積應為多大？

表 4-1　滯留時間 0.5 小時之試驗數據

取樣深度（m）	樣品濃度（ppm）	液面至取樣口之平均濃度	$C' = C - C_\infty$（ppm）	$v_0 = \frac{H}{t_d}$（m/h）
0.25	42	42.0	28.0	0.5
0.50	49	45.5	31.5	1.0
0.75	49	46.7	32.7	1.5
1.00	53	48.3	34.3	2.0
1.25	52	49.0	35.0	2.5
1.50	54	49.8	35.8	3.0
1.75	52	50.1	36.1	3.5
2.00	52	50.4	36.4	4.0
2.25	54	50.8	36.8	4.5
2.50	60	51.7	37.7	5.0
2.75	68	53.2	39.2	5.5
3.00	80	55.4	41.4	6.0

表 4-2　液面至取樣點之平均濃度

滯留時間（h）		0.5	1	2	4
取樣深度	0.25 m	42	26	21	17
	3.00 m	55.4	32.8	23.5	18.3

解　先由 0.25 m 處之取樣口之樣品，作 C vs. $1/t_d$ 之圖，可得圖 4-19 所示，從其截距知 C_∞ = 14 ppm，重複對 t_d = 1, 2, 4 [hrs] 時數據（數據表略）作表，可得各 t_d 之 C_∞，然後做 $C - C_\infty = C'$ 對 v_0 之數據，就可得如圖 4-20 之結果。以 v_0 為參數（如 0.25、0.5、1.0 及 2.0）作 C' 對 t_d 之圖 4-21，找 C = 20 − 14 = 6 ppm

處之 v_0 與 t_d 該是所要之值。如選 $v_0 = 2.0$ m/hr，則可得 $t_d = 3.45$ hr，對 t_d 之效率採用 $\eta = 0.5$，則 $V = 200 \times 3.45/0.5 = 1,380$ m^3。對溢流之效率採用 0.65，則 $A = \dfrac{200}{2 \times 0.65} = 154$ m^2，故此沉降槽之直徑爲 14 m，而槽深度應爲 8.96 m 或約 9 m。

(2) 凝聚沉降試驗法 [11]

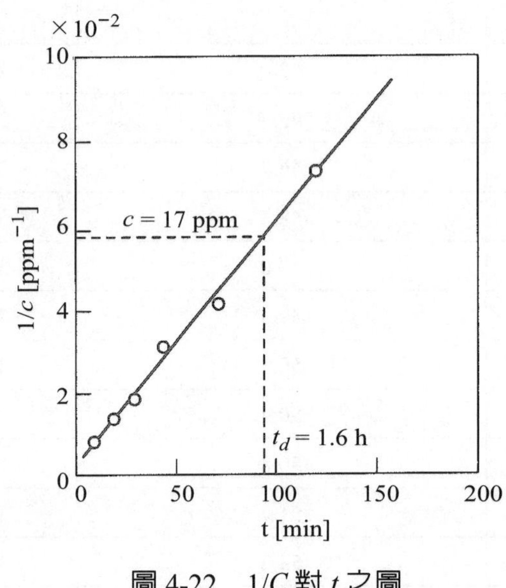

圖 4-22　1/C 對 t 之圖

此方法爲適用於溢流液之澄清度只與其在沉降槽內之滯留時間有關時之試驗法。在容積 2L 之燒杯由底 7.0 cm 處裝取樣品，在添加合適之凝聚劑後，於液面上以直徑 10 cm 圓板、迴轉速度 14 rpm 之程度給予相當緩和之剪應力，每隔一段時間取樣分析粒子濃度 C，獲取數據後作如圖 4-22 之 $1/C$ 對 t_d 圖。如要求是 17 ppm 時所要之 t_d 該是 96 min (1.6 hrs)，經由這手法所得 t_d 之安全係數經驗值是 2.5（或其效率爲 0.4）。

4.4　重力沉降濃縮

將濃度較低之懸濁液藉沉降操作提升其固體粒子濃度之裝置，雖也有批式裝置，但工業上大多屬連續式裝置。圖 4-23 揭示了沉降連續稠化裝置之主要構造及槽內懸濁液之沉降狀態。

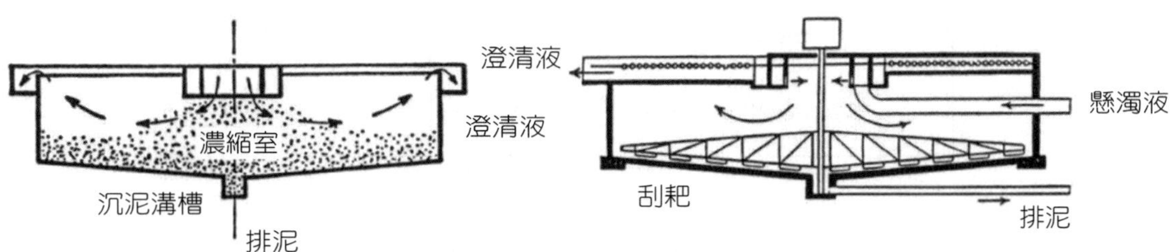

圖 4-23　連續重力沉降澄清槽之構造與原理

一般而言，此裝置係由直徑數公尺至數十公尺、具有錐形底之圓筒所構成，並配有刮掃沉泥用之**刮耙**（rake）。懸濁液由中央部位進沉降槽後依徑向向外徑方向流動，此時固體粒子就往下沉降，而澄清液則朝向上方之溢流口流動；沉積在底部之沉泥受刮耙之壓縮作用更加稠化，並被推向底中央之排泥口而排出。從溢流口所得之澄清液難免含有極少量之微小粒子，故若需要更佳之澄清度時，可在進料時摻和適當之凝聚劑或調整 pH 值，以促進粒子之凝聚或送至另一段精密過濾再過濾。

圖 4-24 爲 Comings（1940）所量測在實驗室規模之稠化裝置內垂直方向之粒子濃度分布。減少排泥速度時，接近溢流面之澄清層深度就隨之減少，終使溢流液開始混濁（曲線 A）。曲線 A 所代表的狀況是稠化槽之性能與操作條件間相互關係之一指標，稱爲該稠化槽之臨界狀態；而曲線 D 所代表之狀態，應可再提升排泥濃度，故不是合經濟條件之操作；曲線 B 或 C 是較適宜之操作狀態。

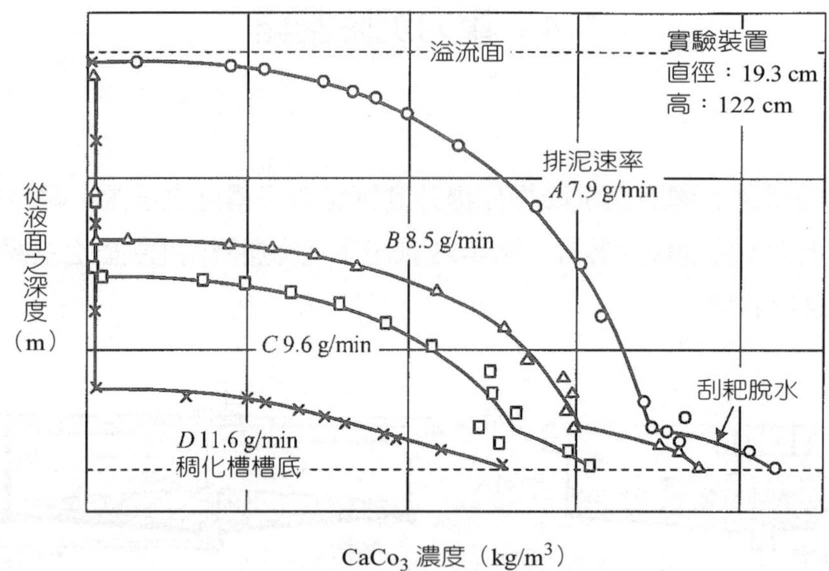

圖 4-24　排泥速度對各深度粒子濃度之影響 [11]

4.4.1　連續重力沉降稠化槽之設計 [11]

於圖 4-25 所示之連續沉降稠化槽，如進料懸濁液流量爲 Q_f [m^3/hr]，其固粒濃度爲 C_f [kg-solid/m^3]，擬稠化至濃度 C_u [kg-solid/m^3]，其排泥速度爲 Q_u [m^3/hr]；Q_o 及 C_o 則分別爲溢流流體之流量及所含固粒濃度。此設計之主要目標爲決定滿足上述條件時所需之沉降槽之截面積 A [m^2]、槽之容積 V [m^3] 及槽之深度 h [m] 等項。

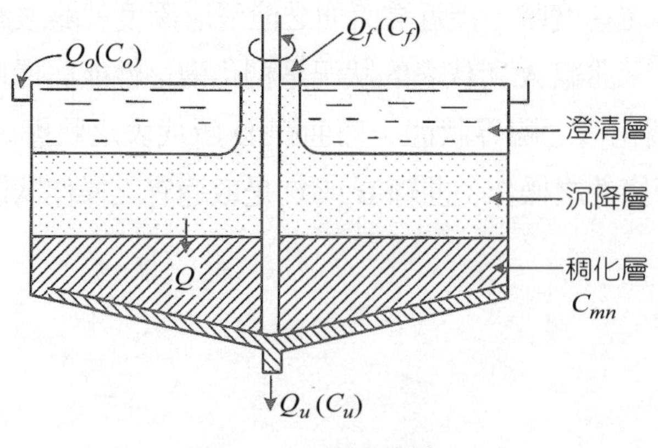

圖 4-25　設計條件

從總括流量平衡可得

$$Q_f = Q_o + Q_u \tag{4-54}$$

對固粒取其進出質量平衡，則

$$C_f Q_f = C_o Q_o + C_u Q_u \tag{4-55}$$

一般溢流已達澄清狀態，亦即 $C_o = 0$
故式（4-55）可化簡成

$$C_f Q_f = C_u Q_u \tag{4-56}$$

1. 截面積 A 之計算

如要最小粒徑之粒子也不出現在溢流液，溢流液體在槽內往上流之垂直方向流速 Q_o /A 須小於最小粒徑粒子之沉降速度 $u_c(D_{p,\,min})$，亦即

$$Q_o/A = (Q_f - Q_u)A < u_c(D_{p,min}) \tag{4-57}$$

或 $$A \geqq (Q_f - Q_u)/u_{min} \tag{4-58}$$

但用此法所求之面積 A 常小於用壓密脫水層之需求求出之面積 A，爲安全起見，沉降稠化槽之截面積 A 常依據**壓密脫水區域**（dehydrate zone）之需要來推計。

(1) Coe-Clevenger 之方法

如在壓密脫水區任意深度之粒子濃度爲 C，粒子沉降速度爲 u，而 Q 爲進入此層之懸濁液流入速度，Q_u 爲排泥速度時，要達到上述之動態平衡之條件應爲

$$A \geq \frac{Q - Q_u}{u} = \frac{\dfrac{C_f Q_f}{C} - Q_u}{u} = C_f Q_f \frac{\dfrac{1}{C} - \dfrac{1}{C_u}}{u} \tag{4-59}$$

利用 Kynch 理論在不同 C 求其粒子之沉降速度 u，就可得介於 C_f～C_u 間之 u 及 A，以其中最大之 A 值為所求之答案。以圖解法：

∵式（4-59）可改寫成

$$C(u+\frac{Q_u}{A}) \geq \frac{C_f Q_f}{A} \tag{4-60}$$

亦則

$$Cu \geq \frac{C_f Q_f}{A} - \frac{Q_u}{A}C \tag{4-61}$$

故吾人如作 $C(u+\frac{Q_u}{A})$ vs. C 之圖可得如圖 4-26(a) 之圖，或 Cu vs. C 作圖可得如圖 4-25(b)。

如以圖 4-26(b)，由 C_u 點對此曲線作一切線交曲線於 B，而交於 Cu 軸於 C_fQ_f/A，則 B 是滿足式（4-61）等號條件之點，故 A 可由此切線之截距 C_fQ_f/A 所估計之值計算而得。在圖 4-26 中，C_2 是決定所需截面積之固體粒子濃度，此點代表 C_u 值最小，故以此值求得之面積 A 值該是最大。

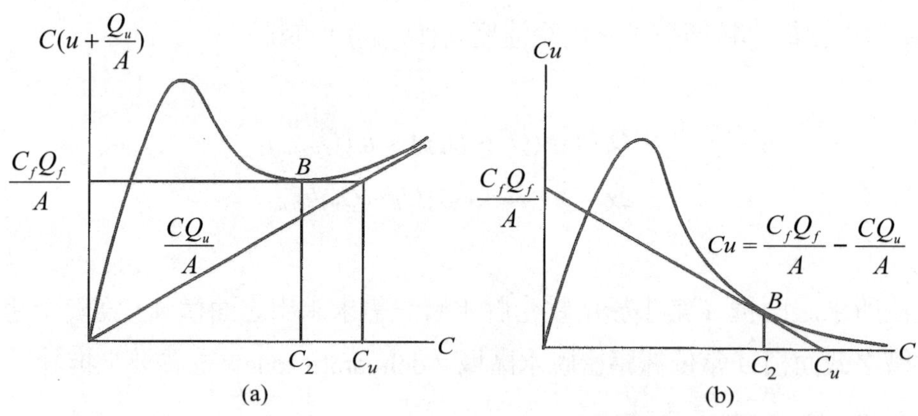

圖 4-26　Coe-Clevenger 之圖解法

例題4-3[3]

某一懸濁液其濃度 C 為 200 kg-solid/m^3，而其批式沉降曲線如圖 4-27 所示，利用 Coe-Clevenger 方法，求進料速度為 180 m^3/hr 之懸濁液能稠化至 1,200 kg-solid/m^3 時所需之截面積。

解 在沉降曲線上，任何點之 u 可由在該點之切線斜率求得，而由此切線與縱軸之交點（如為 T），則其界面下之懸濁液濃度 C 為

$$C = C_o \frac{OA}{OT}$$

此題 C_o = 200 kg-solid/m^3。表 4-3，列示了利用所得 C、u，計算各高度之 Cu，及$\left(\frac{1}{C}-\frac{1}{C_u}\right)/u$，由最右排所列示之值，知最大之$\left(\frac{1}{C}-\frac{1}{C_o}\right)/u$ 值為 30.3 kg/m^3，故所需之截面積 A 應為

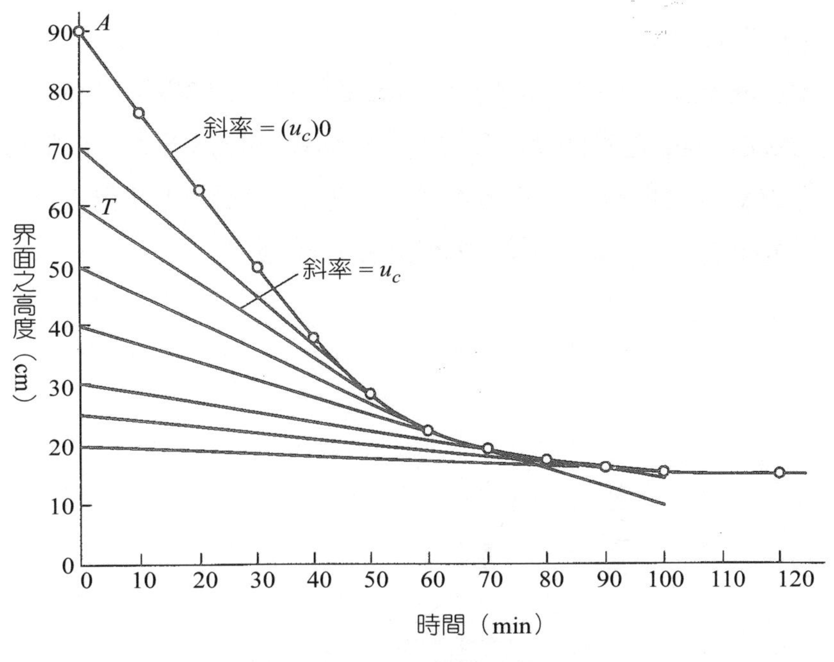

圖 4-27　沉降曲線

表 4-3　例題 4-2 之計算結果

H (cm)	C (kg/m³)	u (cm/min)	Sedimentation flux u_c (kg/m² · s)	$\frac{(1/C)-(1/C_u)}{u}$ (m²/s · kg)
90	200	0.0224	0.0448	18.7
80	225	0.0180	0.0404	20.1
70	257	0.0144	0.0369	21.4
60	300	0.0110	0.0330	22.7
50	360	0.0818	0.0295	23.8
40	450	0.00534	0.0240	26.1
30	600	0.00301	0.0180	27.8
26	692	0.00202	0.0140	**30.3**
25	720	0.00185	0.0133	30.0
22	818	0.00134	0.0109	29.2
20	900	0.00100	0.0090	27.9

$$A = Q_f C_f [\frac{1/C - 1/C_u}{u}]_{\max}$$

$$= \frac{3}{60} \cdot 200 \cdot 30.3 = \underline{303 \text{ m}^2}$$

(2) Talmage-Fitch 之方法 [11]

如延伸 **Kynch theory**，在平均排出泥漿濃度為 C_u，濃縮層中之最大上升速度為 u_w 時，要達 steady state 之條件為此等濃度之界面線不升亦不降，亦即 $u_w = Q_u/A$。如有沉降曲線 H vs. t 之曲線（參照圖 4-28），在 $C = C_u$ 時之 H 為 H_u，$t = t_u$，$u_w = H_u/t_u$，故所需截面積 $A \geq Q_u/u_w$。溢流液要澄清之條件應為：

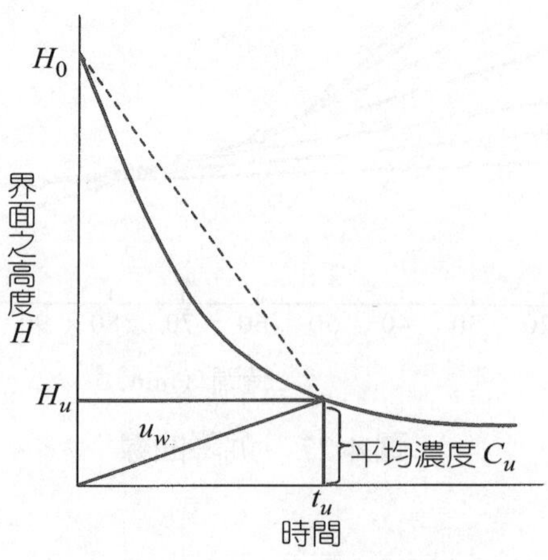

圖 4-28　Talmage-Fitch 之方法

$$A \geq \frac{Q_f t_u}{H_o} = \frac{Q_f - Q_u}{(H_o - H_u)/t_u} \quad (4\text{-}62)$$

在此 $(H_o\text{-}H_u)/t_u$ 爲 C 變成 C_u 前之平均粒子沉降速度 u（亦即點線部分之 slope）。

2. 沉降槽深度 (h) 之決定

(1) Comings 之方法

Comings 指出沉降槽所需深度可依粒子在**壓密層**（dehydrate zone）之滯留時間長短來估計。如進入此層之泥漿濃度爲 C_b，而其被濃縮至排泥濃度爲 C_u 所需之滯留時間爲 t_r，則壓密層所需容積 V_c 與 t_r 之關係爲

$$Q_f C_f t_r = V_c C_m \quad (4\text{-}63)$$

C_m 爲壓密層之平均濃度，在沉降試驗曲線（如圖 4-29）中，泥漿進入壓密層之時間爲 t_b，被濃縮至 C_u 之時間則爲 t_u，$t_r = t_u - t_b$，故

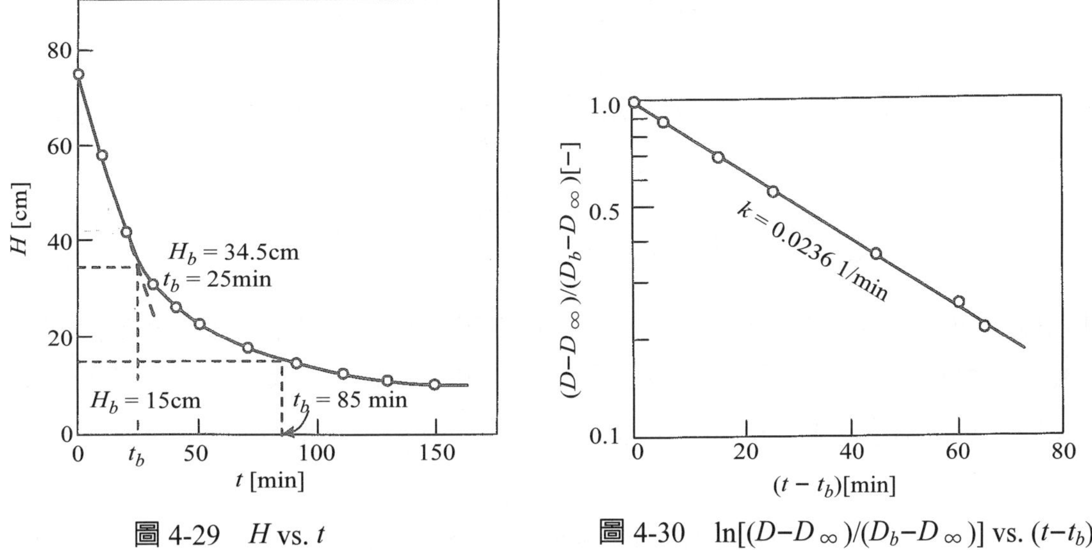

圖 4-29　H vs. t

圖 4-30　$\ln[(D-D_\infty)/(D_b-D_\infty)]$ vs. $(t-t_b)$

$$C_m = \frac{1}{t_u - t_r}\int_{t_b}^{t_u} C\,dC \quad (4\text{-}64)$$

由圖積分上式可得 C_m 之值，一旦獲得 C_m 之值

$$h_c = \frac{V_c}{A} = \frac{Q_f C_f (t_u - t_b)}{A C_m} \tag{4-65}$$

實際設計時爲安全起見，需加上 0.5～2 m 之澄清高度

$$h = h_c + (0.5\sim2)\ \text{m} \tag{4-66}$$

(2) 利用 Robert 實驗式之方法

利用 Robert 之式

$$D - D_\infty = (D_o - D_\infty)e^{-k't} \tag{4-67}$$

上式中，D 爲 degree of dilution

$$\frac{C_f Q_f}{\rho}\int_b^{t_u} D\,dt = \frac{C_f Q_f}{\rho}\left[\frac{D_b - D_u}{k'} + D_\infty (t_u - t_b)\right] \tag{4-68}$$

$$\because D = \rho\left\{(\frac{1}{C}) - (\frac{1}{\rho_p})\right\} \tag{4-69}$$

$$\therefore V = \frac{C_f Q_f}{k'}(\frac{1}{C_b} - \frac{1}{C_u}) + \frac{C_f Q_f (t_u - t_b)}{C_\infty} \tag{4-70}$$

利用圖 4-29 求 $C = C_o H_o / H$ 及上述之 D 和 C 之關係，並做如圖 4-30 所示之 $(D-D_\infty)/(D_b-D_\infty)$ 對 $(t-t_b)$ 之圖，在此圖中，由其斜率決定 k'，代入式（4-68）並由式（4-69）求得 V，則所需槽深 h 爲計算所得 $h_{calc.} = V/A$ 加上 0.5～2 m 之安全深度，亦即

$$\text{實際所需槽深} = h_{calc.} + (0.5\sim2)\ \text{m} \tag{4-71}$$

例題4-4[11]

茲有懸濁液，粒子密度爲 2,300 kg/m³，進料濃度 $C_f = 40$ kg-solid/m³，進料速度爲 7 m³/hr；擬用連續稠化槽濃縮至 220 kg-solid/m³，而溢流不含粒子，試計算所需稠化槽之截面積及槽深，表 4-4，爲此進料之批式沉降試驗結果。

表 4-4

經過時間 [min]	0	10	20	30	40	50	70	90	110	130	150	∞
界面高度 [cm]	75	58	42	31	26	22.5	17.5	14.0	11.5	10.0	9.5	8.5

解

將表作圖得其沉降曲線如圖 4-28，在圖之時間座標軸找出臨界點 B，故 H_b = 34.5 cm，$t_b = 25$ min。因 $C = 220$ kg/m³

故　$H_u = C_f H_o / C_u = (40)(.75)/(220) = 0.136$ m

從沉降曲線得　$t_u = 97$ min

利用式（4-62）

$$A = \frac{Q_f t_u}{H_0} = (7)(97)/(60)(0.75) = 15.1 \text{ m}^2$$

決定槽深，利用 Robert 式（4-70）

$$V = \frac{C_f Q_f}{k'}\left(\frac{1}{C_b} - \frac{1}{C_u}\right) + \frac{C_f Q_f (t_u - t_b)}{C_\infty}$$

利用圖 4-29 求 $C = C_0 H_o / H$ 及上述之 D 和 C 之關係，並將 $(D-D_\infty)/(D_b-D_\infty)$ 對 $(t-t_b)$ 作圖，可得如圖 4-30 之結果，由其直線之斜率計算 k' 值，得 $k' = 0.0236$。將 $k' = 0.0236$ 及 $C_b = 87.0$，$C_u = 220$，$C_\infty = 353$ kg/m³ 代入式（4-68），

$$V = \frac{(40)(7)}{(0.0236)(60)}\left(\frac{1}{97} - \frac{1}{220}\right) + \frac{(40)(7)(97-25)}{(60)(353)}$$

得　$\underline{V = 2.10 \text{ [m}^3\text{]}}$

故槽深　$h_{calc.} = V/A = 2.1/15.1 \fallingdotseq 0.14$ [m]

加 1 m 之安全深度，則槽深 $h = 0.14+1 \fallingdotseq \underline{1.2 \text{ m}}$

4.4.2 凝聚重力沉降裝置 [5,11]

如液體中所含粒子是次微米級之似膠體粒子時，常在其表面形成荷有帶電離子之二重膜，致妨礙了絮聚成更大之粒子群，使沉降變得相當緩慢。在應對這種現象時，常加入含電解質之凝聚劑來破壞此二重膜，使這些微粒子可加速絮聚來促進其沉降，有此添加絮聚劑及混合機構之沉降槽，就稱爲絮聚沉降槽。絮聚劑在第三章已介紹，就不再重複。

1. 單道凝聚澄清裝置（one-pass clarifier）

圖 4-31 顯示此機型之構造，懸濁液由槽中央進入具有攪拌之混合槽部分，在添加絮聚劑經混合後，微粒子凝聚成較大之絮聚體而沉澱至槽底，而澄清液則向上由溢流口流出。此機型常用於粒子濃度較低液體之沉降澄清，液體之向上速度在 1～1.5 m/hr，但如凝聚適當時此速可提升至 2～3 m/hr。

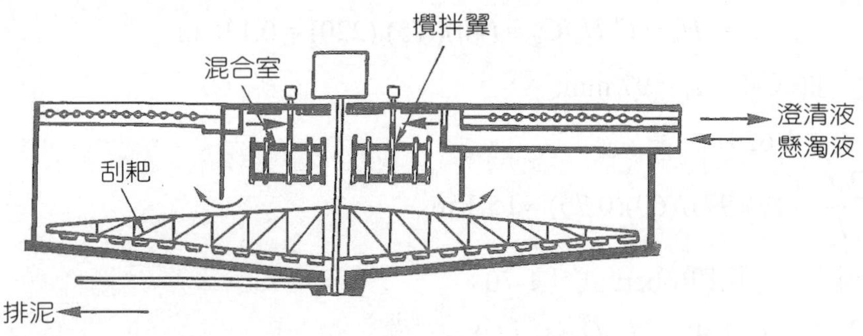

圖 4-31　單道連續沉降絮聚澄清槽（one-pass clarifier）

2. Spaulding 型沉降槽

此機型構造如圖 4-32 所示分成混合部分，及流體化過濾層、排泥溝槽及澄清液層。與單道凝聚沉降槽不同的是，其攪拌較爲緩慢，而在向上流途徑有一層相當厚之絮聚體懸浮層，當由混合部分篩出之流體經此層時，將與懸浮（或流體化）之絮聚體相碰成爲更大絮聚體沉積於排泥槽溝，而向上流體亦藉此除去微粒成爲澄清液由溢流管排出。因擁有一層絮聚體之流體化層，故亦稱爲**濾毯式凝聚沉降裝置**（slurry blanket type precipitator）。

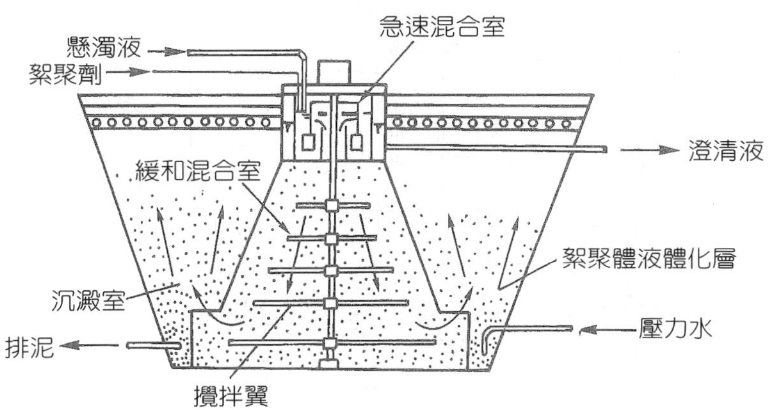

圖 4-32　Spaulding 型連續沉降澄清槽（slurry blanket type precipitator）

3. 泥漿循環型沉降槽

此機型如圖 4-33 所示具有兩個分開的混合室，進料經由沉降部進入槽後，由近槽底之空間入第一混合反應室，在此與由第二混合室洩流下之絮流劑初步混合後，經由攪拌翼將部分混合液帶進第二混合室，與絮聚劑添加管加入之凝聚劑互相混合，然後排至沉降室做沉降分離。

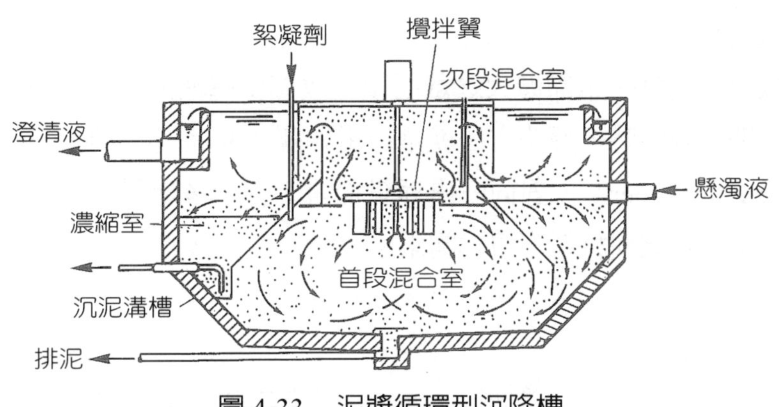

圖 4-33　泥漿循環型沉降槽

4. 再活化型沉降槽（reacticvator）

此機型之構造如圖 4-34 所示，於槽軸心部位有循環管使絮聚體充分與絮聚劑接觸後，經由底部外圍之空間在沉降室做沉降分離。此機型之攪拌翼亦有以脈動產生管或噴流系統代替之設計。

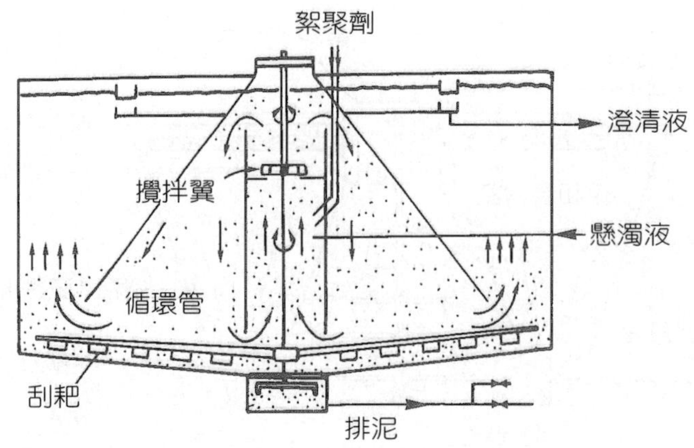

圖 4-34　循環管式再活化沉降槽（reactivator）

4.4.3　其他設計之重力沉降裝置 [5]

1. 角型連續稠化槽

此機型之底部爲如圖 4-35 所示之緩和傾斜底之長方形沉降槽，進料由較深之側流進，而澄清液則由另一側之上方溢口流出，沉積於槽底之固粒泥藉似刮板輸料器之鍊耙往排泥槽溝排出。

2. 多層式沉降槽 [3]

爲了使微粒子沉降，常需廣大之截面積，故如要處理大量懸濁液時就需要很大的床面積。在地皮受限時，解決方法就是採用如圖 4-36 所示之疊成多層結構之**多層式沉降槽**（tray thickener）。對同一處理量而言，採用多層設計可減小槽徑，也可在耙之設計上減輕對結構材料之扭力需求。

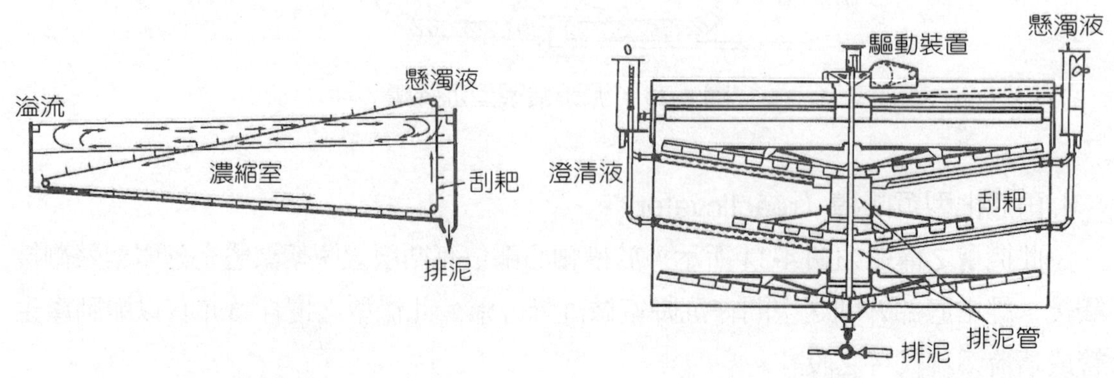

圖 4-35　長方角型連續沉降裝置　　　　圖 4-36　多層式沉降稠化槽

4.5　離心沉降 [8,11]

利用離心力來加速密度不同之粒子或液滴之沉降，以達成澄清、分離、或稠化目的之操作稱爲離心沉降，離心沉降裝置如圖 1-4 所示依裝置器壁是固定或做高速迴轉而分爲**漩渦分離器**（hydroclne）和**沉降離心器**（sedimenting centrifuge）兩類。

離心沉降裝置依離心力的產生是由流體的漩渦旋轉而裝置器壁固定，或由器壁或分散板做高速迴轉而分爲**漩渦分離器**（hydroclne）和**沉降離心器**（sedimenting centrifuge）兩類，裝置又可能依操作目的在名稱上和構造上有稍異，如**離心澄清器**（centrifugal clarifier）、**離心分離器**（centrifugal separator）或**離心稠化器**（centrifugal thickener），離心沉降器有如表 4-5 所示各種機型。

表 4-5　離心分離器之分類

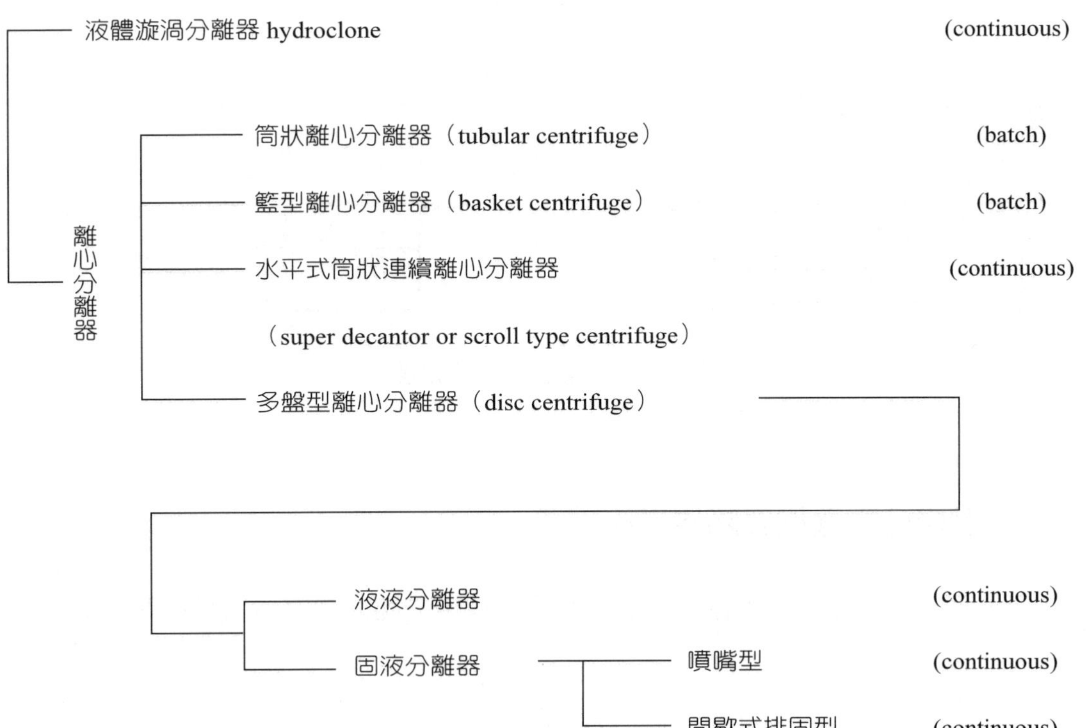

4.5.1 固粒（含不相融的液滴）沉降分離之原理 [8]

當懸濁液或乳化液以流量 Q 之速率流入如圖 4-37 所示之沉降槽的 A 面，即流體與粒子均以 u 之水平運動速度流向 B 面，同時亦以 V_c 之垂直沉降速度往下沉降，此時粒徑為 D_p 之粒子在流過槽（深 x、長 l）前可被分離之條件是

$$\frac{x}{V_c} \le \frac{l}{u} = \frac{V}{Q} \tag{4-72}$$

如系統為兩相液 / 液分離系時（如圖 4-37 右），其**靜態分離面**（statical neutral zone）之半徑 r_s 可以下式求得：

$$r_s = \left(\frac{\rho_h r_h^2 - \rho_1 r_1^2}{\rho_h - \rho_1} \right)^{1/2} \tag{4-73}$$

上式中，ρ_h 為較重液體之密度，ρ_1 為較輕液體之密度。

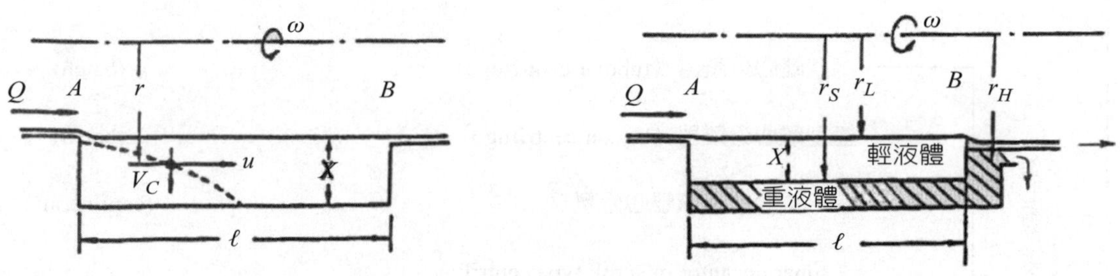

圖 4-37 離心沉降之原理

4.5.2 沉降分離面積與臨界最小粒徑

若 V 為槽間流體之總體積，則此分離槽為達成分離效果之最大進料速度應為：

$$Q = v_c \frac{V}{X} \tag{4-74}$$

v_c 為粒子在離心力場之終端速度，將之代入式 2.8 節所導之 v_c，則

$$\text{在層流時：} Q = v_g Z \frac{V}{X} \tag{4-75}$$

$$\text{在紊流時：} Q = v_g Z^{1/2} \frac{V}{X} \tag{4-76}$$

上式中 $Z\frac{V}{X}$ 及 $Z^{1/2}\frac{V}{X}$ 代表了離心效應 Z 與該沉降槽沉降面積之乘積，而 v_g 代表粒子在重力場之終端速度。在談離心分離時，常以**沉降分離面積**（Σ）表示，亦即

$$Q = v_g \Sigma \tag{4-77}$$

而 Σ 中所含之 Z 係代表了因**操作條件**而定之值，$\frac{V}{X}$ 即代表了**裝置構造**之值，v_g 則依液體物性及粒子物性而定，故設計或比較不同類型之離心機時，Σ 之值常被採用作為比較不同離心器之基準。

在所定的條件下，一離心分離器能分離粒子之臨界最小粒徑為

$$\text{在層流範圍：} D_p = \left[\frac{18\mu Q}{(\rho_p - \rho) g_\Sigma} \right]^{1/2} \tag{4-78}$$

$$\text{在紊流範圍：} D_p = \frac{\rho Q^2}{3(\rho_p - \rho) g_\Sigma{}^2} \tag{4-79}$$

4.5.3　各種離心分離器及其特性 [8]

1. 筒型離心分離器

圖 4-38 顯示了典型的**筒型離心分離器**（tubular centrifuge）及粒子在分離器之運動情形。因筒徑在 3″～6″，可以相當高之迴轉數下（8,000～60,000 rpm）旋轉而產生相當大之離心效應，因此常被用來分離處於乳化狀態且密度不同或含極少量固體之液體，較特殊的用途有如二次世界大戰美國之 Manhattan Project 中，在試驗工

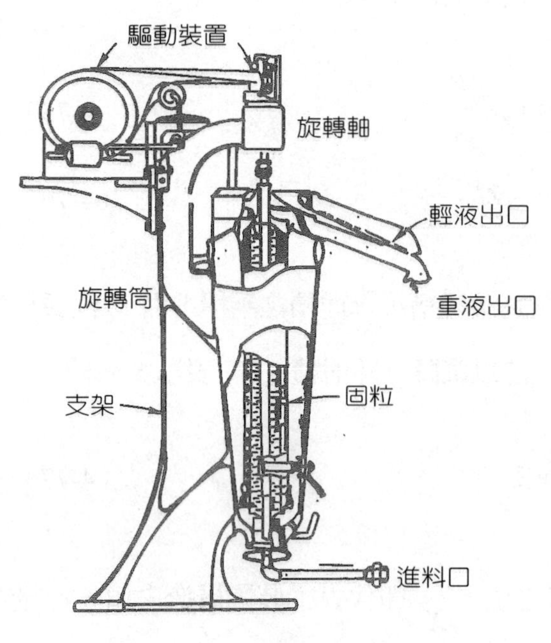

圖 4-38　筒型離心分離器

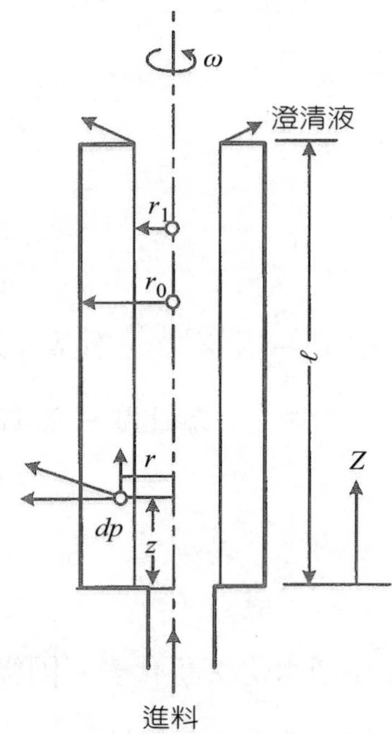

圖 4-39　粒子在筒型離心器之運動

廠曾以直徑 3″長 15″迴轉數，66,000 rpm 之此型分離器，嘗試分離鈾 235 之同位素。由於構造較簡單，故常被用以分離不同密度之兩成分之流體。

圖 4-39 顯示了此類分離器之示意圖。當進料由下端入口以 Q [m³/s] 進入，則在 P 點之粒子之運動可以下式描述：

$$\frac{dz}{dt}=\frac{Q}{\pi(r_2^2-r_1^2)}=\frac{Ql}{V} \tag{4-80}$$

$$\frac{dr}{dt}=v_g\frac{\omega^2 r}{g} \tag{4-81}$$

上式中，V 爲該圓筒可裝液體之容積。

由上兩式相除可得：

$$\frac{dr}{dz}=\frac{V}{Ql}v_g\frac{\omega^2 r}{g} \tag{4-82}$$

粒子在 $z=0$ 時液面 $r=r_1$，而在臨界條件下，在 $z=l$ 時，粒子必須沉降至 $r=r_2$，始能為分離器所分離，故將式（4-82）依上述上下限積分可得

$$\ln\frac{r_1}{r_2}=\frac{\Delta v_g\omega^2}{Qg} \tag{4-83}$$

由上式可得

$$Q=v_g\frac{\pi l\omega^2(r_2^2-r_1^2)}{g\ln\frac{r_2}{r_1}} \tag{4-84}$$

因 $Q=v_g\Sigma$，故就筒型離心器而言，Σ 值可以下式求得

$$\Sigma=\frac{\pi l\omega^2(r_2^2-r_1^2)}{g\ln\frac{r_2}{r_1}}=\frac{2\pi l\omega^2}{g}r_{lm}r_m \tag{4-85}$$

在此 r_{lm}、r_m 各為 r_1 和 r_2 之對數平均及算數平均值

2. 分離板型離心分離器 [11]

圖 4-40 是**分離板型分離器**（basket or disk stack centrifuge）之構造及原理示意圖。在一碗狀迴轉容器裡裝了斗笠狀錐形分離板，其板數多在 20～40 張，板鎖定在轉軸，板距很小，在 1～2 mm，進料可自板之外周或下半部之給料孔進入板與板間。當液體流向上端中心時，欲分離之較重粒子或密度較大之液滴將沉降在板向下之面，並靠離心力滑向外緣，終聚在外殼之內壁。在圖 4-41 所示之機型，因其固定筐設計適於匯集沉降至外緣之粒子，並裝有如圖 4-41 所示之壓力閥，俟粒子累積至某一量時，壓力閥受來自粒子之離心力而自動開啓排出較稠之**泥漿**（sludge）。圖 4-41 也揭示了壓力閥分布之一例，澄清或較輕之液體則沿著板距間流向中心部位之出口而排出。

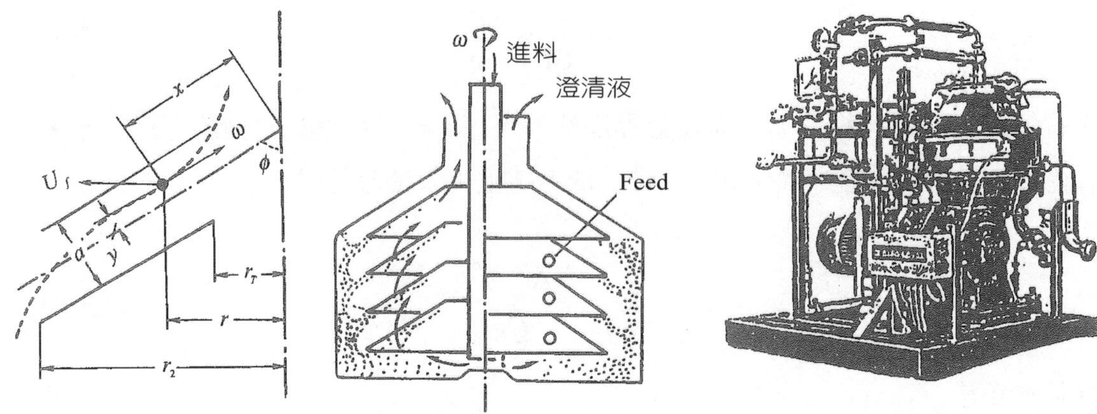

圖 4-40　分離板型離心分離器之外觀與原理示意圖 [8,19]

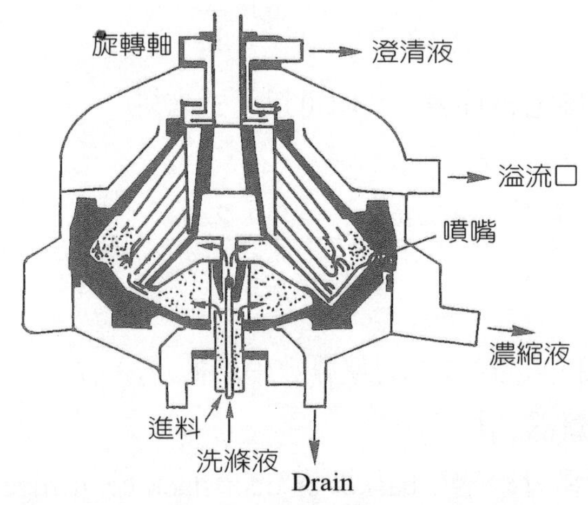

圖 4-41　噴嘴型分離板型離心分離器 [18]

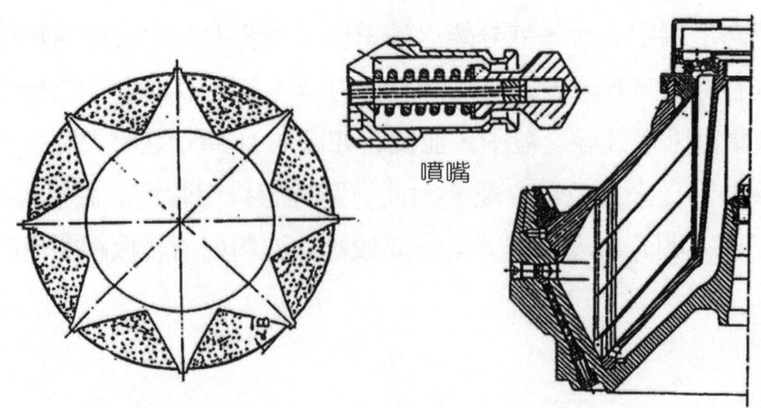

圖 4-42　固粒排出型分離板離心器、噴嘴之構造及配置圖 [18]

參照圖 4-40 所示之原理圖，在板距間之粒子 P 其運動方程式可寫成：

$$\frac{dx}{dt} = u + v_g \frac{\omega^2 r}{g} \sin\theta \tag{4-86}$$

$$\frac{dy}{dt} = v_g \frac{\omega^2 r}{g} \cos\theta \tag{4-87}$$

但　　$\rho_p > \rho$ 時，$v_g > 0$，$u < 0$

　　　$\rho_p < \rho$ 時，$v_g < 0$，$u > 0$

u 是分離板間液體之平均流速，是 r 及 y 之函數

因　　$r = x\sin\theta + y\cos\theta$

$$\frac{dr}{dt} = u\sin\theta + \frac{v_g}{g}\omega^2 r \tag{4-88}$$

故式（4-88）除以式（4-87）可得

$$\frac{dr}{dy} = \frac{ug\tan\theta}{v_g \omega^2 r} + \sec\theta \tag{4-89}$$

在式（4-89），忽略等號右邊之相對於第一項很小之第二項，且因 $u = \dfrac{Q}{2\pi raN}$，N 爲分離板之板數，而 a 爲板距，故上式可簡化成：

$$\frac{dr}{dt} = \frac{Qg\tan\theta}{2\pi aNv_g \omega^2 r^2} \tag{4-90}$$

而其邊界條件 B.C. 爲 $r = r_2$，$y = -a/2$，$r = r_1$，$y = a/2$。積分可得

$$Q = -v_g \frac{2\pi N\omega^2 (r_2^3 - r_1^3)}{3g\tan\theta} \tag{4-91}$$

故分離板型離心分離器之 Σ 值可以下式求得

$$\Sigma = \frac{2\pi N\omega^2 (r_2^3 - r_1^3)}{3g\tan\theta} \tag{4-92}$$

此機型亦可用於分離乳化液中密度不同而不相溶之液體，此時重液沿旋轉殼之內壁被排出，而輕液則沿分離板上端匯集於軸心之出口排出，其構造如圖 4-43。

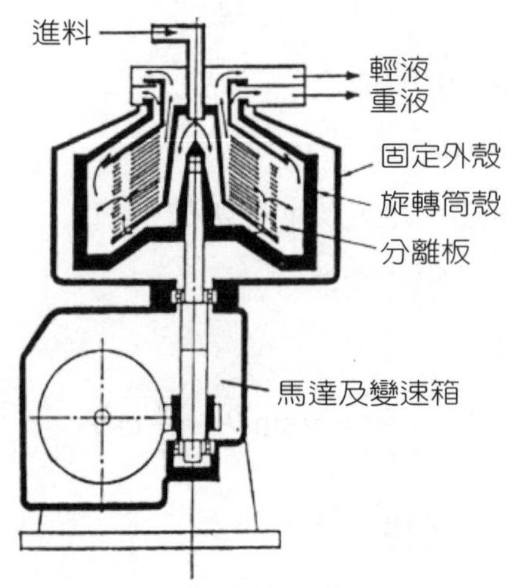

圖 4-43　分離密度不同不相溶液體之離心分離器 [23]

3. 水平式連續離心澄清分離器（super decantor）

圖 4-44 顯示了**水平式連續離心分離器**（super decantor or scroll discharge centrifuge）之構造示意圖，此型分離器除了圓筒型外殼以高速旋轉產生離心力場外，尚具一同心螺旋桿以相差幾轉之微差轉速旋轉，刮走沉降於外殼內壁之固體粒子，而澄清流體則反向流動，由溢流堰溢滿至出口。此機型外殼有圓筒型、圓錐型及圓筒圓錐雙併型不同機種。此類機型多半應用連續澄清或稠化泥漿，設計得宜，排泥之含液率較其他機型低甚多。由於保養較易，故較適於粒子含量較高之泥漿之處理。

以本節之處理方式，在不考慮螺桿對沉降之影響的前提下，在圓錐型轉筒之粒子在此離心力場之運動方程式可寫成：

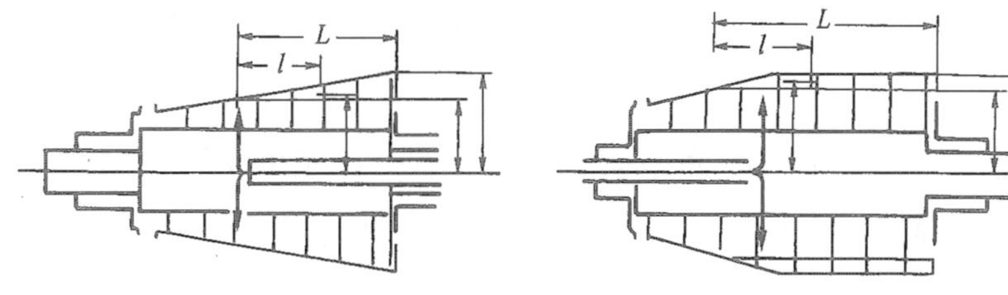

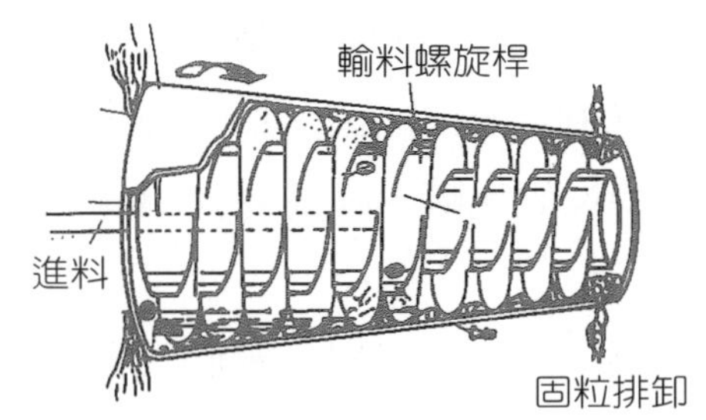

(a) 圓錐型

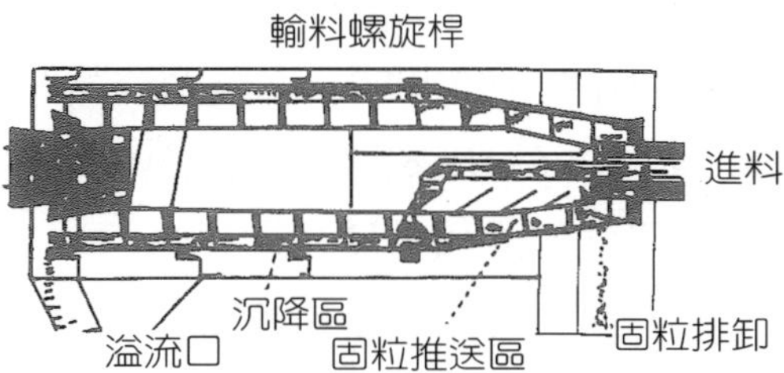

(b) 圓筒型

圖 4-44　水平濾筐離心分離器 [8,24]

$$\frac{dr}{dt}=v_g\frac{\omega^2 r}{g} \tag{4-93}$$

$$\frac{dl}{dt}=\frac{Q}{\pi\left\{(r_2-r_1)\frac{r}{L}+r_1\right\}-\pi r_1^2} \tag{4-94}$$

由上兩式消去 t，並由 $r=r_1$，$l=0$ 積分至 $r=r_2$，$l=L$，可得

$$Q=v_g\frac{\pi L\omega^2}{g}\cdot\frac{r_2^2+r_2r_1-2r_1^2}{3\ln\frac{r_2}{r_1}} \tag{4-95}$$

如考慮螺桿之干擾，式（4-95）可寫成

$$Q=\eta v_g\frac{\pi L\omega^2}{g}\frac{r_2^2+r_2r_1-2r_1^2}{3\ln\frac{r_2}{r_1}} \tag{4-96}$$

$$\Sigma = \frac{\pi L\omega^2}{g} \cdot \frac{(r_2^2 + r_2 r_1 - 2r_1^2)}{3\ln(r_2/r_1)} \tag{4-97}$$

以上之結果可適用於圓錐型、圓筒型或圓錐圓筒型。一般而言，圓錐型較適用於安息角較大而易爲螺桿輸送之粒子，而圓筒型則較適用於安息角較小具有可塑性粒子之泥漿。

4. 試管型批式離心沉降分離器 [13]

在實驗室最常見的離心分離器（沉降器）是如圖 4-44 所示的**試管型批式離心器**（bottle type centrifuge），其迴轉數亦可達 1,000～20,000 rpm 之譜。爲了使讀者可將此類所得之實驗數據與其他連續式離心沉降器之特性值比較，在此將介紹此類離心分離器之 Σ 之值推導。

如有試管型離心器如圖 4-45 所示，其液面半徑爲 r_1，至粒子層或管底之半徑爲 r_2，對沉降至徑向位置 r 之粒子 p 而言，如在離心力場達終端速度，則

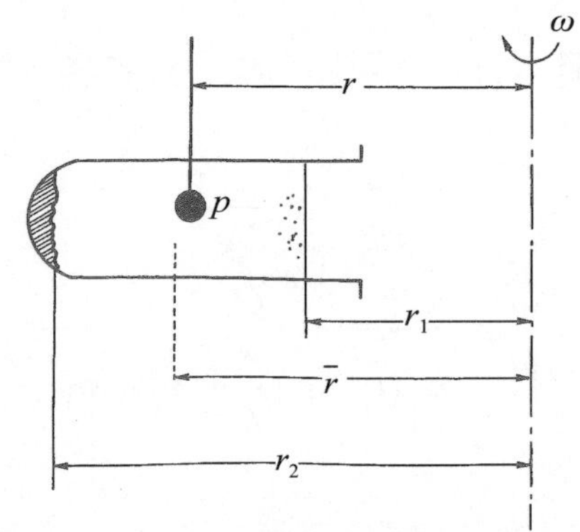

圖 4-45　試管型批式離心分離器 [13]

$$v_c = \frac{\Delta\rho D_p^2 g}{18\mu} \cdot \frac{r\omega^2}{g} = v_g \frac{r\omega^2}{g} \tag{4-98}$$

由於

$$v_c = dr/dt \tag{4-99}$$

故

$$\frac{dr}{dt} = v_g \frac{r\omega^2}{g} \tag{4-100}$$

此粒子 p 由 r 沉降至 r_2 時，

$$\ln\frac{r_2}{r} = v_g\frac{\omega^2}{g}t \tag{4-101}$$

或 $$t = \frac{g}{v_g\omega^2}\ln\frac{r_2}{r} \tag{4-102}$$

如平均沉降距離 $\bar{r} = (r_1 + r_2)/2$，而 $Q_0 = V/t$，則

$$Q_0 = 2v_g\cdot\left[\frac{\omega^2}{g}\cdot\frac{V}{2\ln(\frac{2r_2}{r_1+r_2})}\right] \tag{4-103}$$

$$\because Q_0 = v_g\Sigma_B = v_g\cdot\left[\frac{\omega^2}{g}\cdot\frac{V}{\ln(\frac{2r_2}{r_1+r_2})}\right] \tag{4-104}$$

$$\therefore \Sigma_B = \frac{\omega^2}{g}\cdot\frac{V}{\ln(\frac{2r_2}{r_1+r_2})} \tag{4-105}$$

4.5.4　離心分離器之比較與規模放大準則

各式離心分離器之處理容量均可以 $Q = v_g\Sigma$ 之方式表示，因 v_g 相同，故不同大小或機型之離心分離器，在所要求之分離粒徑下之處理容量 Q 間關係可寫成

$$\frac{Q_1}{\Sigma_1} = \frac{Q_2}{\Sigma_2} = \frac{Q_3}{\Sigma_3} = v_g \tag{4-106}$$

上式所代表的含義就稱爲 **Σ 準則**（Σ rule）。上式指出不同規模之離心沉降器之處理容量 Q 與其具有之沉降面積 Σ 之比皆相同，以小規模試驗數據可供推計工業規模裝置之操作結果；然而，這些關係式之推導均假設沒有考慮干擾沉降，及機型不同而產生幾何設計之差異，甚至 Bownian Motion 都不在考慮之內，故嚴格來說，Σ 準則較適用於相似機型之比較，若欲用在設計迥異，或即使是同一機型，但其操作條件相差太遠時之情況，則應謹慎推估。有些粒子會因溶液之物性或流體之靜止或流

動與否，而在其凝聚程度上有相當大的差異，如 $Fe(OH)_3$ 在靜止重力場就容易凝聚而呈相當大之 v_g，但在分離板式離心器裡，則因液體與器壁所產生之相對速度所造成之角速度變化，將凝聚體破壞而變成微小粒子，使其沉降速度大為減少。這些現象都是在使用時得小心之處。

表 4-6 整理了各種不同離心器之 Q 及 Σ，供讀者參考比較。

表 4-6　各種離心分離器之特性值 [22]

筒型離心分離器	分離板型離心分離器	水平連續離心分離器	試管型離心器
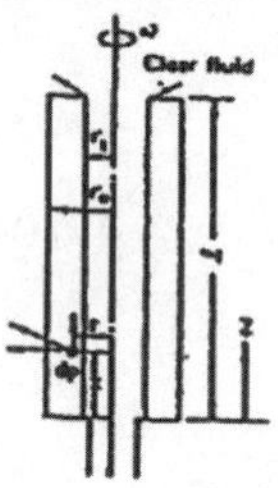	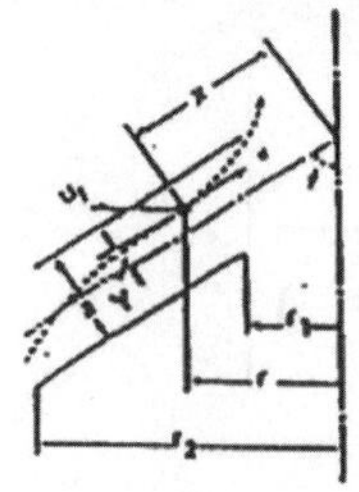	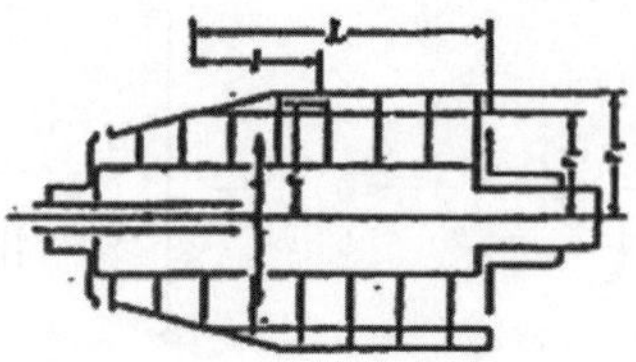	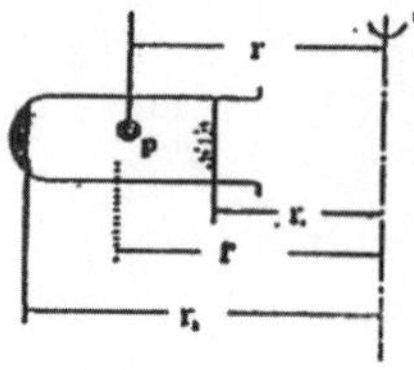
$Q=v_g\frac{\pi L\omega^2(r_2^2-r_1^2)}{g\ln(r_2-r_1)}$	$Q=-v_g\frac{2\pi N\omega^2(r_2^3-r_1^3)}{3g\tan\theta}$	$Q=v_g\frac{\pi L\omega^2}{g}\cdot\frac{r_2^2+r_2r_1-2r_1^2}{3\ln(r_2/r_1)}$	$Q_0=\frac{V}{2}$
$\Sigma=\frac{\pi L\omega^2(r_2^2-r_1^2)}{g\ln(r_2-r_1)}$	$\Sigma=\frac{2\pi N\omega^2(r_2^3-r_1^3)}{3g\tan\theta}$	$\Sigma=\frac{xL\omega^2}{g}\cdot\frac{r_2^2+r_2r_1-2r_1^2}{3\ln(r_2/r_1)}$	$\Sigma_{Batch}=\frac{\omega^2}{g}\cdot\frac{v}{\ln\left(\frac{2r_2}{r_1+r_2}\right)}$

4.5.5　離心分離器相關計算範例

例題4-5

茲有筒狀離心器，L = 30 cm，$2r_0$ = 5 cm，r_1 = 0.5 cm 而 n = 24,000 rpm，試計其沉降面積 Σ，利用式（4-85），而 $\omega = 2\pi(24{,}000)/60$ rad/s。

解

$$\Sigma=\frac{\pi(30)(2.5^2-0.5^2)\left(\frac{24{,}000\pi}{30}\right)^2}{981\ln(2.5/0.5)}=\underline{2.26\times10^6\ \text{cm}^2}$$

例題4-6

茲有分離板式抽水分離器，$r_1 = 4.5$ cm，$r_2 = 8.5$ cm，板數 $N = 30$，$\varphi = 34°$，n = 6,500 rpm，擬分離 3 μm 水滴時，其處理容量 Q 爲多少？$\rho_{oil} = 0.92$ g/cm^3，黏度爲 0.5 poise。

解 $\Delta\rho = 1 - 0.92 = 0.08$ g/cm^3

$D_p = 3 \times 10^{-4}$ cm　$\mu = 0.5$ poise

故　$$v_g = \frac{\Delta\rho D_p^2 g}{18\mu} = \frac{(0.08)(3\times10^{-4})^2(981)}{18(0.5)} = 7.84\times10^{-7} \text{ cm/s}$$

利用式（4-85），$N = 30$，$r_1 = 4.5$ cm，$r_2 = 8.5$ cm

$\omega = 2\pi(6{,}500)/60$ rad/s，$\tan\varphi = \tan 34° = 0.675$

$r_2^3 - r_1^3 = 523$ cm^3

故　$$\Sigma = \frac{(2\pi)(30)(523)(\frac{6{,}500\pi}{30})^2}{3(981)(0.675)} = 2.3\times10^7 \text{ cm}^2$$

因 $Q = v_g \Sigma$

$\therefore Q = (7.84\times10^{-7})(2.3\times10^7) = 18.0$ cm^3/s

$\underline{Q = 65 \text{ L/hr}}$

例題4-7

利用例題 4-5 之分離器進行試驗，知可以 80 cm^3/s 分離某種乳化液，試估計如用同型離心器但其尺寸爲 $2r_0 = 10$ cm，$2r_1 = 2$ cm，$n = 15{,}000$ rpm，$L = 90$ cm，其處理容量 Q 爲多少？

解 利用式（4-106）之 Σ 之規則

$$\frac{\Sigma_2}{\Sigma_1} = \frac{(90)(5^2 - 1^2)(15{,}000)^2 / \ln(\frac{5}{1})}{(30)(2.5^2 - 0.5^2)(24{,}000)^2 / \ln(\frac{2.5}{0.5})} = 4.68$$

$\because Q_1 = 80$ cm^3/s

$\therefore Q_2 = Q_1 \cdot \frac{\Sigma_2}{\Sigma_1} = 80(4.68) = 375$ cm^3/s

$\underline{Q_2 = 1{,}350 \text{ L/hr}}$

例題4-8

知如以下某型之分離板離心沉降器可以 400 L/hr 之速度分離牛中之脂肪，脂肪與牛奶之密度差爲 0.118 g/cm^3，牛奶之黏度爲 0.0135 poise，試求可分離之最小脂肪球徑，其中 $r_2 = 5$ cm，$r_1 = 3.5$ cm，$N = 38$，$\tan\varphi = 0.75$，$n = 8{,}500$ rpm。

解 $\because v_g = \dfrac{Q}{\Sigma}$，$\Sigma = \dfrac{2\pi n(r_2^3 - r_1^3)\omega^2}{3g\tan\varphi}$

$$v_g = \frac{3g\tan\varphi \cdot Q}{2\pi N(r_2^3 - r_1^3)\omega^2} = \frac{3(981)(0.75)(\frac{400\times 10^3}{3{,}600})}{2\pi(38)(5^3 - 3.5^3)(\frac{8{,}500\cdot 2\pi}{60})^2} = 1.58\times 10^{-5}\ \text{cm/s}$$

因 $$v_g = \frac{\Delta\rho D_p^2 g}{18\mu}$$

$$\therefore D_p = \sqrt{\frac{18\mu v_g}{\Delta\rho g}} = \sqrt{\frac{(18)(0.0135)(7.48\times 10^{-6})}{(0.118)(981)}} = \underline{1.82\times 10^{-4}\ \text{cm}}$$

例題4-9

利用小型筒狀離心沉降器分離油中之水滴，當可分離水滴徑爲 8 μm 時，其 Q 爲 83 L/hr，如擬以同型器分離 Q 增大至 1,000 L/hr 時，則該大型大型分離器之尺寸應爲多少？

解 $$\because \Sigma = \frac{\pi L\omega^2(r_2^2 - r_1^2)}{g\ln\frac{r_1}{r_2}}$$

如大小型之尺寸比爲 m，則依 Σ 規則

$$\frac{Q_s}{\frac{\pi L(r_2^2 - r_1^2)\omega^2}{g\ln\frac{r_2}{r_1}}} = \frac{Q_L}{\frac{\pi ml(m^2r_2^2 - m^2r_1^2)\omega^2}{g\ln\frac{r_2}{r_1}}} = v_g$$

將上式對 m 解可得

$$m = (\frac{Q_L}{Q_s})^{\frac{1}{3}} = (\frac{1{,}000}{83})^{\frac{1}{3}} = 2.3$$

大型機之尺寸應為試驗機之 2.3 倍。

4.5.6　液體漩渦分離器

液體漩渦分離器（hydroclone）是利用流體在如圖 4-46 所示之裝置內產生之離心力場來分離固液兩相或不相溶之兩液相之裝置，由於其構造簡單，且不含任何可動元件，故被廣泛應用於濃縮或分離液固兩相，或應用於篩別或分級懸濁液中之固粒大小。液體漩渦分離器也常被用於洗滌含在固粒中之不純物質，其優點是單位處理容量所占空間頗小及操作範圍相當廣，也即依同一空間的處理量比其他固液分離裝置大，而它之缺點是所需泵之動力大，器壁可能被固粒磨損不小及懸濁液濃度與流量變化都會影響其分離或分級效率。

如圖 4-46(b) 所示，進料懸濁液從上端之進料口切線向進入，隨即產生沿筒壁之主漩渦流向下流動至圓錐底，部分含較粗固粒之懸濁液經由下端之排液口排出，其他部分之含較細固粒之懸濁液則轉成副漩渦流向上升並由上升管被排出。其分離機制與 4.5.1 節所介紹離心沉降類似。上升管之插入深度需深於進料口下端以免進料懸濁液逕由上升管流出。圖 4-46(c) 顯示流體在裝置內之軸向流態，

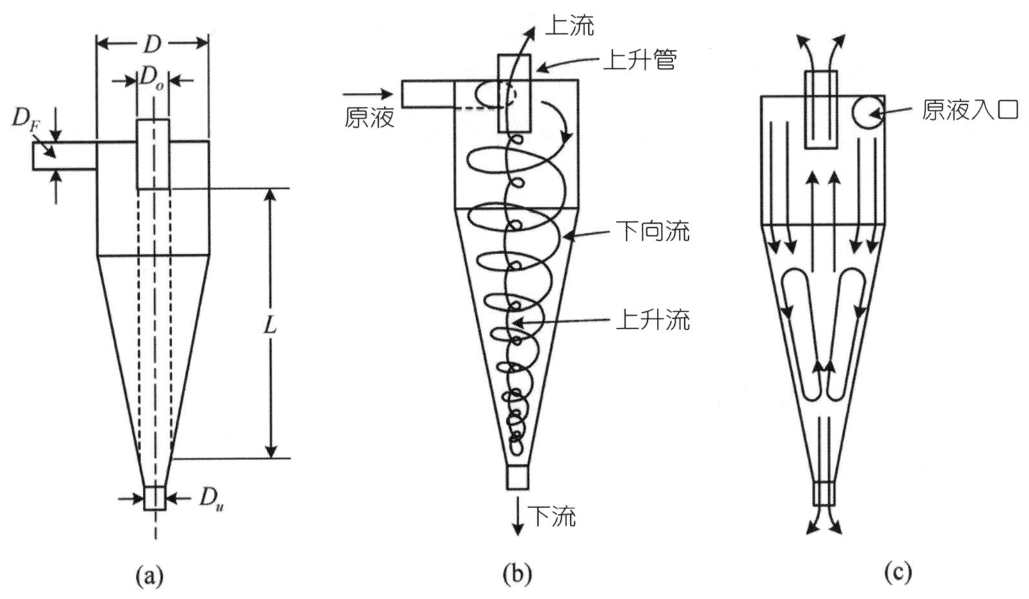

圖 4-46　液體漩渦分離器示意圖 [11]

沿著器壁之向下流可促進沉降至器壁之粒子滑動並推向下端之排泥口。由於流體在液體漩渦分離器內流態相當複雜，其分離效率或**部分分級效率**（partial classification efficiency）將受懸濁液之物性、分離器之尺寸、直徑大小、滯留時間等之影響，不易以似 50% **分離徑**（cut size）之簡單指標來顯示液體漩渦分離器之分離性能。一般而言，液體漩渦分離器設計妥當時，可分離至左右之固粒。

1. 裝置內流體流動與處理流量

當懸濁液由切線流入渦流分離器圓筒時，如流體與器壁沒有摩擦，流體在筒內將構成自由漩渦，而其流速分布是

$$v_t \cdot r = \text{常數} \tag{4-107}$$

式中 v_t 是在半徑距離 r 之流體之切線向流速，實際上不僅有摩擦之存在，而流速也受懸濁液物性之影響，故上式得改寫成

$$v_t \cdot r^n = \text{常數} \tag{4-108}$$

式中 n 值可能介在 0～1，如清水時，n 值爲 0.7；懸濁液固粒濃度在 15～25% 時，n 值約爲 0.5；懸濁液固粒濃度在 60% 時，n 值只有 0.3。漩渦之最大流速 v_0 應出現在漩渦空心氣軸表面，也即 $r = r_0$，如 n 值採用 0.5 時，流體在渦流分離器內之流速分布式爲

$$v_t = v_0(r_0 / r)^{0.5} \tag{4-109}$$

v_0 值依送懸濁液之泵的吐出壓而定，也即依渦流分離器壓降 Δp 而定。故

$$v_t = (2\Delta p / \rho_m)^{0.5} \tag{4-110}$$

ρ_m 爲懸濁液之密度。

液體漩渦分離器之處理流量 Q [m^3/s]，直接受泵之容量及流體流過漩渦分離器之壓降之影響，如壓降可依 Fanning 式推計時，則 Δp 與 $\rho_m v^2 L'/D'$ 成正比，L' 是相當管長，D' 是漩渦分離器流程中之代表直徑，將之視爲漩渦分離器之構造相關值，而液體流速 v 是 $4Q/\pi D^2$，故 Q 爲

$$Q = KD^2(\Delta p/\rho_m)^{0.5} \tag{4-111}$$

如漩渦分離器之筒徑是進料管及上升管之乘積之平方根時，則上式可寫成

$$Q = KD_F D_0(\Delta p/\rho_m)^{0.5} \tag{4-112}$$

上式中，K 值之經驗值爲 0.2～0.4。

2. 液體漩渦分離器之分離臨界粒徑

當某一粒子以迴轉半徑 r，角速度 ω 在漩渦裡旋轉時，單位質量粒子所承受之離心力爲 $r\omega^2 = Zg$，而以 $u_c = u_g Z$ 之沉降速度沉向器壁，Z 是離心效應，而 u_g 是該粒子在重力力場之沉降速率，g 爲重力加速度。由於液體漩渦分離器所處理之懸濁液之固粒濃度在 15% 以上，顯然在干擾沉降之範圍，且粒子在漩渦裡之迴轉半徑隨軸向位置有所改變，故甚難單純的推導其分離臨界粒徑。茲假設其離心效應以 $\overline{Z}$ 推計並可視一定時，則

$$\overline{Z} = \sqrt{Z_i Z_o} = \sqrt{\frac{2v_i^2}{gD} \cdot \frac{2v_o^2}{gD_o}} = \frac{2v_i v_o}{gD}\left(\frac{D}{D_o}\right)^{0.5} = \frac{2v_o^2}{gD} = \frac{4\Delta p}{gD\rho_m} = 4H/D \tag{4-113}$$

上式中，下標 i 及 o 分別代表在筒壁附近及上升流管（空心氣柱）外壁附近之值。一般而言，v_i 爲 v_F 值之 45%，如某一粒徑之固粒能在滯留於裝置內之時間裡由 r_o 沉降至 r_i，則此粒徑就是分離臨界粒徑 d_{pc}，因其沉降速率是

$$u_c = u_g Z = Q/(\pi D_o L) \tag{4-114}$$

故 $$d_{pc}=\left\{\frac{18\mu}{(\rho_p-\rho)g\cdot Z}\cdot\frac{Q}{\pi D_o L}\right\}^{0.5} \qquad (4\text{-}115)$$

把式（4-111）、（4-112）中之常數套用於上式可得：

$$d_{pc}=K\left[\frac{18\mu}{(\rho_p-\rho)}\right]^{0.5}\left[\frac{DD_F}{L}\right]^{0.5}H^{-0.25} \qquad (4\text{-}116)$$

由上式可了解液體旋渦分離器之臨界分離粒徑受：(1) 懸濁液之物性、(2) 裝置之尺寸及 (3) 泵進懸濁液之流速及其流經裝置壓降液頭（H）之影響。從 d_{pc} 與 D 之平方根成比例增大，可推知在不變 D_F/D 和 D_o/D 之尺寸比的前提，將 D 減小就可提升固粒之回收率，也可從 d_{pc} 與壓降之 0.25 次方成反比推知提升壓降對分離效益幫助不大。

3. 液體旋渦分離器之設計及操作變數對性能之影響

最常見之液體旋渦分離器之尺寸為

$$D_F=(0.25\sim0.125)D,\ D_o=(1/6\sim1/3)D,\ D_u=(1/10\sim1/6)D,\ \theta=9\sim30°$$

為應對進料物性之變化，液體旋渦分離器之下端排液口也可採用可調整 D_u 大小之設計（如圖 4-47），而進料流量 Q 與排泥流量 Q_u 之比 R_f 直接左右液體旋渦分離器之性能，合適的 R_f 值可由下式推計：

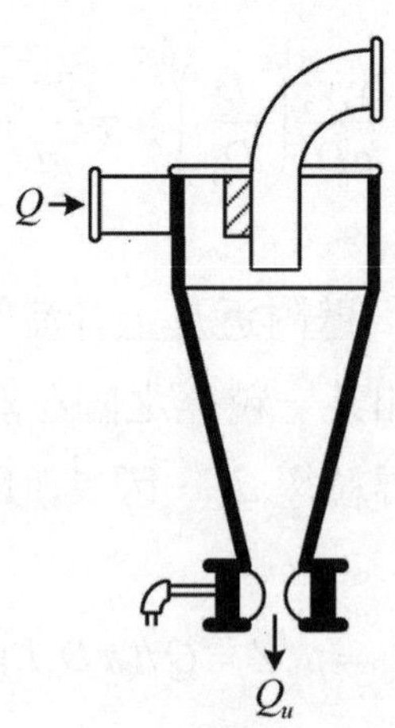

圖 4-47　排液口可調整大小之設計 [21]

$$1 - R_f = 0.95 / \{(D_u / D_o)^4 + 1\}，其中 R_f = Q_u / Q \qquad (4\text{-}117)$$

圖 4-48 揭示液體旋渦分離器之部分分離曲線，粒徑 d_p 之粒子是 0 時之部分分離效率 η_p 不會為 0 而等於 R_f。如當 Q_u 為零時，粒徑 d_p 之 η_p 為 η_c 時，η_p，η_c 與 R_f 間之關係可以下式表示：

$$\eta_p = \eta_c + (1 - \eta_c) R_f = R_f + (1 - R_f)\eta_c \qquad (4\text{-}118)$$

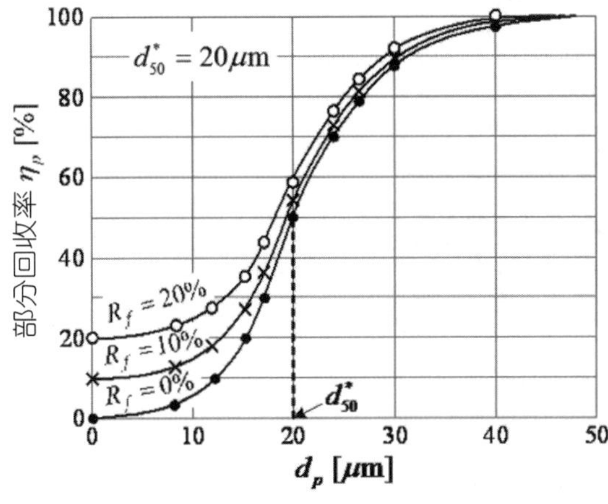

圖 4-48　旋渦分離器之部分分離曲線 [11]

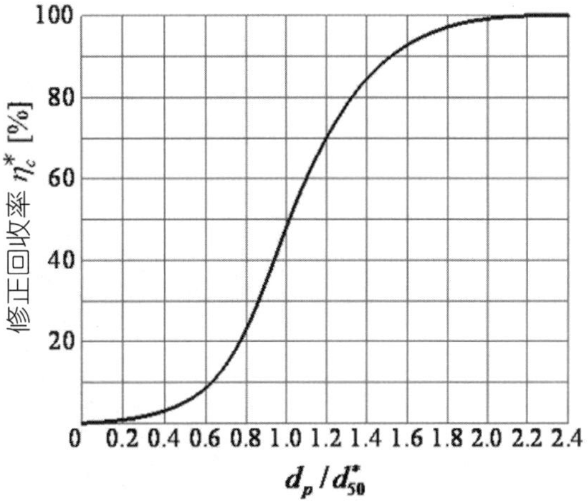

圖 4-49　修正回收率 [11]

η_c 常被稱為修正回收率，在 η_c 對 d_p 之曲線上，η_c = 50% 之粒徑就稱為修正回收率 50% 之粒徑，以 d_{50}^* 表示，如以 η_c 對 d_p/d_{50}^* 作圖則不論其尺寸比而可得如圖 4-48 所示之單一曲線。

3. 液體旋渦分離器之壓降

假設可忽略濃度變化，就進口與出口取其能量收支可得：

$$p_F + \frac{\rho_m v_F^2}{2} = p_E + \frac{\rho_m v_E^2}{2} + \Delta p \qquad (4\text{-}119)$$

上式中，下標 F、E 分別代表懸濁液在進口及出口之條件，由此式就 Δp 解可得：

$$\Delta p = \frac{\rho_m v_F^2}{2}\left[\frac{2(p_F - p_E)}{\rho_m v_F^2} + 1 - \left(\frac{A_F}{A_E}\right)^2\right] = F\frac{\rho_m v_F^2}{2} \qquad (4\text{-}120)$$

式中 A 代表進口管或上升流管之截面積，而 F 是涵蓋尺寸因素之壓降係數。由此式也可知，當 N_{Re} 數大時，壓降幾乎只是尺寸之函數。圖 4-50 揭示筒徑、進料及 d_{50}^* 與壓降之關係之一例。

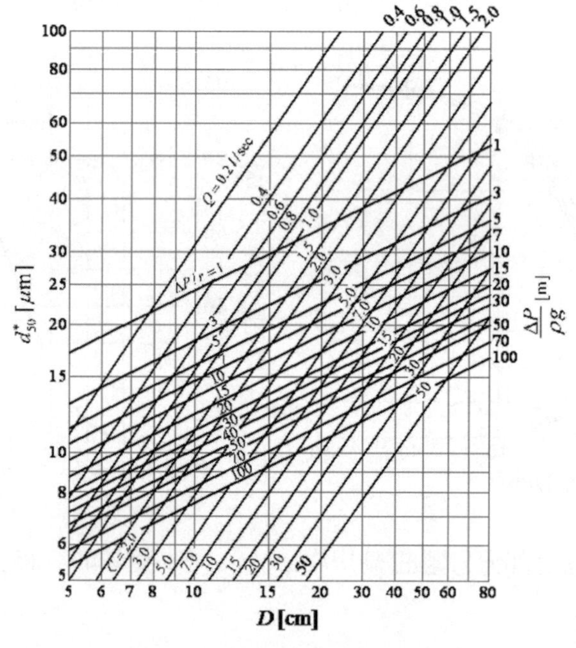

圖 4-50　壓降變化關係圖 [21]

4. 液體旋渦分離器之應用

雖然液體旋渦分離器可分離懸濁液中之固粒，但較少逕用於澄清爲目的單一裝置，它多用於**分級**（classification），常被應用於井水、河水、工業用水中所含的懸濁固粒，或利用於紙漿廠，串聯多段筒徑不同之液體旋渦分離器來分離紙漿中含有之鐵屑、砂粒等不純雜質，或用於沉降澄清裝置之進口先除去部分粗粒以減輕後段進料之負荷（如圖 4-51），最常見之應用是在濕式研磨系中擔任進料或中間產品之分級（如圖 4-52），液體旋渦分離器亦被應用**滲提**（leaching）或洗滌懸濁液中之固粒（如圖 4-53）。

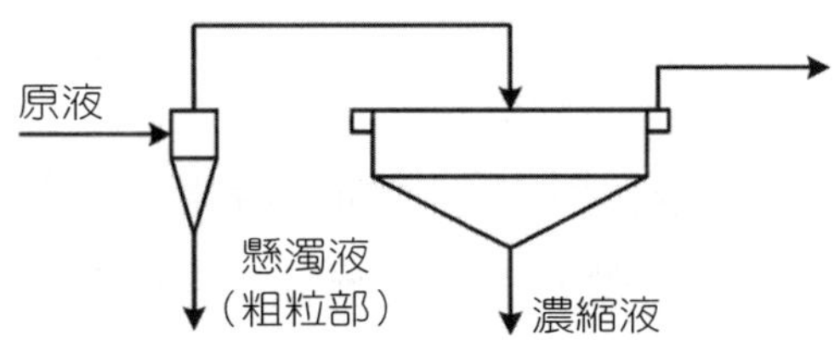

圖 4-51　液體旋渦分離器——沉降澄清串聯程序

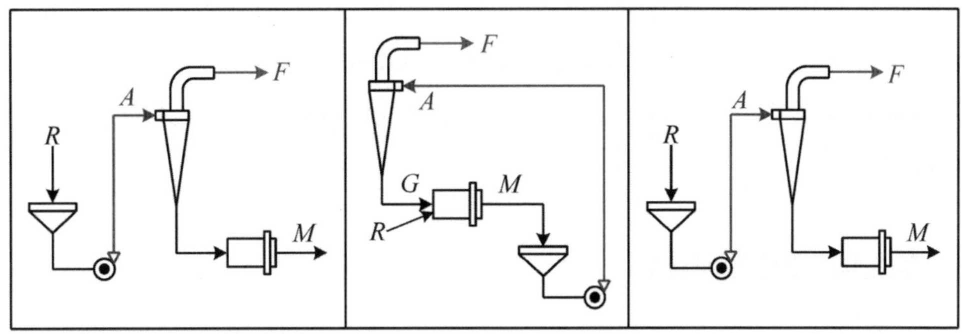

圖 4-52　濕式研磨程序 [22]

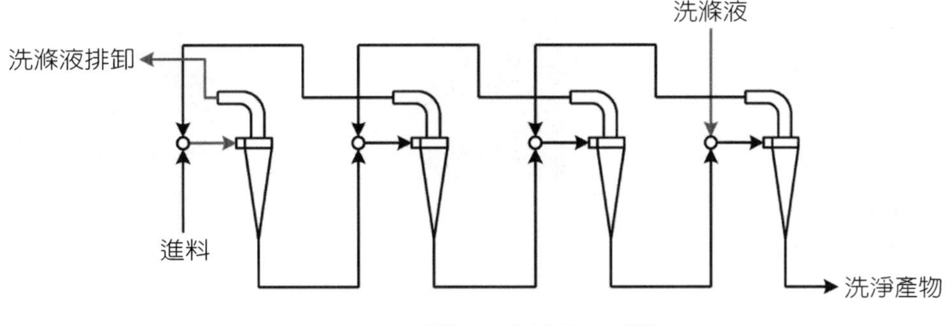

圖 4-53　懸濁液洗滌程序 [23]

4.6 浮選操作

如於 1.2.2 節介紹，浮選是利用固粒表面對液相（大部分指水）的濕潤性的差異來選別固粒的分離方法。將氣體分散於含異種固粒的懸濁液，利用氣泡附著於疏水性固粒表面讓含氣泡的固粒依氣泡的浮力浮上液面，與具有親水性表面的固粒分離，這種選別不同物性固粒的操作稱爲浮游選別。將氣體分散於固粒的懸濁液，利用氣泡附著於固粒表面，讓含氣泡的固粒依氣泡的浮力浮上液面來分離固液兩相的操作，則稱爲浮選。由於固粒表面的**濕潤性**（wettability，又譯「可濕性」），容易靠選擇添加藥劑來控制，而浮游選別或浮選法的分離效率較高於其他選別或分離懸觸液中的微粒。

4.6.1 氣泡與固粒的附著

圖 4-53 揭示平常微細固粒如何附著於氣泡的三種狀況。

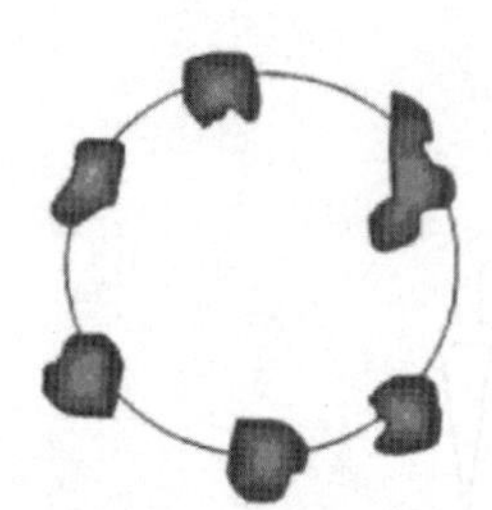

(a) 微粒附著在氣泡表面

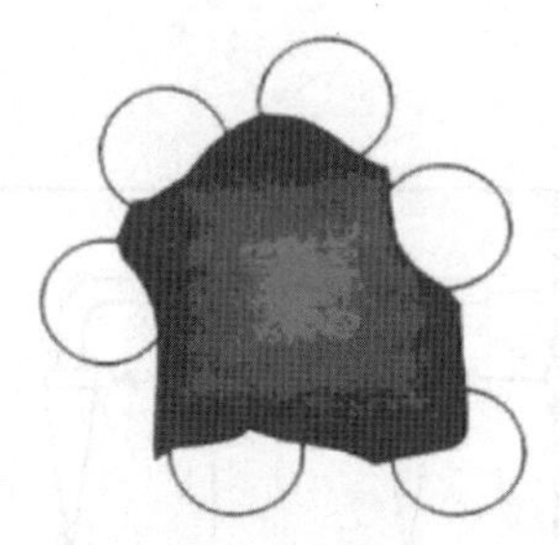

(b) 小氣泡附著在固粒表面

(c) 微粒凝聚時抱進凝聚體

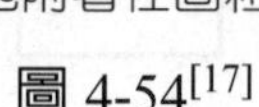

圖 4-54[17]

常用於濕潤性的定量指標是**接觸角**（contact angle），如圖 4-55 所示，在固體的平滑水平表面滴下一水滴時，將達成固／液／氣的三界面的平衡狀態，此時液體與固體表面所構成的夾角 θ [rad] 稱爲接觸角，如把作用於固／氣、固／液，和液／氣間的界面張力分別以 γ_{SG}、γ_{SL}、γ_{LG} 表示，則在平衡狀態可有如下的關係成立：

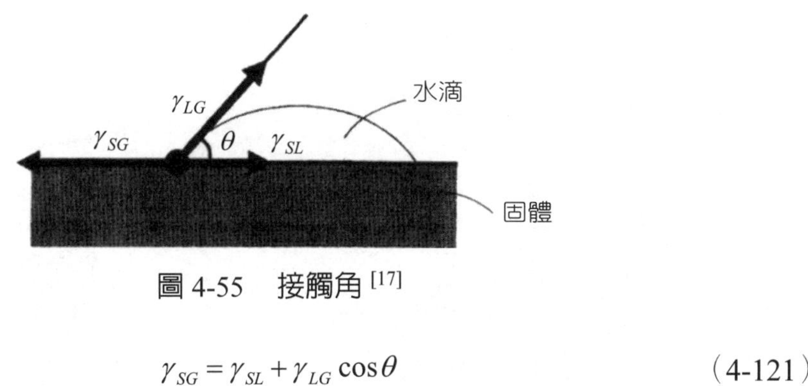

圖 4-55　接觸角 [17]

$$\gamma_{SG} = \gamma_{SL} + \gamma_{LG} \cos\theta \tag{4-121}$$

單位界面面積的自由能變化的附著功 W [J/m^2] 可依 Young-Dupre 的公式寫成：

$$W = \gamma_{SG} + \gamma_{LG} - \gamma_{SL} \tag{4-122}$$

從上兩式可得

$$W = \gamma_{LG}(1 + \cos\theta) \tag{4-123}$$

上式中，γ_{LG} 是在上述的三種界面張力中唯一可量測值，且在浮選程序可視約為一定，故 θ 的大小就成了 W_{SL} 的好指標。亦即 θ 越大時，W_{SL} 就越小，而固體表面就較不易被濕潤，也就是固粒將附著在氣泡而浮上至表面。

換句話說，當接觸角 $\theta > 90^{\circ}$ 時，固粒物就屬於疏水性，如 $\theta < 90^{\circ}$ 時就屬於親水性。一般接觸角越大，固粒就如圖 4-56 所示較容易附著於氣泡，於浮選時附著有固粒的氣泡密度得小於液相的密度是其必要條件之一。此附著力將受 θ、氣泡大小、浮上時的黏性阻力，和紊流的影響。一般而言，氣泡徑越小，或粒子表面附著的氣泡數越多，固粒的浮上性就越佳。

實際上，氣泡徑大小在 30～150 μm，氣泡徑太大，其附著力並不好，於浮選常以該系的氣固質量比 A/S（A 為吹進呈細泡的氣體質量 [g]，S 為擬分離的固粒的質量 [g]，經驗上此值常設定在 0.02～0.1 範圍）。如固粒濃度高時，得使用高壓液體去攪亂，不然不易讓固粒浮上。

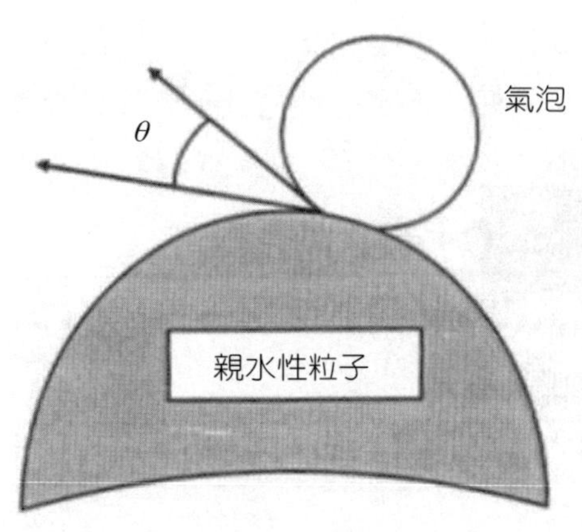

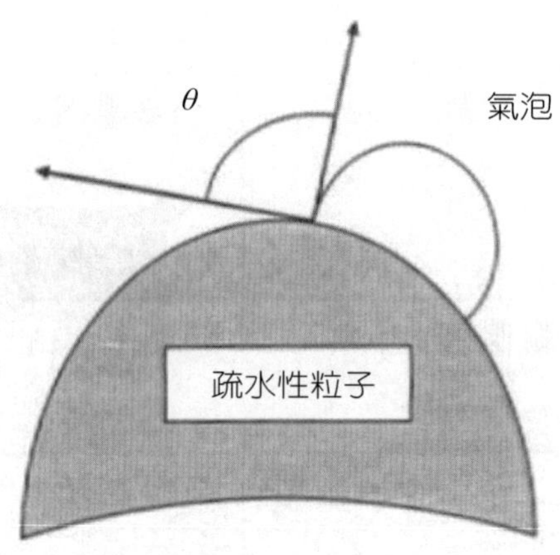

圖 4-56[16]

浮選的效率與浮選劑

浮選過程包含了：(1) 固粒和氣泡相撞、(2) 固粒相撞後附著在氣泡表面及 (3) 往上浮游至溢流出口，這段時間固粒不脫離氣泡。如以上每一過程擁有的機率分別為 P_c、P_a 和 $(1 - P_d)$，則整個浮選的浮選機率 P_F 為

$$P_F = P_c \times P_a \times (1 - P_d) \tag{4-124}$$

上式中，P_c 是可藉浮選槽內的流體力學解析用粒徑和氣泡徑的函數來表示，另兩個機率 P_a 和 $(1 - P_d)$ 是跟固粒表面的濕潤性直接有關的項目。

為調整這些機率所添加於懸濁液的藥劑就稱謂浮選劑，而依其功能分類為：

(1) 捕取劑：它具有疏水基可附著於固粒表面形成疏水性膜來使固粒更容為附著於氣泡。

(2) 條件劑：此藥劑可使固粒表面改質，讓固粒表面能吸附更多的捕取劑的一種活性劑，反過來可使固粒表面改質，讓固粒表面更難吸附捕取劑的藥劑則稱為抑制劑，此外 pH 調節劑、凝聚劑也都屬於條件劑。

(3) 起泡劑：此藥劑之效能是可安定已生成的氣泡和安定槽內的泡沫層。

4.6.2　發泡機制

產生浮選所需的氣泡有兩個主要方式：(1) 經由攪拌或噴嘴等機械方式讓氣體打散成微氣泡，用這些氣泡去附著目的固粒的泡接觸型；(2) 將空氣在加壓下溶解於水（液相）後，再藉減壓來產生氣泡的泡析出型。此外，也有利用化學反應、沸騰，或醱酵等手法。表 4-7 介紹泡接觸型和泡析出型的幾種不同的發泡機制。

表 4-7　泡接觸型和泡析出型的發泡機制 [19]

分類	方法	發泡機制
泡接觸型	機械攪拌法	氣體經由分散管藉攪拌翼迴轉時產生負壓氣穴打散氣體成微氣泡
	吹進空氣法	氣體經由分散管或多孔管吹進液相產生氣泡
	流體壓法	利用流體擁有壓差將氣體與液體撞向器壁而產生氣泡
	電解法	用電解分解時產生氣泡
泡析出型	減壓法	以液相減壓趕出溶在液中的氣體產生氣泡
	加壓法	將空氣在加壓下溶解於水（液相）後，再藉減壓來產生氣泡
	沸騰法	將溶液加熱至沸點而產生氣泡
	反應法	利用化學反應產生氣泡
	醱酵法	利用醱酵產生氣泡

4.6.3　浮選分離裝置

要分離密度比液相（水）小的固粒，或密度很接近液相的密度而不易靠沉降分離的固粒，可使其附著於氣泡，讓它的附著體的表密度小於液相後，使用浮選裝置來分離。

1. 自然浮選分離裝置 [19]

自然浮選裝置的代表性之例是如圖 4-57 所示 API 所制定的油水分離裝置，油滴的密度輕於水就很容易浮上表面，經由刮除器刮除回收，而除去油分的清水可經側底的排出口排出。

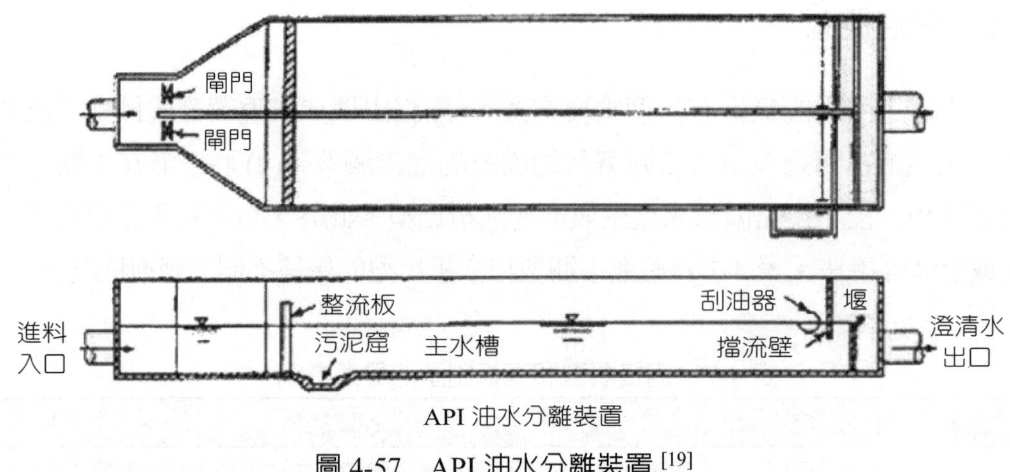

圖 4-57　API 油水分離裝置 [19]

2. 加壓浮選裝置 [15]

此裝置用於密度很接近液相而不易靠沉降分離的固粒，藉讓它附著於氣泡形成表密度小於液相的附著體，靠浮力往上浮游可得含目的固粒的泡沫和澄清液。所需氣泡的產生機制有吹進空氣法和加壓法或減壓法（請參照表 4-7），圖 4-58 揭示三種加壓產生所需氣泡的浮選程序的流程，圖 4-59 則揭示一般浮選法有：(1) 藉固粒附著氣泡將懸濁液中浮上去除而爲澄清液，或 (2) 將固粒附著氣泡成浮上物分離後從浮上扔去除附著的液體濃縮固粒濃度等兩種功能，故於設計浮選程序時，如目的是回收澄清液時，就不心固粒的濃縮方式；但如目的是回收固粒時，就得同時考慮滿足澄清分離的所有條件。

設計浮選程序時，如何估計加壓水量是重要的步驟，於加壓循環方式時，如氣固比 a_s [kg- 固粒 /kg-air] 平常可用下式表示

$$a_s = a_{p0} r_F (f \frac{p}{p_0} - 1) / c_F \quad (4\text{-}125)$$

上式中，a_{p0} $(=0.024)$ $[kg/m^3]$）是在大氣壓 p_0 時的理論氣體溶解量，r_F 是循環比（循環液量 / 進料懸濁液之比），通常設定在 0.3～1 的程度，f 是加壓水中空氣的飽和度，在 20°C，約在 0.2～0.4 MPa 時，$f = 0.5$～0.8，p [Pa] 是加壓壓力，而 c_F [kg/m^3] 是進料懸濁液中的固粒濃度，如可在預備試驗中求得 a_s 值，則可依式（4-125）求得循環比 r_F 值，又如浮選槽中液相的下降流速是 u_L 時，浮選槽所需的截面積 A 可

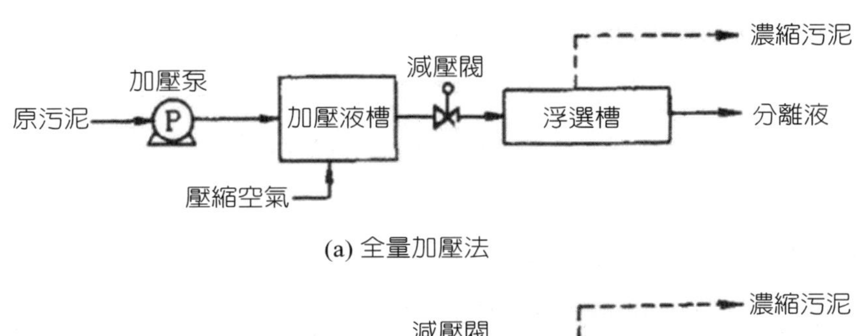

(a) 全量加壓法

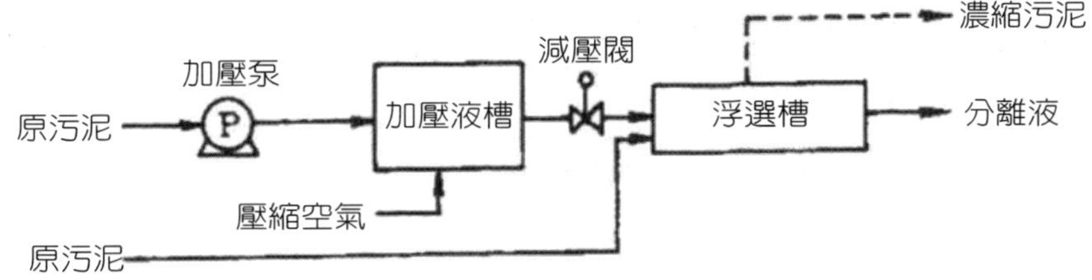

(b) 部分加壓法

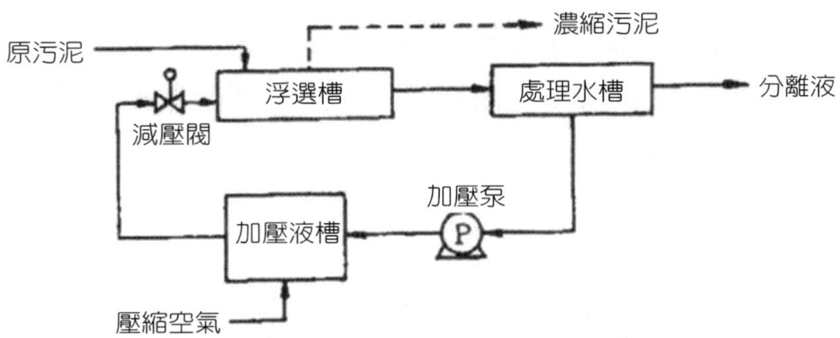

(c) 循環加壓法

圖 4-58[15]

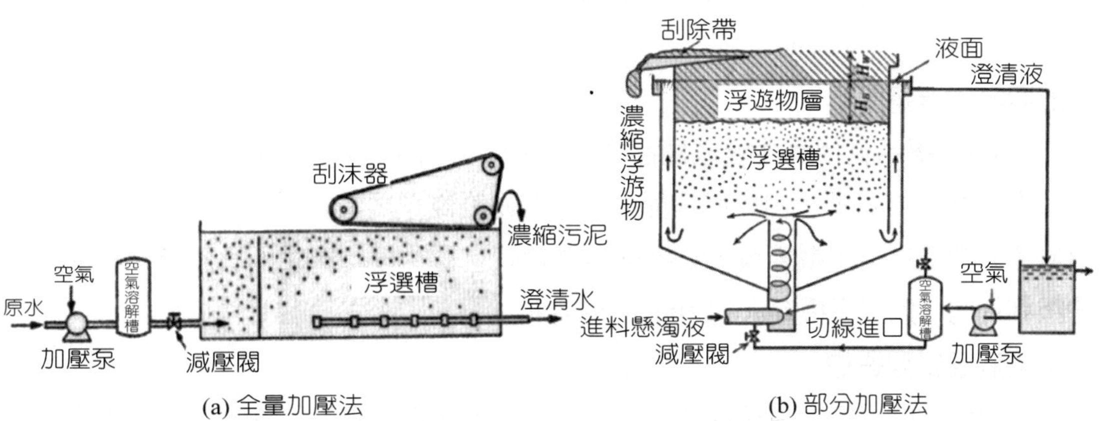

(a) 全量加壓法　(b) 部分加壓法

圖 4-59[15]

以下式求得：

$$A = (1 + r_F) \cdot Q_f / u_L \qquad (4\text{-}126)$$

平常使用 $u_L = 1\times10^{-3} \sim 1.7\times10^{-3}$ m/s。
如系統是全量加壓式時，可將式（4-126）中，令 $r_F = 0$，也則 A 可依下式求得

$$A = Q_f / u_L \qquad (4\text{-}127)$$

例題4-10[15]

擬使用循環式加壓浮選槽處理流量 1,440 m³/day 的活性污泥，如進料的固粒濃度為 3.5 g/L、加壓壓力為 300 kPa，試估計此系統的 a_s 和浮選槽的所要面積 A，但已知 $r_F = 0.6$，空氣飽和度 $f = 0.7$、$uL = 1.6\times10^{-3}$ m/s。

解 a_s 可由式（4-125）
得

$$a_s = \frac{a_{p0} r_F (fp/p_0 - 1)}{c_F} = \frac{0.024\times0.6\times(0.7\times300/101-1)}{3.5} = 4.44\times10^{-3}$$

而所需浮選槽面積可由式（4-126）求得，也則

$A = (1 + r_F) \cdot Q_f/u_L = (1 + 0.6)\times1{,}440/(1.6\times10^{-3}\times24\times3{,}600) = \underline{16.7\ \text{m}^2}$

3. 攪拌式浮選機

圖 4-60 揭示具代表性機械攪拌式浮選機的 Denver 浮選機之構造示意圖，該機是常壓型 free flow 型，由於處理能力大且容易維修頗為業界採用，其氣泡產生係經由氣體分散管供給至攪拌翼，藉攪拌翼迴轉時在翼片後半產生的負壓氣穴打散氣體成微細氣泡。此型規模有大約 100 m³ 的容量。

4. 氣泡塔式浮選機

此型浮選機因無機械攪拌作用，已附著有疏水性固粒的氣泡被破壞的機率小，而比機械式攪拌浮選機擁有較佳的效率。圖 4-61 揭示氣泡塔式浮選機的構造示意

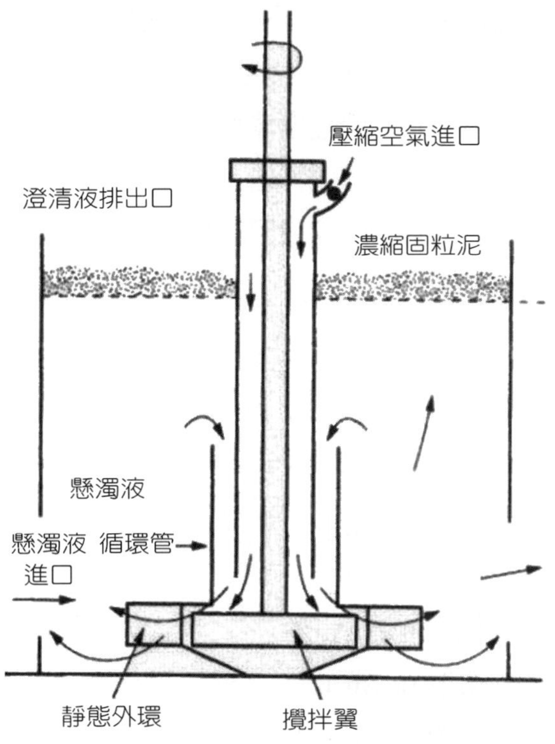

圖 4-60　攪拌式浮選機 [19]

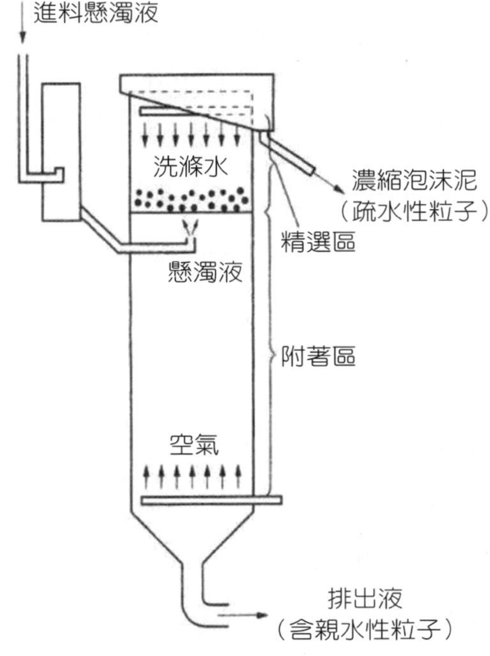

圖 4-61　氣泡塔浮選機 [19]

圖，大型的內徑有 2～3 m，高可達十數公尺，進料懸濁液從高於半高以上的較高處進入附著區，與氣泡流對向往下流，疏水性粒子附著在氣泡後上升至精選區，經由上往下流的洗滌水沖洗後，上升至**濃縮泡沫泥滑排器**（froth chute）排出。如進料含有親水性固粒，則與排出水一起從塔底排出。

浮選機常被用於處理廢紙時的脫墨或回收塑膠時分類。

符號說明

A 或 A'	面積 [m^2]
C	固粒濃度 [kg/m^3]
C_o	進料之固粒濃度 [kg/m^3]
C_f	進料之固粒濃度 [kg/m^3]
C_u	排泥中之固粒濃度 [kg/m^3]
C_R	固粒之相對濃度 [kg/m^3]
C_m	壓密層之固粒濃度 [kg/m^3]
D	泥漿之稀釋度 [kg-liquid/kg-solid]
D_∞	壓密層達至平衡時之稀釋度 [kg-liquid/kg-solid]
D_c	在壓縮點之 D 值 [kg-liquid/kg-solid]
H	批式沉降試驗中澄清界面高度 [m]
H_0	$t=0$ 時之 H 值 [m]
H_∞	$t=\infty$時之 H 值 [m]
H	槽深 [m]
K	Robert 式中之比例常數
k_R	Robinson 式中之比例常數
K	式（4-19）中實驗常數
Q	流量 [m^3/hr]
Q_f	進料流量 [m^3/hr]
Q_o	溢流流體之流量 [m^3/hr]
Q_u	排泥流量 [m^3/hr]

t	時間 [s 或 hr]
t_u	批式沉降時至濃度與排泥度所需之時間 [s 或 hr]
t_b	批式沉降時至壓縮點所需時間 [s 或 hr]
t_r	泥漿由 C_b 濃縮至 C_u 所需時間 [s 或 hr]
t_d	式（4-17）定義之平均滯留時間 [s 或 hr]
u	粒子之沉降速度 [m/s]
v_0	流速 [m/s]
V	容積 [m/s]
μ	流體黏度 [Pa · s]
μ_s	泥漿之相當黏度 [Pa · s]
$\varphi(C)$	濃度 C 層之向上傳播速度 [m/s]
ρ	流體密度 [kg/m^3]
ρ_p	粒子之眞密度 [kg/m^3]
ρ_b	堆積層之鬆密度 [kg/m^3]

參考文獻

1. Chen, W. "*Filtration Technology,*" edited by W. M. Lu, Chap. 6, Kaolih, Taipei, Taiwan (1994).
2. Comings, E. W., *Ind. Eng. Chem.*, Vol. **32**, 663 (1940).
3. Coulson J. M. and J. F. Richardson, "*Chemical Engineering Vol.*Ⅱ," Chap. 5, Butterwoth-Hineman, London, UK (1996).
4. Ide, T. *Kagakukogaku*, Vol. **30**, 187 (1966).
5. Inoue, I., and K. Yamaguchi, *Chemical Engineering Handbook* (*Japanese*), Third Ed., Chap. 14, Maruzen, Tokyo, Japan (1968).
6. Kynch, G. J., *Trans. Faraday Soc.*, Vol.**46**, 166 (1952).
7. Osbon, D. G.; Solid-Liquid Separation edited by L. Svarovsky, Ch5, Butterworth, London, UK (1990).

8. Oyama, G., "*Chemical Engineering* II," Iwanami Books Co, Tokyo, Japan (1968).
9. Robert, E. J., *Min. Eng. And Min. Trans*. Vol. **18**, 869 (1926)
10. Perry, R. H., "*Chemical Engineer's Handbook,*" Third Ed. (1950).
11. Shirato, M. "*Fundamentals of Mechanical Operations,*" Chap. 6, Maruzen, Tokyo, Japan (1980).
12. Tiller, F. M. and W. Chen,；*Chem. Eng. Sci*., Vol. **43**, 1695(1988).
13. Toya, S, 户谷 誠一，化學裝置・機械實用ハンドブック，藤田重文主編，Ch.13，遠心分離，朝倉書店，東京，日本（1957）。
14. Uno, S., *Kagakukogaku*, Vol. **23**, 206 (1959).
15. Work, L. T. and A. S. Kohler,；*Ind. Eng. Chem*. Vol. **32**, 1329 (1940).
16. WFJ. 世界濾過工學會日本會編，濾過工學ハンドブック，丸善，東京，日本（2009）。
17. Yano，矢野政行主編，液體清澄化技術の基礎實驗，LFPI，東京，日本（2012）。
18. Yoshioka, N., "*Filtration,*" Chap. 2, Tamanaki Books Co., Tokyo, Japan (1974).
19. Al-Fa delaval Catalogue.
20. 大和田秀二，液相中の粒子分散・凝集，Ch.5，日刊工業社，東京，日本（2010）。
21. Foust, A. S. and Associates; "Principles of Unit Operations," 2'nd edition, John Wiley & Sons, New York, U.S.A. (1980).
22. Inoue, I., and K. Yamaguchi, Kagakukogaku, Vol. 29, 261 (1965).
23. Osbon, D. G.; Solid-Liquid Separation edited by L. Svarovsky, Ch5, Butterworth, London, UK (1990).
24. Tanabe,; Catalogue.
25. Mitsubishi, Catalogue.

第五章
濾餅過濾之基礎

/ 呂維明

在化工程序裡常講的過濾大半是指**濾餅過濾**（cake filtration），濾餅過濾是將泥漿以法線（垂直）方向流向濾材，此時泥漿中的粒子被濾材截留，在濾材表面構成濾餅，故亦稱**表面過濾**（surface filtration），藉以與澄清爲目的之**深層過濾**（depth filtration）區別。濾餅過濾之驅動力爲跨濾材兩側之**液體壓力**差，實驗室常用眞空差壓（故壓差小於一大氣壓），在工廠可用泵輸送泥漿，故其壓差可介在 3～10 大氣壓，而利用離心力場來過濾之離心過濾或離心脫液，其壓差則可高到 40～50 大氣壓。本章將著重於介紹濾餅過濾相關的基礎原理和常見的濾餅過濾裝置（含離心過濾），但屬於後處理的壓榨就於第十一章後處理另行介紹。

5.1　濾餅過濾系之質量關係 [15]

如圖 5-1 所示，進到過濾系統之泥漿經過濾液後，被分成尙含有 30～80% 左右之液體的濕濾餅及澄清濾液（或許含有微量粒子）。如 w 代表單位過濾面積上可得之濾餅之乾固質量 [kg/m²]，v 代表單位過濾面積所累積濾液容積 [m³/m²]，則圖 5-1 所示之質量關係可以如下數式表示：

$$w/s = w/s_c + \rho v \qquad (5\text{-}1)$$

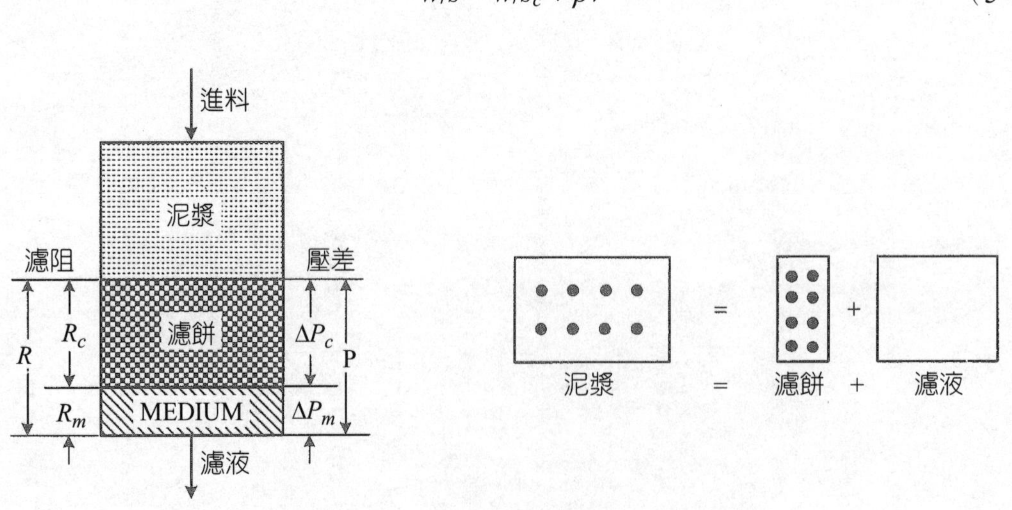

圖 5-1　濾餅之組成與質量平衡的圖示

上式中，s 及 s_c 各爲泥漿及濾濕餅中固體粒子之質量分率，而 ρ_p 爲固體粒子之眞密度，則上式對 w 解可得：

$$w = [\rho s / (1 - \frac{s}{s_c})]v = cv = [\rho s / (1 - ms)]v = cv = \rho_p (1 - \varepsilon_{av}) L \qquad (5\text{-}2)$$

$$\text{其中 } c = \frac{\rho s}{1 - ms}\text{；} m = \frac{\text{濕濾餅之質量}}{\text{乾濾餅之質量}} = 1 + \frac{\rho \varepsilon_{av}}{(1 - \varepsilon_{av})\rho_P} \qquad (5\text{-}3)$$

如 ρ_c 爲濕潤濾餅之**鬆密度**（bulk density），式（5-1）亦可寫成：

$$\frac{wm}{\rho_c} = \frac{w}{\rho_P} + \frac{w(m-1)}{\rho}$$

$$\text{或} \quad \frac{w}{\rho_c} = \frac{1}{\rho_P} + \frac{(m-1)}{\rho} \qquad (5\text{-}4)$$

利用 m 之倒數 s_c，從式（5-4），可得濾餅厚度 L 如下：

$$L = \frac{s[\sigma(1 - s_c) + s_c]}{\sigma(1 - s_c) + s_c} v \qquad (5\text{-}5a)$$

$$\text{或} \quad L = [\frac{\sigma s_c}{\sigma(1 - s_c) + s_c}]w \qquad (5\text{-}5b)$$

上式中，$\sigma = \rho_p / \rho$。式（5-5a）可由已知之 v、s、s_c 等值推估濾餅厚度，而式（5-5b）則可由 w 值反推濾餅厚，而濾餅的平均空隙率，ε_{av} 亦可由已知 s_c 值以下式求得

$$\varepsilon_{av} = \frac{\sigma(1 - s_c)}{\sigma(1 - s_c) + s_c} \qquad (5\text{-}6)$$

此式對設計連續迴轉過濾系統有所幫助。在恆壓過濾系統，對所設定的壓力之條件下，m、s_c 及 ε_{av} 可視爲不變值，此時上兩式便可以有直線關係；如過濾壓力有變化，L 與 v 或 L 與 w 就不再是直線關係。

另一方面，濾餅的含液率的含義是

$$x_w = \frac{\text{濾餅所含有的液體質量}}{\text{乾濾餅的質量}} = \frac{\rho \varepsilon_{av}}{\rho_p (1-\varepsilon_{av})} \quad (5\text{-}7)$$

而以乾濾餅量爲基準的含液率比則爲

$$x_{d,w} = \frac{x_w}{1-x_w} \quad (5\text{-}8)$$

例題5-1　過濾系統之質量平衡

從一固體重量分率 10.0% 的含水泥漿之過濾試驗中，所獲得如下之數據（固體比重 2.0）：

濾餅內固體平均質量分率：$s_c = 0.520$

濾液體積：　　　　　　　$V = 240.0$ mL

實驗室規格之濾材面積：　$A_1 = 15.0$ cm^2

擬將同一泥漿以 6 m^3/hr 泵送至過濾器，假設對實驗室及現場之濾器所生成之濾餅厚度皆相同，而濾餅形成至該厚度所需之時間爲 45 分鐘，試計算以下各數值：

(1) 泥漿及乾固體之進料速度 [kg/hr]

(2) 形成濾餅之平均孔隙度 ε_{av}

(3) 與單位濾液體積相對之固體質量 c

(4) 單位過濾面積上之固體質量 w_c

(5) 濾餅厚度 L

(6) 濾餅之體積成長速率

(7) 現場所需之橫節過濾面積 A_2

解 (1) 在計算濃度之前，先假設固體成分和水混合時，沒有體積改變的現象發生。若取 1.0 kg 的固液混合物，其體積爲：

$$\text{m}^3/\text{kg} = \frac{0.10}{2{,}000} + \frac{0.90}{1{,}000} = 0.00095$$

其密度爲上式之倒數（1,053 kg/m^3）。由此可計算進料速度如下：

泥漿處理速率 = 6×1,053 = <u>6,318 kg/hr</u>

乾固體生產速率 = 6,318×0.1 = <u>631.8 kg/hr</u>

(2) 由式（5-5），濾餅之平均空隙度 ε_{av} 可由 s_c 計算之：

$$\varepsilon_{av} = \frac{\sigma(1-s_c)}{\sigma(1-s_c)+s_c} = \frac{2.0\times 0.48}{2.0\times 0.48+0.52} = \underline{0.648}$$

(3) 由式（5-2）：

$$c = \frac{\rho s}{(1-\frac{s}{s_c})} = 1{,}000\times 0.1/(1-0.1/0.52) = \underline{123.8\ \text{kg/m}^3}$$

(4) 單位面積上之濾液體積從實驗數據可得如

$$v = 240.0/15.0 = 16.00\ \text{cm}^3/\text{cm}^2 = \underline{0.160\ \text{m}^3/\text{m}^2}$$

代入至式（5-2），可得單位濾材面上之乾固體量爲

$$w_c = cv = 123.8\times 0.160 = \underline{19.808\ \text{kg/m}^2}$$

(5) 濾餅厚度可由式（5-2）獲得：

$$L = \frac{w_c}{[\rho_p(1-\varepsilon_{av})]} = \frac{19.808}{[(2{,}000)(0.352)]} = \underline{0.0281\ \text{m}}$$

(6) 濾餅體積成長速率的計算方式，可從濕濾餅的密度及其重量成長速率，或從 (1) 小題得到的固體進料速率、分率及密度計算之：

631.8/[(2,000)(0.352)] = <u>0.879 m³/hr</u>

(7) 濾餅的平均成長速率爲 0.0281/(45/60) = 0.0374 m/hr。因此所需過濾面積爲：

$$A_2 = 0.879/0.0374 = \underline{23.5\ \text{m}^2}$$

5.2　流體流過濾材之阻力

濾餅過濾，是藉濾材（濾材濾布或其他濾材）來截留泥漿中之粒子，故當泥漿流向濾布時，使不含粒子之濾液以 q 之流速流過濾材時，流體亦須以某一壓差（在此壓差爲 $\Delta P_m = P_1 - P_0$）流過此濾材，可依第 2 章所介紹的 Darcy's 定律將壓差與流速的關係寫成：

$$q = \frac{P_1 - P_0}{\mu R_m} = \frac{\Delta P_m}{\mu R_m} \tag{5-9}$$

如濾材之阻力以 R_m 表示，則

$$R_m = \frac{\Delta P_m}{\mu q}\ [1/\mathrm{m}] \tag{5-10}$$

5.3 流體流經濾餅時之阻力

將 Darcy 式套在如圖 5-2 左圖所示之濾餅過濾系統，它的空隙度是不均勻的結構，在表面是上最鬆散，而緊接濾材的空隙度是最緊密，如針對流體流經距濾材 x 的微小厚度 dx 之濾餅，濾液流速與壓差的關係可得：

$$q = q_x = k_D \frac{dP_L}{\mu dx} \quad 或 \quad \frac{dP_L}{dx} = \frac{\mu q_x}{k_D} \tag{5-11}$$

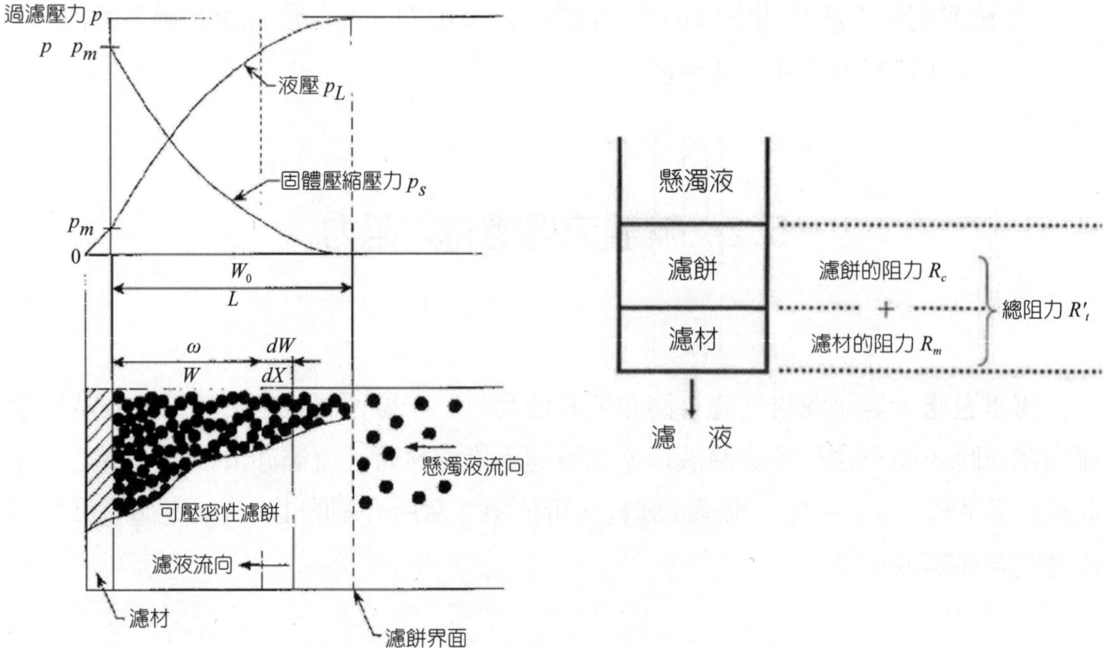

圖 5-2　濾餅之結構與壓力分布 [13]

式（5-8）中之 k_D 爲濾餅之**透過度**（permeability）。如對以單位乾濾餅質量爲基準的阻力，定義爲該（局部）濾餅之**過濾比阻**（local specific filtration resistance）α 或 α_w 時，

$$\frac{dP_L}{dw} = -\frac{dP_s}{dw} = \mu\alpha q_w \qquad (5\text{-}12)$$

上式中，P_s 爲固體壓縮壓力，

因　$$dw = \rho_p(1-\varepsilon)dx$$

故　$$\frac{dP_L}{dx} = \rho_p(1-\varepsilon)\mu\alpha q_x \qquad (5\text{-}13)$$

從式（5-12）與式（5-13），以微觀論，可得濾餅之透過度 k_D 與 α 或 α_w 之關係爲

$$\alpha_w = \frac{1}{k_D(1-\varepsilon_w)\rho} \qquad (5\text{-}14)$$

如不考慮濾材阻力，以 Ohm 定律之方式寫下流體以 q_1 的流速流經整個濾餅時

$$q_1 = \frac{\Delta P_c}{\mu\alpha_{av}w} \qquad (5\text{-}15)$$

平常濾速率所指的是，可用的單位過濾面積（如 1 m^2）在單位時間（如每秒或每小時）可得的濾液容積（如 m^3）。但如操作目的是回收固粒時，則會改用單位過濾面積可回收的乾固粒質量 [kg-dry solid/m^2 · hr]。

式（5-7）對整個濾餅積分可得

$$\mu q_1 w_c = \int_0^{\Delta P_c} \frac{dP_s}{\alpha_w} \qquad (5\text{-}16)$$

由式（5-15）與（5-16）可得一個濾餅之平均**過濾比阻**，則

$$\alpha_{av} = \frac{\Delta P_c}{\int_0^{\Delta P_c} \frac{dP_s}{\alpha_w}} \tag{5-17}$$

此定義也稱爲 Ruth 之平均過濾比阻（Ruth's average specific filtration resistance）。須注意的是，在求上式之 α_{av} 過程中，乃是認爲濾液在濾餅內之流速不會改變，亦即不隨濾餅被壓密而增加所得之近似結果。

以同手法可得整個濾餅的平均空隙率

$$\varepsilon_{av} = \frac{\Delta P_c}{\int_0^{\Delta P_c} \frac{dp_s}{\varepsilon_w}} \tag{5-18}$$

過濾比阻 $\boldsymbol{\alpha}$ 的單位

因濾餅之阻力（resistance of cake），$R_c = \alpha_{av} \cdot w$

$\alpha \sim \frac{R_c}{w}$，故其單位爲 $\frac{1}{L} \cdot \frac{L^2}{M}$，也即 $\left[\frac{\mathrm{m}}{\mathrm{kg}}\right]$

早期文獻常用 C.G.S. 系統時，α 的單位就是 [cm/g]。

表 5-1 揭示了過濾比阻大小與過濾之難易度的指標，供讀者參考。

表 5-1　濾餅之過濾難易度與 α 值 [18]

α 過濾比阻 [m/kg]	過濾難易度
10^9	很容易過濾
10^{10}	容易過濾
10^{11}	尚可過濾
10^{12}	稍難過濾
10^{12} 以上	很難過濾

5.4 總括過濾方程式 (overall filtration equation)

由 Darcy 式推得濾餅部分之壓降，阻力與濾速關係如式（5-15）

$$q_1 = \frac{\Delta P_c}{\mu \alpha_{av} w} = \frac{P - P_1}{\mu \alpha_{av} w} \tag{5-19}$$

由式（5-9）中，ΔP_c 是 $(P - P_1)$，P_1 是濾材上面的液壓，q_1 是濾液在濾餅與濾界面的流速，如濾材爲不可壓縮材質時 $q_1 = q$，故濾液在濾材界面的液壓是

$$P_1 = \mu q_1 R_m \tag{5-20}$$

將此式代入式（5-15）可得

$$\mu q_1 w = \frac{P - P_1}{\alpha_{av}} = \frac{P - \mu q_1 R_m}{\alpha_{av}} \tag{5-21}$$

上式對 q_1 求解，可得過濾操作之**概括速率式**（overall rate equation），如

$$q_1 = \frac{P}{\mu(\alpha_{av} w + R_m)} \tag{5-22}$$

也即是

$$q_1 = \frac{P}{\mu(R_c + R_m)} \tag{5-23}$$

此式與衆所周知的 Ohm's law 或坊間書籍裡常見之輸送現象的 rate equation 爲同一型，當濾餅開始堆積 1～2 分鐘後，因 R_c 常大於 R_m 兩位數，故除了過濾開始初期以外，上式之 R_m 就可忽略而化簡成

$$q_1 = \frac{\Delta P}{\mu \alpha_{av} w} \tag{5-24}$$

5.5 過濾式之傳統解法

如過濾系統之壓差為 $\Delta P = \Delta P_c + \Delta P_1$，則

$$\frac{dV}{dt} = \frac{A\Delta P_c}{\mu R_c} \tag{5-25}$$

如上節所述 $R_c = \alpha_{av} w_c = \alpha_{av}\dfrac{cV}{A}$，故上式可改寫成

$$\frac{dV}{dt} = \frac{\Delta P_c A}{\dfrac{\alpha_{av}\mu cV}{A}} \tag{5-26}$$

另一方面，如濾材之阻力為 R_m，可仿式（5-9）寫成

$$\frac{dV}{dt} = \frac{\Delta P_1 A}{R_m \mu} \tag{5-27}$$

因 $\Delta P = \Delta P_c + \Delta P_1$，故

$$\frac{dV}{dt} = \frac{\Delta PA}{\dfrac{\alpha_{av}\mu cV}{A} + R_m\mu} = \frac{\dfrac{\Delta PA^2}{\mu\alpha_{av}c}}{V + \dfrac{A}{c\alpha_{av}}R_m} \tag{5-28}$$

$$令 \quad 2\frac{\Delta PA^2}{c\mu\alpha_{av}} = K_R\ [\mathrm{m^6/s}] \tag{5-29}$$

$$\frac{AR_m}{c\alpha_{av}} = V_0\ [\mathrm{m^3}] \tag{5-30}$$

則上式可寫成

$$\frac{dV}{dt} = \frac{K_R}{2(V + V_0)} \tag{5-31}$$

在式（5-27）與式（5-31）之 V_0 相當於泥漿要構成濾材之阻力 R_m 時可得到之虛擬濾液之體積，則如以單位面積之濾材面積而言，因 $V = vA$，$K_R = k_R A^2$，$V_0 = v_0 A$，故上式亦可改寫成

$$\frac{dv}{dt} = q_1 = \frac{k_R}{2(v + v_0)} \tag{5-32}$$

式（5-25）的壓差則是過濾程序的驅動作用力，此作用力有藉各種流體機械（如泵）泵送流力而加的面積力或靠重力或離心力面加的容積力，所以濾餅過濾操作可依作用力的加法可分爲：(1) 重力過濾、(2) 眞空過濾、(3) 正壓過濾、(4) 離心過濾等四種，也可依作用力和過濾速率是否隨過濾過程變化而分爲：(1) 恆壓過濾、(2) 恆率（恆速）過濾、(3) 變壓變速過率等三類。以下三節就分別把過濾式依恆壓、恆率或變壓變速的條件來探討濾液量如何隨時間作變化。圖 5-3 揭示上述三種過濾方式外，也圖示以梯階逐段升高過濾壓力等各方式的過濾壓力如何隨時間變化的過程。

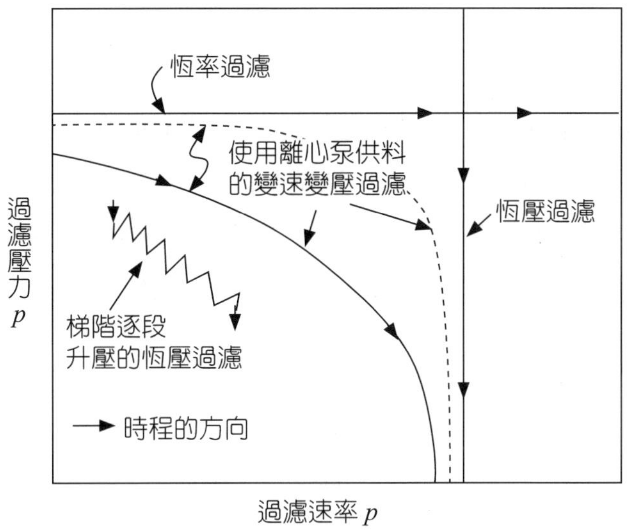

圖 5-3　各過濾方式的壓力隨時間的變化 [32]

5.5.1 恆壓過濾 [21,22]

所謂恆壓過濾，指從始至終以某一定之壓力差來進行之過濾。平常在工廠實際操作開始時，爲了避免過大之壓力差產生過分緻密而高阻力之濾速層，都先以較低壓差操作一段，然後再逐漸增加過濾壓力，但由於恆壓過濾條件下，$\alpha_{av}c$ 可視爲恆值，（也即 ε_{av}、m 等視爲恆值）在積分時可簡化處理，所以在推導過濾基本式時，多以恆壓過濾之條件來處理。在式（5-32），如起始條件爲 $t = 0$、$v = 0$ 來積分它時，可得

$$v^2 + 2vv_0 = k_R t \tag{5-33}$$

或改寫成

$$(v^2 + 2vv_0 + v_0^2) = k_R(t + \frac{v_0^2}{k_R}) \tag{5-34}$$

而令 $\frac{v_0^2}{k_R} = t_0$，則

$$(v + v_0)^2 = k_R(t + t_0) \tag{5-35}$$

其中，$k_R = 2P(1 - ms)/(\mu\rho s\alpha_{av})$，而 k_R 或 K_R（含過濾面積）常知爲 **Ruth 之恆壓過濾係數**。此式說明了於恆壓壓力差下，過濾時間與可得濾液間有拋物線之關係，是 Ruth（1946）依據實驗結果推導出來，故亦稱爲 **Ruth 的恆壓過濾速率式**。v_0 及 t_0 各爲在過濾同一泥漿時能產生相當於 R_m 之虛擬阻力之濾液量和達成此條件之時間。於解析過濾數據時，式（5-16）可寫成

$$\frac{\Delta t}{\Delta v} = \frac{\mu\alpha_{av}w}{\Delta P} + \frac{\mu R_m}{\Delta P} \tag{5-36}$$

$$\because w = cv$$

$$\therefore dt = \frac{\mu\alpha_{av}cv}{\Delta P}dv + \frac{\mu R_m}{\Delta P}dv \tag{5-37}$$

$\Delta P = \text{Const.}$ 下積分上式可得

$$t = \frac{\mu \alpha_{av} c v^2}{2\Delta P} + \frac{\mu R_m}{\Delta P} v \qquad (5\text{-}38)$$

雙邊除以 v，則

$$\frac{t}{v} = \frac{\mu \alpha_{av} c v}{2\Delta P} + \frac{\mu R_m}{\Delta P} \qquad (5\text{-}39)$$

上式也可以寫成

$$\frac{\Delta t}{\Delta v} = \frac{\mu \alpha_{av} c v}{\Delta P} + \frac{\mu R_m}{\Delta P} \qquad (5\text{-}40)$$

如以 t/v 對 v 或 $\Delta t/\Delta v$ 對作圖，都可得如圖 5-4 所示之直線，其斜率分別為 $\frac{\mu \alpha_{av} c v}{2\Delta P}$ 及 $\frac{\mu R_m}{\Delta P}$，故從其值可求得 α_{av} 之值，然而此兩種方法所得之斜率值相差一倍。對圖解準確度而言，以式（5-41）之方法所得之斜率誤差會較小，而由此斜率之值，如已知 v、ΔP、c 及 μ，則可得該 ΔP 下之 α_{av}。然欲利用此方法計算 α_{av} 值時，須有賴於如何精確量得 c 值；另一方面，此直線與 $v = 0$ 之截距代表 $\mu R_m/\Delta P$，故可得 R_m 之值。Tiller 把式（5-40）改寫成以單位過濾面積上的濾餅質量為基準可得 [15]：

$$\frac{\Delta P}{\mu q_{av}} = \frac{q_{av}}{2} w + R_m \qquad (5\text{-}41)$$

$$\text{或} \quad \frac{\Delta P}{\mu q_1} = \alpha_{av} w + R_m \qquad (5\text{-}42)$$

以 $\Delta P/\mu q$ 對 w 或 cv 做如圖 5-5，也可做類似之解析（參照 5.5.3 節）。

在恆壓過濾之厚度 L 與 v 之關係則為：

$$L = \frac{\rho s}{\rho_s (1 - \varepsilon_{av})(1 - ms)} \cdot \frac{V}{A} \qquad (5\text{-}43)$$

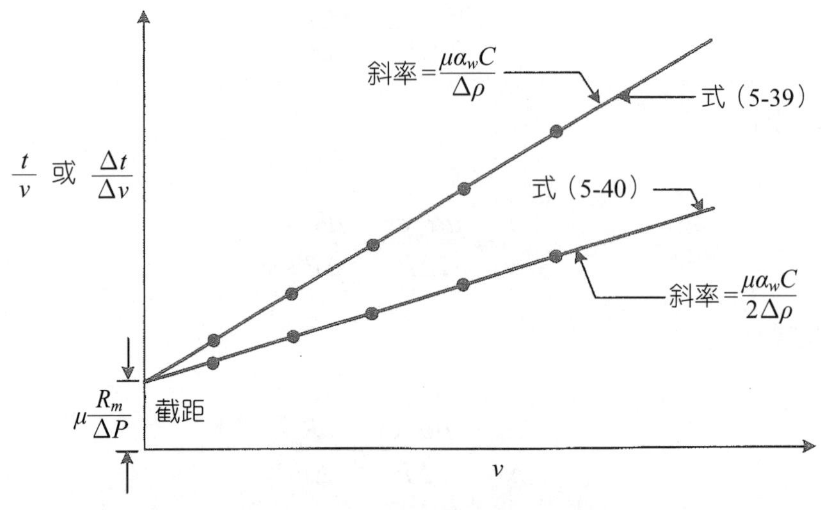

圖 5-4　恆壓過濾數據之圖解

過濾工程師常利用數組不同壓力差所得 ln α_{av} 對 ln ΔP_c 作圖，可得似圖 5-6 所示之直線關係，並將利用此關係直接估計不同操作壓力下之平均過濾比阻，以求得濾餅量及濾餅厚度等值，這些關係也可寫成

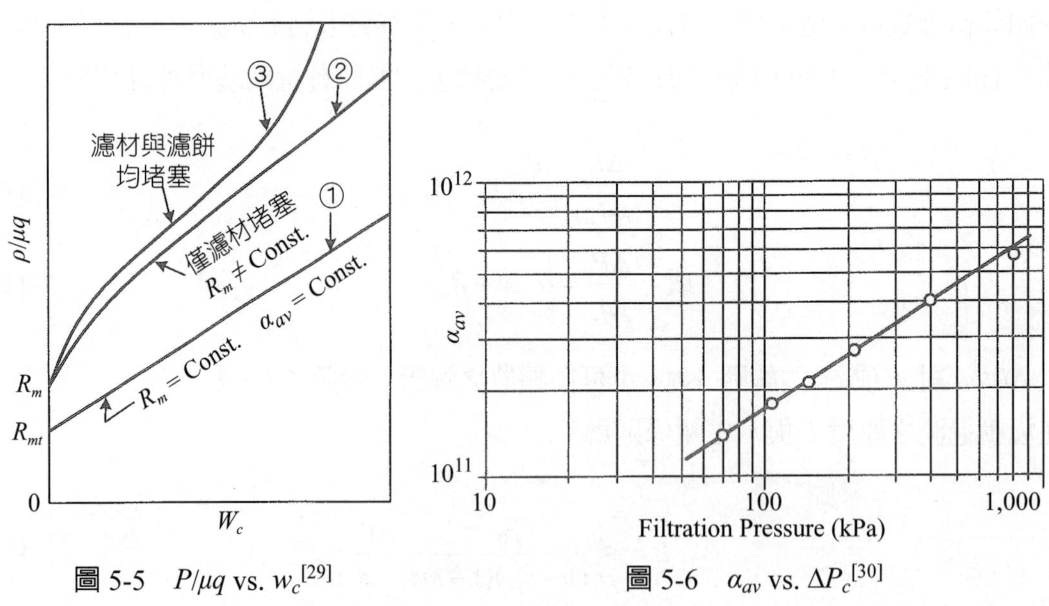

圖 5-5　$P/\mu q$ vs. w_c[29]

圖 5-6　α_{av} vs. ΔP_c[30]

$$\alpha_{av} = \alpha_1 + \alpha_2(\Delta P_c)^n \quad (5\text{-}44)$$

或 $$\alpha_{av} = \alpha_1 + \alpha_2(\Delta P_c)^n \quad (5\text{-}45)$$

$$\alpha_{av} = \alpha_0(\Delta P_c)^n \quad (5\text{-}46)$$

上式中，α_0、α_1、α_2 及 n 均可由迴歸過濾數據而得，指數 n 代表了濾餅之**壓密性**（compactness），也常被稱爲濾餅之**壓密性指數**（compactness coefficient，以前曾稱爲濾餅壓縮性指數 compressibility coefficient）。

例題5-2

於 25℃時將固定濃度 23.47 kg-solid/m^3-liquid 之 $CaCO_3$ 泥漿，在固定操作壓力 338 kpa 下，用 A = 0.0439 m^2 之濾器濾得如下表之數據：

t	$V\times10^3$	t	$V\times10^3$	t	$V\times10^3$
4.4	0.50	34.7	2.50	73.6	4.00
9.5	1.00	46.1	3.00	89.4	4.50
16.3	1.50	59.0	3.50	107.3	5.00
24.6	2.00				

試以傳統解法求濾餅之平均過濾比阻 α_{av}，與濾材阻力 R_m。

解 依據題意所給之 t 與 V 之關係，求 $\Delta t/\Delta v$，V 等值可得如下表之結果

$t(s)$	$V\times10^3$ (m^3)	Δt	$\Delta V\times10^3$	$\Delta t/\Delta V$	V
0	0				
4.4	0.50	4.4	0.50	8,830	0.25×10^{-3}
9.5	1.00	5.1	0.50	10,160	0.75×10^{-3}
16.3	1.50	6.8	0.50	13,570	1.25×10^{-3}
24.6	2.00	8.3	0.50	16,630	1.75×10^{-3}
34.7	2.50	10.1	0.50	20,280	2.25×10^{-3}
46.1	3.00	11.4	0.50	22,620	2.75×10^{-3}
59.0	3.51	12.9	0.50	25,590	3.25×10^{-3}
73.6	4.00	14.6	0.50	29,320	3.76×10^{-3}
89.4	4.50	15.8	0.50	31,730	4.25×10^{-3}
107.3	5.10	17.9	0.51	35,310	4.76×10^{-3}

作 $\Delta t/\Delta v$ 對 V 之圖，如圖 5-7，得其斜率爲 6.28×10^6 s/m^6，而截距爲 5,475 s/m^3。

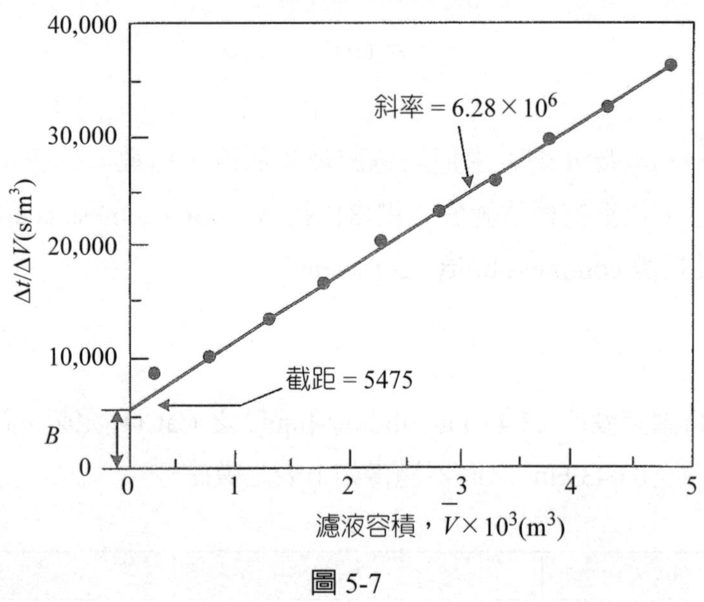

圖 5-7

因在 25℃下，水之黏度爲 8.94×10^{-4} Pa · s = 8.94×10^{-4} kg/m · s，從式（5-33）知

$$斜率 = \frac{\mu\alpha_{av}C}{A^2(\Delta P)} = \frac{(8.94\times10^{-4})\alpha_{av}(23.47)}{(0.0439)^2(338\times10^3)}$$

$$\therefore \alpha_{av} = \underline{1.95\times10^{11}\ \text{m/kg}}$$

$$截距 = 5475 = \frac{\mu R_m}{A(\Delta P)} = \frac{8.94\times10^{-4}R_m}{(0.0439)(338\times10^3)}$$

$$\therefore R_m = \underline{9.09\times10^{10}\ \text{m}^{-1}}$$

例題5-3

如例題 5-2 之泥漿，擬泵送具有 20 個框之板框過濾機進行實際操作。一框組之過濾面積如爲 1 m^2，而其他過濾條件皆與上例題相同，試算可得濾液 4 m^3 所需之過濾時間。

解 在上一例題得 $\Delta t/\Delta v$ vs. t 之斜率爲 6.28×10^6 s/m^6，截距爲 5,475 s/m^3，

$\because$斜率 $= \dfrac{\mu\alpha_{av}C}{A^2(\Delta P)}$

故在 A 不同時，得對 A 修正，故在規模放大後之 $A_2 = 1\times 20 = 20\ m^2$，斜率值應為 $6.28\times 10^6(\dfrac{A_1}{A_2})^2 = 6.28\times 10^6\times(\dfrac{0.0439}{20})^2 = 30.14\ s/m^6$

而截距部分應為 $\mu R_m/A(\Delta P)$

故新截距 $= 5{,}475\times(\dfrac{0.0439}{20}) = 12.02\ s/m^3$

利用式（5-31）

$\because t = \dfrac{\mu\alpha_{av}c}{2A_2^2\Delta P}V^2 + \dfrac{\mu R_m}{A_2\Delta P}V$

$\therefore t = (\dfrac{30.14}{2})(4)^2 + (12.02)(4)$

$t = \underline{289.2\ s}$

5.5.2　恆率過濾 [22,29]

恆率過濾亦是處理過濾關係式時較容易處理的另一過濾條件，在此操作中，要維持某一定的濾速，勢必需要將過濾壓力隨時間加以提升；而於實際過濾操作中，於初期多設定過濾速率於某一較慢之濾速，以求較高之澄清度澄液及避免濾材（布）之因壓差過大而急速堵塞。在 q_1 = 恆值之條件下將式（5-41）積分，並對 $P(t)$ 求解，可得

$$P(t) = \mu\alpha_{av}cq_1v + \mu q_1R_m \tag{5-47}$$

因 $v = q_1t$，$P_1 = \mu q_1R_m$，故

$$\Delta P = \alpha_{av}\mu cq_1^2t + \mu R_mq_1 \tag{5-48}$$

如 R_m 可忽略不計，只考慮 $\Delta P_c = (P - \Delta P_1)$，則

$$\Delta P_c(t) = \mu c \alpha_{av} (q_1^2 t) \qquad (5\text{-}49)$$

或 $$\Delta P_c(t) = \frac{\mu \alpha_{av} \rho s q_1^2 t}{1 - ms} \qquad (5\text{-}50)$$

如把 $\alpha_{av} = \alpha_0(\Delta P_c)^n$ 代入上式，得

$$[\Delta P_c(t)]^{1-n} = \frac{\mu \alpha_0 \rho s q_1^2 t}{1 - ms} \qquad (5\text{-}51)$$

壓力改變時，m 不再是恆值，故以嚴謹的處理方式來說，應求得濾餅之特性值，對每一 $P(t)$ 先估計 m 及 α_{av}，再由式（5-42）求 $\Delta P_c(t)$；但如已有式（5-38a）之 $\alpha_{av} = \alpha_0(\Delta P_c)^n$ 之關係，則將此式代入式（5-43）可得

$$t = \frac{(1 - ms)}{\mu \alpha_{av} \rho s q_1^2}(P - P_1)^{1-n} \qquad (5\text{-}52)$$

故由恆率過濾實驗數據作 $\ln(P - P_1)$ 對 $\ln t$ 圖，可得如圖 5-8，斜率爲 $(1 - n)$ 直線，也即可得濾餅之壓密係數。雖然恆率過濾較恆壓過濾在操作上複雜些，但恆率過濾試驗，只要 q 不要設定得太高，不僅可避免濾材之急速堵塞，且可由一次或少次操作而獲得較廣壓力範圍之 $\alpha_{av} = \alpha_0(\Delta P_c)^n$ 之關係，故常被過濾工程師所採用。

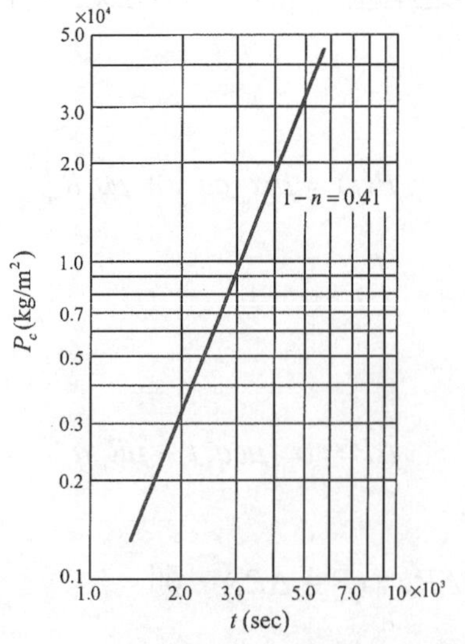

圖 5-8　恆率過濾數據之圖解處理 [28]

例題5-4[22]

將以恆率條件（$q_1 = 3.78\times10^{-4}$ m³/s）過濾某一濃度 10%（$wt\%$）之泥漿而獲得如下表之 t 與 ΔP_c 之數據，如知 $m = 3.0$，試求 α_{av} 與 ΔP_c 之關係，其中 $\mu = 1.0\times10^{-3}$ Pa · s，$\rho = 1,000$ kg/m³。

過濾時間 t [s] $\times10^{-3}$	0	0.80	3.60	5.40	7.20	9.00	10.8	12.6	17.1	22.5
過濾壓力 P [Pa] $\times10^{4}$	2.06	2.74	3.82	5.19	6.17	7.74	9.11	11.1	15.7	22.1
$P-P_1$	0	0.68	1.76	3.13	4.11	5.72	7.05	9.0	12.6	20.0

解　嚴謹的考慮 m 應隨 ΔP_c 而變，然而爲簡單起見，假定 $m = 3.0$ 是平均值，且也假定 $P_1 = 2.06\times10^4$ Pa，不隨時間有所增加，求 $P-P_1$，則因

$$t=\frac{(1-ms)}{\mu\alpha_0\rho sq_1^2}(P-P_1)^{1-n}$$

$$t=(2.26\times10^{10}/\alpha_0)(P-2.06\times10^4)^{1-n}$$

$$\therefore \ln t=\log(2.26\times10^{10}/\alpha_0)+(1-n)(P-2.06\times10^4)^{1-n}$$

故將 $\ln t$ vs. $\ln(P-P_1)$ 作圖，可得如圖 5-9 之直線，其斜率爲 0.741，並解得濾餅的壓密係數 $n = 0.259$。

$\alpha_0 = 8.59\times10^9$ 代入 $\alpha_{av}=\alpha_0(P-P_1)^n$，則

$$\alpha_{av}=8.59\times10^9(P-P_1)^{0.259}=\underline{8.59\times10^9(\Delta P_c)^{0.259}}$$

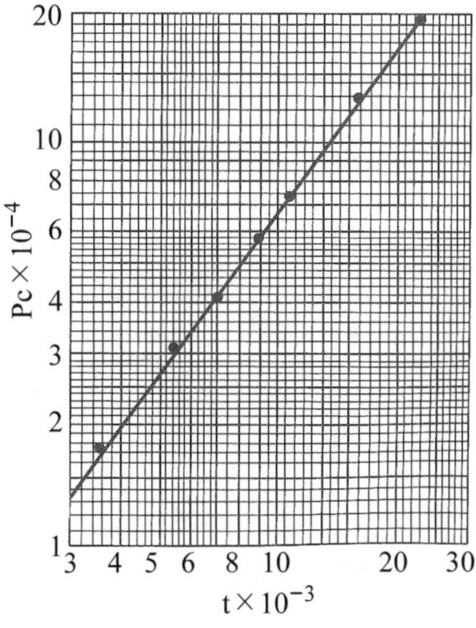

圖 5-9　恆率過濾之 ln P_c 與 ln t 之關係

5.5.3 過濾初期濾材阻力對恆壓過濾式之檢討 [15]

當積分式（5-37）時，我們假設了：(1) 濾材阻力由始至終沒有改變，(2) α_{av} 只與 ΔP_c 有關。故依據 R_m = Const. 及在一定的 ΔP_c 下之 α_{av} 所得

$$t = \frac{\mu\alpha_{av}cv^2}{2P} + \frac{\mu R_m v}{P} \tag{5-53}$$

或 $$\frac{Pt}{\mu v} = \frac{P}{\mu q_{av}} = \frac{\alpha_{av}}{2}w_c + R_m \tag{5-54}$$

兩式，在上述假設不成立時就可能無法採用。實際上過濾開始時，因尚沒有濾餅生成，故出現所有的阻力發生在跨濾材之過程，而一些小於孔隙的粒子亦會流入孔隙而增加 R_m，使 R_m 在初期階段變化相當大。圖 5-10 顯示了 R_m 與 ΔP_c 在過濾初期有相當大幅度的變化之情形，故如式（5-44）改寫成

$$\frac{Pdt}{\mu dv} = \frac{P}{\mu q} = \alpha_{av}w + R_m \tag{5-55}$$

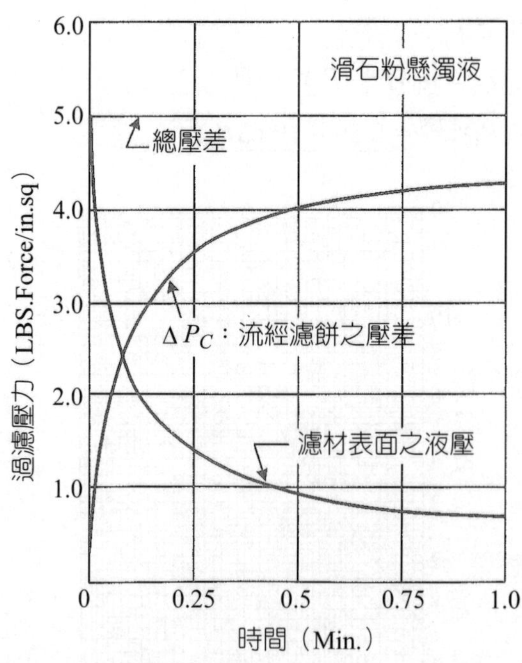

圖 5-10 恆壓過濾初期 ΔP_1 與 ΔP_c 之變化 [32]

式（5-55）就是上式假設 $w = cv$ 之關係成立時之結果。由於 R_m 及 ΔP_c 於過濾初期有如圖 5-8 所示之大幅變化，故在此以隨時間演進之方式來探討 α_{av}、w 及 R_m 之變化。圖 5-5 揭示了式（5-55）之各種情形。當 R_m = Const.、ΔP_c = Const 時，$P/\mu q_1$ 與 w 之關係就如一直線 (1) 所代表，而 R_m 如因微粒子堵塞了濾材孔隙使過濾初期有顯著變化時，就會有如曲線 (2) 之趨勢；然一旦有一定大小厚度之濾餅生成時，濾餅本身就可擋住微粒子進入濾材孔隙，使 $P/\mu q$ 與 w 之關係又趨向直線關係。但如泥漿中之粒子大小分布偏大或偏小時，微小粒子會隨濾液往前移動，而在靠近濾材之濾餅上構成緻密而阻力大之濾餅，此現象可由曲線 (3) 所代表，也即 $P/\mu q$ 與 w 之關係由始至終呈一條曲線。

經由以上之分析，可對操作初期（前後約 3～5 分鐘）之 R_m 變化，及因微小粒子遷移而引起之 R_m 或 R_c 變化有所交代。

5.5.4　變速變壓之過濾

於實際過濾操作時，泥漿常使用類似離心泵之泥漿泵，以輸送至濾器，並提供過濾操作所需的壓差，所以濾速與過濾壓差之關係就受制於泵之性能特性，而呈**變速變壓之過濾**（variable rate- variable pressure filtration）的過濾方式。

1. 離心泵的性能曲線

圖 5-11 揭示典型的離心泵的性能曲線圖，此特性曲線圖包含泵的吐出壓 p vs. 流量、Q 和 Q vs. 泵的效率 η 的關係曲線，選過濾用的泵時，得選擇在過濾操作過程泵能發揮高效率的機型。泵廠商可提供的性能曲線是以水爲流體作對象求得的結果，要泵送懸濁液時得自行量測較妥。

2. 變速變壓過濾的解析

依 Ruth 的過濾方程式

$$q_1 = \frac{dv}{dt} = \frac{p(1 - ms)}{\mu \alpha_{av} \rho s v} \tag{5-56}$$

於系統壓力爲 p 時，從壓力爲 p 的恆率過濾式

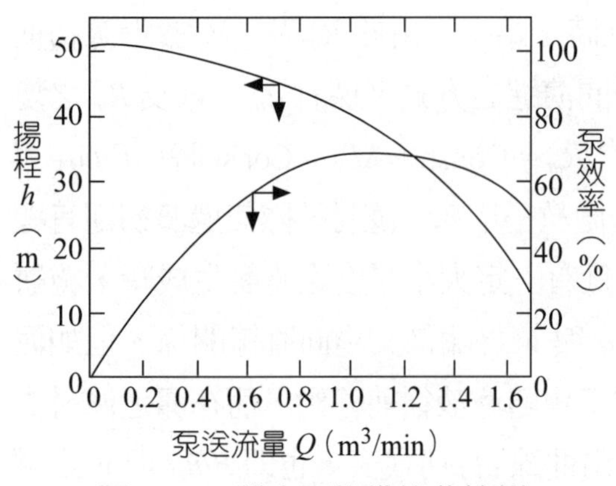

圖 5-11　離心泵的性能曲線例

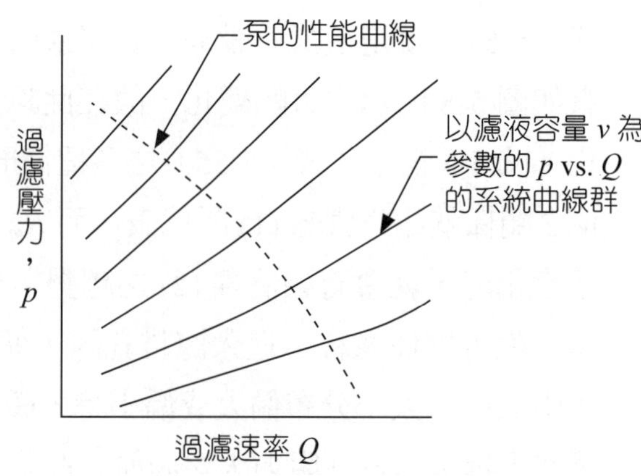

圖 5-12　以圖解求 q_1 vs. v 的值 [13]

$$q_1 = \frac{dv}{dt} = \frac{\Delta p_c(1 - ms)}{\mu \alpha_{av} \rho s v} \tag{5-57}$$

可用於壓力爲 p 時的變速變壓過濾，而如濾餅的平均過濾比阻 α_{av} 可以 $\alpha_{av} = \alpha_0(\Delta p_c)^n$ 表示時，式（5-57）可寫成

$$(\Delta p_c)^{1-n} = \frac{\mu \alpha_0 \rho s}{1 - ms} q_1 v \tag{5-58}$$

上式即爲變速變壓過濾的基礎方程式，故如圖 5-12 所示，從泵的性能曲線可求得 p vs. Q $(= q_1 A)$，若從濾性值量測試驗已知過濾壓力和 m、α_0，及 n 的關係就可依式（5-58）求得 p vs. v 的關係，

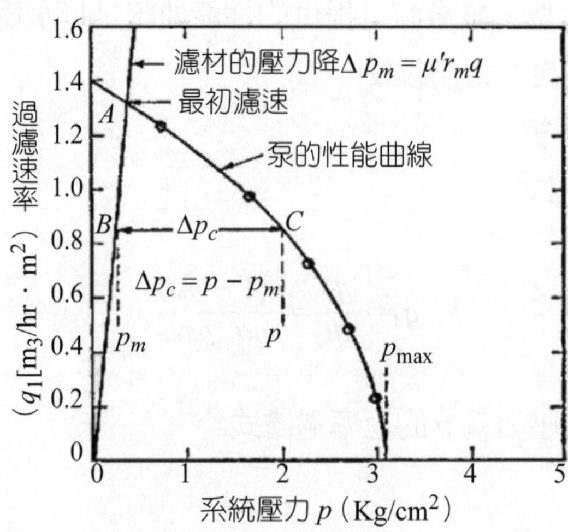

圖 5-13　變速變壓過濾過程的 q_1 vs. p 的關係 [13]

對能得任意的濾液量 V 所需時間 t，可作如圖 5-14 所示的 $1/Q$ vs. V 的曲線圖，再以圖積分求得所需時間 t。圖 5-15 揭示整個變速變壓過濾過程之例。

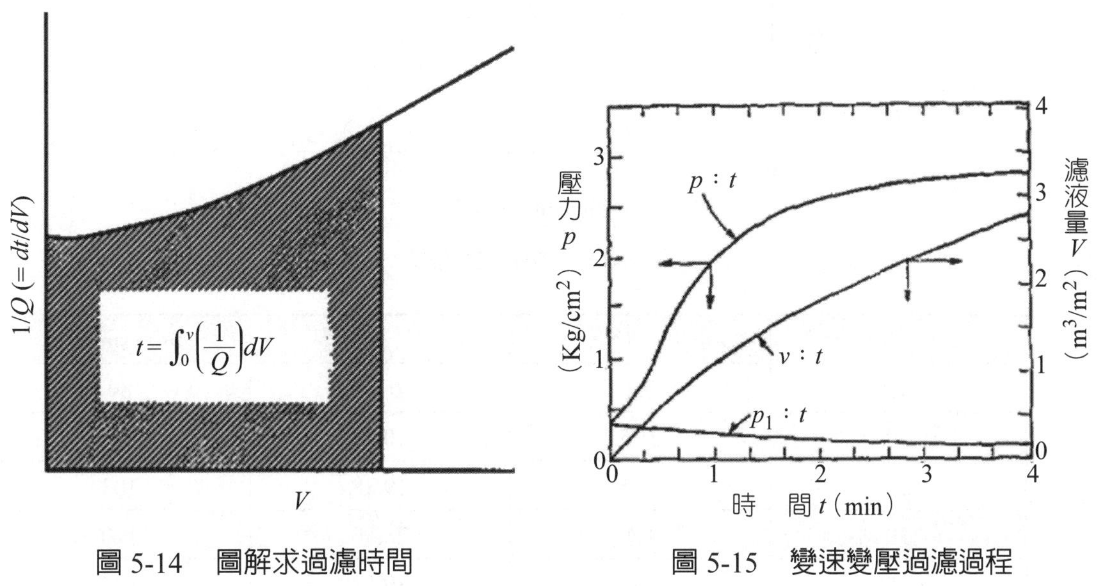

圖 5-14　圖解求過濾時間

圖 5-15　變速變壓過濾過程

例題5-5（此題為簡化計算，假設不受壓力變化）

某一過濾系統有關數據爲：

$\alpha_{av}=2.0\times10^{11}\ \mathrm{m\ kg^{-1}}$，$\mu=0.001\ \mathrm{Ns\ m^{-2}}$

$R_m=6.462\times10^{10}\ \mathrm{m^{-1}}$， $c=10.0\ \mathrm{kg\ m^{-3}}$

$A=60\ \mathrm{m^2}$

而用於泵送泥漿之泵性能曲線如圖 5-16 所示，試求能得 $V=30\ \mathrm{m^3}$ 所需之過濾時間。

解 由式（5-48）：

$$V=\frac{A}{\alpha_{av}\mu c}\left(\frac{\Delta pA}{Q}-\mu R\right)$$

可得

$$V=\frac{60}{2.0\times10^{11}\times10^{-3}\times10.0}\left(\frac{\Delta p}{Q}60-10^{-3}\times6.462\times10^{10}\right)$$

$$V=1.8\times10^{-6}\left(\frac{\Delta p}{Q}-1.077\times10^{6}\right)$$

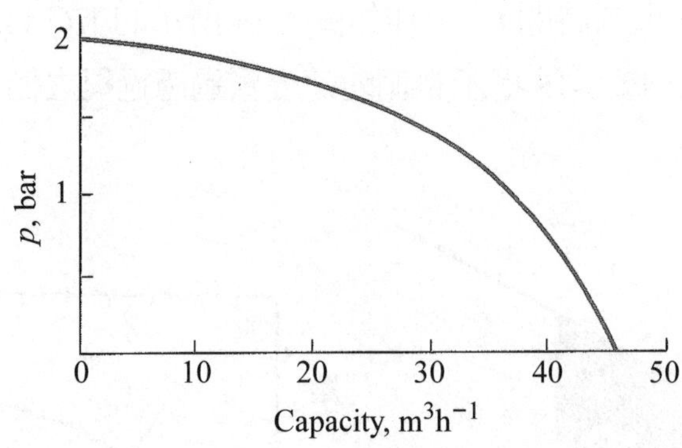

圖 5-16　泵性能曲線

Q (m^3h^{-1})	$\Delta p \times 10^{-5}$ (Nm^{-2})	V (m^3)	$1/Q$ (sm^{-3})
45	0.2	0.94	80
40	0.75	10.21	90
35	1.15	19.38	103
30	1.4	28.30	120
25	1.6	39.53	144
20	1.75	54.76	180
15	1.8	75.82	240

對照所給之性能曲線求 Q 對 ΔP 之值可得如下表之值，利用此直繪 $1/Q$ 對 V 之圖，可得 $t = \underline{0.82\ h}$。

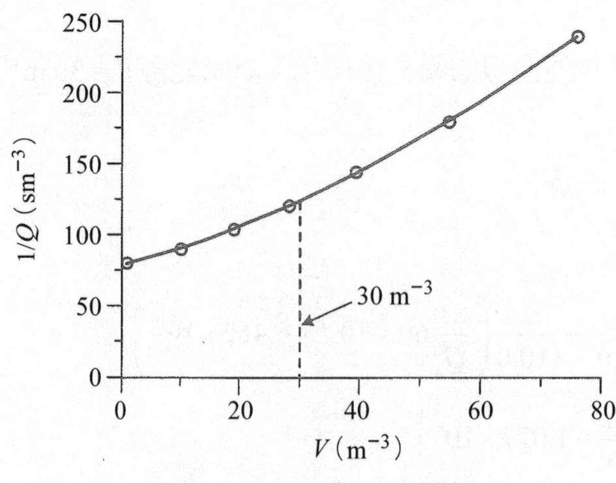

圖 5-17　$1/Q$ 對 V 之關係

5.6　可壓密性濾餅之過濾

5.6.1　濾餅內濾液流速之變化

至前節所介紹的過濾方程式，都假設了濾液在濾餅內之流速不變，亦即 q 不是濾餅厚度 x 或 w 之函數。逕行積分過濾微分式所得，可定義出 Ruth 的平均過濾比阻 $\alpha_{av,R} = \dfrac{\Delta P_c}{\int_0^{\Delta P_c} \dfrac{dP_s}{\alpha_x}}$。Carman 把 Kozeny 公式與過濾方程式比較，指出 $\alpha_{av,R}$ 也可以 Kozeny 公式推得如

$$\alpha_{av,R} = \frac{kS_0^2(1-\varepsilon)}{\rho_P \varepsilon^3} \tag{5-59}$$

依式（5-59），只要有比表面積與空隙度之值，就可逕行計算濾餅的平均過濾比阻 $\alpha_{av,R}$，然而，事實上濾餅中空隙度都是不均勻的，且比表面積 S_0（容積基準）由乾粒子層測得之值與濕濾餅之值有所差異；此外，濕濾餅之比表面積 S_0 很難測得準，以至於用式（5-51）推計 $\alpha_{av,R}$ 時，常不易獲得令人滿意的結果。

如吾人所熟知，濾餅過濾所得之濾餅，在靠近濾紙部分會較其上方者緻密，即如圖 5-18 曲線①所示之空隙度分布。

當經過 Δt 後，濾餅厚度由 L 增加了 ΔL 而成爲 $L+\Delta L$。在恆壓過濾下，因濾餅所承受之最大壓縮壓力不變，使 $x = 0$ 之濾餅處，其空隙度 ε_1 不隨時間有所改變，此時新的濾餅之空隙度分布曲線便由曲線①轉至曲線②。在固定的 x 來看，$t = t$ 時，空隙度爲 $\varepsilon_x(t)$；而經 Δt 後，ε_x 減少爲 $\varepsilon_x(t + \Delta t)$，亦即過濾進行 Δt 時間後在 x 之空隙度減少 $\Delta \varepsilon_x$。因空隙度之減少，代表了在 x 處有相當於 $\Delta\varepsilon_x$ 之液體被擠出（squeezzed out），與往濾材方向流之液體加入往壓力較低的濾材方向流動，也因此加速了濾液在濾餅內之流速，Tiller（1964）和 Shirato 等人（1969）依此發現，將此觀念植入積分過濾微分式，修正了 Ruth 的過濾比阻，也即

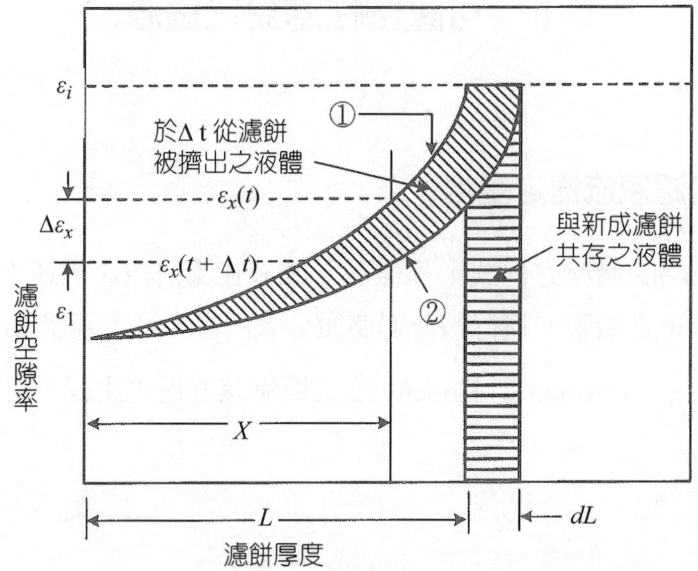

圖 5-18　恆壓過濾時濾餅內空隙度變化之情形 [25]

$$\alpha_{av}=\int_0^1\frac{1}{q_1}(q_x-\frac{\varepsilon_x}{1-\varepsilon_x}r_x)d\frac{w}{w_x}\frac{\Delta P}{\int_0^{\Delta P_c}\frac{dP_s}{\alpha_x}} \tag{5-60}$$

上式也可寫成

$$\alpha_{av}=\frac{\int_0^1(q_x-\frac{\varepsilon_x}{1-\varepsilon_x}r_x)d(\frac{w_x}{w})}{q_1}\cdot\alpha_R=J_s\cdot\alpha_R \tag{5-61}$$

$$J_s=\frac{\text{濾液在濾餅內對固體粒子之平均相對速度}}{\text{過濾速度}} \tag{5-62}$$

J_s 爲考慮了濾液在濾餅內之流速變化對 Ruth 之平均過濾比阻之影響之修正係數，故濾餅爲不可壓密之剛體多孔媒質時其值爲 1，Shirato 等人（1969）也在恆壓過濾之條件下導出了

$$\frac{q_i}{q_1}=1-(m_i-m)(1-\varepsilon_i)\frac{s}{1-ms} \tag{5-63}$$

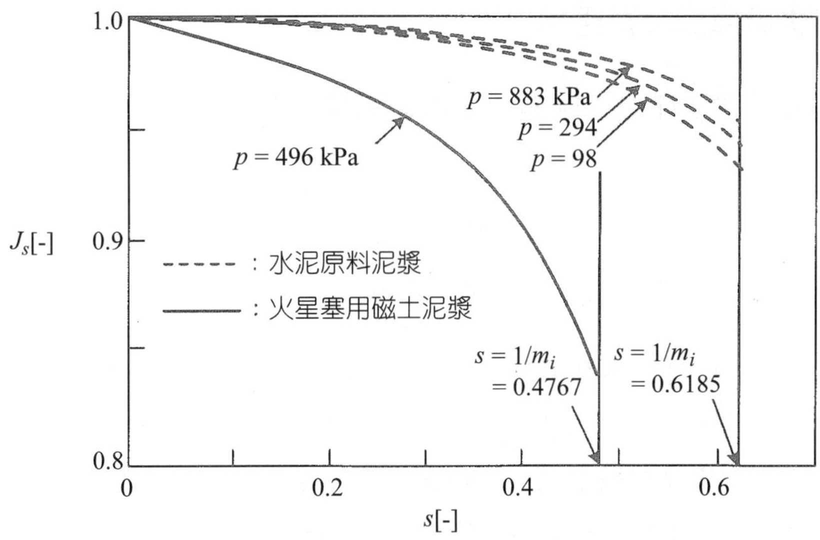

圖 5-19　恆壓過濾時 s 與 J_c 之變化 [25]

$$\frac{q_x}{q_1} = 1 - \frac{\rho}{\rho_P}\frac{(\varepsilon_x - \varepsilon_{avx})}{(1-ms)}\frac{x}{L}\cdot\varepsilon_{av}s \tag{5-64}$$

圖 5-19 顯示了在恆壓過濾之條件下 J_s 與泥漿濃度變化之情形，而圖 5-20 即顯示了變速變壓過濾時，J_s 在不同濃度時隨著壓力變化之變遷 [6]。一般而言，$s < 0.1$ 時，J_s 越接近 1，故推計平均過濾比阻時可以逕用 Ruth 原來之式計算，其誤差不會大於 5%。

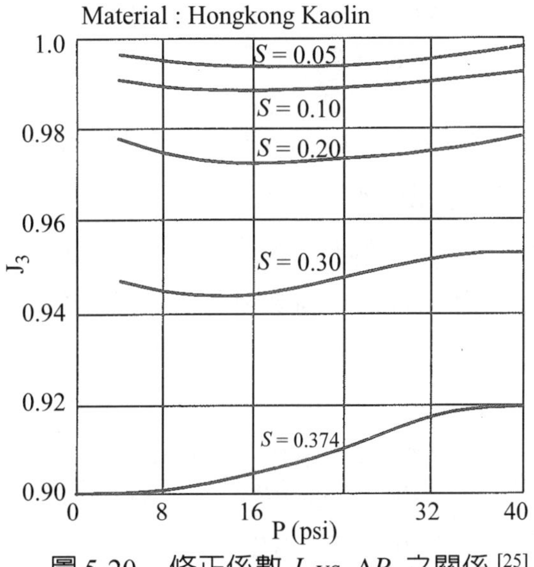

圖 5-20　修正係數 J_s vs. ΔP_c 之關係 [25]

5.6.2 濾餅結構式及其應用 [32]

雖然 Ruth 定義了如式（5-65）所示平均過濾比阻

$$\alpha_R = \frac{\Delta P_c}{\int_0^P \frac{dP_s}{\alpha_w}} \tag{5-65}$$

由於要完成分母之積分，勢必須有 α_x 與 P_s 之關係式，所以在有量測 α 與 P_s 或 ε_x 與 P_s 之值的方法以前，α_R 幾乎只有由恆壓過濾數據推計。Ruth（1946）提議利用土壤力學試驗室常用之**壓密試驗裝置**（compression-permeability cell）（請參考第十一章），以機械壓代替固體壓縮壓力，利用受壓後達至平衡之濾餅厚度推計 P_s 與 ε 之關係，同時在達平衡後通以流體，由其流速估計濾餅承受此 P_s 時之透過度及過濾比阻之值。Tiller 提議濾餅壓密試驗的結果可以如式（5-66）的指數函數表示濾餅壓縮壓力與各濾性值的關係。

$$\begin{aligned}
&\varepsilon_x = \varepsilon_0 P_s^{-\lambda} && P_s \ge P_i \\
&\varepsilon_x = \varepsilon_0 P_i^{-\lambda} && P_s \le P_i \\
&\alpha_x = \alpha_0 P_s^{n} && P_s \ge P_i \\
&\alpha_x = \alpha_0 P_i^{n} && P_s \le P_i \\
&1-\varepsilon = BP_s^{\beta} && P_s \ge P_i \\
&1-\varepsilon = 1-\varepsilon_i = BP_i^{\beta} && P_s \le P_i
\end{aligned} \tag{5-66}$$

圖 5-21 顯示了用此方法量測所得之 P_s 與 α 和 ε 之結果，並以指數關係迴歸，則 α 和 ε 與 P_s 關係可以如上所列之指數函數表示，如有了類似上列之 P_s 與 α 和 ε 之關係，許多過濾操作之狀態值可不必再由過濾實驗求取，只須依如下所推演的公式就可逕行計算。如何測得可靠之濾餅特性值，請參照第十一章之說明。

1. Ruth's 平均過濾比阻

$$\alpha_R = \frac{\Delta P_c}{\int_0^{\Delta P_c} \frac{dP_s}{\alpha}} = \frac{\Delta P_c}{\int_0^{\Delta P_c} \frac{dP_s}{\alpha_0 P_s^n}} = \frac{\Delta P_c \alpha_0 (1-n)}{\Delta P_c^{1-n}} \tag{5-67}$$

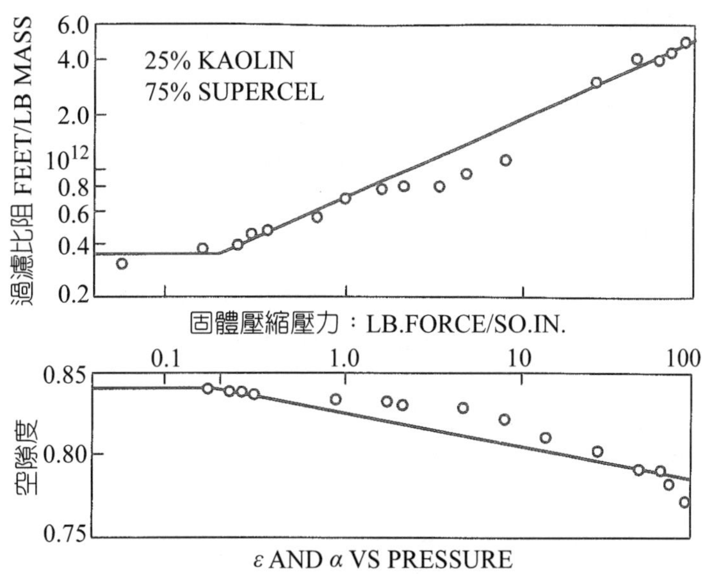

圖 5-21　濾餅之濾性值與固體壓縮壓力之關係 [32]

或　$$\alpha_R = \alpha_0(1-n)\Delta P_c^n \qquad (5\text{-}68)$$

2. 恆壓過濾

$$q_1 = \frac{\Delta P}{\mu(R_c + R_m)} = \frac{\Delta P_c^{1-n}}{\mu(\alpha_w w_c + R_m)}$$

因 $\Delta P_c = P - P_1 = P - \mu R_m q$，暫只處理濾餅部分

則

$$\mu c v \frac{dv}{dt} = \int_0^{\Delta P_c} \frac{dP_s}{\alpha} = \frac{\Delta P_c^{1-n}}{\alpha_0(1-n)} \qquad (5\text{-}69)$$

利用式（5-69），如過濾初期之 R_m 變化不計，則 ΔP_c ≑恆值，故

$$\mu c \int_0^v v\,dv = \frac{\Delta P_c^{1-n}}{\alpha_0(1-n)} \int_0^t dt$$

$$\frac{v^2}{2} = \frac{\Delta P_c^{1-n}}{\alpha_0 c \mu (1-n)} t \qquad (5\text{-}70)$$

如 R_m 相對 R_c 是很小時

$$\frac{v^2}{2}=\frac{P^{1-n}}{\alpha_0 c\mu(1-n)}t \tag{5-71}$$

而式（5-68）也可寫成

$$\alpha_R=\alpha_w=\alpha_0(1-n)P^n \tag{5-72}$$

代入式（5-71）可得

$$\frac{v^2}{2}=\frac{P}{\mu\alpha_0}t \tag{5-73}$$

3. 恆率過濾

此時 $v=qt$，將此代入過濾基本式（5-23），可得

$$(P-P_1)^{1-n}=\alpha_0(1-n)c\mu q_1^{\,2}t \tag{5-74}$$

故在 log-log 對數座標繪 $(P=P_1)$ 對 t，可得一直線，如 $v=qt$ 代入過濾基本式

$$P-\mu qR_m=P-P_1=\mu\alpha_{av}q_1^2 t \tag{5-75}$$

此式說明了 α_{av} 只要當 ΔP_c 相同時，無論恆壓或恆率過濾條件應是等值。

4. 變速變壓過濾

在 R_m 很小時，式（5-67）可積分成

$$v=\frac{1}{\alpha_0 c\mu(1-n)}\frac{\Delta P_c^{1-n}}{q_1} \tag{5-76}$$

ΔP_c 與 q_1 之關係得視所用泵之 P 與 Q 之關係而定，而得 v 所需時間爲

$$dt = \frac{dv}{q_1} \tag{5-77}$$

$$t = \int_0^v \frac{dv}{q_1} \tag{5-78}$$

由數值積分而得。

5.7　曲面濾材上之濾餅過濾

5.7.1　多維過濾之修正係數

至前節所討論之過濾式均爲**一維之過濾**（one-dimensional filtration），然而在離心過濾器或**利用筒狀濾材之過濾器**（catridge filter element）上隨著濾餅之成長，濾面與原濾材面就如圖 5-22 所示越來越大，而濾液之流動就不再是一維流動，Brenner [2] 及 Shirato 等人 [26] 就以多維流動之觀念修正了多維流動時之過濾式，如 A_e 爲有效過濾面積，A_0 爲原濾材之過濾面積，則含多維流動之過濾式可改寫成

$$\left(\frac{dv}{dt}\right) = \frac{\left(\frac{A_e}{A_0}\right)(P-P_1)}{\mu\alpha_{av}\left(\frac{w}{A}\right)} = j_N \frac{(P-P_1)}{\mu\alpha_{av} w} \tag{5-79}$$

Shirato 等人定義爲 $j_N \equiv (A_e / A_0)$ 對 N 維流動時之面積修正係數 [-]，是單位濾材面積上濾餅的體積 v_c 之函數，並提出對**筒狀**（cylindrical surface，半徑 r_i），及球形濾面，及對長方形濾面時之 j_N 如下：

$$J_{\text{II},\text{筒狀}} = \frac{1}{2}\frac{\left\{\left(\frac{r_0}{r_i}\right)^2 - 1\right\}}{\ln\left(\frac{r_0}{r_i}\right)}\text{；但}\quad \frac{r_0}{r_i} = \sqrt{1+\frac{v_c}{r_i}} \tag{5-80}$$

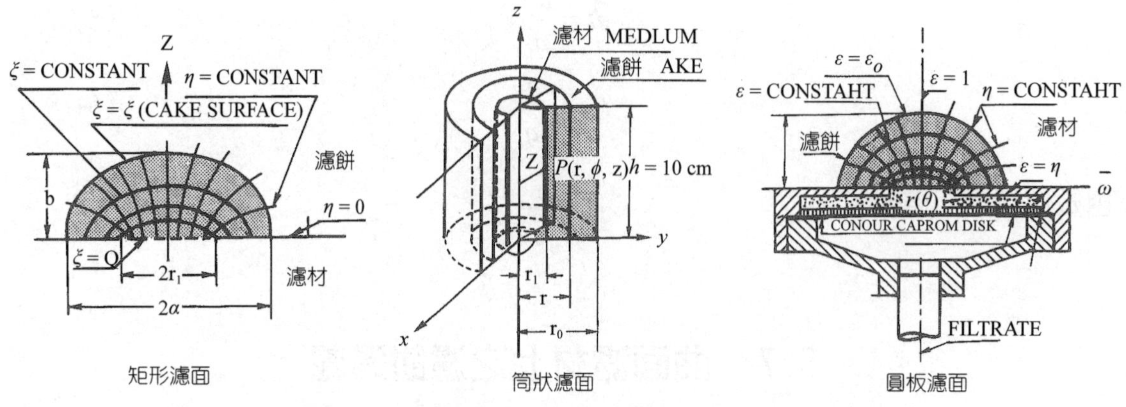

圖 5-22　多維過濾系統 [25]

$$J_{\text{Ⅲ},\text{球面}}=\frac{1}{3}\left\{\left(\frac{r_0}{r_i}\right)^3+\left(\frac{r_0}{r_i}\right)^2+\left(\frac{r_0}{r_i}\right)\right\}\text{；但}\quad\frac{r_0}{r_i}=\left\{1\pm 3\left(\frac{v_c}{r_i}\right)\right\}^{\frac{1}{3}}$$

$$=1+1.47\left(\frac{v_c}{r_i}\right)^{1.20} \tag{5-81}$$

$$J_{\text{Ⅱ},\text{長方形}}=1+0.801\left(\frac{v_c}{r_i}\right) \tag{5-82}$$

5.7.2　筒曲率對過濾之影響

Hermia 和 Brocheton[12] 探討圓筒濾材上具有助濾劑層之過濾，也提出修正過濾面積之式如下

$$A=A_0\sqrt{1+\delta a_p+\delta_c\frac{cv}{A_0}} \tag{5-83}$$

上式中，A_0 = 過濾前圓筒濾材之過濾面積

$\delta_c = 2/\rho_c r_0$

r_0 = 過濾前圓筒濾材之外徑

ρ_c = 濾餅之密度（bulk density of cake）

$\delta = 2/r_0\rho'$

ρ' = 助濾劑層之密度

a_p = 單位過濾面積之助濾劑用量

A = 當濾液爲 v 時可過濾之外表面積

如將此式套進過濾基本式，可得

$$\left(\mu\alpha_{av}cv + \mu A_0 R_m\right)\frac{dv}{dt} = A^2\Delta P = A_0^2\left(1 + \delta ap + \delta_c \frac{cv}{A_0}\right)\Delta P \tag{5-84}$$

在恆壓過濾之條件下，將上式積分由（$t_I \sim t$），（$v_I \sim v_t$），則得

$$\frac{t - t_i}{v - v_i} = \left\{\frac{K_1}{2}\left(v + v_i\right) + K_2\right\}\left(1 + \delta a_P\right) + \left(\left(\frac{K_1}{3}v^2 + vv_i + v_i^2\right) + \frac{K_2}{2}\left(v + v_i\right)\right)\frac{\delta_c C}{A_0} \tag{5-85}$$

$$但 K_1 = \frac{\alpha_{av}c\mu}{A_0^2}，K_2 = \frac{\mu R_m}{A_0\Delta P} \tag{5-86}$$

在恆率過濾條件下，將式（5-86）代入恆率過濾式可得

$$dP = \mu\alpha_{av}cq_1^2 dt = \mu\alpha_{av}c\left(q_0\right)^2 \frac{dt}{1 + \delta a_P + \delta_c \dfrac{cv}{A_0}} \tag{5-87}$$

但 $q_1 = \dfrac{Q}{A}$，$q_0 = \dfrac{Q}{A_0}$，將上式由壓力（$P_0 \sim P$）及時間（$0 \sim t$）積分，可得

$$P = P_0 + \frac{\mu\alpha_{av}}{\delta_c}\left(q_0\right)\ln\left(1 + \frac{\delta_c c}{1 + \delta a_P}\cdot q_0 t\right) \tag{5-88}$$

Wakeman[34] 應用了 Hermia 與 Brocheton[12] 之數據，比較了於直徑 20 及 30 mm 之筒狀濾材上之恆率過濾時，其壓力隨時間增加之情形，如圖 5-22 [18] 所示彎曲越大，過濾壓力之增加就趨於緩和，也即面積變化之趨勢越強。

Iritani 亦以如圖 5-23(b) 來顯示曲面率對過濾速率的影響。

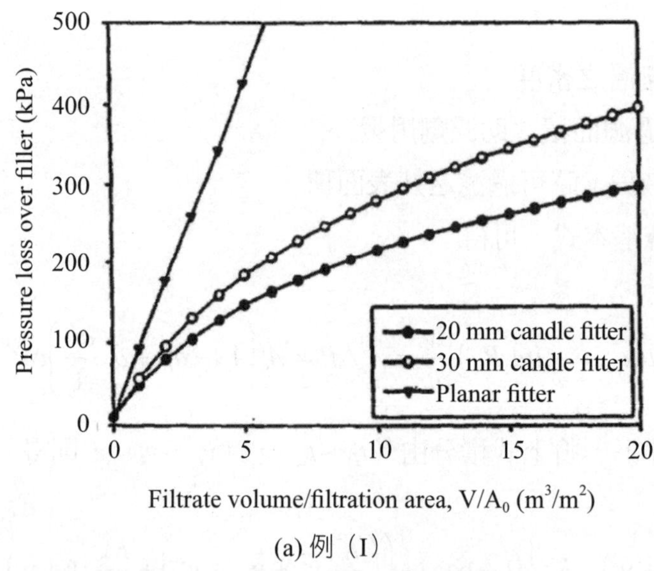

(a) 例（I）

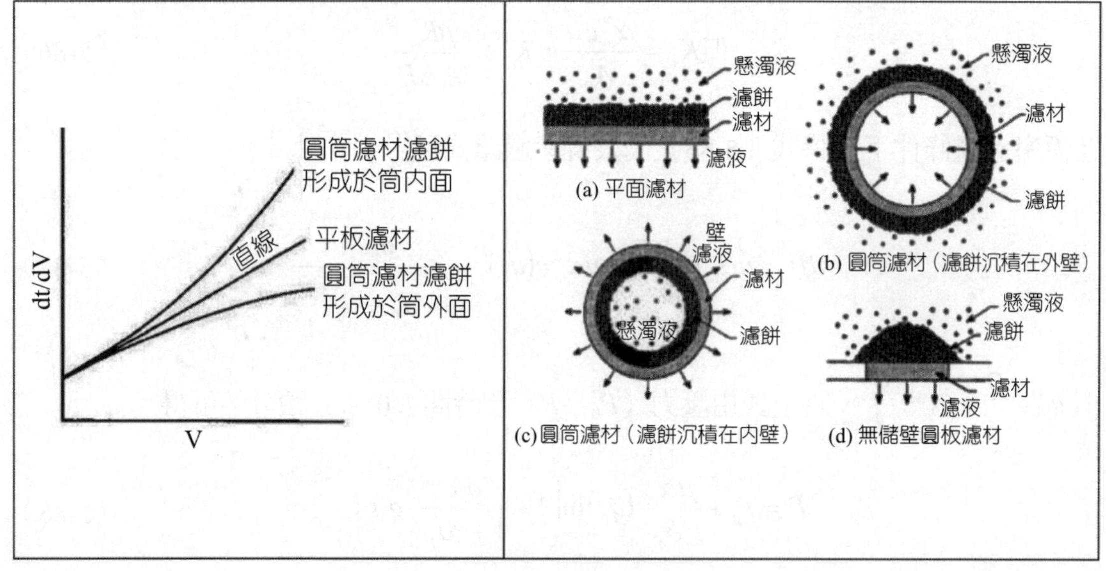

(b) 例（II）

圖 5-23　曲面率對過濾之影響 [12, 13]

5.7.3　連續滾筒迴轉過濾器之過濾 [7]

這類過濾器是具有連續操作能力而普遍被採用之濾器，它的濾餅成長雖是在曲面上成長，但由於其滾筒直徑與濾餅厚度相差甚大，故尚可以一維過濾式來處理，如迴轉過濾器之半徑為 R_0，長度為 L [m]，浸漬於泥漿之角度為 φ [rad]，迴轉速率為 n [r.p.s.]（參照圖 5-24），則其單位時間之可供過濾之面積應為

$$A_u = 2\pi r_0 Ln \ [\mathrm{m^2/s}] \tag{5-89}$$

濾面由切入點 A 至離開泥漿液面 B 之時間，亦即濾餅可成長之過濾時間 t [s] 式

$$t = \frac{\varphi}{2\pi n} \tag{5-90}$$

在這段時間裡獲得濾液量 V_u [m^3/s]，故如 Ruth 恆壓過濾式可直接適用並可寫成

$$\left(V_u + V_{u0}\right)^2 = K_{Ru}\left(\frac{\varphi}{2\pi n} + t_0\right) \tag{5-91}$$

但　$V_u = vA_u = 2\pi R_0 Lnv$

$V_{u0} = v_0 A_u = 2\pi R_0 Lnv_0$

$K_{Ru} = k_R A_u^2 = \left(2\pi R_0 Ln\right)^2 k_R$

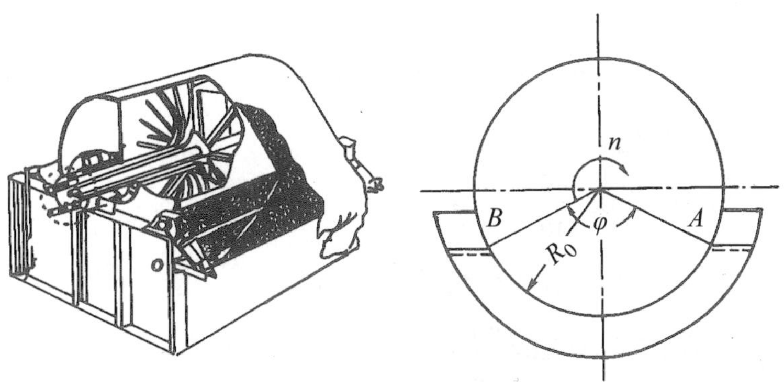

圖 5-24　滾筒迴轉過濾系統

例題5-6[20]

以 $A_1 = 140\ \text{cm}^2$ 過濾試驗設備得如下之結果：

$\Delta P = 294$ mmHg　　$m = 4.61$

$K_R = 7.45 \times 10^3\ \text{cm}^6/\text{sec}$　　$\rho = 1.05\ \text{g/cm}^3$

$V_0 = 226\ \text{cm}^3$　　$\rho_P = 2.36\ \text{g/cm}^3$

$S = 0.0219$　[-]

如擬用 $2R_0 = 1$ m，$L = 1.2$ m，$n = 6$ rpm，$\Delta P = 350$ mmHg，$\varphi = 120^o$，濾材上留 2 mm 厚之濾餅時，試計此濾器之過濾速率。

解 如壓力改變時之 K_R 可由下式修正

$$K_R' = \frac{\Delta P}{\alpha_{av}} K_R \text{，} V_0 = \frac{V_0}{\alpha_{av}}$$

則

$$K_R = \frac{K(350)}{A^2(294)} = \frac{(7.45)(350) \times 10^3}{(140)^2(294)} = 0.452\,\frac{\text{cm}^2}{\text{s}}$$

$$v_0 = \frac{V_0}{A} = \frac{226}{140} = 1.61\,\frac{\text{cm}^3}{\text{cm}^2}$$

題意留存 2 mm 厚之濾餅，故此部分之阻力應加在 R_m，而對濾餅之質量收支可得

$$\frac{m}{\rho_c} = \frac{m-1}{\rho} + \frac{1}{\rho_P}$$

由此得 $\rho_c = 1.194\ \text{g/cm}^3$，

故單位濾材面積上 2 mm 泵之濕濾餅之質量爲 $(0.2)(1.194) = 0.239\ \text{g/cm}^2$

因　$w = cv$

$$v = \frac{w}{c} = \frac{1-ms}{\rho ms} = 8.48\ \text{cm}^3/\text{g wet cake}$$

故相當於 2 mm 厚之濾餅之 v_0 爲

$$v_{01} = (0.239)(8.48) = 2.03\,\frac{\text{cm}^3}{\text{cm}^2}$$

故而濾材加上 2 mm 厚之濾餅所構成之 v'_0 應爲

$$v_0' = v_0 + v_{01} = 1.61 + 2.03 = 3.64\,\frac{\text{cm}^3}{\text{cm}^2}$$

可過濾之時間爲

$$t = \frac{\varphi}{2\pi n} = \frac{1}{(3)(0.1)} = 3.33\ \text{sec}$$

$\because v^2 + 2v_0'v = k_R t$

$\therefore v^2 + 2(3.64)v - (0.452)(3.33) = 0$

對 v 解得　　$\underline{v = 0.20\ \text{cm}^3/\text{cm}^2}$

因單位時間可資用之過濾面積 $A_u = 2\pi R_0 L n = 3.77 \times 10^3\ \text{cm}^2/\text{s}$

故過濾速率應是

$$V_u = (0.20)(3.77 \times 10^3)\ \text{cm}^3/\text{s}$$
$$= 0.0754 \times 10^3\ \text{cm}^3/\text{s}$$
$$= 271.400 \times 10^3\ \text{cm}^3/\text{hr} = \underline{0.271\ \text{m}^3/\text{hr}}$$

例題5-7　連續滾筒真空過濾器（RVF）

計算所需之基本公式可參照 5.7.3 節，在此，擬藉舉幾個例題來說明一些操作變數對其生產力之影響。

(1) 如將滾筒之迴轉速度由 n_1 改變至 n_2，其生產力變化爲多少？（如 $n_1 = 0.3$ rpm，改至 $n_2 = 0.5$ rpm）

(2) 如將其浸在泥漿之面積由 30% 增加至 40% 時，其生產力之變化如何？

解 以每小時之過濾量代表其生產力，故滾筒之迴轉速度由 n, rpm 改爲 rph, N，因 $N = 60n$。

每一迴轉所得之濾液量爲 v，所需時間爲 t_c，而浸在泥漿之面積分率爲 φ，則每迴轉裡實際進行恆壓過濾時間 $t_f = \varphi/n$，每一迴轉可得之濾液量 v 時，$v^2 = kt_f$，每小時可得之濾液量 $V = vN$，故改變操作條件前後之生產力 V_1 與 V_2 之比較爲

$$\frac{V_2}{V_1} = \frac{v_2 N_2}{v_1 N_1}$$

(1) 如迴轉速度由 N_1 改變爲 N_2，φ 不變時，

$$\frac{V_2}{V_1} = \sqrt{\frac{k/n_2}{k/n_1}}\left(\frac{N_2}{N_1}\right) = \sqrt{\frac{n_1}{n_2}}\left(\frac{n_2}{n_1}\right) = \sqrt{\frac{n_2}{n_1}}$$

若 $n_1 = 0.3$，$n_2 = 0.5$，則其生產力之變化爲

$$\frac{V_2}{V_1}=\sqrt{\frac{0.5}{0.3}}=1.29$$

濾液產量增加之 % 爲

$$\frac{V_2-V_1}{V_1}\times 100=\frac{0.29}{1}\times 100=\underline{29\%}$$

(2) N 不改，φ 由 30% 增加爲 40%

$$\frac{V_2}{V_1}=\frac{v_2 N}{v_1 N}=\frac{\sqrt{kt_{f^2}}}{\sqrt{kt_{f^1}}}=\sqrt{\frac{\varphi_2}{\varphi 1}}=\sqrt{\frac{0.4}{0.3}}$$

$$=1.15$$

亦即浸液面積增加 10% 所增之濾液產量之 % 爲

$$\frac{V_2-V_1}{V_1}=\underline{15\%}$$

5.7.4 迴轉圓盤過濾器之濾餅過濾 [20]

迴轉圓盤過濾器（disk filter）也屬連續濾器之一，其構造如圖 5-25 所示，和滾筒式迴轉濾器相較下，其單位空間可供過濾面積大了好幾倍，則在 dr 之幅度（夾角 φ_r）

$$\varphi_r=2\cos^{-1}\frac{h}{r} \tag{5-92}$$

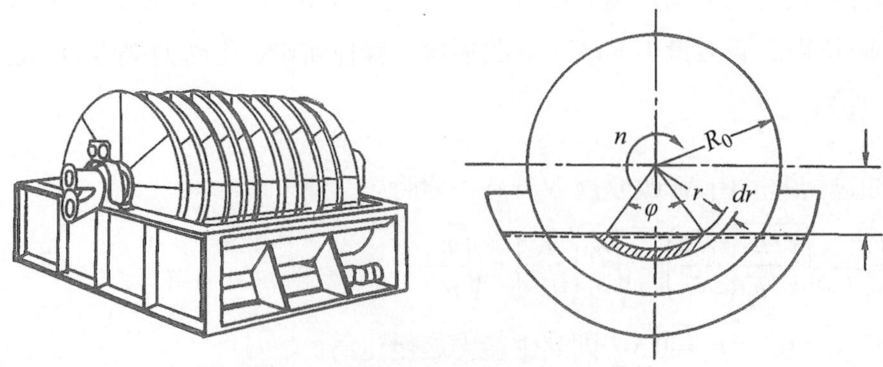

圖 5-25　迴轉圓型濾盤過濾系統

如迴轉速率爲 n（rps），則此部分單位時間內可資用之過濾面積 A_r 爲

$$A_r = (2\pi r dr)n \tag{5-93}$$

過濾時間則爲

$$t_r = \frac{\varphi_r}{2\pi n} \tag{5-94}$$

如以 Ruth 恆壓過濾方式處理

$$\left[(2\pi r dr)n(v + v_0)\right]^2 = (2\pi r dr)^2 n^2 k_R \left(\frac{\varphi_r}{2\pi n} + t_0\right) \tag{5-95}$$

將上式由 h 積分至 R_0，則

$$\pi n(R_0^2 - h^2)(v + v_0) = 2\pi n\sqrt{k_R}\int_h^{R_0}\sqrt{\frac{\cos^{-1}\frac{h}{r}}{\pi n} + t_0} \cdot r dr \tag{5-96}$$

如圓盤濾盤共有 N 個，而濾盤爲兩面時單位時間可資用之全過濾面積爲

$$A_u = 2\pi N(R_0^2 - h^2)n \tag{5-97}$$

故

$$(V_u + V_{0u}) = 4\pi n N\sqrt{k_R}\int_h^{R_0}\sqrt{\frac{\cos^{-1}\frac{h}{r}}{n\pi} + t_0} \cdot r dr \tag{5-98}$$

在此

$$V_u = 2\pi N(R_0^2 - h^2)nv$$

$$V_{ou} = 2\pi N(R_0^2 - h^2)nv_0 \tag{5-99}$$

式（5-89）之右邊可藉圖積分或數值積分求之。

5.8 併有沉降現象時的過濾 [13]

當懸濁液的固粒濃度低到某一下限，且固粒粒徑大於 10 μm 時，過濾就不能不考濾粒子沉降的影響，因在過濾過程濾餅的生成除了因過濾現象而生成外，將如圖 5-26 所示多出因大粒子的爭先沉降堆積出部分的濾餅量，導致在同一時程，過濾速率將比無沉降現象時小，如過濾是恆壓過濾時，其過濾方程式可寫成

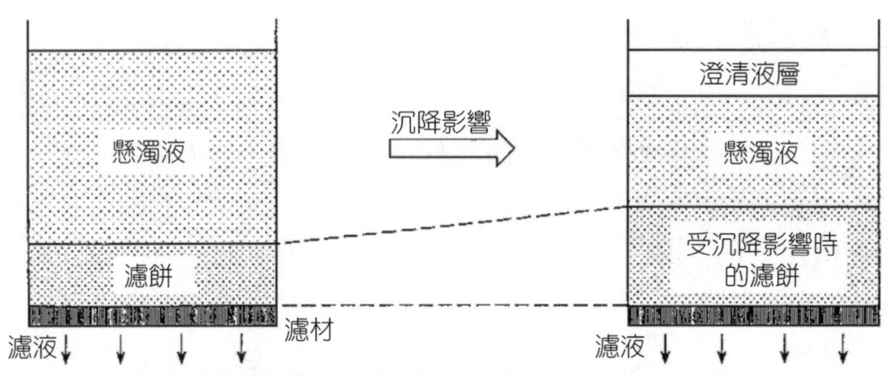

圖 5-26 併有沉降現象時的過濾 [13]

$$\frac{dt}{dv}=\frac{2}{K}(v+u_g t+v_m) \quad (5\text{-}100)$$

當所有固粒全部堆成濾餅後，尚留一層澄清液層，此時澄清液就依流體流過不均勻濾餅的透過來完成其與固粒的分離過程，其透過速率式可寫成

$$(\frac{dt}{dv})_{perm}=\frac{p}{\mu(\alpha_{av}w_c+R_m)} \quad (5\text{-}101)$$

圖 5-27 揭示上式的過程。

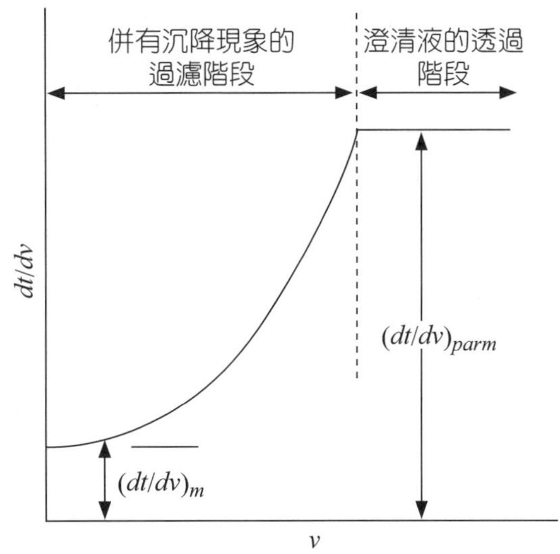

圖 5-27　併有沉降時的 dt/dv vs. v[13]

5.9　掃流過濾（cross-flow filtration）

當欲過濾的對象爲微細粒子、膠體或生物微胞等對象時，只要生成少量的濾餅，過濾阻力就會急遽升高，所以多採用掃流過濾的方式操作。在掃流過濾中，進料流向和過濾面平行，濾液則會垂直地通過濾材，如圖 5-28 所示。由於流體流經濾材表面所產生的剪應（切）力會抑制粒子的附著與濾餅的成長，過濾阻力不會不斷地增加，故可以長時間維持在較高濾速下連續操作。

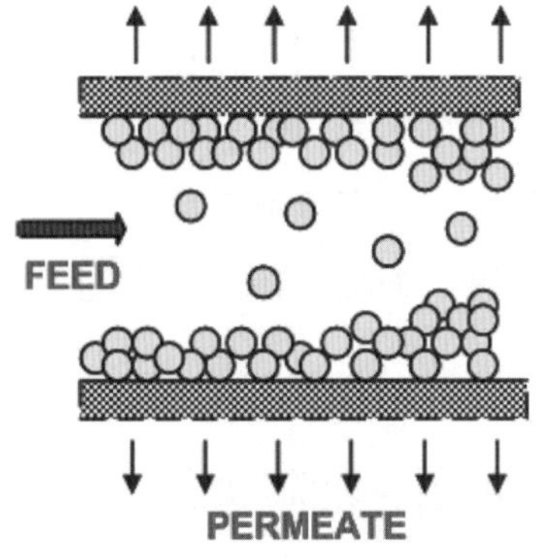

圖 5-28　掃流過濾之示意圖

在掃流過濾中，過濾通量或阻力主要取決於濾餅的成長量，故了解濾餅的成長機制常是尋求最佳操作的保證。過去為了預測掃流過濾之濾速所提出的理論模式大致可以區分成濃度極化模式、濾材阻塞模式、流體力學模式等三類，各有其適用對象與範圍，以下即以適用於微細粒子過濾的流體力學模式進行說明。

在掃流過濾中，輸送到達濾面上的粒子並不一定可以全部附著，有可能因為剪切力的掃曳作用而又回到懸浮液的主流中，故粒子在濾面上的附著具有選擇性，亦即粒子在濾面上的穩定性取決於其受到的作用力。圖 5-29 顯示接近濾餅（材）表面的過濾系統，剛到達濾面之粒子所受到的主要作用力計有：掃流拉曳力 F_t、濾液流拉曳力 F_p、慣性浮升力 F_l、粒子間交互作用力 F_i，以及粒子的淨重力 F_g 等。

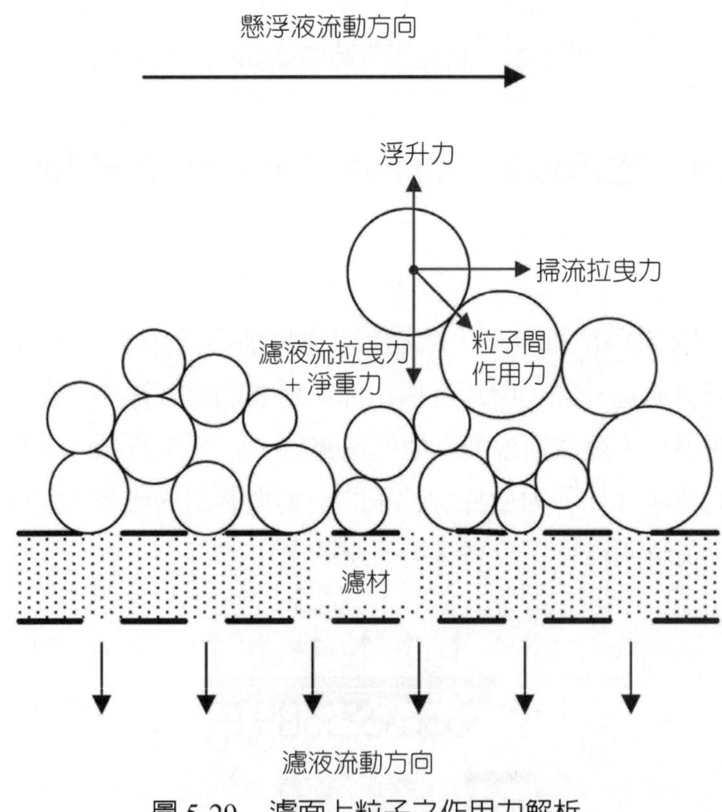

圖 5-29　濾面上粒子之作用力解析

如果停留在濾面上之粒子的環境與流場已經確定，則其所受到的作用力可以由流體力學等理論估計。例如：

1. 掃流拉曳力：由於流體流經濾面上的粒子屬於低雷諾數，故掃流方向的流體拉曳力可以由修正的 Stokes 定律估計 [16,17]：

$$F_t = \frac{3}{4}\pi\mu d_p^{\ 2}\gamma_o C_1 \tag{5-102}$$

其中 μ 爲流體黏度，d_p 爲粒子之粒徑，γ_o 爲濾材（餅）表面上的剪切應變率，C_1 則爲濾材（餅）存在的流場修正係數。若是濾材（餅）附近的流體具有線性的速度分布，且濾材（餅）的粗糙度相對於整個流動渠道可以忽略，則 C_1 值爲 1.7009（O'Neill）。

2. 濾液流拉曳力：濾液的流動多屬於低雷諾數，故過濾方向的流體拉曳力亦可由修正的 Stoke's 定律估計 [Lu & Ju]：

$$F_p = 3\pi\mu d_p\, q\, C_2 \tag{5-103}$$

其中 q 爲過濾通量，C_2 爲濾材（餅）存在的流場修正係數。如果濾材的厚度相對於粒子尺寸非常地小，則可以引用參考文獻 [8] 的計算結果：

$$C_2 = \left(\frac{R_t d_p}{3} + 1.15\right)^{0.5} \tag{5-104}$$

其中 R_t 爲過濾的總阻力。然而，濾餅常具有相當的厚度，若濾餅厚度相對於粒子粒徑不可忽略，則宜引用參考文獻 [24] 的結果：

$$C_2 = 0.36\left(\frac{R_t d_p^2}{4L_c}\right)^{0.4} \tag{5-105}$$

其中 L_c 爲濾餅的厚度。

3. 慣性浮升力：粒子的慣性浮升力亦可由修正的 Stoke's 定律估計，若是接近濾面的掃流接近二維的切線流，則浮升速度 u_l 可以引用參考文獻 [33] 的結果計算：

$$u_l = \left(\frac{61}{576\nu}\right)\left(\frac{\tau_w}{\mu}\right)^2\left(\frac{d_p}{2}\right)^3 \quad (5\text{-}106)$$

其中 μ 爲流體的動黏度，τ_w 爲濾面上的剪應力。Belfort 等人（1991）推導在層流過濾渠道中粒子的浮升速度，結果可以更貼近掃流過濾的系統：

$$u_l = 0.036\rho d_p^3\gamma_o^2 / \mu \quad (5\text{-}107)$$

其中 r 爲流體的密度。當浮升速度由式（5-106）或（5-107）求得後代入修正的 Stokes 定律即可求粒子的慣性浮升力。

4. 粒子的淨重力：粒子的淨重力爲重力減去浮力：

$$F_g = \frac{\pi}{6}(\rho_s - \rho)gd_p^3 \quad (5\text{-}108)$$

其中 ρ_s 爲粒子的密度，g 爲重力加速度。

5. 粒子間之作用力：若是粒子屬於膠體的範圍，則粒子間之作用力可以由 DLVO 定理估計（Hwang）。若是粒子屬於粉粒體的尺寸範圍，或是溶液中存在有高分子等物質，則難以由理論估計，可以由實驗數據迴歸決定 [9]。

圖 5-30 顯示在典型的操作條件下各種尺寸粒子之作用力，由圖中可以看出 (1) 過濾與掃流兩個方向的流體拉曳力隨著粒徑的增加而增加，而且通常位居主導地位，與其他作用力之間經常有幾個數量級的差異；(2) 慣性浮升力與淨重力只有當粒徑大於 10 微米後才逐漸重要；(3) 粒子間之作用力對於次微米粒子相當重要，甚至有可能大於流體拉曳力，但是當粒徑大於數微米之後即不需考慮；(4) 粒子的布朗運動只有對於 1 微米以下的粒子才重要，而且越小的尺寸越不可忽略。

參考圖 5-29 之濾面系統，若粒子受到的作用力可以分析，則其是否能夠附著在接觸點就可以採用力平衡 [5,17] 或力矩平衡 [16] 等模式加以判定。其中力平衡模式是認爲粒子的運動是移動，只要切線方向的淨作用力大於粒子間的摩擦力，則粒子將會離開接觸點而重新運動；反之，則可穩定附著。而力矩平衡模式則認爲粒子的運動是採滾動方式，若向前滾動的力矩大於反向的力矩，則粒子將會向前滾動，離開

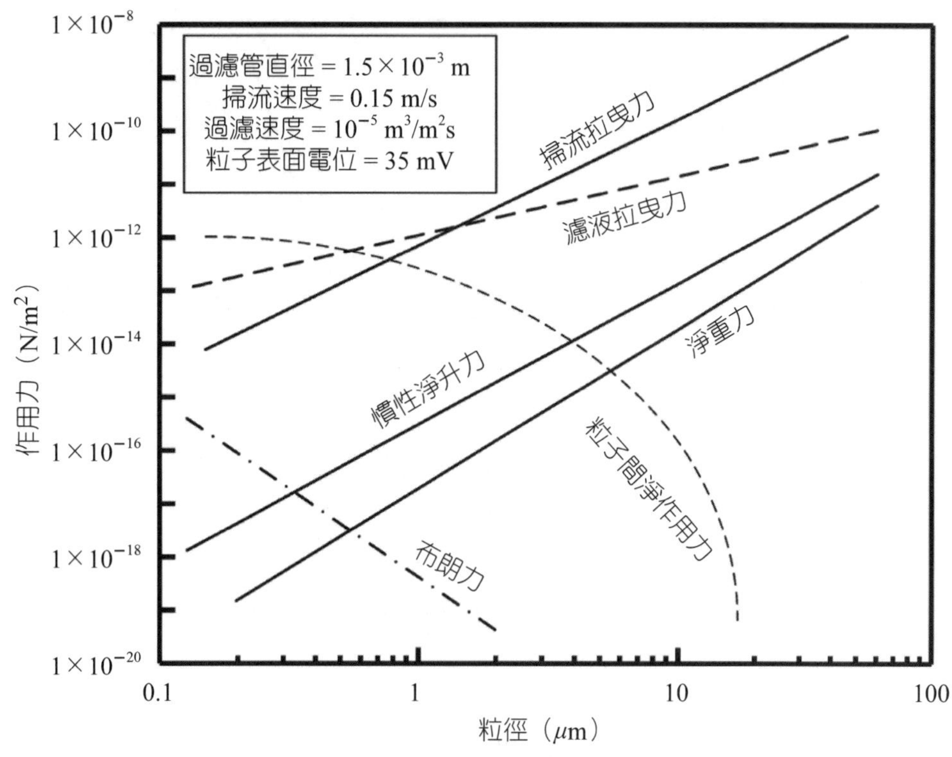

圖 5-30　濾面上粒子之尺寸對其作用力的影響

接觸點。所以經由這些模式的解析即可了解粒子可以穩定附著的條件。這些模式的分析中多會留下一個待定的參數，例如力平衡模式的磨擦係數，或是力矩平衡模式中的接觸角，這個參數多以實驗數據迴歸方式決定，這也使得力平衡與力矩平衡模式的結果差異有限。

由於掃流拉曳力是粒子不穩定的主要原因，而且粒徑越大則此效應也越顯著，所以可以推論越大的粒子在濾面上會越不穩定；也就是說，能夠附著在濾面上的會是較小的粒子。圖 5-31 即說明了這個現象，濾餅中的粒徑分布會比原始懸浮液來得小，而且掃流速度越高，此趨勢也就越明顯。這個結果也會導致濾餅的平均過濾比阻隨著掃流速度的增加而增加，由於濾餅的過濾阻力等於平均過濾比阻乘上濾餅質量，當這兩個因素一起考慮的結果，在極少數的情形下，有可能增加掃流速度時反而會增大過濾阻力、降低過濾速度。不過在一般的操作條件下，增加掃流速度或過濾壓差皆可以提高濾速。

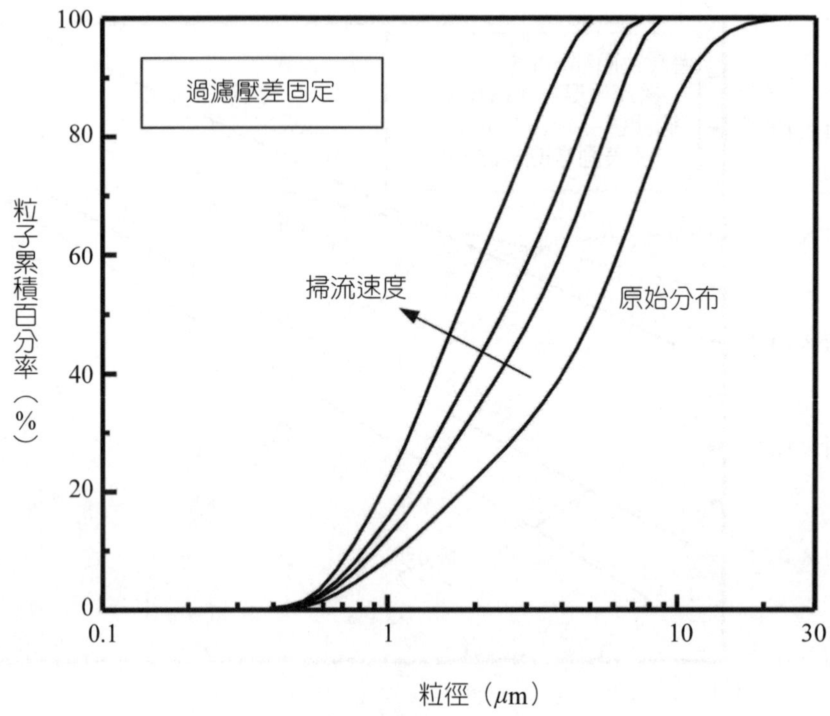

圖 5-31　掃流速度對濾餅中粒徑分布之影響

5.10　離心過濾

離心過濾是利用離心力場產生之較大過濾壓力差，並藉襯在旋轉容器（筒）有孔內壁之濾材，以過濾方式分離泥漿或懸濁液中流體之操作；另外，也常利用其巨大之壓差及離心力，分離留存在固體間隙中之液體，故利用離心過濾分離固液兩相之操作亦稱**脫液**（**脫水**）。表 5-2 比較了兩種離心分離操作之差異。

表 5-2　離心沉降及離心過濾之同異

離心沉降	離心過濾
依賴離心力加速粒子沉降速度	依賴離心力產生壓差使液體流過粒子層
分離之主因為兩相之密度差	分離之主因為壓力差及過濾分離兩相不必有密度差
旋轉體不具有透過性	旋轉外殼一面必具有透過性

圖 5-32 顯示了懸濁液進入離心過濾器後至操作完成之五個階段：(a) 爲進料階段，圖示均勻分布之情況爲理想進料的情形，其假定進料階段不發生過濾、沉降等現象，但在實際操作時必然發生這些現象，而導致很難均勻地將泥漿分布在旋轉筐。(b) 是沉降與初期過濾階段，因筐本身在進料時已在旋轉而產生了離心力，故懸濁液中之粒子立即受其重力加速作用而沉降在濾材上，構成粗細不均之粒子層並開始過濾。(c) 爲過濾階段，濾液因壓差流過粒子層，濾液就穿透濾材而被排出旋轉筐。(d) 脫液階段，當濾餅上或粒子層上之液體流過濾餅表面時，存在於粒子間隙之水分（液體）因受液體離心力差而流向濾筐，粒子層空隙中之液體就急劇減至在該操作條件下之平衡含液量（詳細討論見 5.11 節）。(e) 透氣乾燥階段，部分空隙已內外相通，氣體可沿著毛隙空隙流經粒子層，也帶走部分留存在粒子表面之液體。在實際操作上，一進料就有沉降及過濾兩現象一起發生，故上述五階段只說明離心過濾過程可能先後發生之一些現象。

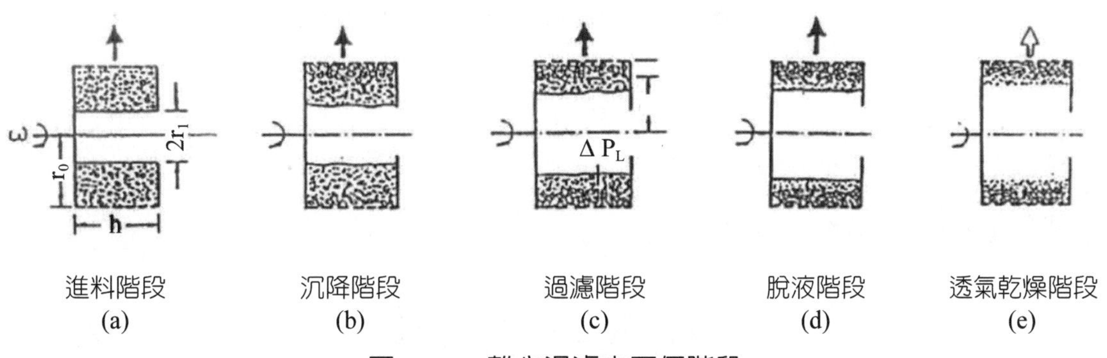

圖 5-32　離心過濾之五個階段

5.10.1　離心力場中液體之壓力分布

如圖 5-33 所示之離心過濾濾筐。對寬爲 dr [m] 單位高度之微厚環狀體而言，其力結算可寫成：

$$2\pi rP + \pi[(r+dr)^2 - r^2]\rho r\omega^2 = 2\pi r(P+dP) \qquad (5\text{-}109)$$

如忽略微分項之二次項，上式可簡寫成

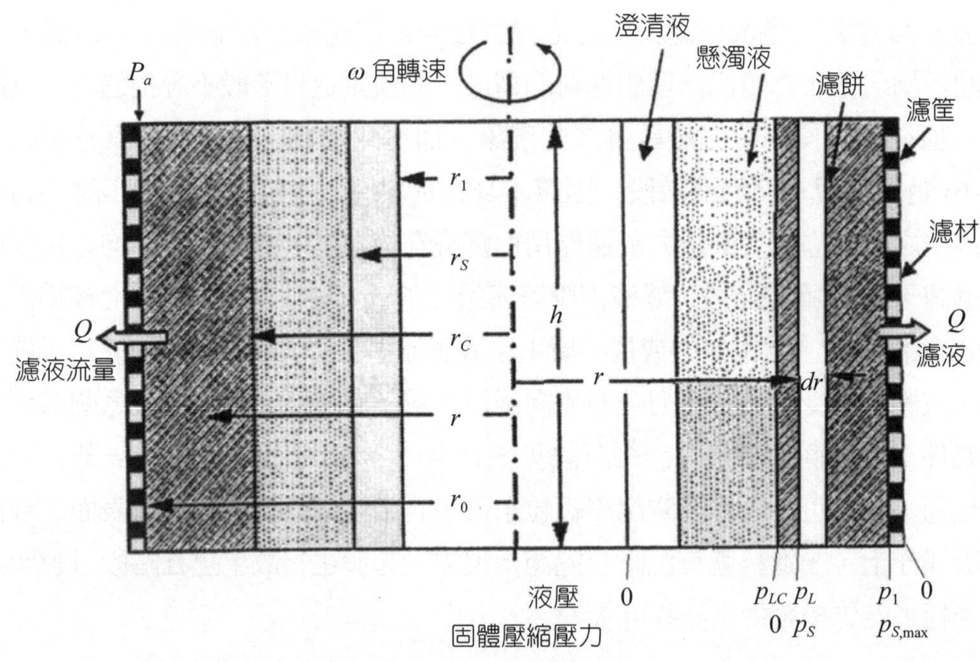

圖 5-33　離心過濾系之剖面

$$\frac{dP}{dr}=\rho r\omega^2 \tag{5-110}$$

上式如由 $r=r_1$ 積分至 $r=r_2$ 則可得

$$\Delta P=P_2-P_1=\rho\int_{r_1}^{r_2} r\omega^2 dr \tag{5-111}$$

式中 P_1、P_2 爲液體在 $r=r_1$ 及 r_2 之壓力，ρ 爲液體密度，ω 爲濾筐的角速度 [rad/s]。如各層液環中無滑動之現象，亦即角速度相等時

$$\Delta P=P_2-P_1=\frac{\rho\omega^2}{2}(r_2^2-r_1^2) \tag{5-112}$$

表 5-3 列示了半徑 r 之圓筒充滿了水，以 ω 之角速度做旋轉運動時筒壁所承受之壓力大小，由此表可知當筒外切線速度到了 45 m/s 時，已產生了 10.42 kg/cm^2 壓力；到了 70 m/s 時，壓力差已達 25 kg/cm^2。如此大的壓力差並非一般的泵所能提

表 5-3　角速度（$\mu_1 = r\omega$）的壓力和關係 [8]

角速度 μ_1（m/sec）	壓力 p（kg/cm^2）	μ_1（m/sec）	壓力 p（kg/cm^2）
14	1	50	12.75
20	2.04	60	18.35
25	3.19	70	25
30	4.58	80	32.6
35	6.24	90	41.3
40	8.16	100	51
45	10.42	140	100

供，這也是爲何難過濾的泥漿或需急速脫液的懸濁液，必須要靠離心過濾來分離的理由。

5.10.2　離心過濾的基礎理論

一般離心過濾可說是在圓筒濾材面上同時具有懸濁固粒的沉降的二維濾餅過濾，在此節將同時考慮濾餅的壓縮性與懸濁固粒的沉降來探討離心過濾的理論解析並討論與恆壓過濾的關聯性。

1. 離心過濾濾餅的成長速率

於一般離心過濾系如含有沉降速率大到影響過濾速率時，機內將同時有明顯的懸濁固粒的沉降現象發生，而在濾材上面形成如圖 5-33 所示的澄清液層，懸濁液層和濾餅層等三層層域的形成。

今如從軸心至澄清液表面、澄清液與懸濁液的界面、懸濁液與濾餅層界面，與至濾材表面之徑向距離分別以 r_1、r_s、r_c 和 r_0 表示，濾餅高度以 h 表示，即在半徑 r_s 的沉降界面的移動速度 u_s 必須從懸濁固粒的離心沉降速率與濾液的流出速率 u_0 的和可得，亦即

$$u_s = \frac{r_0}{r_s} u_0 + \left(\frac{r_s \omega^2}{g}\right) u_g \tag{5-113}$$

上式中，u_g 是固粒在重力場的沉降速率。

如懸濁固粒以成粒子群聚沉降時，離心過濾所形成的濾餅層厚度是由過濾的進行與固粒的沉降兩現象來增加，而濾餅的生成速率可由就固粒取其質量收支取得，

亦即

$$-\frac{dr_c}{dt}=\frac{C}{\{(1-\varepsilon_{av})-C\}}\cdot\frac{r_s}{r_c}\cdot u_s \tag{5-114}$$

上式中，ε_{av} [-] 是離心過濾濾餅的平均空隙率，C 是懸濁液中固粒的容積分率 [-]。

圖 5-34 是石灰石－甘油水溶液系的懸濁液用批式離心機進行過濾試驗所得 dt/dv vs. v 的結果，而圖 5-35 是酵母與水的懸濁液用批式離心機進行過濾試驗，並用閃光測頻機攝影記錄 r_1、r_s、r_c 對時間的變化過程。從這些圖所示的內容可知批式離心過濾以 B 點為分界點，亦即 A 至 B 為過濾沉降階段，而 B 至 C 為離心透過階段等兩階段。

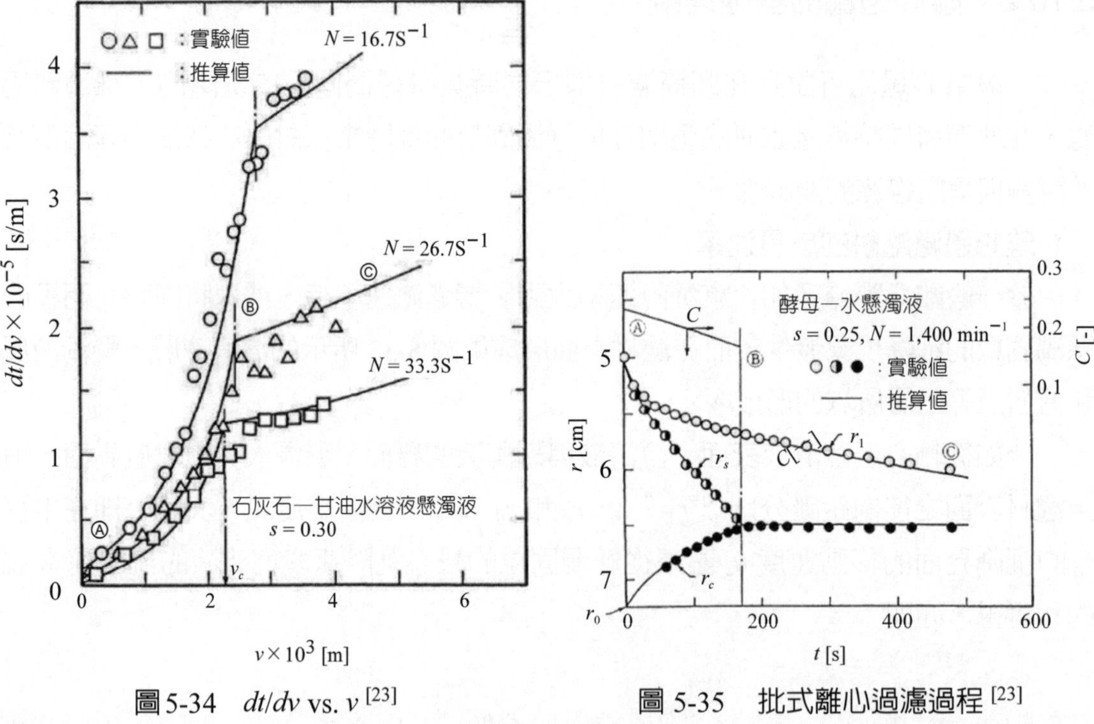

圖 5-34　dt/dv vs. v [23]

圖 5-35　批式離心過濾過程 [23]

3. 離心過濾速率

於離心過濾濾餅層任意徑向位置的微薄層 dr 間的液壓變化 dp_L 在可忽視液體的動量變化的狀況下可寫成

$$dp_L = \rho r\omega^2 dr - \mu\alpha\rho_p(1-\varepsilon)u_r dr \tag{5-115}$$

上式右邊第 1 項是離心力場裡該點的液體壓力，第 2 項是濾液流過固粒時而產生的壓力降。α 和 ε 分別是該徑向位置 r 的局部過濾比阻與空隙率。u_r 即是濾餅層內的固粒與液體的表相對流速，如濾餅在圓筒濾材管的內側成長時 u_r 可以下式表示 [17]：

$$u_r = \{1 - \frac{(\varepsilon - \varepsilon_{av,r})(m-1)s}{\varepsilon_{av}(1-ms)(1-\varepsilon)} \cdot \xi\} \cdot \frac{r_0}{r} u_0 \tag{5-116}$$

上式中，$\xi \equiv (r_0^2 - r^2)/(r_0^2 - r_c^2)$ 所表示的無因次長，$\varepsilon_{av,\,r}$ 則是濾材表面 r_0 至 r 的平均空隙率，m 是全濾餅的濕乾質量比。將式（5-115）從 r 積分至 r_c 可得離心濾餅層內的液壓分布。

為簡化演算，假設 α 和 ε 可不隨 r 的位置能以 α_{av} 與 ε_{av} 的定值，且 $u_r \approx Q/(2\pi rh)$，則把式（5-116）從 r_0 積分至 r_c 可得離心過濾式如下：

$$u_0 = \frac{Q}{A} = \frac{\Delta p}{\mu(\alpha_{av}W/A_e + R_m)} \tag{5-117}$$

$$A_e = 2\pi(\frac{r_{av} \cdot r_{lm}}{r_0})h = \frac{\pi(r_0^2 - r_c^2)}{r_0 \ln(r_0/r_c)} \tag{5-118}$$

$$\Delta p = \omega^2\{\rho(r_0^2 - r_c^2) + \rho_{sl}(r_c^2 - r_s^2) + \rho(r_s^2 - r_1^2)\}/2 \tag{5-119}$$

Q = 濾液流量 [m^3/s]，R_m 是濾材阻力 [m^{-1}]，A_e = 圓筒濾面的有效過濾面積，
W = 濾餅總質量 [kg]，Δp = 離心過濾壓差 [Pa]，ρ_{sl} = 懸濁液的密度 [kg/m^3]
利用式（5-117），可得離心過濾的 α_{av} 如下：

$$\alpha_{av} = \{\frac{\Delta p}{\mu Q} - \frac{R_m}{A_0}\} \cdot \frac{A_{lm} \cdot A_{av}}{W} = \{\frac{\Delta p}{\mu Q} - \frac{R_m}{A_0}\} \cdot \frac{2\pi h}{\ln(r_0 / r_c)\rho_p(1-\varepsilon_{av})} \tag{5-120}$$

Grace 也以助濾劑的懸濁液做恆壓過濾和離心過濾的實驗，指出後者的比阻大。爲確認在離心過濾過程固粒的沉降的影響，Sambuichi 等利用閃光測頻機攝影記錄過濾速率 Q，與濾餅表面徑位隨時間的變化，採用此數據估算正確的濾餅質量 W。依式（5-120）計算求得考慮了固粒的沉降的影響的過濾比阻 α_{av}（圖 5-36 中●表示），再另外僅依濾液量 V 求得固粒質量 W' 算所得的 α'_{av}（圖 5-36 中○表示）做比較，此結果兩者相差數倍，顯示固粒的沉降對離心過濾的影響頗大到不可忽視。

如固粒的沉降速率甚大於過濾速率時，離心透過之過程將主空離心過濾程序，而離心透過速率可比照式（5-117）寫成

$$u_p = \frac{Q_p}{A_0} = \frac{\Delta p_p}{\mu\{\frac{\alpha_p W r_0 \ln(r_0 / r_c)}{\pi(r_0^2 - r_c^2)h} + R_m}} \tag{5-121}$$

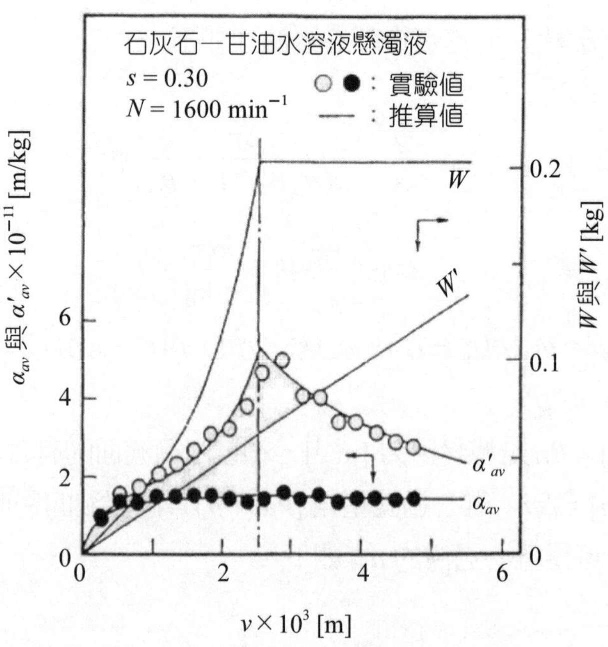

圖 5-36　離心過濾濾餅的過濾比阻的變化 [23]

$$\Delta p_p = \frac{\omega^2 \rho}{2}(r_0^2 - r_1^2) \tag{5-122}$$

上式中，Q_p 是透過流量 [m^3/s]，α_p 是平均離心透過比阻，Δp_p 是離心透過差壓 [Pa]，W 是濾餅的總質量，可藉下式求得：

$$W = \rho_{sl} \cdot s \cdot V_{sl} \tag{5-123}$$

α_p 可由下式求得：

$$\alpha_p = \{\frac{\Delta p_p}{\mu u_p} - R_m\} \cdot \frac{\pi(r_0^2 - r_c^2)h}{W r_0 \ln(r_0 / r_c)} \tag{5-124}$$

4. 過濾速率的簡化式 [20]

在圖 5-37 所示之離心過濾系，對粒子層或濾餅之任意微小厚度內之濾液做一動量平衡可得

$$-\rho u du = -dP_1 - dP_f + dP_e \tag{5-125}$$

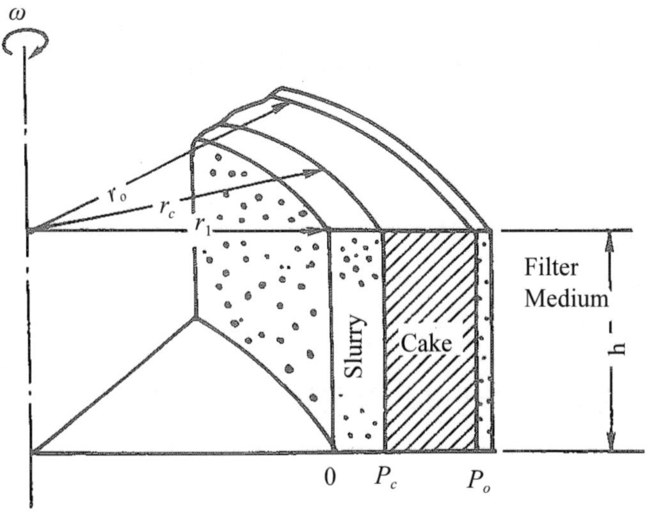

圖 5-37　離心過濾系之剖面

在此 $u=\dfrac{Q}{2\pi hr}$，故 $du=-\left(\dfrac{Q}{2\pi h}\right)\left(\dfrac{dr}{r^2}\right)$。

P_1 = 粒子層或濾餅內之液壓

P_s = 由流體流過粒子表面產生阻力而來之壓縮壓力

$$dP_s=\frac{Q\mu\alpha_x dW}{A^2}=\frac{q\mu\alpha_X\rho_P(1-\varepsilon_X)2\pi RHdr}{(2\pi rH)^2} \tag{5-126}$$

P_l = 在離心力場的液體壓力，而

$$dP_l=\rho r\omega^2 dr \tag{5-127}$$

將這些關係代入式（5-111）並依邊界條件自 r_0 積分至 r_c，可得

$$\int_{P_c}^{P_0}dP_l=-\frac{Q\mu\rho_p}{2\pi h}\int_{r_c}^{r_0}\alpha_x(1-\varepsilon_x)\frac{dr}{r}+\rho\omega^2\int_{r_c}^{r_0}rdr-\rho\left(\frac{Q}{2\pi h}\right)\int_{r_c}^{r_0}\frac{dr}{r^3} \tag{5-128}$$

在上式中右邊第三項較其他項小很多，可忽視不計，並假定濾餅可視為非壓縮性濾餅時，濾速與壓力降之關係可以下式求得

$$Q=\frac{\Delta P}{\mu\left[\dfrac{\alpha_{av}W}{2\pi^2h^2(r_0^2-r_c^2)/\ln(r_0/r_c)}+\dfrac{R_m}{(2\pi r_0 h)}\right]}=\frac{\Delta P}{\mu\left(\dfrac{\alpha_{av}W}{A_{\ln}A_m}+\dfrac{R_m}{A_0}\right)} \tag{5-129}$$

其中 $P_c=\rho_m\omega^2(r_0^2-r_c^2)/2$

$P_0=Q\mu R_m/2\pi r_0 h$

$A_0=2\pi r_0 h$

$A_c=2\pi r_c h$

$A_m=(r_c+r_0)\pi h$

而 A_{ln} 為 A_0 及 A_c 之對數平均，R_m = 濾材及多孔旋轉管之阻力。

例題5-8[20]

擬以直徑 0.5 m，高 0.3 m，上緣（Lip）徑 0.4 m，迴轉數 3,500 rpm 之籃筐型離心過濾器過濾 $\alpha_{av} = 8.65\times10^{10}$ m/kg，而 $S = 8.7\%$ 之泥漿；過濾持續到濾餅面直徑達 0.48 m，如濕濾餅之表密度爲 1.56 g/cc，$m = 1.25$，並假定泥漿與濾液之黏度可視爲 1.0 c.p.，$R_m = 0$ 時，試計濾液量與時間之關係。

解 令 $m_1 = V/W$，則式（5-129）在 $R_m = 0$ 之假設下可寫成

$$\frac{dV}{dt} = \frac{\rho\omega^2(r_0^2 - r_1^2)A_{lm}A_m m_1}{2\mu\alpha_{av}}$$

當 $t = 0$，$V = 0$，故上式積分後可得

$$V^2 = \frac{A_{lm}A_m\rho\omega^2(r_0^2 - r_1^2)}{\mu\alpha_{av}}t$$

$$A_m = \pi(0.25 + 0.24)0.3 = 0.462$$

$$A_{lm} = 0.465$$

過濾完時，濾餅全質量 $m = 1560\,\frac{\pi}{4}\,(0.5^2 - 0.48^2)(0.3) = 7.35$ kg

故 $W = 7.35/m = 7.35/1.25 = 5.88$ kg

全濾液量 V 爲

$$V = 5.88 \cdot \frac{(100 - 8.7)}{8.7\times(1{,}000)} = 6.17\times10^{-2}\ \text{m}^3$$

$$\therefore m_1 = V/W = 6.17\times10^{-2}/5.88 = 1.05\times10^{-2}\ \text{m}^3$$

$$\because A_{lm}\cdot A_m\cdot\rho\cdot\omega^2\cdot m_1\cdot(r_0^2 - r_1^2)/(\mu\alpha_{av}) = 7.85\times10^{-6}$$

$$\therefore V = \sqrt{7.85\times10^{-6}t}$$

由此可得

T（min）	0	1	2	3	4	6	8
V（L）	0	21.7	31.6	37.6	43.4	53.2	61.7

5.11 濾餅的脫液

1. 脫液現象 [14]

當液面過濾至濾餅（或粒子層）表面時，濾餅之**脫液現象**（deliquoring phenomenon）便開始發生，當化學工業之固液分離程序中常採用離心過濾，有時其目的在於脫液或利用急速脫液之功能做粒子之表面洗滌。談粒子層之脫液常須考慮兩種問題：(1) 脫液過程中時間與含液率之變化情形及達至平衡時之含液率。(2) 某一操作條件下之離心效應及其產生之壓力差。第一個問題之解答可提供決定脫液條件下之壓力或離心力、濾餅與濾筐可能承受壓力等之大小，而第二個問題則解答濾餅可能之含液率等脫液裝置之基礎知識。

在重力場中，粒子層之含液率分布可定性地表示如圖 5-38。在層底，液體以毛細管作用上升至某一高度 L_s，此段粒子間隙充滿了液體，故稱爲**飽和域**（saturation zone）；在最上面之某一深度（如圖之放大部分）液體只部分附著在粒子表面或表面**裂溝**（wedge）裡，其含液率不因高度而異，而依液體與粒子表面之物性而定，此層稱之爲**低含液域**（low moisture or penduler zone）；介在兩層之區域中靠近飽和液處，有部分區域粒子空隙含有液體，有部分則如低含液域，稱之爲**過渡域**（transition region）。含在粒子層之液體可分爲存於粒子內部之液體與存在粒子表面之液體，而後者包含了附著在表面及表面裂縫凹處之液體。是以殘留液體容積對全空隙容積比率之容積分率表示，此種表示法稱之**空隙含液率**或**飽和度**，以 S 表示之。

在低含液域之**平衡飽和度**以 S_∞ 表示；L_s 爲以某一操作條件下達平衡時，底層之飽和域層高；而整個粒子層之平均飽和度 $\overline{S}_\infty$ 爲

$$\overline{S}_\infty = S_\infty + (1 - S_\infty)\frac{L_s}{L} \quad L_s << L \tag{5-130}$$

如粒徑小於 1 mm 之粒子層，在重力場中之 L_{sg} 多在數公分之程度，而 S_∞ 則在 0.1 附近爲多。

如圖 5-39 之毛細管中，當其離心力達成一平衡狀態時，表面張力與離心力間形

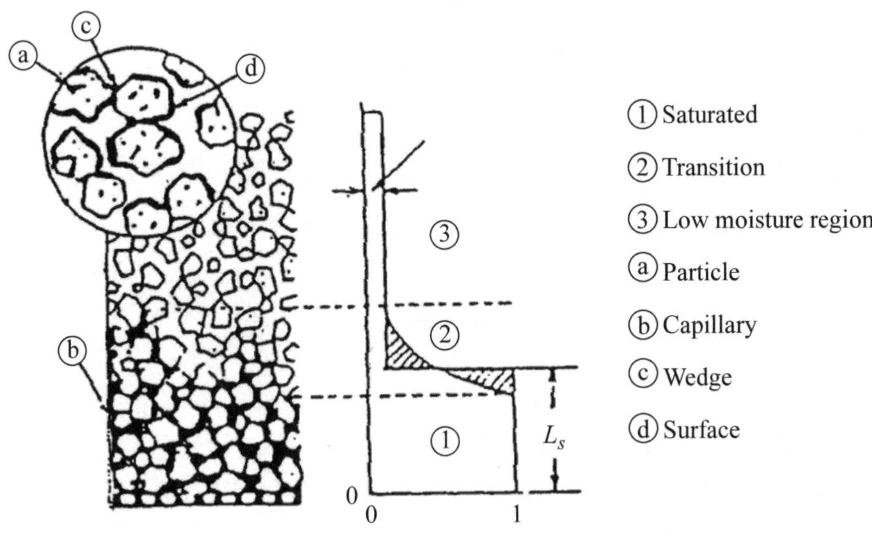

圖 5-38　粒子層之重力及離心脫液與液體飽和度 [14]

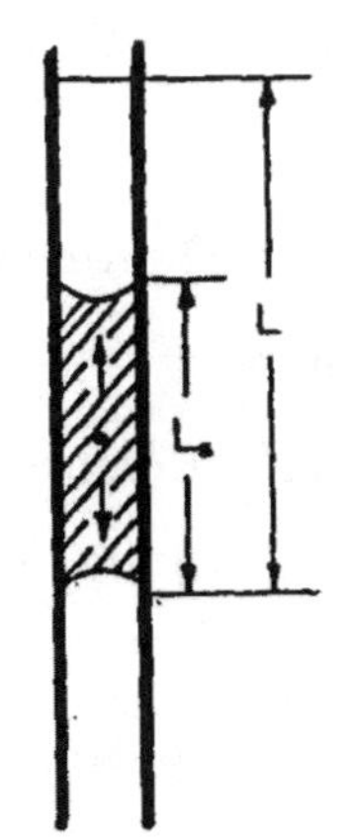

圖 5-39　毛細管中所含液體之附著情形

成如下式之平衡，

所以

$$L_s = L_{sg}/Z \tag{5-131}$$

由此式可知除非 L_{sg} 爲零，否則就算離心效應 Z 再大也無法使 L_s 爲零。

如果 $L_s < D_p$，則飽和域 $L_s \to 0$，故此條件代入式（5-131）可得

$$Z > L_{sg}/D_p = Z_c \tag{5-132}$$

$$Z\rho gL_s = \rho gL_{sg} \tag{5-133}$$

Z_c 常被視爲設計或操作離心過濾器之**臨界離心效應**。當一離心器之 Z 大於 Z_c，則粒子層之飽和度 S_∞ 將劇減，而 Z_c 可依 Oyama 等之公式推計（假定了 $L_s = D_p$）

$$Z_c = 10\frac{\sigma\cos\alpha}{\rho g D_p^2} \tag{5-134}$$

其中 α = 液體在固體之接觸角，σ = 表面張力 [kg/hr^2]。

Brownell 與 Katz 從通氣脫液的結果，以下式求粒子層之平均平衡飽和度

$$\overline{S}_\infty = 0.025\ (Z\rho gK/\sigma\cos\alpha)^{-0.264} \quad L < 5\text{ cm} \tag{5-135}$$

$$\overline{S}_\infty = 0.012\ (Z\rho gK/\sigma\cos\alpha)^{-0.264} \quad L > 5\text{ cm} \tag{5-136}$$

在此 K 爲粒子層之透過度，而括弧中之 $Z\rho gK/\sigma\cos\alpha$ 是脫液驅動力與表面張力之比，稱爲粒子層之**毛細管數**（capillary number）

Dombroski 與 Brownell 曾以 S_∞ 對 $Z\rho gK/\sigma\cos\alpha$（capillary number）作圖得知圖 5-40 之結果。此結果顯示在 capillary 數小於 10^{-2} 時，S_∞ 幾乎爲 0.075 之定値，超過 10^{-2} 則顯著地遞減。

Nenniger-Storrow 曾基於垂直平板上液膜流動之理論式導出下式，表示在離心力場之批式脫液操作過程 S_∞ 之變化。

$$S_{av} - S_{av,\infty} = \frac{2(1-\varepsilon)}{\varepsilon}\rho_p S_0\sqrt{\frac{\mu L}{Z\rho gt}}\text{，}t_o << t \tag{5-137}$$

上式中，S_0 爲粒子層之比表面積，L 爲粒子層之高度。如由 Kozeny-Carman 方程式求 S_0，則上式可寫成

$$S_{av} - S_\infty = 0.3\left(\frac{Z\rho gKt}{\mu\varepsilon L}\right)L_s = 0\text{，}t_o << t \tag{5-138}$$

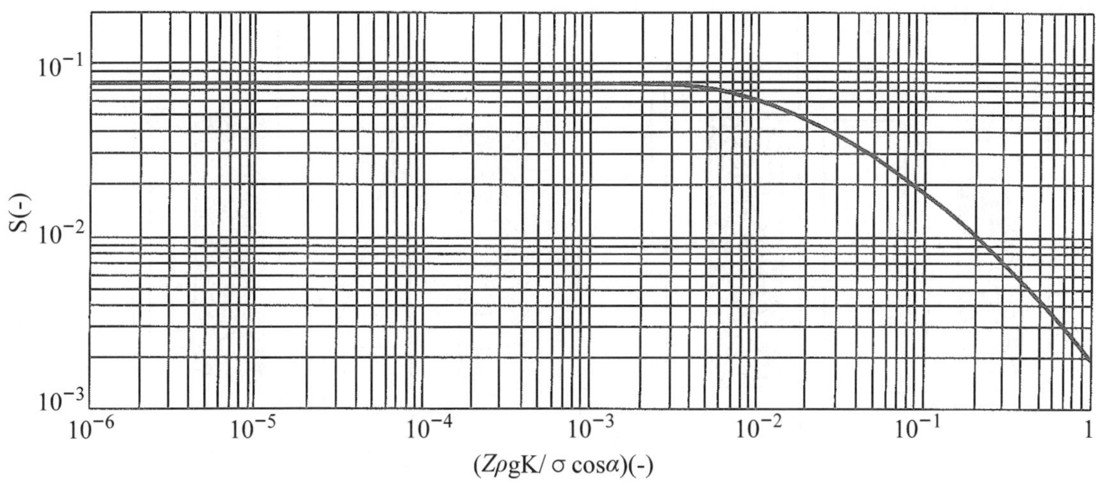

圖 5-40　粒子層中液體飽和度與 capillary number 之關係 [4]

K 爲粒子層之透過率（permeability [m^2]）。

2. 脫液過程

圖 5-41 列示了某一粒子層於 $t = 0$ 時充滿液體，並在重力場中開始排液，經時間 $t = t$ 時，液面將下降如圖 5-41(d) 所示，而當 $t = \infty$ 時，終於達到 L_{sg} 之高度。但如在 $t > 0$ 時加以離心力場 Z_g，則是液面將很迅速地經過 (a) → (b) → (c)，而在 $t = \infty$ 時達到如圖 5-41(d) 之狀態。當液面降至 L_s，且若 S_∞ 在一維系統，則

$$\overline{S} = \frac{1}{L}(L_s + (L - L_s)S_\infty) \tag{5-139}$$

在籃筐離心過濾機即應爲

$$\overline{S} = S_\infty + \frac{(1 - S_\infty)(2r_0 L_s - L_s^2)}{r_0^2 - r_c^2} \tag{5-140}$$

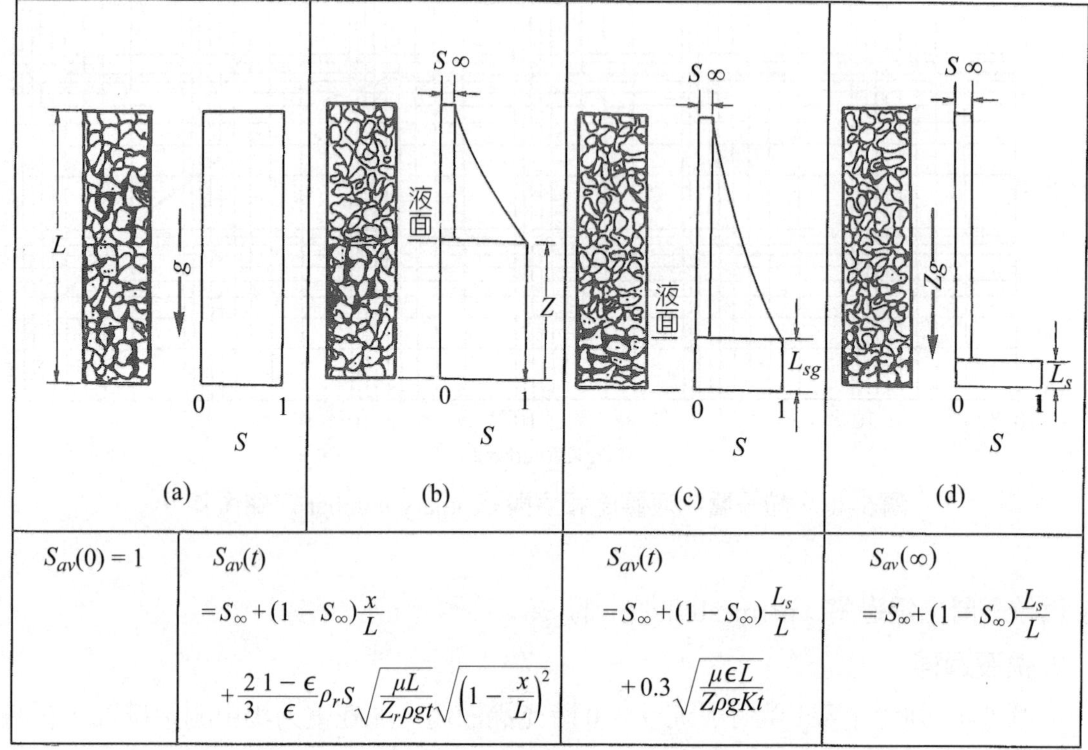

圖 5-41　粒子層之重力及離心脫液與液體飽和度

參考文獻

1. Belfort, G., D.A Drew, J.A. Schonberg, *Chem. Eng. Sci.*, 46(12), 3219 (1991).
2. Brenner, H.; *AIChEJ*, Vol. 7, 666 (1951).
3. Carman, P. C., "The Flow of Gases Through Porous Media," Academic Press, New York, U.S.A. (1956).
4. Dombroski, H., and L. E. Brownell, Chem. Eng. Prog. 46, 1207 (1954).
5. Fischer, E. and J. Raasch, *Ger. Chem. Eng.*, 8, 211 (1986).
6. Grace, H. P., *Chem. Eng. Porg.*,Vol. 49, 303, 367 (1953).
7. Grace, H. P., *AIChEJ*, Vol. 2, 313 (1955).
8. Goren, S. L., *J. Colloid Interface Sci.*, 69, 78 (1979).

9. Hwang, K. J. and W.M. Lu, *Sep. Sci. Technol.*, 32(8), 1315 (1997).
10. Hwang, K. J., Y. L. Hsu, and K.L. Tung, *Adv. Powder Technol.*, 17(2), 189 (2006).
11. Hwang, K. J., Y.L. Hsu, and K.L. Tung, *Adv. Powder Technol.*, 17(2), 189 (2006).
12. Hermia, J. and S. Brochton, Proc. Filtech Conference, Filtration Soc., Karlsruhe, Germany (1993).
13. Iritani入谷英司，繪とき濾過技術——基礎のきそ，日刊工業新聞社，東京，日本（2010）。
14. Inoue, I.，化工便覽，第三版，日本化學工學會，丸善，東京，日本（1974）。
15. Lu, W. M., "*Variable pressure-Variable rate Filtration,*" MS thesis, Univ. of Houston. Houston, Tx, U.S.A. (1964).
16. Lu, W. M. and S. C. Ju, *Sep. Sci. Technol.*, 24(7-8), 517(1989).
17. Lu, W. M. and Hwang, K.J., *AIChE J.*, 41(6), 1443(1995).
18. Matsumoto松本幹治（主編），實用固液分離技術，分離技術會，東京，日本（2010）。
19. O'Neill, M.E., *Chem. Eng. Sci.*, 23, 1293(1968).
20. Oyama,G., "*Chemical Engineering* II," Chap.6, Iwanami Books Co., Tokyo, Japan(1968).
21. Rushton, A., A. S. Ward and R. G., Holdich,; "*Solid Liquid Filtration and Separation Technology,*" Second edition, Chap.2, Wiley-VCH, Weinhein, Germany(1996).
22. Ruth, B. F., *Ind. Eng. Chem.*, Vol.23, 850(1931), Vol.25, 76, 153(1933), Vol.27, 708(1935).
23. Sambuichi 三分一政男，濾過工學ハンドブック，Ch.4, 4.2，世界濾過工學會日本會編，丸善，東京，日本（2009）。
24. Sherwood, J.D., *Physicochem. Hydrodyn*, 10, 3 (1988).
25. Shirato, M., "*Fundamentals of Mechanical Operations,*" Chap.8, Maruzen, Tokyo, Japan (1980).
26. Shirato, M, M. Sabuichi, H. Kato, and T. Aragaki, *AIChEJ*, Vol.15,405 (1969).
27. Svarosky, L., editor; "*Solid-Liquid Separation,*" Chap.9, Butterworth, London UK (1990).
28. Takashima,Y., "*Pocket Handbook of Chemical Process Equipment,*" Chap.18, edited by S. Fujita Maruzen, Tokyo, Japan (1977).
29. Tiller, F.M., *Chem. Eng. Prog.* Vol.51, 282 (1955).
30. Tiller, F. M., editor, "*Theory and Pratice of Solid-Liquid Separation,* Univ. of Houston, Houston, Tx., U.S.A. (1975).
31. Tiller, F. M. and H. R. Copper, *AIChEJ*, Vol. 6, 595 (1960).
32. Tiler, F.M., A.I.Ch.E. Worksop, lecture note.

33. Vasseur, P. and R.G. Cox, *J. Fluid Mech*., 78, 385 (1976).

34. Wakeman, R. J., and E. S. Tarleton,; "*Filtration,*" Chapters 2 and 3, Elsevier

35. Yoshioka, N., "Theories and Calculations of Unit Operations," Kamei, S. edited, Ch.14, Sangyo Books Co, Tokyo, Japan (1975).

第六章
澄清過濾的理論與裝置

／童國倫

一般化工程序中之過濾操作，係以泥漿流向濾網或濾布濾材，將固體阻擋在濾材表面形成濾餅，僅液體通過濾材，故又稱爲**濾餅過濾**（cake filtration），適用於處理中高固體濃度泥漿，其目的可爲回收有價值之固體或獲致澄清濾液。而澄清過濾的處理對象爲固體濃度低於 0.1% 的稀薄懸浮液，其目的僅爲去除固體雜質以獲致澄清液。此分離程序乃將稀薄懸浮泥漿通過高厚度之粒狀濾床或纖維濾床，使懸浮顆粒附著於濾床內，以獲致澄清濾液，因此又稱爲**深床過濾**（deep bed filtration）或**深層過濾**（depth filtration）。

近年由於高科技產業的快速發展，「澄清過濾」一詞的涵蓋範圍更加廣大。在這些高科技產業中，爲獲致超潔淨進料液的液體澄清化程序，一般稱之爲精密過濾或**深層過濾**（depth filtration），以與傳統的水及廢水處理用之**深床過濾**（deep bed filtration）有所區別。本章將僅就一般水及廢水處理用之澄清過濾，亦即**深床過濾**（deep bed filtration）作介紹，依序就澄清過濾的簡介、基本原理、濾料的選擇與配置、澄清過濾裝置之設計與操作及澄清過濾之最新發展做一實務應用性的說明。利用膜之**微過濾**（microfiltration）或**超過濾**（ultrafiltration）請參考第十二章之「膜過濾」，而製備超潔淨液體或超純水可參考第十三章「超潔淨液體的製備」。

6.1 澄清過濾簡介

澄清過濾（deep bed filtration）爲稀薄懸浮泥漿通過高厚度之**粒狀濾床**（granular bed）或**纖維濾床**（fiber bed），使懸浮微粒附著於濾床內，以獲致澄清濾液之固液分離程序。家庭用飲料用水、游泳池循環淨水及水與廢水處理用**砂濾池**（sand filter）皆爲澄清過濾之典型實例，如圖 6-1 所示之砂濾池至今已逾一世紀，是澄清過濾最早的工程應用。澄清過濾在水處理的應用上，通常接於化學混凝及沉澱池之後，以獲致高品質的飲用水；在廢水處理的應用上，用於廢水的預處理及最終處理，即處理經二級處理後之放流水，使其滿足放流水標準，如圖 6-2(a) 所示，爲美國佛羅里達糖廠廢水砂濾系統。此外，一般在薄膜過濾、逆滲透或離子交換樹脂程

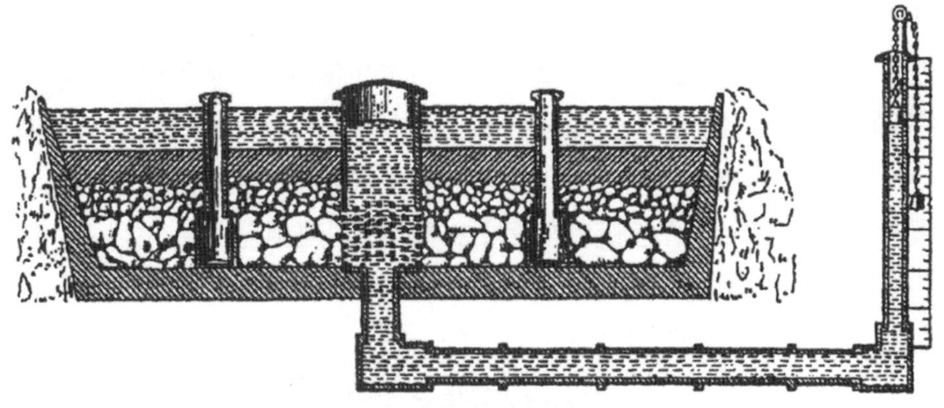

圖 6-1　Lancashire 過濾器之基本構造及原理（Stevenson, 1997）

(a) 美國佛羅里達糖廠廢水砂濾系統

(b) 美國海洋世界水生動物用水淨化設備

圖 6-2　工業廢水與民生用水處理用澄清過濾系統裝置圖（Miami Filter Inc.）

序之前，爲了防止膜或交換樹脂之著垢，亦會有一道澄清作用的前處理，此一道程序可預處理掉前處理送來之泥漿中 90% 的固形物，可大大減少後段薄膜過濾、逆滲透或離子交換樹脂之著垢處理的成本，延長其操作壽命。除水及廢水處理之應用外，近年來澄清過濾亦被應用在：家庭用飲料用水、游泳池或養殖場自動循環砂濾淨水（如圖 6-2(b)）、觸媒床進料之固體雜質去除以提高反應效率及熔融鋁液之純化以提高鋁錠的品質等等。

用於水及廢水處理之澄清過濾器，按過濾速度不同可分爲：(1) 慢砂濾池（<0.4 m/hr）、(2) 快砂濾池（4～10 m/hr）及 (3) 高速濾池（10～60 m/hr）等三種；作用力來源有重力（水頭爲 4～5 m）和壓力（水頭爲 15～25 m）兩種；依過濾流向可

分爲下向流、上向流、雙向流及徑向流等四種；依濾料的組成可分爲：單濾料濾床、雙濾料濾床及多濾料濾床等三種。一般的濾料有矽砂、無煙煤、石榴石及其他磁鐵礦等顆粒。由於澄清過濾器的濾料顆粒間中存在孔隙，原水通過一定深度的濾床時，水中的懸浮物被濾料截留，造成懸浮物與水分離。但不論採用何種澄清過濾器，或塡充何種濾料，澄清過濾的固液分離基本原理都相同。

6.2 澄清過濾之基本原理

澄清過濾程序中，濾料塡充結構所形成之彎曲變化孔道對流體流動、懸浮粒子的運動路徑、捕捉機制及通過濾床機率等結果有相當的影響，而濾料與粒子間的交互作用力則爲影響粒子捕捉成效最重要的因素。根據澄清過濾的始祖英國倫敦大學 Ives 教授（1975）（圖 6-3(a)）研究指出，澄清過濾與濾餅過濾的粒子捕捉機制迴

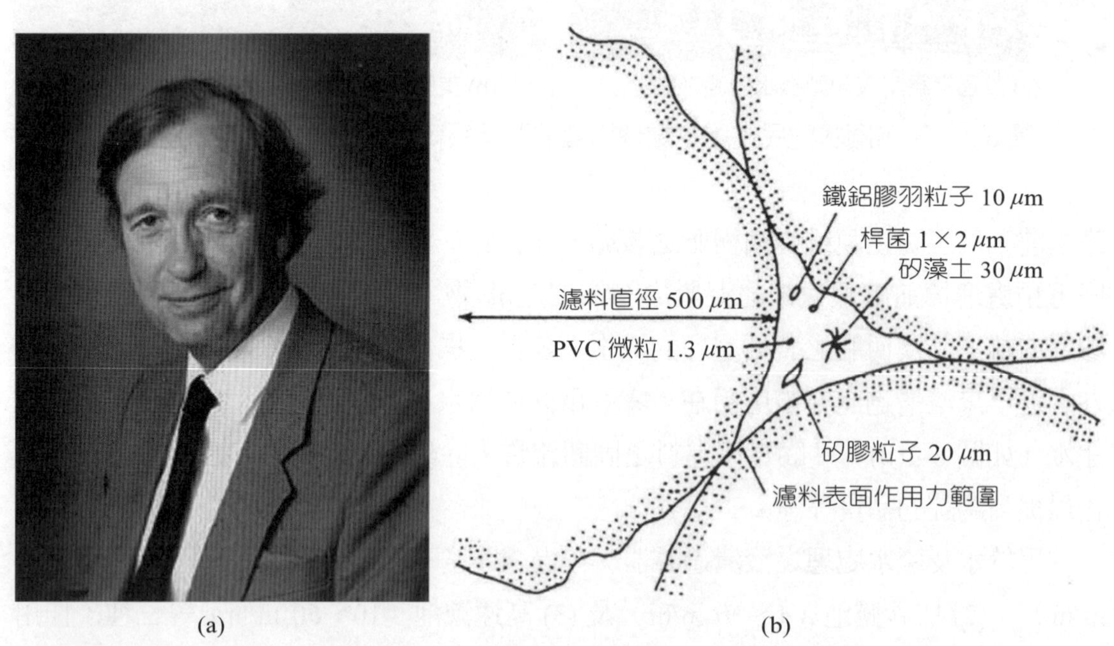

圖 6-3　(a) 英國 Ives 教授，(b) 濾床內濾料與粒子大小尺度示意圖（Ives, 1975）

異，若砂層的間隙爲 100 μm，則主要捕捉粒子大小通常約爲 10 μm，如圖 6-3(b) 所示。

懸浮粒子的去除不僅是受孔隙與粒子大小間之比例所影響，還涉及多種因素與過程。粒子的捕捉機制相當複雜，且這些機制是澄清過濾理論的核心，因此，在理論探討方面，需先針對粒子的捕捉機制進行分析，再基於對這些基本機制的了解，配合質量與動量的守恆定理，即可推演得一般澄清濾床的效能評估方程式。以下將首先針對澄清過濾中粒子捕捉機制作說明。

6.2.1　澄清過濾之粒子捕捉機制

澄清過濾程序中，濾料填充結構所形成之多變化孔道對流體流動、懸浮粒子的運動路徑、捕捉機制及能否通過濾床等結果都有相當的影響。懸浮粒子的去除與濾床的逆洗涉及多種因素與過程，其基本理論可依粒子所處的狀態分爲三類，即粒子的**輸送**（transport）、**附著**（attachment）與**脫附**（detachment）。

1. 粒子輸送機制（transport mechanisms）

在澄清過濾程序中，由於粒子在孔道中流動受不同作用力的影響，而後因各種力作用的效應不同，使粒子在濾床中的運動軌跡以不同型態呈現。粒子於孔道內輸送過程，其運動軌跡路線主要受流體的拉曳力、粒子本身的淨重力、粒子加速運動之慣性力及對小粒子影響較顯著的布朗運動擴散力與靜電吸引力所影響，如圖 6-4 所示。其中布朗運動擴散力僅對大小小於 1.0 μm 的粒子運動有影響，大部分粒子在輸送過程中主要還是受粒子本身的淨重力和流體的拉曳力而影響其運動軌跡。在輸送過程中，流體拉曳力會導引粒子隨著流體流動路線「隨波逐流」，但慣性作用及粒子本身的淨重力則會使粒子偏離流線，往重力方向向下偏移；而對於小於 1.0 μm 粒子有影響的布朗運動擴散力一樣會導致粒子偏離流線，但卻未必會往重力方向偏移，粒子的偏移路徑是隨機無方向性的。

2. 粒子附著機制（attachment mechanisms）

粒子於濾床中之運動軌跡受流場結構與作用力影響，而捕捉機制係依據粒子軌跡及濾料表面粒子作用力的分析歸納所得結果，因此捕捉機制也直接受到孔洞結構大小分布與粒子和濾料特性的影響。藉由觀察粒子運動軌跡與流線或濾床之關係，可以將粒子於濾床中被捕捉之機制歸類爲以下：(1) **篩截濾除**（straining）、

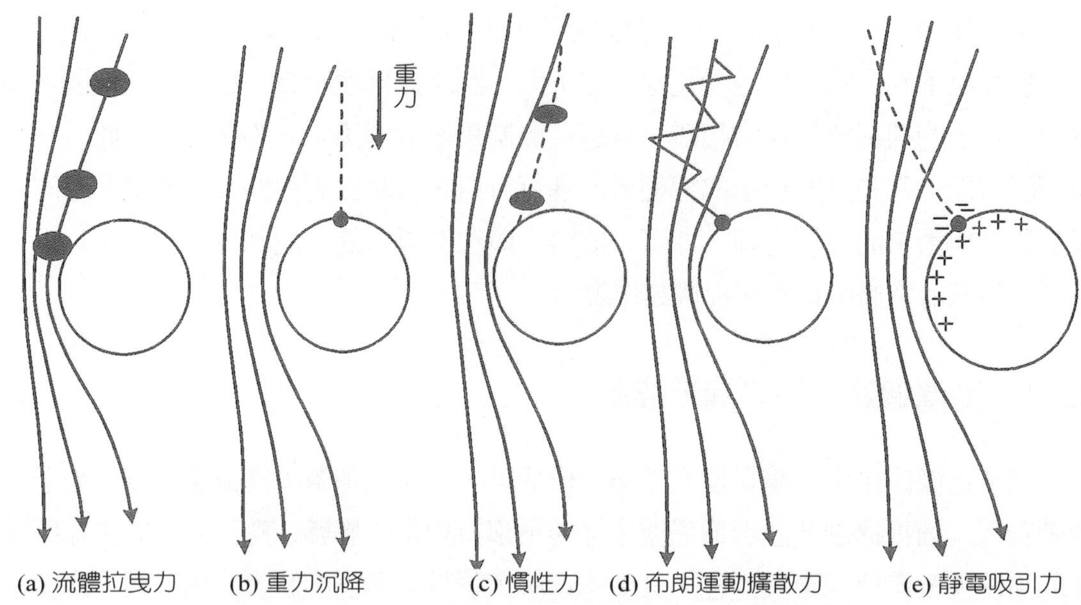

圖 6-4　澄清濾床中粒子輸送與捕捉機制示意圖

(2) **攔截捕捉**（interception）、(3) **重力沉降**（sedimentation）、(4) **慣性衝擊**（inertial impaction）、(5) **黏附吸著**（adhesion）、(6) **絮凝濾除**（flocculation）、(7) **化學吸附**（chemical adsorption）、(8) **物理吸附**（physical adsorption）或 (9) **生物覆生**（biological growth）等數種形式（Metcalf & Eddy, Inc., 2003），而粒子遭捕捉可能同時伴隨一至兩種捕捉機制所共同造成，如表 6-1 所列示。

(1) 篩截濾除（straining）

濾床中孔道大小變化相當大，一旦粒子進入濾床，將依循其所受作用力之合力方向運動。若行經之孔道小於粒子直徑或可通過之大小，此時粒子無論受任何作用力，都將被以**篩除機制**（straining）去除。

(2) 攔截捕捉（interception）

當粒子如圖 6-4(a) 所示，隨接近濾料之流線運動時，當粒子中心與濾料表面距離小於粒子半徑，粒子將遭濾料**攔截**（interception），依此機制被捕捉。這類的捕捉機制，會隨著濾料表面粒子附著量增加而增加。若攔截捕捉機制沒有伴隨著其他附著機制如**黏附吸著**（adhesion）或**物理化學吸附**（adsorption）的作用，則捕捉之粒子易遭隨後而來之粒子撞擊脫落。

表 6-1　澄清濾床中主要粒子捕捉機制

機制／現象		說明
(1) 篩截濾除	(a) 機械式篩除	粒子比過濾介質的孔道空間大，以物理篩除的方式去除。
	(b) 機率碰撞	粒子比過濾介質的孔道空間小，以機率碰撞的方式捕捉。
(2) 攔截捕捉		粒子沿著流線移動，當移動到與濾料表面相接觸時被捕捉。
(3) 重力沉降		在過濾器中，粒子因重力沉降在過濾介質上。
(4) 慣性衝擊		密度較大的粒子因慣性而脫離流線撞擊於濾料上。
(5) 黏附吸著		黏附吸著的作用主要是靠粒子與濾料表面的摩擦，當濾料表面夠粗糙，流體流過沉積粒子時，對粒子所造成的剪力小於摩擦力，則粒子可穩定黏著於濾料表面。
(6) 絮凝濾除		在過濾器中，會因孔道中速度梯度的不同而產生粒子的凝聚，使得粒子變大，進而受到上述所提到的各種移除機制所影響。
(7) 化學吸附	(a) 鍵結	當粒子與過濾介質表面或是其他粒子相接觸時，會發生化學吸附或是物理吸附的機制現象，或是兩者都有，進而產生捕捉粒子的效果。
	(b) 化學反應	
(8) 物理吸附	(a) 靜電力	
	(b) 電動力	
(9) 生物覆生		在過濾器中，若有生物的成長，會降低孔道的體積，增強以上步驟 1 到 5 的影響力增加粒子的移除效率。

(3) 重力沉降（sedimentation）

當粒子流經流速緩慢的區域，粒子本身因重量所受之重力與浮力達平衡時，根據適用於稀薄溶液之**史托克定律**（Stokes' law），粒子將以**終端速度**（terminal velocity），沿著平行重力方向運動，而當粒子於運動過程中遇到濾料就沉積於濾料表面上，這即爲如圖 6-4(b) 所示的**重力沉降**（sedimentation）捕捉機制。

(4) 慣性衝擊（inertial impaction）

粒子在孔道中沿流線帶動方向運動時，當流體運動方向驟變，粒子因速度較大或慣性質量較大而存在較大之運動慣性，導致無法於短時間內隨流體改變運動方向，而脫離流線沿粒子原先之慣性運動方向前進，稱之爲**慣性衝擊**（inertial impaction）。一般粒徑大於 5.0 μm 的粒子，慣性作用相當顯著，當粒子非常接近濾料表面時，將會於跳到另一流線之前即附著於濾料上，如圖 6-4(c) 所示。若慣性力非常大，粒子可能會遇到濾料後彈開，這些現象都屬慣性衝擊的影響。慣性衝擊不同於重力沉降者為沉降與粒子本身重量較直接相關，且粒子運動方向僅限於沿重力方向，慣性衝擊的作用除與粒子本身之慣性質量有關外，尚與流體拉曳速度與方向有關，影響粒子的慣性作用方向在粒子所受之合力方向，未必是重力方向。

(5) 黏附吸著（adhesion）

當粒子於孔道內之輸送過程中，因慣性衝擊、沉降或因與濾料表面距離小於粒子半徑而遭攔截時，粒子是否能穩定附著於濾料表面，端視濾料表面之粗糙度，粒子與濾料間是否有足夠之摩擦力讓粒子穩定附著。**黏附吸著**（adhesion）的作用主要是靠粒子與濾料表面的摩擦，當濾料表面夠粗糙，流體流過沉積粒子時，對粒子所造成的剪力小於摩擦力，則粒子可穩定黏著於濾料表面。隨著濾料面上之沉積粒子量增加，流體流動的孔道會逐漸縮窄，導致流速增快、對沉積粒子的剪應力增大，當流體對粒子所造成的剪力增大到大於最大靜摩擦力，沉積粒子即脫離濾料面，重回主流中。當大量粒子無法穩定黏著時，往往可以由出口端濾液突然變濁而得知，此時即所謂的**粒子貫穿現象**（breakthrough）發生。

(6) 絮凝濾除（flocculation）

在粒子輸送過程中，部分孔隙內之粒子與粒子會因為流體剪力作用而發生**絮凝**（flocculation）現象。此剪力絮凝作用增大了孔隙內粒子的結合機會，進而增大了孔隙內粒子團的粒徑，因此增加了粒子團被依上述 (1) 至 (4) 等四種捕捉機制所捕捉的機會。

(7) 物化吸附（adsorptions）

濾料表面對粒子的吸附作用可分為**物理吸附**（physical adsorption）與**化學吸附**（chemical adsorption）兩類。物理吸附作用包括靜電吸引力、凡得瓦吸引力及電雙層斥力等；化學吸附則包括鍵結作用力及表面化學反應等。此類捕捉機制為溶解性有機無機物及次微米級微粒的主要捕捉機制。次微米級微粒的捕捉主要是藉由物理吸附作用，而溶解性有機無機物的捕捉主要是靠化學吸附，有時候物理和化學吸附會同時發生捕捉效用。在一般環境下，粒子與濾料本身帶有相異電性，當粒子流動通過濾料時，若粒子也相當接近濾料，此時粒子與濾料間會存在一個相互吸引之作用力，此作用力若能抵過重力與流體之拉曳力作用時，粒子之軌跡將由流線脫離而吸附於濾料上，如圖 6-4(e) 所示。物理吸附中的靜電吸引力與凡得瓦吸引力的作用力總和會大於電雙層斥力，因此一般爲吸引作用。當外界環境之離子濃度改變或濾料表面附著過量**天然有機物**（natural organic material, NOM），由於濾料表面累積過多相同電荷，濾料表面對粒子的靜電排斥力將大於靜電吸引力，進而使得次微米粒子被捕捉的機率降低，這就是 Tien（1989）所謂的**表面不利粒子附著**（unfavorable surface condition）的現象。

(8) 生物覆生（biological growth）

一般水中存有各類的**天然有機物**（natural organic material, NOM）或**生物污染物**（biological contaminents），例如**黃腐酸**（fuvic acid）或**腐質酸**（humic acid）等。這些生物有機物會在濾料表面生長進而覆蓋濾料表面，使孔道縮小並改變濾料表面的電荷特性。對於粒徑大於 5.0 μm 的粒子，由於生物有機物的附著而導致孔道縮小，可增加上述 (1) 至 (5) 等捕捉機制發生的機率，進而增加大粒子被捕捉的機會；對於粒徑小於 1.0 μm 的粒子，由於生物有機物的附著而導致濾料表面的電荷改變，累積了相當多的同電荷離子，使得上述第 (7) 類捕捉機制中，濾料面的排斥力大於吸引力，產生所謂的表面不利粒子附著的現象，降低次微米粒子的捕捉效率。

3. 粒子脫附機制（detachment mechanisms）

澄清濾床內除粒子的輸送與附著外，粒子的脫附是另一類常見的現象。在過濾操作階段，一般不希望粒子脫附發生；但在逆洗操作階段，則反而希望粒子容易脫附。在澄清過濾操作中，粒子的脫附主要是由於水流經孔道所造成的**黏性拉曳力**（viscous drag）會對沉積粒子產生剪應拉力所致。如果**鍵結**（bonding）的力量很薄弱，粒子或**粒子團**（aggregates）將可能會從濾料表面脫附。此外，當孔洞的大小因沉積物的增加而縮小，孔洞內的水流速度也會隨著剪應力的增加而增加，此高剪應力將導致沉積粒子發生脫附的現象，特別是當瞬間流量增加的情況發生時，或是當我們進行**逆洗程序**（backwash）時。同時，當流動粒子與沉積粒子發生碰撞，也會造成輕微的脫附現象。此種脫附機制只有當孔洞被大量的沉積物**堵塞**（clogged）時才會變得特別明顯。

由以上之澄清濾床內的粒子輸送、附著與脫附分析，可歸納得知：

(1) 澄清濾床之過濾效率與帶去除之粒子大小、密度及形狀有關。

(2) 較大的濾料表面積（即較小的濾料直徑）及不規則形的濾料，過濾效率較高。

(3) 提高操作濾速會降低粒子補集效率。

(4) 適度提高水溫可降低黏度，增加補集效率。

(5) 對於密度大的大粒子，因受重力影響大，向下過濾操作比向上操作的效率高，但操作方向對於受布朗運動擴散力與流體拉曳力大的小粒子影響不大。

6.2.2 澄清過濾的基本過濾方程式

澄清過濾過程中，稀薄懸浮液通過高厚度之濾床，使懸浮顆粒附著於濾床內以獲致澄清濾液，濾床的粒子附著量與壓降會隨著操作時間的增加而增加，故澄清過濾程序爲一隨時間變化之**非穩態**（unsteady state）程序。理論分析時除濾床內粒子濃度變化之**連續方程式**（continuity equation）外，尚需考慮描述粒子附著率之**速率方程式**（rate equation）及估算壓降變化之**阻力方程式**（resistance equation）才完整。

1. 澄清過濾之連續方程式（continuity equation）

當稀薄懸浮液通過填充均勻濾料之等截面積圓柱型濾床時，若假設流體流動爲單一軸向之栓流（plug flow）且懸浮顆粒僅隨流體流動之單一軸向運動，**無軸向或徑向分散效應**（axial or radial dispersion effects），則圖 6-5 所示之澄清過濾床內稀薄懸浮濃度 c 隨濾床深度 z 與過濾時間 t 之變化之粒子質量守恆關係可表示

$$\frac{\Delta\sigma}{\Delta t}A\Delta z = Au_s c - Au_s\left(c + \frac{\Delta c}{\Delta z}\Delta z\right) \tag{6-1}$$

式中，σ 之物理意義爲單位濾床體積 $\Delta V(= A\Delta z)$ 內之粒子附著體積，又稱**比附著量**（specific deposit），u_s 爲濾床之**表面流速**（superficial velocity），對 Δz 取極限得

$$\frac{\partial\sigma}{\partial t} = -u_s\frac{\partial c}{\partial z} \quad \text{或} \quad \frac{\partial\sigma}{\partial t} + u_s\frac{\partial c}{\partial z} = 0 \tag{6-2}$$

上式爲描述澄清濾床內粒子沉積與懸浮液濃度變化最基本的連續方程式。其中等號左邊第一項的物理意義是單位時間內某一濾床位置之粒子附著量變化，其值等於等號右邊（或第二式中之第二項）所表示之單位濾床厚度內懸浮液濃度的變化。對一

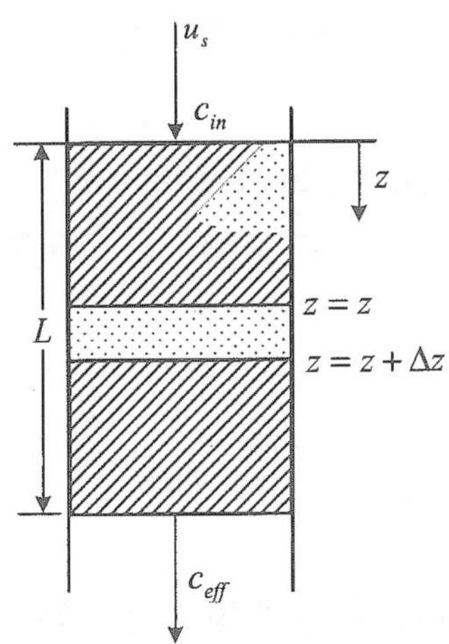

圖 6-5　澄清濾床中粒子質量平衡分析系統圖（Tien, 1989）

般的澄清過濾系統，可採以下起始條件與邊界條件進行解析：

$$c = 0, \sigma = 0 \quad 當 \quad z \geq 0, t \leq 0 \tag{6-3a}$$

$$c = c_{in} \quad 當 \quad z = 0, t > 0 \tag{6-3b}$$

2. 懸浮粒子沉積速率方程式（rate equation）

澄清過濾基本連續方程式（6-2）中有兩個變數，必須引進另一條理論或經驗式方能求解。1937 年日本學者 Iwasaki 根據慢砂過濾的實驗數據提出一條懸浮液濃度隨濾床深度變化之對數形式經驗式：

$$\frac{\partial c}{\partial z} = -\lambda c \tag{6-4}$$

式中 λ 爲**濾器特性係數**（filter coefficient），單位爲長度的倒數，λ 值越大表澄清效率越高。此式僅適用於潔淨濾床，當過濾操作一段時間後，λ 值會隨時間改變，爲時間的函數，但與懸浮液濃度互爲獨立變數。將式（6-4）積分可得過濾初始階段，濾床內之濃度分布爲指數遞減分布形式：

$$c = c_{in} \exp(-\lambda_o L) \qquad (6\text{-}5)$$

式中 λ_o 爲**潔淨濾器特性係數**（clean filter coefficient），其值一般約爲 1～10 m^{-1}。將式（6-4）代入連續方程式（6-2），可得懸浮粒子沉積**速率方程式**（rate equation）爲

$$\frac{\partial \sigma}{\partial t} = \lambda u_s c \qquad (6\text{-}6)$$

式（6-5）顯示粒子的沉積速率爲懸浮液濃度之一階函數。英國倫敦大學 Ives 教授於 1969 年針對濾器特性係數進行一系列相關影響因素之研究，獲得以下估算通式（1975）：

$$\frac{\lambda}{\lambda_o} = \left(1 + \frac{b\beta\sigma}{\varepsilon_o}\right)^{n_1} \left(1 - \frac{\beta\sigma}{\varepsilon_o}\right)^{n_2} \left(1 - \frac{\beta\sigma}{\sigma_u}\right)^{n_3} \qquad (6\text{-}7)$$

式中，σ_u 爲 $\lambda = 0$ 時濾床可能達到之**最終**（ultimate）比附著量，ε_o 爲潔淨濾床之孔隙度，b 爲實驗決定常數，n_1、n_2、n_3 爲需由實驗決定之待定指數常數；β 值乃用以修正理想單一沉積粒子與眞實沉積粒子團間對濾床孔隙度減小之影響的差異，若沉積於濾料上之粒子團孔隙度爲 ε_d，則 β 可表示如下：

$$\beta = \frac{1}{1 - \varepsilon_d} \qquad (6\text{-}8)$$

故隨著過濾進行，不同過濾時間 t 下遭粒子沉積後之眞實濾料床孔隙度 ε_t 爲

$$\varepsilon_t = \varepsilon_o - \beta\sigma = \varepsilon_o - \frac{\sigma}{1 - \varepsilon_d} \qquad (6\text{-}9)$$

若 λ_o、σ_u、ε_d、b 及 n_1、n_2、n_3 等常數由實驗得知，則可利用式（6-2）、（6-6）及（6-7）等式，配合式（6-3a）及（6-3b）之起始與邊界條件，針對懸浮液中粒子濃度隨濾床深及過濾操作時間變化情形進行分析，以估算**放流**（effluent）濃度 C_{eff} 隨

時間變化情形。

3. 澄清過濾之阻力方程式（resistance equation）

澄清濾床效能另一重要指標爲**壓降**（pressure gradient），或稱**水頭損失**（headloss）。澄清過濾的壓降來源估算包括潔淨濾床壓降與沉積粒子所產生之壓降等兩部分：

$$\frac{-\Delta P_T}{L}=\frac{-\Delta P_o}{L}+\sum_i^n\left(\frac{-\Delta P_i}{L_i}\right)_t \qquad (6\text{-}10)$$

式中 ΔP 之下標 T 代表總壓降合、o 代表潔淨濾床壓降、i 代表總層數爲 n 層之濾床內第 i 層濾料之壓降，下標 t 代表在過濾時間爲 t 的時刻。若改以水頭損失表示，可將式（6-10）乘以 $L/\rho g$ 而得下式：

$$H_T=H_o+\sum_i^n(H_i)_t \qquad (6\text{-}11)$$

其中 H 即代表濾床的水頭損失，單位爲 m，式中下標意義則與式（6-10）同。

對於**未層化**（unstratified）的單濾料潔淨濾床，亦即其濾料粒徑由濾床表面至濾床底部皆一樣大小。此類潔淨濾床之壓降，在低雷諾數範圍（$\mathrm{Re}_g<10$）可採 Carman-Kozeny 方程式估算：

$$\frac{-\Delta P_o}{L}=150\frac{\mu\cdot u_s}{(\phi_g d_g)^2}\frac{(1-\varepsilon_o)^2}{\varepsilon_o^3} \qquad (6\text{-}12)$$

式中 d_g 爲濾料之直徑，ϕ_g 爲濾料之球形度，其值約爲 0.72～0.95 之間；μ 爲懸浮液之黏度。此濾料顆粒之雷諾數定義爲

$$\mathrm{Re}_g=\frac{\rho\cdot d_g\cdot u_s}{\mu} \qquad (6\text{-}13)$$

在高雷諾數範圍（$\mathrm{Re}_g>1{,}000$）可採 Burke-Plummer 方程式估算：

$$\frac{-\Delta P_o}{L}=1.75\frac{\rho\cdot u_s^2}{(\phi_g d_g)}\frac{(1-\varepsilon_o)}{\varepsilon_o^3} \tag{6-14}$$

當雷諾數範圍介於以上兩者之間時（$10 < Re_g < 1{,}000$）可採 Ergun 方程式估算：

$$\frac{-\Delta P_o}{L}=150\frac{\mu\cdot u_s}{(\phi_g d_g)^2}\frac{(1-\varepsilon_o)^2}{\varepsilon_o^3}+1.75\frac{\rho\cdot u_s^2}{(\phi_g d_g)}\frac{(1-\varepsilon_o)}{\varepsilon_o^3} \tag{6-15}$$

以上式（6-12）、（6-14）及（6-15）適僅用在未層化之單濾料潔淨濾床的壓損估算，對於**層化**（stratified）的潔淨濾床，亦即濾料粒徑由濾床表面至濾床底部存在大小不同分布，可採 Rose 方程式估算（Rose, 1945）：

$$\frac{-\Delta P_o}{L}=\frac{1.067}{\phi_g}\frac{\rho\cdot u_s^2}{\varepsilon_o^4}\sum C_D\frac{p}{d_g} \tag{6-16}$$

其中 p 爲平均濾料直徑爲 d_g 之濾料顆粒的篩析質量分率；**拉曳係數**（coefficient of drag）C_D 可以下式估算：

$$C_D=\frac{24}{Re_g}+\frac{3}{\sqrt{Re_g}}+0.34 \tag{6-17}$$

隨著過濾進行，濾床的孔隙度會因粒子的沉積而逐漸變小，而壓降則隨著粒子的比附著量 σ 增加或過濾時間增長而增大。對於受污之實際濾床壓降，各層濾料床因粒子沉積而損失之壓降總合，可以引進一代表整個濾床之粒子附著難易參數 k_d 與其他操作變數 u_s、c_{in}、t 相關聯來估算，如下式所示：

$$\sum_i^n\left(\frac{-\Delta P_i}{L_i}\right)_t=k_d\beta u_s c_{in}t \tag{6-18}$$

k_d 爲另一新增之實驗待定常數，此估算濾料床壓降方法需徒增一實驗待定常數。另一簡單的估算方式可以將式（6-10）等號右邊第二項視爲因粒子沉積而減少之濾床孔隙度 $\beta\sigma$ 所造成的影響，將遭粒子沉積污染後之眞實濾床孔隙度 ε_t $(=\varepsilon_o-\beta\sigma)$ 代入式（6-11）取代潔淨濾床孔隙度 ε_o，直接以一個式子估算得澄清過濾的總壓

降 $-\Delta P_T$，如下式所示：

$$\frac{-\Delta P_o}{L}=150\frac{\mu\cdot u_s}{(\phi_g d_g)^2}\frac{(1-\varepsilon_t)^2}{\varepsilon_t^3}+1.75\frac{\rho\cdot u_s^2}{(\phi_g d_g)}\frac{(1-\varepsilon_t)}{\varepsilon_t^3} \qquad (6\text{-}19)$$

因此，若（ϕ_g、k_d、β）或（ϕ_g、ε_t、β）等常數可分別由實驗得知，則可利用式（6-10）或（6-13），估算得濾床總壓降 $-\Delta P_T$ 隨過濾進行之變化情形。

6.3　澄清過濾的種類

由於濾量與品質之要求，用於澄清過濾之濾器可依濾速差異、作用力來源的不同、過濾流向的差異與濾料填法來區分。以下分別說明數種類型：(1) 按過濾速率不同可分爲：慢砂濾池（< 0.4 m/hr）、快砂濾池（4～10 m/hr）及高速濾池（10～60 m/hr）等三種；作用力來源有重力（水頭爲 4～5 m）和壓力（水頭爲 15～25 m）兩種；(2) 依過濾流向可分爲下向流、上向流、雙向流及徑向流等四種；依濾料的組成可分爲：單濾料濾床、雙濾料濾床及多濾料濾床等三種。一般的濾料有**石英砂**（sand）、**無煙煤**（anthracite）、**柘榴石**（garnet）及其他**磁鐵礦**（magnetite）等顆粒，在單濾料濾池多採用石英砂或無煙煤。

6.3.1　依過濾速率分類

1. 慢砂過濾（slow sand filter）

典型的慢砂過濾是由 1～1.3 m 未層化之石英砂層所構成，其濾料之有效粒徑介於 0.15～8.4 mm 而濾速操作在 2～5 $m^3/m^2\cdot day$，此種濾器通常是以**表面篩除**（surface sieving）的機制去除粒子。

2. 快砂過濾（fast sand filter）

快砂過濾是由有效粒徑 0.45～0.55 mm 之石英砂，堆積成深度 0.7～1 m 之濾床。操作濾速範圍在 1.4～2.8 $m^3/m^2\cdot s$。

6.3.2 依濾料組成分類

1. 單濾料澄清濾器（deep mono-media filter）

濾床高度約爲 1.22～1.83 m，濾料平均粒徑約 0.5～6 mm。一般若欲維持此類濾器之有效操作，進料前需經前處理的步驟。如圖 6-6(a) 所示，傳統單濾料澄清濾器之粒子捕集區多落在濾料層表層。

2. 雙濾料與三濾料之高濾速濾器（dual-media/mutiple-media high-rate filter）

如圖 6-6(b) 比較所示，多濾料濾池較傳統之單濾料濾器有更多的粒子捕集床深區域，這些區域多半落在不同濾料層的交界面，且多濾料濾池有更高的粒子捕集效率。一般的雙濾料濾器係由 0.46～0.61 m 之無煙煤與 0.3 m 的石英砂層所構成，濾速 2.8～4.2 $m^3/m^2/s$ 略高於快砂過濾且甚高於慢砂過濾，有時甚至可達 6.8×10^{-3} $m^3/m^2/s$ 以上。若於雙濾料濾器中加有效粒徑 0.2～0.3 mm 之柘榴石底層，即所謂三濾料濾器。圖 6-7 所示爲三濾料濾器內延濾器深度之各類濾料分布百分比圖，無煙煤、石英砂及柘榴石依比重之不同分別分布於濾器之表層、夾層與底部。

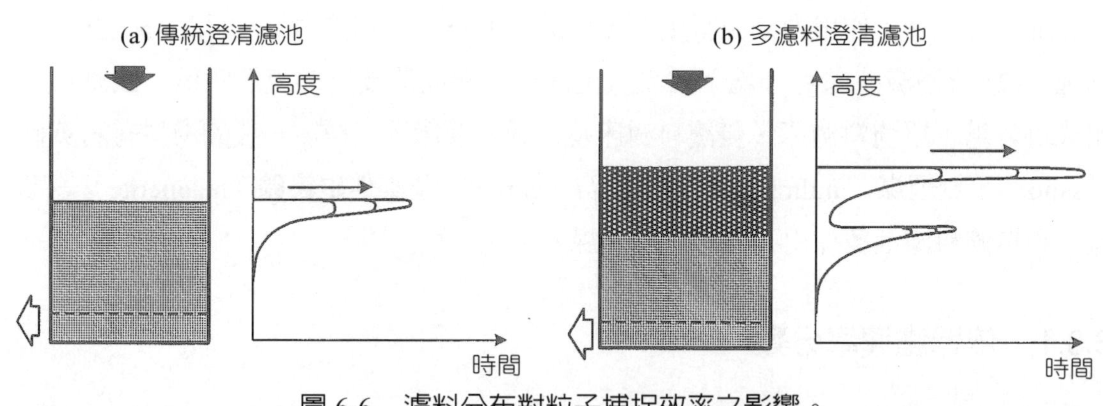

圖 6-6　濾料分布對粒子捕捉效率之影響。

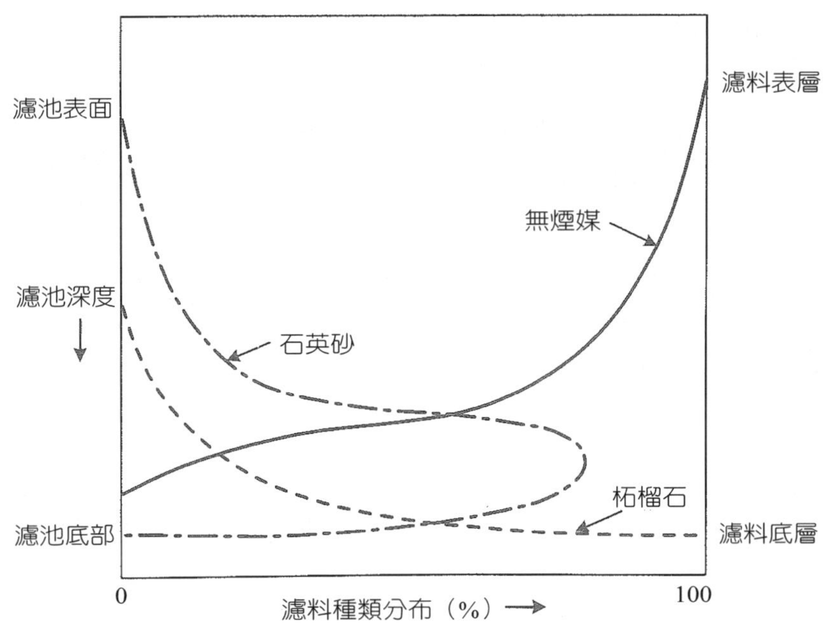

圖 6-7　多濾料澄清濾池之濾料分布示意圖

6.4　澄清過濾用濾料的選擇

澄清過濾濾床內的濾料選擇種類相當廣泛，但必須符合幾個基本要求：不易溶解於流體中、不易因粒子碰撞而碎裂，且不影響濾液之滲出物之性質。其形式分別有**粒狀濾料**（granular）及**纖維濾料**（fiber）。

6.4.1　澄清過濾用濾料的種類

常用的粒狀濾料材質有石英砂、無煙煤、柘榴石、磁鐵礦、白雲石粒、花岡岩粒以及聚苯乙烯發泡塑料球等，其中以石英砂應用最廣。砂的機械強度大，相對密度 2.65 左右，在 pH 值在 2.1～6.5 的酸性水環境中，化學穩定性好，但水呈鹼性時，有溶出現象。無煙煤的化學穩定性較石英砂好，在酸性、中性和鹼性環境中都不溶出，但機械強度稍差，其密度因產地不同而有所不同，一般爲 1.4～1.9。大密度濾料常用於多層濾料濾池，其中柘榴石和磁鐵礦的相對密度大於 4.2。表 6-2 列示了四種最常用之濾料的基本特性比較及其個別特殊優點。

表 6-2　各種濾料的特性

濾料特性	無煙煤	石英砂	柘榴石	磁鐵礦
濾料比重	>1.4	2.55～2.65	>4.2	>4.2
有效粒徑（mm）	0.70～0.75	0.45～0.70	0.2～0.6	0.95-1.0
均勻係數	≅ 1.10	1.20～1.65	1.50～1.75	1.55～1.75
耐酸性（鹽酸溶率）	< 1.5%	< 3.5%	< 5.0%	
磨損率（%）	< 1.0%	< 3.0%		
耐熱性		強熱下，減少量 < 0.7%		佳
特殊優點	品質好	質地堅硬、均勻	不純物少	不純物少

6.4.2　澄清濾器內濾料大小之選用考量

進行濾器內濾料之配置選用考量時，濾料的**粒徑**（grain size）和**級配**（gradation）應考慮懸浮顆粒的大小和去除效率要求。粒徑表示濾料顆粒的大小，通常指能把濾料顆粒包圍在內的一個假想的球體的直徑。級配表示不同粒徑的顆粒在濾料中的比例，濾料顆粒的級配關係可由篩分試驗求得：取一定濾料試樣，置於105℃的恆溫箱中烘乾，準確稱量後置於一組分樣篩中過篩，最後稱出留在每一篩上的顆粒重量。以通過每一篩孔的顆粒重量占試樣總重量的百分數爲縱座標，以對應的篩孔孔徑爲橫座標作圖，可繪得濾料級配曲線。

根據級配曲線，可以確定濾料的**有效粒徑**（effective size）和**均勻係數**（uniformity coefficient）兩個參數。有效粒徑表示通過 10% 濾料質量的篩孔直徑，記作 d_{10}。圖 6-8 中，一般濾砂的 d_{10} 爲 0.65 mm，無煙煤的 d_{10} 爲 1.4 mm，d_{10} 表示小濾料的粒徑。實驗發現，若濾料的 d_{10} 相等，即使其級配曲線不一樣，過濾時產生的水頭損失仍舊相近。由此可知，主要產生過濾作用的有效部分正是顆粒小於 d_{10} 的那些顆粒，故將 d_{10} 稱爲有效粒徑。同樣地，以 d_{60} 表示通過 60% 濾料質量的篩孔直徑，即濾料中粗顆粒的代表性粒徑。定 d_{60}/d_{10} 爲濾料不均勻係數 K_{60}。不均勻係數反應濾料顆粒大小的差別程度，K_{60} 越大，濾料越不均勻。如果採用不均勻係

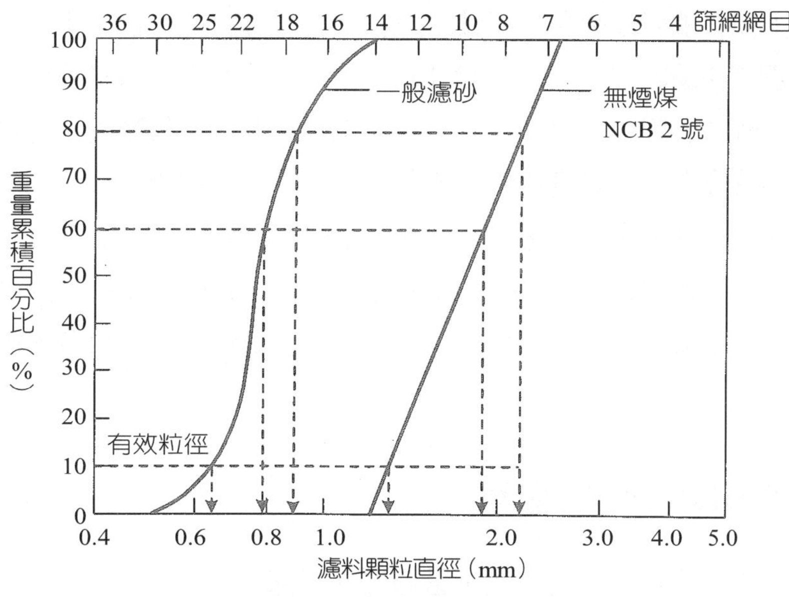

圖 6-8　濾料顆粒直徑累積分布曲線圖

數很大的濾料，在逆洗時，可能出現大顆粒沖不動，小顆粒隨水流失的現象。在逆洗後可能形成小顆粒填充在大顆粒的孔隙裡，使孔隙率和含污能力減小，水頭損失增大。反之，如果採用不均勻係數較小（極限值爲 1）的濾料，則篩分困難。快砂濾器一般採用 $d_{10} = 0.6 \sim 0.8$ mm，$K_{60} = 1.3 \sim 1.7$ 的濾料。商業產品中也有規定最大和最小兩種粒徑之較爲簡便的方法來表示濾料的規格。

由於濾料顆粒大小形狀不一，進行水力計算時，常以當量粒徑 d_e 來代表粒徑的大小，在數學上稱爲調和平均值，可按下式計算：

$$d_e = \frac{p_1 + p_2 + \ldots + p_n}{\frac{p_1}{d_1} + \frac{p_2}{d_2} \ldots + \frac{p_n}{d_n}} = \frac{\sum p_i}{\sum \frac{p_i}{d_i}} = \frac{1}{\sum \frac{p_i}{d_i}} \tag{6-20}$$

其意義是將篩分曲線分爲若干段，在粒徑 d_{i1} 和 d_{i2} 之間取其平均值 d_i，相應於 d_{i1} 和 d_{i2} 之間的顆粒質量分率爲 p_i（以小數表示）。d_e 與平均粒徑 d_{50} 的數值接近。

濾層的含污能力和過濾效果取決於濾料粒徑外，還與濾層厚度有關，即決定於濾層厚度和濾料粒徑的比例 L/d_e。L/d_e 的值越大，去除率也越高，因爲 L/d_e 值與單位過濾面積上濾料總表面積和顆粒數目成正比。所需的 L/d_e 值因水質、濾速、去除率及要求的過濾持續時間而異。在設計條件給定的情況下，濾料濾徑和濾層厚度應當根據過濾方程式和阻力公式計算。但是，迄今這些數學模型尙不完備，L/d_e 需由實驗確定。根據商業化濾器實測的 L/d_e 值，可用於一般的濾料設計。對於經凝聚處理的天然水或沉澱池出水，在濾速 4～12.5 m/h 的範圍內，爲確使 60～90% 的油分開去除率，濾層 L/d_e 值應大於 800。當進水含懸浮物量較大時，宜用濾徑大，厚度大的濾料層，以增大濾層的含污能力；如含懸浮物量較小，宜用粒徑小，厚度大的濾料層。

6.4.3 澄清濾器內濾料之配置

濾器內濾料的選擇與配置直接影響濾器的過濾效能。表 6-3 列出了普通濾料池之**粒狀濾料**（granular）組成。單濾料濾池所使用的濾料有石英砂或無煙煤，一般的雙濾料濾器係由 0.46～0.61 m 之無煙煤與 0.15～0.3 m 的石英砂層所構成，若於雙濾料濾器中加有效粒徑 0.2～0.3 mm 之柘榴石底層，即所謂三濾料濾器，以下將分別說明之。

表 6-3 各類澄清濾池之濾料特性及選用考量

濾料（比重）	特性（單位）	單濾料濾池 範圍（常採用值）		雙濾料濾池 範圍（常採用值）	多濾料濾池 範圍（常採用值）	
無煙煤（1.50）	填料深度（mm）	610～760 (685)		460～610 (610)	420～530 (450)	400～510 (420)
	有效粒徑（mm）	0.70～0.75 (0.75)		0.9～1.1 (1.0)	0.95～1.0 (1.0)	0.80～1.0 (1.0)
	均勻係數	<1.75 (<1.75)		1.6～1.8 (1.7)	1.55～1.75 (<1.75)	1.55～1.75 (<1.75)
石英砂（2.65）	填料深度（mm）		610～760 (685)	150～305 (200)	150～230 (200)	150～230 (230)
	有效粒徑（mm）		0.35～0.70 (0.60)	0.45～0.55 (0.5)	0.45～0.55 (0.50)	0.45～0.65 (0.50)
	均勻係數		<1.7 (<1.7)	1.5～1.7 (1.6)	1.5～1.65 (1.6)	1.5～1.65 (1.6)

表 6-3　各類澄清濾池之濾料特性及選用考量（續）

濾料（比重）	特性（單位）	單濾料濾池 範圍（常採用值）		雙濾料濾池 範圍（常採用值）	多濾料濾池 範圍（常採用值）	
柘榴石（4.13）	填料深度（mm）				75～115 (100)	
	有效粒徑（mm）				0.20～0.35 (0.20)	
	均勻係數				1.6～2.0 (<1.6)	
磁鐵礦（4.75）	填料深度（mm）					75～100 (75)
	有效粒徑（mm）					0.25～0.5 (0.3)
	均勻係數					1.6～2.0 (<1.6)

1. 單層濾器內之濾料配置

單層濾料濾池在逆洗後由於水力篩分作用，使得沿過濾水流方向的濾料濾徑逐漸變大，形成上部細、下部粗的濾床（如圖 6-9(a)）。孔隙尺寸及含污能力也是從上到下逐漸變大。在下向流過濾中，水流先經過粒徑小的上部濾料層，再到粒徑大的下部濾料層。大部分懸浮物截流在床層上部數厘米深度內，水頭損失迅速上升，而下層的含污能力未被充分利用。理想濾濾料排列應是沿水流方向由粗到細。爲了解決實際濾池與理想濾池的差異，可改變過濾水流方向，即原水改由自下向上穿過濾層。但是濾料下層所截流的懸浮物在逆洗時難以排除，而且反向速濾應比正向速率小得多。濾速過大，濾層會流化，過濾效果變差。採用雙向進水，中部出水的辦法可以提高上流式濾池的濾速，但下層濾料仍然難以沖洗乾淨，且結構和操作較複雜。

2. 雙層或多層濾器內之濾料配置

在砂層上部放置粒徑較大、密度較小的輕質濾料，如無煙煤粒、陶粒或塑料珠等，在砂層下部放置粒徑較小、密度較大的重質濾料，如柘榴石、磁鐵礦石等。雖然各濾料層內部仍是粒徑從上到下逐漸變大，但從整體看，水流經過由大到小的顆粒層。濾料層數越多，越接近理想濾池（見圖 6-9(b) 與圖 6-9(c)）。事實證明，多

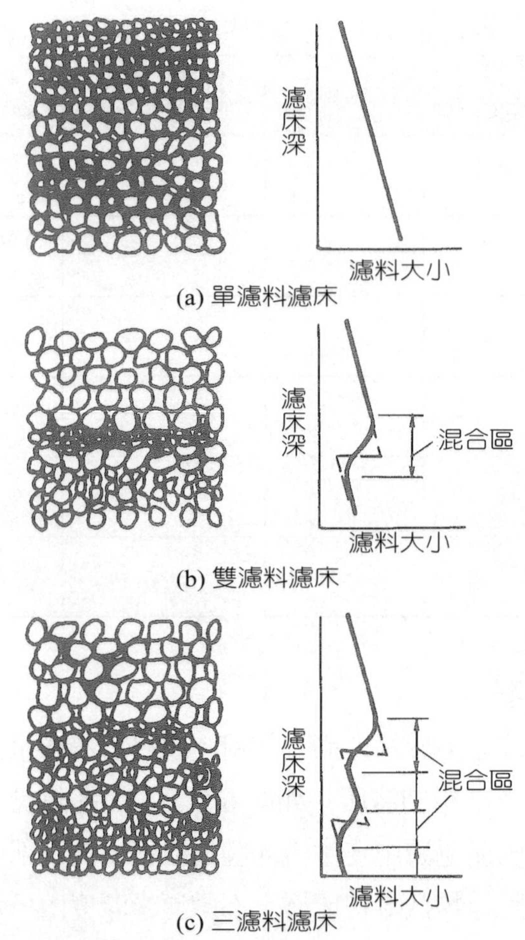

圖 6-9　各種濾料濾床內的濾料大小配置（Metcalf & Eddy, Inc., 1991）

層濾料濾池的含污能力比單層濾料濾池的含污能力提高 2～3 倍，過濾週期延長，濾速提高，出水水質好。但在實際應用中，多層濾池容易發生濾料混層和流失。濾料加工複雜，來源有限，因此，濾料層數一般不超過三層，且須考量濾料之沉降速度，防止逆洗流失。一般濾料之沉降速度值與濾料粒徑關係列示於圖 6-10。

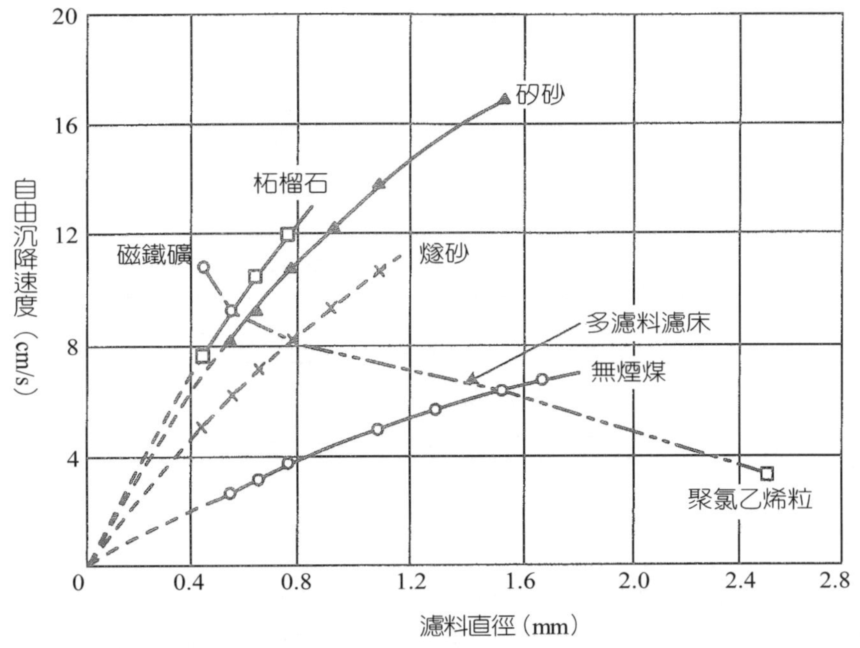

圖 6-10　濾料之種類、大小及沉降速度（Ives, 1990）

6.5　澄清過濾裝置之操作

澄清過濾爲稀薄懸浮泥漿通過高厚度之粒狀濾料床或纖維濾床，使懸浮顆粒附著於濾床內，以獲致澄清濾液之固液分離程序。而隨著過濾的進行，濾床會逐漸堵塞，操作一段時間後必須進行逆洗以維持一定的效能。因此，澄清過濾操作是一個過濾與逆洗交替進行的固液分離過程。

圖 6-11 所示爲過濾操作過程中之出水水質與濾床壓降變化情形，當濾床之壓降因截留粒子的累積而增加到容許上限時，或出水的懸浮液濃度高於容許上限時，濾床就必須進行逆洗。一般的逆洗時機取決於出水水質或濾床壓降達容許上限時，任一者先到就需進行逆洗操作。如果兩個容許上限的到達時機，恰巧操作在同一時刻到達，此操作條件即所謂的**最適操作**（optimized operation）。Mints（1969）研究指出，對於現已運轉中的澄清濾器，要調整操作參數以獲致最適操作的有效方式爲於原水中加入**聚電解質**（polyelectrolyte）溶液，以改變懸浮顆粒大小的方式，來控制

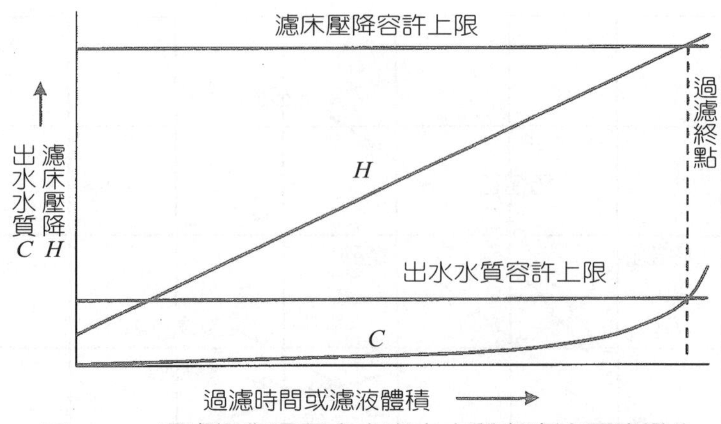

圖 6-11　過濾操作過程中之出水水質與濾床壓降變化

出水水質或濾床壓降的變化，使此兩者的操作曲線（如圖 6-11 中之 C 曲線與 H 曲線）於同一時刻達到容許極限。以下將分別針對澄清濾床之過濾階段與逆洗階段操作來說明各操作中所需注意的事項，及常見的操作問題與因應對策。

6.5.1　過濾階段之操作

在澄清過濾的過濾操作階段，濾速的變化及控制是最重要的課題。由於過濾操作過程中，濾層的阻力隨堵塞程度的逐漸增加而不斷增大，導致濾速逐漸衰減。為了維持恆定的操作濾速，需設置流量調節裝置，以保持進出水量的平衡，防止因水位過低而導致濾層之濾料外露，或水位過高而溢流。常採用的過濾操作方式有：(1) 定水頭式（fixed head）恆率（constant rate）操作、(2) 變水頭式（variable head）恆率操作及 (3) 變水流速率式（variable rate）操作。表 6-4 列出了一般濾料池的過濾操作濾速範圍。

表 6-4　各類澄清濾池之過濾操作濾速範圍

常用濾速單位	單濾料濾池 範圍（常採用值）	雙濾料濾池 範圍（常採用值）	多濾料濾池 範圍（常採用值）
gpm/ft^2	2～5(4)	3～8(5)	4～10(6)
$L/m^2/s$	1.36～3.40(2.72)	2.04～5.44(3.40)	2.72～6.80(4.08)
$L/m^2/min$	80～240(120)	80～400(200)	80～400(200)
m/h	4～12(10)	4.8～24(12)	4.8～24(12)

1. 定水頭式恆率操作

定水頭式（fixed head）恆率操作的濾速恆定控制方式為在濾池的出水口設置出水控制閥。過濾操作初期，由於待過濾的濾層處於比較乾淨的狀態，因此推進的速度相當的快，當過濾程序持續進行，阻力也會不斷增強，為了保持流速的穩定，必須調整出水閥使其開口逐漸加大，以便使總阻力和出水量維持不變。換言之，操作初期的出水閥開口是較為狹小的狀態，這時候的水頭會消耗在出水閥上；隨著過濾時間拉長，濾池中的截留懸浮物增加造成阻力上升，為使濾速維持一致，方式之一就是藉著控制出水閥開口使得流量增大。在過濾操作的尾聲，也就是出水閥的開口已經全開的狀況，整個過濾能力可說是到達極限，此時就要準備停止繼續過濾的進行了，否則將因為無法再加強有效壓力而使得過濾速度開始下降。

2. 變水頭式恆率操作

另一種恆率過濾的控制方式，是所謂的**變水頭式**（fixed head）恆率操作，濾速恆定控制方式為在濾池的進水端和出水閥設置進水堰室和出水堰室。進水堰室是一個調節的機制，藉由它可以將進水量平均分配給每一個濾池。在過濾進行當中，個別濾池的水位會因阻力而漸漸的上升，當到達指定的水位時，進水堰室將停止對該濾池供水，然後開始逆洗；若該濾池又再度開始執行過濾功能，此時水位也會隨之下降，直到供應的水頭和該濾池的過濾能力達成恆速過濾的條件。相較於直接控制出水閥來調整濾速，進水堰室的調節方式可以讓整體的流速呈現穩定的狀態，進而提高過濾的品質。

3. 變水流速率式操作

在變濾速過濾方面，進水管的位置安排在出水槽的下方，當濾池的水位低於排水槽時，濾速是恆定的；當濾池水位高於排水槽時，此時呈現的是減速過濾。就一組過濾系統而言，各濾池的水位大致是相同的，若是其中某濾池的阻力上升，濾速降低，由於進水量會重新分配在其他的濾池中，那麼其他濾池的水位將會升高，從而分擔該濾池的負擔。再者，隨著濾層阻力的加大，濾速將因而降低，除濾層外的其餘部分所承受的壓力也逐漸降低；整體來看，整個濾速的變化是由高變低，緩慢下降；相較於恆速過濾，這樣的控制方式所需要的濾池深度相對較小。出水堰頂的設計條件方面，為了不發生濾床脫水、濾層龜裂、偏流和受進水沖刷的問題干擾，以及產生負水頭的情況，出水堰頭必須要設置在濾層上方。當出水的濃度或是水頭損失達到設定值時，過濾的階段即可宣告終止，準備開始濾池的逆洗工作，如圖 6-11 所示。

6.5.2 逆洗階段之操作

濾層逆洗的目的是清除截留於濾料孔隙內的懸浮物，以恢復其過濾功能。一個澄清濾床是否能正常運轉，端賴於有效的逆洗程序。一般的逆洗程序係以**半連續式**（semi-continuous）的操作方式進行，常採用的操作方式有：(1) 清水逆洗輔以濾床表層噴洗、(2) 清水逆洗輔以**通氣沖洗**（air scour）及 (3) 清水與空氣合併通入逆洗。前兩種逆洗方式需使濾床流體化，以充分清洗濾料，第三種清洗方式則不一定需要。表 6-5 列示了各類澄清濾池欲使濾床流體化所需之逆洗操作流速範圍。

表 6-5　各類澄清濾池之逆洗操作濾速範圍

常用濾速單位	單濾料濾池 範圍	雙濾料濾池 範圍	多濾料濾池 範圍
gpm/ft^2	44～49	20～30	20～30
$m^3/m^2/min$	1.8～2.0	0.8～1.2	0.8～1.2
m/h	110～120	48～72	48～72

1. 清水逆洗輔以濾床表層噴洗

當過濾的污水含有較多的有機質時，濾床表層容易結出泥球。爲了破除這些泥球，常使用高壓水進行濾床表層噴洗。在此類逆洗操作程序上，一般是先以表面噴洗 1～2 分鐘使泥球脫落後，再啓動清水逆洗與表面噴洗同時進行 2 分鐘，而後停止表面噴洗，僅進行清水逆洗至逆洗程序結束。表層噴洗裝置有固定管式與旋轉管式兩種。固定式噴洗管一般設置在濾床上 6～8 公分處，噴洗強度爲 150～210 $L/m^2/min$，壓力爲常壓的 1.5～2.0 倍。旋轉式噴洗管一般設置在濾床上 5 公分處，利用噴射水流產生的反作用力使噴水管旋轉，一般有單懸臂式與雙懸臂式兩種。單懸臂式之噴洗強度爲 20～40 $L/m^2/min$，雙懸臂式之噴洗強度爲 60～80 $L/m^2/min$，壓力爲常壓的 3.0～4.0 倍。與固定管式噴洗管相比，旋轉式噴洗管所用的鋼材與噴水量較少。

2. 清水逆洗輔以通氣沖洗

在一般的清水逆洗，僅靠水流的剪應力與濾料顆粒摩擦，有時無法有效清洗濾料，若一味的提高逆洗水流流速，還會造成濾料的流失。此時可以採輔以**通氣沖洗**（air scour）的操作方式，利用氣泡在孔隙內的高速竄流攪動濾料層，使截留的懸浮顆粒脫落，再以水流沖走。在此類逆洗操作程序上，一般是先以通氣沖洗 3～4 分鐘後，再啓動清水逆洗與通氣沖洗同時進行 2 分鐘，而後停止通氣沖洗，僅進行清水逆洗至逆洗程序結束。截至目前爲止，還沒有理論可以推估最適通氣沖洗強度。根據經驗，一般採用之通氣流速範圍爲 0.9～1.5 $m^3/m^2/min$。

3. 清水與空氣合併通入逆洗

另一類利用通氣沖洗的逆洗方式爲清水與空氣合併通入進行逆洗，一般多用在單濾料且**無層級化**（unstratified）的濾床。在此類逆洗操作程序上，一般是先合併氣體與清水同時逆洗數分鐘後，再關閉通氣，僅進行清水逆洗 2～3 分鐘結束。此類逆洗通常會利用流體充分攪動濾床中的濾料，使其產生上下對流，讓流體中的氣體與濾料充分接觸，以去除濾料表面的截留污物，再利用對流循環將脫落的污物排出濾床。待氣體與清水合併逆洗階段結束，再以小於濾料之最小流體化速度的液體流速通以清水逆洗，以除去濾料表面的小氣泡，避免影響下一個過濾操作的捕集效率。一般氣液的混合體積比約爲 3：1，逆洗水流強度爲 300～800 $L/m^2/min$，亦即通氣的強度範圍約爲 0.9～2.4 $m^3/m^2/min$。

6.5.3　常見的操作問題及其因應對策

在澄清過濾操作與逆洗過程中，常會發現有過濾出水量減少、水質變差、濾料由出水管或逆洗排水管淘失及逆洗失效等現象。這些現象大多是因爲操作過程中出現了結泥球、氣縛現象、濾料淘失及微生物的繁殖等問題所造成。表 6-6 列示操作上常遭遇的問題及其因應對策，以下將針對這些操作問題及解決方法作說明，供現場操作人員於過濾基運轉與維護時參考用。

1. 結泥球

一般濾料層的表面濾粒較細，截留的懸浮物較多。如果逆洗得不徹底，經常時間的累積，會相互黏結形成泥球，直徑甚者可達 5～20 公分。這些泥球還會因爲反

表 6-6　澄清過濾操作上常遭遇的問題及其因應對策

現　象	原　因	對　策
A. 濾出水量減少	A.1 原水進水量減少	☞ 檢視水位及入水段管路， ☞ 檢視入水泵效率及葉片是否破損。
	A.2 集水設備受異物堵塞	☞ 檢視集水設備及管路。
	A.3 濾料結垢造成流道阻塞	☞ 刮除表層泥垢，並逆洗濾料層， ☞ 若逆洗無效，則更換濾料。
B. 濾出水質變差	B.1 原水進水水質變差	☞ 於前一處理段中改善原水水質。
	B.2 原水進水量驟增	☞ 減小並控管進水量。
	B.3 濾料層使用過久未逆洗	☞ 立即逆洗濾料層。
	B.4 濾料結垢嚴重而失效	☞ 立即更換濾料。
C. 濾料淘失	C.1 逆洗操作不當沖洗過強	☞ 重新調整調節桿，控制逆洗水量。
	C.2 濾料層內濾料配置不均	☞ 清出濾料，重新分層填裝。
	C.3 逆洗設備或管路損壞	☞ 檢修或更換逆洗設備或管路。
D. 逆洗失效	D.1 逆洗水量不足	☞ 增加逆洗水量， ☞ 檢視逆洗泵效率及葉片是否破損。
	D.2 逆洗操作頻率過少	☞ 提高逆洗操作頻率。
	D.3 濾料表面結黏質泥層	☞ 刮除表層泥垢，再進行逆洗。
	D.4 濾料層受污染整體結塊	☞ 立刻改善原水水質並更換濾料。

覆逆洗而滲入濾料床內部，附著於濾料上，造成流道束縮、流體流動分布不均的現象。這種泥球的主要成分是有機物，結球嚴重時會腐化發臭。防止的方法是改善沖洗效果，增加表面沖洗、打碎泥狀結塊，以去除造成結球的黏質有機物。對於已結泥球的濾池，可於逆洗時加氯浸泡 12 小時以氧化污泥，再進行沖洗，若仍不見改善則只好翻池更換濾料。

2. 氣縛現象

在過濾末期，部分濾料層的水頭損失可能大於該處實際的水壓，即出現所謂的「負水頭」。此時，局部濾料層內之水中溶解氣體將釋放出來，積聚於孔隙中，阻礙水流的通過，導致出水量驟減。為防止氣縛現象的發生，首先應保持濾料層上有足夠的水深，以消除負水頭。如果濾料層上無法提供足夠的水深或池深已定無法變更設計，則可採調換表層濾料，增大表層濾料粒徑的方法，防止氣體積聚於孔隙中。其次，在逆洗用水管線末端應設排氣管，防止逆洗水中挾帶氣體積聚在底層或濾料層中。適當的加大濾速，也可以改善氣縛現象。一旦發現氣縛現象產生，應立即停止過濾程序，進行逆洗。

3. 濾料淘失

當沖洗強度過大或濾料層因多次逆洗後配置不均時，逆洗操作會沖走大量細濾料，造成濾料淘失。此時，應適當的調整沖洗水量及強度。此外，如果逆洗設備損壞或管路破損，造成沖洗水分配不均，此時底層濾料可能會發生平移，使沖洗水分配不均現象更加嚴重，終導致底層局部濾料被沖走淘空。於過濾時，當濾料通過這些區域的逆洗管路，會漏失到清水池中，造成濾料損失及濾液品質變濁。遇到這種情形，應立即停止過濾，並檢視逆洗設備及管路。

4. 微生物的繁殖

沉澱池排出水中常會含有多種微生物，當水溫較高時，極易在澄清濾池中繁殖。微生物的繁殖會造成濾料的結垢，降低粒子的捕捉成效。一般的解決方式爲在進入澄清濾池前，加氯除去微生物。

6.6　澄清過濾裝置之設計

進行澄清過濾裝置的設計與操作前，一般都要先針對原水的濾性進行測試，再基於測試結果進行設計或操作條件的選擇。而設計與操作上分別有哪些重要的考量因素呢（Ives, 1990）？

1. 裝置設計方面，必須考量：

(1) 原水的水質特性。

(2) 濾料的種類與填料的**級配**（gradation）。

(3) 濾料床的深度。

(4) 過濾的濾速。

(5) 逆洗的頻率與流速，及是否**通氣沖刷**（air scouring）。

(6) 現廠排水系統。

(7) 相關水利附屬設備，如泵、管件、閥、流量控制器及壓損指示器等。

(8) 濾器的結構等。

2. 操作條件選擇方面，必須考量：

(1) 化學混凝劑添加與否及添加量。

(2) 如何操作以延長過濾機的壽命？

(3) 如何操作以進一步改善出水的品質？

(4) 如何提高穩定操作的濾速？

由以上的各種因素比較看來，操作條件的選擇似乎比過濾機的設計來得容易。以使用最普遍之重力式快砂濾池爲例，設計時須考慮五個重點：(1) 濾速的選擇，(2) 濾床的壓降，(3) 逆洗操作的流速，(4) 濾池面積、濾床個數與尺寸，及 (5) 管廊的配置。其中濾速的選擇，各國家都有對各類濾器的相關規範。當濾速選定後，濾床的壓降與逆洗操作的流速是設計時的考量重點，應事先估算之，以下將分述並舉例說明。

6.6.1 澄清濾床壓降之估算

澄清濾池設計時，濾料床的水頭損失是除濾液澄清度外，最重要的考量因素。如 6.2.2 節所述，澄清濾床的壓損估算可分爲未層化及層化兩類，分別可依式（6-15）及式（6-16）來估算，以下舉例說明層化濾床的壓損估算。

例題6-1

一快砂濾床，其濾料床深度爲 0.6 m、濾床初始孔隙度爲 0.47；濾料比重爲 2.73、形狀因子爲 0.81，濾料的大小分布，如表 6-7 所列。當過濾濾速選定爲 1.7 $L/m^2/s$，操作溫度爲 20°C 時，試估算：

(1) 濾料之有效粒徑與均勻係數。

(2) 過濾操作程序開始時，濾床之水頭損失。

表 6-7 例題 6-1 所採用之快砂澄清濾器內濾料粒徑分布數據（Metcalf & Eddy, 2003）

篩網網目編號	濾料殘留百分率	累積通過百分率	幾何平均粒徑（mm）
6～8	0	100	
8～10	1	99	2.18
10～12	3	96	1.83
12～18	16	80	1.30
18～20	16	64	0.92
20～30	30	34	0.71
30～40	22	12	0.50
40～50	12		0.35

＊幾何平均粒徑 $\bar{d}_g = \sqrt{d_1 d_2}$。

解 (1) 濾料的有效粒徑和均勻係數估算，可藉由畫出濾料累積通過百分率對濾料之幾何平均粒徑作圖如圖 6-12 而得。

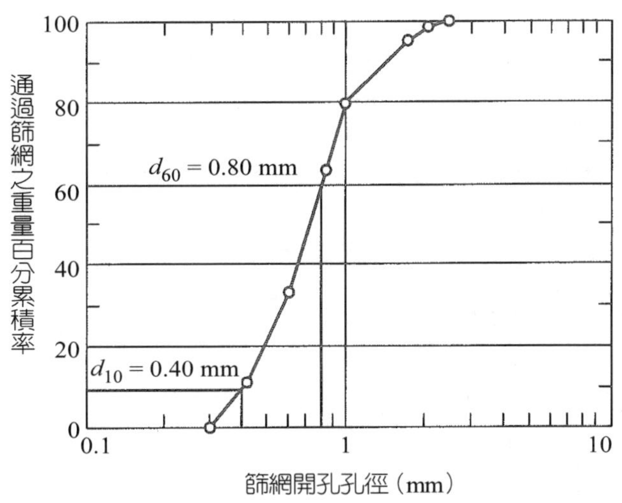

圖 6-12 濾料顆粒直徑累積分布曲線圖

從圖中讀出有效粒徑 d_{10} 爲 0.4 mm、d_{60} 爲 0.8 mm，故均勻係數爲

$$\frac{d_{60}}{d_{10}} = \frac{0.80}{0.40} = \underline{2.0}$$

(2) 對於層化的潔淨濾床，亦即濾料粒徑由濾床表面至濾床底部存在大小不同

分布，可採式（6-16）Rose 方程式估算（Rose, 1945）：

$$\frac{-\Delta P_o}{L}=\frac{1.067}{\phi_g}\frac{\rho\cdot u_s^2}{\varepsilon_o^4}\sum C_D\frac{p}{d_g}$$

由於式（6-16）中有一總合項，因此先列表如表 6-8 估算總合項內各單項的值後再進行加總。其中拉曳係數 C_D 可以式（6-17）估算：

$$C_D=\frac{24}{\text{Re}_g}+\frac{3}{\sqrt{\text{Re}_g}}+0.34$$

表 6-8　表 6-7 所列之快砂澄清濾器內濾料粒徑分布數據分析

篩網網目	濾料殘留 百分率	幾何平均粒徑 $d_g\times10^3$ m	雷諾數 Re_g	C_D	$C_D(p/d_g)$ m^{-1}
8～10	0.01	2.18	3.14	9.68	44
10～12	0.03	1.83	2.64	11.27	185
12～18	0.16	1.30	1.87	15.40	1,896
18～20	0.16	0.92	1.32	21.07	3,664
20～30	0.30	0.71	1.02	26.87	11,354
30～40	0.22	0.50	0.72	37.23	16,383
40～50	0.12	0.35	0.51	51.66	17,712
總和					51,238

再利用方程式（6-16），估算經過層化濾料床之水頭損失：

$$\frac{-\Delta P_o}{L}=\frac{1.067}{\phi_g}\frac{\rho\cdot u_s^2}{\varepsilon_o^4}\sum C_D\frac{p}{d_g}$$

$$=\frac{1.067}{0.81}\frac{2{,}730\cdot0.0017^2}{0.47^4}51{,}238$$

$$=\underline{10{,}913}$$

故此層化濾床材之壓損爲 18,188 Pa，相當於水頭損失爲 1.86 m。

6.6.2　逆洗操作流速之估算

澄清濾池設計時，另一個重要的考量是逆洗操作流速的決定。逆洗流速的估算與濾料的種類、密度、沉降速度，流體的流向及濾床的深度有關。其理論可由濾床

膨脹的水力學（hydraulics of expanded beds）著手，依濾料級配分爲未層化與層化兩類。若未層化濾床之濾料深度爲 L，膨脹後之濾料床深爲 L_e。則逆洗膨脹期間，濾料間之摩擦阻力等於濾床膨脹之水頭損失：

$$\rho g H_L = (\rho_g - \rho)(1-\varepsilon_e)L_e g \tag{6-21}$$

其中，ε_e 爲膨脹床之孔隙度，ρ_g 爲濾料的密度。重新整理上式可得

$$H_L = \left(\frac{\rho_g - \rho}{\rho}\right)(1-\varepsilon_e)L_e \tag{6-22}$$

Richardson 與 Zaki（1954）由實驗研究就發現，當雷諾數約爲 1 時，膨脹床之孔隙度與粒子運動速度 u_g 及逆洗水流流速 u_b 的比值有以下的關係：

$$\left(\frac{u_g}{u_b}\right)^2 = \left(\frac{1}{\varepsilon_e}\right)^9 \tag{6-23}$$

亦即

$$\varepsilon_e = \left(\frac{u_b}{u_g}\right)^{0.22} \tag{6-24}$$

換一個形式來看上式，當逆洗水流速大於下式的估算值，濾料床就會開始膨脹：

$$u_b = u_g \varepsilon_e^{4.5} \tag{6-25}$$

假設濾料沒因逆洗而溢出濾床外，則濾床膨脹後的高度可由濾床內濾料之質量平衡來估算如下：

$$L_e = \left(\frac{1-\varepsilon}{1-\varepsilon_e}\right)L \tag{6-26}$$

將式（6-24）代入式（6-26）可得

$$L_e = \left[\frac{1-\varepsilon}{1-\left(u_b/u_g\right)^{0.22}} \right] L \tag{6-27}$$

由上式可知，當已知粒子的沉降速度，則濾床膨脹所需的最小流速與濾料溢流的最大逆洗流速上限，皆可由式（6-27）估算得。

對於層化的濾床，逆洗時，位於濾床上方的小粒子會先流動。當逆洗水流流速 u_b 大到足以使最大顆粒產生流動時，整個濾床會開始浮動膨脹。此類層化濾床的膨脹，可由式（6-26）修改後得如下估算式：

$$L_e = (1-\varepsilon) L \sum \frac{p}{1-\varepsilon_e} \tag{6-28}$$

其中，p 爲膨脹床孔隙度爲 ε_e 時之濾料質量分率。以下舉例說明層化濾床的逆洗流速估算：

例題6-2

以例題 6-1 的快砂濾床濾料分布爲例，當過濾結束後，將進行逆洗程序前，試估算：

(1) 濾床懸浮所需之最小逆洗流速。

(2) 若逆洗流速爲 0.72 m/min，是否能使濾床完全懸浮？濾床的厚度？

(3) 若逆洗流速爲 0.72 m/min，逆洗程序開始時，濾床之水頭損失。

表 6-9　快砂澄清濾器內濾料粒徑分布數據分析（Metcalf & Eddy, 2003）

篩網網目	濾料殘留百分率	幾何平均徑 $d_g \times 10^3$ m	u_g (m/s)	u_b / u_g	ε_e	$p/(1-\varepsilon_e)$
8～10	0.01	2.18	0.304	0.041	0.496	0.020
10～12	0.03	1.83	0.270	0.046	0.509	0.061
12～18	0.16	1.30	0.210	0.060	0.538	0.346
18～20	0.16	0.92	0.157	0.080	0.573	0.351

表 6-9　快砂澄清濾器內濾料粒徑分布數據分析（Metcalf & Eddy, 2003）（續）

篩網網目	濾料殘留百分率	幾何平均徑 $d_g \times 10^3$ m	u_g (m/s)	u_b / u_g	ε_e	$p/(1-\varepsilon_e)$
20～30	0.30	0.71	0.123	0.102	0.605	0.760
30～40	0.22	0.50	0.085	0.146	0.655	0.638
40～50	0.12	0.35	0.055	0.227	0.722	0.432
總和						2.632

解 (1) 濾床懸浮所需之最小逆洗流速，為使濾床中最大粒子開始流動的流體速度。粒子的沉降速度可依一般的粒子沉降理論估算得，請參考本書第二章之過濾相關的流體力學基礎。表 6-9 第四欄列出了濾床中各大小不同粒子之沉降速度。

若濾床的孔隙度為 0.47，將此濾床中最大粒徑粒子的沉降速度 0.304 m/s 代入式（6-25）得

$$u_b = u_g \varepsilon_e^{4.5} = 0.304 \cdot 0.47^{4.5} = 0.01 \text{ m/s}$$

故要使濾床完全懸浮，最小的逆洗流速為 0.01 m/s，即 0.6 m/min。

(2) 逆洗流速 0.75 m/min，大於 0.6 m/min，應可使濾床完全懸浮。懸浮後，膨脹床之孔隙度 ε_e 與膨脹後之濾料床深 L_e 可分別以式（6-24）與式（6-26）估算：

$$\varepsilon_e = \left(\frac{u_b}{u_g}\right)^{0.22} = \left(\frac{0.72/60}{0.304}\right)^{0.22} = 0.491$$

則膨脹後之濾料床深 L_e 為

$$L_e = \left(\frac{1-\varepsilon}{1-\varepsilon_e}\right)L = \left(\frac{1-0.47}{1-0.491}\right)0.6 = 0.625$$

(3) 若逆洗流速為 0.75 m/min，逆洗程序開始時，濾床之水頭損失可採式（6-22）估算：

$$H_L = \left(\frac{\rho_g - \rho}{\rho}\right)(1-\varepsilon_e)L_e = \left(\frac{2{,}730 - 1{,}003}{1{,}003}\right)(1-0.491)0.625 = 0.55$$

故當逆洗流速為 0.72 m/min 時，濾床之水頭損失為 0.55 m。

6.6.3 澄清過濾總面積估算與濾池個數及尺寸設計

設計快砂濾池時，首先應當確定合適的過濾速度，再根據設計水量，計算出所需的濾池總面積。設計濾速直接涉及過濾水質、處理成本及運行管理等一系列問題，應根據具體情況綜合考慮。飲用水澄清過濾器的濾速應符合有關設計規範要求，單層砂濾池的正常濾速爲 8～12 m/h，在其他濾池沖洗、檢修時，設計總水量通過濾池時的強制濾速約爲 10～14 m/h；多層濾池的濾速見表 6-4。而過濾廢水時的濾速主要取決於懸浮物的濃度和處理要求，當濾速 u 確定後，濾池總面積 A 可基於所需之處理量 Q（m^3/h），由下式確定：

$$A = Q/u \tag{6-29}$$

濾池個數應根據生產規模、造價、運行等條件透過技術經濟比較確定。池數較多，運轉靈活，強制濾速較低，配水易均勻，沖洗效果好，但單位面積濾池造價增加。濾池個數和單池面積確定後，還應校核當 1～2 個濾池停產時工作濾池的強制濾速。濾池的平面形狀可爲正方形或矩形，其長寬比主要決定管件布置。一般情況下，單池面積小於 30 m^2 時，長寬比可取 1:1 至 3:1。濾池總深度包括濾器水面以上的預留池高（0.25～0.3 m）、濾層上水深（1.5～2.0 m）、濾料厚度、墊料層厚及配水系統的高度，總高度一般爲 3.0～3.5 m。

6.6.4 澄清過濾之管廊配置

管廊的配置與濾器的數目和排列方式有關，所指的主要是澄清過濾系統之管道、配件及閥門等的集中配置。管廊配置應滿足下列要求：(1) 設備安裝和維修的空間充裕，同時應力求簡潔且用料少；(2) 要有通道，便於操作與聯繫；(3) 要有良好的採光、通風及排水設施。管廊上面常設操作控制室，濾器系統本身在室外或控制室下方。一般濾器個數少於五個時，宜用單排布置，管廊位於濾器的同一側；超過五個管廊時，宜用雙排配置，管廊位於兩排濾器中間。此外，在濾池設計中，每個濾池底部應設放空管，池底應有一定坡度，便於排空積水；每個濾池上應裝設水位計及取水樣設備；密閉管渠上應設檢修人孔，池內壁與濾料接觸處應拉毛，以防止水流短路。

6.7　澄清過濾裝置的種類

依 6.3 節澄清過濾的種類所述，用於澄清過濾之濾器可依濾速差異、作用力來源的不同、過濾流向的差異與濾料填法來區分。而以操作方式著眼，又可分爲**半連續式**（semicontinuous）與**連續式**（continuous）兩類。所謂半連續式濾器，是指每一趟過濾操作結束後，皆必須停機拆卸以進行逆洗的過濾裝置；若過濾與逆洗可連續地自動反覆執行，則稱爲連續式過濾器。對於單濾料或雙濾料的半連續式濾床，又可依驅動力來源不同而分爲**重力式**（gravity）和**壓力式**（pressure）兩種。以流向來分，澄清過濾裝置可分爲**直立式**（vertical）與**水平式**（horizontal）濾器。垂直式濾器可提供傳統的**下向流式**（downflow）操作或**上向流**（upflow）操作，水平式濾器則可提供**徑向流**（radial flow）的操作。

本節將先針對最普遍使用的七種澄清過濾裝置作說明，分別爲：(1) 傳統下向流式重力濾池、(2) 重力式無閥濾器、(3) 虹吸式自動化連續濾器、(4) **水平移動罩式**（traveling-bridage）自動化濾池、(5) 壓力式濾罐、(6) 向上流過濾器，及 (7) 移動床式向上流連續過濾器等七種，其中前四種爲重力式，第 (5) 類爲壓力式；而第 (6)、(7) 兩類的流向爲上向流式，與其他下向流式的操作方式不同。

6.7.1　傳統下向流式重力濾池

目前最普遍使用的澄清過濾裝置仍爲如圖 6-13 所示之傳統的下向流式重力濾池。這種濾池的過濾與逆洗操作屬於半連續式，適用於大處理量達 5 gpm/ft^2。在操作上，主要是藉由排水口處的控制閥來維持濾池的恆率操作。在過濾階段開始時，開啓圖 6-13 中所示之閥 A，使原水流入濾池，再開啓閥 B，使原水流過濾池至 B 排出，其他的閥全部關閉，由出水口之控制器來調節濾速的恆定。當過濾階段結束，

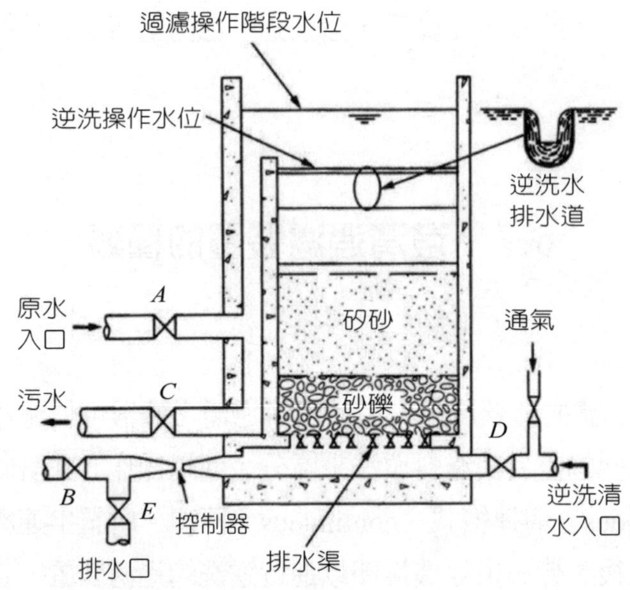

圖 6-13　傳統下向流式重力過濾池（Metcalf & Eddy, Inc., 1991）

開始逆洗程序時，先關閉閥 *A*，保留閥 *B* 於開啓狀態至水位退至逆洗操作之溢流水位爲止關閉，再開啓閥 *C* 準備排出逆洗污水，並同時開啓閥 *D*，使逆洗清水混合空氣一併由濾池底部通入，以進行濾池逆洗。一般在逆洗操作結束，開始進行過濾前，還會再進行數分鐘正向沖洗，以除去濾床內逆洗後所殘留的污物。操作方式爲開啓閥 *A* 與閥 *E*，並關閉其他所有的閥，尤其是閥 *B*，然後由閥 *A* 進水，將逆洗後殘留於濾床內之污水與污物由閥 *E* 排出。最後一步的操作，主要是要避免下一趟過濾一開始時，濾床內殘留的污水與污物由閥 *B* 排入淨水集水池。

法國 Ondeo-Degrémont 公司於 70 年代開發一種改良式下向流式的 V 型重力濾池，命名爲 Aquazur V，如圖 6-14 所示，其主要的特色爲壁面兩側的 V 型進水渠。此 V 型進水渠不但可使原水進入濾池時有較大的測向流速，使原水中的懸浮物容易輸送至濾池中央，在逆洗操作時，V 型溝槽板的下側亦同時可以加快表面流速，使逆洗的污物更容易往溢流渠集中排出，提升逆洗效率。

6.7.2　重力式無閥濾器

傳統的快濾池在設計上有許多複雜的管道系統，又配置各式的控制閥，因此操

圖 6-14　V 型（Aquazur V）下向流式重力過濾池（法國 Ondeo-Degrémont 公司）

作的步驟相當的繁複，同時造價也相對的高昂。而無閥濾池的出現就是利用水力學原理，透過進水和出水之間的壓力差，自動控制了虹吸作用的生成和破壞，以達成自動控制與連續操作的功效。

圖 6-15(a) 爲重力式無閥濾池的構造圖。原水自進水管 *A* 進入濾池後，由上而下穿過濾床，濾後水經由連通管進入頂部貯水箱，待沖洗貯水箱充滿之後，濾後水再經由出水管 *B* 排出至淨水池。隨著過濾不斷進行，水頭損失逐漸增大，虹吸上升管 *C* 內的水位逐漸上升，過濾水頭逐漸增大。當這個水位達到虹吸輔助管 *D* 的管口處 H_1 水頭時，廢水就從虹吸輔助管落下，並順勢抽取虹吸管頂部的空氣，虹吸上升管因瞬間出現負壓而產生虹吸效應，濾池便進入逆洗階段。在逆洗階段，沖洗貯水箱中的清水自下而上流過濾床，逆洗水由虹吸管排入排水井（水封井），當貯水箱水位下降至虹吸破壞管口 E 時，虹吸管吸進空氣，虹吸破壞，逆洗結束，濾池又恢復過濾狀態。

無閥式濾池的操作爲全程自動連續運轉，操作方便穩定可靠。在運轉過程中，濾料層不會出現負水頭，結構簡單且材料節省，造價比傳統快濾池低三到五成，多用於中小型給水工程，且進水懸浮濃度宜在 100 mg/L 以內。由於採用小阻力配水系統，所以單池面積不能太大。若處理量大時，可如圖 6-15(b) 之現場實景圖所示採多池並聯的方式進行。在操作時常遭遇的問題點有：(1) 濾料進出困難，且因沖洗水

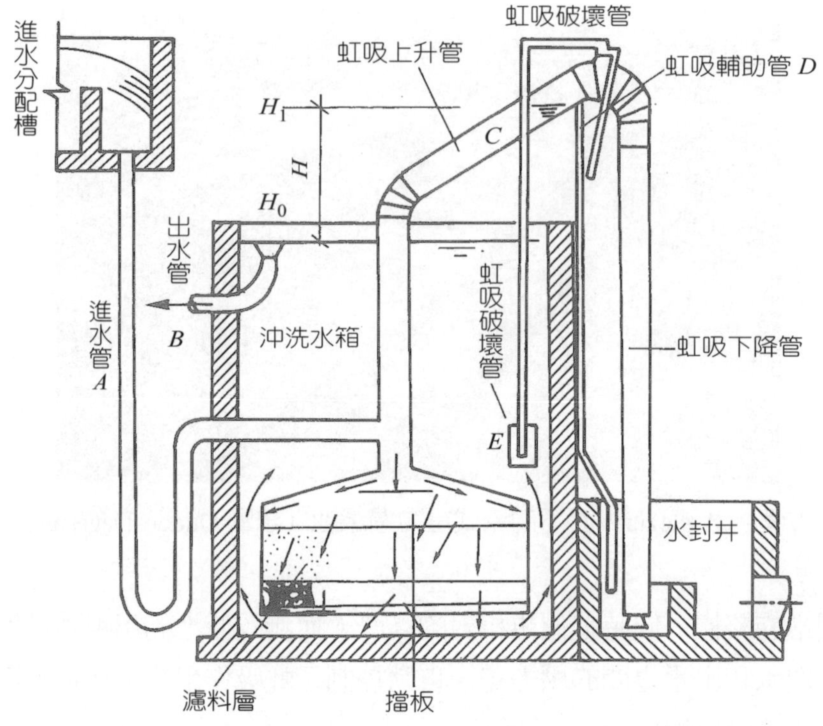

(a) 構造與操作流程示意圖（唐與汪，1998）

(b) 現場實景圖（台灣台恩公司提供）

圖 6-15　重力式無閥濾池

箱位於濾池上部，使濾池總高度需求較大，一般裝置高度超過 7 m 以上；(2) 若過濾阻力長時間不上升，則無法進入逆洗程序，將導致微生物覆生於濾料，致使濾料清洗無法徹底；(3) 濾池沖洗時，原水也由虹吸管排出，浪費了一部分澄清的原水，且逆洗污水量大；(4) 逆洗階段的水頭不斷下降，可能導致逆洗末段洗淨速度衰減無法充分洗淨濾床。

6.7.3 虹吸式自動化連續濾器

圖 6-16 所示爲虹吸式自動化連續澄清濾裝置系統，一般的組成過濾槽數爲 6 或 8 個槽，其濾料組成與濾料選定，皆與普通快濾池相同，採用小阻力配水系統。所不同的是利用虹吸原理進行原水進水和排走逆洗水，各槽的集水部相互連通而成，洗淨 1 號槽的時候，其餘 2 至 8 號各槽繼續進行過濾。此類過濾裝置之一般過濾速度爲 120 $m^3/m^2/d$（= 0.083 $m^3/m^2/min$）、逆洗速度爲 0.6 $m^3/m^2/min$。若要維持這樣的逆洗速度，則必須要有 7 槽份量的過濾水，故不得不將最少 8 槽作爲 1 個單位。而每一個虹吸式濾器的操作原理都相同，其構造和操作原理示意圖如圖 6-17 所示。

虹吸式自動連續過濾器主要是靠兩個電磁閥 V_1 與 V_2 來分別控制原水進水與逆洗出水的虹吸作用管，在進行過濾操作時，開啓三通電磁閥 V_1，利用原水進水虹吸管的作動供給原水給過濾槽。濾池在過濾過程中水頭損失不斷增高，濾池內水位不

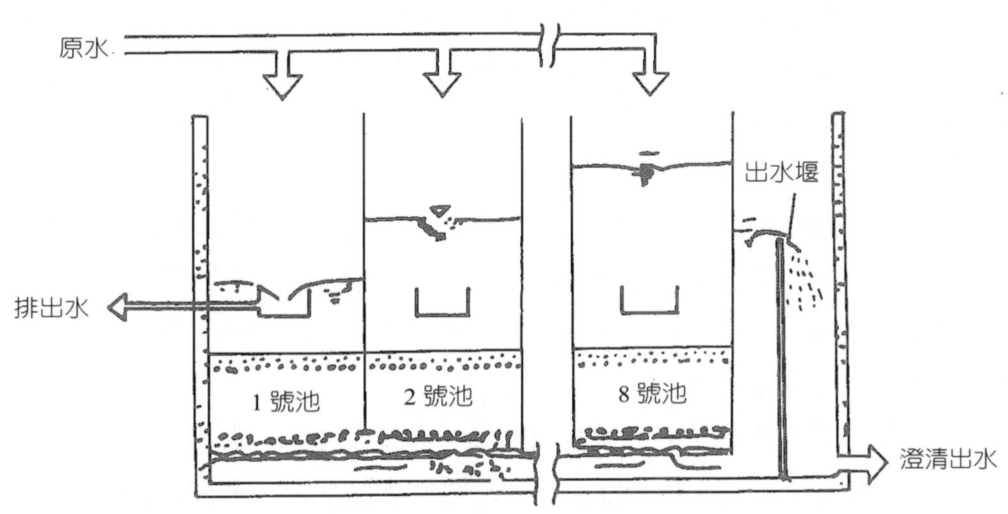

圖 6-16　虹吸式自動化連續澄清過濾系統（角田，1999）

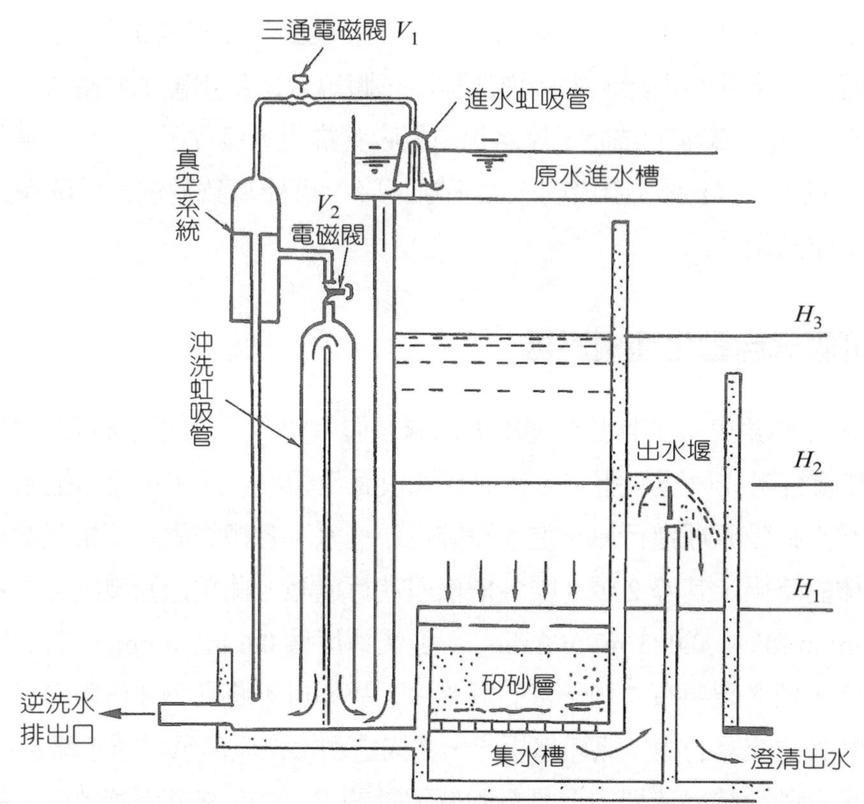

圖 6-17　虹吸式自動化連續澄清過濾器之操作流程示意圖（角田，1999）

斷上升，當水位上升到預定高度 H_3（一般爲 1.5～2.0 m）或過濾水濃度變成 1 mg/L 以上時，自三通電磁閥 V_1 導入空氣破壞進水虹吸作用，使其停止進水，但在水位到達 H_2 前過濾持續進行。一旦水槽內水位接近 H_2 時，水位電極檢視得知低水位的程度，則三通電磁閥 V_2 開始運作，隨著連通眞空槽排水，沖洗虹吸管開始作動。當過濾槽內的水位自 H_2 降至 H_1 時，完整的逆洗程序開始。逆洗時間可用計時器設定，待設定時間到達後，三通電磁閥 V_2 連通大氣衝破排水虹吸管的虹吸作用，逆洗程序即告終了。停止之後由於槽內水位在 H_1、澄清過濾出水的水位在 H_2 的位置，逆流會持續到變成同一水位爲止。之後，當槽內水位高於 H_2 時，進水虹吸管再度啓動，濾池又進入過濾狀態。

虹吸濾池的沖洗水頭一般在 1.1～1.3 m（即集水槽水位與排水槽頂 H_1 的高度差），因每一組濾池的集水槽相互連通，一個濾池的逆洗水量由其他濾池的濾後水供給。爲了使其他濾池的總出水量能滿足沖洗水量的要求，所以濾池的總數必須大於逆洗強度和濾速的比值，一般至少需要 5～7 個濾池。虹吸濾池不需要大型進水閥或控制濾速裝置，也不需沖洗水塔和水泵，固定成本比同規模的快砂濾池省二到三成。在操作時常遭遇的問題點主要都跟眞空系統的控制問題有關，計有：(1) 電磁閥選用不當，造成閥關閉不緊、漏氣或自動釋放眞空等現象；(2) 眞空系統監控儀表選用不當，造成眞空抽吸過度，池水被回抽進入眞空系統；(3) 眞空系統設計不當，造成眞空泵啓動頻繁，浪費能源及操作成本。

6.7.4 水平移動罩式（traveling-bridage）自動化濾池

圖 6-18 所示爲水平移動罩式濾池的逆洗操作示意圖及現場實景圖。濾池被分隔成細長的間隔，約爲 30 cm 寬，形成各區獨立的過濾槽，進行過濾與逆洗。過濾時水由上向下流過各間隔，濾淨後水流出的水位大致保持一定。隨著過濾阻力增大，池內水位逐漸上升。當水位達到預定的最高水位值時，水位電極會感知，而後將裝有沖洗水泵和濾淨水排水泵的移動罩移至該過濾間隔槽。這時，泵把沖洗水由水渠送到濾層下部，而沖洗排水通過覆蓋於間隔濾槽上部的細長形排水罩收集後，經中央排水泵排出池外。如圖 6-18(a) 所示，上述雖然是單一間隔濾區的逆洗程序，但透過水平罩的移動，濾池全區域可沿水平方向逐次進行洗淨。

6.7.5 壓力式濾罐

壓力濾池是一個可承受高壓的鋼罐，內部構造與普通快濾池相似，在壓力的驅動下工作，水頭損失可達 6～7 m。原水由進水泵直接抽入，濾淨出水壓力較高，常可直接送到用水裝置或水塔中。由於壓力濾池過濾能力強、容積小、裝置設備型態固定，使用的機動性大。但是單一濾池的過濾面積較小，只適用於廢水處理量小的場合。對於大處理量，通常要以多槽並聯方式操作。

壓力濾罐以流向來分，可分爲**水平式**（horizontal）與**直立式**（vertical）濾器兩種，分別如圖 6-19 與圖 6-20 所示。如圖 6-19 所示之水平式濾罐由於占地面積較大，一般常用於較大之水處理廠的三級處理，而直立式多爲工業用水及廢水處理。水平式濾罐濾料多採用碎無煙煤和**砂礫**（gravel）雙層濾料，較少用石英砂。上層濾層

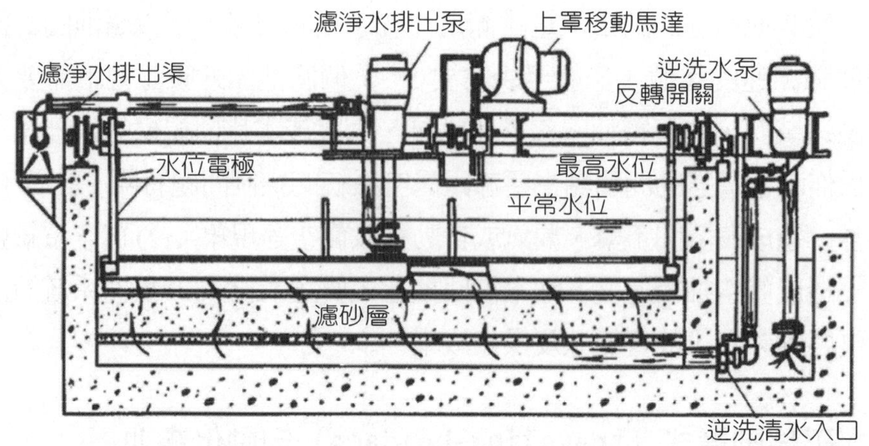

(a) 逆洗操作示意圖

(b) 現場實景圖（Mundelein Water Reclamation Division）

圖 6-18　水平移動罩式自動化澄清過濾器

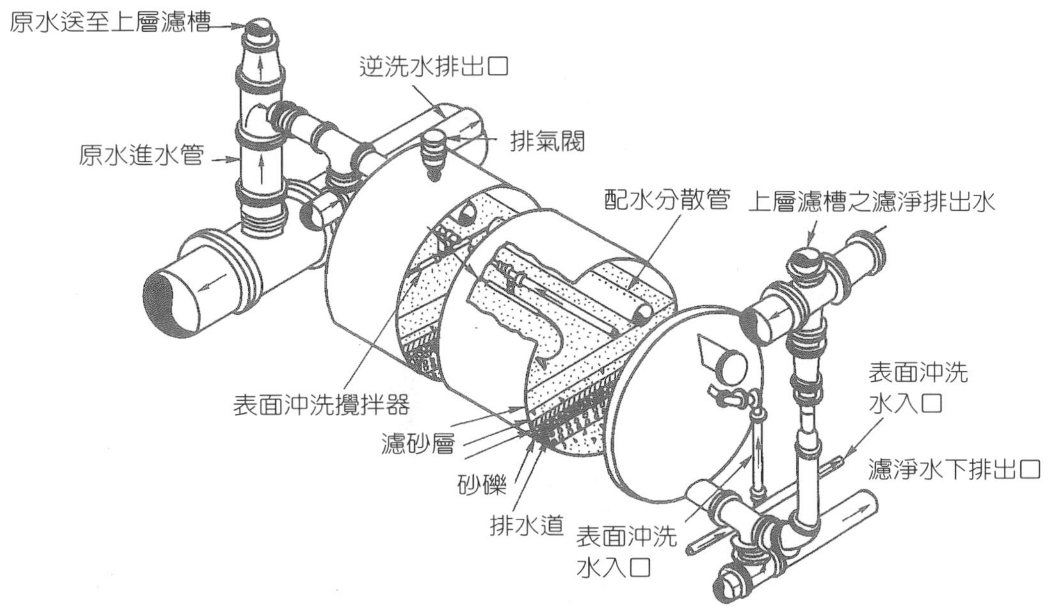

(a) 水平式壓力濾罐構造立體圖（Metcalf & Eddy, 2003）

(b) 水平式壓力濾罐構造實物剖面圖

(c) 四槽並聯水平式壓力濾罐實物圖

圖 6-19　水平式壓力濾罐

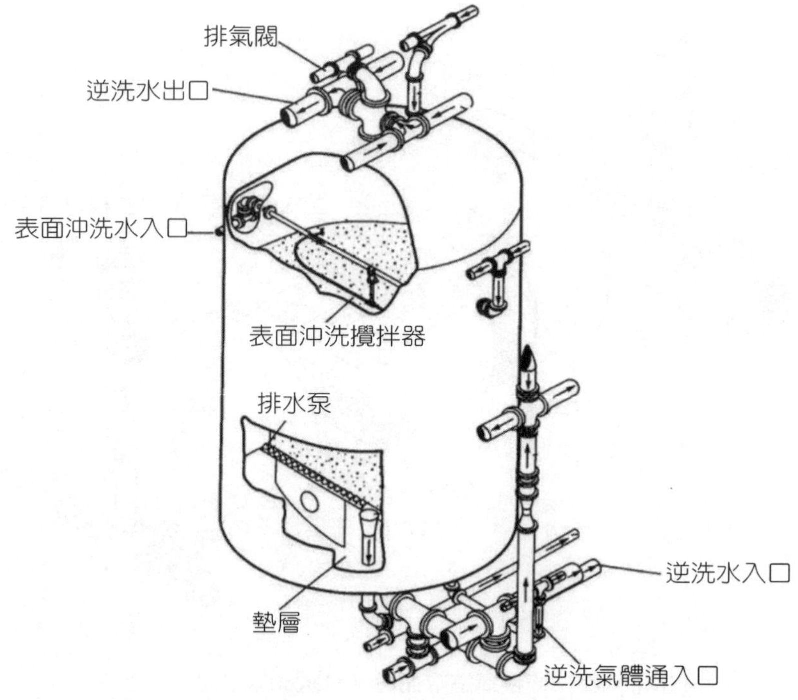

(a) 直立式壓力濾罐構造立體圖（Metcalf & Eddy, 2003）

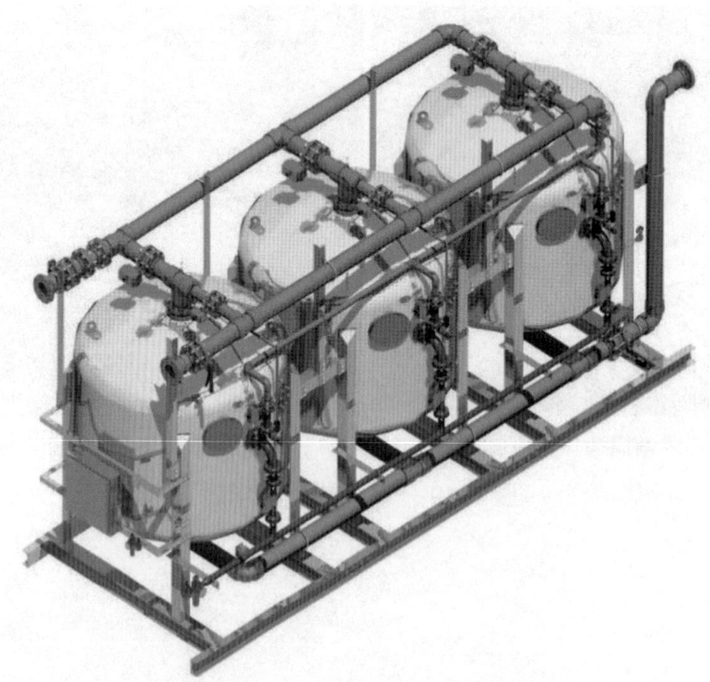

(b) 三槽並聯式直立式壓力濾罐實物照片

圖 6-20　直立式壓力濾罐

厚度一般為 0.61～0.76 m，下層砂礫層厚度約為 0.38～0.61 m。配水系統通常用小阻力的縫隙式濾頭支管開縫或開孔等，逆洗污水通過頂部的漏斗或設有擋板的進水管收集並排除。由於水平式濾罐的砂礫層常滑動，且近槽壁處在過濾與逆洗時常有死角，近年部分已為直立式濾罐所取代。

直立式濾罐（見圖 6-20），罐身直徑一般不超過 3 m，常採用的濾料有無煙煤和石英砂雙層濾料，粒徑一般採用 0.6～1.0 mm，厚度一般用 1.1～1.2 m，濾速為 8～10 m/s。配水系統與水平式濾罐一樣採用開孔濾頭支管，逆洗污水通過頂部的漏斗或設有擋板的進水管收集並排除，為提高逆洗效果，常採用壓縮空氣輔助沖洗。壓力濾池外部的安裝有壓力表、取樣管，即時監控水頭損失和水質變化。濾池頂部還設有排氣閥，以排除池內和水中析出的空氣。

6.7.6　上向流過濾器

以上各類澄清濾器的濾料都是粗細混合，逆洗後以小粒徑在上層、大粒徑在下層來分級，在模式上則呈現圖 6-9(a) 所示的級配狀況，大部分的懸浮濁質會被上層捕捉。對於只有石英砂做濾材的單層濾材，為了要解決這個缺點則將粒徑增大、濾層厚度也增大。而將這個缺點反過來看，若將過濾方向改為向上流的向上流過濾裝置，則濾床的使用可更深入床內部，如圖 6-9(c)。

圖 6-21 所示為上向流過濾裝置的原理剖面圖，有濾床式與濾罐式。一般選用之濾砂有效直徑在 1.0～2.0 mm 之間，濾層厚度為 0.6～1.0 m。和標準的砂濾比較起來，粒徑較大、過濾層厚度較高，同時濾床越深濾料粒徑越小。以濾料級配方面來看，雖為理想的濾材構造，但過濾速度一高的話表層濾砂就會開始流動。要解決這個缺點，一般在表層部分設置角狀的**攔砂格**（grid）防止其過濾時濾料流體化過劇或溢出，這些攔砂格就是一般用在向下流過濾層裝置的墊底層。以向上流裝置再延伸，還有一類如圖 6-22 的上下向分流式澄清過濾裝置。通常，以上層為厚度 300 mm、有效料徑 1.1 mm 的無煙煤，及下層為厚度 600 mm、有效料徑 0.6 mm 的砂之濾材構成，而在上下層夾層中間設原水進水配水管。

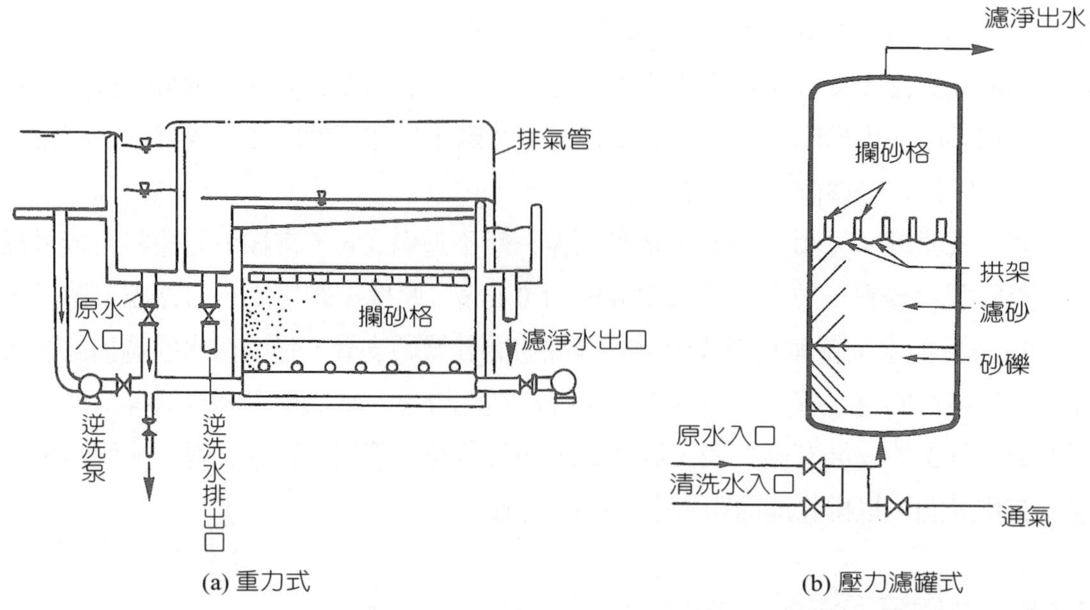

(a) 重力式

(b) 壓力濾罐式

圖 6-21　上向流式澄清過濾器

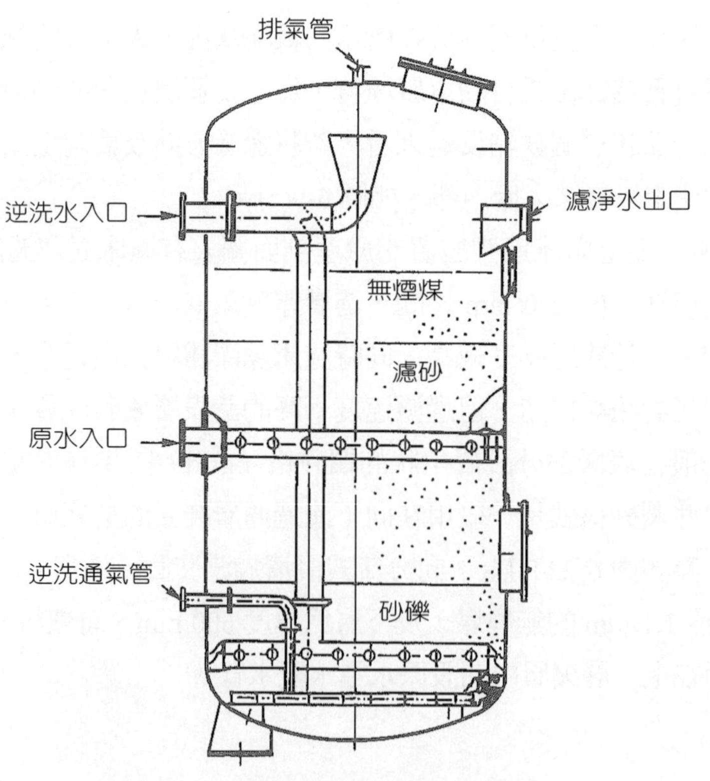

圖 6-22　上下向分流式澄清過濾器

6.7.7 移動床式上向流連續過濾器

移動床式向上流連續過濾器的商品名爲 DynaSand，是由瑞典的 Nordic Water 公司於 1980 年開發完成的商品，其構造如圖 6-23(a) 的剖面圖所示。外槽是圓桶形或多角形、中心部位設置有輸送污染砂的**氣提管**（air-lift）。氣提管上方設置有污染砂洗淨槽，原水經由被設置在槽底外圍的分配室、透過分散管 A 進入砂層內，過濾水從槽上方的濾淨水排出堰口 B 流出，因此是一種**上向流**（upflow）的操作。過濾層厚度通常是 1 m 左右，濾砂的粒徑約爲 0.8～1.2 mm。當原水從各流入管直接流入砂層內，液體在砂層內向上流，砂則向下移動。原水分配管 A 的功用除原水的分散外，並兼具防止濾砂流入管內的功能。槽底的砂透過氣提管輸送到上方的洗淨槽，在槽內經過過濾水洗淨後再次回到過濾槽內。污染砂的洗淨作用是發生於氣提管透過攪動讓附著在砂的污濁物質剝離，在掉落到洗淨槽內的期間以過濾水洗淨並當作污水由 E 排出系統之外。洗淨排水量雖因原水懸浮固體濃度（SS）而變化，但通常是原水量的 5～10%。

移動床式上向流連續過濾器主要需要控制的操作變數只有兩個，一個是氣提管的通氣量，以決定濾砂的循環速率；另一個是溢流堰高度，以決定污水排放速率。在操作時常遭遇的問題點有：(1) 此裝置由於砂層向下移動的關係，砂層會釋放一些原被捕捉的懸浮固體回濾槽；(2) 因爲捕捉效率變低的緣故，過濾水的水質相較一般的快砂過濾稍微差了些；(3) 因爲是向上流的方式，很難將過濾速度變快；(4) 由於需要均等移動砂層的緣故，而有直徑的界限，要將直徑變大非常之困難，所以很難去製作大規模的裝置，通常要如圖 6-23(b) 所示以多槽並聯方式操作。

6.8 澄清過濾的最近發展

澄清過濾的最近發展可由以下幾個方面來探討：(1) 澄清過濾欲去除對象的多樣與複雜化、(2) 特殊澄清過濾用濾料的開發，及 (3) 精密澄清過濾器的發展等。

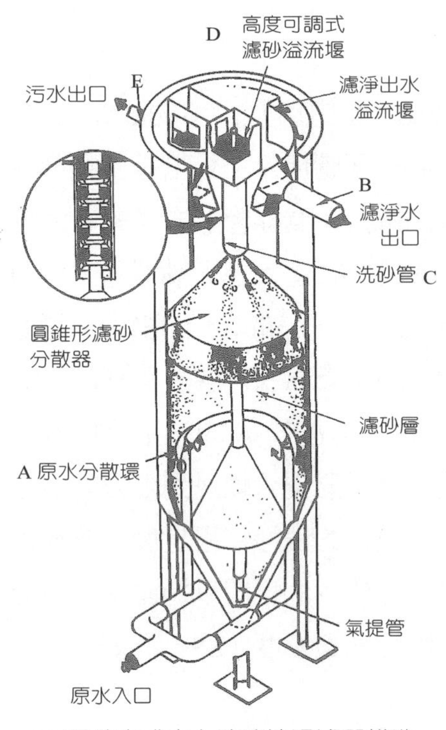

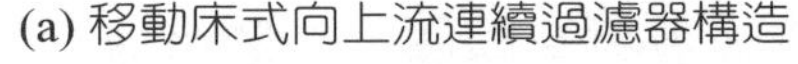
(a) 移動床式向上流連續過濾器構造

(b) 過濾系統現場實景圖（TEMA Co.）

圖 6-23　移動床式向上流連續過濾器

6.8.1　澄清過濾所面臨的新挑戰

近來有關水中**隱孢子蟲**（*cryptosporidium*）與**梨形鞭毛蟲**（*giardia*）的去除已成爲歐美最近十年的澄清過濾焦點。隱孢子蟲與梨形鞭毛蟲是人畜共通的致病性原生動物，可寄生於哺乳類、鳥類及魚類等。近年來，這兩類致病性原生物在英美等國已爆發多起隱孢子蟲症與梨形鞭毛蟲症的流行。由於這兩類病源蟲之外壁有厚夾膜，因此對水廠的抗消毒劑具有相當的抗性，目前水廠的消毒方法並不能有效抑制其卵囊體的生長。尤其對於多次逆洗反覆長時間操作或逆洗不全的澄清濾器，病源蟲的濃度更會與日俱增。江（1999）曾對台灣的十一處淨水場進行隱孢子蟲與梨形鞭毛蟲的存在狀況進行採樣調查，調查發現 39 組原水水樣中 79.5% 含有梨形鞭毛蟲，69% 含有隱孢子蟲。但國內卻尚未建立此類病源蟲在飲用水源中的採樣與去除標準。

此外，近年來由於電子、材料、生化與醫藥等產業的快速發展，製程的微小與奈米化，所需之精密分離程序無論在質與量方面都日益增加。高科技產業進料液體中常含有大量之**深次微米粒子**（ultrafine particle）、**奈米粒子**（nanoparticle）、膠體、微生物、乳化物、無機離子或可溶性有機物，而這些不純物對製程的影響相當大。這些高科技產業中對所使用之液體的澄清度要求都相當高，因此澄清過濾操作對於電子、材料及醫藥等對液體澄清度要求極高的產業來說相當的重要。對於高科技產業中的程序用液體處理，進料液體的種類相當繁多，如非水相的油、溶劑或高分子溶液等。因此，探討含深次微米／奈米級粒子液體澄清化機制，以及進料液體與液體中微粒子及不純物間的交互作用及界面現象對分離效率之影響是相當亟需的課題。

6.8.2 特殊澄清過濾用濾料的發展

除一般粒狀濾料外，近年來相當多種人造多孔性濾料被開發上市，主要的著眼在於濾料之高透流率、粒徑高均一性及以同一濾料粒徑進行過濾就有極佳的過濾效能。種類有發泡聚苯乙烯粒、多孔陶粒、纖維濾球、磁性鐵渣及稀土瓷砂等。

發泡聚苯乙烯粒與矽砂幾乎同大小，比重在 0.1 g/cm³ 以下。以非常小的發泡聚苯乙烯的粒子爲濾材的過濾稱之爲浮上濾材式過濾。因爲比重小的關係，本來以空氣、水洗淨再生很困難，現可由透過攪拌成爲簡單的懸濁狀態，和洗衣機相同的方法，進行濾材再生。

其中**纖維濾料**（fiber）近年逐漸廣爲採用，由於纖維濾料具高度壓密性，在配置的考量上與粒狀濾料不同，纖維濾料的密實度或孔隙率可隨操作流速變化相當大，這類濾料乃由軟性人造材料製成，如纖維球、輕質泡沫塑料珠、橡膠粒等。纖維球濾料由人造短纖結紮而成，具有彈性，密實度由中心向周邊遞減，孔隙率達 90% 以上。纖維球在濾床上部比較鬆散，基本上呈球狀，球間孔隙比較大，越接近床層下部，由於自重及水力作用，纖維球堆積得越密實，纖維絲相互穿插，形成一個纖維層整體。整個床層上部孔隙率較高，下部孔隙率較低，近似理想濾池孔隙率分布。實驗證明纖維球濾池過濾速度爲砂濾池的 5～8 倍，如果採用同樣的濾速，則纖維球過濾週期比砂濾池長 3 倍。其能有效的去除 0.5～10 μm 級的微小懸浮物，濾過水的懸浮物含量一般在 10 mg/L 以下。但目前纖維球價格較貴，再生需用氣、水聯合反沖，氣起主要作用，控制氣量在 2.4～3.0 $m^3/m^2/min$，水量在 600 $L/m^2/min$ 可沖洗乾淨。

近年，日本石垣（Ishigaki）公司以**纖維濾料**（fiber）取代一般顆粒濾料，開發出如圖 6-24 之高速纖維濾料快濾機，濾速可達 70～90 m/h，爲一般傳統砂濾桶的 3～5 倍，過濾精度可達 4～5（Fuls and Nong, 2007）。

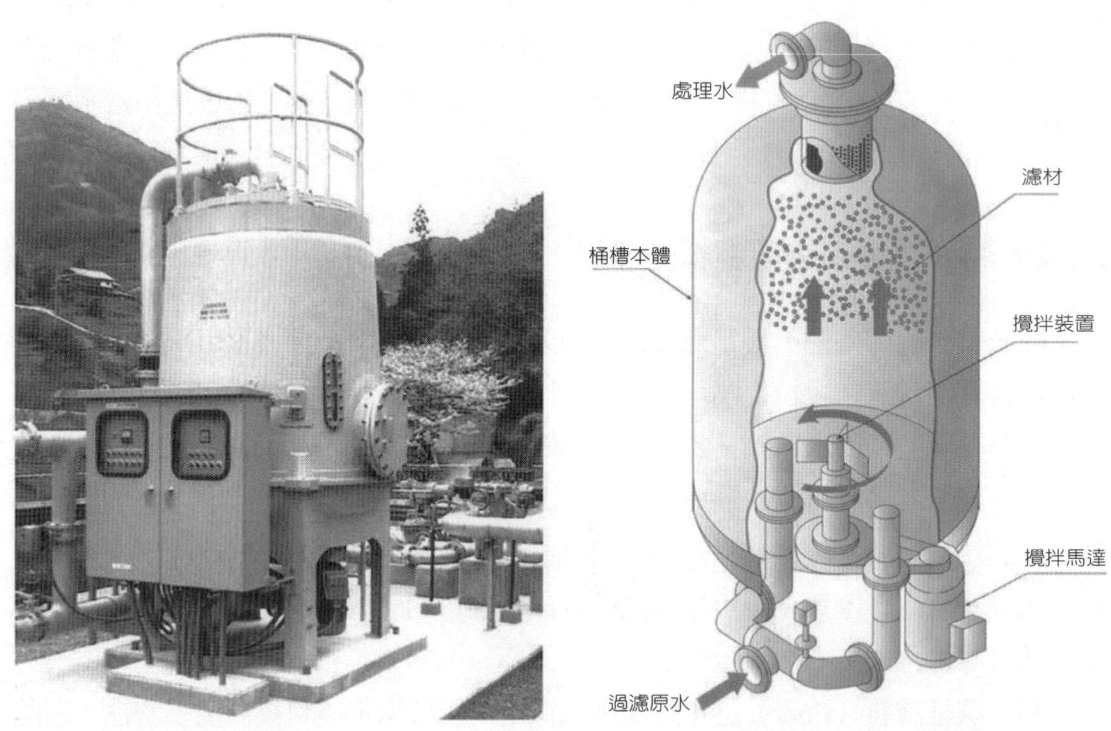

圖 6-24　高速纖維濾料快濾機（日本 Ishigaki 公司；台灣地球村國際公司提供）

6.8.3　精密澄清過濾器的發展

近年新式澄清過濾器的發展有兩個重點：一個是尋求更快速更大處理量的過濾操作，另一個是尋求更精確掌握出水狀況的儀控改良。隨著儀器設備的發展與精確度及線上偵測方便性提高，新式澄清過濾器的發展多爲在濾液出口加裝**粒子計數器**（particle counter），以更加精確的掌控出水狀況。

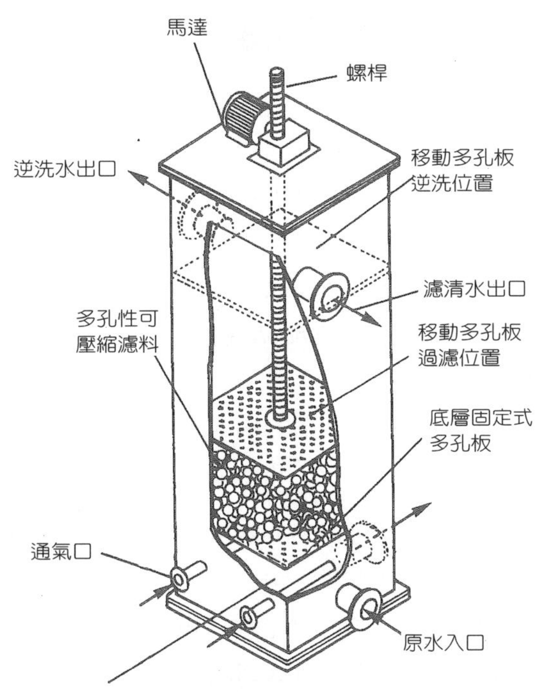

圖 6-25　新式人工智慧型連續過濾器（美國 Schreiber 公司）

在精密澄清過濾器的開發方面，近年美國 Schreiber 公司同時開發了可壓縮式多孔性濾料及上向流式智慧型濾器，並於 2000 年進行了第一個商品的試運轉。其剖面構造如圖 6-29 所示，濾料為孔隙度達 0.8～0.9 的多孔性濾料，直徑均一、質輕易清洗、高透流率，原水可穿透濾料，所填充之濾床的總孔隙度可高達 0.94。過濾操作時，濾料層由可移動式多孔板下壓至過濾高度，並使濾床維持不動且兼具高透過率。原水由床底進入，向上流過濾床。逆洗操作時，可移動式多孔板上升至逆洗高度，一般比過濾時的板高高一倍，使濾料能有足夠空間進行清洗。清洗濾料時，清洗水由上方通入，而空氣由濾床底部靠壁兩側通入，使濾料充分翻轉，以達到徹底清洗的目的。此濾器由於濾料具有高孔隙的特性，操作濾速可以高達 400～2,000 L/m²/min。

參考文獻

1. Amirtharajah, A., "Some Theoretical and Conceptual Views of Filtration," *Journal AWWA*, Dec. (1988).
2. Baumann, E.R., "History of Deep-Bed Filtration," Proc. AWWA Seminar, Denver (1988).
3. Dickenson, C., *Filters and Filtration Handbook*, Elsevier Sci. Publishers Ltd., Oxford, UK (1992).
4. Elimelech, M., J. Gregory, X. Jia and R.A. Williams, *Particle Deposition and Aggregation*, Butterworth-Heinemann Ltd (1995).
5. Fitzpatrick, C.S.B., "Instrumentation for Investigating and Optimising Filter Backwashing," *Filtration & Separation*, 35(1), 69-72 (1998).
6. Fuls, H.F. and Nong, K, "Piloting of the Ishigaki Fibre-Wakishimizu (Fibre Media Rapid Filtration Equipment) at Skorpion Zinc," Proceedings The 4th Southern Africa Base Metals Conference, Johannesburg, Southern Africa, pp.223-240 (2007).
7. Hozalski, R.M. and E.J. Bouwer, "Non-steady State Simulation of BOM Removal in Drinking Water Biofilters: Model Development," *Wat. Res.*, 35, 1 (2001).
8. Ives, K.J., "Capture Mechanisms in Filtration," in Ives, K.J. (Ed.) *The Scientific Basis of Filtration*, Noordhoff, Leyden (1975).
9. Ives, K.J., "Deep Bed Filtration: Theory and Practice," *Filtration & Separation*, 157-166 (1990).
10. Iwasaki, T., "Some Notes on Sand Filtration." *J. Am. Water Works Assoc.*, 29, 1591-1602 (1937).
11. Metcalf & Eddy, Inc., *Wastewater Engineering: Treatment, Reuse and Disposal*, 3rd ed., McGraw Hill, New York (1991).
12. Metcalf & Eddy, Inc., *Wastewater Engineering: Treatment and Reuse*, 4th ed., McGraw Hill, New York (2003).
13. Mints, D.M., "Preliminary Treatment of Water before Filtration," *Proc. 8th Congress Int. Water Supply Assoc.*, IWSA, Vienna (1969).
14. Richardson, J.F. and W.N. Zaki, "Sedimentation and Fluidisation: Part 1," *Trans. IChemE*, 32, 35-53 (1954).

15. Rose, H.E., "On the Resistance Coefficient-Reynolds Number Relationship for Fluid Flow through a Bed of Granular Material," *Proc. Inst. Mech. Engnrs*, 153, 145 (1945).

16. Rushton, A., A.S. Ward and R.G. Holdich, "Solid-Lquid Filtration and Separation Technology: Clarifying Filtration," (1996).

17. Stevenson, D.G., *Water Treatment Unit Processes*, Imperial College Press, London (1997).

18. Tien, C., *Granular Filtration of Aerosols and Hydrosols*, Butterworths Publishers, Stoneham, MA (1989).

19. Tung, K.L., Y.L. Chang, C.J. Chuang and W.M. Lu "Microscopic Analysis on Particle Coagulation and Attachment in a Deep Bed Granular Filters," *Proc. of The Advances in Rapid Granular Filtration for Water Treatment: Appendant Poster Exhibition Paper*, London, UK, 4-6 April (2001).

20. 史惠祥主編，實用水處理設備手冊，第三章：過濾設備，化學工業出版社，北京（2000）。

21. 田棋著、莊清榮譯，過濾技術，第七章：澄清過濾，呂維明、呂文芳編著，高立圖書有限公司，台北（1994）。

22. 角田省吾，最近的清澄濾過裝置與技術，粒子、流體系分離工學的展開，第二章，日本化學工學會編，東京（1999）。

23. 江國瑛，本省自來水中梨形鞭毛蟲及隱孢子蟲存在性調查及其分析方法之評估，碩士論文，交通大學環工所，新竹（1999）。

24. 唐受印、汪大翬主編，廢水處理工程，第五章：深層過濾，化學工業出版社，北京（1998）。

第七章
濾材及其選擇

/童國倫

欲使過濾程序在最理想條件下操作並獲得最佳品質之產品，除了必須選擇正確的濾器機型之外，合適的濾材亦占有不容忽視的地位。在一般過濾程序中，濾材是影響分離成效最重要的關鍵，一部製作再精細的過濾機若沒有搭配適當的濾材，則無法順利的運轉而達到有效分離的目的，因此，濾材可以說是一部過濾機的心臟。然而迄今爲止，尙無一套明晰的理論對於過濾過程中粒子如何流向濾材，並在其中間隙構築其架構，以及微小粒子如何貫穿濾餅結構，進入濾材並堵塞濾液流徑等有所闡釋，以爲工程師們應用，加上濾材種類繁多，因此工業界習以個別實際嘗試之經驗作爲選擇濾材的依據。要如何選擇一合適的濾材？如何延長濾材使用壽命？一直是現場工程師的棘手要務。

濾材的一般性定義爲：在過濾程序中，可將分散相的粒子沉積於介質的表面或裡面而與連續相進行分離之多孔性物質。分散相的粒子可能是固體微粒、液滴或氣泡，而所謂的多孔性物質——「濾材」則依分散相與連續相的個別特性差異而有相當多的種類及選擇。近年來，隨著濾材種類日益多樣化，濾材的定義並非一定是可滲透的材質，而是於特定的操作環境下，濾材本身的特性能與過濾器做適切配合的物質。本文首先將介紹各種濾材的種類與特性及其選用時的考量；對於特用之高溫氣體或高黏度液體過濾用濾材將有專門的節次做介紹；而一般常見的濾蕊式濾罐，由於分離機制爲**深層型**（depth type）捕捉而非一般的**表面型**（surface type）攔截且屬拋棄式濾材不逆洗，將獨立一節說明；最後兩節將介紹濾材特性的分析方法與標準及濾材的未來最新發展趨勢，供濾材的使用者與製造者參考。本書中以另章敘述**助濾劑**（filter aid）之使用以及澄清過濾用濾料選擇等，請分別參考第六章「澄清過濾的理論與裝置」及第八章「利用助濾劑之過濾」。近年在電子業及生化、製藥業廣爲使用之**薄膜濾材**（membrane），請參考第十二章「膜過濾」及第十三章「超潔淨液體的製備」。

7.1　濾材的分類及其特性

7.1.1　濾材的種類

廣義的濾材種類相當多，範圍從砂層到濾布，從數十微米孔洞大小的金屬板到次微米孔洞的薄膜等都是，要明確劃分濾材種類且準確地定義濾材的型態相當困難，一般可以依濾材的系統特性或材質型態來分類。

1. 濾材系統特性的分類

濾材依系統特性不同，其分類包括：

(1) **表面過濾型濾材**（surface type filter media）與**深層過濾型濾材**（depth type filter media）。

(2) **硬材濾材**（rigid media）與**柔材濾材**（flexible media）。

(3) **散狀型濾材**（loose media）與**緊密型濾材**（integral media）。

(4) **耐久型濾材**（permanent media）與**拋棄型濾材**（disposable media）。

2. 濾材材質型態的分類

倘若依其材質型態來分，則濾材可分類為：

(1) 粉狀、**散狀纖維**（powdered materials），如各種助濾劑、砂層等。

(2) 燒結**金屬或陶瓷多孔濾板**（管）（sinter ceramics or metals）。

(3) **編織濾材**（woven media），如非金屬纖維、棉、化學纖維、玻璃纖維、金屬線，混合編織者如金屬與石綿之混紗布，或金屬與化學纖維之混紗等。

(4) **非編織型濾材**（non-woven media），如濾紙、毛氈、不織布、石綿等。

(5) **多孔板**（porous plates），如打洞之多孔板、金屬線之連結網等。

(6) **膜狀濾材**（membrane media）薄膜，包括高分子有機膜或無機薄膜。

英國濾材專家 Purchas 於 1965 年首度針對各類濾材依其**剛硬程度**（rigidity）作了初步的分類，但由於濾材種類的轉變快速與多樣化，於 1981 年能重新整理分類如表 7-1。表中列舉出各種濾材，依材質的**剛硬程度**（rigidity）遞減的順序排列，及其相應之可濾除最小粒徑概估值。

表 7-1　濾材的種類

主要型態	次項分類	可濾除最小粒徑（μm）*
固體加工構裝濾材（Solid Fabrications）	(a) 平面楔形網	100
	(b) 纏繞螺管	10
	(c) 環疊狀	5
金屬板（Metal Sheets）	(a) 多孔板	20
	(b) 金屬網材	5
剛性多孔濾材（Rigis Porous Media）	(a) 陶瓷	1
	(b) 碳	1
	(c) 塑膠	10
	(d) 燒結濾板	5
濾蕊式濾心（Cartritages）	(a) 紗線纏繞式	5
	(b) 貼合式	5
	(c) 折層式	3
塑膠板（Plastic Sheets）	(a) 編織單纖細網	10
	(b) 多孔板	10
	(c) 薄膜	< 0.1
薄膜濾材（Membranes）	(a) 陶瓷	0.2
	(b) 金屬	0.2
	(c) 聚合物	< 0.45
編織纖維濾材（Woven Fabrics）	(a) 人造短纖維紗線	5
	(b) 單纖紗線或多纖紗線	10
非編織型濾材（Non-woven Media）	(a) 厚濾片	0.5
	(b) 毛毯及針毯	10
	(c) 濾紙	
	－纖維素	5
	－玻璃	2
	(d) 聚合不織布	
	（熔噴式製品、黏貼式製品等）	10
散狀型濾材（Loose Media）	(a) 纖維	1
	(b) 粉末	< 0.1

* 註：概估值。

另外一類常用的濾材分類方式，可以過濾的目的與機制著眼。在固液分離操作中，過濾的主要目的不外乎獲致澄清濾液或回收有價值之固體，因此，在種類繁多之濾材的選用考量時，可依過濾的目的與機制不同，分爲**表面過濾型濾材**（surface type filter media）與**深層過濾型濾材**（depth type filter media）。一般來說，兩類濾材的主要功能皆爲獲致澄清濾液，而表面過濾型濾材另有次要功能爲回收液體中的有價固體。表面過濾型濾材主要是針對粒子濃度高於 0.1% 的泥漿過濾用，其過濾機制如圖 7-1(a) 所示，選用孔洞小於泥漿中粒子平均粒徑的濾材，將粒子阻截於濾材表面，防止粒子滲入或穿透濾材，以獲致澄清濾液或回收有價值之固體的操作方式。此類濾材的表面會形成一層**濾餅層**（cake），是過濾阻力的主要來源。依過濾操作時泥漿流動方向的不同，又可分爲如圖 7-1(a) 之上圖所示，流向濾材表面的**濾餅過濾**（dead-end filtration），及如圖 7-1(a) 之下圖所示，平行濾材表面流動的**掃流過濾**（crossflow filtration）。此類表面過濾型濾材的主要代表有濾紙、編織濾布、編織濾網、濾膜及陶瓷濾材等。深層過濾型濾材的處理對象爲固體濃度低於 0.1% 的稀薄懸浮液，唯一的目的在於液體澄清化。此類過濾機制如圖 7-1(b) 所示，乃將稀薄懸浮泥漿通過高厚度之粒狀濾材或纖維濾材，使懸浮顆粒附著於濾材內，以獲致澄清濾液。因此，基於這類過濾機制的操作，一般稱之爲**澄清過濾**（clarifification filtration），其過濾阻力來源主要爲濾材內粒子的沉積。此類深層過濾型濾材的主

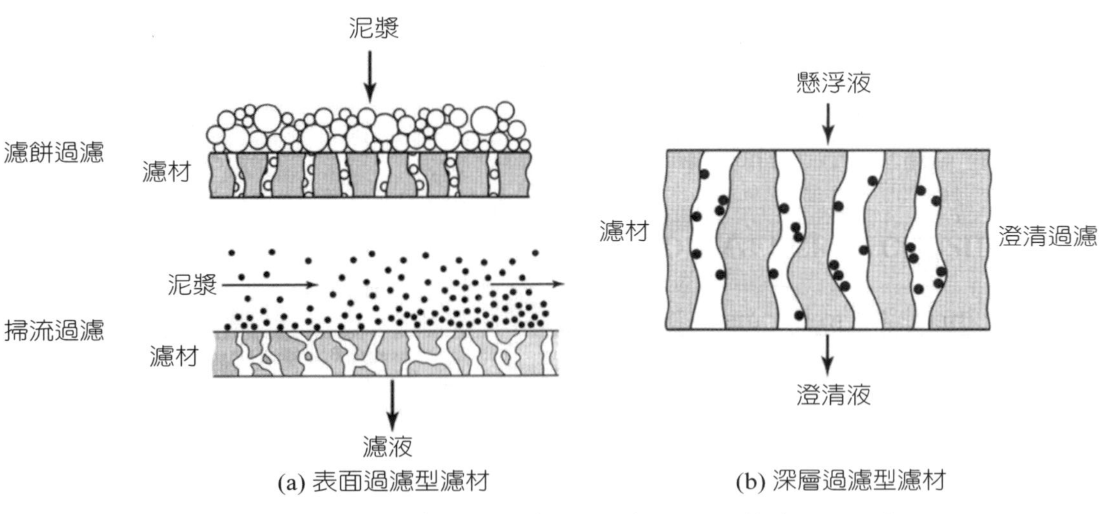

(a) 表面過濾型濾材　(b) 深層過濾型濾材

圖 7-1　不同類型濾材之過濾機制（McCabe 等人，2001）

要代表有砂濾濾料、**濾蕊式濾材**（cartritage）等。而有些濾材可能同時兼具有表面過濾型濾材與深層過濾型濾材的特性，如棉毛氈、不織布濾材或利用助濾劑過濾等。

7.1.2 濾材的特性

一個良好的濾材需要具備許多不同的特性，包括過濾特性、抗化性、機械強度、可運用的尺寸及潤濕性等。事實上，濾材有二十種具意義的性質，以濾材特定應用做有系統的分類，這些性質可分爲三個主要類別：

1. 過濾操作特性：決定濾材完成特定過濾工作之能力，如所能濾除顆粒之粒徑及流動阻力等效能。
2. 應用取向特性：控制濾材對程序環境之相容性，如化學安定性及熱安定性等。
3. 機械取向特性：決定濾材所能搭配過濾器的種類，如剛性、強度及組裝難易度等。

這三個類別特性細分於表 7-2，爲濾材選用的主要考量項目，將於 7.5 節濾材的選擇一節中，個別深入探討。

表 7-2 濾材之特性項目

過濾操作特性	應用取向特性	機械取向特性
過濾機制	化學安定性	剛硬度
可濾除最小粒徑	熱安定性	強度
阻擋率	生物安定性	抗潛變／抗拉伸
濾材結構、孔徑分布	動態安定性	邊緣安定性
流動阻力	吸收性質	抗磨損
積存污垢容量	吸附性質	振動安定性
堵塞的趨勢	潤濕度	可運用尺寸
卸除濾餅特性	健康及安全方面	組裝難易度
	靜電方面	密封／填封功能
	棄置可行性	
	再使用可行性	
	價格	

7.2　金屬網材（woven wire）

金屬網材爲編織濾材的一種，其材質爲單蕊金屬，而編織濾材係由線狀材料以不同編織方式製成之濾材，一般可分爲**金屬網材**（woven wire）以及**織布**（woven cloth；woven fabric）。本節將先介紹金屬網材，編織濾布於下一節說明。

金屬網材主要以不鏽鋼、鐵，或以銅、鋁、鎳、鈦等金屬線編織而成。金屬網材具有相當好的機械強度，十分堅固耐磨，加上其安裝方便、清洗容易，操作過程中不易堵塞、變形，因此適用於不同機型之濾機。金屬網材多應用於較粗粒子之結晶或紙漿類的過濾，亦可配合助濾劑的使用以處理高黏度泥漿或汽油、潤滑油等之過濾。與**非金屬濾材**（non-metallic media）相較，金屬網材的使用壽命較長，惟其價格較昂貴。金屬網材的基本編織方法見圖 7-2，包括：

1. **平紋織法**（plain weave）
2. **斜紋織法**（twill weave）
3. **平紋荷蘭式織法**（plain dutch weave）
4. **雙平紋荷蘭式織法**（duplex plain dutch weave）
5. **斜紋荷蘭式織法**（twill dutch weave）
6. **反荷蘭式織法**（reverse dutch weave）
7. ***β* 網荷蘭式織法**（betamesh dutch weave）
8. **籃式織法**（basket weave）

以下將分別闡述其構造差異及特性。

1. 平紋織法（plain weave）

此種織法系將**緯線**（filling yarn; weft yarn）一上一下交錯通過**經線**（warp yarn），得到近似正方形或長方形的**通徑**（opening）。這些通徑呈**直通式**（straight through），並使流體垂直流經濾材。

2. 斜紋織法（twill weave）

此種織法近似平紋織法，但緯線係以二上二下的方式通過經線。斜紋織法亦可得到直通式通徑，但這些通徑以斜對角線方式排列。

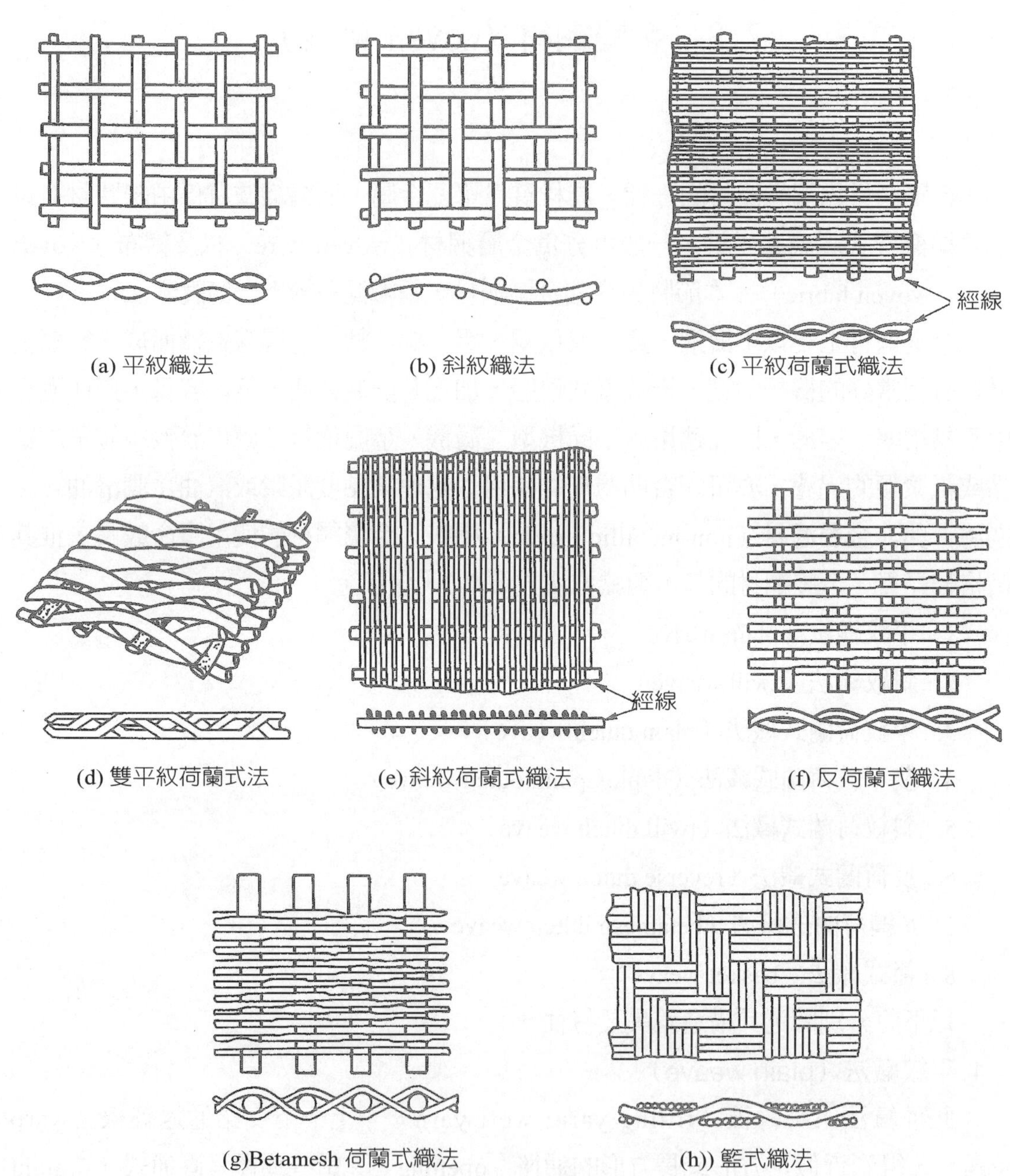

(a) 平紋織法 (b) 斜紋織法 (c) 平紋荷蘭式織法

(d) 雙平紋荷蘭式法 (e) 斜紋荷蘭式織法 (f) 反荷蘭式織法

(g)Betamesh 荷蘭式織法 (h)) 籃式織法

圖 7-2 各種金屬網材織法

3. 平紋荷蘭式織法（plain dutch weave）

此種織法近似以平紋荷蘭式織法，但以兩條較細的絲材取代平紋荷蘭式織法中的經線，此外，以此種織法獲得的織品強度較高。通徑形狀呈三角形並與網面成一斜角。

4. 雙平紋荷蘭式織法（duplex plain dutch weave）

此種織法近似平紋荷蘭式織法，但以兩條較細的絲材去取代平紋荷蘭式織法中的經線，此外，以此種織法獲得的織品強度較高。通徑形狀亦呈三角形，並與網面呈一斜角，但較平紋荷蘭式織法中的通徑要小。其截留粒子的大小範圍約從 8～65 μm。

5. 斜紋荷蘭式織法（twill dutch weave）

此種織法的經線網目個數遠小於緯線網目個數，且經線規格粗於緯線。緯線係以二上二下的方式交錯通過經線，其後以相鄰二緯線爲單位，使之重疊，以得到高強度、組織緻密的織品，甚至連光線亦無法通過。此種織法截留粒子的大小範圍約從 1～100 μm。

6. 反荷蘭式織法（reverse dutch weave）

此種織法的經緯線排列方式與平紋荷蘭式或斜紋荷蘭式剛好相反，其經線較細、數目較多，而緯線較粗、數目較少，其餘方面則與平紋荷蘭式相同。倘若與具相同粒子截留能力之斜紋荷蘭式織品相較，此種織法的強度及濾液通過的流速均較高，而且不易堵塞，清洗容易。其截留粒子之大小範圍約從 10～100 μm。

7. β 網荷蘭式織法（betamesh dutch weave）

此種織法頗似平紋荷蘭式織法，但其精心估算經緯線大小比例與間距，以期獲得呈正三角形，並大於表面通徑的內部通徑。因此固體粒子多被截留於此濾材表面，且流速及堵塞現象均獲改善。其截留粒子的大小範圍從 10～81 μm。

8. 籃式織法（basket weave）

將斜紋織法中的經緯線改用多條金屬絲，編織所得即是籃式織法，其織品更堅固且緻密。

7.3 編織濾布（woven fabric; woven cloth）

濾布濾材是屬編織濾材的一種，係由天然或人工合成之線狀材料，以不同編織方式製成之濾材，廣為工業界所用。本節將分別介紹編織濾布之材質、**紗線種類**（yarn type）、**編織型態**（woven pattern）及**加工後處理**（finishing）方法。關於濾器的型式與濾布的選用搭配考量，將在第 7.7 節中闡述。

7.3.1 濾布紡紗纖維的材質、種類及其特性

濾布紡紗纖維的材質與種類，如以纖維原料分類，可分為：

1. 合成纖維，如**尼龍**（nylon）、**聚丙烯**（polypropylene）等。
2. 天然纖維，如**棉**（cotton）、**羊毛**（wool）等。
3. 無機纖維，如金屬纖維及炭素纖維等。

如以織布的紡紗方式則可分為以下三種（如圖 7-3）：

1. **單纖紡紗**（monofilament）
2. **多蕊纖維紡紗**（multifilament）
3. **紡纖紡紗**（spun-staple）

1. 單纖紡紗（monofilament）

單纖紡紗基本上可看成細小的塑膠線，如圖 7-3(a) 所示，不必再經加工而可直接在織布機上進行編織工作。由單纖紡紗織成的濾布具有**高的抗張強度**（high tensile strength）、極優的抗阻塞性，及不錯的機械特性。這類濾布主要的缺點是它們的**截留**（retentive）能力較差，雖然這個缺點可經由**軋光**（calendering）或使用較細之紡紗來改善，但效果並不顯著。因此這類濾布適用於顆粒較大泥漿之過濾。軋光除可改善截留能力外，尚可使原本就很容易去餅的單纖濾布增進其去餅能力，但軋光會降低濾布的**透過率**（permeability），並會使纖維的抗張強度減弱。

2. 多纖紡紗（multifilament）

多蕊纖維紡紗可看作由一大束極細微的單纖紡紗組合而成，如圖 7-3(b) 所示，雖然組成多蕊纖維紡紗的細微紡紗數是任意的，但通常以 100 條為基準。由多蕊纖

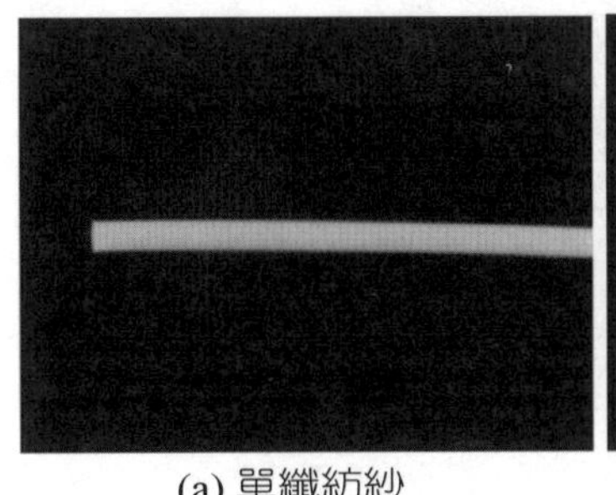

(a) 單纖紡紗

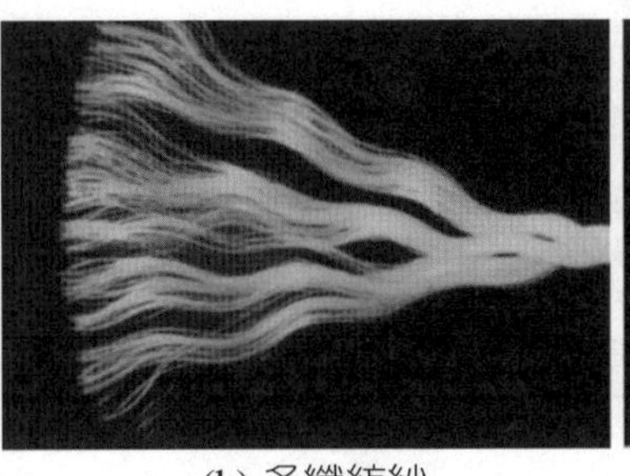

(b) 多纖紡紗

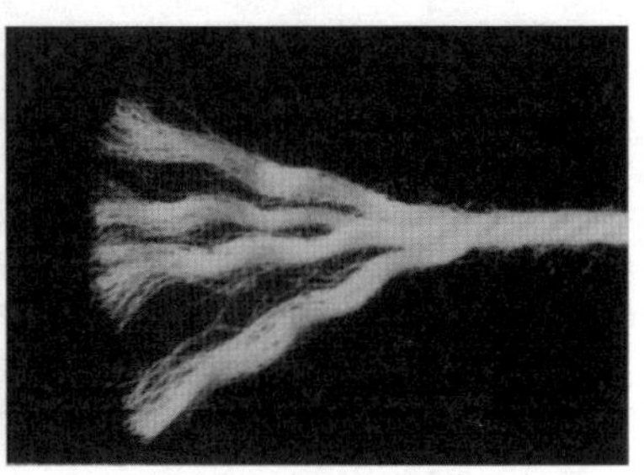

(c) 紡纖紡紗

圖 7-3　編織濾布的紡紗種類

維紡紗織成的濾布與單纖紡紗濾布一樣，具有高的抗張強度及良好的去餅能力，除此之外，還可處理較細的粒子。這類濾布的缺點爲機械特性較差，容易造成阻塞，**濾速**（throughput）通常較單纖或紡纖來得差。

3. 紡纖紡紗（spun-staple）

紡纖紡紗是由短纖維撚紡成細絲進而紡成紡紗，如圖 7-3(c) 所示。紡纖紡紗具有極優的機械特性，它的抗張強度比同重之單纖及多蕊纖維紡紗差，清洗效率比單纖差，但它的產能比單纖及多蕊纖維高。因爲它的紗線是可透過的，不像單纖及多蕊纖維的紗線，在相較上它們是半透性的。

上述三種類型的紡紗除了單纖紡紗外，其餘兩種紡紗必須先經加工後才能用來紡織，例如：多蕊纖維必先經過**扭捻**（twist）作用，成爲較緊密的紗線增進抗阻能力，另外可經由搓紗的方法來減低濾布的孔隙度。例如同爲 800 **丹尼**（denier）紡紗所織成的兩種濾布，其中一濾布之 800 丹尼紡紗是由四條 200 丹尼之小紡紗經由搓紗過程製成 800 丹尼紡紗，進而織成濾布，結果顯示此兩種紡紗雖同爲 800 丹尼紡紗，但經由搓紗過程之濾布具有較佳之粒子截留能力，當然經由四條 200 丹尼紡紗搓成之紗線價格一定比單條 800 丹尼紗條來得昂貴，因此使用者必須在價格及截留能力上做一最佳抉擇，類似的抉擇在選擇濾布時經常會在各因素間發生。

此外也可透過上述三種基本紡紗的組合，產生具有個別優點的紡紗。紡紗之直徑對濾布的結構有著兩方面的影響，當直徑增加時，會增進濾布的強度及耐磨能力，但濾布的截留能力及去餅能力會降低。以上三種紡紗方式——單纖、多蕊和紡織紡紗之特性比較整理如表 7-3。

表 7-3　三種紡紗方式的性質比較

	粒子截留能力	最小流體流動阻力	最小濾餅含水率	最大卸餅能力	最長使用壽命	防止粒子堵塞能力
最佳紡紗 ⇩ 最差紡紗	紡織 多纖 單纖	紡織 多纖 單纖	單纖 多纖 紡織	單纖 多纖 紡織	紡織 多纖 單纖	單纖 多纖 紡織

7.3.2　濾布的編織型態及其特性

濾布濾材是由經紗與緯紗以特定且規則的排列方式相互交錯而成的網狀結構物。**經紗**（warp）是在織布機上以縱向排列之紗線，**緯紗**（weft, shut, filling）是以橫向排列方式與經紗交錯之紗線。三種最基本的濾布織法有**平紋織法**（plain weave）、**斜紋織法**（twill weave）及**緞紋織法**（sateen or satin weave），如圖 7-4 所示。

表 7-4 並列舉出平紋織法、斜紋織法以及緞紋織法的過濾特性比較。

表 7-4　三種基本織法的過濾特性比較（A：最佳、B：中等、C：最差）

過濾特性 / 濾布織法	粒子截留能力	最小流體流動阻力	最小濾餅含水率	最大卸餅能力	防止粒子堵塞能力
平紋織法	A	C	C	C	C
斜紋織法	B	B	B	B	B
緞紋織法	C	A	A	A	A

1. 平紋織法（plain weave）

平紋織法為最簡單的織法，此織法是將緯線交錯地以一上一下的方式通過經線，如圖 7-4(a) 所示。當緯線間有間距時，在濾布表面得到正方形或長方形的**通道**（openings）。當緯線間無間距存在，則無法得到表面通道，它的通道只存在於兩相鄰緯線間呈三角形並與布面成一斜角。此種織法濾布的優點為具有良好的尺寸安定性，且對細小粒子有極佳的截留能力；但其缺點為卸餅能力與抗阻塞能力差。

2. 斜紋織法（twill weave）

此織法與平紋織法相似，在此織法緯線是交錯地以二上二下的方式通過經線如

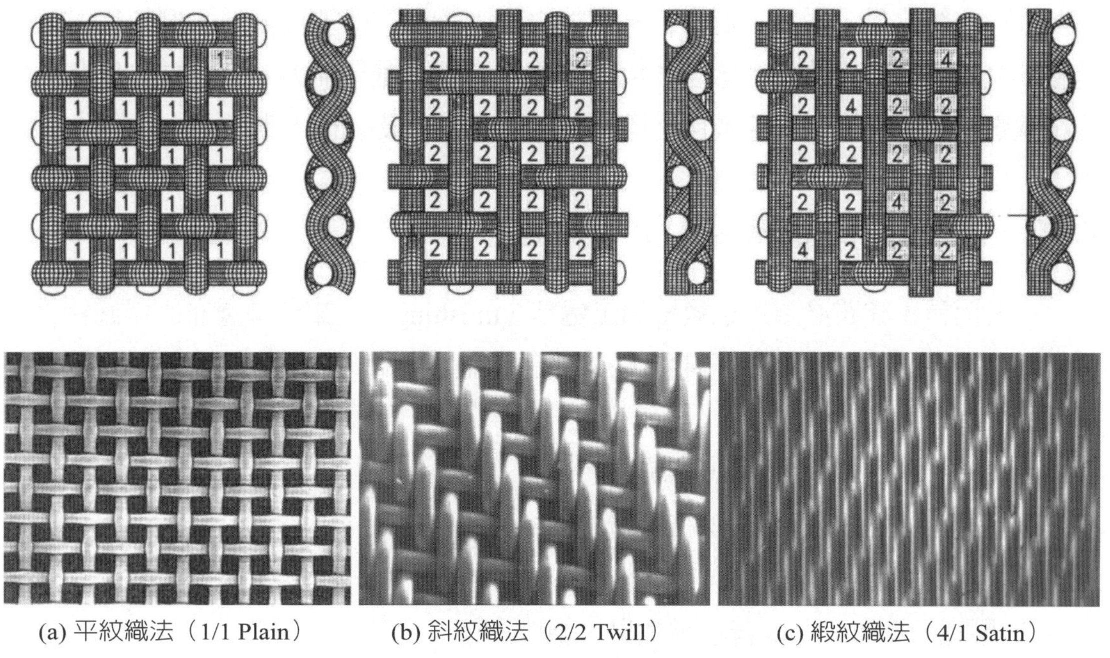

(a) 平紋織法（1/1 Plain）　(b) 斜紋織法（2/2 Twill）　(c) 緞紋織法（4/1 Satin）

圖 7-4　編織濾布的三種基本編織法

圖 7-4(b) 所示，以這種方式所織出之布面會有一條從左下角到右上角的對角斜紋，因此稱爲斜紋織法。其優點爲卸餅能力良好、良好的抗阻能力及易清洗，其尺寸安定性雖較平紋濾布差，但尚可接受；其主要缺點爲截留能力較平紋織法差。

3. 緞紋織法（sateen or satin weave）

此織法爲緯線通過若干條經線之上後，通過下一條經線的下面再通過若干條經線之上，如此反覆進行如圖 7-4(c) 所示，通過經線之數目以 7 爲最常見。此種織法由於經、緯線在濾布的兩邊各別出現，因此在濾布的表面形成一較平坦的表面，使得此織法有較好去餅性能。大體說來，緞紋織法具有斜紋織法的所有優點，事實上緞紋織法有較好的柔軟性，因此有更好的卸餅能力、抗阻能力及清洗性。但由於緞紋織法其經緯線的交錯較少，因此尺寸安定性較差爲其主要缺點。

因爲織法的關係，平紋織法爲最緊密的織法，其**孔道開口**（pore openings）最小，然後依序爲斜紋及緞紋。因爲平紋織法的緯線數比起其他織法來得少，所以平紋織法可得到一較輕質且經濟的物質，例如：使用具有相同濾液澄清度之 10 oz 平織濾布及 12～14 oz 斜紋濾布而言，使用平織濾布將較經濟，但其強度較弱。依據每英寸內絲線之最大數目，濾布的截留能力會因織法的改變而增進，例如：緞紋織法較斜紋織法有較多的緯線數目，因此增加它的粒子截留能力。平紋織法具有最少的緯線數，因此對相同絲線數目之織品，平紋織法有最小的孔隙度。

7.3.3 濾布的加工後處理（finishing）

一般而言，織布必須施以**後續加工處理**（finishing），來改進濾布的過濾特性，例如增進卸餅能力、提高粒子捕捉率或使流體流動分配均勻等。加工處理的方式及其目的如下：

1. 熱定型——穩定性好、結塊去除，
2. 軋光——提供短期改善結塊情形，
3. 燒毛——結塊之去除，
4. 壓克力塗布——改善過濾效果、結塊去除，
5. 鐵氟龍表面處理——過濾微粒子、改善過濾效果，
6. 耐燃處理——非防火，是阻止火焰初期之燃燒。

其中，最主要的處理方式爲**熱處理**（thermal setting）及**軋光**（calendering）。以下將分別闡述各種加工處理方式的特點。

1. 熱處理

在本質上，它是利用釋放濾布壓力的方法。濾布被加熱到聚合物（polymer）軟化的程度再回溫，以減少濾布在使用時產生收縮的現象。

2. 軋光

熱滾筒（rollers）對濾布加壓和加溫，有時利用**磨擦**（friction）讓濾布的表面變得平滑，這樣可以幫助除去濾餅。軋光也可以利用減少濾布的孔隙度以減低濾布的透過率，特別是單纖濾布可以因此而增加效率。

軋光過程是將製成之濾布經過輪壓機上之熱滾筒進行軋光程序，軋光會使濾布的孔隙度減少以改進截留能力及去餅能力，但強度會減弱一些。濾布在使用時常發生**收縮**（shrink）的現象，因此濾布大都須經過先前的熱處理，以保持在使用時的尺寸安定。若不事先進行熱處理，很可能會在過濾進行中因收縮作用產生孔隙度的改變影響過濾特性，或者是在濾布清洗的過程中發生收縮作用，使得再安裝時發生

困難。

3. 燒毛（singeing）

這包括了燒掉布料上的細毛，因爲這些細毛可能會跟著過濾的過程而黏附在濾餅上，並防礙卸餅的工作。這項技術可用在**紡紗織成的濾布**（staple fiber fabrics）。

4. 預縮水處理（water shrinking）

這和熱處理有相似的效果，但是溫度較低而「dwell time」較高，例如：提高溫度所花的時間，對於尼龍濾布而言，可說是特別有效的方法，就像熱處理的目的是增加濾布更好的形狀安定性。

5. 延展處理（stretching）

連續式帶濾器所用的濾材需要預先經過加熱和張力處理程序，這樣可以提供濾材在濾器上之較好的形狀安定度。這種濾布的處理方式是將 endless 的濾布置於**熱滾筒**（heated rollers）上不斷來回數小時之久，它將會「鎖」住濾布和紡紗，以避免濾布在濾器上進一步的收縮或伸展。延展處理也可以保證濾布或濾帶的雙邊是平行的，這樣它才能夠緊跟著濾器運作。

6. 表面塗布（coating）

濾布發展的最新趨勢是表面塗布一層光滑的多孔層，如鐵氟龍。像 Azurtex 這樣的產品在市場上已經可以看到，也可以獲得進一步的詳細資料。

7.4　非織物濾材（nonwoven media）

第一個非織物濾材是 1942 年於美國製出，爲黏結性的不織布纖維產品，而台灣的濾材工業有六成以上是屬於非織物濾材。非織物濾材的製法可分爲針軋式、黏合式與複合式等。

7.4.1 針軋不織布（needle felts）

針氈製品的特色，是直接由纖維經由手工或機器（**織針**，needle），使其相互串連，或同時夾入紗線而成的氈製品。早期的文明國家，利用加熱和**水霧**（moisture）的方式，使天然纖維產生結合而具有複雜的結構。雖然這些製程並不適合於目前的**合成纖維**（synthetic fibers）和天然蠶絲的連結**絲狀纖維**（filament）。然而，利用**黏著劑**（adhesives），或是經由**針軋**（needle-punching）、**縫合**（stitching），或者混合這些製程使纖維保持糾結在一起爲**非織物**（non-woven fabric）。

針軋製備方式大部分是應用於合成纖維。首先，利用梳棉機，使纖維凝集**疊層**（layering）而成爲大的**纖維網**（lofty），再以**針軋**（needle punching）程序，使帶刺的針，來回釘穿纖維網，壓縮成爲緊密結構，針沖速度可以達到 2,000 strokes/min。每平方公分的纖維網可能被 100 支或更多的針貫穿，如此，可使纖維糾纏而減少**纖維網**（web）的厚度，達到所需的程度。

纖維的**細度**（fineness）對於過濾的效能有明顯的影響，例如，收集粒子的濾袋，最近由 Dilger（1994）的文獻結果指出，DuPont 產品之 Nomex 和 Teflon 多用途細纖維，對於一個 520 g/m^2 針氈製品的 Nomex 纖維，標準的 2.2 dtex，其纖維**散失程度**（emission lost）爲 1.19 g/m^3，此結果高於 1.1 dtex 的針氈製品的散失値 500 g/m^2。針氈製品的**整理程序**（finishing process）類似於**編織濾布**（woven fabrics）的方法，包括**軋光工程**（calendaring）、**燒邊**（singeing）及**表面塗布工程**（surface coating）等。此外，尚有許多方法，可以使**針氈製品**（needle felt）具有較好的過濾效果。如結合好的**撓曲性**（flexibility）和可變化的組織結構，以及**聚集的型態**（assymetric forms）不同的纖維直徑和外型，加上最後的緊密處理步驟，所得到的表面積和深度結構，會比**編織濾材**（woven fabrics）容易控制。

在針軋不織布的應用方面，可用來製作**抗靜電等級的濾材**（antistatic grades）。但把**針氈製品**（needle felts）應用在粉塵過濾方面，有一個衆所周知的問題，就是濾材表面所累積的靜電荷所導致的塵爆危險性。爲了預防這個問題，過濾系統必須接地，而且濾袋的材質必須有充分高的導電性才可以。相較於這樣的考量，合成高分子纖維的高電阻性顯然不適用。爲了解決這個問題，必須增加織品的導電性，改質的方法可以利用化學處理，在聚合纖維上鍍上金屬鹽類，或是利用併紗的方式，加入少量具有高導電性的纖維在結構中。抗靜電的問題是值得加強的重點，以確保安全。抗靜電的濾袋必需適當的接地，否則導致靜電荷的累積，形成高電容，是會增加危險性的。另外，化學處理的方法，其缺點是不耐久用，因爲表面鍍膜在使用時會因爲摩擦而脫落，或是因爲環境的因素而分解，特別是濾袋，偶爾需要洗滌，不適合用化學方法處理，相較之下，使用包入導電性纖維的方法，可以提供永久的有效保護。

7.4.2　黏合式不織布（bounded felts）

不織布（non-woven fabric）是完全不使用紗線而製得，可以使用**黏著劑**（adhesives）、**針軋**（needle-punching）、**縫合**（stitching）等方法，或混合這些方式，使纖維保持在一起。而黏合式製法又可分爲數種，Sandstedt（1967）的文獻中把**黏合式濾材**（bonded media）分成三類：

1. **濕式不織布**（wet laid）
2. **乾式不織布**（dry laid）
3. **紡黏不織布**（spun bonded）

而紡黏不織布又可細分成三種製程：

1. **熔融紡絲法**（melt spun）
2. **熔噴紡絲法**（melt blown）
3. **快閃不織布**（flash spun）

以下將分別說明這六種不織布的製法及特性。

1. 濕式不織布（wet laid media）

這是由古老的造紙方法所產生的技術，把短的**棉狀纖維**（staple fibres，如棉、麻、動物毛），不論是天然的或合成的，將其分散於水中，形成泥漿狀，再連續地餵入移動的篩網，或再結合重力或眞空、壓縮等方式脫除水分。生產出來的纖維是均勻、任意方向排列的**纖維網**（web），隨後在連續加熱的滾筒上加熱乾燥，需要注意的是，必須選擇適當的**黏著劑**（adhesive）或**結合劑**（binding）來作結合，以免在原始的纖維中或是在**噴出**（spray）或者在脫水程序中時被驅散。

2. 乾式不織布（dry laid media）

是工業上把原料製成短纖維網的第一步，經由傳統的**開棉**（opening）和**梳棉**（carding）等方法來完成。**梳開的纖維**（opened fibres）送入機器，製成**多層結構**（multiple layer）或三明治夾層（sandwiches）。單獨層面的定位方向，是由所需要的**強度比例**（strength ratio）來決定。另外一種方式，是把梳開的纖維輸送到氣動式的空氣中**搓絞**（air lying），形成無方向性的纖網，通常是大片的**卡式纖網**（carded webs）。如果選擇適合的纖維材質，可經由加熱方式，在熱的轉軸上使纖網因熱而**緊密連結**（sealed），或是使用稀釋的**黏合樹脂**（binding resin），經由**噴射**（spraying）或浸漬（saturation）的方式，在乾燥後可以產生**交聯**（cured）。

3. 紡黏不織布（spun-bounded media）

自從 1960 年代開始，由於合成高分子在**熱固化**（thermosetting）性質方面的發展，在工業生產程序上有顯著的進步，所以纖維的生產，可結合加熱、加壓，以及化學活化來進行結合。早期紡紗的方式是以**熔融紡絲法**（melt spinning）來製造**紡黏不織布**（spun bonded media），而如果要增加產品的**細度**（fineness）則必須使用較新的方法：**熔噴不織布**（melt blowing）和**快閃不織布**（flash spun）。

4. 熔融紡絲法（melt spun media）

熔融紡絲法利用傳統合成纖維技術，因熱而**熔融的高分子**（molten polymer），經由**紡嘴**（spinneret）擠壓出多重（multiplicity）的**連續絲狀纖維**（filaments），接著以**掃流空氣**（cross-flowing air）作壓縮，並且在**吸氣器**（aspirator）的同方向，以**空氣束**（air stream）作**抽絲**（drawn），在**抽氣室**（suction box）的**移動網帶**（moving screen belt）下，靜電荷隨機分散在細絲上，連續絲狀纖維的細度，直接由紡絲頭的**毛細管**（capillaries）來決定。

5. 熔噴不織布濾材（melt blown media）

熔噴不織布濾材是由美國 Naval Research Laboratory 的 Meyer（1973）的報告所提出來的，是針對**非常細微的纖維**（micro-denier fibres）所設計的，目的是爲了收集大氣層上方的**輻射性粒子**（radioactive particles），由 Exxon 公司得到商業製造的許可。熔融的高分子在高溫下，由紡絲嘴擠出，然後由高速的**空氣流**（air streams）壓縮，使得**連續絲狀**（filaments）變成**原纖狀結構**（fibrillate），並且分解成很細微（此乃是聚合體薄片中的平形裂絲）。短纖維的長度大約是 10～20 cm，與熔融紡絲法類似。這些纖維在**抽氣室**（suction box）的輸送帶上被收集，以**熔噴方法**（melt blown media）所得到的纖維，每單位重量下有很高的表面積（1 m^2/g），但是，由於強度低，所以在應用上，經常需與其他高強度纖維混合。這種等級的濾材有 3M 公司的 SBMF（substrate blown microfiber filter media），細的 5～10 μm 的聚丙烯纖維包覆在較粗的聚丙烯纖維表面，羊毛狀的表面如一層紙一樣在空氣過濾上有較高的效率。

6. 快閃不織布濾材（flush spun media）

快閃紡紗（flash spinning）方法是由 DuPont 用來生產高密度聚乙烯的薄片產品「Tyvek」，如同其他的紡絲程序，快閃紡紗也是經由紡絲頭擠出的絲狀纖維，然而，其他的方法都是使用純的熔融高分子，而 flash spinning 紡絲頭擠出的是含有混合的兩種成分：飽和的高分子與溶劑混合物。因爲噴出後，由於減壓作用，溶劑會快速揮發，而造成纖維的排列呈多孔性的變形，纖網在輸送帶上被收集，然後以加熱加壓方式促進**自我結合**（self-bonding），形成一束束細小纖維互相連繫而成的**薄片**（sheets），有很高的表面積（30 m^2/g），以及很高的**瞬間壓力承受強度**（burst strength），是高分子膜的三到四倍。代表性的產品如 DuPont 公司的 Tyvek，是一種非常堅韌的材質，主要的應用領域是包裝或做成袋子，或者是其他的包裝容器之外殼。然而，由於其**滲透能力**（permeability）太低，以至於不適用於當作過濾的材質。不過，DuPont 已經以**多段式拉伸結合技術**（multistage stretch-bonding technology）改良研發出具較高滲透能力，適合過濾等級的產品。

7.4.3　層疊結構濾材（laminated nonwoven media）

依據過濾的機制，有兩種層疊架構的形式，一種是用於深層過濾的濾材，一種是用於表面過濾的濾材。

1. 深層過濾的濾材（depth filtration media）

深層過濾的濾材等級必須在流動的方向有很好的細度，表面比較粗的層面有預先過濾大粒子的功能，而小粒子會被堵塞在較小的孔道中，每單位濾材的最大負荷能力，是它在被拋棄前所能納污的能力。典型的層疊濾材是 Reemay Inc’s 的「Synergex」複合產品，其結構是由好幾層聚酯纖網所組成的。

2. 表面過濾的濾材（surface filtration media）

依照定義來說，表面過濾是粒子沉積在濾材表面，不會滲進孔道中，所以濾材的孔徑相對於粒子的直徑必須小很多，而又因爲必須承受沉積的粒子所帶來的壓力，所以層疊結構的薄膜材質，必須有適當的機械強度。某些型態的薄膜，例如延展性薄膜 Gore-Tex，是用極細的纖維，配合其用途，而以其他適當材質的纖維當基材。基材的種類從輕質量的**黏合聚丙烯纖維**（spun bonded polypropylene）或聚酯纖維到厚的針氈製品，例如，圖 7-5 是在針氈的表面鍍上 Gore-Tex，從放大 900 倍的顯微鏡照相下，可看到細微的孔洞，範圍是 3～15 μm。由於 Gore-Tex 是以不易沾黏的 ePTFE 爲表材，很成功的應用在過濾粉塵的振動式和脈動噴射式等過濾機器，作爲其濾材，由於多變化的基材，使得它適用於不同的操作溫度。ePTFE 層疊纖維與傳統纖維在粉塵濾材上的性能比較，其特點包括壓降損失、濾袋壽命、**最小散失率**（minimal emission）。

7.5　固液分離用濾材的選擇

濾材的選擇不應該單獨考慮濾材本身的因素，由於濾材的材質結構、過濾效能

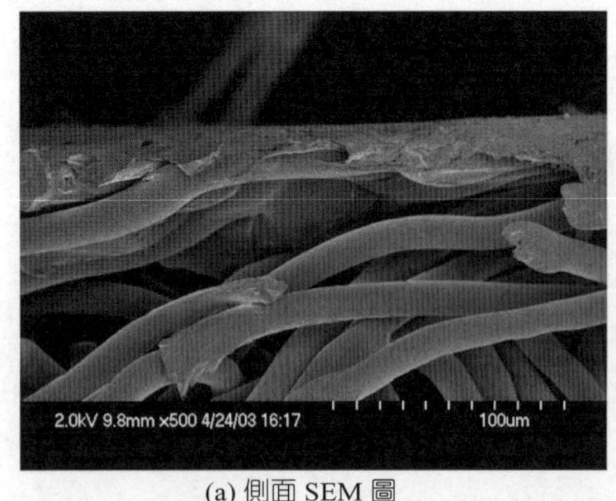

(a) 側面 SEM 圖

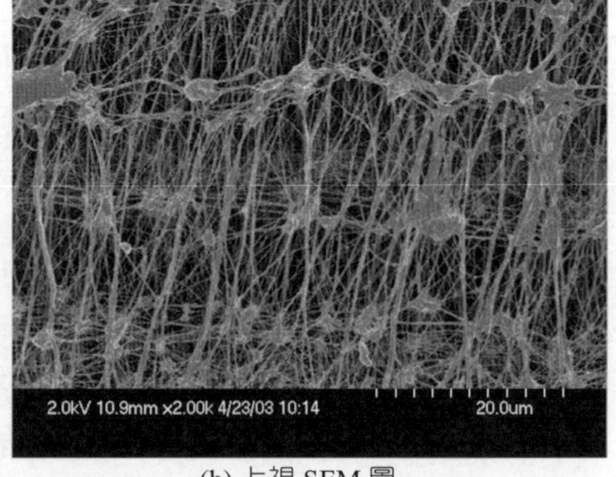

(b) 上視 SEM 圖

圖 7-5　杜邦公司「Tetratex」產品 SEM 圖：ePTFE 薄膜／針氈基材

及濾器型式和三者之間有交互關係，任一個項目對其他項目的影響都要列入考慮，因此本節將針對以下三個項目來考量固液分離最常採用之濾布的選擇。

1. 濾材特性：觀察濾布結構的主要特性如何影響過濾性質；
2. 過濾效能：以綜觀的方式檢視過濾程序及其對濾材之需求；
3. 濾器型式：檢視主要濾器的特性及其對濾布的特點有何要求。

本節最後將同時考慮到過濾程序、濾器型式和濾布特性，建議一系統化的濾布選擇方法。

7.5.1　濾材材質與結構的考量

如 7.1.2 節中所述，濾材的特性可分爲三個主要類別：應用取向特性、機械取向特性及過濾操作特性。前兩項與濾材本身的材質與結構有關，且間接影響了濾材的過濾效能，以下將詳述之。

1. 應用取向特性

(1) 化學安定性（chemical stability）

一般濾材的抗化性，可採用現有技術來核驗具耐特殊化學環境的濾材，以了解濾材本身的特性。如欲從合成纖維實際原料的來源上獲得其化學相關性質確實有困難，因合成纖維的性質可能會被商品名所隱藏遮住。此問題的顯現可由世界纖維手冊中，5,000 種主要分類的纖維命名所印證，於表 7-5 中列示常用合成纖維名字。

(2) 熱安定性（thermal stability）

濾材中纖維的化學性質因有相同的**勢能**（potential）而不易加以規範，特定操作溫度可由公布的資料中獲得，但亦需考慮化學環境因素。

(3) 生物安定性（biological stability）

此性質天然纖維（如棉花）比合成纖維重要，因合成纖維不會發生**生物降解**（biological degradation）。

(4) 動態安定性（dynamic stability）

濾材成分**流出**（shed）或濾材碎片**遷移**（migrate）至濾液中，是濾材應用所嚴重關切的事情，如同於無菌室中要控制周遭環境或於電子工業必須使用超純水一樣。

表 7-5　不同纖維原料之濾布性質比較

原料種類		醋酸乙烯酯（Vinyl Acetate）		聚醯胺（Polyamide, PA）		聚氯乙烯（PVC）		丙烯酸樹脂（Acrylic）	聚乙烯（Polyethylene, PE）	聚丙烯（Polypropylene, PP）		棉（Cotton）
纖維型態		短纖	長纖	短纖	長纖	短纖	長纖	長纖	短纖	短纖	長纖	長纖
抗張強度（g/d）	（乾燥狀態）	4.2~6.0	3.5~4.5	4.7~6.7	5.6~6.4	2.5~4.5	2.7~3.7	2.5~4.6	5.0~5.5	5.0~5.5	4.8~7.0	3.0~4.9
	（濕潤狀態）	3.2~4.8	2.6~3.7	4.1~5.7	4.2~5.9	2.2~4.5	2.7~3.7	2.0~4.5	5.0~5.5	5.0~5.5	4.8~7.0	3.3~5.4
伸度（%）	（乾燥狀態）	17~26	14~19	34~45	28~38	15~90	15~30	27~48	40~60	40~60	10~30	7~10
	（濕潤狀態）	19~30	14~22	35~47	36~47	15~90	15~30	27~58	40~60	40~60	10~30	7~11
拉長後之回復率（%）		75~85 (3%)	70~90 (3%)	99~100 (3%)		60~85 (3%)	80~85 (3%)	85~90 (3%)	85~97 (3%)	98 (5%)	95 (10%)	74~45 (2%)~(5%)
比重		1.26~1.30		1.14		1.39		① 1.17 ② 1.23~1.28	0.95	0.90~0.91		1.54
含水率 %		5.0		4.5		0		2.0	0			8.5
在特定關係溼度時之含水率（%）		1.3~1.8(20%RH) 10.0~12.0(95%RH)		1.2(20%RH) 8.5(95%RH)		0.3(95%RH)		① 1.5~2.6(95%RH) ② 0.9~1.0(95%RH)	0.2(95%RH)	0.01(95%RH)		24~27(95%RH)
加熱時之變化		軟化點：222～230℃ 溶點：不溶 軟化後慢慢燃燒		軟化點：180℃ 溶點：不溶 溶化後慢慢燃燒		收縮開始 60～100℃		①軟化點 190～232℃，溶解前則分解 ②軟化點 150～220℃，185～235℃變化	軟化點：105～115℃ 溶點：125～130℃	軟化點：150～155℃ 溶點：162～175℃ 慢慢燃燒		150℃分解 120℃變化 110℃十小時強度減弱
日光照射之變化		長時間後強度稍微減弱		長時間後強度稍微減弱亦變色		無變化		無變化	長時間強度微小的微弱	長時間曝曬相當惡化		強度減弱
耐酸度		對濃 H_2SO_4、HCl 會膨潤或分解		對濃 H_2SO_4、HCl 會部分溶解		對所有酸無變化		無變化	除對發煙 H_2SO_4、HNO_3 外，抵抗性均強	無變化		在熱酸及冷濃酸均會降低強度
耐鹼度		遇強鹼會變化，但強度無變化		無變化		無變化		對弱鹼有抵抗性，對強鹼強度減弱	無變化	無變化		在 NaOH 中會膨潤
對有機溶劑及其他化學藥品影響		在 pydigine、phenol、cresol 中會溶解，對油脂有耐力		溶於 phenol 蟻酸中		在芳香族之酮、酯可溶解		在熱之中遇熱會軟化，其他尚好	無變化，但在 CCl_4、CS_2 中會膨潤	一般，有良好之抵抗性		對有機溶劑有抵抗性

(5) 吸收性質（absorptive characteristics）

吸收即是一張**油墨紙**（blotting paper）吸入一定數量的墨水量或能吸入他種液體的能力。更明確地說，吸收是一種物質互相結合的物理化學程序，以形成均一性的混合物，如同液體吸收可溶性氣體一樣。對濾材而言，吸收導致紙張或棉布的纖維膨脹而使鄰近纖維的空間減少，如此使得濾材的過濾性質可能明顯改變。

(6) 吸附性質（adsorptive characteristics）

吸附與吸收不同，吸附僅發生於固體表面或液體吸附劑上，而吸收是指會作用生成高濃度的**特別成分**（particlar component）。活性碳能作**內部吸附**（in-depth adsorption）是因本身具有微孔狀的毛細管構造及很大的比表面積，其吸附機構取決於分子間的吸引力（如凡得瓦爾力）。以分子或離子型態吸附於纖維表面，基本上會影響濾材的操作，特別是在深層過濾機構上，纖維堵塞的傾向也可能有影響。

(7) 潤濕度（wettability）

以實際例子說明潤濕度的重要性，由於 ePTFE 膜是疏水性，水流經該薄膜需較高壓力；而酒精在相當低壓力下即可流經 ePTFE 膜。理論上，水濕潤任一特定濾材，可以從液體對固體的表面張力預測得知；另一方面，空氣的表面張力大於固體的表面張力，對空氣（或此系統的其他氣體）對濾材發生濕潤。利用這簡單的關係是有困難的，因爲缺乏表面張力資料。況且，在液體或是固體表面可能會有非常少量的不純物，使表面張力作戲劇性的改變。

(8) 健康及安全方面（health and safety aspects）

靜電放射是一種潛在的危險因素，這問題被認爲是粉塵過濾及過濾不同有機液體的情況下才會產生，在下面章節中會有詳細的討論。一些化學或物理性質可能造成其他的危害，尤其是處理**粉末狀助濾劑**（powdered filter aids），吸入人體是有害的。處理棄置的濾材也可能會危害健康，特別是具污染且危險的材料。濾材用後棄置在下文中再個別討論。

(9) 靜電方面（electrostatic characteristics）

流體流經濾材所產生之靜電會引起危險性靜電釋放，常發生於排氣或集塵的纖維濾袋上，但很少發生於液體過濾，因爲水及溶液之傳導係數高。而對於有機溶劑與碳氫化合物的液體則非常重要，尤其是低傳導係數的有機溶劑；如果是低

閃點（flash point）的化合物，可能會有引火的危險，即如靜電釋放可能導致**點火**（ignition）。氣體或空氣過濾和液體過濾主要不同且值得強調的是與靜電荷位置的關係。乾淨氣體流經濾材是不會變成帶電性，如乾淨液體流經濾材則可能會有帶電性。對於氣體，只有對含固體顆粒才可能變成帶電性，而不是氣體本身會帶電。收集灰塵（或液珠）的濾布袋可能帶電性，但在過濾時是不帶電，除非它亦含有固體顆粒。對照於液體本身是因過濾而帶電荷，因此濾液產生帶電性。正常情況下電荷將會安全的衰減，其衰退速率依濾液本身的電導度而定，一般約 30 秒爲一週期。過濾接收容器於初始階段所接收之液體，其液體表面帶有電性可能會產生高壓放電，爲避免這情況發生，可在過濾器與接收容器入口的管線間，加裝一適當延遲時間裝置，另一替代技術是於飛行器的燃料箱內加入約 1 ppm 的**抗靜電劑**（antistatic additive）。抗靜電的織布與高傳導係數有關係，可用來控制集塵器上已累積的靜電；一些金屬網材被編入織布中，像是具傳導性的聚合纖維覆膜，這種作法對液體有好處，即使是對燒結的金屬與編織的網材其可以帶電。

(10) 棄置可行性（disposability）

被工廠所使用過的或被棄置的濾材，必須要得到妥善的處理以避免造成污染。例如，一般未使用的殘料不可以任意棄置於附近的下水道，二次**過濾器**（secondary filter）可能需要對殘料進行收集與脫水，且要特別安排來處理這些被污染的濾布與**濾蕊**（cartridge）。

(11) 再使用可行性（suitability for re-use）

有些濾材可能僅過濾使用一次就須丟棄，而有些濾材則使用壽命較長，但最後還是要被丟棄。使用壽命的長短完全依如何使用濾材及濾材的乾淨度而定，這個因素對成本有明顯的影響。

(12) 價格（cost）

理所當然地，已商業化且不同型式與等級的薄膜有很多種類，其單位面積的價格變化亦相差有 10,000 倍，如表 7-6 所列。表列之價格是粗略概估值，因沒有反映出商業間的競爭價格及大量採購時價格較低廉等實際情況，也沒考慮到濾材組版時的財務消耗，如過濾器的幾何排列，甚至是濾材可被重覆使用等有關聯的影響因素等。實際上，濾材的成本可能考慮濾材實體的部分，有**固定成本**（capital cost）或過濾器的**操作成本**（running cost）或兩者都包括。

表 7-6　不同型態濾材的市場平均價格範圍

濾材種類	性質分類	市場平均價格範圍（NT$/m^2）
編織濾布（Woven Fabrics）	(a) 棉	200～300
	(b) 聚胺類－多纖	200～300
	(c) －短纖	250～350
	(d) 聚酯類－多纖	150～250
	(e) －短纖	200～350
	(f) 聚丙烯－多纖	150～250
	(g) －短纖	200～300
	(h) 聚醯胺纖維－緯線長纖／經線短纖	500～600
	(i) 玻璃纖維－緯線長纖／經線短纖	200～300
	(j) 聚四氟乙烯（ePTFE）纖維	1,500
不織布濾材（Nonwovens）	(a) 聚醯胺針氈	200～300
	(b) 聚丙烯針氈	150～200
	(c) 紡黏聚丙烯	2.5～3.0
	(d) 紡黏聚乙烯	4.0～12.5
纖維濾紙（Cellulose Paper）	(a) 填充樹脂	10～20
	(b) 不加樹脂	5～10
濾片（Filter sheet）	不含石綿	150～250
單纖濾網（Monofilament Meshes）	(a) 聚胺類（5～200 μm）	750～3,750
	(b) 聚酯類（5～200 μm）	800～3,900
	(c) 不銹鋼（5～100 μm）	600～7,500
濾膜（Membranes）	(a) 丙烯酸樹脂共聚物	250～400
	(b) 纖維素	175～300
	(c) 纖維酯	350～6,000
	(d) 聚碳酸酯穿孔膜「Nuclepore」	5,000～9,000
	(e) 耐隆	3,000～5,500
	(f) 聚醚碸	3,000～5,000
	(g) 聚四氟乙烯（ePTFE）／聚丙烯基材	16,500～20,000
陶瓷濾材（Porous Ceramic）	25 mm 厚	9,500

表 7-6　不同型態濾材的市場平均價格範圍（續）

濾材種類	性質分類	市場平均價格範圍（NT$/m²）
不銹鋼燒結濾材（Sintered Stainless Steel）	金屬粉末（厚 1.6 mm）	12,000
	金屬纖維（厚 0.8 mm）	10,000～15,000
助濾劑（Precoat Powders）	塗布層厚 0.6 kg/m²	10～15

2. 機械取向特性

(1) 剛硬度（rigidity）

一般在選擇過濾器所要搭配的濾材時，在裝置搭配與濾材安裝的考量方面，直覺上會以濾材是否夠剛硬夠強作爲選擇依據。所以 Purchas 才依濾材的剛性差異而作一般性的分類如表 7-1。但濾材的剛硬度卻很少被量測甚或被採用作爲濾材選用依據，主要是因爲濾材爲多孔性物質，易於操作過程中變形，很難定量決定其剛硬度。一般材料的**剛硬度**（rigidity）定量表示法有**楊氏彈性係數**（Young's modulus of elasticity），製作濾材基本材料的剛硬度值可在相關參考書籍中找到，但這些數值通常都不能直接應用於不同類型的濾材上。造紙及紡織工業都有個別量測剛硬度的標準程序，又稱爲**硬度**（stiffness）。如英國測試標準 BS3356（1990）測試程序是紡織品的**硬度**（stiffness）測試標準程序。如 BS3356（1961）是測量紡織品**彎曲硬度**（flexural rigidity）標準程序，測試時先稱取一段細長片樣品重量 M（g/m²），再記錄樣品靠自身重量由水平要彎曲到 41.5° 時所需之**突出長度值**（over-hang length）L_{oh}（cm），則**彎曲硬度**（flexural rigidity）$G = 0.00167\ ML_{oh}^2$。

(2) 強度（strength）

材料強度的量測方面，可利用**伸長計**（extensometer）來求取材料的應力／應變關係數據。而材料強度的主要參數爲**抗張強度**（tensile strength），其他尚有**抗撕裂強度**（tear strength）、**降服強度**（yield strength）、**降服點**（yield point）、**彈性極限**（elastic limit），和**最大伸長量**（ultimate elongation）等亦常被使用。對於濾材而言，上述基本機械特性仍僅限於製作濾材的基本物料，切勿誤用爲濾材特性。但對於陶瓷濾材則可通用，例如 BS1902 Part1A（1966）爲陶瓷材料的**抗斷面破裂強度**（cross breaking strength）測試標準，亦可用在陶瓷濾材的測試。近年有許多纖維纖維織品強度標準的訂定，例如 ISO13934-1（1999）爲編織纖維織品的**抗張**

強度（tensile strength），ISO13937-2（2000）為編織纖維織品的**抗撕裂強度**（tear strength）。

(3) 抗潛變／抗拉伸（resistance to creep/stretch）

濾材的抗潛變／抗拉伸性質，對使用於**濾袋式過濾**器（fabric dust filter）及**帶式過濾器**（belt type filter）的編織濾材特別重要。可採用**伸長計**（extensometer）來檢測編織濾布之抗潛變／抗拉伸性質，以確保過濾時的粒子阻擋效率。在特定操作溫度下，空氣過濾用**編織濾袋**（dust fabric）的測試方法是採用 5 公斤的荷重來拉伸 5 公分寬的細長濾材樣品，一般容許的最大拉伸變化量是 2.0～2.5%；對於用於**帶式過濾器**（belt filters）的編織濾材，由於其厚度較大、密織性較高，一般採用 40 kg/5 cm 的荷重來測試。

(4) 邊緣安定性（stability of edges）

由於編織纖維濾材及不織布濾材使用時需依過濾機的大小裁切及車邊，因此邊緣安定性對此類濾材是否能在過濾過程中持續、穩定的保持其過濾性能相當重要。目前並沒有任何測試標準供評判濾材的邊緣安定性，僅能以視覺觀察做主觀的評斷。依使用的經驗顯示，過濾操作過程中，濾材邊緣的安定性問題多肇因於縫合線的材料選擇失當或車縫不當。

(5) 抗磨損（resistance to abrasion）

濾材抗磨損的能力主要在於製作濾材原料本身的硬度（例如：織布與不織布的硬度是決定於纖維本身的硬度）。硬度主要分為幾種等級來量測，如 1812 年礦物學家 Mohs 所提出，以材料本身互相刻劃或用**荷重球**（loaded ball）、尖針等來刻劃物質凹痕程度，以作為物質硬度大小之分類。纖維織品的抗磨損測試標準為 ISO12947（1999）。

(6) 振動安定性（stability to vibration）

過濾器的操作，會有被動式與主動式的振動情況產生。被動式的振動是無法預期的機械設備不穩所導致，通常是由於過濾的驅動來源如泵、壓縮機或風車在流體輸送過程中所造成。主動式的振動如**粉塵過濾用濾袋式過濾器**（fabric dust filter），其目的為定期清除濾布表面之**濾餅**（dust cake），近年在薄膜過濾方面，也有外加振動源以抑制薄膜**結垢**（fouling）的設計。不論是何種振動，對濾材的工作效能都會有一定的影響，其程度依材料本身的結構而定。但目前對於濾材的振動穩定項量測方面，尚無可供依循的標準。製造或使用者通常只能對濾材施加振動測試，測其抗張強度變化或抗潛變／抗拉伸變化來觀察。

(7) 可運用尺寸（dimensions of available supplies）

所謂的濾材可運用尺寸，是指製造商所能提供的最大濾材穩定尺寸。濾材的尺寸是由製造的技術及機器設備來加以控制，例如編織纖維濾材的寬度主要受限於織布機的寬度。主要的著眼點在於一個事實：濾材的製造面積越大，其孔洞**均一性**（uniformity）越差。而這濾材孔洞大小分布的均一性，通常是過濾成效好壞的重要因素之一。實際上，濾材若能達孔洞均一性，則可利用的尺寸寬度是其次。

(8) 組裝難易度（ability to be fabricated）

濾材在過濾器上的組裝，需經多道程序，如**切割**（cutting）、**彎折**（bending）、**熔接**（welding）、**黏貼**（adhesive bonding）或**縫紉**（stitching）等，依個別濾材而定。濾材組裝的難易度是濾材選擇的機械考量重要因素，通常會由濾材機械強度著眼。

(9) 密封／填封功能（sealing and gasketing function）

濾布邊緣的密封性非常重要，如同傳統的壓濾機把濾布視為墊片一樣。實際上，濾布需要部分面積是透過性而部分是不可透過的，天然纖維具柔軟性但會吸收液體且易變形，密封效果不錯。但是，單纖合成纖維比天然纖維質硬，吸收能力較差，在材料壓縮性質上密封性較差，較適當的解決方法是在邊緣區域填封不透水的合成橡膠如**氯丁橡膠**（neoprene）或**腈類橡膠**（nitrial）。

7.5.2 濾材過濾操作特性的考量

1. 過濾機制

如 7.1.1 節中所述，在種類繁多之濾材的選用考量時，可以過濾的目的與機制著眼，分為**表面過濾型濾材**（surface type filter media）與**深層過濾型濾材**（depth type filter media）。一般來說，兩類濾材的主要功能皆為獲致澄清濾液，而表面過濾型濾材另有次要功能為回收液體中的有價固體。表面過濾型濾材主要是針對粒子濃度高於 0.1% 的泥漿過濾用，深層過濾型濾材的處理對象為固體濃度低於 0.1% 的稀薄懸浮液，唯一的目的在於液體澄清化。而有些濾材可能同時兼具有表面過濾型濾材與深層過濾型濾材的特性。

2. 可濾除最小粒徑（smallest particle retained）

濾材的選擇與使用上最主要的問題之一是：所能濾除之粒子最小粒徑到底為何？表 7-1 列示了各類濾材所能濾除的最小粒徑一般值，但要如何準確定義一般粒子的最小粒徑相當困難。由於實際顆粒大部分呈不規則狀，僅少部分呈單一球狀，所以表 7-1 所列示之最小粒徑形狀，僅作廣義性的表示，必須連同濾材對顆粒之濾除效率來加以討論才具參考價值。

3. 粒子阻擋效率（retention efficiency）

濾材對粒子的阻擋能力，是濾材選擇時最重要的考量之一。圖 7-2 比較**濾氈**（felt）與**紗網**（wire gauze）兩種濾材對含氧化鐵粒子泥漿過濾的過濾效率曲線。兩種濾材的粒子濾除等級相同，其濾除能力皆為 100% 濾除粒徑大於 35 μm 的粒子，但濾材的材質與構造不同。由圖 7-6 可得知：這兩種濾材的效率曲線交會於粒徑為 35 μm，且對於粒徑大於 35 μm 的粒子，兩者皆有 100% 濾除效率。一般稱此種濾材的過濾效能為「**35 μm 絕對濾除**（35 μm absolute）」，而這個 35 μm 稱為**濾除點**（cut-off point）。濾材的濾除效率隨著粒徑的減小而降低，對於粒徑小於 35 μm 粒徑時兩條效率曲線的下降幅度差異很大。紗網濾材的濾除效率隨粒徑的減小迅速下降，而濾氈濾材的濾除效率隨粒徑的減小緩慢下降，且濾除效率在粒徑小於 35 μm 皆優於紗網濾材。濾材的濾除效率除與濾材本身的材質與構造有關外，也和固體顆粒的本質特性、液體黏度、pH 值、極性、泥漿濃度，及過濾速度有關。

另一個商業上常用的濾除效率表示法為：**β 比值**（ratio），主要是用來定量描述粒子粒徑與濾除效率的關係。β 比值的標準量測方法為：同時監測濾材上**游**（upstream）與下**游**（downstream）中，各粒徑大小粒子的數目隨時間變化的比值，可表示為下式：

$$\beta_n = N_u / N_d \tag{7-1}$$

其中 N_u 為濾材上游中，單位體積的流體內含有粒徑大於 n μm 的粒子數；N_d 為濾材下游中，單位體積的流體內含有粒徑大於 n μm 的粒子數。而過濾效率 E 則可表示

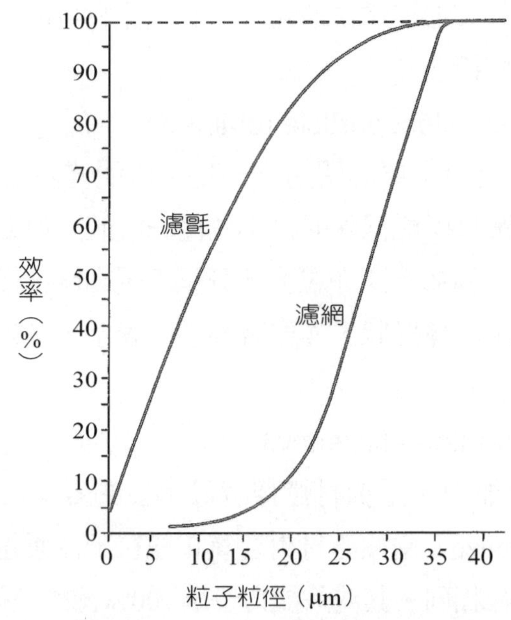

圖 7-6　濾氈（felt）與濾網（wire）之粒子阻擋效率比較（Purchas, 1997）

爲 $E = 1 - 1/\beta$。

4. 濾材的構造（structure of filter media）

與過濾操作直接相關的濾材結構特性有：濾材孔洞大小分布、厚度、孔隙度、及孔道**扭曲度**（tortuosity）等。這些因素有的是濾材材質本身的特性，有的是肇因於製造技術。這些特性對過濾成效的影響，有的是個別的，但通常是互相關聯的影響著過濾效能。例如構造最簡單的穿孔狀金屬板，是在實心金屬板上鑽洞或燒焊成圓形、長方形或任何形狀的孔洞。如此一來，不但每個濾材表面位置的厚度相同，每一孔洞的大小、形狀、孔隙度將會一致。但大部分的濾材構造都相當複雜，無法用一般的機械量測來標定其尺寸特性。一般來說，孔洞大小分布越窄越好、厚度越薄越好、孔隙度越大越好，而孔道扭曲度則視過濾目的與對象而定。濾材的孔洞大小及分布可採**氣泡點試驗法**（bubble point test）來量測，孔隙度可採**壓汞式孔隙測定法**（mercury intrusion test）來量測，但孔道扭曲度則尚無通用的量測準則。

5. 乾淨濾材之透過率（permeability）與流動阻力（flow resistance）

乾淨濾材的透過率直接影響過濾時所需之壓力差，也影響流體的流動狀態，進而影響第一層濾餅的架構，通常較低的濾材阻力有低的濾餅比阻，因爲較快的流體流動會形成較鬆散的濾餅結構。濾材的流動阻力在工業應用上是相當重要的成本考量，因為它將直接影響到**固定成本**（capital cost）和**操作成本**（running cost）。在濾餅過濾中，濾材的阻力應低於總阻力的 10%。大體說來，一個良好的濾材其阻力應該介於 0.025～0.15 公分之濾餅相當厚度。表 7-7 為各類濾材透過率之常用表示法、常用單位及大小範圍比較總表。乾淨濾材透過率的表示方法有兩種，一種是不考慮濾材厚度，另一種是嚴謹地考慮濾材的厚度的**透過係數**（permeability coefficient）表示法，前者較常為業者所採用，後者則為學術或研究單位所採用。在濾材透過率量測方面，常採用的流體有空氣和水，一般業者提供給使用者的數據多半為空氣的透流率值。

第一類業界常用的透過率表示法，通常都忽略厚度的影響，以固定流體流動速率觀察壓差變化，或以固定操作壓力通以空氣，量測透流一特定體積流體所需要時間。但此兩種量測方法，有時候所得數據有相當大的差異。此類透過率表示法最常使用的單位為 Frazier 氣體透過率單位，此慣用單位在國際上被廣泛使用於紙張與織布工業，如美國國家量測標準 ASTM F778-88（1993）即為基於 Frazier 氣體透過率量測法量測濾材之透過率的標準，而 ASTM D1117-99 則專針對不織布而訂定。Frazier 氣體透過率表示法是以空氣流動為基礎，並正式定期單位基準為：cfm/ft^2@0.5″W.G.（在 0.5 英寸 W.G. 的操作壓力下）。另一類考慮濾材厚度的透過率表示法較嚴謹，其理論乃基於**達西定律**（Darcy's law），將流體流過濾材的壓降 ΔP 與流體體積流率 Q 關係表示如下：

$$\frac{\Delta P}{L}=\frac{\mu Q}{AK_p} \tag{7-2}$$

其中 K_p 為濾材之**透過係數**（permeability coefficient），SI 單位為 m^2；L 為濾材厚度；A 為濾材有效過濾面積；μ 為流體黏度。

6. 濾材的堵塞（tendency to blind）

濾材的堵塞是所有過濾操作所面臨的棘手問題，除非所採用的是拋棄式的**濾蕊式**（cartritage）濾材，否則都必須要徹底檢視過濾程序中導致濾材堵塞的來源，並盡可能的加以避免。在濾餅過濾過程中，存在於泥漿或濾餅中由**微細粒子**（ultrafine particles）凝聚成的**大粒子**（agglomerates），會因受流體剪力的作用而釋放出微細

表 7-7 各類濾材常用之透過濾表示法、單位及大小範圍（Purchas, 1989）

濾材種類	常用之透過率表示法及單位	透過率大小範圍
燒結金屬（Sintered Metals）	gpm of water 或 cfm of air sq. ft，在特定的操作壓力（psi）與厚度下。	孔徑 5 μm，壓力 1psi：25cfm of air/ft^2 [1] 1.2 gpm of water/ft^2 孔徑 20 μm，壓力 1psi：48 cfm of air/ft^2 6.5 gpm of water/ft^2
陶瓷（Ceramics）	(a) gpm of water 或 cfm of air，在特定的操作壓力（psi）下。 (b) mmHg/ft^2 或 mmHg/element 在特定的厚度下，通常為半吋厚。	孔徑 15-20 μm， [2] (a) 100 scfm/ft^2 of air 壓力 10 psig 或 275 mmHg (b) 5 gpm/ft^2 of water. 壓力 75mmHg
編織金屬（Woven Metal）	gpm of wtaer/in^2，在壓力為 1 psi 下。	100mesh 平紋織網，0.0045 in. wire, [3] 30% open area-12.1gpm/sq. in., 47μm 荷蘭式斜紋織， 50×700-3.0 gpm/sq. in.
編織濾布（Woven Fabrics）	cfm of air/ft^2 在壓力為 0.5 in.W.G. 下。	斜紋編織棉布 3～15 cfm/ft^2 [4] 單纖尼龍織布 300～900 cfm/ft^2 多纖尼龍織布 5～500 cfm/ft^2 玻璃纖維織布 2～20 cfm/ft^2
不織布（Ponwoven Fabrics）	(a) cfm of air/sq. ft at 0.5 in.W.G. (b) gpm of water/sq. ft at 1 psi	(a) 0.5～230 cfm of air/ft^2 [4] (b) 3～500 gpm of water/ft^2 [4]
濾紙（Paper）	(a) time for flow of eg. 1000 c.c. water at pressure of eg. 245 mmHg. (b) time for flow of fixed volume of air at defined pressure (c) lt. of air/min./10 cm^2 at pressure of 10 cm.W.G. (d) pressure needed to produce flow of eg. 1 cfm/10 cm^2 (e) rate of air flow/unit area divided by pressure drop. eg. cc./sec/100 cm^2 divided by cm. W.G.	(a) 4～100 sec [5] (b) 1.5 ～50 sec [5] (c) 40～400 liters [5] (d) 1～73 cm. W.G. [6] (e) 7.5～150 [7]
濾片（Sheets）	gph of water/ft^2 或 gph of water/sheet，在特定操作壓力（psi）下，通常為 10psi。	12～800 gph/ft^2 [8]
助濾劑（Filter Aids）	(a) graph showing cumulative flow/ft^2 v time using sugar and other solutions containing suspended solids on a batch test basis (b) expressed as ratio, relative to slowest in some range of products (c) darcies, based on water flow	(c) 0.05～5 darcies [9]

表 7-7　各類濾材常用之透過濾表示法、單位及大小範圍（Purchas, 1989）（續）

濾材種類	常用之透過率表示法及單位	透過率大小範圍
濾砂（Sand）	水頭損失（Head Loss），ft 或 m of water	

資料來源：【1】*Pall（U.K.）Sales Ltd.*
【2】*Aerox Ltd.*
【3】*Michigan Wire Cloth Co.*
【4】*Filtration Fabrics*
【5】*Technical Paper Sales ltd.*
【6】*Wiggms Teape &Alex Pirie Ltd.*
【7】*Reeve-Angel Ltd.*
【8】*Cellulo Co.*
【9】*Greal Lakes Corporation, Dicalite Department.*

粒子，這些粒子的遷移會造成濾餅內的阻塞，甚至阻塞濾材，影響過濾效能，尤其是在過濾初期濾材阻塞現象特別明顯。過濾初期的現象爲一極爲複雜的現象，其牽涉的因素很多。當粒子剛開始到達濾材表面時，有些會隨流體流過濾材造成濾液的混濁，有些會通過濾材表面孔道進入濾材內部而被捕獲造成濾材的阻塞，其餘則在濾材表面孔道上進行架橋作用。而良好的濾餅過濾操作就是希望所有到達濾材表面的粒子能進行有效的架橋作用，進而避免濾液混濁及濾材阻塞的問題。影響粒子在濾材表面孔道行有效架橋作用的因素大致可歸類下列幾種：

(1) 孔徑與平均粒徑之比例。

(2) 粒子之粒徑分布（即標準偏差及對稱度）。

(3) 粒子密度及形狀。

(4) 泥漿濃度。

(5) 孔道形狀。

(6) **流速**（flow-rate）及**分流性**（division of flow）。

(7) **粒子遷移**（migration）趨勢。

(8) 濾材的材質種類。

經由上述幾種因素的交相作用來決定粒子是否會有效架橋。很多因爲粒子進入或通過濾材所引起的問題，若能透過對上述因素的了解，進而能對特定系統（物質及濾材）決定最佳操作條件，則阻塞問題將獲改善。在實際操作上，濾材的阻塞經常是由不同的阻塞原因同時發生所造成。Smith（1951）曾對**多纖濾布**（multifilament fabric）濾材在使用時所遭遇的問題歸納出八種常見的阻塞原因，如下所述。

(1) 濾布紡紗內之空隙被固體粒子填塞。

(2) 菌類微生物在紡紗內填塞粒子表面或紡紗表面生長。

(3) 過濾過程中泥漿內粒子沉降。

(4) 濾布因無多孔體的支撐，使得**排放性**（under-drainage）差。

(5) 過濾壓力超過臨界操作壓力。

(6) 操作濃度太低，無法在孔道口形成架橋。

(7) 泥漿內粒子粒徑分布太廣。

(8) 過量的去餅空氣，造成濾布內母液蒸發使得粒子沉積在濾布孔隙內。

粒子阻塞經常不是由單一因素造成，而是幾種同時發生，它們之間有時不易釐清，尤其是在濾餅成長初期或稀薄泥漿的過濾。實驗證明，過濾初期階段濃度及壓力對粒子之沉積有很大影響，進而影響後來整個過濾成效。此外，對某一特定系統而言，若其他條件維持固定，則存在著一個臨界壓力及臨界濃度。若操作壓力大於此臨界壓力，濾餅過濾無法獲得因爲超高的壓力無法形成穩定的架橋現象，壓力會將架橋壓垮使得粒子滲入濾材內形成阻塞，如圖 7-7(a) 所示。若泥漿濃度低於臨界濃度，無法有足夠組成架橋之粒子同時到達孔口形成架橋，進而阻塞濾材。粒子嚴重的話，可能還會導致濾材的破損，造成製程的失誤。例如，金屬加工廠中，濾材易遭尖銳金屬微粒損毀，若過濾操作壓力不當增高，即可能造成如圖 7-8 中濾材遭粒子穿透損毀。

此外，固體濃度對粒子初期沉積有重要影響，對相同的系統改變濃度可得到不同的結果，如阻塞或濾餅過濾。低濃度時，粒子會隨流線進入孔道形成阻塞，濃度增高時，多顆粒子同時到達濾材表面，阻塞減少，高過某一濃度架橋產生，隨後進行濾餅過濾。將過濾過程中，以過濾總阻力（濾材阻力 + 濾餅阻力）對濾液量作圖，然後將此圖形外插至液量爲零時，得**初始阻力**（initial resistance），此值比乾淨濾材阻力高出許多，但隨濃度的增加此二値越接近，再次說明固體濃度增加會降低粒子進入濾材的可能性。

7. 卸除濾餅性質

濾材上濾餅是否容易卸除，對於過濾器是否能順利連續運轉影響相當大，對於連續操作之**迴轉滾筒眞空過濾器**（rotary vacuum drum filter）及**旋轉濾盤過濾器**（rotary disk filter）尤其顯著。一個良好的連續過濾操作，必須能將濾餅完全的從機械設備表面刮除，除了跟濾器表面刮除設備有關外，濾材表面性質與濾餅卸除難

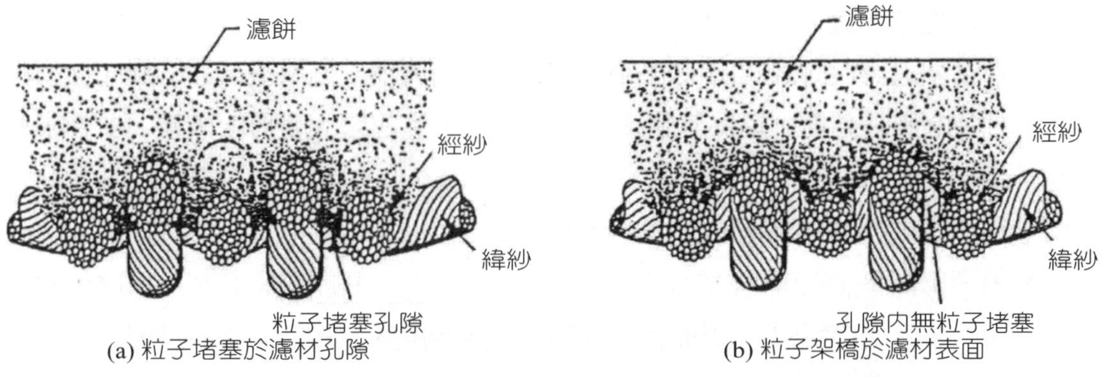

圖 7-7　濾材結構與操作條件對濾子堵塞與架橋機制之影響（Smith, 1951）

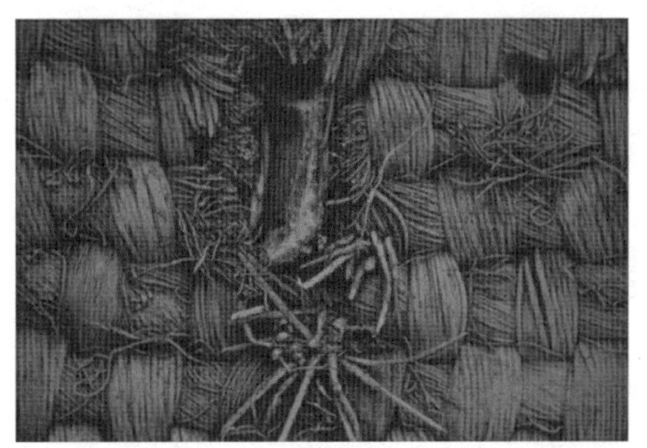

圖 7-8　濾布遭尖銳粒子穿透損毀，導致過濾操作失誤（Hardman, 1996）

易亦有相當大的關聯。

7.5.3　濾器機型與濾布的選擇

本節僅討論**覆蓋濾布的過濾器種類**（cloth-covered process filters）與**濾布**（filter cloth）的關係。

1. 手動式過濾機

手動式濾機需仰賴人力操作。譬如**板框式過濾機**（plate and frame filters）的操作過程中，濾餅的卸除全賴手力擠壓板框。因此濾布的選擇條件包括高物理強度、耐磨蝕、耐衝擊性、尺寸安定性。此外，因爲濾布兼具**塡隙料**（gasketing; packing）的作用，故須具一定的厚度。

2. 全自動型過濾機

全自動型過濾機的操作由機器自動化處理。因此鋪於過濾機表面的濾布必須具若干彈性及高物理強度，以保證連續操作過程中不致起皺、變形或破損，並要求濾餅容易卸離其表面。

3. 滾筒迴轉式過濾機（roller rotary filters）

滾筒迴轉式過濾機係將濾布均勻鋪於滾筒表面，其上裝置鐵線，以取代**刮刀**（scraper）。當滾筒每隔一段間距驟然改變其旋轉角度，其上之濾餅就因慣性作用卸離滾筒表面。其對於濾布的要求爲高物理強度（耐磨損）以及寬幅（以縮短過濾路徑，減少無謂損耗。

4. 帶狀過濾機（belt filters）

帶狀過濾機必須選擇具**伸長強度**（tensile strength）的濾布，以保證每次連續的操作循環過程中不致變形，並要求濾布耐摩擦、不易破損，以及寬幅。

5. 盤式過濾機（disc filters）

盤式過濾機爲增大過濾面積，往往並列多個盤（disc）使用之。因其使用刮刀卸除濾餅，因此要求濾布耐摩擦、不易破損、不易起皺、濾餅容易剝離。

6. 離心過濾機（centrifuge filters）

離心過濾機使用尺寸安定的材料，當作**袋籃**（basket）使用，濾餅結於其表。因此濾布必須符合**心籃**（centrifuge basket）的形狀，且物理強度、耐摩擦性特佳，以承載粒子的高離心壓力及刮刀的損傷。

7. 帶狀壓濾機（belt-press filters）

濾餅結於上下兩層**輸送帶**（belt）之間，當多孔性滾筒改變其旋角，就將濾餅擠壓、脫水之。對於濾布的要求爲：(1) 尺寸安定性，以期不易起皺變形；(2) 濾餅剝離性要好；(3) 容易清洗，因爲過濾過程中粒子或會堵塞滾筒的孔徑。

8. 葉狀過濾機（leaf filter）

葉狀過濾機的優點在於各方向壓力相等，故粒子通過的難易程度維持一定。同時因其藉**振動**（vibration）方式卸除濾餅，故避免了刮刀對於濾布造成的損傷。**直立型**（vertical type）的葉狀過濾機可裝置十片葉片左右，**水平型**（horizontal type）則高達四十餘片，故葉狀過濾機的過濾處理量頗大。其對於濾布的要求爲：不起皺、不縮水、不變形，以及容易清洗。

7.5.4 濾材選用考量步驟程序

以下將舉一個待過濾的泥漿作爲例子，說明建議的濾布選用流程。

1. 選擇適合的纖維種類：符合該工廠程序所容許之化學條件的纖維，可選擇的種類可能不只一項，必須都先列入考慮，以待下一步驟的篩選。
2. 測量泥漿過濾的難易度：利用實驗室的各類試驗濾器進行，如**濾葉式眞空過濾試驗器**（vacuum leaf test equipment）或**壓力式過濾試驗裝置**（bomb type pressure filter）。使用這種設備的優點是它只需要很少量的泥漿，試驗也可以很快的完成。我們可以藉此獲得關於**預測流率**（anticipated flow rates）、粒子截流力和粗估**濾餅含液程度**（cake moisture content）的一些初步概念。假設泥漿無法被過濾（確實會發生），或是濾器太糟糕了，即使用了高壓的「bomb 」也沒有用。這時我們該怎麼做？可能需考慮採取進一步過濾測試，包括了利用助濾劑過濾或添加**凝聚劑**（flocculant）。
3. 決定使用何種型式的濾器：從濾葉式眞空過濾試驗器或壓力式過濾試驗裝置的測試，我們可以大略地檢測此試驗的結果是否與程序需求相符。如果壓力式過濾試驗裝置會產生較好的測試結果，那麼就證明濾器的壓力，或其他高壓濾器是有其必要的。而如果濾葉式眞空過濾試驗器可以得到較好的結果，那麼眞空式帶濾器、迴轉滾筒眞空過濾器、旋轉濾盤過濾器或濾葉式眞空過濾器就比較適用。
4. 決定採購的製造商對象：一旦決定何種濾器最適合後，每種濾器型式又有無數個由不同製造商所製造的濾器。將前述的試驗樣本及結果提供給設備製造商，並要求廠商提供試驗工廠級規模濾器（pilot filter）的試驗數據，以供進一步判斷比對。或依製造商提出的方案，用廠內現有的小型設備進行試驗工廠規模的實驗。這種實驗可以在小規模實驗室中進行，以**壓濾器**（filter press）試驗來代替壓力式過濾試驗裝置（bomb），或以小型迴轉滾筒眞空過濾器試驗來取代濾葉式眞空過濾試驗器。試驗工廠規模測試可以對工廠內實際大規模地操作時，可能出現的**過濾效能**（performance）提供了一個更爲準確的參考。而類似卸餅能力和濾布阻塞的可能性也可以在這個階段做檢視。

5. 決定採用的濾布種類：關於濾布的相關議題，我們在前節討論了不少有關各種濾器的特性，以及它們需要的濾布應具備哪些特點。濾布製造商通常會發展一系列的產品，以符合各種型式的濾器不同的需求。可利用選定之濾器的一系列適用濾布與既選定的纖維材質，進行的試驗工廠級規模濾器試驗，找出該系列中，其設計最適合該特殊濾器的濾布。
6. 量身定做特殊濾布：如果我們已經選擇了濾器，也測定出現存最好的濾布，但是其結果仍然不甚理想，或是需求更進一步的改善。簡單地說，就是需要量身訂做的濾布。檢視需要再改善的地方，例如卸餅能力或是**處理量**（throughput），然後從「濾布結構和過濾性質」的參考資料中，將該特性選出並設計到濾布當中。例如改變編織法以增加流速（throughput）、纖維打毛使粒子截留能力更好，或利用軋光處理以改善卸餅能力等。然而當我們對某一方面做了改善，有時候會對另外一方面有所妨礙。因此，每一次我們提出了新的設計或改變，都應該對該新的濾布再做試驗，不論是試驗工廠規模或是直接在濾器上實驗。

以上是針對一個新的化工程序，同時考慮選擇濾器與濾布時的進行程序。如果只是單純的希望爲現有的濾器找到更好的濾布，那麼建議再一次進行**實驗室過濾試驗**（laboratory filtration tests）。依據所使用的濾器型式，選擇採用濾葉式眞空過濾試驗器或壓力式過濾試驗裝置的測試方式。這樣的測試結果是比較性的，但是在這樣的案例中，現存的濾布扮演了控制變因的角色。接下來就是廠房內的試驗了，有些型式的濾器很容易在廠房試驗，例如壓濾器，可取其中幾片進行測試，經常是**實驗室測試**（laboratory tests）較好的選擇。

7.6 高溫過濾用濾材

石化工業帶動了各項民生工業、機械工業、電子工業、製藥工業、食品工業等。石化產品大部分是有機物，部分是易揮發性之有機物，再加上鍋爐等石化場所必備蒸氣等之需求產生硫氧化物（SO_x）、懸浮粒狀物與氮氧化物（NO_x）等空氣污染物。而高科技產業製程中廢氣排放的量相當大且種類相當複雜，常含有揮發性有機溶劑或需高溫焚化處理，如 VOC、CH_4、H_2S、HCl 甚或 HF 等空氣污染物。這些空氣污染物造成在製程中段的溶劑蒸氣處理與後段廢氣處理程序中對所使用之濾材的要求相當嚴苛，以因應高溫、高溶劑濃度及強酸強鹼的環境。除此之外，一般工業程序中，多以高溫操作來提高效率或回收熱能，故經常面臨到高溫氣體的處理。而耐高溫纖維濾材須具備之特性有：

1. 高捕集率。
2. 低壓降。
3. 長使用週期。
4. 選擇性氣體之去除。
5. 具衛生性、容易廢棄處理。

7.6.1　高溫濾材的種類

對於高溫氣體過濾可採用的濾材有：

1. 織布或不織布纖維濾材。
2. 金屬網材。
3. 陶瓷濾材。

其中以織布或不織布纖維濾材最廣爲採用，主要是因爲其價格便宜、裝卸及清洗容易，但耐溫範圍及使用壽命有限爲其主要缺點，因此有各類的高分子纖維及製造方式不斷被開發出來以因應耐溫範圍有限及使用壽命不長的問題。在高溫氣體過濾用方面的人造纖維，主要有以下幾類（Barnett, 2000）。

(1) 聚酯（Polyester, PE）、(2) 聚醯亞胺（Polyimide, P84®）、(3) 聚醯胺（Polyamide）、(4) 尼龍（Nylon）、(5) 芳香族聚醯胺（Aramide, Nomex®）、(6) 鐵氟龍（PTFE）、(7) 玻璃纖維（Glass Fiber）、(8) 陶瓷纖維（Ceramic Fiber）。

各種耐高溫纖維及其濾材的過濾性能如下，表 7-8 爲耐高溫纖維濾材基本特性。在強度方面，Teflon（PTFE）強度最小；伸度方面，玻璃纖維最小，所以最易折損；最高使用溫度以玻璃纖維、PTFE 及 P84 較高；在 LOI 值（極限燃燒需氧量）方面，除了 PET 纖維在空氣中較易燃外，其餘的都劃分爲不燃物質，即在正常大氣條件下，它們不支持燃燒；耐酸及耐鹼方面，以 PTFE 和 PPS 表現最好。其中，對於縮聚物製成的人造纖維如：聚酯（Polyester, PET）、聚醯亞胺（Polyimide, P84）、聚醯胺（Polyamide）、尼龍及芳香族聚醯胺（Aramide）等，全都易受水解而損壞（Reuter and Liu, 2003）。

表 7-8　耐高溫纖維基本特性之比較（Reuter and Liu, 2003）

	Nomex	Teflon	P-84	PPS	Basofil	Glass	PET
強度（g/d）	3.5～5.5	1.0～2.5	2.0～3.4	3.5	1.8～4.5	7.5～12.5	4.5
伸度（%）	22～32	25～50	20～25	25～40	15～20	4.8	20～50
比重	1.38	2.10	1.34	1.37	1.40	2.5	1.38
回潮率（%）	5.5	0	3.4	0.6	4.0	0	0.4
熔點℃	—	327	—	285	—	800～1,000	260
分解點℃	415	—	450	—	370	—	—
耐溫℃	200	250	260	200	200	315	140
LOI 值	30	95	40	34	32	—	21
耐酸性	好	極好	好	極好	一般	極好	一般
耐鹼性	好	極好	好	極好	好	好	一般

1. PET 纖維（聚酯纖維）

可在乾燥條件下經受 135℃的操作溫度，連續在 135℃以上工作會變硬、褪色、發脆，短時高溫亦會使其強度變弱。抗水解性差，不適於高鹼性、高濕氣的工作條件下（5% 以上水氣，100℃以上高溫）使用。

2. Nomex（芳香族聚醯胺 Aramide）纖維

1966 年杜邦公司發明的 Aramide 纖維。可在乾燥條件下經受 200℃的操作溫度；是水解性纖維，不適於高濕氣的工作條件下，當高溫且有化學成分及水分下，會很快水解而損壞；在水分濃度爲 10% 及弱酸性或中性環境下，可適用於 190℃的操作溫度，而使用壽命也可達兩年；若水分濃度增加爲 20%，使用壽命需達到兩年則需降溫到 165℃以下，若還在 190℃使用，其壽命只有半年多。Nomex 纖維強度強，可承受較高的重量負荷操作，另一個特性是有良好的摩擦抵抗性，可避免過濾集塵時，塵粒對濾袋之破壞。

3. PPS（Ryton）纖維

Ryton 纖維是以聚苯硫化學反應所製成的纖維。1986 年 7 月，美國聯邦貿易委員會（FTC）給此纖維取一個新名字叫 SULFAR，這一類的纖維一般是指含有「一個長鏈合成的多硫化物，並至少含有 85% 直接附在 2 個芳香環之硫化物鍵」等物質的一種纖維。可在 190℃的溫度下連續使用，瞬間溫度可達 200℃（每年累計 400 小時以下），耐化學性非常好，抗硫、抗酸、抗水解效果很好，由於 PPS 纖維不怕水解且抗硫，所以很適合於工業燃煤鍋爐及焚化爐。但抗氧化性差，要求 O_2 含量小於 14% Vol、NOX 小於 600 毫克／立方公尺，若 O_2 含量達 12%Vol，建議溫度降到 140℃，總之 O_2 含量越高，所使用的溫度就要越低，因每增加 10℃，化學反應就加倍，也就是說，本來 3 年壽命的情況下，若溫度增加 10℃，其壽命只有 1.5 年。

4. P84（聚醯亞胺 Polyimide）纖維

P84 纖維是 Lenzing AG 公司製造的高性能纖維。P84 纖維具非燃性及熱穩定性，該纖維斷面呈現不規則葉狀，其橫斷面因交互作用，所產生的表面積大於一般聚酯、聚丙烯及其他圓形或長方形的橫斷纖維的表面積，由於此種獨特橫斷面，提供了卓越的過濾特性：高分離率及高氣流率。該纖維可在 260℃以下連續使用，瞬間溫度可達 280℃（每年累計 200 小時以下）。有一定的水解性，建議使用在水氣含量小於 35%Vol 的環境中。有一定的抗氧化性，最好煙氣中 O_2 含量小於 16%Vol、NO_X 小於 600 毫克／立方公尺，SO_X 也會使濾料壽命降低，建議 SO_X 含量小於 700 毫克／立方公尺，若在焚化爐中使用必須有脫硫裝置。該纖維對酸有良好的抵抗性，但鹼對其破壞性非常大。

5. 玻璃纖維

可於 260℃（中鹼）／280℃（無鹼）的工作條件下長期使用，瞬間溫度可達 350℃。耐高溫、尺寸穩定性好、拉伸斷裂強度強、耐化學侵蝕，除了氫氟酸、高溫強鹼外，對其他介質都很穩定，但其耐折性較差，通常於運送過程中會有折損。

6. PTFE（聚四氟乙烯 Polytetrafluoroethylene）纖維

可連續曝露於 260℃高溫下操作，瞬間高溫可達 290℃，具有極佳抗化學性及耐熱性，但其摩擦強度及撕裂強度較弱，該纖維在高溫下還能保持較高的伸長率，但在應力方面，約 200℃下，則下降 80% 左右。壽命大約在 8～10 年，但德國 BWF 公司有操作壽命達 14 年以上的記錄。由於 PTFE 纖維抗化學性佳及耐高溫，所以已被認為是優良混合料，目前已有德國 BWF 公司生產名為 Needlona VetroCore 的濾袋材質，這是一種高效率濾材，由強力玻璃纖維基布作為支撐，外層可選用 100% PTFE 或 PTFE 與玻璃纖維的混合物，其操作溫度可達 250℃，而瞬間溫度可達 280℃。此外，杜邦公司也有生產 PTFE 纖維和玻璃纖維的複合濾材為 TEFAIR，而 PTFE 濾材和 TEFAIR 複合濾材在過濾性能之比較上，當粒徑 > 7.7 μm 時，兩者過濾效果相同，粒徑 = 0.375 μm 時，TEFAIR 有 85% 過濾效率，而 PTFE 只有 45%，所以當粒子粒徑較小時，複合濾材有較高的過濾效率。另外，PTFE 纖維和玻璃纖維的混合，可降低成本且可使纖維摩擦生電降到最低。由於 100% PTFE 纖維較軟，所以和玻璃纖維混合能有較高的機械強度。瑞典化學家發現化學反應會隨溫度每增加 10℃，其化學反應速率會加倍，換句話說，對於易受化學侵襲的纖維聚合物，會隨著操作溫度每增加 10℃，會有加備受損的現象。但是像 PTFE 或著是陶瓷纖維等，Arrhenius Rule 並不適用，因為它們不受化學侵襲。

7.6.2 高溫過濾經常遭遇的問題

濾袋失效的一個主要原因是水解反應，水解的定義是一種化學分解過程，在該過程中，反應物的鍵斷裂並加入 H 或 OH 基。水氣含量越高和溫度越高，對於縮聚物製成的人造纖維如：聚酯（Polyester, PET）、聚醯亞胺（Polyimide, P84）、聚醯胺（Polyamide）、尼龍及芳香族聚醯胺（Aramide）等，全都易受水解而損壞，會降低濾材壽命，如 Polyester 纖維受水解損壞、PPS 纖維受氧化損壞及（Polyimide, P84）纖維受酸侵蝕。尤其在燃燒過程中產生的濕氣和形成酸的氣體（硫和氮的氧化物），再加上高溫，就構成了水解的理想條件。圖 7-9 中箭頭所指的地方是個較弱的鍵結，所以易和水反應。圖 7-10 為 Polyester 濾袋被水解而損壞的照片圖。

此外，對於濾袋的支架籠，因支架籠本身的腐蝕，也會對於濾材或濾袋產生二次的腐蝕，所以支架籠最好是不銹鋼材質。

近年來，ePTFE 纖維濾材在高溫氣體過濾方面的應用技術發展有 ePTFE 纖維混玻璃纖維。以纖維摩擦生電方面來看，ePTFE 纖維和玻璃纖維，一是負電，一是正電，且電荷量相當，是不錯的組合。另外一個技術發展趨勢為 Teflon 編織濾材與 ePTFE 薄膜熱軋貼合或 Teflon 編織濾材與 ePTFE 熔融塗布。如圖 7-11 所示，Teflon

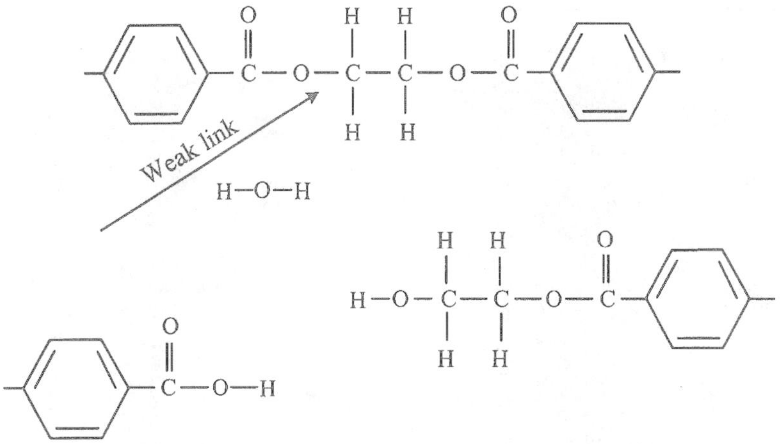

Weak link

$-C_6H_4-C(=O)-O-CH_2-CH_2-O-C(=O)-C_6H_4-$

$H-O-H$

$-C_6H_4-C(=O)-O-H$　　$H-O-CH_2-CH_2-O-C(=O)-C_6H_4-$

圖 7-9　PET 纖維的化學結構及其水解反應

圖 7-10　Polyester 濾袋被水解而損壞的照片圖

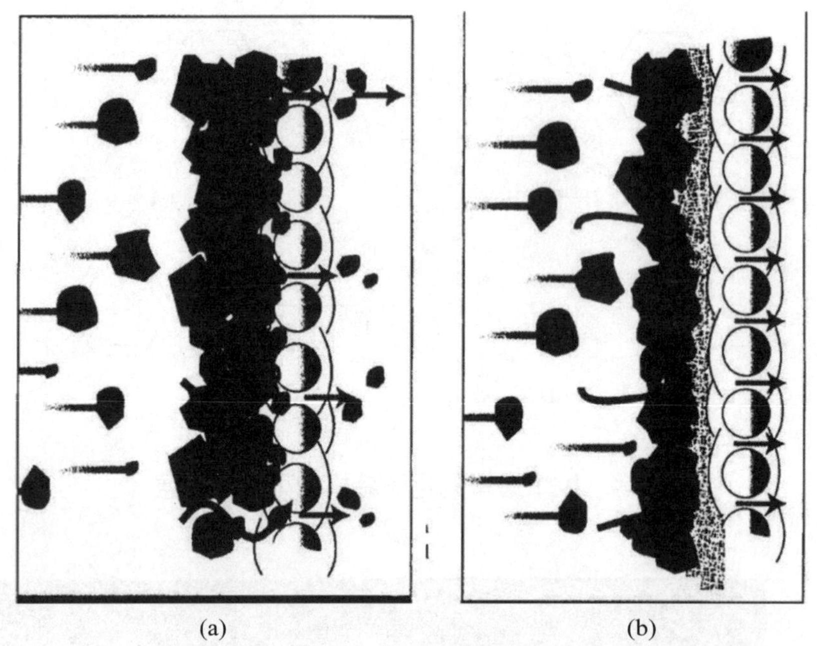

圖 7-11　(a)Teflon 編織濾材，及 (b)Teflon 纖維與 ePTFE 薄膜熱熔覆合濾材。

編織濾材與 ePTFE 薄膜行程複合濾材，可同時提高粒子的阻擋率集率材的使用壽命 Barnett（2000）。但熱軋貼合與熔融塗布技術是影響分離效率與材料密合度的主要關鍵。Kosmider 與 Scott（2002）指出，纖維的粗細對濾材的分離特性有相當大的影響，並嘗試以奈米纖維（nanofiber）來製造濾材，研究結果顯示濾材的效率提升相當多，但壓損卻意外的增加不大。由以上的文獻回顧可知，未來高溫氣體用纖維濾材發展方向爲：

1. 選擇性氣體去除。
2. 高性能、機能性處理技術（如：新的纖維濾材表面加工處理技術）。
3. 開發新纖維（如：環保性纖維）。
4. 環境對應纖維（容易廢棄處理）。
5. 評估方法之國際規格化。

7.7　濾蕊式濾材（filter cartritage）

濾蕊式濾器廣泛地應用於化學程序工業中，其優點包括：

1. 粒子捕捉效率頗高。
2. 硬體設備簡單。
3. 安裝費用便宜。
4. 操作範圍極廣。

固體粒徑可小至 0.006 μm，操作流體黏度可高達 10^5 cp，操作溫度範圍則從絕對零度到 750°F，操作壓力可高達 3,000 psi。

濾蕊式濾器最常使用於汽車工業、航空工業、製藥、食品工業以及化粧品製造、電子工業等。其使用目的包括：

1. 改善原料或產物之澄清度。
2. 去除飲料、化粧品，或藥品中的細菌或雜質。
3. 去除催化劑粉末。
4. 去除塗料中顆料過大之顏料粒子。
5. 保護精密儀器。
6. 維持液體之高澄清度，以應半導體等高科技製程所需。

濾蕊式濾器依構造不同，可分類為三種型式：(1) **邊緣型**（edge type）、(2) **表面型**（surface type），及 (3) **深床型**（depth type），以下分別闡述之。

1. 邊緣型

邊緣型將一些特殊形狀的墊圈或圓盤套在一個壁上穿孔的中空圓軸之上，壓緊後形成一圓柱表面。由於墊圈表面挖有凹溝，因此相鄰兩墊圈間就形成極細的孔道。當過濾發生時，流體流經孔隙，而將固體粒子截留於圓柱表面。

另一種邊緣型濾器是將金屬線纏繞在中空圓軸之上，其捕捉粒子的能力除與線形有關外，尚與金屬線纏繞密度關係密切。

2. 表面型

使用纖維素濾紙或經樹脂處理後之濾紙，加工成波狀或皺褶狀以增加表面面積及使用壽命。

3. 深床型

將固體粒子截留於濾材內部的孔徑中，可分爲**適結式**（bounded）以及**纏繞式**（wound）兩種。前者利用一些細小且鬆散的羊毛、棉、纖維素等在一厚壁管內形成圓柱體，乾燥後注入樹脂成形，以得一多孔輕質剛體結構物。其粒子捕捉能力良好，但無法清洗重覆使用。

後者係以羊毛、棉及各合成纖維的紗紡爲原料，纏繞於中空圓軸之上。將每一層紡紗的表面刷出毛以達捕捉粒子的目的。

參考文獻

1. Ballew, H.W.,Basics of Filtration and Separation, Nuclepore Corporation, 1978.
2. Bustin, W.M., & Dukek, W.G., Electrostatic Hazards in Petroleum Industry, Research Studies Press Ltd,1983.
3. Ehlers,S., “The selection of filter fabrics re-examined,” Industrial Engineering Chemistry, 1961, 53(7), 552-6.
4. French, R. C., “Filter Media.” Chem. Eng., Vol. 14. Oct., pp. 177-192 (1971).
5. Handbook of Filtration, The Eaton-Dikeman Company, 1960.
6. Hatschek, E., “The mechanism of filtration,” Journal of the Society of Chemical Industry, 1908, 27, 528.
7. Hutten, I. “Handbook of Nonwoven Filter Media,” 2nd Ed., Butterworth-Heinemann, Elsevier Ltd, Oxford, UK, 2015.
8. Llennox-Kerr, P., The World Fibres Handbook, Texitile trade Press, 1972.
9. Mais, L. G., Filter Media Chem. Eng., vol. 15, Feb., pp.49-54 (1971).
10. Margan, V.T., “Filter elements by powder technology,” Iron and Steel Institute Symposium of Powder Technology, 1954.
11. McGregor, R., Journal of the Society of Dyers & Colourists, 1965, 81, 429.
12. Purchas, D.B., “Filter media: a survey,” Filtration and separation, 1965, 2(6), 465-474 .

13. Purchas, D. B., "Art, science & filter media," Filtration & Separation, 1980, 17(4), 372-376.
14. Purchas, D. B., Industrial Filtration of Liquids, Leonard Hill Books, London, 1967.
15. Purchas, D. B., Solid/Liquid Separatuon Technology, Filtration Specialists, U.K., 1981.
16. Purchas, D.B. and K. Sutherland, "Handbook of Filter Media," 2nd Ed., Elsevier Sci. Ltd, Oxford, UK, 2002.
17. Rushton, A. & Griffiths, P.V.R., Chapter3, "Filter Media" in Filtration Principles and Practices, Part1 (ed.Clyde Orr), Marcel Dekker Inc, 1977.
18. Rushton, A., "Effect of filter cloth structure on flow resistance, blinding and plant performance," The Chemical Engineer, 1970, 237, 88.
19. Shikishima Canvas Catalogue (1993).
20. Svarovsky, L, "Solid-Liquid Separation," Chap. 17, 3rd. ed., Butterworths, London, G. B. (1990).
21. Tiller, F.M.,Theory & Practice of Solid-Liquid Separation, University of Houston, 1978.
22. Wakeman, R.J., Filtration Dictionary & Glossary, The Filtration Society, U.K., 1985.
23. Walmsley, H., Static Electricity: Technical & Safety Aspects, Shell Safety Commit-tee, Shell International, The Hague, The Netherlands, 1988.
24. Wells, R.M., Hydraulic Pneumatic Power, 1966 (January/february).

第八章
利用助濾劑之過濾

/呂維明

過濾含有膠體粒子或壓密性較高之粒子的較難過濾之泥漿，或懸濁粒子粒徑很小時，常會遇到：(1) 過濾速度太慢；(2) 過濾不久，濾餅阻力就增加到極限，致無法再過濾；(3) 濾材阻擋不了懸濁液中之微小粒子，致濾液很難達到要求的澄清度，或 (4) 濾材常被微小粒子塞住，而需常刷洗濾材，導致減短了濾材之使用壽命。此時，除了檢討進料泥漿來源之前一程序是否有改善的餘地外，使用助濾劑亦是過濾操作上常用的手法。

依字面上的解釋，能幫助上述過濾之困難的物質都可稱爲**助濾劑**，但常見的助濾劑指的是粉狀或纖維狀物質，能摻於泥漿，並能均勻地分散在液體，而後可在濾材上構成空隙度較大且耐壓性高之結構的粒子層（濾餅）來提升濾速；或能在濾材上構成適當緻密且有充分孔隙之粒子層，以捕捉懸濁中之微小粒子；或構成一較緻密的助濾劑層來防止微小粒子鑽進濾材。

8.1 助濾劑之用法

助濾劑之功能可分爲：(1) 促進濾速，及 (2) 提升濾液之澄清度，所以利用助濾劑之過濾方式也視過濾的目的而有：(1) **預鋪助濾劑法**（precoat filtration），和 (2) **摻和過濾法**（admix filtration，日本業界常用 body feed 一詞），或 (3) 兩方法共用之**預鋪摻和過濾法**（admix-precoat filtration）三種方式。圖 8-1 顯示了含不利用與利用助濾劑過濾之四種過濾之濾餅結構，圖 8-1(a) 所示的是不用助濾劑之過濾，此時在過濾初期因濾材上尚無任何粒子層（濾餅）之生成來協助濾材截留泥漿中之微小粒子，所以會有一段時間濾液之澄清度較差，俟濾餅生成後濾液就較澄清。如懸濁液中之粒子含有很多微小粒子，或粒子是膠體粒子或壓密性很高者，所生成之濾餅之濾阻甚高，可導致成濾速很快就趨近零。

圖 8-1(b) 所示的是採用預鋪助濾劑層之過濾，這方式是過濾泥漿前，先在濾材上預鋪一層助濾劑之薄層，藉預鋪之助濾劑層擋住泥漿中之微小粒子以保護濾材外，助濾劑層亦可截留泥漿中之微小粒子，以提升濾液之澄清度，預鋪助濾劑層之

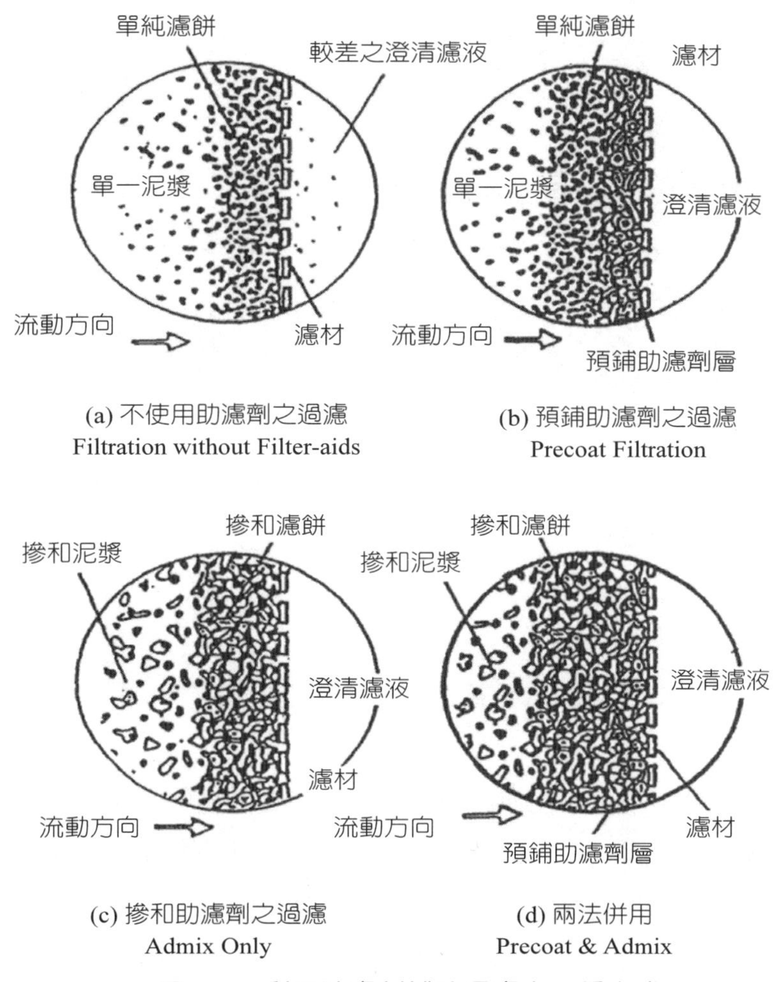

(a) 不使用助濾劑之過濾
Filtration without Filter-aids

(b) 預鋪助濾劑之過濾
Precoat Filtration

(c) 摻和助濾劑之過濾
Admix Only

(d) 兩法併用
Precoat & Admix

圖 8-1　利用助濾劑輔助過濾之三種方式

厚度約在 2 mm 左右，相當於 500 g/m^2 之助濾劑，平常將在澄清之液體（大都是水）中以 0.5～2%（重量 %）之助濾劑粉末藉攪拌將其分散在液體中生成均勻懸濁液後，再以低壓差（0.1～0.5 kg/cm^2）在要鋪蓋之濾材面上進行過濾，所得之濾液可循環至助濾劑泥漿槽或棄之不用；如循環使用濾液時，應注意泥漿濃度越來越稀，可能會在預鋪助濾劑層表面生成一如圖 8-2(a) 所示，由細粉構成之**緻密律速層**。此層雖對提升濾液澄清度有所幫忙，但將增加助濾層之濾阻；又如助濾劑之粒徑分布偏向兩極時，細粒子就較容易穿過粗粒子之空隙，在濾材表面生成如圖 8-2(b) 所示之律速緻密層而降低過濾速度。

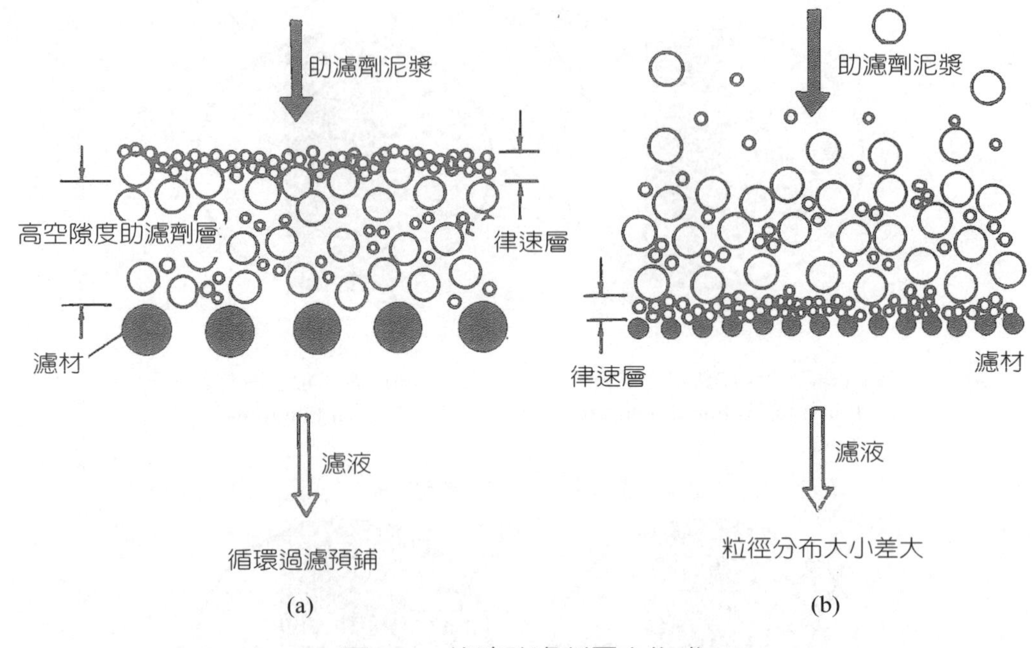

圖 8-2 律速助濾劑層之生成

圖 8-1-(c) 是將助濾劑粉末投進泥漿裡並分散在要過濾的泥漿中，以**泥漿摻和泥漿**（mixed slurry）之型態流向濾材。在流動過程中，助濾劑粉末藉其複雜之內外表結構（參考圖 8-6），吸附部分泥漿中之膠體或微小粒子，在濾材上生成空隙度較大且耐壓密之濾餅，如此即可提升過濾速度。

圖 8-3[13] 揭示了有無摻和助濾劑之氫氧化鎂泥漿，在一定的過濾速率時，過濾壓力對時間之變化。不摻和助濾劑之過濾壓力在第 2 分鐘就急升至上限，但摻和了助濾劑（約 0.5%），過濾壓力之變化就緩和很多，也就是摻和助濾劑使原來很難過濾之泥漿變成可過濾。摻和所需之助濾劑量爲要過濾之泥漿之容積之 0.05～1.0%（容積 %）。摻和助濾劑之過濾法只在很短的初期會有少許之混濁濾液，很快就隨濾餅之成長濾液就可達合乎要求之澄清度，所以摻和助濾劑過濾法常用以解決含有膠體粒子或可能生成高壓密性濾餅等難濾泥漿之過濾。

圖 8-4[13] 舉示了在同一過濾壓差下助濾劑之摻和量對可得濾液量之變化。此圖說明了摻和量太少（如小於 0.2%）就發生不了助濾之作用；而在某一範圍內，摻和量之增加會顯著提升可獲得之濾液量，但添加量超越某一臨界量則會增加了濾餅厚

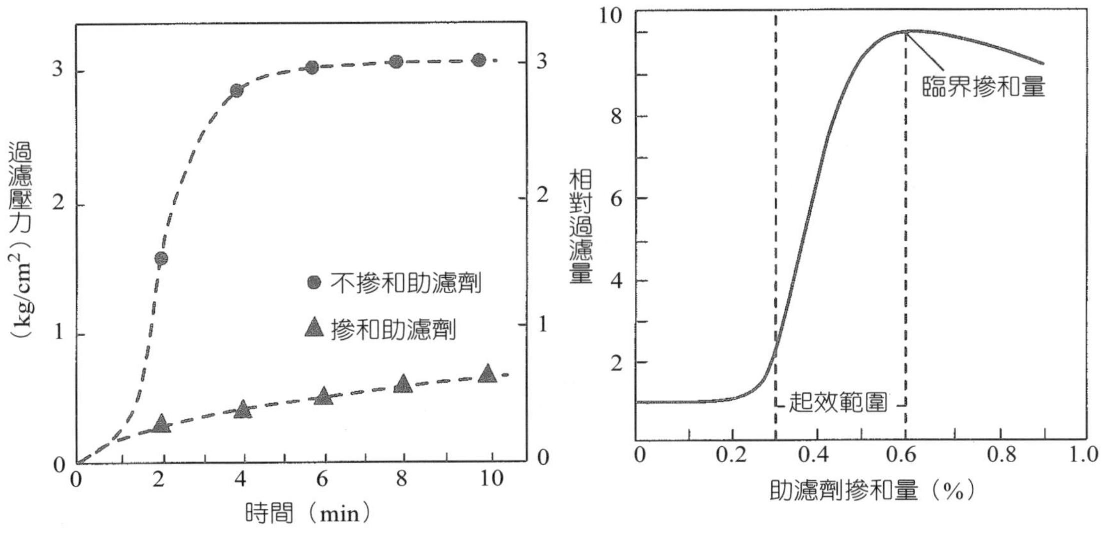

圖 8-3　摻和助濾劑過濾之效益 [13]

圖 8-4　摻和助濾劑量對可得濾液量之影響 [13]

度，反而增加濾阻，使可得濾液量減少。

圖 8-1(d) 是預鋪和摻和兩法併用之過濾法，此法兼有圖 8-1(b) 及 (c) 所示兩法之優點，既能保護濾材及提升濾液之澄清度，也可提升過濾速度，但操作上多了一道預鋪過濾之工作。

8.2　助濾劑應具備之條件

助濾劑是藉著其細粉具有特殊之結構，能生成高空隙度與高耐壓性粒子層來提升過濾速度或濾液之澄清度，且容易摻和或預鋪。助濾劑須合乎如下之各條件：

1. 密度適當，爲細粉而容易分散於液體。
2. 具有多變化之外部結構，能構成耐高壓密性且空隙度高之粒子層。
3. 對進料泥漿有穩定的化學性，不與泥漿成分發生化學反應或染色等現象。
4. 與進料泥漿之粒子（固體）有好的親和性。
5. 所構成之濾餅（粒子層）不易龜裂且密度要輕，才不會構成濾葉設計時之負荷。

6. 可溶性成分要降到最低，而所溶出成分不要有害於濾液之用途。

7. 價廉而貨源不缺。

滿足這些條件的有矽藻土（diatomite）、火山岩（perlite）、石棉、纖維、碳粉等，矽藻土在助濾劑之應用市場上占了約 80%。

8.3 主要助濾劑 [16]

助濾劑可分爲：(1) 泛用助濾劑、(2) 補助用助濾劑，及 (3) 經特殊處理之助濾劑。

1. 泛用助濾劑

亦即是主要助濾劑，自然界上藻類之化石因其構造具有多孔性，化性穩定且蘊藏量相當豐富而成爲助濾劑之主流，次極品有火山岩爆成之輕質岩，經磨細後亦爲常用助濾劑之一。然而，這些泛用助濾劑大多屬於矽氧化物，遇酸性或鹼性液體可能溶解少許成分而污染濾液，另一缺點是此類助濾劑不含類似纖維性粒子，所以其堆濾餅韌性較弱，易龜裂。

2. 補助用助濾劑

似纖維性濾材（如紙漿纖維、石棉等）單獨使用時，其構成濾餅因不耐高壓容易成緻密而高濾阻之濾餅是其缺點，但如此助濾劑以適當比例混合於矽藻土時可得韌性頗佳之濾餅，有助於預鋪較厚之助濾劑層，及避免濾餅之龜裂。

3. 經特殊處理之助濾劑

在需用助濾劑過濾又恐可溶性成分之溶出時，可將如矽藻土等助濾劑以酸或鹼洗滌，除去可溶成分；有時不希望微粉漏入濾液時，可先將助濾劑中之微粉以機械分離方式除去，爲某一特殊目的做一些處理所得之助濾劑。

8.3.1 矽藻土

矽藻土（diatomite）雖也掛上「土」，實際上它是古時候在水裡繁殖之單細胞藻類之化石，如圖 8-5 所示之一例，它具有無數的細孔，由於藻類種類繁多，這些單細胞藻類化石之形狀（如圖 8-6 所示）多而複雜，故其粉末能構成空隙度大而耐壓密之濾餅。從礦挖出之原料化石經磨碎、乾燥後，再依其粗細分級。初級品是只乾燥後經分級之產品；中高級品則是乾燥分級後之粉末，送進 500～1,200℃之煅燒窯煅燒，有時添加碳酸鈉等融劑一起煅燒。不加融劑之產品稱爲燒成品，而添加融劑煅燒者稱爲融劑燒成品。從鍛燒得到之熟料再經磨碎分級依其粒徑之粗細分級成爲產品。表 8-1 及表 8-2 列示各種矽藻土產品之特徵、用途、化學成分、過濾特性等。表 8-3 列舉了美日等主要製造矽藻土助濾劑廠所上市的各種產品及其品級之對照。

利用助濾劑之目的不同時，該用之品級亦有所不同，如爲加速濾速則該用透過率較高（粒度較粗）之品級，而要提升濾液之澄清度則應選粒度較細之品級。圖 8-7 顯示了美國 Grefco 公司之矽藻土及火山岩（珍珠岩）當助濾劑時，各品級之可得相對濾速，而圖 8-8 則說明了該公司較具代表性的五種不同品級之助濾劑層能截留之粒子大小之下限。

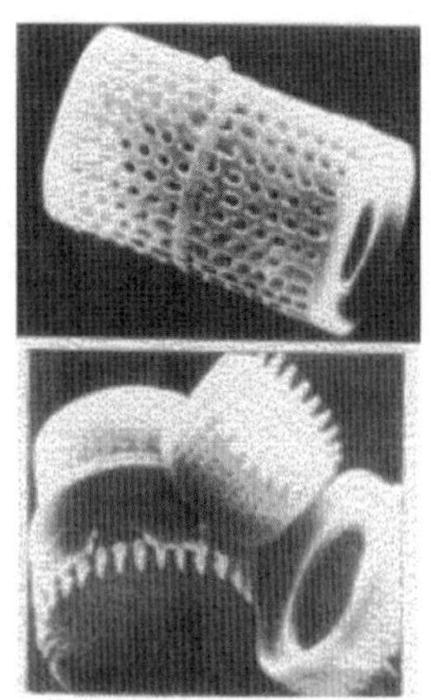

圖 8-5　構成矽藻土之單細胞藻類之一例 [5]

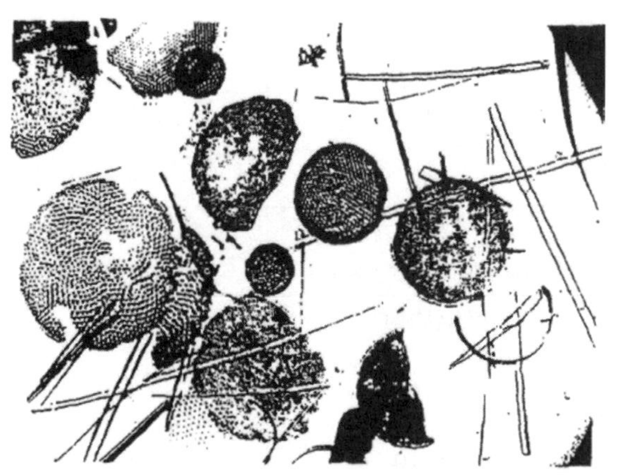

圖 8-6　矽藻土之放大圖 [7]

表 8-1　不同品級之助濾劑的特性與用途 [16]

分　類	特　徵	用　途	商品名
乾燥品	由於沒經過煅燒，故含有可溶性成分，但粒徑最細，可得最佳之澄清液	廢水處理、啤酒及飲料之澄清、從植物油除去觸媒、脫水、糖液之澄清	Dicalite 115 Celite Filler-Cel Celatom FN-s 其他
燒成品	經煅燒 (1) 強熱殘分現象 (2) 非晶型氧化矽可成結晶而趨安定 (3) 粒子增大 (4) 可促進過濾速度，但澄清功能較差	廢水處理（游泳池、上水、一般的前處理、製紙工廠白水處理、廢水再使用），啤酒，解乳化狀態，脫水，糖液之過濾，溶劑回收，鍍金廢液之回收	Dicalite Speed flow Celite Standard Super-Cel Celatom FP-4 其他
融劑燒成品	由於加 Na_2CO_3 處理 (1) 可成純白色產品 (2) 氧化矽幾成結晶狀態 (3) 粒徑會增大 (4) 可促進濾速，澄清功能最差	游泳池用水之淨化、啤酒及飲料之澄清、鍍金廢液之回收、從油漆除去不純物	Dicalite Speedplus Celite Hyflo Super-Cel 其他

表 8-2　不同品及助濾劑之物性 [16]

種類	乾燥劑	燒成品	融劑燒成品
化學分析例（%）			
灼熱減量	4.6	0.3	0.1
SiO_2	86.8	91.0	87.9
Al_2O_3	4.1	4.6	5.9
Fe_2O_3	1.6	1.9	1.1
CaO	1.7	1.4	1.1
MgO	0.4	0.4	0.3
其他	0.8	0.4	3.6
濾過率比（對乾燥品）	1	1～3	3～20
濾餅之體密度（g/cm^3）	0.24～0.35	0.24～0.36	0.25～0.34
沉降粒度分布粒 μ (%)			
～40	2～4	5～12	5～24
40～20	8～12	5～12	7～34
20～10	12～16	10～15	20～30
10～6	12～18	15～20	8～33
6～2	35～40	15～45	4～30
2～	10～20	8～12	1～3

表 8-2　不同品及助濾劑之物性 [16] (續)

種類	乾燥劑	燒成品	融劑燒成品
水分，最高 %	6.0	0.5	0.5
比重	2.00	2.25	2.33
ph	6.0～8.0	6.0～8.0	8.0～10.0
折射率	1.46	1.46	1.46
通過 325 mesh 篩殘留 %	0～12	0～12	12～35
室素吸著比表面積，m^2/g	12～40	2～5	1～3

表 8-3　助濾劑製造廠與其產品種類

粒度	昭和化學	John-Manville	Grefco
粗粒	Rapid flow Tolite MT-O Tolite MT-S Radiolite KS	Celite 560 Celite 545 Celite 535	Dicalite 5000 Dicalite 4500 Dicalite 4200 Dicalite 2500
中粒	Special Flow Radiolite S	Celite 503 Celite 501 Hyflow-supercel	Speedex Dicalite 689 Speed-plus Dicalite 1000
微細	Radiolite A Radiolite L-2 Special AP Tolite FN, FS	Celite 512 Std-supercel Celite 577 Filter-cel 115	Special speed-plus Dicalite 231 Speed-flow Dicalite UF Dicalite 215 Super-nid

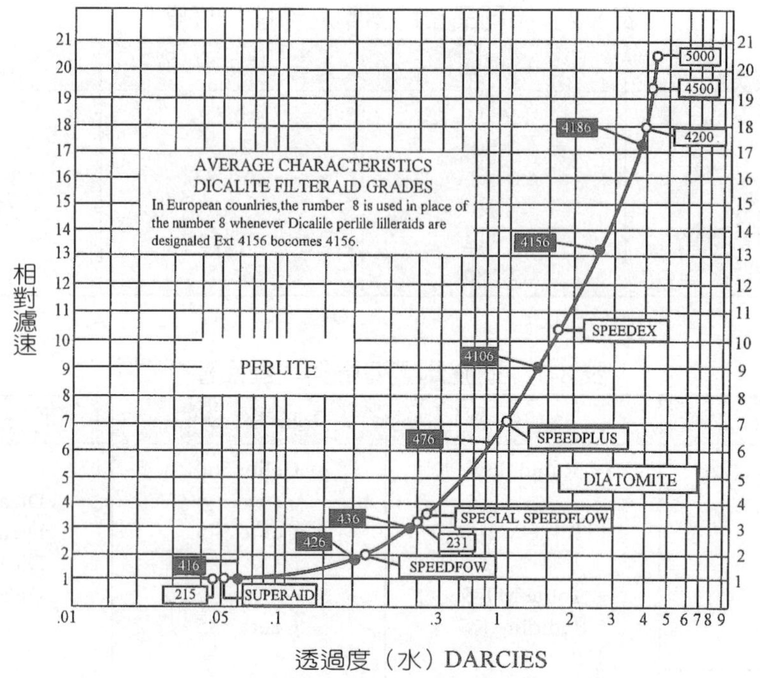

圖 8-7　不同品級助濾劑之性能比較圖 [6]

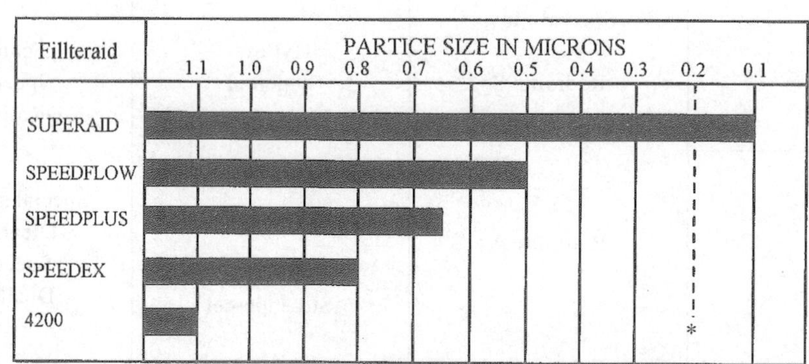

圖 8-8　不同品級之助濾劑可截留粒子之下限 [7]

8.3.2　火山岩 (perlite)

Perlite 是玻璃質火山岩之總稱，亦稱爲珍珠岩，依其原礦之含水量不同而有黑曜石（含水量 2% 以下）、眞珠岩（含水量 2～5%）及松脂岩（含水量 5% 以上）之別。將原礦磨碎乾燥後急熱至其融點，這些岩石就會似爆米花般的膨脹成輕質而

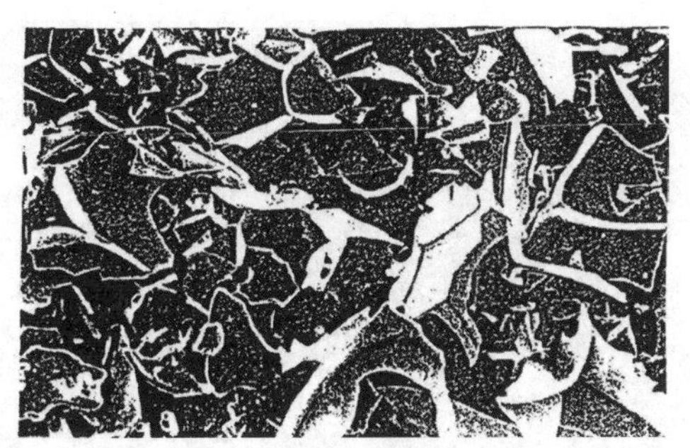

圖 8-9　火山岩助濾劑之放大圖 [7]

多孔性之結構；將此膨脹物再磨碎，經氣流分級調整粒度成爲不同品級之產品。顏色似融劑燒成之矽藻土是白色，形狀如圖 8-9 所示像電球泡之破片，其**視密度**（bulk density）較矽藻土高，主要化學成分是 Silica，與矽藻土相較則含較多 Al_2O_3、鈉和鉀；一般的粒度似矽藻土，介在 2～40 μm 間，可溶性與矽藻土相差不多，也被許可當食品添加物。

8.3.3　纖維狀助濾劑

纖維素助濾劑可混合於矽藻土或火山岩，加強所構成之濾餅（助濾劑層）韌性，或在矽化物助濾劑不適使用時，纖維素助濾劑就可替代使用。這種助濾劑是將經化學處理後之紙漿乾燥磨細而得，其價格較高，而耐壓密性不高，但可供於加強預鋪助濾劑層之用。亦因纖維素是有機物，故欠耐熱性，反而有可燃性，故如過濾含放射性物質時，過濾後可藉燒卻手法減少廢棄物之容積。精製纖維性助濾劑經燒卻後可不留灰粉，故燒卻後之濾餅只剩可用成分，此優點可被應用在貴金屬沉澱物之回收。圖 8-10 爲纖維助濾劑之顯微鏡放大照。圖 8-11[7] 比較了**矽藻土助濾劑**（dicalite）與**紙漿纖維助濾劑**（solk floc）之各種不同品級產品之相對透過度。

8.3.4　石棉

石棉是礦物纖維，伸張頗佳，可達 300 kg/mm^2，且因礦物質可耐熱性較紙漿纖維來得高，到 600℃附近結晶水才會被破壞，在 1,200℃左右會熔融，故可在高溫使用是其優點，但石綿細粉對人體有害，應用時得更爲謹愼。

圖 8-10 木材纖維助濾劑之放大圖 [7]

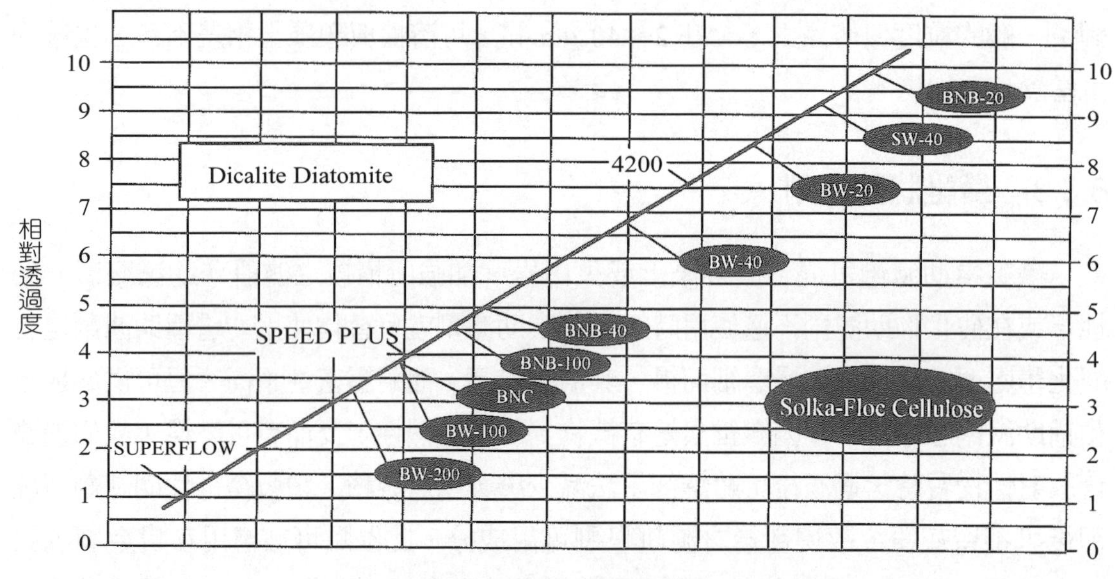

FILTERAID YARDSTICK
Distilled water permeability rating for equal filter cake thickness. Superaid = 1.0

圖 8-11 纖維助濾劑與矽藻土之比較 [7]

8.3.5 碳類助濾劑

雖亦有以活性碳或木炭粉末做助濾劑使用，但因其具有頗強之吸附力而限制其應用範圍。近年來，Grefco 曾以含 15～20% 揮發成分之瀝青煤磨細後，在 750～

900℃之熱氣流中急熱與膨脹，經分離後除去剩餘（原來之 10%）揮發成分使其有更佳之親水性，再經磨細分級供爲助濾劑之用，其優點是耐高溫及對酸鹼有甚佳之安定性。

8.4　選擇助濾劑之手法

利用助濾劑過濾之目的，是以最大的濾速獲得合乎程序要求之澄清濾液。圖 8-12 是以 25 cm^2 之過濾器預鋪 0.4 cm 的各種不同品級之助濾劑層，並在 60% 糖液中摻和 0.6% 之助濾劑泥漿，使其在 0.67 kg/cm^2 壓差下過濾的結果。助濾劑之粒度越粗，濾速越大，但微粒子之去除率就差。括號內數據是去除微細粒子之百分比，微細品級則澄清度提升，但濾速便隨之降低，故最適品級之助濾劑該是能得合乎要求之澄清度，並可得最大濾速的助濾劑。因此在選擇時，該先以中庸品級之助濾劑試驗，如澄清度夠時再往粗粒方向之品級嘗試以求獲得較高之濾速；如澄清度不合，則改以細粒品級之方向，如此試幾次該可找到合適程序目的之助濾劑品級。

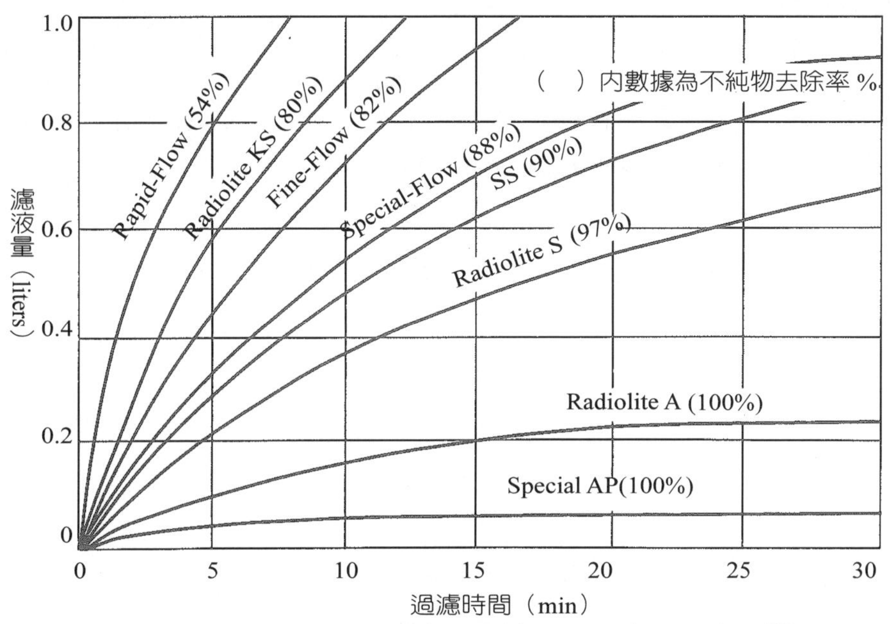

圖 8-12　不同品級助濾劑對過濾速度與澄清度之變化 [15]

然而，泥漿中粒子大小之因素，亦需加以考量。如圖 8-13(a) 是以泥漿粒子的平均粒徑 $\overline{D_p} = 5\ \mu$m，(b) 是$\overline{D_p} = 1.8\ \mu$m，(c) 是$\overline{D_p} = 0.8\ \mu$m 之泥漿，以三種不同助濾劑 A（透過率 1.0×10^{-13} m^2，最小）、B（3.5×10^{-13} m^2，中等）和 C（1.9×10^{-12} m^2，最大）作摻和泥漿過濾所得之結果。縱座標是濾速之倒數 $1/q$，故斜率越大表示越難過濾。由圖 8-13(a) 所示之結果，使用越粗的助濾劑過濾速度越大；但由圖 (b) 之結果視之，使用較為粗粒的助濾劑反而成最難過濾者，此乃是因為微小的粒子會穿進以粗粒之助濾劑（C 級）所構成之濾餅層空隙，而在濾材表面生成一層律速層之緣故。圖 (c) 之結果說明泥漿含有最細粒子時，微細粒品級之（A 級）助濾劑粒子反而能構成均勻而較不易堵塞之濾餅，並有較快的濾速，故欲選擇合適的助濾劑時，也要了解懸濁粒子之形狀、物性及濃度。可變形粒子較容易穿進濾餅孔隙甚至構成律速層，故遇到難濾泥漿，可考慮在過濾前，先以離心沉降去除大部分之難濾粒子，也許可避免生成難濾之律速層而減低過濾速度 [12]。

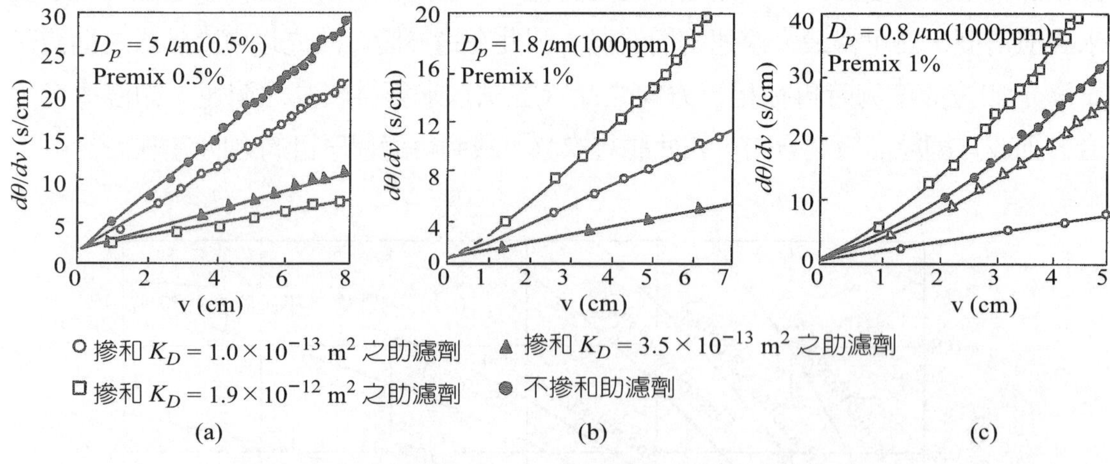

圖 8-13　助濾劑品級與懸濁粒徑對濾速之影響 [12]

8.5　助濾劑之用量

8.5.1　摻和過濾時之用量

表 8-4 列示了一些使用助濾劑過濾之範例，其使用量則是摻和過濾所摻和之助濾劑對泥漿之重量百分比。所謂助濾劑之最適摻和量是指：

1. 達至過濾最大壓之每一操作所得之濾液量為最大時之助濾劑量，或
2. 單位助濾劑量可得之濾液量為最大時之摻和量，或
3. 單位所獲得濾液量之總費用為最低時之摻和量。

表 8-4　助濾劑之使用例 [15]

工業	目的	助濾劑			使用量（%）
		粗	中度	細分	
精製糖	洗糖液之澄清過濾 洗糖蜜之澄清過濾 再溶解糖之澄清過濾		 ○ ○	○ ○	0.2~0.8 0.5~1.5 0.1~0.2
石油	從潤滑油除去白土 解乳化狀態		○ ○	 ○	0.2~2.0 0.2~2.0
啤酒	麥汁 發酵啤酒 澄清過濾	○	 ○	 ○ ○	0.1~0.2 0.1~0.15 0.02~0.04
油脂	去除鎳觸媒屑			○	0.2~0.4
油漆	除去膠質不純物	○	○	○	0.1~5.0
水	游泳池 製紙工廠之廢水 廢水之再循環 自來水	○	 ○ ○ ○	 ○ ○	0.001~0.1 0.025~0.1 0.01~0.6 0.006~0.2
乾洗液	溶劑回收		○		10 kg 之衣服用 73 g
鍍金液	鍍金液之回收	○	○		Precoat
醫藥品	抗生物質之回收	○	○		0.1~2.0
食料品	除去不純物	○	○	○	0.1~2.0

圖 8-15 揭示了在不同過濾速度時，摻和量與綜合過濾費用之關係。一般而言，過濾速度越大，會導致濾餅厚度較快成長，以至於單位重量之助濾劑可得之總濾液量減少，對每一濾速則有如各曲線之最低點所示之最佳摻和量。

圖 8-14 是含 7～8 ppm 之氫氧化鐵泥漿在最終過濾壓力爲 0.6 kg/cm^2 時以 4 L/m^2 ‧ min 之速度做恆率過濾所得結果，曲線 A 顯示摻和量增至 600 ppm 時可得總濾液量達至最大，逾此摻和量可能增加濾餅厚度，反而減少了可得濾液量；曲線 B 則是以 1 kg/m^2 之厚度預鋪助濾劑層，對泥漿加以横座標所標示之助濾劑摻和量，且在系統總助濾劑用量達 0.45 kg 之條件下過濾所得之濾液量作圖，此時在摻和量爲 60 ppm 時出現最大值，亦即單位助濾劑量可達之最大濾液量，也是此系統之**最經濟助濾劑量**（filter aid economy optimum）。

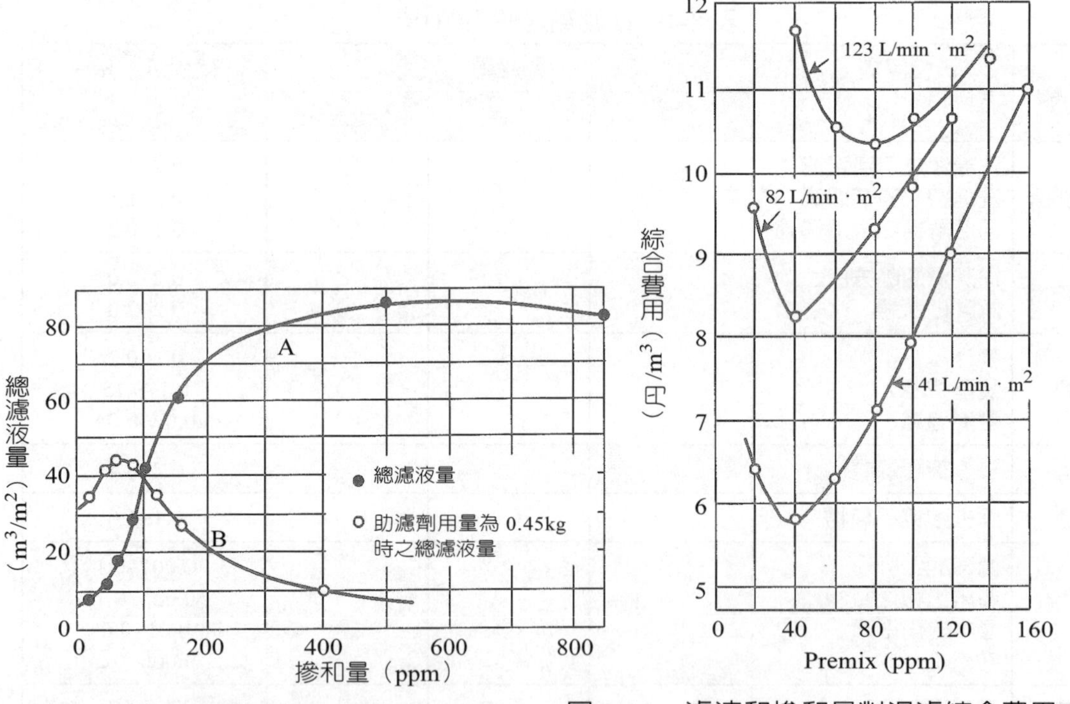

圖 8-14　摻和量與總濾液量之關係 [9]

圖 8-15　濾速和摻和量對過濾綜合費用之影響 [9]

8.6　預鋪助濾劑層時之用量與可能遭遇的問題

預鋪助濾劑之用量在不發生粗粒子沉降之前提下，以 1 m^2 過濾面積，使用 400～500 g 矽藻土助濾劑較適宜，但如用粗粒助濾劑則可用至 700～1,000 g/m^2。預鋪時，助濾劑泥漿宜在 1.0% 左右，若助濾劑泥漿太稀時，較難促成助濾劑粒子間架橋現象，並可能導致生成濾阻較大之緻密預鋪層。

在預鋪時可能遭遇之問題有：

1. 助濾劑之穿透。可先用粗粒助濾劑再鋪上較細粒級之助濾劑。
2. 預鋪層發生堵塞。此現象常見於用不清淨之液體來分散助濾劑，故預鋪時宜用清淨之分散液體。每次過濾操作後應洗滌濾材，去除堵在濾材中之微細粒子。
3. 微細粒或膠體粒子穿入預鋪層而減短其之壽命，尤其是用粗粒助濾劑做預鋪時常發生如前節之圖 8-2(b) 所示之狀況，此時應選用較細粒之助濾劑。
4. 預鋪層之龜裂現象。粗粒級之助濾劑，或只用矽藻土、火山岩等不含纖維質物質時，較易發生龜裂現象，對此可混用 1～5% 纖維性助濾劑，即能避免龜裂現象。
5. 預鋪時，過濾速度太慢，容易發生粗細粒子之隔離，尤其在使用垂直濾面時粗粒會附著在濾面下方。

在預鋪過濾常見之應用實例，是抗生素之製程中過濾發酵膠，因此懸濁液含有似膠體的菌體，一旦其在濾材面上構成一層濾阻甚高之濾餅，則無法再進行過濾，因此常利用如圖 8-16(a) 所示滾筒迴轉過濾機，並在其濾面上先預鋪 50～100 mm 厚之助濾劑層，每轉一次以刀刮除 0.01～0.20 mm 厚之濾餅層，如此每迴轉後均能以不帶難過濾之緻密濾餅之新鮮表面順利進行過濾。刮刀之前進速度，及助濾劑粉末之粗細也左右過濾速度與微細膠體粒子穿進助濾層之深度。圖 8-16(b) 爲預鋪厚助濾劑層之過濾系統圖。圖 8-17[2] 是以 2% 之黏土泥漿，不摻和助濾劑之情況下，以直徑 90 公分之滾筒眞空迴轉過濾器，預鋪相當厚度之四種不同品級之矽藻助濾劑，以轉速 1 rpm 下進行過濾，來探討在不同刮刀之前進速度與助濾劑品級會如何影響

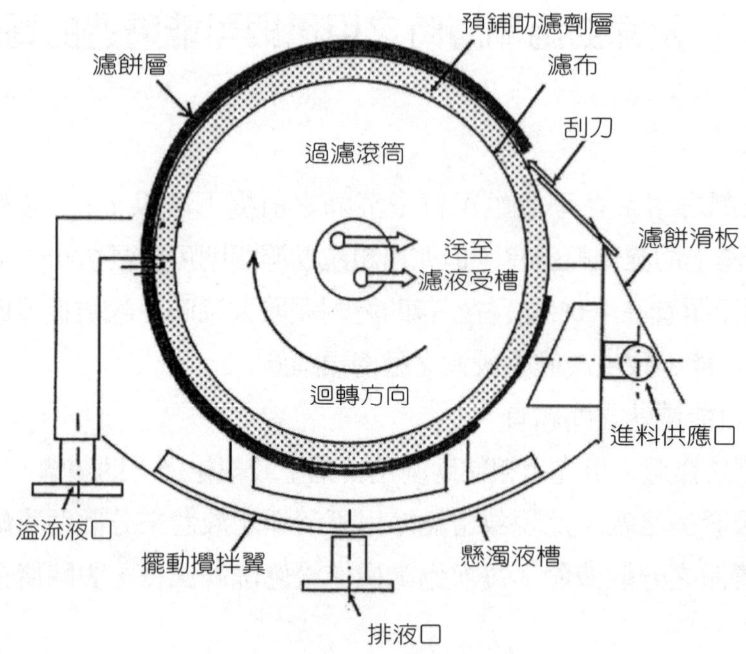

圖 8-16 (a) 預鋪厚助濾劑層之過濾方式 [9]

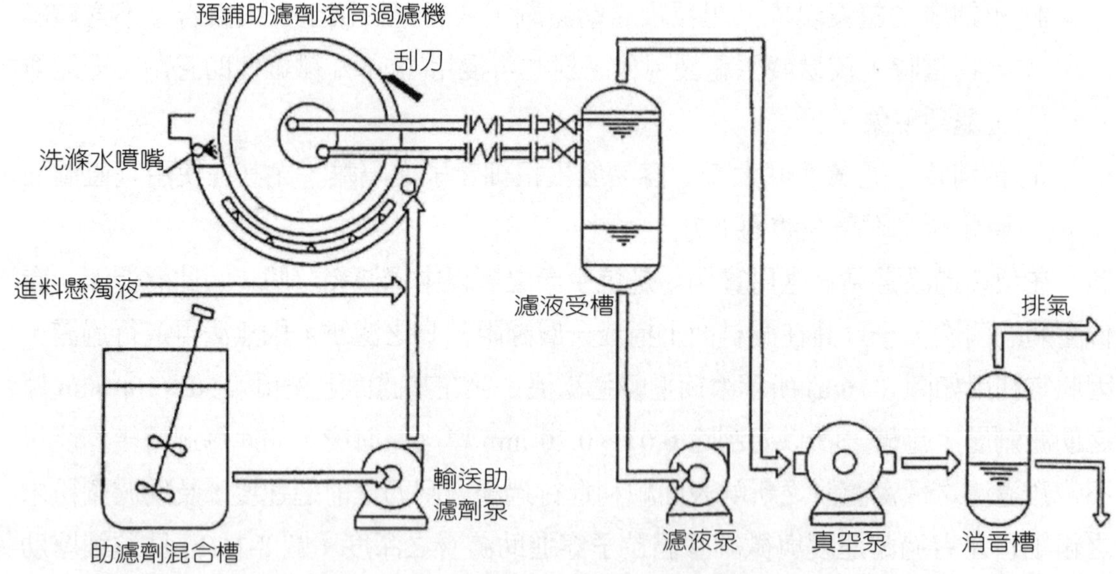

圖 8-16 (b) 預鋪厚助濾劑層之過濾系統 [9]

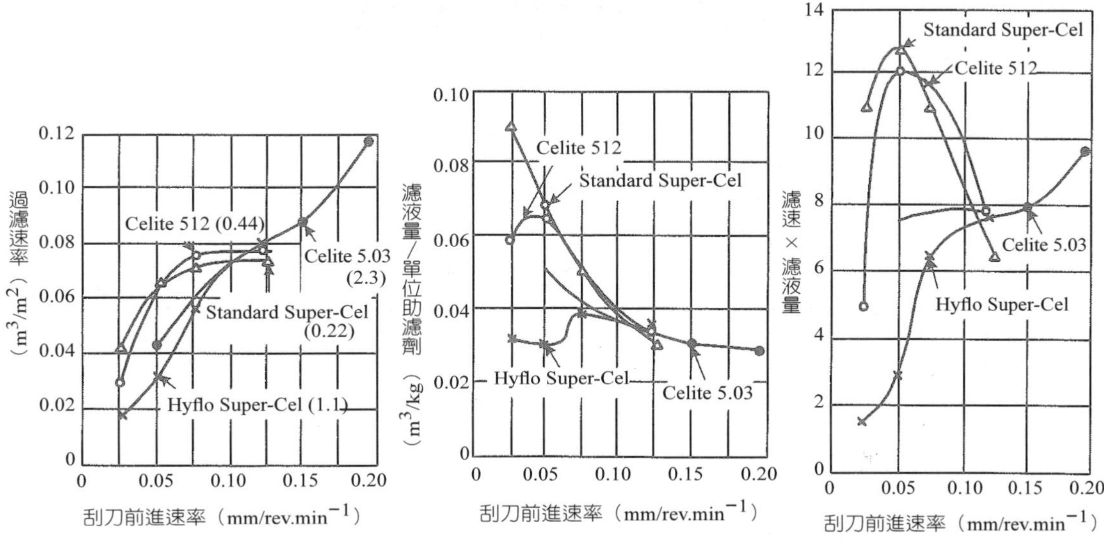

圖 8-17　刮刀前進速率與濾速之關係

圖 8-18　刮刀前進速率與單位質量濾劑可得濾液量之關係[2,3]

圖 8-19　刮刀前進速率與經濟性

濾速之關係。圖中在品級後之括號中所示的數值爲該助濾劑之透過度，最細的是 Standard Super-cel，再來是 Celite 512，最粗的是 Celite 503。當刮刀之前進速度在 0.05 min/rev · min 時，因較緻密之預鋪層能擋膠體粒子之穿透，故濾速以 Standard Super-cel 最佳。這些細粒助濾劑層之濾速也隨刮刀之前進速度增加而提升到某一程度後就趨平，這也是因膠體粒子穿透其緻密預鋪層之行爲受限；然而，由粗粒助濾劑所構成預鋪層之濾速則隨刮刀之前進速度增加而持續增快，這說明了膠體粒子穿透粗粒預鋪層深度較深之緣故。圖 8-18 則顯示在不同之刮刀前進速度下，所得濾液量除以所使用之助濾劑量之關係。該結果顯示，以不同品級之助濾劑預鋪層過濾難過濾膠體泥漿，較細粒品級之助濾劑之單位助濾劑量可獲得之濾液，比粗粒品級之助濾劑來得大。圖 8-19[2,3] 是綜合以上兩圖，以單位助濾劑使用量可得（濾液量 × 濾速）爲縱座標，來比較不同品級之四種助濾劑改變刮刀前進速度之關係。較細品級之 Standard Super-cel 或 Celite 512 在 0.05 mm/rev（min）均呈現最高點，但粗粒之 Celite 503 及 Hyflo-super-cel 則因鑽透現象較嚴重而看不出最高點。

8.7　利用助濾劑過濾之操作

圖 8-20 顯示了利用助濾劑過濾之系統圖之例，其操作程序為：

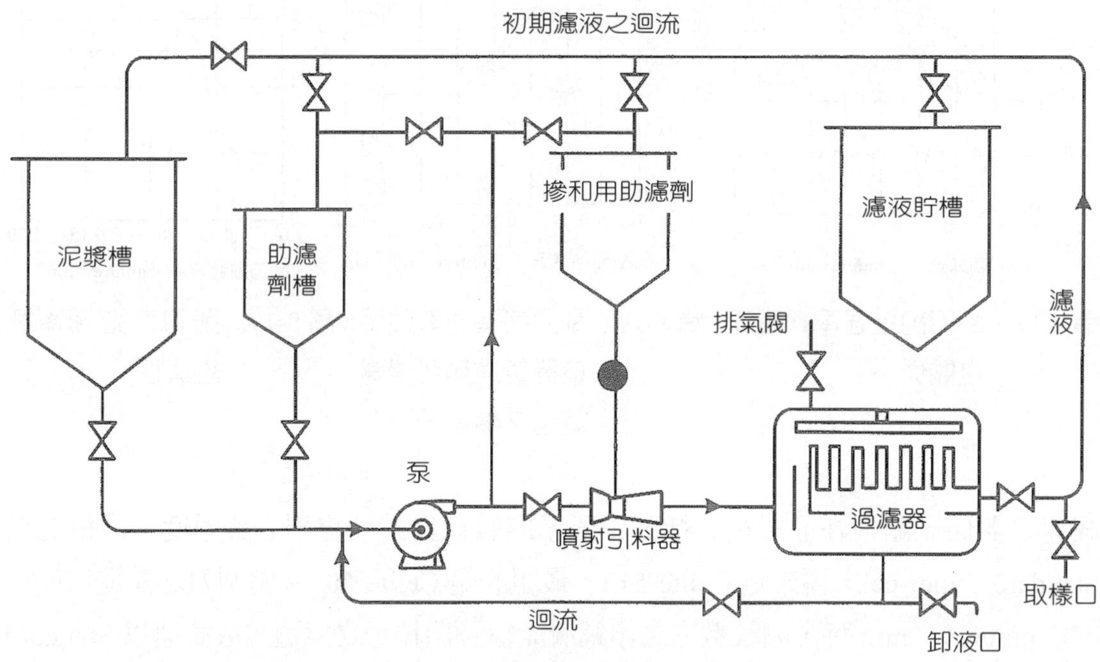

圖 8-20　利用助濾劑過濾時之系統 [15]

1. 於過濾器充滿清淨液體（前一操作所得濾液），利用排氣閥確認濾器內不含氣體。
2. 以清澄流體分散合適之助濾劑於預鋪槽，宜以 1～5% 之助濾劑濃度進行預鋪；用於預鋪之泥漿量至少應大於濾器及配管容積之 125%，並在低壓差（0.1～0.5 kg/cm^2）下，以 2.4～5.0 m^3/m^{2}hr（低黏度時）之流速進行恆率過濾。預鋪層一般只要 2 mm 厚便足夠，但對高澄清度要求時可酌增其厚度，預鋪應進行到濾液澄清度合乎要求，一般所需時間為 5～15 min。
3. 摻和過濾如為批式時，可將所需助濾劑在原料泥漿槽一併攪拌混合，直接在已預鋪之過濾系統進行過濾。但切換管路後，須重新排氣確認濾器中不含氣體。

4. 濾液開始被送出濾器時，宜部分先送回預鋪槽，使預鋪槽在下一次操作時，有充分之清淨液體作爲分散助濾劑之用。
5. 過濾應持續到濾器之濾餅達其上限或過濾壓力升至上限，或濾速已降到下限時爲止。
6. 停止後進行逆洗濾材、排卸濾餅等工作。清洗濾面如不完整，就會導致下次過濾時遇到濾材阻力增加之情形。

表 8-5 列舉了利用助濾劑過濾時可能發生之困難及原因，供規劃或操作參考。

表 8-5　利用助濾劑過濾時之問題與可能之原因 [15]

問題	原因
a. 預鋪時濾液不夠澄清	1. 助濾劑用量或濃度太小
	2. 濾機之排氣不完全
	3. 濾速太慢——沉降
	4. 濾速太快——細粒子穿透
	5. 濾材孔隙太大
	6. 濾材接縫不良
	7. 濾材太髒
b. 過濾時濾液不清	1. 助濾劑品級太粗
	2. 同 a.5,a.6
	3. 管路切換時產生壓力突變
	4. 液壓擾動
	5. 泥漿進口欠擋板而產生沖洗現象
	6. 同 a.3
	7. 氣泡存在於濾材面
	8. 切換管路不小心
	9. 同 a.7

表 8-5　利用助濾劑過濾時之問題與可能之原因 [15]（續）

問題	原因
c. 濾速太慢，或過濾壓力升高，或可過濾時間縮短	在預鋪時
	1. 空氣滲進助濾劑泥漿致空氣進入過濾器
	2. 濾材部分堵塞
	3. 難濾粒子存於助濾劑泥漿？
	在過濾時
	1. 泵送壓力不足、泵故障、泵太小、吐出壓過小
	2. 助濾劑品級不適
	3. 濾材太髒
	4. 泵送速度過快或過慢
	5. 濾液輸出管徑太小或堵塞
	6. 摻和不均勻
	7. 泵送管路發生堵塞
	8. 泵吸進空氣
	9. 摻和助濾劑濃度不適當
	10. 預鋪與摻和所用助濾劑不相配
	11. 過濾中進料速度不一
	12. 預鋪時過度循環致有緻密層產生
	13. 髒粒子摻進泥漿而塞住濾材

8.8　可逆雙向過濾器 [4]

由於預鋪助濾劑需一段不算短的時間，Brown 曾設計雙向過濾器。圖 8-21 顯示了雙向過濾之一循環過程，過濾開始時，首先在 A 室預鋪助濾劑後，切換改進要過濾之泥漿至 A 室，此時從 B 室之出口可得澄清濾液。過濾一段時間後，如過濾壓差昇到設定值，或濾速降到設定值時，將 A 及 B 之多向閥切換，將助濾劑泥漿引進 B 室，在界面之 B 側預鋪助濾劑層，同時由 A 室出口排出逆洗排液；B 面預鋪妥當後切換 B 之進料爲原料泥漿，開始過濾，此時澄清濾液應由 A 之出口流出，如此過濾至過濾壓差或漏速到設定值，再切換多向閥，在 A 室重新鋪助濾劑層。圖 16-3 之下圖將單向及雙向過濾器之濾速與時間作圖，以比較這兩種不同操作方式之差異。由於雙向濾器不須拆台，其平均濾速較大於單向濾器。

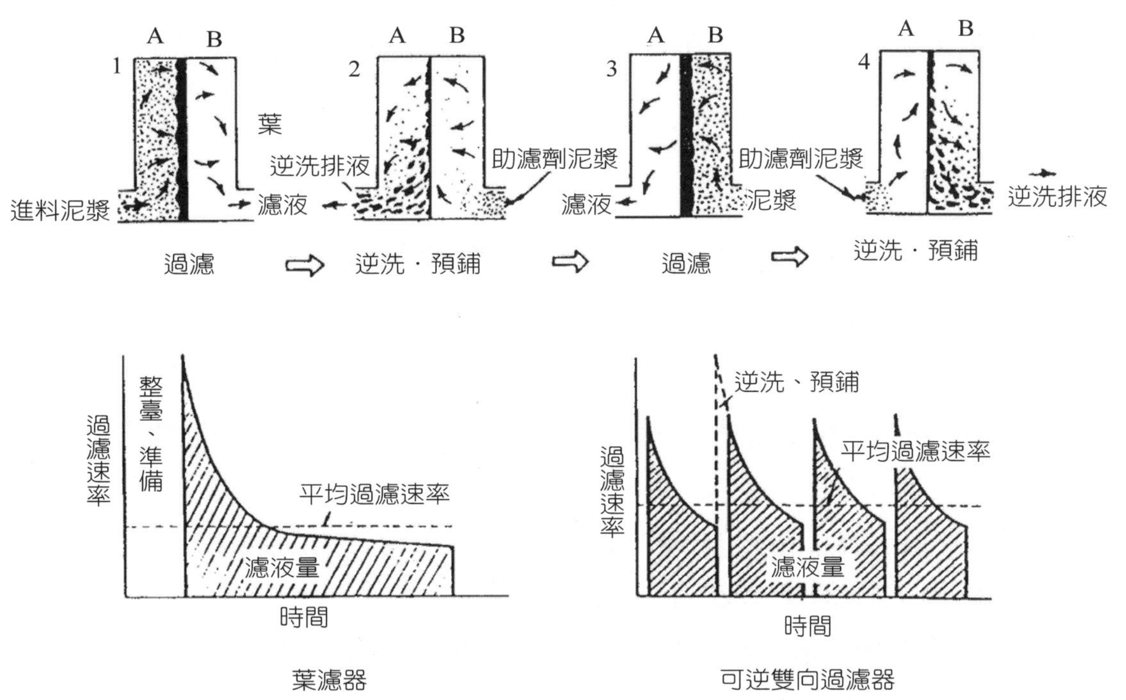

圖 8-21　可逆雙向過濾器 [4]

8.9　廢助濾劑之再生及處理 [12]

使用過的助濾劑不僅量大，且含有程序帶來的一些有機物或其他成分，即便經壓榨後容積仍不小，故不被掩埋處理業者所歡迎。利用高溫重新煅燒，再磨碎以再生雖是資源循環之良方，但高昂之處理費用，加上不純物帶來之灰份常使矽藻土融化降低了其透過度，故這種方式之再生法除非有 10 ton／日之規模否則亦不甚經濟，濕式再生之方法是可藉如氯酸溶液等化學品淨化程序所摻進之成分，此方法較適合原泥漿固體物質較少之系統。

另一方式是把使用過之助濾劑以水泡開，靠密度差分離原泥漿之成分，把助濾劑直接再使用，如此可循環使用 2～3 次，可節省了 20～50% 助濾劑之費用。

目前較實際之處理方式是提供爲有機堆肥之副原料，但此方法得考慮工廠附近有無做有機堆肥之廠，如原泥漿含有有毒成分時，在洗滌去除前就不適採用此方式。

8.10 化工程序上利用助濾劑的應用例

表 8-6[16] 列舉了化工程序上一些使用助濾劑之品級及所使用之過濾器的機型，過去半世紀以來，隨著人類生活水準之提升，助濾劑不僅在上列之化工程序上被使用，在飲水上甚至游泳池上也被廣泛地使用，從其使用之目的及使用環境之不同，我們可將利用助濾劑過濾分成如下幾種不同之類別：

1. 利用類似粉末活性碳或活性白土等進行脫色或吸附，以過濾除去這些微細粉末而得澄清流體。
2. 利用粉體觸媒進行反應，擬分離觸媒與生成物之過濾。
3. 擬除去含有難過濾性膠體或菌體，以得澄清濾液之過濾。
4. 擬徹底除去產品流體中所含有相當少量之微小粒子，以得高澄清度濾液之過濾。
5. 擬回收較難過濾之固體粒子之過濾。

在以下各節中擬藉用幾個例子來說明利用助濾劑過濾及應注意之事項。

8.10.1 添加粉末吸附劑後之澄清過濾

於製糖或麩酸單鈉（味精）之精製過程，常需以添加粉末活性碳等吸附劑加以脫去溶液中之顏色，俾能獲得淨白之結晶，此時在前一程序中所添加之粉末活性碳

表 8-6　由泥漿或濾器選擇助濾劑種類 [15]

泥漿	濾過機的型式	使用助濾劑的種類						粗細度		
		矽藻土	火山岩	纖維型	石棉	活性碳	混合	細	中等	粗
蔗糖液	加壓 leaf Fiher Press	○ ○	○ ○				○ 	○ ○	○ ○	
甜菜糖液	Fiher Press 加壓 leaf	○ ○	○ ○				○ 		○ ○	
苛性鈉	Fiher Press 加壓 leaf	○ ○		○ ○		○ ○	 ○		○ ○	
電解鹽水	加壓 leaf	○	○	○		○			○	
鈾溶解液	加壓 leaf Fiher Press Rotary Fiher	○ ○ ○	○ ○ ○				○ 		○ ○ ○	
啤酒　粗濾	加壓 leaf	○	○						○	
啤酒　澄清	加壓 leaf 水平 Fiher Fiher Press	○ ○ ○			○ ○ ○		○ ○ ○	○ ○ ○		
啤酒　麥汁	加壓 leaf	○	○							○
葡萄酒	Fiher Press 加壓 leaf	○ ○		○ ○	○ ○		○ ○	○ ○	○ ○	
動物膠	加壓 leaf Fiher Press	○ ○			○ ○		○ ○	○ ○	○ ○	
水	加壓 leaf Fiher Press	○ ○	○ ○	○ 			○ 		○ ○	○
合成樹脂	Fiher Press 加壓 leaf 水平 Fiher	○ ○ ○	○ ○ ○				 ○ 		○ ○ ○	○ ○ ○
熔融硫磺	Fiher Press 加壓 leaf	○ ○	○ ○	○ ○		○ ○			○ ○	○ ○
抗生物質	Rotary Fiher Fiher Press 加壓 leaf	○ ○ ○	○ ○ ○				○ ○ ○		○ ○ ○	
漆	Fiher Press 水平 Fiher 加壓 leaf	○ ○ ○	○ ○ ○				○ 		○ ○ ○	○ ○ ○
溶劑	加壓 leaf	○	○				○		○	○
油脂	Fiher Press 加壓 leaf 水平 Fiher	○ ○ ○	○ ○ ○		○ ○ 		 ○ 	○ ○ ○	○ ○ ○	

表 8-6　由泥漿或濾器選擇助濾劑種類[15]（續）

泥漿	濾過機的型式	使用助濾劑的種類						粗細度		
		矽藻土	火山岩	纖維型	石棉	活性碳	混合	細	中等	粗
潤滑油添加劑	Fiher Press 加壓 leaf Rotary Fiher	○ ○ ○	○ ○ ○				 ○ 	○ ○ ○	○ ○ ○	
甘油	Fiher Press 加壓 leaf	○ ○						○ ○	○ ○	
漿糊、接著劑	Fiher Press 加壓 leaf	○ ○	○ ○						○ ○	○ ○
硫酸鈦溶解劑	加壓 leaf Rotary Fiher	○ ○					○ 		○ ○	

須以過濾除去。如泥漿中膠體粒子較少時，可先以壓力型過濾器做第一階段過濾，再以預鋪細粉助濾劑之濾器進行精密過濾。爲避免預鋪層之龜裂或有漏洩，可採用如陶器濾筒等不易繞曲之濾面，預鋪過濾劑層。在第二段過濾之進料含粒子量已很低，故不必考慮摻和助濾劑，但在首段粗濾時，懸濁液可能含有微細或膠質粒子時，則可考慮摻和一些提升濾速用之助濾劑。

8.10.2　鍍金程序之循環過濾[14]

於鍍金操作過程常因 (1) 元件從上一程序附帶不純物、(2) 所使用陽極中所含不純物之釋出、(3) 作業中由於氧化或還原作用產生分解物、(4) 作用中添加之用水或補給藥品所帶來之不純物，而污染電鍍溶液。這些不純物之存在，常是鍍金產品產生針孔、孔洞、光澤度劣化、不光滑表面等破損產品品質之主因，故需藉電鍍液之循環過濾將溶液中之微細固形物濃度抑低在 10 mg/L，始可避免上述欠陷之發生，表 8-7 列舉了不純物產生類別與常用之去除手法。

圖 8-22 揭示了典型電鍍液之循環過濾系統，其中過濾器之過濾面積大約對電鍍液 1 m^3 需有 1 m^2 以上。除了如高速鍍媒可能產生多量浮游物外，較少採用摻和助濾劑，但須兼有吸附過濾之功能時，可在預鋪助濾劑時添加 0.5～10 g/L 程度之粉末活性碳，預鋪用之助濾劑量通常在 600 g/m^2，但如浮游物較多時得酌量增至 1 kg/m^2

表 8-7　鍍金中不純物來源及去除法

產生來源	種類	
元件帶來	油脂類 粉體 前程序之殘留液	吸附過濾 過濾 電解或其他化學處理
作業中產生	陽極泥 電解生成物 溶解物 補給藥品中之不純物	過濾 過濾 過濾或其他方式 過濾或其他方式
工作環境	室中之塵埃 液沫 補給水中之不純物 設備容器之腐蝕 裝置使用之潤滑油	過濾 化學處理 過濾或化學處理 過濾或化學處理 吸附過濾

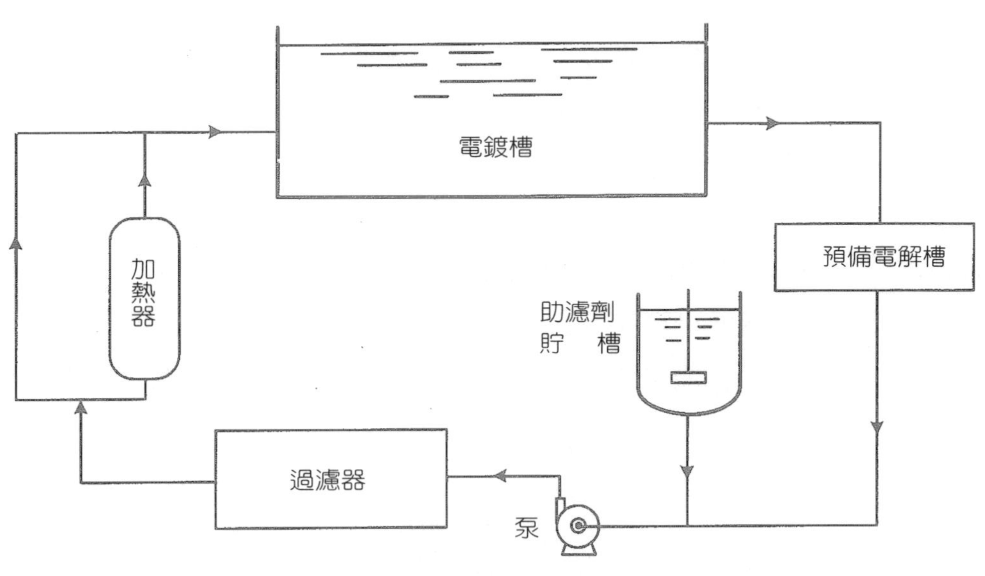

圖 8-22　電鍍液之循環過濾系統 [12]

程度。

電解液之**循環率**（turnover）是以每小時過濾容積除以槽容積之商稱之。早期之電鍍程序較不注意防止固形物之產生，固形物之產生速率達 57 kg/h（m^3），致循環率得高達每小時 5 次循環以上。近來電鍍程序管理之改變，固形不純物之產生量已減至以前之 1/4 以下，故電鍍液之循環亦可降低至 2～3 次。圖中所示之備用電解槽，係用以低電流密度電解來除去不純金屬離子，而加熱器是只用在電鍍須在某一高溫作業時來加熱循環電鍍溶液之用。

8.10.3 飲料工業之澄清過濾

如汽水、酒類等飲料裝罐（瓶）前之過濾，主要目的是獲得去除菌類及其他微粒之所謂「crystal clear」亮晶晶之澄清商品，以提升其商品價位。

早期矽藻土或纖維助濾劑尚未普遍使用前，飲料工業多採用如圖 8-23 所示之**棉過濾器**（mass filter），構造類似板框過濾器。在未切換為進料前，先過濾以泡開棉纖維懸濁液，在濾框內構成充滿濾框而紮實之棉纖維厚層，其後才切換飲料進料進行如圖 8-23(b) 所示之深層過濾，以獲得澄清飲料。俟濾層被微粒侵蝕到近口時，停止進料卸下棉花濾餅，用水泡開洗滌，去除附著在棉花纖維之固粒不純物，再使用此懸濁液重做濾框內之棉花濾層。此濾器之操作雖會有相當量之廢水產生，但因操作成本較低，故仍有不少工廠使用。

近年來，預鋪助濾劑之過濾操作已能完全自動化，操作過程完全不需要拆組裝置，所以採用預鋪適當助濾劑之過濾方式已相當普遍，其可用之濾器有板框過濾器（圖 8-24）[1]、濾筒型過濾器，或如圖 8-25[1] 所示之水平濾板過濾器。為了避免預鋪助濾層之龜裂，支撐濾材宜採用不易撓曲之陶瓷濾面，或金屬燒結之濾面；而助濾劑可選在含酌量細微品級之矽藻土（1～2 kg/m^3）之纖維型助濾劑，可加強預鋪

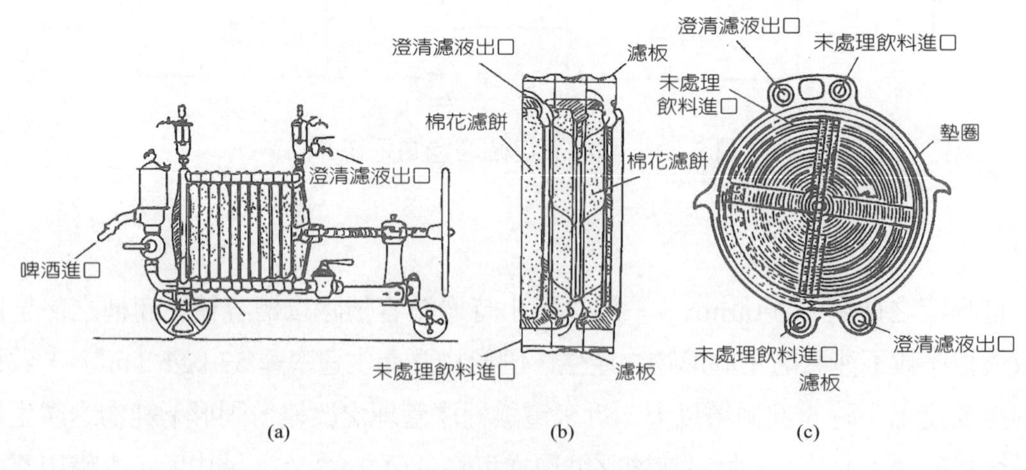

圖 8-23 棉過濾器（mass filter）[1]

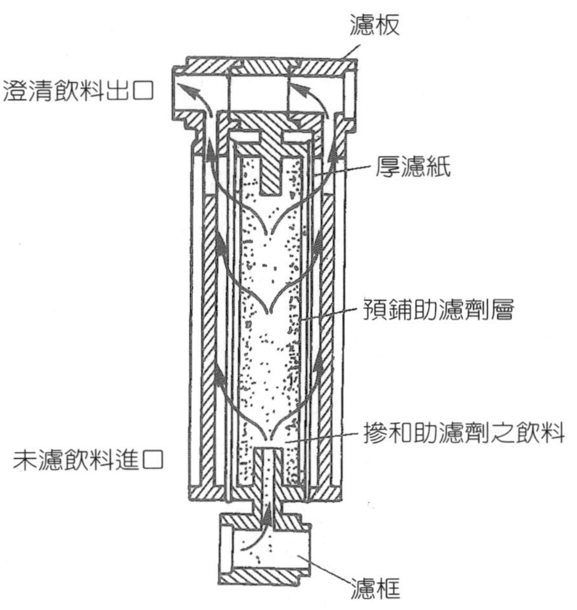

圖 8-24　板框過濾器 [1]

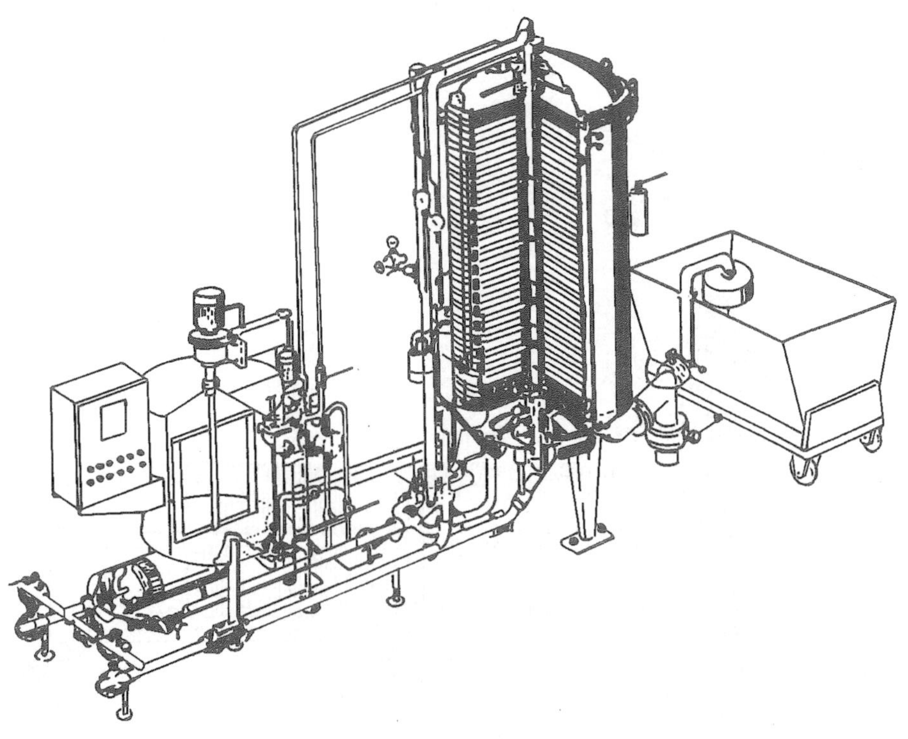

圖 8-25　水平濾板過濾器 [14]

層之韌性，主助濾劑之用量約在 500～700 g/m^2 之超細品級矽藻土。如飲料進料尚含有膠體或微細固粒，不妨在進料中添加 0.1% 左右之中粗品級助濾劑，可防止濾速之遞減。

爲了確保成品澄清，不含洩漏之固粒或細菌，飲料之最後段過濾更有採用如圖 8-26[14] 所示之濾紙過濾器或採用薄膜濾材，前者係在類似板框過濾器中使用厚達 5 mm 以上纖維壓成之緻密濾材，再加以預鋪超細品級之助濾劑。這種過濾求的是高度澄清之成品，濾速則次之，約在 0.3～0.4 m^3/m^2 ‧ hr，而最終過濾壓力則在 4 大氣壓左右。

如啤酒 [15]，尤其是生啤酒，在裝瓶前得將啤酒中之細菌或酵母等去除，以確保啤酒在儲存中或輸送過程不致變質。爲達成此目標，在飲料工業中亦開始使用製藥工業所使用之薄膜過濾。常用之薄膜材質須爲對生物無活性之材質，如 Cellulose Ester，有效濾層厚度在 150 μm，空隙度約爲 80% 而孔徑則介在 0.01～2.0 μm；例如用於過濾生啤酒之薄膜則採用孔徑小於 1.2 μm 者，藉此阻擋所有之酵母。此薄膜表面相當光滑，故進料懸濁液粒子濃度過高時甚易堵塞。爲了避免此欠陷，要進膜

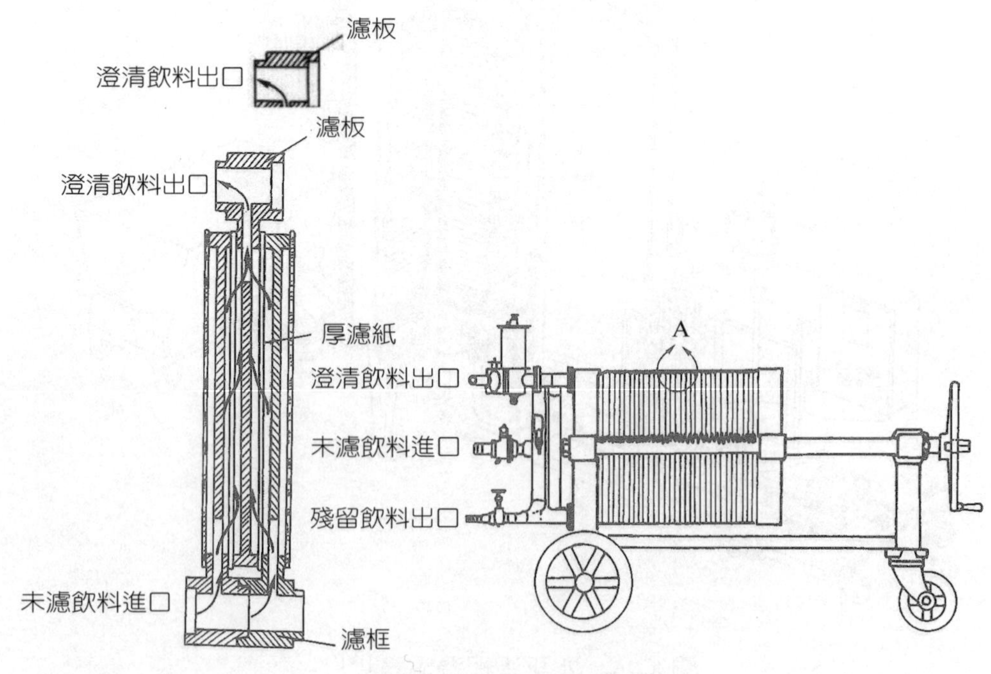

圖 8-26 濾紙過濾器 [15]

分離前宜先通過預濾，除去大部分之固粒，即可延長膜之使用壽命；或亦可考慮採用**掃流過濾**（cross flow filtration）方式以抑制濾餅之繼續成長，如此亦可延長該膜之使用時間。

8.10.4　發酵膠之菌體過濾

在發酵程序中，經培養所得發酵膠含有目的成分之液體外，尚有培養基之殘渣及菌體等固形物。爲下一精製程序，常需除去這些固形物，雖亦有些菌體不需使用助濾劑就可過濾，但大部分發酵膠則含不少膠體成分而得藉助濾劑。如單純的提升濾速，可摻和中粗品級之助濾劑。對於抗生素而言，其屬高價產品，故過濾完後須考慮充分之洗滌及脫液。在選擇助濾劑時，宜選不具吸附抗生素成分之助濾劑，像盤尼西林之製程之過濾時，多採用預鋪助濾劑層之滾筒迴轉過濾器（參照圖 8-16 之說明）。盤尼西林之膠黏度頗高，爲提升過濾速度是可考慮加水，加水後可能有些發酵液之過濾速度會增加，但有些發酵液經加水後將把原絮聚之粒子群打散，反而降低了過濾速度，所以要稀釋前宜在實驗室先確認加水之效果。

8.10.5　生活用水之過濾

1. 自來水 [15]

自來水之過濾普遍仍採用快速砂濾（4.8～7.2 m^3/m^2 · hr）或自動逆洗砂濾（4.8 m^3/m^2 · hr）爲主流，少數或移動式水處理系統可見採用加壓或眞空式利用助濾劑過濾之系統（2.8～5.0 m^3/m^2 · hr），以逆洗砂濾系統在總費用占優勢。有關砂濾系統請參照第六章之介紹。自來水之過濾對去除原料水中混濁物質有相當良好之實績，且對化學處理後或井水中鐵或錳化合物之去除也有良好的效果，但早期去固預鋪濾劑用之設備不良及沒考慮摻和濾劑之配套，致操作不順，而沒能普遍使用。但在各步驟已可完全自動化的今天，採用助濾劑過濾來獲取較優品質之自來水已開始普遍。

2. 游泳池用水 [15]

游泳池之設備必須有循環過濾之淨化設備來確保衛生水準，被採用之過濾方法有傳統的砂濾法、快速砂濾法、利用助濾劑之過濾法，及利用濾蕊之過濾法。表

8-8 列舉了以上各法之性能，而表 8-9 則比較砂濾法與助濾劑法在空間及操作費用之比較。砂濾法因所占空間大於利用助濾劑過濾法五倍以上，故漸被助濾劑過濾系統所取代。

Johns-Marville 公司之數據顯示，游泳池之水循環過濾一次可除去約 67% 之污染物，循環兩次可除去 86%，如要去除原存污染物之 99.9% 則須循環 7 次以上，一般大衆游泳池須做 4～5 次循環，而私人游泳池則只須做 1.5～2 次循環，其過濾速度約在 3.6～7 m^3/m^2 · hr。

表 8-8 砂濾系統與助濾劑過濾系統之比較 [15]

	砂濾法	助濾劑過濾法
對象游泳池之容積（m^3）	2,500	2,500
6hr 1 循環時之過濾速度（m^3/min）	7.0	7.0
全過濾面積，120 L/min · m^2（m^2）	62	84
過濾之台數	5	3
濾過裝置的重量（t）	150	12
必要床面積（m^2）	105	9.3
床荷量（t/m^2）	1.43	1.3
逆洗所需的水量（m^3 / 年）	37,500	−
逆洗費（＄/y）	4,810	−
塗裝費（＄/y）	500	−
助濾劑（＄/y）	−	630
過濾器單價（＄）	11,600	13,000
全設備費（＄）	58,000	39,000
費用差額現價——20 年間（＄）	（＋）120,740	−
費用差額現價——40 年間（＄）	（＋）177,020	−

表 8-9 各種水過濾方式之比較 [15]

	砂濾法	High-Rate 砂過濾（高速法）	助濾劑過濾法	濾蕊過濾法
可截留 50% 粒子之粒徑 μ	3[a)]	3	1	10
可截留 90% 粒子之粒徑 μ	5[a)]	7	2	20
穿透濾材	淺	深	（−）	淺
平均過濾速度 L/m^2 · min	123	740	82	（−）
平均逆洗速度 L/m^2 · min	490	620	123	（−）
0.38 m^3/min 之過濾速度所需之逆洗水量	7.5	0.57	1.14	（−）

表 8-9　各種水過濾方式之比較 [15]（續）

	砂濾法	High-Rate 砂過濾（高速法）	助濾劑過濾法	濾蕊過濾法
所需化學品	凝集劑	（－）	矽藻土	（－）

a)：凝集劑使用；纖維質

8.10.6　鍋爐凝結水之回收 [15]

於發電廠或大量使用高壓水蒸氣之工廠，爲節省水處理費用，必須考慮用過之蒸汽凝結水之回收使用，其處理系統一般包含澄清用過濾器，脫離子用之離子交換塔及防止破壞交換樹脂流入所用之澄清過濾器。表 8-10 比較了常用於首段澄清過濾之三種濾器之特點。然無論任何一種濾器，都採用纖維質助濾劑做預鋪，使用量約在 0.5～1 kg/m^2，而避免使用矽藻土助濾劑之原因，乃是顧慮到矽藻土可能溶出 SiO_2 而有害於鍋爐。

表 8-10　三種前濾器之比較 [15]

型式	滾筒型		濾葉型（水平）
	線輪型	多孔質（碳質多孔濾材）	
構造	簡單	簡單	複雜
強度	強	弱	弱
過濾有效間隙	少	多	中
流速	大	中	慢
操作壓力	高	高	稍高
堵塞	少	多	少
操作	簡單	簡單，安全	稍複雜
逆洗之難易	良	良	稍不良
安裝面積	小	小	大
維修		都需定期補修	

參考文獻

1. Abegawa, K.; "*Filtration,*" Chap.12-1 Nikkan Kogyo, Tokyo, Japan (1973).
2. Bell, G. R. and F. B. Hutto, Jr. "Analysis of rotary precoat filter operation-new concepts," *Chem. Eng. Prog.* 54,96 (1958), 55, 75.
3. Brown, J. G.; "Reversible Filtration," *Chem. Eng. Prog.* 52, 238 (1964).
4. Eagle-Pitcher Minerals, Inc. Catalogue" *Filtration with Filter aids,*" Reno, U. S. A.
5. Costello, M.; *Swim Pool Age*, Vol.40, (5), 39 (1966).
6. GREFCO Catalogue.
7. John's Marville Co. Catalogue.
8. Lafrenze, R. L. and E. R. Baumann: *Jo. Am. Water Works Assoc.* 54,48 (1963).
9. Lawler, F. K.; *Food Eng.*, Vol.35, (12), 45 (1963).
10. Matsumoto 2松本幹治（主編），實用固液分離技術，分離技術會，東京，日本（2010）。
11. Noguchi, Y. "*Diatomite filter aids*," Proc. of Filtration and Separation Symposium, p.120, Tokyo, Japan (2001).
12. Powder Ind. Tech. Assoc. Japan: "*Filtration and Expression Manual,*" Chap. 12, Nikkan Kogyo Press, Tokyo, Japan (1983).
13. Shibata, M.; "*Filtration Tech*,"Chap.10.1 Tamanaki Books Co., Tokyo, Japan (1984)".
14. Smith, G. S. *Brewers Digest* Vol. 39, (4), 56 (1964).
15. Sugimoto, T. "*Filter Aids and Filtration,*" Chijin Books Co., Tokyo, Japan (1969).
16. Udwin, E.,: "*Swimming pool data and reference manual,*" 60, (1966).

第九章
難濾泥漿之過濾與分離

/陳砥、黃國楨

在化工、塑膠、化纖、染料、生化、食品、生醫、製藥與廢水處理等衆多工業程序中，經常需要進行固液分離，「過濾」尤其是其中最常見的單元操作。然而，在這些程序中經常會碰到「難過濾的泥漿」，不僅所產生的現象相當複雜，也增加了過濾分析與設備選擇上的困難。在本章的內容中，將這些難濾泥漿分成軟性膠狀物質、易結垢粒子、危險性物質，以及高壓縮性物質四類分別進行解說，除了介紹適用的過濾機與操作條件之外，並說明了高壓縮性濾餅的過濾特性與過濾原理。

9.1　軟性膠狀物質之過濾

膠狀物質常是軟性、非定形（相對於結晶物質）的固體粒子，它們可能是生產製程中的雜質或過度反應的高分子物質。這些粒子承受應力會變形，所以就算在很低的過濾壓差下，膠狀物質很容易變形而阻塞過濾介質的孔洞；在比較高的壓差下，膠狀物質可以因高度變形而被擠壓穿透過濾介質。膠狀物質通常不可溶於懸浮的母液，而且常會因爲吸收溶劑而膨脹，以上這些現象都是造成膠狀物質很難過濾的原因。根據膠狀物質的特性，可以適當調整過濾的方法來促進分離，例如：

1. 用比較緻密的過濾介質來避免膠狀物質被擠壓穿過介質。
2. 用深層過濾的濾材來捕捉膠狀物質，使其留在濾材中。
3. 用非常低的過濾壓差來避免膠狀物質變形，或被擠壓穿透過濾介質。
4. 用非過濾的分離方法。

根據工業應用上的操作溫度，本節將分成兩個溫度範圍來介紹適當的過濾方法。這是因爲濾材的適用性深受溫度的影響，而溫度範圍係以合成纖維（塑膠）的軟化點做爲分界點。

9.1.1　低溫膠狀物質過濾

這裡的低溫是指過濾溫度低於合成纖維的軟化點（< 70℃），所以可以使用合成纖維製作的濾材。以下是一些選擇：

1. 打摺式濾芯筒（pleated cartridge filters）

使用孔洞比較緻密的濾材所製作的打摺式濾芯筒，如圖 9-1 所示，能夠防止膠狀物質的穿透。同時打摺式濾芯擁有較大的過濾面積，因此較能夠容忍膠狀物質的堵塞。在正確的打摺式濾芯操作上，膠狀物質的濃度不可以太高，以免濾芯會被快速地堵塞；液體的黏度也不能太高，否則就必須要在較高的過濾壓差下操作，使得膠狀物質易被擠壓逸出，或是損壞濾芯。

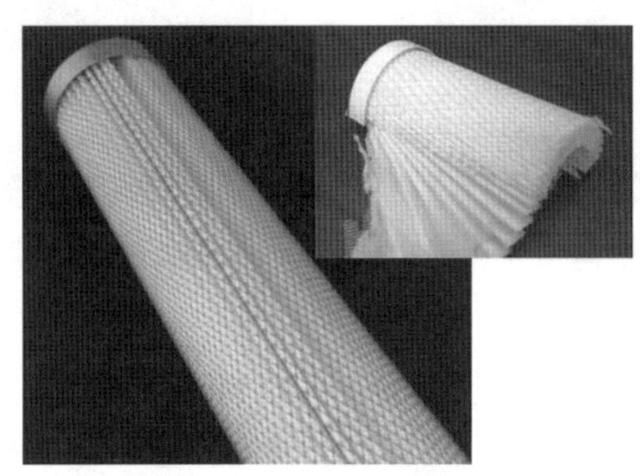

圖 9-1　打摺式濾芯筒

2. 熔噴式濾芯筒（melt blown cartridges）

現在的熔噴技術可以精密地控制深層過濾用濾芯的孔隙，所以這樣製作的濾芯可以用來過濾膠狀物質。此種濾芯的漸進式孔隙度設計，可以由外往內孔隙越來越小，循序增加過濾效能。在阻擋膠狀物質時，較高孔隙度的外層可以有較高的固體納含量。熔噴式濾芯的使用限制與打摺式濾芯類似，也同樣只能處理較低的液體黏度，以避免過濾壓差太高。此外，熔噴濾芯的過濾面積只存在圓柱之外表面，比打摺式濾芯小很多，所以膠狀物質的濃度不可以太高。

3. 樹脂黏結式濾芯筒（resin bonded cartridges）

此種濾芯是由注入熱固性樹脂至纖維中以結合成濾芯，如圖 9-3。經由樹脂的黏結可增加濾芯的強度，所以可以使用在較高的溫度、較高的液體黏度，以及比較高的過濾壓差。此種濾芯可以耐溫高達 120℃，但是因爲過濾面積的限制，膠狀物質的濃度不可以太高。

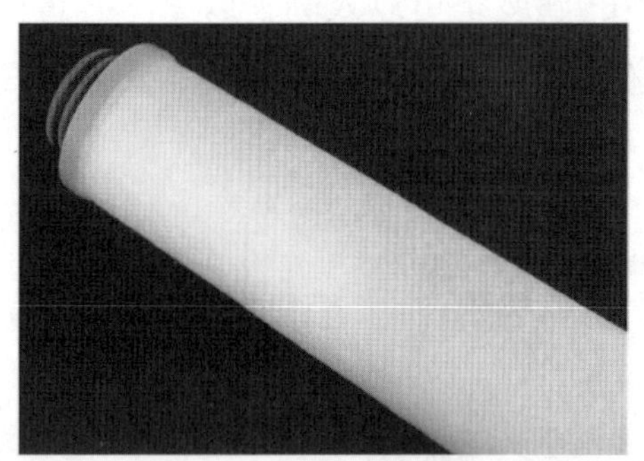

圖 9-2　熔噴式濾芯筒

圖 9-3　樹脂黏結式濾芯筒

4. 結合助濾劑使用的濾袋（bag filters with filter aids）

助濾劑可以填充到濾袋裡形成深層過濾的介質，並用來過濾膠狀物質，如圖 9-4 所示。過濾的時候膠狀物質會被截留在助濾劑床中。這個方法因為運用現有的濾袋裝置，所以可以即時、快速、便宜的去除膠狀物質。此方法的最高操作溫度由濾袋的材質而定（70～200℃），因為助濾劑可承受高於 500℃的溫度。此外，因為濾袋的表面積也有限，膠狀物質的濃度不可以太高。

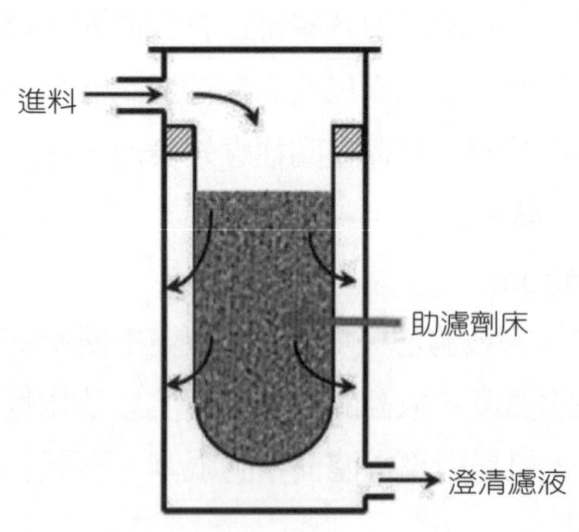

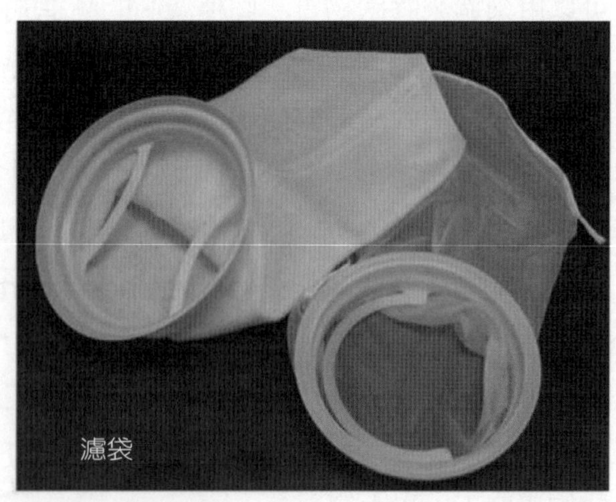

圖 9-4　結合助濾劑使用的濾袋

5. 掃流薄膜過濾（cross flow membrane filters）

薄膜過濾也可以用來過濾膠狀物質，因薄膜的孔徑很小，可以阻擋膠狀物質的穿透。如果運用掃流的操作方式，如圖 9-5，可以避免膠狀物質在薄膜表面造成結垢。若使用有機合成薄膜，操作溫度最高約為 70℃；如果使用無機薄膜，則容許溫度會更高，例如陶瓷膜可高達 350℃以上。因為薄膜的更換成本較高，所以膠狀物質不能太容易結垢。

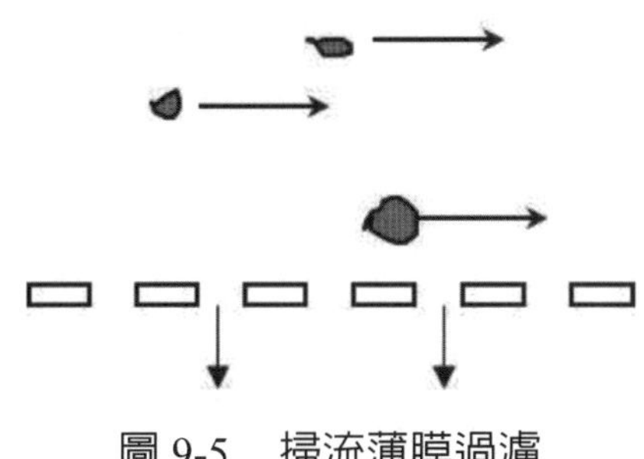

圖 9-5　掃流薄膜過濾

6. 堆疊盤式離心分離器（stacked disc centrifuges）

堆疊盤式離心分離器利用高離心力（8,000 ～ 15,000 倍重力加速度）來分離膠狀物質，因為不使用濾材，所以膠狀物質的結垢、阻塞濾材皆可以避免。因離心分離乃藉由兩相間的密度不同達成分離的目的，所以膠狀物質與液體必須有不同的密度，以膠狀物質的密度比液體高為佳。堆疊盤式離心分離器又可分成三種亞型，當膠狀體物質的濃度較低時，可使用固定外殼型，而定期使用人工清除所累積之膠體物質。若使用間歇排渣型，收集在盤中的膠狀物質可以定時的藉打開底部碗狀外殼排放，而進行自動化的操作。若膠狀物質的濃度較高時，可以使用噴嘴排渣型（如圖 9-6），連續地將已分離的膠狀物質排放出去。因為馬達的設計，一般堆疊盤式離心分離器的溫度限制是 80℃，有些特殊的設計可以達到 170℃。

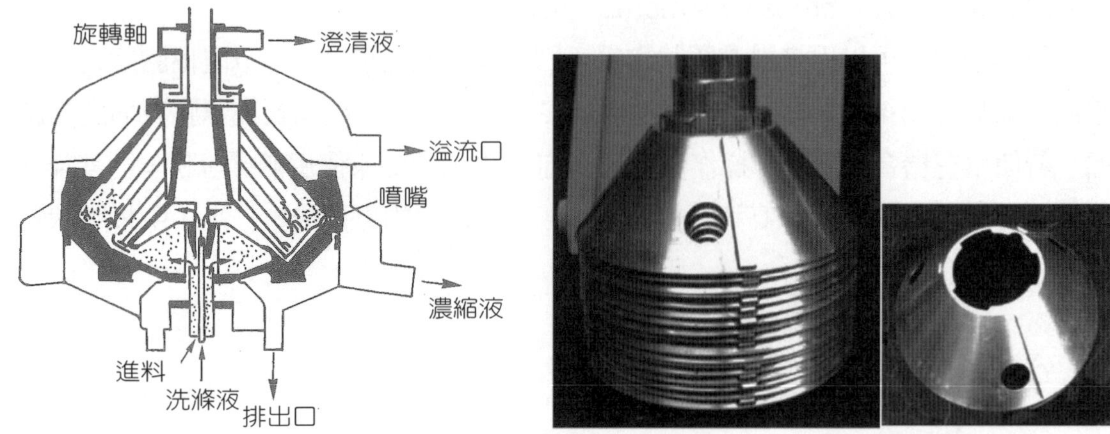

圖 9-6　堆疊盤式離心分離器

9.1.2　高溫膠狀物質之過濾（熔融高分子之過濾）（high temperature gel filtration - melt polymer filtration）

高溫膠狀物質之過濾乃應用在去除熔融態高分子化合物中的一些不純物，所以必須在熔融高分子的環境操作。在整個生產程序中插入一個過濾操作，通常會增加高分子以熔融態存在之滯留時間，而這會導致熔融高分子進一步的**熱降解**（degradation）或氧化降解。這些降解通常可以由黏度的降低或**梭基**（carbonyl group）的增加檢驗出來。爲了降低熔融態高分子降解的風險，過濾系統常被設計成只容許 2 到 3 分鐘的滯留時間，所以較大的過濾面積就常被使用。另外，多台的小型過濾機同時並聯使用，也可以比一台較大型的過濾機有更短的高分子的滯留時間。通常過濾操作的溫度在 200～400℃，液體黏度在 1,000～50,000 p，在這種高溫與高黏度下，必須使用金屬的過濾介質。這方面的過濾應用可以分成粗過濾與細過濾兩大類，粗過濾與細過濾係分別去除 60～150 微米及 3～60 微米大小之粒子，茲分別說明如下。

1. 粗過濾（coarse filtration）──60～150 微米

粗過濾的濾材通常是用金屬網製成的濾網組合或外部換網器，如以下說明。

(1) 金屬濾網／纖維組合件（screen/fiber packs）

金屬濾網／纖維組合件是由金屬網或金屬纖維置入濾器架所構成，它們用來過濾從擠壓機擠出來的熔融高分子。金屬濾網價格較便宜，而且容易清洗，但在過濾品質或效率的要求下並不如金屬纖維床。金屬濾網的效能取決於其線徑及編織方式，一般而言，金屬濾網的孔目皆非常小，但是膠狀物質仍可能在高壓下穿透。所以金屬濾網對去除高分子中的固體粒子較有用，例如由高分子分解或另外添加的碳粒、顏料顆粒等。此外，金屬濾網／纖維組合件在更換濾網的時候必須停止過濾，然後以人工更換濾網，所以通常使用在比較小規模的操作。

(2) 金屬網外部換網器（screen changers）

金屬網（metal screen）外部換網器使用金屬網作濾材。過濾進行直到既定的高壓差時，機器可以旋轉，讓用過的金屬網轉出過濾區，同時乾淨的金屬網則轉入過濾區，使得過濾的程序不至於中斷。圖 9-7 即顯示一個金屬網外部換網器的例子。

圖 9-7　金屬網外部換網器（photo curtesy of Gneuss）

2. 細過濾（fine filtration）——3～60 微米

由於細過濾須使用比較緻密的濾材，所以過濾壓差相對地比較高。為降低壓力差，過濾機的設計都採用盡量增加過濾面積。如下所述，有三種過濾元件通常使用在膠狀物質的細過濾。

(1) 筒式金屬濾芯（tubular metal cartridges）

這是最簡單的一種過濾元件，如圖 9-8，通常使用的濾材是金屬絲網或燒結金屬，爲了有足夠的強度，這種濾芯的直徑通常只有 6 至 7.5 公分（2.5 至 3 英寸）。

圖 9-8　筒式與摺層式金屬濾芯（photo courtesy of Purolator）

(2) 摺層式金屬濾芯（pleated metal cartridges）

此種過濾元件，如圖 9-8，與之前討論過的折疊式濾芯很像，只是濾材是採用金屬纖維製成的毯布，濾材打折後可以增加過濾面積，其過濾機制主要是表面過濾。

(3) 碟式過濾元件（disc elements）

這種形式是目前最精密的熔融高分子之過濾元件，燒結金屬粉末是最常使用的濾材，但金屬絲網、金屬纖維網也可以使用，使用非常微細的金屬纖維可以達到 3 微米的絕對過濾。碟式（如圖 9-9）的設計容許在同樣的過濾器容積裡達到最大的過濾面積。在設計與操作時，碟片在過濾器中心軸的位置與裝置次序非常重要，裝置不良通常是產生操作問題的關鍵。

3. 熔融高分子過濾元件之清洗（cleaning of melt polymer filter element）

熔融高分子細過濾的元件通常都比較昂貴，所以在使用之後必須清洗再重複使用。一個清洗前後的例子如圖 9-10 所示。清洗熔融高分子的過濾元件需要用到酸、

圖 9-9　碟式過濾元件

(a) 清洗前（before）

(b) 清洗後（after）

圖 9-10　熔融高分子過濾元件之清洗（photo courtesy of Carolina Filters, Inc. and B&M Longworth Ltd.）

鹼、溶劑及高溫，需要特殊的設備跟技術，所以通常使用後的過濾元件都是送到專門清洗過濾器的公司進行清洗。送洗通常相當耗時，所以需要準備備用的過濾元件才不會中斷過濾的操作。

9.2 易結垢粒子之過濾

濾材結垢在過濾程序中非常普遍，也是造成濾速衰減與過濾困擾的問題所在。當泥漿中含有具黏性或是非常小的顆粒時，濾材結垢就很容易發生，以下就談論這些主題，並說明處理的策略。

9.2.1 黏性粒子（sticky materials）造成的結垢阻塞

造成高黏性懸浮液可能是因爲固體顆粒本身就有黏性、懸浮液中含有樹脂或是高分子物質（圖 9-11 即是富含樹脂之濾餅）、液體因溫度降低而增加黏度，甚至發生固化，或是釋出高分子物質的活性生物系統等。可能的解決辦法有：改變操作程序以去除這些有黏性的物質、使用非過濾的方法進行分離、使用可丟棄式的過濾介質，或是使用助濾劑等，以下就針對這些方法進行說明。

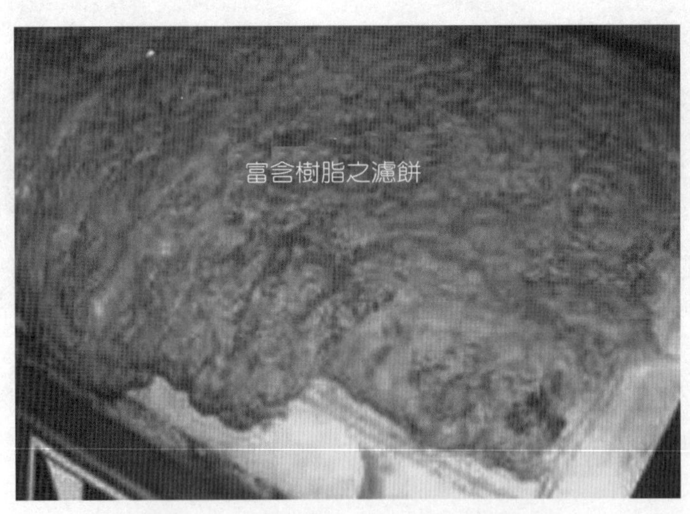

圖 9-11　過濾中遇到的黏性物質

1. 改變操作程序以去除／減少黏性物質

基於上述產生黏性物質的原因，可以採用的程序改變有：在過濾之前以溶劑清洗泥漿或粒子中的樹脂或是高分子物質；維持程序的溫度使液體不會固化或增加黏度；也可改變化學或製造程序，以避免形成黏性物質；若黏性是由生物活性產生，中止生物活性也會有幫助。

2. 使用非過濾的分離方式

因黏性物質會黏著在機器和管線上，所以大部分非過濾的分離方式也都不適用，但以下兩個方法是可以考慮的。

(1) 簡單的沉降裝置

簡單的沉降裝置就像是儲存槽、水池之類，因爲有很大的空間來累積固體，所以可以適用。另外一些比較容易清洗的分離器，像沉降槽、旋流分離器等也可以考慮。

(2) 堆疊盤式離心分離器（stacked disc centrifuges）

堆疊盤式離心分離器可運用 8,000～15,000 倍重力加速度的高離心力來分離具黏性粒子，而可避免使用濾材產生的困難，此離心分離器的操作已在前面章節說明。此外，離心分離器中產生的高剪應力與紊流可以避免黏性粒子沾黏到機器上。與膠狀物質的分離相似，粒子也必須要有比液體高的密度，但由於盤間的距離很小，只有 1～3 毫米，所以黏性粒子也很可能沾黏到盤上。

3. 使用可丟棄式的濾材

這是過濾具黏性物質最常用的方法，因爲濾材只使用一次，不需考慮其清洗。根據程序的條件，使用可丟棄式濾材的過濾機有好幾種選擇：重力過濾槽、濾袋式過濾器、濾芯式過濾器、板式過濾機或是半連續式壓力過濾機等。

(1) 重力過濾槽（gravity filter boxes）

這種過濾機只使用重力作爲它的驅動力，過濾壓差小於 3.5 kPa，如圖 9-12。它使用可丟棄式的濾材在槽底部收集固體。因爲只依靠重力，其過濾速度非常緩慢，而且所收集的固體要靠人工來清除，故這個方法在泥漿量少，或臨時脫水的時候比較適用。而且其操作是開放式的，所以不能有溫度和壓力的控制。

在操作時，將可丟棄式的濾材（濾紙、濾布或一層砂）鋪在過濾槽的底部，濾材下方有可以排液的裝置。當懸浮液注入槽後，液體通過濾材後由槽底排放，固體則留在濾材上，同時也藉著大氣的乾燥從上面脫液，如圖 9-13。操作結束後，從上面把固體移除，底下的濾材可以進行更換以便進行下一批的操作。

圖 9-12　重力過濾槽

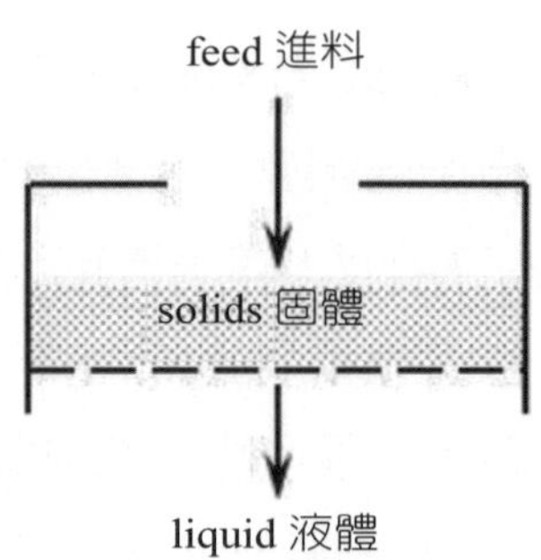

圖 9-13　重力過濾槽之操作

(2) 濾袋過濾器（bag filters）

濾袋式過濾器是使用可丟棄式的人造纖維製成的濾袋，如圖 9-14，聚丙烯、聚酯和尼龍是最常使用的材料，在高溫的情況之下也可以使用 Nomex，過濾藉由壓力差 20～270 kPa 達成。濾袋式過濾器的最大優點是價格低廉，不論是過濾器或是濾袋，成本皆不高。但是因爲濾袋的過濾面積有限（0.2～0.4 m^2），它們適用於較低的固體濃度或較小的流量。

操作的時候，一個或多個可丟棄式的濾袋被裝置到過濾器裡面，泥漿以幫浦輸送進入過濾器和濾袋中，流向是從濾袋裡面流到濾袋的外面，所以固體粒子就被截留在濾袋內表面，乾淨的濾液則從過濾器的另一個出口排放，如圖 9-15 所示。過濾結束後濾袋須人工取出丟棄，安裝新的濾袋後再重新開始下一批的操作。壓力差是

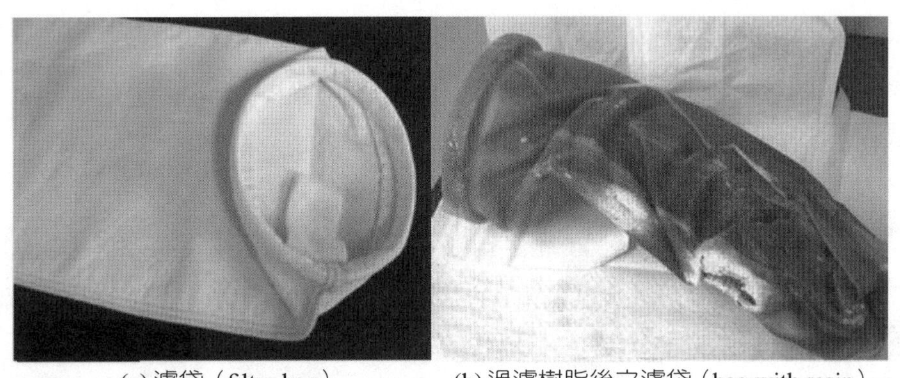

(a) 濾袋（filter bag）　(b) 過濾樹脂後之濾袋（bag with resin）

圖 9-14　過濾黏性物質之濾袋

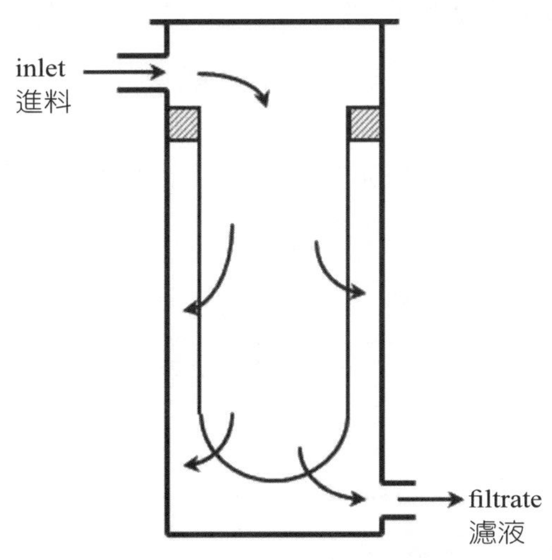

圖 9-15　濾袋之操作

過濾進行（固體在濾袋內累積量）的指標，濾袋應該在壓力差達到 100 kPa 的時候就要更換。若過濾在超過 100 kPa 後進行，壓力會上升得非常快，所以可以繼續操作的時間也不會太長。在指定的壓力差時更換濾袋還可以防止濾袋被完全堵塞，當濾袋被完全堵塞，藉空氣或氮氣吹出濾袋裡面的液體將變得很困難，在更換濾袋時就要面對一個充滿液體的濾袋。

(3) 濾芯式過濾器（cartridge filters）

濾芯式過濾器使用人造纖維做成的可丟棄式濾芯，聚丙烯、纖維素與玻璃纖維是最常見的材料。過濾使用壓力差 20～270 kPa 來達成。常用的可丟棄式濾芯形式有**繞線式**（string wound）、**折疊式**（pleated）、**熔噴式**（melt blown），以及**樹脂黏結式**（resin bonded）等，如圖 9-16 所示。因濾芯能提供比濾袋多的過濾面積（特別是折疊式濾芯），所以它們可以容納較高的固體含量。

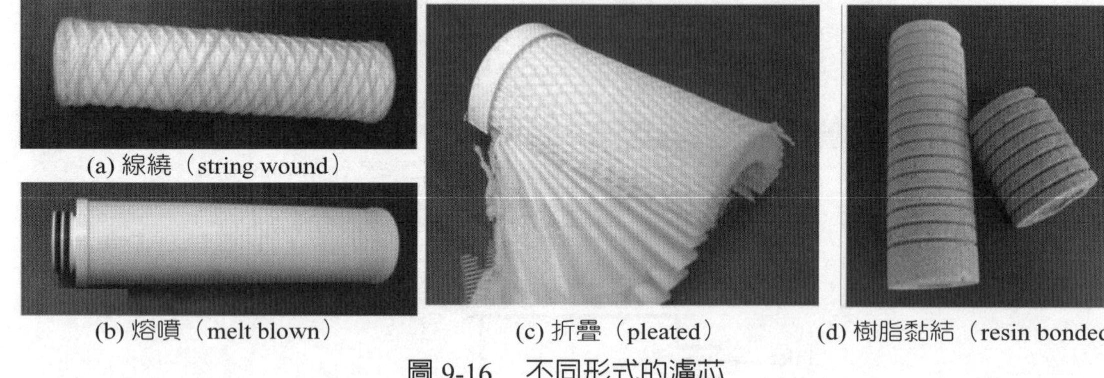

(a) 線繞（string wound）

(b) 熔噴（melt blown）

(c) 折疊（pleated）

(d) 樹脂黏結（resin bonded）

圖 9-16　不同形式的濾芯

濾芯過濾器的操作與濾袋式過濾器類似，只是過濾器裡面可置入更多數量的濾芯來增加總過濾面積。泥漿以幫浦打進過濾機，其流向通常是從濾芯外面流到濾芯的裡面，固體就被截留在濾芯外表面及濾芯中，過濾後的乾淨濾液從過濾器的另外一個出口排放，如圖 9-17。過濾結束後，濾芯須經人工取出丟棄，置入安裝新的濾芯後再重新開始下一批的過濾。

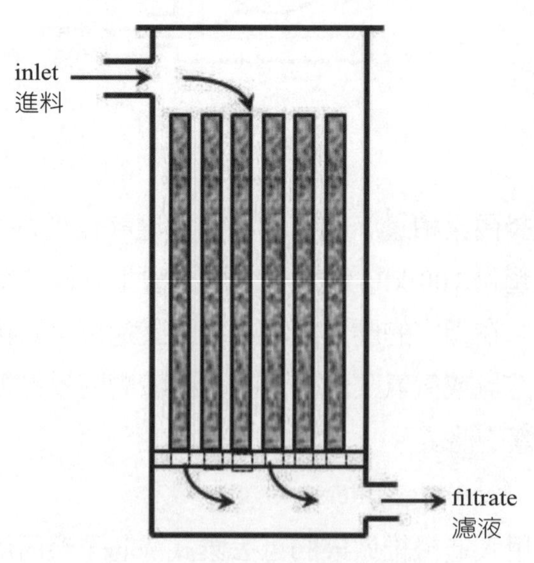

圖 9-17　濾芯式過濾器之操作

(4) 板式過濾機（plate filters）

板式過濾機可以使用可丟棄式的濾材（最常用的是纖維素濾紙）。操作時濾紙夾在過濾板之間，用完後即丟棄，所以沒有濾材被結垢阻塞的困擾。這種型式的過濾機通常用在食品跟飲料的過濾，其操作模式是批式，濾材必須要用人工更換。圖 9-18 顯示一個應用在啤酒製程中過濾酵母的例子。

圖 9-18　板式過濾機用在過濾啤酒中的酵母

(5) 半連續式壓力過濾機（semi-continuous pressure filters）

這種過濾機看起來就像**帶式過濾機**（belt filter），但是它有一個壓盤可以上下移動，在過濾的時候壓盤往下移動，形成一個密閉的空間以進行壓力過濾。過濾使用壓力差 20～270 kPa 進行。當壓力差達到 200～270 kPa 時，終止過濾，壓盤往上抬起，濾材及濾餅即可轉出過濾機，而新的濾材也同時置入過濾機中，如圖 9-19 所示。藉由自動與半連續性的操作，這種過濾機可以處理比較大量的高黏性物質。因爲濾材使用後即丟棄，所以濾材的成本必須低廉，常用的是簡單的聚丙烯或纖維素濾材。

單一半連續式壓力過濾器的操作量還是有限，可以將多單元之半連續式壓力過濾機重疊以增加過濾面積，如圖 9-20，即可容許比較大量泥漿的操作。其操作原理與單一半連續式壓力過濾機相同。

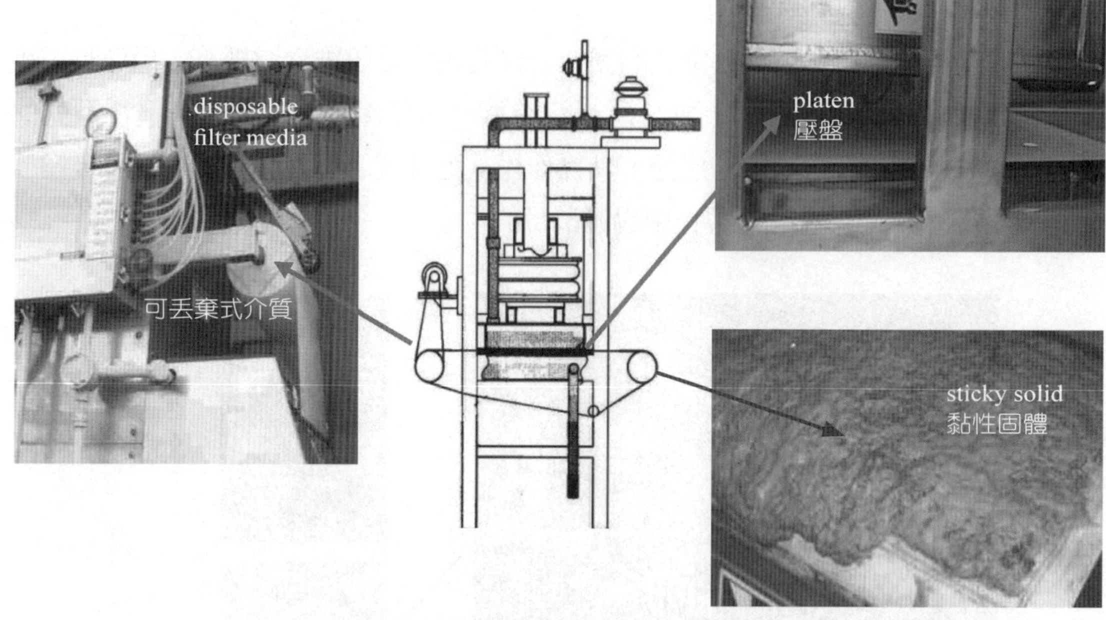

圖 9-19　使用可丟棄式濾材之半連續式壓力過濾機

圖 9-20　使用可丟棄式濾材之疊式半連續壓力過濾機

4. 使用助濾劑

助濾劑可來處理高黏性的固體。助濾劑的使用方式有兩種：預鋪法或摻和法（請參看第八章助濾劑）。如果預鋪助濾劑，助濾劑在濾材表面上形成一層濾餅，可以避免黏性固體沾黏到濾材上。當使用摻和法時，助濾劑與黏性固體的混合可以降低黏性固體的黏度，形成的濾餅如圖 9-21 所示。助濾劑也可以和可丟棄式濾材一起使用，則操作上更不受黏性固體的影響。

(a) 沒有助濾劑的黏性濾餅

(b) 加入矽藻土助濾劑的濾餅

(c) 加入稻穀灰助濾劑的濾餅

圖 9-21　沒有助濾劑與添加助濾劑的黏性固體濾餅的比較

5. 使用塗層在機器上

黏性固體也可以用一個不沾黏的塗層（例如聚四氟乙烯（PTFE））來處理，在機器表面上添加一塗層後即可減低固體黏著到機器上的機會。

9.2.2　微細粒子造成的結垢阻塞

由於微細的粒子容易穿入且停留在濾材中，加上它們會形成緻密的濾餅，所以很容易造成過濾程序中的結垢阻塞。由微細粒子造成的阻塞問題通常可以使用以下這些方法來解決：使用掃流過濾、選擇開孔小於粒子的濾材、使用可丟棄式濾材、使用助濾劑或使用非過濾的分離方法等，以下分別說明。

1. 使用掃流過濾

使用掃流過濾，如圖 9-5，可以防止微細粒子接近及進入濾材而造成堵塞，也可避免在濾材表面形成一層緻密的濾餅，可參考前面 9.1.1 節第 5 點之說明。

2. 選擇開孔小於粒子的濾材

微細粒子的結垢主要是因其進入到濾材中阻塞濾材，所以如果選擇開孔較小的濾材，就可以攔截粒子，避免此種現象的發生。微小粒子的運動跟濾材孔徑的關係可以由圖 9-22 說明，左圖顯示粒子可以進入濾材孔洞中，導致阻塞；右圖則顯示粒子較濾材孔徑大，所以無法進入濾材中，故濾材的阻塞就可以避免。

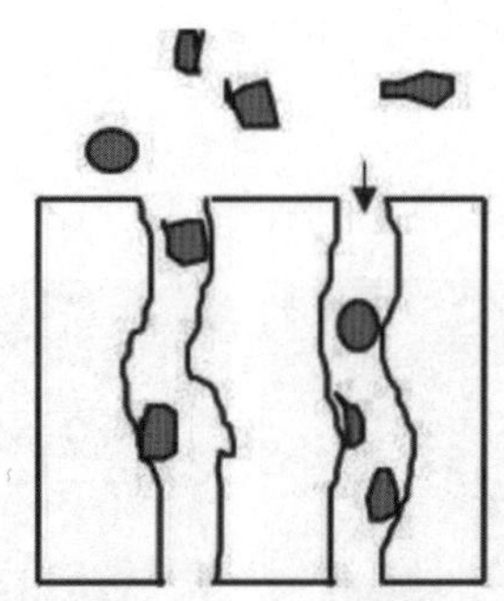
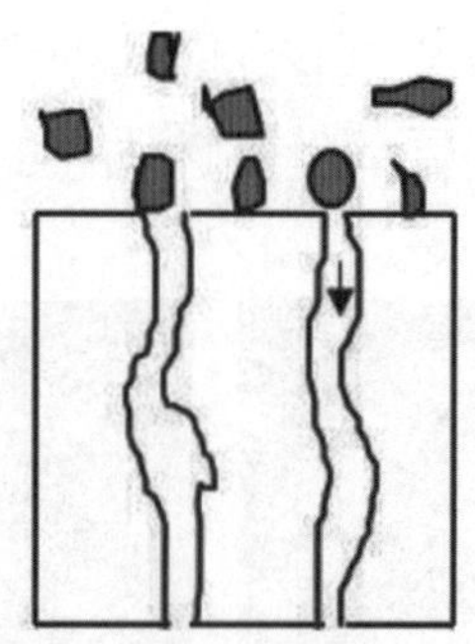

圖 9-22 微細粒子之運動與濾材孔徑的關係

3. 使用可丟棄式的濾材

此方法跟前面章節討論過的內容（9.2.1 節第 3 點）非常相近。前面討論的方法中，重力過濾槽與濾袋式過濾器在微細粒子的過濾上並不是很適用，可是濾芯式過濾器、板式過濾機或是半連續式壓力過濾機則非常適用。

4. 使用助濾劑

這方法與前面 9.2.1 節第 4 點討論的內容相同。

5. 使用非過濾的分離方法

使用非過濾的分離方法可以避免濾材被微小粒子結垢阻塞的困擾，因爲要分離細微粒子，使用高倍加速度的離心沉降是主要的方法。

(1) 筒型離心分離器（tubular centrifuges）

筒型離心分離器如圖 9-23 所示，使用非常高的轉速，產生 15,000～20,000 倍重力加速度的離心力，所以非常微細的固體粒子也可以分離。可是因爲這種機器都比較小，所以操作容量有限，因而它們通常使用在固體含量較低或是流量較小的泥漿。大部分的操作都是批式操作，必須要停機以人工去除所收集的固體。有些型號的裝置有螺旋輸送器，將收集的固體連續去除，所以可以容許連續操作。此外，固體粒子的密度必須要比液體的密度高，才能達到分離的目的。

(2) 堆疊盤式離心分離器（stacked disc centrifuges）

此種分離器（圖 9-6）可參照前面 9.1.1 節第 6 點之討論。

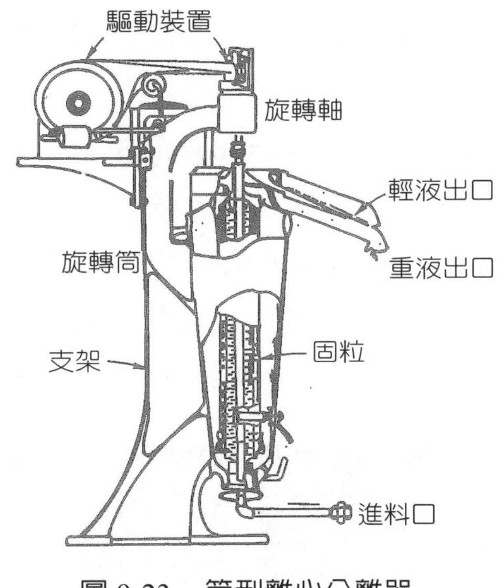

圖 9-23　筒型離心分離器

9.3　危險性物質之分離

危險性物質包含具有可燃性、毒性、放射性、危害健康與工業安全，或是有其他危險性的物質，無論是哪種形式的危險，過濾操作的主要考量是相似的。常用的方法包括密閉的操作系統與自動化操作系統，來減少或避免操作人員接觸這些物質；使用惰性氣體（例如氮氣）來填充空間，以避免危險性物質與空氣中的氧氣接觸也很重要。可能的固液分離選擇有自動壓力過濾機、離心式過濾機，以及離心分離器。

9.3.1　分離危險性物質的過濾機

過濾危險性物質時，一般固液分離器的選擇與操作的原則也同樣適用。除此之外，還包括一些特別的考量，例如完全密封的操作與防爆設計。

1. 篩濾式過濾機（straining type filters）

許多篩濾式過濾機是完全密封的，所以它們可以用來過濾危險性物質。

(1) 自動清洗式篩濾機（automatic cleaning strainers）

這種型式的過濾機可以不需要打開機器來進行過濾與排除固體，因為過濾篩網的尺寸限制，它們都應用在比較大顆粒（> 50 微米）的過濾，而且限制於較低的固體濃度。

(2) 袋式與濾芯式過濾機（bag and cartridge filters）

因爲這種過濾機在更換濾袋或濾芯時過濾機必須要打開，所以它們並不是過濾危險性物質的理想選擇。可是因爲它們的操作簡單、濾材選擇的多樣化，而且成本低廉，這種過濾機還是經常在工業上被用來過濾危險性物質。爲減小打開過濾器的頻率，可以選用加大面積的濾袋或濾芯，如圖 9-24 所示。

(a) 加大面積濾袋（extended area filter bag）

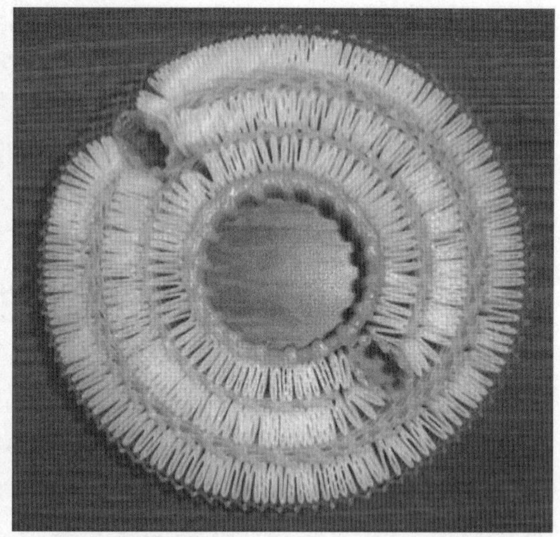

(b) 加大面積濾芯（extended area filter cartridge）

圖 9-24　加大面積的濾袋與濾芯

2. 壓力過濾機（pressure filters）

所有的壓力過濾機在操作時都是完全密閉的，所以可以用來過濾危險性物質。此外，可以優先考慮在排放濾餅和更換濾材時也不必打開的過濾機。

(1) 全自動封閉容器過濾機（auto nutsche filters）

使用全自動封閉容器過濾機時，過濾、濾餅洗滌、乾燥跟濾餅卸除都可以在同一個容器內完成，不需要打開過濾機，如圖 9-25。

(2) 槽式封閉容器過濾機（tank filters）

槽式封閉容器過濾機，例如燭型過濾機（圖 9-26），它可以在同一個封閉的容器裡面執行過濾、濾餅洗滌、濾餅乾燥和濾餅排除。

圖 9-25　全自動封閉容器過濾機

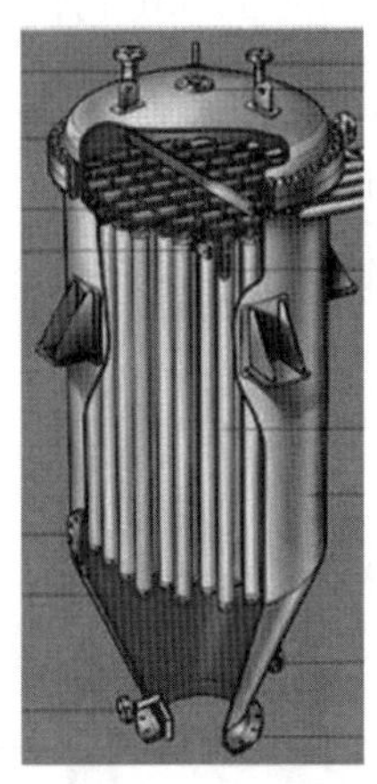

圖 9-26　槽式封閉容器過濾機之例（photo courtesy of DrM）

(3) 連續式壓力過濾機（continuous pressure filters）

這種型式的過濾機是由鼓狀或盤狀過濾元件密封在一個壓力容器裡面所構成，如圖 9-27 所示。因爲它可連續式操作，所以可容許較大的操作容量。

3. 離心過濾機（filtering centrifuges）

所有的離心過濾機都可以設計成完全密封，不但可以使操作物質（如毒性或可燃性物質）之蒸氣不透出，而且可以防止空氣中的氧氣進入離心過濾機以避免燃燒，所以適用於危險性物質的過濾。

圖 9-27　連續式壓力過濾機（photo courtesy of BHS）

(1) 直立型筐式離心過濾機（vertical basket centrifuge）

直立型筐式離心過濾機是可以完全密封的，如圖 9-28 所示。操作時濾布或金屬濾網裝置在濾筐周邊，濾筐以 300～500 rpm 的轉速旋轉以產生足夠的離心力。泥漿從一個進料的裝置引進，藉由離心力達成過濾。過濾之後，一個刮刀可自動伸展到濾筐周邊之濾餅層以刮除濾餅，刮下之濾餅藉重力掉落到底下的儲存槽內。離心機與儲存槽之間的連結管是可以完全密封的，氮氣通常被用來作為阻隔層，以防止可燃性的氣體與空氣接觸。

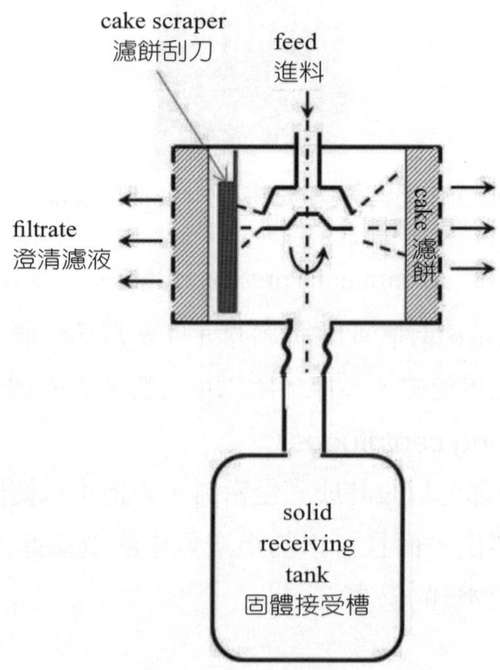

圖 9-28　直立型筐式離心過濾機

(2) 水平型筐式離心過濾機（horizontal basket centrifuges）

水平型筐式離心過濾機跟直立型筐式離心過濾機類似，只是它的濾筐是水平放置的，濾筐的旋轉主軸兩端都有支撐點，而直立型筐式離心機的濾筐只支撐在一個點上（濾筐以上或濾筐以下）。這樣的設計使濾筐在旋轉時較爲穩定，故容許濾筐在刮除濾餅時不必減速，可以使用與進料時相同的轉速，而節省了濾筐減速與加速損失的操作時間。

(3) 濾餅推排式離心過濾機（pusher centrifuges）

濾餅推排式離心過濾機可以連續運轉，所以操作容量可以很大。在操作時，濾餅在高速旋轉的濾筐內形成，一個活塞式的圓盤在濾筐裡前後的移動來把濾餅推出濾筐，過濾藉由置於濾筐中的楔形篩網達成，如圖 9-29。爲了要連續操作，必須快速脫液。當楔形篩網的開口變小時，總開口面積也會變小，因而無法維持同樣的脫液速度。所以通常固體顆粒必須大於 100 微米才適合使用這種離心過濾機。

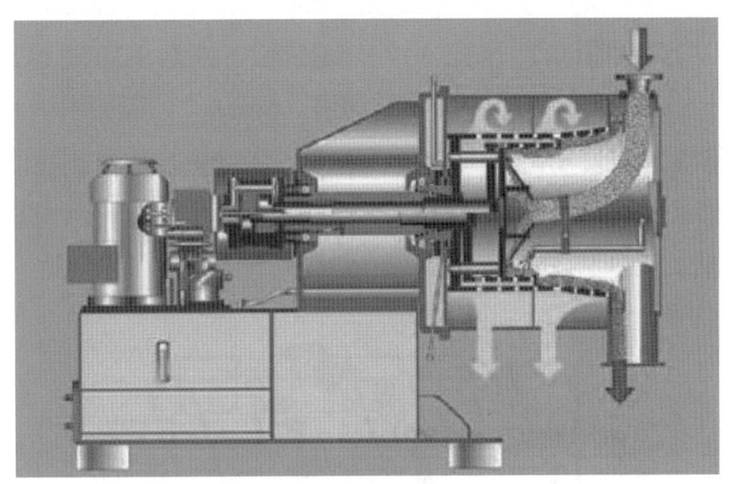

圖 9-29　濾餅推排式離心過濾機（photo courtesy of Siebtechnik）

9.3.2　分離危險性物質的離心分離器

離心分離器運用離心力來達成分離的目的，因爲它們不使用濾材，所以可以免除濾材阻塞的困擾。當應用在分離危險性物質時，一般的裝置選擇與操作原則還是一樣適用，只是有些特別的考量需要引入以確保安全。

1. 離心沉降分離器（sedimentation centrifuges）

所有的離心沉降分離器都可以有蒸氣密閉與阻絕空氣的設計，所以它們可以用來分離危險性物質。基本要求是需要固體與液體有不一樣的密度，且最好是固體的密度比較高。

(1) 筒型離心分離器（tubular centrifuges）

此分離器可參看前面 9.2.2 節第 5 點之討論。

(2) 堆疊盤式離心分離器（stacked disc centrifuges）

此分離器可參看前面 9.1.1 節第 6 點之討論。在分離危險性物質時，所有的連結管線、容器都必須要密封。

(3) 臥式離心分離器（solid bowl centrifuges）

此種離心分離器由一個圓柱形及圓錐形的部分組成，泥漿從分離器其中一端進料，在分離器內固體被離心力分離，分離開來的固體經由一螺旋運送器傳送到分離器的一端排出，澄清液體則從分離器另外一端排出，如圖 9-30 所示。固體被運送經過圓錐形的部分，離開液面後（這段叫做海灘（beach））繼續脫液直到被排放出分離器。這種分離器通常使用的離心力是 1,000 ～ 3,000 倍重力加速度，採連續式的操作，所以對處理大量的泥漿很有幫助。在分離危險性物質時，可以使用蒸氣與氣體密封式的機器。

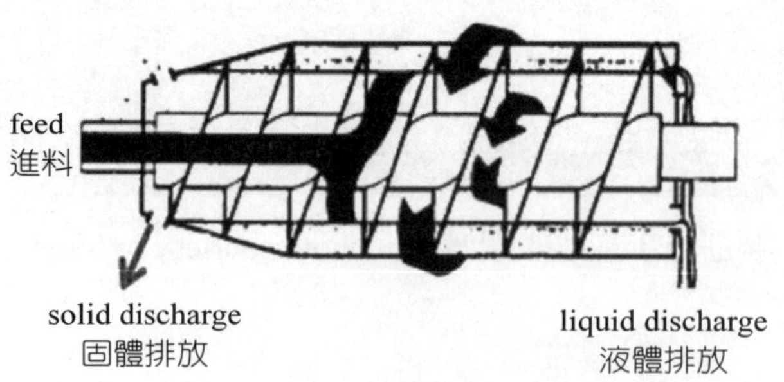

圖 9-30　臥式離心分離器

(4) 離心脫液機（screen bowl centrifuges）

離心脫液機是離心沉降分離器與離心過濾器的組合，外觀看起來就像是一個臥

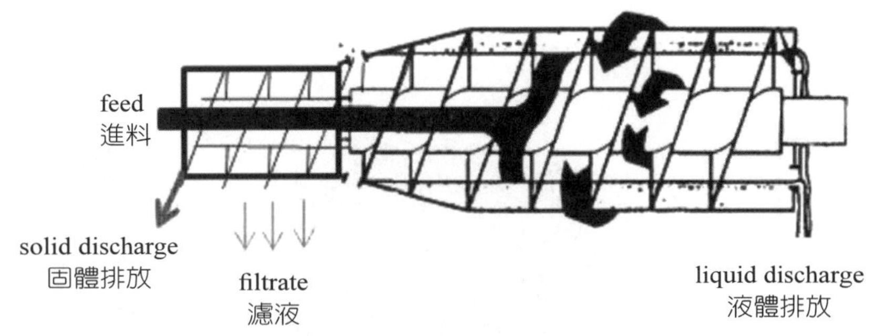

圖 9-31　離心脫液機

式離心分離器，可是在固體排放端加了一截圓柱形過濾部分來促進脫液，如圖 9-31 所示。其過濾網由楔形篩網製成，因爲楔形篩網開口大小的限制，且爲了容許足夠快的脫液速度，所以這種離心機的應用對象必須是大於 100 微米的粒子。除了過濾的部分，它的操作與臥式離心分離器相同，當處理危險性物質的時候可以採用蒸氣與氣體密封式的設計。

2. 旋流分離器（hydrocyclones）

旋流分離器使用非常簡單的設計（就像一個管線），利用離心力達成分離的目的。它們又簡單又可以採完全封閉式的操作，所以適合用來分離危險性物質。一個旋流分離器乃由一個圓柱形部分及一個圓錐形部分組成，如圖 9-32(a)。泥漿從圓柱形部分沿著切線方向進入分離器，高流速的進料在分離器內形成漩渦、產生離心力，可以把較重的一相（固體）推送到器壁，然後固體順著圓錐形部分的壁一直被傳送到底流，從底流排放出去；比較輕的一相（液體）則被傳送到分離器的中間部分，然後從圓柱形頂端的溢流排放出去。雖然大部分的旋流分離器是直立型，但它們也可以任何角度擺設而不影響分離效率。雖然旋流分離器結構簡單，但是其分離效率不是很高，所以它們最好用在分離大的顆粒（>100 微米）。若要用來分離較小粒子時，就必須減小分離器的直徑，以增加離心力。視顆粒的密度及分離的需求，5～10 微米的小顆粒也可能藉旋流分離器分離。此外，爲增加操作容量，可將多個分離器並聯操作，如圖 9-32(b)。

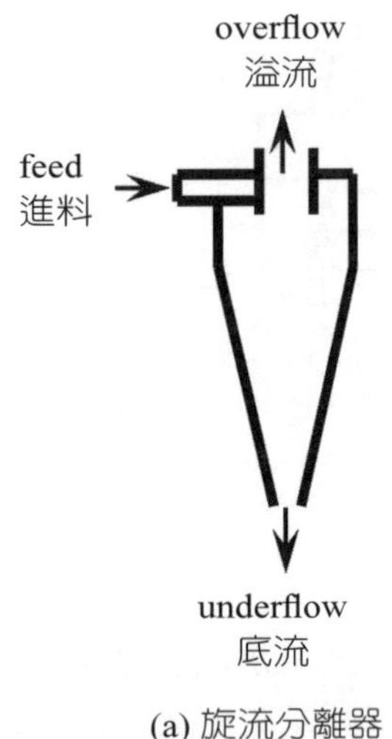

(a) 旋流分離器

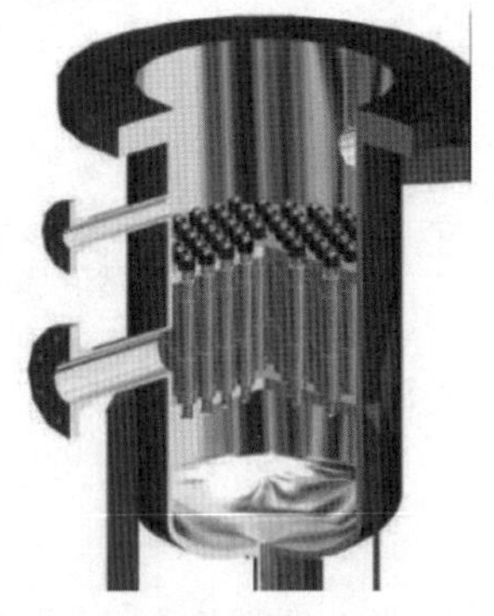

(b) 並聯操作（photo courtesy of FLSmidth-Krebs）

圖 9-32　旋流分離器及並聯操作

9.4　高壓縮性物質之過濾

當過濾技術應用到精密化學品、生化製程或廢水處理製程時，分離的對象常為可變形、高彈性的微小粒子，例如軟粒子、膠質、細菌與胞外高分子物質、活性污泥等，所形成的濾餅經常具有高壓縮性，這類的濾餅結構具高度不均勻性，會在濾材表面形成一阻力極高之類膠質層，所以非常難過濾。以下即針對高壓縮性物質之過濾特性進行解析，藉由過濾原理的基礎分析，可以選擇正確的過濾方式，解決過濾與分離的問題。

9.4.1　高壓縮性物質之過濾特性

在工業過濾上，所有的濾餅多少都有一些可壓縮性，對一個不可壓縮或是些微可壓縮的物質而言，其過濾行為可以用傳統的過濾理論來描述與預測，如同第五章所述。然而，濾餅的壓縮性會使過濾操作時對壓力的反應與理論的預測有偏差，壓縮性越高，偏差也就越大，這也造成過濾操作上的挑戰。

1. 粒子的變形導致不均勻的濾餅結構

若濾餅由可變形的軟粒子所構成，則粒子的變形會導致濾餅結構的根本變化，使得過濾阻力急速上升。隨著壓縮力的增加，會由粒子重排變成粒子變形，最後形成整體壓縮的**緻密化**（densification）現象。在這種情形下，多會在濾材表面上形成一層緻密的**皮層**（skin layer），這層濾餅通常只占不到 1/10 的厚度，但卻會導致 90% 以上的總過濾阻力 [1, 2]。

2. 過濾曲線並不一定是直線

圖 9-33 顯示在恆壓過濾下二種典型的過濾曲線，些微可壓縮濾餅係由 PMMA 塑膠粒子所構成，其過濾曲線為一直線，顯示濾餅之平均過濾比阻為定值；而高壓縮性濾餅則以酵母菌為例，過濾曲線呈現向下彎曲的趨勢，這是因為粒子的變形會導致濾餅之過濾比阻隨時間變化所致。通常粒子的受力變形需要遲滯時間 [1]，變形程度亦與過濾壓差及粒子物性有關，所以可能產生不同形狀的曲線。若由過濾曲線切線的斜率來計算瞬時的濾餅平均過濾比阻，則表示濾餅平均過濾比阻會隨時間變化。酵母菌的尺寸雖然比 PMMA 粒子大 10 倍，其過濾比阻還是比 PMMA 粒子高一個數量級，所以濾速會低很多。

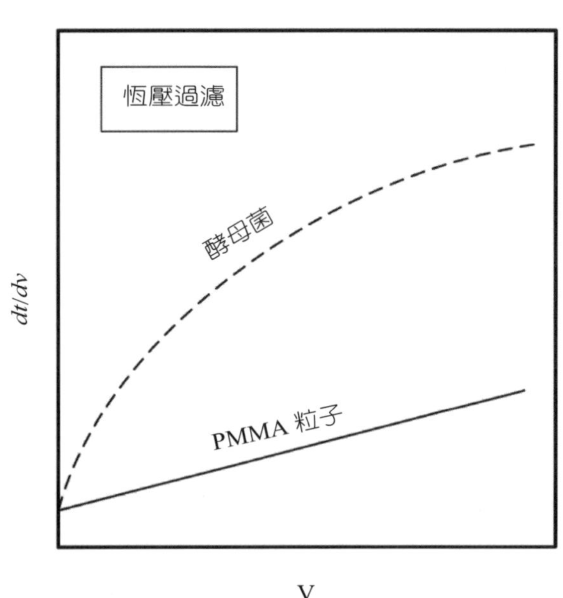

圖 9-33　濾餅壓縮性對過濾曲線的影響

3. 濾餅之可壓縮性

在濾餅過濾中，可壓縮性指的是濾餅如何因應壓力而調整它的結構。當濾餅被壓縮時，它的結構會變得比較緻密，因此過濾的阻力增加、濾餅的滲透率減低、過濾的速率降低。可壓縮性受到粒子大小、濃度、軟硬度及粒之間的作用力影響，整體的現象相當複雜，目前實用上只能以經驗式估計，而無法以理論準確的預測。濾餅的平均過濾比阻與壓差之間的關係可以用指數型的經驗式來表示 [3]：

$$\alpha_{av} = A \cdot \Delta P^{n} \qquad (9\text{-}1)$$

式中 A 為與物質本性有關的常數，指數 n 則稱為濾餅的**壓縮係數**（compressibility），其數值代表濾餅被壓縮的難易程度，若 n 值為零，則表示濾餅具不可壓縮性；若 n 值為 1 或更大，則濾餅具高度壓縮性。若是將濾餅平均過濾比阻與過濾壓差在對數紙上作圖，如圖 9-34 所示，即可以求得常數 A 和壓縮係數 n。圖中顯示假單孢菌的壓縮係數最大（斜率最大），表示其濾餅平均過濾比阻對壓力最為敏感。

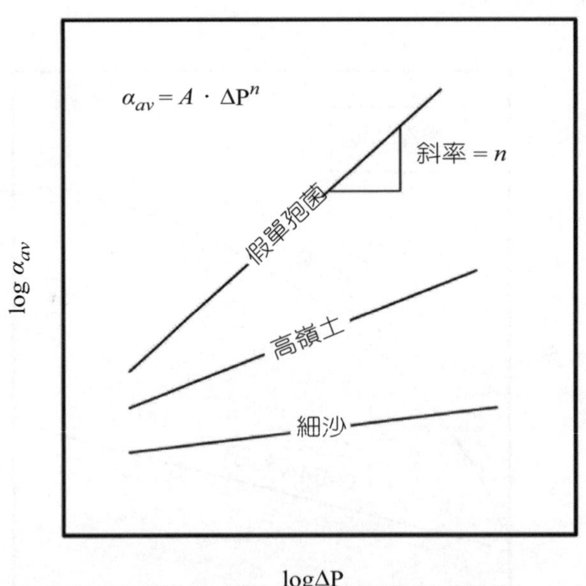

圖 9-34　濾餅平均過濾比阻對過濾壓差作圖

4. 濾餅壓縮的潛變效應（creeping effect）

粒子與濾餅在過濾過程中會受到壓縮而持續變形，濾餅可視爲具有黏彈性性質，亦即受壓縮時並非瞬間可以達到平衡。濾餅之局部孔隙度隨時間變化呈遞減的函數關係，因此傳統的經驗方程式已不復適用，必須於經驗式中加入時間效應的影響，例如採用 Voigt-in-series Model[1]：

$$e_{ex} \equiv \frac{\varepsilon_t - \varepsilon_o}{\varepsilon_f - \varepsilon_o} = 1 - \exp(-t/\tau) \quad (9\text{-}2)$$

其中，ε_o 爲壓縮前之起始孔隙度，ε_f 爲壓縮達平衡時之孔隙度，τ 爲**遲滯時間**（retardation time）。

5. 濾速不一定隨過濾壓差增加

過濾高壓縮性物質的最大挑戰是：增加過濾壓差不見得可以如預期的增加過濾速率與最後的濾餅乾燥度。雖然過濾壓差增加可以增加過濾的驅動力，濾餅被壓縮的程度也會增加，因此也降低了濾餅的滲透率，所以增加的過濾壓差與減少的滲透率對過濾速率的影響彼此競爭。這也可用圖 9-35 來進一步說明，對於不可壓縮的濾餅，過濾速率與過濾壓差呈線性關係；若是濾餅爲些微可壓縮，過濾壓力增加時過濾速率也會增加，但其增加的幅度不如直線比例，因爲濾餅的滲透率也同時降低了。當處理高壓縮性濾餅時，濾餅滲透率降低的效應抵消了過濾壓差增加的效益，

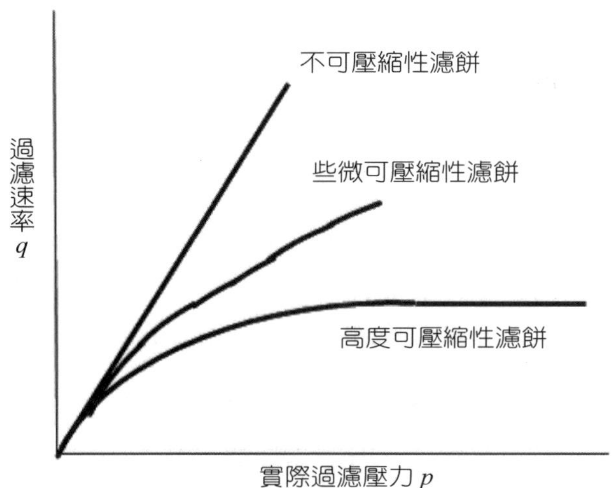

圖 9-35　過濾壓力對過濾速率的影響

所以在到達一定的壓力差之後，壓力再增加並不會有益於過濾速率的增加。

9.4.2 高壓縮性物質之過濾原理

本小節由固體壓縮壓力與水力壓力之傳遞開始，推導高壓縮性物質之過濾方程式。

1. 濾餅內固體壓縮壓力之傳遞

在濾餅過濾中，當液體從固體顆粒表面流過時，液體的黏性摩擦力造成粒子間的固體壓縮壓力 P_S，同時這黏性摩擦力也造成推動液體流的水力壓力 P_L 降低，固體壓縮壓力會造成濾餅的壓縮，液體的水力壓力只是用來推動液體流動，如圖 9-36(a) 所示 [1, 4]，最大的固體壓縮力發生在濾材表面上。若是高固體壓縮壓力導致粒子的變形，則粒子間不再是點接觸，會變成面接觸。粒子間的面接觸不僅影響粒子的比表面積（影響過濾阻力），而且會影響壓縮壓力在濾餅中的傳遞，這將會導致傳統的過濾理論不再適用，固體壓縮壓力與水力壓力的總和並不等於所提供的過濾壓差。經由推導可變形粒子的堆積模型，如圖 9-36(b)，濾餅內固體壓縮壓力 P_S 與水力壓力 P_L 間的關係可以修正成 [1]：

$$P_S + \left(1 - \frac{A_c}{A}\right) P_L = P_S + (1 - \Omega) P_L = \Delta P \tag{9-3}$$

其中 A_c 與 A 分別爲粒子間之接觸面積與過濾面積，Ω 爲單位濾餅截面積的粒子接觸面積。

2. 高壓縮性濾餅的結構與壓力分布

過濾剛開始時，所有施加的壓力都作用在剛生成的濾餅薄層，如果這是一個高壓縮性物質，它會被高度壓縮，而形成阻力很高的薄層（也叫作皮層）。從這個時間開始，所有的過濾壓力都幾乎發生損耗在這個靠近濾材的薄層中，而沒有足夠的剩餘壓力來壓縮其他部分的濾餅及推動液體的流動，如圖 9-37 所示。加大過濾壓差只是令此皮層的壓力降增加，對其他部分的濾餅影響不大，因此過濾速率並沒有辦法有效提高，而且大部分的濾餅沒有辦法被壓縮脫液。

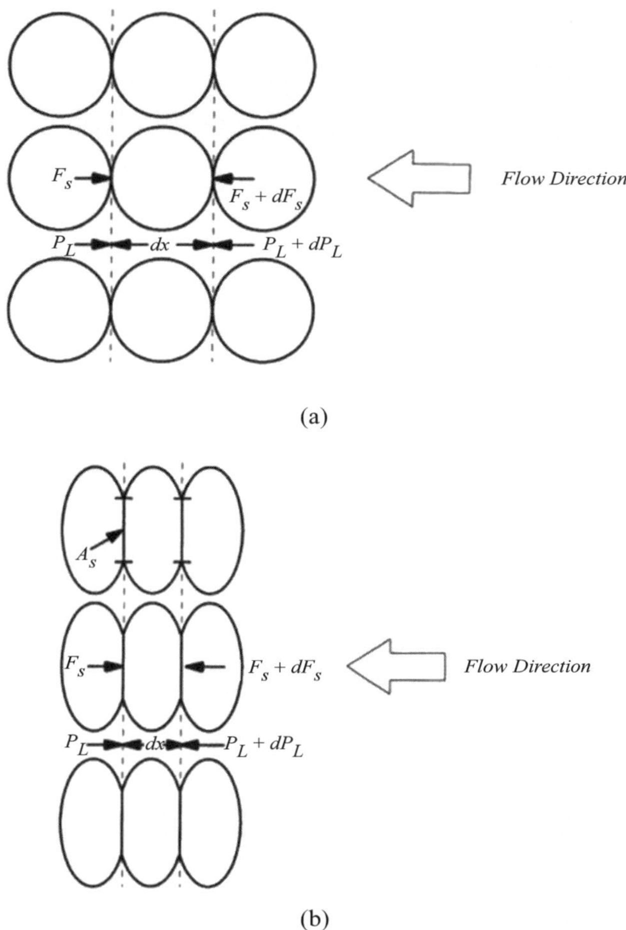

圖 9-36 濾餅內固體壓縮壓力與水力壓力之傳遞 [1]

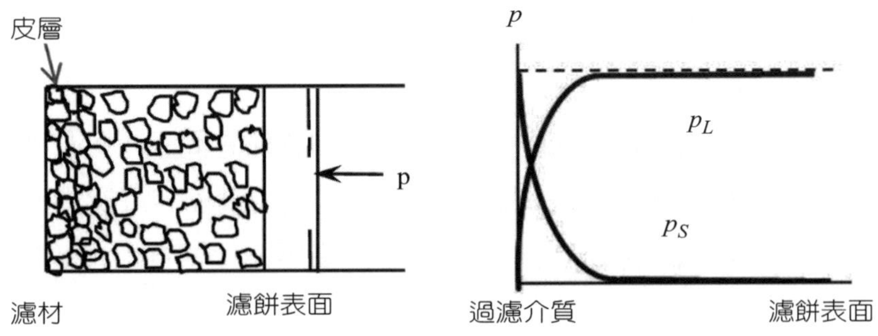

圖 9-37 高壓縮性濾餅的結構與壓力分布 [4]

3. 高壓縮性物質之過濾方程式

有些流體流過多孔介質的方程式可以關聯壓差與流速之間的關係，例如 Darcy 方程式、Kozeny 方程式等，但是應用到高壓縮性物質之過濾時就必須要修正，因爲粒子的變形會影響濾餅內壓力的傳遞，而且經常是時間的函數。如果使用 Kozeny 方程式如下：

$$q = \left(\frac{dP_L}{dx}\right)\frac{\varepsilon^3}{\mu k S_o'^2 (1-\varepsilon)^2} \tag{9-4}$$

其中 Kozeny 常數 k、粒子有效比表面積 S'_o 皆是孔隙度 ε（或是時間）的函數，必須有粒子堆積模型與粒子變形模型（例如方程式（9-2））才能以理論估計 [1, 2]。經由彈性粒子變形的模型推導，在單方向的壓縮下粒子間的接觸面積與堆積孔隙度之間的關係可以表示成 [5]：

$$1 - \frac{A_c}{A} = \frac{1 - \exp[-b\varepsilon(t)]}{1 + a\exp[-b\varepsilon(t)]} = \frac{S'_o}{S_o} \tag{9-5}$$

其中 a 與 b 爲粒子的黏彈性質係數，可以由實驗數據迴歸獲得。而一般常用的濾餅過濾比阻可以使用下式換算：

$$\alpha = k(S'_o)^2 \frac{(1-\varepsilon)}{\rho_s \varepsilon^3} \tag{9-6}$$

其中 ρ_s 爲粒子之密度。

4. 機械式壓縮濾餅

爲了克服藉幫浦驅動的液流壓力無法有效壓縮濾餅的問題，可以改採用直接接觸的機械式壓縮來壓縮濾餅，如圖 9-38 所示。機械式壓縮容許壓力直接傳遞到固體粒子床上而達成壓縮濾餅的目的，這也是達成高壓縮性物質的有效脫液之基本原理。

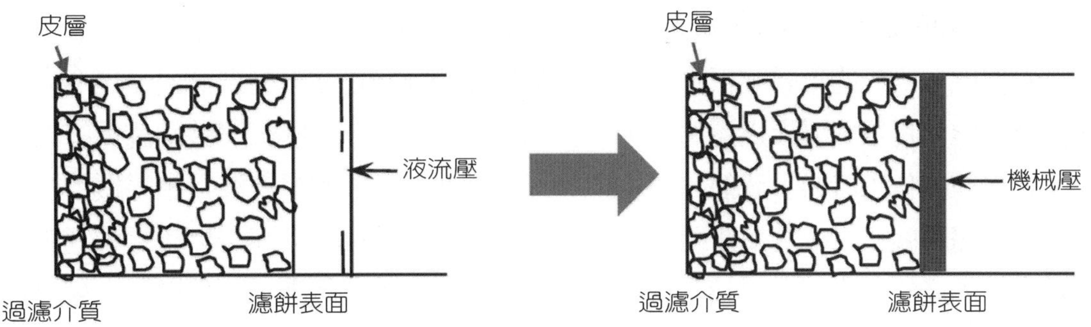

圖 9-38　液流壓力與機械式直接壓縮之比較

9.4.3　適用於高壓縮性物質之過濾機

根據前述單元所討論的原則，高壓縮性物質應該使用機械壓力式的壓濾機。壓濾機備有隔膜或濾帶來壓榨濾餅，相對於壓力式過濾機，使用壓濾機來過濾高壓縮性物質可以產生比較乾的濾餅。壓濾機有兩種主要類型，如圖 9-39 所示，高壓型使用的壓力可以高達 14,000 kPa，由於都是採用批式操作，而且每個循環的操作時間很長，所以操作容量很有限。低壓壓濾機之操作壓力一般低於 100 kPa，它們多是連續式操作，所以可以過濾大量的泥漿。

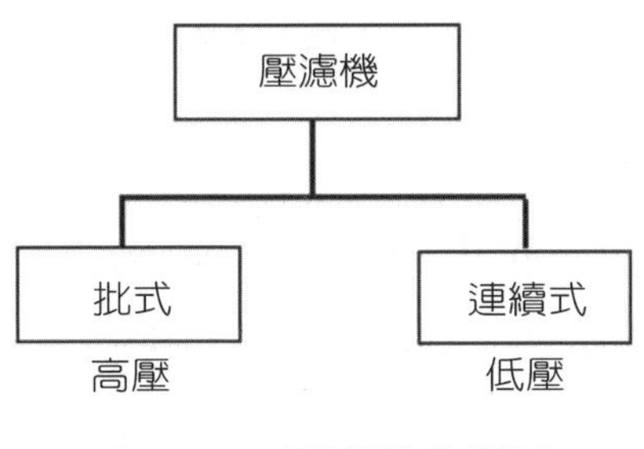

圖 9-39　壓濾機的類型

1. 高壓壓濾機

高壓壓濾機可以區分成隔膜壓濾機、水平隔膜壓濾機與筒形壓濾機等，茲分別說明如下。

(1) 隔膜壓濾機（diaphragm presses or membrane presses）

它們就像一般的單式濾板壓濾機，只是加裝隔膜在過濾後壓擠濾餅。現今大部分的壓濾機使用單式濾板爲過濾元件，在隔膜壓濾機中，隔膜被安裝到濾板的表面上，在過濾操作的時候，濾餅在濾室中的形成就像是一般的單式濾板壓濾機；濾餅形成後，隔膜就利用液壓來伸展，進而壓榨濾餅，如圖 9-40 所示。因爲這種過濾機單位面積的產能不大，所以通常使用多重的過濾板（可以超過 100 個濾板）來增加操作量。

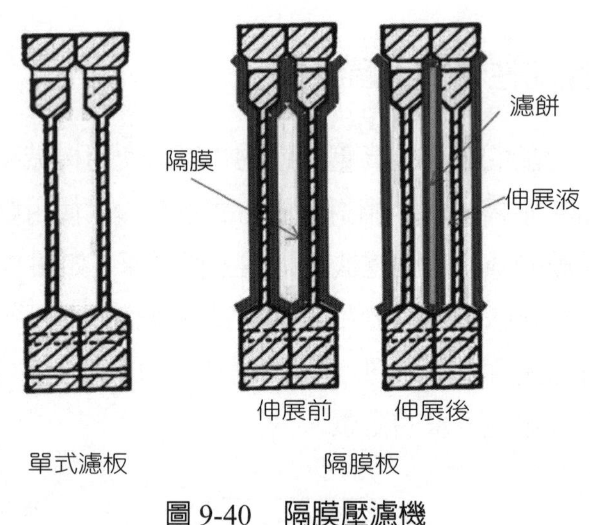

圖 9-40　隔膜壓濾機

(2) 水平隔膜壓濾機（horizontal diaphragm presses）

這種類型的壓濾機和隔膜壓濾機類似，只是機器是水平放置，看起來像一些帶式過濾機堆疊起來。與隔膜壓濾機不同的是，在過濾與濾餅壓榨之後，濾帶可以轉動把濾餅傳送出壓濾機，由於此種過濾機能夠半連續式操作，故其產能可以比隔膜壓濾機大。

(3) 筒形壓濾機（tube presses）

在所有的壓濾機中，這種壓濾機使用最高的壓力（可高達 14,000 kPa），所以就算是過濾微細顆粒也可產生非常乾的濾餅（>95% 乾度）。但是它們的產能較小，所以還沒有被廣泛的運用來處理高壓縮性物質。

2. 低壓壓濾機

低壓壓濾機最常見的是帶式壓濾機，茲說明如下。

帶式壓濾機（belt presses）經常使用於水處理中的汙泥脫水，此機器的脫水是經由兩條連續運轉的過濾帶來達成。在操作時，泥漿經過不同的脫水區段，第一段是重力瀝水，經過凝絮處理之後的泥漿被放置到濾帶上，藉著重力將沒包含在凝絮單元內的自由水瀝掉。經過這一階段脫水後的濾餅會被濾帶運送到下一個階段，在那裡第二條濾帶會密合進來將濾餅夾在兩條濾帶中間，兩個濾帶的密合對濾餅提供低壓的壓縮，當兩條濾帶會合後，濾帶夾著濾餅進入滾筒區，經過由大至小的滾筒擠壓，其擠壓的力道逐漸增強，最後被擠乾的濾餅從帶式壓濾機的一端排放。接著兩條濾帶再度分開，再轉回壓濾機的另外一端重新開始程序。整個操作是連續的，所以可以處理很大的泥漿流量，須注意的是，進料泥漿必須經過良好的凝絮處理，不然在擠壓時會被擠穿過濾帶或是從濾帶兩側被壓擠出來，此壓濾機操作時所能夠施加的最高壓力也常受限於固體被擠出濾帶的顧慮。

9.4.4　使用助濾劑

助濾劑可以用來降低濾餅的可壓縮性，提高濾餅孔隙度，使得過濾可以使用普通的壓力式過濾機進行。主要的助濾劑有矽藻土、火山岩、纖維素纖維、活性碳及稻殼灰等，其中纖維素纖維雖可加強濾餅之韌性，但價格較高，且因其本身是有機物，故不適用於高溫高壓的過濾設備。至於使用方法可以是摻和過濾或摻合與預鋪並用，只使用預鋪對高壓縮性物質的效果有限，有關助濾劑的詳細資料可參考第八章。

參考文獻

1. Lu, W.M., Tung, K.L., Hung, S.M., Shiau, J.S., Hwang, K.J., Constant pressure filtration of mono-dispersed deformable particle slurry. *Sep. Sci. Technol.*, 36, 2355-2383 (2001).

2. Hwang, K.J., Perng, J.C., Lu, W.M., Microfiltration of deformable submicron particles. *J. Chem. Eng. Jpn.*, 34(8), 1017-1025 (2001).
3. Tiller, F.M., Haynes S., Lu W.M., The role of porosity in filtration VII Effect of side-wall friction in compression-permeability cells, *AIChE J.*, 18(1), 13-20 (1972).
4. Chen, W., Analyses of compressible suspensions for an effective filtration and deliquoring, *Drying Technol.*, 24(10), 1251-1256 (2006).
5. Lu, W.M., Tung, K.L., Hung, S.M., Shiau, J.S., Hwang, K.J., Compression of deformable gel particles, *Powder Technol.*, 116, 1-12 (2001).

第十章
濾餅過濾有關之試驗

／呂維明

雖然固液分離理論已有長足的進展，但過濾裝置之設計仍無法像設計熱交換器或蒸餾塔一般，憑一些基礎方程式就可正確地估計所需裝置之重要規格，這是因固液分離所處理的泥漿性質難以單純的方式表示，如固體粒子的大小、形狀、凝集度等，且其特性之不安定性也導致缺乏再現性，這些都是使固液分離理論難在設計上發揮之主因。

10.1　過濾試驗的目的與增設過濾程序的步驟

10.1.1　過濾試驗的目的

為了解一懸濁液的過濾特性，其**懸濁液試樣**（sample slurry）宜從現場逕取後就進行試驗，或製備懸濁液時須盡量模擬現場之條件狀況，設計時如能考慮濾阻以外之因素，則設計所需之安全係數該可降至 10～15%。故在選擇或設計過濾器前，宜對擬處理之懸濁液有充分之了解並能再進行適當的過濾實驗，以獲得選器或設計所需要的數據。

一般而言，過濾試驗的目的有：

1. 測定擬處理之泥漿在各種操作條件下構成的濾餅之過濾比阻、孔隙度，以及壓縮性。要判斷如何輸送懸濁液至過濾器也必須先了解懸濁液的物性。
2. 如濾餅須洗滌，測定濾餅之洗滌特性。
3. 濾材與濾餅之親合特性、透過性，濾材之**垢塞**（fouling）特性等。
4. 如考慮利用助濾劑，確認助濾劑之功能及經濟添加量。

10.1.2　增設過濾程序的步驟 [19]

為增設（含規模放大）過濾裝置所需的過濾試驗，一般包括：(1) 使用者先利用身旁可找到的實驗室規模的濾器（如漏斗型真空過濾器）進行，和 (2) 送擬過濾的懸濁液到過濾裝置廠商使用他們擁有小型試驗裝置或與擬選購機型的過濾裝置來執行試驗的兩種方式：

1. 於使用者工廠的初步試驗

這類試驗主要的目的有如下兩點：

(1) 爲增設過濾裝置選擇適合的機型，估計所需過濾面積的大小時所需的數據，或改善既有過濾機操作條件，或規模放大所需的數據。

(2) 探討既有過濾裝置可否適於別的懸濁液的過濾。

這類試驗最常用的濾器是實驗室的漏斗式眞空過濾器（參照圖 10-2）小型過濾器，需試離心過濾時就使用 swing rotor type 小型離心過濾器。

2. 委託濾器製造廠代為進行必要的試驗

一般使用側爲增設過濾程序而擬新購置新過濾裝置時，第二段常得委託濾器製造廠代爲執行過濾試驗時，其步驟如下：

(1) 使用側人員先依據自行試驗結果試選幾種合適的機型後，選信用較著的製造廠商諮詢所選過濾機型的合適性。

(2) 製造廠商將寄回如表 10-1 的規格表，要求使用側填回。

(3) 製造廠商判讀使用者填回的規格數據，如判斷該公司製造的過濾裝置可能合適過濾使用側擬過濾的懸濁液時，會與使用側商談如何送寄適量的懸濁液至製造廠進行過濾試驗來確認使用者所提交的規格表的數據。

(4) 製造廠使用該公司擁有的小型實務過濾器進行過濾試驗，探討懸濁液是否需做前處理，及各種過濾條件，將該公司的試驗結果，和濾機是否合適等回報使用側人員。使用側人員依據判讀製造廠的報告再進一步的檢討，必要時要求製造廠可否在生產懸濁液現場再進行試驗，視其結果決定是否購置新過濾裝置。

(5) 製造廠受訂單後依規格表所列的處理量製造新過濾裝置，製造完竣後，連操作手冊一併運至使用側工廠，並共同安裝，並執得交機試車，通過試車後就移交使用側正式操作。

10.1.3　過濾試驗的與項目

爲達成上述目的，在過濾試驗時需探討的項目有：

表 10-1 詢問過濾裝置時的規格表 [19]

固液分離（過濾，脫液）裝置規格確認書（例）

年 月 日

(1) 公司： ／所屬部署： ／擔當者名：

(2) TEL： ／FAX： ／E-mail：

(3) 裝新裝置是：□新設 □增設（如已有固液分離器，其機型，能量： ）

(4) 目的： □回收澄清液 □回收固粒 □其他（請說明）：

(5) 脫液試驗：□要 □不要

(6) 原液（懸濁液，泥漿）名稱：

固粒濃度：平均 %（最大 %， 最小 %）基準是 W/V or W/W or V/V

pH： ／比重： ／溫度： ℃／黏度： cP（= mPa・s）at ℃

隨時間變化：□無 □有 （狀態： ）

(7) 母液（分散媒）：□水 □水以外（名稱 ）

比重： ／黏度： cP（=mPa・s）at ℃／回收澄清液用途：

揮發性：□無 □有 ／毒性：□無 □有 ／發泡性：□無 □有

腐蝕性：□無 □有 ／油分：□無 □有 ／著火性：□無 □有

臭味：□無 □有 ／其他需注意事項（ ）

(8) 固粒物性

比重： （□真比重 □表比重）／沉降性：□無 □有

粒徑：平均 （最大 最小 ）μm or mm

磨耗性： □無 □有 ／腐蝕性： □無 □有／回收固粒的用途：

組成： ／其他需注意事項（ ）

(9) 操作條件

操作方式：□連續 □批式（回分） ／洗滌濾餅：□要 □不要

原液處理量：平均 （最大 、最小 ）m^3/h or m^3/d or m^3／回分

固粒處理量：平均 （最大 、最小 ）kg-ds/h or kg-ds/d or kg-ds／回分

操作時間： 小時／天 or 小時／批 ／濾餅含液率 %W/W or W/V

濾液固粒濃度（SS）： % or mg/L

凝聚劑： □有機 □無機、添加率 wt% 對□ SS □原液

助濾劑： □有機 □無機、添加率 wt% 對□ SS □原液

(10) 使用條件

動力電源： Volt× Hz （計裝電源 Volt× Hz）

電動機： □屋內全閉 □屋外全閉 □防爆 等級 □ （其他 ）

按液部分的材料： □ SS400 □ SUS（ ）□（其他 ）

1. 與過濾或脫液有關的項目

(1) 過濾速率，如爲恆壓過濾試驗，單位過濾面積之濾液量與過濾時間的關係；如爲恆率過濾，則所設定之濾速對壓力變化及澄清度變化之數據。

(2) 濾餅量、濾餅空隙度、含液量。

(3) 濾餅之洗滌速率、以氣體吹乾之時間及濾餅龜裂性。

(4) 操作壓力差與濾液澄清度之關係。

(5) 濾材或濾布之堵塞速度及澄清度之關係。

(6) 溫度及液體黏度對濾速或濾材之影響。

(7) 泥漿之濃度對生成濾餅之特性及濾速之影響。

2. 粒子的物性

泥漿應以送至濾器時之狀態爲準，如以 laser 光散法量測，宜以不加分散劑時之值爲準。

(1) 粒徑分布與平均粒徑（以沉降法或透過法量測較宜）。

(2) 粒子的形狀，及凝集情況。

(3) 粒子之眞密度。

(4) 粒子之成分。

(5) 灰分。

3. 泥漿之特性

此亦需以送至濾器時之狀態爲準：

(1) 濃度（重量比及容積比）。

(2) pH 値、電導度、離子濃度。

(3) 親液（水）性與凝聚程度。

(4) **沉降特性**（sludge volume index）。

(5) 流變特性。

(6) **膠羽**（floc）之大小及強度。

10.2　真空恆壓過濾試驗

最常用之過濾試驗裝置，其過濾面積大約 100 cm^2，或可避免管壁效應之最小尺寸濾葉型或漏斗型濾器。試驗裝置宜具備：

1. 可量測濾速之計器，如流量計、量筒、秤稱或**重量感測器**（load cell）等。
2. 可調整大小之壓力源，如泵、壓縮空氣或眞空泵，但利用眞空泵產生負壓差時，最大壓差只能達 0.7～0.8 kg/cm^2，不甚適合於難濾之泥漿。

3. 可量測溫度及調整泥漿溫度之控制系統。
4. 可均勻懸浮粒子的攪拌或懸浮機構。
5. 量測濾餅厚度或濾餅乾濕量之設備。

圖 10-1 顯示了實驗室中最常見之濾葉型眞過濾試驗設備。試驗時將濾葉完全浸入均勻懸浮之泥漿中，並啓動眞空泵，待其眞空度或壓差達至所要大小時啓開閥，使壓差作用於濾葉與濾液進行過濾，記錄濾液量與時間之關係。經過一段過濾時間 t 後，量測濾餅厚度 L；然後輕輕地將濾葉取出泥漿外，以 t_w 時間利用眞空系統藉空氣吹乾濾餅，關閉氣閥後在乾燥箱烘乾濾餅量測濾餅乾量。利用這些數據，可推算平均過濾速度、過濾比阻，而空氣吹乾後之濾餅量可用來估計眞空迴轉過濾器之轉速、浸液角等數據。

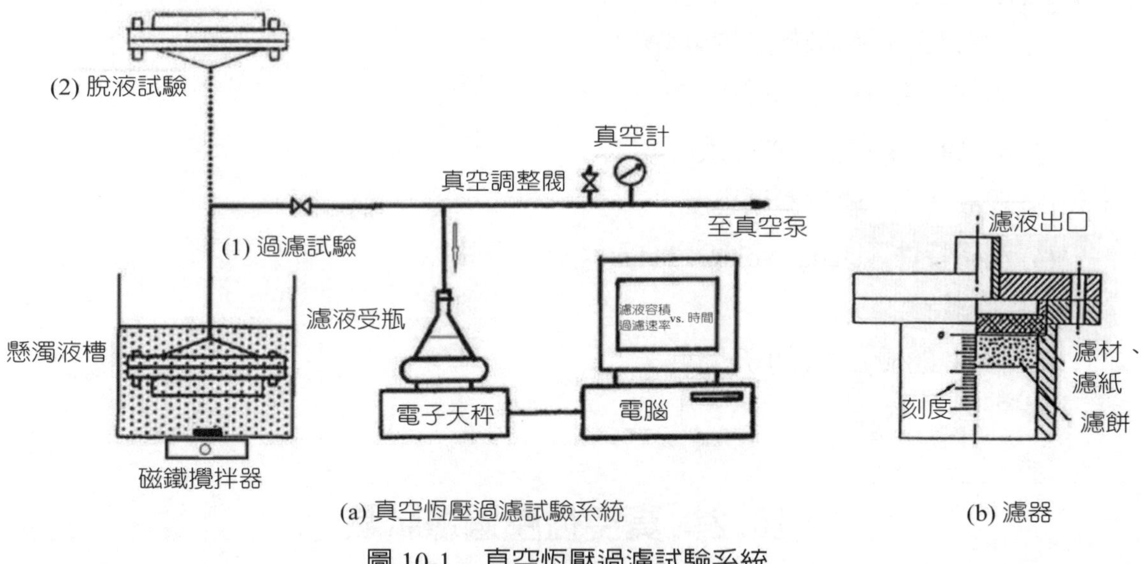

(a) 真空恆壓過濾試驗系統　　(b) 濾器

圖 10-1　真空恆壓過濾試驗系統

在上述試驗設備中，濾葉固定之方向及泥漿攪拌強弱，都會影響過濾試驗結果。最佳之方式是濾葉採垂直方式，而攪拌只要能夠使懸浮粒子不再沉降即可，過強之攪拌不旦無補於事，還可能打碎粒子或刮走已生成之濾餅。如擬做濾餅的眞空脫液試驗，可於完成過濾試驗後，濾器轉 180°（如圖中虛線所示），調整眞空度至無濾液再進濾液受瓶爲止，再量濕，乾濾餅量該可得該眞空度下可計得脫液前後的脫液率。

圖 10-2 所示之漏斗是一般實驗室常見過濾試驗裝置，爲眞空負壓型。眞空過濾試驗之數據整理與正壓過濾試驗相同，請參照 11.3 節，因未加以攪拌，故判讀試驗結果時需考慮沉降的影響。從這試驗所得之值，不含泥漿經泵或攪拌之影響，所得過濾比阻應該是最小（最佳條件下所得之值）。

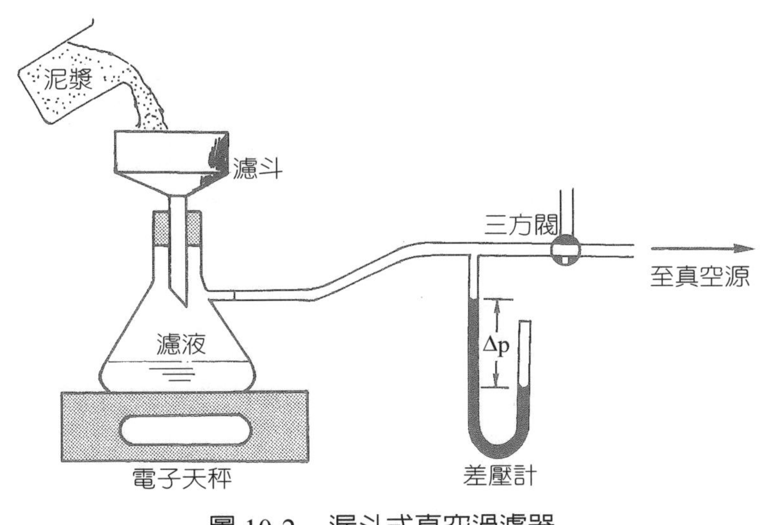

圖 10-2　漏斗式真空過濾器

10.3　正壓（加壓）型恆壓過濾試驗 [13]

圖 10-3 所示爲改良後之正壓（加壓）型過濾試驗裝置，濾室之壓力源常利用壓縮空氣，故只要容器之耐壓設計良好，過濾壓力差可達 10 kg/cm^2，適合較難過濾之泥漿過濾試驗。此裝置之設計不用氣體攪拌泥漿，是避免氣體被粒子吸附而增加所得濾餅之濾阻。一般過濾試驗之數據的整理步驟如下。

v 對 t 圖：過濾液總體積與時間之關係

L：濾渣厚度

W：總濾渣乾質量

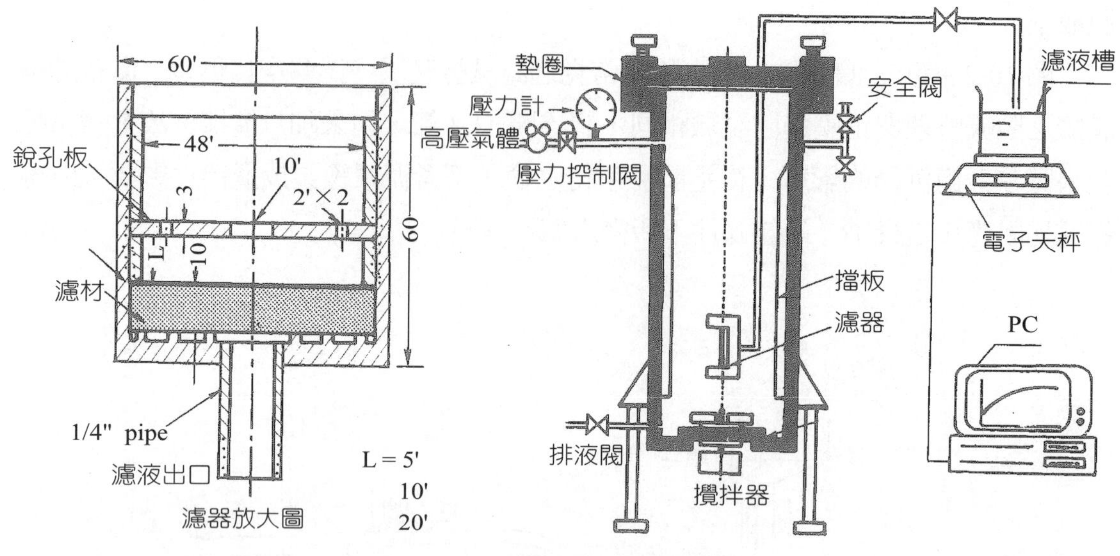

圖 10-3　正壓型過濾試驗系統

T_w：泥漿溫度

$\mu(T_w)$：濾液之黏度

Δp：過濾壓力差

$V(t)$：濾液總體積

s：固體粒子之濃度，重量分率

A：漏斗之截面積

ρ_s、ρ：分別爲泥漿粒子及濾液之密度

利用乾燥後所得之 W，量測到之濾餅厚度 L 及以上之數據，濾餅之平均空隙度可由式（10-1）求得

$$1-\varepsilon_{av}=\frac{W}{A\rho_s L} \tag{10-1}$$

已知 ε_{av} 值，則濾餅之乾濕質量比 m，可由式（10-2）計得

$$m=1+\frac{\rho\varepsilon_{av}}{\rho_s(1-\varepsilon_{av})} \tag{10-2}$$

$$令\ C=\frac{W}{V_f}，或\ C=\frac{\rho s}{1-ms} \tag{10-3}$$

只是如何精確量測在過濾壓力下之濾餅厚度，乃是試驗之關鍵所在，因做過濾舒放壓力後，濾餅常會膨脹而吸進額外之液體，使濕濾餅之總重量較實際增大，導致所量之 m 及 L 均不正確。

則在恆壓過濾條件下濾液量與時間之關係可由下式表示之：

$$\frac{dt}{dV}=\frac{\mu\alpha_{av}C}{(\Delta P)A^2}V+\frac{\mu R_m}{A(\Delta P)} \tag{10-4}$$

利用 V 與 t 之數據作 $\Delta t/\Delta V$ 與 V 之關係圖（如圖 10-4），可得一直線，而其斜率爲

$$斜率=\frac{\mu\alpha_{av}C}{(\Delta P)A^2} \tag{10-5}$$

利用斜率即可求得 α_{av} 之値。而在縱軸之截距爲 $\frac{\mu R_m}{A(\Delta P)}$，故由此值可求濾材阻力 R_m 之値

$$R_m=\frac{(Intercept)A\Delta P}{\mu} \tag{10-6}$$

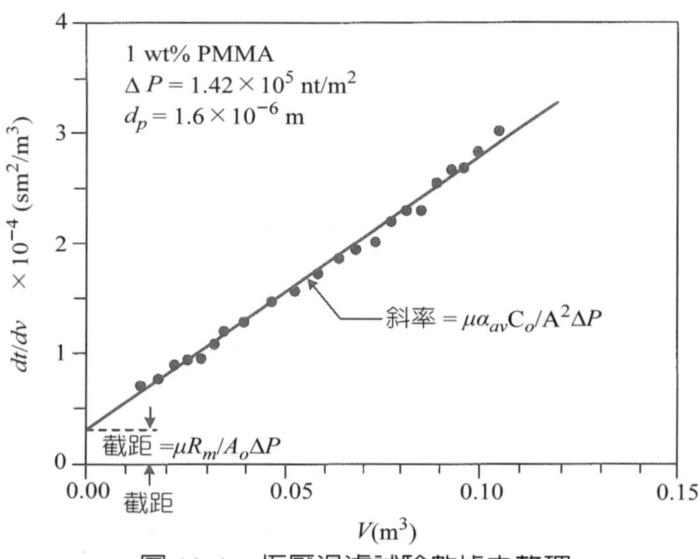

圖 10-4　恆壓過濾試驗數據之整理

由式（10-5）求 α_{av} 值時，C 若用 C_0 或 C_{av} 代入時，皆可求出試驗樣品泥漿在此壓力下之 α_{av}

$$\alpha_{av} = \frac{(斜率)(\Delta P)A^2}{\mu C_0} \quad (10\text{-}7)$$

$$\alpha_{av} = \frac{(斜率)(\Delta P)A^2}{\mu C_{av}} \quad (10\text{-}8)$$

式（10-7）爲傳統求 α_{av} 之公式，而把 C 值認爲恆值；惟 C 值並非恆定，故宜改用式（10-8）求 α_{av} **較爲合理**。

爲了消除濾餅厚度不確實而引起之誤差，Shirato[11] 等提議採用如圖 10-5 所示之確認已知厚度的濾室，使濾餅厚度成長到設定厚度 h_f 時，利用一銳孔板使過濾面積由原來之 A_0 驟縮小爲 A_1，此時過濾式可改寫成

$$\frac{dt}{dV} = \frac{\mu\alpha_{av1}C_0}{A_1^2\Delta P}V + \frac{\mu\alpha_{av0}C_0}{\Delta P}(\frac{1}{A_0^2} - \frac{1}{A_{11}^2})V_0 + \frac{\mu R_m}{A_0\Delta P} \quad (10\text{-}9)$$

其中 α_{av0} 爲過濾前期，濾餅上之平均比阻，而 α_{av1} 則爲過濾後

$$\frac{dt}{dV} = \frac{\mu\alpha_{av}C_0}{A_1^2\Delta P}V + \frac{\mu\alpha_{av}C_0}{\Delta P}(\frac{1}{A_0^2} - \frac{1}{A_{11}^2})V_f + \frac{\mu R_m}{A_0\Delta P} \quad (10\text{-}10)$$

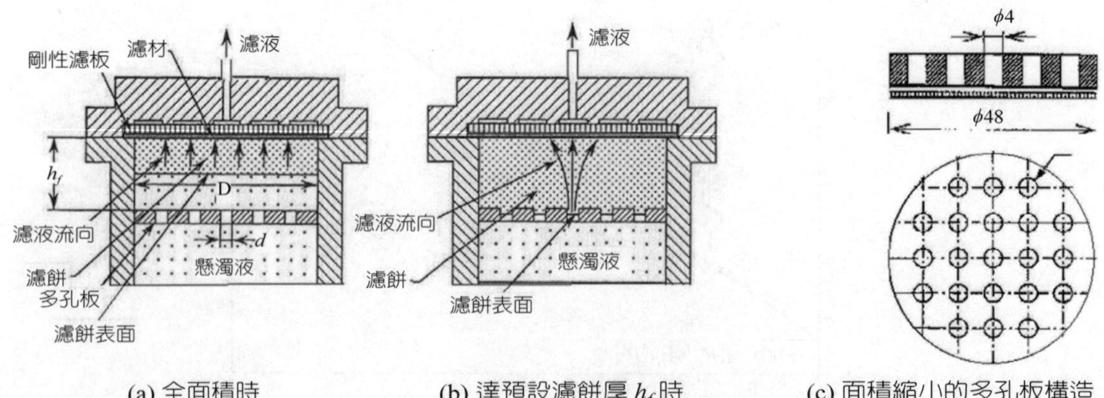

圖 10-5　預設濾餅厚度的濾器的構造 [9]

由式（10-4）及（10-9）二方程式可看出，後期過濾曲線之斜率爲前期的（$A_0^2\alpha_{av1}/A_1^2\alpha_{av0}$）倍，適當的設計 A_0/A_1 比值，轉折區域應可明顯地觀察到，同時 v_f 之值亦可由這兩直線之交點求出。圖 10-6 即爲利用此法求 v_f 之例。

利用求得之 v_f 值及已知之 h_f，可由下式求得 ε_{av}

$$\varepsilon_{av} = \frac{\rho_s(1-s) - \rho s V_f / A_0 h_f}{\rho_s(1-s) + \rho s} \tag{10-11}$$

而 m 值及 α_{av} 則分別可利用式（10-2）及式（10-8）求出。此法可省去量測濾餅厚度及濾餅濕乾重比的麻煩，且由於電腦自動化取樣的設計（請參考卷末附錄 B 之說明），只要將 v 與 t 的數，傳遞至電腦配合泥漿之物性値及操作條件，即可獲得 v_f，以及過濾前期曲線之斜率，進而求得某一壓力下之 ε_{av}、α_{av} 等值。

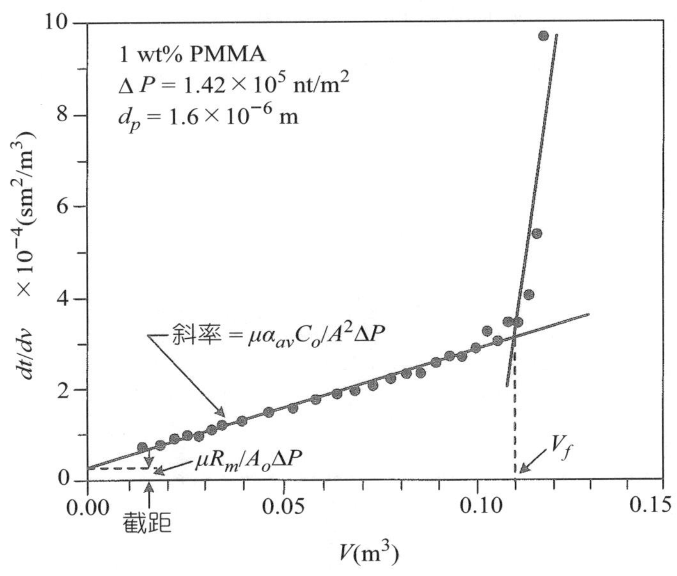

圖 10-6　利用銳孔板濾器之恆壓過濾試驗的整理

但銳孔板之開孔比應保持以下，且多開幾個銳孔，以避免形成濾餅時產生死角。

以上介紹的手法只要採用如圖 10-5 的濾器，也適用於眞空恆壓過濾試驗。

10.4 恆率過濾試驗 [15]

如將過濾試驗設備稍微改裝成如圖 10-7 之系統，即可進行**恆率過濾試驗**（constant rate filtration test）。恆率過濾試驗時須記錄 ΔP_c 與 t 之關係，從 5.5.2 節知恆率過濾時

$$\alpha_{av} = \frac{\Delta P(t)(1 - ms)}{\mu \rho s q^2 t} \tag{10-12}$$

故就 ln ΔP_c 與 ln t 作圖應可得以（1 － n）為斜率之直線。在不同之 $P(t)$ 求 α_{av}，等於對不同之 ΔP_c 找到對應之 α_{av}，故一次過濾試驗就可得 α_{av} 與範圍相當大的 ΔP_c 之關係（如圖 5-5）。在恆率過濾試驗時，宜採用不要過大之濾速，則可避免濾材一開始就被細粒子堵塞及過濾壓力之急速增加之弊害。因有如上所述之優點，許多過

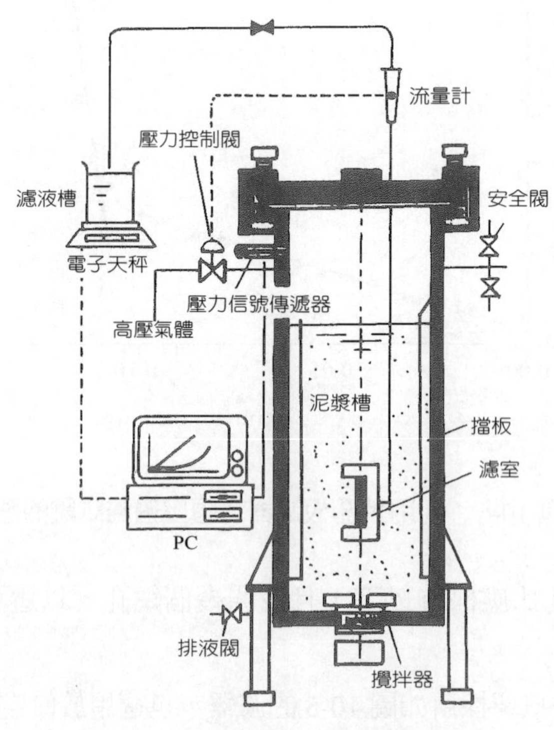

圖 10-7　正壓型恆率過濾試驗系統

濾器之製造廠商多採用恆率試驗方式來求設計所需之 ΔP_c 對 α_{av} 之關係。

要注意的是，式（10-11）中之 m 依然是 ΔP_c 之函數，用平均值求 m 值可說只是一種權宜性的近似解法，如有濾性值時，m 值該可由較嚴謹之計算方法求得。

圖 10- 揭示恆率過濾數據之過濾壓力 vs. 時間變化作圖之例。

10.5　小型壓濾器 [21]

圖 10-8 舉示了小型板框過濾器，特點是利用此試驗設備可獲得較接近工廠常用之壓濾機（板框過濾機）之過濾結果。泵送泥漿方式可用泵或以壓縮空氣壓送均可，此試驗不僅可得濾速與時間之關係，亦可得泥漿之沉降效應、濾餅之龜裂性、泥漿經泵磨碎之效應、濾餅與濾布之親合性等較實用的數據。

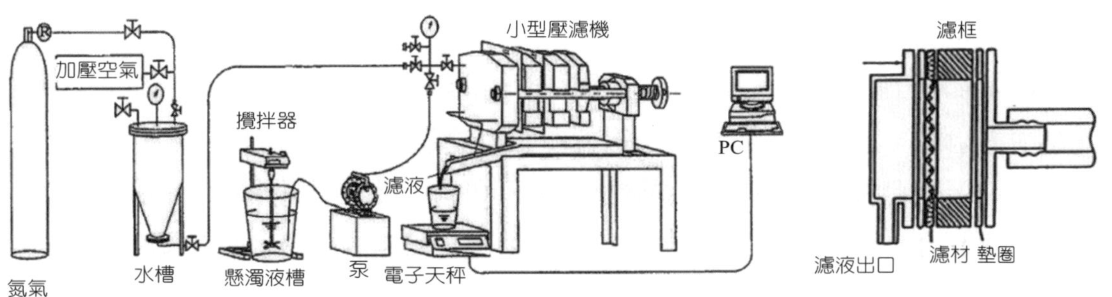

圖 10-8　小型板框過濾器系統 [19]

圖 10-9 顯示另一正壓水平過濾試驗器，此系統採用水平濾板，故稍減少了粒子之沉降困擾，如須做洗滌或氣體脫液試驗，可較上述之垂直濾板板框式的來得可靠。

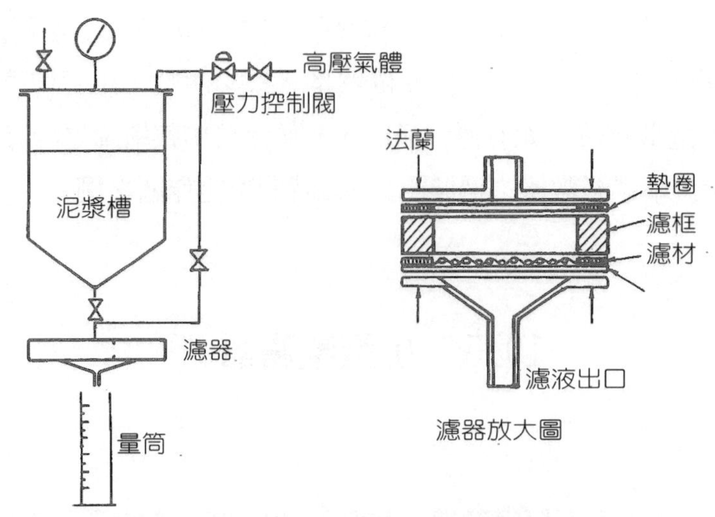

圖 10-9　水平濾盤正壓過濾系統

10.6　階梯增壓恆壓過濾試驗 [9]

10.4 節所介紹的恆率（恆速）過濾試驗，雖有一次試驗數據可得平均濾阻與過濾壓力的函數，但過濾過程得設法維持所設定的過濾速率，就比維特恆壓較難，Iritani 等提議採用階梯增壓恆壓過濾試驗，也即過一段時間提升恆壓過濾的壓力，可得如圖 10-10 之結果。此結果顯示，階梯增壓恆壓過濾試驗數據與恆壓過濾所的數據在同一過濾壓力時段相當吻合，亦即從不同恆壓力的恆壓過濾的數據，可用於回歸求該懸濁液過濾時的 α 與 ΔP_c 的函數。由於一般濾餅一旦受高壓壓力壓縮後，其空隙結構不可能於降低壓力就膨脹恢復至應有平衡空隙率值，故階梯增壓時須從低初段過濾壓力逐階增高。

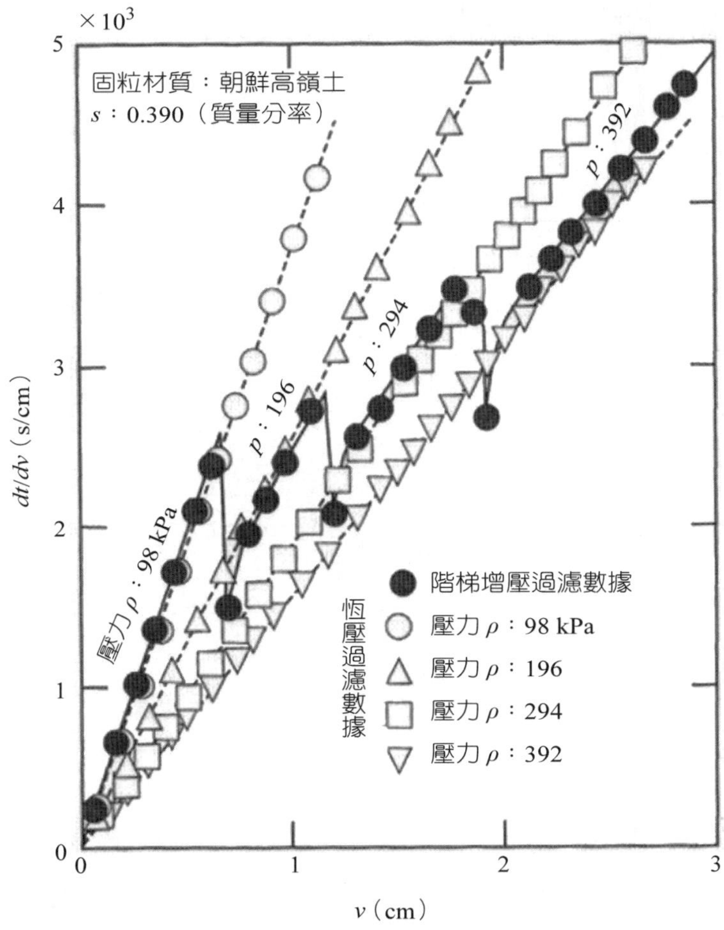

圖 10-10　階梯增壓恆壓過濾試驗 [9]

10.7　壓縮透過試驗（compression-permeability test）[16]

Ruth 於 1948 年提議過濾理論中濾餅之濾性（$\alpha(P_s)$ 及 $\varepsilon(P_s)$）與濾餅所承受之機械壓力，可以固體壓縮壓力之指數方式表示（如圖 10-11）。他提議以類似土壤力學試驗常用之**壓密裝置**（consolidometer）進行壓縮與透過試驗，而獲得某一濾餅在設定的一壓縮壓力下之透過濾及空隙度。圖 10-11 顯示了 **C-P Cell** 之系統圖。

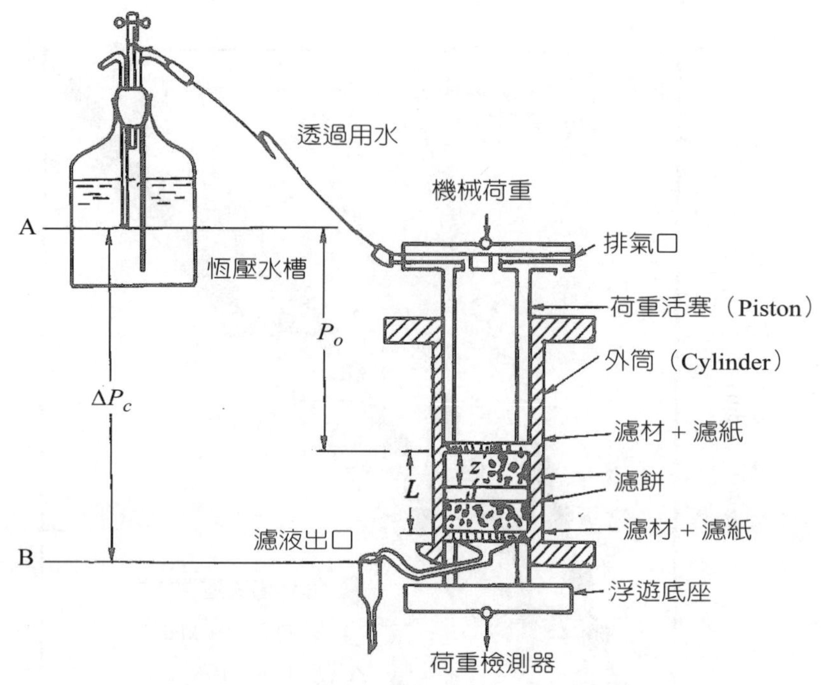

圖 10-11　壓密透過試驗系統之示意圖

C-P Cell 數據整理方式爲如測量總粒子乾重 W_c、壓縮之機械壓力 P_s、穩定後之流量 Q、濾渣之厚度 L、Cell 之截面積 A，則在 P_s 時空隙度與過濾比阻各爲：

$$\varepsilon_x = 1 - \frac{W_c}{\rho_s LA} \tag{10-13}$$

$$\alpha_x = \frac{[P_s/(W/A)]}{\mu(Q/A)} \tag{10-14}$$

由於此裝置構造簡單，又可使過濾理論有所依據，曾被認爲突破性的工具，但因存有粒子與器壁摩擦力，而校正不易，透過度之量測方法也缺少統一，故各自數據很難比較而未見廣泛被使用。

Lu 與 Huang 曾分析在 C-P Cell 中，濾餅承受機械荷重時之承受壓力分布，指出如能採用如圖 10-12 之上下均有荷重檢測器之 C-P Cell，可以濾餅上層之荷重壓力與傳遞至濾餅下層之荷重壓力之對數平均值爲該濾餅之平均承受壓力，與理論平

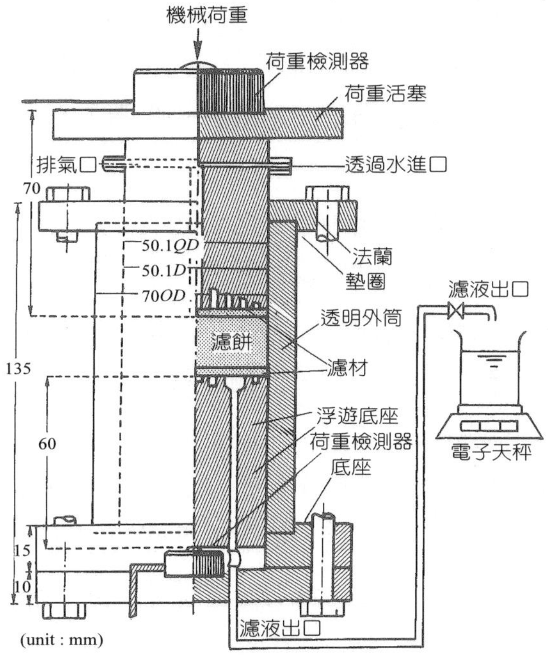

(a) 改良式壓密透過試驗器 [15]

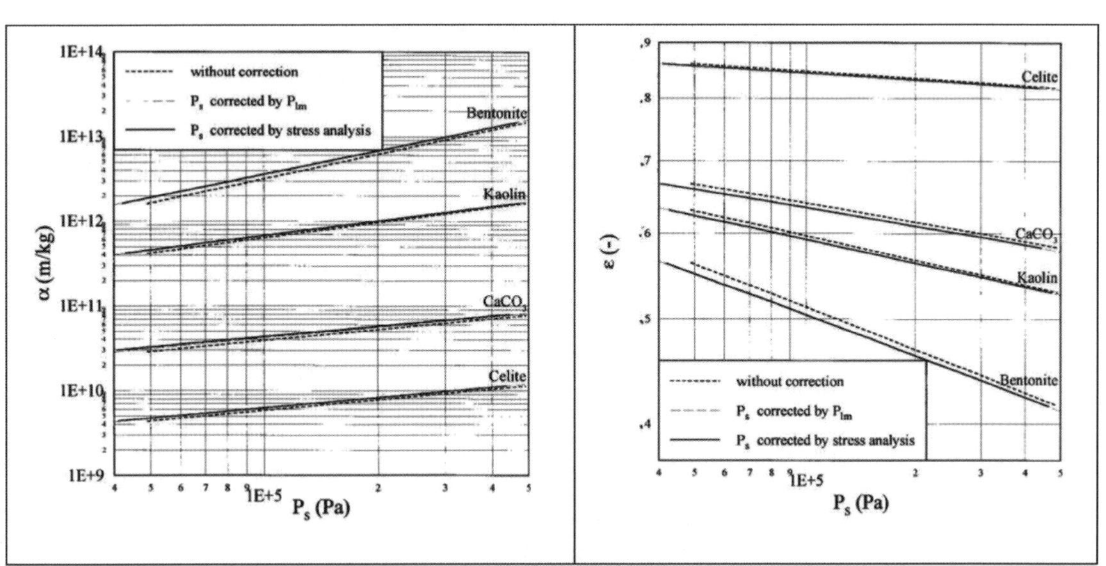

(b) 密透過試驗器量測所得的結果之例 [15]

圖 10-12

均值甚接近，故如想藉用 C-P Cell 試驗求濾餅之濾性值，著者建議採用如圖 10-12 所示之構造之裝置，該可直接修正濾餅與壁之摩擦之影響。

圖 10-12(a) 和 10-12(b) 分別揭示使用改良式壓密透過試驗器量測所得的結果之例。

不少過濾領域之同仁嘗試如圖 10-13 之 C-P Cell 兼當過濾試驗器使用，他們先將要測試之泥漿裝入 C-P Cell，以調妥之壓力氣體加壓進行過濾得恆壓過濾試驗數據，接著以荷重活塞（piston）加壓於濾餅，以進行壓密透過試驗，並繼續加重以進行壓榨試驗。表面上看來一器三用，但如此試驗卻犯了粗粒之沉降效應而構成不均勻濾餅之問題。而過濾所得之濾餅本來就會有空隙度不均勻之問題，從過濾及多次透過試驗讓流體流過濾餅，勢必微小粒子向濾材方向前移，導致可能在靠近濾材上會有緻密濾餅層之構成而降低了透過度（亦即提升了濾阻），故將之壓密所得之壓密透過試驗結果，其精確性可否代表均勻濾餅是不得不懷疑。

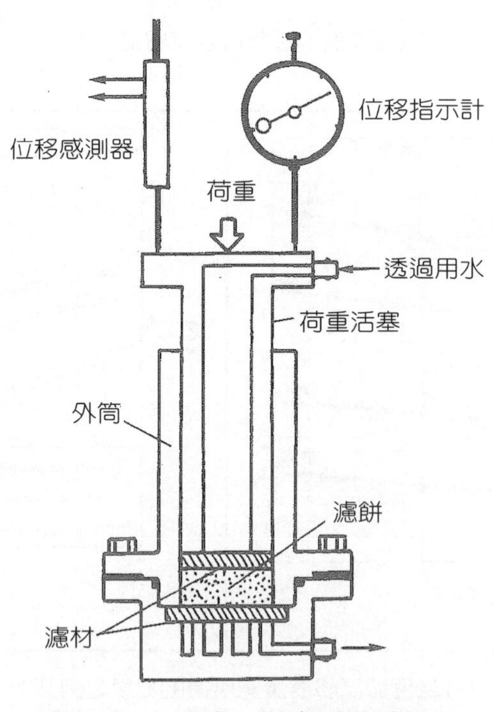

圖 10-13　過濾－壓密透過試驗器

爲了估計過濾後之濾餅受壓榨後之變化情形，如圖 10-14 之活塞濾筒過濾壓榨試驗器也常被採用。以此圖之構造尚無法測得濾餅厚度，如能採用類似紅外感光測距儀於壓力流體室，就可同時獲得濾餅之脫水程度與濾餅厚度。

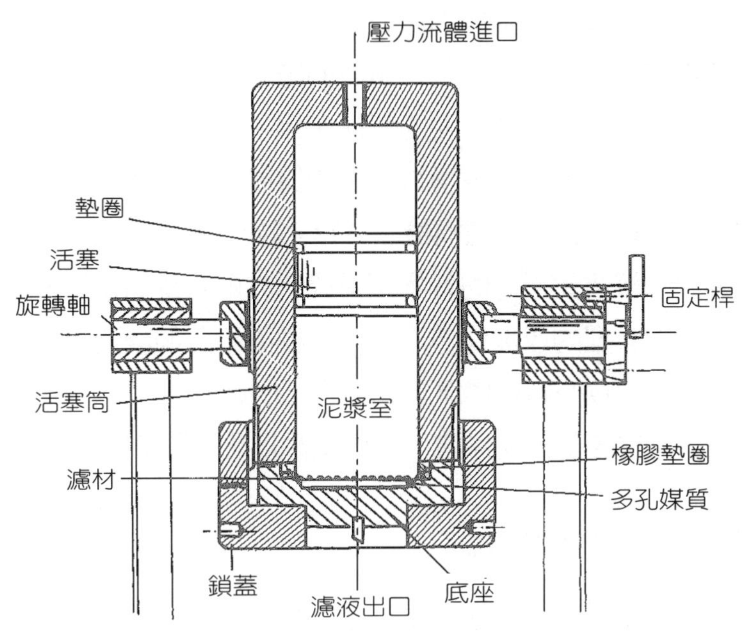

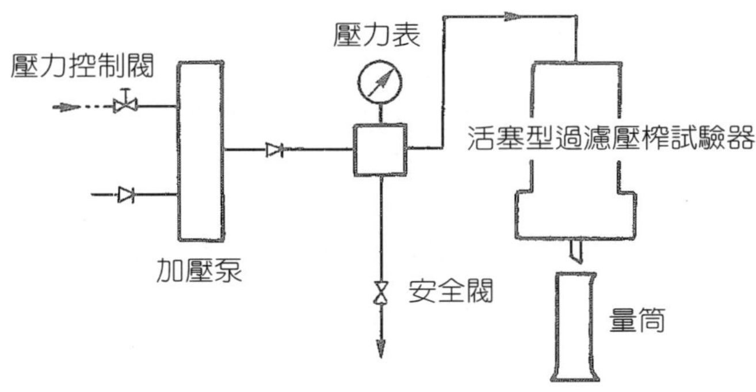

圖 10-14　活塞型過濾壓榨試驗器

10.8　濾餅成長之動態模擬法 *

雖然根據過濾的目的選取適當的過濾方式與操作條件，多有賴工程師的基礎訓練與經驗，但是基本的過濾數據，尤其是濾餅的濾性值常是不可或缺。過去濾性值通常是經由實驗方法量測，正如同前面的章節所述。然而，由於濾餅成長的非穩態特性、樣品製作與取樣上的困難，要獲得正確的濾餅濾性值並非易事。本節即闡述另一個可行的方法，濾餅成長之動態模擬法 [13]；基於簡單的過濾實驗數據與可以獲得的邊界條件，聯立求解濾餅過濾的基本關係式，亦即對每個濾餅薄層進行質量守恆與動量守恆結算，在合理的收斂條件下，即可模擬出各個瞬間濾餅的成長與濾餅中的濾性值分布，獲得的數據即可作為設計過濾程序之用。

以下即針對模擬所需的基本關係式、邊界條件以及模擬步驟分別進行說明。

10.8.1　濾餅過濾的基本關係式

濾餅過濾的基本關係式可以分成二大類，分別為質量守恆與過濾方程式，茲說明如下：

1. 質量守恆方程式

若取濾餅中任一薄層進行質量結算，則可以獲得以下二類的質量守恆方程式：

(1) 濾餅壓縮之連續方程式

對一濾餅薄層進行壓縮前後的質量結算，濾餅減少的空隙即等於壓出的液體量，故此濾餅層之壓縮連續方程式可以表示為：

$$\left[\frac{\partial q}{\partial x}\right]_t = \left[\frac{\partial \varepsilon}{\partial t}\right]_x \tag{10-15}$$

此方程式關聯了瞬間空隙度變化與流經濾餅之濾速變化的關係。

* 此節由黃國楨教授執筆。

(2) 壓縮前後之濾餅厚度與空隙度之關係

這個模擬方法的基礎是以濾餅薄層中的固體爲**控制質量**（control mass），故對一濾餅薄層而言，其固體質量在過濾過程中會保持一定值，所以該薄層在受壓縮前後之空隙度及厚度間的關係爲：

$$\frac{L_{t+\Delta t}}{L_t}=\frac{(1-\varepsilon)_t}{(1-\varepsilon)_{t+\Delta t}} \tag{10-16}$$

從式（10-15）及（10-16）便可估算濾餅內部之濾速變化及空隙度隨時間的改變情形。

2. 過濾方程式

針對流體流過一個多孔介質，過去有許多動量守恆方程式被提出來關聯流速、壓降與過濾阻力之間的關係，例如 Kozeny 方程式、Darcy 方程式、Ergun 方程式等。本模擬方法是採用 Kozeny 方程式作爲主導方程式來計算濾速：

$$q=\left(\frac{dP_L}{dx}\right)\frac{\varepsilon^3}{\mu k S_0^2(1-\varepsilon)^2}+\frac{\varepsilon}{1-\varepsilon}q_s \quad i=1,2 \tag{10-17}$$

其中 k 爲 Kozeny 常數，S_0 爲粒子之有效比表面積，q_s 爲濾餅內部固體移動之速率，i 爲不同的時間間格。然而當泥漿質量濃度小於 0.1 時，q_s 即可忽略。在過濾初始時，因濾餅之空隙度多在 0.4 以上，故 k 值之求取方法可利用 Happel and Brenner[5] 利用**自由單元模式**（free cell model）的計算結果：

$$k=\frac{2\varepsilon^3}{(1-\varepsilon)\left\{\ln\left[\frac{1}{(1-\varepsilon)}\right]-\frac{[1-(1-\varepsilon)^2]}{[1+(1-\varepsilon)^2]}\right\}} \tag{10-18}$$

但若空隙度小於 0.4，則 k 值應改以下列經驗式估算：

$$k=1.75\tan[1.25(2\varepsilon-1)]+3.65 \tag{10-19}$$

雖然光滑圓球形粒子的比表面積爲 5.0，但一般的粒子因爲形狀與表面粗糙度的緣故常會遠遠偏離這個數值，而且也常會受到粒子排列結構的影響，在濾餅壓縮前後並不會一直保持定值，因此在經過最初兩三個時間間格的計算，取得孔隙度、過濾比阻及液體壓力的初步關係之後，宜改以 Darcy-Shirato 方程式取代 Kozeny 方程式進行後續的運算，其方程式爲：

$$q = \left(\frac{dP_L}{dx}\right)\frac{1}{\mu\alpha(1-\varepsilon)\rho_s} + \frac{\varepsilon}{1-\varepsilon}q_s \quad i \geq 3 \tag{10-20}$$

同樣地，當所處理的泥漿相當稀薄時，固體之移動速度 q_s 遠比液體之流動速度 q 小很多，因此可以忽略，此即爲 Ruth-Sperry 方程式。

將式（10-17）和式（10-20）比較，則在第 2 個時間間格之前，濾餅中第 I 層之過濾比阻可以下式計算：

$$\alpha_I = kS_0^2\frac{(1-\varepsilon)}{\rho_s\varepsilon^3} \quad i = 1, 2 \tag{10-21}$$

經由過去的研究，可知 α 及 ε 對 P_s 有冪次之關係，因此針對 $i > 3$ 以後各層之 α 及 ε，可改由下列之關係估計：

$$\frac{\alpha_x}{\alpha_{x+\Delta x}} = \left(\frac{\varepsilon_x}{\varepsilon_{x+\Delta x}}\right)^{\kappa} \quad i \geq 3 \tag{10-22}$$

其中 κ 值爲壓密係數，可從初期第 1 或 2 時間間隔計算所得之濾餅性質估算。

10.8.2 邊界條件

經由基本的物料數據與簡單的過濾試驗，可以採用作爲邊界條件的有以下各項：

1. 過濾速度 $q_1(t)$ 或過濾壓差 $DP(t)$

如果是恆壓過濾，則過濾速度隨時間的變化可以由簡單的過濾試驗量測，或由單位時間收集的濾液體積計算。恆率過濾則量測過濾壓差隨時間的變化。

2. 濾材壓降 $\Delta P_m(t)$

濾材的阻力可以經由簡單的透水試驗量測，故濾材的壓降可以下式計算：

$$\Delta P_m(t) = R_m q_1 \tag{10-23}$$

3. 濾餅表層之空隙度 e_i

濾餅之表層並未承受任何固體壓縮壓力，故具有濾餅剛形成時之結構，此層之空隙度值被用以作爲模擬濾餅成長過程之初始值。一般而言，這個數值可以由二個方式獲得：數值模擬或是低壓過濾試驗，然而，實驗數據會比較具有可信度，例如圖 10-15 顯示了在微壓差下使濾餅成長之系統。利用該設備可獲得很接近濾餅表面之結構，因壓差只有 2～3 cm 水柱，所以濾餅亦可以視爲均勻結構。實驗時先量取濾餅厚度，配合過濾完後乾燥濾餅得到之單位面積乾濾餅重量 w，則濾餅空隙度可以由下式計算：

$$\varepsilon_i = 1 - \frac{w}{\rho_s L} \tag{10-24}$$

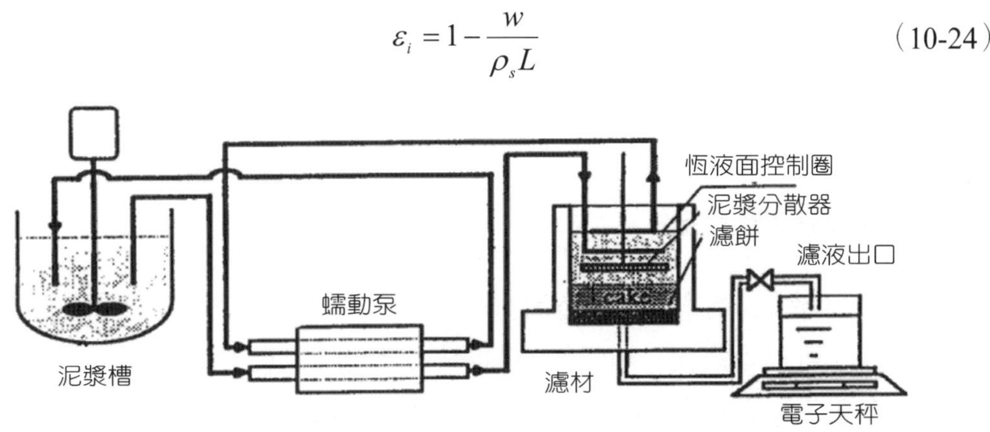

圖 10-15　量測濾餅表面層的空隙度之低壓過濾系統

4. 濾餅瞬間成長量 $w_i(t)$ 與厚度 $L_i(t)$

在濾餅過濾中濾餅的成長量與濾液的收集體積成正比，其比例常數可以由質量守恆計算，故在時間間隔 Dt 內的濾餅成長量可以經由下式計算：

$$w_i(t) = \frac{\rho s}{1 - ms}\left[\frac{dv}{dt} + \frac{sv}{1 - ms}\frac{dm}{dt}\right]\Delta t \tag{10-25}$$

故新成長的濾餅厚度爲

$$L_i(t) = \frac{w_i(t)}{\rho_s(1-\varepsilon_i)} \tag{10-26}$$

5. 濾餅之表面流速 $q_i(t)$ 與濾餅內之壓力分布 P_x

採用 Lu 與 Tiller[17] 所提出之濾餅表面濾速 $q_i(t)$ 與濾餅底部濾速 $q_i(t)$ 之關係：

$$\frac{q_i(t)}{q_1} = \frac{\left\{(1-s)\left(1-\varepsilon_{av} - L\frac{d\varepsilon_{av}}{dL}\right) - s(m_i-1)(1-\varepsilon_i)\right\}(1-\varepsilon_{av})}{\left[(1-m\cdot s)\left(1-\varepsilon_{av} - L\frac{d\varepsilon_{av}}{dL}\right)(1-\varepsilon_{av}) - sL\frac{\rho}{\rho_s}\frac{d\varepsilon_{av}}{dL}\right]} \tag{10-27}$$

利用式（10-26），則可計算出濾餅內之壓力分布為

$$\frac{P_x - \Delta P_m}{P - \Delta P_m} = 1 - \frac{P_s}{\Delta P_c} = \frac{\int_0^{x/L} \alpha_x\left(\frac{q_x}{q_1} - \varepsilon_x\right) d\left(\frac{x}{L}\right)}{\int_0^1 \alpha_x\left(\frac{q_x}{q_1} - \varepsilon_x\right) d\left(\frac{x}{L}\right)} \tag{10-28}$$

10.8.3 數值模擬方法

這個模擬方法的基本概念為逐層分析，如圖 10-16 所示，隨著過濾的進行，濾餅逐漸成長；可以設定在一短暫的時間間隔 Dt 內所成長的濾餅為一層，則濾餅的分層數亦會隨著過濾時間而增加。分析過程中，假設每一濾餅層皆可以被壓縮，但層與層之間的界面仍然存在，亦即不同層的粒子不會互相混合，每一層中的固體質量不會改變，只有液體會被壓出。模擬時只需將一組過濾試驗數據（例如恆壓過濾之 v vs. t 或恆率過濾之 ΔP_c vs. t）及濾餅表面之空隙度 e_i 輸入，即可依據圖 10-17 之流程圖進行疊代程序，在任何一個過濾時間時，每一濾餅層皆要符合基本關係式，待收斂後即可獲得在濾餅成長過程中濾餅內之液壓、空隙度及過濾比阻之分布，並由據此估計濾餅濾性值與固體壓縮壓力之關係。本書附錄 B 提供之下載連結內，亦附有恆壓與恆率兩種過濾程序之模擬軟體供讀者利用。

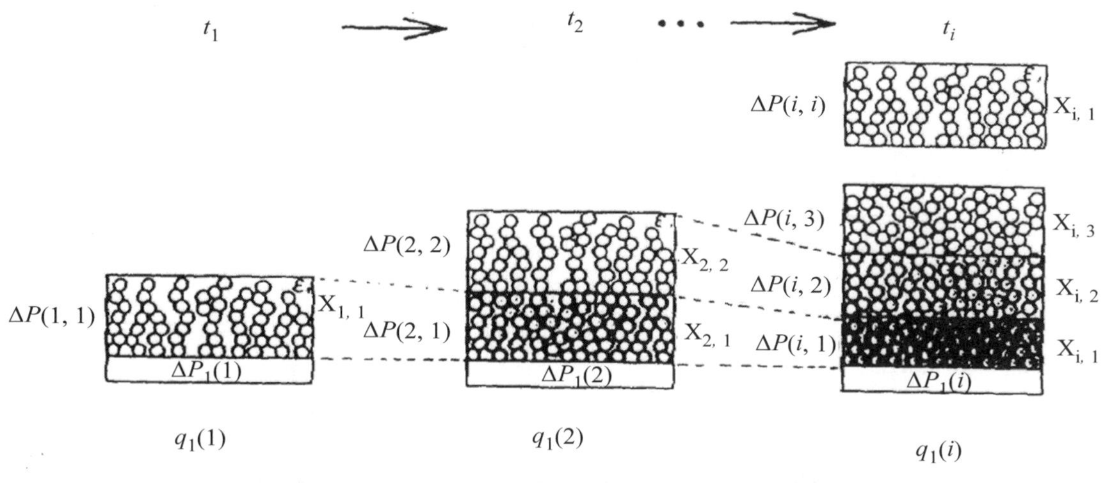

圖 10-16　濾餅成長與逐層模擬之示意圖 [13]

10.8.4　濾性值之模擬結果範例

若以輕質碳酸鈣為例，以恆壓過濾之數據進行濾性值之動態模擬，圖 10-18 為模擬濾餅成長的結果，可以獲得各過濾時間下之濾餅厚度及空隙度分布。圖 10-19 模擬之濾餅過濾比阻與固體壓縮壓力的關係，並與文獻中之 C-P Cell 數據比較；將四組不同過濾壓差的結果代入模擬程式，所得到的濾餅過濾比阻與 C-P Cell 的實驗數據相當接近，但是相對簡易、省時很多。值得注意的是，任何一組恆壓過濾的數據皆可使用，使用的壓差只是限制了求取濾性值的壓力範圍。

圖 10-20 是以四種不同粉體進行過濾，分別以恆壓與恆率之數據模擬所得之濾餅濾性值，並與 C-P Cell 之數據比較。圖中空心的符號為恆壓過濾數據得到的結果，實心的符號則是恆率過濾數據所得到的結果，實線則為 C-P Cell 的實驗數據。可以發現無論是何種粉體、恆壓或恆率過濾皆可獲得與 C-P Cell 的數據相當接近的結果，尤其是恆率過濾，可以由較少的實驗次數獲得準確的濾性值，對於濾速較慢之泥漿亦可避免濾材堵塞而引起困難。總而言之，一旦有了空隙度、過濾比阻這些濾性值與固體壓縮壓力之關係，則可據以推計過濾操作中之許多項目。

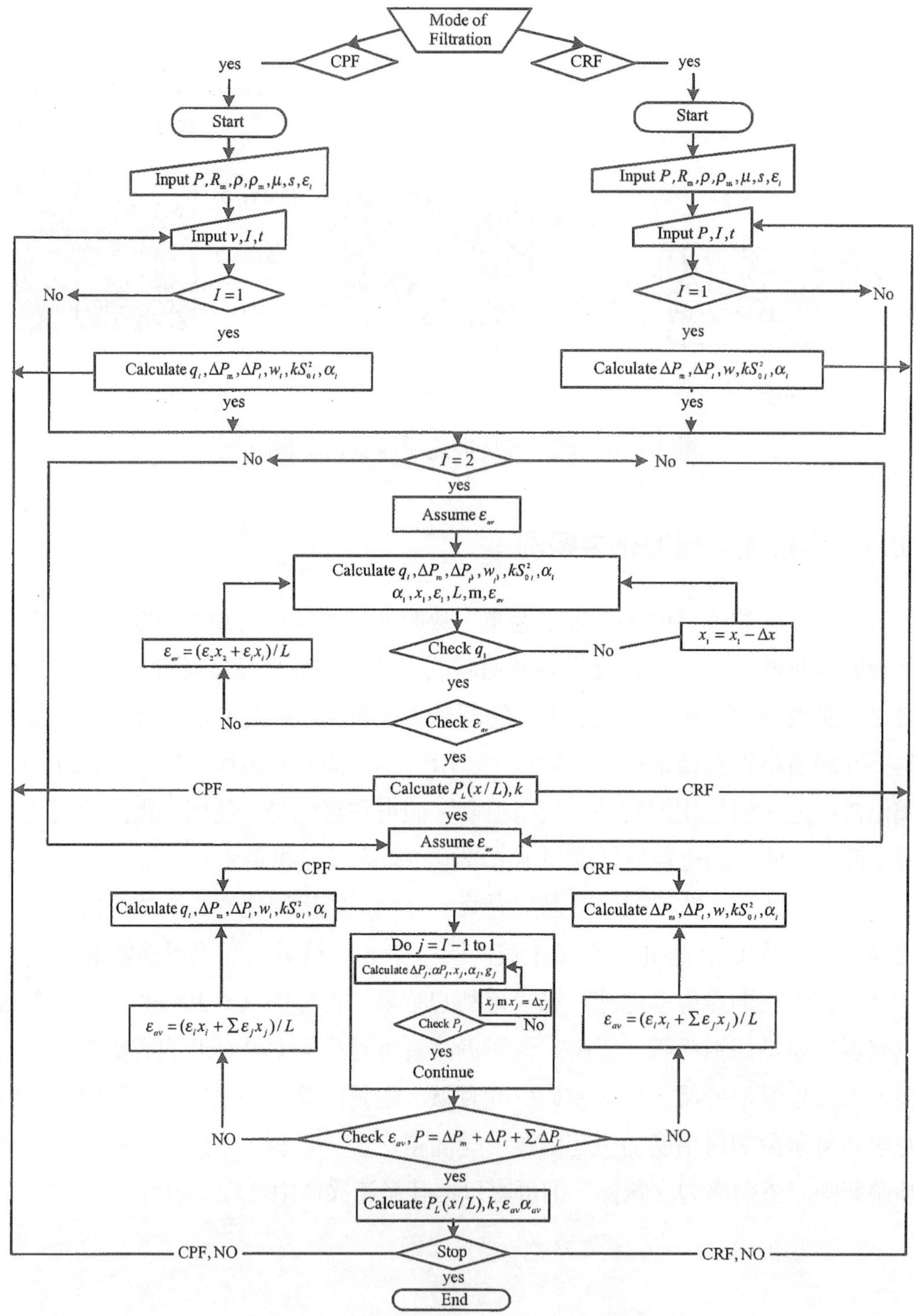

圖 10-17 濾餅性質之動態模擬流程圖 [13]

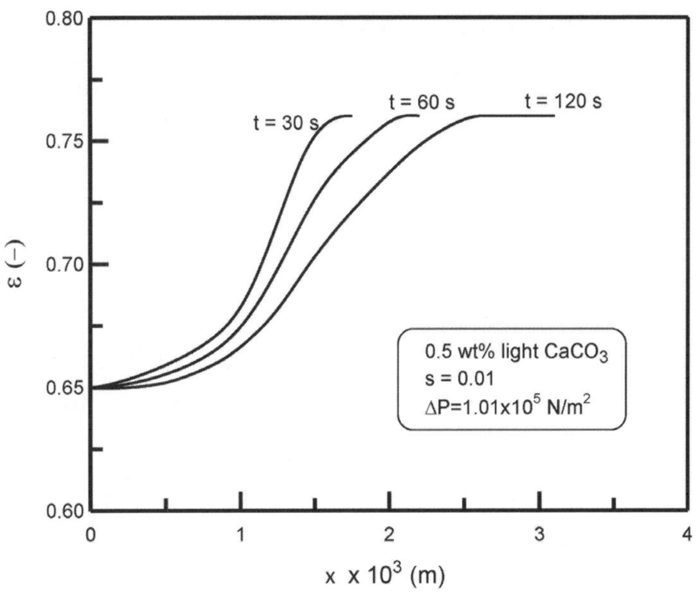

圖 10-18　濾餅成長與空隙度之模擬

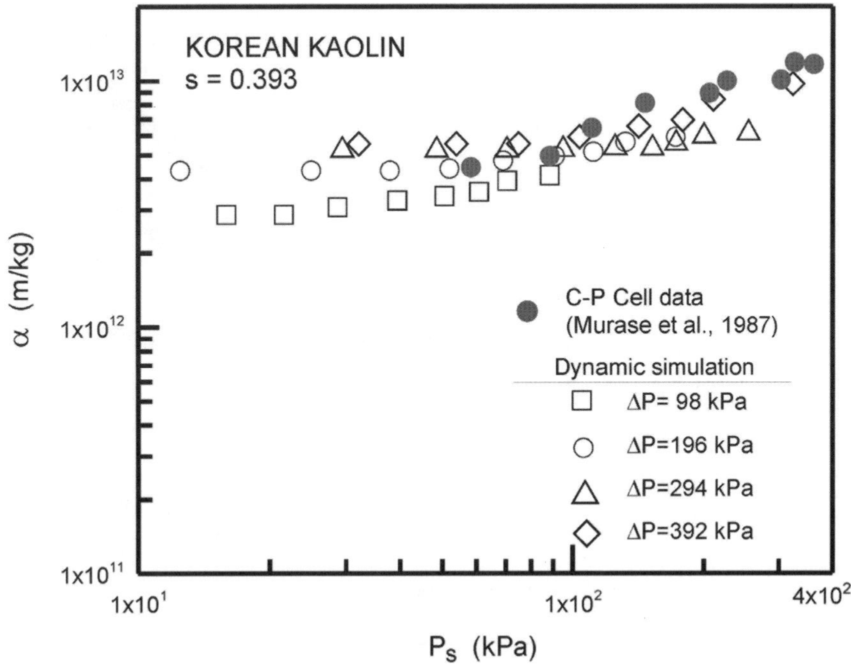

圖 10-19　以 4 組恆壓過濾數據模擬之濾餅過濾比阻與固體壓縮壓力的關係並與 C-P Cell 之數據比較

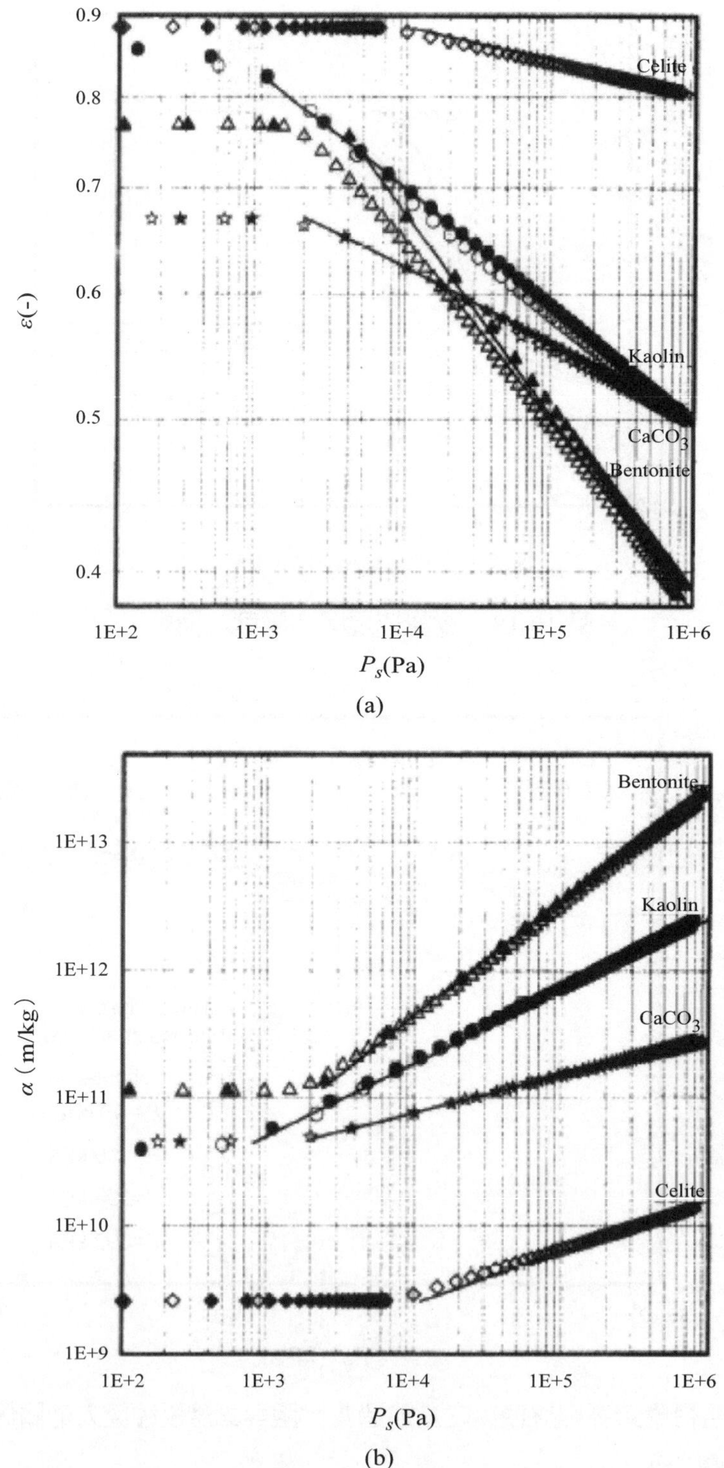

圖 10-20　以恆壓、恆率之數據模擬所得之濾餅濾性值及與 C-P Cell 數據之比較 [15]

10.8.5　特殊的泥漿物性之考量

雖然前述的動態模擬方法已經將粒子形狀、比重、粒徑分布、比表面積等粒子之基本物性納入考量，但是其應用仍會受到所使用的基本關係式之限制；換句話說，前述的方程式只能適用於剛性粒子懸浮於牛頓流體中。如果分散介質屬於**非牛頓流體**（non-newtonian fluid），或是粒子會在過濾過程中受壓縮而變形，則模擬所使用的過濾方程式就必須修正，茲簡要說明如下：

1. 非牛頓流體

若泥漿的分散介質爲**冪次流體**（power law fluid），則其剪應力 t，與應變率 $\dot{\gamma}$ 之間的關係可以下式表示：

$$\tau = K\dot{\gamma}^n \tag{10-29}$$

式中 n 與 K 爲流體之流動行爲指標。$n < 1$ 時爲**剪力稀薄**（shear-thinning）型流體，$n > 1$ 時爲**剪力黏稠**（shear-thickening）型流體，而 $n = 1$ 時即爲牛頓流體，此時的 K 值就是流體的黏度值。

當流體爲非牛頓流體時，則過濾方程式不再適用，必須要對流體的黏度進行修正。針對冪次流體而言，過濾方程式可以寫成（Shirato et al., 1977）：

$$q^n = \frac{\Delta P}{K(\gamma_{av} w_c + R_m)} \tag{10-30}$$

式中 g_{av} 爲適用於冪次泥漿過濾的濾餅平均過濾比阻。故可知若 g_{av} 爲常數，則將 $(dt/dv)^n$ 對 v 作圖可以迴歸成一條直線。但是必須留意的是，由於該平均過濾比阻已經不只是濾餅本身的特性，也和濾液之流變行爲有關，所以平均過濾比阻之數值的大小並無法表示出不同 n 值泥漿的過濾難易程度，因爲其單位就不同。一般而言，n 值越小，則流體之**表面黏度**（apparent viscosity）越高，流體流動的阻力也就越大，所以也越難過濾（SHIRATO 等人，1977；Hwang 與 Lu，1996）。

有些流體會具有黏彈性，例如熔融的高分子（polymer）或高濃度的高分子水溶液等。這些流體會在高流速下同時展現彈性與黏性行爲，但在低流速下可能只展現其黏性行爲，所以這類流體會在過濾的過程中展現不同流變行爲。針對黏彈性流體而言，過濾方程式可以寫成（Kozicki and Kuang, 1994）：

$$q^n = \frac{\Delta P}{K(\gamma_{av} w_c + R_{ma})} \qquad (10\text{-}31)$$

式中 R_{ma} 爲包含流體彈性效應的濾材表面過濾阻力。

故可以根據流體的流變行爲，將過濾方程式取代方程式（10-17）或（10-20），進行濾餅濾性質的動態模擬，圖 10-21 及圖 10-22 即爲一些結果範例。圖 10-21 爲冪次泥漿之濾餅濾性值之模擬結果 [11]，顯示動態模擬方法可以延伸應用於冪次泥漿，且獲得之濾性值與 C-P Cell 之實驗結果相近。圖 10-22 顯示動態模擬方法求得黏彈性泥漿過濾中瞬時的濾餅平均空隙度（Hwang 等人，1998）。可以發現過濾初期的濾餅平均空隙度因爲彈性效應的影響而先降低，在到達一最小值之後，隨著趨向冪次流體的過濾型態而又逐漸升高，最後趨於一定值，且過程中過濾壓差越大則平均空隙度會越小。這個方法可以基於流體流變行爲的改變，成功解析整個過濾過程中濾性值的變化。

2. 可變形粒子

有些粒子受到壓縮會變形，例如軟粒子、膠質、細菌、生物細胞等，若濾餅由這類粒子所構成，則粒子的變形會導致濾餅結構的根本變化，進而使過濾阻力急速上升。這類的過濾多會在濾材表面上形成一層緻密的皮層，這層的厚度通常只占整個濾餅的十分之一，但卻主導 90% 的過濾阻力 [8,18]。可變形粒子之過濾曲線爲向上或向下彎曲的曲線，這是因爲粒子的變形會導致濾餅之過濾比阻隨時間變化所致。通常粒子的變形需要時間，變形程度亦與過濾壓差及物質本性有關，故過濾曲線會有不同的彎曲程度。由此可知，傳統的過濾方程式已不足以定量地說明濾速與濾餅性質在過濾過程中的變化，需要外加濾餅壓縮的理論模型來配合解釋，例如 [8,18]：

$$\frac{\varepsilon_t - \varepsilon_o}{\varepsilon_f - \varepsilon_o} = 1 - \exp(-t/\tau) \qquad (10\text{-}32)$$

其中 e_t 是時間 t 時之濾餅局部空隙度，e_o 是壓縮前之濾餅局部空隙度，e_f 是壓縮後

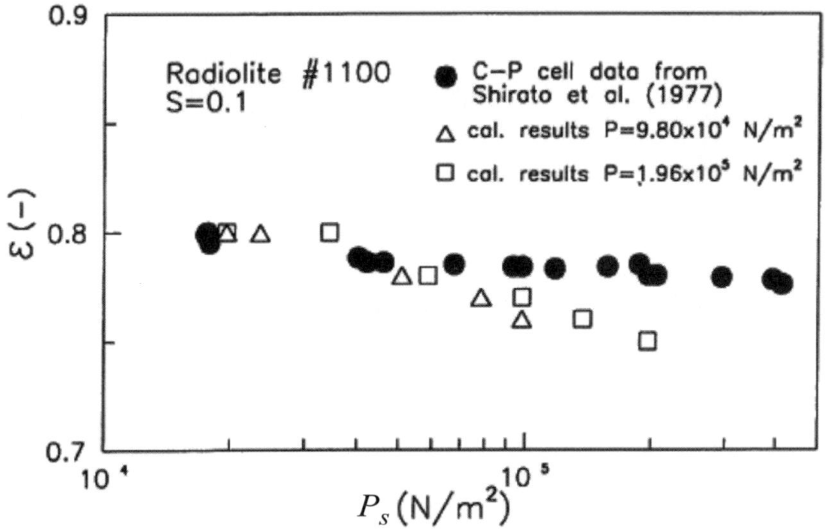

Radiolite #1100
S=0.1

● C-P cell data from Shirato et al. (1977)

△ cal. results P=9.80x10⁴ N/m²

□ cal. results P=1.96x10⁵ N/m²

ε (−)

0.9
0.8
0.7

10⁴
10⁵

P_s (N/m²)

(a)

γ (m²⁻ⁿ/kg)

10⁷
10⁶

celite 545 in sodium polyacrylate soln

△ n= 0.632

□ n= 0.451

10³
10⁴
10⁵
10⁶

P_s (N/m²)

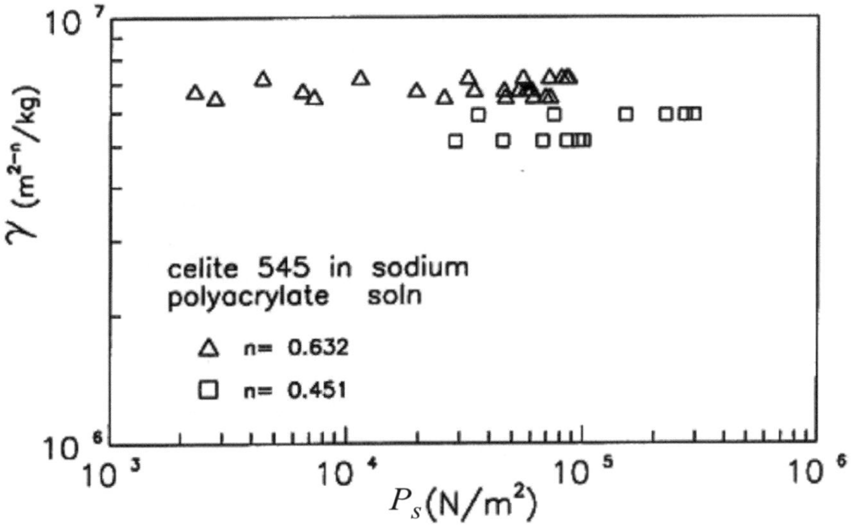

(b)

圖 10-21　冪次泥漿之濾餅濾性值之模擬結果 [6]

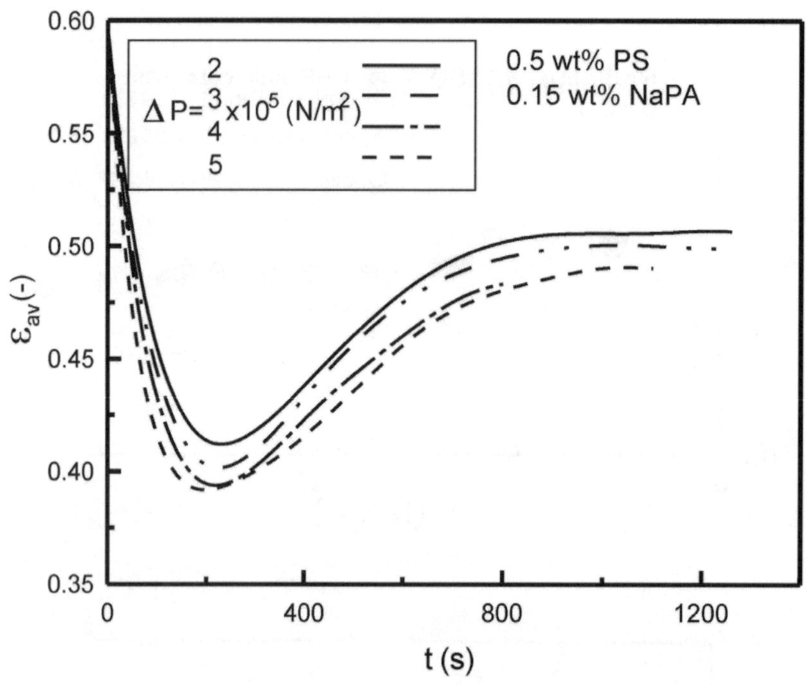

圖 10-22　黏彈性泥漿過濾之濾餅平均空隙度的模擬結果 [7]

達平衡之濾餅局部空隙度，t 則是壓縮之**遲滯時間**（retardation time）。模擬前 e_f 與 t 可以先由實驗數據決定，再將方程式（10-31）引入模擬程序進行圖 10-17 之流程。

以葡聚醣 - 二氧化錳（dextran-MnO_2）軟粒子爲例，圖 10-23 顯示在不同時間下，濾餅過濾比阻與固體壓縮壓力之間的關係，輔助線 $\overline{AB}$ 是用來描述在相同固體壓縮壓力、但是不同過濾時間下的濾餅過濾比阻。過濾比阻與固體壓縮壓力除了大致符合指數型的關係之外，亦是時間的函數，但在 600 s 之後，濾性值會逐漸趨於固定。另由此圖可知，濾餅的壓縮係數（圖中直線的斜率）亦是時間的函數。圖 10-24 顯示在三個不同的過濾壓差下，濾餅之平均過濾比阻隨時間之變化。可以發現在 60 秒之前，此時粒子尚未變形，濾餅之平均過濾比阻相當小，而在壓縮的遲滯時間之後，阻力即急速上升，但在約 1,000 秒時達到極大值，之後又緩慢下降。這表示固體壓縮壓力幾乎集中作用在前期生成之濾餅，殘餘的壓縮壓力已不足以對新生成的濾餅層造成壓縮，故阻力才會緩慢降低。

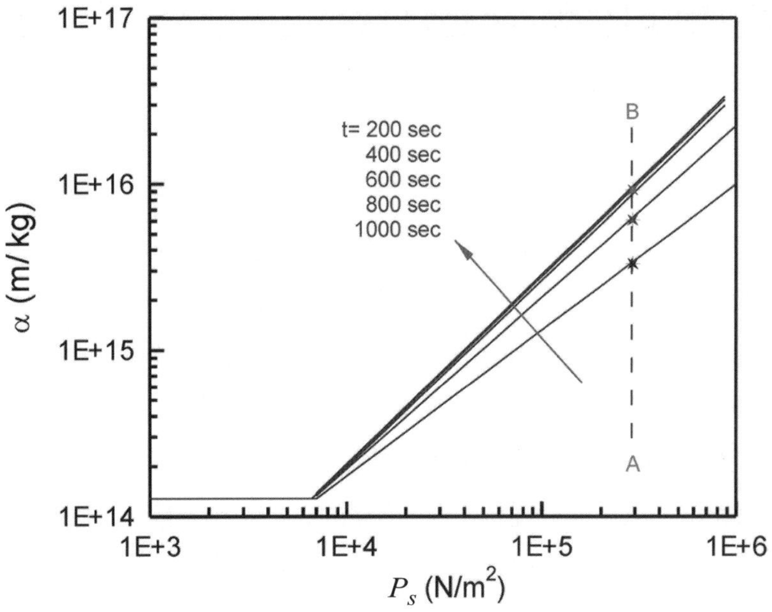

圖 10-23　在不同時間下，濾餅過濾比阻與固體壓縮壓力之間的關係 [8]

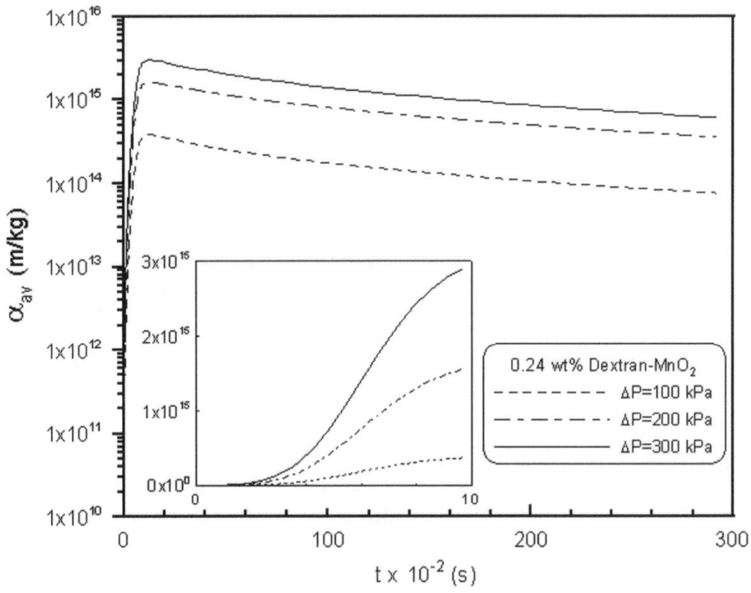

圖 10-24　可變形粒子構成之濾餅之平均過濾比阻隨時間之變化 [8]

10.9 毛細作用試驗（capillary suction time test）[2,12]

判定泥漿之濾性，最簡易之方法爲利用泥漿在某一特定濾紙上滲透時之擴散速率，此法爲 Baskerville 首創以 Capillary Suction Time Apparatus，由 Trition Electronics 販售，裝置構造示於圖 10-20。其原理爲利用倒入中心之泥漿中之水分，在厚約 1～2 mm 經過篩選之濾紙（常使用的是用於層析之 Whatman，#17 號濾紙，此濾紙毛細管力以水柱表示時大約 1 m）中之擴散速度爲指標，來判定該泥漿之濾性好壞或泥漿中粒子凝聚之差異。壓鎮濾紙之鎮板裝有 1A、1B 及 2 之三支探針，當擴散之水分碰到 1A 或 1B，計時器開始計時；當水分觸及探針 2 時，計時器停止計時。計時器所得時間則爲水分由點 1A，或 1B 擴散至點 2 時所需時間，亦即爲 Capillary Suction Time（CST），利用此 CST 之大小可相對判斷該泥漿濾性外，亦可詳估泥漿添加凝聚劑後之效果。有不少研究測試關於 CST 與 α_{av} 之關係，如圖

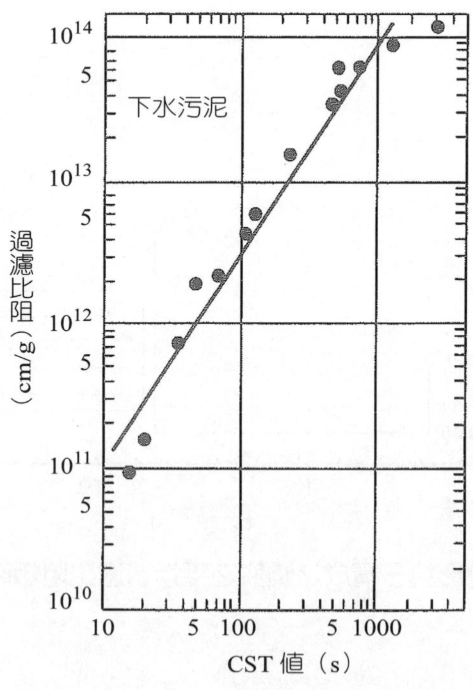

圖 10-25　CST 值與過濾比阻之相關

10-25 所示，把 CST 之值與眞空過濾所得之過濾平均比阻相關之圖，此圖顯示泥漿之比阻 α_{av} 與 CST 是有對數線性關係，所以對某特定之泥漿如先做過濾試驗求得某壓力下之 α_{av}，則 CST 可預測 α_{av}。

然實際上，濾紙之 suction pressure 不大，所以即便是 CST 能與 α_{av} 相關，亦只適於相當低之壓力差之情況，而與實際過濾時相差大，故 CST 試驗結果只能用於判定某一特定泥漿之相對濾性及相對凝聚程度，很難直接估計過濾壓差較大的濾餅之過濾比阻之值，也因此 CST 裝置數據常被用在決定添加凝聚劑或助濾劑的添加量時的參考依據。

10.10　液體澄清度 [5,13,14]

濾液之澄清度常用懸浮固體之濃度或液體之濁度來表示。表 10-2 舉示了需高澄清度液體之澄清度的幾種表示法，在表中所用之濾材均採用 Millipore 公司所上市的孔徑 0.45 μm 之濾膜（HAWPO, 0.47 Type HA）；第五項之 MFI 是 Schippers 等人所提議之方式，相當於 $\alpha_{av}\dfrac{W}{V}$，詳細介紹可參考原文獻 [13,14]。

表 10-2　表示濾液之澄清度所用之指標

1	Membrane Filtration Time MF $= \mu_{25}/\mu \times$ t〔秒〕	$\Delta p = 380$ mmHg t：過濾 500 mL 濾液所需之時間（s）
2	Silting Index　$d_p = 0.8\ \mu$m, SI $= (t_3 - 2t_2)t_1$[-] $V_2 = 100$ mL, $V_2 = 0.5\ V_3$, $V_1 = 0.1 V_3$	$\Delta p =$ psi(0.35 kg/cm^2 g) t_1, t_2, t_3 各為濾液量達到 v_1、v_2 及 v_3 所需之時間（s）
3	Plugging Index $P1 = (1 - t_1/t_2) \times 100\%$	$\Delta p = 2.1$ kg/cm^2 g t_1：濾液量達到 500 mL 之時間， t_T：T(15) 分鐘後再得 500 mL 濾液之時間（s）
4	Fouling Index (Silt Density Index) FI $= P1/T1$[1 / 分]	$\Delta p = 2.1$ kg/cm^2 g T 以 75 分鐘為標準：但 PI 如大於 75 時可用 10 分鐘或 5 分鐘
5	Modified Fouling Index MFI $= \dfrac{\mu_{20}}{\mu} \cdot \dfrac{\Delta p}{210} \tan\alpha$	$\Delta p = 2.1$ kg/cm^2 g α：過濾數據以 t/V vs. V 作圖所得直線之斜率（不是過濾比阻）

10.11　濾餅的洗滌試驗

濾餅的洗滌是於過濾過程後藉洗滌液（一般是水）將以洗滌方式去除在濾餅空隙裡的濾液所含的不純成分，或回收濾餅空隙裡的濾液來提升濾液的回收率，洗滌方法將在第十一章詳介，此章不擬重述。

10.12　影響過濾試驗結果的因素

所謂影響過濾試驗結果的因素，也即是影響過濾操作的因素，大家都知道懸濁液的物性（固粒濃度、粒徑大小、分布、凝聚狀態、黏度、溫度、pH 值、結晶性等）有變化，將直接影響濾速或過濾效率，尤其從前程序生產所得的懸濁液物性常常不是穩定，故執行過濾試驗時得考量這些不穩定去採可代表平均狀態的試樣，在擬委託裝置廠商代為進行過濾試驗時，更得確認所送的懸濁液經過輸送過程環境條件的變化，和經長時間是否有老化（aging effect）而改變其濾性？

10.12.1　固粒的大小與形狀

為簡化說明，就假設懸濁液中的固粒是剛性的均一徑所成，則會濾餅的過濾比阻可由 Kozeny-Camann 式得

$$\alpha = \frac{kS_0^2(1-\varepsilon)}{\rho_p \varepsilon^3} \tag{10-33}$$

上式中，S_0 是固粒的比積，k 是 Kozeny constant，如固粒是球形，即 S_0 與 d_p 有 $S_0 = 6/d_p$ 關係，故從上式可知，α 與 d_p 的二次方成反比，販售，裝置構造示於圖 10-26。圖 10-26(a) 揭示如由粒徑均一的濾餅的空隙率約為 0.5 時，餅的固粒粒徑 d_p 與

過濾比阻 α 的關係。此圖顯示粒徑大小顯著地隨粒徑的減小而增大。

而圖 10-26(b) 則揭示 $d_p = 2\ \mu$m 時，濾餅的過濾比阻 α 將隨空隙率增大而驟減，圖 10-26(c) 則揭示在同樣濾餅容積下，固粒的形狀對濾餅的過濾比阻 α 的影響，形狀越偏離球狀（長徑／短徑之比越大），濾餅的過濾比阻就增大。

另圖 10-26(d) 則以兩種不同粒徑的固粒混合所成懸濁液之例來說明粒徑分布對 α 的影響，在維持濾餅空隙率在 0.5 時含越多小粒子，濾餅的過濾比阻就增大。

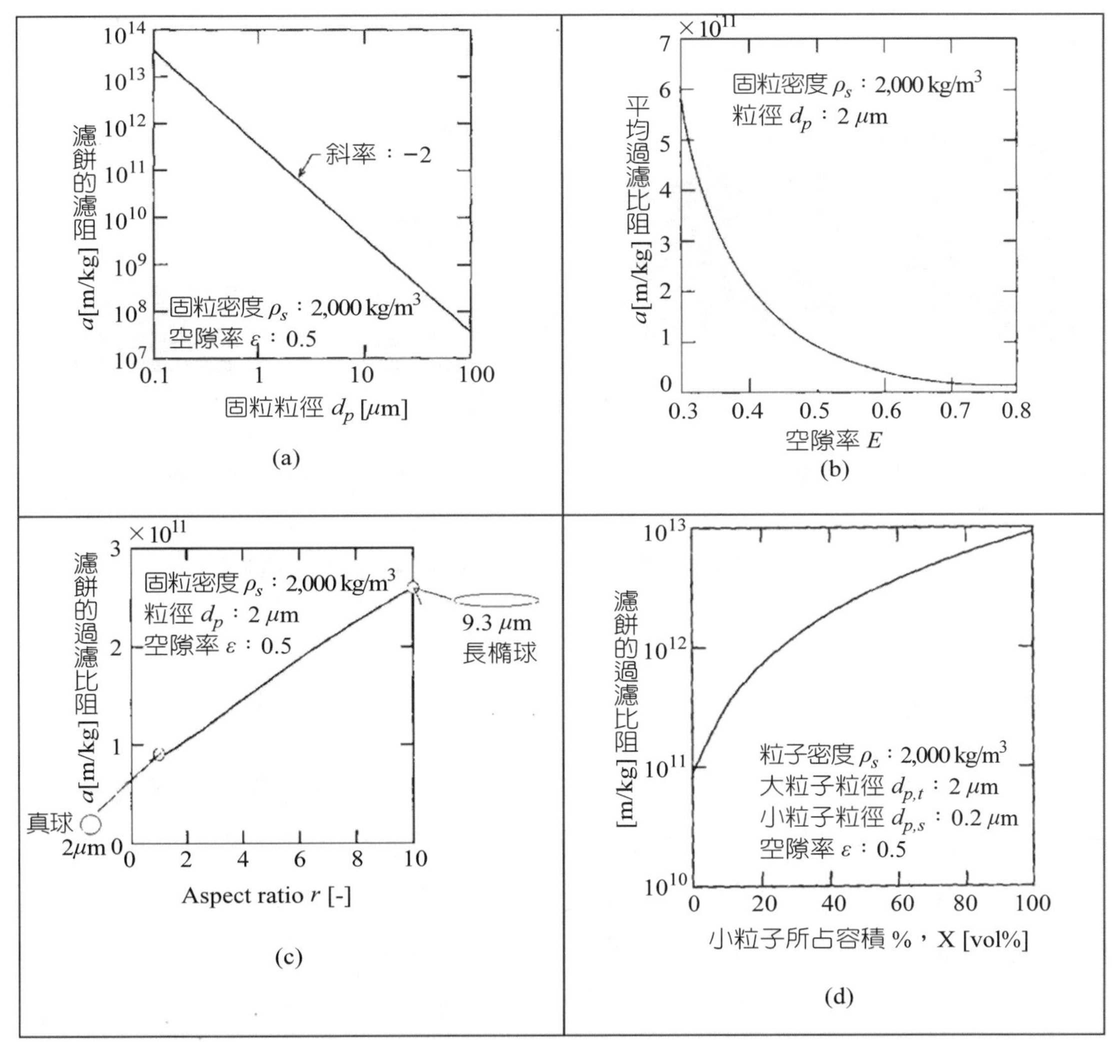

圖 10-26　固粒的大小與形狀對濾性值的影響 [9]

10.12.2 濾餅的壓密性與壓縮性 [9]

圖 10-27 揭示當固粒在濾材上沉積成濾餅後繼續受由拉力轉換過來的固體壓縮力的作用，如固粒是不會變形的剛性，粒子的堆積結構尚會受壓（compact）的影響減少空隙度而減緩過濾速率，如固粒是可變形的軟性粒子，濾餅將受固體壓縮壓力的作用被壓縮成如圖 10-27(b) 所示的結構而驟減過濾速率。

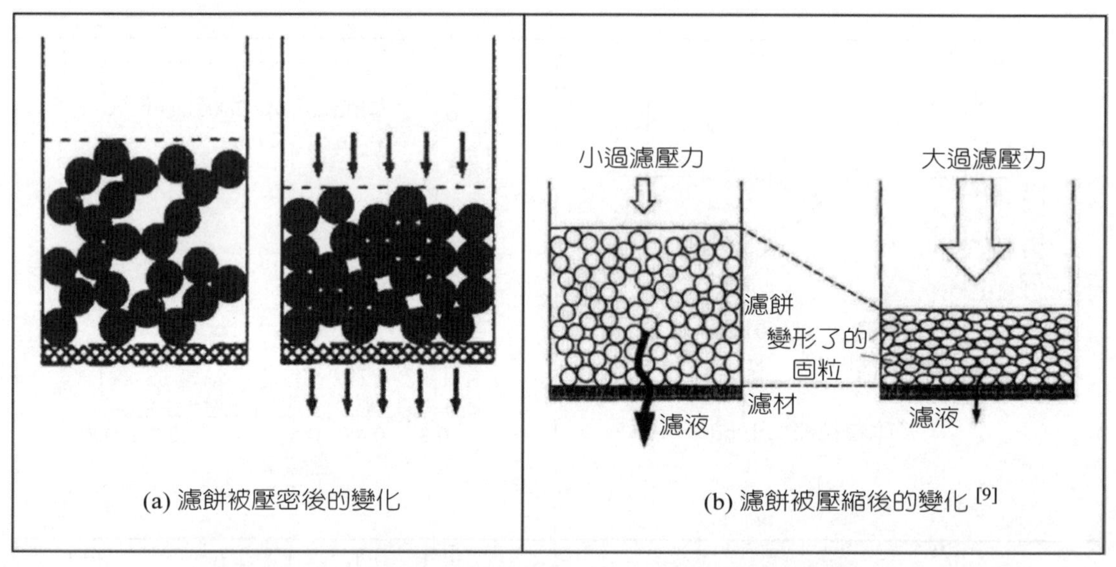

圖 10-27　濾餅的壓密性與壓縮性對對濾性值的影響

10.12.3 pH 值

進料懸濁液 pH 視物質的種類可給對其分離特性有很大的影響。pH 值低（酸性）可能溶有某種酸，而干擾分離。pH 值高時（鹼性）溶液中就有能溶有有機蛋白質，而固粒 · 液體界面的荷電狀態，如二氧化鈦的懸濁液，其 pH 值不同將有種種不同的荷電狀態而影響其凝聚的結果，導致堆積成不同結構的濾餅。圖 10-28 揭示二氧化鈦的懸濁液在不同 pH 時，濾餅空隙度的變化和平均過濾濾阻的變化。

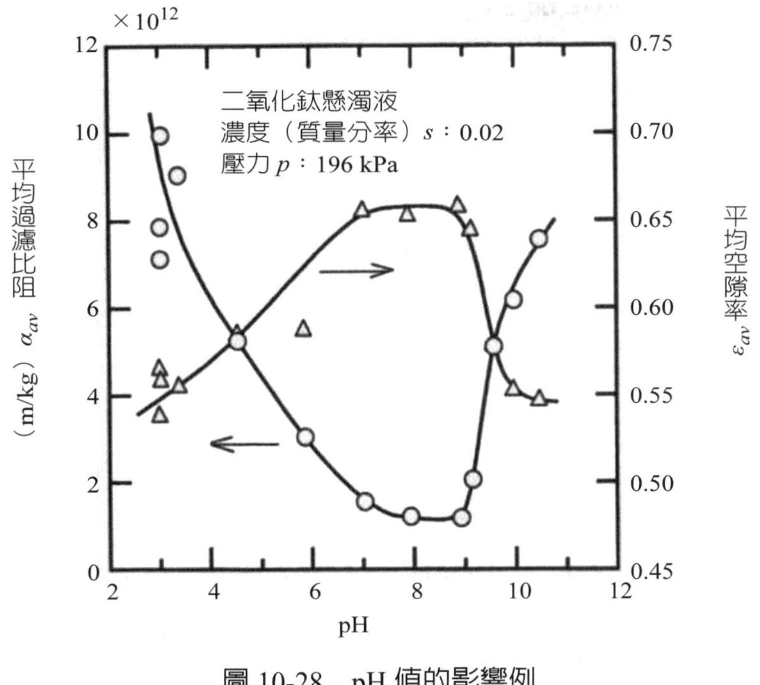

圖 10-28　pH 值的影響例

10.12.4　懸濁液的流動性

希望獲得具有代表性的濾餅，就得先有流動性好的懸濁液，如試料懸濁液的流動性缺佳，可能堵塞送料管或無法穩定的供應原試料的懸濁液至濾室，尤其高黏性泥漿，含蠟狀油滴等隨溫度會急改變黏度的進料就特別小心處理。對高黏度試料，就得考濾在可允許的高溫執行試驗的可能性，如進料含有沉降性固粒時，就得考慮如何藉溫和的攪拌來避免沉降現象發生。

10.12.5　濾材的種類與耐用性

宜確認使用濾材的耐熱性、耐腐蝕性、耐壓性。選擇濾材時，請參照第七章「濾材及其選擇」。

10.12.6 試驗裝置與過濾條件

在過濾試驗有時在設定的條件下，可能得不到目標的過濾速率或濾液量，如堆積而得的濾餅是高壓縮性，則怎麼提高過濾壓力反而可以驟減過濾速率。

在試驗設備的輸送試料管系，如管徑太細或裝有細孔考克，泵送量大的試料時，其摩擦損就增大將會導致可供過濾的有效驅動壓降低，故設計試驗設備的管路時，得注意使用合適流量的管徑或壓降小的閥類。每次做完試驗後得沖洗管線去除殘留附著污垢。

10.13 其他注意之事項

對測試結果之評估與應用於規模放大之考慮等方面，由於過濾試驗中最需注意的是泥漿特性之變化，包括溫度、黏度、沉降及放置一段時間後之凝聚（**老化現象**，aging effect）等，都會直接影響到試驗結果之可靠性，故任何過濾試驗最好都在現場實施沉降。另一方面，濾材之阻力，常因試驗時所用濾材與實際濾器上所使用濾材不同而有所改變，尤其阻塞速率及澄清度會有所差異。

一般過濾試驗多在恆壓條件下進行，故如工廠濾器操作壓力與試驗壓力不同時，應注意因壓力改變而引起之壓縮效應。試驗時宜對不同壓力進行試驗，求 α_{av} 及 ε_{av} 對 ln（ΔP_c）之變化，並求得其濾餅之壓縮係數等；至於粒子之附著性，將視濾葉或濾框之形狀及幾何條件而有所不同，如垂直之濾葉多多少少將有重力效應而使較粗粒之粒子附著於下方，而濾葉之上端不僅濾餅較薄，所附著之粒子亦較細，這些現象均將影響濾餅之洗滌效果及濾餅之龜裂與否，故在設計濾器時應加以考慮這些因素。

10.14　離心分離試驗

10.14.1　離心沉降試驗

1. 從 Spinning Test 求離心機 [27]

常見的試驗用的離心沉降器有如圖 10-29(b) 和 (c) 所示的 Swing Rotor 型和 Angle Rotor 型兩種，由於 Swing Rotor 型較容易觀察分離狀態，且分離距離較長而較多被使用來做離心沉降試驗。

以下將就 Swing Rotor 型試驗用的離心沉降器來推導試管中固粒的沉降速率 v_g，因在離心力場固粒的沉降速率 v_c 是

$$v_c = v_g \cdot \frac{\omega^2 \cdot r}{g} \tag{10-34}$$

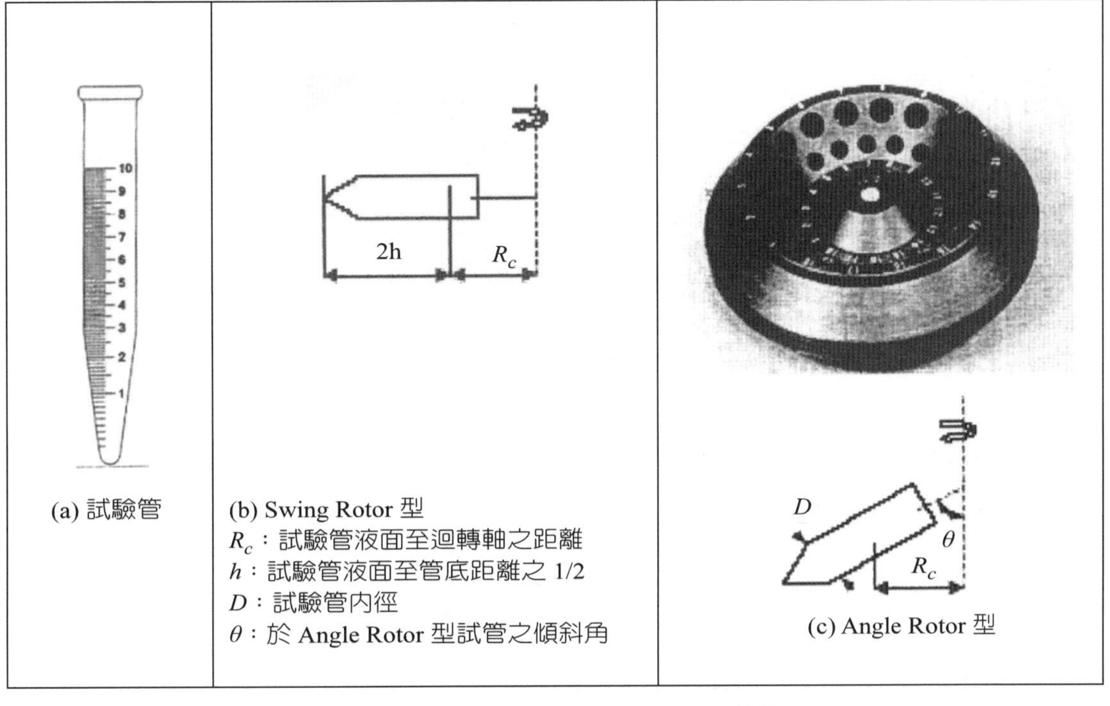

圖 10-29　試驗用的離心沉降器 [27]

$$但\ v_g = \frac{\Delta\rho}{18\mu} \cdot d_p^2 \cdot g \qquad (10\text{-}35)$$

上式中，ω：角速度，r：離心半徑，g：重力加速度，$\Delta\rho$：固液密度差，d_p：固粒的代表徑，μ：液體黏度。

$$則\ v_c = \frac{\Delta\rho}{18\mu} \cdot d_p^2 \cdot \omega^2 \cdot r \qquad (10\text{-}36)$$

$$而\ v_c = \frac{dr}{dt} \qquad (10\text{-}37)$$

如在 Swing Rotor 型離心沉降器粒徑 d_p 的固粒，從 Rc 沉降至 $Rc + h$（至管底距離之一半）所需時間，T 可由式（10-37）代入式（10-36），再從 $r = Rc$ 積分到 $r = Rc + h$ 而得如：

$$T = \frac{18\mu}{\Delta\rho \cdot d_p^2 \omega^2} \cdot \ln\left(1 + \frac{h}{R}\right) \qquad (10\text{-}38)$$

如 Σ 值可利用分離板式的公式

$$\Sigma = \frac{2\pi n}{3g} \omega^2 N \cot\theta (R_1^3 - R_2^3) \qquad (10\text{-}39)$$

則離心機的處理流量 Q 爲

$$Q = v_g \cdot \Sigma \qquad (10\text{-}40)$$

可由式（10-40）和式（10-42）得

$$T = \frac{\Sigma}{Q} \cdot \frac{g}{\omega^2} \cdot \ln\left(1 + \frac{h}{R}\right) \qquad (10\text{-}41)$$

如 F 代表試驗器的固有值，則

$$\text{Swing Rotor 型}：F = \ln\left(1+\frac{h}{R}\right) \quad (10\text{-}42)$$

$$\text{Angle Rotor型}：F = \ln\left(1+\frac{\dfrac{h}{D}}{R_C+\cos\theta}\right) \quad (10\text{-}43)$$

將上式代入可得

$$v_g = \frac{Q}{\Sigma} = \frac{F\cdot g}{T\cdot\omega^2} = \frac{F\cdot g\cdot 30^2}{T\cdot\pi^2\cdot n^2} = \frac{895\cdot F}{T\cdot n^2} \quad (10\text{-}44)$$

上式中，n 爲離心器的迴轉數 [rpm]，T 爲離心時間 [hr] 故從離心試驗數據和式（10-44）求得 v_g 值，加已知的處理流量 [m^3/hr]，可由式（10-40）得 Σ 值，由此值可進一步得離心機的運轉條件。

2. 求連續離心分離器的處理量

利用上段所介紹求得的 v_g，可依下式求同懸濁使用連續離心分離機時的處理流量：

$$Q = v_g \times \Sigma \times \kappa \ [\mathrm{m^3/hr}] \quad (10\text{-}45)$$

上式中，Σ 是考慮中的連續離心分離機的離心沉降面積 [m^2]

κ 是離心分器機的效力，其值介在 0.1～0.5

式（10-45）幾乎用於連續離心分離機的規模放大，其程序首先用小型連續離心分離機就擬分離的懸濁液求其 Q/ Σ 值，這等於求了未知數 v_g 和 κ 的乘積值，再依式（10-45）求考慮中的處理流量所需的 Σ 值。生物系懸濁液的 κ 值大多介在 0.05～0.1，無機系固粒的懸濁液的 κ 值大多在 0.25 以上。

3. 離心分離效果的量測

如試驗目的僅在

(1) 判斷試樣懸濁液中分離固粒成分的難易。

(2) 確認固粒相與液相所占的容積比。

(3) 確認固粒相是否含不同種類的固粒。

其試驗手順爲：

(1) 於沉降試管裝入準確 50 mL 試料。

(2) 於裝了試料對稱位置裝等重量的試管。

(3) 收 10 秒時間將離心機轉速加速至所要轉速。

(4) 繼續維持該轉速一段所定沉降時間後，切斷電源讓自然減速停轉（參照下圖 10-30）。

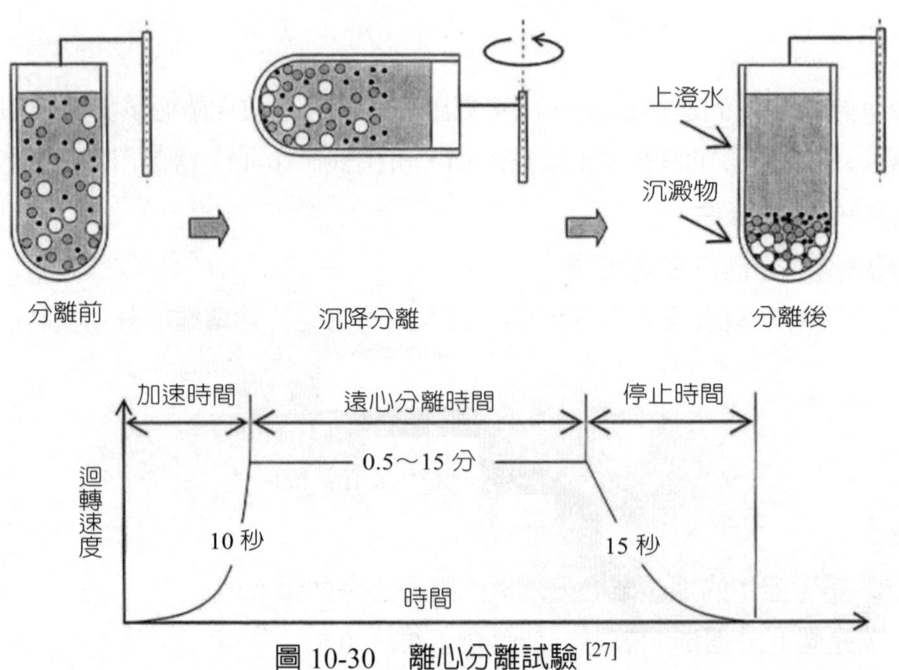

圖 10-30　離心分離試驗 [27]

取出試料試管後：

(1) 用 pipet 吸上層澄清液，量取其容積

(2) 量上層澄清液的固粒濃度

(3) 沉積物容積 = 50 − 上層澄清液容積

(4) 挖清沉積物量測固粒濃度

10.14.2　離心過濾試驗（請參照 5.10 節）

用 Swining Rotor 離心器做離心過濾試驗時需改用如圖 10-31 的過濾試管，並需要有閃光測頻儀可量濾液量和濾餅表面距離 r_c 值。

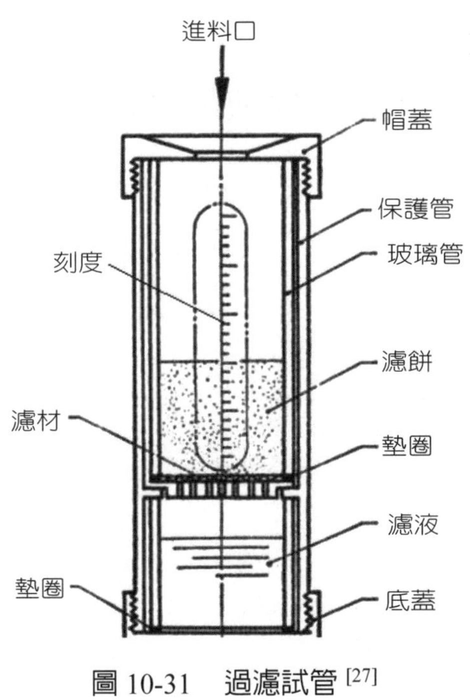

圖 10-31　過濾試管 [27]

從 5.10 節的推導離心過濾的壓差爲

$$\Delta p = \omega^2 \{\rho(r_0^2 - r_c^2) + \rho_{sl}(r_c^2 - r_s^2) + \rho(r_s^2 - r_1^2)\}/2$$

而考慮懸濁液裡固粒的沉降效應的 α_{av} 可由下式求得。

$$\alpha_{av} = \{\frac{\Delta p}{\mu Q} - \frac{R_m}{A_0}\} \cdot \frac{A_{lm} \cdot A_{av}}{W} = \{\frac{\Delta p}{\mu Q} - \frac{R_m}{A_0}\} \cdot \frac{2\pi h}{\ln(r_0 / r_c)\rho_p(1 - \varepsilon_{av})} \qquad (10\text{-}46)$$

可用閃光測頻儀量測過濾過程的濾液量及濾餅表面的徑向距離 r_c 的數據求得 α_{av}。

如固粒的沉降速率甚大於過濾速率時，離心透過過程將主空離心過濾程序，而

此時的 α_p 是平均離心透過比阻爲 [27]

$$\alpha_p = \{\frac{\Delta p_p}{\mu u_p} - R_m\} \cdot \frac{\pi(r_0^2 - r_c^2)h}{W r_0 \ln(r_0 / r_c)} \tag{10-47}$$

$$W = \rho_{sl} \cdot s \cdot V_{sl} \tag{10-48}$$

濾餅總質量可由式（10-37）和供進試管的懸濁液的總容積 V_{sl} 求得。

符號說明

A	過濾截面積 [m^2]
A_0	濾室內過濾截面積 [m^2]
A_1	孔板以上過濾截面積 [m^2]
C	濾餅質量與濾液質量之比
C_0	$t = 0$ 時之 C 值
C_{av}	平均之 C 值
C_1	常數 [kg/m^3]
h_f	濾室之高度 [m]
m	濕濾渣對乾濾渣質量比 [-]
ΔP	過濾壓差 [N/m^2]
ΔP_0	濾室內濾渣兩端壓差 [N/m^2]
ΔP_1	孔板以上濾渣兩端壓差 [N/m^2]
Q	流量 [m^3/s]
q	單位截面上濾液流量 [m^3/m^{2}s]
q_0	濾室內單位面積濾液流量 [m^3/m^{2}s]
q_1	孔板以上單位面積濾液流量 [m^3/m^{2}s]
R_c	濾渣阻力 [1/m]
R'_c	孔板以上濾渣阻力 [1/m]
R_{cf}	濾渣填滿濾室時濾渣阻力 [1/m]

R_m　濾材阻力 [1/m]

s　泥漿中固體所占質量百分率 [-]

t　時間 [s]

T_w　溫度 [°K 或℃]

v　濾液體積 [m^3]

v_f　濾室填滿時濾液體積 [m^3]

V　濾液之容積 [m^3]

W_c　濾面上乾濾渣質量 [kg]

w_c　孔板以上單位面積乾濾渣質量 [kg/m^2]

w_{cf}　濾室內單位面積乾濾渣質量 [kg/m^2]

希臘字母

ρ　濾液密度 [kg/m^3]

ρ_s 或 ,ρ_p 粉體密度 [kg/m^3]

α_{av}　平均過濾比阻 [m/kg]

α_x 或 ,α 局部過濾比阻 [m/kg]

μ　濾液黏度 [kg/ms]

ε_x 或 ε 局部濾餅空隙度 [-]

ε_{av}　濾渣空隙度 [-]

ε_i　濾餅表層之空隙度 [-]

參考文獻

1. ASTM; Standard Methods of Test for Silting Index of Fluids for Processing Electronics and Microelectronic Device (1973).
2. Baskerville, R., and R. S. Cale; *Jo. of Inst. Water Pollution Control*, No.2(1968).
3. Channasbasappa, K. C.; Desalination, Vol. **17**, 31 (1975).

4. Du Pont de Nemous & Co.; Determination of Fouling Index, Technical Bulletin No. 491 (1976).
5. Happel, J., and H. Brenner, *Low Reynolds Number Hydrodynamics*, Prentice-Hall, Englewood Cliffs, NJ (1965).
6. Hwang, K.J. and W.M. Lu, "Dynamic analysis of constant pressure filtration of power law slurry," *J. Chem. Eng. Jpn*, 29(1), 65-74 (1996).
7. Hwang, K.J., C.Y. Huang and W.M. Lu, "Constant pressure filtration of suspension in viscoelastic fluid," *J. Chem. Eng. Jpn*, 31(4), 558-564 (1998).
8. Hwang, K.J. and C.L. Hsueh, "Dynamic analysis of cake properties in microfiltration of soft colloids," *J. Membr. Sci.*, 214(2), 259-273 (2003).
9. 入谷英司，繪とき濾過技術——基礎のきそ，日刊工業新聞社，東京，日本（2010）。
10. Kunisada and Hirai,; *Water Processing Tech.*, Vol. **4**, (1, 39 (1978)).
11. Kozicki, W. and P.Q. Kuang, "Cake filtration of suspensions in viscoelastic fluid," *Can.J. Chem. Eng.*, 72, 828-839 (1994).
12. Lu, W. M., F. M. Tiller, F. B. Cheng and C.T. Chen,; J*o. of Ch. I. Ch. E.* Vol.**1**, 45 (1970).
13. Lu, W. M. and K. J. Hwang,; Sep. Tech. Vol.**3**, 122 (1993).
14. Lu. W. M ."Filtration Technology" Chap. 16, Kaolih, Taipei, Taiwan (1994).
15. Lu, W. M. and Y. P. Huang,; *Jo. of Chem. Eng. of Japan*, Vol, **31**, 558 (1998).
16. Lu, W. M.; Bulletin of College of Eng., Vol. **84**, 3 (2002).
17. Lu, W. M., and F. M. Tiller; "A Modified Definition of Average Specific Filtration Resistance for a Variable Pressure Filtration," *Bull. College Eng., Nut. Taiwan Univ.*, 13, 77 (1969).
18. Lu, W. M., K. L. Tung, S.M. Hung, J. S. Shiau, and K. J. Hwang, "Constant pressure filtration of mono-dispersed deformable particle slurry," *Sep. Sci. Technol.*, 36(11), 2355-2383 (2001).
19. Matsumoto，松本幹治（主編），實用固液分離技術，分離技術會，東京，日本（2010）。
20. Murase, T., E. Iritani, J. H. Cho and M. Shirato; *Jo of Chem. Eng. of Japan* Vol. **20**, 246 (1987).
21. Powder Tech. Assoc., Japan, "*Filtration and Expression Manual*," Chap. 13, Nikkan Kogyo, Tokyo, Japan (1973).
22. Sanbuici 三分一政男，濾過工學ハンドブック，Ch.4, 4.2，世界濾過工學會日本會編，丸善，東京，日本（2009）。
23. Schippers, J. C. et al.: Desalination, Vol. **32**, 137 (1980).
24. Schippers, J. C. et al.: Desalination, Vol. **38**, 339 (1981).
25. Shirato, M., T. Aragaki, E. Iritani, M. Wakimoto, S. Fujiyoshi and S. Nanda, "Constant pressure

filtration of power-law non-Newtonian fluids," *J. Chem. Eng. Jpn*, 10, 54-60 (1977).

26. Tiller, F. M., and H. Cooper, "The Role of Porosity in Filtration: IV. Constant Pressure Filtration," *AIChE J.*, 6(4), 595 (1960).
27. Yano矢野政行主編，液體清澄化技術の基礎實驗，LFPI，東京，日本（2012）。

第十一章
後處理：濾餅之洗滌、壓榨與脫液

/ 朱敬平

11.1　濾餅後處理之目的

在許多程序中，如榨油、食品加工、礦冶、廢水污泥處置等，濾餅殘留的液體量常為決定產品品質之關鍵，抑或影響後端清除處理成本，必須配合**後處理**（post treatment），使濾餅含液率及**標的溶質**（target solute）殘存量降到最低。

濾餅後處理一般包括**洗滌**（washing）、**機械壓榨**（expression 或 consolidation）與**通氣脫液**（gas deliquoring）等三種操作，依各類濾餅性質與後端處理需求，可選擇全部或其中之二進行。

在濾餅為有價原料或產品時，適當的後處理有如下功能：

1. 減少體積，降低運輸物流成本。
2. 提高原料純度，增加後續反應效率與良率。
3. 去除雜質與微生物，延長保存期限。
4. 減少有毒物質存在含量（如重金屬鹽類等）。

圖 11-1 以分離磷酸液與磷石膏粉為例（固體密度約 2,350 kg/m^3，液體密度約 1,390 kg/m^3），說明各種脫水設備可以達到的濾餅重量與體積縮減效果。若以重力濃縮後的進料為起點（含液率約為 70%），經真空過濾後，濾餅含液率降至 55%，重量減為原本之 67%，體積則為 62%，此時濾餅飽和度仍為 100%；濾餅後經純磷酸液（密度同為 1,390 kg/m^3）進行洗滌，洗滌結束後含液率仍為 55%，再經通氣脫液，濾餅含液率降至 42%，重量減至原本的 52%，體積為 45%，飽和度約 59%；最後熱乾燥後去除剩餘之液體，最終含液率低於 5%，重量減至原本的 32%，體積為 22%，飽和度約 4%。

若濾餅為廢棄物時，後處理功能包括：

1. 減少清除成本。
2. 減少最終處置（如掩埋、焚化等）成本。
3. 提高資源再利用可能性。
4. 兼顧環境衛生要求。

圖 11-2 以淨水場產生的廢棄污泥為例（固體密度約 2,000 kg/m^3），說明各種

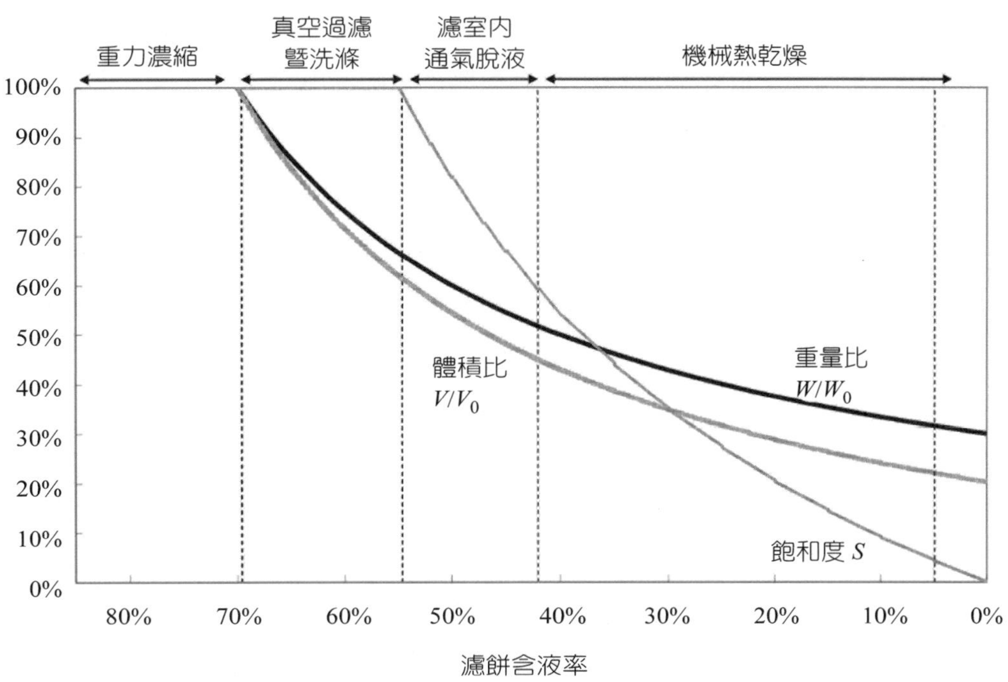

圖 11-1　濾餅於脫液與脫液後體積、重量、飽和度變化（以磷酸／磷石膏為例）

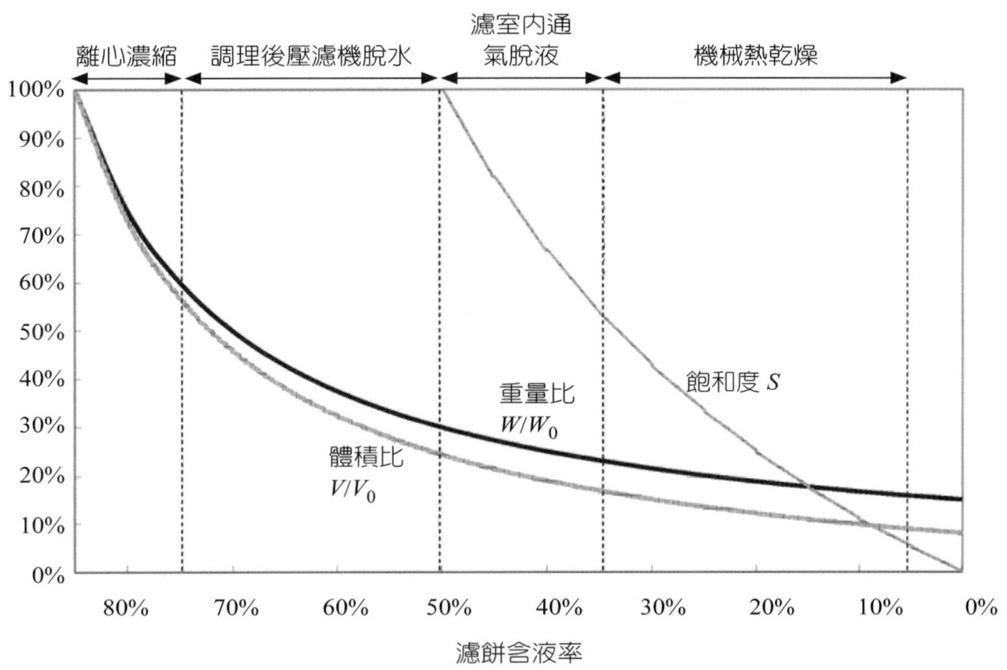

圖 11-2　濾餅於壓榨與脫液後體積、重量、飽和度變化（以淨水場污泥為例）

脫水設備可以達到的濾餅重量與體積縮減效果。若以離心濃縮後之進料爲起點（含水率約爲 10～15%），經化學調理後進行壓榨，含液率降至 50%，重量減爲原本之 30%，體積則爲 24%，此時濾餅飽和度仍爲 100%，最後經熱乾燥後，含水率低於 5%，則重量減至原本的 16%，體積爲 9%，飽和度約 5%。

本章將介紹各種濾餅後處理單元之原理與設備。11.2 節將說明濾餅洗滌之原理與操作，包括**置換洗滌**（hydraulic displacement washing）與**重泡開濾餅洗滌法**（cake repulping）兩種洗滌操作的流程、設備概況、評估指標，以及現象解析。

11.3 節探討的壓榨操作係以機械設備或濾材對濾餅**直接加壓**（mechanical pressing），以達最低含液率，此時濾餅飽和度仍爲 1；內容包括相關理論，以及常用機械設備，如**濾帶壓榨器**（belt press）、**螺旋壓榨機**（screw press）、**壓濾器**（filter press）等之原理與操作維護概要，相關設備細節可另參見本書第十四章。

11.4 節介紹通氣脫液，包括在過濾器中進行通氣操作（可能爲常溫的加壓空氣、惰性氣體或蒸汽）使濾餅達到所需含液率後再卸料，或是另外送至熱乾燥器中，以高溫氣體接觸或間接加熱蒸發濾餅中以機械壓榨方式仍無法脫除之液體；本節將就通氣脫液現象進行解析，並介紹濾器內之脫液操作及常見之工業乾燥設備。

11.2 濾餅洗滌

11.2.1 洗滌目的

經過濾產生之濾餅依顆粒結構不同，含液量可能介於 50～80% 間，這些殘留液體可能含溶解性鹽類或微量奈米級粒子等標的溶質，即令再經壓榨或乾燥等脫液操作仍無法完全去除。若產出需求爲高純度之固體作爲原料或產品（如欲回收有價金屬），需以洗滌驅出雜質（如鹼金族、鹼土族等鹽分）避免影響產品（或原料）品質；或相反地，需將濾餅中有價值的標的溶質萃出（如從礦渣中帶出溶有標的金屬成分的酸液），以求最高產率；或濾餅與濾液均爲重要產物，如從結晶體中以另一種有機溶劑洗出結晶母液，再將其與結晶母液作相分離。

濾餅若為無機物質（如礦渣），洗滌後結構與含液率通常並無太大改變，可逕作通氣脫液以驅出洗滌液，得到最終產品；若濾餅主成分為有機物，一般尚需壓榨盡可能地脫除洗滌液，以減少通氣脫液所需時間。

洗滌效率受濾餅結構與顆粒大小所影響。對濾餅結構最簡單的假設為孔徑為毛**細管束**（capillary bundles）。若從濾餅的斷面觀察（圖 11-3），空隙所構成的毛細管內徑起伏不平，儘管芯部分流態接近**栓流**（plug flow），凹凸不平的表面多少使原濾液與洗滌液產生對流混合，以及在細孔內存在擴散現象，使洗滌效果偏離理想栓流之型態。

圖 11-3(a) 之濾餅空隙形成不具有細孔的毛細管，如礦渣、砂土等無機物即為此類（如數百 μm 以上），從管芯往外大部分呈栓流流態，靠近表面處有少許濾液與洗滌液混合，程度與毛細管長度、**彎曲度**（tortuosity）有關。此類**漿料**（slurry）不論以何種設備形成濾餅，都可快速洗滌，並無需特別考慮過濾機型式。

圖 11-3(b) 之濾餅粒子有大量細孔，如廢污水污泥、蔗渣、油籽等有機物即為此類，除靠近管芯的栓流，有相當比例之濾液仍含在細孔，標的溶質係透過擴散機制被帶出，速度相對緩慢，也因此限縮可使用的過濾機，如較適合者為能形成較薄

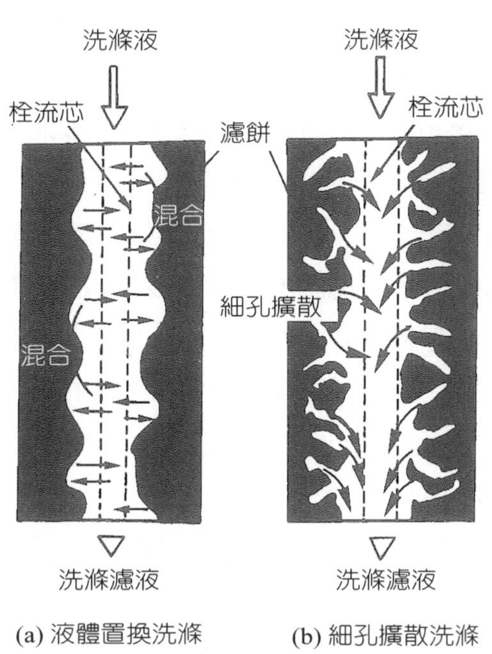

圖 11-3　洗滌濾餅之機制

濾餅層的濾帶眞空過濾器與離心脫水機；若使用部分不易在過濾週期中加入洗滌階段的過濾器，如離心濃縮機、**旋轉盤過濾器**（rotary disk filter）等，亦需注意是否需再將濾餅導入另一單元洗滌。

當濾餅對於液體滲透性良好，可採用噴淋法進行洗滌，稱爲**置換洗滌**（hydraulic displacement washing）；若濾餅滲透性差，或採用眞空脫水等方式而有嚴重龜裂，則宜採將濾餅加水**重泡開**（repulping，或稱「漿化」）再作洗滌。以下即分別於 11.2.2 與 11.2.3 兩小節裡介紹前述洗滌方法。

11.2.2 置換洗滌法

置換洗滌之原理藉壓差使洗滌液流經濾餅，取代空隙間的濾液，操作基本上與過濾相同，僅以洗滌液置換濾餅中的濾液，惟因濾餅結構改變，洗滌液通過過程較類似於滲透，其流態不能完全以達西定律描述。

圖 11-4 爲以濾帶式眞空過濾器爲例，介紹連續式過濾器的濾餅洗滌方式。其在濾帶前段生成均勻濾餅層後，中段展開必要之洗滌；其以濾帶速度控制洗滌效果，而依濾餅型式不同，可於頂部用**洗滌液槽**（trough）或**噴灑器**（spray）導入洗滌液（較節省洗滌液用量），兩者可以單獨或組合使用，亦可調整位置以因應濾餅性質發生變化時的洗滌需求；另濾液與帶出的洗滌液可以循環使用，進行**多段式對向流洗滌**（multi-stage countercurrent washing），減少洗滌液的用量。

圖 11-5 爲批次性過濾器的生成濾餅後進行洗滌的示意圖，包括壓濾機、葉濾器以及管式過濾器等三種型式。在每個批次過濾週期內有一定時段用於濾餅的洗滌，以壓濾機爲例（圖 11-5(a)），待濾餅形成並完成壓榨後，再由原本進料管線導入洗滌液，濾液暨洗滌液循原有濾液流出管道流出；部分設計會在兩個濾框之間加入洗滌板，使洗滌液經此管道從濾布背面穿過濾餅，然後再由下一個濾板排料口流出；而各類可降低濾液流出阻力的設計，如濾板上有凸柱狀表面，亦同樣能減少洗滌液流出阻力，提高洗滌速度 [1]。

洗滌過程可透過下述方式解析以預測洗滌速度、洗滌時間和溶液濃度 [2,3]。以洗滌液出口濃度 C（或相對濃度 C^*）對流經洗滌液體積 V（或相對體積 V^*）作圖，稱爲洗滌曲線（圖 11-6）。其中 V^* 是洗滌液之相對容積：

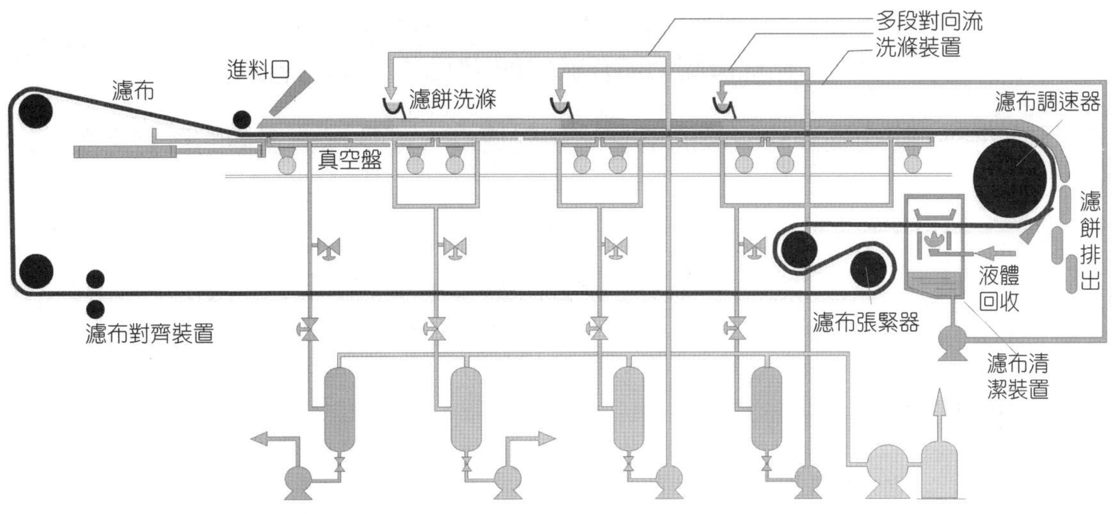

圖 11-4　濾帶式真空過濾器之濾餅洗滌方式

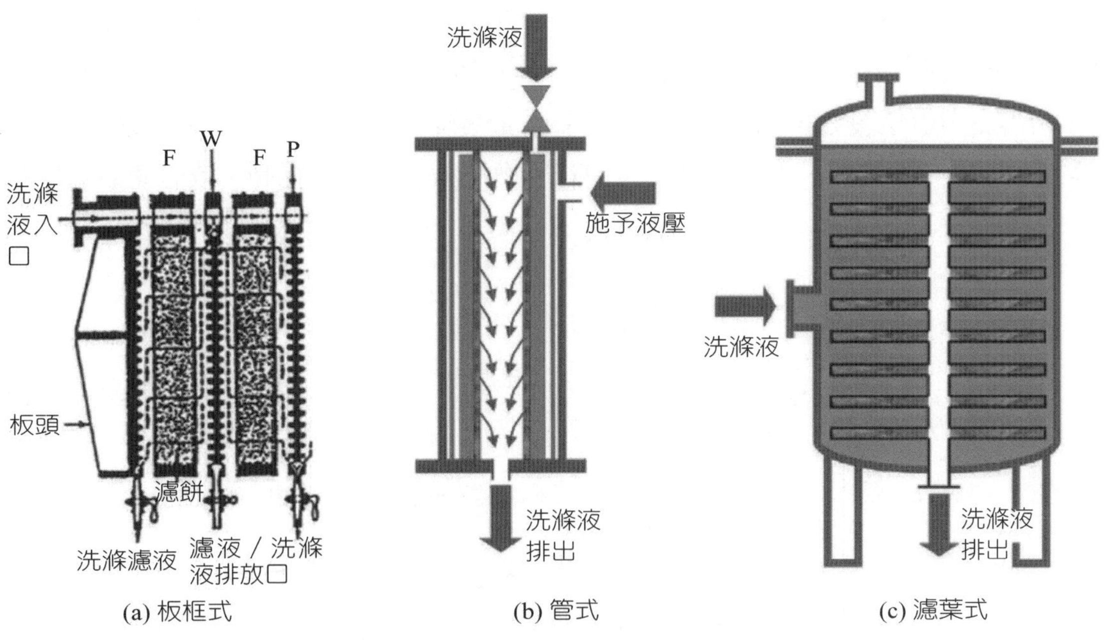

(a) 板框式　(b) 管式　(c) 濾葉式

圖 11-5　批次式過濾器之濾餅洗滌方式

$$V^* = \frac{\text{到時間 } t \text{ 時所使用之洗滌液容積}}{\text{在洗滌開始前存於濾餅空液之濾液容積}} \tag{11-1}$$

C^* 是時間為 t 時之洗滌濾液標的溶質之相對濃度，如洗滌液含標的溶質之濃度為 C_w，則

$$C^* = \frac{C(t) - C_w}{C(0) - C_w} \tag{11-2}$$

如 $C_w = 0$ 時，則

$$C^* = \frac{C(t)}{C(0)} \tag{11-3}$$

如洗滌液能以均速栓流方式流經濾餅，且無**流動混合**（backmixing）或擴散問題，洗滌曲線如曲線 ① 所示；惟在圖 11-3(b) 的情形下，毛細表面產生原濾液與洗滌液之混合以及孔隙內的擴散，使洗滌曲線偏離曲線 ①，呈現曲線 ②，在首段（Ⅰ段）出現很短的一段理想栓流置換，過了反曲點後變成液體之互相混合及擴散現象控制之領域（Ⅲ段），再緩慢遞減。倘若置換洗滌液流速再提高，或若濾餅結構厚

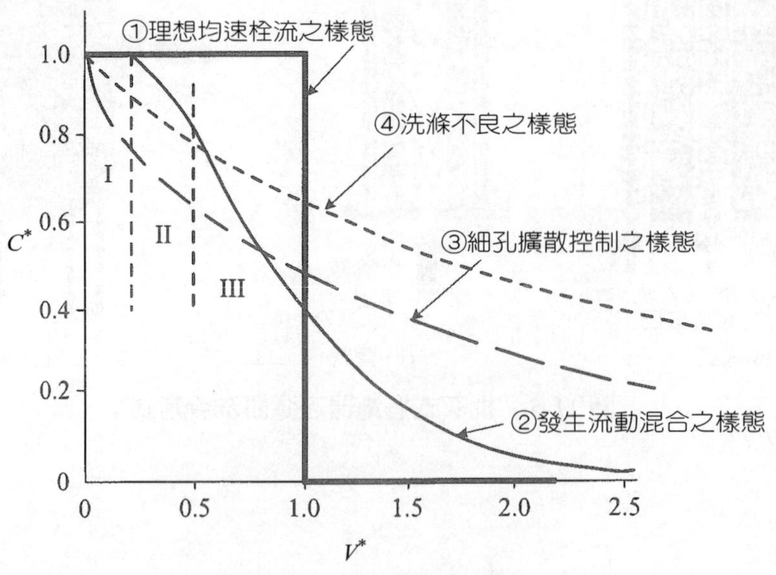

圖 11-6　濾餅之洗滌曲線

度不均勻，抑或濾液深藏在粒子之細孔且擴散速率低時，洗滌效率將大幅降低，如曲線 ③ 或 ④ 所示，洗滌液用量過多但帶出濃度偏低。

除以 C^* 對 V^* 作圖，另一表示法爲自開始至某一時刻所洗出標的溶質累積量相對於標的溶質總量之百分比 F，或以到該時刻尙殘留在濾餅內標的溶質量所占百分比 R **殘留率**（residual fraction），對洗滌液相對體積 V^* 作圖（圖 11-7），其中 F 與 R 分別爲：

$$F = \int_0^{V^*} C^* dV^* \tag{11-4}$$

$$R = 1 - F = 1 - \int_0^{V^*} C^* dV^* \tag{11-5}$$

M_o 爲洗滌前之標的溶質在濾餅中之全質量，在某一時刻洗滌液流出濾餅之標的溶質量 M_w 與 M_0、R 關係爲：

$$M_w = (1 - R)\, M_o \tag{11-6}$$

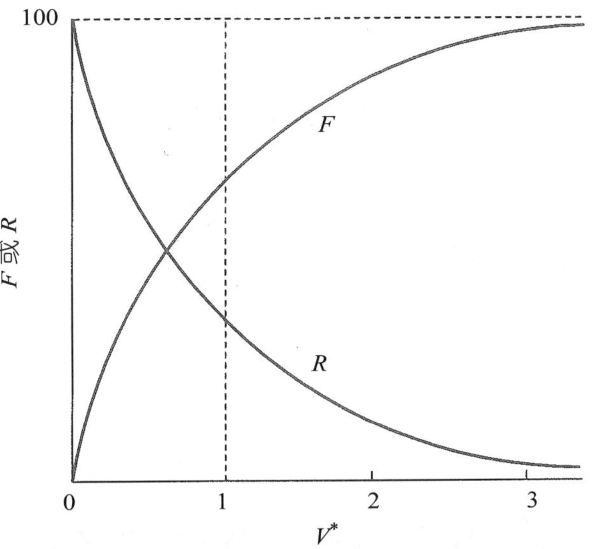

圖 11-7　洗滌累積曲線與殘留曲線

圖 11-6 曲線 ① 的第 I 及第 II 階段，是藉流體置換機制，擠出原殘留於濾餅空隙內之濾液，故洗滌濾液濃度接近原濾液濃度；第 III 階段則為擴散機制主導，殘留於細孔之濾液依靠標的溶質之濃度差擴散至洗滌液流束，再被洗出，此時洗滌液濃度隨洗滌時間遞減。Rhodes（1934）假設殘留濾液被洗出之速率與殘留之溶質濃度成正比，而當 $C_w = 0$ 時，C^* 可由下式推計：

$$C^* = \exp(-KV^*_{\text{III}}) \tag{11-7}$$

上式中，K 為實驗常數，V^*_{III} 為第 III 階段流進洗滌系統之相對洗滌液容積 [4]。

Dahlstom et al.（1957）提出：

$$\mathrm{d}M_w/\mathrm{d}V_{\text{III}} \equiv C^* \tag{11-8}$$

$$-(M_0/C_0)(\mathrm{d}R/\mathrm{d}V^*_{\text{III}}) = \exp(-K\,V^*_{\text{III}}) \tag{11-9}$$

$$C_o \equiv M_o/V_v \tag{11-10}$$

$$(\mathrm{d}R/\mathrm{d}V^*_{\text{III}}) = -\exp(-K\,V^*_{\text{III}}) \tag{11-11}$$

$$V^*_{\text{III}} = V^* - V^*_{\text{I+II}} \tag{11-12}$$

$$R = \frac{1}{K''}\exp(-K'V^*) \tag{11-13}$$

由上式可知，如以 $\ln R$ 對 V^* 作圖，可得圖 11-8 所示之一直線 [5]。Dahlstrom et al.（1957）提議下式表示洗滌效率：

$$R = (1 - E/100)V^* \tag{11-14}$$

E 為洗滌效率（單位為 %），實驗結果顯示，一般洗滌效率介在 35～86%，以圖 11-8 為例，$R = (1-\frac{E}{100})^{V^*} = 0.205^{V^*}$，故其洗滌效率為 79.5% [6]。

洗滌液用量過大時，也會降低洗滌效率。洗滌液用量的合理性常用「**洗滌比**」（wash ratio）評估，即洗滌液量與濾餅洗滌前空隙內含液量之比例。如果濾餅洗滌是以理想的置換方式（栓流）進行，則洗滌比為 1，洗滌效率達 100%。在實際操

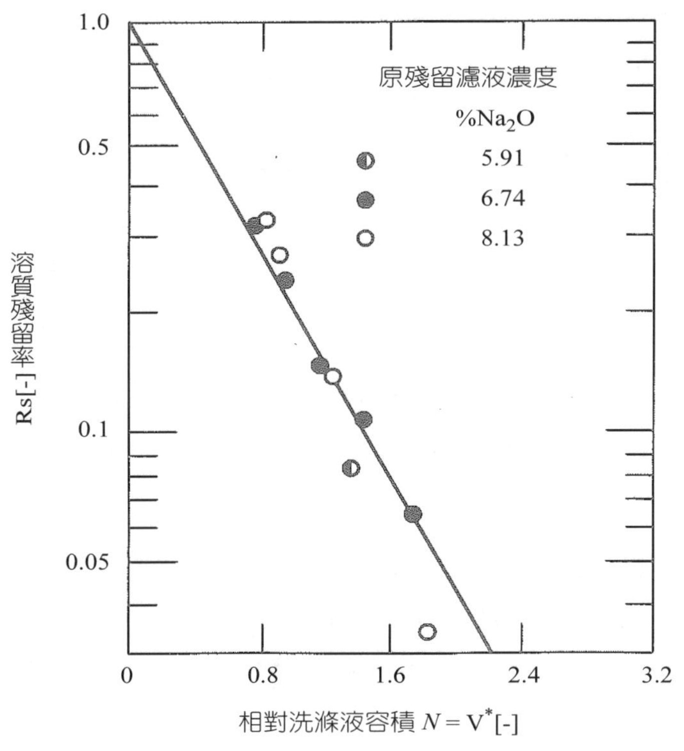

圖 11-8　典型洗滌數據

作中，除如圖 11-6 曲線 ② 偏離栓流等因素外，濾餅尚可能因濾布帶動而偏離、濾餅過厚、厚度分布不均，洗滌液亦可能噴灑不均或未充分滲透等，洗滌比一般會達 2～2.5 才能獲得預期的洗滌效率。一般會希望控制較薄的濾餅厚度，以減緩此一問題，Wakeman（1986）提出濾餅厚度不應超過顆粒直徑的 10,000 倍 [7]。

另可採用階段性洗滌法以改善洗滌效果，首先取足量洗滌液（如洗滌比爲 1），使濾餅浸泡於其中，使擴散作用先行發生，帶出部分標的溶質，然後進行再進行置換洗滌，必要時重複進行這兩個階段，此方法可減少洗滌液整體用量。

濾餅若有先經通氣脫液，再作洗滌，亦可大幅提高洗滌效果，如圖 11-9 所示，一方面待置換之液體減少，另一方面通氣通液後，洗滌液進入所有孔隙之時間變短 [8]。惟此舉用於大顆粒或實心顆粒組成之濾餅較爲顯著，對於小顆粒或多孔顆粒組成者較不顯著，原因爲此類濾餅於眞空過濾或通氣脫液過程因毛細作用力所造成壓力之故，經常產生許多不規則的龜裂，造成洗滌液僅會流入這些大裂痕中（阻

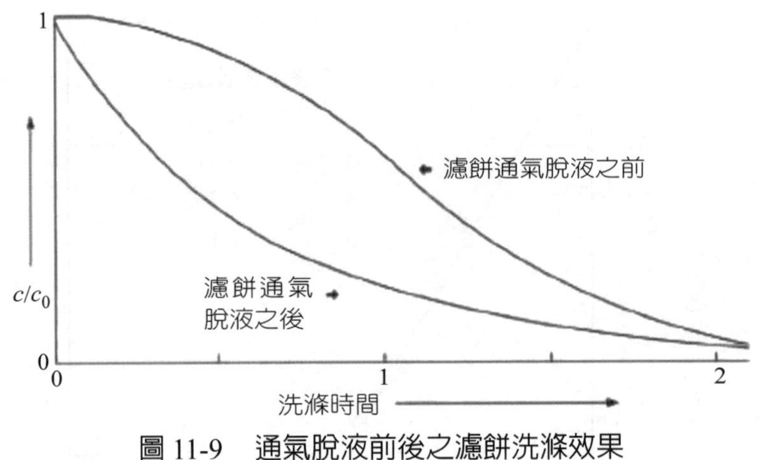

圖 11-9　通氣脫液前後之濾餅洗滌效果

力最低）而不滲入其他較細的孔隙。爲解決此一問題，濾餅應先加以機械壓榨（見 11.3 節）使濾餅盡可能地脫液但飽和度仍保持爲 1，再作洗滌，抑或以 11.2.3 節所述之「重泡開濾餅洗滌法」重新處理已發生龜裂之濾餅。

11.2.3　重泡開濾餅洗滌法

如前所述，當濾餅形成時已發生龜裂（採眞空脫水而有空氣穿透時最容易發生），洗滌比將大幅提高以達同樣置換洗滌效率，洗滌曲線將呈圖 11-6 之曲線 ③ 或 ④，帶出洗滌濾液之平均濃度低，不符經濟效益；在無法更改過濾器型式時，最有效的方式應爲採用重泡開濾餅洗滌法，或稱濾餅漿化，將所得濾餅重新以清潔的洗滌液泡開成漿料，再經過濾與壓榨。

重泡開濾餅洗滌的作法爲在過濾機上的濾餅形成後，透過機械方式使之與洗滌液混合後，重新過濾。圖 11-10 爲濾餅在濾帶眞空過濾器上形成後，於濾帶中段透過**攪動機械**（stirring apparatus）與洗滌液，將呈嚴重龜裂之濾餅予以重新漿化。

濾餅重泡開洗滌法之現象解析如下：若用於泡開濾餅之洗滌液容積爲 V_w，此時溶質濃度爲 C_w，濾餅所含在空隙之殘留濾液容積爲 V_m，溶質濃度爲 C_o，泡開成泥漿達成某一平衡後過濾所得濾液之溶質濃度是 C_s 時，質量平衡式爲：

$$V_mC_o + V_wC_w = (V_m+V_w)C_s \tag{11-15}$$

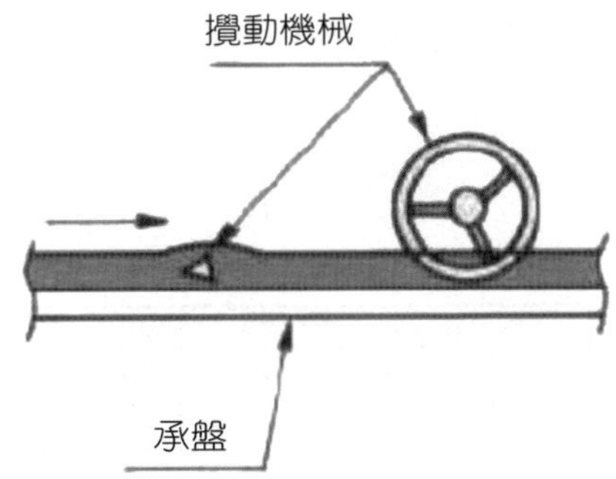

圖 11-10　濾帶式真空過濾機的濾餅重泡開設備

$$\frac{C_s - C_w}{C_o - C_w} = \frac{1}{1+(V_\rho{}^*)} \tag{11-16}$$

其中
$$V_\rho{}^* = V_w/V_m \tag{11-17}$$

將洗滌液分成等量的幾份，採多級平行流操作（cocurrent），則可提高洗滌效率。在此將洗滌液分成 n 等份，做 n 次重複洗滌，此時首段之濃度關係可將式（11-12）改寫成

$$\frac{C_{s1} - C_w}{C_o - C_w} = \frac{1}{\left(1+\dfrac{V^*}{n}\right)} \tag{11-18}$$

對第 i 階段，上式成爲

$$\frac{C_{s,i} - C_w}{C_{s,i-1} - C_w} = \frac{1}{\left(1+\dfrac{V^*}{n}\right)} \tag{11-19}$$

對全部 n 段操作而言，最後效益可上述諸式相乘而得

$$\frac{C_s - C_w}{C_o - C_w} = \frac{1}{\left(1+\dfrac{V^*}{n}\right)^n} \tag{11-20}$$

舉例如洗滌液量時濾餅含有之濾液量 5 倍，而 $C_w = 0$，$n = 1$ 至 $n = 5$ 之洗滌效益如表 11-1 所示。

表 11-1　多次平行流洗滌效益

n	1	2	3	4	5
C_s / C_0	0.167	0.0816	0.053	0.039	0.031

若欲獲得更濃之洗滌濾液，可採用如圖 11-11 所示之**對向流**（counter current）洗滌方式；圖所示者爲三段對流系統，其中用於泡開濾餅之純洗滌液容積爲 V_w（此時溶質濃度爲 C_w），而進流漿料所含在空隙之殘留濾液容積爲 V_m，其溶質濃度爲 C_0。假設經每一段過濾器處理之濾餅與濾液，其濾液與濾餅之體積流量比值爲 λ，對於各個攪拌槽進行溶質之質量平衡可以得到下列三式：

$$C_0V_m + \frac{\lambda V_2C_2}{1+\lambda} = C_1V_1 \tag{11-21a}$$

$$\frac{C_1V_1}{1+\lambda} + \frac{\lambda V_3C_3}{1+\lambda} = C_2V_2 \tag{11-21b}$$

$$\frac{C_2V_2}{1+\lambda} + C_wV_w = C_3V_3 \tag{11-21c}$$

假設體積在過程中皆保持恆定，對於每段之系統進行體積守恆，可得另外三式，

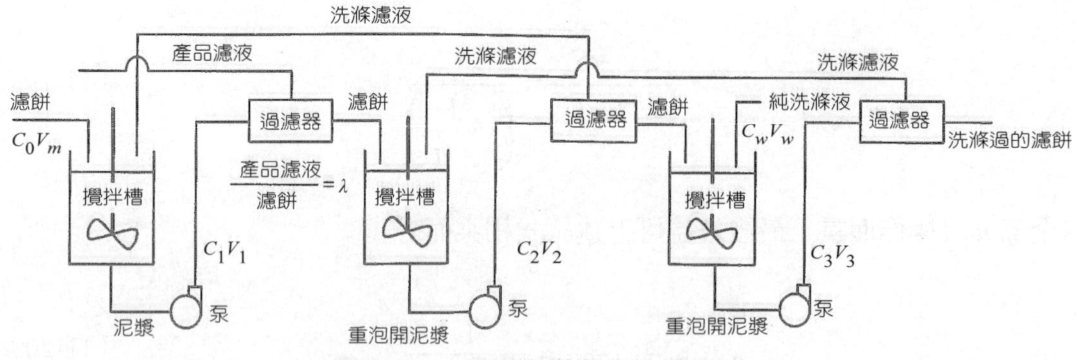

圖 11-11　多級對向流之洗滌方式

$$V_1 = V_m + \frac{\lambda V_2}{\lambda + 1} \qquad (11\text{-}21d)$$

$$V_2 = \frac{V_1}{\lambda + 1} + \frac{\lambda V_3}{\lambda + 1} \qquad (11\text{-}21e)$$

$$V_3 = V_w + \frac{V_2}{\lambda + 1} \qquad (11\text{-}21f)$$

由以上六式，可得

$$\frac{C_3 - C_w}{C_0 - C_w} = \frac{1}{1 + (1 + \lambda + \lambda^2)V^*} \qquad (11\text{-}22)$$

其中 $V^* = V_w / V_m$。

由前式計算可知，多級對向流洗滌較多級平行流的效率要高得多。由於過濾機及輔助設施眞空泵等投資較高，故級數不能太多，一般以三級較常見。常見的配置爲將每級得到的濾液與洗滌液都分別收集，洗滌液用於前一級作爲淋洗液，而濾液則返回用於再漿化上一級的濾餅。

濾餅重泡開洗滌—過濾此操作也受到濾餅性質的限制，並非一概適用。例如對於顆粒易碎的有機粉末容易在重泡開過程粒徑減少，而不利於過濾；另外如加過絮凝劑的濾餅（如以高分子絮凝劑捕捉之微藻），在重泡開過程會使原本變大之顆粒破碎，然而後續已無機會再使之絮凝，不利過濾。

11.3 濾餅壓榨

11.3.1 壓榨與過濾之區別

壓榨操作係以機械（如螺旋）或濾材（如濾膜）直接擠壓濾餅，使濾餅進一步脫液減積之過程。壓榨使用的機械能比乾燥所需的熱能低廉，可減少操作支出；若濾餅本身是有用產品，如綠藻、鹽類結晶，可大幅降低後續乾燥與另作純化等費用；若濾餅本身爲無用物質，如甘蔗渣、廢水污泥、水庫淤泥等，則可節省運輸、掩埋等費用，或增加單位重量之熱值，降低焚化處理操作難度與成本。

壓榨與過濾的差別在過濾施壓面（如壓濾機之濾膜）直接接觸濾餅並施壓破壞濾餅結構。圖 11-12 爲一濾室示意圖，以活塞對待濾漿料予以施壓，濾液自底部濾材流出，漿料中的顆粒沉降在濾材上形成濾餅；施壓過程隨著濾液流出，活塞逐漸下降，濾餅逐漸增厚，**懸浮液層**（suspension）厚度逐漸減少，此階段爲過濾，如圖 11-12(a) 所示。待懸浮液層消失，活塞接觸到成長濾餅的表面（圖 11-12(b)）；此後濾餅會直接受到活塞壓縮，厚度逐漸減少，進入壓榨階段（圖 11-12(c)）。

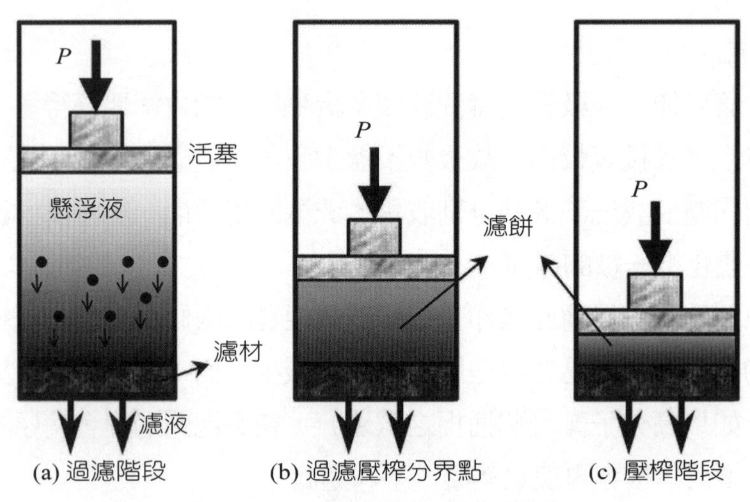

圖 11-12　過濾與壓榨過程解析

依據過濾理論，濾液量 V_1 在過濾階段與時間 t 約呈現拋物線關係，若以 $\frac{dV_1/dt^{0.5}}{A_{FIL}}$ 對 t 作圖，如圖 11-13 所示，當 $\frac{dV_1/dt^{0.5}}{A_{FIL}}$ 數值遽減之瞬間，即代表過濾結束，壓榨開始，圖中箭頭所指處的時間爲過濾與壓榨的分界點 [9]。

對濾餅所施加壓力來源包括以機械直接施壓（過程中濾餅孔隙間仍有液體分布，飽和度爲 1），以及透過眞空或離心使氣體通過濾餅而達脫水效果（因氣體置換濾餅孔隙間之液體，使飽和度下降）。循此定義，本節所探討壓榨設備主要以機械加壓方式達成。一般當進流漿料中微細顆粒（如 100 μm 以下）比例偏高時，以離心或眞空脫水之脫液效果會比較不理想，因氣體不易通過微細顆粒間的孔隙，而

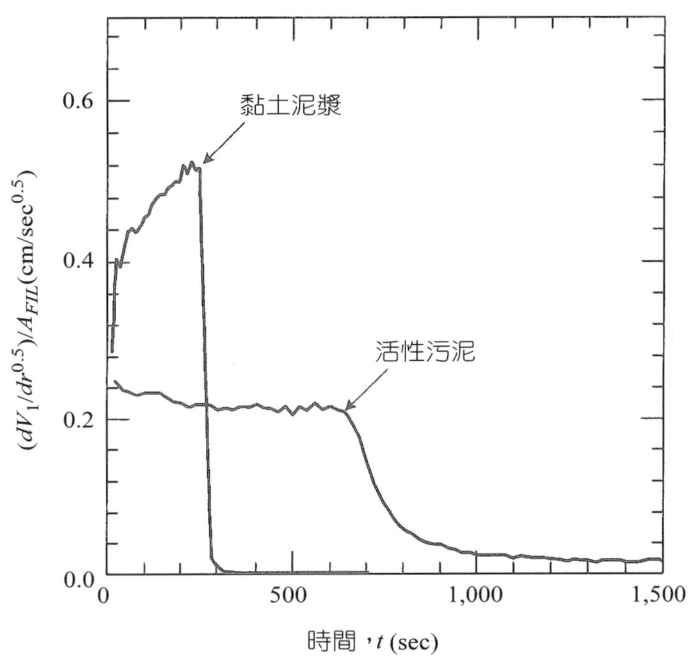

圖 11-13　以批次過濾測試決定過濾與壓榨分界點（以黏土泥漿與活性污泥為例）

機械脫水可使濾餅顆粒變形，並改變顆粒在濾餅中的排列方式，迫使濾餅整體結構崩塌，孔隙度降低，達到進一步脫液效果，且如 11.2.2 節所述，過程中濾餅飽和度維持於 1，不至於發生不利於後續洗滌之龜裂現象。

機械壓濾設備之進料可採泵送經濃縮後的漿料至壓力容器中，或以進料斗傾洩／螺旋進料器導入濕濾餅等**固態原料**（semi-solids），當爲前者時，操作過程通常包含過濾（濾餅厚度增加）與壓榨（濾餅受壓變形）兩階段。在 11.3.2 節中將簡介描述壓榨過程之理論，而工業大型壓榨設備進料方式可分成連續與批次兩種型式，11.3.3 與 11.3.4 兩小節分別介紹相關設備。

11.3.2　壓榨理論簡介

爲求壓榨程序最適化，許多研究發展出濾餅壓縮理論模型，透過濾餅在受壓時變形量對時間的變化，估算在實際工廠程序中達到特定含液率所需之壓榨時間、可達到的最終含液率，以及相關壓榨參數。

壓榨理論研究最早發軔於土壤力學領域；Terzaghi 在 1923 年假設受壓密土壤爲彈性體，探討受到正向應力時的變形。在濾餅組成顆粒可變形程度低，且所需壓榨時間較短時或可適用，惟眞實土壤或多數工業上處理的待濾物組成顆粒可變形程度大，變形量與壓力間亦非單純線性關係，受壓榨時的流變行爲偏離彈性模型甚多，後續研究即對此進行修正[10]。

最常使用的模型爲 Shirato et al.（1974）所提出之修正，其將 Terzaghi 彈性模型修正爲**黏彈性模型**（viscoelastic model），如圖 11-14 所示。包括串聯之**彈簧**（spring）與**避震器**（dashpot，或阻尼器）代表受壓的濾餅，其孔隙度變化由式（11-23）中的第一項與第二項分別代表一階壓榨階段（Terzaghi 彈性單元）與二階壓榨階段（Voigt 單元，由彈簧與避震器並聯而成）[11]：

$$(\frac{\partial e}{\partial \theta_c})_{\omega} = (\frac{\partial e}{\partial p_s})_{\theta c}(\frac{\partial p_s}{\partial \theta_c})^{(1)}_{\omega} + (\frac{\partial e}{\partial \theta_c})^{(2)}_{p_s} \tag{11-23}$$

其中 e、p_S、ω 分別代表**空隙比**（void ratio）、**固體壓力**（solid pressure，又稱**有效接觸壓力** effective pressure，固體粒子單位面積所累積的拖曳力），以及單位面積濾

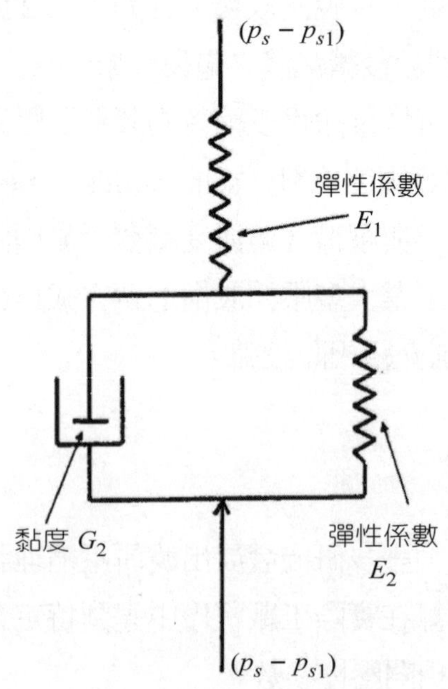

圖 11-14　合併 Terzaghi-Voigt 模型示意圖

材上某位置以下之**濾餅體積**（specific cake volume，單位爲 m）。在假設濾餅內起始壓力分布爲正弦函數的情形下，可以對濾餅厚度求得解析解爲：

$$U_c = \frac{L_1 - L}{L_1 - L_f} = (1-B)\left[1-\exp(-\frac{i^2\pi^2 C_e}{4\omega_C^2}\theta_c)\right] + B[1-\exp(-\eta\theta_c)] \quad (11\text{-}24)$$

其中 U_c 爲**無因次壓縮比**（consolidation ratio），L、L_1、L_f 分別代表壓榨過程中任一時刻、壓榨初始與結束時之濾餅厚度；C_e 爲**修正壓密係數**（modified consolidation coefficient），i 爲脫液面數（濾液可流出之面，在濾帶式壓榨機裡爲 1，在壓濾機裡爲 2），ω_C 爲每單位面積濾材上對應的濾餅總體積，B 爲二階壓榨比例，可視爲由二階壓榨階段所移除的水分比例；η 爲**蠕動係數**（creeping factor），代表濾餅組成粒子間交互錯動之難易程度，θ_c 爲壓榨時間。在許多壓榨器中，濾餅的 L_1 與 L_f 因設備規格而爲固定值，可利用式（11-24）推估壓榨所需時間。

在此模型中，「一階壓榨」係描述整體濾餅孔隙結構受到破壞崩塌所產生之脫液現象，「二階壓榨」則爲粒子間交互移動、接觸與摩擦蠕動，使附著於顆粒表面水分受到擠壓流出，兩種脫液機制在壓榨過程同時發生。在多數實際操作中，濾餅孔隙整體結構很快崩塌，隨後仍需進行一段長時間之壓榨才能達到 L_f，換言之當壓榨進行很長一段時間後（θ_c 極大），$\exp(-\frac{i^2\pi^2 C_e}{4\omega_C^2}\theta_c)$ 趨近於 0，式（11-24）可簡化爲：

$$U_c = 1 - B\exp(-\eta\theta_c) \quad (11\text{-}25)$$

以 $\ln(1-U_c)$ 對 θ_c 作圖（圖 11-15），曲線約呈兩段直線，前段可視爲一階壓榨機制占優勢的部分（PC），後段則爲二階壓榨機制占優勢部分（SC），其顯示 PC 較之於 SC 所占時間甚短；對 SC 段作線性迴歸，顯示在多數時間壓榨行爲可以式（11-25）描述之，可找出參數 B（直線截距之自然指數值）與 η（直線斜率之絕對值），此類試驗可使用**壓密滲透濾室**（C-P Cell）或是批次壓榨測試的實驗結果求得（圖 11-16），B 值越小，η 值越高時，代表壓榨速率越高。

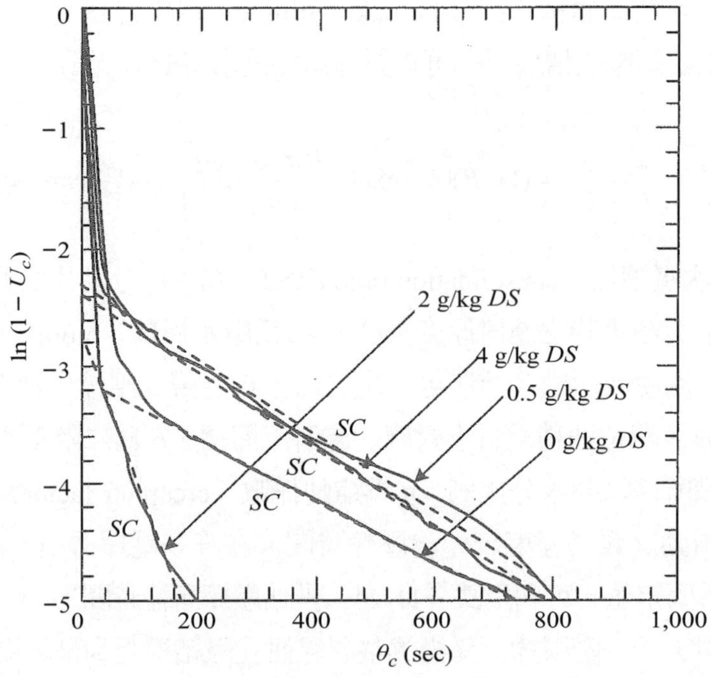

圖 11-15　壓榨曲線（球土泥漿經高分子絮凝劑調理前後）

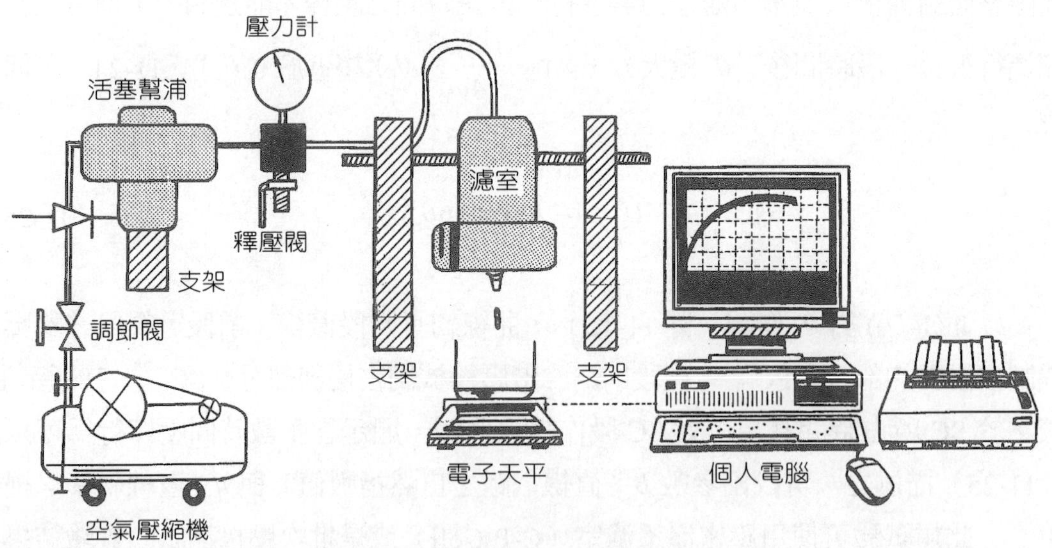

圖 11-16　批次壓榨試驗設備

待求得 B 與 η 後，C_e 可用下式估算：

$$C_e = \frac{0.933\omega_C^2}{i^2\theta_{90}} \tag{11-26}$$

其中 θ_{90} 的求取可參見圖 11-17。首先定義 $(L_1-L)_{Corr}$：

$$(L_1 - L)_{Corr} = \frac{(L_1 - L_f)\{U_C - B[1-\exp(-\eta\theta_C)]\}}{1-B} \tag{11-27}$$

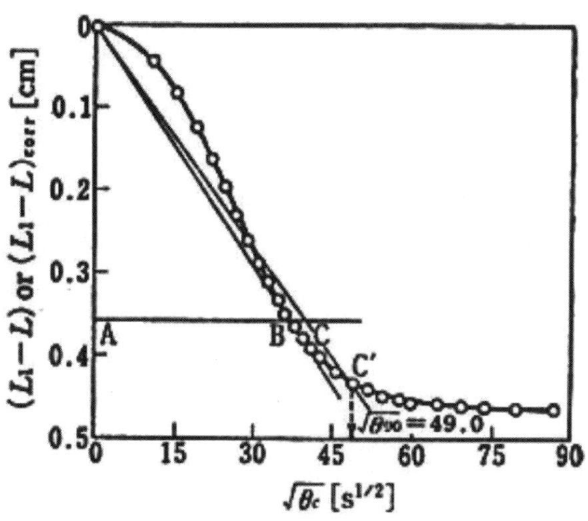

圖 11-17　決定 C_e 圖解法

連結壓榨曲線起點 **O** 與反曲點 **B**，並求 $\overline{\mathbf{OB}}$ 線斜率 1.08 倍的 $\overline{\mathbf{OC'}}$ 線，其中 **C′** 所對應之 X 軸即爲 $\sqrt{\theta_{90}}$，可用於式（11-26）求取 C_e。

對於高孔隙度、擁有複雜結構粒子所組成之泥漿，如廢水處理程序中所產生的活性污泥具有疏鬆結構、高過濾比阻，以及高結合水量等特性，以式（11-24）描述時，會發現在 SC 後尚有一斜率增加的區段（如圖 11-18(a) 所示之 TC）。爲解釋此一現象，Chang and Lee（1998）進一步修正圖 11-14，在原有模型底部再串聯一避震器單元，藉此描述活性污泥壓榨行爲與傳統模型發生偏差（圖 11-18(b)），並推導出 U_c 對 θ_c 之變化 [12]：

$$U_c = \frac{L_1 - L}{L_1 - L_f} = (1 - B^* - F)\left[1 - \exp(-\frac{i^2\pi^2 C_e^*}{4\omega_C^2}\theta_c)\right] + B^*[1 - \exp(-\eta^*\theta_c)] + F\left(\frac{\theta_c}{\theta_c^*}\right)$$

（11-28）

式（11-28）中，$(1 - B^* - F)$、B^*、F 分別代表經由一階、二階、三階壓榨階段所移除之水分比例，θ_c^* 為總壓榨時間，星號是為了區別與由傳統 Terzaghi-Voigt 模型分析所求得之參數。

同樣的，若一階壓榨的速率較二階壓榨快出許多，則可將式（11-28）簡化為

$$U_c = (1 - F) - B^* \exp(-\eta^*\theta_c) \tag{11-29}$$

B^*、η^*、F 等參數可由圖 11-18(a) 線性迴歸分析而求得。此處「三階壓榨」機制普遍存在於高可壓縮性濾餅中，脫液機制為顆粒受到極大應力，導致顆粒表面以及內

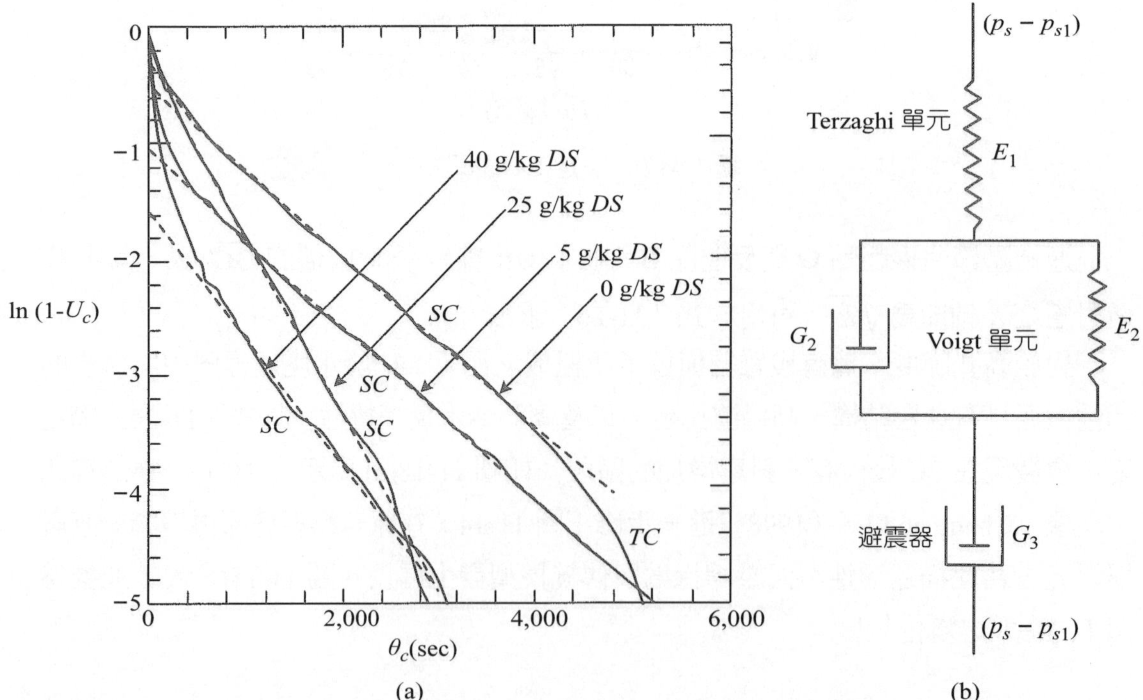

圖 11-18 (a) 活性污泥壓榨曲線；(b) 修正後合併 Terzaghi-Voigt 模型

部與固體間存在化學鍵結的液體流出。

在其他研究方面，Tiller and Yeh（1987）爲評估濾餅內固體體積分率 ε_S 與壓密壓力 p_S 的分布（圖 11-19），提出以數值方法對定壓壓榨過程進行解析，合併達西定律、**質量連續方程式**（continuous equation）與**應力平衡式**（stress balance）而得 [13]：

$$\frac{\partial^2 p_S}{\partial \omega^2} - \frac{\mathrm{d}\ln\alpha}{\mathrm{d}p_S}\left(\frac{\partial p_S}{\partial \omega}\right)^2 - \frac{\mu\alpha}{\varepsilon_S}\frac{\mathrm{d}\ln\varepsilon_S}{\mathrm{d}p_S}\frac{\partial p_S}{\partial \theta_C} = 0 \tag{11-30}$$

其中 α 爲濾餅比阻，ε_S 爲濾餅固體分率（其與液體所占體積比例 ε 相加爲 1；ε 或稱孔隙度或含液率），可透過壓密滲透濾室測試求得 α 與 ε_S 與 p_S 之關係：

$$\alpha = \alpha_0(1 + \frac{p_S}{p_a})^n \tag{11-31a}$$

$$\varepsilon_S = \varepsilon_{S0}(1 + \frac{p_S}{p_a})^\beta \tag{11-31b}$$

其中 α_0 與 ε_{S0} 分別代表在 p_s 爲零時所對應的比阻與固體體積比例，p_a 爲實驗常數，

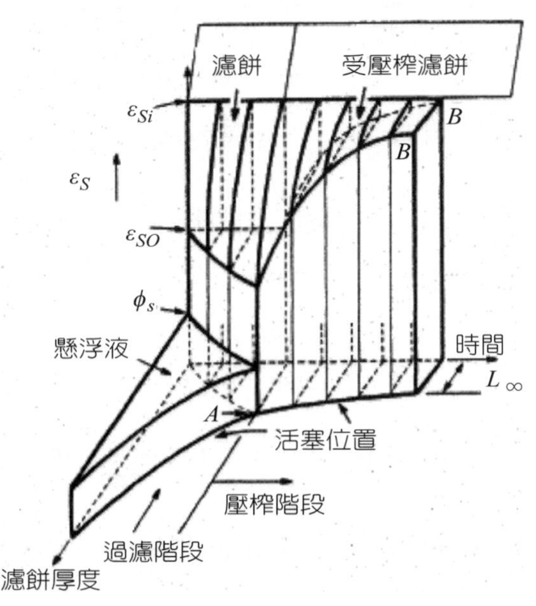

圖 11-19　過濾與壓榨過程 ε_S 之空間與時間變化

n 與 β 則為濾餅壓縮係數，典型結果如圖 11-20。

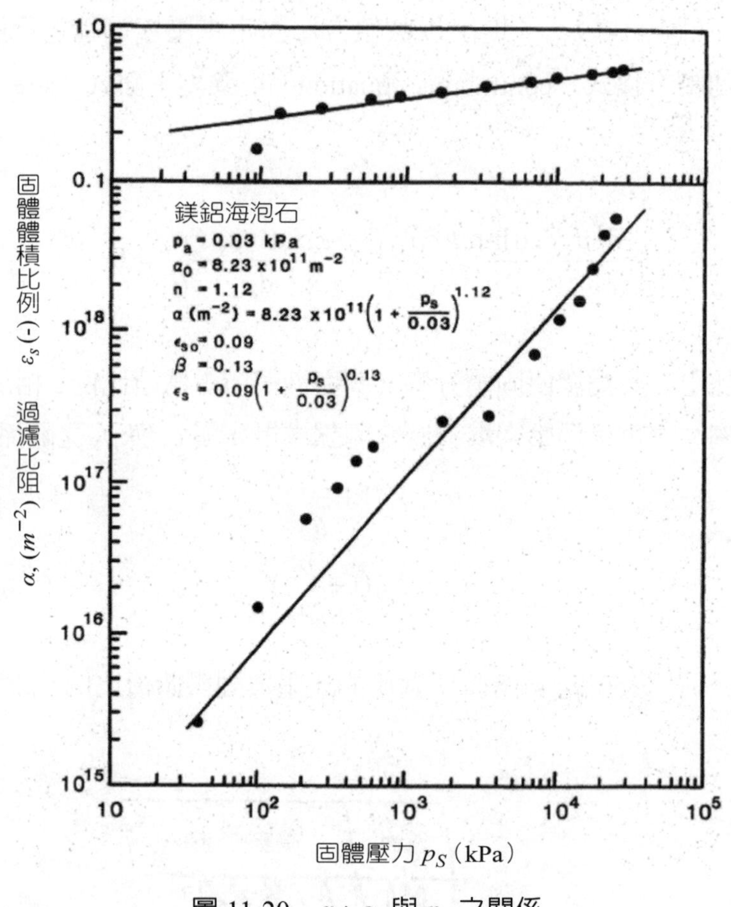

圖 11-20　α、ε_S 與 p_S 之關係

配合邊界條件與初始條件，可採數值方式求解 p_S 對 ω 與 θ_C 之關係，進一步透過式（11-31）求取 ε_S 或含液率 ε 對 ω 與 θ_C 之關係。p_S 的兩個邊界條件為：

$$\text{在濾材上，} @\ \omega = 0 \text{，} p_S = p_a \qquad (11\text{-}32a)$$

$$\text{在濾餅受壓面上，} @\ \omega = \omega_C \text{，} \frac{\partial p_s}{\partial \omega} = 0 \qquad (11\text{-}32b)$$

初始條件即為過濾結束時的濾餅結構，Tiller and Yeh（1987）假設 p_S 之其於濾餅內呈一指數分布：

$$@\,\theta_C = 0\text{，}\frac{\omega}{\omega_C} = 1 - \frac{\left(1+\dfrac{p_S}{p_a}\right)^{1-n}}{\left(1+\dfrac{\Delta p_C}{p_a}\right)^{1-n}} \qquad (11\text{-}32c)$$

其中 Δp_C 爲濾餅兩端壓差。求解式（11-30）預期可完整了解 ε_S 或含液率 ε 在濾餅中的分布隨時間之變化（如圖 11-21），惟其假設濾餅之形變爲即時地對壓力發生反應，與眞實濾餅受壓時之流變行爲仍有一定程度之差異。

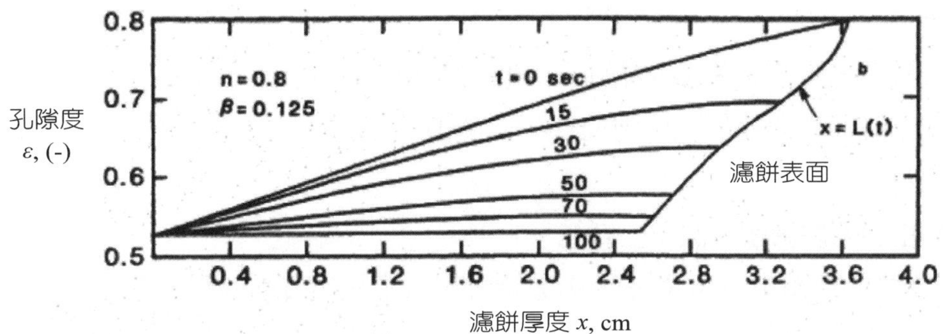

圖 11-21　求解式（11-30）所得結果

11.3.3　連續式壓榨設備

1. 濾帶式壓榨機

連續進料設備最常見者爲**濾帶式壓榨機**（belt filter press），其廣泛用於各類工業廢污水有機污泥脫水。壓榨機制如圖 11-22 所示；其由兩片**拉緊**（tensioned）的濾布（或稱濾帶）所組成，進流漿料送入濾布帶，隨著一連串間距離逐漸減小的**滾筒**（roller），藉由其滾動帶動濾布，兩片濾布逐漸對漿料施壓脫液，液體透過濾布流出，再於濾布上形成濾餅。

常見設備的濾布寬度界於 0.5～3.5 m，機型長度自 2～5 公尺不等。圖 11-23 爲設備結構示意圖，在帶濾機中的脫液可分成四區 [14]：

(1) 漿料由前端輸入，藉由重力或眞空裝置初步排除液體。

(2) 濃縮後的漿料流入兩片濾布中形成濾餅，濾液快速由下方流出，濾布開始

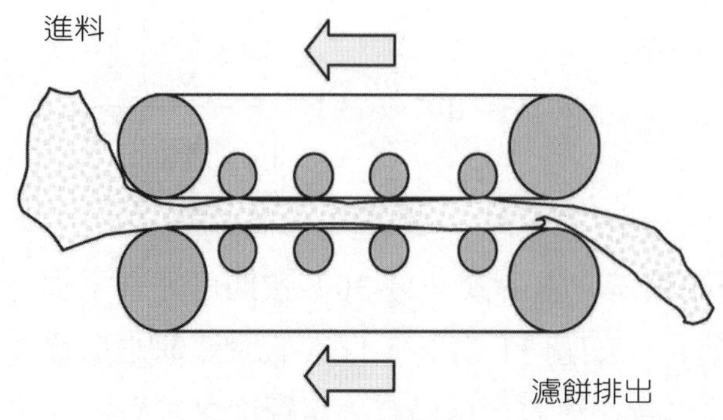

圖 11-22 傳動壓榨（belt press）示意圖

擠壓濾餅，透過濾布帶動，將濾餅往前移動。

(3) 濾餅通過帶面的多處彎曲部，此處滾筒半徑較小，可提高剪力達到進一步脫液。

(4) 由刮刀將濾餅從濾布上剝離。

在常見的機型中，因濾餅形成後均封閉於兩片濾帶間持續施壓，至卸出之前無法如濾帶式眞空過濾機（如圖 11-4）有進行洗滌以及通氣脫液的區段，如有需要則需再將濾餅導入下一單元進行相關操作。

典型的濾帶式壓榨機周邊設施包括進料幫浦、前處理所需之加藥機與攪拌槽（如高分子絮凝調理）、濾帶、輸送滾輪、濾布蛇行修正裝置，以及濾布清洗設備等（包括反洗水幫浦與空壓機）；濾布清洗係以**噴水方式**（water spray）在濾餅排出後另外進行，非屬過濾週期之一部分。

較之於結構類似（如水平濾帶式眞空過濾機）或有相近原理（如加壓式轉鼓過濾機）的其他過濾裝置，機械設計上使濾帶式壓榨機的濾布承受張力較大而能對濾餅施壓，一般採用孔徑較大的濾布（如 20～40 mesh），最高可提供 5 kg_f/cm^2 的壓力，屬於相對低壓之壓榨操作，適用於沉降性佳而具壓縮性的物料，如各類廢污水處理所產生的有機污泥（經高分子絮凝調理），可於濾布上快速形成濾餅。

影響濾帶式壓榨機效能的操作參數包括濾帶轉動速度、進料速度、進料濃度、調理方式等。進料量一般在 90～680 kg/m．h 之間（單位裡分母的 m 係指濾布寬度），濾液產生量約爲 1.6～6.3 m^3/m^2．s；當進料物質脫水性越差，濾液產生量越低，可配合降低進料量，使濾餅受壓榨時間增長。以一般廢污水處理產生的有機污

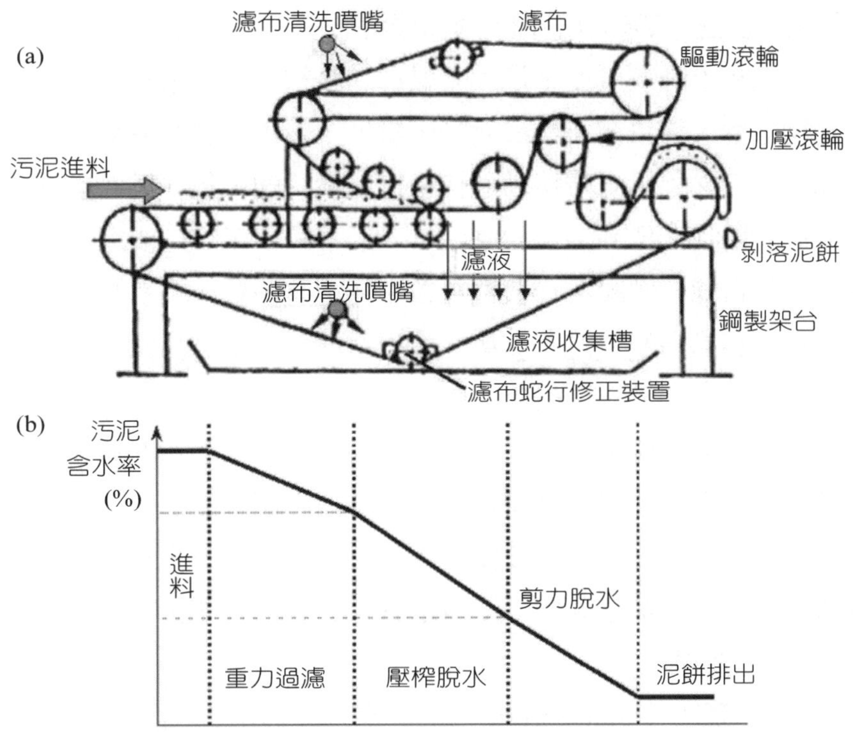

圖 11-23　濾帶式壓榨機示意圖：(a) 結構示意圖；(b) 分段脫水效果

泥爲例，配合高分子絮凝調理，可得到含水率約 80% 的濾餅，因壓力偏低，延長壓榨時間（降低濾帶移動速度），脫液效果亦難再提升。

濾帶式壓榨機的優點爲耗能較少，較少噪音與振動；惟透過濾布對濾餅施壓，濾布易發皺，易因進料中所含尖銳雜質導致濾布破損，使用壽命較短，同時需要大用量的反沖洗水，需經常更換；此外爲求在同樣濾帶移動速度處理更多之進料，一般會對進料加以調理，以增加顆粒粒徑，改善濾餅脫水性，亦使顆粒能快速沉降於濾布形成濾餅而能避免漿料自濾帶間洩出。

濾帶式壓榨機常見的異常狀況與排除方法如下：

(1) 濾布蛇行：多因濾帶移動速度過快，或進料輸入時未均勻分布，濾布各處承受張力不均所造成，需降低進料量。另可能原因包括滾軸磨損、雜質堵塞、濾布未平鋪而有皺摺，或是蛇行修正裝置有異等，若可咎因於雜質，則需於進料前有前處理篩除之。此外，可透過滾輪的旋轉狀態與上油等日常保養，注意有無軸承磨損、彎曲等情形。

(2) 濾餅含液率下降或厚度不足：一般爲進料初始濃度偏低，濾餅未能快速形成足夠厚度，導致濾布無法充分施壓，一般可透過絮凝調理，使進料顆粒增加而改善之；另濾帶移動過快使得施壓時間不足、濾布皺摺或蛇行等，都會造成類似狀況。

(3) 濾餅不易自濾布剝離：一般常可咎因爲濾餅偏薄，不易以刮刀剝離之，在此狀況下容易伴隨著濾布被堵塞而不易沖洗乾淨；另刮板／刮刀的磨損也是造成濾餅剝離的主要原因。

(4) 漿料自濾布兩側流出：可能爲進料量太大，形成過量的濾餅，但濾液未即時流出，使得濾餅未隨濾布帶動前進反往兩側流出；另一種狀況爲進流漿料顆粒較小，無法快速形成濾餅，受壓後就自濾布大量洩出。一般可減少進料量，或透過改善調理效果，使粒徑大小增加，提高濾液流出速率。

2. 加壓式轉鼓過濾機

加壓式轉鼓過濾機（rotary press）爲另一種相對低壓的連續壓榨設備，應用上較不如濾帶式壓濾機普遍。該機設有雙層圓筒，包括耐壓的固定外筒和連續旋轉的內筒（轉鼓）。內外筒間的空間由隔板劃分爲過濾／壓榨、洗滌、通氣脫液和卸料等區域（圖 11-24）；因不同類型之濾餅後處理需求不盡相同，可藉由改變隔板位

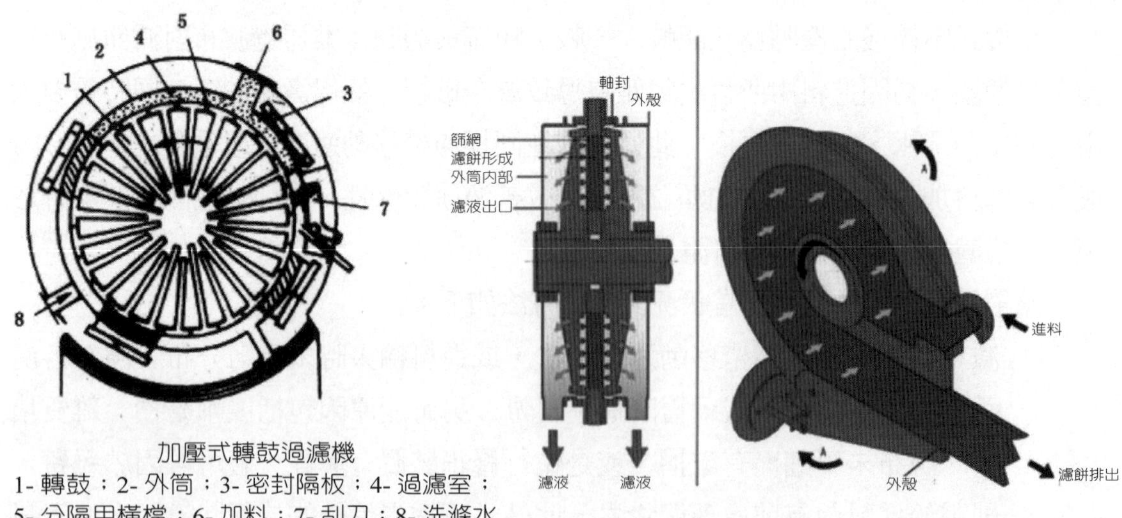

圖 11-24　加壓式轉鼓過濾機結構示意圖

置可調節各區域所占容積比例，例如處理廢污水污泥時，需要延長壓榨時間以降低水分含量，但無需進行洗滌與通氣脫液，故可擴大壓榨區而摒除洗滌、通氣脫液兩區 [15]。

操作時首先使轉鼓旋轉，向密封隔板上輸送壓縮空氣，使各區間密封，然後打入漿料進行過濾，濾液經側面的濾布（或細篩網）流出，再由排液管和排液閥排出；當濾餅成長至充滿整個濾室，濾餅將進一步受到擠壓，惟受限轉鼓尺寸（直徑約 1～1.5 公尺），若進流漿料初始固體濃度偏低，濾餅形成時間較長，則壓榨時間相當有限，加上無機械或濾布直接對濾餅施壓，脫液效果不如濾帶式壓榨機明顯；配合化學調理增加顆粒粒徑，可加速濾餅形成，增加後端的擠壓時間。加壓式轉鼓過濾機形成濾餅之含液率大致與濾帶式壓榨機類似，以廢污水處理產生的有機污泥而言，脫水後濾餅含水量亦約爲 80%。

濾餅經必要的洗滌、通氣脫液後，再由壓縮空氣反吹以及刮刀將其卸料帶出。與濾帶式壓榨機類似，加壓式轉鼓過濾機在脫液效果變差時，需停機噴水清洗濾布或細篩網。

3. 螺旋壓榨機

受限於濾布張力以及進料泵之揚程，濾帶式壓榨機與轉鼓過濾機所能提供壓力一般不超過 5 kg_f/cm^2，若對於濾餅脫液需求較高時顯有不足。**螺旋壓榨機**（screw press）亦可採連續式進料，並提供更高壓榨壓力（可超過 50 kg_f/cm^2）。螺旋壓榨機之作用原理如圖 11-25 所示，漿料自螺旋半徑較小處導入，隨推進螺旋在**表面鑽孔**（perforated）的圓柱型濾筒中旋轉，濾餅形成並被往前帶，隨窄端之空間變小而受到壓榨。

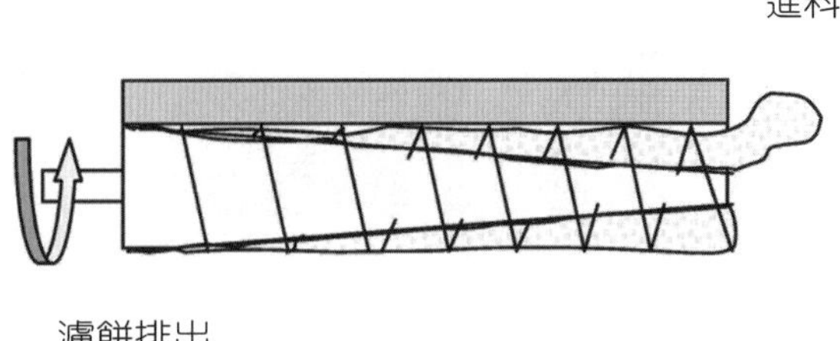

圖 11-25　螺旋脫水作用原理

圖 11-26 爲螺旋脫水機之典型結構。導入漿料首先進入過濾段（使用孔徑約 1.0 mm 的粗篩網），此處濾餅快速形成厚度增加，並朝濾筒窄端方向推進（此處篩網孔徑 0.5 mm），推進過程中壓力隨之快速增加而擠壓濾餅脫液，在窄端局部最高壓力可超過 50 kg_f/cm^2，螺旋壁上的濾餅在排出前會受**施壓頭**（pressure cone）再擠壓而作最後階段脫水。過程中濾液透過金屬篩網流出而在機體下方收集，不使用濾布爲其最大特色，內部尚裝有壓力計以監測局部壓力變化。

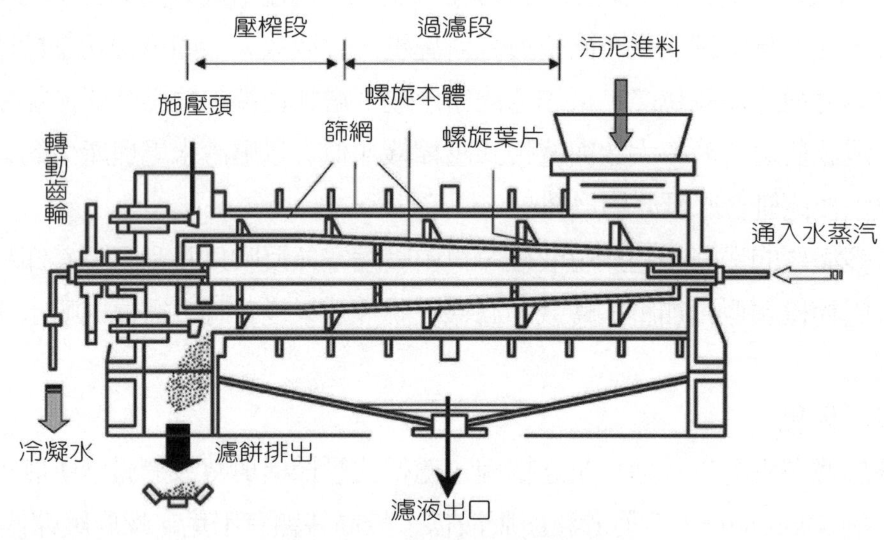

圖 11-26　螺旋壓濾機示意圖

在某些機型中，窄端篩網與螺旋**旋轉方向不同**（eccentric rotation），可增加螺旋對濾餅的施壓，以機械方式攪拌濾餅，同時也強化脫水效果（圖 11-27）[14]。

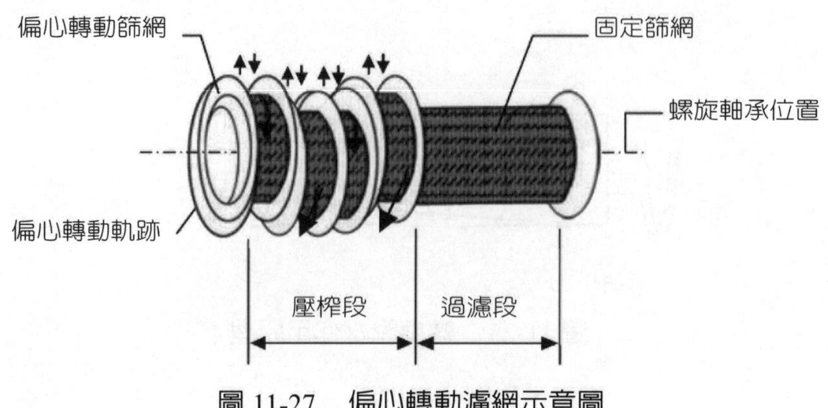

圖 11-27　偏心轉動濾網示意圖

隨處理量不同，螺旋壓榨脫水機長可自 2.5 至 7 公尺，螺旋直徑從 20 到 50 公分不等。相較於濾帶式壓榨機，螺旋壓榨脫水機優點包括占地小，適用於空間窄小的廠區，可提供較高壓力而脫水效率佳，採用篩網而無需更換濾布耗材，篩網清洗所需用水也較濾布少，整體結構較濾帶式壓榨機更加密閉，臭味較少，螺旋轉速低（1～5 rpm）而消耗較少動力，振動與噪音亦減少，承軸較少磨損。

螺旋壓榨脫水機之缺點為售價偏高，因篩網結構之故，其一般不如濾布緻密，建議進流漿料固體濃度必須更高（如高於 6%），使濾餅能更快在篩網上形成而不至於外漏，這使得部分進料（如廢污水污泥）不盡適用，其較適用於纖維狀之進料（如甘蔗渣等食材，或是濃縮紙漿），一般可將含液率降到 50～60% 間；此外與其他轉動機械相同，推動軸與承筒易受進料中所含化學物質之侵蝕，一旦故障，維修成本較高。

螺旋壓榨機的操作主要透過轉速控制脫水時間，以前述固體濃度 5～6% 之進料而言，處理速率介於 5～20 m^3/hr，最終濾餅固體濃度可超過 30%。另為確保濾餅能自螺旋表面剝離，可在螺旋中心注入蒸汽加熱，同時保持推進力道，故周邊設備亦包括鍋爐以及冷凝水排放回收裝置。

螺旋壓濾機配有高壓自動清洗系統對篩網噴水清洗，清洗時間約 10 分鐘，一般機型估計日用水量約為 1 m^3，遠較濾帶式壓榨機與壓濾機等使用濾布之壓榨機械省水。

常見的異常狀況與排除方法如下：

(1) 螺旋推進不順：主要原因為系統過度負荷，多半與輸入漿料黏度偏高，或固體濃度偏高有關。除降低進流固體量外，亦可檢討調理方式，使固體濃度落於理想值。

(2) 產出濾餅含液率偏高或厚度過薄：主要原因為濾餅無法快速於濾網上形成，厚度不足因此無法被螺旋擠壓，因無濾餅形成阻擋，甚至可能造成漿料滲出濾網。可提高進流固濃度維持超過建議值 6% 以上，或再檢討調理以加強預濃縮效果。

(3) 篩網堵塞：一般為進流漿料中的微細顆粒或具沾黏性的成分造成篩網阻塞，經常造成濾液無法正常流出，影響濾餅成長。可降低螺旋轉速，或檢討前端濃縮與調理的效果，改善固體捕捉效率，另可添加矽藻土等助濾劑增加濾餅剛性。

(4) 濾液固濃度偏高：原因同第 2 與 3 點，除應檢討螺旋轉速、前端濃縮與調理的效果外，可改變篩網型式，如使用**楔狀篩**（wedge wire screen）等。

(5) 螺紋或施壓頭磨損：主因爲漿料中含有較硬之顆粒，一般常發生在處理廢污水廠污泥，除修復磨損外，需針對漿料來源選用適當之螺紋與施壓頭，如有經過**硬面處理**（hardfacing）者。

11.3.4 批次式壓榨設備

1. 壓濾機

批次壓榨設備中最常用者爲**壓濾機**（filter press），其爲一系列結構類似的設備總稱。其操作原理爲以多片包覆有濾布或濾膜，且帶有槽溝的濾板平行置於濾框中，濾框間形成濾室，框架兩側有一**固定板頭**（stationary head）與**可移動板頭**（movable head）；濾板和濾框的四角開有圓孔，可作爲供進流漿料、濾液和洗滌液進出的通道。待以液壓或螺栓壓緊各濾板，關閉閥門後，由上端或中間之管孔進料，開始過濾，濾液穿過兩側濾布後經濾板表面的溝槽於底端出口流出，待濾餅厚度成長並充滿整個濾室，即算過濾終了，在某些機型中濾膜尙會膨脹以達壓榨效果。最後打開濾框，後退可動頭板，隔開濾板排出脫水濾餅，注入洗滌水進行反沖洗，再進入下一次過濾週期。

濾板沿水平方向平行排列之壓濾機（horizontal filter press，圖 11-28）目前爲應用最廣之型態，其可透過增加濾板／濾框增加過濾面積，惟占地較大，不利於空間受侷限時應用。另有**濾板沿垂直方向平行排列的壓濾機**（vertical filter press，圖 11-29）[1,8]。

壓濾機濾板長寬一般爲數十公分至 1 公尺，目前亦有製造商提供 1.2 公尺以上的大型濾板；濾板間形成之濾室深 5～10 公分，全長 2～6 公尺，可容納數十組之濾板或濾板組。操作壓力來自離心泵或正位移泵將漿料壓入濾室過程，可達 5～15 kg_f/cm^2，進料幫浦會在達到所需之濾液量 80% 前停止；過濾完成後，部分機型可再透過濾膜膨脹進行壓榨，壓力可達 15～20 kg_f/cm^2，故可大幅提高濾餅固體濃度，以廢污水處理產生的有機污泥爲例，含水率可降至 60～70%，若爲淨水場或石

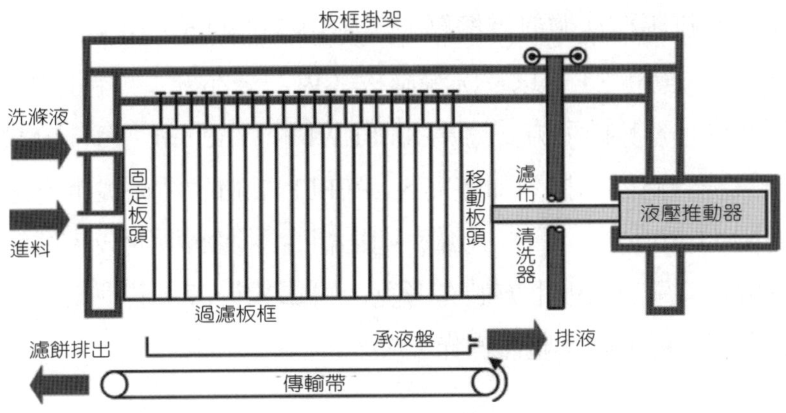

圖 11-28　(a) 水平式壓濾機示意圖

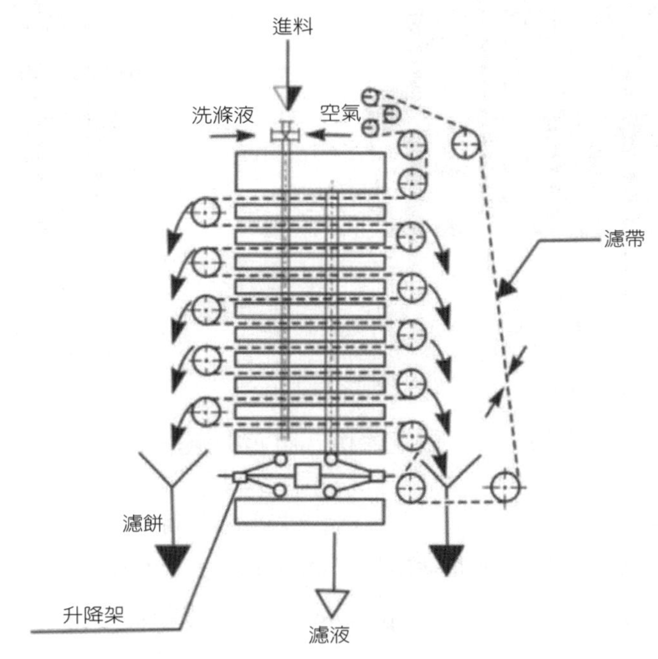

圖 11-28　(b) 垂直式壓濾機示意圖

材廠產生的無機污泥，則可降至 30～50%。

濾室排列設計為壓濾機的關鍵，目前有**固定體積式**（fixed-volume）與**變體積式**（variable-volume）兩大類設計。固定體積式有**板框式**（plate-and-frame）與**凹板式**（recessed-plate，或稱單板式）兩種型式，過程中濾室體積為固定，實際上只有過濾（濾餅成長）而無壓榨（濾餅受擠壓），壓力一般約 5～10 kg_f /cm^2。板框式濾室含有濾板（P）、濾框（F）以及洗滌濾板（W）三部分，再包括固定板頭（S）與可移動板頭（M），其排列方式應爲 S...PFWFPFWFP...M；有部分設備未考慮濾餅洗滌，故未設洗滌濾板，排列即變爲 S...PFPFPF...M，污泥從上方進料流入濾室再進行壓榨（圖 11-29(a)）；凹板式濾室則爲組合兩塊凹板而成，污泥則從中間進料（圖 11-29(b)）。每一濾板下方裝有考克，可單獨排液，若遇某組濾布破漏，可關上該濾室之考克，避免影響整體操作。

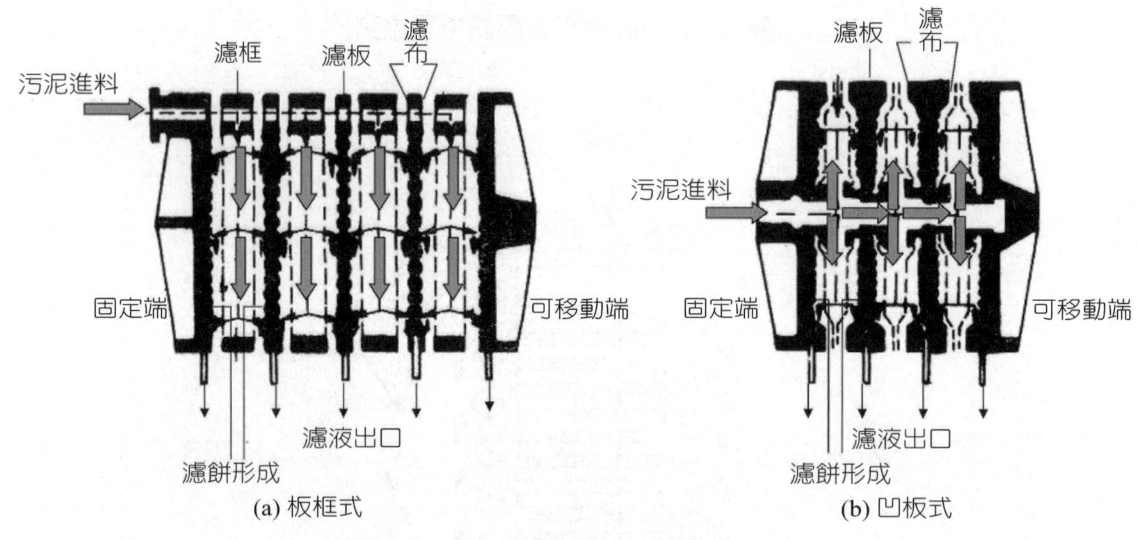

圖 11-29　固定體積式壓濾機濾室結構

變體積式壓濾機或稱作**隔膜壓濾機**（diaphragm membrane filter press），其濾室內濾布後方尚設有橡膠製的**隔膜**（diaphragm），形成**膜板**（membrane plates），隔膜在濾餅充滿整個濾室後（圖 11-30(a)），通入約 20 kg_f /cm^2 高壓空氣而膨脹，對濾餅再作擠壓而減少體積（圖 11-30(b)），最終壓力將達到 15～20 kg_f /cm^2，可較前述兩種壓濾機得到更低的含液率，此外濾餅沖洗及自濾布脫除之特性較均勻，過濾週期也較短（約 1～1.5 小時）[14]。

利用隔膜設備可通入氣體間接加入之特性，另有「壓濾乾燥機」之設計，即在壓榨終了後，於膜片內注入蒸汽或熱水，進行間接加熱使濾餅中無法壓榨脫除之液體蒸發，再以眞空幫浦抽出汽化水蒸汽，經過熱交換器後冷凝成水排放之，可進一

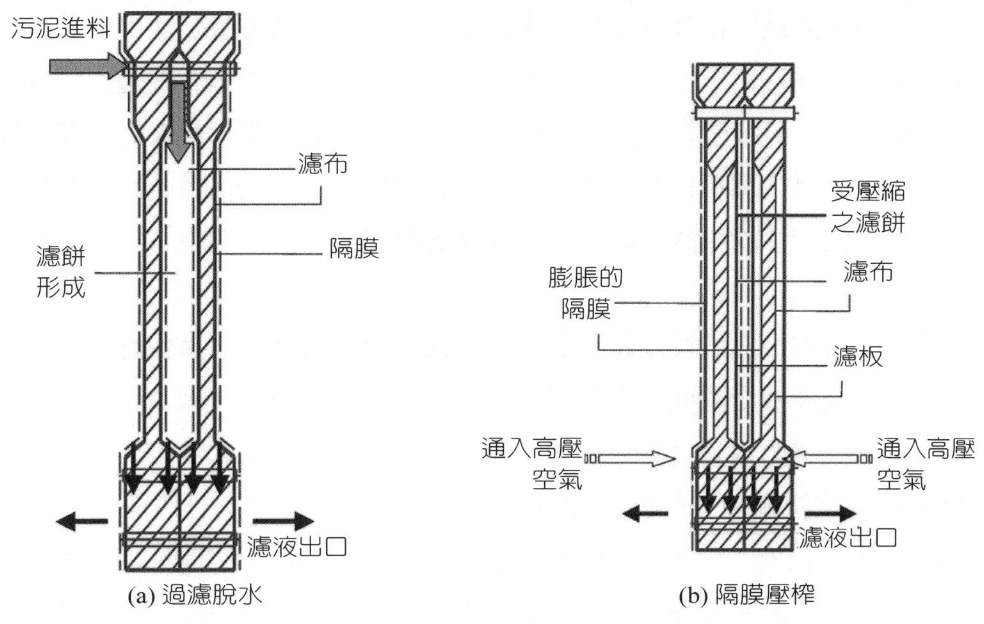

(a) 過濾脫水　　(b) 隔膜壓榨

圖 11-30　變體積式壓濾機濾室結構

步降低濾餅含液率。

除本體之外，壓濾機周邊設備尚有進料幫浦、空氣壓縮機、調理藥劑槽、**預敷料**（precoating，或稱預塗布）泵送系統、濾布清洗機等。其中濾布是爲運轉順利之關鍵，濾布除作爲濾材外，也擔任止洩墊材之功能，其必須保持清潔以維持低過濾阻力，除配合適當之預敷料以減少微細顆粒直接接觸濾布而造成堵塞，良好的濾布清潔亦是重點，濾布清洗機（包括清洗泵、水源和噴淋管）的噴嘴頭水壓至少需達 20 kg_f/cm^2 以上，方有洗淨效果，考慮噴射距離與水壓成反比，常使用可移動式的廂罩台車式清洗機（對向型噴排），從上方近距離清洗且避免清洗水噴濺，較在分開兩濾板中間以升降背向型噴排理想。另在因應特定需求，亦會配備酸洗循環系統以去除濾布上的鹽垢（鈣、鐵等）；和濾帶式壓榨機類似，爲保護濾布，若進料爲污泥，則需在調理機前設有篩除機以去除尖銳雜質。

空氣壓縮機提供隔膜膨脹、必要之通氣脫液、濾餅卸料、**吹心**（core blow，退板前用空氣將進料管內的漿料逆向將之回吹返送至儲槽，使管道淨空）等多項用途。

在預敷料與調理方面，主要針對高壓縮性濾餅（如有機污泥）而使用；當以高壓進行過濾時，因為顆粒沉降性與脫水性差，且濾餅具高可壓縮性，容易在濾布上方形成一緻密而滲透率極低的皮層（skin layer），阻擋後續濾液脫過與濾餅形成，甚至造成漏料。一般會配合助濾劑（飛灰或矽藻土）進行濾布預敷料，維持濾布表面的滲透率，避免微細顆粒堵塞濾布，此外也會以石灰或氯化鐵等無機鹽類進行調理，以提供更具剛性的濾餅結構，而能改善濾餅壓縮性，在過濾階段使更多濾液順利流出。

壓濾機的優點為提供較高壓力而能產生低含液率的濾餅，配合適當濾布可提高固體捕捉以提高濾液澄清度，進料漿料固體濃度適用範圍大，配合濾室數量調整，單位體積內之過濾面積亦可彈性增加或減少，可因應處理量之變化。缺點為需要調理藥劑以提高濾餅剛性，此外其採批次進料，過濾週期長（包括進料、加壓、卸壓、卸料、沖洗濾布），需要進行人工清除未剝落濾餅、板框拆裝、濾板裝卸調整，使得人力維護成本較高，若以平均 3 小時之過濾週期，加上前後調整，在八小時工時內只能進行兩批次處理。

為改善前述缺點，壓濾機近來已大幅自動化，包括配合濾布拉張、勾拉振動、上下振動、背搔、氣吹、刮刀除餅、濾板擺動等設計以強化排卸濾餅之效果（圖 11-31），另濾布噴洗刷洗亦可全自動化；而過去最耗費人力的拆卸濾板，則可透過油壓驅動型的勾板機，其常見於 20 片以上的機型，配合壓力感應，將歪斜的濾板推正再確實勾取與帶動，每次可逐片或一次勾拉 3～5 片帶動濾板，此舉將減少現場人員所需數目。

此外因其拉力與推力增加，可適用於更大更重之濾板，故濾板尺寸已不再侷限於長寬 1 公尺以內，而有廠商提供 1.2 公尺以上的巨型濾板，使同一空間與周邊設備可過濾之面積倍增。再配合隔膜式機型並漸趨普及，目前已逐漸取代固定濾室型式以及未自動化的設備。

壓濾機之控制參數主要為進料濃度、操作壓力，以及過濾週期調整，每個濾室的濾餅充滿量從 1～10 kg 不等。一般建議加壓方式為每批次操作的最終段提高壓力，若在進料初期以高壓力操作，將減少濾餅中的有效空隙率，使濾液流通路徑群閉塞，未必能提升脫水操作性能。

常見的異常狀況與排除方法如下：

(1) 濾框閉合不良：可能因框體變形、定位不當，或濾板有裂痕所導致，除檢

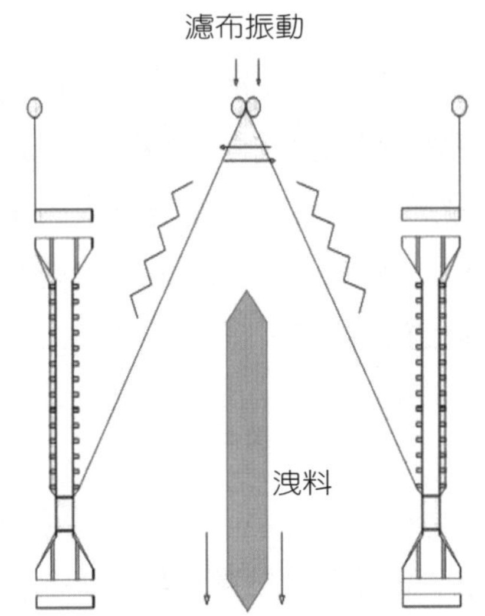

圖 11-31　濾布自動拉張振動以脫除濾餅

查硬體設備外，應避免濾框部分仍附著有濾餅時進行脫水，可能造成濾布與濾板間產生空隙。

(2) 進流漿料自濾板漏出：主要因濾室緊閉壓力不足、濾布破損或有皺摺、濾板間有異物卡入（如濾餅等），除檢查油壓裝置與框板等硬體設備外，亦應注意調理與進料濃度，以及預覆之情形，以改善濾餅剝離性，避免對濾布或濾板造成影響。

(3) 濾布透過性降低：濾布經正規清洗或酸洗後若仍然堵塞，導致透過度降低，單位面積處理能力減少，即需汰舊換新；後續可配合矽藻土預敷，或強化濾餅剝落措施（如配合在濾室中通入高壓空氣沖除塞入濾布之雜質），均可延長濾布壽命。

(4) 濾餅過薄或含液率過高：一般可能因爲硬體設備故障，如加壓不足、濾液管堵塞所造成，另當濾布堵塞時也會使過濾效果變差；就進料方面，當固體濃度過低或調理效果不佳時也可能造成，應檢討調理劑量與過濾時間，需控制進料濃度。

(5) 所需壓濾週期偏長：與第 (4) 項相同，主要咎因於調理加藥量不當，另外進料固體濃度偏低也是造成過濾時間加長，此點可藉助加藥量調整，或在脫水機前增加濃縮單元。

(6) 壓力不正常增加：調理不當、預覆量過多，以及濾布堵塞時都會造成此現象，除檢討調理劑量並清洗濾布外，也要調整預覆量。

(7) 進料分布不均：一般進料多由上側孔道輸入濾室，但如含有粗粒子或容易發生沉降現象之漿料，容易造成固體集中於濾室下方之狀況，造成濾餅厚度不均；可考慮調整濾板配置，將進料輸入口移到下方，由下往上泵送，帶動混合效果，以改善分布。

2. 濾葉式壓濾機

在處理量、過濾面積、脫液需求較小，初始固體濃度相對較低時，可選用**濾葉式壓濾機**（leaf filter），而非硬體設備昂貴且較需人工的壓濾器。濾葉式壓濾機爲一種批次操作的加壓容器過濾機，有多種型式，包括水平或垂直的圓筒形外殼中，裝有平行的垂直或水平的濾器，如圖 11-32 所示；其壓力來源爲進流漿料之泵浦所提供之外壓（眞空過濾之機型不在此節討論範圍）。一般水平圓筒外殼之機型可提供較大的過濾面積（圖 11-32(b)、圖 11-32(d)），而呈水平之濾葉有助於濾餅均勻形成，但過濾面積受限（只有上方）且卸料較不方便，需透過機械旋轉方式卸料[8]。

濾葉亦有多種形狀，包括正方形、圓形或矩形，其基本結構如圖 11-33 所示，漿料泵送入密閉壓力容器中，浸在漿料裡的濾葉接連濾液輸送管，利用濾材表面與濾液管間之壓差，促使顆粒移向濾面生成濾餅；濾餅生成後，將漿料置換成洗滌液，則濾餅可在均勻壓力差下進行洗滌[15]。類似於 11.3.3 節所介紹的加壓式轉鼓過濾機，當濾餅厚度不再成長後，所承受的外壓來自於進流泵浦揚程所造成液壓，可達 5～10 kg_f/cm^2，惟無直接機械面或濾材對濾餅擠壓，脫液效果一般不如壓濾機，若用於廢污水處理產生的有機污泥，其濾餅含水率約爲 70～80%。

濾葉式壓榨機因有加壓容器，可於外側包覆熱交換器，能配合化工製程需求，高於或低於室溫下進行操作，目前已有全自動操作之機型，可自動完成進料、過濾、洗滌、通氣脫液、卸料等步驟。

另有結合濾葉式過濾器與板框式過濾器的**旋葉壓濾機**（rotary pressure leaf filter），其由可旋轉的濾葉和固定濾室交替排列組成；旋轉軸、葉輪與固定濾室之間的間隙就是料漿流道，過濾機的濾框兩側均開有導液槽，將濾液匯聚在其下部排出；旋葉壓濾機可提供到 10～15 kg_f/cm^2 之壓力，惟其原理使顆粒運動方向濾葉表

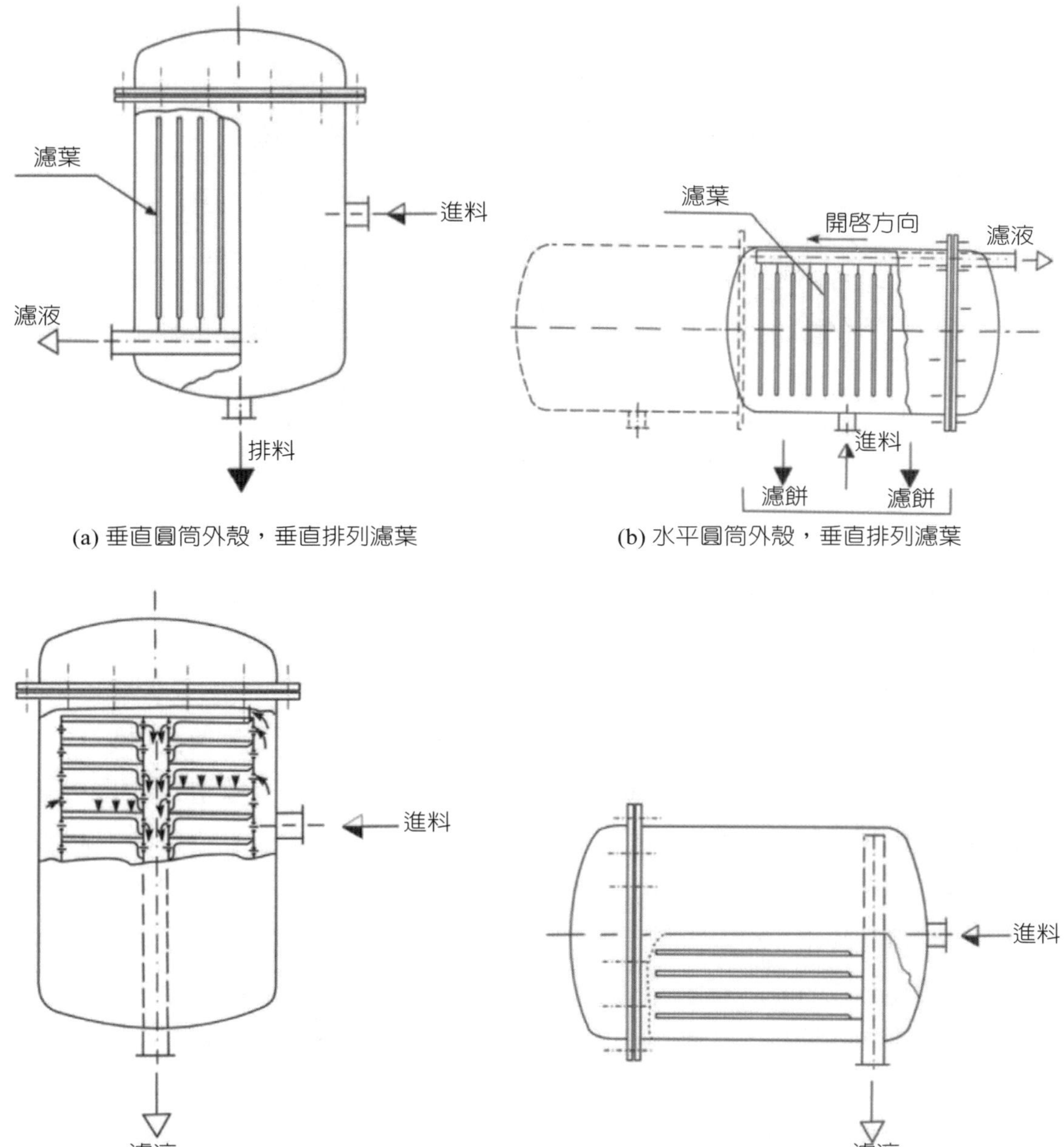

圖 11-32　各種型式的濾葉式壓榨機

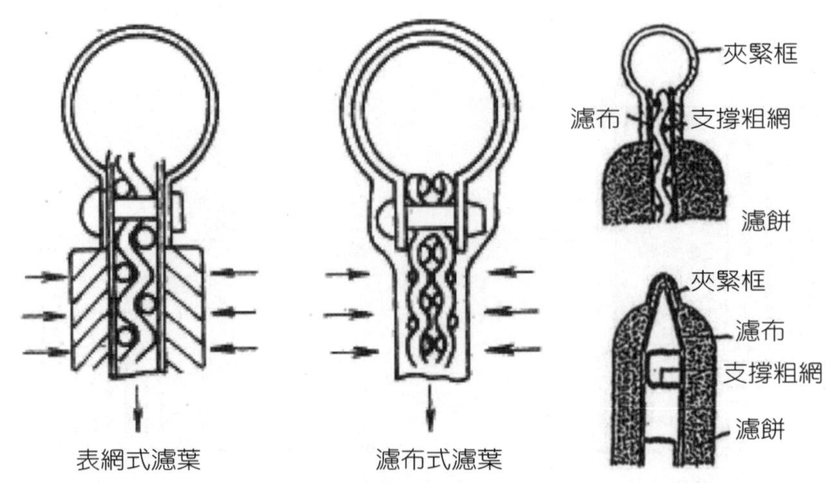

圖 11-33　濾葉結構與濾餅生成

面的法向量垂直，於濾葉上形成薄層濾餅，並無與壓濾機相同的濾餅壓榨效果（圖 11-34）。

3. 管式壓濾機

管式壓濾機（tube press），或稱筒型壓濾器，原理與濾葉式壓濾機類似，亦爲一種批次操作加壓容器過濾機，其由數根多孔管組合而成，多孔管型式爲沿長度開有長縫篩孔的極薄不銹鋼管子，固定在一法蘭板上；每根多孔管外有濾材（通常爲彈性薄膜）包覆，置於高壓容器中。進流漿料由上方或側面導入多孔管與彈性薄膜間，充滿後開始加壓而在兩者間形成濾餅，而彈性薄膜再因外壓而擠壓濾餅，最終使濾餅厚度低於 5 mm，達到充分脫液效果，濾餅經洗滌、通氣脫液後，藉逆吹之高壓空氣配合多孔管往下移動，將之濾餅剝離；濾液則直接由多孔管下端流出（圖 11-35）。

管式壓濾機常見規格爲直徑 200～300 mm，長度約 2～3 公尺，每套設備之有效過濾面積約 1 m^2，設備提供 50～100 kg_f/cm^2 的壓力，達到理想脫液效果；若以廢污水處理產生的有機污泥爲例，產出的濾餅含水率預期可界於 60～70%[1]。

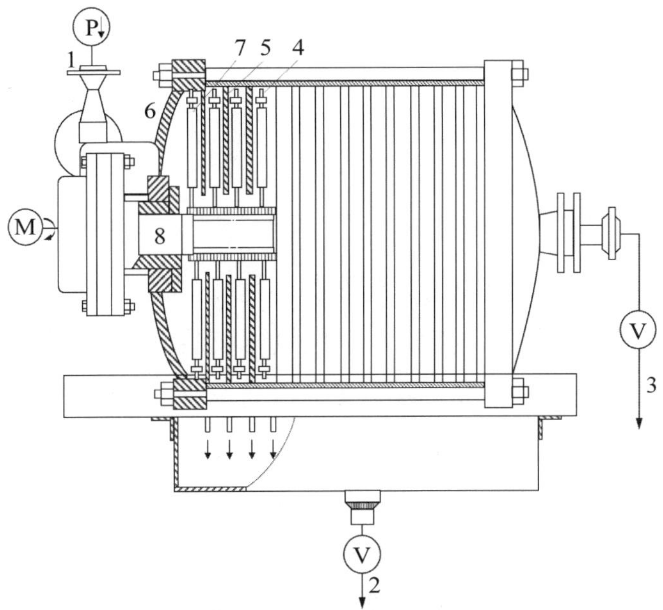

1- 料漿入口；2- 濾液出口；3- 濾餅出口；4- 葉輪；5- 刮刀；
6- 機殼；7- 濾葉；8- 主軸；M- 電機；V- 閥門

圖 11-34　旋葉壓濾機結構示意圖

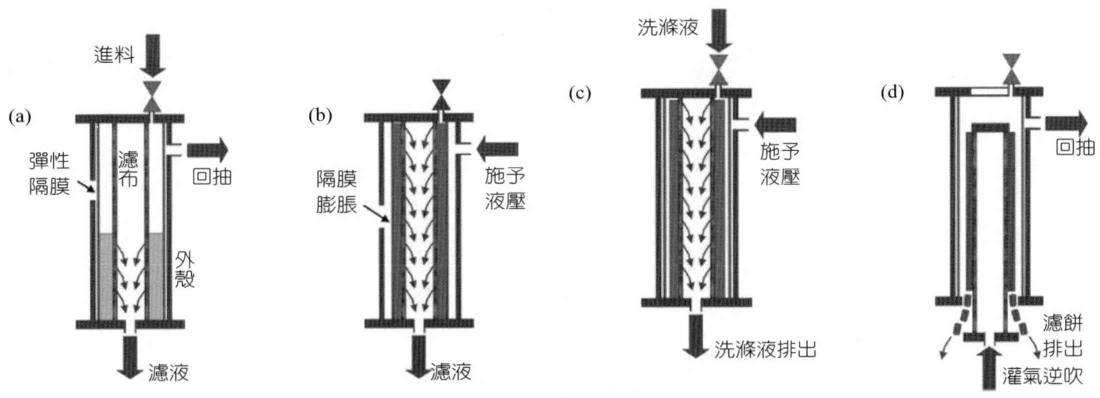

圖 11-35　管式壓濾機操作示意圖

11.4 濾餅脫液乾燥

11.4.1 氣體脫液目的

濾餅經壓榨後，微細孔隙中仍含有液體，飽和度爲 1，進一步脫除需透過在濾器中導入加高壓氣體（抽眞空、空氣、惰性氣體或蒸汽），利用氣體抽風或排風穿過濾餅，使氣體置換其中的液體，降低其飽和度；或導入另一單元，以加熱乾燥脫液，以改善濾餅品質（如利於食品加工）或有利最終處置（如以焚化方式處理污泥濾餅）。

需在氣體脫液或熱乾燥階段脫除之液體，每單位重量所需之移除能量將遠大於機械壓榨階段。濾餅中的液體分布概況約可以圖 11-36 表示之，a 爲不與固體間有交互作用力的部分，b 爲因毛細作用而存在於固體顆粒間隙之間的部分，c 爲因凡得瓦力而吸附於顆粒之上的部分，d 則爲與固體間有化學鍵結力之部分。其中 a 部分的液體在顆粒重力沉降即會自動與固體分離，在過濾與壓榨階段則會脫除絕大多數的 b 與 c 部分；少數仍殘留於壓縮濾餅孔隙間與顆粒內的液體，必須透過氣體導入而置換帶出 [16]。

Chen et al.（1997）及 Chu and Lee（1999）以食品工業廢水污泥爲例，實驗顯示，施加能量越高則濾餅殘餘液體越少，移除單位重量液體所需能量（或稱液—固鍵結

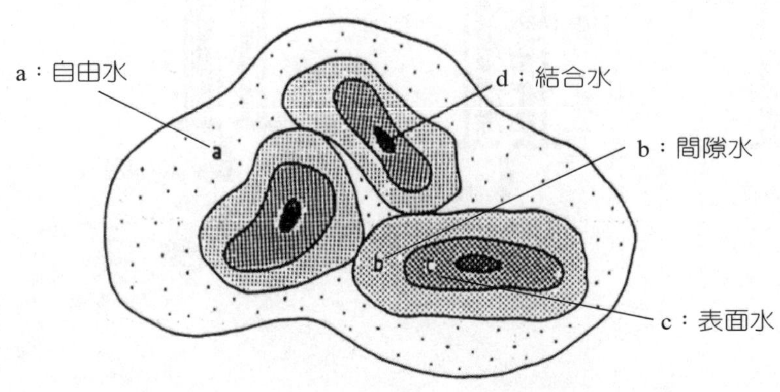

圖 11-36 濾餅中液體的分布概念圖

能量）與殘餘液體量 W_W（濾餅中每單位重量乾固體 DS 所含之液體重量）間呈一連續函數分布（圖 11-37）[17,18]。各種脫液單元相當於提供不同的能量強度，而可將整條連續分布曲線切割成「可移除」與「殘餘」兩部分液體。例如重力沉降之能量強度則接近於零，離心濃縮或加壓過濾提供的能量強度約為 20～30 kJ/kg，約為物理吸附鍵能範圍，壓濾機可將濾餅含水率降至 60～70%（W_W = 1.5～2.3 kg/kg DS），相當於能量強度約為 70～100 kJ/kg。欲進一步脫除水分已無法以機械方式達成，如圖 11-37 所示，進一步脫液所需能量陡升，主因為必須透過大量氣體通入以置換孔隙間的殘餘水分，以降低飽和度，以該圖為例，當濾餅 W_W 降至 0.2 kg/kg DS（含水率 17%），對應之能量已超過 800 kJ/kg，為前述機械壓榨之 8 倍。如何使通氣脫液最適化，而能節省操作所需能量，為設備開發改善之重點。

在濾室內進行通氣脫液時，驅動氣體之壓差可來自於鼓風機、真空泵浦，或是離心場，涉及參數有氣體流量、吹風前後濾餅的含液率，以及操作時間，與 11.2 節的洗滌有類似之處。氣體通入的初期將置換大孔隙內的液體，隨濾餅飽和度下降，濾餅大孔隙充滿氣體，液體則殘留於微細孔隙內，由於氣液相間阻力有較大差別，

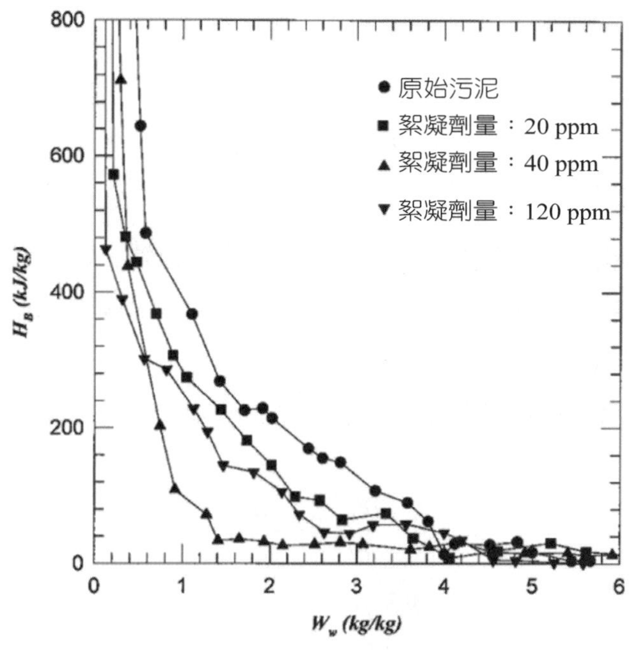

圖 11-37　液－固鍵結能量連續分布曲線（以國內某食品廠產生之廢棄污泥絮凝後）

加壓氣體將傾向通過大孔隙，會出現氣體短流等現象，而無法去除殘留液體。此時若需進一步脫液，則需將濾餅再導入熱乾燥單元，除以高溫氣體或間接加熱方式脫液外，亦可將濾餅結構予以破壞，降低液體自微細孔隙逸出之阻力。

以下 11.4.2 節先探討脫液一般性現象，11.4.3 節介紹過濾器所配置之氣體脫液功能，11.4.4 節介紹常用工業機械乾燥設備。

11.4.2 脫液理論

在現象解析時，考慮氣體脫除濾餅中之液體爲在多孔介質裡發生的二相流現象，透過理論分析可估計脫液所需之氣體量，以及最終含液率。多孔介質可視爲直徑不同之毛細管束，液氣置換過程中，液體飽和度下降，液體的滲透性降低，氣體的滲透性提高；置換過程中可視固體爲不動的骨架，假設爲不可壓密，在吹氣過程空隙結構不變，在 $t \leq 0$，$0 \leq x \leq L$，$S_L = 1$，壓力降與流速可寫成

$$\frac{\partial P_L}{\partial x} = \text{常數} \tag{11-33}$$

$$q_L = -\frac{kk_{rL}}{\mu_L} = \frac{\partial P_L}{\partial x} \tag{11-34}$$

$$q_a = \frac{kk_{ra}}{\mu_a} = \frac{\partial P_a}{\partial x} \tag{11-35}$$

S 爲**飽和度**（saturation），下標 L 代表液體，a 代表氣體，q 爲流體對固體粒子表面之相對流速，k 爲濾餅充滿單一流體時之透過度，而 k_{ri} 爲某一流體之相對透過度，故 kk_{ri} 是 i 流體之有效透過度。

取任意時間及微薄厚度濾餅之各流體之質量平衡可得

$$\varepsilon \frac{\partial S_L}{\partial t} = -\frac{\partial q_L}{\partial x} \tag{11-36}$$

$$\varepsilon \frac{\partial (S_a \rho_a)}{\partial t} = -\frac{\partial (q_a \rho_a)}{\partial x} \tag{11-37}$$

ρ 是流體密度，而

$$S_L + S_a = 1 \tag{11-38}$$

$$P_a - P_L = P_c \tag{11-39}$$

P_c 爲**毛細管壓力**（capillary pressure），是局部飽和度之函數。要從平均口徑 $\bar{d}$ 之濾餅毛細管吹出液體，驅動氣體壓力需大於某一極限壓力值，此最低驅動氣壓稱爲**起動脫液氣壓**（threshold pressure）：

$$P_b = \frac{4.6(1-\varepsilon)\sigma}{\varepsilon \bar{d}} \tag{11-40}$$

當加於濾餅之氣體壓力漸增時，濾餅內液體含量漸減；如將所加氣體壓力與液體飽和度作如圖 11-38(a)，由 a 點開始逐增氣壓，至 T 時開始有液體排出，然後沿著 b、c、d、e 變化，在 b 與 c 間可能呈一段直線增加之趨勢。其中 T 點所對應壓力爲「眞起動脫液氣壓」，但由於濾餅結構複雜，粒子堆積無法每次相同，T 點不易重現於每次試驗中，實務上則由 bc 延伸線與 aT 之延伸線的交點「a*」對應壓力作爲起動脫液氣壓，稱爲「**修正起動脫液氣壓**」（modified threshold pressure）。

另一方面，當氣體壓力再增加也不再有對應液體排出的點 E，其對應飽和度稱爲「平衡液體飽和度」，標示爲 S_∞。若以不同驅動壓力 ΔP 進行試驗分別得到對應之 S_∞，再以 S_∞ 對 ΔP 作圖，如圖 11-38(b)，則所得曲線之轉折點可得此多孔體之特徵壓力值，稱爲 P_b。

Wakeman（1979）提出相對液體飽和度 S^*、P_b 及毛細管壓力 P_c 之關係如下 [3]：

$$S^* = \frac{S - S_\infty}{1 - S_\infty} = \left(\frac{P_b}{P_c}\right)^\lambda \tag{11-41}$$

其中 λ 是**濾餅細孔分布指標**（pore size distribution index），氣相及液相之相對透過度 k_{rL} 及 k_{ra} 分別爲：

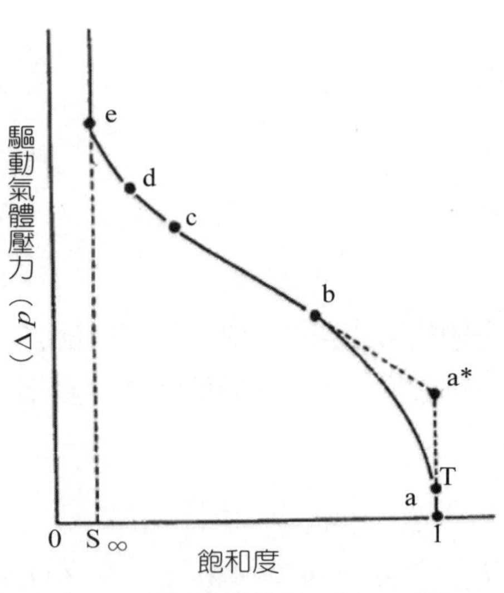

(a) 改變氣壓下濾餅飽和度之變化

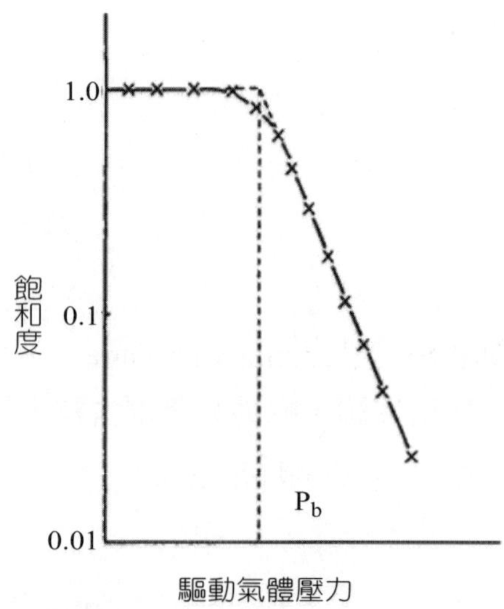

(b) 改變氣壓下濾餅飽和度之變化（對數座標）

圖 11-38　脫液起動氣壓之量測

$$k_{rL} = S^{*\frac{2+3\lambda}{\lambda}} \tag{11-42}$$

$$k_{ra} = (1-S_R)^2 (1-S^*)^{(2+3\lambda)\lambda} \tag{11-43}$$

平衡液體飽和度經實驗得知為毛細管數 N_{cap}（capillary number）之函數。在重力場以氣壓脫液時（或真空脫液）時，N_{cap} 表示為：

$$N_{cap} = \frac{\varepsilon^3 d^2 (\rho g L + \Delta P)}{(1-\varepsilon)^2 L\sigma} \tag{11-44}$$

$$S_\infty = 0.155(1 + 0.031 N_{cap}^{-0.49})\text{；}N_{cap} \geq 10^{-4} \tag{11-45}$$

σ 為液體表面張力，d 為粒子平均粒徑，L 為濾餅厚度（或毛細管長）。

在離心力場下，即採用離心脫液時：

$$N_{cap} = \frac{\varepsilon^3 d^2 \rho N^2 r}{(1-\varepsilon)^2 \sigma} \tag{11-46}$$

$$S_\infty = 0.0524 N_{cap}^{-0.19}\text{；}10^{-5} \le N_{cap} \le 0.14 \qquad (11\text{-}47)$$

$$S_\infty = 0.0139 N_{cap}^{-0.86}\text{；}0.14 \le N_{cap} \le 10 \qquad (11\text{-}48)$$

其中 N 爲迴轉數（單位爲 1/s），r 爲離心半徑。

飽和度 S 下降也反映濾餅重量之減少，整體趨勢可分爲三期（圖 11-39）：在最初階段，液體自固體內部迅速供給至濾餅表面，以補足表面被帶走的液體，脫液速率大致保持恆定；待濾餅表面蒸發速率已大於內部供給至表面的速率，脫液速率開始下降，此時被帶走的液體可視爲濾餅顆粒毛細間的部分；隨濾餅表面的飽和度已遠低於 1，開始從表面以下被帶出，均需透過一層逐漸加厚的半乾固體，速率迅速下降直至爲零，此階段所移除的液體可視爲以物理吸附方式附著於固體表面。最終尚未被移除的部分，與固體顆粒間存在較強的化學鍵結，必須透過提高溫度，透過蒸發帶走殘存液體 [19]。

一般需脫液或乾燥者多爲機械脫水後的濾餅，與固體間無鍵結或位於毛細間隙間的液體均已移除，故觀察到的重量變化曲線約從第一減速期開始。Wakeman 提出

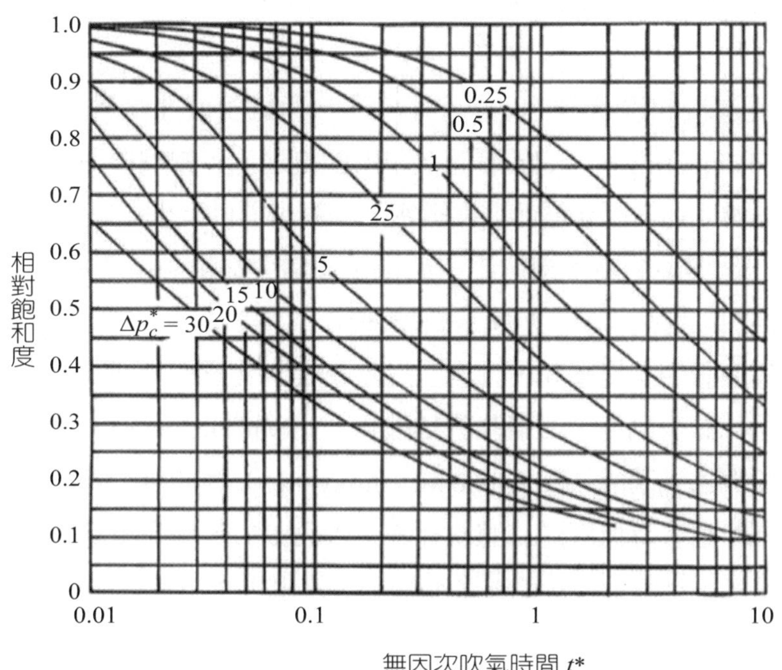

圖 11-39　相對飽和度與吹氣時間之關係

相對飽和度 S^* 與無因次時間 t^* 之間的關係，其中 t^* 定義爲：

$$t^* = \frac{kP_b t}{\mu L^2 (1-S^*)\varepsilon} \tag{11-49}$$

k 爲 $S=1$ 時之透過度 [3]。

11.4.3 濾室通氣脫液

在連續式進料的過濾器中，通氣脫液經常以**眞空**方式進行（vacuum deliquoring），如眞空濾帶式過濾機（圖 11-40(a)）與轉鼓過濾機（圖 11-40(b)），即爲使濾餅形成後由濾帶或轉鼓帶至一眞空低壓區，脫液效果決定於該區之長度、帶動速度（進料速度）或壓差（依物料特性或需提高脫液階段的眞空度）決定之，一般脫液區之眞空度約爲 0.5～0.6 個大氣壓。以眞空濾帶式過濾機過濾無機類物質漿料時，濾餅一般可快速形成，內部雜質之洗滌以及液體通氣脫除反需要較長時間，在一典型配置中，過濾／洗滌／通氣脫液三個區域之濾帶長度比約爲 1：3：2。反之，若爲有機物所組成之濾餅，比例可能需調整爲 1：1：1，以考慮濾餅形成需要較長的時間 [1]。

在批次式進料的過濾器中（圖 11-41），通氣脫液通常爲透過**加壓氣體**達成（gas-blown deliquoring），如於壓濾機中所配置之氣體壓縮機即爲此一用途；考慮批次操作所得濾餅通常因高壓而更爲緻密，一般會提供至少 4 kg_f/cm^2 的氣體達到脫液效果，在一個典型的壓濾機過濾週期中，通常會提供 20～25% 的時段供通氣脫液，視必要再加以延長，惟能耗也會持續增加。

若欲脫除液體的黏度甚高，且無法以熱乾燥方式處理，則有必要加入適當溶劑或表面活性劑以減少黏度，如**磺基琥珀酸類**（sulphosuccinates）等陰離子表面活性劑，或壬**基酚聚乙氧基醇**（nonylphenol ethoxylates）等非離子表面型劑，可改善過濾性，在此同時也會降低液體於濾餅孔隙之表面張力，提高氣體脫液之效果；此類用途常見於土壤污染整治，例如對受油類污染之離場土壤進行清洗與脫液。

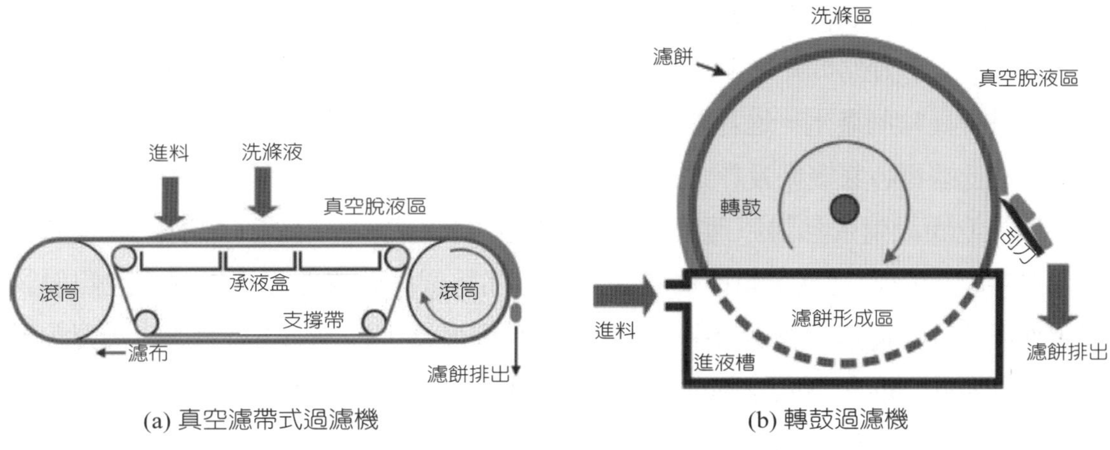

(a) 真空濾帶式過濾機　(b) 轉鼓過濾機

圖 11-40　連續式過濾器通氣脫液區之配置

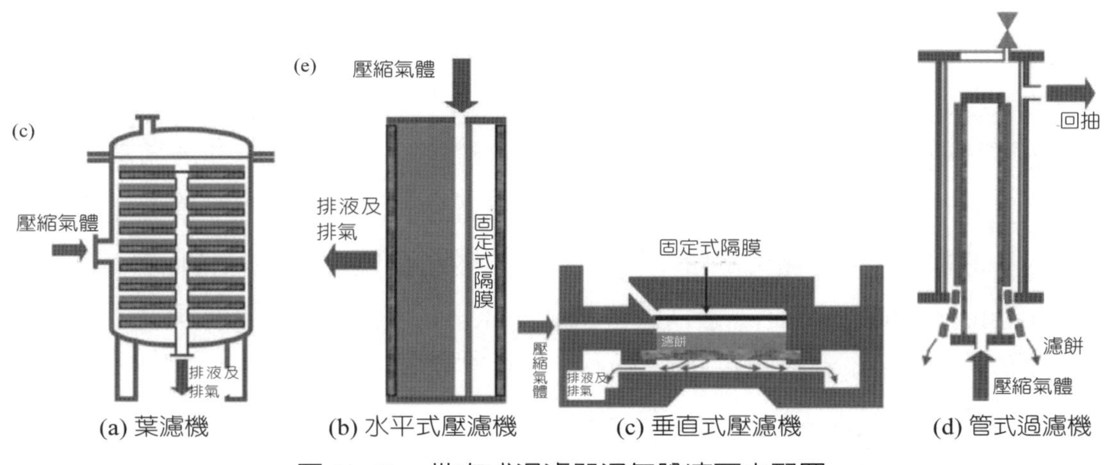

(a) 葉濾機　(b) 水平式壓濾機　(c) 垂直式壓濾機　(d) 管式過濾機

圖 11-41　批次式過濾器通氣脫液區之配置

11.4.4　機械乾燥

當濾餅經通氣脫液後仍無法達到預期之含液率，必須導入另一單元獨立進行機械乾燥，透過高溫氣體接觸濾餅直接乾燥，或以間接方式由高溫金屬表面接觸濾餅，使含液率降至最低（0～10%），此時脫除每單位液體所需之能量往往超過其汽化熱。以去除廢污水污泥裡的水分爲例，如需將含水率降至 5%，平均所需耗費能量約爲 3,000～3,500 kJ/kg，約比水的汽化熱 2,253 kJ/kg 高出 30～50%。

在空間相當受到侷限的現代化工廠中，曬乾床等天然乾燥已不常見，機械乾燥所需占地小，乾燥時間短，當處理對象爲食品或廢污水污泥時，尙可有效去除致病菌，並減少異味的產生，惟耗能較多，且熱效率（熱源能量用於蒸發濾餅水分之比例）之高低端視各家機械設計之良窳，合理值界於 60～70% 間。

機械乾燥設備依熱傳原理可分成四大類：對流式、傳導式、輻射式以及減壓式。其中輻射乾燥之應用屬高溫範圍，如電加熱輻射乾燥器以紅外線燈泡照射物料，使溫度升高而達到乾燥效果；天然氣加熱乾燥器則燃燒煤氣將金屬或陶瓷輻射板加熱到 400～500℃，使之產生紅外線用以加熱物料，主要應用在表面大而薄的物料，如塑膠片、布料、木材、塗漆製品等，較少搭配固液分離使用。減壓式乾燥最常見者爲冷凍乾燥，主要用於保存易腐壞的食材，或不能受熱之特殊有機物質，其原理爲冷凍待乾燥物，再將壓力快速降低，使得冰直接昇華，由固態轉變氣態而達到脫除水分之效果，配合固液分離使用之案例較少。本小節以下即介紹對流式與傳導式之大型工業乾燥設備。

對流式乾燥設備利用熱空氣與濾餅直接接觸達到傳熱效果，使液體蒸發，或稱爲「直接乾燥」。熱風的產生可藉由燃料或電熱方式加熱空氣、惰性氣體或是蒸汽，一般常用配合工廠廢熱所產生之蒸汽。其效能決定於**總包熱傳係數**（overall heat transfer coefficient），一般爲數百 kcal/s · K · m^3，在流體化床與氣流乾燥機等更高效能的乾燥器可達數千 kcal/s · K · m^3。常用機型包括 [20, 21]：

1. **旋轉窯乾燥機**（rotary dryer，圖 11-42(a)）：主體爲一直徑 0.3～3 m 而略帶傾斜的旋轉圓筒，長度爲直徑的 4～10 倍；濾餅從一端進料，內部安裝有**螺旋狀的斜板**（spiral flight）翻攪，翻到某一高度再落下，並與正向或反向的熱風接觸，送往另一端的出口排出，斜板的設計良窳攸關翻攪效率。另一種「通氣管式」設計採用內外兩個圓筒，濾餅在設有導葉的內筒中翻動，熱風則從自外筒通入再從導葉間隙間通入，從濾餅下方通風與之接觸，可進一步提高熱傳係數，所需窯體轉速較低，長度也較短。旋轉窯乾燥機的處理量大，適用性廣，清理也容易，爲使用甚廣的乾燥機。一般其旋轉速度爲 3～30 rpm，空氣流速爲 1.5～2.5 m/s，熱風溫度約爲 100～200℃。
2. **箱型乾燥機**（cabinet dryer，圖 11-42(b)）：在箱狀的乾燥機主體中有多個盤架承裝濾餅（1～10 cm 厚），再從上方通入熱風予以乾燥。其優點爲容易裝卸且盤架易清洗，缺點爲係批次進料，需要人力操作，同時卸料時也易有粉塵問題；每蒸發 1 kg 水分需 2.5 kg 之蒸汽，熱效率約 40%。

3. **帶狀乾燥機**（conveyer dryer，圖 11-42(c)）：使用漏斗或滾動擠出機進料，在寬 1～3 m 的循環金屬網或多孔板輸送帶堆上 3～15 cm 的濾餅，從上方或下方施加熱風予以乾燥，乾燥濾餅隨輸送帶往前移動而排出；輸送帶長度一般在 50 m 以內，所需通風量約爲 0.6～1.5 $m^3/m^2 \cdot s$，通風溫度在 100～200 ℃ 之間。
4. **隧道乾燥機**（tunnel dryer，圖 11-42(d)）：將濾餅置於台車或輸送帶上，送入乾燥室中，再於另一側進行卸料，乾燥室長度一般在 50 m 以內，器壁由耐火磚或是有絕熱層之金屬材料構成，寬度約3.5 m，通風量約爲2～3 m/s。
5. **流體化床乾燥機**（fluidized-bed dryer，圖 11-42(e)）：先將濾餅粉碎成細塊，充塡於細金屬網或多孔板上，從下方通熱風，讓氣體與固體粒子充分混合呈現流體化，增大有效熱傳面積而被乾燥，熱效率約爲 60～80% 之間，體積熱傳係數高達 2,000～6,000 $kcal/s \cdot K \cdot m^3$，亦可適用於液態進料。其有多種型式，如單層圓筒型、多層圓筒型、臥式多室型、振動型、攪拌型、離心型等。
6. **噴霧乾燥機**（spray dryer，圖 11-42(f)）：同屬流化床乾燥設備，將濾餅以噴霧狀噴出形成微小液滴（2～500 μm），並與熱風混合而達到乾燥效果，最後再捕集乾燥粉末。噴霧的方法包括高速旋轉圓板、加壓噴嘴，或雙流體噴嘴等；其適用於乾燥含液率較高的液態物質或粉末。
7. **氣流乾燥機**（flash dryer，圖 11-42(g)）：同爲流體化床乾燥機，將濾餅粉碎至數百微米之微粒，使之分散於空氣中，由熱風攜帶乾燥後帶出，一般乾燥管長爲 6～20 m，氣體速度爲 30～50 m/s；使用之氣體溫度約在 400～600℃之間，約在 10 秒內就完成乾燥。此系統熱傳效率高，估計 1 kg 之乾燥氣體可以使 0.1～0.15 kg 之水分蒸發，體積熱傳係數爲 2,000～6,000 $kcal/s \cdot K \cdot m^3$。

傳導式藉由濾餅與金屬壁之接觸間接加熱而蒸發水分，或稱爲「間接乾燥」。加熱金屬壁之熱源可以來自燃料（如熱媒油）、蒸汽，或是電熱等方式，體積熱傳係數約數百 $kcal/s \cdot K \cdot m^3$。熱傳導型較熱對流式所引起的粉塵與異味較少，但排

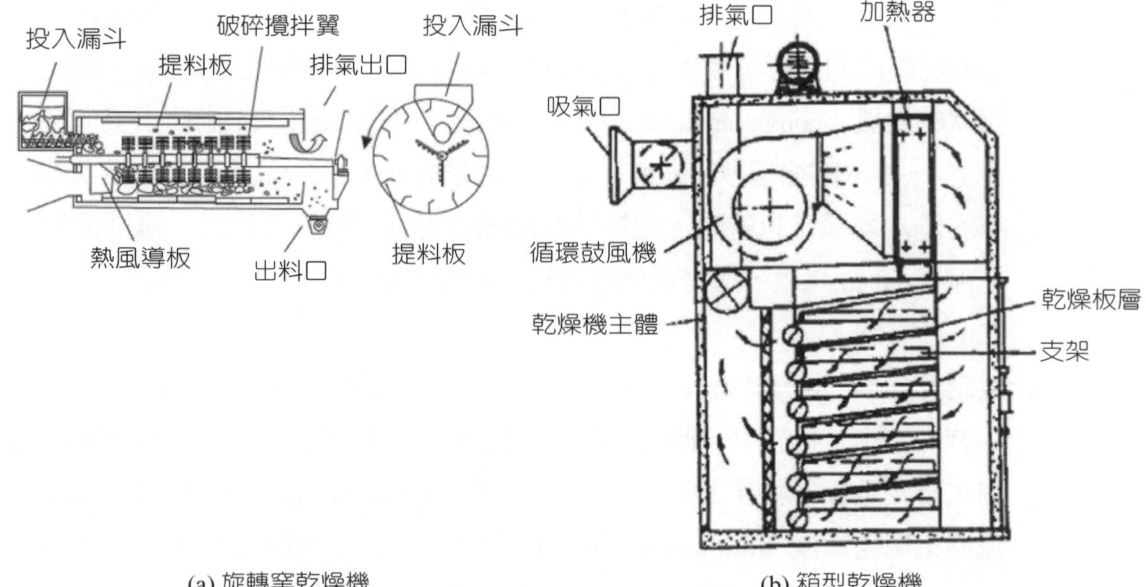

(a) 旋轉窯乾燥機　　(b) 箱型乾燥機

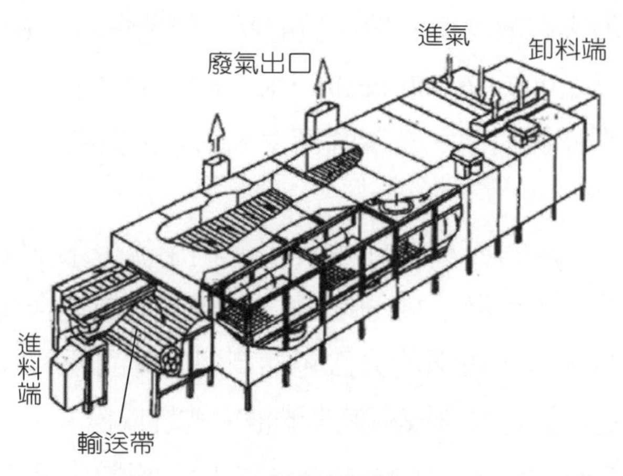

(c) 帶狀乾燥機

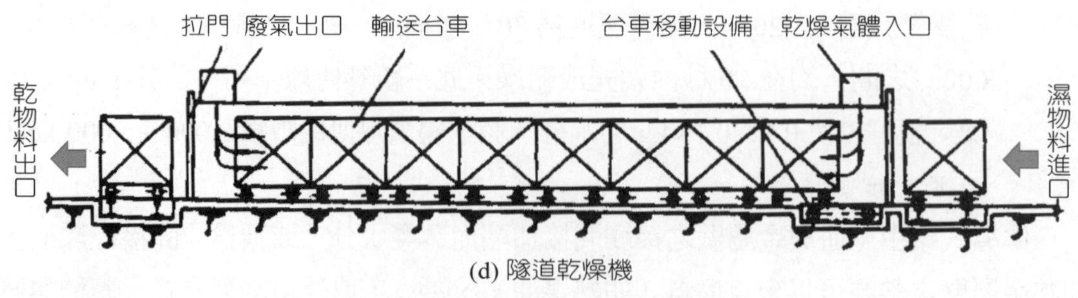

(d) 隧道乾燥機

圖 11-42　對流式乾燥機

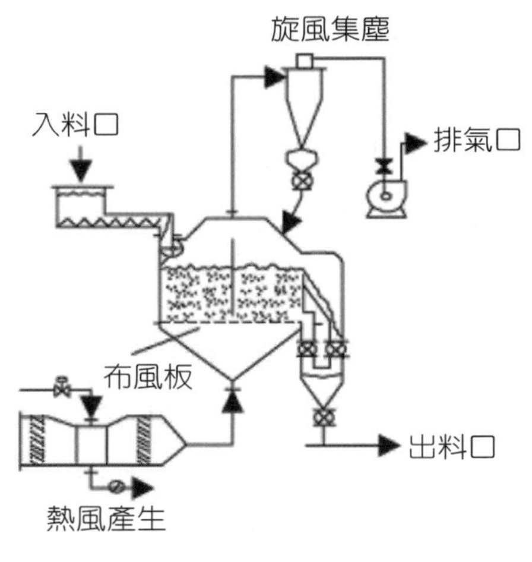

(e) 流體化床乾燥機

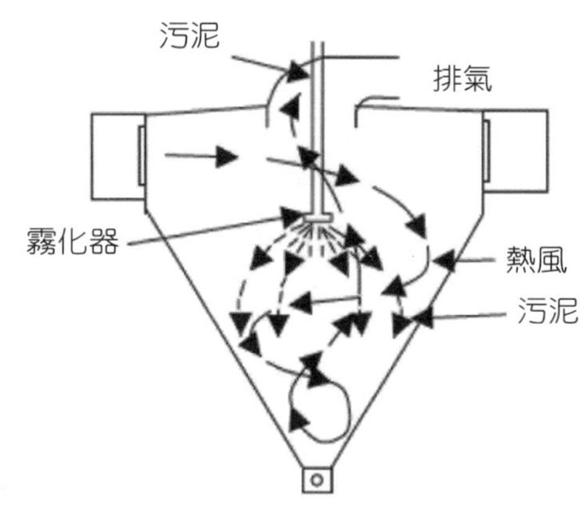

(f) 噴霧乾燥機

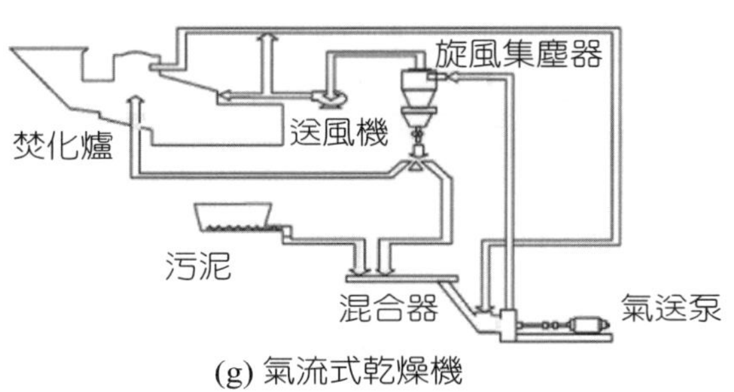

(g) 氣流式乾燥機

圖 11-42（續）

氣濕度高，且容易發生濾餅黏壁不易清除的困擾。常用機型包括 [20,21]：

1. **蒸汽管加熱旋轉窯乾燥機**（vapor-pipe rotary dryer，圖 11-43(a)）：在一旋轉圓筒中設加熱管，將蒸汽送入管內，濾餅與管壁接觸而間接加熱，並因窯體旋轉而被翻攪，乾燥後的濾餅再以螺旋送出。其熱效率甚高（80～90%），單位乾燥能力也高於對流式旋轉窯乾燥機。
2. **槳葉攪拌乾燥機**（paddle dryer，圖 11-43(b)）：在有外套的橫臥圓筒中裝置攪拌槳葉，輸入濾餅沿加熱面旋轉移動，同時被槳葉所翻攪，提升其熱傳效果而被乾燥。此類設備可處理多種型態之進料，從黏泥狀到液態者均可，熱傳係數約為 85～350 W/m^2 · K。

3. **轉鼓乾燥機**（drum dryer，圖 11-43(c)）：以一個或多個轉鼓（直徑 0.6～4.8 m）在內部進行加熱，將濾餅導入外壁上，間接受到加熱後而脫除水分，乾燥後的濾餅再予以刮除；適用於液態之進料，操作上透過調整進料層厚度（0.5～1.5 mm）、轉鼓轉速（一般 4～6 rpm），以及加熱介質溫度（120～150℃）達到所需乾燥效果。
4. **盤式連續乾燥機**（disc continuous dryer，圖 11-43(d)）：設備中有多層加熱盤，盤內有蒸汽管，上有**耙臂**（shovel arm）與**耙葉**（shovel blade）翻攪濾餅；從上部輸入濾餅導入加熱盤，中心軸以 0.5～3 rpm 之速度旋轉，再配合耙葉之翻攪將濾餅一層層往下送，在與熱盤接觸過程中達到乾燥效果，

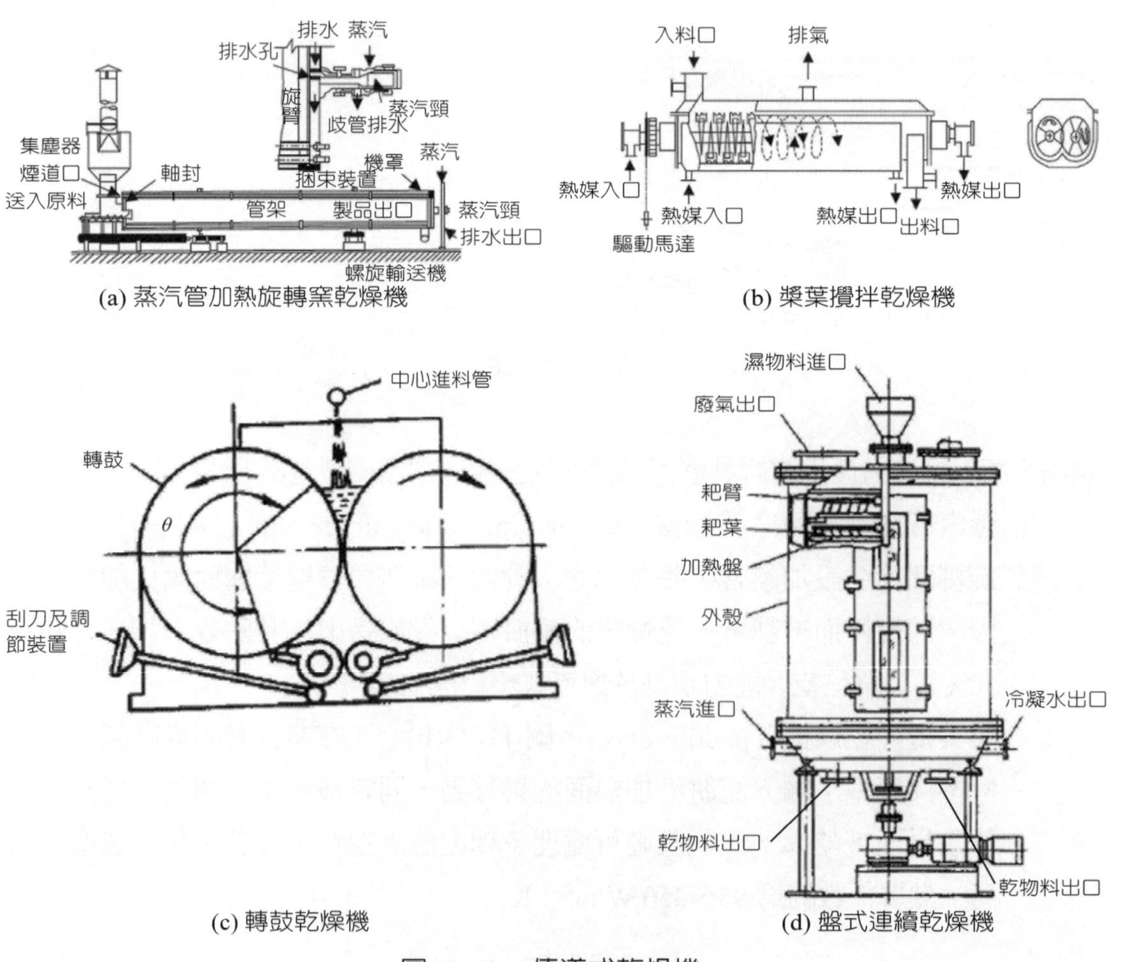

(a) 蒸汽管加熱旋轉窯乾燥機
(b) 槳葉攪拌乾燥機
(c) 轉鼓乾燥機
(d) 盤式連續乾燥機

圖 11-43　傳導式乾燥機

藉由調整旋轉速度可改變乾燥時間。較之於其他設備，此類設備乾燥面積較小，熱效率約 50%，每蒸發 1 kg 水分需 1.5 kg 之蒸汽。

在選擇機械乾燥設備時，除了注意進料型態是否適合該種設備，產品固體濃度是否能在設計之乾燥時間內達到要求外，亦需了解熱源或送風裝置所需之能量支出。目前商用設備均有節能設計以提高乾燥效率，如氣體再循環與多級乾燥等。在維護時重點包括進料系統、轉動機械、攪拌設備，以及必要之空氣污染防制設備（主要爲粉塵污染，故需旋風收集器、袋濾器，或靜電除塵器等），另外由乾燥機所造成噪音問題亦需注意。

參考文獻

1. Tarleton, S. and Wakeman, R.; "*Solid Liquid Separation - Equipment Selection and Process Design*", Elsevier (2006).
2. Shirato, M.; "*Fundamentals of Mechanical Operations*", Chap.8, Maruzen, Tokyo, Japan (1983).
3. Wakeman, R. and Tarleton S.; "*Filtration*", Chap.4 & 5, Elsevier Science, Oxford, UK (1979).
4. Rhodes, F. H.; *Ind. Eng. Chem*. Vol.26, 1331 (1934).
5. Choudhurry, A. P. R. and D. A. Dahlstrom; *AIChEJ* , Vol. 3, 433 (1957).
6. Dahlstrom, D. A.; *Chem. Eng. Prog.*, Vol. 74, 69 (1978).
7. Wakeman R. J. (1986) Transport equations for filter cake washing. *Trans. IChem E.*, 64, 308-319.
8. Svarovsky, L.; *Solid Liquid Separation*, Elsevier (2000).
9. Shirato, M., Murase, T., Kato, H. and Fukaya, S.; Expression under constant pressure. *Kagaku Kogaku*, 31, 1125-1130 (1967) (in Japanese).
10. Terzaghi, K. von. "Die berechnung der durchlassigkeitsziffer des tones aus dem verlauf der hydrodynamischen spannungserscheinungen." Sitzungsberichte der Akademie der Wissenschaften in Wien, Mathematisch-Naturwissenschaftliche Klasse, Abteilung IIa 132, 125-138 (1923).

11. Shirato, M., Murase, T., Tokunaga, A. and Yamada, O.; Calculations of consolidation period in expression operations. *J. Chem. Eng. Japan*, 7, 229-231 (1974).
12. Chang, I. L. and Lee, D. J.; Ternary expression stage in activated sludge dewatering. *Wat. Res.*, 32, 905-915 (1998).
13. Tiller, F. M. and Yeh, C. S. (1987) The role of porosity in filtration. Part XI: Filtration followed by expression. *AIChE J.*, 33, 1241.
14. 工業局，污泥減量手冊 (2005)。
15. 劉凡清，固液分離與工業水處理，中國石化出版社 (2001)。
16. Smollen, M.; Evaluation of municipal sludge drying and dewatering with respect to sludge volume reduction; *Wat. Sci. Tech.*, 22(12), 153-161 (1990).
17. Chen, G. W., Chang, I. L., Hung, W. T. and Lee, D. J.; Continuous moisture distribution in waste activated sludge. *J. Envir. Eng. ASCE*, 123, 253 (1997).
18. Chu, C. P. and Lee, D. J.; Moisture distributions in sludges: effects of cationic polymer conditioning. *J. Envir. Eng. ASCE*, 125, 340 (1999).
19. Rushton, A., A. S. Ward, and R. G., Holdich, "*Solid Liquid Filtration and Solid Liquid Separation Technology*" Chap.9, Wiley-VCH, Weinheim, Germany (1969).
20. 行政院環保署，石化業中下游事業廢棄物調查評估計畫（2004）。
21. 經濟部工業局，廢棄物資源回收與處理設備技術手冊－乾燥設備篇（2001）。

第十二章 膜過濾技術之基本原理與應用

/王大銘

隨著科技的進步，許多產品對純度的要求越來越嚴格，製程中所需分離的粒子也越來越微小，如在生化產業中常需分離或回收蛋白質，在電子產業中需移除製程用水及空氣中的微粒，在染整廢水回收過程中需移除水中微細的染料分子，水質軟化及海水淡化的程序則需將水中的離子移除。當過濾技術用來進行上述的分離時，由於傳統濾材（如濾布、濾紙、過濾纖維）的過濾孔徑太大，無法達到分離的效果，必須採用高分子或無機材料所製備的膜，方能達到目的。隨著製膜技術日趨成熟，各種不同分離孔徑的濾膜已逐漸開發成功，分離孔徑可由幾個奈米（nm）到幾個微米（μm）。濾膜的應用越來越廣泛，市場規模也越來越大，全球市場已達每年約 200 億美元，預估每年成長率都在 9% 以上。在近年來的**世界過濾會議**（world filtration congress）中，膜過濾技術已逐漸成為非常重要的一個大領域。

本章節簡要介紹膜過濾的基本原理與操作。第一節介紹膜過濾技術的分類，包括**微過濾**（microfiltration）、**超過濾**（ultrafiltration）、**奈米過濾**（nanofiltration）及**逆滲透**（reverse osmosis），並簡單介紹其發展歷史。第二節概述膜過濾的分離機制與原理。第三節討論過濾膜之評估方法，主要包含孔洞大小之量測以及分離效能之評估。第四節討論常用的商業化膜材與模組，第五節則介紹選取膜材及模組的簡要準則。第六節對膜使用過程中所發生的阻塞現象及結垢問題加以討論，也會介紹清洗的方法。第七節則概要介紹膜過濾技術的應用以及分離程序設計概念。

12.1 簡介

12.1.1 膜過濾程序之分類

膜過濾（membrane filtration）是**膜分離**（membrane separation）技術中十分重要的一環，所謂膜分離技術是利用不同成分透膜速率上的差異來進行分離，因此所用的膜必須有選擇性，亦即膜必須讓某成分優先透過。物質透過膜的**驅動力**（driving force）可以是濃度差、電位差、溫度差，或是壓力差。常見以濃度差為驅動力的膜分離程序是**透析**（dialysis），以電位差為驅動力的膜分離程序是**電透析**

（electrodialysis），以溫度差爲驅動力的程序是**膜蒸餾**（membrane distillation），而常見以壓力差爲驅動力的膜分離程序有**微過濾**（microfiltration）、**超過濾**（ultrafiltration）、**奈米過濾**（nanofiltration）、**逆滲透**（reverse osmosis）、**氣體分離**（gas separation），及**滲透蒸發**（pervaporation）。其中氣體分離及滲透蒸發兩程序，在實務操作上均是在膜的透過端抽眞空形成壓力差來提供透膜驅動力，氣體分離程序的進料是氣體，滲透蒸發程序的進料則爲液體；但是學者通常將此二程序歸類於以濃度爲驅動力的膜分離程序（Mulder, 1996），原因是認爲此二程序的輸送機制是所謂的溶解—擴散（solution-diffusion）機制，透過物是先溶解於膜中，再在膜內擴散透過膜材，所以兩端的壓力差（或分壓差）主要是提供物質在膜內的濃度差（高分壓側的濃度較高），眞正的驅動力應是濃度差。去除氣體分離及滲透蒸發兩程序後，所剩下的四個以壓力差爲驅動力的膜分離程序——微過濾（簡稱 MF）、超過濾（簡稱 UF）、奈米過濾（簡稱 NF），及逆滲透（簡稱 RO），通常統稱爲膜過濾程序，其中逆滲透亦有人稱之爲 hyperfiltration（簡稱 HF）。

四種膜過濾程序（MF、UF、NF、RO）是以膜孔大小（或所能阻擋粒子之大小）來區分，分類的原則如圖 12-1 所示。當所用膜的膜孔大小在 0.05～10 μm 之間稱爲 MF；膜孔在 1～100 nm 之間（所能阻擋粒子的分子量爲 1,000～500,000

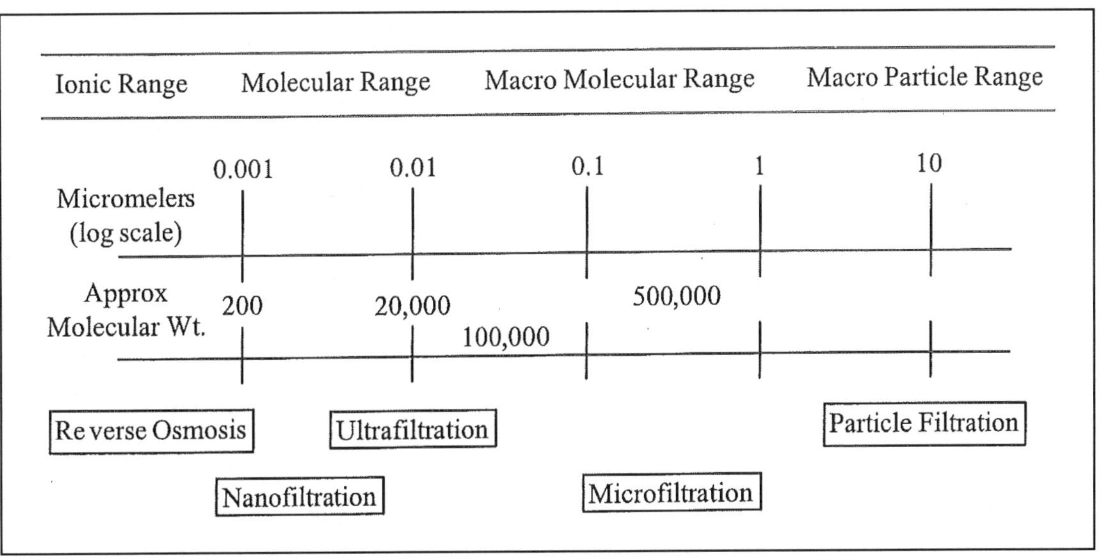

圖 12-1　膜過濾程序之分類

Daltons），稱爲 UF；RO 膜的孔徑小於 1 nm，可以阻擋一價離子（如 Na^+，Cl^-）的透過；NF 的膜孔大小介在 RO 及 UF 之間，可以阻擋分子量在 200～1,000 Daltons 間之粒子，對一價離子的阻擋率不高，但可以阻擋二價離子。

12.1.2 膜過濾程序之發展歷史

在膜過濾程序中，最早出現的是微過濾程序（MF），德國在 1920 年代就開始利用微過濾來濾除水中的細菌，並培養及計算所阻擋的細菌數目來檢驗飲用水的安全性。1926 年德國設立了 Membrane filter GmbH 公司，開始商業化生產微過濾膜，相關技術在二次世界大戰期間在德國持續進展。二次世界大戰之後，美國軍方開始支持相關研究，以**纖維素**（cellulose acetate 及 nitrocellulose）爲材質來製備微過濾膜，相關研究的成果後來技術移轉給 Lowell Chemical Company，此公司後來在 1954 年更名爲 Millipore，開始以商業化的規模來生產 MF 膜，直到今日，Millipore 仍是全世界最大的 MF 膜製造公司。在 1960 年代，MF 膜已開始應用於工業程序中，到了 1970 年代，Gelman 公司開發出褶式的**筒狀模組**（pleated membrane cartridge），MF 膜更被應用於許多工業程序中，現在已十分廣泛地應用在生化、製藥、食品，及半導體工業中。

在 MF 發展的同時，UF 事實上也開始發展，以與 MF 相同的材料（nitrocellulose），配合適當的孔洞控制技術，德國在 1920 年代就已開發出實驗室用的 UF 膜。但是在工業上的應用，UF 膜卻遠落後於 MF 膜，主要的原因是 UF 膜孔遠小於 MF 膜，所以形成很大的過濾阻力，濾速很低，無法配合工業上大量生產的需求。UF 膜在工業應用上所遭遇的瓶頸與 RO 膜是類似的，而其得以突破，事實上也是因爲 RO 膜的製備技術有了突破。1960 年 Loeb 和 Sourirajan（Loeb and Sourirajan, 1963）開發出非對稱的 RO 膜，可大幅提升 RO 膜的透過通量，此技術不僅讓 RO 膜的大規模應用得以實現，也間接帶動了 UF 膜的大規模應用。Amicon 公司首先應用製備非對稱 RO 膜的方法來製備非對稱 UF 膜，提升 UF 的濾速，大幅提升 UF 膜在工業上應用的可行性，1969 年 Abcor 公司（現爲 Koch Industries 的一個部門）成功地建立了一套大規模的 UF 處理系統來回收汽車工業廢水的塗料，開始了 UF 膜在工業上的大規模應用。

RO 膜主要的應用是去除水中的離子，常用於海水淡化及純水製備。早在 1748 年，Nollet 就發現水會從較稀的水溶液通過半透膜（豬膀胱）到較濃的水溶液中；到了 1850 年，Pfeffer 及 Tranbe 開始對此滲透現象進行定量的探討；而後，到了 1887 年，van't Hoff 建立了稀薄水溶液的理論，將稀薄水溶液會自動透過半透膜去稀釋濃度較高水溶液所產生的壓力稱爲**滲透壓**（osmotic pressure）。但要到 1931 年逆滲透的觀念（即是在較濃水溶液中加壓，克服滲透壓，讓水由較濃的水溶液滲透至較稀的水溶液中）才建立，並用來去除水中鹽分。在 1959 年，Reid and Breton 發展出 cellulose acetate 的逆滲透膜，但由於透過通量太低，無法眞正開始大規模的應用。一直到 Loeb 及 Sourrirajan 在 1963 年發展出非對稱膜的製程，製造出具有一層很薄選擇層（$< 0.5\mu m$）的 RO 膜來大幅提升透過通量，RO 膜大規模的應用方才開始。目前 RO 最大的應用是在海水淡化及純水製備，在 1989 年於沙烏地阿拉伯 Jeddah 建立的海水淡化廠，被視爲 RO 應用的里程碑，每天可以生產 113,600 立方公尺的純水。目前，全世界每天約有十億加侖以上的純水是用 RO 的製程來製備。

在 RO 的應用上，爲了要有較高的透過通量，常採用高壓操作，如在海水淡化程序中，膜兩側壓差達 50～100 大氣壓。但在 1980 年代中期，幾乎所有製造 RO 膜的大公司均開始研發操作壓力較低的奈米過濾膜，奈米過濾膜以其孔徑大小約爲 1 nm 而得名，可阻擋的粒子大小介於 UF 膜及 RO 膜之間。由於孔徑較 RO 膜大，所以可以操作在較低的壓力下，但無法如 RO 膜般可以阻擋所有的離子，對一價離子的阻擋率不高，但由於膜材帶電，對二價離子有相當好的阻擋率。NF 膜目前最大的市場是在純水的製備及水質軟化，對許多水質原本不錯的水，要製備純水時，不需要利用 RO 膜，只要用 NF 膜即可達到要求，而對含鹽量不高的原水，在製備飲用水時，亦只要用 NF 膜即可，所以 NF 開始取代 RO 部分的市場。而許多分子量小於 1,000，無法以 UF 膜分離的粒子，現在都可以用 NF 膜來分離，NF 膜在近幾年來，市場成長十分快速，應用也越來越多。

12.2　分離機制與原理

MF 及 UF 兩程序所用的膜是多孔膜（如圖 12-2 所示）。MF 膜阻擋粒子的機制一般可分爲兩種：一種是靠膜面孔洞的大小來阻擋粒子，通常稱爲**篩分**（sieve）；另一種分離機制稱爲 depth filtration，與澄清過濾機制類似。篩分機制對粒子的阻擋，主要是靠膜孔的大小，如果選用膜孔小於粒徑的膜，理論上可以完全阻擋住粒子，但因膜孔分布並不均勻，粒子的形狀也不是完全對稱，還是要進行實驗才能確定阻擋率。採用篩分機制，爲提高阻擋率，通常會選用孔徑較小的膜，所以濾速會較低，depth filtration 的方式濾速就會較高。以 depth filtration 機制阻擋粒子透過濾膜時，所採用的膜孔直徑通常是粒子直徑的 10 倍，粒子可以進入膜孔內，但會卡在膜內，或因粒子與膜材之間的作用力（如靜電力）吸附於膜材料上。

一般會先考慮選用 depth filtration 的方式來進行 MF 操作，因爲可以用孔洞較大的膜，透膜通量（或濾速）會較高。不過，所選用膜的厚度、膜孔的結構，以及材料性質必須能夠捕捉粒子，才能提供適當的粒子阻擋率。另外，在 depth filtration 的機制下，捕捉的粒子越來越多時，會阻塞膜孔而導致透膜通量下降，截留率也會下降，所以不適於進行連續操作，較適合批式操作。UF 操作則通常以篩分機制爲主，很少看到是採用 depth filtration。主要的原因是：即使採用 depth filtration，爲達到阻擋粒子的效果，所採用的膜孔仍需很小，而用 depth filtration 時所需的膜厚遠大於採用篩分機制時，所以用 depth filtration 的方式來降低透膜阻的效果不大，但有阻擋效果較低及不適用於連續操作的缺點，所以在 UF 操作中，大多以篩分作爲分離機制。UF 以篩分作爲分離機制時，對粒子的阻擋效率，除了受膜孔大小的影響外，粒子（分子）的形狀、帶電性，及與膜材的交互作用，也都扮演重要的角色。

在 RO 膜中，選擇層十分緻密（圖 12-2），所具有的孔洞只有數個 Å，僅是膜材分子間的空隙，並非眞正的孔洞，所以物質透過膜，並非流經孔洞，而是類似透過液膜，先溶解進入膜中，再擴散通過，其輸送機制通常用溶解－擴散機制來描述。不同成分在膜中的溶解度差異，以及在膜中擴散係數的差異（與分子大小有關），均可以產生分離效果。而 NF 膜的孔洞大小介於 RO 膜及 UF 膜之間，所以

(c)RO 膜

圖 12-2　MF、UF、RO 膜之電顯圖（Nunes and Peinemann, 2000）

其輸送機制應是孔洞流動及溶解－擴散兼具，同時也因膜材帶電，因此靜電所引起的效應也必須列入考量；因此，NF 的分離機制包含篩分、溶解度差異、擴散係數差異，以及電斥（或電吸）的效應。

與傳統的過濾程序類似，膜過濾程序中，溶劑透過膜的濾速可以由 Darcy's Law 來描述

$$q = \frac{\Delta P - \Delta \Pi}{\mu(R_m + R_c)} \tag{12-1}$$

上式中 q 代表濾速，ΔP 爲膜兩側之壓差，$\Delta \Pi$ 爲兩側之滲透壓差，μ 爲流體黏度，R_m 爲膜的阻力，R_c 爲膜上濾餅的阻力。濾速 q 是單位時間單位面積之濾液體積，也有人將其稱爲過濾體積通量。$\Delta \Pi$ 是膜兩側濃度差異所引起的滲透壓差，一般而言，在 MF 和 UF 程序中，所能阻擋的粒子較大，膜兩側的滲透壓差不大，所以通常可以忽略（$\Delta \Pi \fallingdotseq 0$），在 RO 及 NF 程序中，膜材可以阻擋離子，兩端離子的濃度差會形成相當大的滲透壓差。R_c 爲濾餅產生的阻力，與操作過程中膜材的阻塞有關，此部分之阻力生成與過濾操作時之流態有關，與模組的設計與選取也有關聯，將在後面再行敘述。R_m 爲膜阻，是所選用膜的特性，與膜孔大小、孔隙度及孔洞形狀有密切的關係。

由式（12-1）可以看出，在膜過濾程序中，過濾阻力的來源可分爲兩部分，一是濾膜本身的阻力（R_m），與本身之特性有關，另一部分是濾膜上（進料側）的阻力，與過濾時的流動與質傳有關。以下將就此二部分，作簡要介紹。

12.2.1 膜孔中的流動與濾膜阻力

MF 及 UF 所使用的多孔膜，其膜孔形狀十分複雜，可能是圓柱形孔洞（圖 12-2(a)）、網狀結構（圖 12-3(a)），或是球形粒子之堆積（圖 12-3(b)）。要了解過濾壓差與濾速間的關係，必需先了解膜孔的形狀與大小分布，方能進行定量分析。常見的簡化程序是將孔洞假設爲圓柱形孔洞，採用 Hagen-Poiseuille 方程式來描述流動阻力；或是簡化爲由粒子堆積的填充床，用 Kozeny-Carman equation 來計算阻力。

(a) 網狀濾膜

(b) 粒子狀濾膜

圖 12-3　不同孔洞形態之濾膜（Nunes and Peinemann, 2000）

將孔洞假設爲圓柱形，則流經孔洞的流速可由 Hagen-Poiseuille 方程式描述：

$$v = \frac{r^2(\Delta P - \Delta \Pi)}{8\mu\tau\delta_m} \qquad (12\text{-}2)$$

上式中，v 代表流速，r 代表孔徑，ΔP 爲膜兩側壓差，$\Delta \Pi$ 是膜兩側的滲透壓差，μ 爲流體黏度，δ_m 爲膜厚，τ 爲孔洞之彎曲度（tortuosity）。再假設所有孔洞大小一

致，則可推導出濾速（q）與壓降（ΔP）間之關係為

$$q=\left(\frac{\varepsilon r^2(\Delta P-\Delta\Pi)}{8\mu\tau\delta_m}\right) \tag{12-3}$$

上式中 ε 為膜的**孔隙度**（porosity）。比較式（12-1）及（12-3），可看出膜阻（R_m）可由下式描述：

$$R_m=\left(\frac{8\tau\delta_m}{\varepsilon r^2}\right) \tag{12-4}$$

知道膜的結構參數（δ_m、τ、ε、r），便可預估膜阻。但膜孔徑通常並非均一，而會有一分布，關於孔徑分布與膜阻間的分析，可參考 Zeman 和 Zedney（1996）所寫的書。

有許多與膜分離程序相關的參考文獻，並非以膜阻來描述壓降與濾速間的關係，而是配合其他膜分離程序採用**膜透過率**（membrane permeability）：

$$q=L_p(\Delta P-\Delta\Pi) \tag{12-5}$$

L_p 一般稱為**水力透過率**（hydraulic permeability），L_p 與膜結構參數間的關係，可寫為

$$L_p=\left(\frac{\varepsilon r^2}{8\mu\tau\delta_m}\right) \tag{12-6}$$

若膜結構是類似粒子堆積而成的**填充床**（packed bed），則壓降與濾速間的關係可由 Kozeny-Carman 方程式來描述：

$$q=\left(\frac{\varepsilon^3}{k\mu S^2\left(1-\varepsilon^2\right)}\right)(\Delta P-\Delta\Pi) \tag{12-7}$$

上式中 k 稱為 Kozeny-Carman 常數，與孔洞的形狀及彎曲度有關，S 則為堆積成孔

洞的粒子的**比表面積**（specific area）。由式（12-7）可推算出 $R_m = [k(1 - \varepsilon^2) S^2\delta_m]/\varepsilon^3$ 或 $L_p = \varepsilon^3/[k\mu S^2(1 - \varepsilon^2)]$。

雖然濾膜結構相當複雜，並無法完全用上述兩種簡單結構簡化，但所得的膜阻力估計方程式，是相當合理的估計（Mulder, 1996）。至於用哪一種方法較爲合理，則與膜結構有關。

在 RO 程序中，由於所使用的膜十分緻密，無法用上述流動的模式來描述膜的阻力，而是利用溶解－擴散模式來描述濾速與壓差的關係：

$$q = \left(\frac{(D_w C_w V_w)}{RT}\right)\left[\left(\frac{\Delta P - \Delta\pi}{\delta_m}\right)\right] \tag{12-8}$$

上式中，C_w 爲溶劑（在 RO 中就是水）在膜內的濃度（進料側），此值與溶劑（水）和膜材之間的親和性有關，親和性越高，C_w 值越大；D_w 則爲溶劑分子在膜中的擴散係數，此值與膜材緻密程度有關。膜材越緻密則 D_w 值越小；V_w 爲溶劑分子之莫耳體積；T 爲絕對溫度；R 爲氣體常數。由式（12-8）可知 RO 膜之水力透過係數可用 $L_p = (D_w C_w V_w)/(\delta_m RT)$ 描述，膜阻則可寫爲 $R_m = (RT\delta_m)/(D_w C_w V_w \mu)$。比較式（12-3）與（12-8），可看出在多孔膜中影響濾速的主要參數是膜的結構參數，包括孔隙度，膜孔大小及彎曲度，膜材與溶劑（濾液）間的親和性對膜阻的影響不大；但在緻密膜中，則以緻密程度及膜材與濾液間的親和性爲影響濾速的主因。

在 NF 操作中，由於孔洞流動及溶解－擴散二機制會同時發生，所以其濾速與壓差間的關係可寫爲：

$$q = \left[\left(\frac{\varepsilon r^2}{8\mu\tau}\right)\right] + \left[\left(\frac{D_w C_w V_w}{RT}\right)\right] \cdot \left[\frac{(\Delta P - \Delta\pi)}{\delta_m}\right] \tag{12-9}$$

上式中，等號右邊的第一項是描述孔洞流動（假設是圓柱形孔洞）的效應，第二項則是溶解－擴散的效應。

以上所討論的是溶劑（濾液）透膜時的輸送機制及透過阻力，但溶質（或懸浮粒子）也會透過濾膜。在多孔膜中，粒徑小於孔徑的粒子會經由孔洞流到或擴散至膜的另一側（如圖 12-4(a) 所示）；在緻密膜中，溶質則需先溶解於膜中，再進行

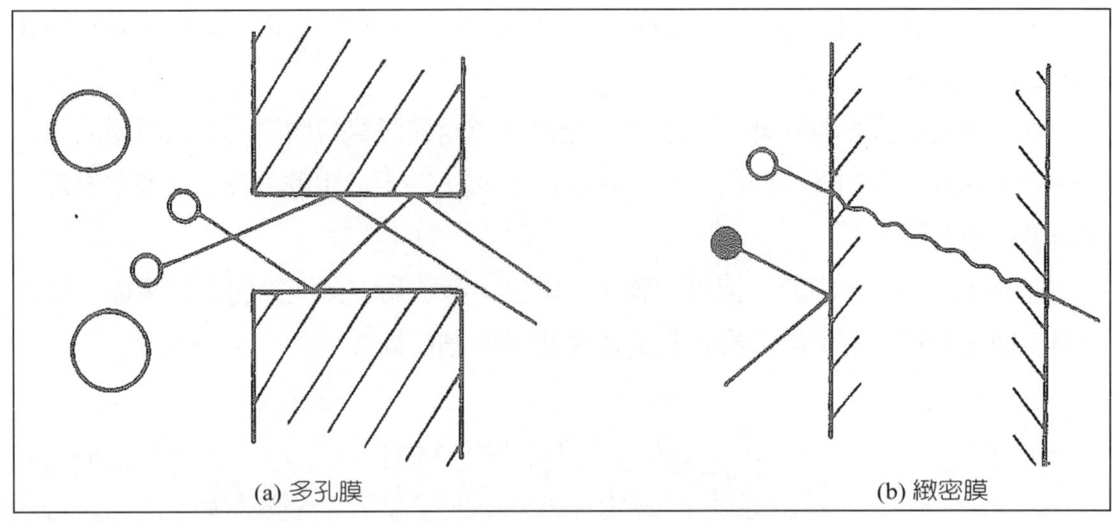

圖 12-4　溶質（懸浮粒子）透過薄膜之機制

擴散（如圖 12-4(b) 所示）。在 RO 膜中，溶質的輸送制是溶解—擴散機制；在 MF 及 UF 膜中，輸送機制則是在膜孔中的流動及擴散，當孔徑只稍大於粒徑時，**阻礙擴散**（hindered diffusion）的現象會發生；在 NF 膜中，溶質在膜材內的溶解—擴散，以及膜孔內的流動和擴散均要考量，且因膜材帶電，靜電力的效應（如 Donnan effect）也要納入考量。基於篇幅的限制，溶質在膜中輸送的定量分析不在此討論，有與趣的讀者，可以參考 Hestekin 等人之著作（Hestekin et al., 2000）。

12.2.2　膜面上的粒子堆積與濃度極化

前一節討論膜本身的輸送機制及過濾阻力，但在實際的膜過濾操作中，常常發現過濾阻力遠大於膜阻，主要的原因是膜面上會有一層濾餅層、膠結層、吸附層，或是濃度極化層，形成了相當大的阻力。這些膜面上阻力層的形成，與過濾進料在膜面上的流動與質傳有十分重要的關聯性。所以在設計膜過濾系統時，除了要考慮膜的特性之外，也要考慮進料液的流動與質傳現象，方可讓膜的特性展現出來。不良的流場設計，會讓原本過濾效果良好的膜，因膜面上的過濾阻力，無法達到應用上的需求。本節將對膜面上阻力層的形成，及其與膜面上流動的情形的關聯，作定性的介紹，至於定量的探討，有興趣的讀者可以在 Zeman 和 Zedney 的著作中

（Zeman and Zydney, 1996）找到相關說明。

在膜過濾操作中（如微過濾與超過濾），進料液中無法透過濾膜的粒子，會堆積在膜面上，形成一層**濾餅**（cake），增加過濾阻力，亦即讓式（12-1）中 R_c 之值變大，導致濾速降低。濾餅阻力與堆積於膜上的粒子大小、形狀及孔隙度有關，可用傳統的過濾理論進行分析，請讀者參考本書其他章節，不在此贅述。不過在應用傳統過濾理論來分析膜面上粒子堆積所產生的阻力時，須注意在許多膜過濾應用上，堆積於膜上的粒子（如細胞）是會變形且具有壓縮性，與傳統理論的估算可能會有相當大的誤差。用傳統過濾理論來分析粒子在膜面上堆積所產生的阻力，另外有一個很重要的假設是忽略了**布朗運動**（Brownian motion）對粒子的影響，此假設成立的條件是粒子要夠大，不能在**膠體**（colloid）的範圍內，一般要大於 10 μm。所以在微過濾操作時，如果堆積於膜面上的粒子夠大，可以採用傳統過濾理論（修正粒子的可壓縮性及形變）來分析膜面上的阻力。但若堆積於膜上的粒子是在膠體範圍的微過濾程序或是超過濾程序，膠體粒子的界面力需要納入考慮。

當進料中所含的粒子是膠體粒子（如蛋白質）或溶質分子（如葡萄糖、鹽類）時，進料可視爲**均勻溶液**（homogeneous solution），溶液中粒子數目的多少是用粒子的濃度來描述。在膜分離程序操作過程中，小粒子在膜面上的堆積會造成粒子在膜面上的濃度與其在液相中的**整體濃度**（bulk concentration）有差異，稱爲**濃度極化**（concentration polarization）現象，此差異會影響膜的透過量與選擇性，在設計膜分離程序時，必須納入考量。分析濃度極化現象時，通常會使用均勻溶液的質量傳送模式。當濾液流向膜面時，會將液體中所含的溶質帶向膜面，由於膜的阻擋作用，溶質會在膜面累積，於是膜面上的溶質濃度高於進料中之濃度。由於膜面濃度較高，溶質會因濃度差而質傳回進料液中，當濾液攜帶溶質至膜面的速度與質傳回進料的速度相等時，會形成如圖 12-5 所示的濃度分布，此現象稱爲**濃度極化**（concentration polarization）。在濾速較大時，由於濾液將溶質攜帶至膜面的速度較快，所以膜面濃度也會較高，因此濃度極化現象在高濾速狀況下會更顯著。當膜面上的流動速度較快或流場設計容易讓溶質傳送離開膜面，則濃度累積的情形較輕微，所以濃度極化現象可以透過膜面上的流場設計加以改善。

溶質累積於膜面上會使得濾速降低。首先，當溶質濃度提高時，會導致膜面的滲透壓提高，提高兩側的滲透壓差，即是讓式（12-1）中 $\Delta\Pi$ 之值變大，所以會導

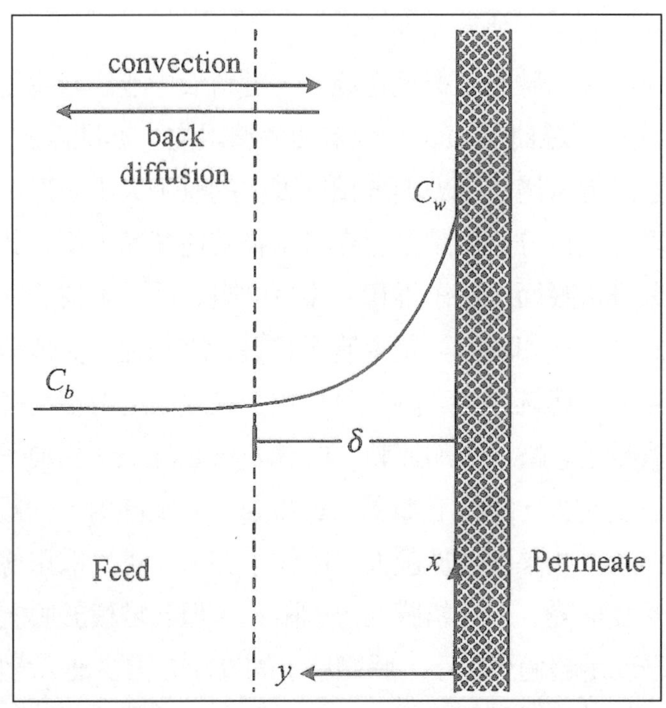

圖 12-5 膜面上濃度極化現象的示意圖：圖中灰階的深淺為濃度高低之示意，越靠近膜面處，濃度越高

致濾速降低。此效應在溶質越小的膜過濾系統中越顯著，因爲會有較大的滲透壓，如在 RO 系統中，此效應十分顯著；在 UF 系統中，要在較高濃度下，才會有顯著的效應；而在 MF 的系統中，滲透壓增加之效應並不明顯。膜面濃度提高的另一個效應是溶質粒子會累積在膜面上形成一層濾餅層，而導致濾速降低；在蛋白質過濾的系統中，有許多學者認爲當膜面濃度高於蛋白質**膠結**（gelation）濃度時，會在膜面上形成一層**膠結層**（gelation layer），一旦膠結層形成後，即使提高壓差，濾速也不會提高。此外，膜面溶質濃度提高也可會導致溶質更容易吸附在膜面中及孔洞內，或阻塞住孔洞，而形成所謂的**結垢**（fouling）現象，此時膜的過濾特性因結垢現象改變，即是式（12-1）中 R_m 值改變，會形成相當嚴重的濾速衰減。

12.3　濾膜之特性評估

在設計過濾系統時，一個關鍵的步驟是選擇合乎應用需要的濾膜。在選取濾膜時要先能了解濾膜的特性（或規格），本節將對一般常會被評估的濾膜特性作討論，並簡要介紹評估的方法。一般在進行濾膜特性評估時，常會就三方面的特性來討論：(1) 結構相關特性，如孔徑大小、孔徑分布、孔隙度及膜厚；(2) 過濾相關特性，如濾速、可阻擋粒子之大小或分子量以及阻擋率；(3) 膜材的物理化學性質，包括親疏水性、熱穩定性、化學穩定性、pH 忍受度、帶電性、吸附性等。

12.3.1　膜結構相關特性之評估

孔徑大小是濾膜十分重要的特性，一般最直接量測孔洞大小的方法是用電子顯微鏡，常用**掃描式電子顯微鏡**（scanning electron microscopy, SEM）。圖 12-6 為商業化 MF 膜的電顯圖，可以來判斷膜孔的大小。但由於取樣的範圍很小，通常只有數十到數百微米，再加上膜孔形狀複雜（比較圖 12-6(a) 及 (b)）且膜孔的連通性較難判斷等因素，由電子顯微鏡所測得的孔徑，常與用其他方法測得的值有出入，不過仍是值得參考的指標。

利用 bubble point 來量測孔徑是十分常用的方法，先將膜浸在液體中，讓孔洞中充滿液體，再加壓讓氣體通過充滿液體的孔洞，當氣體通過膜孔，就會形成 bubble，量測產生 bubble 所需之壓力 ΔP。根據 Young-Laplace 方程式，ΔP 與孔徑 r 間的關係可由下式描述：

$$r = \left(\frac{2\sigma}{\Delta P}\right)\cos\theta \qquad (12\text{-}10)$$

上式中，σ 是所用液體與氣體間的界面張力，θ 是液體與膜的接觸角，一般所用的液體是可以沾溼（wet）薄膜的液體，$\cos\theta \doteqdot 1$。由式（12-10）可看出越大的孔徑所需要的 ΔP 較低，在加壓過程中，所量到的 ΔP 是對應於膜中最大孔徑的壓差，所以利用 bubble point 所測得的孔徑，是膜中的最大孔徑。

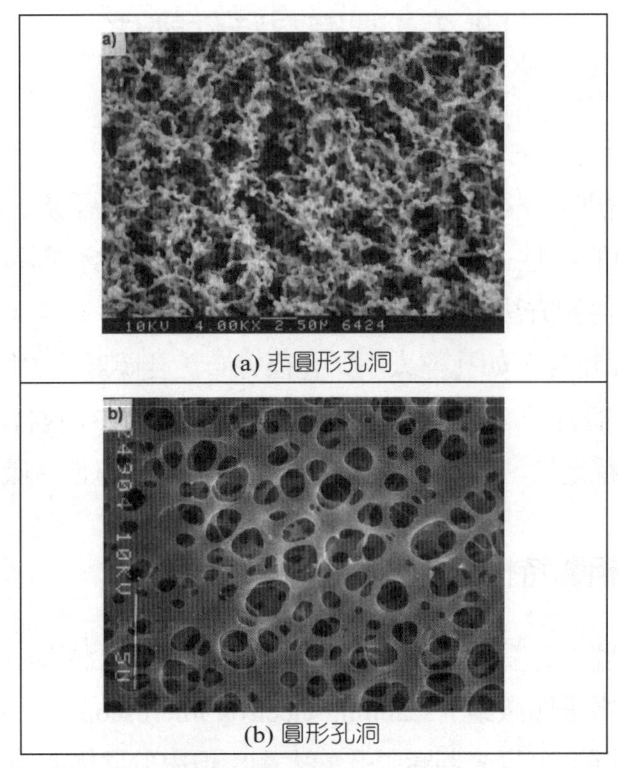

(a) 非圓形孔洞

(b) 圓形孔洞

圖 12-6 商業化 MF 膜的電顯圖（Zeman and Zydney, 1996）

若要量測孔洞分布，則需要將 bubble point 的方法與**透過率量測法**（permeability method）相結合，量測在不同壓差下透過薄膜的體積通量（流速）。圖 12-7 爲典型的透過通量與壓差的關係圖，在 ΔP 小時，由於無法克服界面張力的效應，流體無法流進孔洞，所以通量爲 0；當壓差大於 P_{min} 時，流體可以流入最大的孔洞（r_{max}），可以開始量到通量；隨著壓差增大，流體可以流經孔徑較小的孔洞，當壓差達到 P_{max} 時，膜內最小的孔洞也開始可以讓流體通過；當 ΔP 大於 P_{max} 後，所有的孔洞均可以讓流體通過，所以透過通量（q）與 ΔP 間呈現線性關係。分析 P_{min} 與 P_{max} 間 q 與 ΔP 的關係可以得到孔徑分布；在某一 ΔP 下，可以讓流體流過的最小孔徑可由式（12-10）計算出，而對應各孔徑的流速可由式（12-3）算出（假設是圓柱形孔洞），由 P_{min} 開始，分析不同壓差下的 q，可計算出各孔徑在膜中所占的比例，得到孔徑分布。量測孔洞分布，可以由空氣流入充滿液體的膜孔（稱爲 airflow porosimetry），也可以用水銀流入乾膜中（稱爲 mercury intrusion

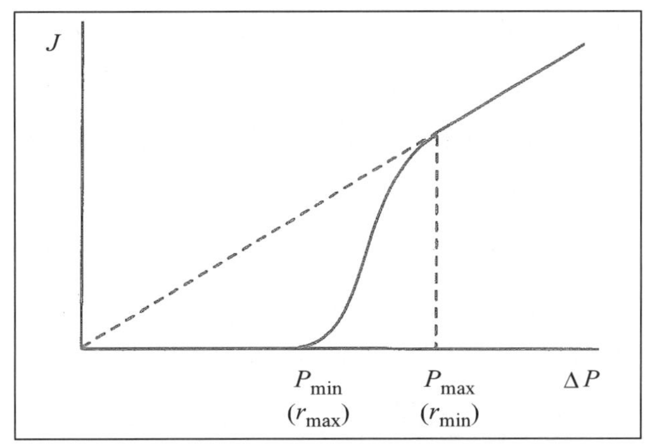

圖 12-7　透過通量（流速）與壓差之關係（Mulder, 1996）

porosimetry），或是用液體流入充滿另一種液體（兩者不互溶）的膜孔內（稱爲 liquid-liquid porosimetry）。

用 bubble point 及 permeation method 量測孔徑大小分布已有標準的程序，可參考 ASTM（american society for testing and materials）的標準程序（ASTM F316-86）。以上述方法量測的孔洞，通常要大於 0.01 μm，才有合理的準確性，所以只適用於 MF 膜及孔洞較大的 UF 膜。對孔洞小於 0.01 μm 的膜，需使用其他的方法來量測孔徑大小。

對孔徑較小的 UF 膜，可以用氣體吸附／脫附法來量測孔徑大小及分布。將氣體通入薄膜時，即使壓力低於氣體的飽和蒸氣壓，由於孔洞表面的曲度，氣體會在孔洞中凝結成液體。氣體在孔洞中凝結的壓力與孔洞大小的關係可由 Kelvin 方程式來描述：

$$\ln\left(\frac{P}{P_0}\right) = -\left[\frac{2\sigma V}{rT}\right]\cos \qquad (12\text{-}11)$$

上式中，P 爲凝結的壓力，P_0 爲飽和蒸氣壓，σ、V 及 θ 爲液態氣體的表面張力、莫耳體積及接觸角，r 爲孔徑。由上式可看出越小的孔洞，凝結壓力越低，由凝結壓力可以計算出孔徑的大小，再量測凝結量（吸附量），可以算出孔徑分布。用氣體吸附／脫附法量孔徑大小時，不希望膜材對氣體的親和性會影響結果，通常是採用較安定的氣體，氮氣是常用的氣體。以上述方法可以量測 7Å 到 0.01 μm 大小的孔洞，理論上亦可以量測到 NF 及 RO 膜孔徑的大小，但一般會將 RO 膜視爲緻密膜，較少去探討其孔洞大小，NF 膜由於帶電，眞正孔徑的大小與分離效能並不完全一致，所以也較少量測孔徑大小。

除了上述的方法之外，還有一些方法也可量測孔徑大小及分布，礙於篇幅，不一一介紹，讀者可參考 Mulder（1996）書中的第四章。除了孔徑及分布外，孔隙度及膜厚也是十分重要的膜結構參數，知道孔徑大小及分布，亦可同時計算出孔隙度。膜厚則可用膜厚計量測，可準確至 μm，但是許多 UF、NF，及 RO 膜是非對稱膜，有一層緻密層及孔洞較大的支撐層，此時以膜厚計量到的膜厚，並非眞正具有分離效果的膜厚，而應該用緻密層的厚度。緻密層的厚度通常是以 SEM 來量測，或是知道緻密層的孔洞大小及分布後，量測其濾速，利用式（12-3）計算緻密層的厚度。

12.3.2 過濾效能特性之評估

由於膜中孔洞形狀與結構的複雜性，利用上一節描述的方法所測得的孔徑大小，與眞正可以阻擋粒子的大小，事實上並不一致。所以，在實務上，常進行過濾實驗，量測眞正可以阻擋粒子的大小，來評估濾膜的特性。

商業化 MF 膜的孔洞大小，常是以其是否能阻擋細菌來定，例如十分常看到的 0.45 μm 的濾膜，指的是此膜可以濾除 0.5 μm 大小的微生物，另一常見的規格 0.22 μm 的濾膜，是可以濾除 Psendomonas diminuta（0.3 μm×1.0 μm）細菌的濾膜。許多公司開始利用大小均一的乳膠粒子來進行過濾實驗，定出眞正可以阻擋粒子的大小，藉以定義孔徑大小。但至目前爲止，常看到的 0.45 μm 及 0.22 μm 濾膜還是以上述的微生物濾除作爲標準。所以當向廠商採購 MF 膜時，廠商所給的孔洞大小，至目前爲止，並非眞正可以阻擋粒子的大小，以大小均一的乳膠粒子進行實驗。一般而言，薄膜可以完全阻擋的粒子大小，大約是規格中所列膜孔大小的 2～3 倍。

至於 UF 及 NF，則常用所能阻擋粒子的分子量來定孔徑大小，一般稱爲**截留分子量**（molecular weight cut off，簡稱 MWCO），所謂的截留標準是指膜對粒子具有 90% 的**阻擋率**（retension）。阻擋率（R）的定義如下：

$$R = 1 - \left(\frac{C_p}{C_f} \right) \qquad (12\text{-}12)$$

上式中，C_p 和 C_f 分別代表流體在通過膜後及未通過膜前的溶質濃度。$R = 90\%$ 表示經過膜後，溶質濃度剩下 10%，而 90% 被膜阻擋。選擇不同分子量的粒子，進行過濾實驗，找出 $R = 90\%$ 的分子量即是膜材的 MWCO。至目前爲止，用來測試 MWCO 的粒子並未完全統一，常見的有不同分子量的蛋白質、dextran，及 polyethylaneglycol（PEG）。值得注意的是，雖然分子量與分子大小有十分密切的正比關係，但溶質分子的形狀不同時，分子量與分子大小的關係也會不同。因此，同一片膜，以 dextran 所定的 MWCO 與以蛋白質所定的 MWCO 差距可能會很大。所以在使用廠商所提供的 MWCO 時，要了解廠商所用的測試粒子與所要處理溶液的溶質在分子形狀的差異性。對 RO 而言，則不以孔洞大小或 MWCO 來定膜材規格，通常直接以對鹽的阻擋率來評估膜材。

另外一個十分重要的過濾特性是膜材的濾速，通常是以純水來進行過濾實驗，量測其濾速。但在實務使用上，純水的濾速與眞實溶液的濾速常有很大的差異，尤其是在有濃度極化現象或結垢現象的時候。

12.3.3 膜材之物理化學特性

在對不同的應用選取適用的濾膜時，膜材的物理化學性質是十分重要的資訊，例如 polyamide 無法抗氯，若進料液體含氯時，就不能使用 polyamide 材質的濾膜，或是要加上除氯的前處理步驟；又如在進行蛋白質過濾時，由於疏水性材料對蛋白質的吸附性甚強，所以常選用親水性的材料，此時對材料親疏水性質的了解是十分必要的。其他如材料的化學穩定性（如在有機溶劑中的穩定性）、熱穩定性（在高溫操作下的穩定性）、pH 值的容許範圍、帶電性等。這些材料性質的評估方法，不在此討論，而一般在選膜時，也可以從製膜的公司得到所需要的資料。

12.4　常用之商業化膜材與模組

本節將介紹常用於膜過濾程序的材料以及模組。在材料方面，由於目前商業膜有 90% 以上是高分子膜，所以只討論高分子材質，無機膜的部分並未涵蓋。在實務上，過濾操作中，不會只用單片膜，而會將模組成不同的**模組**（module），將會介紹**板框式**（plate and frame）、**捲筒式**（spiral-wound）、**管狀式**（tubular）、**毛細管式**（capillary）及**中空纖維式**（hollow fiber）。在介紹模組之前，也會討論兩種膜過濾的基本型式：dead-end 及 crossflow（**掃流**）。

12.4.1　常用膜材

1. 微過濾膜（MF）

基於化學安定性及熱穩定性的考量，Polytetrafluoroethylene（PTFE）、Polyvinylidenefluoride（PVDF），及 Polypropylene（PP）等具有優異化學及熱穩定性的疏水性高分子常用來製備微過濾膜，其中 PTFE 及 PP 因爲化學安定性極佳，幾乎無法找到溶劑，是以拉伸法製備多孔性薄膜，PVDF 則可用相轉換法來製備薄膜。上述的疏水性材質雖然化性及耐熱性極佳，但在進行微過濾操作時，較易有吸附現象產生，容易產生結垢，因此也有許多應用是採用較親水的高分子。最常用的親水性高分子膜材是 cellulose acetate、cellulose triacetate、cellulose nitrate、cellulose tripropionate、ethyl cellulose 等。但 cellulose 的化學穩定性及熱安定性較差，使其應用受到限制，適用的範圍通常在 pH4～pH7 之間，而溫度則不能超過 45℃，且在生化分離上，有些細胞或酵素會使 cellulose 產生分解的現象。polyamide 是另一個常用來製備微過濾膜的高分子，不論是 aromatic polyamide 或是 aliphatic polyamide 均可用來製備微過濾膜，但通常是以 aliphatic polyamide 爲主，如 nylon-6、nylon 6-6 及 nylon 4-6。polyamide 膜操作的範圍較 cellulose acetate 大，pH 範圍在 2～12 之間，溫度可高至 70℃，polyamide 膜的缺點在於無法抗氯，無法應用於水中含氯的系統以及清洗膜時較爲困難。polysulfone 及 polyethersulfone 亦常拿來製備微過濾膜，其機械強度、化性及熱性相當安定，是個很好的材質，操作範圍是 pH1.5～12 之間，溫度可高至 80℃，亦有人進一步將 polysulfone 磺化，增加膜材的親水性。除了上述高分子之外，polycarbonate、polyacrylonitrile 及 poly（ether-imide）均可用來製備微過濾膜，値得一提的是，polycarbonate 微過濾膜是用 track-etching 的方法來製備，利用放射線照射在配合 etching 的方法來造孔，孔洞是很直的圓柱型，且大小十分均一，對進行微過濾的實驗相當有幫助。

微過濾膜的市場甚大，有許多商業化的產品，在此僅略述一些商業化微過濾膜所用的材質，如需更詳細的資料，可參閱參考文獻中的 Membrane Handbook（Ho and Sirkar, 1992）的三十四章或普及版膜處理技術（中垣正幸，1998）的第二編第一章。

2. 超過濾膜（UF）

一般而言，可用來製備微過濾膜的高分子，只要能夠將孔洞縮小，應該就可以製備超過濾膜。但在膜的製備方法中，以燒結、拉伸及 track-etching 所製備膜材的孔洞，最小約爲 100 nm，無法製備超過濾膜，大多數的超過濾膜是利用相轉換法製備而得。因此，以在微過濾膜中以拉伸、track-etching 製膜的高分子（如 PTFE），事實上並不會用來製造超過濾膜。常用來製備超過濾膜的高分子有 PVDF、cellulose acetate 及其衍生物、aliphatic polyamide、polysulfone、polyethersulfone、polyimide、polyetherimide 和 polyacrlonitrite，這些材料的優缺點在前面已討論過，不在此贅述。商業化超過濾膜所用的高分子材料，可參閱參考文獻中的 Membrane Handbook（Ho and Sirkar, 1992）的二十八章或普及版膜處理技術（中垣正幸，1998）的第二編第二章。

3. 逆滲透膜（RO）

在 RO 膜的製備方面，最常用的高分子是 cellulose acetate 及 aromatic polyamide，一些使用上的限制已在前面討論過。比較二者，cellulose acetate 較不容易產生**結垢現象**（fouling），所以在容易產生 fouling 的進料條件下，可以考慮選擇 cellulose acetate。aromatic polyamide 膜的優勢則在於有較高的濾速，polyamide 事實上較 cellulose acetate 疏水，但在製程上可以將緻密層做得很薄（如圖 12-8），所以具有較高的濾速。如圖 12-8 結構的薄膜通常稱爲 thin film composite（TFC）。在商業化逆滲透膜方面，使用 cellulose acetate 的主要是日本 Toyobo 公司（cellulose triacetate），其他生產 RO 膜的公司幾乎都是以界面聚合法來製備 aromatic

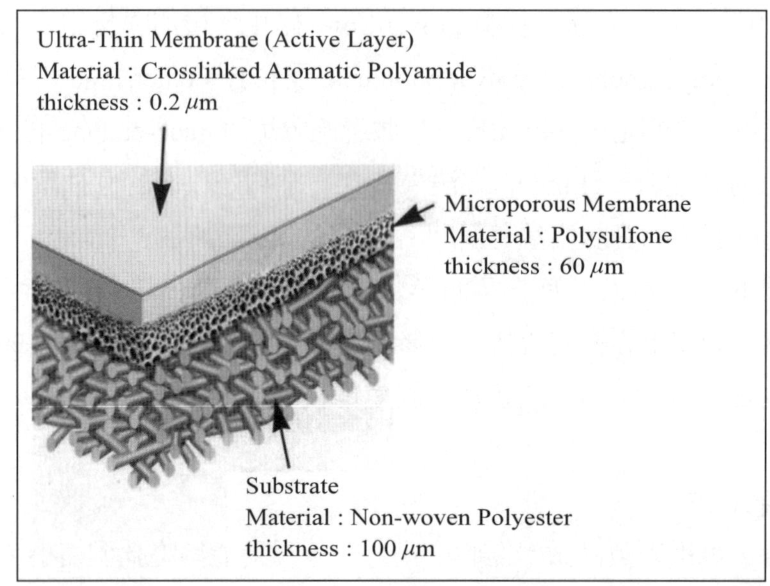

圖 12-8　Thin Film Composite 型式的 Toray RO 膜之示意圖

polyamide 的 TFC 膜。商業化 RO 膜所用的高分子材料，可參閱參考文獻中的 Membrane Handbook（Ho and Sirkar, 1992）的二十三章或普及版膜處理技術（中垣正幸，1998）的第二編第三章。

4. 奈米過濾膜（NF）

NF 膜的製備方式與 RO 膜十分類似，所以製造 RO 膜的公司幾乎卻有 NF 膜的產品，與 RO 膜相同，NF 膜主要的材料是 cellulose acetate 及 polyamide，polyamide 也是製備成 TFC 的型式。

12.4.2 Dead-end 與 cross-flow 操作

膜過濾操作的基本方式可分為 dead-end 及 cross-flow 兩種（如圖 12-9 所示）。在 dead-end 的操作方式中，進料主要流動的方式是與膜面垂直，會被膜阻擋的粒子留在膜上，其餘的部分透過膜，成為濾液或**透過液**（permeate）。而在 cross-flow（**掃流**）操作中，進料的主要流動方向是與膜面平行，小部分液體透過濾膜，成為濾液；但大部分進料並不透過濾膜，稱為**濃縮液**（retentate）。由於濾膜會阻擋溶質，所以透過液的溶質濃度較進料低，而濃縮液的濃度則較進料高。

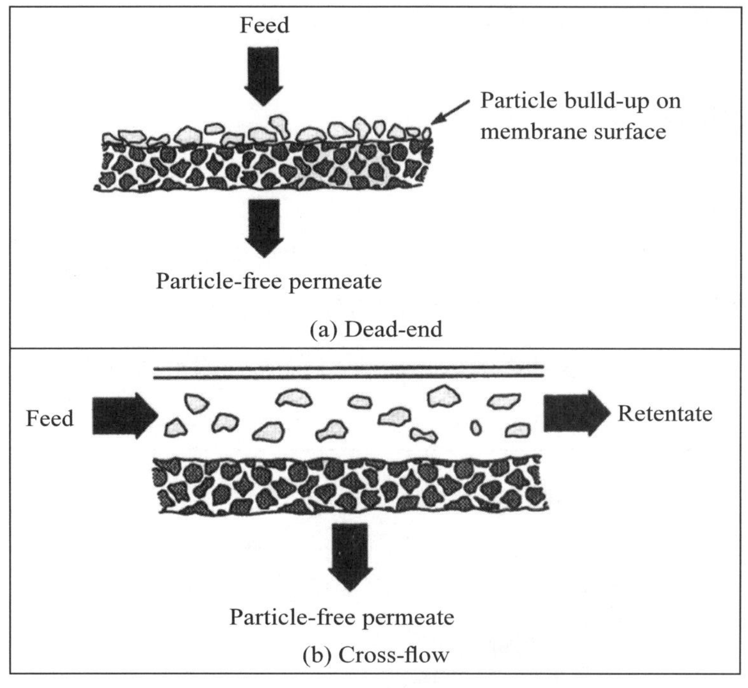

圖 12-9　Dead-end 及 Cross-flow 操作之示意圖

以裝置而言，dead-end 操作較爲簡單，但是因爲膜上的濃度極化效應及粒子的堆積，會導致濾速下降。以 cross-flow 的方式操作，由於膜面上的流動，可以增加質傳速度，降低濃度極化效應，再加上掃流有助於膜面上所堆積粒子的移除，可以維持在較高的濾速下操作。在 RO 及 NF 程序中，濾速是十分重要的考量，所以都是以掃流的方式操作，尤其是大規模的操作。在 MF 及 UF 程序中，如果是大規模的操作，大部分也是以掃流的方式進行，但是有些應用是採用 dead-end 的方式：如在醫藥工業中的**除菌過濾**（sterilization MF），低粒子濃度的過濾（如在半導體工業中從相當乾淨的水中移除少量粒子），以及許多實驗室中小規模的過濾操作。基本上，如果濾速不是重要的考量，或是濃度極化現象及粒子阻塞不至於太嚴重的系統，可以考量以 dead-end 的方式操作，因爲較爲簡單。但如果濾速是主要考量（如大規模操作），則以 cross-flow 爲宜。不過以 cross-flow 操作則必須考慮引進流動所需增加的成本，以及如何處理濃縮液的問題。

一般而言，在選擇 dead-end 或是 cross-flow 時，通常是以進料液中之固體含量爲準則，在固體含量大於 0.5% 時會選用掃流的方式，可減緩過濾時阻塞及結垢的現象，若固體含量小於 0.1% 時則大多會採用 dead-end 的方式。

12.4.3 常用模組

1. 板框式模組（plate and frame）

板框式模組是最早使用的一種模組，其外觀很像板框式壓濾機（如圖 12-10 所示）。與其他型式的模組比較，其構造較爲簡單，且可以單獨更換膜，相當方便。此外，由於膜上流道的面積可以增大，較不會發生流道阻塞的情形。不過，相較於

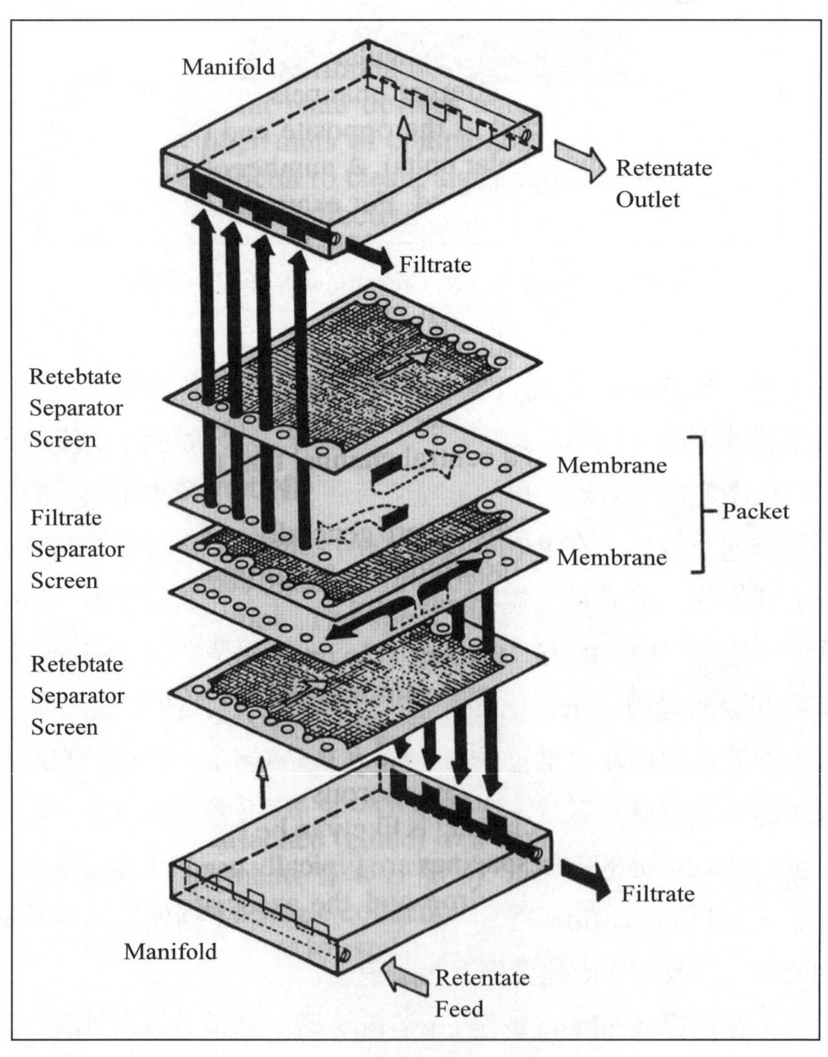

圖 12-10　板框式模組的示意圖

其他模組，在單位體積內可以有的膜面積較小（100～200 m^2/m^3，見表 12-1），所以在相同膜面積的情形下，會較占空間。

表 12-1　各模組在單位體積內所具有膜面積的比較（Franken, 1997）

模組	特性	單位模組體積之膜面積（m^2/m^3）
板框式	平板膜	100～200
螺捲式	平板膜	700～1,000
管式	管狀膜（內徑 > 5 mm）	100～500
毛細管式	管狀膜（0.5 mm < 內徑 < 5 mm）	500～4,000
中空纖維式	管狀膜（內徑 < 0.5 mm）	4,000～30,000

2. 螺捲式模組（spiral wound）

螺捲式模組的架構如圖 12-11 所示，是由平板膜捲成，先將兩片膜中間夾一多孔層，將兩片膜間的三邊以 epoxy 或 polyurethane 的黏膠封住，形成一個**膜袋**（membrane pocket），膜袋間的多孔層是讓**透過液**（permeate）流的空間。膜袋的

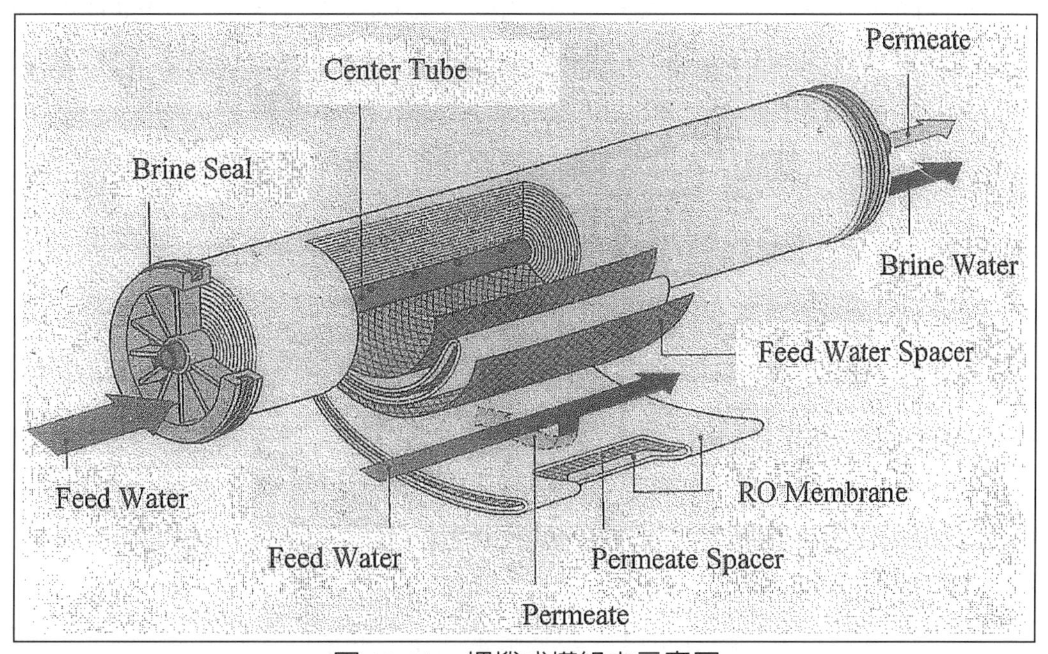

圖 12-11　螺捲式模組之示意圖

開口與一根多孔的收集管連接，透過液可流至收集管。再將一層**隔網**（spacer）置於膜上，繞收集管緊密捲在一起，即成螺捲式模組。在使用時，進料由**隔網**（spacer）的一端流入，沿著與中心收集管平行的方向在隔網中流動，**濃縮液**（retentate）則由隔網另一側流出。隔網側的壓力較大，會有液體透過膜袋至膜袋間的多孔層，透過液則沿著螺旋方向流至中心收集管而被導出。螺捲式模組單位體積的膜面積相當大 700～1,000 m^2/m^3（表 12-1），而且價格低廉。其缺點是進料中有大的懸浮粒子時，容易將隔網所形成的流道塞住；在製程過程中，密封不易，而且不適於高壓的操作。

3. 管式、毛細管式、中空纖維式模組（tubular, capillary, hollow fiber module）

中空纖維式模組的結構圖如圖 12-12 所示，管式、毛細管式模組之結構亦十分類似，將膜製造成中空圓管，內部管腔可以讓液體流動，將大量的膜管裝入圓筒中，其架構類似 shell and tube 的熱交換器。進料可從管內流動，由管外收集透過液，或進料流經管外，則可由管內收集透過液。三種模組的差異在於膜管徑的大小，一般膜管徑大於 5 mm 稱爲管式，在 0.5 mm 與 5 mm 之間，稱爲毛細管式，小於 0.5 mm 則稱爲中空纖維式。此外，管式與毛細管式的膜管常因機械強度的問題要加入**支撐體**（support），中空纖維則不需要。此種型式的模組，不同的膜管徑大小，在單位體積內會有不同的膜面積：管式爲 100～500 m^2/m^3、毛細管式有 500～4,000 m^2/m^3、中空纖維式則有 4,000～30,000 m^2/m^3（請參考表 12-1），如果希望單位體積內要有較高的膜面積，則要用較小的膜管徑；但是較小的膜管則較容易在操作中被懸浮粒子阻塞，而且清洗也越困難，所以必須考量進料的組成及膜面積的需求，來進行選取。

4. 褶式模組（pleated membrane cartridge）

上述幾種模組雖然都是屬於 cross-flow 的型式，但只要將濃縮液端封起來，即可進行 dead-end 的操作。可是如前所述，dead-end 操作由於較易有濃度極化現象及粒子阻塞，不常用在大規模操作，因此也甚少用上述的模組進行 dead-end 操作。在一些特別使用 dead-end 操作的應用上，會採用較簡單的操作方式及不同的模組，其中有一種褶式模組常被使用，簡述如下。先將平板膜（通常是 MF 膜）夾於兩層不織布（做爲支撐層）中，將其折疊成如手風琴風箱般的形狀，再將折疊後之膜置入

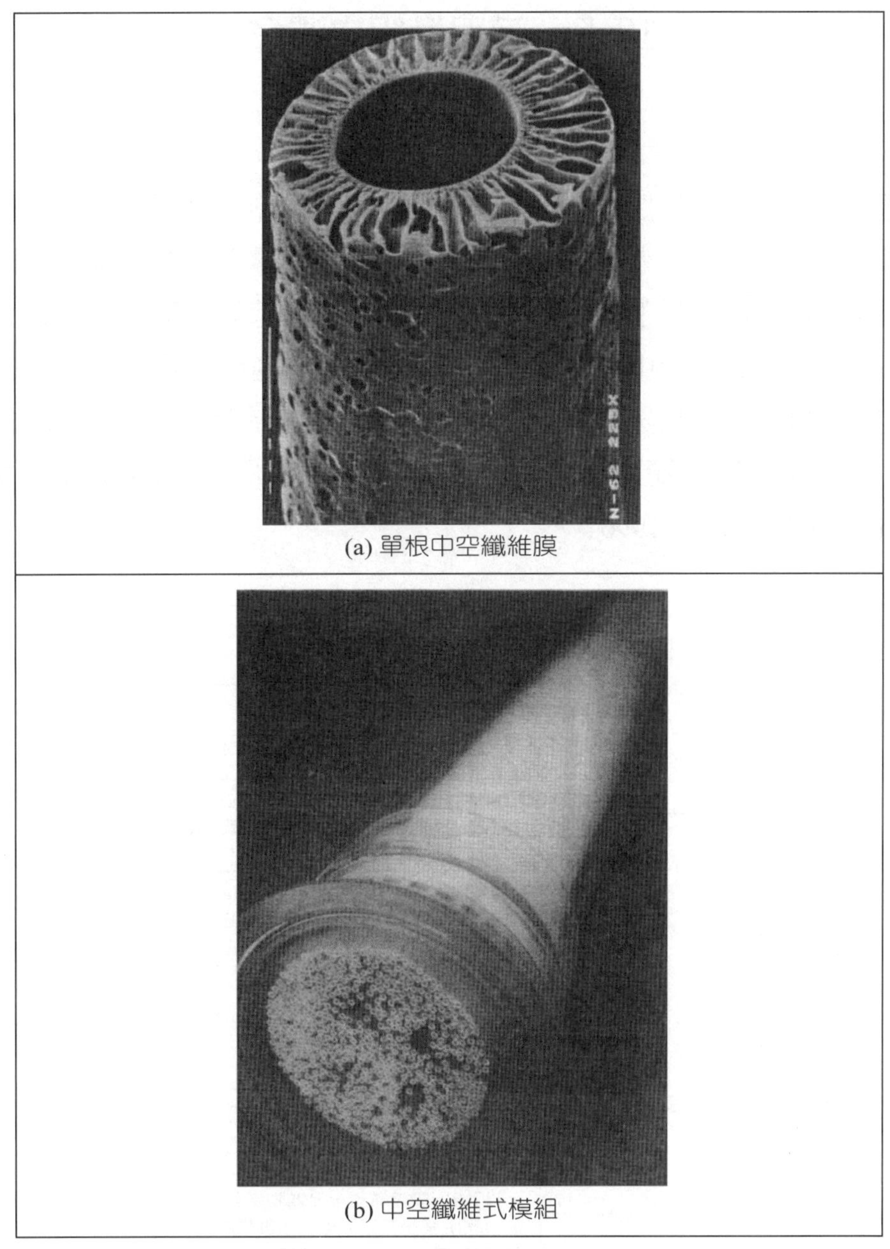

(a) 單根中空纖維膜

(b) 中空纖維式模組

圖 12-12　中空纖維膜及模組

圓筒中，可利用折疊來提高單位體積內的膜面積。此種模組常在 dead-end 程序中被使用，但並非所有的膜都可以製成此種模組，必須是可以褶疊的膜。

12.5 膜與模組之選擇

在進行膜過濾程序的設計，如何選擇適用的膜及模組是十分重要的工作。在進行膜及模組的選取時，要考慮的層面很多。除了技術層面之外，也要考慮成本，也要在成本及技術的考量下，評估膜過濾是否為最合適的分離程序，是否有可能用其他程序取代？在本節中，將只就技術層面考量，討論在選擇膜及模組時，所需注意的一些事項。圖 12-13 為膜及模組選擇時的基本流程圖，以下將就各步驟作進一步討論。關於膜及模組的選取方法，讀者可進一步參考 Franken 及松本的著作（Franken，1997；松本，1996）

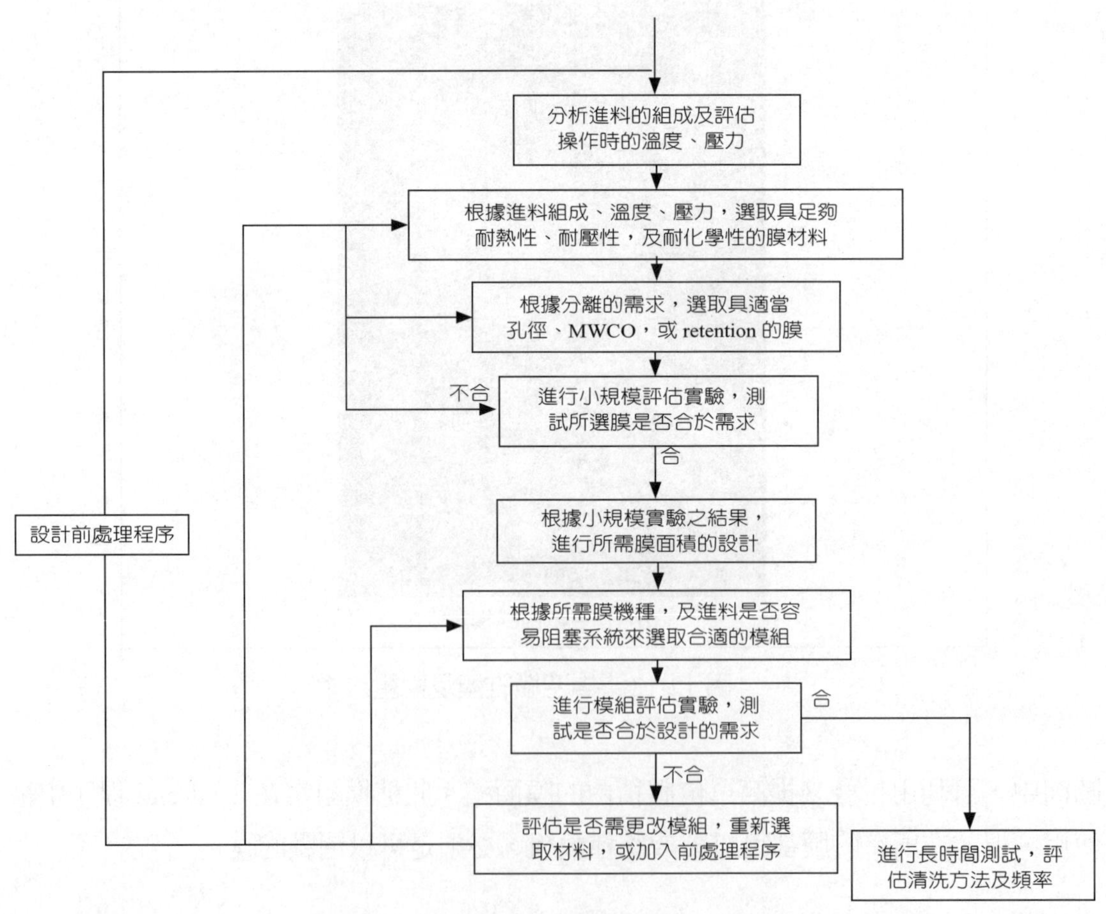

圖 12-13　膜及模組選擇時的基本流程圖

首先需對進料進行分析，尤其是與材料選擇相關的資料，如 pH 值、親疏水性、是否含有機溶劑或特殊成分（與膜材的化學穩定性有關）、是否有特殊官能基（可能與膜材有特殊的吸附現象），以及與膜孔大小選擇有關的資料，如粒子（溶質）的粒徑分布（或分子量分布）、粒子的濃度及帶電性等。同時也要確認過濾操作時，所用的壓力及溫度範圍。依據進料的溫度、壓力、pH 值、化學成分等條件，選擇合用的材料，常用材料的特性，已簡述於前一節，較詳細的資料可以請膜的製造商提供，膜製造商的資訊可以在（Sutherland, 2000）中查得。

選擇好材料後，則需根據分離的需求選取膜的孔徑。一般來說，膜的製造商會提供膜的孔徑（MF）或 MWCO（UF，NF），常見的 MF 膜孔徑有 0.1、0.2、0.45、0.8、1.2、3，5 μm 規格，UF 膜的 MWCO 有 1,000、3,000、5,000、10,000、30,000、50,000、100,000、300,000，NF 的 MWCO 有 150、300。但是否眞能達到廠商宣稱的效果，則要經實驗方能確認，尤其是 UF 及 NF 膜，由於分離效果除了與分子量有關之外，與分子的形狀、官能基、帶電性都有關聯，廠商所提供的資料並不一定合用。此外，由於膜孔大小並非均一，所提供的數據通常是平均孔徑，所以要考量孔徑分布的效應，尤其是 MWCO 越小的膜，在製造上較難控制，分布也會較廣。一般而言，若是對阻擋率要求很高時，可能要選比粒徑小一個數量級的膜孔較爲安全。

選好膜後，最好能進行一組小規模的實驗，確認所選的膜，在材料上及分離效果上是否符合要求，若是不能符合，要根據經驗重新選取膜。所選的膜合於要求後，則可根據小規模實驗中所量得的透過通量（濾速），以及所要求的處理量來計算所需的膜面積。

知道所需的膜面積，以及進料的性質（主要是粒子的濃度、是否有大顆懸浮粒子等）後，可以初步評估合適的模組。一般而言，所需的膜面積越大，則應選擇單位體積內有較大膜面積的模組，但是面積較大的模組，通常進料液的流道較小，容易被懸浮粒子阻塞，所以不一定是膜面積較大的模組一定較好，要考量是否能適用。通常在較大規模的處理量下，所需的膜面積較大，常選用中空纖維膜或是螺捲式模組；而中小規模的處理量，則可選用板框式或管式，對進料條件的忍受度較大。

除了上述的原則之外，還需考量一些其他的問題，如是否能耐高壓操作？所選用的膜能否能作成選用的模組？所有的膜要做成板框式、螺捲式、管式等模組，大概都不成問題，但要一些特定的材料才能製備成毛細管式及中空纖維式的模組。將上述的模組特性列於表 12-2 中，便於參考，根據這些特性，評比各種模組在各膜過濾程序上的適用性，列於表 12-3。

表 12-2　各種模組之特性比較（Baker, 1991）

	中空纖維式	毛細管式	管式	螺旋式	板框式
是否容易阻塞	非常容易	較不容易	尚可	較不容易	不容易
是否適於高壓操作	是	否	是	較困難	較困難
限於特定材料	是	是	否	否	否
製造成本（US $/m^2）	5～20	20～100	30～100	100～300	50～200

表 12-3　各種模組在膜過濾程序中之適用性（Franken, 1997）

程序／模組	板框式	螺旋式	管式	毛細管式	中空纖維式
MF	+		++	+	
UF	+	+	++	++	
NF	+	++	++	++	+
RO	+	++	+		++

空白：不適用，+：適用，++：非常適用。

選擇好模組之後，則需進行實驗，測試所選用的模組在處理量及分離效果上是否合於設計的需求？如果合於需求，則需進一步進行長時間測試，在長時間測試時，會因流道的阻塞、膜孔的阻塞、結垢等現象而導致處理量或分離效果不符需求，此時可以考慮評估清洗的方式及頻率，來延長膜的操作年限，一般希望操作年限能達到 3～5 年。如果模組的測試實驗結果無法達到需求，或是操作年限無法達到要求，則必須考慮是否需重新選擇模組，或是重新選取新的材料，採用較不容易產生阻塞或結垢的材料，當然也可以考慮以前處理的方式來讓進料條件改變，讓阻塞及結垢的現象緩和，使得處理量、分離效果，及操作年限都合於要求。

12.6　結垢現象與清洗

在膜過濾的過程中，濾速（透過通量）常會**隨時間衰減**（flux decline），形成此現象的主要原因有三：**濃度極化現象**（concentration polarization）、**結垢現象**（fouling），以及**膜壓密現象**（compaction）。所謂膜壓密現象，是指濾膜因承受過濾壓差，產生變形而變緻密的現象，此效應通常不如結垢現象的效應重要。本節討論的重點爲結垢效應，雖然濃度極化效應也會導致濾速衰減，而且濃度極化效應強的系統，結垢現象也會較嚴重，但濃度極化效應並不是結垢。所謂結垢，是指在膜過濾過程中，粒子（或溶質）因物理或化學作用沉積於膜孔內或膜面上，膜因而被阻塞而導致濾速衰減。許多學者認爲區分結垢與濃度極化效應的準則在於結垢是不可逆的，而濃度極化效應是可逆的。濃度極化效應只是膜面濃度的提高，當然是可逆的；但所謂結垢是不可逆的，應該是指在正常過濾的操作下是不可逆的，因爲經過清洗過程，所結的垢有時是可以被移除的（可逆）。所以結垢應該可以定義爲，在正常過濾操作下，膜面上或膜孔內無法被移除（不可逆）的粒子（溶質）沉積。以下將分三個部分來介紹結垢現象，先討論結垢的成因，再討論減緩結垢的方法，最後再介紹常用的清除結垢的方法。

12.6.1　結垢成因

粒子之所以會沉積於膜面或膜孔上，不外乎兩個機制：(1) 因物理或化學的作用力，吸附於膜材上，(2) 粒子的**堆積**（deposition）。吸附作用與粒子及膜材間的交互作用力有關，與兩者間的凡得瓦爾力、靜電力、氫鍵力等有關。而粒子堆積除了與粒子－粒子間的作用力有關，也與流動情形及**水力作用力**（hydrodynamic force）有關，如**拖曳力**（drag force）、**布朗運動**（brownian motion）等（Zeman and Zydney, 1996）。要改變吸附現象，則要改變所使用的材料，或是改變作用力產生的環境（如溶液 pH 值，或離子強度）；而改變粒子的堆積可由改變流場來著手，所以過濾裝置中流場的設計與結垢現象有十分密切的關係。

通常容易產生結垢的粒子有懸浮粒子、膠體粒子、無機鹽類，及生物粒子。懸浮粒子是較大的粒子，除了會沉積於膜面上外，也會阻塞進料流動的孔道（如塞住中空纖維膜管）。膠體粒子粒徑常小於 1 μm，除了會在膜面上堆積成緻密的濾餅外，也有機會阻塞於膜孔內部，常會吸附沉積於膜上的蛋白質，即是膠體粒子。在 RO 及 NF 的程序中，因為膜可以阻擋鹽類，所以膜上鹽濃度會提高，如果濃度太高，鹽類會沉澱析出沉積於膜上。水中的微生物也會阻塞膜，並在膜上生長，所以以 RO 進行海水淡化時，進料水必須消毒，避免微生物產生的結垢現象。

如果可以判斷進料是否容易產生結垢現象，對膜過濾系統的設計是十分重要的，對容易產生結垢的進料，最好能加上前處理的步驟，降低結垢效應。在 RO 的操作中，有一些判斷進料是否容易結垢的指標，較常用的是 FI（fouling index，或稱為 SDI（silt density index））。FI 是以進料通過 MF 膜所需的時間來定，將進料用直徑為 47 mm，孔徑為 0.45 μm 的 MF 膜，以 dead-end 的方式進行過濾，壓差控制於 210 kPa。過濾開始後，先量測收集 500 mL 濾液所需的時間 Δt_1，由過濾開始的時間算起，經 15 分鐘後，再測一次收集 500 mL 濾液所需的時間 Δt_2，FI（SDI）的定義為

$$FI = \frac{1 - \dfrac{\Delta t_1}{\Delta t_2}}{15} \times 100 \tag{12-13}$$

FI 值越大，表示進料越容易阻塞膜。在 RO 程序中，使用中空纖維式模組，較容易產生阻塞（見表 12-2），所以對進料要求程度較高，通常 *FI* 要小於 3；用螺捲式模組，$FI < 4$；而用板框式時，由於較不易阻塞，對進料要求的程度可較低，$FI < 5$。至目前為止，RO 操作建立了一些準則來評估進料是否容易阻塞膜而結垢。但在 MF 及 UF 中，仍尚未建立評估的準則。

12.6.2 減緩結垢的方法

以下討論幾個常用來減緩結垢的方法（Williams, 1999）：適當的前處理、選擇適當的膜材、合宜的流場設計、引進電場或超音波。

1. 適當的前處理

利用適當的前處理，將容易產生結垢的粒子移除是十分有效的方法。一般常

用的前處理法有離心、吸附、調整 pH 值、加入螯合劑、加入架凝劑、過濾（如砂濾）、膜過濾（如 MF 作爲 NF 或 RO 之前處理）等。

2. 選擇適當的材質

避免使用會吸附進料中粒子的材料，如在蛋白質過濾中盡可能使用較親水的材質，因爲蛋白質較易吸附於疏水材質上。使用帶電的膜，當膜的電性與粒子的電性相同時，電斥力可以減緩結垢現象。

3. 合宜的流場設計

提高掃流速度或製造紊流均有助於減緩結垢。提高掃流速度可以讓粒子不易沉積於膜上，而製造紊流環境，可以利用**二次流**（secondary flow）將粒子帶離膜面。另外可以設計 Taylor Vortex 或 Dean Vortex 的流場，如紊流般利用二次流將粒子帶離膜面；也可以採用脈衝流動，或是在進料液中通氣的方法來增加**剪應力**（shear stress），減少粒子沉積於膜上的機會。

4. 引進電場或超音波

在過濾裝置中加入電極板，利用電場來減少粒子沉積於膜上是個十分有效的方法，但需注意因電解效應所引起的 pH 值改變及所伴隨的腐蝕現象，當然成本的提高也需納入考量。另外，雖然機制尚不清楚，已有實驗證據顯示引入超音波亦可減緩結垢。

12.6.3　清洗方法

爲了降低結垢對過濾效能的影響以及延長膜的操作年限，除了採用上節所述的方法來減緩結垢之外，也會以適當的頻率對膜加以清洗。清洗方法可分爲物理清洗及化學清洗。

1. 物理清洗

回洗（back flushing）是個常用的清洗方法，在**透過側**（permeate）加壓，讓液體由透過側流至進料側，如此可以讓膜面的濾餅脫落，亦可以清洗膜孔內所沉積的粒子。回洗時可以用濾液當回洗液，直接在透過側加壓（進料側不加壓），或是可以引入化學清洗液（將在後面討論）來回洗，效果更佳。另外一個類似回洗的操作方式，稱爲脈衝式回洗，其特點在於回洗時間很短（通常少於 1 秒），但回洗頻率十分頻繁（如每過濾 30 秒即回洗一次），如此可以在粒子尚在初期沉積時就加以移除，回洗效率較高。另外在**管式模組**中（tubular module），可以用機械的方法來清除結垢，如用海綿球直接刮過管狀膜的內側，此種方法對移除生物粒子所產生的結垢十分有效，但此種方法無法清洗膜孔內的沉積粒子。

2.化學清洗

配製化學清洗液來沖洗結垢膜是最有效移除垢的方法。化學清洗液可以透過以下的機制來除垢：(1) 競爭吸附，如用適當的界面活性劑與垢來競爭與膜的吸附，可以讓垢脫附）；(2) 讓垢溶解於清洗液中；(3) 與垢反應，使其易於移除。常用來配製清洗液的化學品有酸（如磷酸、檸檬酸）、鹼（NaOH）、界面活性劑、酵素、螯合劑（如 EDTA），以下討論這些藥品適用的情況。酸特別適用於移除鈣鹽及金屬氧化物，鹼則對移除氧化矽、無機膠體及生物或有機粒子效果特別好，界面活性劑對於移除膜上的疏水性物質有很好的效果，螯合劑與酸配合讓移除鈣鹽及金屬氧化物的效率更高，酵素可分解蛋白質、油脂及多醣類，讓這些成分容易清洗。表 12-4 為一些常用清洗液所含的成分。

表 12-4　清除不同膜垢所採用的清洗液配方（Zeman and Zydney, 1996）

結垢物	清洗配方
Calcium	Acids (+ sequestering agents)
Metal	Acids (+ sequestering agents)
Silica	Alkali (+ surfactants)
Organic (hydrophobic)	Surfactants (+ alkali)
Proteins	Enzymes (+ Surfactants + alkali)

12.7　膜過濾應用與分離程序設計概念之簡介

本節將簡介 MF、UF、NF、RO 四種膜過濾程序的應用，也以批式和連續式的膜過濾濃縮程序為例，簡要說明分離系統之設計概念，在此所討論的設計並非細部設計，主要是系統操作參數的設計（如所需的膜面積、可以達到的濃縮比、所需的操作壓力）。關於分離系統之設計概念，本章節所列出的三個例子，主要是選自於呂維明等人的化工單元操作（三）第十章，該書中有更多的例子與更完整的說明，有興趣的讀者可以參考。

12.7.1　膜過濾應用簡介

1. 微過濾（MF）

在工業上，微過濾程序主要是用來濾除粒徑大於 0.1 μm 的粒子，已被廣泛應用在許多產業。十分重要的一個應用領域是醫藥工業，主要是應用在醫用純水及注射針劑用水的製備，用 MF 膜來濾除水中微粒及**細菌**（sterile filtration）；另外一個應用是血球和血漿的分離，將捐贈者所捐的血液進行分離，再依據不同的需要來善加利用，有時也可用來進行臨床醫療，如有些疾病與血液中的異常血球或蛋白質有關，可以利用 MF 膜來移除血液中的異常成分。除了液體的 MF 之外，在醫藥工業上也用 MF 膜來濾除空氣中的微粒及細菌，維持空氣的清淨或是提供無菌室，消毒設備所用的空氣。MF 膜另一個十分重要的市場是半導體工業，在半導體製程中，為了製程的良率，必須將製程中所用的水及溶劑中的微粒去除，而無塵室中空氣微粒的濾除也會用到 MF 膜。在食品工業中，尤其是酒的製造，也大量應用 MF 的技術，如在啤酒的製備過程中，可以在低溫下以 MF 膜進行過濾，達到濾除酒中微粒及殺菌的效果，由於是在低溫下操作，可以保存啤酒的營養及風味，除了啤酒外，其他酒類（如紅酒）的製造也開始使用 MF 程序。在生技產業方面，MF 被大量使用在發酵程序中，來分離發酵液中的細胞及其所產生的蛋白質，而不會破壞細胞及蛋白質的活性，此種方法已被用來製造抗生素及疫苗。此外，在飲用水製備及廢水處理上，MF 膜與傳統的淨水程序相結合，可以去除加氯也無法殺死的細菌（如 cryptosporidium），確保飲用水的安全；在廢水處理方面，MF 常被用來去除懸浮微粒，作為後續 NF 或 RO 的前處理，近年來發展的重點則直接將 MF 膜浸入活性污泥池中，結合生物反應及膜過濾程序來進行廢水處理，稱為**浸入式生物反應器**（submerged membrane bio-reaction, SMBR）。

2. 超過濾（UF）

超過濾最重要的應用是**電塗漆**（electrocoat paint）的回收，電塗漆法是工業上常用來在金屬表面塗布一層抗腐蝕物質的方法，當金屬製品從漆槽取出時需以大量水來清洗，所以會產生大量的電塗漆廢水，汽車工業是產生最多電塗漆廢水的產業；以 UF 膜來處理電塗漆廢水，將電塗漆與水分離，可以解決廢水排放的問題，亦可回收電塗漆來降低成本。另外一個大量使用 UF 膜的產業是乳品的製造，在製造**乳酪**（cheese）的過程中會伴隨產生大量的**乳漿**（whey），只要將乳漿濃縮至含蛋白質濃度爲 35% 以上，即可製成其他乳製品，UF 膜已被大量用於此一分離程序，一座大型的乳品製造廠會用到 1,800 m^2 的 UF 膜，每日可以處理約 1,000 m^3 的乳漿。在紡織工業上，UF 技術常被用來回收退漿水、含染料廢水，以及洗毛廢水；在織布過程中，爲了增加紗線強度，要先將紗線上漿，織完後再將漿料洗去，稱爲退漿，漿料之主要成分爲**聚乙烯醇**（PVA），可用 UF 膜回收，解決廢水排放問題，並可再利用回收的 PVA，類似的方式可用來回收染整廠廢水中的染料以及毛紡廠中洗毛後的廢水中所含的油脂。在金屬加工的產業，廢水中常含有潤滑油及切削用油，用 UF 膜可以進行油水分離來回收油。而在造紙工業上，UF 膜常被用來處理紙漿廢液。在食品及醫藥工業中可用於回收蛋白質、濃縮酵素，或是果汁及乳製品的濃縮。此外，UF 也常用來製備飲用水，如與 MF 來共同濾除 cryptosporidium，確保飲用水的安全，也常作爲 RO 膜的前處理程序，來製備超純水。近年來**浸入式生物反應器**（submerged membrane bio-reaction, SMBR）大量被使用，所用的膜經常是 UF 的管狀膜。

3. 逆滲透（RO）及奈米過濾（NF）

逆滲透最主要的應用是在海水及**鹹水**（brackish water）的淡化，通常海水的鹽含量約爲 35,000 ppm，而鹹水的鹽含量則爲 1,000～5,000 ppm，以逆滲透將海水及鹹水淡化來製備飲用水已逐漸成爲十分重要的飲用水來源，如前所述，全世界每天約有十億加侖的純水是用 RO 來製備。除了飲用水外，RO 所製備的**超純水**（ultrapure water），是半導體製程的主要用水。在純水製備中，RO 的主要產品是水，然而在 RO 的其他應用上，產品可以是脫水濃縮後的進料，如在食品工業上，用 RO 來濃縮果汁及糖，在乳品工業上先將牛奶濃縮再來製作乳酪。此外在廢水處理上，經常是要經過 RO 處理的水才能夠再使用，所以 RO 常與 MF 及 UF 共同來處理廢水，以 MF 或 UF 作爲 RO 的前處理。

相較於 RO，NF 膜的膜孔較大，所以透過通量也會較高，因此可以降低操作時的壓力，可降低操作成本。但是由於膜孔較大，無法如 RO 般對一價離子有很高的拒斥率。所以在應用上，如果要濾除 Na^+ 及 Cl^- 等一價離子，仍以採用 RO 爲佳，但若只要去除二價離子（如水質軟化），或是去除一些小分子（如除草劑、殺蟲劑、染料等），NF 即可滿足需求，且較 RO 更節省操作成本。在食品工業及生化產業上，NF 對一價離子拒斥率低，在濃縮應用上會更有優勢，因爲濃縮同時亦可除鹽。NF 最主要的應用是飲用水製備、水質軟化、純水製備、染整廠廢水回收再利用，另外在生技產業中可用來進行抗生素的回收和純化，也可用來濃縮 peptide。

12.7.2　批式膜過濾濃縮系統

利用膜可以讓溶劑透過而會阻擋溶質的特性原理來進行濃縮程序，是常見的膜過濾應用，圖 12-14 是一個批式（batch）膜過濾溶液濃縮系統的示意圖。

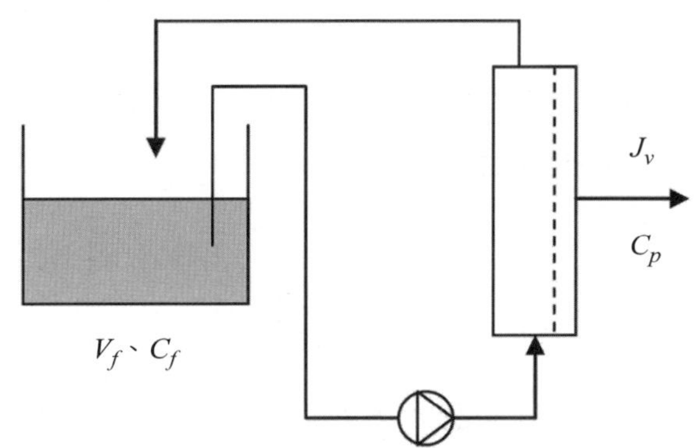

圖 12-14　批式膜過濾濃縮系統的示意圖（呂維明等人，2012）

溶液貯存槽中溶液體積（V_f）隨時間（t）的變化可用下式表示：

$$\frac{dV_f}{dt} = -AJ_v \tag{12-14}$$

上式中，J_v 爲透膜體積通量，A 爲模組的有效膜面積。對溶質進行質量平衡可得：

$$\frac{d(V_f C_f)}{dt} = -AJ_v C_p \qquad (12\text{-}15)$$

C_f 是貯存槽中溶液的濃度，C_p 是溶液透過膜後在透過側的濃度。

由式（12-14）可得到 $dV_f = -AJ_v dt$，代入式（12-15）後可得到：

$$d(V_f C_f) = C_p dV_f \qquad (12\text{-}16)$$

再引入截留率的定義 $R = 1 - C_p/C_f$，將式（12-16）改寫爲

$$d(V_f C_f) = (1 - R)C_p dV_f \qquad (12\text{-}17)$$

進一步整理成

$$\frac{dC_f}{C_f} = -R\frac{dV_f}{V_f} \qquad (12\text{-}18)$$

將上式積分，並引入初始條件：$V_f = V_{f0}$ 時，$C_f = C_{f0}$；V_{f0} 及 C_{f0} 是濃縮起始時，貯槽中的溶液的體積及濃度，可推導出：

$$\frac{C_f}{C_{f0}} = \left(\frac{V_f}{V_{f0}}\right)^{-R} \qquad (12\text{-}19)$$

上式描述濃縮操作過程中，貯槽內溶液濃度隨體積變化的關係。在溶質完全截留（$R = 1$）的狀況下，式（12-19）可簡化爲 $C_f / C_{f0} = V_{f0} / V_f$，可看出溶質被完全留在貯槽中。

膜的透膜體積通量可用 $J_v = L_p (\Delta p - \Delta\pi)$ 描述，參見式（12-5），在大部分的MF和UF操作系統中，滲透壓差可以忽略，而NF和RO的操作則須考量滲透壓差。考量滲透壓差會讓數學推導較複雜，爲簡化推導過程，在此只考量滲透壓差可以忽略的狀況，滲透壓差不可忽略狀況下的推導過程，可在參考文獻 Mulder 的書中找到。將 $J_v = L_p\Delta p$ 上式代入式（12-14）中，引入起始條件：$t = 0$，$V_f = 0$，並將 Δp

當作定值（定壓操作），可以得到

$$V_f = V_{f0} - AL_p\Delta pt \quad (12\text{-}20)$$

上式可以推算出貯槽中溶液的體積（V_f）隨濃縮時間的變化，再利用式（12-19）由 V_f 推算出對應該濃縮時間的溶液濃度（C_f）。

利用式（12-19）、（12-20）兩式，可以求出批式濃縮系統中的一些重要設計參數。如設計上要求在某一個時間 t 必須將濃度提升至某一濃度 C_f，則可利用兩式求出所需的膜面積 A（如果 Δp 固定），或所需的操作壓力 Δp（如果 A 固定）。

12.7.3　連續式膜過濾濃縮系統

當處理量大時，批式操作可能就不適用，需改採用連續式操作，圖 12-15 是連續式膜過濾濃縮系統的示意圖。溶液持續以流量 Q_0 流入系統中，一部分液體會透過膜流出（流量 Q_p），稱爲透過液，另一部分液體未透過膜而流出系統，稱爲**濃縮液**（retentate）。

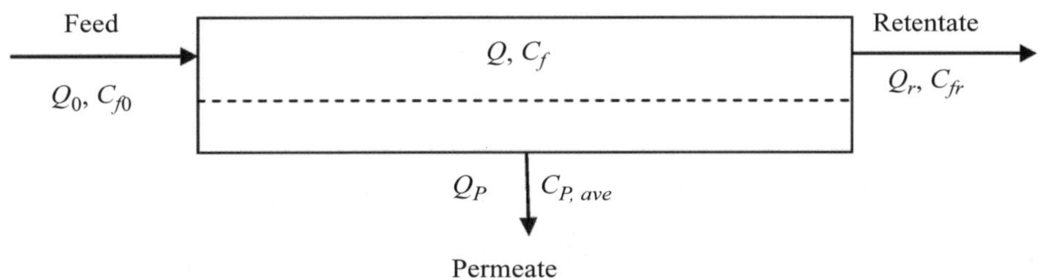

圖 12-15　連續式膜過濾濃縮系統的示意圖（呂維明等人，2012）

在進料與薄膜接觸後，溶液流量（Q）會因液體會透過膜而減少，所以 Q 溶液流過一小片膜（面積 dA），所減少的流量 dQ，可用下式描述：

$$\frac{dQ}{dA} = -J_V \quad (12\text{-}21)$$

而溶液中所含溶質亦隨之減少：

$$\frac{d(QC_f)}{dA} = -J_V C_P \qquad (12\text{-}22)$$

結合上述兩式，可推導出：

$$d(QC_f) = C_p dQ \qquad (12\text{-}23)$$

依循從式（12-16）推導出式（12-19）的過程，可從式（12-23）推導出下式：

$$\frac{C_f}{C_{f0}} = \left(\frac{Q}{Q_0}\right)^{-R} \qquad (12\text{-}24)$$

推導過程中，需引入初始條件：$Q = Q_0$ 時，$C_f = C_{f0}$；Q_0 及 C_{f0} 是溶液剛流入濃縮系統時的流量與濃度。

與前節一樣，只考慮滲透壓差可忽略的情況，引入 $J_V = L_P \Delta P$，可從式（12-21）推導出定壓操作下，進料側流量 Q 與膜面積 A 之間的關係，如下式：

$$Q = Q_0 - L_p \Delta PA \qquad (12\text{-}25)$$

以 A_m 來表示濃縮系統的總膜面積，由式（10-25）可知道，未透過膜而流出系統的濃縮液流量（Q_r）：$Q_r = Q_0 - L_p \Delta PA_m$，而透過液的流量（$Q_p$）：$Q_p = L_p \Delta PA_m$，流出系統的濃縮液流量可表示為：$Q_r = Q_0 - Q_p = Q_0(1 - Q_p / Q_0)$。將此表示式代入式（12-24），可得到流出系統濃縮液中所含溶質的濃度（C_{fr}）：$C_{fr} = C_{f0}(1 - Q_p / Q_0)^{-R}$。系統中不同位置處的透膜通量不同，透膜液的濃度也不同，但可以用以上 C_{fr} 的表示式，和 $Q_0 = Q_p + Q_r$，$Q_0 C_{f0} = Q_r C_{fr} + Q_P C_{p,ave}$ 兩質量平衡式，來計算透膜液的平均濃度（$C_{p,ave}$）：

$$C_{P,ave} = \frac{Q_0 C_{f0}}{Q_p}[1 - (1 - Q_P Q_0)^{1-R}] \qquad (12\text{-}26)$$

經由以上的分析，可以求出連續濃縮系統中的重要設計參數。例如：知道膜的水力透過係數 L_P，總面積 A_m，操作壓差 ΔP，進料液的流量 Q_0 及濃度 C_{f0}，就可算出透過液及濃縮液的流量（Q_P、Q_r），濃縮液的濃度（C_{fr}），及透過液的平均濃度（$C_{p,ave}$）；或是在知道 L_P、ΔP、Q_0、C_{f0} 的狀況下，用以上的方法，計算出達到所要求濃縮液濃度（C_{fr}）所需要的膜面積。

12.7.4 透析過濾程序（diafiltration）

透析過濾（diafiltration）是一種膜過濾的操作方式，常被用來純化水溶液中分子量較大的溶質，圖 12-16 是透析過濾程序的示意圖：

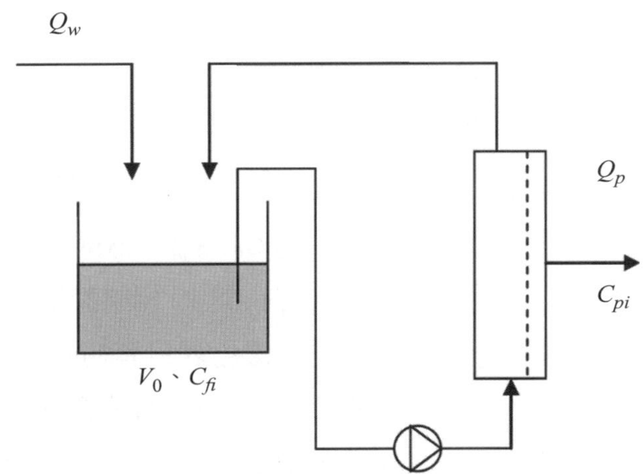

圖 12-16　透析過濾程序的示意圖（呂維明等人，2012）

以過濾膜來過濾水溶液時，如果水溶液中有分子量不同的溶質，因爲分子量大的溶質不容易透過薄膜，所以大分子的濃度會越來越高；但是，即使膜對分子量小的溶質完全沒有阻擋率，也只能讓小分子的濃度維持在初始的濃度，並無法降低。透析過濾則是在超過濾過程中持續加入純水，可以快速降低小分子的濃度。加入水的流量 Q_w，一般會與濾液的流量 Q_P 相同，讓進料液貯存槽中的溶液體積維持定值（V_0）。

對溶質的 i 成分進行質量平衡，可得：

$$V_0\frac{dC_{fi}}{dt}=-Q_P C_{pi} \quad (12\text{-}27)$$

濾膜對分子 i 的截留率爲 R_i，依據截留率的定義，可將 C_{pi}（濾液中分子 i 的濃度）與 C_{fi}（進料中分子 i 的濃度）間的關係寫爲 $C_{pi}=(1-R_i)C_{fi}$，代入式（12-27），配合起始條件 $t=0$，$C_{fi}=C_{fi}^0$，可解出：

$$\frac{C_{fi}}{C_{fi}^0}=\exp[\frac{-Q_p(1-R_i)t}{V_0}] \quad (12\text{-}28)$$

由於 $Q_P=Q_W$，所以 $Q_Pt=Q_Wt$。Q_Wt 是操作過程中，注入系統的純水體積（V_W），以 V_W 取代 Q_Pt，將式（12-28）改寫爲

$$\frac{C_{fi}}{C_{fi}^0}=\exp[\frac{-V_W(1-R_i)}{V_0}] \quad (12\text{-}29)$$

如果 $R_i=1$（膜被膜完全阻擋），膜 $C_{fi}=C_{fi}^0$，表示在操作過程中成分 i 的濃度不會改變。但若 $R_i=0$（膜完全不會阻擋膜），則 $C_{fi}/C_{fi}^0=\exp[-V_w/V_o]$，顯示成分 i 的濃度會隨純水注入而降低；在 $V_w=V_o$ 時（注入與 V_o 相同體積的純水），成分 i 的濃度會降至初始值的 37%；而 $V_w=5V_o$ 時，濃度就只有初始值的 1%。由式（12-29），只要知道膜對某成分的截留率，就可以估算該成分的濃度隨加入純水量的變化情形，可計算出加入多少純水後，溶液中溶質的純度可以達到設定的目標。

參考文獻

1. Baker, R.W., "Membrane and module preparation," in *Membrane separation systems*, edited by Baker, R.W., E.L. Cussler, W. Eykamp, W.J. Koros, R.L. Riley, H. Strathman, Noyes Data Corporationj, Park Ridge (1991).
2. Eykamp W., "Microfiltration and ultrafiltration," in *Membrane separations technology principles and applications*, edited by Noble R.D. and S.A. Stern, Elsevier, Amsterdam (1995).

3. Fell, C. J. D., "Reverse Osmosis," in *Membrane separations technology principles and applications*, edited by Noble R.D. and S.A. Stern, Elsevier, Amsterdam (1995).
4. Franken, T., "Membrane selection – more than material properties alone," *Membrane Technology*, **97**, 7 (1997).
5. Hestekin, J. A., C. N. Smothers, and D. Bhattacharyya, "Nanofiltration of charged organic molecules in aqueous and non-aqueous solvents: separation results and mechanisms," in *Membrane Technology in the chemical industry*, edited by Nunes, S.P. and K.V. Peinemann, Wiley-VCH, Weiheim (2000).
6. Ho, W. S., and K K. Sirkar, *Membrane Handbook*, Van Nostrand Reinhold, New York (1992).
7. Loeb, S. and S. Sourirajan, "Sea water demineralization by means of an osmotic membrne," *ACS Symosium Series*, **38**, 117 (1963).
8. Mulder, M., *Basic principles of membrane technology*, 2nd edition, Kluwer Academic Publishers, Dordrecht (1996).
9. Nunes, S. P. and K. V. Peinemann, "Membrane materials and membrane preparation," in *Membrane Technology in the chemical industry*, edited by Nunes, S.P. and K.V. Peinemann, Wiley-VCH, Weiheim (2000).
10. *World Membrane Technologies to* 2017 (2013).
11. Williams, C., "Membrane fouling and alternative techniques for its alleviation," *Membrane Technology*, **124**, 4 (1999).
12. Zeman, L. J. and A. L. Zydney, *Microfiltration and Ultrafiltration*, Marcel Dekker, New York (1996).
13. 中垣正幸，普及版膜處理技術，日刊工業新聞社，東京（1998）。
14. 呂維明、王大銘、李文乾、汪上曉、陳嘉明、錢義隆、戴怡德，化工單元操作（三），高立圖書公司，新北市（2012）。
15. 松本幹治，實用膜分離技術，日刊工業新聞社，東京（1996）。

第十三章
超潔淨液體之製備

／童國倫

隨著生物技術及電子工業等高科技之快速發展，在精密製程上對產品純度之要求大為提升，**超潔淨液體**（ultrapurified liquid or particle-less clean liquid）被使用於製程上的需求亦快速增加。如何大量製備符合需求的超潔淨液體，已成為高科技產業所亟需之技術。

由於超潔淨液體之範圍相當廣泛，包含所有**水相液體**（aqueous phase liquids, APLs），如水、醇類、酸液、鹼液等，以及**非水相液體**（non-aqueous phase liquids, NAPLs），如油、有機溶劑等。這些製程液體所要求之規格或標準亦因使用需求而有所不同，故本章中將分別以電子工業及醫藥工業所需**超純水**（ultra pure water）為主軸，介紹其製程及規劃時應注意事項，在章末也介紹超潔淨液體藥品之製備。

13.1 品質標準

一般液體中的雜質可大致區分為懸浮固體、溶於液體中之溶質、有機物、微生物及溶解氣體等。為了液體之使用目的，可以預先採用適當的純化技術，將其中的雜質去除至某合理（或容許）的範圍，此種液體純淨程度之標的即為其品質標準。液體常依其使用目的來訂定其品質標準，例如現行之飲用水水質標準所規定的項目可以分成三大類，即是以對人體健康之影響為檢驗標準，如表 13-1 所示。

表 13-1　飲用水之水質標準項目

1. 細菌性標準	如大腸桿菌群密度、總菌落數等
2. 物理性標準	如濁度、臭度、色度等
3. 化學性標準	(1) 影響健康之物質：如重金屬、農藥、揮發性有機物等
	(2) 可能影響健康之物質：如氯鹽、硝酸鹽等
	(3) 影響適飲性之物質：如硬度、氯鹽、鐵鹽等

表 13-2 列舉自 1984 年到 2002 年，半導體或晶圓廠所使用的超純水所需品質的規格 [1]，包含固體粒子、電阻大小、總有機碳、活菌、溶氧及金屬離子等可容許濃度之上限。而表 13-3 則進一步列舉自 2013 年到 2026 年半導體製程對奈米微粒大小與濃度的容忍上限 [2]，可以顯著的發現，隨著線距的日益縮窄，對超純水中顆粒大小的容忍值已經由 2000 年的數百奈米提升到現今的數十奈米。國際半導體構裝技術藍圖委員會（International Technology Roadmap for Semiconductor, ITRS）於 2012 年發表半導體技術趨勢 [3]，其中關於製程超純液的要求如表 13-3 所列示，電子工業所需超純水之規格隨著科技進步，DRAM 之記憶容量越增加，線距越來越小，超純水之標準也就越來越嚴格。例如，2016 年 DARM 晶圓製程的臨界粒子粒徑爲小於 15 奈米，超純水中的極限容許量爲每升 1,000 顆（pcs/L）以下，而**極紫外光**（extreme UV, EUV）**光罩**（mask）製程的容許量更限縮在 100 顆以下；但 2019 年的臨界粒徑要求就更嚴格要求到小於 10 奈米了，而更小之粒子亦有所規範。

表 13-2　DRAM 容量與所需超潔淨水規格之變遷 [1]

DRAM 容量（bit）	256k	1M	4M	16～64M	128～256M	256M～1G
年代	1984～	1988～	1992～	1996～	1999～	2002～
線距（μm）	1.2	1.0	0.8	0.5～0.3	0.25～0.18	～0.13
電阻（MΩ · cm at 25℃）	≧ 17.0	≧ 17.5	≧ 18.0	≧ 18.1	≧ 18.2	≧ 18.2
微粒子≧ 0.2 μm （個 /mL）≧ 0.1 μm ≧ 0.05 μm ≧ 0.03 μm ≧ 0.02 μm	≦ 100	≦ 10	≦ 5	≦ 5	≦ 1 ≦ 10	≦ 1 ≦ 10
生菌（CFU/L）	≦ 100	≦ 50	≦ 10	≦ 1	≦ 0.1	≦ 0.1
TOC（μgC/L）	≦ 100	≦ 50	≦ 10	≦ 2	≦ 1	≦ 1
SiO_2（$\mu gSiO_2$/L）	≦ 10	≦ 5	≦ 5	≦ 1	≦ 0.1	≦ 0.1
Na^+（μgNa/L）		≦ 0.5	≦ 0.05	≦ 0.01	≦ 0.005	≦ 0.001
Cl^-（μgCl/L）		≦ 0.5	≦ 0.05	≦ 0.01	≦ 0.005	≦ 0.005
重金屬類（μg/L）	≦ 1	≦ 0.5	≦ 0.1	≦ 0.01	≦ 0.005	≦ 0.001
溶氧（μgO/L）	≦ 100	≦ 100	≦ 50	≦ 10	≦ 5	≦ 2

表 13-3　ITRS 於 2012 年公布之 DRAM 晶圓規格演發展技術路程圖及其對奈米顆粒之容忍要求 [2,3]

規劃投產年度	2013	2014	2015	2016	2017	2018	2019	2020	2021	2022	2023	2024	2025	2026
快閃記憶體晶片規格 Flash 1/2 Pitch (nm) (Contacted)	18	17	15	14.2	13.0	11.9	11.9	11.9	11.9	11.9	11.9	11.9		
動態記憶體晶片規格 DRAM 1/2 Pitch (nm) (Contacted)	28	26	24	22.0	20.0	18.0	17.0	15.0	14.0	13.0	12.0	11.0		
微處理器晶片規格 MPU/ASIC Metal 1 (M1) 1/2 Pitch (nm)	40	32	32	28.3	25.3	22.5	20.0	17.9	15.9	14.2	12.6	11.3		
印刷線距 MPU Printed Gate Length (nm)	28	25	22	19.8	17.7	15.7	14.0	12.5	11.1	9.9	8.8	7.9		
物理線距 MPU Physical Gate Length (nm)	20	18	17	15.3	14.0	12.8	11.7	10.7	9.7	8.9	8.1	7.4		
晶圓廠之環境控制 Wafer Environment Control (such as Cleanroom, SMF POD, FOUP, etc..., not necessarily the cleanroom itself but wafer environment)														
臨界粒徑大小 (Critical particle size) (nm)	20	17.9	15.9	14.2	12.6	11.3	10	8.9	8	7.1	6.3	5.6	5.0	4.5
臨界粒徑粒子數目之容忍量 Number of Particles > Critical Particle Size (see above)	1,000	1,000	1,000	1,000	1,000	1,000	1,000	1,000	1,000	1,000	1,000	1,000	1,000	1,000
極紫外光光罩製程之臨界粒徑粒子數目容忍量 Number of Particles for EUV Mask Production > Critical Particle Size (See Above)	100	100	100	100	100	100	100	100	100	100	100	100	100	100

13.2　超潔淨水 [1,4,5]

表 13-4 顯示對品質逐升的需求，製備純水系統也由簡而繁。在 1960 年代只用精密過濾的系統，在 1970 年代添增了逆滲透組及離子交換塔來除去金屬氫氧化物及有機雜質，到了現在又增加了超過濾組及防止細菌繁殖之殺菌設備。

表 13-4　製備純水系統之變遷

年代	1960 年代	1970 年代	現在
系統概要	前處理 ↓ 離子交換 ↓ 精密過濾	前處理 ↓ 逆滲透（RO） ↓ 離子交換 ↓ 精密過濾 ↓ 紫外線殺菌設備	前處理 ↓ 逆滲透（RO） ↓ 離子交換 ↓ 真空脫氣 ↓ 超過濾（UF） ↓ 紫外線殺菌機 ↓ 精密過濾

一般而言，液體越潔淨（純），則其設備需要越精良，固定投資成本也隨之驟升，如圖 13-1 所示。所以了解使用目的，須先釐清程序所需之潔淨標準，才能有效節省成本。

13.2.1　純水系統之結構 [5]

圖 13-2 顯示了製備純水系統之概念結構。完整的純水供應系統不僅包括 (1) 純水淨化系統，亦得涵蓋其 (2) 供應及循環系統、(3) 回收系統，及 (4) 如何管理及管制這些系統之管理技術。

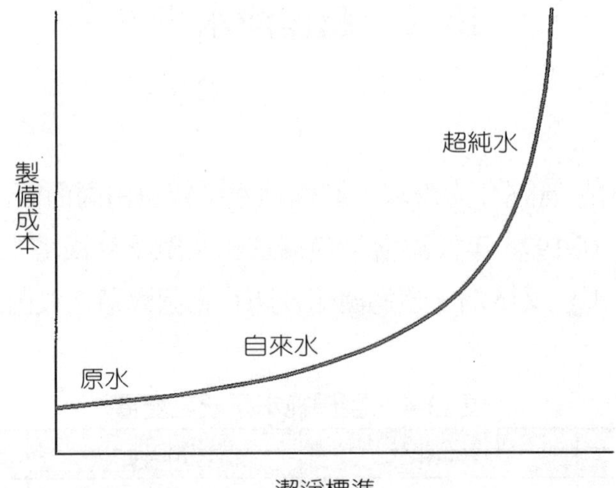

圖 13-1　超潔淨液體之製備成本與潔淨標準間的關係

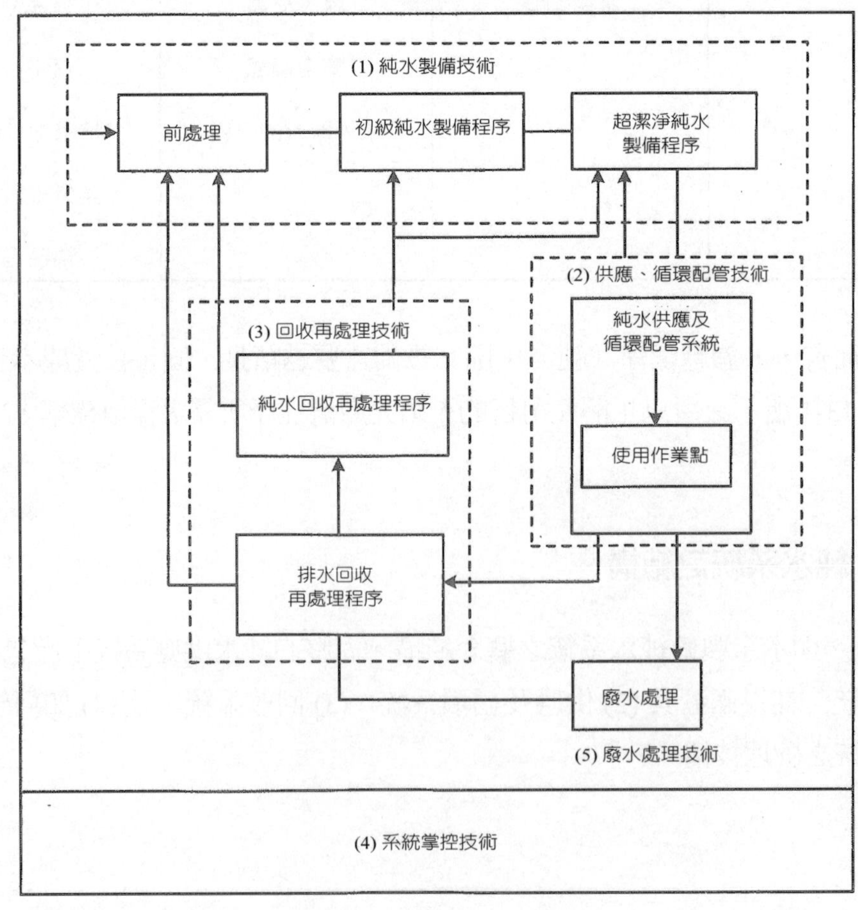

圖 13-2　純水系統之結構

13.2.2　初級純水製備程序

現在運作之純水淨化程序可說是前處理、膜技術，離子交換再加進階之膜過濾，依**作業點**（point of use）之需求再加以增添一些加強淨化之操作。圖 13-3 舉示前處理至初級純水之製備程序之例，而表 13-5 則說明了各處理裝置之處理功能。在前處理段最主要是調理原料水之微粒絮凝狀態，使接下來之過濾操作可以順暢，必要時（如原料水爲河流時）須增加絮凝沉降操作以減輕過濾器之負荷。

過濾可借重助濾劑來提升濾液之品質及減少下一階段逆滲透膜之著垢。從過濾器流出之澄清濾液，經加壓後進入**逆滲透組**（RO module）。在初級純水製備程序中，逆滲透組是不可或缺的，其功能爲：

1. 除去流進 RO 模組之水中微粒子，微生物金屬膠體化合物，有機雜質。
2. 利用 RO 之脫鹽功能，除去部分離子可減輕下一步驟——離子交換之負荷，也可節省用於再生離子交換樹脂之用藥量及減少廢水量。
3. 可除去有機雜質，故可防止著垢於陰離子交換樹脂。

早期 RO 組之操作壓力都在 30 大氣壓，近來已開發可在 15～20 大氣壓運作之低壓 RO 系統，由於操作壓力之降低，雖說脫鹽能力稍降，但動力費減少，低壓 RO 膜有 polyamide、PVA、acetylcellulose 等不同材料，其耐溫上限在 35～45℃，以 4″ 之 spiral 蕊，其生產能力在排斥效率爲 90～98% 時可達 10～60 m^3/day，視不同廠商能

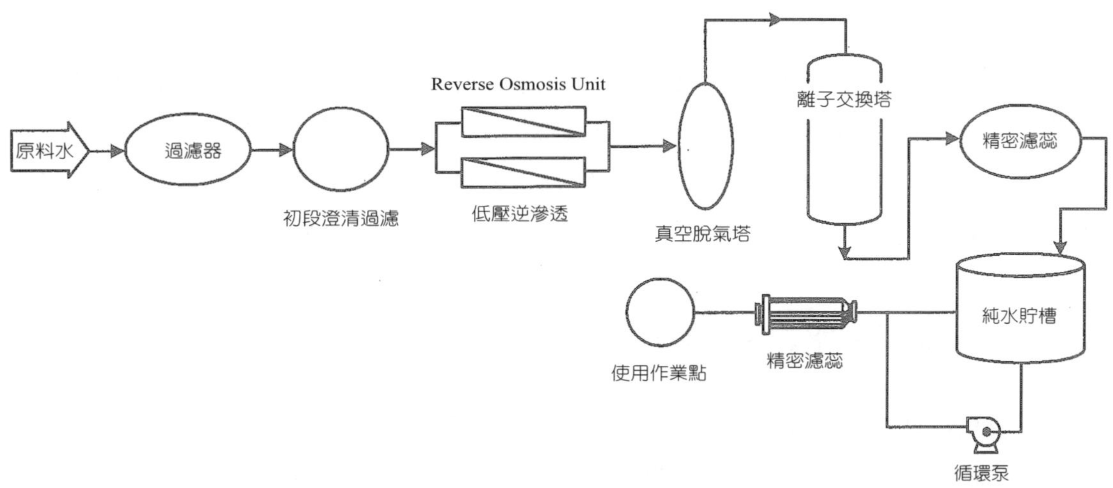

圖 13-3　初級純水製備程序之例

表 13-5 可除各種不純物之裝置 [5]

處理裝置＼對象物質	懸浮固粒	電解質	微粒	微生物	有機物	溶解氣體
沉降分離、過濾裝置	E		G	M	M	
除絮凝過濾器	E		G	M	M	
深床過濾器	G		M	M	M	
活性碳吸附床			M			
離子交換樹脂床		E	M			
脫 CO_2 塔						G
真空脫氣裝置						E
逆滲透裝置		E	E	E	E	
超過濾裝置			E	E	G	
精密過濾裝置			E	G	G	
紫外線殺菌裝置				E		

E：甚佳；G：佳；M：尚合適。

力而有所差別。

RO 膜之選擇則需視泵水中所含 SiO_2、有機物之種類及含量，如在 25℃ SiO_2 含量超過 100 mg/L 就會析出，此時可酌量降低 RO 組之回收率。離子交換塔移到在 RO 組前，先除去 SiO_2，再進入 RO 組，如此系統在處理回收系統之低污染物排水時，可考量增設活性碳吸附塔。

在管路或儲存系統之設計，則需考慮必要可進行殺菌或除去所產生之微粒之循環系統，另外整個系統應避免使用可能溶釋污染成分之材質；而爲方便於用熱水進行殺菌，也開發了耐熱性之 UF 膜材，以熱水殺菌，其溫度在 25～90℃，故所謂耐熱膜材須可在上述溫度範圍反覆多次使用才行。

13.2.3 超潔淨純水之製備程序

爲了配合使用作業點之高品質要求，超潔淨純水（亦稱二次純水）常設置在最靠近作業點，故規模不求大，以該作業點之需求量爲決定規模之依據，故在獲得初級純水（或稱一次純水）後再加如圖 13-4 所示之殺菌裝置、精密濾蕊及**超過濾組**

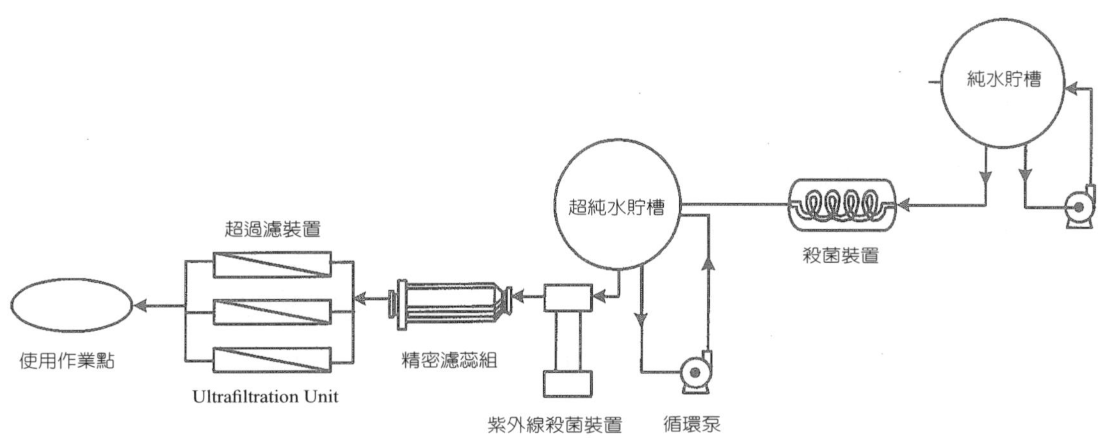

圖 13-4　超潔淨純水製備程序之例

（ultra-filtration unit）；如作業離 UF 組有段距離，則在進作業點前再加另一組精密濾蕊組，以除去管路中可能衍生之微粒或微菌。此系統宜盡量減小儲槽之大小，輸送用泵亦不宜帶有軸封，其原因是有軸封就可能有細菌或其他微粒混入，故宜採用如電磁帶動之無軸封泵；管路之設計亦盡量避免有靜滯之存在，以避免微生物之繁殖。

13.2.4　純水供應循環配管系統 [5]

從超純水製備系統之精密濾蕊組所流出之純水，不難達到作業程序所要求之品質，但送至使用**作業點**（point of use）時，偶爾會發生水質降低的情形，這種現象往往發生在製備系統與配管系統分開購置或發包之情形下，故在設計及安裝這兩系統時須注意：

1. 微生物之產生、繁殖之可能性及殺菌洗淨之手法。
2. 防止由配管材料或裝置之構成材料溶出污染成分。
3. 各作業點之用量模組之流量平衡。
4. 適當的 RO 及 UF 膜材選擇。
5. 使用作業點之數量及位置與配管系統之平衡。
6. 如何提升進使用作業點之純水品質。

圖 13-5 揭示了從超潔淨水儲槽至各使用作業點及回收低污染排水之配置例，但配管時須設法避免有錯接管，而使污染物滲入作業點之超潔淨水。

13.2.5 系統運轉掌控技術

由於如半導體工業從設備到產品均是昂貴或附加價值甚高之產品，故一旦開工，除非不得已之原因不隨便停轉生產設備，所以純水系統也一樣不希望因不測之原因而停工，故系統裡之任何一環都需用心防止這類困境之發生。

如 RO 膜或 UF 膜均是製備純水程序上不可或缺，而且是相當精密，甚易被外力損傷或堵塞之濾材。任何進入 RO 組或 UF 組之進水，都得確認不會損傷或不致短時間內就堵塞膜材，這些危害考量及預防措施都須在進入這些膜過濾器之前的操作中加以考慮；如有操作中跨膜壓力差不正常的增高時，管理人員須探討其增高之原因是因進水含膠質粒子或因濃度過高發生析出固粒等原因，並就確定之原因採取正確之對策。

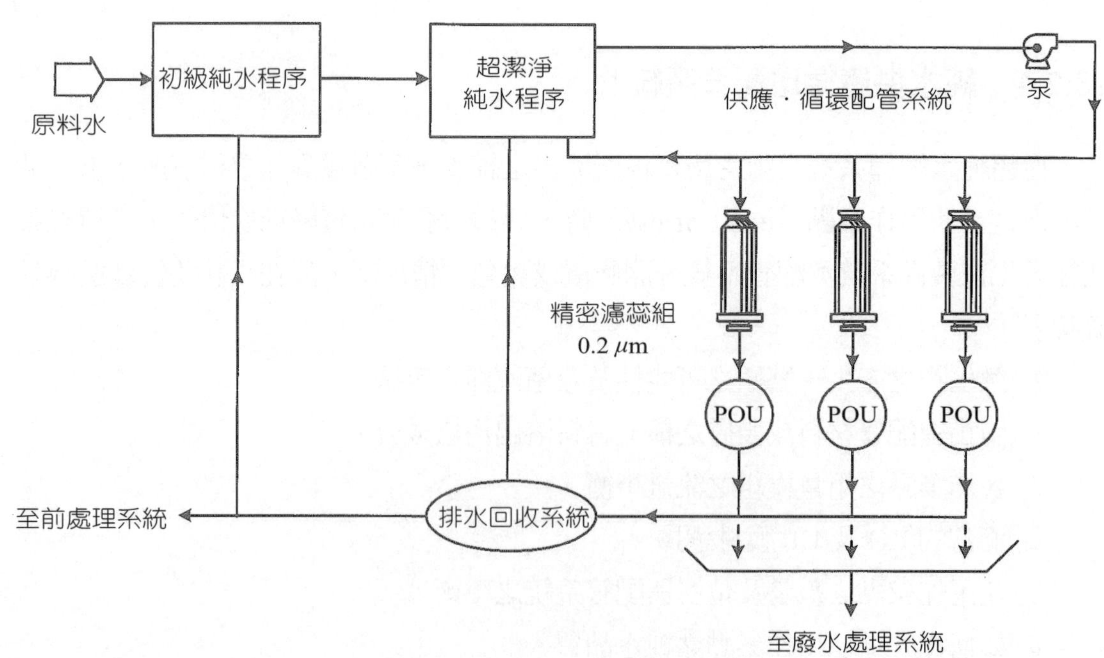

圖 13-5 純水供應循環系統

另外，如上節所述，由淨化後之濾器至使用作業點之配管過長或過於複雜等，都是產生滯留區或增加微生物含量之原因，須有良好之殺菌及除菌系統來配合。總之，要純水系統順暢運轉，須設計人員及操作人員對上述問題有充分之了解，建立正確及確實之操作手法。

13.3 醫藥用純水 [6]

13.3.1 品質標準

另一使用大量純水的地方是醫藥品工業。往日，醫藥品用水都是依賴經離子交換塔脫除離子後，藉一段或兩段蒸餾方式生產合乎醫藥用標準之純水。此法耗能源，故除了針劑用水尚採二次蒸餾水外，皆已都改用膜過濾方式來製備。

表 13-6 列示了醫藥用水之規格。依水之淨化層次分爲**常用水**、**精緻水**、**除菌精緻水**、**針劑用水**等四種等級。所謂**常用水**，是指自來水與地下水（井水或深井水），但自來水之殘留氯氣過高時，可能對製劑給予異臭，或促成某成分之沉澱而不能使用。所謂**精緻水**，是指將常水經一道離子交換或蒸餾所得之純水，實際使用時再加以蒸汽殺菌，使其確實減菌滅菌。但如大量使用時，此法不甚適宜，故改以較精密之膜過濾或通至除菌氯氣，以除去微生物或菌類，來製備較大量之**無菌水**。對於針劑用水，日本尚採用二次蒸餾方式製備供針劑製造之潔淨水，美國之 USP（U.S. Phamarcopeia）則准以逆滲透除菌而得之潔淨水用於針劑之製備。

13.3.2 各級醫藥用水之製備程序

圖 13-6 揭示了各種醫藥用純水（潔淨水）之製備程序。如原料水是河流水或地表水，則其含微粒等雜質頗高，如逕送至澄清過濾系統很容易堵塞濾床或濾材，不甚經濟，故得加以化學調理，添加殺菌藥品及架聚劑後在沉降槽加以澄清，把澄清後之溢流水送至澄清過濾，則可得合乎常用水水質之澄清水；但原料水來自地下

表 13-6 醫藥用水之分類與規格 [6]

（單位：mg/L）

分類	日本藥局方 10				United States Pharmacopeia XX	
	常水	初級純水	超潔淨水	針劑用純水	Purified Water	Water for Injection
性 狀	無色透明	無色透明			Clean	
	無異臭	無味無臭	同 左	同 左	無味無臭	同 左
	無味					
pH	5.8~8.6	5.0~7.0*	同 左	同 左	5.0~7.0*	同 左
Cl^-*	200 以下	1.0 以下 *	同 左	同 左	0.5 以下 *	同 左
N-NO_3*	10 以下	N.D			—	—
N-NO_2*	0.01 以下	0.001 以下	同 左	同 左	—	—
N-NH_3*	0.05 以下	N.D			0.3 ppm as NH_3*	同 左
$KMnO_4$ 消費量 *	10 以下	3.16 以下	同 左	同 左	3.0~4.0*	同 左
SO^-_4*	—	N.D	同 左	同 左	5.0 以下 *	同 左
重金屬 *	1.0 以下	N.D	同 左	同 左	0.4 以下 *	同 左
Fe	0.3 以下	—	—	—	—	同 左
Za	1.0 以下	—	—	—	—	—
Pb	0.1 以下	—	—	—	—	—
蒸發殘留物	500 以下	10 以下	同 左	同 左	10 以下	同 左
總硬度	300 以下	—	—	—	以 Ca^{++} 1.0 以下 *	同 左
陰離子活性劑	0.5 以下	—	—	—	—	—
CO_2	—	—	—	—	藉與 $Ca(OH)_2$ 反應檢定	同 左
一般細菌	100 個 /mL/ 以下	—	—	—	100 個 /mL	—
大腸菌群	0 個 /50mL	—	—	—	0 個 /mL	—
無菌試驗	—	—	須經培養試驗確認	要保存時同左	—	—
發熱性物質	—	—	—	須通過動物試驗確認	—	須通過動物試驗確認
製造法	准用自來水製備方法	蒸餾或經離子交換樹脂塔精製	將初級純水再經脫氣及除菌過濾	將初級純水在經一段或二段蒸餾	經蒸餾，或以離子交換樹脂塔純化，或以 RO 膜純化	將潔淨水以逆滲透膜除菌及純化
適用	調整用水 製藥原料用水 洗淨用水 飲料水	藥品溶劑 調整用水	點眼劑溶劑	針劑用 溶解針劑用藥品	製藥用水	針劑用

* 以反應呈現後利用比色法判定含量。

N.D：不能有呈色反應。

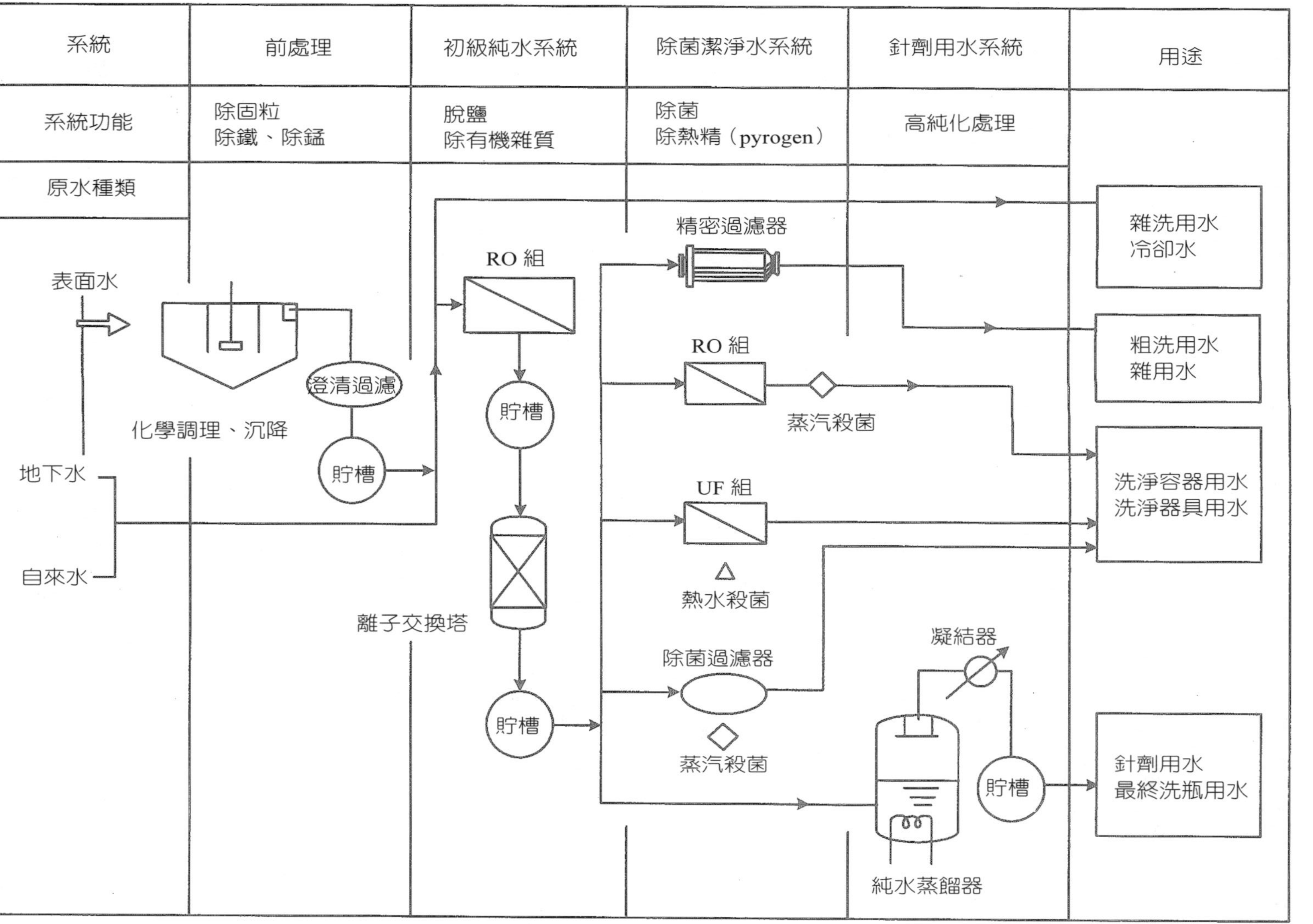

圖 13-6　醫藥用純水之製備流程

水或自來水者，其本身已經澄清過濾之處理，故除了特別狀況外可逕當爲常用水使用。

13.3.3 初級純水之製備

要進一步除去水中所含之離子成分，則可將常用水送進離子交換塔以除去陰陽離子。但因低壓逆滲透組之出現，使此程序都在離子交換以前逕送至低壓 RO 組，以除去大部分之有機雜質、鹽類；由 RO 組出來之水再送至離子交換塔，如此改善可減輕離子交換塔之負荷及節省再生交換樹脂所需之藥品費用。

離子交換塔有由陰離子交換樹脂塔與陽離子交換樹脂塔兩塔而成之雙塔式，及將上述兩種離子交換樹脂混在同一塔之單塔式兩種。水通過離子交換塔後所含之陰陽離子，將分別被陰陽離子交換樹脂捕捉而由水中除去，進而提升其電阻（或減低了其導電度（μS/cm））。平常混合床中之陰陽離子交換樹脂之混合比爲 1：1.5 至 1：2.5，其混合比超過 2.5 時就較難均勻混合；原料水之導電度平常介在 100～200 μS/cm，當流出之水之導電度逾 1 μS/cm 時就得再生樹脂；原料水含太高之次亞氯酸鈉時，常在樹脂塔前加添活性碳吸附塔來除去這些雜質，但利用活性碳吸附這些雜質時，水中之剩氯也被活性碳吸附在此床進口，導致在活性碳床較深處容易生出細菌。同樣的理由，在離子交換樹脂塔下層，亦有滋生細菌之可能，故樹脂塔之續用時間不宜過長，至少三天得再生一次，始可避免滋生細菌之困擾。

13.3.4 除菌潔淨水之製備 [6]

就原理上而言，除去初級純水中之細菌就可得除菌潔淨水，但 GMP 之要求也要除去與菌同時存在於水中之**熱精**（pyrogen）。所謂熱精，是指細菌性發熱物質，尤其在陰性菌所孳生之 lippoly saccharide（LPS）活性爲高，須將其去除。現在之衛生要求，以日本藥局方 EC-2 標準爲 1 ng/mL。由於 pyrogen 之分子量在 1,000,000 以上，故所使用之過濾膜之**分子量分割**（molecular weight cut off）宜在 10,000 左右較適宜。在製備除菌潔淨水裝置需考慮的，是用過一段時間以後被除去之菌體，會堆存在裝置之各處，而該如何加以殺去這些菌的問題。如在圖 13-6 中有採用 RO 組及 UF 組，RO 膜是平常只須靠藥品來殺菌之耐熱膜，故不再藉蒸汽或紫外線燈殺

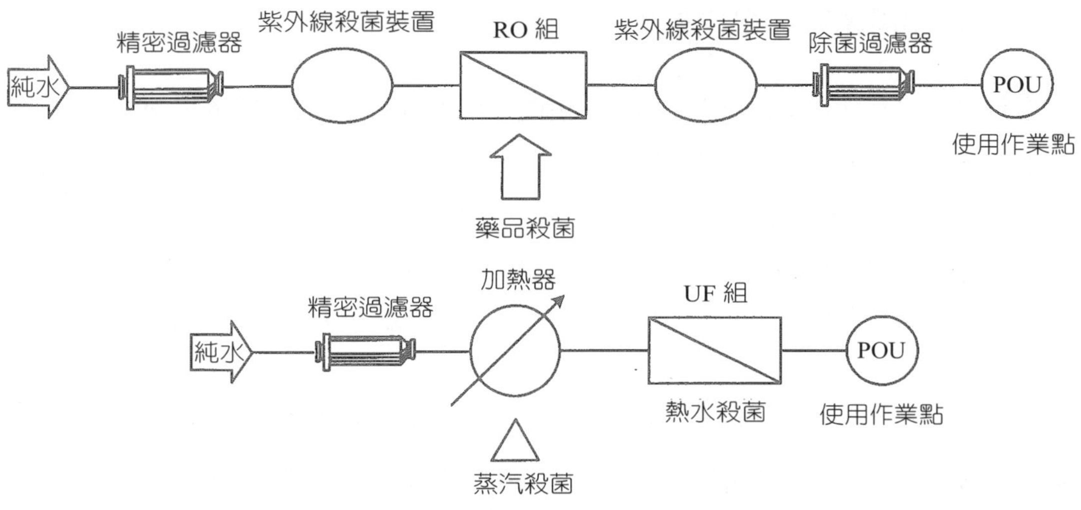

圖 13-7　RO 組與 UF 組之除菌系統差異

菌。圖 13-7[6] 詳示了此兩種不同膜除菌方式，而表 13-7 則比較了此兩種方法之性能。從這些比較不難得知，在除菌功能而言，UF 模組較 RO 模組為優。

表 13-7　UF 組與 RO 組在殺菌操作功能之比較 [6]

	UF 膜	R.O. 膜
殺菌方法	熱水殺菌均勻而效果好	藥劑殺菌 （可能有死角） 洗滌剩餘藥劑費時
除菌與熱精能力	高	對除菌較差 但可同時除鹽分
前後設備之需求	須有保護膜用之濾器	須先有紫外線殺菌燈外，亦須有保護膜用濾器，要確保無菌尚得加除菌過濾器
費用	購置費低 10～25% 操作費低 20～30%	較高

UF 膜殺菌之頻率一般而言，為 1 個月做一次熱水殺菌就可，而 UF 模組之綜合費用亦較低 20%；但如在排水回收系統得除去水中之離子，則只好借重 RO 膜除去鹽分之功能。

13.3.5 針劑用超潔淨水之製備

現行之程序有利用 UF 膜之方式與利用多段蒸餾方式兩種，日本在 1990 年左右尙只准用多段蒸餾方式製備針劑用水，而美國則早在 1985 年代就准用 UF 膜來製備針劑用水。利用 UF 膜之製法已在前節詳述，在此就只談多段蒸餾法。其乃是把初級純水加熱至沸點，而將水以蒸汽方式逸出後，再藉凝結器把蒸汽凝結成爲液體之方式來純化，故蒸發時宜留心飛沫與蒸汽一起進入凝結器，而凝結器之設計宜考慮不留死角。

用蒸餾方式製備超潔淨水，相當耗能源，故有利用多效蒸發罐或蒸汽再壓縮方式來省能源之用量。但從結構上而言，蒸汽壓縮法得用高轉速之蒸汽壓縮器難免有潤滑油之混入，對製備超潔淨水而言確實不宜，故多效罐方式之使用，或許可達成大量需求同時節省能源之效果。

13.3.6 殺菌用蒸汽之製備

在上述各法中有不少地方得用蒸汽來殺菌或混進蒸汽直接殺菌，如逕用一般鍋爐所產生之蒸汽，則難免有洗罐劑、重金屬或微粒子之存在，所以在製備醫藥用水時，所需之水蒸氣須以純水爲進料，如圖 13-8 之裝置重行製備，此設備具有良好之**除飛沫**（entraiment）設施，可製得純度更佳之水蒸氣。

13.4 藥品液體之潔淨

隨著晶圓線距之縮減，不止用水品質要求之提升，就是在處理這些晶片所用之化學品、酸、鹼、溶劑及其他各顯像用藥品溶液之品質要求也越來越嚴。這些各種超潔淨藥液不僅必須不含某一大小之微粒子（如不得大於 50 nm），同時也不得含有對程序對象有害之可溶性不純成分。

超潔淨化學溶液之製備程序與上兩節所介紹之超潔淨水之製備類同，只是在可

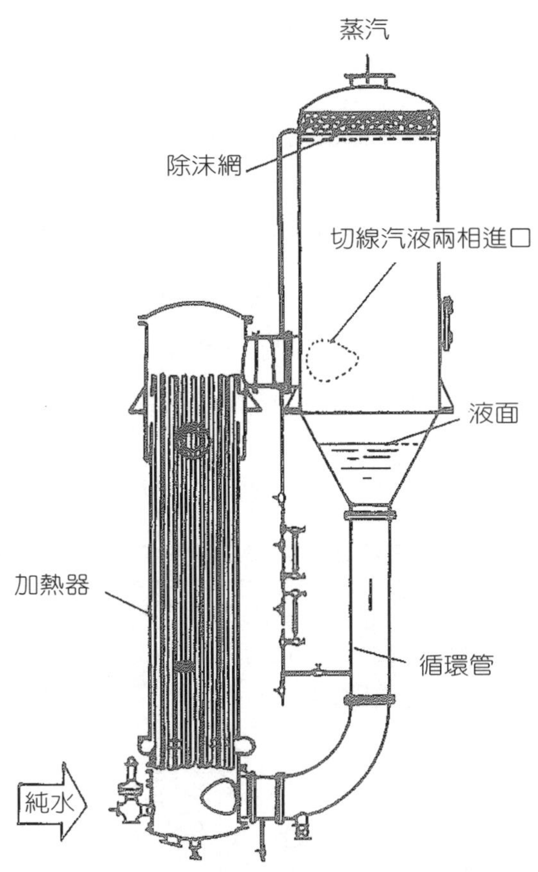

圖 13-8　自然循環蒸汽產生器

用於濾材、支撐結構及管路之材質上，都須不被對所通過之溶液溶出（或萃出）有害於程序之成分。

選擇合適之濾蕊及濾器需考量之因素有：

1. 對截留粒子大小之能力及要求。
2. 過濾時進料溶液之溫度。
3. 溶液之黏度。
4. 使用點所需之濾速。
5. 濾液殘留在濾器之量。

除這些因素外，濾器或濾蕊之品質是如何被鑑定的，也是一項相當重要之考量點。在使用超潔淨溶液之程序裡，最忌諱的是從濾材或濾器結構材料中，被溶液溶出之不純成分。在晶片之製程或高溫過程裡，這些不純成分常嚴重降低程序產品之合格率。

另一項在選擇濾蕊或濾材時應考慮的是濾材材質之親水性或疏水性，親水性濾材易被表面張力較大之溶液覆蓋，而疏水性濾材則相反。市面上已有預潤濾蕊之出現，可省去使用者在使用濾蕊前得以用 IPA 浸漬之麻煩。這種濾蕊不僅可減少了因浸漬 IPA 可能帶來之污染，也可減少濾蕊中溶液之殘留量，對使用可燃性溶劑時，消除了拋棄時可能招來之危險問題。表 13-8[7] 列舉了 Pall 公司之各種濾蕊對常用化學品溶液之適用性，供讀者作爲選擇濾蕊、濾材及濾器之結構材質時之參考，但採用以前，應先以擬使用之溶液進行試驗確認。

表 13-8　Pall 公司之各種濾蕊對常用化學品溶液之適用性

關鍵字	濾蕊品名（濾膜／硬體）										外殼				墊圈				
E：最佳 G：室溫適用 LR：尚可 NR：不佳	Profile/Ultipleat profile (P.P/P.P)	Ultipor (Nylon/P.P)	Ultipleat P Nylon (Nylon/HDPE)	Emflon (PTFE.P.P)	Ultipleat P Emflon (PTFE/HOPE)	Fluorodyne (PVDF/P.P)	Super Etch/Ulti-Etch (PVDF/P.P)	EmflonPF/Ulti Kleen (PTFE/PFA)	Ultipleat Suporflow (PES/HDPE)	PE Kleen (HDPE/HDPE)	316L SS	Polypropylene	PFA	PVDF	Viton A	Bura-N	FEP/Viton	Silicon	EPR
Acids																			
Acetic Acid (10%)	G	NR	NR	E	E	E	E	E	G	G	E	E	E	E	G	G	E	G	G
Acetic Acid, glacial	LR	NR	NR	E	LR	E	E	E	G	G	E	LR	E	E	NR	G	E	G	G
Hydrochloric Acid (conc.)	G	NR	NR	E	E	E	E	E	G	G	NR	LR	E	E	G	NR	E	NR	NR
Hydrofluoric Acid (49%)	G	NR	NR	E	E	E	E	E	G	G	NR	LR	E	E	G	NR	E	NR	NR
Hydrofluoric Acid (dilute)	G	NR	NR	E	E	E	E	E	G	G	NR	G	E	E	G	NR	E	NR	LR
Hydrogen Peroxide (30%)	LR	NR	NR	G	G	G	G	E	NR	NR	G	LR	E	G	G	NR	E	LR	LR
Nitric Acid (conc.)	NR	NR	NR	NR	NR	NR	NR	E	NR	NR	LR	NR	E	G	G	NR	E	NR	NR
Phosphoric Acid (conc.)	LR	NR	NR	G	G	G	G	E	LR	LR	LR	LR	E	G	G	NR	E	NR	G
Sulfuric Acid (conc.)	NR	NR	NR	LR	LR	LR	LR	E	NR	NR	NR	NR	E	G	G	NR	E	NR	NR
Bases																			
Ammonium Fluoride (40%)	LR	G	G	G	E	E	E	E	G	G	NR	LR	E	E	G	G	E	NR	G
Ammonium Hydroxide (conc.)	G	LR	LR	E	G	NR[1]	NR[1]	E	G	G	LR	G	E	NR[1]	LR	NR	E	G	G
Potassium Hydroxide (conc.)	G	LR	LR	E	G	NR[1]	NR[1]	E	G	G	LR	G	E	NR[1]	LR	LR	E	NR	G
Sodium Hydroxide (conc.)	G	LR	LR	E	G	NR[1]	NR[1]	E	G	G	LR	G	E	NR[1]	LR	LR	E	NR	G
Tetramethy Ammonium Hydroxide (TMAH) (5%)	G	LR	LR	E	G	NR[1]	NR[1]	E	G	G	LR	G	E	NR[1]	LR	NR	E	LR	LR

表 13-8　Pall 公司之各種濾蕊對常用化學品溶液之適用性（續）

關鍵字	濾蕊品名（濾膜／硬體）										外殼				墊圈				
E：最佳 G：室溫適用 LR：尚可 NR：不佳	Profile/Ultipleat profile (P.P/P.P)	Ultipor (Nylon/P.P)	Ultipleat P Nylon (Nylon/HDPE)	Emflon (PTFE.P.P)	Ultipleat P Emflon (PTFE/HOPE)	Fluorodyne (PVDF/P.P)	Super Etch/Ulti-Etch (PVDF/P.P)	EmflonPF/Ulti Kleen (PTFE/PFA)	Ultipleat Suporflow (PES/HDPE)	PE Kleen (HDPE/HDPE)	316L SS	Polypropylene	PFA	PVDF	Viton A	Bura-N	FEP/Viton	Silicon	EPR
Alcohols																			
Butanol	E	E	E	E	E	E	E	E	G	G	E	E	E	E	G	G	E	LR	G
Ethanol	E	E	E	E	E	E	E	E	G	G	E	E	E	E	G	LR	E	G	G
Ethylene Glycol	G	G	G	G	G	G	G	E	G	G	E	G	E	E	G	G	E	G	G
Glycerol	E	E	E	E	E	E	E	E	G	G	E	E	E	E	G	G	E	G	G
Isobutanol	E	E	E	E	E	E	E	E	G	G	E	E	E	E	G	G	E	G	G
Isopropanol(IPA)	E	E	E	E	E	E	E	E	G	G	E	E	E	E	G	G	E	G	G
Methanol	E	E	E	E	E	E	E	E	G	G	E	E	E	E	LR	G	E	G	G
Propylene Glycol	G	G	G	G	G	G	G	E	G	G	E	G	E	E	G	G	E	G	G
Esters																			
Butyl Acetate	LR	G	G	G	G	G	G	E	LR	G	G	LR	E	G	NR	NR	E	NR	LR
Cellusolve Acetate	LR	G	G	G	G	G	G	E	LR	G	G	LR	E	G	NR	NR	E	NR	LR
Ethyl Acetate	LR	G	G	G	G	G	G	E	LR	G	G	LR	E	G	NR	NR	E	NR	LR
Ethyl Lactate	LR	G	G	G	G	G	G	E	LR	G	G	LR	E	G	NR	NR	E	NR	LR
Halogenated Hydrocarbons																			
Carbon Tetrachloride	NR	LR[2]	LR	G[3]	LR	G[3]	LR	E	NR	NR	G	NR	E	E	G	NR	E	NR	NR
Freon TF	NR	LR[2]	LR	G[3]	LR	G[3]	LR	E	NR	NR	G	NR	E	E	G	NR	E	NR	NR
Methylene Chloride	NR	LR[2]	NR	G[3]	LR	G[3]	LR	E	NR	NR	G	NR	E	E	G	NR	E	NR	NR
Tetrachloroethylene (Perchloroethylene)	NR	LR[2]	LR	G[3]	LR	G[3]	LR	E	NR	NR	G	NR	E	E	G	NR	E	NR	NR
Trichloroethane	NR	LR[2]	LR	G[3]	LR	G[3]	LR	E	NR	NR	G	NR	E	E	G	NR	E	NR	NR
Trichloroethylene	NR	LR[2]	NR	G[3]	NR	G[3]	LR	E	NR	NR	G	NR	E	E	G	NR	E	NR	NR
Hydrocarbons																			
Cyclohexane	LR	LR[2]	LR	LR	LR	LR	LR	E	LR	LR	G	NR	E	E	G	G	E	NR	NR
Hexane	LR	LR[2]	LR	LR	LR	LR	LR	E	LR	LR	G	NR	E	E	G	G	E	NR	NR
Pentane	NR	LR[2]	LR	LR	LR	LR	LR	E	LR	LR	G	NR	E	E	G	G	E	NR	NR
Petroleum Ether	LR	LR[2]	LR	LR	LR	LR	LR	E	NR	NR	G	NR	E	G	G	G	E	NR	NR
Toluene	NR	LR[2]	LR	NR	LR	LR	LR	E	NR	NR	G	NR	E	G	G	NR	E	NR	NR
Xylene	NR	LR[2]	LR	NR	LR	LR	LR	E	NR	NR	G	NR	E	G	G	NR	E	NR	NR
Ketones																			
Acetone	G	G	G	G	G	NR	NR	E	NR	LR	G	G	E	NR	NR	NR	E	NR	G

表 13-8 Pall 公司之各種濾蕊對常用化學品溶液之適用性（續）

關鍵字	濾蕊品名（濾膜／硬體）										外殼				墊圈				
E：最佳 G：室溫適用 LR：尚可 NR：不佳	Profile/Ultipleat profile (P.P/P.P)	Ultipor (Nylon/P.P)	Ultipleat P Nylon (Nylon/HDPE)	Emflon (PTFE.P.P.)	Ultipleat P Emflon (PTFE/HOPE)	Fluorodyne (PVDF/P.P)	Super Etch/Ulti-Etch (PVDF/P.P)	EmflonPF/Ulti Kleen (PTFE/PFA)	Ultipleat Suporflow (PES/HDPE)	PE Kleen (HDPE/HDPE)	316L SS	Polypropylene	PFA	PVDF	Viton A	Bura-N	FEP/Viton	Silicon	EPR
Cyclohexanone	G	G	LR	G	LR	NR	NR	E	NR	LR	G	G	E	NR	NR	NR	E	NR	G
Methyl Ethyl Ketone(MEK)	LR	G	LR	G	LR	NR	NR	E	NR	LR	G	LR	E	NR	NR	NR	E	NR	G
Methyl Isobutyl Ketone(MIBK)	LR	G	LR	G	LR	NR	NR	E	NR	LR	G	LR	E	NR	NR	NR	E	NR	LR
Miscellaneous																			
Dimethylsulfoxide (DMSO)	LR	G	R	G	G	NR	NR	E	G	G	G	LR	E	NR	NR	NR	E	NR	NR
Hexamethyldisilazane (HMDS)	LR	LR	LR	G	LR	LR	LR	E	G	G	G	NR	E	LR	NR	NR	E	NR	NR
EGMEA	LR	G	G	G	G	G	G	E	LR	G	G	NR	E	G	NR	NR	E	NR	NR
Silicone Oils	G	G	G	G	G	G	G	E	G	G	G	G	E	E	G	G	E	NR	G
PEGMEA	LR	G	G	G	E	G	G	E	LR	G	G	NR	E	G	NR	NR	E	NR	NR
Etchants/Strippers																			
Aqua Regia: HNO_3:HCL	NR	NR	NR	NR	NR	NR	NR	E	NR	NR	NR	NR	E	LR	NR	NR	E	NR	NR
BOE; NH_4F:HF	G	NR	G	G	G	E	E	E	G	G	NR	G	E	E	G	NR	E	NR	NR
NOE; Ethylene Gloycol/ NH_4F:H_2O:Surfactant	G	G	G	E	E	E	E	E	G	G	NR	G	E	E	G	G	E	NR	G
Mixed Acid Etch; (HNO_3<20%) HNO_3:HF:CH_3CO_2H	LR	NR	NR	LR	NR	LR	LR	E	NR	NR	LR	NR	E	E	LR	NR	E	NR	NR
Chrom Phos H_2O:H_3PO_4:CrO_3 (32:1:0.1)	LR	NR	NR	G	G	G	G	E	NR	NR	LR	NR	E	E	LR	NR	E	NR	NR
N-Methyl Pyrrolidone;(NMP)	LR	G	G	G	G	NR	NR	E	NR	NR	G	LR	E	NR	NR	NR	E	NR	NR
P-Etch; (3:5:92); HNO_3:HF:DIH_2O	LR	NR	NR	G	NR	G	G	E	NR	NR	G	LR	E	G	G	NR	E	NR	NR
Piranha; H_2SO_4:H_2O_2	NR	NR	NR	NR	NR	NR	NR	E	NR	NR	NR	NR	E	LR	NR	NR	E	NR	NR
RCA Etch; (75:15:5.5) H_3PO_4:CH_3CO_2H:HNO_3:DIH_2O	NR	NR	NR	G	NR	G	G	E	NR	NR	LR	LR	E	G	G	NR	E	NR	NR
SC1 (RCA Clean) NH_4OH:H_2O_2:DIH_2O	NR	NR	NR	LR	LR	NR	NR	E	G	LR	LR	NR	E	G	LR	NR	E	NR	NR
SC2; HCL:H_2O_2:DIH_2O	NR	NR	NR	NR	LR	NR	NR	E	G	LR	LR	NR	E	G	LR	NR	E	NR	NR

[1] Not recommended for concentrated solutions. Good for dilute solutions <5%.

[2] Limited recommendation with polypropylene hardware. Good with polyester hardware.

[3] Good rating for pre-extracted elements, otherwise LR rating.

參考文獻

1. Koike K. "Ultra-purified water for Electronics Industry," *Chemical Process Equipment* Dec. p. 32 (1984).
2. 呂佩眞、趙樹華、市原史貴，利用掃描式電子顯微鏡之超純水中的10奈米微粒子檢測技術，新工季刊（NewFAB Eng. J.），第18期6月號，第28-31頁，台積電（TSMC）新工處，新竹，臺灣（2015）。
3. "ITRS 2012 Yield Enhancement" ITRS, (2012).
4. Kimura S. "Application of membrane technology for Ultra-pure water Processing," *Chem. Process Equipment* Dec. p. 27 (1984).
5. Okumra, M. "Ultrapurified water Processing," *Chem. Process Equipment* Dec. p.68 (1984).
6. Noka, K. "Water Treatment Systems in Pharmaceutical Industry," *Chem. Process Equipment* Dec. p. 37 (1984).
7. Pall's Catalog "Filtra Products for Semiconductor Industry," *Chemical Filtration*. www.Pall.com/catalogs/

第十四章
濾餅過濾裝置與其選擇

/ 呂維明

14.1　濾餅過濾裝置

化學工業製程上常因處理的量不同，泥漿性質不同，或要求的澄清液之品質，濾餅之含液量不同而使用各式各樣的過濾裝置，如何選擇最合適的機型及大小，以符合程序要求，就須對各種過濾裝置有基本的認識。本章裡，就化工程序中濾餅過濾最常使用之過濾器之特性及優缺點，做重點性的介紹，供選擇過濾器時之參考。

14.1.1　濾餅過濾裝置之分類

過濾裝置可依不同基準做不一樣之分類：

1. 依過濾驅動力源則可分為：
   (1) 重力過濾器（gravity filter）。
   (2) 眞空過濾器（vacuum filter）。
   (3) 壓力過濾器（pressure filter）。
   (4) 離心過濾器（centrifugal filter）。
2. 依操作方式則可分為：
   (1) 連續過濾器（continuous filter）。
   (2) 半連續過濾器（semi-continuous filter）。
   (3) 批式過濾器（batchwise filter）。
3. 依濾材面之構造及形狀則可分為：
   (1) 固定濾面，或可動濾面。
   (2) 板狀、筒狀、濾葉型、盤狀。
4. 依過濾機構可分為：
   (1) 濾餅過濾裝置。
   (2) 澄清過濾裝置。
   (3) 掃流過濾裝置。

爲敘述之方便，本章擬以**操作方式**爲主之分類來敘述主要濾餅過濾裝置之一些特性。

1. 批式過濾裝置

(1) 板框式壓濾器（plate and frame type filter press）。
全自動壓濾機（automatic filter press）。
自動化水平多層壓濾機（automate horizontal filter press）。

(2) 筒狀壓濾器（tube press）。

(3) 葉濾器（leaf filter）。

(4) 濾盤式過濾器（tray type filter）。

(5) 自動化水平濾盤過濾器（automatic tray filter）。

(6) 自動化筒狀濾蕊過濾器（automatic candle filter）。

(7) 槽型眞空過濾器（nutsche）。

(8) 單槽型壓力過濾器。

(9) 多功能單槽反應過濾器。

(10) 袋型過濾器。

2. 半連續式過濾裝置

(1) 迴轉斗式過濾器（rotary pan filter）。

(2) 間歇移動帶狀過濾器（semi-batch belt filter）。

3. 連續式過濾裝置

(1) 迴轉式連續過濾器（眞空型，或壓力型）（continuous drum filter）。

(2) 迴轉濾盤過濾器（rotary disc filter）。

(3) 連續垂直葉濾器（continuous vertical leaf filter）。

(4) 眞空式帶狀過濾器（vaccum belt filter）。

(5) 旋轉盤掃流壓濾器（rotary disc cross flow filter）。

14.1.2　批式過濾器

濾餅過濾是一種隨時程改變濾餅厚度和過濾速度的非穩定操作，故採用批式之過濾機在構造可單純很多，所以被廣泛使用。近年來電子及機械兩方面之自動化技術之發展，克服了原來批式操作的繁雜之操作之困難，使批式過濾器不僅在操作上省了很多人力，也在銜接上下程序上頗有改善。

1. 壓濾器

壓濾器（filter press）是濾板式壓力過濾器之統稱，圖 14-1 揭示了壓濾器之組合外觀，其構造甚爲簡單。在固定架之兩端各有**固定頭板**（stationary head）及**可動頭板**（movable head），兩頭板間裝數十組之濾板或濾板組，濾板與濾板（框）中間夾濾布，此濾布除了擔濾材之用外，也扮止洩之墊材之功能，裝排妥當之濾板後，藉用旋轉螺桿（小型機或簡易機型）或油壓機推動可動頭板，將濾板逼緊。泥漿經由濾框上角或中心之管孔，泵進夾有濾布之濾框內（參照圖 14-2 及 14-3），利用泵壓進行過濾，濾液則沿著濾板上之濾溝匯集至濾板下角之排液出口，可每一濾板單獨排出（裝有考克）或由下角之排液管孔匯集排出，前者具有如遇某組濾布破或漏時，可關上考克避免影響整體操作之優點。除固定架及滑桿外，板框等接液部分可依處理之泥漿性質來選擇鐵、木材、塑膠等材料。由於每一濾板承受力不小，板厚也得考慮其承受力來決定。板框之大小傳統規格以 12×12″ 至 36×36″（或 1 m×1 m）爲多。

壓濾器依其所使用之濾板設計不同，可分爲兩大類。圖 14-2 揭示早期開發之複式濾板，亦稱**板框式濾板**（plate and frame filter），完整的板框式濾板含有如圖 14-2 之 (a) 濾板 P、(b) 框 F 及 (c) 洗滌濾板 W，在濾板之上側或側邊以鈕扣之數來表示，如 P 是 1 顆，F 是 2 顆而 W 是 3 顆，其排列方式應爲 **PFWFPFW** 等序。圖 14-2 之 (d) 顯示了複式濾板在進行過濾之情形。泥漿由泵壓送經濾板上角之孔道，經由框 (F) 之上角孔道（如圖 14-2(b) 所示）流進濾布所包圍之濾室，向兩側之濾板

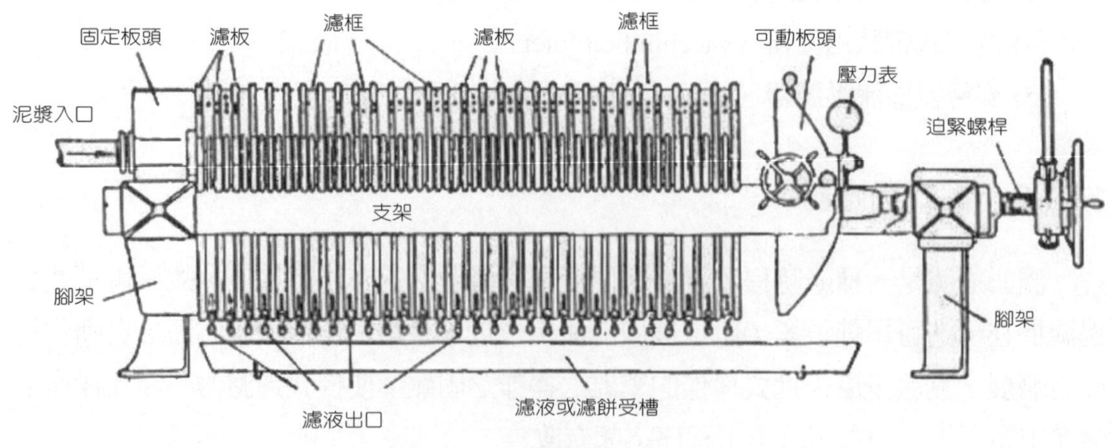

圖 14-1　壓濾器之組合圖 [6]

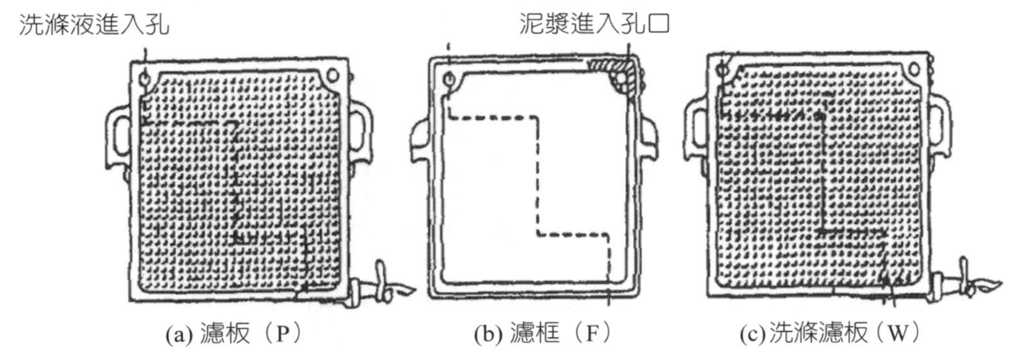

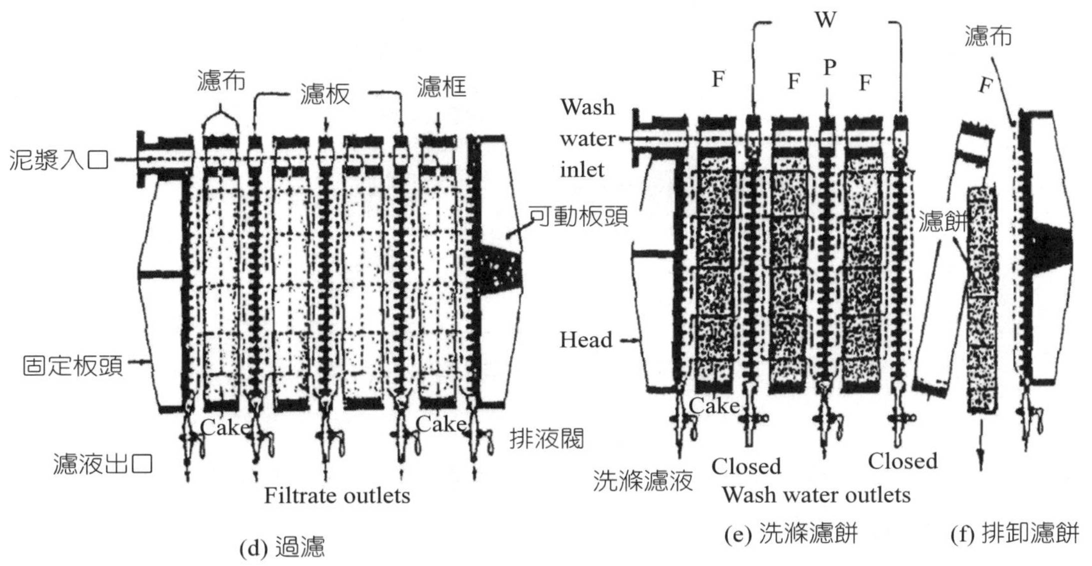

圖 14-2　板框壓濾器之複式濾板、濾框及其組合圖 [2,16,17]

流動，並在濾布上成長濾餅；濾液則穿進濾布，沿濾板上之凹凸空隙流向濾板下方之濾液出口，濾液可經各濾板之排出閥排放至濾液溝槽，或匯集於濾液排出管道流至儲槽。過濾停止後之需洗滌濾餅時，可先關閉 P 濾板之濾液出口，由 P 板上角之另一孔道引進洗滌液（如圖 14-2 (e) 所示），讓洗滌液經由 P 板上濾布穿透濾餅進行濾餅之洗滌，洗滌濾液穿透 W 板上濾布流向洗滌液之排出口。如不需洗滌濾餅時，板框之組合可刪去 W 板而以 **PFPFP**……之排序組合即可。一般泥漿多由上側

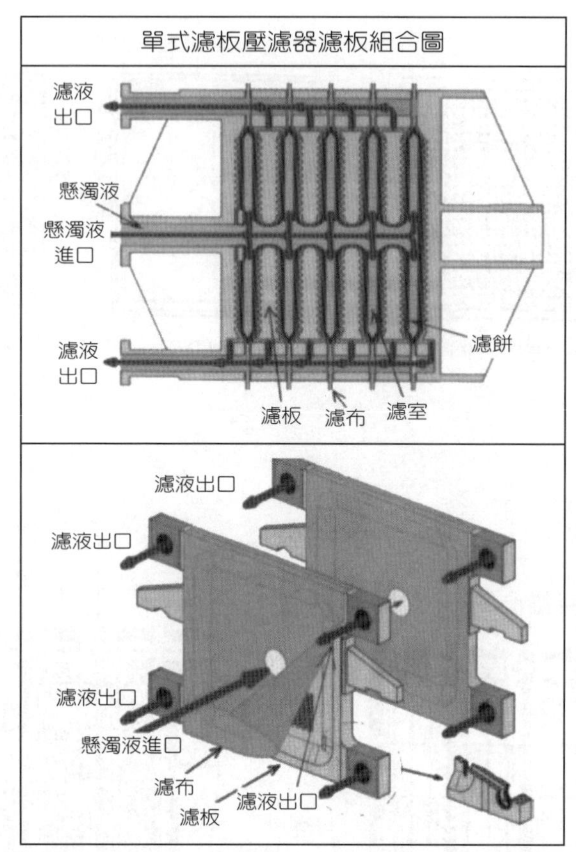

圖 14-3　單、複式濾板壓濾器濾板組合圖 [14]

孔道輸入濾室，但如含有粗粒子或容易發生沉降現象之泥漿，可考慮把泥漿輸入口移到下方，由下往上泵送。過濾完後，可解除油壓，後退可動頭板，隔開濾板即可如圖 14-2(f) 所示之方式排卸濾餅。

圖 14-3 揭示了**單式濾板**（recessed plate）之組合及設計。此種濾板組合採用單一濾板，在組合上簡單很多。一般泥漿經由板中央之輸送管，泵送至緊鎖濾布之螺套頭之空隙流入濾室，濾餅則在濾室兩側之濾布上成長，而濾液就穿透濾布在濾板下方之濾液匯集管或閥排出至濾液儲槽。此機型如需洗滌濾餅時，洗滌液仍得借道輸送泥漿之中央管道，故濾餅沒塞滿濾室時，洗滌液之流動路徑不理想，所以單式濾板壓濾機是不適合需洗滌濾餅之過濾操作。

綜合來說板框壓濾器因有如下各點之優點：

(1) 構造單純，價格不昂貴。

(2) 單位空間，可擁有過濾面積最大。

(3) 使用濾壓可至 15 kg/cm^2。

(4) 過濾面積可任意調整，故很方便因應處理量之變化。

故最爲化學工業界採用，但早期之設計無機械式拆組台機構，整台排卸濾餅都需依靠人力來操作，移動每片濾板或濾框所需之人力不小，夾在板框間之濾布也常因長期反覆被擠壓處均爲同一部分而易破損，這些缺陷都是當時使用壓濾器的困擾。此外，另一缺陷是在濾框內所構成之濾餅，常因沉降及分布不均而產生洗滌液透過率不均勻之現象，故遇到需做洗滌的濾餅，此型濾壓器就不甚理想，尤其利用單式濾板時濾餅上中下之厚度不均，無法控制洗滌液之流動經路。

2. 自動化壓濾器

近來由於機器自動化後所有整台、排卸濾餅及刷洗濾布等程序均可依賴機械化、自動化而省卻了人工，把往日兩名工人始可操作一部壓濾器之情形，變成一名工人即可操 8～10 部壓濾器，即便遇到需要洗滌之濾餅，亦可以濾餅**重新泡開**（repulping）再過濾方式解決。這些改善使原本幾乎因費人工、難洗滌等缺陷而爲他種機型取代之壓濾器又成爲過濾操作之寵兒了。

圖 14-4 所示是自動化板框過濾器之構造外觀簡圖。壓濾器自動化後不僅解決了它本來有的重大缺陷，且因自動化後，解除了板框原有之尺寸上限，故自動化壓濾器已有 1 m ×2 m 之巨型濾板出現，使同一空間與周邊設備可過濾之面積幾乎倍增。

圖 14-5 揭示了具有壓榨作用之濾板構造之自動化壓濾器各階操作之圖說，等過濾完成後，壓榨用之高壓流體可灌進具有彈性之濾溝面與濾板間之空間，進行壓榨、脫液程序；經壓榨後之濾餅含液量可減一半以上，對後段之操作如乾燥或焚化都有相當大的省能源之效果。

Heaton 曾就大小相似之半自動壓濾機與具有壓榨機構之自動化壓濾機生產能力做一比較，其所比較之壓濾機濾板大小均爲 1.3 m×1.3 m，濾框厚度爲 3 cm，手動機型之濾板數爲 70；而自動化機型之濾板數則爲 66，採用同一濾布（Saran 092），進料泥漿雖不完全一樣但相當接近。

表 14-1 比較了此兩者所需週期、濾餅之生產力含水率等，從此例可了解自動化及加裝彈性隔膜之壓榨機構後其生產力大了四倍，此尚不計工數之節省，只是價格也相差 4～5 倍。

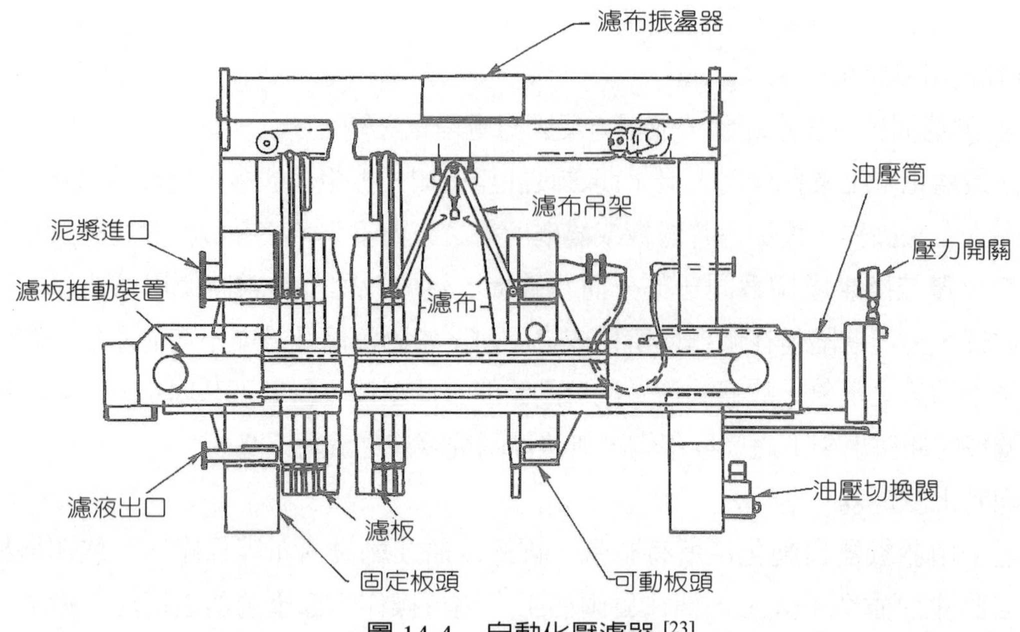

圖 14-4　自動化壓濾器 [23]

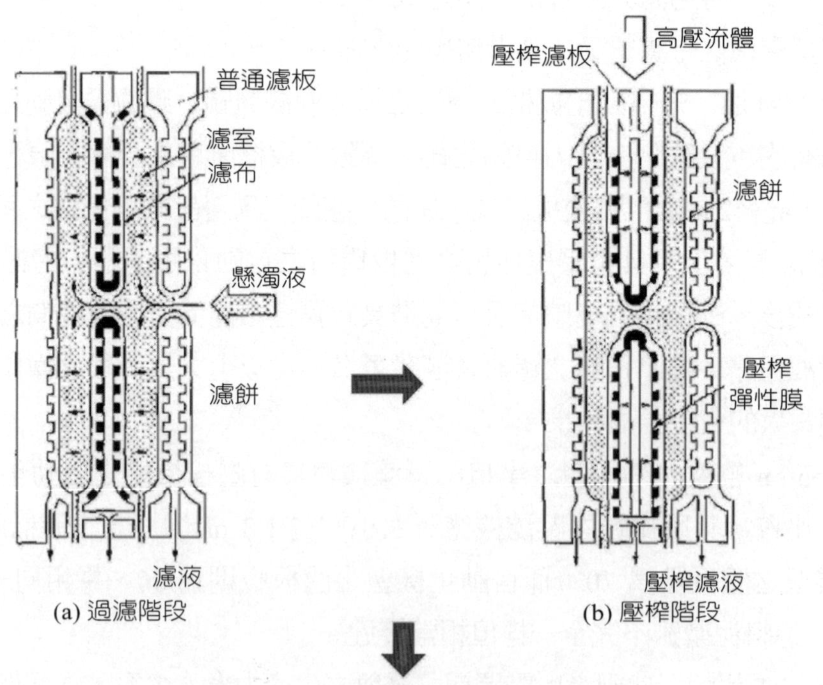

圖 14-5　自動化壓濾器各階操作 [13]

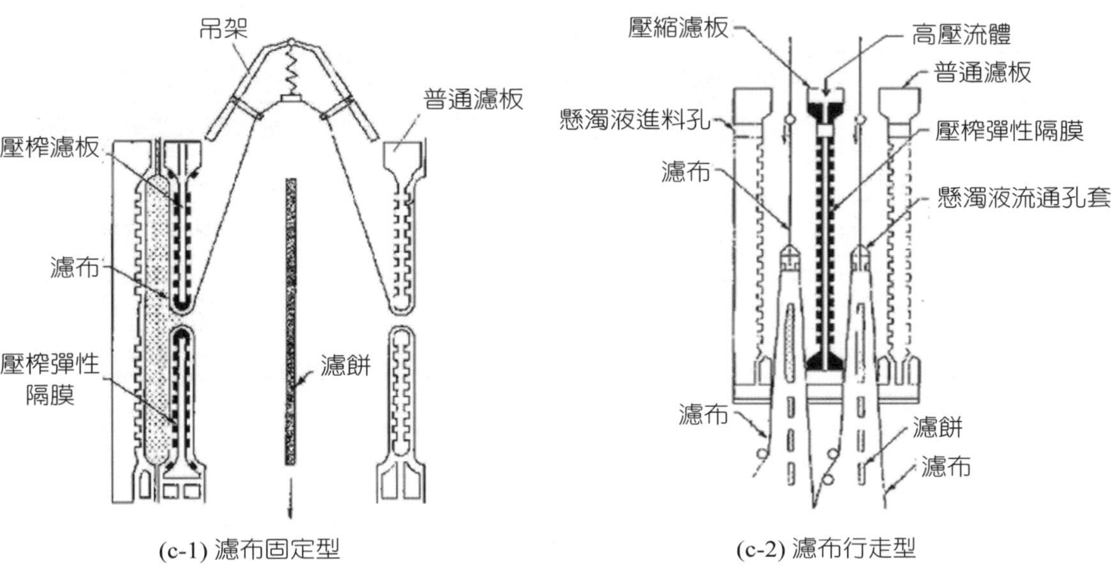

(c-1) 濾布固定型

(c-2) 濾布行走型

(c) 排卸濾布階段

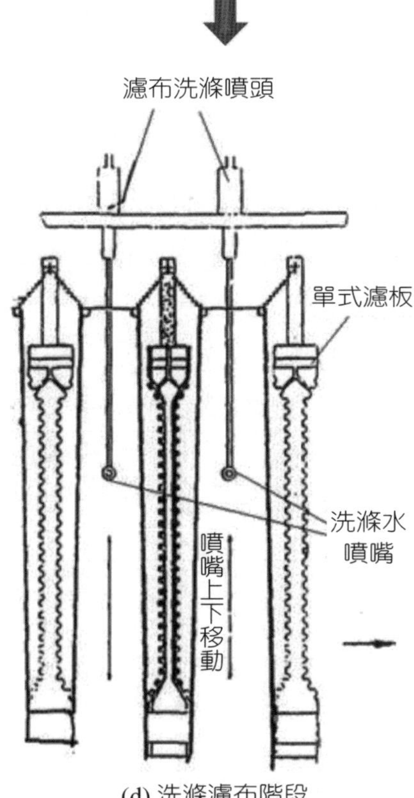

(d) 洗滌濾布階段

圖 14-5　自動化壓濾器各階操作 [13] (續)

表 14-1　不同壓濾器之能力比較 [13]

<table>
<tr><th colspan="3">半自動壓濾器</th><th>壓榨型自動化壓濾器</th></tr>
<tr><th colspan="2">進料泥漿</th><th>經前處理之混雜泥漿</th><th>經前處理之腐植土泥漿</th></tr>
<tr><td colspan="2">泥漿濃度</td><td>8.8 wt %</td><td>8.0 wt%</td></tr>
<tr><td rowspan="3">過濾週期</td><td>過濾</td><td>以恆壓 6 bar　4.5 hrs</td><td>6 bar　0.5 hrs
8 bar　0.25 hrs</td></tr>
<tr><td>排卸</td><td>0.5 hr</td><td>0.25 hrs</td></tr>
<tr><td>總週期</td><td>5 hrs</td><td>1 hr</td></tr>
<tr><td colspan="2">排卸濾餅重量</td><td>2,895 kg</td><td>1,703 kg</td></tr>
<tr><td colspan="2">含水率</td><td>67%</td><td>55%</td></tr>
<tr><td colspan="2">乾固體重量</td><td>956 kg</td><td>766 kg</td></tr>
<tr><td rowspan="2">生產力</td><td>每小時可得乾固體質量</td><td>191 kg</td><td>766 kg</td></tr>
<tr><td>每小時可處理泥漿量</td><td>2,170 kg</td><td>9,575 kg</td></tr>
<tr><td colspan="2">生產力比</td><td>1：4</td><td></td></tr>
</table>

3. 水平式壓濾器

過濾含較會沉降的粒子泥漿，或樓板空間有限時，可考慮採用如圖 14-6 之具有彈性壓榨膜之濾板壓濾器，因採用水平式濾板可進行洗滌濾餅操作（如圖 14-6 (b)），甚至可以吹入氣體做脫液操作，因而較垂直濾板爲理想。表 14-2 則舉示了 Larox 水平式壓濾器操作結果之例。

表 14-2　自動化壓濾器之操作數據 [11]

濾餅物質	生產力（kg dry solid $m^{-2}h^{-1}$）	週期（min）	濾餅含水率（wt%）
氫氧化鋁	20	23	60
黏土	140	16	27
銅泥	430	8	8.2
氧化鐵	50	20	30
石膏	250	9	14
氫氧化鎂	294	40	26
菌絲	28.5	14	62
紅泥	69	13	31

4. 筒狀壓濾器

無論垂直濾板或水平濾盤壓濾器，因其構造上濾面之平面面積相當大，故其最大壓榨壓力只能到 2.5 MPa（25 kg/cm^2），但如採用如圖 14-7 所示之**圓筒形壓濾器**

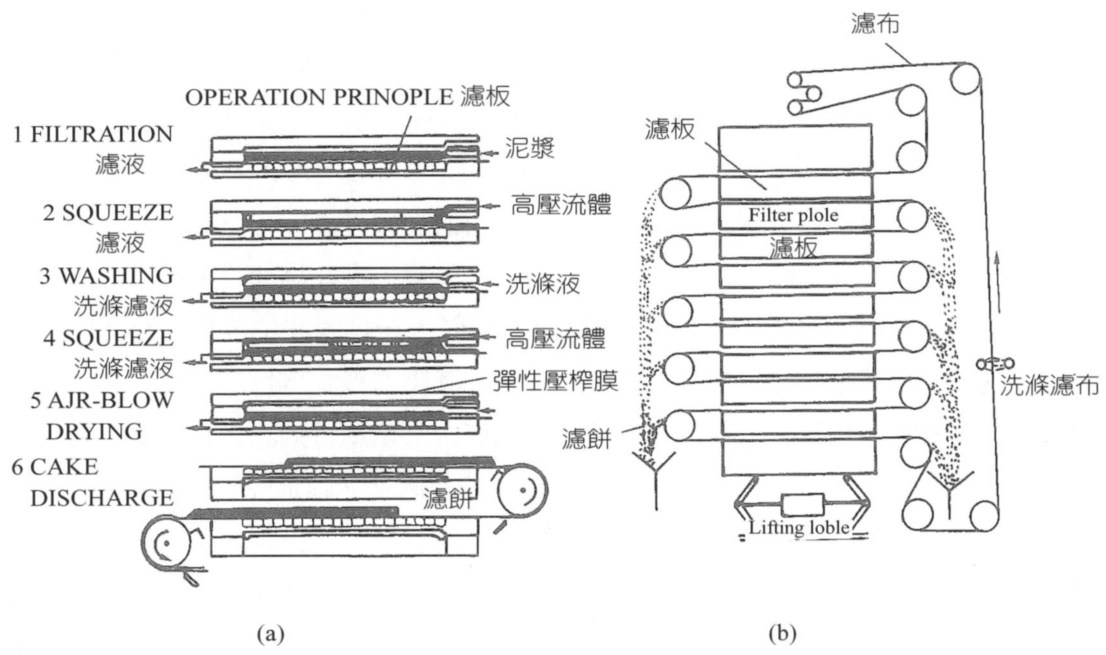

圖 14-6　自動化水平濾盤壓濾器 [11]

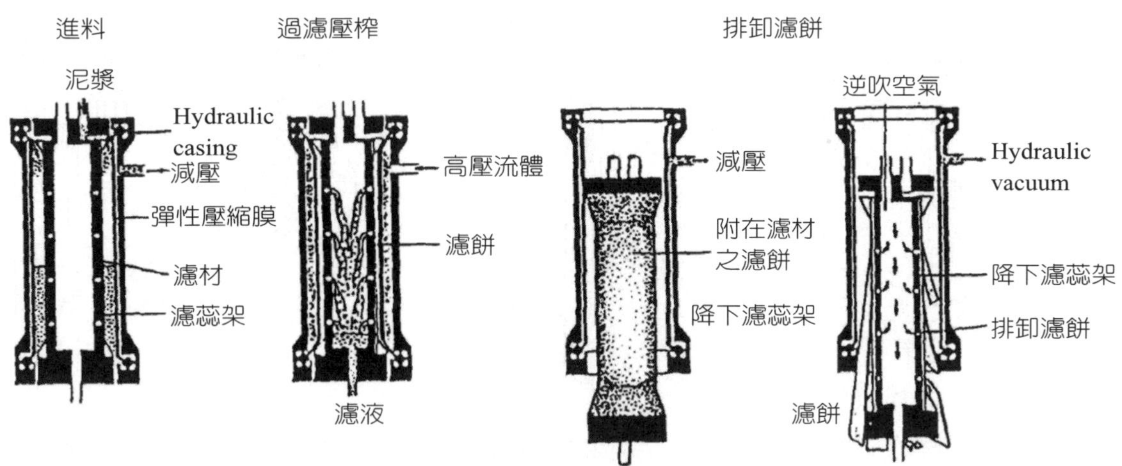

圖 14-7　筒型壓濾器 [4]

（tube press），則操作壓力可提升四倍至 10 MPa。壓榨壓力之提升對降低濾餅之含液量有直接之效應，筒狀壓濾器已有直徑 250 mm，長 2～3 m 之產品。

5. 豎式濾葉葉濾器

早期針對板框壓濾器之一些傳統缺陷，如人工不貲，難做好洗滌程序，濾布又較容易破損等，就有改善這些缺點之葉濾器出現。圖 14-8 揭示了豎式（垂直）濾葉之幾種葉濾器構造示意圖，該圖中，(a) 及 (b) 採用豎筒型外殼之葉濾器，構造較單純，常見於中小規模之操作，圖 14-8(c) 之横式圓筒外殼，則多見於需較大過濾面積之葉濾器。圖 14-9 則另示了濾葉之構造及濾餅成長之情形，其過濾原理為接連在眞空源或濾液輸送管之濾葉浸在泥漿時，利用濾面與送液間之壓差，使粒子移向濾面生成濾餅，若濾葉係浸在密閉壓力容器中之泥漿，則在濾面構成的壓力差可使粒子均勻地在濾面上構成如圖 14-9(a) 所示之濾餅。一旦濾餅生成後，將泥漿置換成洗滌液，則濾餅可在均勻壓力差下進行洗滌，其壓力差源可以是眞空，亦可為正壓。在礦冶場常見濾葉以吊動機放進池上，以眞空壓差進行過濾；在化學工廠則多以似圖 14-8 所示之壓力容器，內有一濾液匯集管兼濾葉之固定歧管，插有多枚之濾葉，歧管可以是固定（如圖 14-9(a)），也可以活動拉出（如圖 14-8(c)），也有如圖 14-10 所示，可旋轉俾能容易排卸濾餅。濾葉形狀可依設計而異，有長方形、方形、圓形，形狀之決定都依容器及可用的濾布之尺寸而定。面積較小的大多是豎型

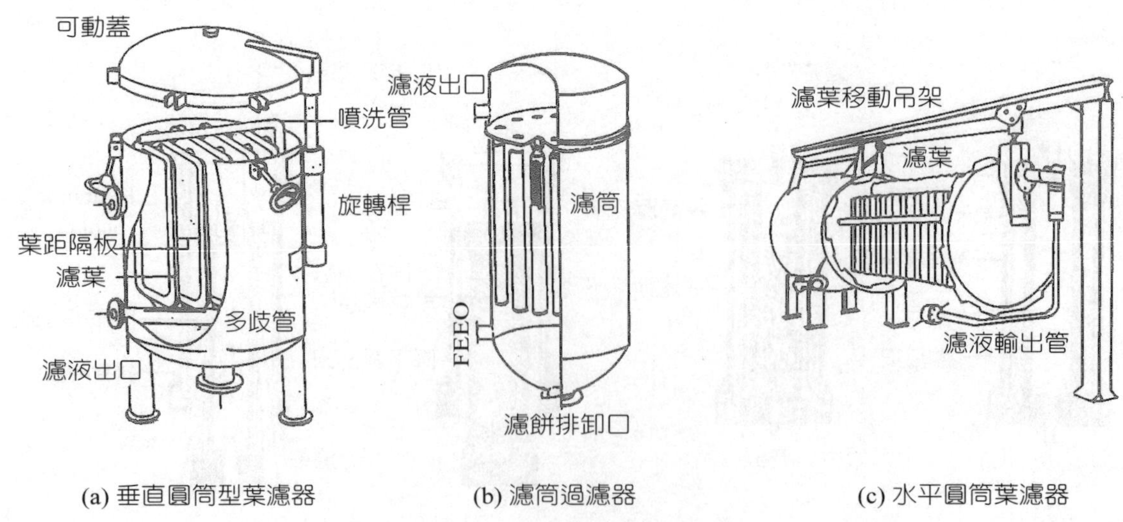

(a) 垂直圓筒型葉濾器　(b) 濾筒過濾器　(c) 水平圓筒葉濾器

圖 14-8　垂直濾葉型葉濾器

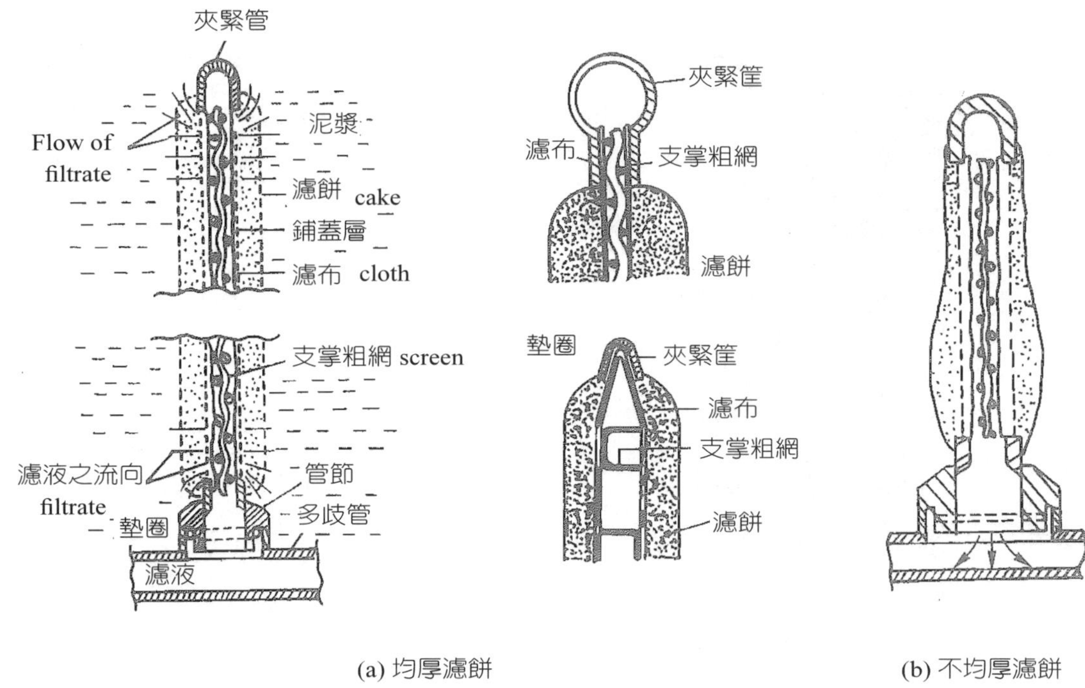

(a) 均厚濾餅　　(b) 不均厚濾餅

圖 14-9　濾葉和濾餅的結構圖 [3]

壓力槽或濾筒型濾蕊（如圖 14-8(b)），而過濾面積較大的則多採用如圖 14-8(c) 所示的橫式外殼型。

濾餅排卸是所有過濾器共同問題，葉濾器之濾餅排卸法有氣體逆吹法、振盪濾葉法（如圖 14-10(a) 所示）、機器刮除或旋轉濾葉以固定刮刀去除（如圖 14-10(b) 所示），及人工刮除等各種方式。葉濾器之洗滌效果可達到相當好的水準，但使用垂直濾葉時，難免發生粗粒子向下沉積構成厚度不均之濾餅（如圖 14-9(b)），或濾餅自濾面剝離的現象，甚至產生裂溝而影響洗滌效果。

葉濾器之優點是：(1) 構造簡單，(2) 占用空間不大，(3) 可密閉作業，適於有揮發性或毒性之泥漿之過濾，(4) 洗滌效果優，(5) 濾布之使用壽命較長，(6) 如使用壓力型，過濾壓力亦可達 10 kg/cm^2 程度；而其缺點爲：(1) 排卸濾餅較複雜，(2) 採用垂直濾葉時，濾餅仍有沉降效應，但粒子細時此效應不顯著。

6. 水平濾盤葉濾器

在過濾面積不大時，葉濾器在購置或操作成本上都較經濟。而爲了改善粒子沉降，或濾餅之剝離或龜裂，減少洗滌液量，改用如圖 14-11 所示具水平盤型濾葉之

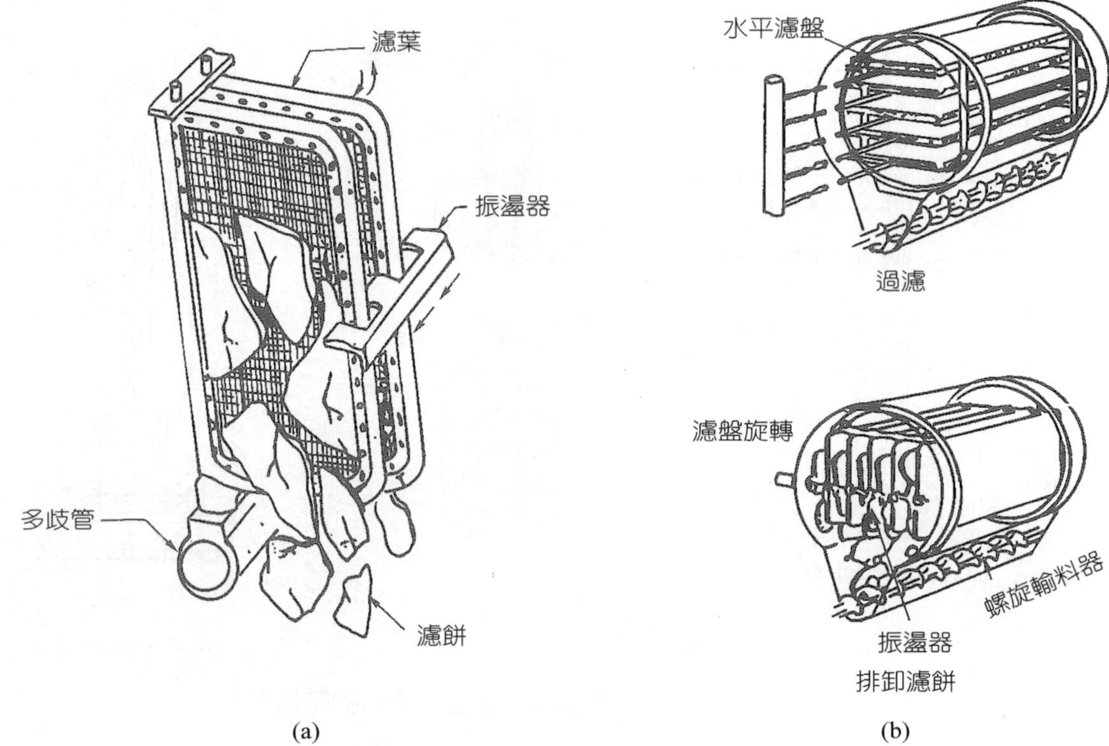

圖 14-10　濾餅排卸方式 [3,12]

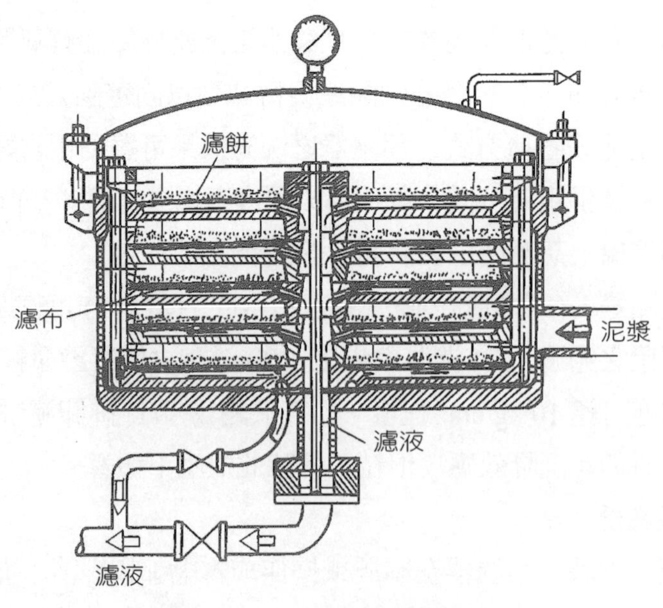

圖 14-11　水平濾盤過濾器 [6]

葉濾器較爲適當。水平濾盤上所構成之濾餅厚度及結構均相當均勻，尤其是採用助濾劑**預鋪**（precoat）時，更可突顯此優點；但是缺點是可資用之濾面往往是只有向上之一面，與垂直濾葉比較，同容積時過濾面積只有一半，另一缺點就是排卸濾餅較難，所以不得不採用如圖（14-10 (b)）所示機械反轉之方法來排卸。

7. 自動化葉濾器

隨著自動化壓濾器之發展及廢液排放標準之趨嚴，葉濾器也開發了藉用程式控制及以離心力排卸濾餅之自動化機型。圖 14-12 揭示構造之示意圖，而圖 14-13 則舉示了各階段操作之簡單圖說。泥漿灌滿容器後因所用濾面是水平單面濾盤，故粒子很容易在濾面上構成均勻之濾餅。過濾程序完竣後，抽換滯留之泥漿，送入洗滌液進行洗滌，此時就沒有垂直濾葉時濾餅崩裂之憂，而可得相當好的**置換洗滌**（displacement washing）。經過洗滌後之濾餅，再通以氣體（可用加熱氣體）脫液，甚至乾燥到某一程度，再啓動馬達旋轉濾盤，使已脫液或乾燥之濾餅受離心力之作

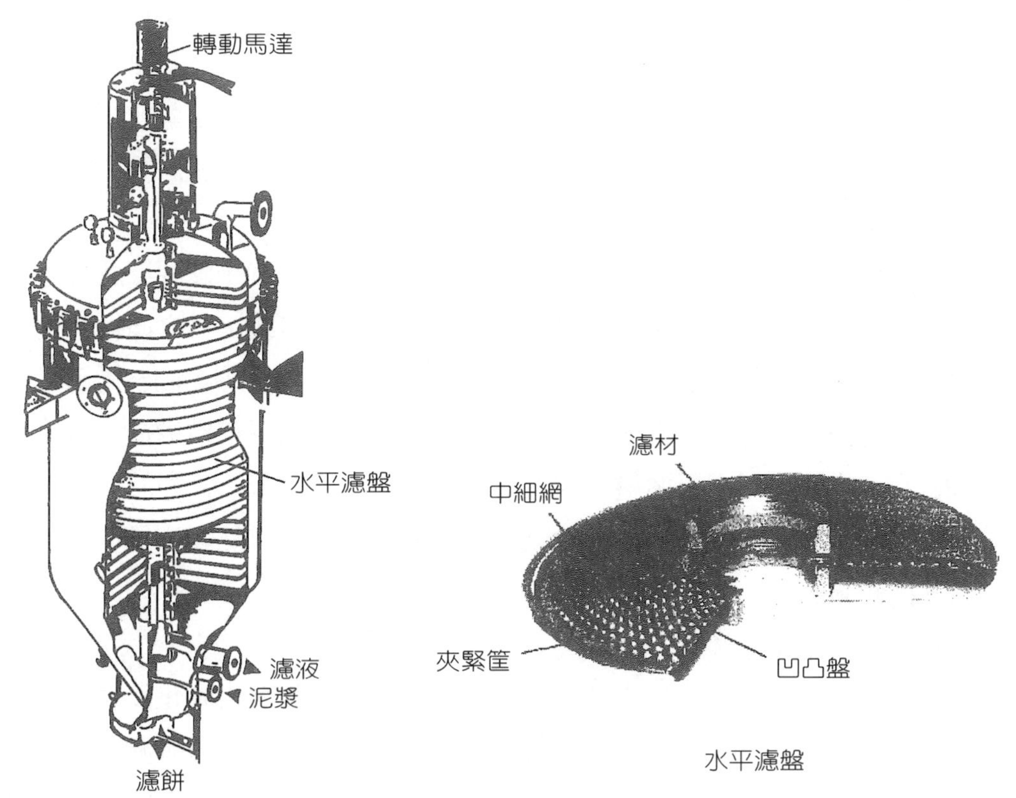

圖 14-12　自動化水平濾盤過濾器 [7]

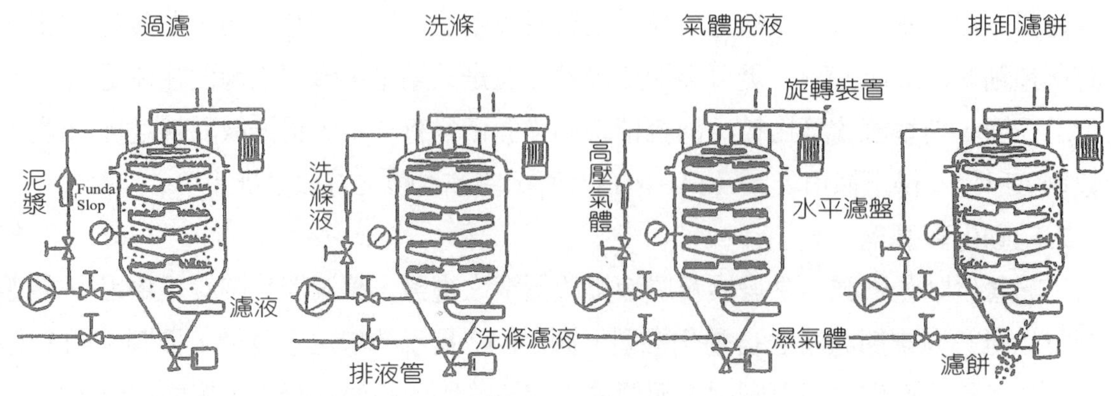

圖 14-13　自動化水平濾盤過濾器 [7]

用被拋向盤外，由沾附在器壁上而降落至下端出口排出。此機型可媲美自動化壓濾器，尤其洗滌效率之優異更不是自動化壓濾器可做到。

8. 自動化筒狀濾蕊過濾器 [7]

圖 14-14 揭示了筒狀濾心之另一自動化葉濾器。其濾蕊由多孔管構成，而濾材（濾布或燒結金屬多孔質材）套在其表面過濾及脫液或乾燥後之濾餅藉逆吹之高壓空氣將之吹落，如圖 14-14 (b) 所示，其自動化操作程序與上述自動化葉濾器相似，只是不用旋轉離心，而用逆吹高壓氣體方式排卸濾餅，故在構造上簡化甚多。

9. 單槽真空過濾器（nutsche）

此型乃構造中最簡單且歷史悠久之過濾裝置，如實驗室磁製漏斗狀過濾器之直接放大，形狀有圓筒或長方角型，泥漿槽底裝有支持濾布或濾材之濾板，槽連至濾液槽再至眞空泵。由於構造簡單，常爲小規模操作時採用。圖 14-15 揭示了單槽平盤型之眞空過濾器及操作過程。此類過濾器採用開放式水平單槽構造，所以壓力差來自抽眞空，亦因採用水平濾盤，故所構成之濾餅是均厚型，甚利於做理想之置換洗滌；洗滌後，亦可以抽空方式進行氣體脫液或吹熱氣加以乾燥，最後藉機械反轉濾槽方式排卸濾餅。

10. 多功能單槽過濾器

隨著少量多樣之精密化學程序之需要，單槽過濾器朝著自動化及封閉化（可提升過濾壓差）改良。圖 14-16 顯示了 CIBA 公司發展的單槽壓力過濾器，此機種具有鋤刀攪拌裝置，可在操作中使濾餅不產生裂溝，亦可藉此鋤刀將過濾或洗滌完

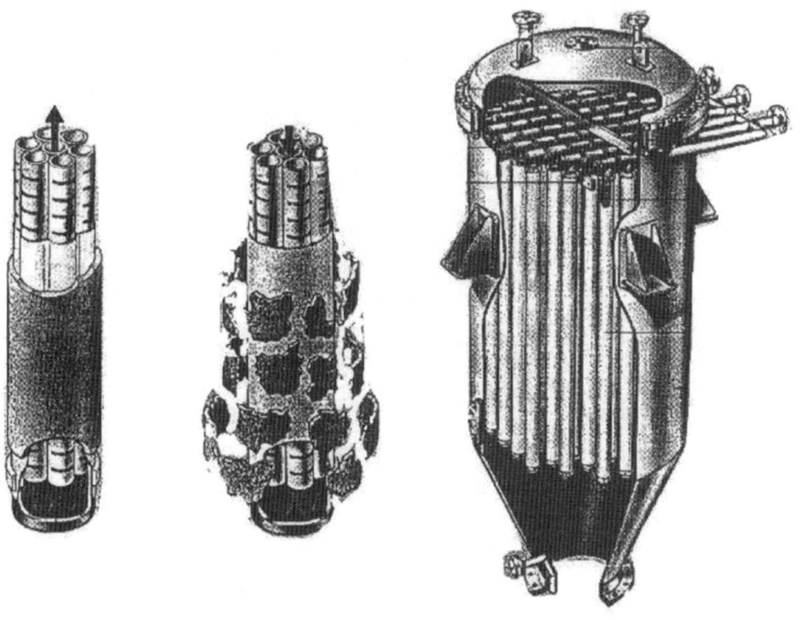

(a) 過濾　(b) 排卸濾餅　(c) 組合圖

圖 14-14　自動化筒狀濾蕊過濾器 [7]

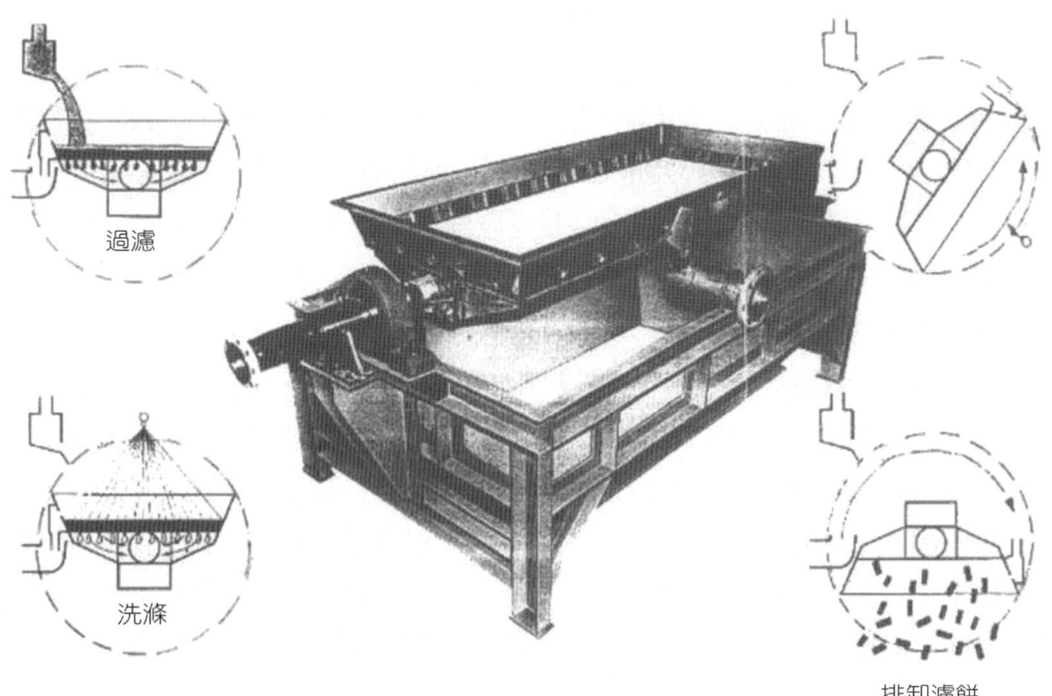

圖 14-15　單槽真空過濾器 [15,22]

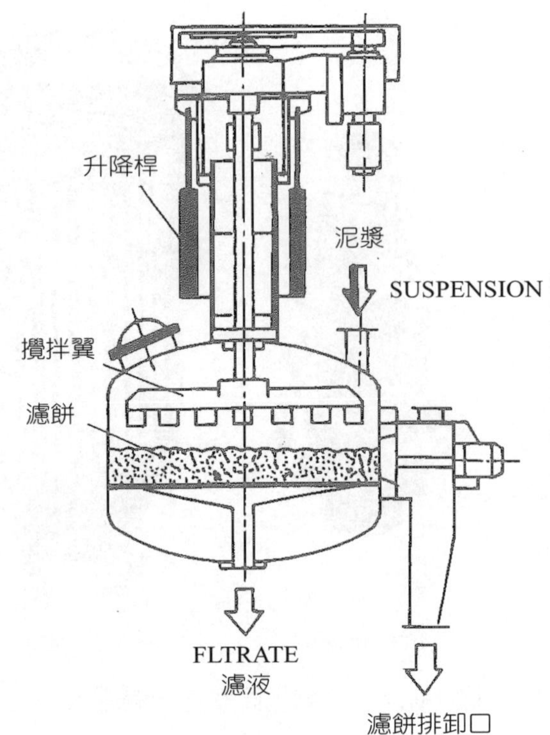

圖 14-16　單槽型壓力過濾器 [23]

之濾餅往濾餅排出口推送。圖 14-17 舉示了另一種多功能之機型，此裝置具有攪拌翼、濾盤，及可上下移動之壓縮用之圓盤，且外殼具有可反轉之支撐軸；裝置上，(1) 是當反應器或結晶之用之型態，(2) 是過濾操作（含過濾洗滌），(3) 是壓榨，(4) 是乾燥及排卸固粒，可說是適合生產少量多種精密化學品之一套裝置。

11. 濾袋型單槽過濾器

圖 14-18 揭示構造至為簡單的濾袋型批式過濾器，此機型常安裝在相關裝置前或後，以除去稀泥漿（1% 左右）中之固粒。由於濾袋之緻密度可配合，如需要時，濾袋可不必使用黏著劑或其他焚化後可能留灰粉之材料製備。該濾袋亦常用於回收貴金屬時使用。此濾器由於體型小不大占空間，過濾近終點時換裝濾袋甚易，故停機時間甚短，如以兩機以上交互使用則幾乎可不停過濾。如嫌停機時濾器中殘留泥漿過多時，可填入如圖 14-18 (a) 及 (b) 所示之浮球以減少濾器中液體滯留量。

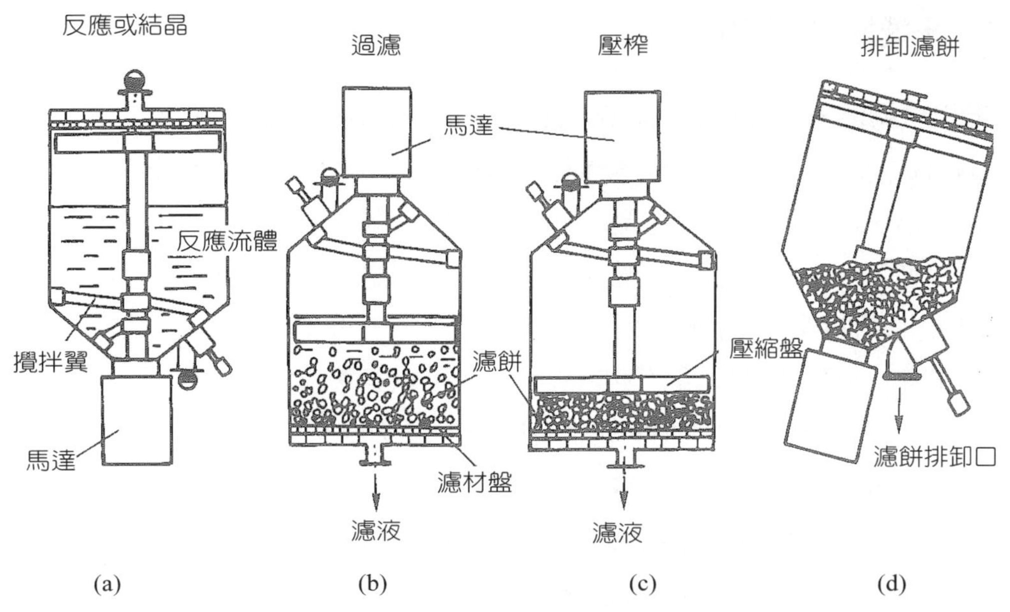

圖 14-17　多功能單槽反應過濾器 [21]

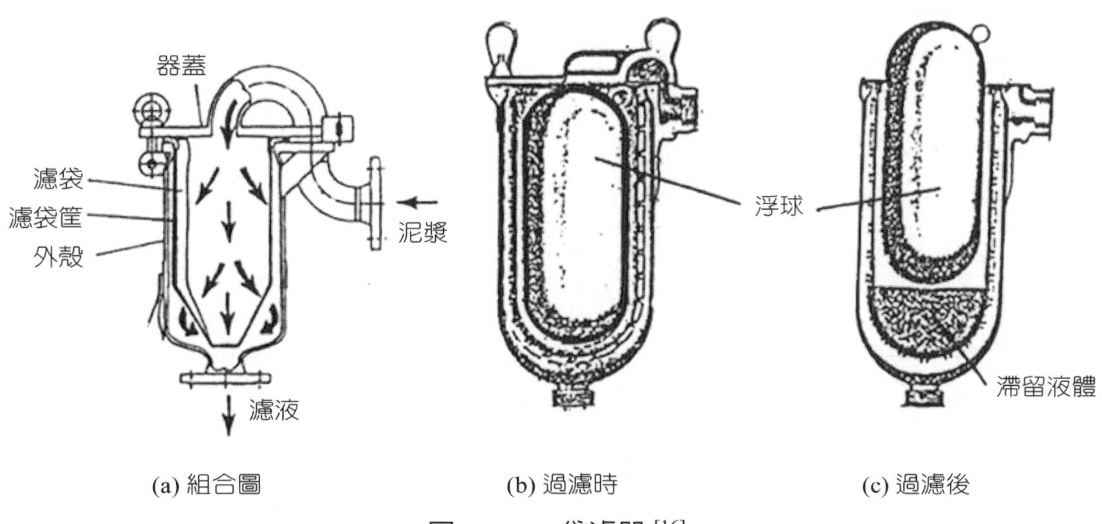

(a) 組合圖　(b) 過濾時　(c) 過濾後

圖 14-18　袋濾器 [16]

14.1.3 半連續過濾裝置

1. 迴轉斗式過濾器（horizontal pan filter or tilting pan filter）

圖 14-19 揭示了迴轉濾斗式過濾器之構造及操作程序。濾斗沿著分角大小成一斗狀過濾器，其濾液排出管連至轉軸之迴轉閥，經由不同濾液受槽連至眞空負壓源，泥漿在某一定角度進料至濾斗，經一段時間之過濾及脫液後再灌入洗滌水進行洗滌。此濾餅因在水平漏斗間，故無剝離之虞，可達相當良好之置換洗滌效果。經洗滌完之濾餅再經脫液（氣吹法）後，可以氣體逆吹方式配以濾斗之反轉而排卸，就過濾程序而言此種機型效果最佳，且必要時亦可藉由泵做**反向洗滌**（countercurrent washing），類似滲提操作時效果頗理想。但此種機型過濾面積與所占空間完全不成比例，且利用負壓操作，故不通濾阻很高之泥漿之過濾。

2. 間歇移動帶狀過濾器（semi-batch belt filter）

圖 14-20 揭示了此型過濾器之示意圖及其附屬裝置。以濾材（濾布或濾紙）構成之循環帶，被壓力容器上下蓋蓋住後，泥漿由上蓋泵進濾槽，濾液則由下蓋之匯集管排出。濾餅成長至某一厚度、上下槽壓差增至某一極限値時，過濾操作停止，開啓排泥閥將剩餘泥漿送回泥漿槽，然後改以空氣吹乾濾餅或經洗滌後打開上蓋（或下蓋），移動帶狀濾帶排下濾餅，濾帶移動一段距離後新濾帶進入過濾區，重

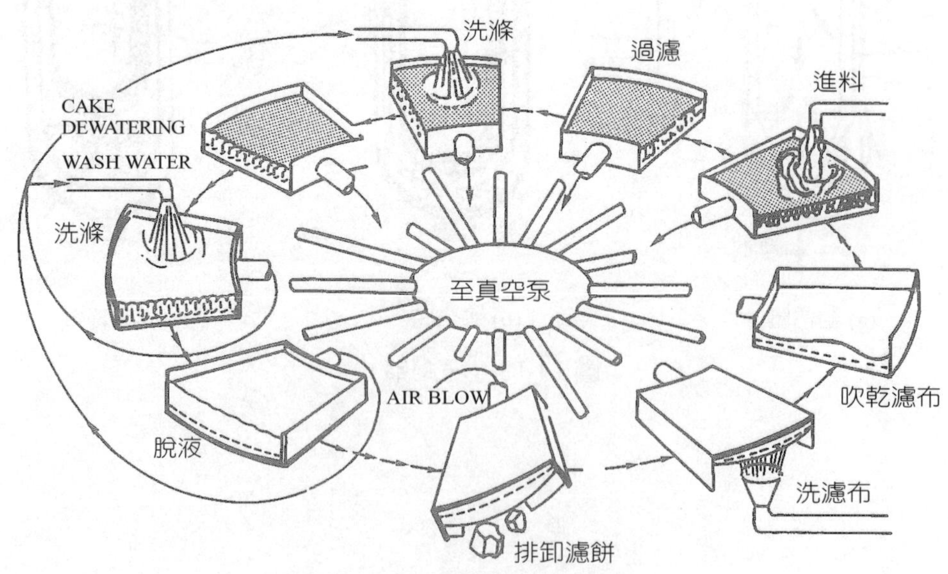

圖 14-19　迴轉斗式過濾器 [6]

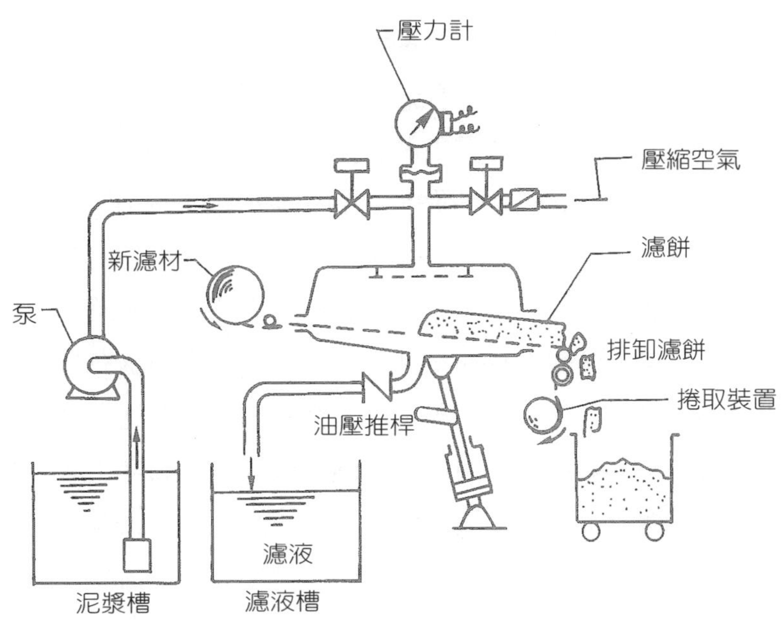

圖 14-20　間歇移動濾帶過濾器

複上述程序，而過濾完之濾材可在噴洗區刷洗後循環使用或擲棄。此濾器，嚴格分類該仍是批式過濾機，由於完全自動化，故勉強可分類爲半連續式過濾器。這機型過濾面積小，故也只能用於泥漿量不大之程序。

3. 全自動壓濾器（automatic filter press）

此型在 15.1.2 節中已說明，這也是一批式過濾器，因完全自動化，故如多部並用且操作週期相錯，其功能確有如半連續式之功能。其他如在上節介紹之各種自動化批式過濾器都可視爲半連續式機型。

14.1.4　連續式過濾裝置

1. 滾筒迴轉過濾器

圖 14-21 揭示了此型過濾器之構造示意圖及其操作功能說明。圓型濾筒具有迴轉盤，使濾筒能半浸在裝有泥漿之半圓形槽；濾面以等角度隔成 8～16 個濾室，每一濾室獨立且有一濾液匯集管，再接至轉軸上之滑動迴轉閥盤。此盤與固定閥盤相接，週期性地連至濾液槽、洗滌液槽，及逆洗流體槽（或管）。當濾面開始浸入泥漿時，該濾室就接通眞空源而開始過濾，直到濾面完全離開泥漿面，這段時間爲其

過濾階段，所蒐集之濾液藉眞空壓差抽送至濾液匯集管；當濾面（濾室）完全離開液面，此濾室之匯集管端就經由滑動盤面也接通至洗滌液受槽。濾餅此時經由滾筒外之噴嘴噴灑洗滌液，亦利用眞空源做**置換洗滌**（displacement washing），經一段適當角度洗滌濾餅或以眞空抽氣來進行脫液操作，使濾餅在卸除前含液量降低些。

排卸濾餅之方法，有如圖 14-22(a) 所示，最原始之以刮刀卸除，但此方式刮刀可能刮破濾布；如圖 14-22(b) 所示藉彈性金屬線先將濾餅剝離濾面，再利用金屬線之急轉彎，使濾餅自金屬線脫落而排卸；圖 14-22(c) 則將濾布拉至滾筒外做急轉彎排卸濾餅；而圖 14-22(d) 之設計則先以小滾筒將濾餅誘至濾布外後，再以刮刀去除排卸濾餅，此方法是爲避免刮刀因操作不愼刮破濾布而設計出來。如不需洗滌濾餅之過濾，濾筒之濾面可不隔開以單一濾室，此構造就簡單很多。迴轉滾筒過濾器，

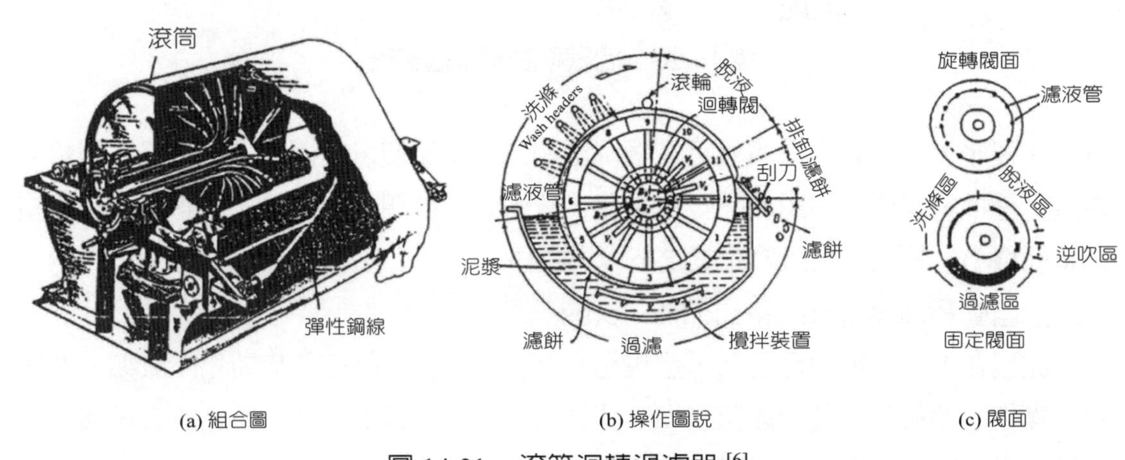

圖 14-21　滾筒迴轉過濾器 [6]

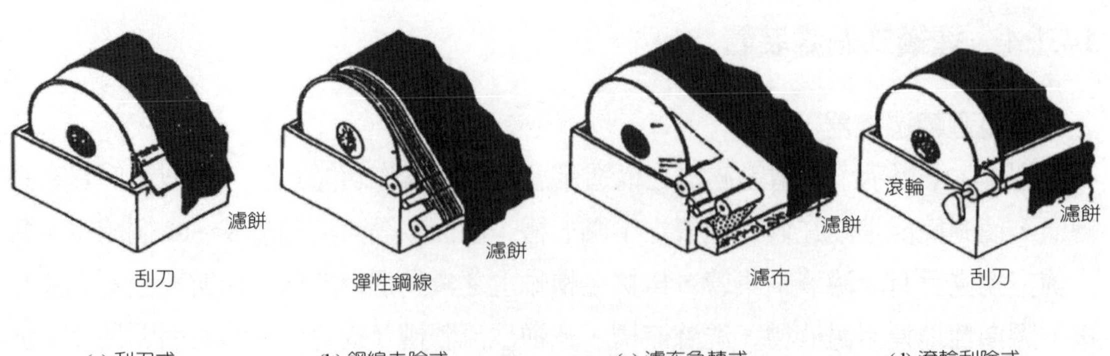

圖 14-22　滾筒迴轉過濾器排卸濾餅之方法 [24]

滾筒之轉速視泥漿之濾阻大小而異調整，平常之轉速為介在 0.2～3.0 rpm。這種機型之過濾器，其優點是：(1) 可做連續操作；(2) 每一迴轉就可完成過濾、洗滌、脫液等完整的過濾操作，而且所需勞力甚少；(3) 濾餅之排卸在定點；(4) 遇到濾阻較大之泥漿（如發酵膠），可以較高轉速運轉，或先在濾面上鋪上一層 2～10 cm 之**助濾劑濾層**（filter aid），每迴轉一次則利用漸進之刮刀刮除很深之濾餅，使濾面每一週期都能以新鮮之濾面來進行過濾（請參考 8.5.2 節）。

迴轉滾筒眞空過濾器雖有上述之長處，但缺點亦不少，如 (1) 因利用眞空為壓差來源，故可貲用之壓力差不大而難用於高濾阻泥漿，除非採取薄膜濾餅操作。(2) 多為開放型，故不適合有毒性或易揮發之液體。(3) 構造較複雜，可動部分難使用如塑膠等不耐磨之材料加工。(4) 對某一定空間，可用過濾面積之比不大，在空間利用上不經濟。(5) 單位過濾面積之價格不低。故雖有連續且可自動化之優點，但不如壓濾器或葉濾器普遍被採用。

表 14-3 舉示了滾筒連續眞空過濾器處理各種泥漿能力及濾餅之含水率（經滾輪擠壓後之結果），而表 14-4 則列舉壓濾器與迴轉眞空壓濾器使用之實例，供讀者參考。

表 14-3　真空過濾器之性能例 [24]

泥漿種類	處理能力（kg/m^2hr）	濾餅含水率（%）	迴轉速度（rpm）
$CaCO_3$	500～2,000	50～60	1
磷酸石膏	600～700	18～25	0.5～0.8
氫氧化鎂	80～800	50～60	0.5～1.0
水泥泥漿	200～500	20	0.1～0.2
小麥澱粉	460	42	1
酵母漿	2,000～2,500	70	4
微粉煤炭	1,000	17	3
TPA	13,000	35	4
PVC	2,000	62.5	1
紙漿	4,500～9,000	87～94	3～5
TiO_2	300～400	45～60	0.1～0.5

表 14-4 壓濾器與迴轉真空過濾器性能之比較 [24]

濾器種類	壓濾器			迴轉真空過濾器		
泥漿	磨石泥漿	工廠廢水	污泥	有機微晶	澱粉泥漿	鍍金廢液
泥漿處理能力 m^3/m^2hr	0.212	0.08	0.04	0.37	1.42	1
乾固體處理量 Kg/m^2hr	25	7.2	2	60	104	7.79
濾餅含水率 %	20	55	75	30	20	85
脫液能率 $Kgds/m^2hr \cdot Kw$	0.26	3.6	0.9	0.91	28.1	0.53

爲改善可資用之壓力差，可將整個滾筒過濾器裝入一封閉壓力槽，但由於占空間及製備費用高昂而較少爲人採用。

2. 旋轉濾盤真空過濾器（rotary disk vacuum filter）

針對改善滾筒眞過濾器之價昂及占太大空間之缺陷，具有類似構造，亦是連續操作之旋轉濾盤過濾器就爲人提出，其外觀如圖 14-23 所示。在水平轉軸插上很多的旋轉濾盤，每一濾盤亦以角度隔成獨立濾面；每一濾面具有自己之濾液匯管，直接連在軸心，經由滑動閥通至濾液受槽。此機型雖增加了單位空間所持有之過濾面積，並維持連續過濾及卸餅之優點，但如盤與盤間距太小，則適合做好的洗滌操

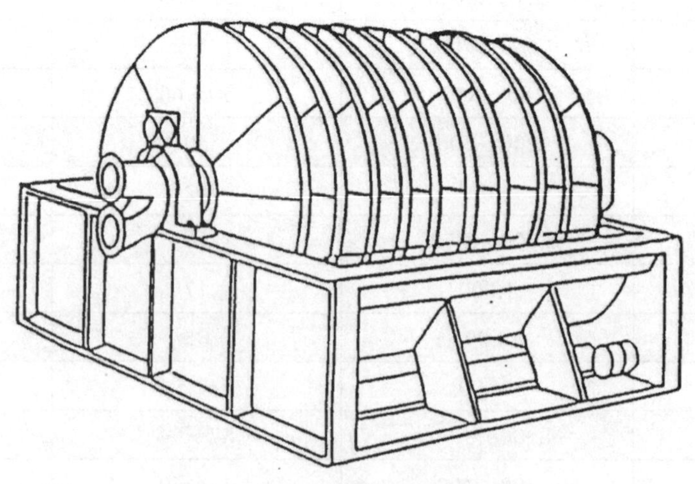

圖 14-23 旋轉濾盤過濾器 [15]

作。旋轉濾盤過濾器亦可裝入壓力容器，以正壓方式進行過濾，但排卸濾餅機構就變得較複雜。

3. 連續自動葉濾器

圖 14-24 揭示了連續自動葉濾器之構造示意圖。在垂直圓筒壓力槽之下半部分劃成過濾區、洗滌區及濾餅排卸區等三區。垂直濾葉排成放射狀並由旋轉及升降桿依設定轉速移動，須跨區時由昇降桿將濾葉提升俟轉到鄰區時再放下，如此分別進行過濾、洗滌、排卸三步驟。由於整個濾葉在壓力槽，故其操作壓力可高至 10～15 kg/cm^2，且可任意設定轉速，所以適合泥漿性質不穩的程序或多樣產品之生產程序。

4. 連續帶狀真空過濾器（continuous vacuum belt filter）

圖 14-25(a) 揭示了連續帶狀眞空過濾器之構造示意圖。其構造與帶狀運料器相似，不同的是，運料帶是濾材面所構成，在過濾區及洗滌區濾面下面緊貼連至眞空

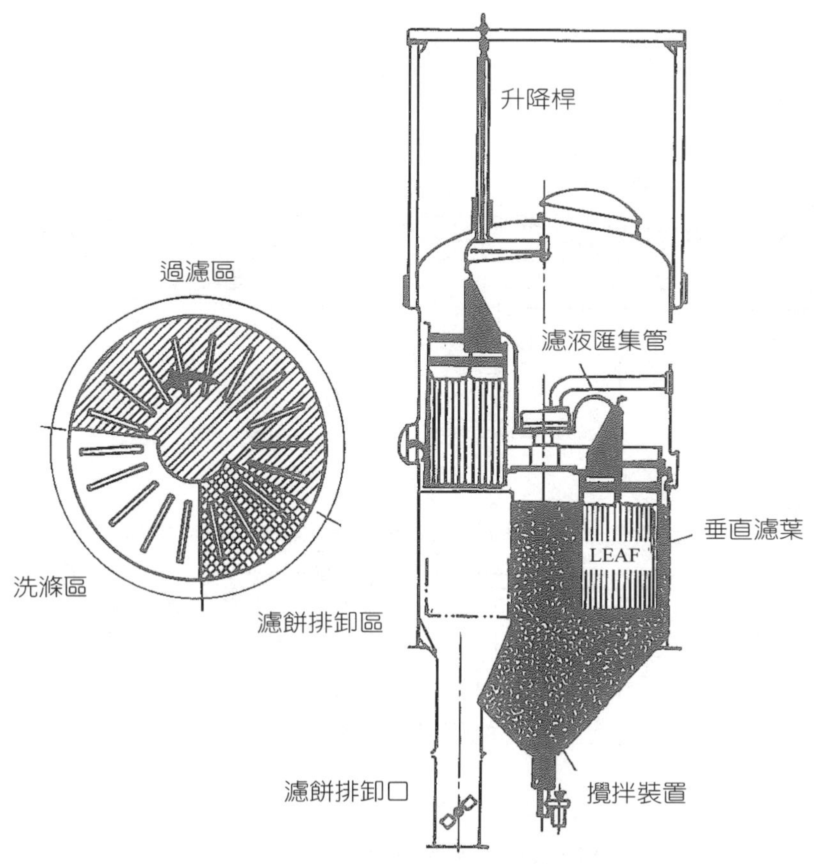

圖 14-24　連續垂直濾葉壓濾器 [23]

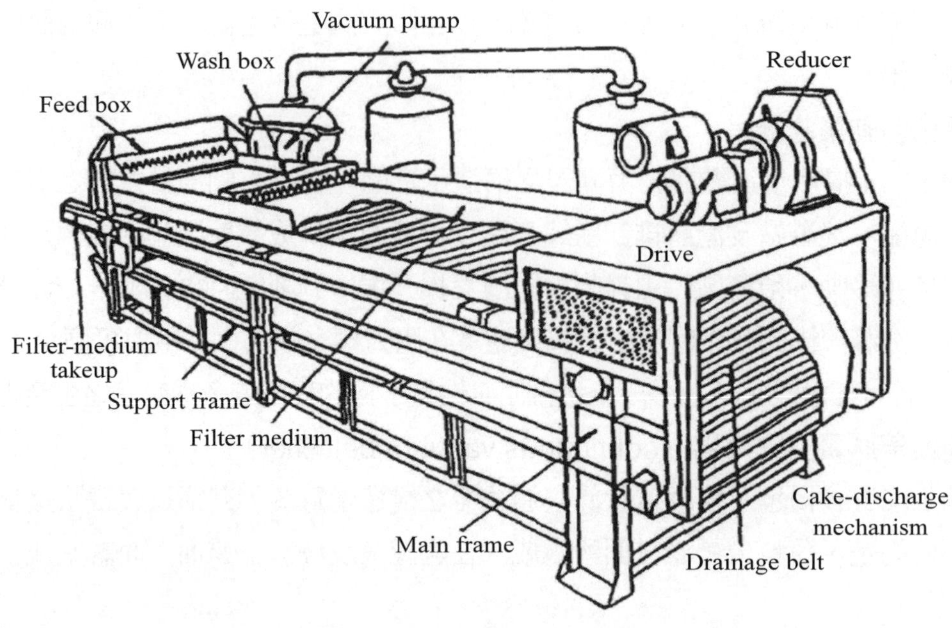

(a) 組合圖

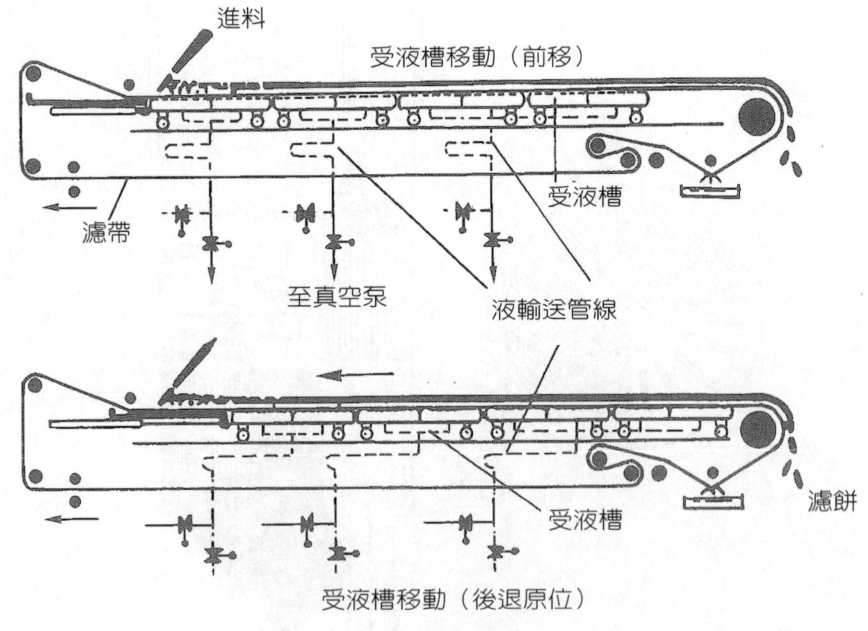

(b) 操作圖說

圖 14-25　濾帶連續真空過濾器 [5]

源之負壓室，而濾面兩側設有可灌泥漿之堰堤，當濾面進入前端之過濾區，泥漿就灌入濾面而進行過濾，之後依序進入洗滌區，最後當濾帶在驅動軸輪捲轉時，以刮刀或急捲轉方式排卸濾餅。此濾器優缺點與滾筒眞空過濾器類同，在構造上如濾面帶之滑動，難免有漏氣及止洩墊料之磨損。圖 14-25(b) 則是一種改良此缺點之 panevis 帶狀過濾機之操作示意圖。此設計以間歇性前後移動之眞空受液槽替代固定受液槽，在過濾開始後，濾帶將被其下之受液槽之眞空吸住進行過濾，濾液由受槽之輸送管送至受液槽；受液槽在軌道上隨著過濾帶往前移動一段距離（500～ 750 mm）後放開濾帶並移回原位，而濾帶則移動一受液槽之距離後由下一個受液槽之吸盤吸住進行下一段操作。如此構造不僅避開了受液槽與濾帶之止洩墊粒之磨損，也避免了漏氣之麻煩。

5. 旋轉盤式掃流壓濾器（rotary disk type filter press）[8]*

上述各式連續過濾器，絕大部分是利用眞空源做爲其過濾壓差之來源，故可利用壓差很少超過 0.8 kg/cm^2。雖亦有滾筒過濾器裝入壓力系統，但徒占空間，又增加了裝置成本，故處理濾阻較高之過濾仍多利用批式壓濾器。旋轉盤式掃流壓濾器將泥漿以掃流方式流過旋轉濾面時，一面由濾面獲取澄清濾液，一方面亦藉泥漿中濾液之減少，稠化泥漿，更借助濾室中之攪拌翼，將稠化後之濃淤渣往後推送。圖 14-26 顯示了此類濾器之構造示意圖，其濾板與濾框之構造和圓形濾板之壓濾器相似，在濾框內多了一旋轉盤。此盤之旋轉在濾面產生很大之剪力抑制濾餅之成長，故能維持幾乎恆濾之過濾操作；另一方面，旋轉盤亦推送濃淤渣到後面之濾室，故越往後則泥漿濃度就越濃，最後經由後端之排泥閥排出器外。爲了控制排出濾泥之濃度，可以旋轉軸之承受扭力大小來控制排泥閥之啓開大小，此乃因濾室內泥漿濃度越高所產生扭力也越大之故。此過濾器亦可在適當的濾室灌進洗滌液，藉助於旋轉盤之攪拌及混合，及濾面之過濾來進行分段洗滌，甚至做**逆向洗滌**（counter current washing）。故旋轉盤式壓濾器，不僅有連續過濾、洗滌之能力，且可在 7～10 kg/cm^2 之高壓下進行過濾，是具有多項優點之機型；但所需動力頗高，致操作費較高，維修亦較複雜，此爲其缺點。另外，對受剪應力作用會增高濾阻之一些濾餅並不適用，是值得注意之點。

6. 水平式錐形螺桿濾搾機（screw press）[13]

圖 14-27 揭示水平式錐形螺桿濾搾機的構造與作用的示意圖，由於搬運污泥的

* 此節由黃國楨教授執筆。

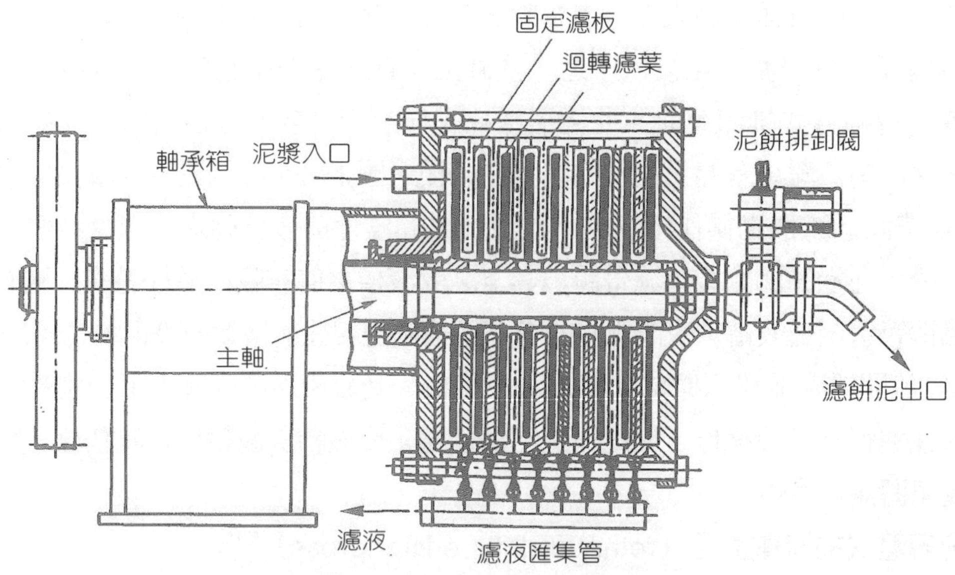

圖 14-26　連續迴轉壓濾機 [10]

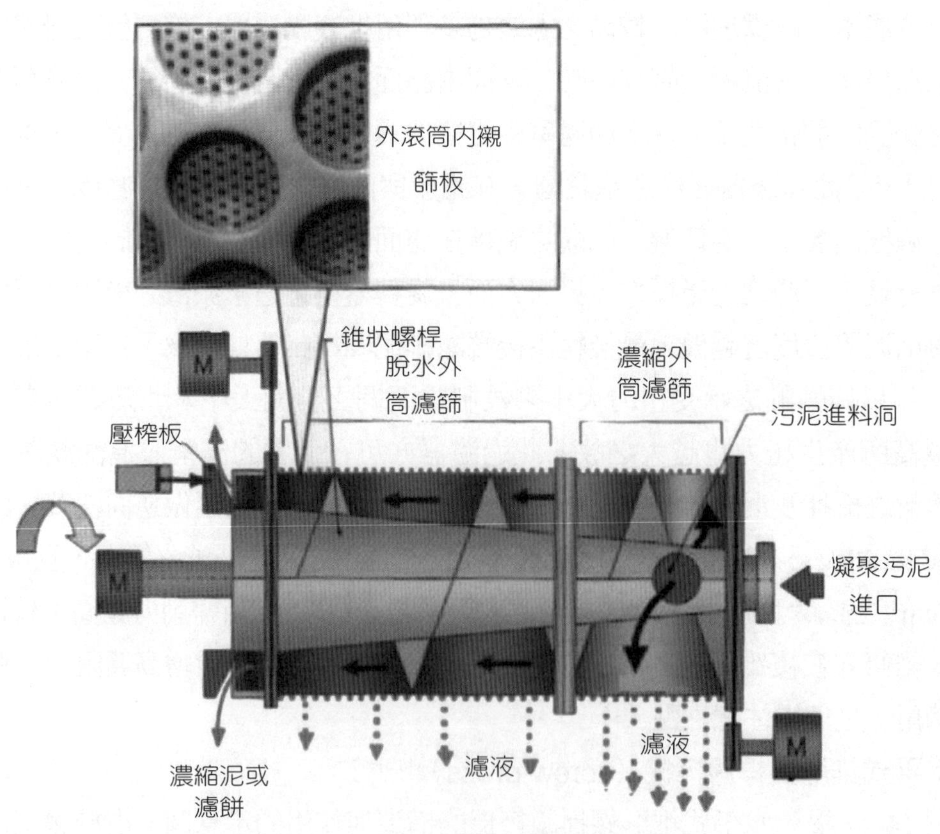

圖 14-27　水平式錐形螺桿濾榨機 [14]

螺桿成錐型，污泥往前移動時受空間容積縮小所致的內部壓力上升就產生壓榨作用，被擠出濾液就從外筒的篩孔排出，此類螺桿壓榨機早期就被使用於榨油，由於其構造簡單，省能又低噪音而被廢水處理的污泥脫水。圖 14-28 揭示外筒徑 300 mm 錐形螺桿濾搾機的運轉例供參考。

7. 迴轉盤式壓濾機

圖 14-29 揭示迴轉盤式壓濾機其外觀（圖 (a)）與迴轉濾盤剖面、脫液機構的示意圖，它是如圖 (b) 所示被內外兩間隔輪所構成的輪狀濾室構成，懸濁液經由泵送入濾室後，在每分鐘 0.5～1.3 緩慢的迴轉的濾面接觸與泵送，在完成一周的時程裡完成過濾與壓榨過程，在濾餅排出口有背壓板（阻擋斜板）可加約 100～200 kPa 程度的背壓完成最後段的壓榨後從出口被排出。它的優點是構造簡單，且因慢速迴轉而消耗動力小，需增加處理量可增加四轉濾盤組就可。其缺點爲受金屬濾材的孔徑、間隙大小的限制而其過濾效果易受凝聚度的影響，此機型被廣泛應用在有機質污泥或含有纖維質泥漿之脫水。

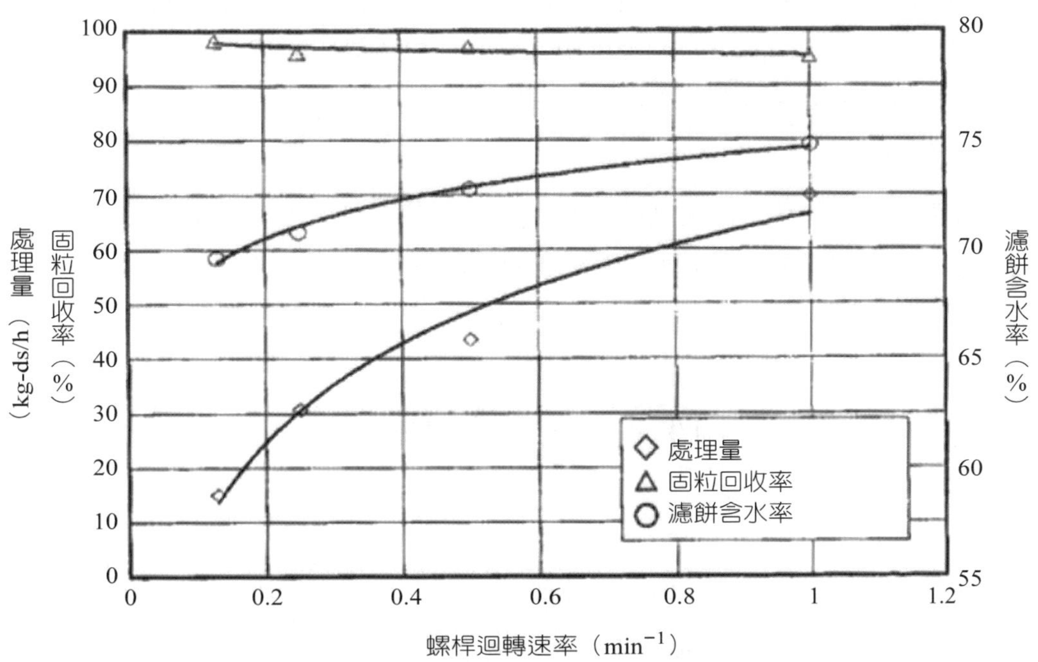

圖 14-28　錐形螺桿濾榨機的運轉例 [14]

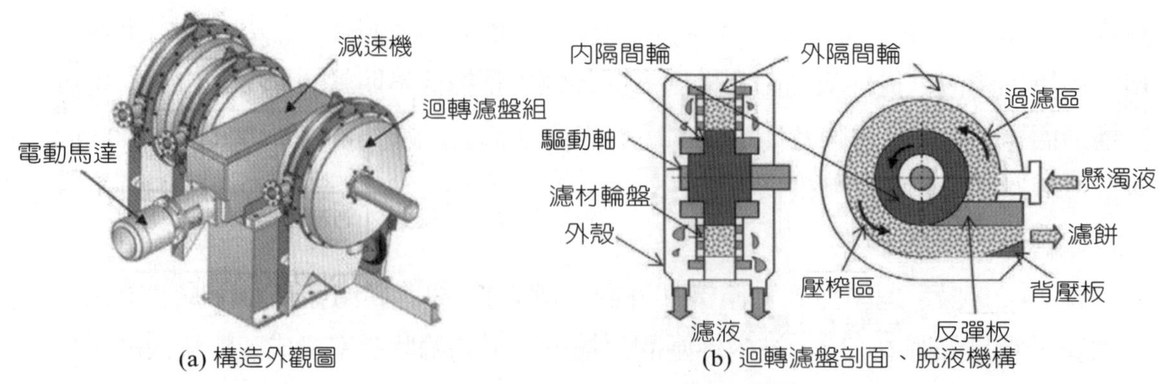

(a) 構造外觀圖　(b) 迴轉濾盤剖面、脫液機構

圖 14-29　迴轉盤式壓濾機 [14]

8. 多重圓盤脫液機

圖 14-30(a) 揭示了多重圓盤脫液機的系統圖，它是過濾脫液轉盤組所構成的脫液區外，加配凝聚槽，濃縮區三區段外另加洗滌噴嘴群所構成，凝聚完成後的污泥首先進入濃縮區去除部分液體後就被送進由如圖 14-30(b)、(c) 所示的配置上 8 組、下 10 組的過濾脫液轉盤組所構成的脫液空間，此時液體將經由兩種圓板的細間隙再通過圖 14-30(c) 所示的濾液洞溝排出系外，由於轉盤組所構成的脫液空間上下間隔隨流向變窄，近加出口處的背壓板的壓榨作用進一步脫液，成含液率 80～85% 的脫液污泥排出。

這種機型的脫液機因低速迴轉（0.2 rpm），故噪音低，亦無振動，且爲密閉操作而廣泛爲食品相關工場、下水道廠或養豚場所採用。

14.2　離心過濾裝置

表 14-5 列舉了各種類型之離心過濾器。於中小規模或不希望結晶被壓碎時較多採用批式操作機型；而規模較大或爲了銜接上下操作之需時，可採用連續操作之機型。由於自動化技術之進步，批式機型也都採用**程式化操作**（program batch operation）。

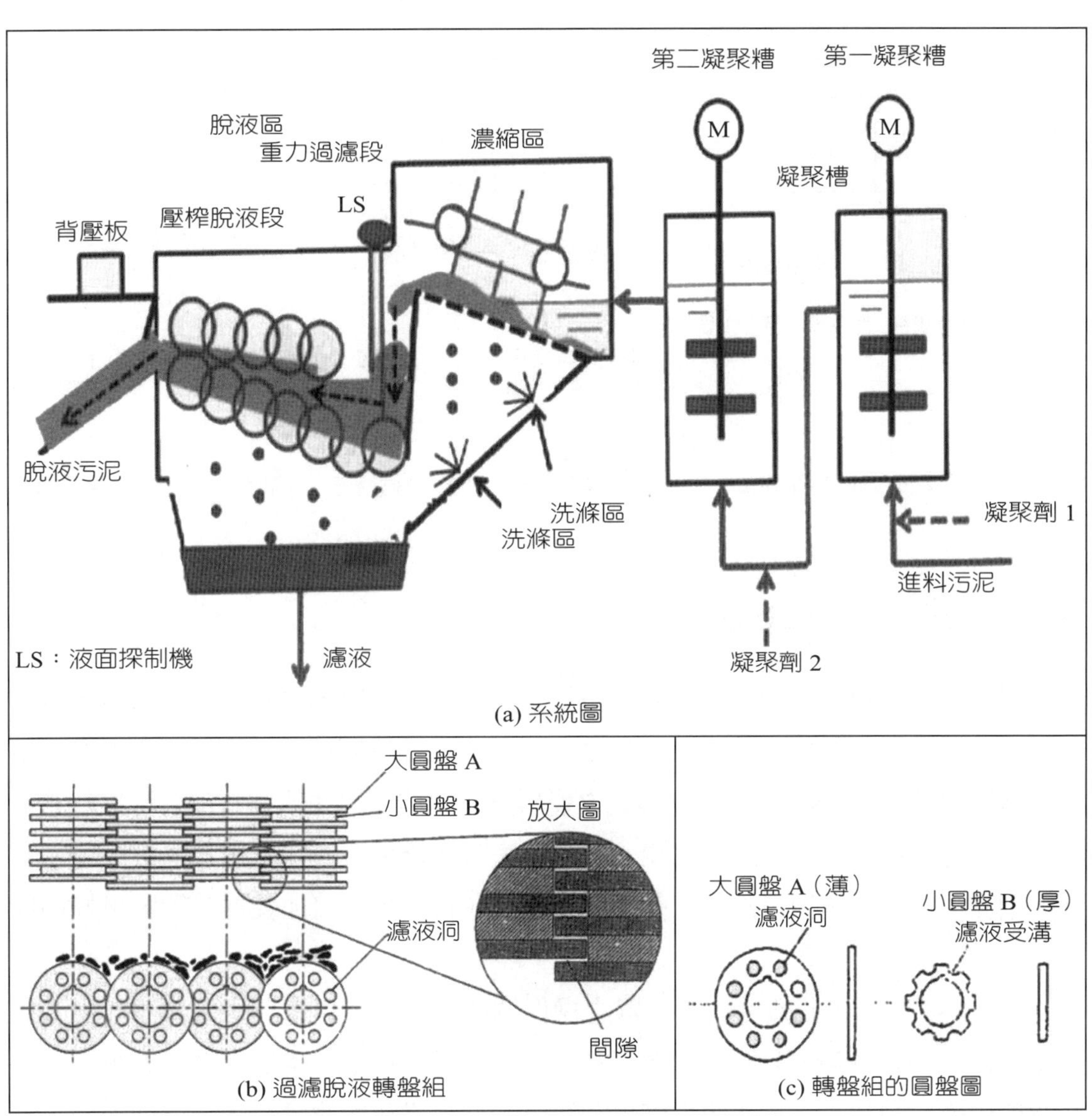

圖 14-30　多重圓盤脫液機 [13,14]

表 14-5　離心過濾器之分類

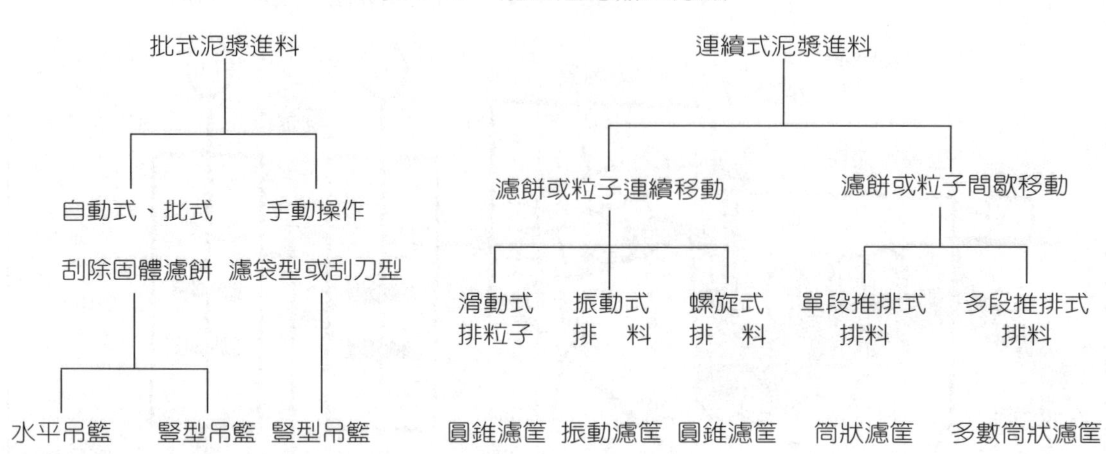

14.2.1　批式離心過濾器

圖 14-31 (a) 舉示了化學工業被廣泛採用之**豎型批式離心過濾器**（pendulum centrifuge）構造外觀及示意圖；圖 14-31 (b) 是由上面排卸型，可用氣流吸引方式由上方排卸固體；圖 14-31 (c) 是下排式之豎形離心過濾器，底部排卸口有可移動之蓋板，進料時蓋板封住以免漏洩泥漿，而過濾完時藉機械方式往上提升蓋板，濾餅被刮板刮卸後由底部排卸口排卸。圖 14-32 顯示在濾液排出口加裝虹吸管，可提高操作壓差之例。

圖 14-33 列示了此類批式離心器之操作週期，當濾筐轉速到一低轉速（15～30 rpm）時，可利用給料管進料，進入濾筐之泥漿則藉旋轉所產生之離心力平均散布在濾筐內緣，同時沉降及過濾程序也開始，大部分操作則俟給料滿時就增速至正常轉速，期得最大離心效應來達成過濾或脫水之目的。一旦過濾及脫水完成時，可以少量之水或水蒸氣做粒子之表面洗滌，去除存於表面之不純液體，再經一段脫液後過濾、洗滌、脫液就告完成，此時轉速就得降到 10 rpm 以下，俾能藉機械刮刀刮除附著在濾筐之濾餅或粒子。在刮刀未作用前，當先開啓下排口之蓋子，刮下之粒子就由此排出。只要供料管設計妥適，這機型之操作可藉自動閥完全程序自動化，且批式離心過濾器因破損結晶程度遠小於連續式機型，故為業界所喜用。

圖 14-34 所示的是**批式水平濾筐刮除型過濾器**（horizontal peeler centrifuge）。

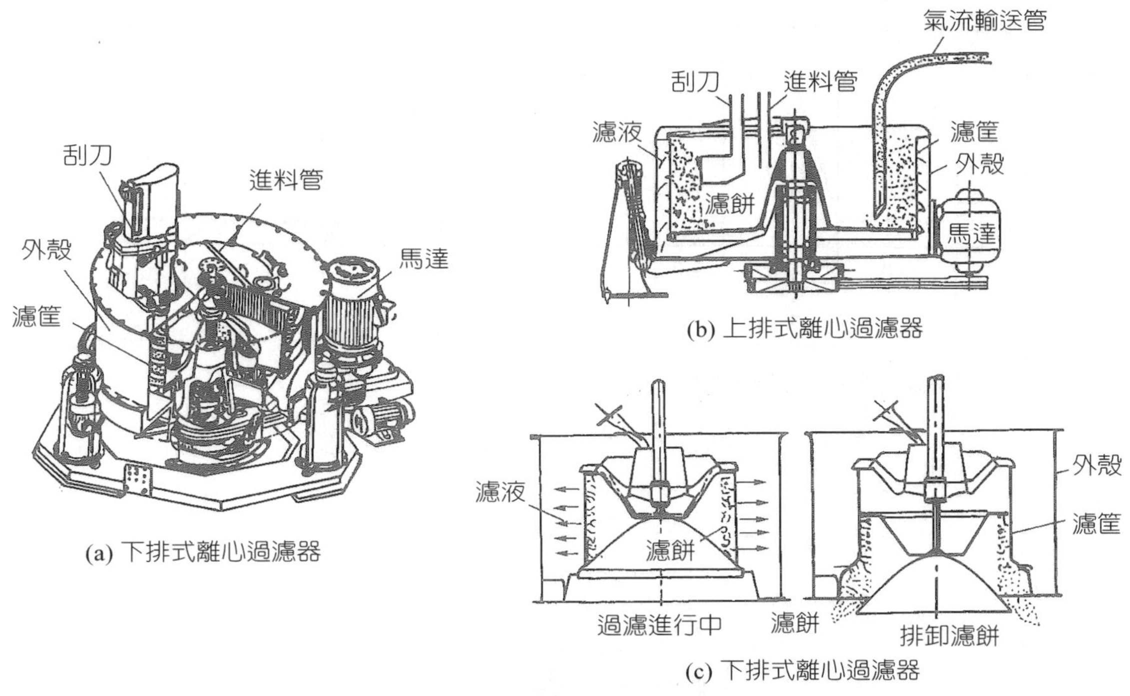

圖 14-31　豎型筐式離心過濾器 [5,15]

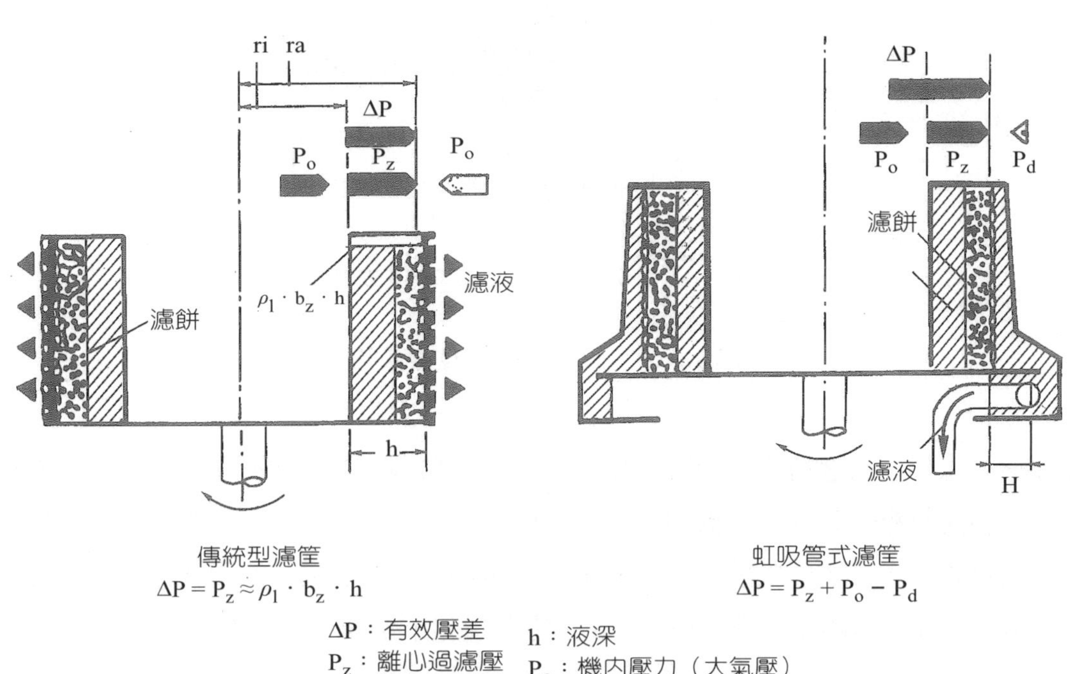

ΔP：有效壓差
P_z：離心過濾壓
ρ_1：液體密度
b_z：離心加速度
h：液深
P_o：機內壓力（大氣壓）
P_d：濾液之蒸氣壓

圖 14-32　虹吸管式離心過濾器之過濾壓差 [6]

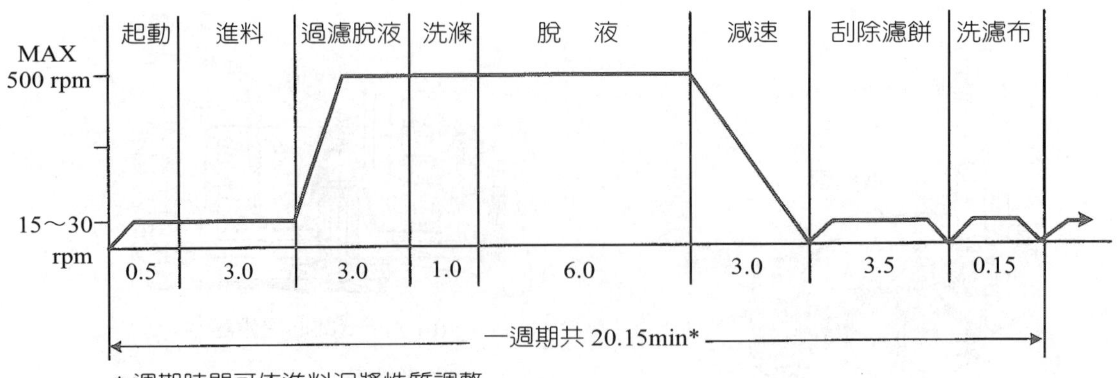

圖 14-33　批式離心過濾器之操作週期圖之例 [15]

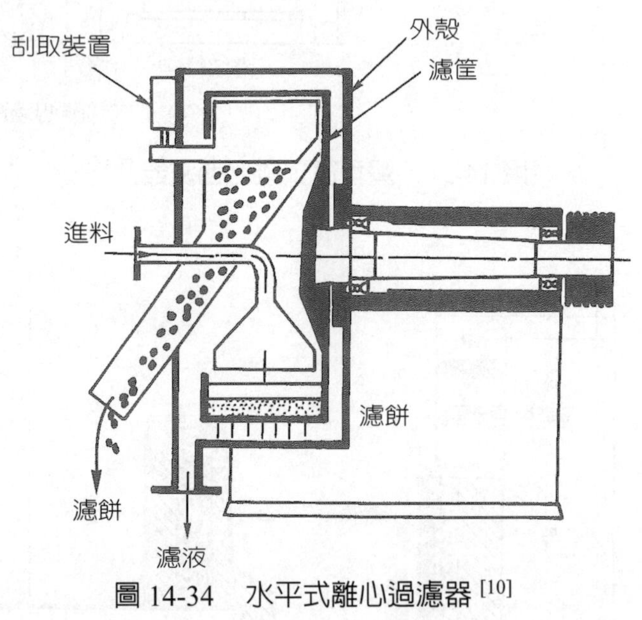

圖 14-34　水平式離心過濾器 [10]

因濾筐是水平，故進料之均勻散布較易，且可在高轉速下刮除濾餅或粒子，故較豎型節省轉速調整之時間。此機型也可連續操作，但因在高速下刮除結晶，可能增加結晶之破損率，亦可能加速刮刀之磨損。圖 14-35 揭示了另一水平式批式操作之濾布反轉離心過濾器過濾完後濾布可藉反轉方式卸下濾餅外，尚可加裝洗滌濾布裝置。

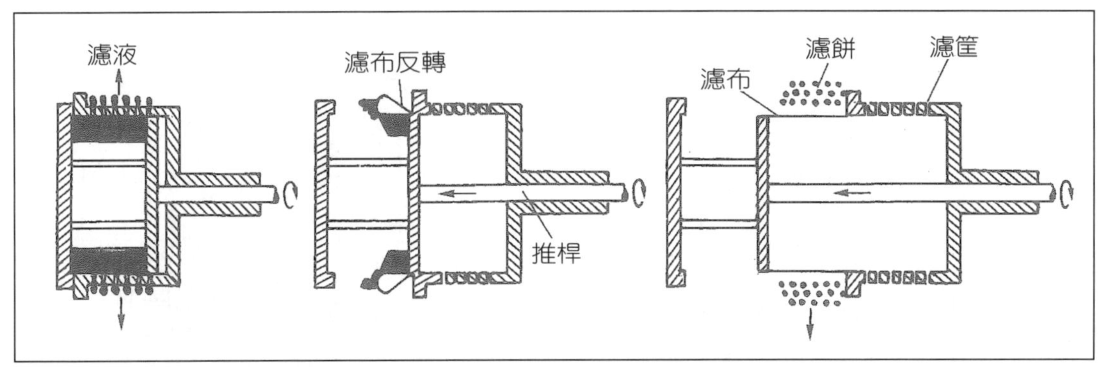

圖 14-35　濾布反轉式離心過濾器 [5]

14.2.2　連續離心過濾器

圖 14-36 揭示了豎型圓堆濾筐螺旋排料型之**連續離心過濾器**（screw discharge centrifuge）。於圓堆濾筐內套有圓堆形之螺旋桿，與濾筐同方向迴轉，但比濾筐快 30～40 rpm，泥漿由進料斗送入圓堆之深部，此時泥漿承受離心力，在濾筒上鋪成均勻濾餅而進行過濾，過濾而成之濾餅經由螺桿往外推出，在往大徑側移動之固體粒子將成一層均勻的薄層，故可得相當良好之脫液效應，這也是此機型之優點。相較後節要說明之推排式的機型而言，其構造較簡單且體型也較小，適於非結晶性之固體粒子（0.1～2 mm 徑）之分離，但不適於硬而可能磨損螺旋片之粒子，也由於滯留時間短而不適於黏性較高之難濾泥漿。

圖 14-37 舉示了推排式連續離心過濾器。濾筐是水平式圓筒，泥漿過濾後形成之濾餅，間歇地由前後運動的推排桿向外推鬆並移動，最後由濾筐之外緣拋出。

此機型因推排桿之前後運動速度可設定，故粒子的滯留時間較上述螺桿式的長 3～5 倍，因此可過濾難濾性泥漿；此機型也因粒子移動速度較慢，故磨損問題較少，又濾餅厚度較厚，所以細粉鑽透濾筐之機率亦較少。此機型之粒子在向外移動時有較大之機會翻鬆，加上長滯留時間，故有較佳之洗滌效果；但如固體粒子不易被推動時，可能產生局部堆積而使濾筐旋轉不均，將可能造成異常振動。

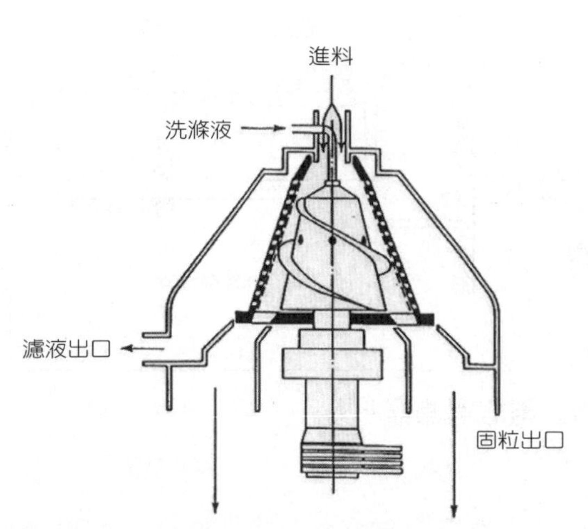

圖 14-36 圓錐螺旋排料式連續離心過濾器 [17]

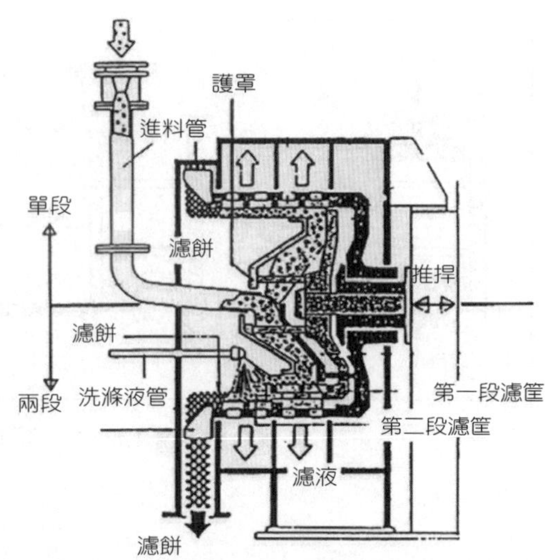

圖 14-37 推排式連續離心過器 [6]

圖 14-38 所示爲**圓堆濾筐自動排出型離心過濾器**（warm screen centrifuge）。此機型濾餅粒子不靠外加螺桿或推手，而依旋轉濾筐內外徑不同而產生之離心分力，將粒子往外（大徑側）滑動，最後由外緣排出。此機型爲避免粒子之跳動，裝有同迴轉速度導板，亦可利用此導板隔段導入洗滌液進行洗滌。該裝置構造在同類機型中最爲簡單，不僅體型小且容易維修，但不適合不易滑動之高黏性或扁平型粒子。

圖 14-39 揭示了**振動排出型之離心過濾器**（vibrating screen centrifuge），其原理與上述機型相似，所不同的是，在轉軸上加上偏心錘，使濾筐同時產生某一方向之振動，靠此振動將粒子往大徑側排卸。爲避免此振動傳至外殼，在迴轉部分與固定殼間設有彈性橡膠之緩振墊。

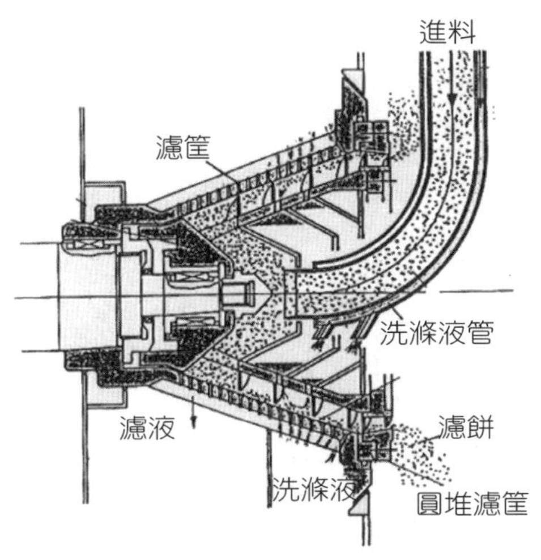

圖 14-38　自排式連續離心過濾器 [15]

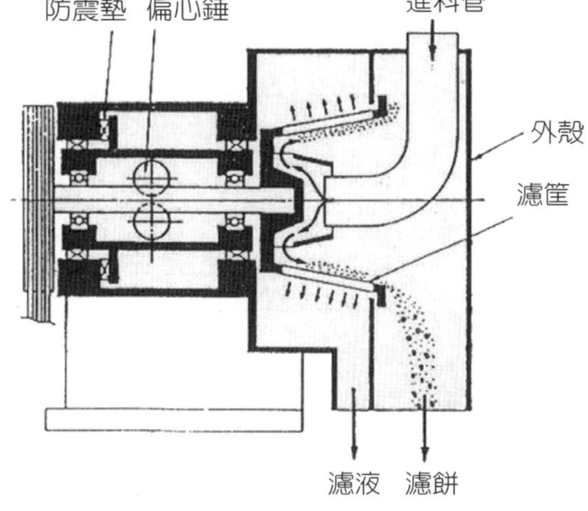

圖 14-39　振動排料式連續離心過濾器 [10]

14.3　離心過濾器之規模放大 (Inoue)

14.3.1　批式離心過濾器之規模放大 (Toya)

離心過濾器之處理能量可以 Q' 表示，而其他尺寸如圖 14-40 所示，則

H = 濾筐之容量，Z = 離心效應

L = 濾餅之厚度，t_d = 過濾時間

而下標 1 代表試驗機，2 代表大型機，

則

$$\frac{Q_1'}{Q_2'} = \frac{H_1/t_{d_1}}{H_2/t_{d_2}} = \frac{Z_1}{Z_2} \cdot \frac{H_1}{H_2} \cdot \frac{L_2}{L_1} \tag{14-1}$$

如試驗機與大型機構造相似時，

$$\frac{L_2}{L_1} = \left(\frac{H_2}{H_1}\right)^{1/3} \tag{14-2}$$

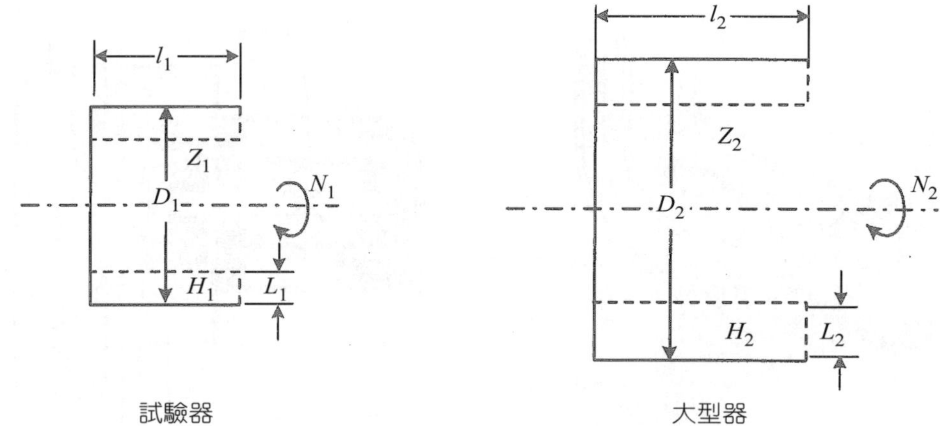

圖 14-40　離心過濾器之規模放大

故
$$\frac{Q_2'}{Q_1'}=\frac{Z_1}{Z_2}\left(\frac{H_2}{H_1}\right)^{2/3} \tag{14-3}$$

或
$$H_2=H_1\left(\frac{Z_1Q_2'}{Z_2Q_1'}\right)^{1.5}\leq H_{actual} \tag{14-4}$$

如由試驗機已知 H_1，Z_1 及 Q'_1，則可由機器廠商之型錄上之 H_2 及 Z_2，估計使用該大型機時之處理能量 Q'_2；也可相反的由 Q'_2 利用上式推計所需之 H_2，再由型錄上選擇比計算所得 H_2 更大的濾筐容量，即可應付產量 Q'_2 之需求。

14.3.2　連續離心過濾器之規模放大 [27]

在連續離心過濾器，實際之過濾階段很短，而脫液所需時間相對較長，故其產能估計只依脫液操作為依據，則

$$S-S_\infty=c_1\left(\frac{Z\rho gk}{\mu\varepsilon L}\cdot\frac{H}{Q'}\right)^{-m} \tag{14-5}$$

H/Q = 粒子在濾器之平均滯留時間

$= t_d$

如 $H/L = A$，則 $Q' = \Sigma ZA$　（14-6）

故規模放大時可依

$$\frac{Q_1'}{Q_2'}=\frac{\Sigma_1 Z_1 A_1}{\Sigma_2 Z_2 A_2} \tag{14-7}$$

當 $\Sigma_1 \doteqdot \Sigma_2$，上式可簡化成爲

$$\frac{Q_1'}{Q_2'}=\frac{Z_1}{Z_2}\cdot\frac{A_1}{A_2} \tag{14-8}$$

14.4　濾餅過濾裝置的選擇 [13,14,22]

固液兩相分離，涵蓋了澄清過濾、離心分離、沉降及**濾餅過濾**（cake filtration），壓榨脫液等幾種不同之方式。操作方式之選擇須依程序上之要求及經濟原則兩方面來做決定，例如一眞空過濾機排出之濾餅可能含有 50% 以上之水分，而濾液之固體含量可低於 100 ppm；然離心過濾機所得之濾餅則只含有 5% 之水分，但濾液之固體含量可能高達 3,000 ppm；另一方面，由稠化器所得之上排出液固體含量可減至 40 ppm，而其排泥則含 85% 以水分。目前固液分離之理論雖可以供設計所需之裝置，並能對裝置之性能做較廣泛之檢討，但仍必須有理論式估算所需之泥漿物性及數據。這些物性值之測定，常常需相當熟練之技巧始可獲得，所以實際上固液分離裝置之設計，仍多沿用小規模之試驗結果逕予放大來估計所需過濾面積之大小，而少用理論式去設計。因此，工業界之實況是，每家製造固液分離裝置之廠商，都各自擁有擅長於處理某些特定之化學工業中之泥漿或懸濁液，他們擁有關於那些泥漿之製造程序之常識、過濾特性及泥漿之物性數據，故對這些泥漿而言，那廠商能給買方相當正確之建議採購計畫、規格、估價，甚至提出正確之操作方式；但如換了另一種泥漿，就算是著名之廠商，除非他們曾對此泥漿做了相當多次之試驗，否則其所提出之機型，或建議案並不一定適合買方之需求。故選擇過濾裝置之關鍵，就在於是否能找到了解欲處理泥漿之製造廠商，或者自身能否依據正確

之過濾試驗結果，設計或選對最佳之機種。有關沉降分離、澄清過濾、濾餅過濾、濾材、試驗方法等相關原理與裝置功能等在本書相關章裡已介紹，故本章就基於這些基礎專注介紹選擇濾餅過濾器之機型及大小時應注意的事項和選擇的策略，圖 14-40 揭示要新增過濾程序前選擇裝置應確認和進行的試驗項目，下節將就依流程序加以說明。

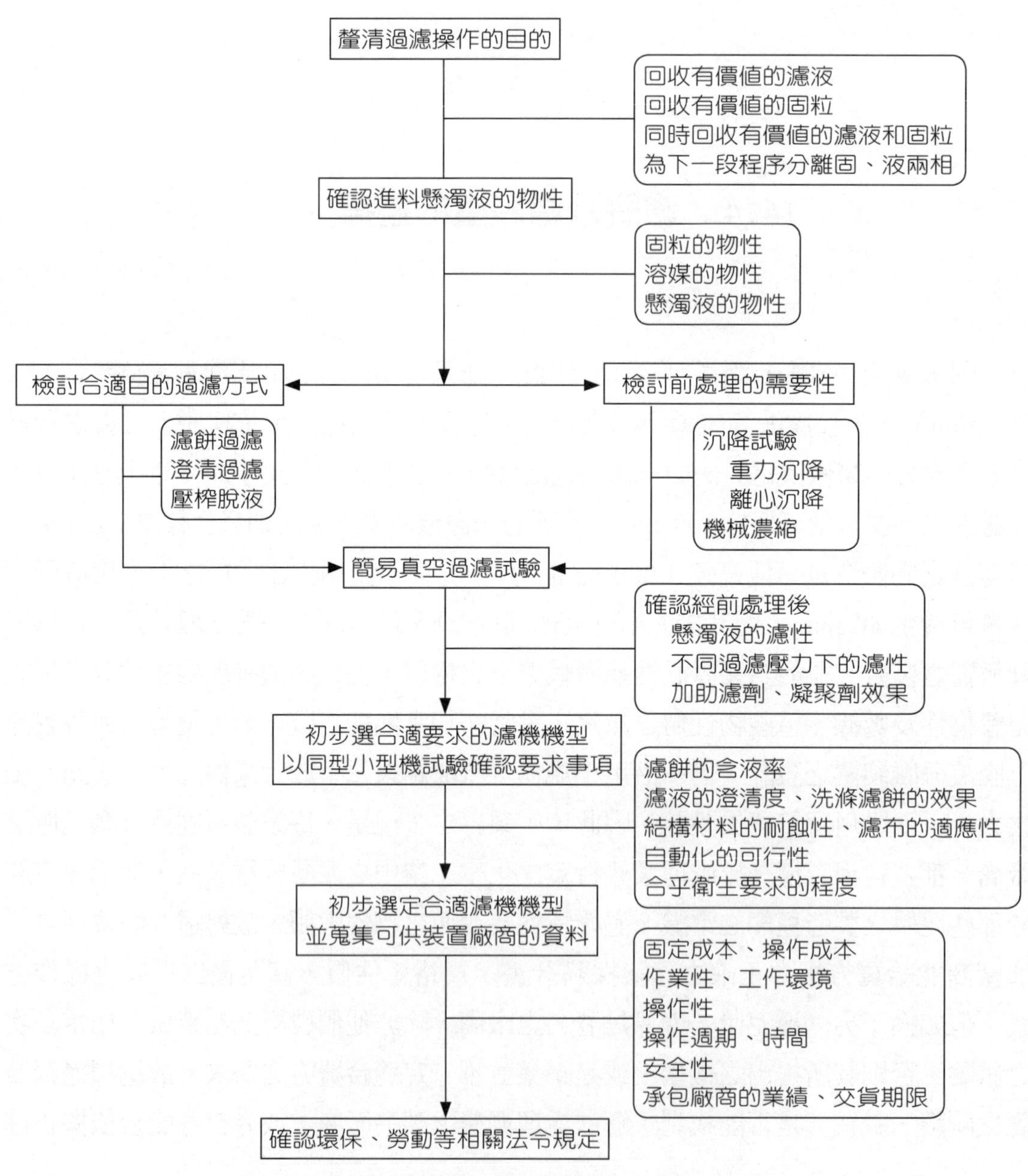

圖 14-41　選擇濾器前需確認與試驗的事項 [13,14]

14.5　選擇時應考慮與試驗事項

選擇過濾裝置時得先從程序設計與管理的觀點釐清於 1.1 節所提的程序的目的，然後來檢討下列點：

1. 認識過濾裝置裝置的選擇，將對產品的品質、收率、製造成本有極爲重要的影響。
2. 先了解整個程序裝置的折舊年數、操作時數、操作方式（連續或批式），並認清考慮中的過濾裝置在整個程序的功能與其重要性。
3. 從考慮中的過濾裝置所得的濃縮相或濾餅的品質，液相的澄清度是否合乎程序經濟要求，如分離速率、性能、操作性、洗滌性、保全管理的難易和生產成本等。
4. 一般很難僅使用單一種裝置進行分離而達成程序要求，而需考慮分段使用兩種或以上的裝置或操作，如沉降和澄清過濾、離心沉降與膜分離、利用助濾劑過濾與膜分離，或濾餅過濾與乾燥等**組合操作**（hybrid operation）。

考慮中的過濾操作與前後程序的銜接方法與能力的銜接差異，操作方式雖不需強求一致，但爲了避免程序運作的堵塞，常需預留 10～50%。

在選擇過濾器之前應先考量：

1. 過濾之目的

過濾是固液分離操作之一，所以其目標當然是分離固液兩相。然細分時，過濾的目的（參照 1.1 節）可能是爲了確保產品品質以求其達到某一標準，或是獲取澄清的濾液，而其澄清度之要求有多高？或是回收液相之有價值成分，或是藉故液分離獲取有價值之固體成分，或是爲了下一部程序之省能，盡量去除固體成分中之不純物及含液量，或單是爲了配合污染防治之放流及廢棄標準？或是除去固粒以保護下端所使用之機器？選擇濾器應先確認目的爲何。考慮中的過濾程序的目的是生產程序的一部分，或廢棄物處理程序，就是廢棄物處理有時也可能須回收有價值物質，而影響可否添加凝聚劑或助濾劑，或擬排出的濾餅的含液率的不同都會導致選擇不同機型的濾機。

2. 要過濾的泥漿之物性

泥漿之組成、固體粒子之**濃度**、泥漿中固液**兩相平衡**之安定性，如溫度或 **pH 值**之變化等，常會改變泥漿中**粒子之大小**、**流變性**，這也是濾性試驗之樣品須在現場採取以避免**老化**（aging effect）影響之故。一般而言，進料懸濁液固粒質量濃度 1% 以上時採用濾餅過濾，低於 0.1% 時採用澄清過濾，介在 0.1～1.0% 時先藉沉降濃縮將進料固粒濃度提升到合乎可使用濾餅過濾濃度，或於濾餅過濾使用孔隙較緻密的濾材或添加助濾劑的方式來獲取澄清濾液。

(1) 粒子之粒徑分布

不僅對選濾材是一項重要的因素，而如大小差異大時，容易發生沉降現象，這對選擇濾器之機型是很重要的因素。

(2) 泥漿之化學性質

包括**腐蝕性**、**揮發性**、**毒性**及**易燃或爆炸等安全性**。腐蝕性大之泥漿，濾器之構造材料受限而使加工較複雜之機型無法採用，蒸汽壓高且有毒性之溶液必須在密閉型濾器處理，毒性極強之濾餅或濾液，需考慮避免不能與人體接觸之機型；而易燃或有爆炸性物質則需考慮防爆型之動力源。

(3) pH 值

進料懸濁液 pH 視物質的種類可給對其分離特性有很大的影響。pH 值低時（酸性），可能溶有某種酸，而干擾分離。除非不在乎它續存在於分離後的液相，如溶液中含某種金屬鹽，分離時也有必要從液相去除時，可以中和手法析離它。pH 值高時（鹼性），溶液中就可能溶有有機蛋白質，此時可降低溶液的 pH 值酸析它，以確認溶液中所含的溶質是什麼，同時視其 pH 值檢討溶液的腐蝕性對討論中的裝置和附屬設備的腐蝕可能性。

(4) 濁液中固粒的舉止

首先確認進料懸濁液中固粒與溶媒是否已呈分離狀態，將取些進料裝進量筒，如靜置一段短時間，就可依重力沉降分離成兩層，則基本上可採用最單純的重力沉降分離來分離，如經長時間尚不沉降成兩層時，就得考慮採用離心沉降來分離液固兩相。如把裝有懸濁液的量筒上下擺動來攪拌，此時如固粒不沉降反而捲進氣泡帶上固粒往上浮游，在此情況下，就可考慮採用**浮選**來分離。如懸濁液中含有粗大粒子時宜進料前先藉篩網類先篩別這些粗粒。如進料懸濁液中的固粒是高濃度奈米級的**微細粒子**雖可考慮**膜分離**手法，但宜先考慮添加凝聚劑加以**凝聚**成較粗大的粒子再考慮下一步的分離操作。

(5) 形狀、壓縮性

如懸濁固粒是如豆腐、膠粒、藻菌等**軟性固粒**時想藉過濾來分離，這些軟性粒子很快就堵塞濾材空隙，此類軟性細粒的分離就得考慮不用濾材能分離的離心沉降裝置來分離，借用一般實驗室常見的桌上型離心器就可簡單確認其分離效果。

(6) 傳導率的確認

進料懸濁液中除了看得見的固粒外，可能以溶質形態存於液相的溶存物質，將試料蒸發液相後若有蒸發乾渣就可佐證溶存物質的存在。如進料懸濁液的**電傳導率**高時，表示液相中可能存有某種鹽類等電解質。尤其擬採用膜分離去除鹽類時，更須先確認這一點。

(7) 流變性——懸濁液的黏度

如於第二章已說明固粒在流場中運動時其阻力來自液相的黏滯性，也即都會成爲懸濁液分離的負面因素，所以在不影響分離產品的品質下，能降低進料黏度就盡量設法降低黏度，具體的說，就是提升進料的溫度，或如進料是荷電性黏性物質時可考慮 (a) 添加反性荷電物質（如電解質鹽）、(b) 試添加吸附劑、(c) 改變其的黏度對固液分離效率，速率都有很大的影響，無論沉降或過濾，黏度高的進料 pH 值。

此外得注意的是，進料懸濁液物性（溫度、黏度、密度、固粒大小）的經時變化（結晶性、酸腐、凝聚性），尤其送懸濁液至委託廠商代爲執行過濾試驗時，常因物性的**老化**（aging effect）而導致完全不同的結果。安全上得確認進料的蒸汽壓、揮發性、引火性的化學特性、發泡性、重金屬含量、感染性微生物等有害物質的存在，必要時得考慮安全對策，選合適的濾機。

3. 藉沉降試驗結果檢討前處理的需要性

對要過濾的泥漿之物性有認識，也了解過濾的目的後，就可判斷進料懸濁液是否可直接作爲過濾操作的進料，或需先經操作成本較低的沉降把固粒濃度提升至 1.0% 以上，或檢討有沒有添加凝聚劑凝聚來改善固粒的濾性。

如懸濁液如生物處理後產生的活性污泥爲沉降性差的低濃度泥漿時，可考慮藉浮選或離心沉降濃縮，如固粒含有如砂粒等沉降性大的固粒時，可採用液體漩渦分離器去除粗粒，像下水處理程序就常於前處理利用低操作成本的機械濃縮手法。

4. 實驗室規模的過濾試驗

這段試驗常用的濾器是實驗室的漏斗式眞空過濾器（參照圖 10-2）小型過濾器，需試離心過濾時就使用 swing rotor type 小型離心過濾器，而試驗主要的目的有：

(1) 初步量測在不同過濾條件下進料懸濁液的濾性，如濾餅的成長速率等。

(2) 蒐集初步估計所需過濾面積的大小時所需的數據。

(3) 觀察添加凝聚劑或助濾劑對懸濁液的濾性和產品品質的效果。

5. 依過濾程序要求，初步選擇過濾方式和合適的濾機機型

確認過濾操作的目的和對了解過濾程序產品之品質的要求後，可決定合適的過濾的類別是屬於澄清過濾，濾餅過濾或壓榨脫液。

濾液之澄清度，如去除 10 μm 或 100 ppm 就可以符合程序需要，便不要把規格寫成 1 μm 或 10 ppm，因爲不必要的上限可能導致投資費用之浪費及操作費用倍增。有時需高度澄清的濾液，並不必以一段操作就期達成該品質之要求，而可分成兩階段或複數階段經由不同機型之濾器加以完成，此在投資費加操作費的總費用上，很可能比用一段高性能濾器來達到要求品質更爲經濟。

如濾餅需要高標準的洗滌，則以選擇水平濾盤型葉濾器或滾筒眞空過濾器爲佳；如濾餅之含液量須降到最低，便須考慮兼有擠壓機構之壓濾器或離心脫水。

6. 以小型實務濾機試驗確認程序要求的各項

依據自行試驗結果試選幾種合適的機型後，選信用較著的製造廠商諮詢所選過濾機型的合適性，並使用小型實務過濾器進行過濾試驗，試各種過濾條件，探討所得濾餅的**含液率**，**濾液**的品質是否合乎要求，並檢查構造材料的**耐蝕性**、**濾材**的合適性。同時經由操作過程檢討操作程序的自動化可行性，也檢討程序過程是否可達到要求的衛生環境。

表 14-6 列示決定於第五章所介紹的各過濾機的處理能力所需的過濾試驗法（參照第十章的介紹，大致分爲使用實驗室規模，和小型實機過濾機兩大類，試料也不僅使用原始懸濁液，也該試用經凝聚後或添加助濾劑等前處理過的懸濁液。

表 14-6　適應各濾機的過濾試驗法 [13]

過濾機種類、機型	過濾試驗法											備註
	選擇凝聚劑	選擇助濾劑	重力沉降試驗	真空過濾試驗		正壓過濾試驗		CST 試驗	離心沉降試驗	小型試驗機	壓榨脫液試驗	
				Nutsche	濾藥	恆壓	恆率					
真空過濾機												為確認懸濁液物性而可能執行沉降成 CST 試驗
a. 滾筒迴轉式	△	○	△	×	○	×	×	△	×	△	×	
b. 旋轉濾盤式	△	○	△	×	○	×	×	△	×	△	×	
c. 水平槽式	△	○	△	○	○	×	×	△	×	△	×	
密閉式正壓過濾機												正壓過濾試驗手法可能依廠家而異
a. 葉濾機	×	△	×	×	×	○	○	×	×	△	×	
b. 筒狀濾蕊式	×	△	×	×	×	○	○	×	×	△	×	
壓濾機	△	△	△	×	×	○	×	△	×	○	○	有可能做添加凝聚劑或助濾劑試驗
濾筐型離心過濾機	△	×	×	×	×	×	×	×	○	○	×	
Decanter 型離心過濾機	△	×	×	×	×	×	×	×	○	○	×	
Relt Roller Press	○	△	×	×	×	×	×	△	×	○	含於小型機試驗	有可能做添加凝聚劑或助濾劑試驗
螺桿型壓榨機	○	△	×	×	×	×	×	△	×	○	含於小型機試驗	有可能做添加凝聚劑或助濾劑試驗
迴轉加壓脫液機	△	×	×	○	×	×	×	×	×	○	○	
多重圓盤脫液機	○	×	×	○	×	×	×	○	×	○	○	

7. 檢討所需過濾程序之規模，操作方式及與前後程序之銜接

在此過濾操作所須處理的泥漿量爲何？1 m^3/hr 以下可算是小規模，10 m^3/hr（數十 m^3/hr）算是中規模，100 m^3/hr 以上就歸爲大規模的過濾器。在小規模方面有豎型葉濾器和筒狀葉濾器；中規模則有水平型葉濾器、滾筒眞空過濾器、旋轉盤式壓濾器，及較小型之壓濾器；大規模的濾器以大型壓濾器及葉濾器，及旋轉盤葉濾器等均屬此類。須注意的是，實驗室之 bench scale 或試驗工廠之 pilot scale 之過濾器，往往只考慮得到固液分離時過濾之難易或是否可洗滌，而未能考慮與前後程序之銜接，或操作之經濟性。表 14-7 則是選機前可整理所需資料的表格，如與製造廠商洽談時有這些資料，則可避免許多不必要的錯解。

一般而言，過濾程序除了主角的過濾機外，尙有如進料的濃縮裝置，或貯槽等的前設備，和有如搬運濾餅的輸料機、濾液貯存槽等的後設備，故於選擇濾機機型

表 14-7　程序條件 [12]

程序名稱			
進料泥漿	(1) 名稱	(2) 處理量 m^3/hr	
固體粒子	(1) 濃度	(2) 固體真密度 kg/m^3	
	(3) 粒徑，平均最大粒徑		
濾液	(1) 名稱	(2) 密度 kg/m^3	(3) 黏度 c.p.
	(4)pH	(5) 溫度	(6) 揮發性
程序條件	(1) 過濾目的	□要濾液	□要濾餅
	(2) 溫度	(3) □需要密閉操作	
操作方式	□批式	□連續式	□半批式
產品品質	(1) 濾餅含液量　　% 以下	(2) □濾餅須洗滌，要求純度	
	(3) 濾液澄清度　　ppm 以下		
其他			

時得把這些前後設備與操作的操作時間（一班制或 24 小時作業制）一併考慮，才能做最佳後操作方式（連續或批式）的選擇及與前後程序之銜接方式的規劃。如連續型濾器受限時，可考慮半批式之完全自動化壓力型過濾器，亦是另一解決之道。

8. 構造材料與濾材品質

化工裝置之一特殊性就是耐腐蝕，如要過濾之泥漿、濾液是酸性或鹼性之腐蝕性流體，在構造上便須考慮使用耐蝕性材料，例如真空型濾器與腐蝕性流體接觸面積相當大，此時在構造上只能力求簡化。雖然近年來在材料科技上進步很快，在價格上相差亦縮小不少，但大量使用時，材料價格仍是選器時之重要的限制條件。表 14-8 列舉了過濾裝置各部分最常用之材質。

選擇正確的濾器時，除了選合適的機型外，選合適的濾材或濾布亦占不容忽視的地位。在一般過濾程序中，濾材是影響分離成效最重要的關鍵，一部製作再精細的過濾機若沒有搭配適當的濾材，則無法順利的運轉而達到有效分離的目的，一個良好的濾材需要具備許多不同的特性，包括過濾特性、抗化性、機械強度、可運用的尺寸及潤濕性等，詳細請參照第七章濾材章。

表 14-8　常用於過濾器之構造材料 [13]

濾筒、濾框	鐵、不銹鋼、硬質橡膠、襯硬膠金屬、襯塑膠金屬、木材、工程塑膠、FRP
濾面、濾板	鐵、不銹鋼、耐溫塑膠、木材、工程塑膠、FPR
濾管、配管	不銹鋼、鉛、塑膠、襯膠管、FPR
閥座	不銹鋼、Teflon、工程塑膠
液槽	不銹鋼、襯膠金屬、FRP、工程塑膠
泵	鐵、不銹鋼、鈦、硬質橡膠、襯硬質橡金屬、塑膠、Teflon、精密陶瓷

14.5.1　初選合適濾機機型類別

從以上的結果及參照表 14-9 所列示的不同濾機的特性和機能與選擇濾機的要點，初步選定最適程序要求的濾機機型，並搜尋可靠多家廠商，獲取可考慮採用的濾機相關規格、購置價格、操作與維修費用、交貨期限，及製造廠商的實績作爲決定採購前概估新增過濾程序的固定成本、操作維修費和生產規劃的考慮基礎。

表 14-9 的選機要點除了已在上節說明的處理目的、進料物性外，尙提到各濾機的機能、環境、維修管理，和費用面等，而表 14-10 和 14-11 表分別列示主要過濾器性能之比較 [1]，以及四種不同固液分離裝置處理洗煤廢水之脫液效果供初選濾機機型的參考。

初步選機型，常會面對具有同樣機能的濾機有好幾種的情況，也就是機種可由幾家不同廠商提供，此時常有消耗品，或維修的難易而產生操作成本和固定投資的差異。

14.5.2　選機策略與流程

基於上節所提到的各方面的檢討，兩段過濾試驗，該對擬新增的過濾程序的進料，程序的條件和要求，以及可考慮的濾機種類有基本的了解，圖 14-43 就據此基礎解說最終選合適要程序要求的過濾裝置的流程。此節將在已知程序目的、處理規模的前提下，依此流程分四段，即是：(1) 以確認進料懸濁液的物性爲起點；(2) 以濃縮（或凝聚）後的懸濁液爲進料，使用實驗室的**眞空斗式濾器**（nutsche）試驗結

表 14-9　濾機的特性和機能與選擇濾機的要點 [14]

選機要點		真空過濾機					密閉式正壓過濾機			壓濾機			離心脫液機		壓榨機				多功能過濾機
		滾筒迴轉過濾機	濾帶連續過濾機	預鋪助濾劑過濾機	旋轉濾盤過濾機	水平濾槽	垂直濾葉式	水平濾葉式	濾筒式	手動型	全自動化、濾布固定	全自動化、濾布走動	濾筐型	水平連續離心過濾機	傳動壓榨機（Helt Prcss）	螺桿型壓榨機	迴轉加壓脫液機	多重圓盤脫液機	
處理目的與性能	擬使用於生產程序	△	○	○	○	○	◎	◎	◎	○	○	○	◎	◎	×	○	×	×	◎
	擬使用於處理廢棄物程序	○	○	○	○	○	×	×	×	◎	◎	◎	△	◎	◎	◎	◎	◎	×
	希望減低濾餅的含液率	○	○	○	○	○	○	○	○	◎	◎	◎	△	○	○	○	○	△	◎
	希望能提高處理量	○	○	○	○	○	◎	△	◎	×	△	△	×	◎	○	○	△	×	△
	要能得合乎要求的澄清的濾液	○	△	◎	○	○	◎	◎	◎	◎	◎	◎	○	○	×	×	△	×	○
	以回收固粒為主目的前提下，選能有高回收率的機型	◎	△	×	◎	○	○	◎	○	○	○	○	○	○	×	×	×	×	×
	選能應付進料濃度有變化的機型	○	○	◎	○	○	×	×	△	○	◎	◎	○	○	△	△	×	△	×
	選單機具有高處理能力的機型	○	○	×	○	○	◎	×	◎	△	○	◎	×	◎	○	○	△	×	×
	選可以處理少量進料的機型	○	○	○	○	○	△	○	△	○	△	△	◎	○	○	○	○	◎	○
進料物性（一）	選可不添加藥劑下能處理固粒濃度 10% 以上的進料的機型	◎	◎	×	◎	◎	×	△	×	○	◎	◎	△	△	×	×	×	×	△
	選可不添加藥劑下能處理固粒濃度在 1% 以下的進料的機型	△	△	◎	△	△	◎	◎	◎	○	◎	◎	△	△	×	×	×	△	○
	可處理於有機性泥漿添加高分子凝聚劑的進料的機型	△	△	○	△	△	×	×	×	×	△	△	○	◎	◎	◎	◎	◎	×
	可處理於有機性泥漿添加無機凝聚劑的進料的機型	○	○	○	○	△	×	×	×	△	◎	◎	×	×	×	×	×	×	×
進料物性（二）	可處理含有一些有機溶劑的進料的機型	○	○	○	○	○	◎	◎	○	◎	◎	◎	×	◎	△	△	×	○	○
	適合處理含油污泥的機型	△	△	○	△	△	△	△	△	○	○	○	○	○	×	○	○	◎	×
	適合處理強酸、強鹼進料的機型	△	△	△	△	△	◎	△	○	◎	◎	◎	×	△	×	×	×	×	○
	適合處理高於 85C 進料的機型	○	○	○	○	○	◎	○	△	◎	◎	◎	○	○	×	×	△	◎	○
	適合能處理 100~500 cp 高黏度進料的機型	△	△	○	△	△	×	△	×	◎	◎	◎	△	○	×	△	×	○	○
機能	擬以連續操作過濾	◎	◎	○	◎	◎	×	×	×	×	×	×	×	◎	◎	◎	○	○	×
	希望操作不要被濾餅剝離濾材的好壞所影響	△	△	◎	△	△	△	△	×	×	◎	◎	×	◎	△	○	×	◎	×
	不要有不純物混進產品	△	△	×	△	△	○	○	○	△	△	△	△	○	×	×	○	×	◎
	希望盡量減少機械洗滌濾布的用水量	○	○	◎	○	○	○	○	◎	○	△	△	△	◎	×	○	◎	△	○
	希望能自動排卸濾餅	◎	◎	◎	◎	◎	△	×	◎	×	◎	◎	△	◎	◎	◎	◎	◎	○

表 14-9　濾機的特性和機能與選擇濾機的要點 [14]（續）

選機要點		真空過濾機					密閉式正壓過濾機			壓濾機			離心脫液機		壓榨機				
		滾筒迴轉過濾機	濾帶連續過濾機	預鋪助濾劑過濾機	旋轉濾盤過濾機	水平濾槽	垂直濾葉式	水平濾葉式	濾筒式	手動型	全自動化、濾布固定	全自動化、濾布走動	濾筐型	水平連續離心過濾機	傳動壓榨機（Helt Prcss）	螺桿型壓榨機	迴轉加壓脫液機	多重圓盤脫液機	多功能過濾機
	希望濾餅能定量輸送至下一程序	◎	◎		◎	◎	×	×	△	×	○	○	×	○	◎	◎	○	◎	△
	要洗滌濾餅	○	○	○	○	◎	△	△	○	◎	◎	◎	○	○	×	×	△	×	○
	希望裝置合乎衛生要求	×	×	×	×	×	○	◎	△	△	△	△	×	○	×	×	×	△	○
環境	希望容易防臭氣	△	△	△	△	△	△	△	○	△	△	△	×	○	△	△	○	×	◎
	希望減低噪音、振動	◎	◎	◎	◎	◎	○	○	○	◎	○	○	×	×	◎	◎	◎	◎	○
	盡量減低濾液散失	○	○	○	○	○	○	○	○	○	○	○	○	△	△	△	○	◎	○
	擬選省能機型的過濾機	○	○	×	○	○	○	○	×	◎	○	○	×	△	◎	○	◎	○	×
維修管理	擬選占較小空間的機型	◎	○	○	○	○	○	○	△	○	△	◎	△	○	○	○	◎	○	△
	希附屬、輔助設備較少的機型	◎	○	○	◎	○	○	○	△	○	△	△	○	○	○	○	○	○	△
	選操作簡單的機型	◎	◎	△	◎	◎	○	○	◎	△	◎	◎	△	◎	○	◎	○	○	×
	選容易維修，方便管理的機型	◎	◎	○	○	○	○	○	△	○	△	△	△	○	○	◎	○	○	△
費用面	希望消耗品要少、低	○	○	△	○	○	○	○	△	○	△	△	○	△	○	◎	○	△	△
	操作費（含勞資、管理費）要低	◎	○	△	◎	○	△	△	△	○	△	△	△	△	△	△	○	△	△
	購買、安裝費要盡量低	◎	○	○	○	○	◎	◎	×	○	△	△	○	△	△	△	△	○	

◎最合適　○合適　△視條件而定　× 不適

果探討如何往濾餅過濾或需以離心分離來脫液；(3) 初選濾器機型後，改使用同型小型濾機試驗確認程序要求的各項；(4) 以上段小型濾機試驗結果選定最適於程序所要的過濾機。

如於章首已述，本章以選擇濾餅過濾器為主軸，故此選機時遇到圖 14-43 所示流程有可能不適於一些懸濁液的物性較特殊的進料，或某些不同的目的的程序所需的固液分離，而需跨出此流程的範圍，另覓選其他固液分離裝置。

1. 檢討進料前處理的需要性

如已於上節所述進料懸濁液濃度，不僅影響過濾操作的脫液效果，也影響所選濾機的規模的決定，因此在選擇濾器前，常需檢討進料前處理的需要性，尤其如處

表 14-10　主要過濾器性能之比較 [1]

	真空迴轉	加壓容器型	真空濾帶 連續過濾機	壓濾機	水平濾盤 壓濾機
洗滌濾餅	可	可～尚可	可	不適	可
鋪蓋助濾劑	可	可～尚可	可	不太適合	可
氣體脫液	可	可	尚可	不適	可
操作	連續式	批式 可完全自動化	連續式	批式 可完全自動化	批式 可完全自動化
省力化	可	可	可	較難 但可完全自動化	自動化後可
裝置規模大型化	～150 m^2	～350 m^2	～100 m	～1,000 m^2	～100 m^2
過濾壓力	<0.9 kg/cm^2	<10 kg/cm^2	<0.9 kg/cm^2	<20 kg/cm^2	<20 kg/cm^2
處理能力	中量～大量	小量～中大量	中量～大量	小量～大量	中量～大量
固體處理量／ 單位過濾面積	小	中	小～中	大	大
脫液能力	小	中	小	高	高

表 14-11　不同固液分離裝置處理洗煤廢水之脫液效果 [1]

裝置型式	壓榨式壓濾器 （壓榨型）	真空過濾器	螺旋離心沉降分離器	帶狀壓榨器
粒徑（< 325 mesh %）	80.0	74.4	64.0	—
泥漿濃度（%）	34.1	38.0	—	27.0
濾餅含水率（%）	21.5	32.0	28.0	32.0
濾餅中固粒含量（ppm）	50	6,000	12,000	8,000

理量大的廢水時，進入過濾操作前檢討插入操作與設備都簡易的重力沉降裝置，不僅可穩定供應恰好濃度的進料，並可削減過濾脫液裝置的規模而獲得較佳的經濟效益。

(1) *確認重力沉降的可行性*

一般而言，除了於生產程序的前一程序所排出的懸濁液已知可直接提供過濾操作外，都先檢討這進料的固粒濃度，粒子的沉降速率可否藉用最合乎經濟的重力沉降方式的濃縮至合適過濾操作的濃度。如濃度太稀又粒子與溶媒密度差小時，就得考慮是否可利用凝聚劑來改善沉降，或改用浮選離心沉降來達成濃縮的目的。

(2)檢討可否添加凝聚劑

如沉降速率不理想時，依產品品質是否容許添加凝聚劑增大粒子的大小來加速沉降？可添加時，就於凝聚劑添加試驗，找出合適的凝聚劑與添加量（請參照第三章前處理章）。

(3)其他濃縮法

濃縮進料懸濁液除了最廣泛利用的重力沉降法外，尚有如利用機械離心力的離心沉降和流體漩渦的 Hydrocone（參照第一章）等不同的濃縮手法，如含有粗粒或固粒密度大的固粒時，常藉用兩段以上的串聯液體漩渦分離器來調整進料懸濁液的濃度和粒徑分布。

如於沉降濃縮系統和過濾系統中有需要插置貯槽，須考慮原液的**經時變化**（aging effect，如溫度、腐敗、結晶性）的影響及過度沉積的影響而檢討是否該設置貯槽，如仍要設置時得同時檢討附設攪拌機和維持溫度的熱傳系統。

2. 解析實驗室規模過濾試驗結果初選所需過濾機

(1)確認進料懸濁液的過濾難易度，並初選所需濾機的類別

如上節所述，這段試驗常用的濾器是實驗室的**漏斗式眞空斗式過濾器**（nutsche）初步量測在不同過濾條件下進料懸濁液的濾性，如濾餅的成長速率、濾液的澄清度等值。並由解析在某一過濾壓差下濾液量隨時間的變化數據可求得此條件下濾餅的平均過濾比阻，表 14-12 是依據濾餅的平均過濾比阻識別進料懸濁液的過濾的難易度，和可適用於各難易度懸濁液的過濾機機型類別。

表 14-12　懸濁液的過濾的難易度與可適用的過濾機機型

濾餅的過濾比阻（m/kg）	過濾難易度	合適使用的過濾器機型
10^{10} 以下	很容易	真空過濾機、壓榨脫液機、濾筐型離心過濾機
10^{10}～10^{12}	尚可過濾	壓濾機、密閉式正壓過濾機、水平連續離心脫液機
10^{11}～10^{14}	難過濾	具壓榨功能型壓濾機、預鋪助濾劑過濾機
10^{14}～10^{15} 以上	非常難過濾	需考慮使用助濾劑，或先添加凝聚劑凝聚再過濾

圖 14-42 是 Tiller 依據目測眞空過濾器時濾餅的成長速率判別濾性的濾性難易度指標。Tiller 並依據這指標提出如圖 14-43(2) 所示的初選濾器的流程，雖與圖 14-43(1) 的流程類似但有不甚同的地方，尙不失爲簡便而相當完整的流程，如泥漿中之固體粒很容易沉降或甚易過濾，其濾餅成長幾乎以秒計（cm/sec），（$\alpha_{av}<10^9$ m/kg），則此泥漿之過濾可考慮重力過濾或眞空過濾；如程序上需爲連續操作，宜採用連續帶過濾器，但因容易發生沉降，故不宜用攪拌不強之普通滾筒眞空過濾器；濾餅需要洗滌時，最佳之抉擇仍是水平濾帶或斗式或盤狀眞空或重力過濾器。如濾餅成長速率是以分計（cm/min），此泥漿屬易濾型泥漿（α_{av} 介在 10^9～10^{11} m/kg），選擇適用之濾器前應考慮處理量、操作方式，對濾餅、濾液之品質要求。如是量不小而需連續操作，則宜選滾筒眞空過濾器、水平濾帶連續過濾器，這些機型均屬低壓差，連續操作，且具有良好的洗滌功能，但價格不貲；如程序上不需濾餅洗滌，則旋轉盤狀葉濾器可提供更多之過濾面積；如不需考慮連續操作，葉濾器、壓濾器是好的選擇，前者適於需洗滌濾餅，而後者則可處理較大量之泥漿；如需要嚴謹的洗滌時，水平盤狀葉濾器或盤狀葉濾器該是最佳之抉擇。如在實驗室之眞空過濾器裡濾餅成長是以時計（cm/hr）（$\alpha_{av} < 10^{11}$ m/kg）時，該泥漿之濾性就屬於較難過濾的範圍，一般低壓差之過濾器就不適用，所以壓濾器、壓力葉濾器、盤狀迴轉壓濾（掃流）器爲較適當的選擇。小規模的處理以豎型葉濾器或濾筒型壓力過濾器較爲恰當，如不需要洗滌時，小尺寸之壓濾器或是最佳之抉擇。連續操作雖可用

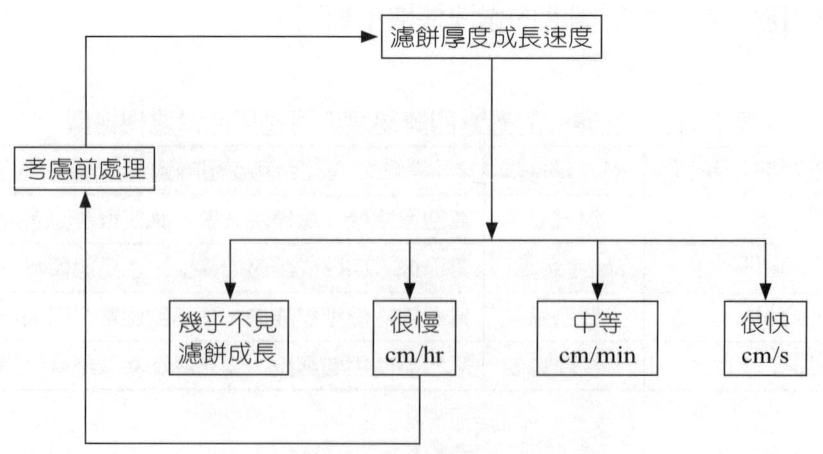

圖 14-42 泥漿之過濾難易度之指標 [26]

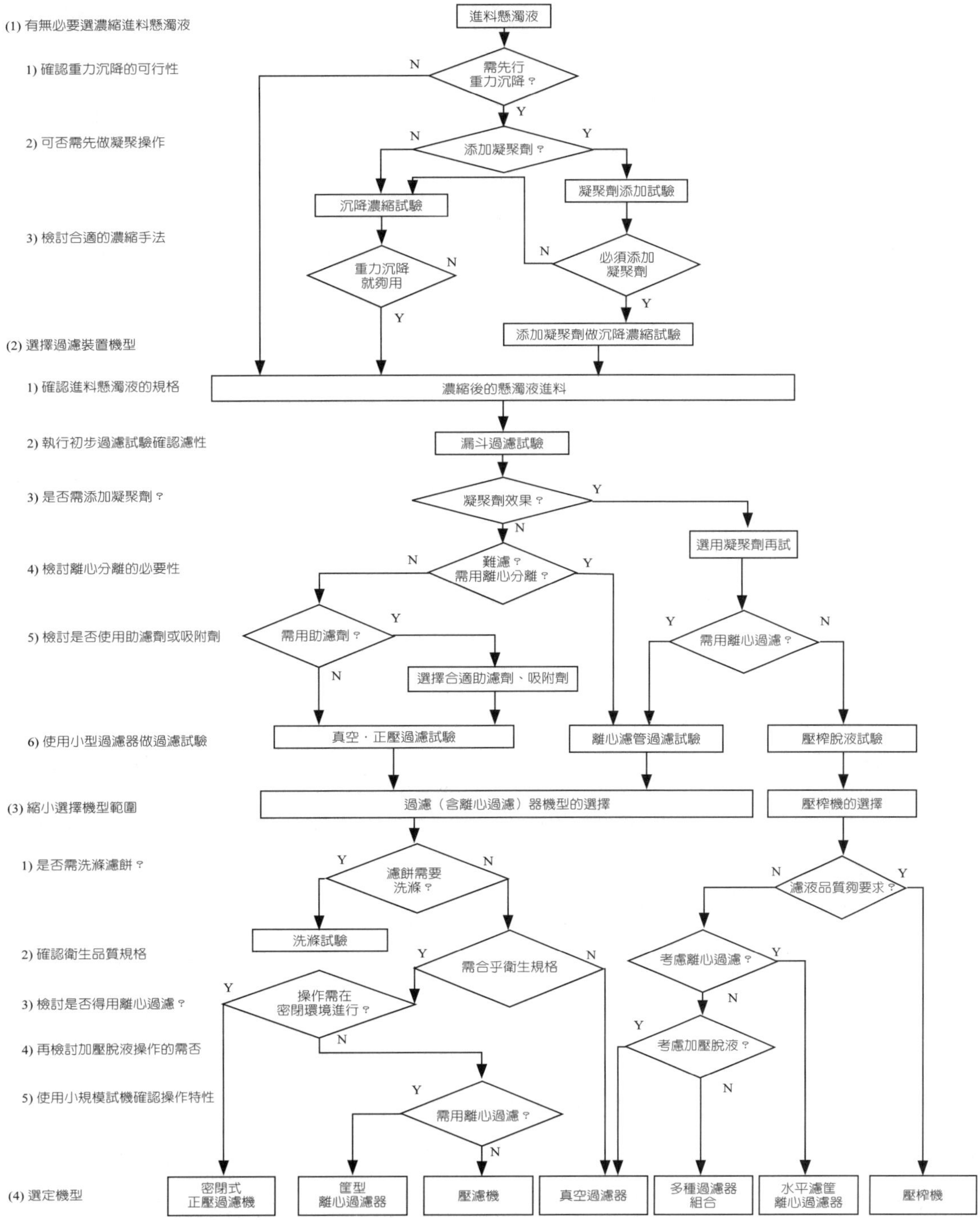

(1) 有無必要選濃縮進料懸濁液

1) 確認重力沉降的可行性

2) 可否需先做凝聚操作

3) 檢討合適的濃縮手法

(2) 選擇過濾裝置機型

1) 確認進料懸濁液的規格

2) 執行初步過濾試驗確認濾性

3) 是否需添加凝聚劑？

4) 檢討離心分離的必要性

5) 檢討是否使用助濾劑或吸附劑

6) 使用小型過濾器做過濾試驗

(3) 縮小選擇機型範圍

1) 是否需洗滌濾餅？

2) 確認衛生品質規格

3) 檢討是否得用離心過濾？

4) 再檢討加壓脫液操作的需否

5) 使用小規模試機確認操作特性

(4) 選定機型

進料懸濁液
需先行重力沉降？
N
Y
添加凝聚劑？
N
Y
沉降濃縮試驗
凝聚劑添加試驗
重力沉降就夠用
N
Y
必須添加凝聚劑
N
Y
添加凝聚劑做沉降濃縮試驗
濃縮後的懸濁液進料
漏斗過濾試驗
凝聚劑效果？
Y
N
選用凝聚劑再試
難濾？需用離心分離？
N
Y
需用助濾劑？
Y
N
選擇合適助濾劑、吸附劑
需用離心過濾？
Y
N
真空・正壓過濾試驗
離心濾管過濾試驗
壓榨脫液試驗
過濾（含離心過濾）器機型的選擇
壓榨機的選擇
濾餅需要洗滌？
Y
N
洗滌試驗
濾液品質夠要求？
N
Y
需合乎衛生規格
Y
N
考慮離心過濾？
Y
N
操作需在密閉環境進行？
Y
N
考慮加壓脫液？
Y
N
需用離心過濾？
Y
N
密閉式正壓過濾機
筐型離心過濾器
壓濾機
真空過濾器
多種過濾器組合
水平濾筐離心過濾器
壓榨機

圖 14-43　選擇過濾方式之參考流程 (1)[14]

壓力型滾筒過濾器或迴轉壓濾器，但不如使用多部自動化水平盤狀葉濾器或壓濾器交互使用理想。如濾組（α_{av}）大於 10^{12} m/kg 以上時，須考慮離心過濾，或藉助助濾劑來完成過濾；但添加助濾劑，將使回收濾餅夾雜了不純物，故只適用在不回收濾餅的程序。因濾液之澄清度與所使用於過濾的壓力差成反比，故泥漿經較大之壓力過濾或離心過濾所得濾液之澄清度較差，因此需要高澄清度產品時，需考慮把濾液再經助濾劑層過濾或再經深層濾材過濾，始可獲得澄清度較高之濾液；而利用壓濾器所得之濾餅如需洗滌，可將所得濾餅以洗滌液**泡開**（repulping），重新過濾也是一可行之方法。

(2) 確認添加凝聚劑的效果

如程序允許添加凝聚劑來改善濾性，就利用實驗室規模過濾器來選定合適的凝聚劑和添加量，如效果良好時，再進一步進行壓榨脫液和離心分離試驗，如於這段試驗，其濾餅的含液率和濾餅從濾材的剝離性不夠理想時，不妨考慮改用或併用無機凝聚劑再試。

如進料屬於不宜採用眞空過濾機的泥漿，可選用具有壓榨功能的正壓過濾機，此時爲測試濾餅從濾材的剝離性，或得使用濾葉型過濾試驗器進行過濾試驗。

(3) 檢討離心沉降或過濾可行性

經凝聚處理的泥漿過濾試驗後其過濾比阻仍高於 10^{11} m/kg，或濾餅含液率還嫌高時，宜檢討此泥漿的離心沉降或過濾可行性，來判斷採用離心分離（沉降或過濾）機或連續螺桿脫液機的可行性。

(4) 檢討使用助濾劑或吸附劑可行性

如回收高純度的澄清濾液是此過濾程序的目的之一，而靠單純的過濾無法達成程序要求的純度和澄清的濾液時，也得在此階的過濾試驗選擇合適的助濾劑或吸附劑及使用劑量。

3. 藉小型實務機過濾試驗結果選擇所需過濾機機型

從上段所述的實驗室規模過濾試驗裡所獲得眞空、正壓、離心沉降、初步壓榨等試驗結果，已足確認此進料泥漿的濾性、濾餅含水率、洗滌濾餅的需要性、濾液的品質和回收率，並進一步做試驗工廠規模的過濾試驗來檢討洗滌濾餅的方式、濾液和洗滌液的品質，以及採用離心分離提升濾液回收率的需要性，和檢討過濾操作的衛生環境、品質等。

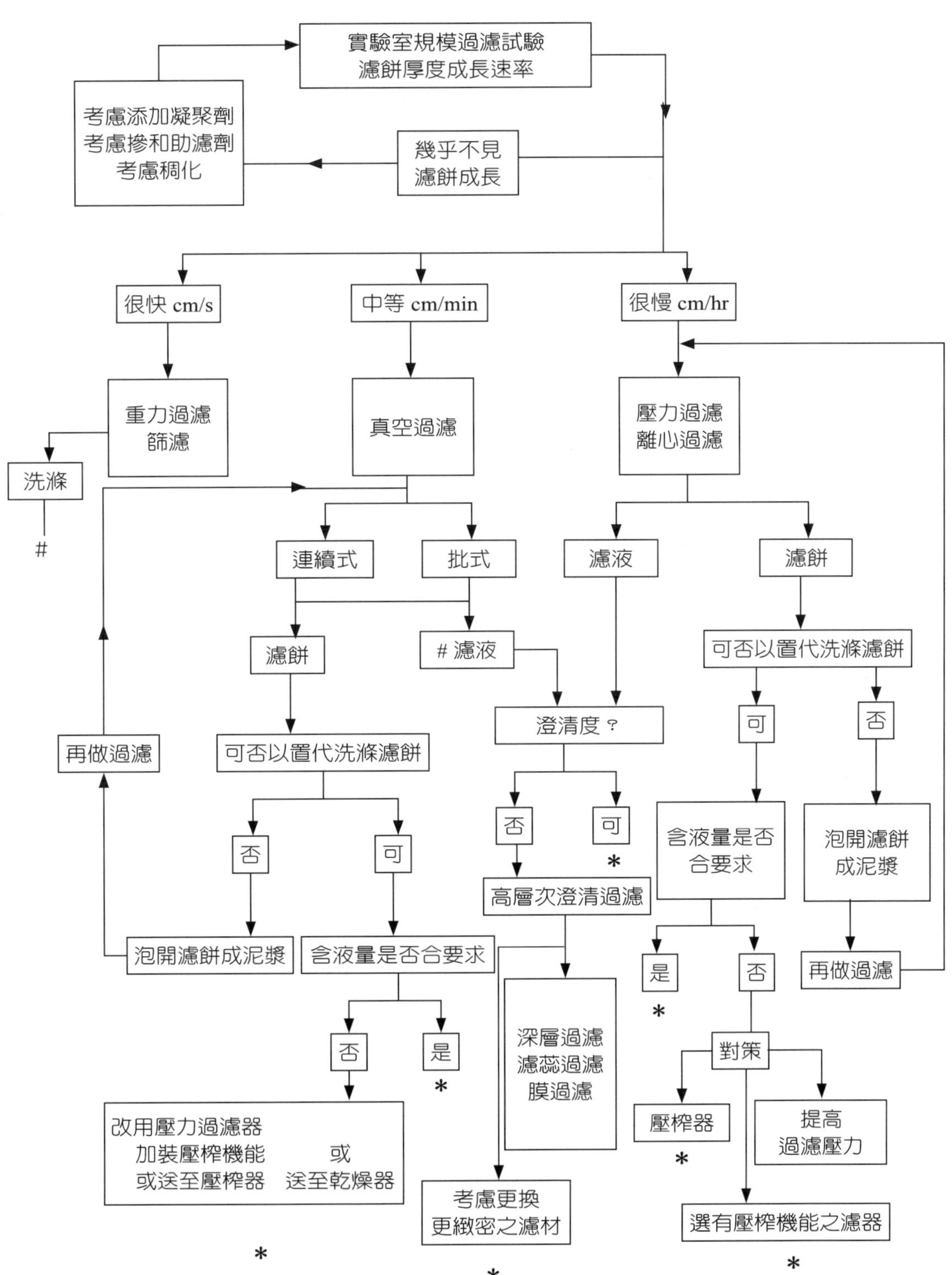

圖 14-44　選擇過濾方式之參考流程 (2)[25]

在這段首先依初選機型結果找尋所選出機型的可靠製造廠商，利用廠商擁有的試驗工廠規模的過濾試驗機，以共同或委託方式執行最後一段的過濾試驗來確認進料懸濁液的濾性，選出合用的濾材（布）、助濾劑的使用方式和劑量、濾液的品質（澄清度、純度等）和回收率、濾餅的含液率及回收率，選定濾餅的卸排方式、洗滌濾餅的手法（機內洗滌、泡開重濾、吹氣體脫液等），也檢討輸送進料的泵、輸送濾餅、濾液至下一程序的附屬設備，規劃操作步驟確認呆機時間在內的操作週期的時間，並檢討自動化操作的可行性與需要性。定投資的差異，表 14-13 把各種不同機型濾器之平均購置費用、耗材（含零件）、維修費、所需工數，及停機時間作一些比較（但在人力一項不含完全自動化之機型），此表只是很粗略的趨勢的比較，該可提醒讀者選機型時不可忽略影響經濟成本面的因素。

表 14-13　主要過濾器之費用及所需停機時間之比較

		壓濾器	葉濾器	連續滾筒迴轉過濾機	連續帶狀過濾器	濾蕊式過濾器	濾袋式過濾器
固定費用	總費用	High++	Med.*	High	High	Low	Low
	單位過濾面積	Low	Low	High	High	Med.	High
耗材費		High	Med.	Med.	High	Med.	Med.
維修費		Low	Low	High	High	Low	Low
人件費		High*	High*	Low	Low	Med.	Low
停機時間		Med.	Med.	Low	Low	Low	Low

* 不含完全自動化之機型

在最後選濾機的機型及台數時，爲達成程序目的，不一定是只選單一濾機是最合理或最經濟的選擇，如用離心分離所得的濾液濁度較高、固粒回收率較低，如改並用過濾與壓榨的**兩段處理**（hybrid system）可得澄清度較佳並得含液率較低的濾餅。

使用側人員有了探討懸濁液是否需做前處理及各種過濾條件，將該公司的試驗結果，可判讀實機的試驗報告進一步的綜合總檢討，必要時要求製造廠可否在生產懸濁液現場再進行試驗，視其結果決定是否購置新過濾裝置。

製造廠受訂單後依規格表所列的處理量製造新過濾裝置，製造完竣後，連操作手冊一併運至使用側工廠，並共同安裝，交機試車，通過試車後就移交使用側正式操作。

參考文獻

1. American Felt & Filter Co., "Liquid Filtration" (1986).
2. Brown, G. G.; "Unit Operations" John Wiley & Sons, New York, U. S. A. (1950).
3. CIBA-GEIGY, SA.; "Liquid Filtration in Chemical Industry" (1971).
4. Coulson, J. M. and J. F. Richardson,; "Chemical Engineering,Vol. Ⅱ" Butterworth Heinemann, Exeter, UK (1990).
5. Delkor, "Horizontal Vacuum Belt Filter" Catalogue.
6. Foust, A. S. and associates: "Principles of Unit Operations" John Wiley & Sons, New York, U. S. A. (1960).
7. IHI-Funda, IHI-FUNDABAC filter Catalogue.
8. Inoue, I.; Chemical Engineering Handbook, 3'rd Edition, SCE J, Tokyo, Japan (1974).
9. Kurita Machinery Mfg. Co., "Automatic Filter Press Catalogue."
10. Kotobuki, Mfg. Co. "Rotary Filter Press," Catalogue.
11. Larox, "Automatic Horizontal Press Catalogue".
12. Lu, W. M. "Filtration Technology" Kaolih, Taipei, Taiwan (1983).
13. Matsumoto-1，松本幹治（主編）；實用固液分離技術，分離技術會，東京，日本（2010）。
14. Matsumoto-2，松本幹治（主編）；ろ過脱水機ガイドブックLFPI，東京，日本（2012）。
15. Mitsubishi, K., K., "Liquid-Solid Separation" (1989).
16. Mytex, "Filtration System" Catalogue.
17. Noritake, "Automatic Filter Press Catalogue."
18. Orr, C.; "Filtration" Marcel Dekker, New York, U. S. A. (1977).
19. Perry, R. H. and C. H. Chilton,; "Chemical Engineers Handbook" 5th Ed., Mc Graw Hill, New

York, U. S. A. (1973).

20. Powder Tech, Association, Japan; “Filtration and Expression Manual,” Ind. News Daily, Tokyo, Japan (1973).
21. Rushton, A., A. S. Ward, and R. G. Holdlich; “Solid-Liquid Filtration and Separation Technology,” 2’nd Ed., Wiley-VCH, Weinhein, Germany (2000).
22. Sanshin Mfg. Co., “Guide to Products”.
23. Shirato, M. “Filtration II” Nikkankogyo, Tokyo, Japan (199?).
24. Sugimoto, T.; Filter Aids and Filtration, Chijiin Books, Tokyo, Japan (1969).
25. Tiller, F. M.; Chem. Eng. Vol. 73, ＃13, 151 (1966).
26. Tiller, F. M.; Chem. Eng., Vol. 81, 123 (April 15, 1974).
27. 户谷誠一；化學裝置・機械實用ハンドブック，藤田重文主編，Ch.13遠心分離，朝倉書店，東京，日本（1957）。
28. Wakeman, R. J. and E. S. Tarleton,; Filtration” Elsevier Adv. Tech., Oxford, UK(1999).

第十五章
濾餅過濾之程序計算與管理

／呂維明

雖然在第五章已介紹了濾餅過濾之基本關係式，所舉之例僅限於如何佐證所推導之式子正確性及一些基本特性。爲了讓讀者於面對現場實際操作或設計時，能更熟悉於這些基本關係式之應用，在此章從現場人員之角度來探討其運用，也將介紹如何選擇或決定濾餅過濾之最佳週期及最佳生產力。在此章之後段舉列濾餅過濾過程可能遇到之問題及一些對策外，也提供如何掌握過濾操作和應付可能發生的故障的對策和方法。

15.1　過濾操作之週期

無論過濾操作之方式是連續或批式，完整的過濾操作都包含如圖 15-1 所示之幾個階段。圖中右側括弧指的是該階段所需時間，這些各階段所需時間之總和稱爲**過濾週期**（filtration circle）t_c，亦即

$$t_c = (t_{d_1} + t_{d_2} + t_{pc}) + (t_f) + (t'_f + t_w + t'_w) + t_e$$
$$= t_D + t_f + t_w + t_e \qquad (15\text{-}1)$$

如不需預鋪助濾劑，而 t'_f 及 t'_w 可不計時，則 $t_D = t_{d_1} + t_{d_2} + t_{pc}$，$t_D$ 代表的是該裝置爲準備、整台、預鋪助濾器，折台卸餅所占之時間，也即週期中不做過濾之待機時間，則週期 t_c 爲

$$t_c = t_f + t_w + t_e + t_D \qquad (15\text{-}2)$$

故某一濾器之總括過濾速率不只是過濾時由濾液出口流出之速率，而是總濾液量除上全過濾週期，如不討論壓榨階段，即

$$q_{cycle} = \frac{V}{t_f + t_w + t_D} \qquad (15\text{-}3)$$

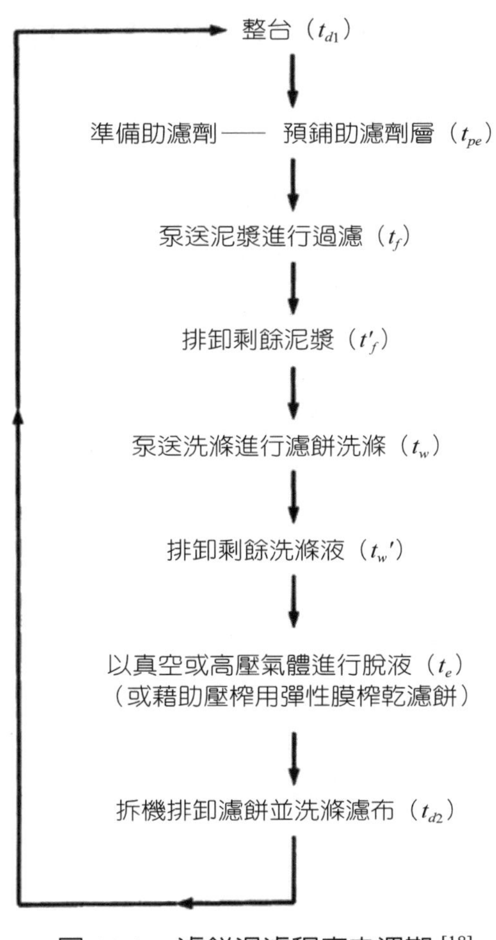

圖 15-1　濾餅過濾程序之週期 [18]

在上式或可把排卸剩餘泥漿及排卸剩餘洗滌液時間併算在**呆機時間**，則

$$t_D = t_{d_1} + t_{d_2} + t_{pc} + t'_f + t'_w \tag{15-4}$$

15.2 生產力（productivity）

一濾器之生產力指在一完整的過濾週期裡可產生之目的量，可能是可獲得之濾餅乾量，或澄清濾液之容量或質量。要比較不同濾器之能力，則可以單位時間可得之目的量來表示，如

對濾餅乾量而言：$P_{rs} = (cV)/t_c$ （15-5）

對濾液量而言：$P_{rl} = V/t_c$ （15-6）

上式中，V 是每一週期可得之濾液容積 [m^3]，而 c 則如式（5-2）所定義的 W/V 或 w/v，即 $c = \rho s/(1 - ms)$。

15.3 濾餅過濾之程序計算

過濾程序計算所需要求的不外是濾餅量、濾液量、可能成長之濾餅厚度，及過濾所需之時間等，這些應用公式已分別在第五、十二及第十三章介紹，在此只不過重新提出，俾能與本章裡將所舉之例有所對照。

15.3.1 濾餅過濾之基本關係式

在第五章已介紹過濾之總括速率方程式

$$\frac{dv}{Adt} = \frac{\Delta p_f}{\mu(R_c + R_m)} \tag{15-7}$$

在此 Δp_f 爲過濾所產生之壓差 $= \Delta p_c + \Delta p_m$，

R_c 為過濾之濾阻，

R_m 為濾液流經濾材時之阻力，

A 為過濾面積，

$R_c = a_{av}w$，

a_{av} 是濾餅之平均過濾比阻 [kg/m]。

由 Ruth 之平均過濾比阻，

$$\alpha_{av} = \frac{\Delta p_f}{\int_0^{Hp_f} \frac{dp_s}{\alpha_x}} \tag{15-8}$$

如局部濾阻可以其所承受之壓縮壓力之函數表示，如 a_x 可以 $a_x = f(p_s) = a_o p_s^n$ 表示，則

$$\alpha_{av} = (1-n)\alpha_o(\Delta p)^n \tag{15-9}$$

假設濾材阻力以所承受之壓力或指數函數表示，

$$R_m = R_o \Delta p_f^r \tag{15-10}$$

則式（15-11）可寫成

$$\frac{dV}{Adt} \cong \frac{\Delta p_f}{\mu[(1-n)\alpha_o \Delta p_c^n \frac{cv}{A} + R_m \Delta P_f^r]} \tag{15-11}$$

就非壓密性濾餅與濾材而言，$n = 0$ 及 $r = 0$，故式（15-11）可簡化成為

$$dv/dt = \frac{\Delta p_f A^2}{\mu(\alpha_o(1-n)cv + R_m A)} \tag{15-12}$$

在**恆壓過濾**條件下，式（15-11）可寫成

$$\frac{\Delta p_f \cdot t}{v/A} = \alpha_o (1-n) c\mu (\frac{v}{A}) + R_m \mu \Delta p_f^r \tag{15-13}$$

或 $$t = \frac{\alpha_o (1-n) c\mu}{\Delta p_f} q^2 + R_m \mu \Delta p_f^r q \tag{15-14}$$

在恆率過濾時 $dv/dt = \text{const.}$，故

$$\frac{\Delta p_f \cdot t}{v/A} = \alpha_o (1-n) c\mu (V/A) + R_m \mu \Delta p_f^r \tag{15-15}$$

對可壓密性濾餅而言，因 $\alpha = \alpha_o \Delta p_c^n$，恆壓過濾時式（15-13）可寫成

$$\frac{\Delta p_f \cdot t}{v/A} = \alpha_o (1-n) c\mu \Delta p_c^n + R_m \mu \Delta p_f^r \tag{15-16}$$

而恆率過濾時則為

$$\frac{\Delta p_f \cdot t}{(v/A)} = \alpha_o (1-n) c\mu \Delta p_c^n (\frac{v}{A}) + R_m \mu \Delta p_f^r \tag{15-17}$$

15.3.2 濾餅過濾操作的計算例

例題15-1 壓濾器之恆壓過濾[12]

利用過濾面積 28 m^2 之壓濾器過濾可壓密濾性之泥漿，當過濾條件為恆壓，壓力差為 5 kg/cm^2 時，在 $t_f = 3$ hrs 時得總濾液量為 38 m^3。

假定 R_m 可忽視時，試估計：

(1) 過濾面積為 2 倍時可得濾液量為多少？

(2) 過濾壓差增加為 2 倍（10 kg/cm^2）時濾液量有多少？濾餅壓密指數 $n = 0.2$。

(3) 如過濾完成後以 8 m^3 之洗滌液洗滌濾餅，洗滌所需時間為多少？

解 當 $R_m = 0$ 時，式（15-14）可簡化成爲

$$(V/A)^2 = \frac{\Delta p^{1-n} t}{\alpha_0 (1-n) c\mu} = k\Delta p_f^{1-n} t \qquad (15\text{-}18)$$

(1) 只增加過濾面積爲 2 倍，而其他條件不變，則

$$\frac{(V_1/A_1)}{(V_1/A_2)} = \frac{(V_1/A_1)}{(V_2/2A_2)} = 1$$

故 $V_2 = 2V_1 = 2 \times 38 = \underline{76\ m^3}$

亦即 3 hrs 內可濾出 76 m^3 之濾液

(2) 當過濾壓差增加至 10 kg/cm^2 時，t 不變，則

$$\frac{(V_1/A_1)^2}{(V_2/A_2)^2} = \frac{\Delta P_1^{1-n}}{\Delta P_2^{1-n}} = \frac{\Delta P_1^{1-n}}{(2\Delta P_1)^{1-n}}$$

故 $V_2 = 2^{\frac{1-n}{2}} \cdot V_1$，$V_2 = 1.32 \times 38 = \underline{50.2\ m^3/3hrs}$

(3) 在式（15-18）中代入已知數値求 k 值

$$k = \left(\frac{V}{A}\right)^2 \left[(\Delta p^{1-n}) \cdot t\right] = \left(\frac{38}{28}\right)^2 / \left[(5^{0.8}) \cdot 3\right] = 0.17$$

故簡化後之過濾式爲 $\left(\frac{V}{A}\right)^2 = 0.17\Delta P^{1-0.2} t$ （15-19）

對 t 微分，可得

$$q = 0.17\Delta P^{0.8} / \{2(V/A)\} = 0.17 \cdot (5)^{0.8} / \left\{2(\frac{38}{28})\right\} = 0.226 \frac{m^3}{m^2 \cdot hr}$$

此爲過濾最後之濾速。如洗滌速度可以此濾速估計，且因濾器爲壓濾器，洗滌時面積將減半，而濾餅厚度爲 2 倍，故其濾速爲 q_f 之 1/2，故

$$t_w = V_f / (\frac{A_1}{2}) \cdot (q_f / 2) = 8/(28 \times 0.226/4) = \underline{5.06\ hrs}$$

例題15-2　葉濾器之恆壓過濾[18]

利用葉濾器以壓差 2 kg/cm^2 過濾 $Fe(OH)_3$ 之泥漿，對單位過濾面積得 1.37 m^3 之濾液，如此過濾所需時間 t_f = 6.5 hrs。而 t_D（整台及拆台所需呆機時間）= 0.67 hr，如過濾後以濾液量的三分之一的洗滌液進行洗滌，其他條件完全不改，則因做洗滌而減少之工作能力爲多少 %？

解 假定 $R_m \approx 0$，則 $\left(\dfrac{V}{A}\right)^2 = k't$

因 $V/A = 1.37$，$t = 6.5$ hrs，故 $k' = 0.288$

令 $V/A = v$，則 $\dfrac{dv}{dt} = q = \dfrac{k'}{2v}$

故 $t_w = \dfrac{v/3}{k'/2v} = \dfrac{2v^2}{3k'} = \dfrac{2(1.37)^2}{3 \times 0.288} = 4.34$

原來之生產力為 $= 1.37/(6.5 + 0.67) = \dfrac{1.37}{7.167} = 0.191\ \text{m}^3/\text{hr}$

加洗滌後生產力 $= 1.37/(7.17 + 4.34) = \dfrac{1.37}{11.51} = 0.119\ \text{m}^3/\text{hr}$

生產能力之減少為 $= \dfrac{0.191 - 0.119}{0.191} = \underline{37.8\%}$

例題15-3　連續滾筒真空過濾器（RVF）[18]

計算所需之基本公式可參照 5.7.3 節，在此，擬藉舉幾個例題來說明一些操作變數對其生產力之影響。

(1) 如將滾筒之迴轉速度由 n_1 改變至 n_2，其生產力變化為多少？（如 $n_1 = 0.3$ rpm，至 $n_2 = 0.5$ rpm）

(2) 如將其浸在泥漿之面積由 30% 增加至 40% 時，其生產力之變化如何？

解 以每小時之過濾量代表其生產力，

故滾筒之迴轉速度由 n, rpm 改為 rph，因 $N = 60n$

每一迴轉所得之濾液量為 v，所需時間為 t_c，而浸在泥漿之面積分率為 φ，則每迴轉裡實際進行恆壓過濾時間 $t_f = \varphi/n$，每一迴轉可得之濾液量 v 時，$v^2 = kt_f$，每小時可得之濾液量 $V = v\text{N}$，故改變操作條件前後之生產力 V_1 與 V_2 之比較為

$$\frac{V_2}{V_1} = \frac{v_2 N_2}{v_1 N_1}$$

(1) 如迴轉速度由 N_1 改變為 N_2，φ 不變時，

$$\frac{V_2}{V_1} = \sqrt{\frac{k/n_2}{k/n_1}}\left(\frac{N_2}{N_1}\right) = \sqrt{\frac{n_1}{n_2}}\left(\frac{n_2}{n_1}\right) = \sqrt{\frac{n_2}{n_1}}$$

若 $n_1 = 0.3$，$n_2 = 0.5$，則其生產力之變化為

$$\frac{V_2}{V_1}=\sqrt{\frac{0.5}{0.3}}=1.29$$

濾液產量增加之 % 爲

$$\frac{V_2-V_1}{V_1}\times 100=\frac{0.29}{1}\times 100=\underline{29\%}$$

(2) N 不改，φ 由 30% 增加爲 40%

$$\frac{V_2}{V_1}=\frac{v_2N}{v_1N}=\frac{\sqrt{kt_{f^2}}}{\sqrt{kt_{f^1}}}=\sqrt{\frac{\varphi_2}{\varphi 1}}=\sqrt{\frac{0.4}{0.3}}=1.15$$

亦即浸液面積增加 10% 所增之濾液產量之 % 爲

$$\frac{V_2-V_1}{V_1}=\underline{15\%}$$

15.4　最佳過濾週期與最佳生產力 [18]

以同一濾器來進行過濾操作，就得走過如圖 15-1 所示之各階段，在過濾過程，使用之壓差大小、最終濾餅厚度、洗滌與否，甚至洗滌液量之多寡均會改變各階段所需之時間、濾液量之多寡，亦即左右該濾器之生產力（productivity）。一般而言，濾餅厚度薄時，可得較大之濾速，但每次拆台及整台不論濾餅之厚或薄幾乎是定值，這兩者互相相扣間可找出一最佳條件，讓該濾器之生產力達至最大。

15.4.1　恆壓過濾操作之最佳週期 [18]

爲了簡化數學式，假設 $R_m=0$，則過濾式可寫成

$$\left(\frac{V}{A}\right)^2=\frac{2\Delta P}{\mu C\alpha_{av}}t_f=kt_f \tag{15-20}$$

亦爲了便於數學推導，在此簡化模式下只含過濾與含拆機與整台兩階段，對單位過

濾面積而言，其生產力為

$$\frac{V/A}{t_f + t_D} = \frac{V/A}{\frac{1}{k}(V/A)^2 + t_D} \tag{15-21}$$

求此值之最大值可將上式對 V 微分，令其導函數等於零，則可求得，亦即

$$\frac{1}{A}[\frac{1}{k}\left(\frac{V}{A}\right)^2 + t_f - \frac{2}{k}\left(\frac{V}{A}\right)^2] = 0 \tag{15-22}$$

上式對 t_D 解得

$$t_D = \frac{1}{k}\left(\frac{V}{A}\right)^2 = t_f \tag{15-23}$$

此結果顯示，當過濾時間與呆機時間相等時，在恆壓過濾操作可得最大之生產力。

例題15-4　恆壓過濾之最佳生產條件[18]

用濾框厚度為 25 mm 之板框過濾器，於壓差為 2 kg/cm^2 做恆壓過濾 4.0 小時 1 m^2 過濾面積獲得 1.37 m^3 之濾液，如 t_D = 0.7 hrs 時

(1) 如不做洗滌濾餅，如何改變濾框厚度可得最佳生產力？

(2) 如以 1/3 之濾液量之洗滌液做洗滌時，又得如何改變濾框始可得最佳生產力？

解 (1) 由於改變濾框厚度 L (m) 則可得濾液量也將隨之而變，此時如 $R_m \approx 0$，恆壓過濾式可寫成

$$\left(\frac{1.37L}{0.025}\right)^2 = kt$$

k 值可由題意求得為 0.469，而生產力 Y 為

$$Y = \frac{V/A}{t_f + t_D} = \frac{1.37L/0.025}{\left(\frac{1.37L}{0.025}\right)^2 / 0.469 + 0.7}$$

$$= \frac{54.8L}{3{,}403L^2 + 0.7}$$

將 Y 對 L 微分並令 $dY/dL = 0$，可得

$L = \sqrt{0.7/6403} = \underline{0.010\ \text{m}}$

對題意所給之泥漿及條件而言，當濾框厚度爲 10 mm 時可得最佳生產力

(2) 如 $V_w = V/3$ 做洗滌則

$$Y = \frac{V}{t_f + t_w + t_D}$$

如 $\frac{V}{A} = v$，對恆壓過濾而言

$V^2 = kt_f t$

$$\therefore \frac{dv}{dt} = q = \frac{k}{2v}$$

在壓濾器洗滌速度爲上值之 1/4，故

$$t_w = \frac{V_w}{\frac{k}{8v}}$$

$$Y = \frac{1.37L/0.025}{(\frac{1.37L}{0.025})^2/0.469 + \frac{8(1.37L/0.025)^2}{(3)(0.469)} + 0.7}$$

求 $dY/dL = 0$，可得

而 $L = \sqrt{38.4/(54.8)(428)} = \underline{0.04\ \text{m}}$

理論上所得濾框厚度爲 (1)10 mm 及 (2) 4 mm，就實務上而言，此厚度均太薄，在濾框之**強度**（rigidity）上不適，宜稍加其厚度。

例題15-5　恆壓過濾之最佳濾餅厚度[18]

Takashima 從過濾之一般式

$$V^2 + (1 + \frac{nx}{nx+1})V_0 V + \frac{kt_D}{(nx+1)} = \frac{k}{(nx+1)} \cdot t_c$$

但 $t_c = t_f + t_w + t_D$

導出恆壓過濾之最佳條件

$$\text{對壓濾器} \qquad V^2 = \frac{kt_D}{(8x+1)}$$

$$\text{對葉濾器} \qquad V^2 = \frac{kt_D}{(2x+1)}$$

如可假定 $\mu \approx \mu_w$

x 爲洗滌液量對 V 之分率，故洗滌液量 $V_w = xV$

在葉濾器做恆壓過濾 1 hr 得 10 mm 厚之濾餅，但要得 25 mm 厚之濾餅則費了 5 hrs，如 $t_D = 0.5$ hrs，當$V_w = \dfrac{V}{3}$，利用 Takashima 所導之式求其最佳過濾時濾餅厚度。

解 假設濾餅厚度與所得濾液量成正比 $V = CL$，而恆壓過濾式爲 $V^2 + 2VV_0 = kt$

故 $$L^2 + \frac{2V_0}{C}L = \frac{K}{C^2}t_f$$

從所給數據

$$(10)^2 + 2(10)\frac{V_0}{C} = \frac{k}{C^2}$$

$$(25)^2 + 2(25)\frac{V_0}{C} = 5\frac{k}{C^2}$$

對 $\dfrac{k}{C^2}$ 解可得

$$\frac{k}{C^2} = 150$$

從葉濾器之最佳條件 $V^2 = \dfrac{kt_D}{(2x+1)}$

$$l^2 = \frac{k}{C^2} \cdot \frac{t_D}{2x+1}$$

$$= 150\frac{0.5}{2 \cdot \frac{1}{3} + 1} = 45$$

$\therefore L = \underline{6.7 \text{ mm}}$

15.4.2　恆率過濾程序之最佳化 [13]

如 $R_m \approx 0$，則對某一濾速 q、Δp 與 t 之關係如式（5-49）或（5-51），如 m 變化不大可採用 m_{av}，則 t 時間內可得之濾液量：

$$q_1^2 t_1 = q^2 t = const. \tag{15-24}$$

$$V = Av = Aqt = Aq_1^2 t_1 / q = Aq_1\sqrt{t_1 t} \tag{15-25}$$

此時濾餅厚度 L 為

$$\frac{L}{L_1} = \frac{V}{V_1} = \frac{q_1}{q} \tag{15-26}$$

$$\therefore L = \frac{L_1 q_1}{q} \tag{15-27}$$

如 t_D 為呆機時間，則此程序之生產力 Y 為

$$Y = \frac{V}{t_f + t_D} = \frac{Aq_1^2 t_1 / q}{Aq_1^2 t_1 / q^2 + t_D} \tag{15-28}$$

求最佳條件，可採用上式之變數消除 t_1 或 q，再對 Y 就所剩之變數微分，並令 dY/dt 或 $dY/dq = 0$，該可得最佳之 t_f 或 q_f。

例題15-6　恆率過濾之最佳條件[13]

某一泥漿以 0.5685 m^3/min 之速率來進行恆率過濾，過濾壓力在 50 min 達至其可容許最高壓差如為 500 kPa，試計可給最佳生產力之過濾速度，但 t_D = 35 min

解　先計算 $q^2 t$，依題意

$q^2 t = (0.5685)^2(50) = 16.2$ m^6/min

$$Y = \frac{V}{t+35} = \frac{qt}{t+35}$$

由上兩式解 t，可得

$t = 16.2/q^2$

也則　　$Y = \dfrac{16.2q}{16.2 + 35q^2}$

將 Y 對 q 做微分，令 $dY/dq = 0$，就 q 求解得

$q = \sqrt{16.2/35} = 0.680\ \text{m}^3/\text{min}$

將此値代 $q^2t = 16.2$，得

$t_f = \underline{35.0\ \text{min}}$

15.4.3　恆率串連恆壓過濾程序之最佳化 [18]

爲避免過濾一開始就採用高壓差，而導致濾材被阻塞以及在濾材上從初期階段就生成壓密程度高之很難濾濾餅，實際之過濾操作多採用先以適當之濾速進行一段恆率過濾，讓系統壓力慢慢增加至擬採用恆壓過濾之壓差，再以恆壓過濾方式進行後段處理。

如前舉之例題所示，在恆率過濾之終點，也即是恆壓過濾之起點，故

$$\frac{dV}{dt} = \frac{\Delta PA^2}{\mu(\alpha_0(1-n)c\Delta P^n V)} \tag{15-29}$$

此式可以 $\dfrac{dV}{dt} = \dfrac{k}{V}$ 表示，故恆率過濾階段爲

$$\frac{V_r}{t_r} = \frac{k}{V_r} \quad 或 \quad V_r^2 = kt_r \tag{15-30}$$

t_r 爲恆率過濾時段，對接下去的恆壓過濾則爲

$$\frac{dV}{dt} = \frac{k}{V} \tag{15-31}$$

將式（15-31）由 V_r 積分到 V

$$\frac{V^2 - V_r^2}{2} = k(t - t_r) \tag{15-32}$$

從式（15-31）及（15-32）消去 k 可得

$$t = \frac{t_r}{2}\left[\left(\frac{V}{V_r}\right)^2 + 1\right] \tag{15-33}$$

如呆機時間爲 t_D，則此過濾程序之生產力 Y 爲

$$Y = \frac{V}{t + t_D} \tag{15-34}$$

由式（15-32）可得

$$V = V_r\left(\frac{2t}{t_r} - 1\right)^{\frac{1}{2}} \tag{15-35}$$

$$\therefore Y = \frac{V_r\left(\frac{2t}{t_r} - 1\right)^{\frac{1}{2}}}{t + t_D} \tag{15-36}$$

最佳週期或最佳生產力可將式（15-36）對 t 微分並令 $dY/dt = 0$，可得

$$t - t_r = t_D \tag{15-37}$$

上式結果指出，在指定濾速恆率串連恆壓過濾程序之最佳生產，產生於用於恆壓過濾之時間與呆機時間相當的條件下。

例題15-7[18]

過濾某一泥漿時，先以恆率過濾進行過濾，俟其壓差達至 3.5 kg/cm^2 時，改以此壓差進行恆壓過濾，如恆率過濾進行了 15 分鐘，所得濾液量爲總濾液量之 1/3，在 $R_m \approx 0$ 之條件下試估：

(1) 上述條件下之總過濾時間。

(2) 恆率過濾仍維持 15 分鐘，但總濾液量減爲上述條件之一半，則過濾時間減

爲多少？

(3) 如在泵系統並排另一部能力相同之泵，而其他條件如 (1)，則過濾時間會減爲多少？

解 (1) 式（15-29）可化簡爲

$$\frac{dv}{dt}=\frac{k}{v}$$

但 $k=\Delta p^{1-n}A^2/[\alpha_0(1-n)c\mu]$

由式（15-33）得

$$t=\frac{t_r}{2}\left[\left(\frac{V}{V_r}\right)^2+1\right]$$

而 $V_r=\frac{V}{3}$，$t_r=0.25$ hr

$$\therefore\ t=\frac{0.25}{2}[9+1]=\underline{1.25\text{ hrs}}$$

(2) $v_2=\frac{3v_r}{2}$

$$t=\frac{t_r}{2}\left[\left(\frac{\frac{3}{2}v_r}{v_r}\right)^2+1\right]=\underline{0.406\text{ hrs}}$$

(3) 增設同大小之泵並排（in parallel），則

$2q_1=q_3$

∵恆率過濾 $q^2t_r=$ const.，故

$$(t_r)_3=\frac{1}{4}(t_r)$$

$t_r=0.25/4=0.0625$ hr

由於全濾液量 v 不減，$(v_r)_3=v/6$

故總過濾時間 t 爲

$$t=\frac{(t_r)_3}{2}[[\frac{V}{(\frac{V}{6})}]^2+1]=\frac{0.0625}{2}[36+1]=\underline{1.16\text{ hrs}}$$

例題15-8[18]

在例題 15-7，泵是單台，呆機時間 t_D 爲 20 分鐘，則要達到最佳生產力所需之過濾時間應爲多少？$R_m \doteqdot 0$，而 $t_w = 0$。

解 $Y = \dfrac{V}{t + t_D}$

由式（15-36）解得 V 並由式（15-35）Y 可寫成

$$Y = \frac{V_r(\frac{2t}{t_r} - 1)^{\frac{1}{2}}}{t + t_D}$$

求 $\dfrac{dY}{dt}$，並令 $\dfrac{dY}{dt} = 0$，可解得

$t - t_r = t_D$

由題意 $t_r = \frac{1}{3}hr$，$t_D = \frac{1}{3}hr$，故恆壓過濾之時間亦爲 $\frac{1}{3}hr$，該可得最佳生產力。

以上推導均假設 $R_m \doteqdot 0$ 之條件下所得，當 R_m 不能忽略時，最佳生產力可由圖解方式（見圖 15-2）求得，在 $v = 0$，$t = 0$ 之左側上取 t_D，並由從此點對 V vs. 實測所得 t 之曲線做一切線交於 B，則 B 之時間座標該是最佳條件時之（t_r + t_p），而 B 所代表之濾液量除以總週期應爲每一週期可得之最佳生產力。

例題15-9

利用某一葉濾器過濾廢污泥，先以恆率過濾進行了 10 min 得 1 m^3 之濾液，接著以所達到之壓力續做恆壓過濾，在 25 分鐘得另一 1.45 m^3 之濾液，如 $R_m \doteqdot 0$，而呆機時間爲 15 min，試求其最佳週期時恆壓過濾時間。

解 由式（15-35），$V^2 - V_r^2 = 2k(t - t_r)$

將題意代入 $2.45^2 - 1^2 = 2k(35 - 10)$

$\therefore k = 0.10$

$$\because Y = \frac{V}{t_r + t_p + t_D}$$

$$= \frac{V}{10 + (V^2 - V_r^2)/2k + 15} = \frac{V}{(V^2 - 1)/0.2 + 25}$$

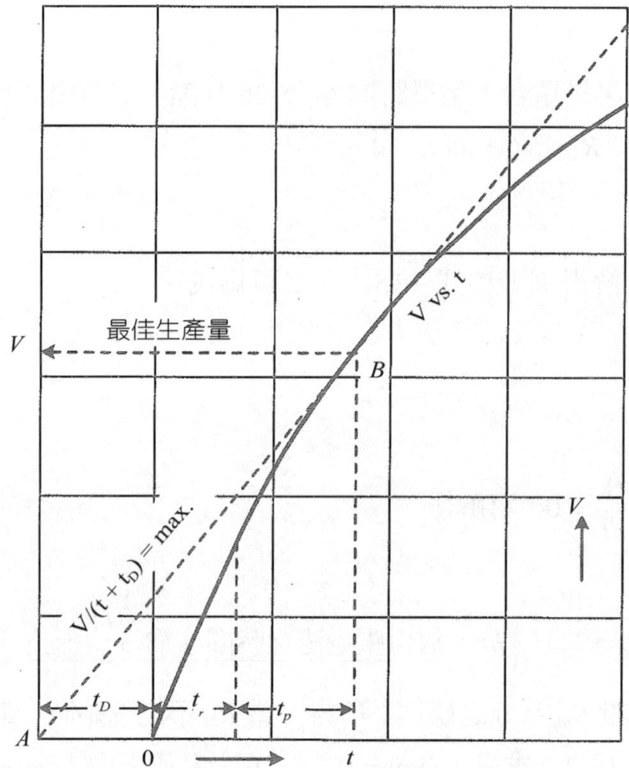

圖 15-2 考慮濾材阻力時最佳週期之圖解法 [12]

$$= \frac{V}{10+(V^2-V_r^2)/2k+15} = \frac{V}{(V^2-1)/0.2+25}$$

將上式對 V 微分，並令 $\frac{dY}{dV}=0$，得

$5(V^2-1)+25-10V^2=0$

$\therefore V=2$，由式（15-33） $t=25$

$t-t_r=t_P=25-10=15=t_D$

故最佳週期為 $t_r+t_p+t_D=10+15+15=\underline{40\text{ mins}}$

15.5　過濾程序之管理 [13]

管理一過濾程序，常聽到的對話是：「今天過濾慢了，怎麼辦？」眼看著上一程序流下來的泥漿因過濾速度太慢，快將貯槽灌滿，而操作人員除了換洗濾布，或摻和一些助濾劑外似也沒有其他措施可取，操作記錄簿亦只登記進料泥漿之溫度、量、過濾壓力、濾液之量與時間，很少記錄或計算濾速之變化，負責之工程人員也像忙碌的十字路口上之交通警察，只要上程序流下之泥料能暢順地把固液兩相分離送至下程序就滿意，很少用心去分析操作人員記下來的一些數據。另一方面，濾器之供應廠商爲了搶得標，多採用**最低儀裝政策**（minimum instrumentation policy），所以在很多現代化之化學工廠，我們在電腦控制的蒸餾塔或反應器旁，看到的只有簡單的壓力錶之壓濾器，所以過濾有了毛病，處理速度慢下來時，不去探討爲何過濾速度慢下來，只急著想把濾速提高，能做的就是換或是洗濾布，或摻和一些助濾劑，提升過濾壓差，甚至臨時由別處調來另一部過濾器來解決眼前的困難，而很少去追究確實的原因及思考預防之措施。

其實過濾裝置之合理管理也並不困難。如過濾在某一壓力差進行，其流量與平均之比阻之關係式可寫成：

$$q_1 = \frac{\Delta P}{\mu(J\alpha_{av}w + R_m)} \tag{15-38}$$

如濾餅之壓密性不是很高，泥漿濃度也在 10% 以下，$J \doteqdot 1$，重排式（15-38）可得

$$\frac{\Delta P}{\mu q_1} = \alpha_{av}w + R_m \tag{15-39}$$

由於過濾過程之 w 是無法直接量得，而濾液累積量則不難量計如 $v = \frac{V}{A}$，或如有量測濾液之流量計，v 也可由濾速對時間積分而計得（$v = \int_0^t q dt$，或 $V = \int_0^t Q dt$）。因 $w = cv$，故由實驗數據對所處理泥漿之 c 能事先求得，可由此關係，由 v 逕估計 w 值，或由

$$w = cv = \frac{\rho s}{1-ms}\cdot v \tag{15-40}$$

m 值平常在 2～3，固體濃度值在 0.05～0.10，$w \doteqdot \rho sv$ 來估計，則式可寫成

$$\frac{\Delta P}{\mu q_1} = \alpha_{av} cv + R_m \tag{15-41}$$

或 $$\frac{\Delta P}{\mu q_1} = \alpha_{av}\frac{\rho s}{1-ms}v + R_m \cong \alpha_{av}\rho sv + R_m \tag{15-42}$$

在如圖 15-3 所示之過濾系統過濾壓差 ΔP、過濾速率 q，均可直接用儀器量得，而濾液黏度是溫度之函數，只要量液溫就可計得，故上式之左側 $\frac{\Delta P}{\mu q}$ 就可計得，而 w 或 v 亦可藉上述方式估計，故在電腦上該可即時顯示 $\Delta P/\mu$q vs. w 或 v 之變化。圖 15-4 顯示，某一固定之過濾系統可能獲得此變化之各種曲線。

如曲線 A 爲泥漿之物性，是正常時及新濾布下所得之曲線，此時該曲線與 $w = 0$ 之截距該是式（15-39）中之 R_m 值，亦即當時所使用濾材之濾阻值，則曲線 B 之情形因其 $\Delta P/(\mu q)$ 對 v 之變化與標準曲線 A 之相同，只是截距由 R_m 增大爲 R'_m。

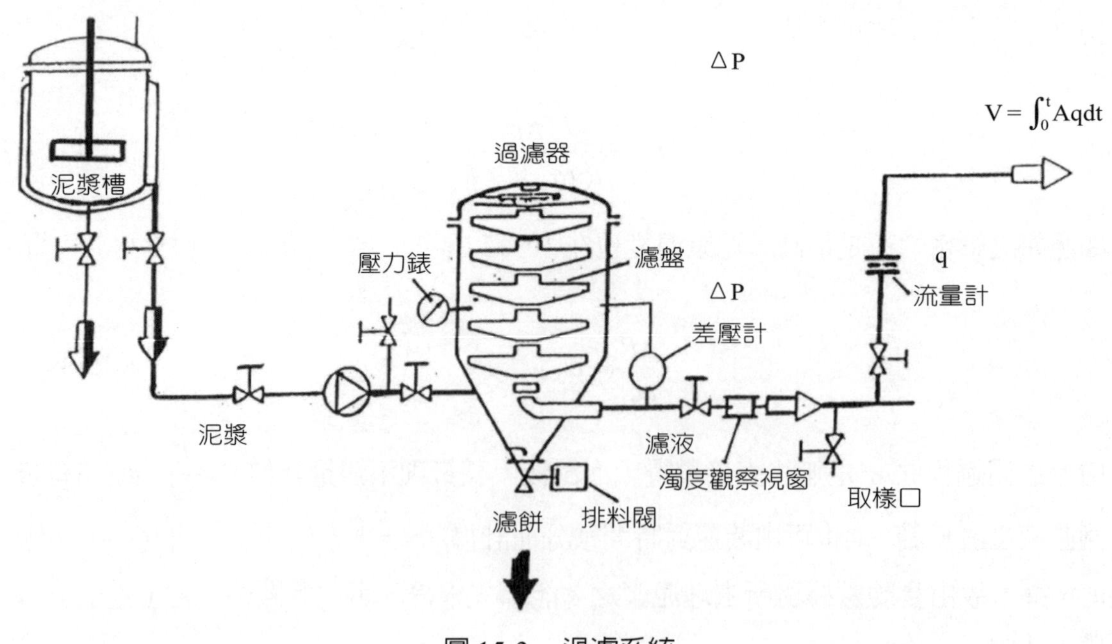

圖 15-3　過濾系統

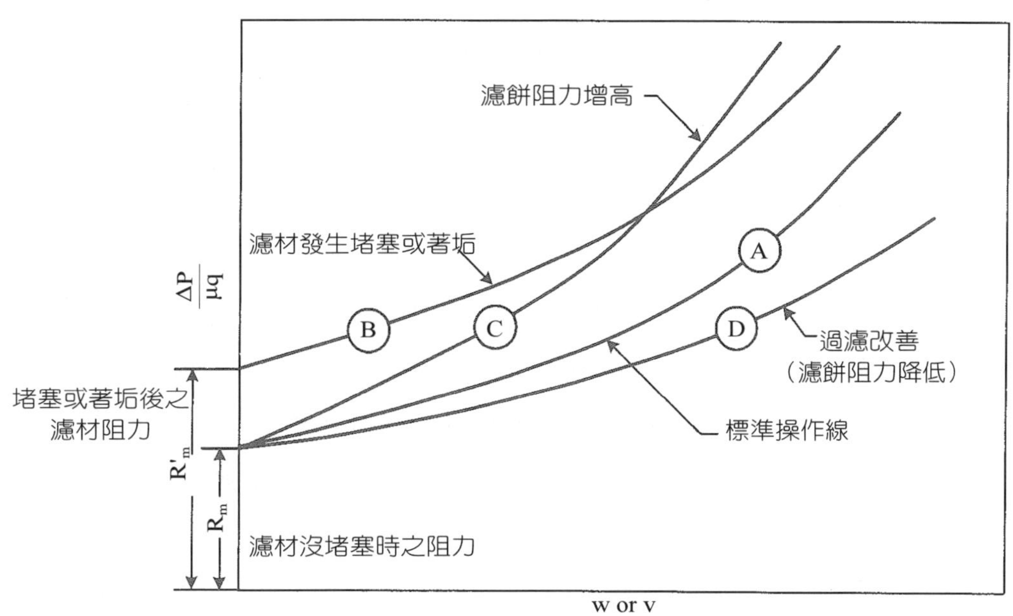

圖 15-4　過濾操作解析曲線 [13]

這一變化就指出濾布已被微粒子所阻塞或因濾布收縮而增加了濾阻，應設法刷洗濾布或換新濾布。如所得之曲線為曲線 *C*，濾布阻力沒增加，但是泥漿之濾性變差，遇到這一狀況就不需要換濾布，濾速慢下來是因濾餅之濾阻增高，所以應將此情形反應至前一程序，檢討一下什麼原因改變了泥漿之物性；如其反應或操作條件，pH 值或使用原料是否正常，此時宜用顯微鏡檢查一下粒子之大小或構造是否有顯著變化，黏度 pH 值等是否有變化，必要時可考慮在進料摻和適量之助濾劑來提升濾速。如所得曲線像曲線 *D* 時，先不要高興濾速變快，應檢討到底什麼理由使過濾速度比平常好？或是前一操作之條件會造成泥漿中之粒子增大或黏度減少？如前一操作之一切條件對產品品質或收率沒有問題時，應告訴上一程序人員以後就維持這些操作條件以利過濾操作。

過濾操作數據至少應做到如上之分析，才對本身操作及前後操作之改善有幫助，而不是止於只談濾速之快慢。

15.6　過濾機的附屬裝置

圖 15-5 揭示六種主要濾餅過濾機型的系統圖，過濾機主機以外的附屬設備良否將嚴重影響過濾機主機能否展現其應有的能力，一般而言濾餅過濾機的附屬裝置涵蓋 (1) 貯存並供應懸濁液給過濾機的貯槽（可附緩和的攪拌機）及 slurry 泵，(2) 爲進行凝聚或添加助濾劑等前處理所需以攪拌混合槽、定量供料器，輸送處理好的 slurry 泵，(3) 提供過濾所需的驅動壓差，和自動控制所需的高壓流體的泵（含眞空泵）、壓縮器、**壓力流體貯槽**（pressure fluid vessel），(4) 爲執行濾餅脫液所需的氣體壓縮器或眞空泵，(5) 爲提供洗滌濾布或濾材所需高壓水用的泵和貯槽，(6) 爲去除排氣中的液滴、蒸汽或降溫用液滴分離器或凝結器，(7) 輸送從濾機排卸的濾餅至下一程序所需的輸料器和貯槽等，(8) 輸送從濾機所得濾液至下一程序所需的泵和貯槽等。在此節就以滾筒迴轉眞空過濾機爲主軸來簡介這些附屬設備的構造和功能，表 15-1 列示滾筒迴轉眞空過濾機有關的附屬設備的項目和選定大小的基本數據。

表 15-1　滾筒迴轉真空過濾機的主要附屬設備的大小基準 [1]

設備名稱	基準數據
真空泵	排氣量 0.3～1.0 m^3/（min · m^2 過濾面積）
空氣壓縮機	吐出 0.05～0.1（0.7～1.5 atm 的空氣）m^3/（min · m^2 過濾面積）
濾液輸送泵	吐出濾液 0.003～0.1 m^3/（min · m^2 過濾面積）
真空槽（濾液分離槽）	對真空泵排風量 1 m^3/（min）需有 0.04～0.01 m^3 的槽容積
液滴分離槽	對真空泵排風量 1 m^3/（min）需有 0.02～0.05 m^3 的槽容積
壓縮空氣槽	壓縮機吐出空氣 1 m^3/（min）需有 0.04～0. 1 m^3 的槽容積

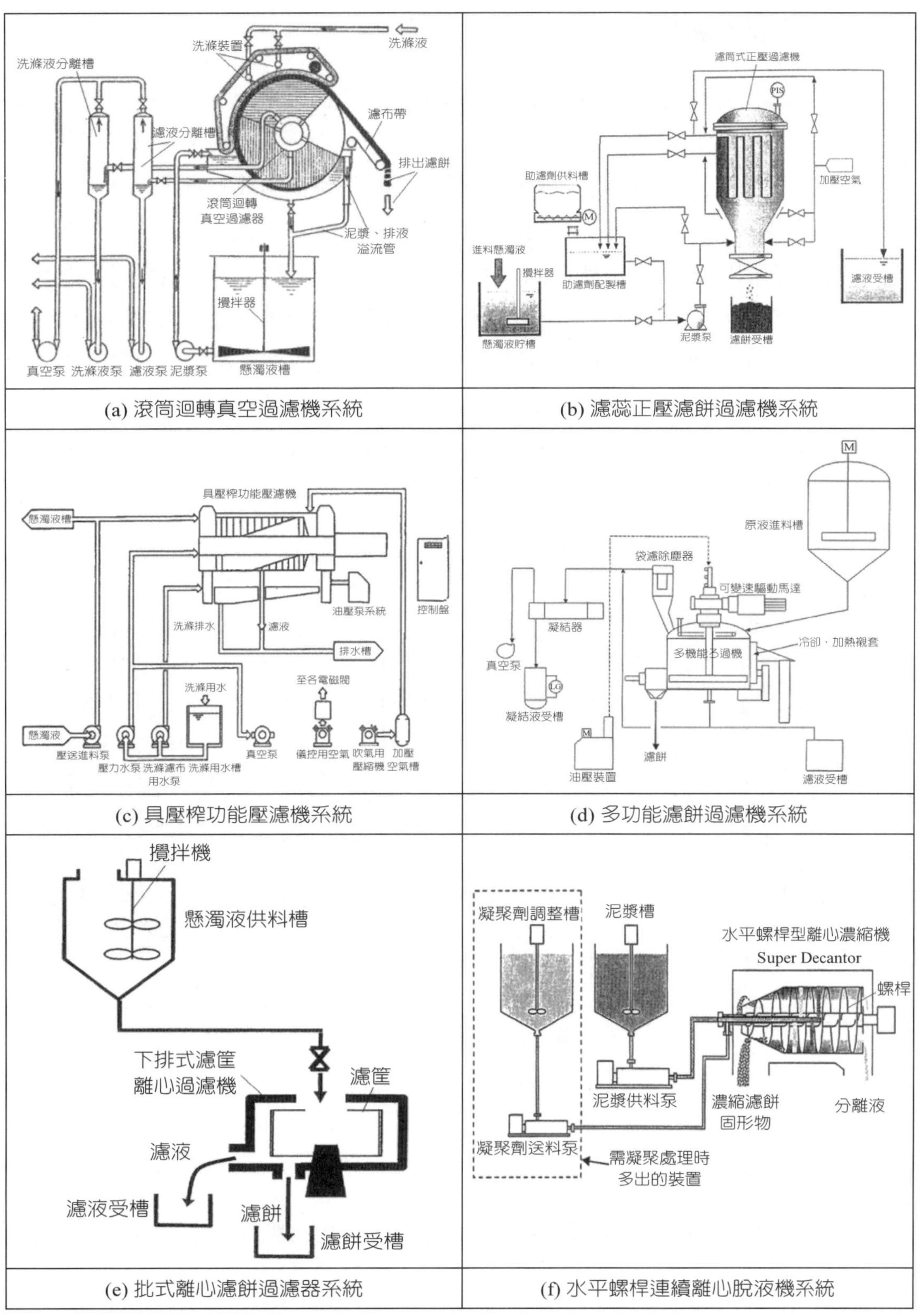

(a) 滾筒迴轉真空過濾機系統
(b) 濾蕊正壓濾餅過濾機系統
(c) 具壓榨功能壓濾機系統
(d) 多功能濾餅過濾機系統
(e) 批式離心濾餅過濾器系統
(f) 水平螺桿連續離心脫液機系統

圖 15-5　六種主要濾餅過濾機的系統圖 [1]

15.6.1 濾液分離槽

濾液分離槽有時簡稱眞空槽，於滾筒迴轉眞空過濾機系統它將靠眞空壓差從濾材吸進來的濾液和空氣的混合流體分離濾液與空氣成液、氣兩相，如此滾筒迴轉眞空過濾機有洗滌濾餅區域時就得另增一槽來分別處理洗滌濾液的液滴分離。圖 15-6 揭示滾筒迴轉眞空過濾機系的附屬設備另一安排圖，在此系統，它把濾液分離槽拆分成分離槽與眞空濾液槽，圖 15-6(a) 揭示濾液分離槽的構造，它是利用含液滴的氣流改向的慣性力來分離濾液與空氣成液、氣兩相，由分離槽分出來的濾液藉液封 U 字管流進圖 15-6(b) 所示的眞空濾液槽。分離槽也可改採氣體旋渦分離器的設計達成同一效果，只是選擇壓降較低的慣性力來分離較妥。濾液的輸出如不另設濾液泵時，分離槽就得設置在高 10.3 m 以上的**大氣腳架**（barometric leg）始可靠液高自行流出。

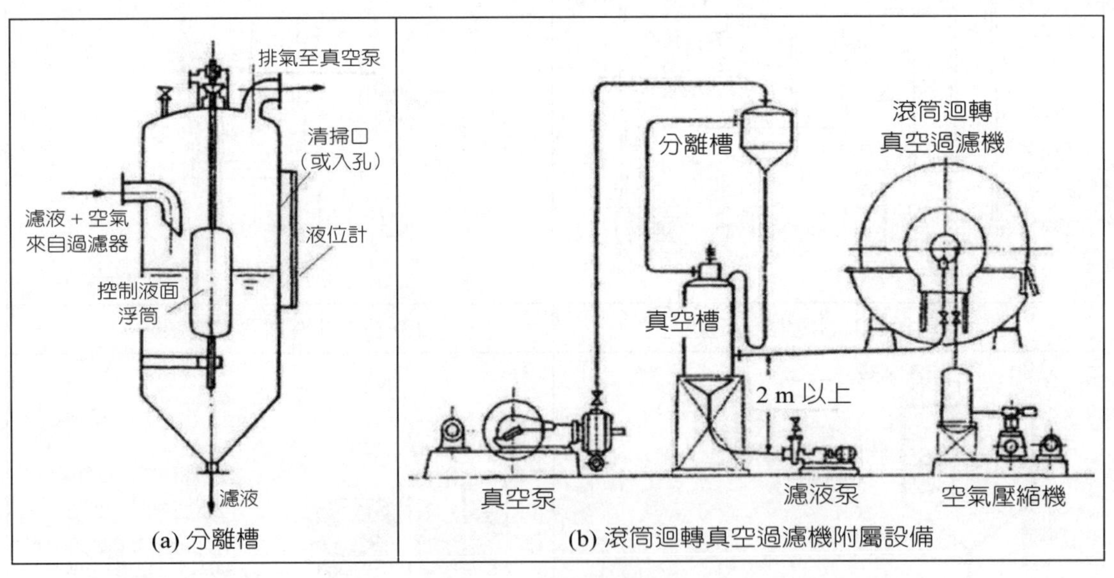

(a) 分離槽　(b) 滾筒迴轉真空過濾機附屬設備

圖 15-6　濾液分離槽 [1]

15.6.2 凝結器

如濾液溫度高到眞空泵的操作眞空度接近濾液的**閃沸點**（flash point）濾液就會

蒸發，如泵是乾式眞空泵，蒸汽就會在唧筒內液化而造成機械的故障原因，此時宜在含蒸汽的氣體進眞空泵前藉凝結器凝結蒸汽並降低進眞空泵的氣體溫度，凝結濾液不宜稀釋或廢棄時宜採用 surface condenser，如可廢棄或稀釋時則可採用如圖 15-7 所示的 barometric condenser 較經濟。

15.6.3 真空裝置

常見於過濾系統的眞空泵有機械式、往復式與回轉式兩大類，**往復式眞空泵**因可達眞空度及排氣量大，而在工場裡被廣泛使用，但需變速裝置且所占空間大均是其短處，此機型所需功率在吸氣壓力爲 30～50 kPa 時達最高。

迴轉式眞空泵有利用偏心輪來吸氣及排氣，和利用偏心滑板式與如圖 15-8 所示的液封泵，此機型除了液封泵外不適使用於可凝結性蒸汽或含雜物之氣體。

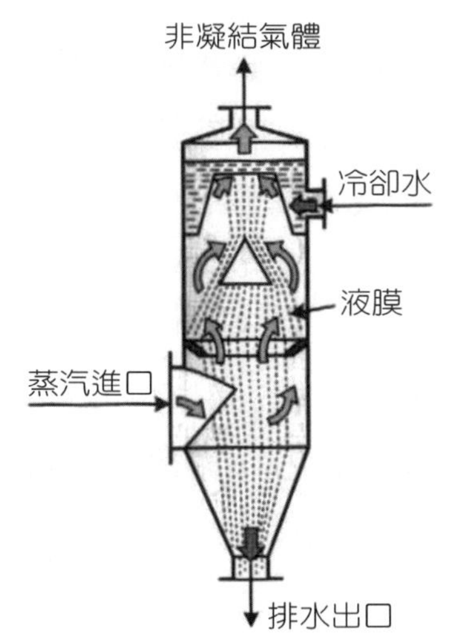

圖 15-7　Barometric Condenser

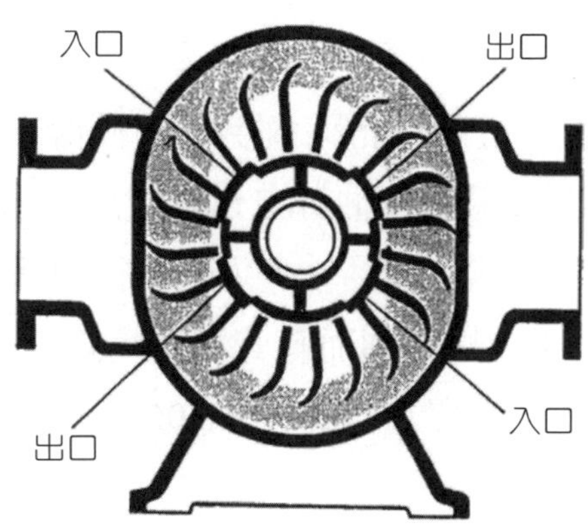

圖 15-8　液封型迴轉式真空泵

表 15-2　真空泵性能的比較 [1]

	液封型迴轉式真空泵	往復式真空泵（滑板閥式）
效率	低	高
可達到的真空度	單段 100～150 mmHg 兩段可達 25 mmHg	12～25 mmHg

表 15-2　真空泵性能的比較 [1]（續）

	液封型迴轉式真空泵	往復式真空泵（滑板閥式）
迴轉數	高	低
摩擦損失	大	小
所需動力	大	小
空間需求	小	大
主要機件壽命	短	長
液封	需要	不需要
冷卻水	不需要	有時需要
排風量	大	小
耐抗腐蝕	可襯耐蝕材料	低
附屬設備	不需要	低溫操作時需要有 Moisturetrap 液溫高時需要凝結器和液沫分離器

眞空泵的排氣量直接影響眞空過濾器的過濾能力，經驗上眞空過濾器所需的眞空泵的容量是 0.3～1.0 m^3/min・m^2-filter area，溫度越高和濾餅空隙率越大就需更大的排氣容量。眞空泵的接液（含蒸汽）的材質除了考慮機械強度外，也須考慮耐腐蝕性，此外爲潤滑和軸封使用潤滑油時得避免油與氣體的接觸可能引起的污染，故選機時應避免使油封的 rotary 型眞空泵。

液封型眞空泵效率雖不高，但構造單純易於維護，可排含微粒、可凝結蒸汽甚至腐蝕性氣體而有其特殊用途，單段機可抽到 100 mmHg，兩段機則可達 25 mmHg，其排氣容量約在 0.055～140 m^3/min，而迴轉翼轉速在 700～1,450 rpm 之範圍。

表 15-2 比較了液封型與往復式唧筒眞空泵的性能。

此外，爲抑制眞空泵排氣系統所產生的噪音，得在眞空系統加裝適合其排氣量的消音器。

15.6.4　過濾用泵

於過濾機系統所需的泵有 (1) 從懸濁液槽輸送懸濁液至過濾機的泥漿泵（slurry pump）和 (2) 從眞空或常壓濾液貯槽抽送濾液輸送至下一程序的液體輸送泵，(3) 送高壓洗滌水的加壓泵等。

1. 泵之分類與性能之比較

表 15-3 列示輸送液體之泵依其如何排送和提升該液體之壓力的機制分類。主要分類爲：

(1) 離心泵（centrifugal pump）

流體自迴轉翼中心進入後，經由高轉速之迴轉翼所產生離心力提升該流體之壓力，故此型泵單段能產生之壓差有限，當出口管系以關閉閥封止時，該管系之壓力也不會超過離心力所能提升之壓力。

(2) 正排容型泵（positive displacement pump）

流體被**唧筒**（piston）或齒輪強制克服出口之壓力排送流體至出口，亦即流體是硬排出至管系，故出口管系關閉閥而封止時，管系流體壓力將持續升高，甚至爆裂管路或泵機體，故此類型泵之管系需裝安全閥，讓流體超過管系可容壓力時，能由迴流管流回貯槽或進口管系。

表 15-3　泵之分類 *

離心式	離心泵	渦流泵（volute pump）[a,b] 透平離心泵（diffuser volute pump）[a,c] 軸向流泵（axial flow pump）	單段式、多段式 單吸式、雙吸式
正排容式	往復式泵	唧筒泵（piston pump）[a] 栓柱泵（plunger pump）[a] 隔膜泵（diaphragm pump）[b]	單、多筒式 單、多效式
正排容式	迴轉式泵	齒輪泵（gear pump）[c]，lobe pump[c] 螺桿泵（screw pump）[c] mono pump[b] 滑板式泵（slide vane pump） 蠕動式泵（squeeze pump）[b]	
	特殊泵	氣舉泵（air lift） 酸蛋（acid egg） 噴射泵（jet pump）	

* 表中上標 a 代表適用於濾液的抽送或輸送；b 代表適用於泥漿或懸濁液的輸送加壓；c 代表可用於加壓洗滌用水。

圖 15-9 是已知管系所需的總壓差（吸引側差壓 + 排出側壓差）與流量關係，可用於選擇較合適之機型之參考圖，一般而言，往復式泵可提供較高壓之流體，但不

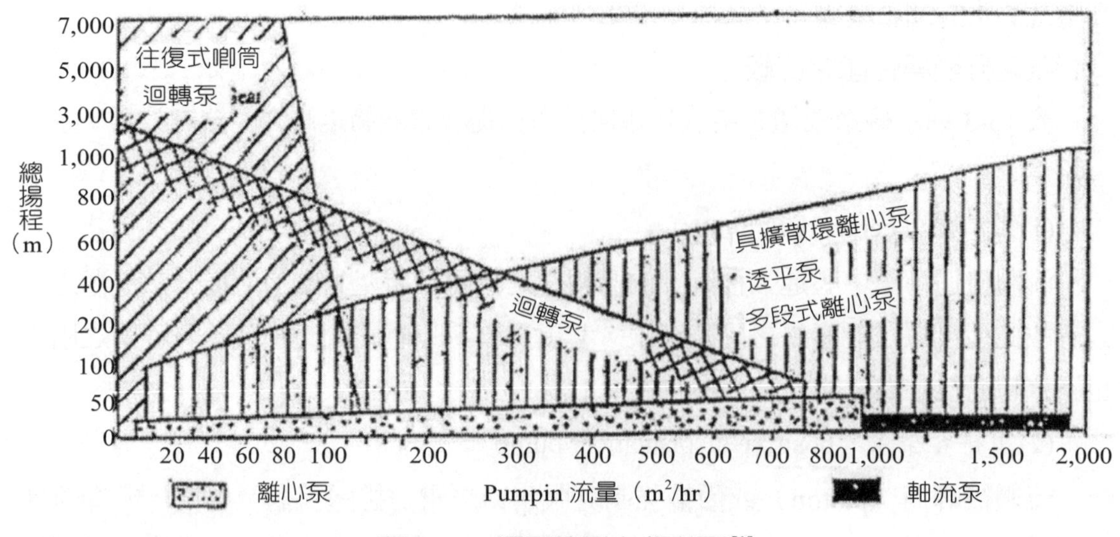

圖 15-9　選泵機型之參考圖 [1]

適於大流量，而離心渦流泵及具有螺旋槳型迴轉翼之軸流泵流量可大，但單段時能產生之吐出壓有限。

2. 泥漿泵 [4]

要泥漿送進過濾器，就不能沒有泵。選擇適當機型的泵，常影響到過濾操作之順暢，最常見的泵有如下五種：

(1) 離心渦流泵

在各種泵中，離心泵（如圖 15-10 所示），不僅是構造簡單，就同一泵送量而言，大小最不占空間，價格對同一泵送量而言也是最低的機型，除了含有相當大的固粒外，離心泵可很順地（也就是沒有壓力之脈動）泵送大容量之泥漿至濾器。如流體具有很高之腐蝕性，此時，泵可使用的構造材料，尤其接觸到流體的部分之材料就得使用如特殊金屬、陶瓷、石墨或塑膠等耐蝕材料。這些材料不是價格昂貴就是其加工性遠不如鐵、鋼等材料，有些甚至不耐磨或甚為脆弱，所以考量所有因素後，能選擇之機型之範圍就大為縮小，甚至不得不採用效率不理想之機型。像塑膠材料其可使用之溫度就受限，且耐磨性亦甚差，鋼材襯軟膠的構造或用於離心泵，但其加工性就受到一些限制。

適用於輸送懸濁液至過濾機的泥漿泵最重要的是此泵接觸懸濁液的部位不僅需

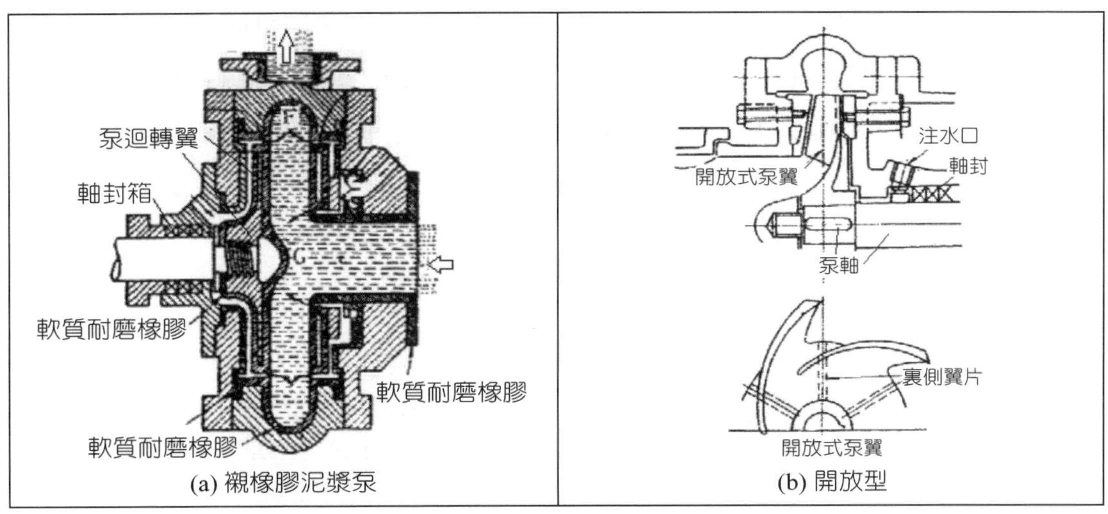

圖 15-10　離心渦流泵

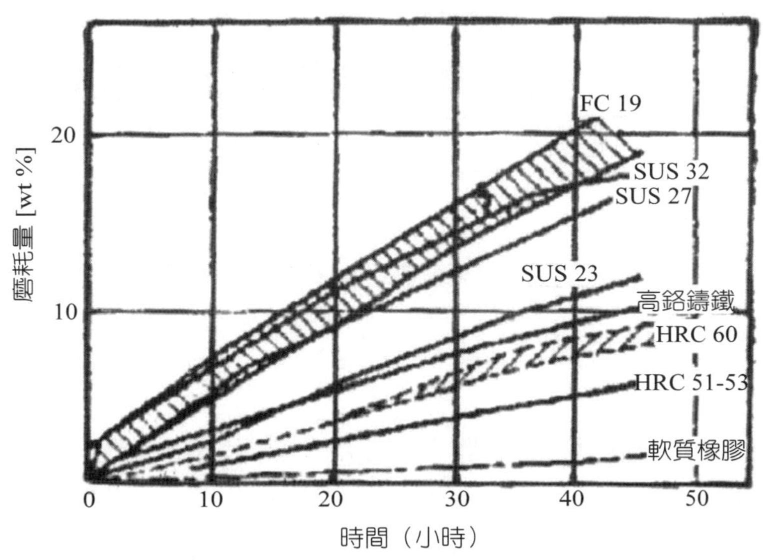

圖 15-11　耐磨能力比較 [1]

具有耐腐蝕性，且得耐懸濁固粒的磨損，而其內部空間須考慮不堆積或堵塞懸濁液的流動。對耐磨耗，泥漿泵的接液面多襯耐磨的軟質橡膠，如用離心泵時，宜採用開放式泵翼。圖 15-11 揭示幾種常用於泵的構造材料的耐磨能力的比較，也顯示軟質橡膠在耐磨性的優異。

只是離心泵的**泵迴轉翼**（impeller）之轉速常高至 1,200 rpm 以上，會產生相當高之剪應力將把不耐磨之固粒打碎，就算是矽藻土粒子也常被打碎而失去增加濾速之功能。圖 15-12 顯示了平均粒徑 15 μm 之粉末活性碳泥漿和 $CaCO_3$ 泥漿用離心泵循環不同時間時，濾阻阻力之增加情形，所以離心泵只能適於不因其高剪應力而被磨碎的泥漿之過濾，或應用於需在短時間灌滿濾器之操作。

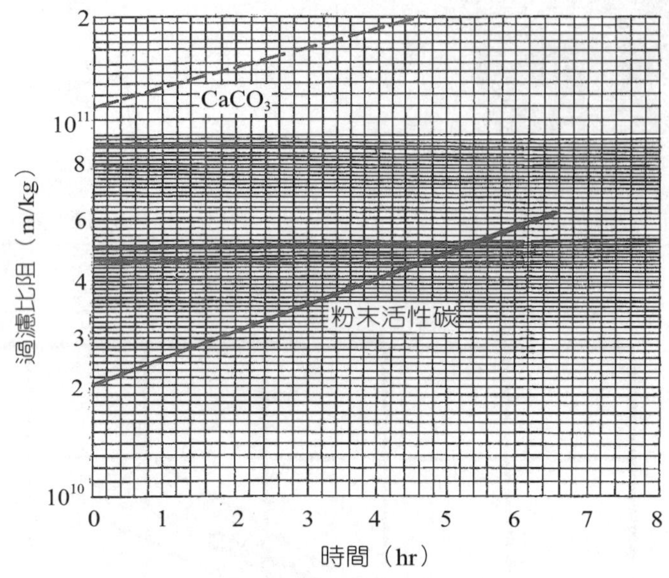

圖 15-12　經泵磨碎後濾阻增加之情形 [1]

(2) 單螺桿泵（mono 泵）

如圖 15-13 所示，此泵是藉鋼體螺桿在富有彈性之靜態螺紋中旋轉將由入口流進之泥漿加壓送出出口，亦由於靜態螺紋具有彈性，可減少壓碎固粒，而其泵送量可藉變頻台改變螺桿之轉速而任意調整流量及吐出壓力。

由於它也屬於正位移型（positive displacement）之泵，可產生高壓，而適於加壓型之濾器，此泵之最大弱點就是沒有液體或泥漿時不得空轉，因迴轉螺桿旋轉時會與靜態螺紋產生摩擦而燒壞彈性螺紋體。

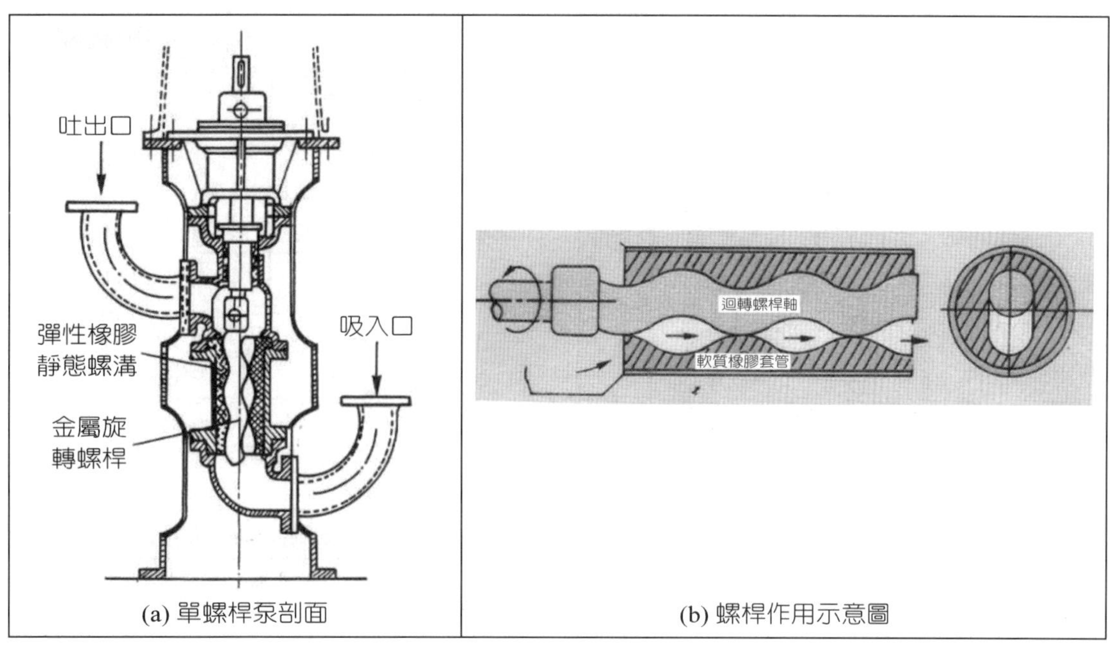

(a) 單螺桿泵剖面 (b) 螺桿作用示意圖

圖 15-13 單螺桿泵

(3) 隔膜泵

圖 15-14(a) 顯示了早期之隔膜泵，屬於往復式之正位移泵，由於其接液部位對機械加工要求較簡單，所以接液部分較容易襯耐蝕材料（如硬橡膠），也因此早期化工廠泵送腐蝕藥品溶液常使用它。然而如此圖所示，其構造相當占空間，故對同一泵送量來說，購買價格就顯得昂貴，且送出之流體壓力有**脈動**（pulsation）。由於電子控制零件之發展，可藉空氣唧筒來替代機械式之減速方式，把隔膜泵之構造變小，但也很容易的把它變成雙筒或多筒設計，減少出口流體壓力之脈動振幅。圖 15-14(b) 顯示器動雙筒式隔膜泵，由於它利用氣動唧筒除泵室以外之動力，僅依賴高壓氣體簡化了機械構造，其吐出壓力及流量也靠控制氣體壓力及流量很輕鬆地來控制它，這機型沒有磨細固粒之缺點，故被應用於加壓型之過濾操作；其缺點可說是泵送量相對而言不大，所以對大型濾器，初期階段要灌滿濾器頗費時間。

(4) 往復式唧筒 [8]

此泵之構造如圖 15-15 所示，除了其構造沒有隔膜外，其特性與隔膜泵相似，只要上方之**塞筒**（piston）之墊圈不被泥漿之固粒磨損，它是一種恆率之正位移行之泵。

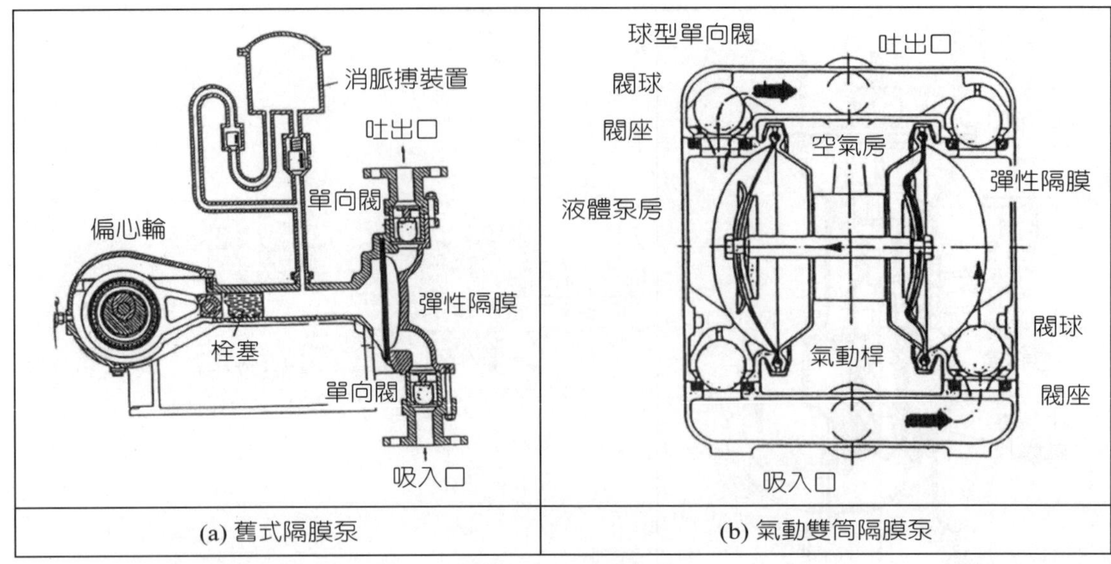

(a) 舊式隔膜泵	(b) 氣動雙筒隔膜泵

圖 15-14　隔膜泵

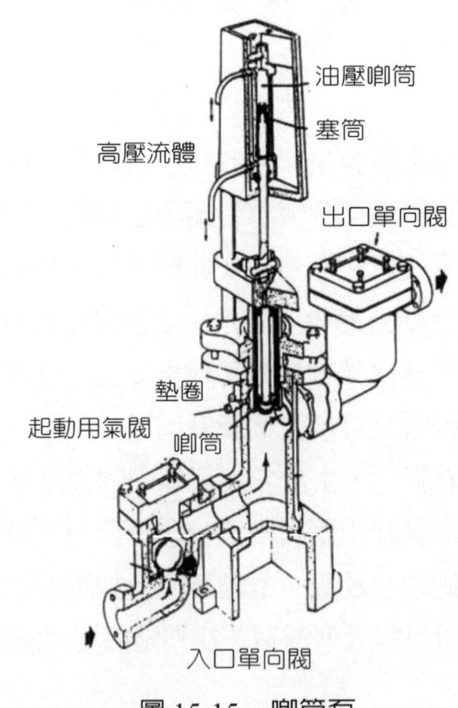

圖 15-15　唧筒泵

(5) 軟管擠壓泵

圖 15-16 顯示了彈性管蠕動泵，早期因無法製造可久耐擠壓而不失其彈性之口徑較大之軟管，此泵只限用在口徑 1～3 mm 左右之實驗式或醫學用途，現在此類泵已可製作到口徑 5～6 吋。此泵係依靠偏心輪擠送送至管內之液體，故此泵也屬於正位移型之泵，可產生相當高之吐出壓力，且沒有磨碎固粒之缺點，同時沒有輪封之類的構造，而軟管材質大都可耐酸鹼，故甚適於過濾化學泥漿之用。

3. 濾液輸送泵

濾液輸送泵的功能是從眞空或常壓濾液貯槽抽送濾液輸送至貯槽或直接供應至下一程序的程序裝置，大部分採用離心泵或透平泵，在較特殊狀況亦有使用往復式喞筒泵。在使用高轉速的**離心泵**時在泵迴轉翼的進口產生的負壓低到液體的蒸汽壓以下時在此部位將發生**空化現象**（cavitation），而導致進來的流體呈蒸汽與液體的混合體，影響迴轉翼的平衡，放出噪音、振盪，劇減了泵吐出能力、吐出壓力，和泵效率，並發生腐蝕作用，無法提供安全順利的泵送功能。在液體進口液體所擁有吸側全揚程減去相當於蒸汽壓的淨揚程稱爲該離心泵的**淨吸側流體頭**（net positive suction head, h_{sv}），設計管路系或輸送液體採用了離心泵時，就得檢討裝泵的位置所導致之 NPSH 有多少，而擬採用之泵之需求的 NPSH 又多少，如其有效 NPSH 小於所需 NPSH 時泵就會發生空化現象而不能用。離心泵之**有效 NPSH**（available net positive suction head, h_p）之估計可參考圖 15-17 所示之公式計算。

上式中 h_V 是吸入液體之蒸氣壓，h_i 爲在吸入管系之摩擦損失的 head，h_T 是密

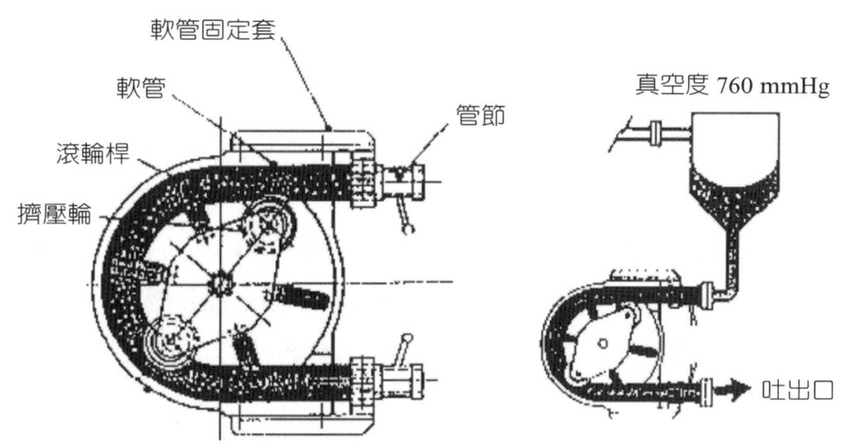

圖 15-16　軟管擠壓泵

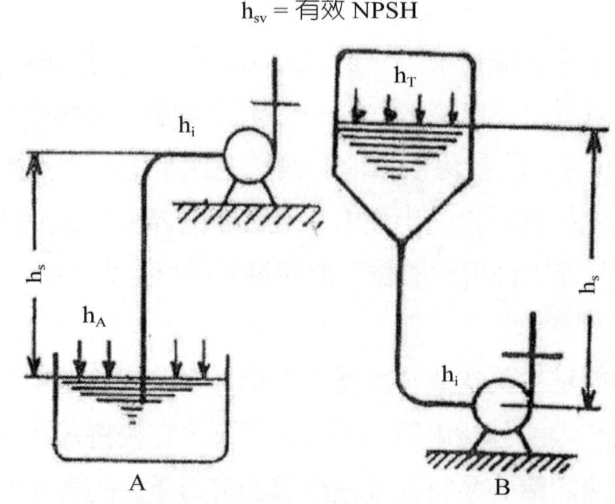

Case A　大氣壓作用於吸水面　　Case B　吸水面封在密閉槽內

$h_{SV} = h_A \pm h_S - h_V - h_i$　　　$h_{SV} = h_S - h_i$

（因此時 $h_T = h_v$）

圖 15-17　離心泵之有效 NPSH[10]

閉容器液面上之氣體壓力 [m]，h_S 爲液面至泵之吸液口之液高，h_A 爲液面上之氣體壓力。要防止發生 cavitation，該泵系統之有效 **NPSH**（available NPSH,h）必須大於泵的所需 **NPSH**（required NPSH）1 m head 以上或 $h_p = 1.3\ h_{sv}$。

一般泵的有效 NPSH, h_p 爲

$$h_p = \left[\frac{n\sqrt{Q}}{S}\right]^{1/3}$$

上式中，n = 泵的迴轉數 [r.p.m.]，Q = 泵的吐出流量 [m^3/min.]，S = 泵的 specific speed，約在 1,200～1,500。

以上的附屬設備是以滾筒迴轉眞空過濾機爲例來介紹，從圖 15-5 所示的主要濾餅過濾機的系統圖，濾機的附屬設備尚有如壓濾機系統需壓榨用的高壓液體泵、洗滌濾布所需的高壓噴嘴系統、壓緊濾板框的油壓泵系統等。

15.7　濾餅過濾機的安裝

15.7.1　壓力過濾機的安裝

1. 濾餅過濾機主機

(1) 擬安裝過濾機主機的場所的條件爲容易維修檢點的場所，床高宜選高度 2 m 以上的架台上或在二樓的樓板上。

(2) 安裝過濾機主機的場所附近須有清掃用供水管，而過濾機的周圍須預先備妥充分的排水設施。

2. 附屬設備

(1) 濾液分離槽（器）宜置於盡量接近過濾機，而濾液分離槽的濾液進口需與排出口同一高度，或低的高度效果較佳。

(2) 濾液分離槽（器）的高度夠高時，有助於減低濾液輸送泵的吸側負擔，如能利用大氣腳（barometric leg）時，甚至可不藉泵抽出濾液。

(3) 眞空泵前的液滴分離槽（器），如可設置在 10 m 以上高的大氣腳架上時，可免濾液被吸進眞空泵之虞。圖 15-5(a) 和 15-6(b) 都是滾筒迴轉眞空過濾機主機與其附屬設備的系統流程之例。

3. 配管

(1) 運轉操作中常需調整的閥類管件，盡量設置在與過濾主機同一樓層，並考慮容易操作之位置。

(2) 施工於備用機或並排主機的連接配管時，宜留心因勉強用力而對主機和其他配管產生不必要的應力，可盡量採用具柔軟彈性管或接頭，並注意選不妨礙操作的管架位置。

15.7.2　離心過濾機的安裝與附屬設備

無論離心機是用於沉降濃縮或濾餅過濾，如進料懸濁液含有粗粒就容易堵塞噴嘴或管閥，也可能導致稀釋濃度而降低離心分離機的產能和捕捉固粒的能率，因此

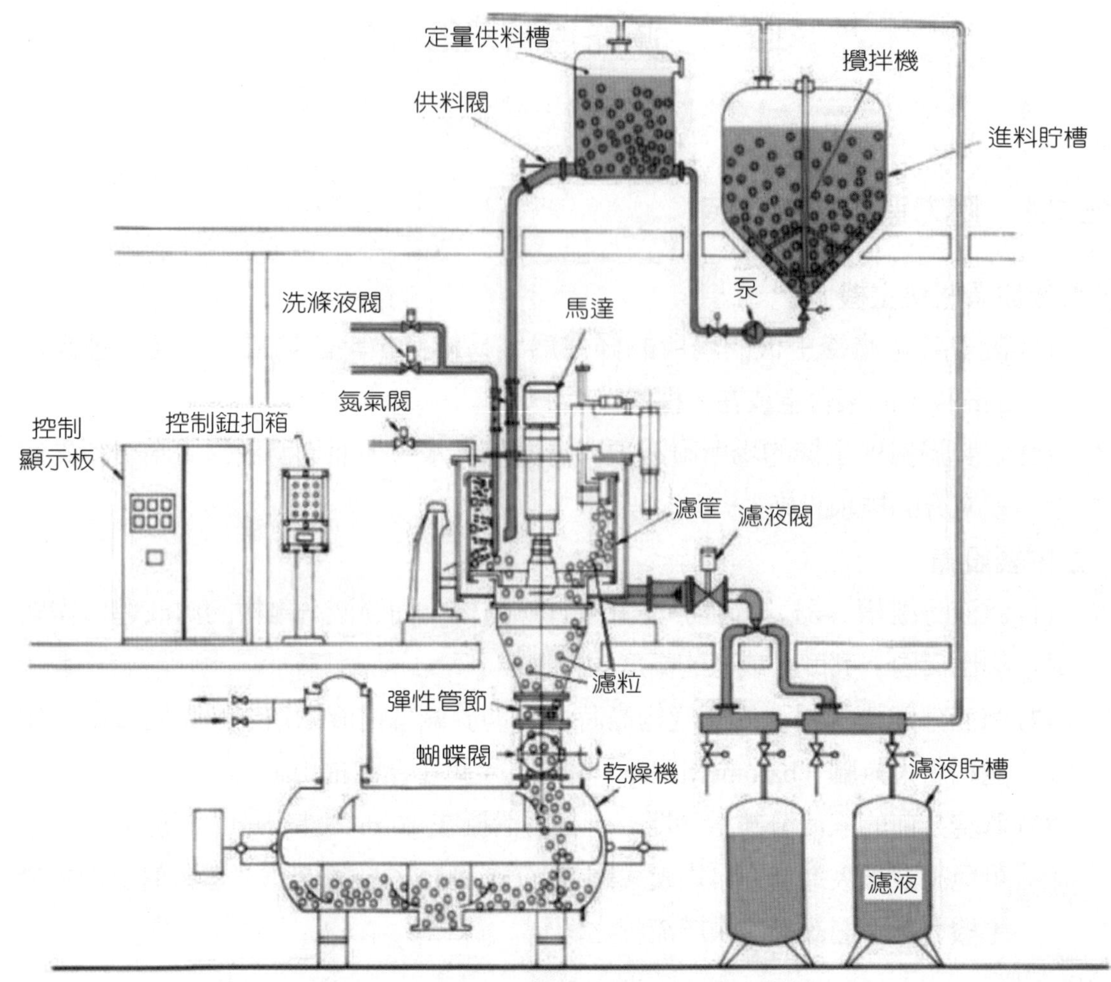

圖 15-18　離心過濾機系統流程與附屬設備

進料須先利用第四章所介紹的沉降裝置或液體渦流分離器預先去除這些粗固粒。於離心過濾機系統除了主機的離心過濾機外尚有主供料槽、定量供料槽、濾液受槽、濾餅受槽和濾餅輸送機等主要附屬設備。

1. 主機的安裝位置

同上節濾餅過濾機主機。

2. 供料裝置

一般批式離心過濾機或批式連續離心過濾機的供料多採用間歇性供料，而容易讓懸濁固粒沉積在配管內，故配管時需在可能沉積固粒的部位（如閥前、後、彎曲管底端等部位）預先裝設可注入沖洗水的分歧管。如主機是連續操作時，宜採用如圖 15-19(c) 所示的連續定量供料方式，借用循環濁液來避免沉積而產生堵塞管路。

3. 主機（分離機）周邊的附屬設備

分離機出口側應有濾液的排氣管，如排氣含有液滴（mist）時就另加裝液滴分離器，濾液和洗滌濾餅所得的洗滌液須分開處理。如有複數台的分離機並排運轉而共用同一濾餅輸送帶時，得設法防止來自不同台的洗滌液混入已脫液的濾餅。

4. 配電

離心濾餅過濾機因載重大而其慣性力矩很大，起動時驅動馬達將有長時間的大電流，而需使用 Y-Δ，或 pole-change 起動機，如馬達是捲線型誘導馬達就得使用可變電阻器啓動。

5. 基台基礎

一般離心過濾機載有相當重量的固粒不易均勻分布於器壁而容易產生不小的振動，因此離心過濾機多使用機械淨重的 3～5 倍重的鋼筋混凝土所製的基台基礎。但如固粒載重量少的離心機，其因固粒分布不均勻程度較低，可發生的振動加振力不大，就可使用較簡單的基礎台，一般可連續排濾餅的分離機都可直接安裝在上層樓板就可。

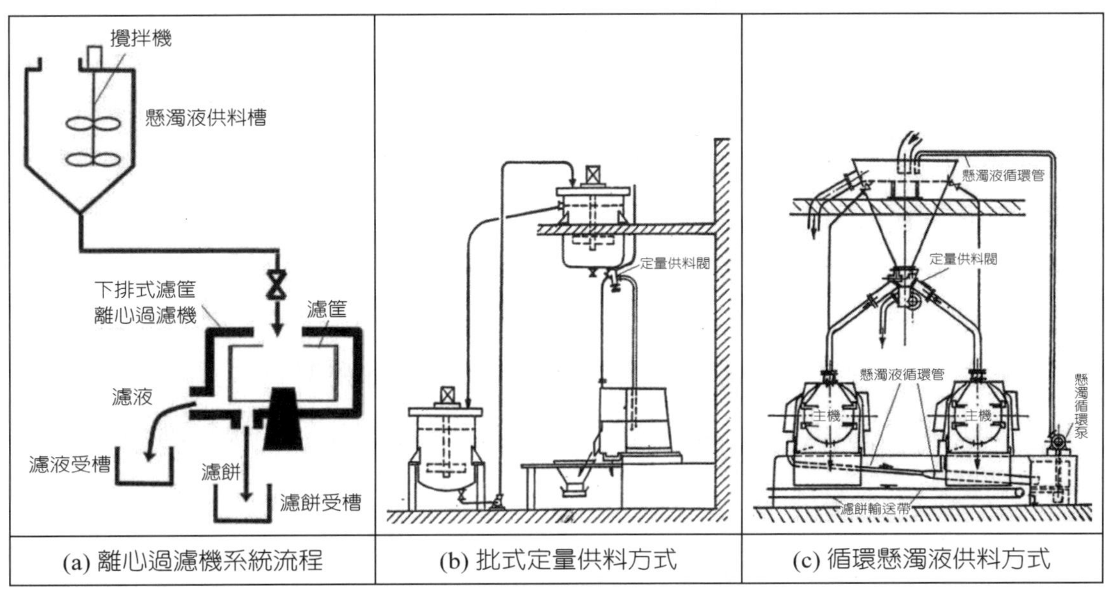

(a) 離心過濾機系統流程　(b) 批式定量供料方式　(c) 循環懸濁液供料方式

圖 15-19　離心過濾機系的供料方式 [1]

如擬採鋼骨架台時，須留意發生共振現象，從防振的觀點，架台的固有振動數可取主機的迴轉數倍數以上之值。

15.8　過濾程序之經濟評估

過濾裝置不同於蒸發罐，其固定投資金額與操作費用會因機型不同而產生頗大之差異。通常濾器之比較基準多用其所具有之過濾面積，但這也是在同一進料泥漿及機型下可行之比較基準。爲了說明過濾程序之經濟評估，在此以手動板框壓濾器爲例來說明。圖 15-20 顯示不同材質之濾板之各種壓濾器之價格圖表，早期板框壓濾機之濾板材質多爲鑄鐵，近年來多採用工程塑膠，不僅在重量上減輕了不少，在耐蝕上亦展現了其長處；濾框之最適厚度常因進料泥漿之濾性而有所不同，這點是採購時宜先檢討。

過濾程序之經濟評估得考慮固定投資之利息負擔、折舊、直接工資、動力費用、維護及耗材費用。折舊費視其處理對象而有所變異，對腐蝕性不高之泥漿其耐用年限可逾十年，但如爲腐蝕性甚高之泥漿則其耐用年限就在三～五年，甚至一年就得汰換。動力費主要爲泵送泥漿所需之電力，一般經驗數據爲 0.05 HP/m^2 filter area，但遇到高壓密性泥漿此值也就得相對提高。所需直接勞工，如爲手動 1 台 2 人，則 2 台也可以由此 2 人來操作就夠；如爲完全自動化之壓濾器，人工需求就可降到 5～10 部 1 人，但得考慮自動化發生故障時得藉人工排除故障之需要，至少得有 2 人來看管，只是 2 人可掌握到 8～10 部；而只有 1～2 部時，另一人可做機動性之安排即可。

維修費除了濾布外，年需可以固定費用 2% 計算，而平常濾布之壽命可用 4 週～1 個月，助濾劑則依過濾週期及過濾對象而異，可參考第八章所介紹之數據。

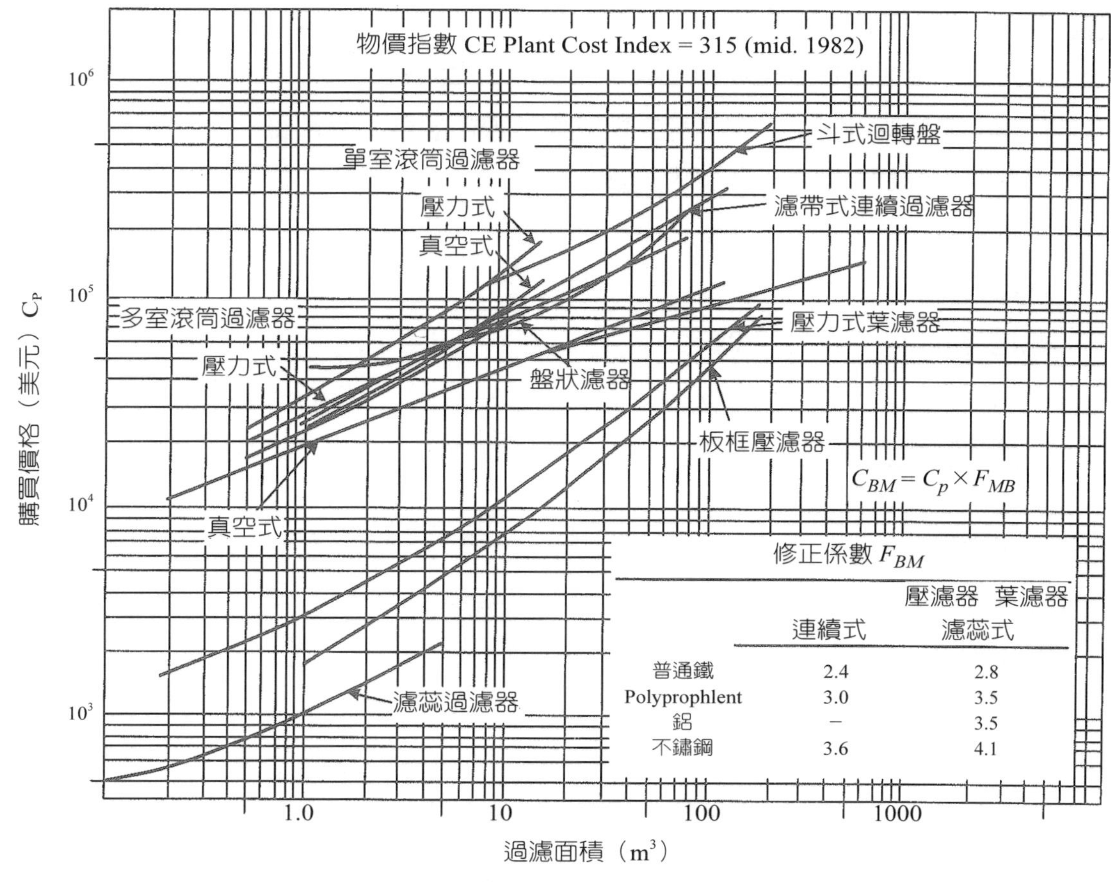

圖 15-20　各種過濾器之購入價格

例題15-10　過濾操作之經濟評估[18]

擬利用 2 台板框壓濾器過濾某一泥漿，板框之規格為 60 cm 正方形，全過濾面積每部為 19.5 m^2，而每部之濾板數為 30，框厚為 2.5 cm，故濾室之總體積為 0.244 m^3／台，其他數據為

濾餅含水率	0.40
每一過濾週期含洗滌時間	2 hrs
濾餅乾重	1,290 kg/m^3
每天工作時間	8 hrs
每天 2 台壓濾器可處理之泥漿	30 m^3/day

試估計每單位乾濾餅所需費用？

解 2 台一天可做之週期數為 8

故可得之濾餅乾重量為 $8 \times 0.244 \times 1{,}290 = 2{,}520$ kg

由濾器價格圖得每台之單價經調整物價指數後如為 1.47×10^6

而此裝置所需之周邊工程費大約為：

配管工程	5%
儀器設備	1%
配電費用	2%
安裝費用	3%
貯槽類費用	5%
周邊工程共計	16%

其固定投資為 $2 \times 1.47 \times 10^6 \times 1.16 = 3.41 \times 10^6$

如利息為 7%，一年做 300 天工作則利息分攤為

$3.41 \times 10^6 \times 0.07/300 = 795$ 元 /day

折舊採用 7.5%，則其分攤為

$3.41 \times 10^6 \times 0.075/300 = 853$ 元 /day

工人工資為 1,000 元 /day，每班 2 人，故勞務費

$2 \times 1{,}000 = 2{,}000$ 元 /day

動力費採 0.05 HP/m^2，則電力費為 3.5 元 /kWH

$3.5 \times 2 \times 19.5 \times 0.05 \times 0.75 \times 8 = 41$ 元 /day

維護費（濾布等耗材除外）為年 3% 時

$3.41 \times 10^6 \times 0.03/300 = 341$ 元 /day

濾布假設可用 30 天，而單價為 150 元 /m^3 · day，每片每邊加 5 cm 之邊，每台至少需 $30 \times 2 \times 0.7 \times 0.7 = 29.4$ m^2，故濾布費用為

$$29.4 \times 150 \times 2/30 = 294 \text{ 元 /day}$$

各項每天之費用

利息	795	18.4%
折舊	853	19.7%
勞務	2,000	46.3%
動力	41	0.95%

維護　341　7.9%

濾布　294　6.75%

4,324 元 /day/2,520 kg

故得每公噸乾濾餅之費用為 = 4,324/2.52 = 1,716 元

由此例可知用手動濾器勞務費用所占 % 高達 46.3%

15.9　過濾操作不順之原因與對策 [2,6]

濾器之操作不順，常是由於沒有提供正確或完整的泥漿資料給濾器製作廠商或設計人員。新購之濾器往往試車的時候才發現能量不足，操作費用（含耗材費）較原先預估來得高，或維修不易等事，這些現象之發生除上述泥漿之原因外，亦可能由於廠商及技術人員經驗及學識不足或兩方之溝通不良，所以如何在選機型前掌握泥漿之物性，釐清程序正確的需求及認識擬選用之機型的特性，不僅是選對濾器之先決條件，也是日後操作能順暢之前提。

導致過濾操作不順之原因，可分由進料之物性面及濾器本身之設計、構造面來看。表 15-4 列舉了從此兩面來探討導致過濾不順或不良之原因。在圖 14-30 曾說明了由泥漿物性及程序要求如何檢討各項因素做選擇濾器之流程，這流程也可適於檢討過濾不順之原因及尋覓解決對策。在本節中，先討論過濾操作時不論哪種過濾器都會遇到之問題，再談個別機種可能發生的問題及其對策。

15.9.1　過濾操作中常存之問題 [1]

1. 過濾初期所發生之濾材（濾布）被堵塞

過濾開始時濾材上因沒有濾餅，阻力小，故如壓差過大，很容易發生固粒不在濾材表面架橋，構成空隙度較高之濾餅，一些微細粒子鑽穿入濾材而堵塞了濾材，同時在濾材上逐構成一層因高壓差之壓密而生成之相當緻密之薄層。這層高阻力薄層之生成，將耗去大部分之有效壓差，致之後堆積之濾餅就因缺少有效壓差之存在

表 15-4　過濾不順的原因

從物性面看	從裝置面看
粒子太細 粒子之粒徑分布太廣 結晶或固粒易碎 凝聚體不安定而易重分散 過濾中析出晶粒（堵塞濾材） 膠體物質之存在 高壓密性濾餅 濾餅具黏著性 濾餅不易從濾材剝離 濾餅韌度不大，易產生龜裂 濾液黏度高 類似油水混相之存在 固粒之沉降性大	濾材被堵塞 濾材有破損或可短路之缺陷 濾布發生收縮或膨脹而堵塞 構成不均勻之濾餅 濾餅易剝落濾材 刮除濾餅時使所剩濾餅表面硬化 殘留濾餅在壓力被壓密 排卸濾餅困難，殘留太多濾餅 磨損 腐蝕 振動發生，使濾餅剝離或壓密 濾材之剝離框架或溶損

變成相當鬆散之濾餅，在壓濾機之濾餅常見到只在靠近濾布有一層較硬的濾餅包了鬆軟的濾餅之現象，這種現象除了一開始就加上高壓差外，濾布不適合，或洗滌濾布不良時亦會發生。欲避免此現象發生，過濾剛開始時，不宜貪求濾速快，而宜以低壓限制濾速過濾一段時間，再緩升過濾壓差，該可在濾材上構成空隙度較高之底層，則不僅可避免微粒穿進濾布，亦可避免生成濾阻過高之濾餅。

2. 因泥漿濃度降低產生之濾材及濾餅阻力之增加

泥漿濃度變低，常促進濾餅之微粒從濾餅結構游離前移，導致穿進濾材或在濾材表面構成一層細粒子之所聚成之濾餅，而增高了濾材或濾餅之濾阻，如洗滌濾餅時，也常見此現象之發生。在過濾中欲控制泥漿濃度，可在進料配管中配置濃泥漿之濃度量測器或設取樣口，定期取樣量測也是個辦法。

3. 過濾之前一程序，或因整個製造程序條件之改變

過濾之前一程序，或因整個製造程序條件之改變，都會導致進料泥漿之物性及過濾操作情形之變化。若如此變化而過濾速度變慢，除該檢討前程序條件之改變是否必要與妥適，如此改變爲程序上必要的，就該考慮是否藉用前處理（如添加凝聚劑）或摻和助濾劑。

泥漿物性之變化，常導致過濾試驗結果之可信性降低，如試料泥漿在搬運過程之溫度變化或**老化**（aging）都會導致泥漿粒子粒細度之改變，往往是經過長時間之搬運後原泥漿變得較容易過濾，而做了錯誤的濾器大小之決定，故過濾試驗樣品宜逕在流程上取用，並不要擱置太長之時間，始可獲得正確的過濾有關之數據。

4. 進料管線之著垢、堵塞

固粒之粒子比重大，泥漿過濃，或過濾末期濾速減緩，都容易發生粒子之沉積，在管壁低部發生著垢現象。管壁一旦著垢，除非用機械力，甚難剝除，導致泵送泥漿之困難，堵塞壓力計或管閥。如有此現象，除設法降低泥漿濃度外，應檢討泵性能是否發生問題，或泥漿物性是否因前一程序之條件有所變化而產生這些現象。

5. 濾餅剝離或排卸困難

如泥漿之**降伏値**（yield point）隨濃度有顯著地增高的泥漿，其產生濾餅之排卸難從濾布剝離，有時就會部分濾餅殘留在濾材上而導致下次過濾時之障礙。如有此情形，宜檢討所使用濾材之適宜性，或採用預鋪助濾劑層，或採用逆吹高壓流體方式清除剩留之濾餅。

6. 高壓密性濾餅 [3]

對高壓密性濾餅或針狀結晶等，操作壓力或在離心過濾器時濾餅過厚，都會在靠近濾材面產生相當嚴重的壓密現象，導致濾速遽減，所以此類泥漿過濾宜採用薄層之濾餅，也即縮短過濾週期，或可犧牲一些濾速在較低之操作壓力進行過濾。

7. 可變形膠體粒子之過濾

圖 15-21 顯示了可變形粒子在不同過濾壓力下之過濾曲線。由於粒子承受由拖曳力轉變而來之**固體壓縮壓力**（solid compressive pressure，見 2.9 節），變成扁平橢球，並在靠近濾材表面構成空隙度相當低的緻密濾餅層，使其過濾之 dt/dv vs. v 之關係不像剛體粒子一般依 Ruth 的過濾理論式呈直線，而是多處轉折或彎曲點之出現，所以濾速也隨之遽減。另一種是剛體核心外具有可變形膠體粒子，這些粒子會有如上述之現象外，亦常因膠體相與剛體相發生分離，使分離後之膠體穿進濾餅或濾材原有之空隙增加了濾餅之濾阻，甚至穿透濾材降低濾液之品質。對含有膠體粒子或可變形粒子之泥漿，可藉助於摻和助濾劑；如不能摻和助濾劑時，宜採用過濾週期較短之低壓過濾系統，或考慮採用掃流過濾也是一種選擇。如何防止膠體相與核心之分離，是可避免緻密膠體層之生成而濾速降低或濾液不清之考慮點。

8. 揮發性或毒性泥漿之過濾

除揮發性高之溶媒需在密閉型之濾器過濾，如有毒性之物質之過濾則應選擇不

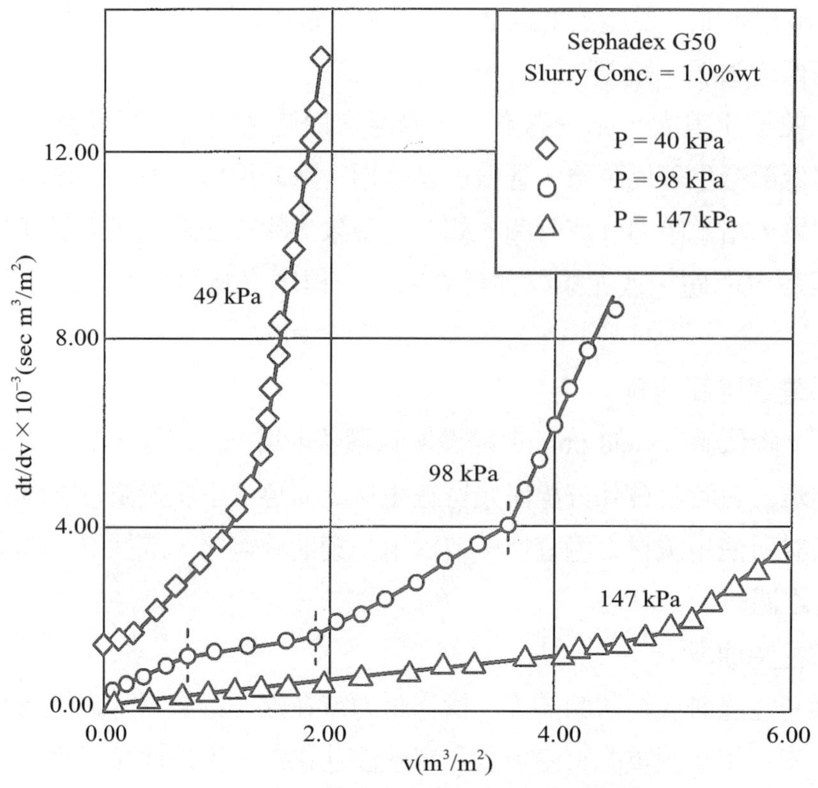

圖 15-21　可變形粒子泥漿之過濾曲線

用人工碰觸濾餅或濾液完全自動化操作之機型；如處理物質可能自行分解或容易產生靜電之溶劑時，除了密閉性外，亦須進一步以惰性氣體完封整個系統，尤其在軸封處，濾液漏洩易在軸封部位乾固而引起發火或爆炸事故，故雖已採用封閉系，但其與外界連通之處也需加以留心防患。

9. 濾餅之龜裂

如濾餅需洗滌時，須留心的是濾餅改通不含固粒之清澄液體，很容易在局部濾餅發生粒子架構之崩潰而造成局部濾餅空隙度之增加，同時導致濾餅之龜裂，尤其對韌性不高之濾餅。濾餅一旦發生龜裂就令洗滌液短路，而使洗滌效果遽減。

要防止濾餅之龜裂可在進料泥漿中摻和一些適量（0.05～0.1%）之纖維性助濾劑，或加強濾葉之結構；但一旦發生龜裂，則可用具有壓擠功能滾輪，或押板在濾餅面上稍加壓密之手法消除龜裂而產生之裂溝。

15.9.2　不同機型過濾器過濾不順之現象 [6]

1. 壓濾器

(1) 由於機械設計之進步，壓濾器可加壓之壓力已達 15～20 kg/cm^2，這高壓壓差也造成所生成濾餅至爲緻密，故排卸濾餅也加倍困難，因此排卸時之機械力得相對增加，也導致所排卸濾餅和溶液飛散，同時洗滌濾布之水壓也得相對增高，這些現象均增加了排卸濾餅之微粒或水霧所飛散範圍之擴大，因此濾器與濾器或周遭裝置間得以防塵簾隔開，同時也需確保適當之安全距離及空間。

(2) 進料如採用單式濾板之中央供料時，泥漿要流到濾框前，已在進行部分過濾，而生成圍繞進料口之濾餅套環，甚至堵塞了進料通路。

(3) 於完全自動化之壓濾器系統，常因預防漏洩或過負荷所設定的關機機制過分複雜，導致一旦這些自動關機系統作用時，由人工操作就因步驟繁雜而感不便。

表 15-5 另列示一些壓濾器過濾操作可能發生的不順現象，其原因和對策供參考。

表 15-5　壓濾器過濾操不順現象和對策 [6]

不順的現象	原　因	對　策
處理能力降低	懸濁液物性變化，致原設定的過濾、壓榨時間不適用	配合懸濁液物性變化重新設定過濾、壓榨時間
	濾布堵塞導致濾材的阻力增高	參照「濾布堵塞」欄
	濾餅卸除不全，部分殘存濾餅讓過濾面積相對減小，及濾阻增加	・參照「濾餅剝離性惡化」欄 ・考濾可降低濾阻的助濾劑來改善泥漿的物性
濾餅剝離性惡化	懸濁液物性變化，致原設定的過濾，壓榨時間不適	配合懸濁液物性變化重新設定過濾、壓榨時間
	因濾布堵塞導致未脫液濾餅附著在濾布上	・參照「濾布堵塞」欄 ・延長壓榨時間
	因濾布起毛導致脫液過的濾餅附著在濾布的面積增加	・更換新濾布 ・調整剝離濾餅裝置，以避免過濾面積縮小
	因濾餅含液率惡化導致殘留在濾面的濾餅增加（濾面減小）	參照「濾餅含液率惡化」欄

表 15-5 壓濾器過濾操不順現象和對策 [6] (續)

不順的現象	原　因	對　策
濾餅含液率惡化	懸濁液物性變化，致原設定的過濾、壓榨時間不適	配合懸濁液物性變化重新設定過濾，壓榨時間
	濾布堵塞導致濾材的阻力增高	參照「濾布堵塞」欄
	因壓榨膜破損而壓榨壓力降低	更換成新壓榨膜
濾液澄清度惡化	因懸濁液物性變化而有微粒穿流濾布	·更換為更緻密的濾布 ·添加可捕捉細粒的助濾劑
	因濾布歪走導致固粒洩漏	校正濾布的行走位置
	因濾布破損而洩漏固粒	更換新濾布
濾布堵塞	洗滌濾布不全	·檢查洗滌水噴嘴是否堵塞 ·檢查並清除洗滌水管上的除塵器的篩網
	懸濁液物性與濾布不能配合	改選能配合懸濁液物性，且可捕捉固粒且不易堵塞的濾布

2. 葉濾器

濾葉之濾液通路設計不妥或泥漿中固粒粗細相差過大時，常在濾葉上生成如圖 15-22(b) 所示不均厚濾餅，最後會讓濾葉彎曲，如圖 15-22(e)；而濾葉間隔設計不當或過濾太久讓濾餅塞滿濾葉之間距，不僅使得無法對所生成之濾餅做理想之置換洗滌，也會使濾葉彎曲，如圖 15-22(f) 所示。要避免此情形發生，在垂直濾葉之葉濾器可裝如圖 15-23 所示差壓檢測器或其他厚度感測器，當濾餅成長至可容許之最大厚度時，則可停止過濾。

濾液中之濾液通路不妥，會引起濾葉上濾餅之不均層，而在裝有多葉之葉濾器之插濾葉之**分歧管**（manifold），如設計不妥而產生各濾葉之壓力差不等時，會使中央濾葉之濾餅厚度最大，而末端濾葉則因部分有效壓差被濾液要流至出口之壓差占有，致濾葉上之濾餅厚度就不如靠近濾液出口之濾葉。

表 15-6 另列示一些葉濾器過濾操作可能發生的不順現象，其原因和對策供參考。

3. 連續滾筒真空過濾器（RVF）[7]

濾餅如無法排卸將影響濾器之過濾性能，所需濾餅之最適厚度是依排卸方式（參照圖 14-22）之不同而有所變化。刮刀式的在 8～10 mm，鋼線去除式是 5～7 mm，濾布急轉式則 2～3 mm，而滾輪刮除式可小到 0.5～1 mm。

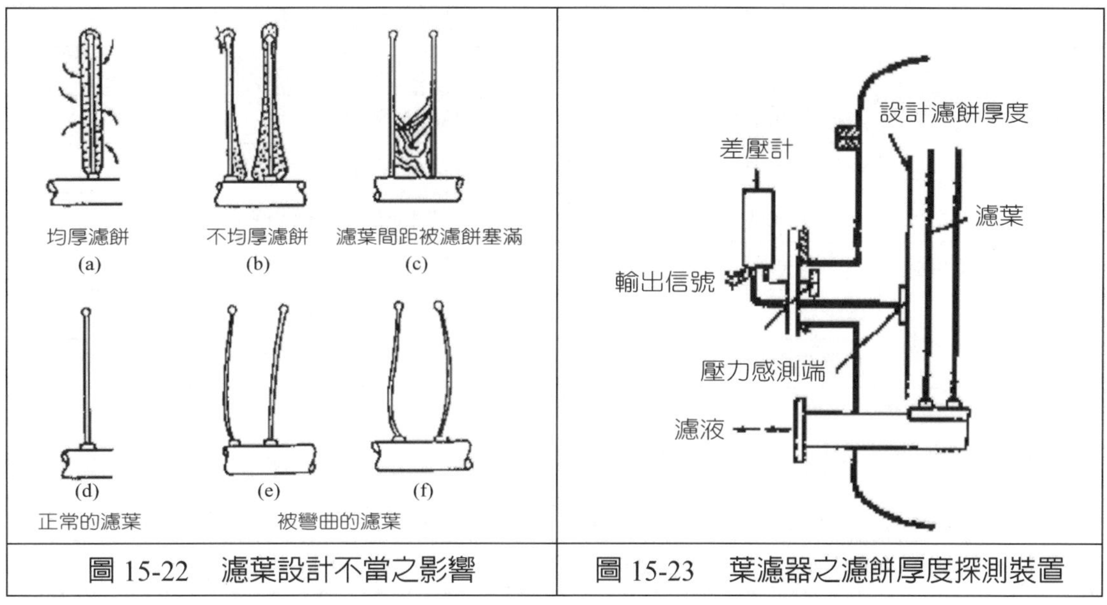

圖 15-22　濾葉設計不當之影響

圖 15-23　葉濾器之濾餅厚度探測裝置

表 15-6　葉濾器過濾操作不順現象和對策 [6]

不順的現象	原因	對策
濾液澄清度惡化	濾機容器**排氣**（ventilation）不全	灌進懸濁時延長排氣時間，確認完全
	濾布或金屬濾材有破傷	更換新濾布或濾材
	形成形狀不均的濾餅 可能因懸濁液供應流量過小，或因固粒大小不均產生沉降致形成上薄下厚的濾餅，或助濾劑預鋪不均厚	改用大吐出量供料泵，並架設懸濁液循環配管，以提升懸濁液在濾機內的流速
	濾葉或濾筒接合不牢靠	重新安裝濾葉（濾筒）
	接合處的止洩片安裝不良或破損	重新安裝鎖緊或換新**止洩片**（packing）
	進料中含有氣體（氣泡）	設法去除進料中的氣體
濾液量減少，含濾速減慢	輸料配管堵塞	清除配管中的沉積物
	管路中有**氣袋**（air pocket）	在高處和上下彎曲管頂點裝排氣閥
	總過濾阻力增高	刷洗濾布（材），如尚不改善，換新濾布
	單向閥（check valve）不良	檢查單向閥，必要時換新閥
	管路中的管閥堵塞或故障	檢查管閥之功能，確保無堵塞。
濾餅的脫液性惡化	濾布（材）的空隙堵塞	更換新濾布（材）
	高壓氣脫液時氣體量太少	檢查高壓氣體管路，確保氣體流量充足
	固粒物物性改變	檢查固粒物性，必要時改變脫液條件

表 15-6　葉濾器過濾操作不順現象和對策 [6]（續）

不順的現象	原因	對策
濾餅的剝離性惡化	濾餅量過多	縮短過濾時間
	濾餅量過少	延長過濾時間，檢查濾餅的性狀
	濾餅脫液結果欠佳	再調整脫液程序條件或方式
過濾中濾餅自濾布脫落	濾餅量過多	縮短過濾時間
	發生振動	採取防震動對策
	濾機內壓變化	檢查管路閥的開閉程度，確保正確開度

在此型眞空過濾器最常遇到的問題，是由於主宰各過濾器操作階段之自動閥面之漏氣及眞空泵之性能發生問題，都直接降低了有效過濾壓差，這些問題可由平常多用心檢查及添注潤滑油，及防止微粒滲進濾液，該可減少閥面之磨損降到最低。

自動閥之設計有如圖 15-24 所示，有平面搯動及筒形搯動兩種，平面搯動之設計對維修上較爲簡便，磨損閥面之材質宜採用較軟之材料，而留些維修時可供磨平之厚度。

表 15-7 另列示一些連續滾筒眞空過濾器操作可能發生的不順現象，其原因和對策供參考。

4. 離心過濾器

進料須力求平穩之定量供料方式，尤其容易脫水之結晶，如進料不均勻時很容易導致厚度不均，破壞了平衡而產生濾器之振動。連續離心過濾器之可順暢運轉之範圍相當狹窄，例如圓錐型濾框來說，只有濾餅所承受之離心力與粒子和濾材面之

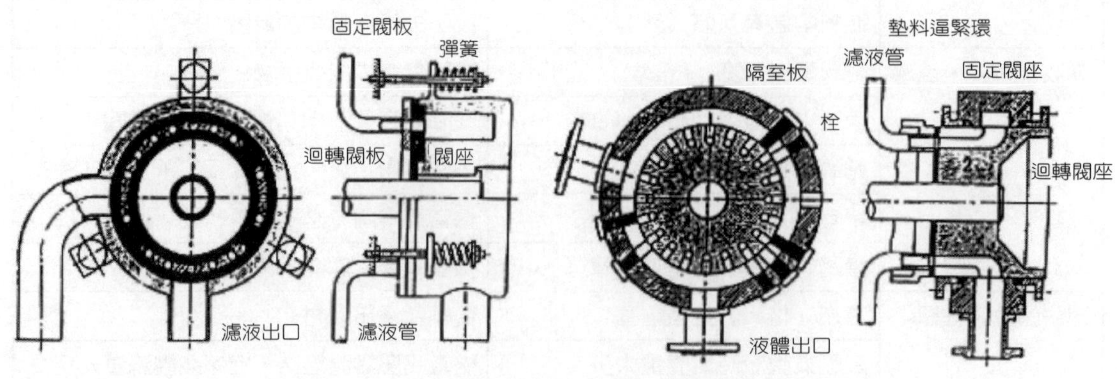

圖 15-24　滾筒迴轉過濾器之搯動閥面 [1]

表 15-7　連續滾筒真空過濾器的不順現象和對策 [6]

Rotary Vacuum Filter

不順的現象	原　因	對　策
處理能力降低（濾速減慢）	進料懸濁液物性變化	配合懸濁液物性調整吸附固粒力和脫液的時間
	濾布被堵塞	參照「濾布（材）堵塞項」
	濾餅清除不全	參照「濾餅剝離惡化項」
濾液澄清度降低	固粒粒徑微粒化	· 換較緻密的濾布 · 如條件允許，則使用凝聚劑加大固粒大小
	濾布破損	補修破損，或換新濾布
	因濾布蛇行走出現濾面外	· 檢查濾布蛇行修正裝置，並修正 · 確認濾餅剝離狀況，並設法修正
濾餅剝離惡化	濾餅含液率升高	調整吸附固粒力和脫液的時間和真空度
濾布破損	懸濁液含有磨削性固粒	為保護縫製絲線，於縫製面加裝保護套
真空度提不高	濾材上的濾餅發生龜裂	· 調整吸附固粒力和脫液的時間和真空度 · 以防止濾餅厚度不逾易龜裂的厚度
過濾中濾餅剝落	因濾餅發生龜裂導致真空度降低	參照「真空度提不高項」
濾布堵塞	濾布洗滌不良	· 檢查洗滌水噴嘴是否堵塞，並清除之 · 調高噴洗滌水的壓力 · 考慮更換較不易被堵塞的濾布
	分散媒中溶質析出堵塞濾材空隙	· 加強洗滌濾布的洗淨效果 · 試採藥品洗滌

摩擦阻力相差不多時可順暢排卸，此時如加裝螺旋強制排卸，就會產生磨耗濾面之現象。

表 15-8 另列示一些批式離心過濾器操作可能發生的不順現象，其原因和對策供參考。

表 15-8　批式離心過濾器操作不順現象與對策 [6]

Basket Centrifugal Filter

不順的現象	原　因	對　策
處理能力低減	進料懸濁液物性改變	確認進料懸濁液物性是否改變

表 15-8　批式離心過濾器操作不順現象與對策 [6]（續）

不順的現象	原　因	對　策
	操作條件不適	調整離心力（迴轉數）配合懸濁液物性 ‧如濾性含液率高時，增高離心力 ‧固粒（SS）回收率低時增加離心力
	濾布損傷	檢查濾布是否損傷，有破傷則修補或更新
離心機振動大	濾袋裝置不妥	校正濾袋力求均衡
	濾袋有損傷	檢查濾袋有無破傷，有破傷則修補或更新
供料時離心機振動大	設定的操作條件不適	依進料物性調整操作條件（供料量、供料時間、迴轉數等）
	濾袋設計材質不適	依進料物性重選濾袋材質、合適濾機的濾袋形狀

符號說明

A　過濾面積 [m^2]

c　與單位容積相對之乾固體量 x [kg · d.s./m^2]

J　α_{av} 之修正係數 [-]

L　濾餅厚度 [m]

M　濕乾濾餅之重量比

n　壓密指數

N　RVF 之迴轉數 [1/s]

Δp_f　過濾總壓 [Pa]

Δp_c　過濾濾餅之壓差 [Pa]

P_{rl}　以濾液容積爲基準之生產力 [m^3/hr]

P_{rs}　以乾固體量爲基準之生產力 [kg/hr]

P　壓力

Q　濾液流量 [m^3/hr]

q, q_1　單位過濾面積濾速 [m^3/m^2 · hr]

R_m　濾材阻力 [1/m]

R_c　濾餅阻力 [1/m]

s　粒子濃度之質量分率 [-]

s_c　1/m

t　時間 [hr, or s]

t_c　過濾週期 [hr]

t_D　呆機時間 [hr]

t_f　過濾時間 [hr]

t_w　洗滌濾餅時間 [hr]

V　濾液容量 [m^3]

v　單位濾材面積可得之濾液量 [m^3/m^2]

V_r，v_r　恆率過濾所得之濾液容量

w　單位過濾面積上之乾固量 [kg/m^2]

W　總濾餅乾固量 [kg]

Y　生產力 [m^3/hr or kg · d.s./hr]

α　過濾比阻 [m/kg]

α_{av}　平均過濾比阻 [m/kg]

ε_{av}　濾餅之平均空隙度 [-]

ρ　液體密度 [kg/m^3]

ρ_p　固體粒子之真密度 [kg/m^3]

μ　液體黏度 [Pa · s]

φ　RVF 之接液角（有效過濾角度）[radian]

參考文獻

1. Horita，堀田知明；化學裝置 · 機械實用ハンドブック，藤田重文主編，Ch.12濾過，朝倉書店，東京，日本（1957）。
2. Iritani，入谷英司；繪とき濾過技術——基礎のきそ，日刊工業新聞社，東京，日本（2010）。
3. Kanda, N., “Problems on Filtration and Countermeasures,” Kagaku Kogaku, Vol. 57, 206

(1993).

4. Lu, W. M., "Analysis of Constant Rate Filtration Data of Incompressible Deformable Particle Slurries," Paper presented at 2002 Symposium on Transport Phenomena and Their Applications, Taipei, Taiwan.
5. Lu, W. M. , Editor"Introduction to Chemical Process Design," Gaulih, Taipei, Taiwan (2011).
6. Matsumoto，1松本幹治（主編）；ろ過脱水機ガイドブック，LFPI，東京，日本（2012）。
7. Matsumoto，2松本幹治（主編）；實用固液分離技術，分離技術會，東京，日本（2010）。
8. Purchas, D. B. and R. J. Wakeman, "SLS Equipment-Scaleup," Filtration and Separations Ltd., London, UK. (1986).
9. Rushton, A. A. S. Ward, and R. G. Holdich, "Solid Liquid Filtration and Separation Technology," 2'nd edition, Wiley-VCH Weinheim, Germany (2000).
10. Society of Chemical Engineers of Japan, "Handbook for Chemical Engineers" 3'rd edition (1968).
11. Society of Powder Tech.; "Manuals for Filtration and Expression," Nikkan Kogyo Press, Tokyo, Japan (1983).
12. Takashima, Y. "Pocket Handbook of Chemical Equipment," Chap. 18, Fujita, S. Edited., Maruzen, Tokyo, Japan (1977).
13. Tiller, F. M.；A. I Ch. E. Workshop Lecture Note
14. Toya，S,户谷 誠一；化學裝置・機械實用ハンドブック，藤田重文主編，Ch.13遠心分離，朝倉書店，東京，日本（1957）。
15. Wakeman, R. J., and E. S. Tarleton,; "Filtration" Elsvier Adv. Tech., Kidlinton, Oxford, UK (1999).
16. WFJ世界濾過工學會日本會編；濾過工學ハンドブック，丸善，東京，日本（2009）。
17. Yamazaki, M. "Advanced Unit Operations" Yoshida, F. edited Vol. I, Asakura Books Co., Tokyo, Japan (1962).
18. Yoshioka, N., "Theories and Calculations of Unit Operations," Kamei, S. edited, Chap. 14, Sangyo Books Co., Tokyo, Japan (1975).

附錄A
粉粒體特性對濾性之影響

／許曉萍

A.1 前言

粉粒體科學的主要目的是將單獨粒子的微觀性質經統計轉換成整體系統的巨觀現象。粉粒體之微觀性質極多，較重要者有粒子的大小分布及形狀、表面性質、孔洞大小、孔隙度、擴散係數等等。而由粒子組成之粉粒體其巨觀性質通常可分爲**填充床**（packed bed）、**表面層**（surface layer）及**分散系統**（dispersed system）三方面討論之，其中對濾性影響較大者爲分散系統及堆積床。由大小及形狀不同的粒子所形成之漿液，彼此間之流變特性相異，則粒子間之絮凝程度自然不同。另外，粒子由漿液中沉降形成堆積床的濾餅時，其孔隙度有差異，則流經床隙之流體，其流動阻力也不一樣。所以粒子大小及形狀與濾性有很大關聯，亦即對濾餅含水量及產品回收量有影響，甚至可用於決定固液分離之方式。

通常粒子尺寸之上限不易界定，目前大多數之研究人員同意採取 B.S. 2955 所定之 1 mm（1,000 μm）。如此粉粒體的製造可分成兩種截然不同的方式。一種由分子集結而成粒子，例如結晶或沉澱；另一種方式是將塊狀物或大顆粒者解碎，亦即研磨。前者在技術之建立上需較多的背景知識，但可有效地控制粒子形狀。

量測一粉粒體的粒徑分布是一件複雜的工作。首先需瞭解粒子尺寸的定義。對形狀規則的粒子而言，因其有單一特性長度，故無困難，例如圓球形之直徑或立方體之邊長。然而大部分粒子的形狀皆不規則，無法以單一長度表示，此時可憑藉**「球相當徑」**（the equivalent sphere diameter）的觀念，即依粒子的某一性質，如體積、表面積、投影面積或沉降速度等，找出與其相等的圓球粒子，則此圓球的大小即爲不規則粒子之尺寸。此「球相當徑」觀念引伸的結果是粒子依不同性質，有不同的大小（如圖 A-1）。各種粉粒體粒徑量測儀器所應用原理不同，也就是依粒子各種不同性質而設計（表 A-1），因此各種儀器所量到的結果也不同，另外，目前可用之量測儀器亦無法區辨粒子形狀。粒子形狀之分析方法在文獻內極多，但可歸納爲四類，即 (1) 依各類粒子之特性進行評估、(2) 依粉粒體整體性質量測、(3) 以數學技巧表達形狀，及 (4) 以文字傳達形狀特性。本文中亦將介紹幾種常見的形狀分析方法。

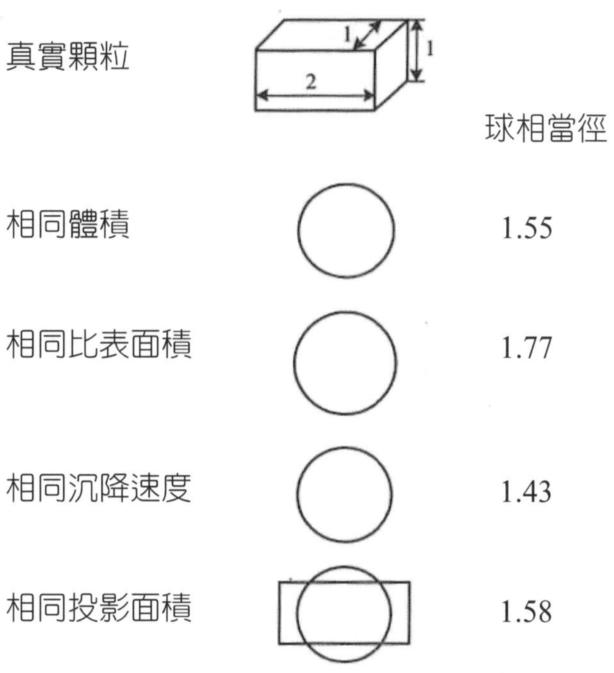

圖 A-1　不同定義下之球相當徑

表 A-1　粒徑分析儀所量測之粒徑意義

量測技術	粒徑範圍	粒徑種類
雷射光散射 （Laser Light Scattering）	5×10^{-3}～1 μm	等布朗運動速度球相當徑
雷射光繞射 （Laser Light Diffraction）	0.04～2,000 μm	等繞射角度球相當徑
粒子沉降終端速度 （Particle Terminal Velocity）	0.1～300 μm	等沉降速度球相當徑
電感帶 （Electric Sensing Zone）	0.4～1,200 μm	等體積球相當徑
表面積		等比表面積球相當徑
光學顯微鏡	1～100 μm	等長度球相當徑 等投影面積球相當徑
電子顯微鏡	0.001～100 μm	
超音波篩析	5～100 μm	篩網直徑
篩析	50～1,000 μm	篩網直徑

A.2 粒子大小

A.2.1 定義

一般而言，形狀規則具等軸之粒子，其粒徑不難定義，如圓球之直徑或正方體之邊長。然不規則之粒子，可能有無數個線性長度，單一之特性長度不易定義，圖 A-2 爲常用之粉粒體各種線性長度表示法之示意圖，而爲易於理論計算，粒徑通常可用球之**相當徑**（the equivalent spherical diameter）表之，如等沉降速度、等體積及等表面積等。另外亦有以篩網徑或等投影面積圓相當徑等法表示。故隨量測儀器原理之不同，所得者爲不同定義的粒徑。

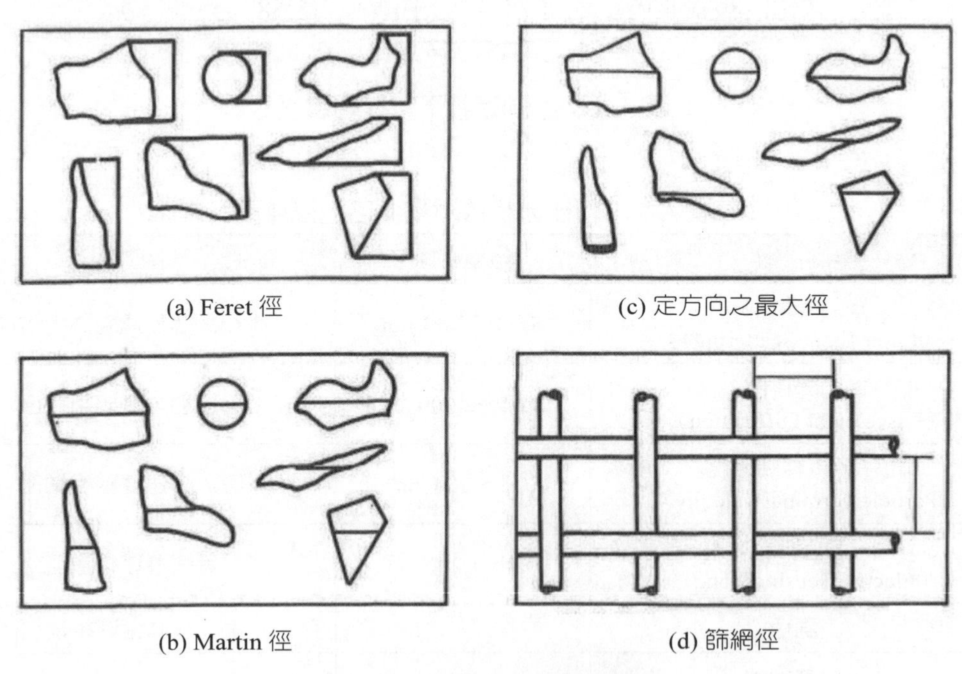

(a) Feret 徑　(c) 定方向之最大徑

(b) Martin 徑　(d) 篩網徑

圖 A-2　常用之粉粒體線性長度

當一粒徑分析儀完成量測後，必須將粒徑分布以一種方式呈現，俾獲知該樣品之粒徑特性。將粒徑分布數據列表爲一種方式，然由表列數據無法在瞬間獲得整體趨勢。爲達此目的，最佳之數據呈現法爲圖示法，圖示法是以粒徑對粒子「量」作

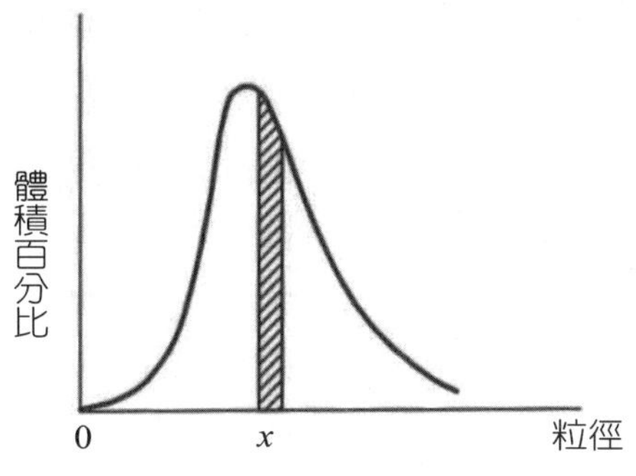

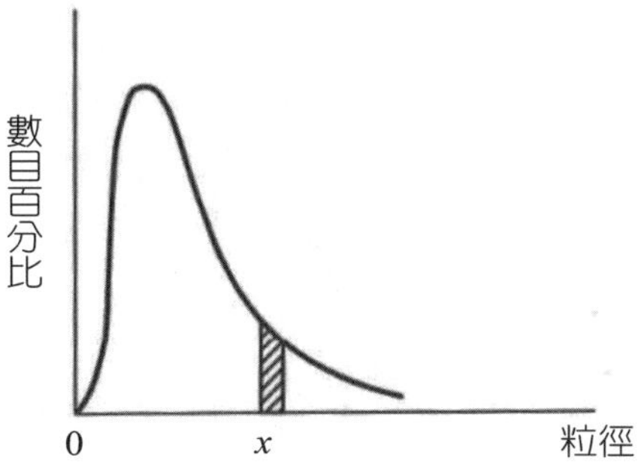

圖 A-3　體積百分比與數目百分比對粒徑作圖之比較

圖，粒徑之定義隨分析儀原理而異，而粒子量之意義亦不盡相同，最常見者爲粒子數目或體積，如影像分析法常以粒子數目作量的表示，而電感帶法則常用體積作量的表示，但亦有以表面積或重量表示者。將粒子以數目或體積表示量時，其所繪出之圖形一般會有差異性，通常以粒子數目表示其量時，所繪出之分布圖會偏向粒徑較小的部分；反之，粒子量以體積表示時，則分布圖會偏向粒徑較大的部分，如圖 A-3 所示，此乃因體積之計算爲粒徑三次方之故，經三次方的轉換後，粒徑大的粒子所占的體積百分比自然提升了不少，是故，以體積爲表示法之圖形當然會偏向粒徑較大之粒子。然雖有不同的表示法，其間可由數學式做量的轉換，如將體積百分率與粒徑以 log-normal 作圖，可得一直線，則數目百分率與粒徑之關係於 log-normal 作圖必然是一直線，其間可用簡單的方程式轉換之，但若所繪之圖形不爲直線則需藉較複雜數學式進行轉換，其較詳細的資料請參閱 Allen[1] 所著《Particle Size Measurement》一書第四章。一般而言，圖示表示法中通常將粒子量百分率化，然後以兩種方式呈現，一爲在某小粒徑範圍內平均粒徑之重量或粒子數百分率，另一爲某粒徑之重量或粒子數累積百分率。前者可用曲線圖或長條圖（圖 A-4）表示之，而後者如圖 A-5 爲累積量大於或小於該粒徑之曲線圖，在圖上各軸可變換座標包括正規、對數、**雙對數**（Rosin-Rammler 分布）及或然率（正規分布）等。

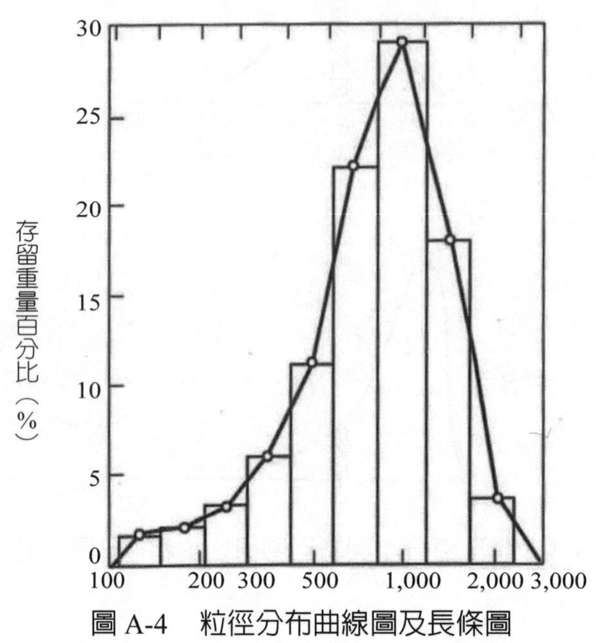

圖 A-4　粒徑分布曲線圖及長條圖

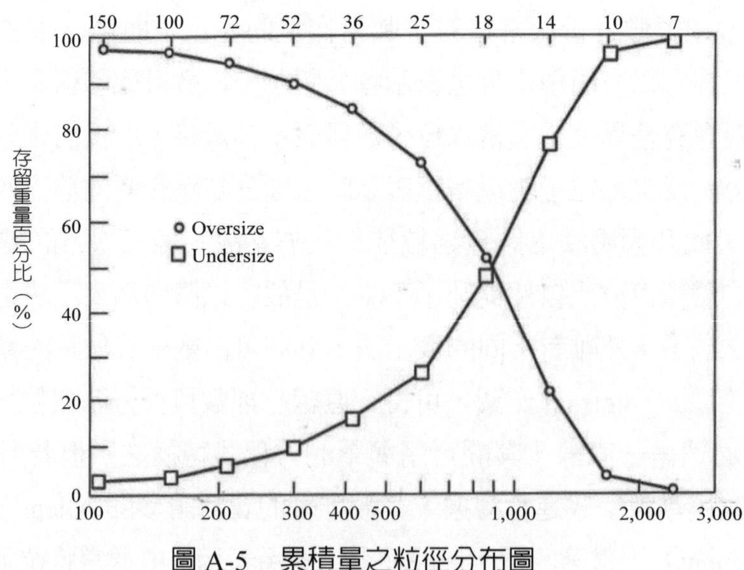

圖 A-5　累積量之粒徑分布圖

在一粒徑分布曲線圖上有三名詞需了解，即**平均粒徑**（mean diameter），**中間粒徑**（median diameter，即累積百分率爲 50 之粒徑），及**最多粒徑**（mode diameter，即百分率最高之粒徑）。其中平均粒徑又有許多不同之定義，如**數目／長度平均粒徑**（number/length mean diameter）、**長度／體積平均粒徑**（length/volume mean diameter）等，請參考 Allen[1] 所著一書之第四章。表 A-2 所列爲常用平均粒徑之定義。

A.2.2　各種粒徑分析儀之原理介紹

目前市面上銷售之粒徑分析儀種類繁多，所採用原理亦不相同，在此情況下欲做簡明之分類誠屬非易，較詳細的資料請參考 Allen[1] 所著《Particle Size Measurement》或台大化工系呂維明和戴怡德 [2] 所編之《粉粒體粒徑量測技術》一書。以下僅就較常用儀器依其設計原理歸類分述之。

表 A-2　常用之粉粒體平均粒徑

Number, length mean diameter	$x_{NL}=\dfrac{\sum dL}{\sum dN}=\dfrac{\sum xdN}{\sum dN}$
Number, surface mean diameter	$x_{NS}=\sqrt{\dfrac{\sum dS}{\sum dN}}=\sqrt{\dfrac{\sum x^2dN}{\sum dN}}$
Number, volume mean diameter	$x_{NV}=\sqrt[3]{\dfrac{\sum dV}{\sum dN}}=\sqrt[3]{\dfrac{\sum x^3dN}{\sum dN}}$
Length, surface mean diameter	$x_{LS}=\dfrac{\sum dS}{\sum dL}=\dfrac{\sum x^2dN}{\sum xdN}$
Length, volume mean diameter	$x_{LV}=\sqrt{\dfrac{\sum dV}{\sum dL}}=\sqrt{\dfrac{\sum x^3dN}{\sum xdN}}$
Surface, volume mean diameter	$x_{SV}=\dfrac{\sum dV}{\sum dS}=\dfrac{\sum x^3dN}{\sum x^2dN}$
Volume, moment mean diameter	$x_{VM}=\dfrac{\sum dM}{\sum dV}=\dfrac{\sum x^4dN}{\sum x^3dN}$
Weight, moment mean diameter	$x_{WM}=\dfrac{\sum dM}{\sum dW}=\dfrac{\sum xdW}{\sum dW}=\dfrac{\sum x^4dN}{\sum x^3dN}$

1. 篩析法

篩析法在粒徑分析上是一既簡單又能廣泛應用的方法，可分析的範圍由 5 ～ 1,000 μm。其定義的粒徑是粒子能通過的最小四方形孔的邊長。

基本的篩分法是將篩網依其網目大小由大至小向上堆疊，並將粉體樣品置於最上層，可利用機械式之振動，使小於篩網網目之粉體順利落下；反之，則殘留於篩網上，再由各層篩網上所留下之粉體計算出區間粒子之重量百分比，進而繪出粒徑分布曲線。

在設備上，其低廉的價格及良好的可信度，一直深受業界的喜好，被廣泛地應用於粉體製程中。但有關分析時樣品量的多寡、篩網是否清潔及如何選購適當的篩分機卻是值得注意的問題。在樣品量方面，其量的多寡對分析結果有直接的影響，樣品量多時，會因加長分析時間而導致粉體在分析時的散失；樣品量少時，雖會淡化此問題，但可能會引起因量太少之取樣誤差造成分析結果不可靠。另外，篩網的清潔工作是相當重要的，因網目的大小是粉體粒徑分級的標準，若有粒子殘留於篩網上將會造成網目相對於粒徑的誤差，而使分析結果有偏差。除此，若要提高分析數據的可信度，必須謹慎選擇適當的篩分機。目前篩分機的種類很多，依其需求的不同而有不同的設計，一般而言，大粒子（≧ 44 μm）絕大部分可選用機械式振動篩或手搖篩；較小粒子（≦ 44 μm）則選用濕式篩、空氣振動篩或超音波振動篩，但因其粒子小，易產生靜電結集的現象。

2. 顯微鏡觀察法

在粉體量測技術中最基本的儀器是顯微鏡，常被用於鑑定標準樣品大小，因其是唯一不需要花費太多時間而能直接觀察粒子狀態的量測方式，其可以觀察出粒子的外觀及是否有凝聚、凝絮現象。此種設備對其粒子粒徑有三種定義：投影圓相當徑、**馬丁直徑**（Martin's diameter）及**菲力特直徑**（Feret's diameter）。其中投影圓相當徑是指與粒子投射影像有相同面積之圓直徑；馬丁直徑是指在粒子的投影上定方向面積等分徑；菲力特直徑是指在某指定方向的切線徑（圖 A-2）。

一般常見的顯微鏡有**光學顯微鏡**（OM）、**掃描式電子顯微鏡**（SEM）及**穿透式電子顯微鏡**（TEM）。其中光學顯微鏡所觀測到的是二維平面，量測範圍為 0.2～150 μm，若要測量較小的粒子，必須使用電子顯微鏡。穿透式電子顯微鏡具有高於 0.01 μm 的解像度，但其樣品製備上極為困難。掃描式電子顯微鏡在樣品製備上較爲簡單，測量範圍於 0.1～100 μm，但卻有校正不易的問題。

若要得到一個在統計學上具有意義的粒度分析結果，至少需連續觀察 625 個顆粒，若利用傳統式顯微鏡來測量粒度分布是非常耗時且容易因操作員的疲勞而造成人爲誤差。目前有些公司已銷售自動顯微鏡分析儀，可由操作員決定取樣顆粒數，並由顯微鏡視野中所偵測的影像轉換成電腦程式中的分析數據。

3. 沉降法

沉降法是利用粒子在液體中的沉降速度來量測粒徑大小。其定義的粒徑爲：粒子在一液體中沉降，其具有相同沉降速度的圓球形直徑。

以沉降法量測粒徑大小是依**史托克氏定律**（Stokes' law），其假設單一圓形球體在無限大的層流區域中降落，**雷諾數**（Reynolds no.）< 0.2 時，由力的平衡式可知粒徑大小與其沉降速度的平分根成線性關係式如下：

$$d_{st} = 10^4 \sqrt{\frac{18\mu h}{(\rho - \rho_0)gt}} \qquad \text{(A-1)}$$

d_{st}：由史托克氏定律計算出之粒徑

μ：液體黏度

h：粒子在時間 t 時，落下之高度

t：時間

ρ：固體密度

ρ_0：液體密度

在量測分析中，對小於 0.1 μm 之粒徑因其受布朗運動的影響，並不遵行 Stokes' law 中力的平衡方程式，無法由沉降式中得到粒徑值，所以早期的儀器（如：Andreason pipette）測量的下限爲 0.1 μm，但若粒子太小，介於 0.1～1 μm 之間，沉降速度較緩慢，常需耗數小時來量測。爲改善此一下限及耗時問題，可配合離心分離機，以消除布朗運動效應，即可將下限向下延伸至 0.05 μm，但上限亦會因此下降至約 10 μm，而量測範圍的縮小，常會造成許多分析上的不便，因此，利用光學配合沉降法是目前在系列沉降法應用儀器中較受歡迎的。其主要利用光線照射在透明的樣品槽上，經由 Beer's law，找出光線強度與樣品濃度的關係式如下：

$$I = I_0 \exp(-BC) \tag{A-2}$$

I：光源通過含分析樣品時之穿透強度

I_0：光源通過未含分析樣品時之穿透強度

B：常數

C：樣品濃度

由此關係式中的濃度配合沉降的觀念，可導出粒度分布，此類儀器可量測的粒徑範圍約爲 0.1～300 μm。

以沉降法測粒徑時需考慮濃度、溫度及是否分散。在 Stokes' law 中假設單一粒子在層流中的狀況，所以當濃度太高時會偏離假設太遠，並不適用此法；反之，又會因爲資料不足使結果產生偏差。在溫度方面，因沉降法所依的 Stokes' law 中黏度及密度參數會隨著溫度的變化而改變，因此保持恆溫是操作時的必要條件。另外，沉降法粒徑分析儀所分析溶液濃度較其它分析儀器所需濃度爲高，故分散是否良好是需注意的，適當的使用分散劑，將有助於量測結果的可靠性。

4. 電感帶法

電感帶法可同時測量粒子數目及粒度分布。其定義的粒徑是相同於樣品粒子體積的圓球徑。

此法早期的設計主要針對血球及細胞計數而開發的。將粒子懸浮於電解液中，利用壓差強迫樣品流經一小孔，於小孔兩側放置電極片，當一顆粒子通過小孔時，改變了兩電極間的電阻，其所產生的電壓脈動正比於此顆粒的體積，由此可計算出顆粒數目及粒度分布。

此類儀器所能量測的粒徑大小範圍爲小孔孔徑的 2～60%，如小孔孔徑爲 70 μm，其所能量測的粒徑範圍爲 1.4～42 μm。當粒徑太小時，其所造成的電壓脈動太弱，儀器內偵測器無法與周遭雜訊分辨，且通過孔時較會有重疊現象；倘粒徑太大，則可能因其大小接近或超過小孔孔徑而產生阻塞，故其量測範圍較其它儀器爲窄，這是分析的限制之一。另外，由於電感帶法原理上假設每次的脈動皆由一顆粒子通過所引起，因此分析樣品的濃度不宜太高，但濃度低時容易產生取樣上的誤差。利用此法量測粒徑時，最恰當的範圍介於 30～1,000 μm 之間，因太小的粒子量測時易受背景雜訊的影響而降低其精確度，太大的粒子則會因重力之故而無法懸浮。

5. 雷射光量測法

雷射光粒徑分析儀器的特性爲分析時間短、再現性佳、操作容易及適用範圍廣，可適用於膠態溶液、懸浮液、乾的粉體及噴霧狀之樣品。

其原理主要是當雷射光照射至粒子時，粒子相對於光源會產生遮蔽效應及繞射、折射及反射作用，利用這些光學特性可計算出相對粒徑。雷射光與粒徑的關係可分以下四種情形：(1) 雷射光波長遠小於樣品粒徑時，粒子的遮蔽效應最明顯，故將此遮蔽部分視爲樣品的粒徑。目前的分析儀器中 Galai CIS-1 即是根據光的遮蔽原理配合時間的計算所設計的，粒子在固定旋轉半徑的雷射光照射下，記錄遮蔽光源的時間，進而由時間長短計算粒徑大小。(2) 雷射光略小於樣品粒徑時，粒子的繞射作用較爲明顯，因此，若能產生相同繞射圖形之圓球徑即爲樣品的粒徑。這是著名的 Fraunhofer 理論，其假設粒子是不透明體，粒子的折射率與周圍介質的折射率相差甚遠，當雷射光照射粒子時，所產生的繞射現象較折射、反射光爲強，故利用這現象量測粒徑，粒徑大的粒子繞射角度大，粒徑小的繞射角度小。一般利用雷射光量測粒徑之分析儀大都採用 632.8 nm 之雷射光，並以 Fraunhofer 理論爲基礎，可量測的範圍從 0.1 μm 至數千 μm，不同廠牌之間的差別在於偵測器的設計，分析數據的精密與粗糙取決於偵測器的多寡與排列方式。(3) 雷射光略大於樣品粒徑時，光波折射作用相互干擾，若以 Fraunhofer 理論解釋光與粒子的行爲模式將產生較大的偏差，因此，小於 0.1 μm 的粒子可選擇應用 Mie 散射理論量測。一般介於此範圍的分析儀器在設計上較有差別，如 Malvern 利用動態雷射光量測粒子散射，再配合 PCS 光子比對光譜估算粒子在懸浮液中的擴散係數。當粒子小時，布朗運動較爲明顯，如果能量測出粒子的移動速度或擴散係數，則可推算出粒徑大小，因此可由散射現象及 PCS 所測得之擴散係數轉換成粒度分布。另外，尙有一 PIDS 偏極光差散射理論亦應用於小粒徑之量測，通常以 450 μm、600 μm 及 900 μm 之白光作爲光源，當其照射至粒子時，於垂直及水平處收集其散射光，兩者之光強度差別即代表不同的粒徑，並由此可得樣品的粒徑分布圖。(4) 若樣品粒徑更小時，光波散射強度在各角度幾乎是一樣的，適用於Rayleigh散射理論，目前尙無應用此理論之儀器。

6. 比表面積測定法

不規則形狀粒子的大小，常以具有相同性質的相當球體的直徑來表示，其中常用的方式之一是，與粒子表面積相同的球體直徑。粉體的平均粒徑也常用與粉體每單位體積的表面積相同的球體直徑來表示，當粒子很微細時，以表面積測定法來量測其粒徑，較其他方法更爲方便。計算粒徑所需要的表面積是粒子的**外表面積**（external surface area）。如果粒子是**非孔性**（nonporous）物質，則所測得的是粒子的外表面積；但若粒子是**多孔性**（porous）物質則所測得的表面積是包含粒子**內部表面積**（internal surface area），即孔隙壁面積。因此，多孔性粒子所算得之粒徑將較其實際粒徑爲小。如此表示的平均粒徑，可稱爲比表面積徑或**表面平均直徑**（surface mean diameter），或 Sauter 平均直徑。

比表面積測定的方法有：**透過法**（permeability method）、**吸附法**（adsorption method）、**浸漬熱法**（heat of immersion method）等，目前較常用者爲氣體透過法和氣體吸附法。

7. 氣相慣性衝擊法

在氣相法量測粒徑的方法中，常用**慣性衝擊器**（impactor）來測量粒子的粒徑分布與質量濃度。由於在含塵氣流中，每個粒子的質量比每個空氣分子的質量要大很多，所以在含塵氣流中，空氣分子與粒子的速度雖然是差不多，但是每個粒子的動量（質量與速度的乘積）卻是比空氣分子的動量要大許多。所以當空氣因障礙物之存在而改變流動方向時，粒子的流動軌跡會與空氣的**流動方向**（streamline）偏離，粒子在氣流中之偏離程度隨著粒子與空氣分子兩者之動量差距之增大而增強。慣性衝擊器即是應用此慣性特性來量測粒子的粒徑大小。

慣性衝擊器就是利用粒子所具有的慣性力，使粒子與氣流分離。含塵氣流衝擊至阻礙物或衝擊板所造成的流體流態與粒子運動之情形不同，氣體隨即因平板的作用流向水平方向，繞過平板向出口方向繼續流動，可是氣流中含有之固體粒子由於慣性力較大，無法隨著氣流流向之改變而沿著原來的方向運動衝擊到平板上面，但較小粒子的因慣性力較小無法完全脫離氣流軌跡而能隨氣流繼續流向下一段噴孔或出口。衝擊板經由適當的處理，可將衝擊到平板上的粒子捕捉下來，使得某一大小以上之粒子與空氣達到分離的效果。此方法較適於量測氣體中粒徑比較大的粒子，但最近開發的裝置有號稱可量測粒徑小至數 nm 者。

A.2.3 分析儀之選擇

近年來各種粒徑分析儀相繼問世，但卻仍無一種儀器可適用所有粉粒體或占絕對優勢者。而對這些原理不同，自動化程度相異，價格不一，各具優劣點之儀器，如何從中選購一適當者，確實需大費周章，但若在決定機種前能進行測試，則較不易出差錯。一般而言，如何選用適當的分析儀器可由以下三方面考量，即粉粒體的性質、數據的用途、儀器原理的限制、原程序狀態的維持。

1. 粉粒體之性質

粉粒體之各種性質對分析儀之選擇都或多或少有些影響。其中最重要者為粒徑，各分析儀所採原理在粒子大小上都有限制，在其範圍外，所得數據不可靠，有時則根本無法取得數據。解決方法是將該範圍外之粒子移走。

大部分分析儀之原理均視粒子為球體，但實際上球形之粒子並不多見，因此不同原理所測得形狀不規則粒子之數據自是不同。一般而言，感應粒子體積再轉換成粒徑之方法較不受粒子形狀所影響。

粒子之比重有時可成為取捨儀器之關鍵。有些粒子比重太大而無法在液體中懸浮，則應考慮乾式量測法。當比重不同之粉粒體相混時，不適宜以沉降法量測。

具孔隙物質（porous material）之粒子不適用表面積法或沉降法量測，因前者低估粒徑，而後者則不易測得適當密度。

2. 數據之用途

因不同原理所得數據不易轉換，故在分析一樣品之粒徑分布時需先了解數據之用途為何。例如在一程序中，粒狀反應物的表面積百分比是下一操作之指標時，則應以感應表面積之儀器量測。又如在過濾操作選擇濾布時，若粉粒體之形狀較趨針形，則以顯微鏡觀察到的線性長度較為可靠。

3. 儀器原理之限制

各種儀器所運用原理在量測時均有限制，茲將本實驗室之經驗，選擇較明顯之限制敘述如下。

(1) X 光沉降原理分析儀：不能量測有機物粉粒體，亦不適合多孔性物質。

(2) 庫特（Coulter）原理分析儀：溶液必須導電，故有機溶劑較不適合；銳孔小者易阻塞。

(3) 電子顯微鏡：樣品量太小，易失代表性；蒸氣壓需低，否則易污染系統。

(4) 動態散射分析儀：粒子需懸浮。

(5) 靜態散射分析儀：某些型號需估計樣品折射率。

(6) 精密篩網：易阻塞，若無適當溶劑，清洗不易。

4. 維持程序中之狀態

一般而言，在樣品前處理時使粒子分散是量測粒徑分布時極重要的步驟之一。但並不是所有情形都需將粒子打散，例如在探討粒子凝聚或選擇濾布時，應保持原程序中之狀態。這點一般非常不容易做到，可能的原因是固體濃度不宜，溶劑不適合或溶液過飽和易結晶析出。欲維持程序中之狀態是量測技術中挑戰性極高的問題，所幸此問題在大多情況下並非十分嚴重。

A.3 粒子形狀

談到粒子形狀，最容易且常用的方式是以言詞來描述，例如 B.S. 2955 收集了許多形容詞，像是**針狀**（acicular）、**角狀**（angular）、**樹枝狀**（dendritic）、**圓球狀**（spherical）、**片狀**（flaky）、**不規則狀**（irregular）等等。這些形容詞有時仍太抽象，則可由圖 A-6 之圖形使之具體化。從科學的角度而言，這些形狀除了完全對稱的圓球形、立方體及圓柱體等可量測外，其他形狀都極難量化。Beddow 曾將文獻內分析形狀之方式歸納爲四類，但其中有些方法極爲複雜，以下就簡單介紹幾種常見的方法。

對於形狀較規則之粒子，可由表 A-3 歸類出一些常見的參數；而對於一般不易描述之粒子，可用下列公式約略地估計其性質：

$$顆粒表面積 = K_a D_{av}^2 \quad \text{(A-3)}$$

$$顆粒體積 = K_v D_{av}^3 \quad \text{(A-4)}$$

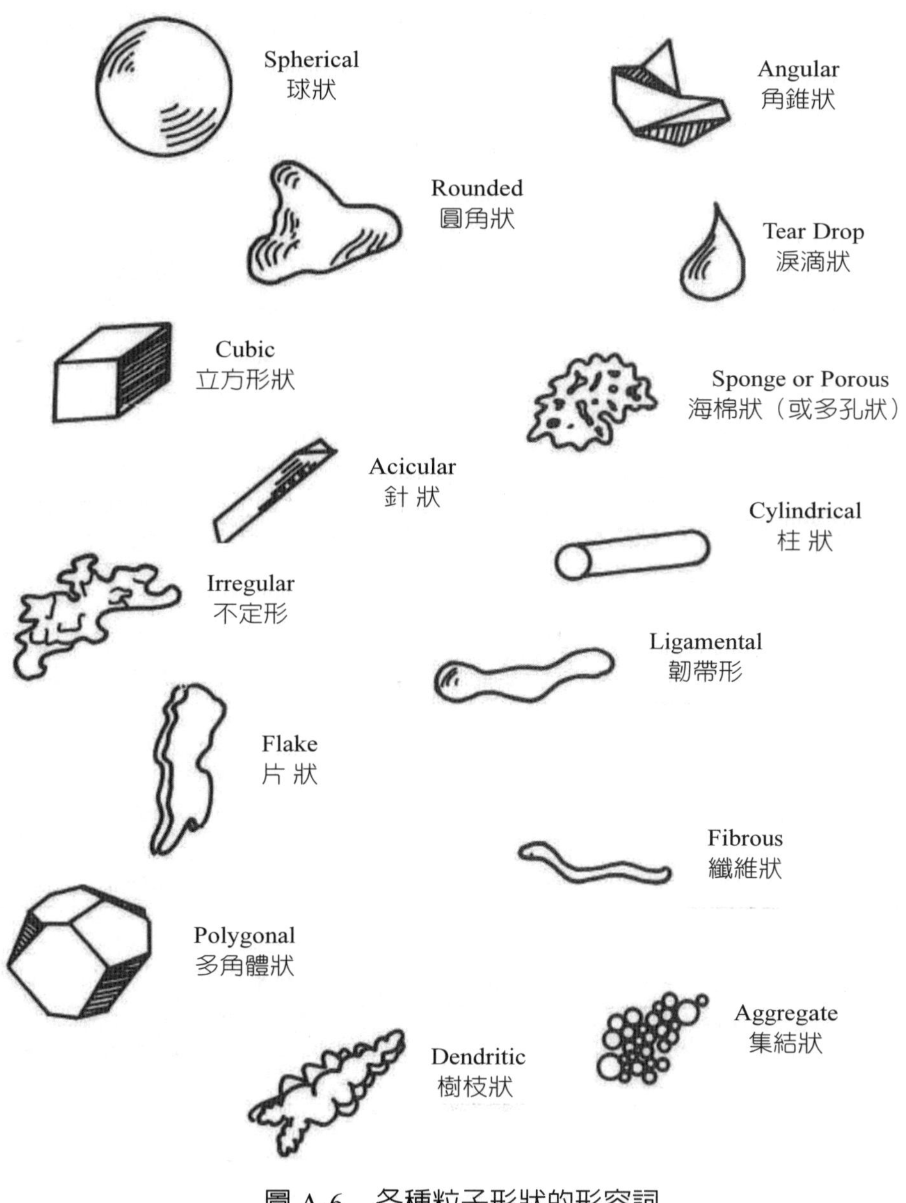

圖 A-6　各種粒子形狀的形容詞

其中 D_{av} 為顆粒之平均直徑，而 K_a 與 K_v 均為常數，但隨粒子之形狀而異。

若將兩形狀因子 K_a 與 K_v 相除，可得形狀因子比例 K_s。

$$K_s = K_a/K_v \qquad \text{(A-5)}$$

另一種形狀因子是與圓球作比較，即所謂之**圓度**（sphericity），其定義如下：

$$圓度\ \varphi = \pi dv^2 / \pi ds^2 = \left(\frac{dv}{ds}\right)^2 \quad (A\text{-}6)$$

其中 dv 爲粒子相當體積之圓球直徑，ds 爲粒子相當表面積之圓球直徑。

表 A-4 列舉各種不同形狀粒子之 K_a、K_v、K_s 及 φ 值。值得一提者爲圓球形之 K_a、K_v 及 φ 值分別爲 π、$\pi/6$ 及 1，形狀越偏離圓球者，其值越低。

表 A-3　形狀規則粒子的相關參數

	可量測得之特性長度	最大徑	最小徑	表面積	體積	比表面積
立方體	L	$\sqrt{3L}$	L	$6L^2$	L^3	$6/L$
長方體	L, B, T	$\sqrt{L^2+B^2+T^2}$	T	$2(LB+BT+TL)$	LBT	$2\left(\frac{1}{L}+\frac{1}{B}+\frac{1}{T}\right)$
球體	D	D	D	πD^2	$\pi D^3/6$	$6/D$
正圓柱體	D, L	$\sqrt{D^2+L^2}$	D 或 L	$\pi L(D+L/2)$	$\pi D^2L/4$	$4\left(\frac{1}{4}+\frac{L}{2}D^2\right)$
橢球體	a, b, c	$2a$	$2c$		$4\pi abc/3$	

表 A-4　各種形狀物質之形狀因子

粒子	K_a	K_v	K_s	φ
圓球形	π	$\pi/6$	6	1
類圓球粒子： 經水沖蝕之砂、熱熔煙灰、霧化金屬	2.7～3.4	0.32～0.41	7～8	0.817
研磨後之角形粒子： 煤、石灰石、砂等	2.5～3.2	0.20～2.28	10～12	0.655
片狀粒子： 石墨土、滑石、石膏	2.0～2.8	0.12～0.16	16～18	0.543
薄片粒子： 雲母、石墨、鋁箔	1.6～1.7	0.01～0.03	60～160	0.216

A.4　粒徑效應

A.4.1　粒子大小與分離方式 [3]

欲進行固液分離之泥漿或懸浮液，其中所含粒子大小對分離操作的影響，可由碳酸鈣（$CaCO_3$）水溶液爲例簡述之，圖 A-7 爲過濾前碳酸鈣泥漿於光學顯微鏡下放大 140 倍的照片，其中圖 A-7(a) 爲未加分散劑之碳酸鈣泥漿，圖 A-7(b) 爲加入 2wt% 焦磷酸鈉爲分散劑之碳酸鈣水溶液。觀察兩照片可知，圖 A-7(a) 中有許多未分散凝聚體的碳酸鈣，而圖 A-7(b) 中之碳酸鈣分散的很好，凝聚體很少。將兩樣品進行粒徑量測後得未加分散劑之碳酸鈣平均粒徑爲 9.904 μm；加分散劑之碳酸鈣平均粒徑爲 5.033 μm。再以兩樣品進行過濾實驗，未加分散劑之碳酸鈣泥漿過濾比阻爲 4.265×10^{10} m/kg；加分散劑之碳酸鈣泥漿過濾比阻爲 1.064×10^{11} m/kg，其過濾比阻差別約 2 倍以上，因此粒子大小對分離操作是有影響的。另外，如何選擇分離方式，也將粒徑大小列爲重要考量之一，最佳的分離程序直接關係著整體程序之順暢及成本之高低。圖 A-8 即闡示粒子大小與分離方式及粒徑量測方式之關聯性。其中深層（澄清）過濾是用於淨化濾液，漿液之含固量須低，否則濾材極易阻塞。

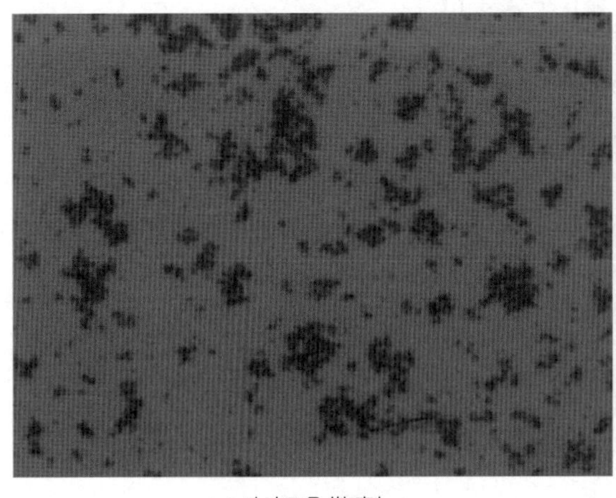

(a) 未加分散劑

(b) 加入 2wt% 焦磷酸鈉為分散劑

圖 A-7　碳酸鈣水溶液於光學顯微鏡下放大 140 倍的照片

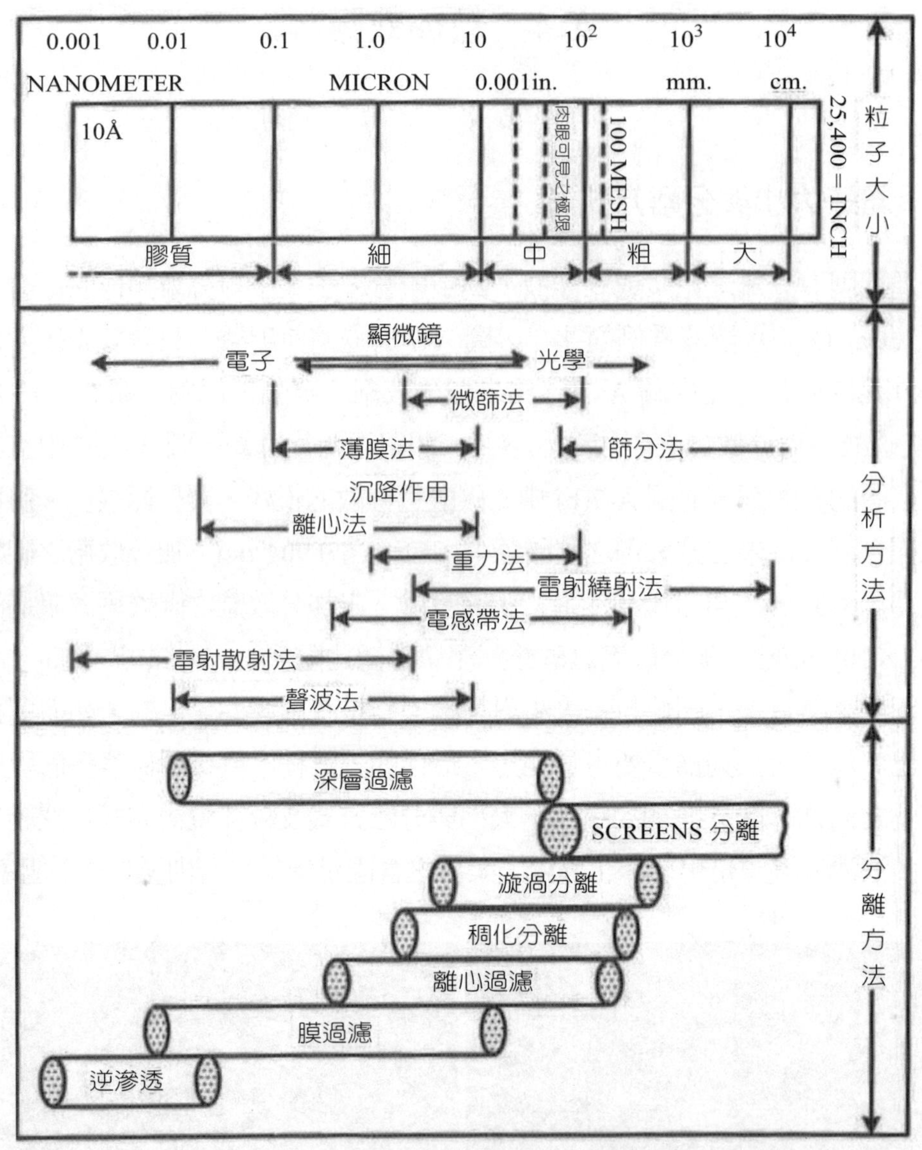

圖 A-8　粒子大小與粒徑分析方法、分離方法之關聯性

A.4.2　粒子大小與過濾機 [4]

Tiller 及 Crump[6] 曾依漿液性質分為三類，即**快速過濾**（fast filtering）、**中速過濾**（medium filtering）及**慢速過濾**（slow filtering）三種，其中影響濾性之因素即

為漿液中粒子之大小。Osborne[7] 亦依粒徑分布作為選擇過濾機之依據，如圖 A-9 所示，如此分類當然不是任何場合都適用，但卻極具參考價值。由圖中可知**壓濾機**（pressure filter）最常用於沉降及過濾都緩慢的漿液，而含粒子較大之漿液適合使用**盤式**（pan）或**桌式**（table）過濾機。當粒徑分布較廣時，選擇過濾機尚需考慮小粒子之濃度，一漿液所含 10 μm 粒子大於 10%，或需使用壓力式過濾；當平均粒徑相同，而大於 10 μm 粒子之比例增加時，**旋轉過濾器**（rotary filter）可能較適合。

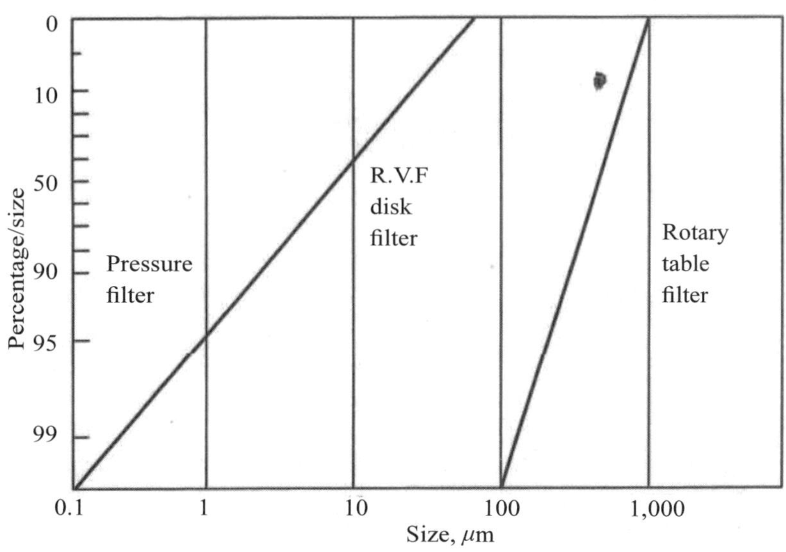

圖 A-9　粒徑與過濾機之選擇濾性。由 CST 數據計算所得之濾餅比阻

A.4.3　粒子大小與污泥之脫水性

在早年的文獻中由 Carman-Kozeng 方程式判斷粒子大小與污泥脫水性有極密切的關係，由該方程式可知過濾速率與固體粒子之比表面積成反比，所以粒子越小過濾速率越慢。Karr 及 Keinath[8] 將污泥中粒子分級，發現污泥之過濾速率隨粒子變小而減小。在文獻中甚至將添加有機或無機絮凝劑之效應歸因於粒子之變大。為證實粒子大小之效應，Karr 及 Keinath 以實驗將粒子方成四類，如表 A-5 所示，再進行過濾實驗。他們探討了三種污泥（厭氣消化污泥、活化污泥及原污泥），發現當粒子粒徑相同時，不同污泥都有類似的脫水性，即相同的過濾比阻。

表 A-5　粒子分類表

固體粒子分級	簡稱	大小（μm）
可沉降（Settleable）		≥ 100
Rigid Settleable	rs	
Fragile Settleable	fs	
超膠體（Super Colloidal）	sc	1～100
真膠體（True Colloidal）	tc	0.001～1
已溶解（Dissolve）	ds	≤ 0.01

A.5　粒子形狀效應

Chen 等人 [8] 以**恆酸鹼**（pH-stat）裝置，在不同 pH 值，在溶液的組成及添加劑下，製備了不同**晶癖**（habit）之亞硫酸鈣晶體，包括針狀（聚集體）、長條片狀及正方片狀三種明顯不同之晶癖，如圖 A-10 所示。該研究乃在探討煙道除硫程序中之過濾問題。在製備不同粒子形狀之漿液後，以 **CST**（capillary suction test）探討漿液之 specific resistance 有明顯差異，以針形凝聚體最高，其值約 2×10^{-9} m/kg，而長條片狀者較正方片狀者稍低，兩者之比阻大部分都落在 4×10^{-10} 與 8×10^{-10} m/kg 之間。

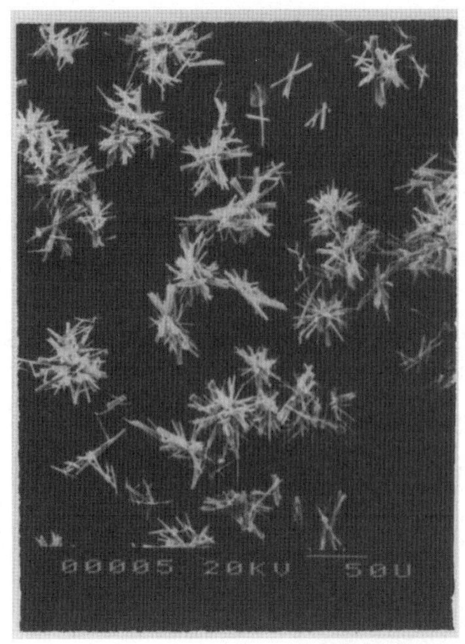

圖 A-10　不同晶癖（habit）之亞硫酸鈣晶體

參考文獻

1. Tllen, T., “Particle Size Measurement,” 4th edition, Chapman and Hall, London. (1990).
2. 呂維明、戴怡德，粉粒體粒徑量測技術（1998）。
3. 呂維明、呂文芳，過濾技術，第一章（1994）。
4. Rushton, A., A.S. Ward, R.G. Holdich, “Solid-Liquid Filtration and Separation Technology,” P.441.
5. Tiller, F. M. and J. R. Crump, Chem Eng. Progr. 37(10), 65 (1977).
6. Osborne, D. G., “Solid-Liquid Separation”, chapter 13, 2nd edn., Ed. L. Svarovsky (1981).
7. Karr, P. R. and T. M. Keinath, “Influence of Partcle Size on Sludge Dewaterability,” J. WPCF, p.1911, August (1978).
8. Chen, P.-C., C. Y. Tai and Shin-Min Shih, “Control of Crystal Habit and Particle Morphology of Calcium Sulfite Hemihydrate Crystals,” J. Crystal Growth 123, 277 (1992).

附錄 B
軟體下載使用說明

/童國倫、黃國楨

本書另提供以下四項軟體程式供讀者使用，可於先進過濾技術產學聯盟網站（www.filtration.org.tw）下載，網址為 http://www.filtration.org.tw/content-51/ 軟體下載 .html：

1. 濾器初選專家系統。
2. 簡迅線上恆壓過試驗程式——銳孔板濾室恆壓過濾試驗。
3. **自動化恆壓過濾**（CPF）及**恆率過濾**（CRF）數據擷取程式。
4. 濾餅特性值電腦動態模擬估算軟體。

希望能協助讀者避開艱澀的固液過濾理論，以簡易操作之套裝軟體進行**泥漿過濾特性的基本試驗**及**濾器的初選**，並可作為第十章「濾餅過濾有關之試驗」、第十四章「濾餅過濾裝置與其選擇」及第十五章「濾餅過濾之程序計算與管理」之補充內容。

各軟體之內容簡介如下，關於軟體的安裝與使用說明及操作示範例，請參考網頁內各次目錄下之「使用手冊 .doc」檔案內容。

B.1 濾器初選專家系統 (Expert system for selection of filter)

過濾裝置的正確選擇，對於產品的品質、操作效率、操作成本等各方面都有相當大的影響，因此一般濾器的使用者，若對於裝置原理並不甚了解，或是單憑粗淺的固液分離概念便想決定使用的過濾裝置，則可能有因錯誤選擇不適用，而付出高額代價的風險。一套有系統的裝置選擇指南對於濾器的使用者而言相當重要，依照自身需求來逐項評估，將可提供使用者較為有保障的方向。

本專家系統（expert system）整合文獻上對於過濾裝置選擇之評量標準，將其程式化，其目的在於提供使用者一簡便之過濾裝置選擇之參考。本專家系統之執行程式附於網頁內，目錄名稱「I、濾器初選專家系統」中，程式名稱為 equip.exe。關於程式的安裝、使用及操作示範例，請參考網頁此目錄下之「使用手冊 .doc」檔案內容。

B.2 簡迅線上恆壓過試驗程式——銳孔板濾室恆壓過濾試驗

雖然固液分離理論已有長足的進展，但過濾裝置之設計仍無法像設計熱交換器或蒸餾塔一般，憑一些基礎方程式就可正確地估計所需裝置之重要規格，這是因固液分離所處理的泥漿性質難以單純的方式表示，如固體粒子的大小、形狀、凝集度等，且其特性之不安定性也導致缺乏再現性，這些都是使固液分離理論難在設計上發揮之原因。依據實驗結果進行**規模放大**（scale-up）過濾器，雖不像反應器等有那麼複雜，然而常缺乏考慮泥漿之物性之變化，導致工廠規模固液分離裝置之操作特性與實驗室試驗器所得結果迥異之現象，尤其於設計工廠規模之過濾器時，對進料泥漿之物性並無法正確掌握，故其設計安全係數常高達 30～50% 不等。爲了解一泥漿的過濾特性，其**泥漿試樣**（sample slurry）宜從現場逕取後就進行試驗，或製備泥漿時須盡量模擬現場之條件狀況，設計時如能考慮濾阻以外之因素，則設計所須之安全係數該可降至 10～15%。故在選擇或設計過濾器前，宜對擬處理之泥漿有充分之了解並能再進行適當的過濾實驗，以獲得選器或設計所需要的數據。

「簡迅線上恆壓過試驗程式」的功能爲輔助實驗室試驗濾器自動化，以準確求得泥漿的濾性。從過濾數據之擷取到泥漿之平均濾性値如濾餅之平均孔隙度（ε_{av}）及平均過濾比阻（α_{av}）的估算，都可以由銳孔板濾室恆壓過濾試驗濾器實驗配合此程式求得。「簡迅線上銳孔板濾室恆壓過濾試驗」與傳統的恆壓過濾試驗差異在於**濾室加一個銳孔板**以配合理論推衍來估計濾餅成長厚度，另則**濾液變化量數據由電子天秤讀取**，可即時配合程式估算泥漿濾性值。在電子天秤與電腦連接方面，目前市售之電子天秤多配有 RS-232 介面，可供使用者以電腦連線擷取重量讀數。本程式以 OHAUS 公司生產之型號爲 TP4KD 的天秤爲例，提供讀者一套簡便之重量數據擷取程式範例。讀者若使用其他廠牌的電子天秤，僅需事先閱讀電子天秤之使用手冊，修改電腦與天秤間之傳送命令即可使用。近年多數廠牌之電子天秤皆附有數據擷取軟體，其功能與本程式之功能相同，讀者逕可用來讀取重量讀數。

關於程式的安裝需求、如何與電子天秤連線及操作示範例，請參考網頁內目錄名稱「II、簡迅線上銳孔板濾室恆壓過試驗程式」下之「使用手冊 .doc」檔案內容。

B.3 自動化恆壓過濾（CPF）及恆率過濾（CRF）數據擷取程式

「自動化恆壓過濾（CPF）及恆率過濾（CRF）數據擷取程式」的主要功能爲連接電子天秤或壓力傳送器，以讀取濾液重量或過濾壓力值數據，爲下一套「濾餅特性值電腦動態模擬估算軟體 FiltraDynaSim© V1.0」之輔助程式。此程式之電子天秤與電腦連線機制與前一套程式相同，但將擷取所得之濾液重量數據帶入「濾餅特性值電腦動態模擬估算軟體」執行運算前，須注意單位轉換。關於壓力傳送器的壓力讀數擷取方面，由於一般壓力傳送器傳出資料爲類比訊號，需藉由一張**數位／類比轉換卡**（AD/DA 卡），將壓力傳送器傳出的類比訊號轉爲數位訊號才能爲電腦所接受。市售的 AD/DA 卡皆附有數據擷取軟體，由於軟體版權的考量，不便於書中提供，請使用者逕洽詢 AD/DA 卡供應商。關於數據擷取程式的安裝、如何與電子天秤連線及操作示範例，請參考網頁內目錄名稱「III、自動化恆壓過濾及恆率過濾數據擷取程式」下之「使用手冊 .doc」檔案內容。

B.4 濾餅特性值電腦動態模擬估算軟體（Dynamic analysis of filtration data）

濾餅的過濾特性值爲濾餅整體孔隙度（ε_{av}）及濾餅平均過濾比阻（α_{av}），這些特性是泥漿過濾裝置設計及預估所需過濾面積的重要資訊，FiltraDynaSim© V1.0 軟體專開發用以預估設計過濾裝置所需之濾餅特性值。此軟體之理論基礎爲台大化工系呂維明教授與淡江化工系黃國楨教授於 1993 年基於濾餅成長機制的微觀分析，所提出的一套預估濾餅特性值的動態模擬程序。此模擬程序所需之實驗數據僅爲一組濾液體積對**恆壓過濾**（CPF）操作時間的過濾數據，及濾餅表面孔隙度值，即可進行濾餅成長結構分析之動態模擬。於 1998 年，呂維明教授與黃雲鵬博士更進一步針對**恆率過濾**（CRF）程序，延伸開發出一套動態模擬程序。本程式

FiltraDynaSim© V1.0. 便是架構在此等理論下所開發而成，並於 2002 年由時任中原化工系助理教授之童國倫教授及潘君喜先生、莊乃玉小姐共同開發完成此套裝軟體，爲全球第一套濾餅特性值動態估算軟體。

「濾餅特性值電腦動態模擬估算軟體 FiltraDynaSim© V1.0」除了可以預估設計過濾裝置所需之濾餅特性值外，還可以動態模擬出濾餅內局部濾性值（ε_x 及 α_x）隨濾餅位置及過濾時間變化的情形，兼具實務應用與學術價值，可完全取代傳統的 C-P Cell。關於 FiltraDynaSim© V1.0 軟體的安裝需求、使用方法及操作示範例，請參考網頁內目錄名稱「IV、濾餅特性值電腦動態模擬估算軟體」下之「使用手冊 .doc」檔案內容。

索 引（Index）

C

D

E

G

H

N

O

P

R

S

T

U

V

國家圖書館出版品預行編目資料

固液過濾技術／呂維明,童國倫 編著. ——初版. ——臺北市：五南，2018.05
面； 公分
ISBN 978-957-11-9607-7（精裝）

1.單元操作

460.22　　107001871

4B15

固液過濾技術（二版）

作　　者 — 呂維明、童國倫
策劃出版 — 台灣過濾與分離學會
發 行 人 — 楊榮川
總 經 理 — 楊士清
主　　編 — 王者香
責任編輯 — 許子萱
封面設計 — 王正洪
出 版 者 — 五南圖書出版股份有限公司
地　　址：106台北市大安區和平東路二段339號4樓
電　　話：(02)2705-5066　　傳　　真：(02)2706-6100
網　　址：http://www.wunan.com.tw
電子郵件：wunan@wunan.com.tw
劃撥帳號：01068953
戶　　名：五南圖書出版股份有限公司
法律顧問　林勝安律師事務所　林勝安律師
出版日期　2018年5月初版一刷
定　　價　新臺幣1200元